Hi-Pass

건설안전기술사

Professional Engineer Construction Safety

건 설 안 전 기 술 사
건 축 시 공 기 술 사 **장두섭** 지음
건축품질시험기술사

BM (주)도서출판 **성안당**

■ 도서 A/S 안내

성안당에서 발행하는 모든 도서는 저자와 출판사, 그리고 독자가 함께 만들어 나갑니다.

좋은 책을 펴내기 위해 많은 노력을 기울이고 있습니다. 혹시라도 내용상의 오류나 오탈자 등이 발견되면 "좋은 책은 나라의 보배"로서 우리 모두가 함께 만들어 간다는 마음으로 연락주시기 바랍니다. 수정 보완하여 더 나은 책이 되도록 최선을 다하겠습니다.

성안당은 늘 독자 여러분들의 소중한 의견을 기다리고 있습니다. 좋은 의견을 보내주시는 분께는 성안당 쇼핑몰의 포인트(3,000포인트)를 적립해 드립니다.

잘못 만들어진 책이나 부록 등이 파손된 경우에는 교환해 드립니다.

저자 문의 e-mail : changf5@naver.com(장두섭)

본서 기획자 e-mail : coh@cyber.co.kr(최옥현)

홈페이지 : http://www.cyber.co.kr   전화 : 031) 950-6300

　건설공사의 다양화, 대형화로 안전사고 발생이 빈발하고 대형사고로 이어져 인명손상 및 경제적 손실이 막대해짐에 따라 전문 건설안전 기술인력의 필요성이 높아지고 있습니다.

　또한, 산업안전보건법 개정으로 1,500어 이상 건설공사에 건설안전기술사 배치가 법제화되었으며 이에 절대적으로 부족한 건설안전기술사 확보를 위한 개방의 문이 열려 기술사 취득에 절호의 기회가 찾아왔습니다.

　기술사란 취득 시 개인의 자부심과 명예뿐만 아니라 직업의 안전성을 보장받을 수 있는 필수조건입니다. 이 책은 여러분이 기술사 취득에 도전하여 자신과의 싸움에서 승리할 수 있는 초석이 될 수 있도록 저자의 경험과 지식을 총동원하여 최선을 다해 만들었습니다.

　또한 최근의 출제경향을 분석, 출제빈도와 성향 위주로 단월별로 구성하였으며, 많은 아이템을 수록하여 시험을 응시할 때 문제의 특성에 따른 차별화된 답안작성에 유리하며 도식화 사용에 따른 변형과 문장의 간략화로 이해력을 높였습니다.

　여러분이 이 책의 첫 장을 여는 순간 절반의 성공은 보장된 것입니다. 이제 시간과 노력, 그리고 포기하지 않는 투지가 필요합니다. 성공은 도전하는 자의 것입니다. 최선의 노력으로 합격의 영광을 누리시길 기원합니다.

　마지막으로 이 책을 펴내기까지 지도와 충고를 아끼지 않으신 산업안전보건공단 이연수 교수님과 도서출판 성안당 가족 모두에게 감사의 말씀을 전합니다.

저자 장두섭

출제기준

직무분야	안전관리	중직무분야	안전관리	자격종목	건설안전기술사	적용기간	2023.1.1.~2026.12.31
○ 직무내용 : 건설안전 분야에 고도의 전문지식과 실무경험에 입각한 계획, 연구, 설계, 분석, 시험, 운영, 시공, 평가 또는 이에 관한 지도, 감리 등의 기술업무를 수행하는 직무이다.							
검정방법		단답형/주관식 논문형		시험시간		400분(1교시당 100분)	

시험과목	주요항목	세부항목

산업안전관리론
(사고원인분석 및 대책,
방호장치 및 보호구,
안전점검요령),
산업심리 및 교육
(인간공학),
산업안전 관계 법규,
건설산업의 안전운영에
관한 계획, 관리, 조사,
그 밖의 건설안전에
관한 사항
	1. 산업안전관리론
	(사고원인분석 및
	대책, 방호장치 및
	보호구, 안전점검
	요령)
		1. 산업재해 및 안전에 관한 이론
		  − 원인분석 및 방법
		2. 산업재해와 기업경영
		3. 안전성 평가 기법
		4. 건설재해관리
		  − 건설안전보건에 관한 사항 등
		5. 건설업 위험성평가
		  − 건설업 공종별 위험성 평가모델
		6. 안전점검 활동
		  − 관련 법과 연계성
		7. 보호구 및 안전표지 등

	2. 산업심리 및 교육
	(인간공학)
		1. 산업안전 심리이론이해 등
		  − 직무수행과 인간의 행동
		2. 인간의 행동특성과 안전심리 숙지
		  − 인간의 특성과 결함 · 생리학적 특성
		3. 조직 내 인간행동과 안전심리 의의
		  − 동기부여 및 리더십
		4. 건설현장의 안전심리 및 특수성
		  − 안전의 활성화
		  − 건설현장의 특수성
		5. 건설관련 안전보건 교육
		  − 안전교육이론
		  − 근골격계 등 작업성 질환 재해예방
		  − 관련 법과 연계성

	3. 산업 및 건설안전
	관계법규
		1. 산업안전보건법
		2. 산업안전보건기준에 관한 규칙(건설분야)
		3. 그 외 건설안전관리 업무에 대한 관계 법령
		  − 건설기술진흥법
		  − 시설물 안전관리에 관한 특별법
		  − 재난 및 안전관리 기본법 등
		  − 건설기계관리법

시험과목	주요항목	세부항목
	4. 건설안전기술에 관한 사항	1. 건설현장의 토목공사에 관련된 기술 – 토목구조역학 – 토질역학 및 암반공학 – 토목시공법 – 토목신기술 및 신공법 2. 건설현장의 건축공사에 관련된 기술 – 건축구조역학 – 건축시공법 – 건축신기술 및 신공법 – 건축기계·전기설비시공에 관한 안전
	5. 건설안전에 관한 사항(안전운영계획, 관리, 조사 등)	1. 건설안전에 관한 현장 실무 건설안전관리 계획 수립 – 현장 내 가설플랜트 – 건설관련 환경관리 – 가설전기 – 건설기계장비 – 위험기계기구 – 건설현장의 화재, 폭발 등의 안전 – 시설물의 안전진단 및 점검 2. 건설공사 특성분석 – 건설공사 작업환경 – 건설공사 계약조건 등 – 안전관리에 관련된 공사자료 3. 기타 가시설물의 안전에 관한 사항

□ 면접시험

직무 분야	안전관리	중직무 분야	안전관리	자격 종목	건설안전기술사	적용 기간	2023.1.1.~2026.12.31
○ 직무내용 : 건설안전 분야에 고도의 전문지식과 실무경험에 입각한 계획, 연구, 설계, 분석, 시험, 운영, 시공, 평가 또는 이에 관한 지도, 감리 등의 기술업무를 수행하는 직무이다.							
검정방법		구술형 면접시험		시험시간		15~30분 내외	

면접항목	주요항목	세부항목
산업안전관리론 (사고원인분석 및 대책, 방호장치 및 보호구, 안전점검요령), 산업심리 및 교육 (인간공학), 산업안전 관계 법규, 건설산업의 안전운영에 관한 계획, 관리, 조사, 그 밖의 건설안전에 관한 전문기술/기술	1. 산업안전관리론 (사고원인분석 및 대책, 방호장치 및 보호구, 안전점검 요령)	1. 산업재해 및 안전에 관한 이론 　- 원인분석 및 방법 2. 산업재해와 기업경영 3. 안전성 평가 기법 4. 건설재해관리 　- 건설안전보건에 관한 사항 등 5. 건설업 위험성평가 　- 건설업 공종별 위험성 평가모델 6. 안전점검 활동 　- 관련 법과 연계성 7. 보호구 및 안전표지 등
	2. 산업심리 및 교육 (인간공학)	1. 산업안전 심리이론이해 등 　- 직무수행과 인간의 행동 2. 인간의 행동특성과 안전심리 숙지 　- 인간의 특성과 결함·생리학적 특성 3. 조직 내 인간행동과 안전심리 의의 　- 동기부여 및 리더십 4. 건설현장의 안전심리 및 특수성 　- 안전의 활성화 　- 건설현장의 특수성 5. 건설관련 안전보건 교육 　- 안전교육이론 　- 근골격계 등 작업성 질환 재해예방 　- 관련 법과 연계성
	3. 산업 및 건설안전 관계법규	1. 산업안전보건법 2. 산업안전보건기준에 관한 규칙(건설분야) 3. 그 외 건설안전관리 업무에 대한 관계 법령 　- 건설기술진흥법 　- 시설물 안전관리에 관한 특별법 　- 재난 및 안전관리 기본법 등 　- 건설기계관리법

면접항목	주요항목	세부항목
	4. 건설안전기술에 관한 사항	1. 건설현장의 토목공사에 관련된 기술 　－ 토목구조역학 　－ 토질역학 및 암반공학 　－ 토목시공법 　－ 토목신기술 및 신공법 2. 건설현장의 건축공사에 관련된 기술 　－ 건축구조역학 　－ 건축시공법 　－ 건축신기술 및 신공법 　－ 건축기계·전기설비시공에 관한 안전
	5. 건설안전에 관한 사항(안전운영계획, 관리, 조사 등)	1. 건설안전에 관한 현장 실무 　　건설안전관리 계획 수립 　－ 현장 내 가설플랜트 　－ 건설관련 환경관리 　－ 가설전기 　－ 건설기계장비 　－ 위험기계기구 　－ 건설현장의 화재, 폭발 등의 안전 　－ 시설물의 안전진단 및 점검 2. 건설공사 특성분석 　－ 건설공사 작업환경 　－ 건설공사 계약조건 등 　－ 안전관리에 관련된 공사자료 3. 기타 가시설물의 안전에 관한 사항
품위 및 자질	6. 기술사로서 품위 및 자질	1. 기술사가 갖추어야 할 주된 자질, 사명감, 인성 2. 기술사 자기개발과제

합격전략

🖎 시간을 투자하라

✔ 기술사 출제 문항 약 300개 1차 작성

$300 \times 1.5 \sim 2$시간 $= 450 \sim 600$시간(525시간)

✔ 1차 교정 (1차 작성 1/2)

$525/2 = 262$시간

✔ 2차 교정(1차 교정 1/2)

$262/2 = 131$시간

✔ 총 918시간(하루 5시간 투자 시)

$918/5 = 183$일(약 6개월)

※ 정량적인 방법이며 개인마다 상이함

🖎 합격전략 5계명

✔ 적자생존 [적는(필기)자만 살아남는다]

시험응시시간 400분간 집중해서 필기한다. 글씨는 또박또박 크게 쓰는 연습을 충분히 한다.

✔ 규칙적인 생활

계획을 수립하고 철저히 지킨다(하루에 한 쪽이라도 보자).

✔ Study Group 활용

답안지의 다양화, 정보의 공유

✔ 도식화 그래프 활용

독창적인 표 작성(인터넷 활용)

✔ PD 수첩(작은 노트) 활용

Item, Key Word만 수록하고 항상 지니고 다니며 수시로 본다.
Mobile Phone, PDA(수첩기능) 등 첨단 디지털 기기를 활용하는 것도 좋다.

🖎 체력은 기본, 내가 있어야 합격도 있다

✔ 금주, 금연

흡연은 한 시간, 술자리는 하루를 잃는다.

✔ 스트레칭, 완력기, 아령(팔 힘 기르기)

꾸준한 스트레칭으로 체력을 유지하고 완력기, 아령을 이용해 팔 힘을 길러두자.

PART 1 건설안전 관련법

PART 2 안전관리론

Appendix 부록 과년도 출제문제

PART 01 건설안전 관련법

건설안전기술사

산업안전보건법

Professional Engineer Construction Safety

산업안전보건법의 목적과 체계

1. 개요

① 산업안전보건법이란 노무를 제공하는 자의 안전, 보건을 확보하고, 생명과 신체를 보호하기 위한 강제성 있는 규범이다.

② 사업장에서 사업주 빛 근로자가 산업재해 예방을 위해 수행해야 할 업무 내용을 법제화한 것이다.

2. 법의 목적

① 산업안전·보건에 관한 기준 확립 및 책임 소재 명확화

② 산업재해 예방 및 쾌적한 작업환경 조성

③ 노무를 제공하는 자의 안전 및 보건·유지 증진

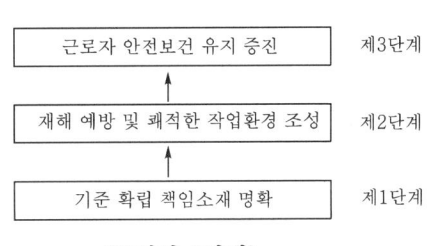

[목적의 3단계]

3. 법령의 분류

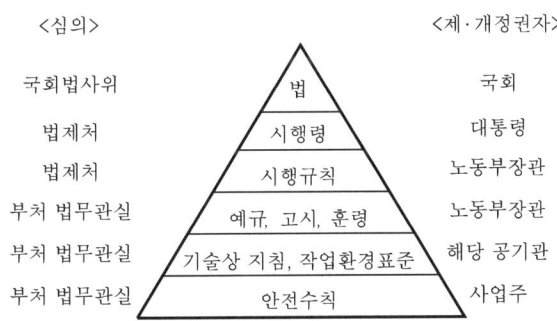

4. 법의 체계와 구성

1) 법

① 산업재해 예방을 위한 기본적 제도
② 사업주, 근로자, 정부 수행 사업의 근거 규범

2) 시행령

법에서 위임된 사항, 제도 시행 대상, 범위·종류 등 설정

3) 시행규칙

① 사업주가 행할 안전상의 조치에 관한 기술적 사항
② 사업주가 행할 보건상의 조치에 관한 기술적 사항
③ 유해·위험 작업의 취업 제한에 관한 규칙

4) 고시·예규·훈령

① 고시 : 각종 검사 검정 사항
② 예규 : 행정 절차적 사항
③ 훈령 : 훈시, 지침 등 시달

5) 기술상 지침

① KOSHA CODE
② 해당 공기관 상위법 내의 안전 기준

6) 안전수칙

(1) 사업주가 제정

(2) 안전수칙 예

① 통행 제한(규정속도 10km)
② 개인 보호구 착용 방법
③ 화재·폭발 방지

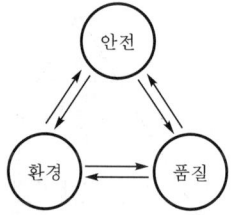

[안전, 환경, 품질 접목]

5. 문제점

① 타 법령과 조화 미흡
② 구체적 내용 미흡
③ 근로자 제재조치 미흡
④ 환경 관련 내용 미흡
⑤ 선진국 모방
⑥ 전문가 활용 미흡

6. 개선 방향

① 타법령과 조화
② 구체적 내용 삽입 및 분류
③ 근로자 제재 조치 현실화
④ 환경기준 도입
⑤ 전문인력 양성 및 활용
⑥ 우리 실정에 맞는 법으로 체계화

7. 결론

① 최근 대형 안전사고가 빈번하게 발생함에 따라 사회적으로 큰 이슈가 되고 있다. 인적·물적 피해는 물론이고, 집단 트라우마 같은 심각한 사회문제를 야기하고 있다.
② 이에 대응하기 위해 관련법과의 조화 및 근로자의 적극적인 안전활동 참여가 요구되며, 변화하는 사회특성 등을 고려한 산업안전보건법의 정비가 절실하다.

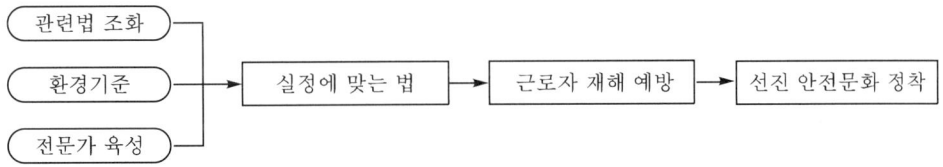

Section 2 **정부, 사업주, 근로자의 의무**

1. 정부의 책무

① 산업 안전 및 보건 정책의 수립 및 집행
② 산업재해 예방 지원 및 지도
③ 직장 내 괴롭힘 예방을 위한 조치기준 마련, 지도 및 지원
④ 사업주의 자율적인 산업 안전 및 보건 경영체제 확립을 위한 지원
⑤ 산업 안전 및 보건에 관한 의식을 북돋우기 위한 홍보·교육 등 안전문화 확산 추진
⑥ 산업 안전 및 보건에 관한 기술의 연구·개발 및 시설의 설치·운영
⑦ 산업재해에 관한 조사 및 통계의 유지·관리
⑧ 산업 안전 및 보건 관련 단체 등에 대한 지원 및 지도·감독
⑨ 노무를 제공하는 자의 안전 및 건강의 보호·증진
⑩ 관련 단체 및 연구기관에 행정적·재정적 지원

[산재예방]

2. 사업주 등의 의무

① 근로자의 안전 및 건강을 유지·증진
② 법에 따른 명령으로 정하는 산업재해 예방을 위한 기준 준수
③ 근로자의 신체적 피로와 정신적 스트레스 등을 줄일 수 있는 쾌적한 작업환경의 조성 및 근로조건 개선
④ 해당 사업장의 안전 및 보건에 관한 정보를 근로자에게 제공
⑤ 건설물을 발주·설계·건설하는 자는 건설에 사용되는 물건으로 인하여 발생하는 산업재해를 방지하기 위하여 필요한 조치

3. 근로자의 의무

① 산업재해 예방을 위한 기준 준수
② 사업주 또는 근로감독관, 공단 등 관계인이 실시하는 산업재해 예방에 관한 조치 준수

4. 지방자치단체의 책무

1) 정부의 정책에 적극 협조하고, 관할 지역의 산업재해 예방대책 수립·시행

2) 지방자치단체의 산업재해 예방 활동

① 자체 계획의 수립, 교육, 홍보 및 안전한 작업환경 조성 지원을 위한 사업장 지도
② 정부의 행정적·재정적 지원
③ 필요한 사항은 지방자치단체가 조례로 지정

Section 3 산업재해 발생 공표 대상 사업장

1. 개요

① 고용노동부장관은 산업재해를 예방하기 위해 필요하다고 인정될 때 발생건수, 재해율 등을 발표할 수 있다.
② 산업재해 다발, 중대재해 발생 등 안전보건관리가 불량한 사업장을 널리 알림으로써 산재예방에 대한 경각심을 고취, 사업주의 산재 예방 활동을 적극 유도한다.

2. 공표 근거와 방법

1) 근거

산업안전보건법에 의거 산업재해 예방을 위해 사업장의 발생건수, 재해율 또는 그 순위를 공표할 수 있다.

2) 방법

관보, 일간신문, 인터넷

3. 공표 대상

① 산업재해로 인한 사망자가 연간 2명 이상 발생한 사업장
② 사망만인율이 규모별 같은 업종의 평균사망만인율 이상인 사업장
③ 산업재해 발생 사실을 은폐한 사업장
④ 산업재해의 발생에 관한 보고를 최근 3년 이내 2회 이상 하지 않은 사업장
⑤ 중대 산업사고가 발생한 사업장
⑥ 도급인이 관계수급인 근로자의 산업재해 예방을 위한 조치의무를 위반하여 관계수급인의 근로자가 산업재해를 입은 경우
  ※ **중대 산업사고** : 위험물질의 누출, 화재, 폭발 등으로 인해 사업장 내의 근로자에게 즉시 피해를 주거나 사업장 인근 지역에 피해를 줄 수 있는 사고

4. 문제점

① 재해율 산정 곤란(연도 중 2회 6월, 10월 실시)
② 공표 대상이 적어 효과 반감
③ 재판계류 중인 재해 포함에 대한 문제

5. 개선 방안

① 공표 횟수를 연 1회로 조정(매년 12월)
② 재판계류 중인 사건은 1심 판결 또는 연내 상급심 결과에 따라 공표

Section 4 재해율

1. 개요

① 고용노동부장관은 산업재해 예방을 위하여 사업장의 산업재해 발생 건수, 재해율 또는 순위 등을 공표하여야 한다.
② 재해율이란 근로자 100명당 발생하는 재해자 수의 비율이며 사망만인율, 사고사망 만인율, 질병발병률을 연간 재해율을 산업별로 산정하여 익년 3월 말에 공표한다.

2. 재해율 등

1) 재해율(%) : 근로자 100명당 발생하는 재해자 수의 비율

$$재해율(\%) = \frac{재해자\ 수}{근로자\ 수} \times 100$$

여기서, 근로자 수(명) : 산업재해보상보험 가입 근로자수
　　　　재해자 수(명) : 업무상 사고 또는 질병으로 인해 발생한 사망자와 부상자, 질병이환자를 합한 수

2) 사망만인율(‰) : 근로자 10,000명당 발생하는 사망자 수의 비율

$$사망만인율(‰) = \frac{사망자\ 수}{근로자\ 수} \times 10,000$$

여기서, 사망자 수(명): 업무상 사고 또는 질병으로 인해 발생한 사망자 수

사고사망자 수(명): 업무상 사고로 인해 발생한 사망자 수

질병사망자 수(명): 질병으로 인해 발생한 사망자 수

3) 사고사망만인율(‰) : 근로자 10,000명당 발생하는 업무상 사고 사망자 수

$$사고사망만인율(‰) = \frac{사고사망자\ 수}{근로자\ 수} \times 10,000$$

4) 질병발병률(%) : 근로자 100명당 발생하는 질병자 수의 비율

$$질병발병률(\%) = \frac{질병자\ 수}{근로자\ 수} \times 100$$

여기서, 질병자 수(명): 업무상 질병으로 인해 발생한 사망자와 이환자를 합한 수

3. 재해자 수 산정에서 제외하는 경우

사업주의 법 위반으로 인한 것이 아닌 재해 산업재해자 중
① 방화, 근로자 간 또는 타인 간의 폭행에 의한 경우
② 도로교통법에 따라 도로에서 발생한 교통사고에 의한 경우(해당 공사의 공사용 차량·장비에 의한 사고는 제외)
③ 태풍·홍수·지진·눈사태 등 천재지변에 의한 불가항력적인 재해의 경우
④ 작업과 관련이 없는 제3자의 과실에 의한 경우(해당 목적물 완성을 위한 작업자 간의 과실은 제외)
⑤ 그 밖에 야유회, 체육행사, 취침·휴식 중의 사고 등 건설작업과 직접 관련이 없는 경우

4. 건설업 재해 현황

구분	2019년	2020년	2021년	2022년	2023년
총재해자 수	27,211	26,799	29,943	31,425	32,353
증감(명)	-475	-412	3,144	1,302	1,118
사망자 수	517	567	551	539	486
증감(명)	-53	50	-16	-12	-53

Section 5 안전·보건관리 체계

1. 목적

① 안전·보건관리 체계 확립
② 사고 예방 활동의 조직화
③ 위험 요소 사전 제거
④ 기술 수준 향상
⑤ 기업 손실 방지

2. 안전·보건관리 체계

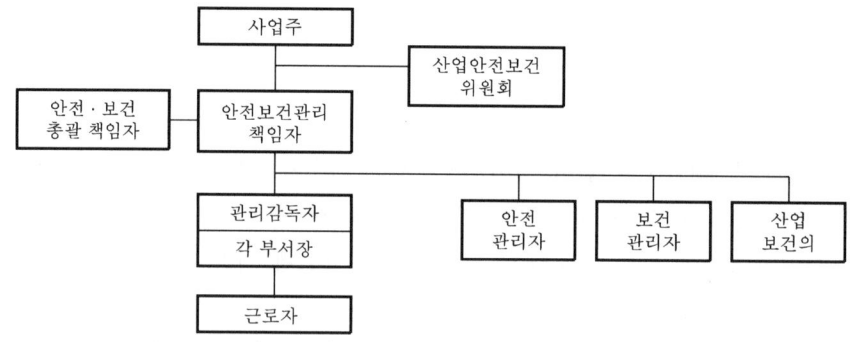

[사업장의 안전보건관리 조직 구성도]

3. 이사회 보고 및 승인

1) 회사의 대표이사는 매년 회사의 안전 및 보건에 관한 계획을 수립하여 이사회에 보고하고 승인을 받아야 하며 이를 성실하게 이행하여야 한다.

2) 이사회 보고·승인 대상 회사
① 상시근로자 500명 이상을 사용하는 회사
② 건설산업기본법 제23조에 따른 전년도 시공능력평가액(토목·건축공사업에 한함) 순위 상위 1,000위 이내의 건설회사

3) 안전 및 보건에 관한 계획에 포함되어야 할 사항
① 전년도 안전·보건활동 실적

② 안전 · 보건경영방침 및 안전 · 보건활동 계획

③ 안전 · 보건관리 체계 인원 및 역할

④ 안전 및 보건에 관한 시설 및 비용

4. 안전 · 보건관리 책임자(업무총괄)

1) 선임 대상

① 공사 금액 20억 원 이상 건설업

② 상시 근로자 50인 이상 토사석 광업 외 21개 사업

③ 상시 근로자 300인 이상 농업 외 9개 사업

④ 상시 근로자 100인 이상 사업 중 ②, ③항을 제외한 사업

2) 선임

선임하였을 때는 선임 사실과 업무수행 내용증명 서류를 갖춰 두어야 한다.

3) 직무

① 산업재해 예방 계획 수립에 관한 사항

② 안전보건관리규정의 작성 및 그 변경에 관한 사항

③ 안전 보건 교육에 관한 사항

④ 작업환경 측정 등 작업환경 점검 및 개선에 관한 사항

⑤ 근로자의 건강진단 등 건강관리에 관한 사항

⑥ 산업재해의 원인조사 및 재해 방지 대책의 수립에 관한 사항

⑦ 산업재해에 관한 통계의 기록 유지에 관한 사항

⑧ 안전장치 및 보호구 구입 시 적격품 여부 확인에 관한 사항

⑨ 기타 근로자 유해 위험 예방조치에 관한 사항(고용노동부령)

⑩ 안전관리자와 보건관리자를 지휘 · 감독

5. 안전보건총괄책임자

1) 지정 대상사업

① 수급인에게 고용된 근로자를 포함한 상시근로자가 100명 이상인 사업(선박 및 보트 건조업, 1차 금속 제조업 및 토사석광업의 경우 50명)

② 수급인의 공사금액을 포함한 해당 공사의 총공사금액이 20억 원 이상인 건설업

2) 직무 등

　① 위험성평가의 실시에 관한 사항

　② 작업의 중지 및 재개

　③ 도급사업 시의 안전·보건 조치

　④ 산업안전보건관리비의 집행 감독 및 그 사용에 관한 관계수급인 간의 협의·조정

　⑤ 안전인증대상기계 등과 자율안전확인대상기계 등의 사용 여부 확인

　⑥ 선임 사실 및 수행내용을 증명서류 비치

6. 관리감독자

1) 선임 대상 및 업무

　① 사업주는 사업장의 생산과 관련되는 업무와 그 소속 직원을 직접 지휘·감독하는 직위에 있는 사람을 관리감독자로 지정하고 산업 안전 및 보건에 관한 업무를 수행하도록 하여야 한다.

　② 관리감독자가 있는 경우 「건설기술진흥법」이 정한 안전관리책임자 및 안전관리자를 둔 것으로 본다.

2) 직무 내용

　① 기계 기구 설비의 안전 보건 점검 및 이상 유무 확인

　② 근로자의 작업복, 보호구, 방호장치 점검 및 사용에 관한 교육 지도

　③ 당해 작업에서 발생한 산업재해에 관한 보고 및 응급조치

　④ 작업장의 통로 확보 확인, 감독

　⑤ 산업보건의, 안전관리자, 보건관리자, 안전·보건관리담당자의 지도·조언에 대한 협조

　⑥ 유해·위험 요인의 파악 및 개선 조치의 시행

7. 안전관리자

1) 건설업 선임대상 및 인원

　(1) 1명 선임대상공사

　　① 50억 원 이상 공사(관계수급인은 100억 원 이상) ~ 120억 원 미만(토목 150억 원 미만)

　　② 120억 원 이상(토목 150억 원 이상) ~ 800억 원 미만 공사는 안전업무만을 전담하는 안전관리자를 두어야 한다(겸직금지).

(2) 2명 선임대상공사

① 800억 원 이상 ~ 1,500억 원 미만 공사

② 2명 중 1명은 산업안전지도사, 산업안전기사, 산업안전산업기사, 건설안전기사, 건설안전산업기사를 선임

③ 공사기간 전, 후 15% 기간은 1명을 선임할 수 있다.

(3) 3명 선임대상공사

① 1,500억 원 이상 ~ 2,200억 원 미만 공사

② 3명 중 1명은 산업안전지도사, 건설안전기술사(건설안전기사, 산업기사 취득 후 7년, 산업안전기사, 산업기사 취득 후 10년 이상 건설안전업무 수행자) 선임

③ 공사기간 전, 후 15% 기간은 2명을 선임할 수 있다(1명은 ②항 해당자 선임).

(4) 4명 선임대상공사

① 2,200억 원 이상~ 3,000억 원 미만 공사

② 4명 중 2명은 산업안전지도사, 건설안전기술사(건설안전기사, 산업기사 취득 후 7년, 산업안전기사, 산업기사 취득 후 10년 이상 건설안전업무 수행자) 선임

③ 공사기간 전, 후 15% 기간은 3명을 선임할 수 있다(1명은 ②항 해당자 선임).

(5) 5명 선임대상공사

① 3,000억 원 이상 ~ 3,900억 원 미만 공사

② 5명 중 2명은 산업안전지도사, 건설안전기술사(건설안전기사, 산업기사 취득 후 7년, 산업안전기사, 산업기사 취득 후 10년 이상 건설안전업무 수행자) 선임

③ 공사기간 전, 후 15% 기간은 3명을 선임할 수 있다(1명은 ②항 해당자 선임).

(6) 6명 선임대상공사

① 3,900억 원 이상 ~ 4,900억 원 미만 공사

② 6명 중 2명은 산업안전지도사, 건설안전기술사(건설안전기사, 산업기사 취득 후 7년, 산업안전기사, 산업기사 취득 후 10년 이상 건설안전업무 수행자) 선임

③ 공사기간 전, 후 15% 기간은 2명을 선임할 수 있다(2명은 ②항 해당자 선임).

(7) 7명 선임대상공사

① 4,900억 원 이상 ~ 6,000억 원 미만 공사

② 7명 중 2명은 산업안전지도사, 건설안전기술사(건설안전기사, 산업기사 취득 후 7년, 산업안전기사, 산업기사 취득 후 10년 이상 건설안전업무 수행자) 선임

③ 공사기간 전, 후 15% 기간은 2명을 선임할 수 있다(2명은 ②항 해당자 선임).

(8) 8명 선임대상공사

① 6,000억 원 이상 ~ 7,200억 원 미만 공사

② 8명 중 3명은 산업안전지도사, 건설안전기술사(건설안전기사, 산업기사 취득 후 7년, 산업안전기사, 산업기사 취득 후 10년 이상 건설안전업무 수행자) 선임

③ 공사기간 전, 후 15% 기간은 안전관리자 수의 1/2(소수점 이하는 올림)명을 선임할 수 있다(3명은 ②항 해당자 선임).

(9) 9명 선임대상공사

① 7,200억 원 이상 ~ 8,500억 원 미만 공사

② 9명 중 3명은 산업안전지도사, 건설안전기술사(건설안전기사, 산업기사 취득 후 7년, 산업안전기사, 산업기사 취득 후 10년 이상 건설안전업무 수행자) 선임

③ 공사기간 전, 후 15% 기간은 안전관리자 수의 1/2(소수점 이하는 올림)명을 선임할 수 있다(3명은 ②항 해당자 선임).

(10) 10명 선임대상공사

① 8,500억 원 이상 ~ 1조 원 미만 공사

② 10명 중 3명은 산업안전지도사, 건설안전기술사(건설안전기사, 산업기사 취득 후 7년, 산업안전기사, 산업기사 취득 후 10년 이상 건설안전업무 수행자) 선임

③ 공사기간 전, 후 15% 기간은 안전관리자 수의 1/2(소수점 이하는 올림)명을 선임할 수 있다(3명은 ②항 해당자 선임).

(11) 11명 선임대상공사

① 1조 원 이상 공사

② 11명 중 3명은 산업안전지도사, 건설안전기술사(건설안전기사, 산업기사 취득 후 7년, 산업안전기사, 산업기사 취득 후 10년 이상 건설안전업무 수행자) 선임

③ 공사기간 전, 후 15% 기간은 안전관리자 수의 1/2(소수점 이하는 올림)명을 선임할 수 있다(3명은 ②항 해당자 선임).

(12) 안전관리자를 선임하거나 안전관리자의 업무를 안전관리전문기관에 위탁한 경우 안전관리자를 늘리거나 교체한 경우 14일 이내에 고용노동부장관에게 증명할 수 있는 서류 제출

2) 안전관리자의 업무

① 산업안전보건위원회 또는 노사협의체에서 심의·의결한 업무와 안전보건관리규정 및 취업규칙에서 정한 업무

② 위험성평가에 관한 보좌 및 지도·조언

③ 안전인증대상기계와 자율안전확인대상기계 구입 시 적격품의 선정에 관한 보좌 및 지도·조언

④ 안전교육계획의 수립 및 안전교육 실시에 관한 보좌 및 지도·조언

⑤ 사업장 순회점검·지도 및 조치의 건의

⑥ 산업재해 발생의 원인 조사·분석 및 재발 방지를 위한 기술적 보좌 및 지도·조언

⑦ 산업재해에 관한 통계의 유지·관리·분석을 위한 보좌 및 지도·조언

⑧ 법 또는 법에 따른 명령으로 정한 안전에 관한 사항의 이행에 관한 보좌 및 지도·조언

⑨ 업무수행 내용의 기록·유지

⑩ 그밖에 안전에 관한 사항으로서 고용노동부장관이 정하는 사항

3) 증원·개임 명령

① 연간 재해율이 동종 업종 평균 재해율의 2배 이상인 경우

② 중대재해가 연 2건 이상 발생한 경우(전년도 사망만인율이 같은 업종 평균 이하일 때는 제외)

③ 관리자가 질병, 기타의 사유로 3개월 이상 직무를 수행할 수 없는 경우

④ 화학적 인자로 인한 직업성 질병자가 연간 3명 이상 발생한 경우

※ 안전관리자 한 명이 둘 이상의 사업장을 공동으로 관리하는 경우[공사금액 120억 원(토목 150억 원) 이내]
1. 같은 시·군·구(자치구) 지역에 소재하는 경우
2. 사업장 간 경계를 기준으로 15km 이내에 소재하는 경우

8. 보건관리자

1) 선임대상 및 인원

① 공사금액 800억 원 이상(토목 1천억 원 이상) 또는 상시근로자 600명 이상일 때 1명 선임

② 공사금액 1,400억 원이 증가할 때마다 또는 상시근로자 600명 추가될 때마다 1명씩 추가

③ 자격 : 의사, 간호사, 산업보건지도사 등

2) 업무

① 산업안전보건위원회에서 심의·의결한 업무와 안전보건관리규정 및 취업규칙에서 정한 업무

② 보건과 관련된 보호구(保護具) 구입 시 적격품 선정에 관한 보좌 및 지도·조언

③ 물질안전보건자료의 게시 또는 비치에 관한 보좌 및 지도·조언

④ 법 제36조에 따른 위험성평가에 관한 보좌 및 지도·조언

⑤ 산업보건의의 직무(보건관리자가 의사인 경우)

⑥ 해당 사업장 보건교육계획의 수립 및 보건교육 실시에 관한 보좌 및 지도·조언

⑦ 해당 사업장의 근로자를 보호하기 위한 의료행위(보건관리자가 의사, 간호사인 경우)

　　㉠ 외상 등 흔히 볼 수 있는 환자의 치료

　　㉡ 응급처치가 필요한 사람에 대한 처치

　　㉢ 부상·질병의 악화를 방지하기 위한 처치

　　㉣ 건강진단 결과 발견된 질병자의 요양 지도 및 관리

　　㉤ ㉠부터 ㉣까지의 의료행위에 따르는 의약품의 투여

⑧ 작업장 내에서 사용되는 전체 환기장치 및 국소 배기장치 등에 관한 설비의 점검과 작업방법의 공학적 개선에 관한 보좌 및 지도·조언

⑨ 사업장 순회점검·지도 및 조치의 건의

⑩ 산업재해 발생의 원인 조사·분석 및 재발 방지를 위한 기술적 보좌 및 지도·조언

⑪ 산업재해에 관한 통계의 유지·관리·분석을 위한 보좌 및 지도·조언

⑫ 법에 따른 명령으로 정한 보건에 관한 사항의 이행에 관한 보좌 및 지도·조언

⑬ 업무수행 내용의 기록·유지

⑭ 그밖에 작업관리 및 작업환경관리에 관한 사항으로서 고용노동부 장관이 정하는 사항

3) 시설 및 장비

① 건강관리실 : 근로자가 쉽게 찾을 수 있고 통풍과 채광이 잘되는 곳에 위치하며 직무수행에 적합한 면적을 확보하고, 상담실·처치실 및 양호실을 갖추어야 함

② 상하수도 설비, 침대, 냉난방시설, 외부 연락용 직통전화, 구급용구 등

9. 산업보건의

1) 선임 대상

① 상시근로자 50인 이상 사용하는 사업으로 의사가 아닌 보건관리자를 두는 사업장

② 대행업체 위임 시 면제

2) 직무

① 건강진단 실시 결과의 검토 및 결과에 의한 작업 배치, 전환, 근로자 건강보호 조치 등

② 근로자 건강장애의 원인 조사, 재발 방지를 위한 의학적 조치

③ 기타 고용노동부장관이 정하는 사항

10. 화재감시자

1) 배치 대상

① 작업반경 11m 이내에 건물구조 자체나 내부(개구부 등으로 개방된 부분 포함)에 가연성 물질이 있는 장소

② 작업반경 11m 이내의 바닥 하부에 가연성 물질이 11m 이상 떨어져 있지만 불꽃에 의해 쉽게 발화될 우려가 있는 장소

③ 가연성 물질이 금속으로 된 칸막이 · 벽 · 천장 또는 지붕의 반대쪽 면에 인접해 있어 열전도나 열복사에 의해 발화될 우려가 있는 장소

④ 같은 장소에서 상시 · 반복적으로 용접 · 용단작업을 할 때 경보용 설비 · 기구, 소화설비 또는 소화기가 갖추어진 경우에는 화재감시자를 지정 · 배치하지 않을 수 있다.

2) 직무

① 화재의 위험을 감시

② 화재 발생 시 사업장 내 근로자의 대피 유도

③ 확성기, 휴대용 조명기구 및 방연마스크 등 대피용 방연장비 구비

> 제14조 ① 회사의 대표이사는 매년 비용, 시설, 인원 등의 사항을 포함한 회사의 안전 및 보건에 관한 계획을 수립하여 이사회에 보고하고 승인을 받아야 하며 이를 성실하게 이행하여야 한다.
> [시행일 : 2021. 1. 1.]

Section 6 명예 산업안전 감독관

1. 개요

고용노동부장관은 산업재해 예방활동에 대한 참여와 지원을 촉진하기 위하여 근로자, 근로자 단체, 사업주 단체, 관련 전문 단체 소속자 중 명예 산업안전 감독관을 위촉할 수 있다.

2. 위촉 대상

① 산업안전보건위원회 또는 노사협의체 설치 대상 사업의 근로자 중 근로자 대표가 사업주 의견을 들어 추천하는 사람

② 노동조합, 또는 대표 기구에 소속된 임·직원 중 추천하는 사람

③ 전국 규모 사업주 단체 또는 산하 조직 소속 임·직원 중 추천하는 사람

④ 산업재해 예방 업무를 행하는 단체, 산하 조직 임·직원 중 추천하는 사람

3. 업무

① 자체 점검 참여, 근로감독관이 행하는 감독 참여

② 산업재해 예방 계획 수립 참여 및 사업장에서 행하는 기계기구 자체 검사 입회

③ 법령 위반 사업주에 대한 개선 요청 및 감독 기관에 신고

④ 산업재해 발생의 급박한 위험 시 작업 중지 요청

⑤ 작업환경 측정, 근로자 건강진단 입회 및 결과 설명회 참여

⑥ 직업성 질환의 증상이 있거나 질병에 이환된 근로자가 다수 발생한 경우 사업주에 대한 임시 건강진단 실시 요청

⑦ 근로자 안전수칙 준수 지도

⑧ 법령 및 산업재해 예방 정책에 개선 건의

⑨ 무재해 운동 등 참여 지원

⑩ 기타 산업재해 예방에 대한 통보·계몽 등 산업재해 예방 업무에 관련하여 고용 노동부장관이 정하는 업무

4. 임기

2년으로 하되 연임 가능

5. 해촉

① 근로자 대표가 사업주의 의견을 들어 해촉을 요청할 때

② 당해 단체 또는 그 산하조직으로부터 퇴직하거나 해임된 때

③ 업무에 관련하여 부정한 행위를 한 때

④ 질병, 부상 등 사유로 업무 수행이 곤란하게 된 때

Section 7 산업안전보건위원회

1. 정의

사업주는 산업안전·보건에 관한 중요 사항을 심의, 의결하기 위해 근로자, 사용자 동수로 구성되는 산업안전보건위원회를 설치·운영하고 회의록을 작성, 비치해야 한다.

2. 심의·의결 사항

① 산업재해 예방 계획 수립에 관한 사항
② 안전보건관리규정의 작성 및 그 변경에 관한 사항
③ 안전보건 교육에 관한 사항
④ 작업환경 측정 등 작업환경 점검 및 개선에 관한 사항
⑤ 근로자의 건강진단 등 건강관리에 관한 사항
⑥ 산업재해에 관한 통계의 기록 및 유지에 관한 사항
⑦ 산업재해의 원인 조사 및 재해 방지 대책 수립에 관한 사항 중 중대재해에 관한 사항
⑧ 유해·위험기계·기구와 그 밖의 설비를 도입한 경우 안전·보건 조치에 관한 사항

3. 설치대상 및 위원회 구성

1) 설치대상

공사금액 120억 원 이상(토목 150억 원 이상) 공사

2) 위원회 구성

(1) 근로자위원
① 근로자대표
② 명예감독관이 위촉되어 있는 사업장의 경우 근로자대표가 지명하는 1명 이상의 명예감독관
③ 근로자대표가 지명하는 9명 이내의 해당 사업장의 근로자(지명된 명예감독관은 제외)

(2) 사용자위원
① 해당 사업의 대표자

② 안전관리자 1명

③ 보건관리자 1명

④ 산업보건의(해당 사업장에 선임되어 있는 경우로 한정한다)

⑤ 해당 사업의 대표자가 지명하는 9명 이내의 해당 사업장 부서의 장(상시근로자 50명 이상 100명 미만을 사용하는 사업장은 제외)

4. 회의록 기록 사항

① 개최일시 및 장소(3월/1회)

② 출석위원

③ 심의내용 및 의결사항

④ 기타 토의사항

Section 8 안전보건관리규정

1. 정의

사업장의 안전·보건을 유지하기 위해 안전관리에 대한 기본 사항을 규정한 것으로 사업주는 안전보건관리규정을 작성하여 게시하거나 갖춰두고 이를 근로자에게 알려야 한다.

2. 필요성

① 구체성 결여

② 명확성 부족

③ 기본 기준안 책정

④ 안전 활동 추진 곤란

3. 작성 대상 사업장

① 농업 외 9개 사업 중 상시 근로자 300인 이상 사업장

② ①항 외 사업으로 상시 근로자 100인 이상 사업장(건설업 등)

③ 작성 사유 발생 30일 내 작성

4. 안전보건관리규정에 포함할 사항

① 안전보건관리규정 작성의 목적 및 적용범위에 관한 사항
② 안전·보건관리 조직과 그 직무에 관한 사항
③ 안전·보건 교육에 관한 사항
④ 작업장 안전관리에 관한 사항
⑤ 작업장 보건관리에 관한 사항
⑥ 사고 소사 빛 대책 수립에 관한 사항
⑦ 위험성 평가에 관한 사항

5. 작성 시 유의사항

① 실제 산업재해 예방 입장에서 작성할 것
② 규정된 법규를 준수할 것
③ 작업내용 중심으로 작성할 것
④ 알기 쉽고 활용하기 쉽게 작성할 것
⑤ 현장의견을 반영할 것
⑥ 소방·가스·전기·교통 분야 안전관리 규정과 통합 작성 가능

Section 9 안전·보건 교육

1. 개요

사업주는 해당 사업장 근로자에 대하여 고용노동부령이 정하는 바에 따라 정기적으로 또는 수시로 안전·보건 교육을 실시해야 한다.

2. 목적

① 인간정신의 안전화
② 인간행동의 안전화
③ 환경의 안전화
④ 설비물자의 안전화

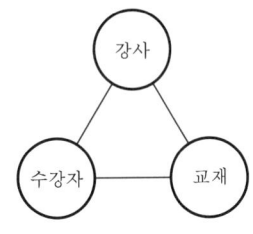

[교육의 3요소]

3. 안전 보건 교육 체계도

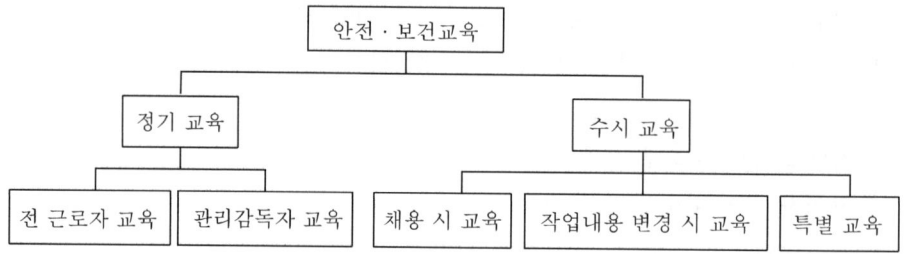

4. 법적근거

1) 안전·보건 교육시간

교육과정	교육대상		교육시간
가. 정기교육	사무직 종사 근로자		매분기 3시간 이상
	사무직 종사 근로자 외의 근로자	판매업무에 직접 종사하는 근로자	매분기 3시간 이상
		판매업무에 직접 종사하는 근로자 외의 근로자	매반기 12시간
	관리감독자의 지위에 있는 사람		연간 16시간 이상
나. 채용 시의 교육	1주일 이하 근로자 및 일용근로자		1시간 이상
	1주 초과 1개월 이하의 근로자		4시간
	상시근로자를 제외한 근로자		8시간 이상
다. 작업내용 변경 시의 교육	일용근로자		1시간 이상
	일용근로자를 제외한 근로자		2시간 이상
라. 특별교육	비계, 동바리 조립 및 해체 타워크레인 설치, 맨홀, 밀폐공간 석면해체 작업 등 40종에 해당하는 작업에 종사하는 일용근로자		2시간 이상
	타워크레인 신호 작업에 종사하는 일용근로자		8시간
	비계, 동바리 조립 및 해체 타워크레인 설치, 맨홀, 밀폐공간 석면해체 작업 등 40종에 종사하는 일용근로자를 제외한 근로자		• 16시간 이상(최초 작업에 종사하기 전 4시간 이상 실시하고 12시간은 3개월 이내에서 분할하여 실시 가능) • 단기간 작업 또는 간헐적 작업인 경우에는 2시간 이상
마. 건설업 기초안전·보건교육	건설 일용근로자		4시간

※ 일용근로자 교육 시간면제
　① 일용근로자가 채용 시 (특별)교육 이수 후 1주일 동안 동일 사업장에서 동일 업무로 다시 종사하는 경우 해당 교육 면제
　② 타법에 따른 안전교육 이수대상자 교육시간 감면

2) 공통안전 · 보건 교육 내용

① 산업안전 · 보건법령에 관한 사항
② 근로자 건강증진 및 산업간호에 관한 사항
③ 물질 안전보건자료(MSDS)에 관한 사항
④ 기타 안전 · 보건관리에 관한 사항

3) 안전 보건 교육의 면제

① 전년도에 산업재해가 발생하지 아니한 사업장
  – 근로자 정기교육 실시기준 시간의 100분의 50까지의 범위에서 면제
② 근로자건강센터에서 실시하는 건강관리 활동에 참여한 때에는 해당 시간을 근로자 정기교육 시간에서 면제
③ 관리감독자 정기교육시간을 면제
  ㉠ 직무교육기관에서 실시한 전문화교육 이수
  ㉡ 직무교육기관에서 실시한 통신교육 이수
  ㉢ 공단에서 실시한 안전보건관리담당자 양성교육 이수
  ㉣ 검사원 성능검사 교육 이수

5. 건설업 기초안전 · 보건교육

1) 교육실시 시기 및 교육기관

① 건설 일용근로자를 채용할 때
② 고용노동부장관에게 등록한 기관에서 기초안전 · 보건교육을 이수
③ 채용되기 전에 건설업기초교육을 이수한 경우는 제외

2) 건설업 기초안전 · 보건교육에 대한 내용 및 시간

구분	교육 내용	시간
공통	산업안전보건법 주요 내용(건설 일용근로자 관련 부분)	1시간
	안전의식 제고에 관한 사항	
교육 대상별	작업별 위험요인과 안전작업 방법(재해사례 및 예방대책)	2시간
	건설 직종별 건강장해 위험요인과 건강관리	1시간

※ 교육대상별 교육시간 중 1시간 이상은 시청각 또는 체험 · 가상실습을 포함한다.

6. 사업주가 자체적으로 실시하는 안전교육 강사 자격

① 안전보건관리책임자, 관리감독자, 안전관리자
   (안전관리대행기관종사자)
② 공단에서 실시하는 교육과정을 이수한 자
③ 산업지도사 또는 산업위생지도사
④ 고용노동부장관이 정하는 사람

[5감의 효과]

7. 유의사항

① 교육 대상자의 수준에 따라 교육 실시
② 지속적이고 반복적으로 끈기 있게 교육 실시
③ 구체적인 내용으로 실시
④ 사례중심으로 산교육 유도
⑤ 교육 후 평가 실시

8. 문제점

① 추상적이고 일반적인 안전의 강조
② 교육내용 모방
③ 강사의 수준 부적합
④ 집단교육(개성 무시)
⑤ 강의중심 지식교육에 편중
⑥ 동기 부여 불충분

9. 대책

① 사업장 실태에 맞는 교재 개발
② 안전교육에 적합한 강사 선정
③ 충분한 동기 부여
④ 현장 적용 가능한 실질적 교육 실시
⑤ 교육 성취결과의 데이터베이스화

Section 10 직무교육 등

1. 정의

안전보건관리책임자 등은 해당 직위에 선임(위촉 포함)되거나 채용된 후 3개월(보건관리자가 의사인 경우는 1년) 이내에 직무를 수행하는 데 필요한 신규교육을 받아야 하며, 신규교육을 이수한 후 매 2년이 되는 날을 기준으로 전후 3개월 사이에 고용노동부장관이 실시하는 안전보건에 관한 보수교육을 받아야 한다.

2. 직무교육대상자 교육시간

교육대상	교육시간	
	신규교육	보수교육
가. 안전보건관리책임자	6시간 이상	6시간 이상
나. 안전관리자, 안전관리전문기관의 종사자	34시간 이상	24시간 이상
다. 보건관리자, 보건관리전문기관의 종사자	34시간 이상	24시간 이상
라. 재해예방 전문지도기관의 종사자	34시간 이상	24시간 이상
마. 석면조사기관의 종사자	34시간 이상	24시간 이상
바. 안전보건관리담당자	–	8시간 이상
사. 안전검사기관, 자율안전검사기관의 종사자	34시간 이상	24시간 이상

3. 검사원의 성능검사교육 및 내용

1) 교육대상 및 시간

교육과정	교육대상	교육시간
성능검사 교육	크레인, 리프트, 곤돌라 검사원	28시간 이상

2) 교육내용

① 관계법령
② 위험기계 구조 및 특성
③ 검사기준
④ 방호장치
⑤ 검사원의 직무 등

4. 특수형태 근로종사자에 대한 안전보건교육

교육과정	교육시간
가. 최초 노무제공 시 교육	2시간 이상(특별교육을 실시한 경우는 면제한다.)
나. 특별교육	16시간 이상(최초 작업에 종사하기 전 4시간 이상 실시하고 12시간은 3개월 이내에서 분할하여 실시 가능)
	단기간 작업 또는 간헐적 작업인 경우에는 2시간 이상

Section 11 — 안전 · 보건 표지

1. 목적

① 근로자의 안전 및 건강 확보를 위하여 위험 장소, 물질에 대한 경고, 비상 시 대처하기 위한 지시나 안내를 위한 표시
② 산업재해를 일으킬 우려가 있는 작업장의 특정 장소, 시설 또는 물체에 설치, 부착하는 표지

2. 종류

분류	색채	형태	종류	사용장소
금지표지	빨강	⊘	출입, 보행, 사용, 탑승	조립해체, 장비운전
경고표지	빨강, 노랑	◇ △	인화성물질, 폭발물, 전기	폭발물, 휘발유저장
지시표지	파랑	○	안전모, 방독, 방진마스크	공사장입구, 분진
안내표지	녹색	▭	녹십자, 비상구, 응급구조	비상구, 식당 등

3. 설치

① 근로자가 쉽게 식별할 수 있는 장소, 시설, 물체에 설치한다.

② 흔들리거나 쉽게 파손되지 않도록 견고하게
부착한다.
③ 설치 또는 부착이 곤란할 경우 물체에 직접 도장
한다.
④ 외국인을 채용한 사업주는 외국어 안전표지
와 작업안전수칙을 부착한다.

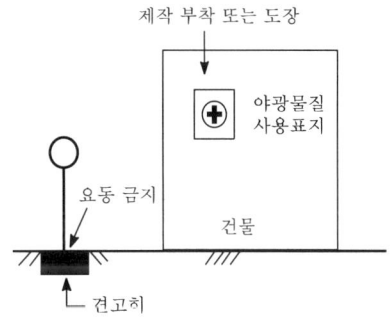

[표지판 설치]

Section 12 사업주의 안전 · 보건 조치

1. 안전 조치

1) 위험 예방 조치

① 기계·기구 기타설비에 의한 위험
② 폭발성, 발화성 및 인화성 물질 위험
③ 전기·열 기타에너지에 대한 위험

2) 불량한 작업방법 등에 기인 발생하는 위험 방지 조치

3) 작업 수행상 위험 발생이 예견되는 장소 조치

① 추락위험이 있는 장소
② 토사·구축물 등이 붕괴할 우려가 있는 장소
③ 물체가 떨어지거나 날아올 위험이 있는 장소
④ 천재지변으로 인한 위험 발생 장소

2. 보건 조치

① 원재료, GAS, 증기, 흄, 이스트, 산소결핍 공기, 병원체에 의한 건강장애
② 방사선, 유해광선, 고온, 저온, 소음, 진동 등에 의한 건강장애
③ 사업장 배출 액체, 기체, 찌꺼기 등에 의한 건강장애

④ 계측 감시, 단말기 조작, 정밀 공작 등에 의한 건강장애

⑤ 단순 반복작업 또는 인체에 과도한 부담을 주는 작업에 이한 건강장애

⑥ 환기, 채광, 조명, 보온, 방습 등을 유지하지 않아 발생하는 건강장애

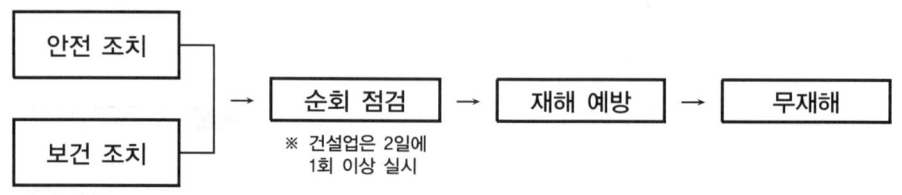

Section 13 유해 · 위험 방지 계획서

1. 개요

① 유해 · 위험 방지 계획서는 산업재해 방지를 위한 사전 안전성 평가 제도로서

② 건설공사 중 고용노동부령이 정하는 일정 규모 이상의 공사 착공 시 사업주는 유해 · 위험 방지 계획서를 작성, 고용노동부장관의 확인을 받아야 한다.

2. 건설공사 제출 대상 사업장

① 지상높이 31m 이상인 건축물 또는 인공 구조물

② 연면적 30,000m^2 이상인 건축물

③ 연면적 5,000m^2 이상인 문화, 집회, 판매, 운수, 종교, 종합병원, 관광숙박시설, 지하상가, 냉동 · 냉장창고 시설의 건설 · 개조 또는 해체

④ 연면적 5,000m^2 이상 냉동 · 냉장창고 시설의 설비 및 단열공사

⑤ 최대 지간 길이가 50m 이상인 교량 건설공사

⑥ 터널공사

⑦ 다목적 댐, 발전용 댐, 저수용량 2천만 톤 이상 용수 전용 댐, 지방, 상수도 전용 댐 건설공사

⑧ 깊이 10m 이상 되는 굴착공사

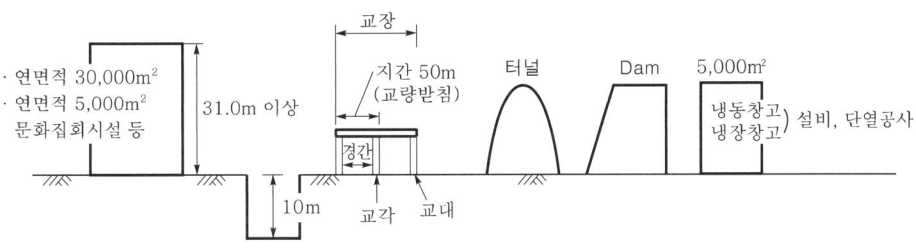

[유해·위험 방지 계획서 제출 대상 사업장]

3. 안전성 평가 필요성

① 중요 공사의 안전성 사전 검토

② 시공 계획 사전 검토

③ 시공 중 위험성 사전 검토

4. 수립 절차

① 작성자 : 사업주

② 확인자 : 산업안전보건공단

③ 제출서류 : 해당 항목별

④ 제출시기, 제출처

　㉠ 시기 : 착공 전

　㉡ 제출처 : 산업안전보건공단

⑤ 내용검토 및 결과 통보

　㉠ 심사 : 접수일로부터 15일 이내

　㉡ 결과통보 : 적정, 조건부 적정, 부적정 결과 통보

[안전성 평가 F/C]

```
자료 수집
   ↓
정성적 평가 ← no 부적정
   ↓
징량직 평가
   ↓
안전 대책 ← bad 조건부적정
   ↓
평가
   ↓ yes 적정
착공
   ↓
재해정보에
의한 재평가
```

5. 제출 서류

1) 공사 개요 및 안전 보건 관리 계획

① 공사 개요서

② 공사 현장의 주변 현황 및 주변과의 관계를 나타내는 도면(매설물 현황을 포함)

③ 건설물, 사용 기계 설비 등의 배치를 나타내는 도면

④ 전체 공정표

⑤ 산업 안전 보건 관리비 사용 계획

⑥ 안전 관리 조직표

⑦ 재해 발생 위험 시 연락 및 대피 방법

2) 작업 공사 종류별 유해·위험 방지 계획

대상 공사	작업 공사 종류	주요 작성 대상	첨부 서류
건축물, 인공구조물 건설 등의 공사	1. 가설공사 2. 구조물공사 3. 마감공사 4. 기계 설비공사 5. 해체공사	가. 비계조립 및 해체 작업(외부비계 및 높이 3미터 이상 내부비계만 해당) 나. 높이 4미터를 초과하는 거푸집동바리[동바리가 없는 공법(무지주공법으로 데크플레이트, 호리빔 등)과 옹벽 등 벽체를 포함한다] 조립 및 해체작업 또는 비탈면 슬라브의 거푸집동바리조립 및 해체 작업 다. 작업발판 일체형 거푸집 조립 및 해체 작업 라. 철골 및 PC(Precast Concrete) 조립 작업 마. 양중기 설치·연장·해체 작업 및 천공·항타 작업 바. 밀폐공간 내 작업 사. 해체 작업 아. 우레탄폼 등 단열재 작업[(취급장소와 인접한 장소에서 이루어지는 화기(火器) 작업을 포함한다] 자. 같은 장소(출입구를 공동으로 이용하는 장소를 말한다)에서 둘 이상의 공정이 동시에 진행되는 작업	1. 해당 작업공사 종류별 작업개요 및 재해예방 계획 2. 위험물질의 종류별 사용량과 저장·보관 및 사용 시의 안전작업계획 비고 1. 바목의 작업에 대한 유해·위험방지계획에는 질식화재 및 폭발 예방 계획이 포함되어야 한다. 2. 각 목의 작업과정에서 통풍이나 환기가 충분하지 않거나 가연성 물질이 있는 건축물 내부나 설비 내부에서 단열재 취급·용접·용단 등과 같은 화기작업이 포함되어 있는 경우에는 세부계획이 포함되어야 한다.
냉동·냉장 창고 시설의 설비 공사 및 단열 공사	1. 가설 공사 2. 단열 공사 3. 기계 설비 공사	가. 밀폐 공간 내 작업 나. 우레탄폼 등 단열재 작업(취급 장소와 인접한 곳에서 이루어지는 화기 작업을 포함) 다. 설비 작업 라. 같은 장소(출입구를 공동으로 이용하는 장소)에서 둘 이상의 공정이 동시에 진행되는 작업	1. 해당 작업 공사 종류별 작업개요 및 재해 예방 계획 2. 위험 물질의 종류별 사용량과 저장·보관 및 사용 시의 안전작업 계획 비고 1. 가 항목의 작업에 대한 유해·위험 방지 계획에는 질식·화재 및 폭발 예방 계획이 포함되어야 한다.

대상 공사	작업 공사 종류	주요 작성 대상	첨부 서류
			2. 각 항목의 작업 과정에서 통풍이나 환기가 충분하지 않거나 가연성 물질이 있는 건축물 내부나 설비 내부에서 단열재 취급·용접·용단 등과 같은 화기 작업이 포함되어 있는 경우에는 세부 계획이 포함되어야 한다.
교량 건설 등의 공사	1. 가설 공사 2. 하부공 공사 3. 상부공 공사	가. 하부공 작업 1) 작업 발판 일체형 거푸집 조립 및 해체 작업 2) 양중기 설치·연장·해체 작업 및 천공·항타 작업 3) 교대·교각 기초 및 벽체 철근조립 작업 4) 해상·하상 굴착 및 기초 작업 나. 상부공 작업 가) 상부공 가설 작업[압출 공법(ILM), 캔틸레버 공법(FCM), 동바리 설치 공법(FSM), 이동 지보 공법(MSS), 프리캐스트 세그먼트 가설 공법(PSM) 등을 포함] 나) 양중기 설치·연장·해체 작업 다) 상부 슬래브 거푸집 동바리 조립 및 해체(특수 작업대를 포함) 작업	1. 해당 작업 공사 종류별 작업 개요 및 재해 예방 계획 2. 위험 물질의 종류별 사용량과 저장·보관 및 사용 시의 안전 작업 계획
터널 건설 등의 공사	1. 가설 공사 2. 굴착 및 발파 공사 3. 구조물 공사	가. 터널 굴진 공법(NATM) 1) 굴진(갱구부, 본선, 수직갱, 수직구 등) 및 막장 내 붕괴·낙석 방지 계획 2) 화약 취급 및 발파 작업 3) 환기 작업 4) 작업대(굴진, 방수, 철근, 콘크리트 타설 포함) 사용 작업 나. 기타 터널 공법[TBM 공법, 쉴드(Shield) 공법, 추진(Front Jacking) 공법, 침매 공법 등을 포함] 1) 환기 작업 2) 막장 내 기계·설비 유지·보수 작업	1. 해당 작업 공사 종류별 작업 개요 및 재해 예방 계획 2. 위험 물질의 종류별 사용량과 저장·보관 및 사용 시의 안전 작업 계획 비고 1. 나 항목의 작업에 대한 유해·위험 방지 계획에는 굴진(갱구부, 본선, 수직갱, 수직구 등) 및 막장 내 붕괴·낙석 방지 계획이 포함되어야 한다.

대상 공사	작업 공사 종류	주요 작성 대상	첨부 서류
댐 건설 등의 공사	1. 가설 공사 2. 굴착 및 발파 공사 3. 댐 축조 공사	가. 굴착 및 발파 작업 나. 댐 축조[가(假)체절 작업을 포함] 작업 　1) 기초 처리 작업 　2) 둑 비탈면 처리 작업 　3) 본체 축조 관련 장비 작업(흙 쌓기 및 다짐만 해당) 　4) 작업 발판 일체형 거푸집 조립 및 해체 작업(콘크리트 댐 만 해당)	1. 해당 작업 공사 종류별 작업 개요 및 재해 예방 계획 2. 위험 물질의 종류별 사용량과 저장·보관 및 사용 시의 안전 작업 계획
굴착 공사	1. 가설 공사 2. 굴착 및 발파 공사 3. 흙막이 지보공(支保工) 공사	가. 흙막이 가시설 조립 및 해체 작업(복공작업을 포함) 나. 굴착 및 발파 작업 다. 양중기 설치·연장·해체 작 업 및 천공·항타 작업	1. 해당 작업 공사 종류별 작업 개요 및 재해 예방 계획 2. 위험 물질의 종류별 사용량과 저장·보관 및 사용 시의 안전 작업 계획

6. 심사 구분 및 확인 사항

1) 심사 구분

① 적정 : 안전, 보건 조치가 확보

② 조건부 적정 : 일부 개선 필요

③ 부적정 : 중대재해 발생 우려 및 결함

2) 결과 조치

① 조건부 적정 : 결과 보완

② 부적정 : 착공 중지, 계획 변경

3) 확인

① 6개월 1회 이상 공단 확인

② 유해 위험 요인 발견 시 5일 이내 통보 개선명령, 조치

③ 자율 안전관리 업체 당해 공사 준공 시까지 면제

④ 계획서 내용과 부합 여부

⑤ 변경 내용 적정성

⑥ 추가 유해, 위험 요인 존재 여부

7. 각국의 사전 안전성 평가제도

국가	제도	주관부서	내용
미국	기본 안전 계획서	산업안전보건청	모든 건설공사 대상
영국	CDM 제도	안전보건청	모든 건설공사 대상
대만	CSM 제도	노동위원회	7개 위험공종 대상
일본	사전 안전성 평가제도	노동성	7개 위험공종 대상
중국	사전 안전성 평가제도	고용노동부	한국 모델

8. 사전 안전성 평가 비교

구분	안전관리 계획서	유해 위험방지 계획서
관련법	건설기술진흥법	산업안전보건법
대상	① 1,2종 시설물 ② 깊이 10m 이상 굴착 폭발물 사용 20m 시설물 100m 이내 양축 가축 영향 ③ 품질 보증계획수립이 계약서에 명시된 공사 ④ 행정기관장이 필요하다고 판단되는 공사	① 높이 31m 이상 건축물 ② 최대지간 50m 이상 교량 ③ 터널 ④ 깊이 10m 이상 굴착 ⑤ 다목적 댐, 발전용 댐 ⑥ 연면적 5,000m^2 이상 냉동·냉장창고
제출처	발주처	산업안전보건공단
제출시기	실착공 15일 전	서류상 착공 전

9. 문제점

① 형식적 작성
② 작성 전문인력 부족
③ 관련기관 협력 부족
④ 재해 예방 기관 활용 부족
⑤ 건설기술진흥법과 중복 2중 작성

10. 대책

① 환경에 대한 제재 강화
② 모델의 다양화

③ 전문인력 양성

④ 관련법과 조화

⑤ 기술사 적극 활용

Section 14 **자체심사 및 확인업체**

1. 개요

① 자체심사 및 확인업체란 직전년도 산업재해발생률이 상위 20% 이하인 건설업체에 대하여 유해·위험 방지 계획서를 스스로 심사하여 착공 전날까지 공단에 제출해야 한다.

② 공단은 자체심사 및 확인업체가 제출한 유해·위험방지계획서에 대하여 심사를 하지 않을 수 있다.

2. 선정 기준

① 직전 3년간 평균 산업재해발생률 이하인 고용노동부장관이 정하는 규모 이상인 건설업체

ㄱ 3명 이상의 안전전담 직원으로 구성된 안전전담과 또는 팀 등 별도 조직

ㄴ 직전년도 건설업체 산업재해예방활동 실적 평가 점수가 70점 이상인 건설업체

ㄷ 직전년도 8월 1일부터 해당 연도 7월 31일까지 동시에 2명 이상의 근로자가 사망한 재해가 없는 업체

② 동시에 2명 이상의 근로자가 사망한 재해가 발생한 경우 즉시 자체심사 및 확인업체에서 제외

3. 자체심사 및 확인방법

1) 자체심사자(임직원, 외부전문가 중 1명)

① 산업안전지도사(건설안전 분야만 해당한다.)

② 건설안전기술사

③ 건설안전기사, 산업안전기사 실무경력이 3년 이상의 자격을 취득하고 공단에서 실시하는 유해·위험방지계획서 심사전문화 교육과정을 28시간 이상 이수한 사람

2) 자체확인은 6개월 이내마다 실시(자체검사자)

3) 유해·위험방지계획서 자체확인 결과서를 작성하여 해당 사업장 비치

4) 공사 중 사망재해가 발생한 경우 공단의 확인 내용
   ① 유해·위험방지계획서의 내용과 실제공사 내용이 부합하는지 여부
   ② 유해·위험방지계획서 변경내용의 적정성
   ③ 추가적인 유해·위험요인의 존재 여부

Section 15 공정안전보고서(P.S.M)

1. 개요

유해, 위험설비 보유 사업장의 사업주는 당해 설비로 인한 위험물질 누출, 화재, 폭발 등 사고(중대 산업사고)를 예방하기 위해 보고서(PSM)를 작성, 고용노동부장관에게 제출하고 비치해야 한다.

2. 목적

① 중대 산업사고 예방
② 위험물질 누출, 화재 예방으로부터 환경보호
③ 기업 경쟁력 향상
④ 중대 산업사고로부터 근로자 보호

※ **중대 산업사고** : 위험물질의 누출, 화재, 폭발 등으로 인해 사업장 내의 근로자에게 즉시 피해를 주거나 사업장 인근지역에 피해를 줄 수 있는 사고

3. 공정안전보고서 흐름도

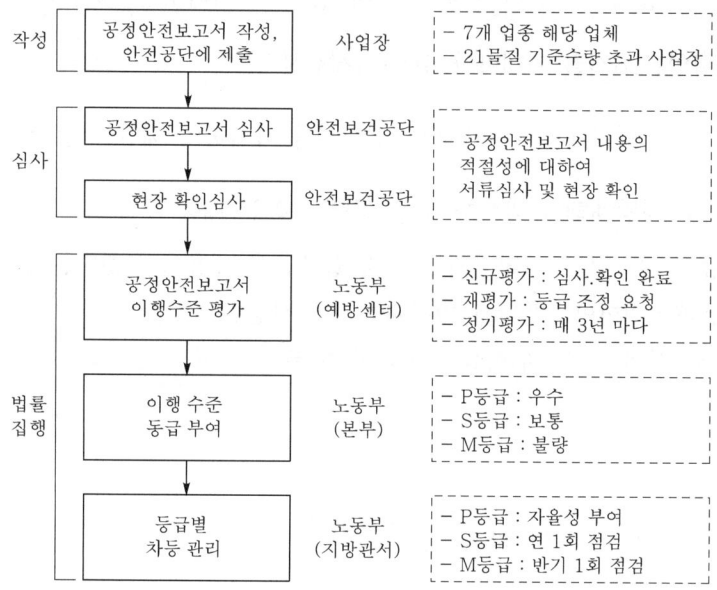

[공정안전보고서(PSM) 심사 및 차등관리 흐름도]

4. 제출 대상

① 원유 정제 처리업
② 기타 석유 정제 처리업
③ 석유화학계, 기초화합물, 합성수지, 플라스틱 제조업
④ 질소, 인산 및 칼리질 비료 제조업
⑤ 복합비료 제조업
⑥ 농약 제조업
⑦ 화약 및 불꽃 제품 제조업

※ **제외** : 원자력, 군사시설, 차량 등 운송설비 등

5. 내용

① 공정 안전 자료
② 공정 위험성 평가서
③ 안전운전 계획
④ 비상조치 계획
⑤ 기타 고용노동부장관이 고시하는 사항

6. 제출 심사

① 설비 설치, 이전 변경 시 착공 30일 전 2부 공단 제출

② 공단은 30일 이내 심사 후 1부 송부

③ 심사 결과 소방법에 의한 화재의 예방, 소방 등에 관련된 부분이 있다고 인정되는 경우 그 관련 내용을 관할 소방서장에게 통보

④ 사업주는 공정안전보고서를 송부받은 날부터 5년간 보존

7. 이행 상태 평가

① 공정보고서 확인 후 1년이 경과한 날부터 2년 이내

② ①항 이행 상태 평가 후 4년마다(사업주 요구 시 1, 2년마다)

Section 16 안전보건 진단

1. 개요

① 안전보건 진단이란 산업재해 예방을 위해 고용노동부장관이 지정하는 자가 조사 평가를 실시하는 것을 말한다.

② 사업장 내 잠재된 위험요소를 제거함으로써 재해를 방지하기 위한 것이다.

2. 대상 사업장

① 중대재해 발생 사업장(사업주가 안전보건 조치 의무를 이행하지 않아 발생한 중대재해에 한함)

② 안전보건 개선계획 수립·시행 명령을 받은 사업장

③ 추락, 폭발, 붕괴 등 재해 발생 위험이 높은 사업장

3. 안전진단의 종류

1) 종합진단

① 경영, 관리적 사항에 대한 평가

② 산업재해 또는 사고의 발생 원인

③ 작업조건 및 작업방법에 대한 평가

④ 유해 위험요인에 대한 측정 및 분석

⑤ 보호구, 안전장비 및 작업환경 개선 시설의 적정성

⑥ 유해물질의 사용·보관·저장, MSDS의 작성 근로자 교육, 경고표지 부착의 적정성

⑦ 작업환경, 근로자 건강 유지·증진 등 보건관리의 개선에 필요한 사항

2) 안전기술 진단

① 산업재해 또는 사고의 발생 원인

② 작업조건 및 작업방법에 대한 평가

③ 기계, 기구, 기타 설비에 대한 위험성

④ 폭발성, 자기발열성 물질, 자연발화성 액체·고체 및 인화성 액체의 위험성

⑤ 전기·열 또는 그 밖에 에너지에 대한 위험성

⑥ 추락·붕괴·낙하·비래 등으로 인한 위험성

⑦ 기타 기계, 기구, 설비, 장치, 구축물, 시설물, 원재료 및 공정 등의 위험성

⑧ 보호구, 안전보건장비 및 작업환경 개선 시설의 적정성

3) 보건기술 진단

① 산업재해 또는 사고의 발생 원인

② 작업조건 및 작업방법에 대한 평가

③ 허가 대상 유해물질, 고용노동부령이 정하는 관리 대상 유해물질 및 온도, 습도, 환기, 소음, 진동, 분진, 유해광선 등의 유해 또는 위험성

④ 보호구, 안전보건장비 및 작업환경 개선 시설의 적정성

⑤ 유해물질의 사용, 보관, 저장, MSDS 작성, 근로자 교육 및 경고표지부착 등

⑥ 작업환경, 근로자 건강 유지·증진 등 보건관리의 개선에 필요한 사항

4. 안전·보건 진단의 효과

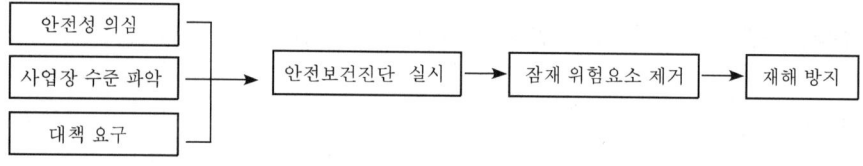

Section 17 안전보건개선계획

1. 개요

① 고용노동부장관은 산업재해 예방을 위하여 종합적인 개선조치를 할 필요가 있다고 인정되는 사업장의 사업주에게 안전 및 보건에 관한 개선계획을 수립하여 시행할 것을 명할 수 있다.

② 대통령령으로 정하는 사업장의 사업주에게는 안전보건진단을 받아 안전보건개선계획을 수립하여 시행할 것을 명할 수 있다.

2. 안전보건개선계획 수립 · 시행 대상 사업장

① 산업재해율이 동종 업종의 규모별 평균 산업재해율보다 높은 사업상

② 중대재해 발생 사업장(안전보건 조치 불이행 중대재해)

③ 연간 직업병 질병자가 2명 이상 발생한 사업장

④ 유해 인자의 노출 기준을 초과한 사업장

3. 안전보건개선계획 수립 · 시행 명령 사업장

① 산업재해 발생률이 동종 업종 평균보다 2배 이상인 사업장

② 중대재해 발생 사업장(안전보건 조치 불이행 중대재해)

③ 직업병 걸린 자가 연간 2명 이상(상시근로자 1천 명 이상 사업장인 경우 3명 이상) 발생한 사업장

④ 작업환경 불량, 화재, 폭발 또는 누출사고 등으로 사회적 물의를 일으킨 사업장

4. 안전보건개선계획의 수립

① 수립 : 수립 시 산업안전보건위원회 심의 또는 근로자 대표 의견 청취

② 작성자 : 사업주

③ 확인자 : 산업안전보건공단

④ 제출 : 명령을 받은 날부터 60일 이내 공단의 검토 및 기술지도를 받아 관할지방노동관서의 장에게 제출

⑤ 검토 및 통보 : 개선계획서 접수일부터 15일 이내 적정 여부를 사업주에게 통보, 필요 시 당해 계획서 보완 명령

Section 18 작업 중지

1. 개요

① 사업주는 산업재해가 발생할 급박한 위험이 있을 때 또는 중대재해 발생 시 즉시 작업을 중지시키고 근로자를 작업장소로부터 대피시키는 등 필요한 안전·보건상의 조치를 하여야 한다.

② 근로자는 산업재해가 발생할 급박한 위험이 있을 경우 작업을 중지하고 대피할 수 있다.

2. 작업 중지 시기

1) 중대재해 발생 시

① 사망자 1인 이상 발생

② 3개월 이상 요양을 요하는 부상자가 2인 이상 발생

③ 부상자 또는 직업성 질병자가 동시에 10인 이상 발생

2) 악천후 발생

(1) 악천후 시

① 거푸집 조립·해체작업

② 철골공사 조립·해체작업

③ 기초 구조물 해체작업

④ 높이 2m 이상 장소에서의 작업

⑤ 양중기 조립·해체작업

구분	일반 작업	철골 작업
강풍	10분간 평균 풍속 10m/sec	10분간 평균 풍속 10m/sec 이상
강우	1회 강우량 50mm 이상	시간당 1mm 이상
강설	1회 강설량 25cm 이상	시간당 1cm 이상

(2) 일상 작업 시

① 관작업, 비계, 개구부 등에 따른 추락 위험 시

② 일반 자재, 콘크리트 덩어리 등의 낙하, 비래 위험 시

③ 전기기계, 기구, 가공선로, 전기배선 불량, 용접에 의한 감전 위험 시

④ 작업 중 장비(차량)에 의한 작업자 충돌·협착 위험 시

⑤ 토사붕괴, 지반침하, 과하중으로 인한 비계, 동바리, 거푸집의 붕괴, 도괴 위험 시

⑥ 지반부동침하, 장비 급선회, 받침대 불량에 의한 각종 건설기계의 전도 위험 시

⑦ 발화물, 물, 정전기, 잔류화약, 가스 등에 의한 화재·폭발 위험 시

⑧ 밀폐 작업장에서 질식, 중독 위험 시

⑨ 터널 내 작업에서 낙석, 낙반, 발파사고, 이상 출수로 위험 시

⑩ 잠함 작업에서 송기설비의 고장, 출수 등에 의한 위험 시

3. 조치사항

1) 근로자의 작업중지 후 조치

① 지체 없이 그 사실을 관리감독자 또는 부서의 장에게 보고

② 보고를 받은 관리감독자는 안전 및 보건에 관하여 필요한 조치

③ 사업주는 합리적인 사유로 작업을 중지하고 대피한 근로자에게 해고 등 불리한 처우 금지

2) 중대재해 발생 시 사업주의 조치

① 즉시 해당 작업을 중지시키고 근로자를 작업장소에서 대피시키는 등 안전 및 보건에 관하여 필요한 조치

② 지체 없이 고용노동부장관에게 보고(천재지변 등 부득이한 사유가 발생 시 사유 소멸 후 보고)

3) 중대재해 발생 시 고용노동부장관의 작업중지 조치

① 산업재해가 다시 발생할 급박한 위험이 있다고 판단되는 작업

㉠ 중대재해가 발생한 해당 작업

㉡ 중대재해가 발생한 작업과 동일한 작업

② 토사·구축물의 붕괴, 화재·폭발, 유해하거나 위험한 물질의 누출 등으로 인하여 중대재해가 발생하여 그 재해가 발생한 장소 주변으로 산업재해가 확산될 수 있다고 판단되는 등 불가피한 경우

③ 작업중지를 명하는 경우에는 작업중지명령서 발부하고 사업주는 해당 내용을 시정할 때까지 위반 장소 또는 사내 게시판 등에 게시

④ 작업중지 해제 절차

개선내용에 대한 관련 작업근로자의 의견 반영 → 사업주 해제요청 → 근로감독
관 확인 → 심의위원회 개최(4일 이내, 4명 이상) 심의 → 작업중지명령의 해제

4. 산업재해 기록 보존 내용

① 사업장의 개요 및 근로자의 인적사항
② 재해 발생의 일시 및 장소
③ 재해 발생의 원인 및 과정
④ 재해 재발방지 계획
⑤ 산업재해조사표 사본이나 요양신청서 사본에 재해 재발방지 계획을 첨부해 보존
해도 된다.

Section 19 시정조치, 사용중지

1. 개요

① 고용노동부장관은 사업주가 사업장의 건설물 또는 그 부속건설물 및 기계·기구
·설비·원재료에 대하여 안전 및 보건에 관하여 필요한 조치를 하지 아니하여
근로자에게 유해·위험이 초래될 우려가 있다고 판단될 때에는 사용중지·대체
·제거 또는 시설의 개선 등 필요한 시정조치를 명할 수 있다.
② 사용중지를 명하려는 경우에는 사용중지명령서 또는 표지를 발부하거나 부착할 수
있다.

2. 시정조치

① 시정조치명령 사항을 완료할 때까지 사업장 내에 근로자가 쉽게 볼 수 있는 장소
에 게시
② 시정조치명령을 불이행하거나 또는 개선되지 않아 근로자에 대한 유해·위험이
현저히 높아질 우려가 있는 경우 고용노동부장관은 관련된 작업의 전부 또는 일
부의 중지를 명할 수 있다.

③ 사업주는 시정조치를 완료 후 사용중지나 작업중지의 해제를 요청할 수 있다.

④ 시정조치가 완료되었다고 판단될 때에는 작업중지를 해제하여야 한다.

3. 사용의 중지

① 사용중지명령서를 받은 경우에는 관계근로자에게 고지

② 개선이 완료되어 사용중지명령을 해제할 때까지 해당 건설물 등을 사용 금지

③ 발부되거나 부착된 사용중지명령서는 해당 건실물 등으로부터 임의 제거 또는 훼손금지

④ 지방고용노동관서의 장은 사용중지를 해제하는 경우 그 내용을 사업주에게 통지

Section 20 도급인의 안전조치 및 보건조치

1. 개요

① 도급인은 관계수급인 근로자가 도급인의 사업장에서 작업을 하는 경우 산업재해를 예방하기 위하여 안전 및 보건 시설의 설치 등 필요한 안전조치 및 보건조치를 하여야 한다.

② 다만 보호구 착용의 지시 등 관계수급인 근로자의 작업행동에 관한 직접적인 조치는 제외한다.

2. 도급에 따른 산업재해 예방조치

1) 관계수급인 근로자가 도급인의 사업장에서 작업을 하는 경우 이행사항

① 도급인과 수급인을 구성원으로 하는 안전 및 보건에 관한 협의체의 구성 및 운영

② 작업장 순회점검(건설업 2일 1회 이상 실시)

③ 관계수급인이 근로자에게 하는 안전보건교육을 위한 장소 및 자료의 제공 등 지원

④ 관계수급인이 근로자에게 하는 안전보건교육의 실시 확인

⑤ 경보체계 운영과 대피방법 등 훈련이 필요한 경우
  ㉠ 작업 장소에서 발파작업을 하는 경우
  ㉡ 작업 장소에서 화재·폭발, 토사·구축물 등의 붕괴 또는 지진 등이 발생한 경우

⑥ 위생시설 설치 장소의 제공 또는 도급인 설치 위생시설 이용 협조
　　㉠ 휴게시설
　　㉡ 세면·목욕시설
　　㉢ 세탁시설
　　㉣ 탈의시설
　　㉤ 수면시설

2) 정기 또는 수시 작업장 안전 및 보건점검

① 점검반 구성
　　㉠ 도급인(같은 사업 내에 지역을 달리하는 사업장이 있는 경우 안전보건관리책임자)
　　㉡ 관계수급인(같은 사업 내에 지역을 달리하는 사업장이 있는 경우 안전보건관리책임자)
　　㉢ 도급인 및 관계수급인의 근로자 각 1명(관계수급인 해당공정)
② 정기 안전·보건점검의 실시 횟수
　　㉠ 건설업, 선박 및 보트 건조업 : 2개월에 1회 이상
　　㉡ 그 외 사업 : 분기에 1회 이상

3) 안전 및 보건에 관한 협의체 구성 및 운영

① 도급인 및 그의 수급인 전원으로 구성
② 협의체 협의사항
　　㉠ 작업의 시작 시간
　　㉡ 작업 또는 작업장 간의 연락 방법
　　㉢ 재해발생 위험이 있는 경우 대피 방법
　　㉣ 작업장에서의 법 제36조에 따른 위험성평가의 실시에 관한 사항
　　㉤ 사업주와 수급인 또는 수급인 상호 간의 연락 방법 및 작업공정의 조정
③ 매월 1회 이상 정기적으로 회의를 개최하고 그 결과를 기록·보존

4) 작업 시작 전 수급인에게 안전 및 보건에 관한 정보를 문서로 제공하여야 하는 작업

① 산소결핍, 유해가스 등으로 인한 질식의 위험이 있는 장소(밀폐공간에서의 작업)
　　a. 지층에 접하거나 통하는 우물·수직갱·터널·잠함·피트 또는 그밖에 이와 유사한 것의 내부
　　b. 장기간 사용하지 않은 우물 등의 내부

c. 케이블·가스관 또는 지하에 부설되어 있는 매설물을 수용하기 위하여 지하에 부설한 암거·맨홀 또는 피트의 내부

d. 빗물·하천의 유수 또는 용수가 있거나 있었던 통·암거·맨홀 또는 피트의 내부

e. 바닷물이 있거나 있었던 열교환기·관·암거·맨홀·둑 또는 피트의 내부

f. 장기간 밀폐된 강재(鋼材)의 보일러·탱크·반응탑이나 그 밖에 그 내벽이 산화하기 쉬운 시설의 내부

g. 석탄·아탄·황화광·강재·원목·건성유(乾性油)·어유(魚油) 또는 그 밖의 공기 중의 산소를 흡수하는 물질이 들어 있는 탱크 또는 호퍼(hopper) 등의 저장시설이나 선창의 내부

h. 천장·바닥 또는 벽이 건성유를 함유하는 페인트로 도장되어 그 페인트가 건조되기 전에 밀폐된 지하실·창고 또는 탱크 등 통풍이 불충분한 시설의 내부

i. 곡물 또는 사료의 저장용 창고 또는 피트의 내부, 과일의 숙성용 창고 또는 피트의 내부, 종자의 발아용 창고 또는 피트의 내부, 버섯류의 재배를 위하여 사용하고 있는 사일로(silo), 그 밖에 곡물 또는 사료종자를 적재한 선창의 내부

j. 간장·주류·효모 그 밖에 발효하는 물품이 들어 있거나 들어 있었던 탱크·창고 또는 양조주의 내부

k. 분뇨, 오염된 흙, 썩은 물, 폐수, 오수, 그 밖에 부패하거나 분해되기 쉬운 물질이 들어있는 정화조·침전조·집수조·탱크·암거·맨홀·관 또는 피트의 내부

l. 드라이아이스를 사용하는 냉장고·냉동고·냉동화물자동차 또는 냉동컨테이너의 내부

m. 헬륨·아르곤·질소·프레온·탄산가스 또는 그 밖의 불활성기체가 들어 있거나 있었던 보일러·탱크 또는 반응탑 등 시설의 내부

n. 산소농도가 18퍼센트 미만 또는 23.5퍼센트 이상, 탄산가스농도가 1.5퍼센트 이상, 일산화탄소농도가 30피피엠 이상 또는 황화수소농도가 10피피엠 이상인 장소의 내부

o. 갈탄·목탄·연탄난로를 사용하는 콘크리트 양생장소(養生場所) 및 가설숙소 내부

p. 화학물질이 들어있던 반응기 및 탱크의 내부

q. 유해가스가 들어있던 배관이나 집진기의 내부

r. 근로자가 상주(常住)하지 않는 공간으로서 출입이 제한되어 있는 장소의 내부

② 토사·구축물·인공구조물 등의 붕괴 우려가 있는 장소에서 이루어지는 작업

| Section 21 | 건설공사발주자의 산업재해 예방 조치(의무) |

1. 개요

총 공사금액이 50억 원 이상인 건설공사의 발주자는 산업재해 예방을 위하여 건설공사의 계획, 설계 및 시공 단계에서 산업재해 예방 조치를 하여야 한다.

2. 단계별 조치

① 계획단계 : 중점적으로 관리하여야 할 유해·위험요인과 감소방안을 포함한 기본안전보건대장 작성
② 설계단계 : 기본안전보건대장을 설계자에게 제공하고, 설계자로 하여금 설계안전보건대장을 작성하게 하고 이를 확인할 것
③ 시공단계 : 수급인에게 설계안전보건대장을 제공하고, 공사안전보건대장을 작성하게 하여 그 이행 여부를 확인할 것

3. 기본안전보건대장 포함 사항

① 공사규모, 공사예산 및 공사기간 등 사업개요
② 공사현장 제반 정보
③ 공사 시 유해 위험요인과 감소대책 수립을 위한 설계조건

4. 설계안전보건대장 포함 사항

① 안전한 작업을 위한 적정 공사기간 및 공사금액 산출서
② 공사 중 발생할 수 있는 주요 유해 위험요인 및 감소대책에 대한 위험성평가 내용
③ 유해 위험방지계획서 작성계획
④ 안전보건조정자 배치계획
⑤ 산업안전보건관리비 산출내역서
⑥ 건설공사의 산업재해예방지도 실시계획

※ 건설기술진흥법 따른 설계안전검토보고서를 작성한 경우에는 ①, ②를 포함하지 아니할 수 있다.

5. 공사안전보건대장 포함 사항

① 설계안전보건대장의 위험성평가 내용이 반영된 공사 중 안전보건조치 이행계획
② 유해 위험방지계획서의 심사 및 확인결과에 대한 조치내용
③ 산업안전보건관리비 사용계획 및 사용내역
④ 건설공사의 산업재해예방 지도 계약여부, 지도결과 및 조치내용

Section 22 안전보건조정자

1. 개요

같은 장소에 2개 이상의 건설공사를 도급한 건설공사발주자는 각 건설공사 금액의 합이 50억 원 이상인 경우 작업의 혼재로 인하여 발생할 수 있는 산업재해를 예방하기 위하여 건설공사 현장에 안전보건조정자를 두어야 한다.

2. 안전보건조정자의 선임

① 건설기술 진흥법에 따른 발주청이 발주하는 건설공사인 경우 발주청이 선임한 공사감독자
② 해당 건설공사 중 주된 공사의 책임감리자
 ㉠ 건축법에 따라 지정된 공사감리자
 ㉡ 건설기술 진흥법에 따른 감리 업무를 수행하는 자
 ㉢ 주택법에 따라 배치된 감리원
 ㉣ 전력기술관리법에 따라 배치된 감리원
 ㉤ 정보통신공사업법에 따라 해당 건설공사에 대하여 감리업무를 수행하는 자
③ 건설산업기본법에 따른 종합공사에 해당하는 건설현장에서 관리책임자로서 3년 이상 재직한 사람
④ 산업안전지도사
⑤ 건설안전기술사
⑥ 건설안전기사 또는 산업안전기사 자격을 취득한 후 건설안전 분야에서 5년 이상의 실무경력이 있는 사람
⑦ 건설안전산업기사 또는 산업안전기사 자격을 취득한 후 건설안전 분야에서 7년 이상의 실무경력이 있는 사람

3. 안전보건조정자의 업무

① 같은 장소에서 행하여지는 각각의 공사 간에 혼재된 작업의 파악

② 혼재된 작업으로 인한 산업재해 발생의 위험성 파악

③ 혼재된 작업으로 인한 산업재해를 예방하기 위한 작업의 시기·내용 및 안전보건 조치 등의 조정

④ 각각의 공사 도급인의 관리책임자 간 작업 내용에 관한 정보 공유 여부의 확인

Section 23 건설공사 기간의 연장

1. 개요

① 건설공사발주자 또는 도급인은 설계도서 등에 따라 산정된 공사기간을 단축해서는 아니 된다.

② 건설공사발주자 또는 도급인은 건설공사가 지연되어 해당 건설공사도급인 또는 관계수급인이 산업재해 예방을 위하여 공사기간의 연장을 요청하는 경우에는 특별한 사유가 없으면 공사기간을 연장하여야 한다.

2. 건설공사 기간의 연장

① 태풍·홍수 등 악천후, 전쟁·사변, 지진, 화재, 전염병, 폭동, 그밖에 계약 당사자가 통제할 수 없는 사태의 발생 등 불가항력의 사유가 있는 경우

② 건설공사발주자 또는 도급인에게 책임이 있는 사유로 착공이 지연되거나 시공이 중단된 경우

3. 공사기간 연장 요청 및 조치

1) 건설공사도급인

① 사유가 종료된 날부터 10일이 되는 날까지 요청서를 건설공사발주자에게 제출

② 첨부서류

ㄱ 공사기간 연장 요청 사유 및 그에 따른 공사 지연사실을 증명할 수 있는 서류

ㄴ 공사기간 연장 요청 기간 산정 근거 및 공사 지연에 따른 공정관리 변경에 관한 서류

2) 건설공사관계수급인

① 사유가 종료된 날부터 10일이 되는 날까지 요청서를 건설공사도급인에게 제출

② 건설공사도급인은 요청을 받은 날부터 30일 이내에 공사기간 연장 조치를 하거나 10일 이내에 건설공사발주자에게 그 기간의 연장을 요청하여야 한다.

③ 건설공사발주자로부터 공사기간 연장 조치에 대한 결과를 통보받은 날부터 5일 이내에 관계수급인에게 그 결과를 통보하여야 한다.

3) 건설공사발주자

① 요청을 받은 날부터 30일 이내에 공사기간 연장 조치를 하여야 한다.

② 남은 기간 내에 공사를 마칠 수 있다고 인정되는 경우 그 사유와 그 사유를 증명하는 서류를 첨부하여 건설공사도급인에게 통보하여야 한다.

4) 공사기간 연장 사유가 계약기간 만료 후까지 지속될 것으로 예상될 경우 그 계약기간 만료 전에 공사기간 연장을 요청할 예정임을 통시하고 사유가 종료된 날부터 10일이 되는 날까지 공사기간 연장을 요청할 수 있다.

Section 24 설계변경의 요청

1. 개요

① 건설공사도급인 또는 관계수급인은 건설공사 중에 가설구조물의 붕괴 등으로 산업재해가 발생할 위험이 있다고 판단되면 건축·토목 분야 전문가의 의견을 들어 해당 건설공사의 설계변경을 요청할 수 있다. 다만, 건설공사발주자가 설계를 포함하여 발주한 경우는 그러하지 아니하다.

② 설계변경 요청을 받은 건설공사발주자는 요청받은 내용이 기술적으로 적용이 불가능한 명백한 경우가 아니면 이를 반영하여 설계를 변경하여야 한다.

2. 설계변경 요청 대상

① 높이 31미터 이상인 비계(飛階)

② 작업발판 일체형 거푸집 또는 높이 6미터 이상인 거푸집 동바리

③ 터널의 지보공(支保工) 또는 높이 2미터 이상인 흙막이 지보공

④ 동력을 이용하여 움직이는 가설구조물

3. 건축 · 토목 전문가 범위

① 한국산업안전보건공단

② 건축구조기술사(토목공사, 터널 지보공은 제외)

③ 토목구조기술사(토목공사 한정)

④ 토질 및 기초기술사(터널 지보공으로 한정)

⑤ 건설기계기술사(동력이용 가설 구조물로 한정)

⑥ 해당 건설공사도급인 및 관계수급인에게 고용되지 아니한 사람

4. 첨부 서류(도급인, 관계수급인)

① 설계변경 요청 대상 공사의 도면

② 당초 설계의 문제점 및 변경요청 이유서

③ 가설구조물의 구조계산서 등 당초 설계의 안전성에 관한 전문가의 검토 의견서
및 자격증 사본

④ 그 밖에 재해발생의 위험이 높아 설계변경이 필요함을 증명할 수 있는 서류

⑤ 공사중지 또는 유해위험방지계획서의 변경 명령을 받은 경우

　　㉠ 유해 · 위험방지계획서 심사결과 통지서

　　㉡ 공사착공중지명령 또는 계획변경명령 등의 내용

　　㉢ 설계변경 요청 대상 공사의 도면

　　㉣ 당초 설계의 문제점 및 변경요청 이유서

　　㉤ 그 밖에 재해발생의 위험이 높아 설계변경이 필요함을 증명할 수 있는 서류

5. 설계변경의 요청 및 승인

1) 관계수급인 요청

① 도급인은 30일 이내에 설계를 변경한 후 설계변경 승인 통보

② 10일 이내 발주자에게 제출

2) 도급인 요청

① 발주자는 30일 이내에 설계를 변경한 후 설계변경 승인 통보

② 기술적 적용이 불가능한 것이 명백한 경우 불승인 통지서와 사유증명서류를 첨부 도급인에게 통보

③ 승인 또는 불승인 통보 받은 날로부터 5일 이내 관계수급인에게 결과 통보

Section 25 | 중대재해

1. 정의

① 사망자 1인 이상 발생

② 3월 이상 요양을 요하는 부상자가 동시 2인 이상 발생

③ 부상자 또는 직업성 질병자 동시에 10인 이상 발생

2. 보고 시간

① 중대재해 : 발생 즉시

② 부상 재해 : 1개월 이내(근로복지공단에 산업재해 신청 시 예외)

③ 천재지변의 경우 : 사유 소멸 후 즉시

3. 보고 내용

① 발생 개요

② 피해 상황

③ 조치 및 전망

④ 기타 중요한 사항

⑤ 산업재해조사표를 제출할 때 근로자대표의 확인을 받고 이견이 있는 경우 내용 첨부(근로자대표가 없는 경우 재해자 본인 확인)

4. 재해 발생 시 조치 순서 Flow Chart

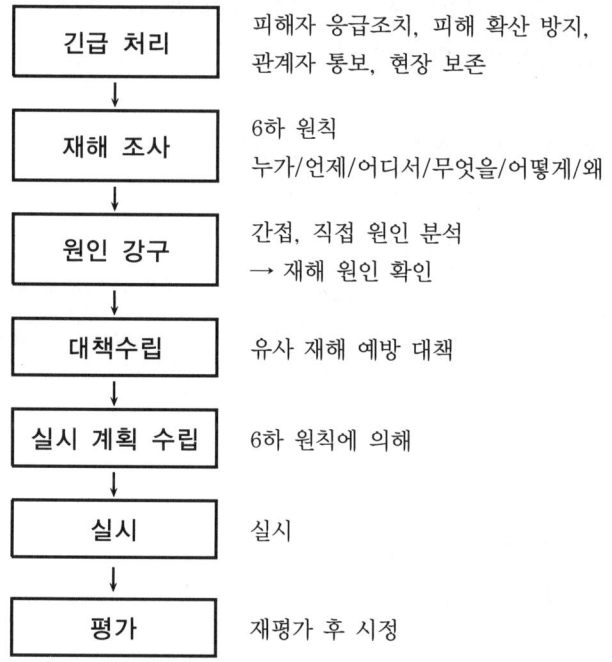

긴급 처리	피해자 응급조치, 피해 확산 방지, 관계자 통보, 현장 보존
재해 조사	6하 원칙 누가/언제/어디서/무엇을/어떻게/왜
원인 강구	간접, 직접 원인 분석 → 재해 원인 확인
대책수립	유사 재해 예방 대책
실시 계획 수립	6하 원칙에 의해
실시	실시
평가	재평가 후 시정

※ 벌칙 : 누구든 중대재해가 발생된 경우 원인 조사 방해를 목적으로 현장을 훼손하여서는 안 된다 (위반 시 1년 이하 징역 또는 1,000만 원 이하 벌금).

Section 26 건설업 산업안전보건관리비

1. 개요

① 산업안전보건관리비란 건설사업장과 본사 안전전담부서에서 산업재해 예방을 위해 의무적으로 사용해야 하는 것으로 법령에 규정된 사항 이행에 필요한 비용을 말한다.

② 건설업 도급 또는 자체 사업 시 고용노동부장관이 정하는 바에 따라 도급 금액 또는 는 사업비에 계상하여 현장 실정에 적합한 집행으로 재해 발생을 방지해야 한다.

2. 적용범위

산업재해보상보험법의 적용을 받는 공사 중 총 공사금액 4천만 원 이상의 공사

3. 계상기준

1) 건설공사 종류 및 규모별 안전관리비 계상 기준표

구분 공사종류	대상액 5억 원 미만인 경우 적용 비율(%)	대상액 5억 원 이상 50억 원 미만인 경우		대상액 50억 원 이상인 경우 적용비율(%)	보건관리자 선임대상 건설공사의 적용비율(%)
		적용비율 (%)	기초액		
일반건설공사(갑)	2.93%	1.86%	5,349,000원	1.97%	2.15%
일반건설공사(을)	3.09%	1.99%	5,499,000원	2.10%	2.29%
중건설공사	3.43%	2.35%	5,400,000원	2.44%	2.66%
철도·궤도신설공사	2.45%	1.57%	4,411,000원	1.66%	1.81%
특수및기타건설공사	1.85%	1.20%	3,250,000원	1.27%	1.38%

2) 계상기준

① 산업안전보건관리 = (재료비 × 직접노무비) × 법적요율

  ex) 일반건설(갑) 공사비 200억(재료비, 직접노무비 비구분 시 70% 적용)

   200억 × 70% × 1.97% = 2.75억

② 관급자재 포함시

- 관급자재 포함 안전관리비 ≤ 관급자재 미포함 1.2배

  ex) 일반건설(갑) 관급자재 20억 재료비 30억, 직접노무비 40억 일 때 안전관리비

  - 관급 미포함 70 × 1.97% × 1.2 = 1.65억
  - 관급 포함 90 × 1.97% = 1.77억
  - 1.65억 ≥ 1.77억 중 1.65억으로 계상한다.

3) 설계변경 시 안전관리비 조정·계상 방법

① 설계변경에 따른 안전관리비 = 설계변경 전의 안전관리비 + 설계변경으로 인한 안전관리비 증감액

② 설계변경으로 인한 안전관리비 증감액 = 설계변경 전의 안전관리비 × 대상액의 증감 비율

③ 대상액의 증감 비율 = $\dfrac{\text{설계변경 후 대상액} - \text{설계변경 전 대상액}}{\text{설계변경 전 대상액}} \times 100\%$

4. 진척별 사용기준

공정률	50%~70%	70%~90%	90% 이상
사용기준	50% 이상	70% 이상	90% 이상

5. 항목별 사용기준

항목	사용할 수 있는 항목	사용할 수 없는 항목
1. 안전보건 관계자 인건비	• 안전관리자 인건비 • 안전 보조원 인건비	• 경비, 청소원 등
2. 안전시설비	• 추락방지 안전시설 • 낙하 비래 방지 시설	• 비계, 가설 울타리 등
3. 개인보호구	• 안전모 • 안전대 • 안전화	• 방한장갑, 작업복
4. 안전진단비	• 안전진단비 • 유해 위험방지 계획서 작성비	• 건설기술진흥법 점검비 • 구조안전 검토비용
5. 안전보건 교육행사비	• 안전보건교육비 • 교육기자재 교재	• 교육장 대지 구입 비용 • 준공식비 • 회식비
6. 근로자 건강장해예방비 등	• 건강진단비 구급용품	• 의료보험비용 진료비
7. 건설재해 예방	• 기술지도수수료	–
8. 본사관리비	• 업무수당 출장비	–

※ 유해·위험방지계획서 대상으로 공사금액이 50억 원 이상 120억 원 미만(토목공사의 경우 150억 원 미만)인 공사현장에 선임된 안전관리자가 겸직하는 경우 해당 안전관리자 인건비의 50%를 초과하지 않는 범위 내에서 사용 가능

6. 산업안전보건관리비 증액 및 환경적 요인 변화, 규제신설에 따른 사용 가능 항목 확대

1) 증액에 따른 항목 명확화

① 중대재해 목격 근로자 심리치료 비용(트라우마 치료 등)

② 소화기 및 미세먼지 마스크 구매비용

2) 폭염 · 한파 등 기후변화 대응

① 폭염 : 쿨토시, 아이스조끼, 제빙기 임대비용 등

② 한파 : 핫팩, 목토시, 방한용 귀덮개, 발열조끼 등

3) 규제신설

타워크레인 작업 시 유도 · 신호업무 담당자 인건비

4) 사용항목 확대

① 안전시설비 : 스마트 안전장비 구입 · 임대 비용의 5분의 2에 해당하는 비용(산업안전보건관리비 총액의 10분의 1을 초과할 수 없다)

② 안전교육비 : 구조 및 응급처치에 관한 교육을 실시하기 위해 소요되는 비용

③ 근로자건강장애 예방비 등 : 자동심장충격기(AED) 구입에 소요되는 비용

7. 문제점

① 타 용도 편법 사용

② 이익으로 생각하는 최소 사용

③ 항목 한계 설정 모호

④ 담당자 업무 미숙

⑤ 전문인력 배치 미흡

8. 개선방향

① 항목별 사용기준 확대

② 요율 상향조정(선진국 5%)

③ 편법 사용 시 제제조치 강화

④ 전문인력 육성

Section 27 건설 재해 예방 전문 지도기관

1. 개요

① 건설 재해 예방 전문 지도기관은 안전관리자 선임의무 완화로 기술지도 필요성, 중대성에 의해 인가된 기관이다.

② 안전관리자 선임 규모 이하 사업장(건설현장)에 기술지도 실시를 주 목적으로 한다.

2. 설립기준

① 사무실 면적 : 기준 없음
② 인력기준 : 산업안전지도사 또는 건설안전기술사 1인 외 5인 이상
③ 장비
  ㉠ GAS농도 측정기, 산소농도 측정기, 접지저항 측정기, 절연저항 측정기, 조도계
  ㉡ 2인당 1대 이상

3. 지도 대상 발주자 또는 건설공사도급인

① 공사금액 1억 원 이상 120억 원(토목 150억 원) 미만인 공사를 하는 자
② 건축허가 대상이 되는 공사를 하는 자
③ 제외 공사
  ㉠ 공사기간 1개월 미만인 공사
  ㉡ 육지와 연결되지 아니한 도서지역(제주도 제외) 공사
  ㉢ 유해·위험 방지 계획서 제출 대상 공사
  ㉣ 전담 안전관리자 선임공사

4. 기술지도계약

① 건설공사발주자 또는 건설공사도급인(건설공사를 최초로 도급받은 수급인 제외)
  은 해당 건설공사 착공일의 전날까지 체결
② 건설재해예방전문지도기관은 건설공사발주자로부터 기술지도계약서 사본을 받은
  날부터 14일 이내에 이를 건설현장에 갖춰 두도록 건설공사도급인과 건설공사의
  시공을 주도하여 총괄·관리하는 자를 지도
③ 건설재해예방전문지도기관이 기술지도계약을 체결할 때에는 고용노동부장관이
  정하는 전산시스템을 통해 발급한 계약서를 사용해야 하며, 기술지도계약을 체
  결한 날부터 7일 이내에 전산시스템에 건설업체명, 공사명 등 기술지도계약의 내
  용을 입력

5. 기술지도 횟수

① 공사시작 후 15일 이내마다 1회 실시(월 2회 이상)

$$기술지도\ 횟수(회) = \frac{공사기간(일)}{15일}$$ ※ 단, 소수점은 버린다.

② 40억 원 이상 공사 : 건설안전기술사 등이 8회마다 한 번 이상 방문 기술지도

③ 기술지도 횟수 조정 : 조기에 준공, 기술지도계약이 지연, 공사기간이 짧은 경우 공사감독(감리자) 승인 후 조정

6. 기술지도 한계 및 지도지역

① 지도 담당 요원 1명당 기술지도 횟수 : 1일당 최대 4회, 월 최대 80회

② 기술지도지역은 시정을 받은 지방고용노동청 및 지방고용노동청의 소속 사무소 관할지역

7. 기술지도결과의 기록 · 보존, 평가

① 기술지도 후 결과보고서를 작성하여 공사관계자의 확인을 받은 후 해당 사업주에 게 발급하고 7일 이내에 진산시스템에 입력

② 공사 종료 시 발주자와 수급인에게 기술지도 완료증명서를 제출

③ 기술지도계약서, 기술지도 결과보고서 및 관련서류는 기술지도가 끝난 후 3년간 보존

④ 평가기준

  ㉠ 인력 · 시설 및 장비의 보유 수준과 그에 대한 관리능력

  ㉡ 유해위험요인의 평가 · 분석 충실성 및 사업장의 재해발생 현황 등 기술지도 업무 수행능력

  ㉢ 기술지도 대상 사업장의 만족도

8. 문제점

① 업체 과다경쟁 지도 부실

② 지도업무 형식화

③ 일부지역 담합

④ 인력 기술지도 자질 부족

9. 대책

① 적정 수수료 책정

② 전문인력 육성

③ 현장지도, 교육의 내실화

Section 28 노사협의체

1. 정의

① 산업안전보건법이 정하는 규모의 건설공사의 건설공사도급인은 해당 건설현장의 근로자와 사용자가 같은 수로 구성되는 노사협의체를 구성·운영할 수 있다.

② 노사협의체를 구성·운영하는 경우 산업안전보건위원회 및 안전 및 보건에 관한 협의체를 각각 구성·운영하는 것으로 본다.

2. 설치 대상

공사금액 120억 원 이상(토목공사업은 150억 원)인 건설업

3. 구성

1) 근로자 위원

① 근로자 대표

② 근로자 대표가 지명하는 명예 산업안전 감독관 1명

③ 공사비 20억 원 이상 도급 또는 하도급 사업 근로자 대표

2) 사용자 위원

① 대표자

② 안전관리자 1명

③ 보건관리자 1명(보건관리자 선임 대상 건설업으로 한정)

④ 공사금액 20억 원 이상인 공사의 관계수급인

4. 협의 사항

① 산업재해 예방방법 및 산업재해가 발생한 경우의 대피방법

② 작업 시작시간 및 작업장 간의 연락방법

③ 기타 산업재해 예방과 관련된 사항

5. 운영

① 정기회의 : 2개월마다 위원장이 소집

② 임시회의 : 위원장이 필요하다고 인정할 때

6. 건설업 산업안전보건위원회·협의체 및 노사협의체 비교

구분	산업안전보건위원회(산안위)	협의체	노사협의체
대상	120억 원(토목 150억 원) 이상 건설현장	전체 건설업	산안위와 동일
구성	○ 노·사 동수 • 당해 사업 대표 및 대표가 지명하는 자, 안전관리자 • 근로자 대표, 명예 산업안전 감독관 및 근로자 대표가 지명하는 근로자(※ 근로자 대표 : 원·하도급인이 사용하는 근로자 모두를 대표하는 근로자)	○ 사업주로 구성 : 원·하도급 사업주 전원으로 구성	○ 노·사 동수 • 당해 사업 대표자, 안전관리자 및 20억 원 이상 도급 또는 하도급 사업주 • 근로자 대표, 명예산업안전 감독관 및 20억 원 이상 도급 또는 하도급 근로자 대표
정기회의	3월에 1회	매월 1회	2월에 1회
논의사항	○ 심의·의결사항 • 산재 예방계획 수립 • 안전보건관리 규정 작성·변경 • 안전보건교육, 작업환경 및 근로자 건강관리 • 중대재해 원인 조사 • 산재 통계 기록 유지 • 기계·기구 및 설비를 도입한 경우 안전조치 관련 사항	○ 협의사항 • 작업 시작 시간 • 작업장 간 연락방법 • 재해발생 위험 시 대피방법	○ 산안위 및 협의체 논의사항을 모두 포함 • 산안위 심의·의결사항 : 심의·의결 • 사업주 간 협의체에서 논의한 사항 : 협의

Section 29 기계·기구 등에 대한 건설공사도급인의 안전조치

1. 개요

건설공사도급인은 자신의 사업장에서 타워크레인 등 기계·기구 또는 설비 등이 설치되어 있거나 작동하고 있는 경우 또는 설치·해체·조립하는 등의 작업이 이루어지고 있는 경우에는 필요한 안전조치 및 보건조치를 하여야 한다.

2. 안전조치 대상 기계 기구

① 타워크레인

② 건설용 리프트

③ 항타기 및 항발기

3. 기계 기구 등에 대한 안전조치

① 작업시작 전 기계 기구 등을 소유 또는 대여하는 자와 합동안전점검 실시

② 작업을 수행하는 사업주의 작업계획서 작성 및 이행여부 확인

③ 작업자 자격 면허 경험 또는 기능을 가지고 있는지 여부 확인

④ 그 밖에 해당 기계·기구 또는 설비 등에 대하여 안전보건규칙에서 정하고 있는 안전보건조치

⑤ 기계 기구 등의 결함, 작업방법과 절차 미 준수, 강풍 등 이상 환경으로 인하여 작업수행 시 현저한 위험이 예상되는 경우 작업 중지 조치

Section 30 특수형태근로종사자에 대한 안전조치 및 보건조치

1. 개요

① 계약의 형식에 관계없이 근로자와 유사하게 노무를 제공하여 업무상의 재해로부터 보호할 필요가 있음에도 「근로기준법」 등이 적용되지 아니하는 자(특수형태근로종사자)의 노무를 제공받는 자는 산업재해 예방을 위하여 안전조치 및 보건조치 및 안전 및 보건에 관한 교육을 실시하여야 한다.

② 그간 산업재해 위험에 노출되어 있음에도 불구하고 산업안전보건법의 보호대상에서 제외되었던 특수형태근로종사자와 배달종사자를 보호대상에 포함하였다.

2. 특수형태근로종사자의 범위

1) 대통령령으로 정하는 직종에 종사할 것

① 보험을 모집하는 사람

② 등록된 건설기계를 직접 운전하는 사람

③ 학습지 교사

④ 골프장 캐디

⑤ 택배사업에서 집화 또는 배송 업무를 하는 사람

⑥ 퀵서비스업자로부터 업무를 의뢰받아 배송 업무를 하는 사람

⑦ 대출모집인

⑧ 신용카드회원모집인

⑨ 대리운전 업무를 하는 사람

2) 주로 하나의 사업에 노무를 상시적으로 제공하고 보수를 받아 생활할 것

3) 노무를 제공할 때 타인을 사용하지 아니할 것

3. 교육 등

① 근로자 안전보건교육의 교육대상별 교육내용과 동일하게 한다.

② 정부는 특수형태근로종사자의 안전 및 보건의 유지·증진에 사용하는 비용의 일부 또는 전부를 지원할 수 있다.

Section 31 유해하거나 위험한 기계 · 기구에 대한 방호조치

1. 개요

① 동력(動力)으로 작동하는 기계·기구로서 대통령령으로 정하는 것은 유해·위험 방지를 위한 방호조치를 하지 아니하고는 양도, 대여, 설치 또는 사용에 제공하거나 양도·대여의 목적으로 진열해서는 아니 된다.

② 사업주는 방호조치가 정상적인 기능을 발휘할 수 있도록 방호조치와 관련되는 장치를 상시적으로 점검, 정비하고 해체하려는 경우에는 필요한 안전조치 및 보건조치를 하여야 한다.

2. 방호조치가 필요한 동력으로 작동하는 기계 · 기구

① 작동 부분에 돌기 부분이 있는 것

② 동력전달 부분 또는 속도조절 부분이 있는 것

③ 회전기계에 물체 등이 말려 들어갈 부분이 있는 것

3. 방호조치가 필요한 기계·기구와 방호장치

① 예초기 : 날접촉 예방장치

② 원심기 : 회전체 접촉 예방장치

③ 공기압축기 : 압력방출장치

④ 금속절단기 : 날접촉 예방장치

⑤ 지게차 : 헤드 가드, 백레스트(backrest), 전조등, 후미등, 안전벨트

⑥ 포장기계(진공포장기, 랩핑기) : 구동부 방호 연동장치

4. 대여자가 조치하여야 할 기계·기구, 설비 및 건축물(총 24종)

① 사무실 및 공장용 건축물

② 이동식 크레인

③ 타워크레인

④ 불도저, 모터 그레이더, 로더, 스크레이퍼, 스크레이퍼 도저, 파워 셔블, 드래그 라인, 클램셸 버킷굴삭기, 트렌치

⑤ 항타기, 항발기

⑥ 어스드릴천공기, 어스오거, 페이퍼드레인머신

⑦ 리프트

⑧ 지게차

⑨ 롤러기

⑩ 콘크리트 펌프

⑪ 고소작업대

⑫ 그 밖에 산업재해보상보험 및 예방심의위원회 심의를 거쳐 고용노동부장관이 정하여 고시하는 기계, 기구, 설비 및 건축물 등

5. 방호조치 해체 시 조치

① 방호조치를 해체하려는 경우 : 사업주의 허가를 받아 해체할 것

② 해체 후 그 사유 소멸된 경우 : 지체 없이 원상복구

③ 기능 상실된 것을 발견한 경우 : 사업주에게 신고
④ 사업주는 즉시 수리, 보수 및 작업 중지 등 적절한 조치

6. 기계 등 대여자의 조치

① 미리 점검하고 이상발견 시 즉시 보수하거나 정비 할 것
② 대여 받은 자에게 서면 발급해야할 내용
  ㉠ 성능 및 방호조치의 내용
  ㉡ 특성 및 사용 시의 주의사항
  ㉢ 수리 · 보수 및 점검 내역과 주요 부품의 제조일자. 해당 기계 등의 정밀진단
    및 수리 후 안전점검 내역, 주요 안전부품의 교환이력 및 제조일
③ 사용을 위해 설치 · 해체 작업이 필요한 기계 등을 대여하는 경우로서 해당 기계
  등의 설치 · 해체 작업을 다른 설치 · 해체업자에게 위탁하는 경우 준수사항(타워
  크레인 등)
  ㉠ 설치 · 해체업자의 자격과 필요한 장비를 갖추고 있는지 확인
  ㉡ 서면 발급해야 할 내용을 발급하고, 해당 내용을 주지시킬 것
  ㉢ 작업 시 안전보건규칙에 따른 산업안전보건기준 준수여부 확인
④ 해당 기계 등을 대여 받은 자에 확인결과를 알릴 것

7. 기계 등을 대여 받는 자의 조치

① 조작자의 자격, 기능을 가진 사람인지 확인
② 조작자 주지사항(의무)
  ㉠ 작업의 내용
  ㉡ 지휘계통
  ㉢ 연락 · 신호 등의 방법
  ㉣ 운행경로, 제한속도, 그 밖에 해당 기계 등의 운행에 관한 사항
  ㉤ 그 밖에 해당 기계 등의 조작에 따른 산업재해를 방지하기 위하여 필요한 사항
③ 타워크레인을 대여 받은 자의 조치
  ㉠ 타워크레인 장비 간 또는 타워크레인과 인접 구조물 간 충돌 위험 시 충돌방
    지 조치
  ㉡ 타워크레인 설치 · 해체 작업이 이루어지는 동안 작업과정 전반(全般)을 영상
    으로 기록하여 대여기간 동안 보관

Section 32

안전인증

1. 개요

① 유해·위험기계 중 근로자의 안전 및 보건에 위해(危害)를 미칠 수 있다고 인정되어 대통령령으로 정하는 것을 제조·수입하는 자, 설치·이전, 주요구조 부분을 변경하는 자는 안전인증대상기계가 안전인증기준에 맞는지에 대하여 안전인증을 받아야 한다.

② 고용노동부장관은 유해하거나 위험한 기계·기구·설비 및 방호장치·보호구의 안전성을 평가하기 위하여 그 안전에 관한 성능과 제조자의 기술 능력 및 생산 체계 등에 관한 기준을 정하여 고시하여야 한다.

2. 목적

① 위험요인 사전제거
② 근원적 안전성 확보
③ 산업재해로부터 인명과 재산보호

3. 안전인증대상기계

1) 기계 및 설비

① 프레스
② 전단기 및 절곡기
③ 크레인(설치·이전)
④ 리프트(설치·이전)
⑤ 압력용기
⑥ 롤러기
⑦ 사출성형기
⑧ 고소(高所) 작업대
⑨ 곤돌라(설치·이전)

2) 방호장치

① 프레스 및 전단기 방호장치

② 양중기용(揚重機用) 과부하방지장치

③ 보일러 압력방출용 안전밸브

④ 압력용기 압력방출용 안전밸브

⑤ 압력용기 압력방출용 파열판

⑥ 절연용 방호구 및 활선작업용(活線作業用) 기구

⑦ 방폭구조(防爆構造) 전기기계·기구 및 부품

⑧ 추락·낙하 및 붕괴 등의 위험 방지 및 보호에 필요한 가설기자재

⑨ 충돌·협착 등의 위험 방지에 필요한 산업용 로봇 방호장치

3) 보호구

① 추락 및 감전 위험방지용 안전모

② 안전화

③ 안전장갑

④ 방진마스크

⑤ 방독마스크

⑥ 송기마스크

⑦ 전동식 호흡보호구

⑧ 보호복

⑨ 안전대

⑩ 차광(遮光) 및 비산물(飛散物) 위험방지용 보안경

⑪ 용접용 보안면

⑫ 방음용 귀마개 또는 귀덮개

4. 안전인증 절차(Flow Chart)

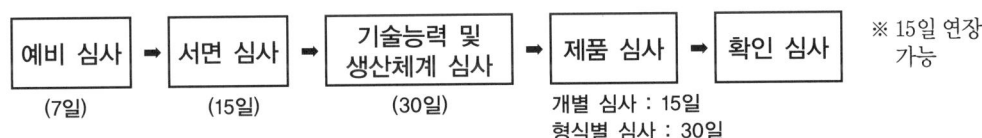

| 예비 심사 → 서면 심사 → 기술능력 및 생산체계 심사 → 제품 심사 → 확인 심사 | ※ 15일 연장 가능 |

(7일)   (15일)   (30일)   개별 심사 : 15일 / 형식별 심사 : 30일

5. 안전인증 면제

① 연구·개발을 목적으로 제조·수입하거나 수출을 목적으로 제조하는 경우

② 고용노동부장관이 정하여 고시하는 외국의 안전인증기관에서 인증을 받은 경우

③ 다른 법령에 따라 안전성에 관한 검사나 인증을 받은 경우

④ 안전인증 면제신청서 제출 서류

　ⓐ 제품 및 용도설명서

　ⓑ 연구·개발을 목적으로 사용되는 것임을 증명하는 서류

6. 확인방법 및 주기

1) 확인 사항

① 안전인증서에 적힌 제조 사업장에서 해당 유해·위험기계 등을 생산하고 있는지 여부

② 안전인증을 받은 유해·위험기계 등이 안전인증기준에 적합 여부

③ 제조자가 안전인증을 받을 당시의 기술능력·생산체계 지속 유지 여부

④ 서면심사 내용과 같은 수준 이상의 재료 및 부품 사용 여부

2) 2년에 1회 이상 확인

3) 3년에 1회 이상 확인 경우

① 최근 3년 동안 안전인증이 취소되거나 사용금지 또는 개선명령을 받은 사실이 없는 경우

② 최근 2회 확인 결과 기술능력 및 생산 체계가 기준 이상인 경우

안전인증 및 자율안전확인의 표시	안전인증대상이 아닌 유해· 위험기계 등의 안전인증의 표시
KCs	S

7. 안전인증의 취소

1) 거짓이나 그 밖의 부정한 방법으로 안전인증을 받은 경우는 취소

2) 취소 또는 6개월 내 시정 명령

① 안전에 관한 성능 등이 안전인증기준에 맞지 아니하게 된 경우

② 정당한 사유 없이 확인거부, 방해 또는 기피하는 경우

3) 안전인증이 취소된 날부터 1년 이내에는 안전인증을 신청할 수 없다.

Section 33 자율안전확인

1. 개요

안전인증 대상기계 등이 아닌 유해·위험기계 등을 제조하거나 수입하는 자는 자율안전확인 대상기계안전에 관한 성능이 자율안전기준에 맞는지 확인하여 고용노동부장관에게 신고하여야 한다.

2. 자율안전신고 면제

① 연구·개발을 목적으로 제조·수입하거나 수출을 목적으로 제조하는 경우
② 안전인증을 받은 경우(안전인증 취소사용 금지 명령을 받은 경우는 제외)
③ 다른 법령에 따라 안전성에 관한 검사나 인증을 받은 경우

3. 자율안전확인대상기계

1) 기계 및 설비

① 연삭기 또는 연마기(휴대형은 제외한다)
② 산업용 로봇
③ 혼합기
④ 파쇄기 또는 분쇄기
⑤ 식품 가공용기계(파쇄·절단·혼합·제면기만 해당한다)
⑥ 컨베이어
⑦ 자동차정비용 리프트
⑧ 공작기계(선반, 드릴기, 평삭·형삭기, 밀링만 해당한다)
⑨ 고정형 목재가공용기계(둥근톱, 대패, 루타기, 띠톱, 모떼기 기계만 해당)
⑩ 인쇄기

2) 방호장치

① 아세틸렌 용접장치용 또는 가스집합 용접장치용 안전기

② 교류 아크용접기용 자동전격방지기

③ 롤러기 급정지장치

④ 연삭기(研削機) 덮개

⑤ 목재 가공용 둥근톱 반발 예방장치와 날 접촉 예방장치

⑥ 동력식 수동대패용 칼날 접촉 방지장치

⑦ 추락·낙하 및 붕괴 등의 위험 방지 및 보호에 필요한 가설기자재

3) 보호구

① 안전모

② 보안경

③ 보안면

4. 자율안전확인신고 절차(Flow Chart)

신고서 접수 ➡ 제출서류 확인 ➡ 신고필증 교부 ※ 15일 이내 발급

5. 자율안전확인의 표시

① 용기 또는 포장에 표시

② 신고된 기계기구만 표시

③ 임의로 변경하거나 제거 금지

④ 표시 제거를 명하는 경우

ㄱ 신고되지 않은 기계기구

ㄴ 거짓이나 부정한 방법으로 신고한 경우

ㄷ 사용 금지 명령을 받은 경우

Section 34
추락 · 낙하 및 붕괴 등의 위험방호에 필요한 가설기자재(안전인증 건설기자재)

1. 개요

① 고용노동부장관은 유해하거나 위험한 기계·기구·설비 및 방호장치·보호구의 안전성을 평가하기 위하여 그 안전에 관한 성능과 제조자의 기술 능력 및 생산 체계 등에 관한 기준을 정하여 고시하여야 한다.

② 추락·낙하 및 붕괴 등의 위험 방지 및 보호에 필요한 가설기자재로서 고용노동 부장관이 정하여 고시하는 것으로 파이프서포트, 조립식 비계용 부재, 작업발판 등이 있다.

2. 안전인증 가설기자재

① 파이프서포트 및 동바리용 부재
  ㉠ 파이프서포트
  ㉡ 틀형 동바리용 부재
  ㉢ 시스템 동바리용 부재
② 조립식 비계용 부재
  ㉠ 강관 비계용 부재
  ㉡ 틀형 비계용 부재
  ㉢ 시스템 비계용 부재
③ 이동식 비계용 부재
  ㉠ 이동식 비계용 주틀
  ㉡ 발바퀴
  ㉢ 이동식 비계용 난간틀
  ㉣ 이동식 비계용 아웃트리거
④ 작업발판
  ㉠ 작업대
  ㉡ 통로용 작업발판

⑤ 조임철물
  ㉠ 클램프
  ㉡ 철골용 클램프
⑥ 받침철물
  ㉠ 조절형 받침철물
  ㉡ 피벗형 받침철물
⑦ 조립식 안전난간
⑧ 가설기자재 시험용 지그

3. 안전인증제품의 표시

① 안전인증 표시
② 형식 또는 모델명
③ 규격 또는 등급 등
④ 제조자명
⑤ 제조번호 및 제조연월
⑥ 안전인증 번호

Section 35 안전검사

1. 개요

유해하거나 위험한 기계·기구·설비로서 대통령령으로 정하는 것을 사용하는 사업주는 안전검사대상기계 등의 안전에 관한 성능이 검사기준에 맞는지에 대하여 고용노동부장관이 실시하는 검사를 받아야 하며 사업주와 소유자가 다른 경우에는 소유자가 받아야 한다.

2. 사용금지

① 안전검사를 받지 아니한 안전검사대상기계
② 안전검사에 불합격한 안전검사대상기계

3. 안전검사 대상기계

① 프레스

② 전단기

③ 크레인(정격 하중이 2톤 미만은 제외)

④ 리프트

⑤ 압력용기

⑥ 곤돌라

⑦ 국소 배기장치(이동식 제외)

⑧ 산업용원심기

⑨ 롤러기(밀폐형 구조는 제외)

⑩ 사출성형기

⑪ 고소작업대

⑫ 컨베이어

⑬ 산업용 로봇

⑭ 혼합기

⑮ 파쇄기 또는 분쇄기

4. 안전검사 절차(Flow Chart)

| 검사 신청 | ➡ | 현장방문 검사 실시 | ➡ | 안전검사 합격증명서 및 합격필증 교부 |

5. 안전검사대상기계의 검사 주기

① 크레인, 리프트, 곤돌라 : 설치 후 3년 이내 최초 안전검사 실시 이후부터 2년마다(건설현장에서 사용하는 것은 최초로 설치한 날부터 6개월마다)

② 이동식 크레인, 이삿짐 운반용 리프트 및 고소작업대 : 신규 등록 후 3년 이내 최초 안전검사 이후부터 2년마다

③ 프레스, 전단기 등 9종 : 설치 후 3년 이내 최초 안전검사 실시 이후부터 2년마다(공정안전보고서 제출 확인 압력용기는 4년마다)

Section 36 자율검사프로그램에 따른 안전검사

1. 개요

안전검사대상기계를 사용하는 사업주는 안전검사를 받아야 하나 사업주가 근로자대표와 협의하여 검사 기준, 검사 주기 등을 충족하는 검사프로그램을 정하고 고용노동부장관의 인정을 받아 안전에 관한 성능검사를 받으면 안전검사를 받은 것으로 본다.

2. 자율안전검사자 자격

① 고용노동부령으로 정하는 안전에 관한 성능검사와 관련된 자격 및 경험을 가진 사람
② 안전에 관한 성능검사 교육을 이수하고, 해당 분야의 실무경력이 1년 이상인 사람

3. 자율검사프로그램 인정 절차(Flow Chart)

인정 신청	➡	프로그램 및 현장확인 심사(필요시)	➡	인증서 발행

4. 자율검사프로그램 인정 및 유효기간 등

① 검사원을 고용하고 검사를 할 수 있는 장비를 갖추고 이를 유지·관리할 수 있어야 인정
② 검사주기는 안전검사 주기의 1/2
③ 자율검사프로그램의 유효기간 2년이고 자율안전검사를 받은 경우 결과를 기록 보존
④ 자율검사프로그램의 검사기준이 안전검사기준을 충족할 것

5. 자율검사프로그램 인정의 취소

① 거짓이나 그 밖의 부정한 방법으로 자율검사프로그램을 인정받은 경우(취소)
② 자율검사프로그램을 인정받고도 검사를 하지 아니한 경우(시정명령)
③ 인정받은 자율검사프로그램의 내용에 따라 검사를 하지 아니한 경우(시정명령)
④ 자율안전검사기관이 검사를 하지 아니한 경우(취소)
⑤ 인정이 취소된 안전검사대상기계 사용금지

Section 37 물질안전보건자료(MSDS)

1. 개요

① 물질안전보건자료(MSDS)는 화학물질의 명칭, 물리, 화학적 특성 안전보건상의 취급 시 주의사항, 환경에 미치는 영향 등이 기제된 취급설명서를 말한다.

② 사업주는 근로자가 볼 수 있는 장소에 게시, 비치하도록 하고 제제를 양도 또는 제공 시 물질안전보건자료(MSDS)도 함께 양도·제공해야 한다.

2. 유해인자의 분류

1) 화학물질의 분류기준

① 물리적 위험성 분류 : 폭발·인화·산화성 물질

② 건강 및 환경 유해성 분류 : 급성 독성·자극성·과민성 물질

2) 물리적 인자의 분류기준

소음, 진동, 방사선, 이상기압, 이상기온

3) 생물학적 인자

혈액, 공기, 곤충 및 동물 매개 감염인자

3. 관리요령 게시내용

① 제품명

② 건강 및 환경에 대한 유해성, 물리적 위험성

③ 안전 및 보건상의 취급주의 사항

④ 적절한 보호구

⑤ 응급조치 요령 및 사고 시 대처방법

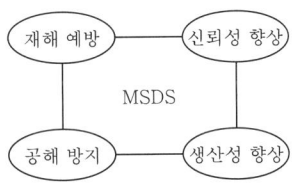

[MSDS 효과]

4. 물질안전보건자료에 관한 교육의 시기 · 내용 · 방법

1) 시기

① 물질안전보건자료대상물질을 제조·사용·운반 또는 저장하는 작업에 근로자를 배치하게 된 경우

② 새로운 물질안전보건자료대상물질이 도입된 경우

③ 유해성·위험성 정보가 변경된 경우

2) 내용·방법

① 법에 규정된 안전보건교육 교육내용과 동일

② 안전보건교육이수 인정

③ 교육내용 기록·보존

5. 물질안전보건자료의 작성·제출 제외 대상 화학물질

① 원자력안전법에 따른 방사성물질

② 생활주변방사선 안전관리법에 따른 원료물질

③ 약사법에 따른 의약품·의약외품

④ 화장품법에 따른 화장품

⑤ 마약류 관리에 관한 법률에 따른 마약 및 향정신성의약품

⑥ 농약관리법에 따른 농약

⑦ 사료관리법에 따른 사료

⑧ 비료관리법에 따른 비료

⑨ 식품위생법에 따른 식품 및 식품첨가물

⑩ 총포·도검·화약류 등의 안전관리에 관한 법률에 따른 화약류 등 총 18종

6. 경고표지 작성 및 부착

1) 대상화학물질의 용기 또는 포장에 한글 표지 부착

2) 경고표지 내용

① 명칭 : 해당 대상화학물질의 명칭

② 그림문자 : 화학물질의 분류에 따라 유해·위험의 내용을 나타내는 그림

③ 신호어 : 유해·위험의 심각성 정도에 따라 표시하는 "위험" 또는 "경고" 문구

④ 유해·위험 문구 : 화학물질의 분류에 따라 유해·위험을 알리는 문구

⑤ 예방조치 문구 : 화학물질에 노출되거나 부적절한 저장·취급 등으로 발생하는 유해·위험을 방지하기 위하여 알리는 주요 유의사항

⑥ 공급자 정보 : 대상화학물질의 제조자 또는 공급자의 이름 및 전화번호 등

석면조사

1. 개요

① 일정 규모 이상의 건축물이나 설비를 철거하거나 해체하려는 자는 석면조사기관으로 하여금 기관석면조사를 한 후 그 결과를 기록·보존하여야 한다.

② 다만, 석면 함유 여부가 명백한 경우 등 대통령령으로 정하는 사유에 해당할 경우에는 석면조사를 생략할 수 있다.

2. 석면조사 사항

① 해당 건축물이나 설비에 석면이 함유되어 있는지 여부

② 석면이 함유된 해당 건축물이나 설비 중 자재의 종류, 위치 및 면적

③ 해당 건축물이나 설비에 함유된 석면의 종류 및 함유량

3. 석면조사 기관

① 국가 또는 지방자치단체의 소속기관

②「의료법」에 따른 종합병원 또는 병원

③ 대학 또는 그 부속기관

④ 석면조사 업무를 하려는 법인

4. 기관석면조사 대상

① 건축물의 연면적 합계가 50제곱미터 이상이면서, 그 건축물의 철거·해체하려는 부분의 면적 합계가 50제곱미터 이상인 경우

② 주택의 연면적 합계가 200제곱미터이면서, 그 주택의 철거·해체하려는 부분의 면적 합계가 200제곱미터 이상인 경우

③ 설비의 철거·해체하려는 부분에 해당하는 자재를 사용한 면적의 합이 15제곱미터 이상 또는 그 부피의 합이 1세제곱미터 이상인 경우

  ㉠ 단열재

  ㉡ 보온재

  ㉢ 분무재

      ⓔ 내화피복재

      ⓜ 개스킷(Gasket)

      ⓗ 패킹(Packing)재

      ⓢ 실링(Sealing)재

      ⓞ 그밖에 고용노동부장관이 정하여 고시한 자재

   ④ 파이프 길이의 합이 80미터 이상이면서, 그 파이프의 철거·해체하려는 부분의 보온재로 사용된 길이의 합이 80미터 이상인 경우

5. 석면조사 생략

1) 대상

① 건축물이나 설비의 철거·해체 부분에 사용된 자재가 설계도서, 자재이력 등 관련 자료를 통해 석면을 함유하고 있지 않음이 명백하다고 인정되는 경우

② 건축물이나 설비의 철거·해체 부분에 석면이 1%(무게 퍼센트) 초과하여 함유된 자재를 사용하였음이 명백하다고 인정되는 경우

2) 대상 확인

① 건축물이나 설비의 소유주 등은 석면조사의 생략 등 확인신청서에 석면이 함유되어 있지 않음 또는 석면이 1%(무게 퍼센트) 초과하여 함유되어 있음을 표시하여 관할 지방고용노동관 서의 장에게 제출

② 건축물이나 설비의 소유주 등이 석면조사의 생략 등 확인신청서에 「석면안전관리법」에 따른 석면조사를 하였음을 표시하고 그 석면조사 결과서를 첨부하여 관할 지방고용노동관서의 장에게 제출

③ 지방노동관서의 장은 신청서가 제출되면 확인한 후 접수된 날부터 20일 이내에 그 결과를 해당 신청인에게 통지

④ 지방노동관서의 장은 신청서의 내용을 확인하기 위해 기술적인 사항에 대해 공단에 검토를 요청할 수 있다.

6. 석면조사 방법

① 건축도면, 설비제작도면 또는 사용자재의 이력 등을 통해 석면 함유 여부에 대한 예비조사를 할 것

② 건축물이나 설비의 해체·제거할 자재 등에 대해 성질과 상태가 다른 부분들을 각각 구분할 것

③ 시료 채취는 구분된 부분들 각각에 대해 그 크기를 고려하여 채취 수를 달리 하여 조사를 할 것

④ 1개만 고형 시료를 채취·분석하는 경우에는 그 1개의 결과를 기준으로 하고, 2개 이상의 고형시료를 채취·분석하는 경우에는 석면함유율이 가장 높은 결과를 기준으로 해당 부분의 석면 함유 여부를 판정

7. 석면조사기관의 지정 취소

① 정당한 사유 없이 석면조사 업무를 거부한 경우

② 석면조사 관련 서류를 거짓으로 작성한 경우

③ 고용노동부령으로 정하는 조사방법과 그밖에 필요한 사항을 위반한 경우

④ 고용노동부장관이 실시하는 석면조사기관의 석면조사 능력 평가를 받지 아니하거나 부적합 판정을 받은 경우

⑤ 자격을 갖추지 아니한 자가 석면농도를 측정한 경우

⑥ 석면 농도측정 방법을 위반한 경우

⑦ 인력기준에 해당하지 않은 사람으로 하여금 석면조사 업무를 수행하게 한 경우

⑧ 관계 공무원의 지도·감독 업무를 거부·방해·기피한 경우

Section 39 석면의 해체·제거

1. 개요

① 기관석면조사 대상 건축물이나 설비에 법으로 정하는 함유량과 면적 이상의 석면이 함유되어 있는 경우 석면해체·제거업자로 하여금 그 석면을 해체·제거하도록 하여야 한다.

② 석면해체·제거는 기관석면조사를 실시한 기관이 해서는 아니 되며 작업 전에 고용노동부장관에게 신고하고 석면해체·제거작업에 관한 서류를 보존하여야 한다.

2. 석면 해체·제거업자를 통한 석면 해체·제거 대상

① 철거·해체하려는 벽체재료, 바닥재, 천장재 및 지붕재 등의 자재에 석면에 1%

(무게 퍼센트)를 초과하여 함유되어 있고 그 자재의 면적의 합이 50제곱미터 이상인 경우

② 석면이 1%(무게 퍼센트)를 초과하여 함유된 분무재 또는 내화피복재를 사용한 경우

③ 석면이 1%(무게 퍼센트)를 초과하여 함유된 자재의 면적의 합이 15제곱미터 이상 또는 그 부피의 합이 1세제곱미터 이상인 경우

④ 파이프에 사용된 보온재에서 석면에 1%(무게 퍼센트)를 초과하여 함유되어 있고, 그 보온재 길이의 합이 80미터 이상인 경우

3. 석면 해체 · 제거 작업 계획서 포함사항

① 공사개요 및 투입인력

② 석면 함유물질의 위치 · 범위 및 면적

③ 석면 해체 · 제거 작업의 절차와 방법

④ 석면 흩날림 방지 및 폐기 방법

⑤ 근로자 보호 조치

※ 상기내용을 근로자에게 알리고 작업장에 대한 석면조사방법 및 종료일자 · 석면조사결과의 요지를 보기 쉬운 장소에 게시

4. 석면 해체 · 제거 작업 신고 절차

① 석면 해체 · 제거업자를 작업 시작 7일 전까지 소재지 관할 지방노동관서의 장에게 신고서를 작성 · 제출

② 신고서 내용이 변경된 경우에는 지체 없이 변경 신고서를 소재지 관할 지방노동관서의 장에게 제출

③ 지방노동관서의 장은 신고서 또는 변경신고서를 받았을 때에 그 신고서를 받은 날부터 7일 이내에 석면 해체 · 제거 작업 신고(변경)증명서를 신청인에게 발급해야 한다.

④ 지방노동관서의 장은 확인 결과 사실과 다르거나 첨부 서류가 누락된 경우 등 필요하다고 인정하는 경우에는 해당 신고서의 보완을 명할 수 있다.

5. 석면 해체 · 제거작업의 안전성 평가

① 석면 해체 · 제거작업 기준의 준수 여부

② 장비의 성능

③ 보유인력의 교육 이수, 능력개발, 전산화 정도 및 그 밖에 필요한 사항

6. 석면의 농도 등

1) 석면의 해체·제거작업 완료 후의 석면농도기준

1세제곱센티미터당 0.01개

2) 석면농도를 측정할 수 있는 자의 자격

① 석면조사기관에 소속된 산업위생관리산업기사 또는 대기환경산업기사 이상의 자격을 가진 사람
② 작업환경 측정기관에 소속된 산업위생관리산업기사 이상의 자격을 가진 사람

3) 석면농도의 측정방법

① 석면 해체·제거작업장 내의 작업이 완료된 상태를 확인한 후 공기가 건조한 상태에서 측정할 것
② 작업장 내에 침전된 분진을 비산시킨 후 측정할 것
③ 시료채취기를 작업이 이루어진 장소에 고정하여 공기 중 입자상 물질을 채취하는 지역시료 채취방법으로 측정할 것

7. 석면 해체·제거업자의 등록 취소

① 고용노동부령으로 정하는 석면 해체·제거의 작업기준을 준수하지 아니하여 벌금형 또는 금고 이상의 형을 선고받은 경우
② 서류를 거짓이나 그밖의 부정한 방법으로 작성한 경우
③ 신고 또는 서류보존 의무를 이행하지 아니한 경우
④ 관계 공무원의 지도·감독 업무를 거부·방해·기피한 경우

Section 40 작업환경 측정

1. 개요

작업환경 측정이란 유해인자로부터 근로자를 보호하고 쾌적한 작업환경을 조성하기 위해 근로자 또는 사업장에 대해 사업주가 측정계획 수립, 시료 채취, 분석·평가하는 것이다.

2. 목적

① 유해인자 원인 파악 제거, 보완
② 직업병 사전 예방
③ 쾌적한 작업환경 조성으로 생산성 향상

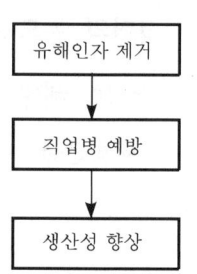

[작업환경 측정 목적]

3. 대상 사업장

1) 화학적 인자

① 유기화합물 : 에탄, 벤젠, 아세톤 등 113종
② 금속류 : 구리, 납, 니켈, 망간, 바륨, 수은 등 23종
③ 산 및 알칼리류 17종
④ 가스상태 물질류 15종
⑤ 금속가공유

2) 물리적 인자

① 8시간 가중평균 80dB 이상 소음
② 고열

3) 분진

광물성 분진, 곡물 분진, 면 분진, 나무 분진, 용접흄, 유리섬유

4) 기타 고용노동부장관이 고시하는 유해인자

4. 실시 면제

① 관리대상 유해물질의 허용 소비량을 초과하지 않는 사업장
② 임시 작업(월 24시간 미만), 단시간 작업(유해물질 1일 1시간 미만) 시행 작업장
③ 분진작업 적용 제외 사업장
④ 노출기준이 현저히 낮은 사업장

5. 횟수

1) 작업공정 신규 가동, 변경

30일 이내 실시 후 매 6월에 1회 이상 실시

2) 3월에 1회 실시

① 측정치 노출기준 초과
② 측정치 노출기준 2배 초과

3) 1년 1회 실시

최근 1년간 공장설비의 변경·작업방법 변경·설비의 이전 등 작업환경 측정결과에
영향을 주는 변화가 없는 경우로서
① 소음의 측정결과가 최근 2회 연속 85dB 미만인 경우
② 소음의 측정결과가 최근 2회 연속 노출기준 미만인 경우

6. 보고

① 사업주는 시료 채취 후 30일 이내 측정결과 보고서에 측정결과를 첨부하여 보고
② 30일 이내에 보고가 어려운 경우 제출기간 연장 신청(30일 범위 내)
③ 노출기준 초과 공정이 있는 경우 시료 채취 전후 60일 이내 개선증명 또는 개선
계획 보고

7. 신뢰성 평가(재측정)

① 노출 기준 미만인데도 직업병 유소견자 발생
② 설비·작업조건 등의 변경 없이 유해인자 노출 수준이 현저히 달라진 경우
③ 측정방법 위반

8. 측정기관의 유형

① 사업장 위탁 측정기관 : 위탁받은 사업장
② 사업장 자체 측정기관 : 그 사업장

Section 41

근로자 건강진단

1. 개요

① 사업주는 근로자의 건강 보호·유지를 위해 정기적으로 건강진단을 실시해야 하며, 근로자 대표가 요구 시 입회시켜야 한다.

② 사업주는 건강진단 결과에 따라 시설 개선 및 적절한 조치를 취하여 근로자의 건강증진을 도모해야 한다.

2. 건강진단의 종류

1) 일반 건강진단

상시근로자에 대하여 주기적으로 실시

2) 특수 건강진단

① 유해인자에 노출되는 업무에 종사하는 근로자 대상

② 직업병 유소견판정의 원인이 된 유해인자에 대한 건강진단이 필요하다는 의사의 소견이 있는 근로자

3) 배치 전 건강진단

특수 건강진단 업무에 종사할 근로자에 대하여 적합성 여부 판정을 위해 평가 실시

4) 수시 건강진단

직업성 천식, 직업성 피부염 등 건강장애 증상을 보이거나 의학적 소견이 있는 근로자에 대하여 실시

5) 임시 건강진단

질병의 발생 여부를 확인하기 위하여 실시

3. 건강진단 실시

구분	대상	실시 시기
일반 건강진단	사무직 기타 근로자	2년 1회 1년 1회
특수 건강진단	특수 건강진단 대상 업무 종사 근로자	첫 번째 12개월 이내 실시 후 석면 12개월, 목분진 24개월
배치 전 건강진단	대상 업무 종사 근로자	작업 배치 전
수시 건강진단	대상 업무 종사 근로자	건강장애 의심 의학적 소견
임시 건강진단	근로자	고용노동부장관 필요

4. 건강진단 결과 조치사항

① 작업장소 변경 배치
② 작업의 전환
③ 근로시간 단축 및 야간근로(22:00~06:00) 제한
④ 작업환경 측정 실시
⑤ 설비의 설치 또는 개선 등 적절한 조치

5. 질병 유소견자 발견 시 조치사항

① 진단 실시일부터 30일 이내 의학적 소견 및 이에 필요한 사후관리 내용 설명
② 개인별 건강진단표 직접교부
③ 직업병 유소견자 발생보고서를 관할 지방노동관서의 장에게 제출

6. 질병자의 근로 금지 및 취업 제한

1) 근로 금지

① 전염의 우려가 있는 질병에 걸린 자
② 조현병, 마비성 치매에 걸린 자
③ 심장, 신장, 폐 등의 질환이 있는 자로 근로에 의해 병세악화 우려가 있는 자
④ 고용노동부장관이 정하는 질병에 걸린 자

2) 근로 시간 연장의 제한

고압 작업 시간 1일 6시간, 1주 34시간 초과 근로 금지

3) 자격 등에 의한 취업 제한

유해·위험 작업 시 작업에 필요한 자격·면허 경험 또는 기능을 가진 자가 작업하여야 한다.

7. 결론

① 건강진단은 사업주가 근로자의 안전보건을 확보하기 위해 실시하는 의무사항이다.
② 사업주는 근로자의 건강진단을 통해 근로자의 건강 유지는 물론 쾌적한 작업환경 조성으로 산재 예방에 힘써야 한다.
③

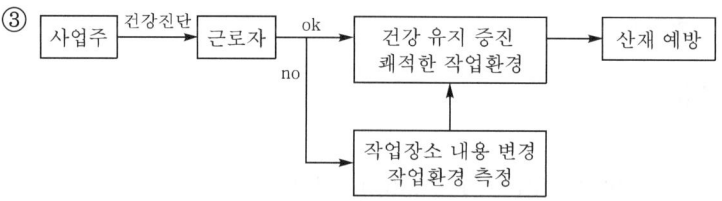

Section 42 산업안전 지도사

1. 개요

산업안전 지도사란 한국산업인력공단 실시 시험에 합격한 자로 공정상 안전, 유해 위험 방지대책 평가, 지도 및 기타 산업안전에 관한 자문하는 자를 말한다.

2. 지도사의 직무

① 공정상 안전에 관한 평가 지도
② 유해 위험에 방지 대책에 관한 평가 지도
③ ①, ② 사항 관련 계획서 및 보고서 작성
④ 위험성 평가의 지도
⑤ 안전보건개선 계획서 작성
⑥ 산업안전에 관한 사항의 자문에 대한 응답 및 조언

3. 업무 영역

① 기계안전 분야

② 전기안전 분야

③ 화공안전 분야

④ 건설안전 분야

4. 입무 범위(건설분야)

① 유해·위험 방지 계획서, 안전보건개선 계획서, 건설현장 작업 계획서 작성 지도

② 가설구조물, 시공 중인 구축물, 해체공사, 건설공사현장 붕괴 우려장소 등의 안전성 평가

③ 가설 시설, 가설 도로 등의 안전성 평가

④ 굴착공사의 안전시설, 지반 붕괴, 매설물 파손 예방의 기술 지도

⑤ 기타 토목, 건축 등에 관한 교육 또는 기술 지도

5. 지도사의 의무

① 비밀 유지 : 직무상 알게 된 비밀을 누설하거나 도용 금지

② 손해배상책임 : 업무수행 중 고의, 과실에 의한 손해배상책임

③ 유사명칭 사용 금지 : 지도사가 아닌 자는 유사명칭 사용 금지

Section 43 근로감독관

1. 개요

① 근로조건의 기준을 확보하기 위하여 고용노동부와 그 소속 기관에 고용노동부의 3급부터 7급까지의 공무원 중 고용노동부장관이 정하는 교육을 이수한 사람을 근로감독관으로 임명할 수 있다.

② 근로감독관은 「산업안전보건법」에 따른 따른 명령을 시행하기 위하여 필요한 경우 사업주, 근로자 또는 안전보건관리책임자 등에게 질문을 하고, 장부, 서류, 그 밖의 물건의 검사 및 안전보건점검을 하며, 관계 서류의 제출을 요구할 수 있다.

2. 권한

① 사업주, 근로자 등에게 질문 및 관련서류 제출 요구

② 기계 · 설비 등에 대한 검사, 제품 · 원재료 또는 기구를 수거

③ 관계인 출석 명령

④ 해당 장소에 출입 시 신분증표 관련문서 제시

3. 근로감독관 출입 장소

① 사업장

② 법에 규정한 장소

  ㉠ 사업주

  ㉡ 안전진단기관

  ㉢ 재해예방지도기관

  ㉣ 인증기관

  ㉤ 안전검사기관

  ㉥ 자율안전검사기관

  ㉦ 석면조사기관

  ㉧ 작업환경측정기관

  ㉨ 건강진단기관

③ 석면해체 · 제거업자의 사무소

④ 지도사의 사무소

Section 44
산업재해 예방활동의 보조 · 지원

1. 개요

① 정부는 사업주, 사업주단체, 근로자단체, 산업재해 예방 관련 전문단체, 연구기
관 등이 하는 산업재해 예방사업에 드는 경비의 전부 또는 일부를 예산의 범위에
서 보조하거나 필요한 지원을 할 수 있다.

② 이 경우 고용노동부장관은 보조 · 지원이 산업재해 예방사업의 목적에 맞게 효율
적으로 사용되도록 관리 · 감독하여야 한다.

2. 정부 보조 · 지원이 가능한 사업

① 산업재해 예방을 위한 방호장치, 보호구, 안전설비 및 작업환경개선 시설·장비 등의 제작, 구입, 보수, 시험, 연구, 홍보 및 정보제공 등의 업무

② 사업장 안전·보건관리에 대한 기술지원 업무

③ 산업안전·보건 관련 교육 및 전문인력 양성 업무

④ 산업재해예방을 위한 연구 및 기술개발 업무

⑤ 안전검사 지원업무

⑥ 위험성평가에 관한 지원업무

⑦ 작업환경측정 및 건강진단 지원업무

⑧ 직업성 질환의 발생 원인을 규명하기 위한 역학조사·연구 또는 직업성 질환 예방에 필요하다고 인정되는 시설·장비 등의 구입업무

⑨ 안전·보건의식의 고취 및 무재해운동 추진 업무

⑩ 작업환경측정기관의 작업환경측정·분석 능력 평가 및 특수건강진단기관의 진단·분석 능력의 확인에 필요한 시설·장비 등의 구입 업무

⑪ 산업의학 분야의 학술활동 및 인력 양성 지원에 관한 업무

⑫ 유해인자의 노출 기준 및 유해성·위험성 조사·평가 등에 관한 업무

⑬ 노무를 제공하는 자의 건강을 유지·증진하기 위한 시설의 운영에 관한 지원업무

⑭ 그 밖에 산업재해 예방을 위한 업무로서 산업재해보상보험 및 예방심의위원회의 심의를 거쳐 고용노동부장관이 정하는 업무

3. 보조 · 지원의 취소

① 거짓이나 그 밖의 부정한 방법으로 보조·지원을 받은 경우(전부 취소)

② 보조·지원 대상자가 폐업하거나 파산한 경우(전부 취소)

③ 보조·지원 대상을 임의매각·훼손·분실하는 등 지원 목적에 적합하게 유지·관리·사용하지 아니한 경우

④ 산업재해 예방사업의 목적에 맞게 사용되지 아니한 경우

⑤ 보조·지원 대상 기간이 끝나기 전에 보조·지원 대상 시설 및 장비를 국외로 이전한 경우

⑥ 보조·지원을 받은 사업주가 필요한 안전조치 및 보건조치 의무를 위반하여 근로자가 사망한 경우

영업정지의 요청

1. 개요

① 고용노동부장관은 사업주가 산업재해를 발생시킨 경우 관계 행정기관의 장에게 해당 사업의 영업정지 제재를 할 것을 요청하거나 공공기관의 장에게 그 기관이 시행하는 사업의 발주 시 필요한 제한을 해당 사업자에게 할 것을 요청할 수 있다.

② 영업정리를 요청 받은 관계 행정기관의 장 또는 공공기관의 장은 정당한 사유가 없으면 이에 따라야 하며, 그 조치 결과를 고용노동부장관에게 통보하여야 한다.

2. 영업정지

1) 안전조치를 위반하여 근로자가 사망하거나 사업장 인근지역에 중대한 피해를 주는 등 사고가 발생한 경우

① 재해가 발생한 때부터 그 사고가 주원인이 되어 72시간 이내에 2명 이상이 사망하는 재해

② 중대산업사고

2) 시정조치 명령을 위반하여 근로자가 업무로 인하여 사망한 경우

3. 과징금처분

1) 조건

업무정지가 이용자에게 심한 불편을 주거나 공익을 해칠 우려되는 경우

2) 과징금

업무정지 처분 대신 과징금 10억 원 이하 부과 서면통지

3) 납부

30일 이내

4) 분할납부(4개월 간격, 3회 이내)

① 재해 등으로 재산에 현저한 손실을 입은 경우

② 경제 여건이나 사업 여건의 악화로 사업이 중대한 위기에 있는 경우

③ 과징금을 한꺼번에 내면 자금사정에 현저한 어려움이 예상되는 경우

4. 행정처분

① 건설산업기본법에 따른 영업정지

② 지방자치단체를 당사자로 하는 계약에 관한 법률에 따른 입찰참가자격의 제한

Section 46 서류의 보존

1. 개요

사업주 등은 법의 규정에 따라 안전·보건에 관련된 서류를 일정기간 동안 보관하여야 한다.

2. 사업주 보존 서류

① 안전보건관리책임자·안전관리자·보건관리자·안전보건관리담당자의 선임 관련 서류(3년)

② 산업안전보건위원회 및 안전보건협의체 회의록(2년)

③ 안전조치 및 보건조치에 관한 사항으로서 고용노동부령으로 정하는 사항을 적은 서류(3년)

④ 산업재해의 발생원인 등 기록(3년)

⑤ 화학물질의 유해성·위험성 조사에 관한 서류(3년)

⑥ 작업환경측정에 관한 서류(3년)

⑦ 건강진단에 관한 서류(3년)

⑧ 작업환경측정 결과를 기록한 서류는 보존(5년)

⑨ 송부 받은 건강진단 결과표 및 근로자가 제출한 건강진단 결과를 증명하는 서류(5년)

3. 안전인증기관, 안전검사기관 보존 서류

① 안전인증·안전검사에 관한 서류(3년)

　㉠ 안전인증 신청서 및 심사와 관련하여 인증기관이 작성한 서류

　㉡ 안전검사 신청서 및 검사와 관련하여 안전검사기관이 작성한 서류

② 안전인증대상기계 등에 대하여 기록한 서류(3년)

4. 기타

1) **자율안전확인대상기계 등을 제조 수입하는 자**

    자율안전기준에 맞는 것임을 증명하는 서류(2년)

2) **자율안전검사를 받은 자**

    자율검사프로그램에 따라 실시한 검사 결과에 대한 서류(2년)

3) **일반석면조사를 한 건축물 · 설비소유주**

    석면조사서류(해체 · 제거작업이 종료될 때까지 보존)

4) **기관석면조사를 한 건축물 · 설비소유주와 석면조사기관**

    조사결과에 관한 서류(3년)

5) **지도사**

    업무에 관한 사항을 적은 서류(5년)

6) **석면해체 · 제거작업과 작업환경측정에 관한 서류 중 고용노동부령으로 정하는 서류(30년)**

Section 47
사전조사 및 작업계획서 작성대상 작업

1. 개요

사업주는 법에 규정하는 작업을 하는 경우 근로자의 위험을 방지하기 위하여 해당 작업, 작업장의 지형 · 지반 및 지층 상태 등에 대한 사전조사를 하고 그 결과를 기록 · 보존하여야 하며, 조사결과를 고려하여 작업계획서를 작성하고 그 계획에 따라 작업을 하도록 하여야 한다.

2. 대상작업

① 타워크레인을 설치 · 조립 · 해체하는 작업
② 차량계 하역운반기계 등을 사용하는 작업(화물자동차를 사용하는 도로상의 주행 작업은 제외)

③ 차량계 건설기계를 사용하는 작업

④ 화학설비와 그 부속설비를 사용하는 작업

⑤ 전기작업(해당 전압이 50볼트 이상, 전기에너지가 250볼트암페어 이상 경우로 한정)

⑥ 굴착면의 높이가 2m 이상이 되는 지반의 굴착작업

⑦ 터널굴착작업

⑧ 교량의 설치·해체 또는 변경 작업(상부구조가 금속 또는 콘크리트로 구성되는 교량으로서 높이가 5m 이상이거나 교량의 최대 지간 길이가 30m 이상인 교량)

⑨ 채석작업

⑩ 건물 등의 해체작업

⑪ 중량물의 취급작업

⑫ 궤도나 그 밖의 관련 설비의 보수·점검작업

⑬ 입환작업(열차의 교환·연결 또는 분리 작업)

3. 근로자에게 주지

① 사업주는 작성한 작업계획서의 내용을 해당 근로자에게 알려야 한다.

② 항타기나 항발기를 조립·해체·변경 또는 이동하는 작업을 하는 경우 그 작업방법과 절차를 정하여 근로자에게 주지시켜야 한다.

③ 모터카(motor car), 멀티플타이탬퍼(multiple tie tamper), 밸러스트 콤팩터(ballast compactor), 궤도안정기 등의 작업차량을 사용하는 경우 미리 열차 운행관계자와 협의하여야 한다.

Section 48 신호방법을 정하여 하는 작업

1. 정의

① 신호란 일정한 부호나 표지, 소리, 몸짓 따위를 사용하여 특정한 내용이나 정보를 전달하거나 지시하는 것이다.

② 신호를 정하여야 하는 작업을 하는 경우 일정한 신호방법을 정하여 신호하도록 하여야 하며, 운전자는 그 신호에 따라야 한다.

2. 신호를 정하여야 하는 작업

① 양중기(揚重機)를 사용하는 작업

② 차량계 하역운반기계 등을 사용하여 작업을 하는 경우 하역, 운반 중인 화물이나 그 차량계 하역운반기계 등에 접촉되어 근로자가 위험해질 우려가 있는 장소에 유도자를 배치하는 작업

③ 차량계 건설기계를 사용하여 작업을 하는 경우에는 운전 중인 해당 차량계 건설 기계에 접촉되어 근로자가 부딪칠 위험이 있는 장소에 유도자를 배치하는 작업

④ 항타기 또는 항발기의 운전작업

⑤ 중량물을 2명 이상의 근로자가 취급하거나 운반하는 작업

⑥ 양화장치를 사용하는 작업

⑦ 궤도작업차량을 이용하는 작업, 운전 중인 궤도작업차량 또는 자재에 근로자가 접촉될 위험이 있는 장소에 유도자를 배치하는 작업

⑧ 입환작업(入換作業)

Section 49

추락 방지 설비

1. 개요

사업주는 근로자가 추락하거나 넘어질 위험이 있는 장소 등에서 작업을 할 때에 근로자가 위험해질 우려가 있는 경우 비계를 조립하는 등의 방법으로 작업발판을 설치하여야 한다.

2. 추락 방지 설비 설치 장소

① 추락하거나 넘어질 위험이 있는 장소

② 기계 · 설비 · 선박블록 등에서 작업

③ 작업발판의 끝 · 개구부(開口部) 등을 제외

3. 작업발판설치가 곤란한 경우

1) 안전방망 설치

① 위치 : 작업면에 근접하여 설치, 수직거리 10m 이내로 설치

② 망의 처짐 : 짧은 변 길이의 12% 이상 처지게 설치

③ 외부 내민길이 : 벽면으로부터 3m 이상

④ 그물코 20mm 이하인 경우 : 낙하물 방지망으로 인정

2) 안전방망을 설치하기 곤란한 경우 : 안전대를 착용

Section 50 소음작업에 의한 건강장애 예방

1. 정의

소음작업이란 1일 8시간 작업을 기준으로 85데시벨 이상의 소음이 발생하는 작업을 말하며, 작업 시 소음차단 보호구 착용 및 작업시간 준수로 난청을 방지하여야 한다.

2. 강렬한 소음작업

① 90데시벨 이상의 소음이 1일 8시간 이상 발생하는 작업

② 95데시벨 이상의 소음이 1일 4시간 이상 발생하는 작업

③ 100데시벨 이상의 소음이 1일 2시간 이상 발생하는 작업

④ 105데시벨 이상의 소음이 1일 1시간 이상 발생하는 작업

⑤ 110데시벨 이상의 소음이 1일 30분 이상 발생하는 작업

⑥ 115데시벨 이상의 소음이 1일 15분 이상 발생하는 작업

3. 충격소음작업

① 120데시벨을 초과하는 소음이 1일 1만회 이상 발생하는 작업

② 130데시벨을 초과하는 소음이 1일 1천회 이상 발생하는 작업

③ 140데시벨을 초과하는 소음이 1일 1백회 이상 발생하는 작업

4. 소음수준의 주지(근로자에게 알려야 하는 사항)

① 해당 작업장소의 소음 수준

② 인체에 미치는 영향과 증상

③ 보호구의 선정과 착용방법

④ 그 밖에 소음으로 인한 건강장해 방지에 필요한 사항

5. 난청발생에 따른 조치

① 해당 작업장의 소음성 난청 발생 원인 조사

② 청력손실을 감소시키고 청력손실의 재발을 방지하기 위한 대책 마련

③ 청력손실재발 방지대책의 이행 여부 확인

④ 작업전환 등 의사의 소견에 따른 조치

6. 청력보호구의 지급

① 소음작업, 강렬한 소음작업 또는 충격소음작업 종사 근로자에게 청력보호구 지급 및 착용

② 청력보호구는 근로자 개인 전용 지급

③ 근로자는 지급된 보호구 착용

Section 51 와이어로프(Wire Rope) 사용 금지 기준

1. 개요

① 와이어로프는 중량물 양중 시 사용되는 보조기구이다.

② 작업 전 이상 유무를 점검하고 이상 발견 시 즉시 교체하여 사용해야 한다.

2. 와이어로프의 구성

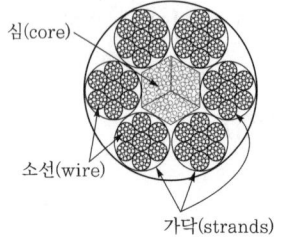
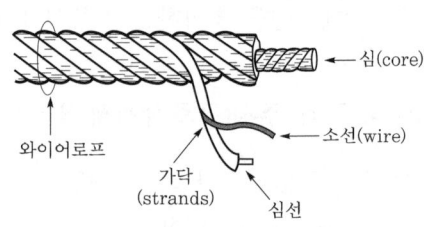

3. 와이어로프 안전율과 안전계수

1) 안전율

① 와이어로프의 공칭강도와 그 로프에 걸리는 총하중의 비

② 안전율 $= \dfrac{\text{절단하중}}{\text{사용하중}}$

③ 와이어로프의 종류별 안전율

와이어로프의 종류	안전율
원상용 와이어포르·지브의 기복용 와이어로프·횡행용 와이어로프 및 케이블 크레인의 주행용 와이어로프	5.0
지브의 지지용 와이어로프·보조로프 및 고정용 와이어로프	4.0
케이블 크레인의 주로프 및 레일로프	2.7
제50조의 운전실 등 권사용 와이어로프	9.0

2) 안전계수

① 안전계수 $= \dfrac{\text{절단하중}}{\text{사용하중}}$

② 안전계수 기준

구 분	안전계수
① 근로자 탑승하는 운반주 지지의 경우	10 이상
② 화물의 하중을 지지하는 경우	5 이상
③ ①, ② 외의 사용	4 이상

4. 와이어로프 교체 기준

① 이음매가 있는 것
② 와이어의 한 꼬임에서 끊어진 소선의 수가 10% 이상인 것
③ 지름의 감소가 7% 초과하는 것
④ 꼬인 것
⑤ 심하게 변형 또는 부식된 것

5. 양중기에 사용되는 체인 등 사용기준

1) 달기 체인

① 길이 증가가 5% 초과된 것
② 링의 단면 감소가 10%를 초과한 것
③ 균열이 있거나 심하게 변형된 것

2) 훅, 샤클

변형 또는 균열이 있는 것

3) 섬유 로프

① 꼬임이 끊어진 것
② 심하게 손상 또는 부식된 것

Section 52
추락재해 방지 대책(산업안전보건법 기준)

1. 개요

① 전체 산재 사망자의 절반 이상이 건설현장에서 발생하고 있으며, 건설 사망자의 절반 이상이 후진국형 사고인 추락사고로 인하여 발생하고 있어 추락방지대책이 절실하다.
② 정부의 실직적인 대책과 사업주의 적극적인 참여 근로자의 안전의식이 필요하다
 * 2017년 건설현장 사고 사망자 수는 506명(전체 산재 사망자 963명의 52.5%)이며, 건설현장 추락 사망자 수는 276명(건설 사망자 수의 54.5%)이다.

2. 체계별 법적 의무(추락)

1) 정부의 책무

① 유해 위험 방지 계획서 심사 및 확인
② 보호구 검정
③ 건설 기자재 안전인증

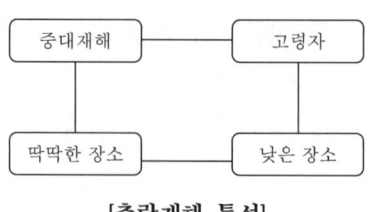

[추락재해 특성]

2) 사업주의 의무

① 산업안전보건법상 실질적 의무 주체

② 근로자 추락재해에 대한 책임과 의무

3) 관리감독자의 의무

① 보호구 방호장치 점검 및 착용 사용 교육 지도

② 작업장 정리정돈 및 통로확인 확인감독

4) 안전관리자의 의무

① 안전교육 계획의 수립 및 실시

② 사업장 순회점검 지도 및 조치의 건의

5) 근로자의 의무

① 산업재해 예방 기준 준수

② 추락 등의 재해 예방 조치를 따라야 할 의무

3. 추락재해 발생 원인

1) 추락재해 높이별 현황(2006년)

(단위 : 명)

구분	재해자	부상자	사망자
계	5,873	5,566	307
높은 추락 (h>=3m)	2,279	2,022	257
낮은 추락 (h<3m)	3,594	3,544	50

2) 개구부 주위에서의 추락 원인

① 바닥 개구부의 덮개를 설치하지 않거나 미고정

② 방호울이나 안전난간을 설치하지 않거나 해체하고 작업

③ 개구부 주위에서 안전대 미착용

④ 구조물 단부에서 불안전한 자세로 작업하거나 불안전한 작업방법

3) 강관비계 등에서의 추락 원인

① 안전난간 및 비계와 구조체 사이의 연결통로 미설치

② 비계의 설치상태가 불안전

③ 작업발판을 설치하지 않고 작업

④ 추락방지망을 설치하지 않고 작업

⑤ 안전대를 착용하지 않고 작업

4) 작업발판 위에서의 추락 원인

① 불량한 작업발판을 사용

② 작업발판을 고정하지 않고 작업

③ 폭이 좁은 작업발판을 사용

5) 기타

① 악천후 시 작업

② 안전수칙 미이행

4. 추락재해 방지 대책

1) 작업발판

① 발판 재료는 작업 시의 하중을 견딜 수 있도록 견고한 것으로 할 것

② 작업발판의 폭은 40cm 이상으로 하고 발판 재료 간 틈은 3cm 이하로 할 것

③ 추락 위험성이 있는 장소에는 안전난간을 설치할 것(90~120cm)

④ 작업발판의 지지물은 하중에 의하여 파괴될 우려가 없는 것을 사용할 것

⑤ 작업발판재료는 뒤집히거나 떨어지지 않도록 둘 이상의 지지물에 연결하거나 고정시킬 것

⑥ 작업발판을 작업에 따라 이동시킬 경우에는 위험 방지에 필요한 조치를 할 것

2) 안전난간

① 상부 난간대는 90cm~120cm, 중간 난간대는 상부 난간대와의 중간 높이에 설치

② 난간기둥은 난간대를 견고하게 떠받칠 수 있도록 적정 간격 유지

③ 난간대는 지름 2.7cm 이상의 금속제 파이프나 그 이상의 강도를 가진 재료

④ 임의의 방향으로 움직이는 100kg 이상이 하중에 견딜 수 있는 구조

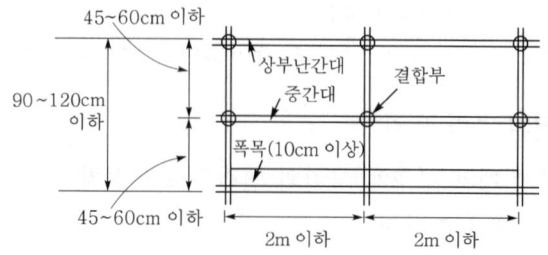

3) 추락방호망

① 안전인증된 안전방망 사용

② 테두리 로프는 각 그물코(10cm)를 관통시키고 재봉사로 결속

③ 달기 로프는 방망의 모서리와 3m 이내마다 동일한 간격으로 설치

④ 테두리 로프 및 달기 로프는 인장강도가 14.7kN 이상의 로프 사용

⑤ 달기 로프 지지점은 600kgf 이상의 외력에 견딜 수 있는 강도 보유

   ㉠ 신품 방망사 인장하중

그물코 한 변의 길이(mm)	방망의 종류 및 성능(kN)		
	매듭방망	무매듭방망	라셀방망
100	1.96 이상	2.36 이상	2.06 이상
500	1.08 이상		1.13 이상
30			0.74 이상
15			0.40 이상

   ㉡ 방망사 구조도

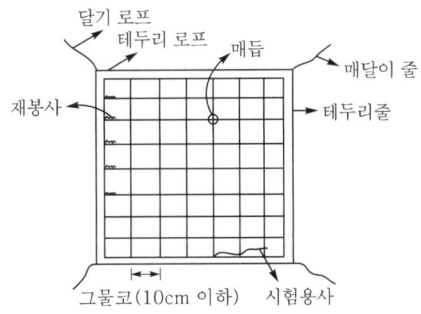

4) 안전대 부착

① 높이 2m 이상 추락 위험 있는 작업 시 안전대 부착 설비 설치

② 종류 : 비계, 수평구명줄, 수직구명줄, 전용철물 등

5) 개구부 덮개

① 재료는 손상, 변형 및 부식이 없는 것 사용

② 덮개의 크기는 개구부보다 10cm 정도 크게 설치

③ "추락 주의", "개구부 주의" 등의 안전표지

[개구부 덮개]

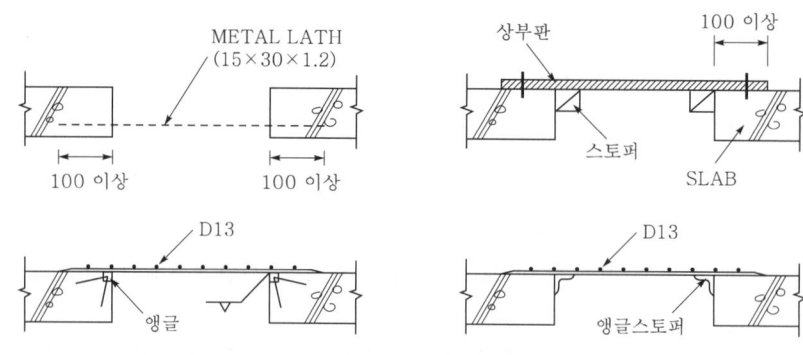

[개구부 덮개 설치 예]

5. 추락 높이에 따른 충격력

[추락 높이에 따른 속도와 충격력]

추락 높이(m)	0.3	1.2	1.8	2.7	4.9	7.6	11.0	14.9
속도(m/s)	2.4	4.9	6.1	7.3	9.7	12.2	14.6	17.1
충격력(kg)	182	726	1,090	1,634	2,906	4,540	6,356	8,898

※ 위 계산은 81.7kg(180 파운드)의 근로자가 9.1kg(20 파운드)의 도구를 운반하는 경우를 기준으로 한 것이다(미국산업안전교육원, OTI).

6. 결론

추락 방지 계획은 고소작업이 있는 현장의 필수 요소이다. 추락 방지를 위해 철저한 계획과 현장상황에 적합한 안전시설을 설치, 유지함으로써 추락 재해를 예방해야 한다.

Section 53 철거현장에서 석면에 대한 피해에 따른 문제점 및 안전대책

1. 개요

① 석면은 가늘고 긴 섬유로 강도가 좋으며, 쉽게 갈라지는 결정형의 섬유상 규산염 광물로 내열성, 내전도성, 불연소성, 불활성, 직포를 쉽게 할 수 있는 성질을 지닌 발암성 유해물질이다.

② 최근 재건축, 재개발로 인한 철거공사 증가로 철거 시 발생하는 석면의 피해가 발생하고 있는 바, 적법한 절차에 의해 처리하고, 문제점 및 대책을 파악하는 것은 매우 중요하다.

2. 용도 및 발생원

1) 마감 · 내화재
① 벽, 천정, 미장 바름 마감
② 석면 시멘트 분사
③ 철골 내화 피복재

2) 보온재
① 급수관, 닥트, 보일러 보온재
② 온수 · 냉수 탱크 보온재

3) 수장재
① 비닐 석면 타일, 천정 타일
② 시멘트판, 벽판, 지붕 슬레이트

3. 건강 장해

1) 노출 경로
① 가늘고 긴 섬유상 분진이 호흡기를 통해 들어온다.
② 석면 분진으로 오염된 손으로 음식을 먹거나 담배 등을 피울 때 소화기로 들어온다.

2) 건강 장해
① 폐의 섬유화, 호흡이 짧아짐, 기침, 석면폐증(심장이 커짐)
② 석면폐암, 소화기암, 악성 중피종
③ 석면 작업자는 흡연자보다 폐암에 걸릴 확률이 훨씬 높다(담배와 석면폐암은 상승작용이 있음).

3) 석면노출기준
① 크리소타일 : 2개/cm^3, 발암성 확인물질(A1)
② 아모사이트 : 0.5개/cm^3, 발암성 확인물질(A1)
③ 크로시돌라이트 : 0.2개/cm^3, 발암성 확인물질(A1)

4. 문제점

① 경고 표지판 및 안내판 미설치
② 근로자 보호구(마스크, 작업복) 미착용
③ 분리 배출 및 특정 폐기물 반출 미비
④ 건식 상태 철거(석면의 비래발생)
⑤ 국민적 홍보 미비
⑥ 건설업자 안전의식 결여
⑦ 사전 철거 계획 부재

5. 대책

1) 대국민 홍보 강화

공중파를 이용하여 석면 피해를 알리고, 교육 실시

2) 작업계획서 검토 철저

인허가 시 형식적 검토 지양

3) 벌칙 강화

위반 시 벌금형 등 처벌 강화

4) 안내 표지판 설치

석면 철거 및 운반 안내판 설치

5) 근로자 보호 장비 착용 의무화

① 방진마스크 착용
② 전용 작업복(우주복형) 착용

6) 정부 지원책 마련

석면 철거 시 정부 지원금 지급

7) 석면 포함 자재 생산·수입 금지

향후 석면 원자재 사용 금지, 대체재 개발

6. 해체·제거 작업 시 준수사항

1) 분무된 석면이나 석면이 함유된 보온재 또는 내화피복재의 해체·제거 작업

① 창문, 벽, 바닥 등은 비닐 등 불침투성 차단재로 밀폐하고 당해 장소를 음압으로 유지할 것(작업장이 실내인 경우)

② 작업 시 석면분진이 흩날리지 않도록 고성능 필터가 장착된 석면분진 포집장치를 가동하는 등 필요한 조치를 할 것(작업장이 실외인 경우)

③ 물 또는 습윤제를 사용하여 습식으로 작업할 것

④ 탈의실, 샤워실 및 작업복 경의실 등의 위생설비를 작업장과 연결하여 설치할 것 (작업장이 실내인 경우)

2) 석면이 함유된 벽체, 바닥타일 및 천장재의 해체·제거 작업

① 창문, 벽, 바닥 등은 비닐 등 불침투성 차단재로 밀폐할 것

② 물 또는 습윤제를 사용하여 습식으로 작업할 것

③ 당해 장소를 음압으로 유지할 것(석면 함유 벽체, 바닥타일, 천장재를 물리적으로 깨거나 기계 등을 이용하여 절단하는 작업인 경우)

3) 석면이 함유된 지붕재의 해체·제거 작업

① 해체된 지붕재는 직접 땅으로 떨어뜨리거나 던지지 말 것

② 물 또는 습윤제를 사용하여 습식으로 작업할 것(습식위험 시 제외)

③ 난방 또는 환기를 위한 통풍구가 지붕 근처에 있는 경우에는 이를 밀폐하고 환기설비 가동 중단

4) 석면이 함유된 그 밖의 자재의 해체·제거 작업

① 창문, 벽, 바닥 등은 비닐 등 불침투성 차단재로 밀폐할 것(작업장이 실내인 경우)

② 석면분진이 흩날리지 않도록 석면분진 포집장치를 가동하는 등 필요한 조치를 할 것(작업장이 실외인 경우)

③ 물 또는 습윤제를 사용하여 습식으로 작업할 것

7. 결론

석면은 발암성 유해물질로 밝혀진 바, 철거 시 발생 가능한 경로 및 여건을 충분히 조사한 후 작업에 임하고 작업자는 보호구 착용 및 안전한 작업으로 석면에 노출을 차단해야 한다.

Section 54 휴게시설 설치

1. 개요

① 사업주는 근로자(관계수급인의 근로자를 포함)가 신체적 피로와 정신적 스트레스를 해소할 수 있도록 휴식시간에 이용할 수 있는 휴게시설을 갖추어야 한다.

② 건설업의 경우에는 관계수급인의 공사금액을 포함한 해당 공사의 총공사금액이 20억 원 이상인 사업장으로 한정한다.

2. 크기

① 최소 바닥면적은 6제곱미터(공동휴게시설 = 사업장 개수 × 6m²)

② 바닥에서 천장까지의 높이는 2.1미터 이상

③ 근로자의 휴식 주기, 이용자 성별, 동시 사용인원 등을 고려하여 최소면적을 근로자 대표와 협의하여 6제곱미터가 넘는 면적으로 정한 경우 협의한 면적을 최소 바닥면적으로 한다.

3. 위치

① 근로자가 이용하기 편리하고 가까운 곳(왕복 이동에 걸리는 시간이 휴식시간의 20퍼센트를 넘지 않는 곳)

② 떨어져 설치해야 하는 장소
  • 화재·폭발 등의 위험이 있는 장소
  • 유해물질을 취급하는 장소
  • 인체에 해로운 분진 등을 발산하거나 소음에 노출되어 휴식을 취하기 어려운 장소

4. 온도, 습도 및 조명

① 적정한 온도(18~28℃)를 유지할 수 있는 냉난방기능 필요

② 적정한 습도(50~55%)를 유지할 수 있는 습도조절기능 필요

③ 적정한 밝기(100~200럭스)를 유지할 수 있는 조명조절기능 필요

5. 기타 사항

① 창문 등을 통하여 환기가 가능

② 의자 등 휴식에 필요한 비품 구비

③ 마실 수 있는 물이나 식수설비 구비

④ 휴게시설 외부에 표지 부착

⑤ 청소·관리 등을 하는 담당자가 지정

⑥ 물품보관 등 휴게시설 목적 외의 용도로 사용금지

시설물의 안전 및 유지관리에 관한 특별법

Professional Engineer Construction Safety

시설물의 안전 및 유지관리에 관한 특별법의 목적

1. 개요

① 근래 대형 사고가 발생됨에 따라 유사한 사고 방지 및 사회 공공시설 주요 시설의 관리를 위해 시설물안전관리에관한특별법이 제정되었다(1995.1).

② 시설물안전관리에관한특별법은 시설물의 안전점검과 순공 후 유지관리를 통해 재해를 예방하고 안전점검 및 유지관리 업무의 체계화를 위해 제정되었다.

2. 목적

① 시설물의 안전점검과 적정한 유지관리를 통해 재해 및 재난 예방

② 시설물의 효용 증진으로 공중의 안전 확보

③ 국민 복리 증진 기여

3. 목적의 단계

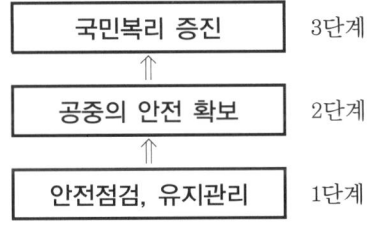

4. 문제점

① 타 법령과 조화 미흡

② 구체적 내용 미흡

③ 관련 업무 표준화 부족

④ 환경 관련 내용 미흡

5. 개선 방향

① 관련법과 조화 유지

② 구체적 내용 삽입 분류

③ 전문인력 양성

④ 환경 관련 내용 삽입

Section 2 주요 관련 용어

1. 시설물

건설공사를 통하여 만들어진 교량·터널·항만·댐·건축물 등 구조물과 그 부대시설로서 제1종 시설물, 제2종 시설물 및 제3종 시설물을 말한다.

2. 관리주체

관계 법령에 따라 해당 시설물의 관리자로 규정된 자나 해당 시설물의 소유자를 말한다. 이 경우 해당 시설물의 소유자와의 관리계약 등에 따라 시설물의 관리책임을 진 자는 관리주체로 보며, 공공관리주체와 민간관리주체로 구분한다.

3. 공공관리주체

① 국가·지방자치단체

② 공공기관의 운영에 관한 법률에 따른 공공기관

③ 지방공기업법에 따른 지방공기업

4. 민간관리주체

공공관리주체 외의 관리주체

5. 안전점검

경험과 기술을 갖춘 자가 육안이나 점검기구 등으로 검사하여 시설물에 내재되어 있는 위험요인을 조사하는 행위를 말하며, 점검목적 및 점검수준을 고려하여 정기안전점검 및 정밀안전점검으로 구분한다.

① 정기안전점검 : 시설물의 상태를 판단하고 시설물이 점검 당시의 사용요건을 만족시키고 있는지 확인할 수 있는 수준의 외관조사를 실시하는 안전점검

② 정밀안전점검 : 시설물의 상태를 판단하고 시설물이 점검 당시의 사용요건을 만족시키고 있는지 확인하며 시설물 주요부재의 상태를 확인할 수 있는 수준의 외관조사 및 측정·시험장비를 이용한 조사를 실시하는 안전점검

6. 정밀안전진단

시설물의 물리적·기능적 결함을 발견하고 그에 대한 신속하고 적절한 조치를 하기 위하여 구조적 안전성과 결함의 원인 등을 조사·측정·평가하여 보수·보강 등의 방법을 제시하는 행위

7. 긴급안전점검

시설물의 붕괴·전도 등으로 인한 재난 또는 재해가 발생할 우려가 있는 경우에 시설물의 물리적·기능적 결함을 신속하게 발견하기 위하여 실시하는 점검

8. 내진성능평가

지진으로부터 시설물의 안전성을 확보하고 기능을 유지하기 위하여 지진·화산재해대책법에 따라 시설물별로 정하는 내진설계기준에 따라 시설물이 지진에 견딜 수 있는 능력을 평가하는 것

9. 도급

원도급·하도급·위탁, 그 밖에 명칭 여하에도 불구하고 안전점검·정밀안전진단이나 긴급안전점검, 유지관리 또는 성능평가를 완료하기로 약정하고, 상대방이 그 일의 결과에 대하여 대가를 지급하기로 한 계약

10. 하도급

도급받은 안전점검·정밀안전진단이나 긴급안전점검, 유지관리 또는 성능평가 용역의 전부 또는 일부를 도급하기 위하여 수급인이 제3자와 체결하는 계약

11. 유지관리

완공된 시설물의 기능을 보전하고 시설물이용자의 편의와 안전을 높이기 위하여 시설물을 일상적으로 점검·정비하고 손상된 부분을 원상복구하며 경과시간에 따라 요구되는 시설물의 개량·보수·보강에 필요한 활동을 하는 것

12. 성능평가

시설물의 기능을 유지하기 위하여 요구되는 시설물의 구조적 안전성, 내구성, 사용성 등의 성능을 종합적으로 평가하는 것

Section 3 시설물의 안전 및 유지관리 기본계획과 관리계획의 수립, 시행

1. 개요

국토교통부장관은 시설물이 안전하게 유지관리될 수 있도록 하기 위해 5년마다 시설물의 안전과 유지관리에 관한 기본계획(이하 "기본계획"이라 한다)을 수립·시행하고, 이를 관보에 고시해야 한다. 기본계획을 변경하는 경우에도 같다.

2. 시설물관리 기본계획 포함사항

① 시설물의 안전 및 유지관리에 관한 기본목표 및 추진방향에 관한 사항
② 시설물의 안전 및 유지관리체계의 개발, 구축 및 운영에 관한 사항
③ 시설물의 안전 및 유지관리에 관한 정보체계의 구축·운영에 관한 사항
④ 시설물의 안전 및 유지관리에 필요한 기술의 연구·개발에 관한 사항
⑤ 시설물의 안전 및 유지관리에 필요한 인력의 양성에 관한 사항

⑥ 그 밖에 시설물의 안전 및 유지관리에 관하여 대통령령으로 정하는 사항

　㉠ 안전진단전문기관의 육성·지원에 관한 사항

　㉡ 시설물의 안전 및 유지관리에 관한 기준의 작성·변경과 그 운영에 관한 사항

3. 시설물관리계획 포함사항

① 시설물의 적정한 안전과 유지관리를 위한 조직·인원 및 장비의 확보에 관한 사항

② 긴급상황 발생 시 조치체계에 관한 사항

③ 시설물의 설계·시공·감리 및 유지관리 등에 관련된 설계도서의 수집 및 보존에 관한 사항

④ 안전과 유지관리에 필요한 비용에 관한 사항

⑤ 보수·보강 등 유지관리 및 그에 필요한 비용에 관한 사항

4. 시설물관리계획의 수립·시행 및 보고

1) 시설물관리계획의 수립·시행

관리 주체는 기본계획에 따라 소관 시설물에 대한 안전 및 유지관리 계획을 매년 수립·시행

2) 시설물관리계획의 보고

(1) 공공관리 주체

① 공공관리 주체가 중앙행정기관의 소속기관이나 감독을 받는 기관인 경우에는 소속 중앙행정기관 장에게 보고

② 그 외의 공공관리 주체는 특별시장, 광역시장, 도지사, 특별자치시장, 특별자치도지사에게 보고

(2) 민간관리 주체

① 관할 시장·군수 또는 구청장에게 제출

② 시장·군수 또는 구청장은 관할 시·도지사에게 보고

(3) 제출

시설물관리계획을 보고받거나 제출 받은 중앙행정기관의 장과 시·도지사는 그 현황을 확인한 후 관련 자료를 국토교통부장관에게 제출

5. 특별자치시장 · 특별자치도지사 · 시장 · 군수 · 구청장 수립 대상 시설물

① 공동주택관리법에 따른 의무관리대상 공동주택이 아닌 공동주택
② 건축법에 따른 노유자시설
③ 그 밖에 국토교통부장관이 정하는 시설물

6. 성능평가대상시설물(교량, 터널, 계류시설, 다목적댐, 공항청사, 하천, 광역상수도, 옹벽 등)

1) 해당 시설물의 생애주기를 고려하여 소관 시설물별로 5년마다 중기 시설물관리계획을 수립 · 시행하고, 매년 시설물관리계획을 수립 · 시행하여야 한다.

2) 중기 시설물관리계획 포함사항
① 성능평가대상시설물에 대한 성능목표 및 관리기준 설정에 관한 사항
② 성능평가대상시설물의 성능목표 달성 방법에 관한 사항
③ 성능평가대상시설물의 안전점검 · 정밀안전진단 또는 긴급안전점검, 성능평가 및 유지관리 이행에 관한 사항
④ 성능평가대상시설물의 성능평가 결과에 관한 사항
⑤ 그 밖에 국토교통부장관이 정하여 고시하는 사항
⑥ 성능평가가 완료된 해의 다음 해부터 5년마다 2월 15일까지 각각 제출

Section 4

1종 시설물

1. 개요

① 시설물이라 함은 건설공사를 통하여 만들어진 구조물 및 그 부대시설로서 1종 및 2종, 3종 시설물로 구분한다.
② 1종 시설물이라 함은 공중의 이용편의와 안전을 도모하기 위하여 특별히 관리할 필요가 있거나 구조상 안전 및 유지관리 고도의 기술이 필요한 대규모 시설물을 말한다.

2. 시설물특별법의 목적

① 시설물의 안전점검과 적정한 유지관리를 통하여 재해 및 재난을 예방
② 시설물의 효용을 증진시킴으로써 공중의 안전 확보
③ 국민의 복리 증진에 기여

3. 1종 시설물의 범위

구분	1종 시설물
1. 교량 ① 도로교량	• 상부구조형식이 현수교, 사장교, 아치교 및 트러스교인 교량 • 최대 경간장 50미터 이상의 교량(한 경간 교량은 제외한다) • 연장 500미터 이상의 교량 • 폭 12미터 이상이고 연장 500미터 이상인 복개구조물
② 철도교량	• 고속철도 교량 • 도시철도의 교량 및 고가교 • 상부구조형식이 트러스교 및 아치교인 교량 • 연장 500미터 이상의 교량
2. 터널 ① 도로터널	• 연장 1천미터 이상의 터널 • 3차로 이상의 터널 • 터널구간의 연장이 500미터 이상인 지하차도
② 철도터널	• 고속철도 터널 • 도시철도 터널 • 연장 1천미터 이상의 터널
3. 항만 ① 갑문시설 ② 방파제 · 파제제 및 호안 ③ 계류시설	• 갑문시설 • 연장 1천미터 이상인 방파제 • 20만톤급 이상 선박의 하역시설로서 원유부이(BUOY)식 계류시설(부대시설인 해저송유관을 포함한다) • 말뚝구조의 계류시설(5만톤급 이상의 시설만 해당한다)
4. 댐	• 다목적댐, 발전용댐, 홍수전용댐 및 총저수용량 1천만톤 이상의 용수전용댐
5. 건축물 ① 공동주택 ② 공동주택 외의 건축물	– • 21층 이상 또는 연면적 5만제곱미터 이상의 건축물 • 연면적 3만제곱미터 이상의 철도역시설 및 관람장 • 연면적 1만제곱미터 이상의 지하도상가(지하보도면적을 포함한다)

구분	1종 시설물
6. 하천 　① 하구둑 　② 수문 및 통문 　③ 보 　④ 배수펌프장	• 하구둑 • 포용조수량 8천만톤 이상의 방조제 • 특별시 및 광역시에 있는 국가하천의 수문 및 통문(通門) • 국가하천에 설치된 높이 5미터 이상인 다기능 보 • 특별시 및 광역시에 있는 국가하천의 배수펌프장
7. 상하수도 　상수도	• 광역상수도 • 공업용수도 • 1일 공급능력 3만톤 이상의 지방상수도

Section 5 2종 시설물

1. 개요

2종 시설물이라 함은 1종 시설물 외에 사회기반시설 등 재난이 발생할 위험이 높거나 재난을 예방하기 위하여 계속적으로 관리할 필요가 있는 시설물을 말한다.

2. 시설물의 종류

① 1종 시설물
② 2종 시설물
③ 3종 시설물 : 제1종 및 제2종 시설물 외에 안전관리가 필요한 소규모 시설물

3. 2종 시설물의 범위

구분	2종 시설물
1. 교량 　① 도로교량 　② 철도교량	• 경간장 50미터 이상인 한 경간 교량 • 제1종 시설물에 해당하지 않는 교량으로서 연장 100미터 이상의 교량 • 제1종 시설물에 해당하지 않는 복개구조물로서 폭 6미터 이상이고 연장 100미터 이상인 복개구조물 • 제1종 시설물에 해당하지 않는 교량으로서 연장 100미터 이상의 교량

구분	2종 시설물
2. 터널 ① 도로터널	• 제1종 시설물에 해당하지 않는 터널로서 고속국도, 일반국도, 특별시도 및 광역시도의 터널 • 제1종 시설물에 해당하지 않는 터널로서 연장 300미터 이상의 지방도, 시도, 군도 및 구도의 터널 • 제1종 시설물에 해당하지 않는 지하차도로서 터널구간의 연장이 100미터 이상인 지하차도
② 철도터널	• 제1종 시설물에 해당하지 않는 터널로서 특별시 또는 광역시에 있는 터널
3. 항만 ① 방파제, 파제제 및 호안	• 제1종 시설물에 해당하지 않는 방파제로서 연장 500미터 이상의 방파제 • 연장 500미터 이상의 파제제 • 방파제 기능을 하는 연장 500미터 이상의 호안
② 계류시설	• 제1종 시설물에 해당하지 않는 원유부이식 계류시설로서 1만 톤급 이상의 원유부이식 계류시설(부대시설인 해저송유관을 포함한다) • 제1종 시설물에 해당하지 않는 말뚝구조의 계류시설로서 1만 톤급 이상의 말뚝구조의 계류시설 • 1만 톤급 이상의 중력식 계류시설
4. 댐	• 제1종 시설물에 해당하지 않는 댐으로서 지방상수도전용댐 및 총저수용량 1백만 톤 이상의 용수전용댐
5. 건축물 ① 공동주택 ② 공동주택 외의 건축물	• 16층 이상의 공동주택 • 제1종 시설물에 해당하지 않는 건축물로서 16층 이상 또는 연면적 3만제곱미터 이상의 건축물 • 제1종 시설물에 해당하지 않는 건축물로서 연면적 5천 제곱미터 이상(각 용도별 시설의 합계를 말한다)의 문화 및 집회시설, 종교시설, 판매시설, 운수시설 중 여객용 시설, 의료시설, 노유자시설, 수련시설, 운동시설, 숙박시설 중 관광숙박시설 및 관광 휴게시설 • 제1종 시설물에 해당하지 않는 철도 역시설로서 고속철도, 도시철도 및 광역철도 역시설 • 제1종 시설물에 해당하지 않는 지하도상가로서 연면적 5천 제곱미터 이상의 지하도상가(지하보도면적을 포함한다)
6. 하천 ① 하구둑 ② 수문 및 통문 ③ 제방 ④ 보	• 제1종 시설물에 해당하지 않는 방조제로서 포용조수량 1천만 톤 이상의 방조제 • 제1종 시설물에 해당하지 않는 수문 및 통문으로서 국가하천의 수문 및 통문 • 특별시, 광역시, 특별자치시 및 시에 있는 지방하천의 수문 및 통문 • 국가하천의 제방(부속시설인 통관 및 호안 포함) • 제1종 시설물에 해당하지 않는 보로서 국가하천에 설치된 다기능 보

구분	2종 시설물
⑤ 배수펌프장	• 제1종 시설물에 해당하지 않는 배수펌프장으로서 국가하천의 배수펌프장 • 특별시, 광역시, 특별자치시 및 시에 있는 지방하천의 배수펌프장
7. 상하수도 　① 상수도 　② 하수도	• 제1종 시설물에 해당하지 않는 지방상수도 • 공공하수처리시설(1일 최대처리용량 500톤 이상인 시설만 해당)
8. 옹벽 및 　절토사면	• 지면으로부터 노출된 높이가 5미터 이상인 부분의 합이 100미터 이상인 옹벽 • 지면으로부터 연직높이(옹벽이 있는 경우 상단으로부터의 높이) 30미터 이상을 포함한 절토부로서 단일 수평연장 100미터 이상인 절토사면
9. 공동구	• 공동구

Section 6

3종 시설물

1. 개요

① 중앙행정기관의 장 또는 지방자치단체의 장은 다중이용시설 등 재난이 발생할 위험이 높거나 재난을 예방하기 위하여 계속적으로 관리할 필요가 있다고 인정되는 제1종 시설물 및 제2종 시설물 외의 시설물을 제3종 시설물로 지정·고시하여야 한다.

② 중앙행정기관의 장 또는 지방자치단체의 장은 제3종 시설물이 보수·보강의 시행 등으로 재난 발생 위험이 해소되거나 재난을 예방하기 위하여 계속적으로 관리할 필요성이 없는 경우에는 그 지정을 해제하여야 한다.

2. 3종 시설물 지정 요청자

1) 시설물의 관리주체가 공공관리주체인 경우

① 중앙행정기관의 소속 기관이거나 감독을 받는 기관인 공공관리주체 : 소속 중앙행정기관의 장

② ① 외의 공공관리주체 : 특별시장, 광역시장, 도지사, 특별자치시장 또는 특별자치도지사

2) 시설물의 관리주체가 민간관리주체인 경우

　　관할 시장·군수·구청장

3. 지정 및 해제

　① 지정 및 해제 통보자 : 중앙행정기관의 장, 지방자치단체의 장
　② 지정 및 해제 통보 기한 : 15일 이내
　③ 지정 또는 해제 통보 고시 : 관보, 공보, 게시판

4. 지정 및 해제 요청서 첨부 서류

1) 지정 요청서

　① 해당 시설물에 대한 점검결과 보고서(구조적 안전성 및 결함의 정도를 증명할 수 있는 사진 첨부)
　② 시설물 관리대장 사본

2) 해제 요청서

　① 해당 시설물에 대한 안전점검 결과보고서
　② 용도변경이 있는 경우 건축물대장 사본
　③ 그 밖에 재난을 예방하기 위하여 계속적으로 관리할 필요성이 없다는 사실을 증명하는 서류

Section 7　설계도서 제출

1. 개요

　① 제1종 시설물 및 제2종 시설물을 건설·공급하는 사업주체는 설계도서, 시설물관리대장 등 서류를 관리주체와 국토교통부장관에게 제출하여야 한다.
　② 제3종 시설물의 관리주체는 제3종 시설물로 지정·고시된 경우에는 관련 서류를 1개월 이내에 국토교통부장관에게 제출하여야 한다.

2. 설계도서 제출 등

① 제1종 및 제2종 시설물을 건설·공급하는 사업주체

② 제3종 시설물의 관리주체(고시된 경우)

③ 관리주체가 중요한 보수·보강을 실시한 경우

④ 국토부장관은 관련 서류 미제출 시 10일 이상 60일 이내 제출 명령

⑤ 설계도서 및 관련 서류 시설물 존속 시까지 보존

⑥ 제1종 및 제2종 시설물을 건설·공급하는 사업주체가 관련 서류를 제출한 것을 확인한 후 준공 또는 사용승인

⑦ 준공 또는 사용승인을 한 관계 행정기관의 장은 1개월 이내에 그 사실을 국토교통부장관에게 통보

3. 설계도서 등 서류 제출 시기

서류의 종류	제1·2종 시설물	제3종 시설물
설계도서 등	준공 또는 사용승인 신청 시 또는 해당 보수·보강을 완료한 날부터 30일 이내	지정 통보 후(실측도면 작성 기간 제외) 또는 해당 보수·보강을 완료한 날부터 30일 이내
시설물관리대장		
감리보고서	준공 또는 사용승인일 후 3개월 이내	

4. 설계도서 등을 제출하여야 하는 보수·보강의 범위

① 철근콘크리트구조부 또는 철골구조부

② 건축법에 따른 주요구조부

③ 그 밖에 국토교통부령으로 정하는 주요 부분

   ㉠ 교량받침

   ㉡ 터널의 복공 부위

   ㉢ 하천시설의 수문문비

   ㉣ 댐의 본체, 시공이음부 및 여수로

   ㉤ 조립식 건축물의 연결부위

   ㉥ 상수도 관로이음부

   ㉦ 항만시설 중 갑문문비 작동시설과 계류시설, 방파제, 파제제 및 호안의 구조체

Section 8 안전점검

1. 개요

① 안전점검이라 함은 경험과 기술을 갖춘 자가 육안 또는 점검기구 등에 의하여 검사를 실시함으로써 시설물에 내재되어 있는 위험요인을 조사하는 행위를 말한다.

② 관리주체는 시설물의 기능 및 안전을 유지하기 위하여 안전점검 및 정밀 안선신단지침에 따라 소관 시설물에 대한 안전점검을 실시해야 한다.

2. 안전점검의 목적

① 시설물의 물리적·기능적 결함과 내재되어 있는 위험요인을 발견

② 신속하고 적절한 보수·보강 방법 및 조치방안 등을 제시

③ 시설물의 안전 확보

3. 안전점검 시 고려사항

① 시설물에 대한 구조적 특수성 검토

② 최신 기술과 실무 경험의 적용

③ 책임 기술자는 법 규정에 의한 자격기준에 따라 선정

4. 안전점검, 정밀안전진단 및 성능평가의 실시시기

안전등급	정기안전점검	정밀안전점검		정밀안전진단	성능평가
		건축물	건축물 외 시설물		
A 등급	반기에 1회 이상	4년에 1회 이상	3년에 1회 이상	6년에 1회 이상	5년에 1회 이상
B·C 등급		3년에 1회 이상	2년에 1회 이상	5년에 1회 이상	
D·E 등급	1년에 3회 이상	2년에 1회 이상	1년에 1회 이상	4년에 1회 이상	

5. 시설물의 안전등급 기준

안전등급	시설물의 상태
A(우수)	문제점이 없는 최상의 상태
B(양호)	보조부재에 경미한 결함이 발생하였으나 기능 발휘에는 지장이 없으며, 내구성 증진을 위하여 일부의 보수가 필요한 상태
C(보통)	주요부재에 경미한 결함 또는 보조부재에 광범위한 결함이 발생하였으나 전체적인 시설물의 안전에는 지장이 없으며, 주요부재에 내구성, 기능성 저하 방지를 위한 보수가 필요하거나 보조부재에 간단한 보강이 필요한 상태
D(미흡)	주요부재에 결함이 발생하여 긴급한 보수·보강이 필요하며 사용제한 여부를 결정하여야 하는 상태
E(불량)	주요부재에 발생한 심각한 결함으로 인하여 시설물의 안전에 위험이 있어 즉각 사용을 금지하고 보강 또는 개축을 하여야 하는 상태

6. 안전점검의 종류

1) 정기점검

① 목적 : 경험과 기술을 갖춘 자가 육안이나 점검기구 등을 이용한 현장조사를 통해 시설물에 내재되어 있는 위험요인을 발견

② 점검 실시자 : 관리주체

③ 3종 시설물 중 민간관리주체 소관 시설물 : 시장, 군수, 구청장

④ 안전점검 실시 결과 결함의 정도에 따라 긴급안전점검 또는 정밀안전진단 실시

2) 정밀안전점검

① 목적 : 시설물의 현 상태를 정확히 판단하고 상태변화를 확인하며 사용요건을 계속 만족시키고 있는지 확인

② 방법 : 면밀한 외관조사, 간단한 측정·시험장비로 필요한 측정 및 시험 실시

③ 정밀안전진단이 필요한 경우 : 점검자는 관리주체에 즉시 보고하고 관리주체는 정밀안전진단을 실시

④ 시설물의 하자담보책임기간이 끝나기 전 마지막으로 실시하는 정밀안전점검의 경우 안전진단전문기관이나 국토안전관리원에 의뢰하여 실시

3) 긴급안전점검

① 목적 : 시설물의 붕괴·전도 등으로 인한 재난 또는 재해가 발생할 우려가 있는 경우 시설물의 물리적·기능적 결함을 신속하게 발견

② 실시 : 관리주체 또는 관계행정기관의 장이 필요하다고 판단될 때

③ 점검 : 정밀안전점검 수준

④ 종류 : 손상점검과 특별점검으로 구분

  ㉠ 손상점검 : 재해나 사고에 의해 비롯된 구조적 손상 등에 대하여 긴급히 시행하는 점검으로 시설물의 손상 정도를 파악하여 긴급한 사용제한 또는 사용금지의 필요 여부와 보수·보강의 긴급성, 보수·보강작업의 규모 및 작업량 등을 결정. 점검자는 사용제한 및 사용금지가 필요할 경우에는 즉시 관리주체에 보고

  ㉡ 특별점검 : 기초침하 또는 세굴과 같은 결함이 의심되는 경우나, 사용제한 중인 시설물의 사용여부 등을 판단하기 위해 실시하는 점검

7. 안전점검 등 및 성능평가 계획수립 고려사항

① 안전점검 등 및 성능평가를 수행하는데 필요한 인원, 측정장비 및 기기의 결정

② 기 발생된 결함의 확인을 위한 기존 안전점검 등 및 성능평가 자료의 검토

③ 안전점검 등 및 성능평가 실시 기간과 소요 작업시간의 예측

④ 타 기관 또는 주민과의 협조관계

⑤ 선택과업에 대한 조사범위, 장비 및 인력 동원계획

⑥ 비파괴 시험을 포함한 기타 재료시험의 실시 위치 및 시험 실시계획

⑦ 붕괴유발부재, 피로취약부위 등과 같이 특별한 주의를 필요로 하는 부재·부위

⑧ 시설물의 기초와 주위 지반에 대한 조사방법, 조사항목 및 범위

⑨ 안전점검 등 및 성능평가를 수행하는데 안전사고 발생 위험요인 등에 대한 안전관리 계획

⑩ 성능평가 수행 시 안전점검 등을 포함 또는 그 결과 활용 여부 검토

8. 안전점검 및 성능평가를 실시할 수 있는 책임기술자의 자격

구분	자격요건	
	기술자격 요건	교육 및 실무경력 요건
정기안전검점	① 건설기술 진흥법에 따른 토목, 건축 또는 안전관리(건설안전) 직무 분야의 건설기술인 중 초급기술인 이상일 것	국토교통부장관이 인정하는 해당 분야(토목, 건축 분야로 구분한다)의 정기안전점검교육을 이수하였을 것
	② 건축사	국토교통부장관이 인정하는 해당 분야(토목, 건축 분야로 구분한다)의 정기안전점검교육을 이수하였을 것
정밀안전점검 및 긴급안전점검	① 건설기술 진흥법에 따른 토목, 건축 또는 안전관리(건설안전) 직무 분야의 건설기술인 중 고급기술인 이상일 것	국토교통부장관이 인정하는 해당 분야(토목, 건축 분야로 구분한다)의 정밀안전점검 및 긴급안전점검 교육을 이수하였을 것
	② 건축사로서 연면적 5천 제곱미터 이상의 건축물에 대한 설계 또는 감리실적이 있을 것	국토교통부장관이 인정하는 건축 분야의 정밀안전점검 및 긴급안전점검 교육을 이수하였을 것
성능평가	정밀안전진단 책임기술자의 자격을 갖춘 사람으로서 국토교통부장관이 인정하는 해당 분야(교량 및 터널, 수리, 항만, 건축 분야로 구분한다)의 성능평가 교육을 이수하였을 것	

9. 과업내용

1) 정기안전점검

(1) 기본과업

시설물의 구분 없이 기본적으로 실시하여야 하는 과업

① 자료수집 및 분석

㉠ 준공도면

㉡ 시설물관리대장

㉢ 기존 안전점검・정밀안전진단 실시결과

㉣ 보수・보강이력

② 현장조사 : 주요시설, 일반시설, 부대시설 각각의 평가항목에 대한 외관조사

㉠ 콘크리트 구조물 : 균열, 누수, 박리, 박락, 층분리, 백태, 철근노출 등

ⓛ 강재 구조물 : 균열, 도장상태, 부식상태 등

③ 상태평가(3종 시설물만 해당)

ㄱ 외관조사 결과 분석

ⓛ 시설물 전체의 상태평가 결과에 대한 책임기술자의 소견(안전등급 지정)

④ 보고서 작성

(2) 선택과업

실측도면 작성(실계도서가 없는 경우 반드시 실측도면을 작성)

2) 정밀안전점검 및 긴급안전점검

(1) 기본과업

시설물의 구분 없이 기본적으로 실시하여야 하는 과업

① 자료수집 및 분석

ㄱ 준공도면, 구조계산서, 특별시방서, 수리·수문계산서

ⓛ 시공·보수·보강도면, 제작 및 작업도면

ⓒ 재료증명서, 품질시험기록, 재하시험 자료, 계측자료

ⓔ 시설물관리대장

ⓜ 기존 안전점검·정밀안전진단 실시결과

ⓗ 보수·보강이력

② 현장조사 및 시험

ㄱ 기본시설물 또는 주요부재의 외관조사 및 외관조사망도 작성

• 콘크리트 구조물 : 균열, 누수, 박리, 박락, 층분리, 백태, 철근노출 등

• 강재 구조물 : 균열, 도장상태, 부식상태 등

ⓛ 간단한 현장 재료시험 등

• 콘크리트 비파괴강도(반발경도시험)

• 콘크리트 탄산화 깊이 측정

③ 상태평가

ㄱ 외관조사 결과 분석

ⓛ 현장 재료시험 결과 분석

ⓒ 대상 시설물(부재)에 대한 상태평가

ⓔ 시설물 전체의 상태평가 결과에 대한 책임기술자의 소견(안전등급 지정)

④ 보고서 작성 : CAD 도면 작성 등 보고서 작성

(2) 선택과업

대상 시설물의 특성 및 현지여건 등을 감안하여 실시

① 자료수집 및 분석

㉠ 구조·수리·수문 계산(계산서가 없는 경우)

㉡ 실측도면 작성(설계도서가 없는 경우 반드시 실측도면을 작성)

② 현장조사 및 시험

㉠ 전체 부재에 대한 외관조사망도 작성

㉡ 시설물조사에 필요한 임시접근로, 가설물의 안전시설 설치·해체 등

㉢ 조사용 접근장비 운용

㉣ 조사부위 표면청소

㉤ 마감재의 해체 및 복구

㉥ 수중조사

- 바닷물에 항상 잠겨있는 항만시설물은 4년에 1회 이상
- 제2종 하천교량은 하자담보기간 완료 전 실시하는 정밀안전점검
- 최초 수중조사 후 교량주변에 하상변동이 발생했을 경우
- 최초 수중조사 후 홍수가 발생했을 경우
- 최초 수중조사 후 교량확장, 철도 복선화 공사 등으로 기초공사가 시행되었을 경우
- 기초부의 손상(박리, 박락, 침식 등), 열화 진전이 예상되는 경우
- 기초부 염화물 상태평가기준이 C 이하로 부식 발생이 예상되는 경우

③ 안전성평가

㉠ 필요한 부위의 구조·지반·수리·수문 해석 등 안전성평가

㉡ 보수·보강방법을 제시한 경우 보수·보강 시 예상되는 임시 고정하중에 대한 안전성평가

④ 보수·보강 방법 : 보수·보강 방법 제시

10. 결론

① 안전점검은 시설물의 기능과 안전을 유지하고 재해 및 재난 예방을 위해 실시하는 것으로 철저한 계획이 수립되어야 한다.

② 시설물 점검 시 중대한 결함이 발견되면 즉시 보고 조치로 시설물의 안전을 확보하고 재해를 예방해야 한다.

Section 9   정밀안전진단

1. 개요

① 관리주체는 제1종 시설물에 대하여 정기적으로 정밀안전진단을 실시하여야 하며 안전점검 또는 긴급안전점검을 실시한 결과 재해 및 재난을 예방하기 위하여 필요하다고 인정되는 경우에는 정밀안전진단을 실시하여야 한다.

② 내진설계 대상 시설물 중 내진성능평가를 받지 않은 시설물에 대하여 정밀안전진단을 실시하는 경우에는 해당 시설물에 대한 내진성능평가를 포함하여 실시하여야 한다.

2. 목적

① 시설물의 물리적, 기능적 결함과 내재되어 있는 위험요인 발견

② 신속하고 적절한 보수·보강방법 및 조치방안 등을 제시

③ 시설물의 안전 확보

3. 정밀안전진단 수행방법

① 관리주체가 안전점검을 실시한 결과 시설물의 재해 및 재난을 예방하기 위하여 필요하다고 인정하는 경우와 제1종 시설물에 대하여 정기적으로 실시

② 안전점검으로 쉽게 발견할 수 없는 결함부위를 발견하기 위하여 정밀한 외관조사와 각종 측정, 시험장비에 의한 측정·시험을 실시하여 시설물의 상태평가 및 안전성평가에 필요한 데이터 확보

③ 현장조사 시 필요한 경우 교통통제 및 안전조치를 취하여야 하며 시설물 근접조사를 위한 접근장비와 필요시 수중카메라 등 특수장비와 잠수부 등 특수기술자 투입

④ 결함의 유무 및 범위에 대한 확인이 필요한 때에는 현장 재료시험과 기타 필요한 재료시험을 병행

⑤ 전체시설물의 표면에 대한 외관조사 결과는 도면으로 기록하여야 하며, 시설물 전체 부재별 상태를 평가하고 시설물 전체에 대한 상태평가 결과 결정

⑥ 시설물의 결함 정도에 따라 필요한 조사·측정·시험, 구조계산, 수치해석 등을 실시하고 분석·검토하여 안전성평가 결과를 결정하여야 하며 필요한 경우에는 시설물의 내진성능도 평가

⑦ 보수·보강이 필요한 경우에는 보수·보강방법을 제시

4. 책임기술자의 자격

구분	자격요건	
	기술자격 요건	교육 및 실무경력 요건
정밀안전진단	① 건설기술 진흥법에 따른 토목, 건축 직무 분야의 건설기술인 중 특급기술인 이상일 것	국토교통부장관이 인정하는 해당 분야(교량 및 터널, 수리, 항만, 토목, 건축 분야로 구분)의 정밀안전진단교육을 이수한 후 정밀안전점검이나 정밀안전진단업무를 2년 이상 수행할 것
	② 건축사로서 연면적 5천 제곱미터 이상의 건축물에 대한 설계 또는 감리실적이 있을 것	국토교통부장관이 인정하는 해당 분야의 정밀안전진단교육을 이수하였을 것

5. 정밀안전진단 및 성능평가의 실시시기

안전등급	정밀안전진단	성능평가
A 등급	6년에 1회 이상	
B·C 등급	5년에 1회 이상	5년에 1회 이상
D·E 등급	4년에 1회 이상	

① 최초 실시 정밀안전진단은 준공일 또는 사용승인일 후 10년이 지난 때부터 1년 이내 실시
② 최초 실시 성능평가는 제1종 시설물의 경우 최초로 정밀안전진단을 실시할 때

6. 정밀 안전진단 순서

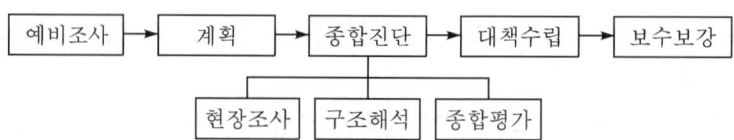

7. 정밀안전진단 실시기관

1) 정밀안전진단 실시기관

국토안전관리원 또는 안전진단전문기관에 대행

2) 국토안전관리원 대행 시설물

① 교량
  ㉠ 상부구조형식이 현수교(懸垂橋)·사장교(斜張橋)·아치교(arch橋)·트러스교(truss 橋)인 교량 및 최대 경간장(徑間長) 50미터 이상인 교량(한 경간 교량 제외)
  ㉡ 철도교량 중 상부구조형식이 아치교·트러스교인 교량
  ㉢ 고속철도 교량
② 연장 1천 미터 이상인 터널
③ 갑문시설
④ 다목적댐·발전용댐·홍수전용댐 및 저수용량 2천만 톤 이상인 용수전용댐
⑤ 하구둑과 특별시에 있는 국가하천의 수문 및 배수펌프장
⑥ 광역상수도 및 그 부대시설과 공업용수도(용수공급능력 100만 톤 이상) 및 그 부대시설
⑦ 말뚝구조의 계류시설(10만 톤급 이상)
⑧ 포용조수량 8천만 톤 이상의 방조제
⑨ 다기능 보(높이 5미터 이상)

8. 안전점검 및 정밀안전진단지침 포함사항

① 설계도면, 시방서, 사용재료명세 등 시공관련 자료의 수집 및 검토에 관한 사항
② 실시자의 구성에 관한 사항
③ 실시계획의 수립·시행에 관한 사항
④ 장비에 관한 사항
⑤ 항목 및 항목별 점검방법에 관한 사항
⑥ 사용재료의 시험에 관한 사항
⑦ 결과의 평가에 관한 사항
⑧ 결과보고서의 작성에 관한 사항
⑨ 그 밖에 국토교통부령으로 정하는 사항
  ㉠ 육안검사에 의한 결함의 종류, 보고방법 및 평가방법 등에 관한 사항

ⓒ 결함부위의 획정방법에 관한 사항

ⓒ 시설물의 결함원인 분석에 관한 사항

ⓒ 시설물의 상태에 관한 평가기준 및 평가방법에 관한 사항

ⓜ 시설물 하중내하력의 평가방법에 관한 사항

ⓗ 시설물 관리대장의 작성에 관한 사항

9. 정밀안전진단 과업내용

1) 기본과업

시설물의 구분 없이 기본적으로 실시

(1) 자료수집 및 분석

① 준공도면, 구조계산서, 특별시방서, 수리·수문계산서

② 시공·보수도면, 제작 및 작업도면

③ 재료증명서, 품질시험기록, 재하시험 자료, 계측자료

④ 시설물관리대장

⑤ 기존 안전점검·정밀안전진단 실시결과

⑥ 보수·보강이력

(2) 현장조사 및 시험

① 전체부재의 외관조사 및 외관조사망도 작성

ⓒ 콘크리트 구조물 : 균열, 누수, 박리, 박락, 층분리, 백태, 철근노출 등

ⓒ 강재 구조물 : 균열, 도장상태, 부식 및 접합(연결부) 상태 등

② 현장 재료시험 등

ⓒ 콘크리트 시험 : 비파괴강도, 탄산화 깊이 측정, 염화물 함유량 시험

ⓒ 강재 시험 : 강재 비파괴시험

ⓒ 기계·전기설비 및 계측시설의 작동유무

(3) 상태평가

① 외관조사 결과분석

② 현장시험 및 재료시험 결과 분석

③ 콘크리트 및 강재 등의 내구성 평가

④ 부재별 상태평가 및 시설물 전체의 상태평가 결과에 대한 소견

(4) 안전성평가

① 조사, 시험, 측정 결과의 분석

② 기존의 구조계산서 또는 안전성평가 자료 분석

③ 내하력 및 구조 안전성평가 검토

④ 시설물의 안전성평가 검토 결과에 대한 소견

(5) 종합평가

① 시설물의 안전상태 종합평가 결과에 대한 소견

② 안전등급 지정

(6) 보수 · 보강 방법

보수 · 보강 방법 제시

(7) 보고서 작성

CAD 도면 작성 등 보고서 작성

2) 선택과업

시설물의 여건에 따라 실시하여야 하는 과업

(1) 자료 수집 및 분석

① 구조 · 수리 · 수문 계산(계산서가 없는 경우)

② 실측도면 작성(설계도서가 없는 경우 반드시 실측도면을 작성)

(2) 현장조사 및 시험

① 시료채취 및 실내시험

② 재하시험 및 계측

③ 지형, 지질, 지반조사 및 탐사, 토질조사

④ 수중조사

㉠ 제1종 하천교량은 최초 정밀안전진단 시

㉡ 최초 수중조사 후 교량주변에 하상변동이 발생했을 경우

㉢ 최초 수중조사 후 홍수가 발생했을 경우

㉣ 최초 수중조사 후 교량확장, 철도 복선화 공사 등으로 기초공사가 시행되었을 경우

㉤ 기초부의 손상(박리, 박락, 침식 등), 열화 진전이 예상되는 경우

㉥ 기초부 염화물 상태평가기준이 C 이하로 부식 발생이 예상되는 경우

⑤ 누수탐사

⑥ 침하, 변위, 거동 등의 측정(안전점검 실시결과, 원인 규명이 필요하다고 평가한 경우 필수)

⑦ 콘크리트 제체 시추조사

⑧ 수리·수충격·수문조사

⑨ 시설물조사에 필요한 임시접근로, 가설물의 안전시설 설치 및 해체 등

⑩ 조사용 접근장비 운용

⑪ 조사부위 표면청소

⑫ 마감재의 해체 및 복구

⑬ 기계·전시설비 및 계측시설의 성능검사 또는 시험계측(건축물 제외)

⑭ 기본과업 범위를 초과하는 강재비파괴시험

⑮ CCTV 조사, 단수시키지 않는 내시경 조사 등

⑯ 기타 관리주체의 추가 요구 및 필요한 조사·시험

(3) 안전성평가

① 구조·지반·수리·수문 해석(구조계의 변화 또는 내하력 및 구조 안전성 저하가 예상되는 경우 필수)

② 구조 안전성평가 등 전문기술을 요하는 경우의 전문가 자문

③ 내진성능 평가 및 사용성 평가

④ 제시한 보수·보강방법에 따라 보수·보강 시 예상되는 임시 고정하중에 대한 안전성평가

(4) 보수·보강방법

① 내진보강 방안 제시

② 시설물 유지관리 방안 제시

10. 재료시험

1) 일반

① 목적에 부합하는 현장 및 실내시험 실시

② 현장조사, 도면 및 이전의 점검·진단 보고서 검토를 통해 시험항목 및 시험횟수 산정

③ 필요한 재료시험의 최소 시험항목과 기준수량은 시설물별 세부지침을 따른다.

④ 시험항목, 기준수량 조정 시 실시결과서에 사유 명기

2) 현장 재료시험

① 시설물이 위치하는 현장에서 시설물에 손상을 입히지 않고 강도 및 결함 등을 측정

② 시험장비 및 측정 방법의 특징, 적용한계 등을 고려하여 측정

③ 충분한 경험을 갖춘 자가 검·교정을 필한 장비를 사용하여 측정

3) 실내시험

① 특정 부분에 대한 자료가 필요할 경우 시설물의 일부를 채취하여 실시

② 재료 채취에 의한 손상 부위는 원상 복구

③ 실내시험의 종류

　㉠ 콘크리트 시험 : 강도, 수분함량, 공기량, 염화물 함유량, 탄산화 깊이 시험 등

　㉡ 강재시험 : 강도 등

　㉢ 토질재료 시험 : 입도, 함수비, Atterberg한계, 투수, 다짐, 압밀, 압축시험 등

4) 시험결과의 해석 및 평가

① 시험 결과는 그 분야에 경험이 있는 자에 의해 해석, 평가

② 같은 재료 특성을 평가하는데 다른 형식의 시험방법이 사용되는 경우에는 각 시험결과를 비교하여 차이점을 파악

③ 필요한 경우 기존 자료와 현장 계측 자료를 토대로 예상 문제점 분석을 위한 모델링을 통한 이론적 해석 실시

5) 시험 보고서

모든 현장 및 실내시험 결과는 시험 보고서의 형태로 보고서에 수록, 시설물 관리에 필요한 자료로 사용

11. 시설물의 안전성 평가 방법

1) 시설물의 안전성 평가

① 정밀안전진단 시 실시

② 책임기술자는 재하시험(계측) 및 구조해석 또는 기존의 안전성 평가 자료와 함께 부재별 상태 평가, 재료시험 결과 및 각종 계측, 측정, 조사 및 시험 등을 통하여 얻은 결과를 분석하고 이를 바탕으로 구조물의 안전과 부재의 내하력 등을 종합적으로 평가하여 안전성평가 기준에 따라 시설물의 안전성 평가 결과 결정

③ 보고서에는 평가에 사용된 해석방법의 종류 및 해석결과에 대한 설명과 계산 기록 포함

2) 안전성 평가를 위한 조사

계측, 측정, 조사 및 시험은 시설물 종류 및 구조적 특성에 따라 적절한 것들을 선택하여 실시

① 비파괴 재하시험 : 정적 또는 동적 재하시험

② 지반조사 및 탐사 : 지표 지질조사, 페이스맵핑, 시추 또는 오거보링, 시험굴, 공내시험, 시료채취, 토질 및 암반시험, G.P.R 탐사, 지하공동, 지층분석, 탄성파탐사, 전기탐사, 전자탐사, 시추공 토모그래피 탐사, 물리검층 등

③ 지형, 지질조사 및 토질시험

④ 수리ㆍ수충격ㆍ수문 조사

⑤ 계측 및 분석 : 시설물 및 시설물 주변의 지반에 대한 침하, 변위, 거동 등의 계측 (경사계, 로드셀, 지하수위계, 소음 및 진동 등) 및 계측 데이터 분석

⑥ 수중조사 : 조사선, 잠수부 등에 의한 교대ㆍ교각기초, 댐, 항만, 해저송유관 등의 수중조사

⑦ 누수탐사

⑧ 콘크리트 제체 시추조사 : 시추, 공내시험, 시편채취, 강도시험, 물성시험 등

⑨ 콘크리트 재료시험 : 코어 채취, 강도시험, 성분분석, 공기량 시험, 염화물 함유량 시험 등

⑩ 기계ㆍ전기설비 및 계측시설의 성능검사 또는 시험계측(건축물 제외)

⑪ 기본과업 범위를 초과하는 강재 비파괴시험

⑫ 기타 안전성 평가를 하기 위하여 필요한 사항

12. 안전등급 지정

① 안전점검 등(정기안전점검은 3종 시설물에 한정)을 실시한 책임기술자가 당해 시설물에 대해 종합적으로 평가한 결과로 안전등급 지정

② 안전점검 등을 실시한 결과 기존의 안전등급보다 상향 조정할 경우에는 해당 시설물에 대한 보수ㆍ보강 조치 등 그 사유가 분명해야 한다.

안전등급	시설물의 상태
A (우수)	문제점이 없는 최상의 상태
B (양호)	보조부재에 경미한 결함이 발생하였으나 기능 발휘에는 지장이 없으며 내구성 증진을 위하여 일부의 보수가 필요한 상태

안전등급	시설물의 상태
C (보통)	주요부재에 경미한 결함 또는 보조부재에 광범위한 결함이 발생하였으나 전체적인 시설물의 안전에는 지장이 없으며, 주요부재에 내구성, 기능성 저하 방지를 위한 보수가 필요하거나 보조부재에 간단한 보강이 필요한 상태
D (미흡)	주요부재에 결함이 발생하여 긴급한 보수·보강이 필요하며 사용 제한 여부를 결정해야 하는 상태
E (불량)	주요부재에 발생한 심각한 결함으로 인하여 시설물의 안전에 위험이 있어 즉각 사용을 금지하고 보강 또는 개축을 해야 하는 상태

13. 보수·보강 방법

1) 일반

① 보수 : 시설물의 내구성능을 회복·향상시키는 것을 목적으로 한 유지관리 대책

② 보강 : 부재나 구조물의 내하력과 강성 등의 역학적인 성능을 회복·향상시키는 것을 목적으로 한 대책

③ 보수를 위해서는 상태 평가 결과 등을, 보강을 위해서는 상태 평가 및 안전성 평가 결과 등을 상세히 검토하고, 발생된 결함의 종류 및 정도, 구조물의 중요도, 사용 환경조건 및 경제성 등에 의해서 필요한 보수·보강 방법 및 수준을 정해야 한다.

2) 보수·보강의 필요성 판단

① 보수 : 발생된 손상(균열 등)이 어느 정도까지 허용되는가의 판단에 따라야 하며 이를 위해 지침 및 각종 기준(표준시방서 등)을 참조

② 보강 : 부재안전율을 각종 기준에서 정하는 수치 이상으로 하기 위한 부재단면 등 증가에 대한 판단에 따른다.

3) 보수·보강의 수준의 결정

① 현상유지(진행억제)
② 실용상 지장이 없는 성능까지 회복
③ 초기 수준 이상으로 개선
④ 개축

4) 공법의 선정

① 결함 발생 원인에 대한 정확한 분석 후 각종 기준을 참고하여 결정

② 결함부위 또는 부재에 가장 적합한 보수·보강공법을 선정

③ 공법의 적용성, 구조적 안전성, 경제성 등을 검토

5) 보수·보강 우선순위의 결정

① 보수보다 보강을, 주부재를 보조부재보다 우선 실시

② 시설물 전체에서의 우선순위 결정은 각 부재가 갖는 중요도, 발생한 결함의 심각성 등을 종합 검토하여 결정

6) 유지관리 방안 제시

① 시설물을 안전하고 경제적으로 유지관리하는 데 필요한 사항을 제시

② 결함 및 손상의 종류와 원인, 점검요령, 조치대책 등에 관한 실무적이고 필수적인 내용을 해당 시설물의 그림 및 사진 등을 위주로 구성

14. 결과보고서 작성 및 제출

① 시설물 관리주체의 유지관리 업무에 효율적·체계적으로 활용할 수 있도록 e-보고서로 작성·제출

② 결과보고서 포함사항

㉠ 계약서 및 대가내역서

㉡ 과업지시서

㉢ 보고서

㉣ 보고서 부록(부록 파일유형에 따라 PDF파일 외 파일형식 제출 가능)

15. 결론

정밀 안전진단은 구조적, 기능적 결함을 발견하고 그에 대한 신속하고 적절한 조치를 취하기 위해 구조적 안정성 및 결함의 원인 등을 조사·측정·평가하고 보수·보강 등의 방법을 제시함으로써 재해 및 재난을 예방하고 시설물의 효용 증진과 공공의 안전을 확보해야 한다.

Section 10 긴급안전점검

1. 개요

① 관리주체는 제3종 시설물 등이 붕괴·전도 등의 발생할 위험이 있다고 판단하는 경우 긴급안전점검을 실시하여야 한다.

② 국토교통부장관 및 관계 행정기관의 장은 시설물의 구조상 공중의 안전한 이용에 중대한 영향을 미칠 우려가 있다고 판단되는 경우에는 관리주체 또는 시장·군수·구청장, 소속 공무원으로 하여금 긴급안전점검을 실시할 것을 요구할 수 있다

2. 긴급안전점검 대상 시설물

① 공동주택관리법에 따른 의무 관리대상 공동주택이 아닌 공동주택

② 건축법에 따른 노유자시설

③ 그 밖에 시장·군수·구청장이 시설물관리계획을 수립할 필요가 있다고 국토교통부장관이 정하는 시설물

3. 긴급안전점검을 실시할 수 있는 책임기술자의 자격

구분	자격요건	
	기술자격 요건	교육 및 실무경력 요건
긴급안전점검	① 건설기술 진흥법에 따른 토목, 건축 또는 안전관리(건설안전) 직무 분야의 건설기술인 중 고급기술인 이상일 것	국토교통부장관이 인정하는 해당 분야(토목, 건축 분야로 구분한다)의 정밀안전점검 및 긴급안전점검 교육을 이수하였을 것
	② 건축사로서 연면적 5천 제곱미터 이상의 건축물에 대한 설계 또는 감리실적이 있을 것	국토교통부장관이 인정하는 건축 분야의 정밀안전점검 및 긴급안전점검 교육을 이수하였을 것

4. 긴급안전점검의 실시 등

① 국토교통부장관 및 관계 행정기관의 장의 요구를 받은 자는 특별한 사유가 없으면 긴급안전검검을 실시

② 점검의 효율성을 높이기 위하여 관계 기관 또는 전문가와 합동 긴급안전점검 실시

③ 긴급안전점검을 실시한 경우 종료한 날부터 15일 이내에 그 결과를 해당 관리주체에게 서면으로 통보

④ 시설물의 안전 확보를 위하여 필요하다고 인정하는 경우 정밀안전진단의 실시, 보수·보강 등 필요한 조치명령

⑤ 결과보고서를 국토교통부장관에게 제출

Section 11 소규모 취약시설의 안전점검

1. 개요

① 국토교통부장관은 제1, 2, 3종 시설물 외 시설 중에서 안전에 취약하거나 재난의 위험이 있다고 판단되는 사회복지시설 등에 대하여 해당 시설의 관리자, 소유자 또는 관계 행정기관의 장이 요청하는 경우 안전점검 등을 실시할 수 있다.

② 안전점검 요청을 받은 경우 해당 소규모 취약시설에 대한 안전점검 등을 실시하고, 그 결과와 안전조치에 필요한 사항을 소규모 취약시설의 관리자, 소유자 또는 관계 행정기관의 장에게 통보하여야 하고 통보를 받은 경우 보수·보강 등의 조치가 필요한 사항에 대하여는 이를 성실히 이행하도록 노력하여야 한다.

2. 소규모 취약시설의 범위

① 사회복지사업법에 따른 사회복지시설

② 전통시장 및 상점가 육성을 위한 특별법에 따른 전통시장

③ 농어촌도로 정비법 시행령에 따른 교량

④ 도로법 시행령에 따른 지하도 및 육교

⑤ 옹벽 및 절토사면(切土斜面)(도로법 및 급경사지 재해예방에 관한 법률의 적용을 받는 시설은 제외)

⑥ 그 밖에 안전에 취약하거나 재난의 위험이 있어 안전점검 등을 실시할 필요가 있는 시설로서 국토교통부장관이 정하여 고시하는 시설

⑦ 지방공기업이 관리주체인 시설은 제외

3. 소규모 취약시설의 안전점검 등의 방법과 절차

1) 안전점검 요청

① 요청자 : 소규모 취약시설의 관리자, 소유자, 관계 행정기관의 장
② 요청 시 포함사항
  ㉠ 대상 시설의 종류 및 명칭
  ㉡ 대상 시설의 위치 및 규모
  ㉢ 안전점검 등의 신청사유
③ 안전점검자 : 국토안전관리원

2) 방법과 절차

① 국토안전관리원은 해당 시설의 관리실태 등을 검토하여 안전점검 등의 실시 여부, 시기 및 방법을 통보한 후 안전점검 실시
② 안전 : 안전점검을 실시한 날부터 30일 이내 통보
③ 조치 필요 시 : 30일 이내에 보수·보강 등의 조치계획을 국토안전관리원에 제출
④ 이행 실적 : 국토안전관리원에 실적 제출
⑤ 국토안전관리원 : 안전점검 등의 실시 결과, 보수·보강 실적 등 조치 이행 실적 등 자료 보관

4. 교육

① 교육자 : 국토안전관리원
② 교육계획 : 매년 2월 말일까지 국토교통부장관에게 제출
③ 교육 포함 내용
  ㉠ 안전점검 및 유지관리의 내용과 방법
  ㉡ 시설물에 구조적 위험이 발생하는 경우의 조치방법

Section 12 시설물의 중대한 결함

1. 개요

① 시설물의 중대한 결함이란 교량, 항만, 댐 등의 시설물 내구성에 심각한 영향을 미치는 결함을 말한다.

② 관리주체는 안전점검 및 정밀 안전진단 결과 시설물에 중대한 결함이 있다고 통보받은 때에는 즉시 필요한 조치를 취해야 한다.

2. 시설물의 중대한 결함

① 시설물 기초의 세굴

② 교량 교각의 부등침하

③ 교량 받침의 파손

④ 터널 지반의 부등침하

⑤ 항만 계류시설 중 강관 또는 철근콘크리트 파일의 파손·부식

⑥ 댐의 파이핑(piping) 및 구조적 균열

⑦ 건축물의 기둥·보 또는 내력벽의 내력 손실

⑧ 하천시설물의 본체, 교량 및 수문의 파손·누수·파이핑 또는 세굴

⑨ 시설물의 철근콘크리트 염해 또는 탄산화에 따른 내력 손실

⑩ 절토·성토사면의 균열·이완 등에 따른 옹벽의 균열 또는 파손

⑪ 기타 시설물의 구조안전에 영향을 주는 결함으로써 국토교통부령이 정하는 결함

[시설물별 구조 안전상 주요 부위의 중대한 결함]

시설물별	주요 부위의 중대한 결함
1. 교량	• 중요 구조부위 철근량 부족 • 주형의 균열 심화 • 철근콘크리트 부재의 심한 재료 분리 • 철강재 용접부의 불량용접 • 교대·교각의 균열 발생
2. 터널	• 벽체균열 심화 및 탈락 • 복공부위 심한 누수 및 변형
3. 하천	• 수문의 작동 불량

시설물별	주요 부위의 중대한 결함
4. 댐	• 댐체, 여수로, 기초 및 양안부의 누수, 균열 및 변형 • 수문의 작동 불량 • 관로이음부의 불량 접합
5. 상수도	• 관로의 파손, 변형 및 부식 • 조립식 구조체의 연결부실로 인한 내력 상실
6. 건축물	• 주요 구조 부재의 과다한 변형 및 균열 심화 • 지반침하 및 이로 인한 활동적인 균열 • 누수·부식 등에 의한 구조물의 기능 상실
7. 항만	• 갑문시설 중 문비 작동시설 부식 노후화 • 갑문 충·배수 아키덕트 시설의 부식노후화 • 잔교·시설 파손 및 결함 • 케이슨구 조물의 파손 • 안벽의 법선변위 및 침하

3. 발견 시 조치

① 신속한 보고
② 긴급통지 : 경찰과 주민
③ 발견된 결함에 대한 신속한 평가
④ 신속한 후속조치
⑤ 후속 조치의 결과 확인
⑥ 다른 사고 시설물의 결함부와 유사 구조부위 확인

4. 시설물에 중대한 결함 발견 시 통보사항(점검자 → 관리주체, 시장, 군수, 구청장)

① 시설물의 명칭 및 소재지
② 관리주체의 상호 또는 명칭, 성명(법인인 경우에는 대표자의 성명)·주소
③ 안전점검 또는 정밀 안전진단의 실시기간과 실시자
④ 시설물의 상태별 등급과 중대한 결함 내용
⑤ 관리주체가 조치해야 할 사항
⑥ 기타 안전관리에 필요한 사항

5. 긴급안전조치

① 시설물의 중대한 결함을 통보받은 관리주체는 시설물의 사용제한 · 사용금지 · 철거, 주민대피 등의 안전조치

② 시장 · 군수 · 구청장은 긴급한 조치가 필요 시 관리주체에게 안전조치 명령

③ 관리주체는 사용제한 등을 하는 경우 즉시 관계 행정기관의 장 및 국토교통부장관에게 통보

④ 통보 받은 관계 행정기관의 장은 이를 공고

⑤ 관리주체는 통보를 받은 날부터 2년 이내에 시설물의 보수 · 보강 등 필요한 조치 3년 이내 완료

Section 13
시설물통합정보관리체계

1. 개요

① 국토교통부장관은 시설물의 안전 및 유지관리에 관한 정보를 체계적으로 관리하기 위하여 시설물통합정보관리체계를 구축 · 운영하고 있다(시설물정보관리종합시스템 : www.fms.or.kr/)

② 공공관리주체는 시 · 도지사에게, 민간관리주체는 시장 · 군수 · 구청장에게 시설물관리계획을 매년 2월 15일까지 각각 제출(전자문서 포함)하여야 한다.

2. 시설물통합정보관리체계 포함사항

① 기본계획과 시설물관리계획

② 시설물관리대장 등 관련 서류

③ 시설물의 준공 또는 사용승인 통보 내용

④ 안전점검 및 정밀안전진단 결과보고서

⑤ 정밀안전점검 또는 정밀안전진단 실시결과에 대한 평가

⑥ 사용제한 등 긴급안전조치에 관한 사항

⑦ 시설물의 보수 · 보강 등에 관한 사항

⑧ 안전진단전문기관의 등록, 등록사항의 변경신고, 휴업 · 재개업 또는 폐업, 과태료 등에 관한 사항

⑨ 유지관리업자의 영업정지, 등록말소, 시정명령 또는 과태료 등에 관한 사항

⑩ 안전점검 등 및 성능평가의 실적

⑪ 성능평가 결과보고서

⑫ 유지관리 결과보고서

⑬ 그 밖에 시설물의 안전 및 유지관리에 관한 사항으로서 국토교통부령으로 정하는 사항

   ㉠ 제3종 시설물의 지정 및 해제에 관한 사항

   ㉡ 교육 이수에 관한 사항

   ㉢ 시설물의 내진설계 여부에 관한 사항

3. 시설물통합정보관리체계 구축과 운영

① 구축·운영자 : 국토안전관리원

② 구축과 운영에 필요사항

   ㉠ 시설물의 내진성능평가 결과 검토 및 내진 보강의 권고

   ㉡ 정밀안전점검 및 정밀안전진단 실시결과의 평가와 그 평가에 필요한 관련 자료의 제출 요구

   ㉢ 소규모 취약시설의 안전점검 등의 실시, 그 결과와 안전조치에 필요한 사항의 통보 및 안전 및 유지관리에 관한 교육

   ㉣ 실적관리 및 실적확인서의 발급

4. 안전 및 유지관리계획 제출

① 시설물관리계획

   ㉠ 제출자 : 공공관리주체, 민간관리주체

   ㉡ 제출처 : 중앙행정기관의 장 또는 시·도지사, 시장·군수·구청장

   ㉢ 제출기한 : 매년 2월 15일까지(전자문서 제출 포함)

② 성능평가대상시설물의 중기관리계획

   ㉠ 제출자 : 공공관리주체, 민간관리주체

   ㉡ 제출처 : 중앙행정기관의 장 또는 시·도지사, 시장·군수·구청장

   ㉢ 제출기한 : 성능평가가 완료된 해의 다음 해부터 5년마다 2월 15일까지(전자문서 제출 포함)

Section 14 콘크리트 구조물의 현장재료 시험

1. 개요

① 현장재료 시험이란 구조물의 형상이나 기능을 변화시키지 않고 품질을 판정하는 방법으로 기계적, 전기적, 음향적 방법을 사용하여 조사한다.

② 콘크리트 비파괴시험은 강도, 결함, 균열 등을 검사하여 구조물의 안전성 정도를 검사하는 것을 말한다.

2. 현장재료 시험의 목적 및 시험항목

1) 현장재료 시험의 목적

① 압축강도 추정

② 신설 구조물의 품질검사

③ 기존 구조물의 안전점검 및 정밀안전진단

2) 현장재료 시험 항목

① 강도측정

② 균열의 위치, 깊이, 폭

③ 철근의 위치, 직경, 피복두께, 철근부식

④ 콘크리트의 동적 특성 및 동결 융행 저항성

3. 콘크리트 현장재료 시험의 종류

1) 반발경도법(슈미터 해머법)

(1) 정의

① 콘크리트 표면을 타격하여 반발 정도로 콘크리트 강도를 추정하는 방법이다.

② 추정하는 장치가 소형, 경량으로 조작이 용이하여 광범위하게 사용된다.

(2) 특징

① 비용이 저렴

② 구조가 간단하고 사용이 편리

③ 각종 요인의 영향으로 신뢰성 부족

(3) 시험기의 종류

　① N형, NR형 : 보통 콘크리트용($150\sim600kg/cm^2$)

　② M형 : Mass 콘크리트용($600\sim1,000kg/cm^2$)

　③ L형, LR형 : 경량 콘크리트용($100\sim600kg/cm^2$)

　④ P형 : 저강도 콘크리트용

(4) 측정

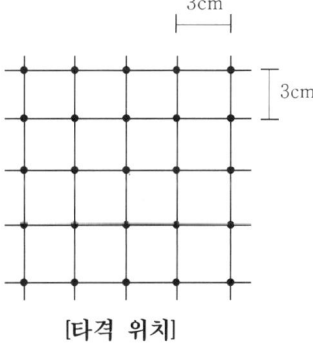

[타격 위치]

　① 타격 표면을 평탄하게 한다.

　② 타격부분을 종횡 3cm 간격으로 25점 표시

　③ 측정은 20점으로 하되 예비로 5점 추가

(5) 계산

　① 20점을 평균하여 평균치에서 20%를 벗어나는 측정치를 버리고 예비 타격치로 보정

　② 표면 습윤상태에 따른 보정

　　㉠ 타격점이 검어지는 경우 $\triangle R$ = +3

　　㉡ 표면이 젖어 있는 경우 $\triangle R$ = +5

　③ 타격방향에 따른 보정

　　㉠ – +방향에서는 진동이 크게 발생되므로 측정치보다 작게 보정한다.

　　㉡ – –방향에서는 진동이 작게 발생되므로 측정치보다 크게 보정한다.

　④ 압축강도 추정

　　㉠ 일본 재료화학식 $F_c = 13R_o - 184$

　　㉡ 일본 건축학회식 $F_c = 7.3R_o - 100$

　　　여기서, F_c = 콘크리트 압축강도, R_o = 반발경도 보정치

　⑤ 재령 보정

　　㉠ 콘크리트 재령 28일을 기준으로 한다.

　　㉡ 재령 전의 측정치는 크게 보정하고 재령 후의 측정치는 작게 보정한다.

　⑥ 유의사항

　　㉠ 측정면 평활도 유지

　　㉡ 표면 열화현상이 있을 경우 표면 제거, 사포 처리 후 측정

　　㉢ 타격은 수직유지, 힘은 서서히

2) 초음파법(음속법)

(1) 정의

　① 모든 파는 매질의 물성에 따라 그 전달속도가 다르다는 원리를 이용한 방법이다.

② 발신자와 수신자 사이를 통과하는 음파의 시간으로 압축강도, 균열깊이, 내부결함 등을 추정한다.

(2) 측정 대상

① 콘크리트 강도

② 내부의 결함

③ 균열 깊이

(3) 특징

① 콘크리트 내부 강도 측정이 가능

② 강도가 적을 시 오차가 크고 철근에 영향을 받음

③ 불량 부분과 재료 밑면에서 반사파의 차이에 의한 불량 부분 발견

(4) 측정지점

굵은 골재 노출, 철근, 모서리 부분은 피하여 측점 선정

(5) 압축강도 추정 공식

① 초음파 속도(V_p : mm/μs)

$V_p = L$(측정거리(mm)) T(음파전달시간(μs))

② 압축강도 추정 [F_c : 추정 압축강도식(kg/cm^2)]

㉠ $F_c = 215\,V_p - 620$(일본건축학회식)

㉡ $F_c = 102\,V_p - 117$(오창희식)

③ 초음파 속도에 따른 판정

㉠ 4.5 이상 : 우수

㉡ 3.6 ~ 4.5 미만 : 양호

㉢ 3.0 ~ 3.6 미만 : 보통

㉣ 2.1 ~ 3.0 미만 : 불량

④ 유의사항

㉠ 수분이 없는 건조한 곳 선정

• 수분이 많으면 초음파 속도 증대

• 건조 시보다 포화 시가 강도 높게 추정

㉡ 철근의 영향이 없는 경로 선정

• 강재는 콘크리트보다 진동수가 빠르다.

• 발신자와 수신자의 동일선상에 철근이 위치하지 않도록 한다.

㉢ 통과거리는 가능한 길게 한다.

3) 조합법(복합형)

 (1) 정의
   ① 두 가지 이상의 비파괴 시험값을 병용해서 강도추정의 정확도를 높이기 위한 방법
   ② 일반적으로 반발경도법과 초음파법을 병용하여 콘크리트 강도를 추정한다.
 (2) 압축강도 추정
   반발경도값과 초음파 전파속도 값을 이용하여 콘크리트 압축강도 추정
   ① 보통 콘크리트 : $F_c = 8.2R_o + 269V_p - 1,094$
   ② 경량 콘크리트 : $F_c = 4.1R_o + 333V_p - 1,022$

4) 음파법
   ① 콘크리트 공시체에 진동을 주어 공명, 진동으로 측정
   ② 층분리, 균열 발견에 사용

5) 자기법
   ① 전자장을 이용 피복두께가 철근 직경에 따라 감지되는 전압이 달라지는 원리를 이용
   ② 철근의 피복두께, 철근 위치, 철근의 직경 확인

6) 전기법
   전기적 저항법 및 전기적 전위법으로 분류
   ① 전기적 저항법 : 시설물 바닥판 Seal 동장의 침투성을 측정하는데 사용
   ② 전기적 전위법 : 콘크리트 바닥면에 설치한 Half-sell과 철근 사이의 전위차를 측정하여 철근 부식 감지

7) 원자법
   중성자의 흡수 및 확산기법에 의해 콘크리트 내 수분함량 추정

8) 자기온도계법
   콘크리트 시설물 바닥판의 층분리를 탐지하는 데 사용되는 보조시험법

9) 레이더법
   ① 전파를 콘크리트 내부에 발사하여 탐지하는 방법
   ② 바닥판의 노후화, 공동, 층분리 발견

10) 방사선법

콘크리트에 X선, Y선을 투과하고 투과방사선을 필름에 촬영하여 결함 발견

11) 내시경법

① 콘크리트 시설물 부재에 천공된 구멍 내부로 삽입된 관찰 튜브를 이용한 검사
② 구조물 내부에 대한 정밀한 검사 가능

4. 결론

① 현장재료 시험은 구조물의 파손 없이 품질을 판정하는 시험방법이지만 시험결과에 대해 100% 신뢰할 수 없으므로 기술개발 노력이 필요하다.
② 복합법 등 신뢰성 있는 측정방법 선정 및 개발이 필요하며 고성능 장비의 개발과 비파괴 현장시험의 검사기준 표준화가 이루어져야 한다.

Section 15 강재의 현장재료 시험

1. 정의

현장재료 시험이란 재료나 제품의 형상이나 기능은 파괴하지 않고 결합의 유무를 검사하는 방법이다.

2. 현장시험 결정 시 고려사항

① 실시목적 및 실시시기
② 각 검사방법에 따른 특성 파악
③ 검사대상물의 재질, 모양, 크기 등
④ 예상되는 결함의 종류

3. 강재의 현장재료 시험의 종류

① 방사선투과 시험
② 초음파탐상 시험

③ 자기분말탐상 시험

④ 침투탐상 시험

⑤ 와류탐상 시험

4. 강재의 현장재료 시험

1) 방사선투과 시험

① 가장 널리 사용하는 검사방법으로 X선, Y선을 투과하고 투과방사선을 필름에 촬영하여 내부 결함 검출

② 결함 검출

　㉠ Slag 감싸돌기

　㉡ Blow hole

　㉢ 용입 불량, 균열(Crack) 등

③ 특징

　㉠ 검사한 상태를 기록으로 보존 가능

　㉡ 두꺼운 부재도 검사 가능

　㉢ 검사장소에 제한

　㉣ 검사관의 판단에 따른 판정차이가 큼

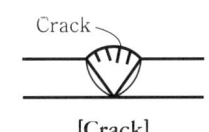

[Slag 감싸돌기]　　[Blow hole]

[용입불량]　　[Crack]

2) 초음파탐상 시험

① 용접 부위에 초음파 투입과 동시에 브라운관 화면에 나타난 형상으로 내부 결함 검출

② 결함 검출

　㉠ 용접 부위 두께 측정

　㉡ 용접 부위 검사

③ 특징

　㉠ 넓은 면을 판단

　㉡ 검사속도가 빠르고 경제적

　㉢ 복잡한 형상의 검사는 불가능

　㉣ 기록성이 없음

3) 자기분말탐상 시험

① 용접부에 자력선을 통과하여 결함에서 생기는 자장에 의해 표면결함 검출

② 결함 검출

　ⓐ 용접부 표면결함 검출

　ⓑ Crack, 흠집 등 검출

③ 특징

　ⓐ 육안으로 외관검사 시 나타나지 않은 Crack, 흠집 등의 검출 가능

　ⓑ 기계장치가 대형

　ⓒ 용접 부위의 깊은 내부결함 분석 미흡

4) 침투탐상 시험

① 용접 부위에 침투액을 도포하여 표면을 닦은 후 검사액을 도포하여 표면결함 검출

② 결함 검출

　ⓐ 용접부 표면결함 검출

　ⓑ 비철금속도 검출이 가능

③ 침투탐상 시험의 분류

　ⓐ 염색 침투탐상 시험(비형광법) : 적색염료를 첨가한 침투액을 사용하여 자연광
이나 백색광 아래에서 관찰하는 방법

　ⓑ 형광 침투탐상 시험(형광법) : 형광물질을 첨가한 침투액을 사용하여 어두운 곳에
서 시험면에 자외선을 비추면서 관찰하는 방법

④ 특징

　ⓐ 검사가 간단

　ⓑ 1회에 넓은 범위 검사

　ⓒ 표면에 나타나지 않는 결함은 검출되지 않음

5) 와류탐상 시험

① 용접 부위에 전기장을 교란시켜 결함을 검출하며, 자기분말탐상 시험과 유사하
게 운용

② 결함 검출

　ⓐ 주로 용접부 표면결함 검출

　ⓑ 비철금속도 검출이 가능

③ 특징

　ⓐ 일반적으로 비접촉이며 시험속도가 빠름

　ⓑ 고온 시험체의 탐상 가능

　ⓒ 시험결과의 기록, 보존 가능

Section 16 콘크리트 및 강구조물의 노후화 종류

1. 개요

① 콘크리트 구조물은 반영구적인 구조물로 여겨왔으나 재료 자체가 복합재료적인 물성으로 노후화가 진전되어 그 고용연수를 다하지 못하고 있다.

② 강구조물은 환경적 요인에 의한 부식, 피로, 과재하중, 제작, 설계, 시공, 유지관리, 보수 등의 미흡으로 노후화가 진행되고 있다.

2. 안전등급 지정

① 정밀점검 및 정밀안전진단을 실시한 책임기술자는 당해 시설물에 대한 종합적 평가 결과로부터 안전등급을 지정한다.

② 다만, 정밀점검 및 정밀안전진단 실시 결과 기존의 안전등급보다 상향하여 조정할 경우에는 해당 시설물에 대한 보수·보강 조치 등 그 사유가 분명해야 한다.

안전등급	노후화 상태
A (우수)	문제점이 없는 최상의 상태
B (양호)	보조부재에 경미한 결함이 발생하였으나 기능 발휘에는 지장이 없으며 내구성 증진을 위해 일부의 보수가 필요한 상태
C (보통)	주요부재에 경미한 결함 또는 보조부재에 광범위한 결함이 발생하였으나 전체적인 시설물의 안전에는 지장이 없으며 주요부재에 내구성, 기능성 저하 방지를 위한 보수가 필요하거나 보조부재에 간단한 보강이 필요한 상태
D (미흡)	주요부재에 결함이 발생하여 긴급한 보수·보강이 필요하며 사용 제한 여부를 결정해야 하는 상태
E (불량)	주요부재에 발생한 심각한 결함으로 인해 시설물의 안전에 위험이 있어 즉각 사용을 금지하고 보강 또는 개축을 해야 하는 상태

③ 시설물의 상태점검

㉠ 정기점검 : 점검서식에 따라 주요 부재 종류별로 평가

㉡ 정밀점검 : 각 부재별로 작성하되 문제 부위에 대한 망을 작성하여 상세히 안전등급 결정

㉢ 정밀 안전진단 : 전체 시설물에 대하여 망을 작성하여 안전등급 결정

3. 중성화 정도에 따른 콘크리트의 잔존 수명

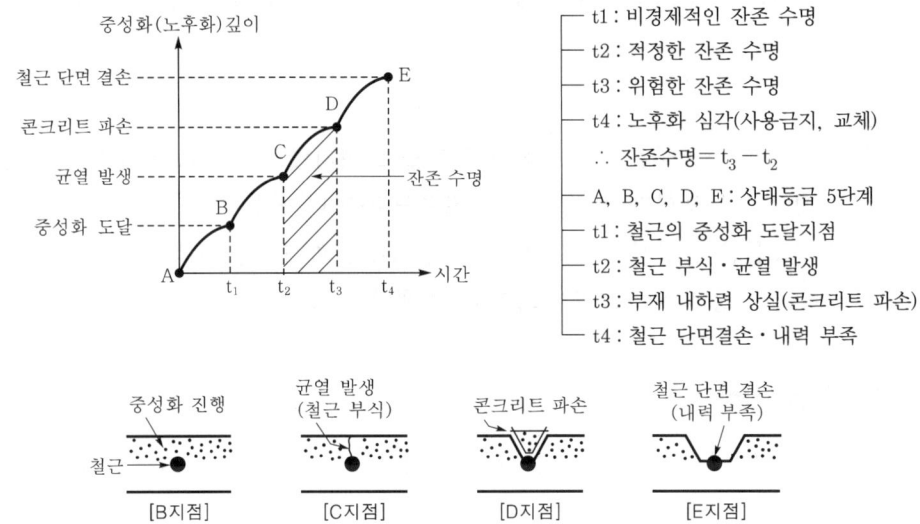

- t1 : 비경제적인 잔존 수명
- t2 : 적정한 잔존 수명
- t3 : 위험한 잔존 수명
- t4 : 노후화 심각(사용금지, 교체)
  ∴ 잔존수명 $= t_3 - t_2$
- A, B, C, D, E : 상태등급 5단계
- t1 : 철근의 중성화 도달지점
- t2 : 철근 부식·균열 발생
- t3 : 부재 내하력 상실(콘크리트 파손)
- t4 : 철근 단면결손·내력 부족

| [B지점] | [C지점] | [D지점] | [E지점] |
| 중성화 진행 | 균열 발생
(철근 부식) | 콘크리트 파손 | 철근 단면 결손
(내력 부족) |

4. 중성화에 따른 성능 저하 손상 및 보수 판정 기준(중성화에 따른 콘크리트 잔존 수명)

성능저하 손상도	중성화 깊이	중성화 구분	보수 여부
I (경미)	측정치 $< 0.5D$	중성화 정도가 경미	예방 보전적 조치
II (보통)	$0.5D \leq$ 측정치 $< D$	중성화 정도가 보통	콘크리트의 부분 교체
III (과다)	$D \leq$ 측정치	중성화 정도가 크다	콘크리트의 완전 교체

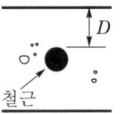

5. 콘크리트 구조물의 노후화 종류

1) 균열

(1) 콘크리트 균열

① 육안으로 분간할 수 있을 정도로 크다.

② 프리스트레스트에서의 균열은 기기를 사용해 측정해야 분별 가능하다.

③ 보통 균열부에는 녹이나 백태의 흔적이 나타난다.

④ 균열의 분류

㉠ 미세균열 : 0.1mm 미만

　　　　ⓛ 중간균열 : 0.1mm 이상 ~ 0.7mm 미만

　　　　ⓒ 대형균열 : 0.7mm 이상

　　(2) 철근콘크리트 구조물에서의 미세균열

　　　① 구조물의 성능에는 영향이 없다.

　　　② 중간 및 대형균열은 보고서에 기록하여 추적조사가 이루어지도록 해야 한다.

　　(3) 프리스트레스트 콘크리트에서의 균열

　　　모두 중요하기 때문에 점검 중 균열의 길이, 폭, 위치, 그리고 방향에 유의하여 관리

　　(4) 콘크리트 보에서의 균열

　　　구조적으로 영향이 있는 균열과 구조적으로 영향이 없는 균열로 분리

　　　① 구조적으로 영향이 있는 균열

　　　　ⓖ 최대 인장부 또는 모멘트부에서 발생하여 압축부로 진전되는 수직방향의 휨
　　　　　균열

　　　　ⓛ 부재의 복부에서 주로 발생하는 경사방향의 전단균열

　　　② 구조적으로 영향이 없는 균열

　　　　ⓖ 온도로 인한 균열

　　　　ⓛ 건조·수축에 의한 균열

　　　　ⓒ 매스 콘크리트 균열

　　(5) 균열의 결함원인별 분류

　　　① 수축 균열

　　　② 정착 균열

　　　③ 구조적 균열

　　　④ 철근부식 균열

　　　⑤ 지도형상 균열

　　　⑥ 동결융해 균열

　　　　※ 부식 등 화학적 작용이 심할 경우 구조적 균열, 철근부식 균열, 지도형상 균열은 시설물구조에
　　　　　영향을 준다.

　2) 박리(Scaling)

　　　① 박리는 콘크리트 표면의 모르터가 점진적으로 손실되는 현상

　　　② 표면에서의 모르터 손실 깊이를 기준으로 4가지로 분류

　　　　ⓖ 경미한 박리 : 0.5mm 미만

　　　　ⓛ 중간 정도의 박리 : 0.5mm 이상 1.0mm 미만

ⓒ 심한 박리 : 1.0mm 이상 25.0mm 미만

ⓓ 극심한 박리 : 25.0mm 이상으로 조골재 손실

③ 점검자는 박리의 위치, 크기 및 깊이를 기록

3) 층분리(Delamination)

① 층분리는 철근의 상부 또는 하부에서 콘크리트가 층을 이루며 분리되는 현상

② 철근의 부식에 의한 팽창이 주요 원인

③ 부식은 주로 염화물 이온(소금, 염화칼슘)에 의하여 발생

④ 층분리 부위는 망치로 두드려 중공음(中空音) 나는지 여부로 확인

⑤ 책임기술자는 층분리 위치 및 크기를 기록

4) 박락(Spalling)

① 박락은 콘크리트가 균열을 따라 원형으로 떨어져 나가는 층분리 현상이 진전된 현상

② 박락의 분류

ⓐ 소형 박락 : 깊이 25mm 미만 또는 직경 150mm 미만

ⓑ 대형 박락 : 깊이 25mm 이상 또는 직경 150mm 이상

③ 책임기술자는 박락의 위치, 크기 및 깊이를 기록

5) 백태(Efflorescence)

백태는 콘크리트 내부의 수분에 의하여 염기성분이 콘크리트 표면에 고형화된 현상으로 콘크리트 노후화의 증거

6) 충돌손상

① 트럭, 탈선열차, 또는 선박의 충돌로 인하여 콘크리트 구조물이 손상

② 프리스트레스트 콘크리트 보의 경우 충돌 손상에 유의

7) 누수

배수공과 시공이음의 결함, 균열 등으로 발생된 누수에 대하여 그 상태를 조사

6. 강재 구조물의 노후화 종류

1) 부식

강재에서의 가장 일반적인 형태로서 노후화 현상

2) 피로균열

① 피로균열은 반복하중에 의하여 발생하여 갑작스런 파괴로 진전

② 점검자가 피로균열 부위를 확인하는 것이 중요

③ 피로균열을 유발하는 요소

   ㉠ 시설물의 하중이력

   ㉡ 응력범주의 크기

   ㉢ 상세부위의 형태

   ㉣ 제작상태 및 질

   ㉤ 파괴인성(Fracture Toughness)

   ㉥ 용접의 질

3) 과재 하중

① 과재하중이란 구조물의 설계에 사용된 하중을 초과하는 하중

② 인장부재에서는 신장(Elongation) 및 단면축소를, 압축부재에서는 좌굴 유발

4) 외부 충격에 의한 손상

시설물 부재는 외부의 충격에 의해 부재의 뒤틀림이나 변위와 같은 손상을 입을 수 있다.

7. 결론

① 구조물의 노후화 원인은 재료, 작업환경, 숙련, 유지관리의 불량에 기인하며 구조적 성능의 수명연장을 위해 종합적인 관리체계가 유지되어야 한다.

② 또한 구조물의 노후화는 안전성, 사용성에 큰 영향을 미쳐 재해발생의 요인이 되므로 발생원인 및 종류를 파악, 철저한 대책을 수립, 시행하여 재해방지에도 노력해야 한다.

구조안전에 위해를 끼치는 행위

1. 개요

① 구조물의 구조안전에 위해를 끼치는 행위는 구조물과 인접지반에 의한 유형으로 분류된다.

② 구조물에 의한 위해요인으로는 구조변경, 용도변경, 과하중 적재 등이 있으며, 인접지반에 의한 위해요인으로는 구조물 인접지반 굴착, 구조물 인접지역 지하수 Pumping 등이 있다.

2. 구조안전에 위해를 끼치는 행위의 분류

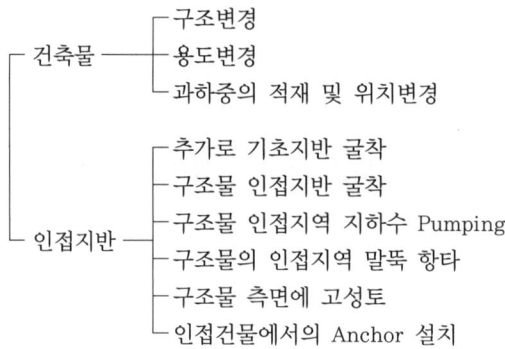

3. 구조물의 구조안전에 위해를 끼치는 행위

1) 구조변경

(1) 하중의 전달장애

주요 구조체인 슬래브, 벽체, 보 등을 뜯어 고칠 경우 하중 전달이 원활하지 못해 건물에 무리를 주게 된다.

(2) 사례

① 벽식 APT에서 거실 확장 시 내력벽, 베란다 천정부의 보 등의 철거로 구조 안전상 커다란 위험 초래

② 기존의 라디에이터 난방을 온돌로 변경 시 슬래브 위에 배관, 잔자갈 및 모르타르로 덧씌우기할 경우 구조체에 무리를 가함

2) 용도변경

(1) 설계하중을 초월하는 과하중 유발

준공 당시 설계하중보다 과도한 하중을 받은 용도로 변경할 경우, 상부 하중에 의한 내력 부족으로 구조안전에 치명적 결함을 발생

(2) 사례

① 사무실을 창고 용도로 변경

② Pent-House 부분에 음식점 등의 판매시설로 용도 변경

③ 상부층에 수영장, 사우나 시설 등으로의 변경은 물의 과도한 무게 또는 균열부의 누수로 건물의 구조를 취약하게 한다.

3) 과하중의 적재 및 위치 변경

(1) 무단 위치 변경

무거운 물체의 무단위치 이동은 건물의 기둥, 보, 슬래브 등에 무리를 줌

(2) 사례

삼풍백화점의 사례에서 보듯이 냉각탑과 같은 무거운 물체의 무단 위치 이동으로 구조물에 무리가 가해지면 건물이 붕괴된다.

4. 인접지반의 구조안전에 위해를 끼치는 행위

1) 추가로 기초지반 굴착

① 기존 구조물의 하중을 지지하는 기초를 손상시킴

② 구조물이 침하 또는 누수를 동반한 균열을 발생시켜 구조물 안전에 치명적인 손상

③ 말뚝기초가 설치되어 있는 기초지반을 추가 굴착 시 말뚝의 지지역할을 담당하는 주변 마찰력과 선단지지력이 저하되어 구조물 침하

2) 구조물 인접지반 굴착

① 굴착방향으로 구조물이 기울 수 있음

② 굴토사면이 붕괴하여 구조물에 하중 증가

3) 구조물 인접지역 지하수 Pumping

① 지하수위의 저하로 구조물이 기울 수 있음

② 지하수위 저하로 인해 기초지반의 압밀효과를 유도

4) 구조물 인접지역 말뚝 항타

① 대구경 또는 군(무리)말뚝 항타 시 구조물 측면에 토압 가중

② 항타에 의한 진동으로 구조물 손상

5) 구조물 측면에 고성토

① 벽체에 큰 토압이 작용

② 구조물에 악영향 초래

6) 인접건물에서의 앵커(Anchor) 설치

근접시공 시 일반적으로 설치되는 Anchor에 의해 구조물 기초부위의 손상 초래

5. 안전점검요령 및 처리방법

1) 구조물 내부

(1) 이유 없이 벽지가 자주 찢어질 때

① 벽의 균열로 발생하는 것이 대부분

② 파라핀류 양초를 녹여 발라두고 1~2일 정도 다시 찢어지면 벽체의 균열이 진행되는 상태이므로 전문가에게 진단 의뢰

(2) 화장실벽의 타일이 자주 깨질 때

① 구조체의 균열에 의한 경우가 있음

② 타일을 제거하여 구조체의 균열 발생 여부를 검사

(3) 천정 및 벽체에서 '빡' 소리와 같은 파열음이 자주 들릴 때

① 재료의 배합 불량, 철근의 긴결 불량, 접합 부위의 과도한 하중에 의한 균열, 휨 발생 등

② 마감재를 들추어 낸 다음 접합 부위를 점검

(4) 문틀, 창틀이 뒤틀리고 여닫기 힘들 때

① 설계하중 이상의 무리한 압력이 가해지면서 기둥, 보 등의 기울어짐

② 전문가에게 안전진단 의뢰

2) 인접지반

(1) 인접옹벽 상단에서 균열 발생

① 구조물 기초침하와 동반하는 경우가 있음

② 구조물 벽체와 평행한 균열이 여러 겹으로 나타나 있는지 조사

(2) 옹벽 및 담장면에서 균열 발생

　① 기초부위의 침하와 동반하는 경우가 있음

　② 균열의 폭, 방향, 길이의 점검 및 진행성 여부를 관측

(3) 현관과 주 건물 사이의 이탈현상

　① 이탈현상이 심하거나 진행성인 경우, 기초침하와 동반하는 경우가 있음

　② 균열 조사의 차원에서 이탈현상 조사

(4) 인섭 보도블록의 침하

　① 보도블록의 함몰이 기초침하와 관련이 있을 수 있음

　② 일부 지역에서 보도블록이 넓게 함몰되어 있는지 관찰

(5) 인접지반이 나란하게 함몰

　① 구조물 인접지반이 심하게 함몰된 경우, 기초침하와 연계되어 있을 가능성이 있음

　② 기초지빈과 병헹하여 침하할 수도 있으므로 함몰 정도를 계속 관찰

(6) 인접지반에 물이 고임

　① 구조물 기초침하에 의한 영향인지를 검토

　② 비가 올 때마다 비가 고이는 지를 수시로 관찰

(7) 인접 지중매설관 손상

　① 기초침하에 의해 발생할 수 있음

　② 누수 및 가스 누출이 심한 경우 기초에 악영향을 줄 수 있으므로 매설관의 누수 및 가스 누출 여부 조사

(8) 인접 가로수가 기울어짐

　① 인접 가로수가 일률적으로 한쪽방향으로 기운 경우 기초침하와 관련

　② 원거리에서 기울기를 관측 후 현상이 확인되면 건물의 기울기를 측정

6. 결론

　① 구조물의 구조 안전에 위해가 발생되면 대형 사고 발생 가능성이 높아지므로 구조물 안전에 위해를 끼치는 행위에 대한 철저한 분석 및 대책이 필요하다.

　② 사례나 통계를 활용하여 철저한 안전점검과 조치를 통해 구조물의 안전성 및 기능을 유지해야 한다.

건설기술 진흥법

 **Section 1** 건설기술 진흥법의 목적

1. 개요

① 건설기술 진흥법이란 건설기술의 연구·개발을 촉진하여 건설기술 수준을 향상시키고 이를 바탕으로 관련 산업을 진흥하여 건설공사가 적정하게 시행될 수 있도록 규정한 법률이다.

② 건설공사의 품질을 높이고 안전을 확보함으로써 공공복리의 증진과 국민경제의 발전에 이바지함을 목적으로 한다.

2. 목적

① 건설기술 수준 향상
② 건설공사의 품질향상과 안전 확보
③ 공공복리의 증진과 국민경제의 발전

3. 목적의 3단계

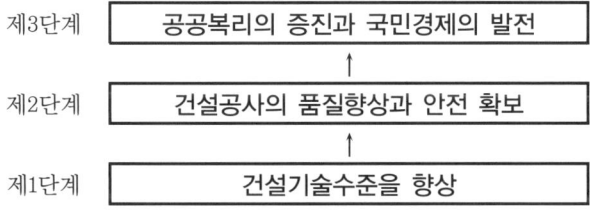

제3단계 ┃ 공공복리의 증진과 국민경제의 발전 ┃
↑
제2단계 ┃ 건설공사의 품질향상과 안전 확보 ┃
↑
제1단계 ┃ 건설기술수준을 향상 ┃

4. 특징

① 기술자 평가방법 세분화
② 안전관련 사고 제재 조치 강화
③ 건설기술자 등급 일원화
④ 타 법령과 조화 미흡
⑤ 용역업 면허기준 완화

5. 개선방향

① 객관적이고 합리적인 기술자 평가제도 도입

② 구체적이고 확실한 내용 추가

③ 능력부족 업체에 의한 부실 우려

④ 실정에 맞는 법에 대한 연구

Section 2 용어 정리

---

1. 건설기술

1) 정의

"건설기술"이란 설계, 사업관리, 유지·보수·보강 등 전반적인 건설공사에 관련된 기술을 말한다.

2) 내용

① 건설공사에 관한 계획·조사(측량을 포함한다. 이하 같다)·설계(「건축사법」제2조 제3호에 따른 설계는 제외한다. 이하 같다)·시공·감리·시험·평가·자문·지도·품질관리·안전점검 및 안전성 검토

② 시설물의 운영·검사·안전점검·정밀안전진단·유지·관리·보수·보강 및 철거

③ 건설공사에 필요한 물자의 구매와 조달

④ 건설장비의 시운전(試運轉)

⑤ 건설사업관리

⑥ 그 밖에 건설공사에 관한 사항으로서 대통령령으로 정하는 사항

　㉠ 건설기술에 관한 타당성의 검토

　㉡ 정보통신체계를 이용한 건설기술에 관한 정보의 처리

　㉢ 건설공사의 견적

2. 건설엔지니어링

다른 사람의 위탁을 받아 건설기술에 관한 역무를 수행하는 것으로 다만, 건설공사의 시공 및 시설물의 보수·철거 업무는 제외한다.

3. 건설사업관리

건설공사에 관한 기획, 타당성 조사, 분석, 설계, 조달, 계약, 시공관리, 감리, 평가 또는 사후관리 등에 관한 관리를 수행하는 것을 말한다.

4. 감리

건설공사가 관계 법령이나 기준, 설계도서 또는 그 밖의 관계 서류 등에 따라 적정하게 시행될 수 있도록 관리하거나 시공관리 · 품질관리 · 안전관리 등에 대한 기술지도를 하는 건설사업관리 업무를 말한다.

5. 건설사고

① 사망 또는 3일 이상의 휴업이 필요한 부상의 인명피해
② 1천만 원 이상의 재산피해

6. 공공 건설공사의 공사기간 산정기준

$$공사기간 = 준비기간 + 비작업일수 + 정리기간$$

① 준비기간 : 설계도서 검토, 하도급업체의 선정, 측량, 현장사무소 · 세륜시설 · 가설건물의 설치, 주요 건설자재 · 장비 및 공장제작 조달 등 공사의 착공 준비에 필요한 기간(발주청이 산정)
② 비작업일수 : 건설현장의 공사 진행이 불가능한 날짜(법정공휴일수 + 기상조건으로 인한 비작업일수)
③ 정리기간 : 준공검사 준비, 시설물 인수 등을 위한 행정절차 및 청소 등 현장 정리에 소요되는 기간

Section 3 **건설기술자의 등급**

1. 개요

① 건설기술자의 경력 · 자격 · 학력 · 교육 등을 종합적으로 평가한 역량지수를 활용하여 건설기술자 등급을 산정한다.

② 자격중심 기술자 등급체계는 경력·학력 등 요소를 과소평가하여 건설기술자의 종합기술력 평가에 미흡하고 장기적으로 기술인력 수급 불균형을 초래할 수 있는 부분을 방지코자 적용하는 방식이다.

2. 건설기술자 역량지수(ICEC : Index of Construction Engineer's Competency)

건설기술자의 등급을 결정하는 방식으로 100점을 최고점수로 경력(40%), 자격(40%), 학력(20%), 교육(3% 가점)으로 산정한다.

① 자격지수(40점 이내)

자격종목	배점
기술사 / 건축사	40
기사 / 기능장	30
산업기사	20
기능사	15
기타	10

② 학력지수(20점 이내)

학력사항	배점
학사 이상	20
전문학사(3년제)	19
전문학사(2년제)	18
고졸	15
국토교통부장관이 정한 교육과정 이수	12
고졸 미만	10

③ 경력지수(40점 이내)

산식	배점
$(\log N/\log 40)\times100\times0.4$ * N은 해당 보정계수를 곱한 경력의 총합에 365일을 나눈(분야별 총 인정일/365) 값으로 한다. 다만, 분야별 총 인정일이 365일 미만인 경우 1로 한다.	0 ~ 40

④ 교육지수(3점 이내)

교육기간	배점
35시간마다	1

3. 건설기술자의 등급 산정 및 경력인정방법

구분 기술 등급	설계 · 시공 등의 업무를 수행하는 건설기술자	품질관리업무를 수행하는 건설기술자	건설사업관리업무를 수행하는 건설기술자
특급	역량지수 75점 이상	역량지수 75점 이상	역량지수 80점 이상
고급	역량지수 75점 미만 ~65점 이상	역량지수 75점 미만 ~65점 이상	역량지수 80점 미만 ~70점 이상
중급	역량지수 65점 미만 ~55점 이상	역량지수 65점 미만 ~55점 이상	역량지수 70점 미만 ~60점 이상
초급	역량지수 55점 미만 ~35점 이상	역량지수 55점 미만 ~35점 이상	역량지수 60점 미만 ~40점 이상

4. 문제점

① 기술자 분포 역피라미드 형
② 초, 중급 기술자 부족
③ 졸속 제정으로 인한 내용 부실
④ 전문가 참여 미흡

5. 대책

① 점진적 보완 필요
② 초 · 중급 기술자 양성 정책 수립
③ 전문가, 관계자 의견 수렴 반영

6. 결론

① 기술자 등급에 대한 새로운 방식 적용이 전문가와 관계자의 공청회, 간담회 등을 통한 의견 수렴이 부족하여 꾸준한 연구를 통한 점진적 보완이 필요하다.
② 현재 기술자 분포가 기형적인 역피라미드 형태로 건설산업의 활성화 및 기술자 양성정책을 수립하여 적극적으로 초 · 중급 기술자를 양성하여야 한다.

Section 4 건설사업관리

1. 개요

① 발주청은 건설공사를 효율적으로 수행하기 위하여 필요한 경우에는 건설공사에 대하여 건설엔지니어링사업자로 하여금 건설사업관리를 하게 할 수 있다.

② 발주청은 건설공사의 품질 확보 및 향상을 위하여 일정규모 이상의 건설공사에 대하여 건설사업관리를 하게 하여야 한다.

2. 건설사업관리 대상 건설공사

① 설계·시공 관리의 난이도가 높아 특별한 관리가 필요한 건설공사

② 발주청의 기술인력이 부족하여 원활한 공사 관리가 어려운 건설공사

③ 건설공사의 원활한 수행을 위하여 발주청이 필요하다고 인정하는 건설공사

3. 건설사업관리의 업무범위 및 업무내용

1) 건설사업관리의 업무범위

① 설계 전 단계

② 기본설계 단계

③ 실시설계 단계

④ 구매조달 단계

⑤ 시공 단계

⑥ 시공 후 단계

2) 단계별 업무내용

① 건설공사의 기본구상 및 타당성 조사 관리

② 건설공사의 계약관리

③ 건설공사의 사업비 관리

④ 건설공사의 공정관리

⑤ 건설공사의 품질관리

⑥ 건설공사의 안전관리

⑦ 건설공사의 환경관리

⑧ 건설공사의 사업정보 관리

⑨ 건설공사의 사업비, 공정, 품질, 안전 등에 관련되는 위험요소 관리

⑩ 그 밖에 건설공사의 원활한 관리를 위하여 필요한 사항

4. 건설사업관리 보고서에 포함되어야 할 내용(감독권한대행 등, 설계단계, 시공단계도 동일)

1) 설계 단계 : 용역의 만료일부터 14일 이내 제출

① 과업의 개요

② 설계에 대한 기술자문, 적정성 검토 등 업무수행 내용

③ 설계의 경제성 검토 업무수행 내용

④ 그 밖에 발주청이 필요하다고 인정하여 계약에서 정한 내용

2) 시공 단계 중간보고서 : 월별로 작성 다음달 7일까지 제출

① 공사추진현황

② 건설사업관리기술인 업무일지

③ 품질시험 · 검사현황

④ 구조물별 콘크리트 타설(打設) 현황(작업자 명부 포함)

⑤ 검측 요청 · 결과통보 내용

⑥ 자재 공급원 승인 요청 · 결과통보 내용

⑦ 주요 자재 검사 및 수불(受拂) 내용

⑧ 공사설계 변경 현황

⑨ 주요 구조물의 단계별 시공 현황

⑩ 콘크리트 구조물 균열관리 현황

⑪ 공사사고 보고서

⑫ 그 밖에 발주청이 필요하다고 인정하여 계약에서 정한 내용

3) 시공 단계 최종보고서 : 용역의 만료일부터 14일 이내 제출

① 건설공사 및 건설사업관리용역 개요

② 분야별 기술 검토 실적 종합

③ 공사 추진내용 실적

④ 검측내용 실적 종합

⑤ 우수시공 및 실패시공 사례

⑥ 품질시험·검사 실적 종합

⑦ 주요 자재 관리실적 종합

⑧ 안전관리 실적 종합

⑨ 종합분석

⑩ 그 밖에 발주청이 필요하다고 인정하여 계약에서 정한 내용

5 결론

① 건설사업관리 제도는 부실시공 감소, 사업비의 최적화 및 고급기술의 축적 등 무형의 고부가가치를 창출할 수 있는 산업국가 경쟁력 향상에 한 몫을 차지할 수 있도록 제도 개선, 전문인력양성 등 노력을 기울여야 한다.

② 건설시장 개방과 신기술 개발에 대응할 수 있는 기술축적 차원에서 자료의 data를 체계적으로 관리, 기술 향상에 노력하여야 한다.

Section 5

감독 권한대행 등 건설사업관리

1. 개요

발주청은 건설공사의 품질 확보 및 향상을 위하여 대통령령으로 정하는 건설공사에 대하여는 법인인 건설엔지니어링사업자로 하여금 사업관리(시공단계에서 품질 및 안전관리 실태의 확인, 설계변경에 관한 사항의 확인, 준공검사 등 발주청의 감독 권한대행 업무 포함)를 하게 하여야 한다.

2. 대상공사

① 총공사비가 200억 원 이상인 건설공사 중 22개 공종

  a. 길이 100미터 이상의 교량공사를 포함하는 건설공사

  b. 공항 건설공사

  c. 댐 축조공사

  d. 고속도로공사

  e. 에너지저장시설공사

  f. 간척공사

g. 항만공사

h. 철도공사

i. 지하철공사

j. 터널공사가 포함된 공사

k. 발전소 건설공사

l. 폐기물처리시설 건설공사

m. 공공폐수처리시설공사

n. 공공하수처리시설공사

o. 상수도(급수설비 제외) 건설공사

p. 하수관로 건설공사

q. 관람집회시설공사

r. 전시시설공사

s. 연면적 5천제곱미터 이상인 공용청사 건설공사

t. 송전공사

u. 변전공사

v. 300세대 이상의 공동주택 건설공사

② 교량, 터널, 배수문, 철도, 지하철, 고가도로, 폐기물처리시설, 폐수처리시설 또는 공공하수처리시설을 건설하는 건설공사 중 부분적으로 감독 권한대행 업무를 포함하는 건설사업관리가 필요하다고 발주청이 인정하는 건설공사

③ 발주청이 검토한 결과 해당 건설공사의 전부 또는 일부에 대하여 감독 권한대행 등 건설사업관리가 필요하다고 인정하는 건설공사

3. 적용 제외공사

① 문화재보호법에 따른 지정문화재 및 가지정문화재의 수리·복원·정비공사

② 농어촌정비법에 따른 농어촌정비사업·생활환경정비사업 및 농공단지개발사업에 따른 공사

③ 기관 및 지방공사가 시행하는 공사로서 해당 기관 또는 공사의 소속 직원이 건설사업관리기술인의 배치기준에 따라 감독 업무를 수행하는 공사

④ 공사의 내용이 단순·반복적인 건설공사로서 국토교통부령으로 정하는 공사

⑤ 보안이 필요한 군 특수공사, 교정시설공사 및 국가기밀 관련 건설공사

⑥ 전문기술이 필요한 방송시설공사

⑦ 원자력안전법에 따른 원자력시설공사

4. 시공 단계의 건설사업관리 업무에 배치된 건설기술인의 업무

① 시공이 설계도면 및 시방서의 내용에 적합하게 이루어지고 있는지에 대한 확인
② 품질시험 및 검사를 하였는지 여부의 확인
③ 건설자재·부재의 적합성에 대한 확인

5. 감독 권한대행 등 건설사업관리 업무

① 시공계획의 검토
② 공정표의 검토
③ 시공이 설계도면 및 시방서의 내용에 적합하게 이루어지고 있는지에 대한 확인
④ 건설업자나 주택건설등록업자가 수립한 품질관리계획 또는 품질시험계획의 검토
 ·확인·지도 및 이행상태의 확인, 품질시험 및 검사 성과에 관한 검토·확인
⑤ 재해예방대책의 확인, 안전관리계획에 대한 검토·확인, 그 밖에 안전관리 및 환
 경관리의 지도
⑥ 공사 진척 부분에 대한 조사 및 검사
⑦ 하도급에 대한 타당성 검토
⑧ 설계내용의 현장조건 부합성 및 실제 시공 가능성 등의 사전검토
⑨ 설계 변경에 관한 사항의 검토 및 확인
⑩ 준공검사
⑪ 건설업자나 주택건설등록업자가 작성한 시공상세도면의 검토 및 확인
⑫ 구조물 규격 및 사용자재의 적합성에 대한 검토 및 확인
⑬ 그 밖에 공사의 질적 향상을 위하여 필요한 사항으로서 국토교통부령으로 정하
 는 사항

6. 감독 권한대행 등 건설사업관리의 통합시행

① 대상 공사 : 공사현장 간의 직선거리가 20km 이내인 건설공사
② 책임건설사업관리기술인을 배치하는 경우에는 각 공사의 총공사비(관급자재비
 포함, 보상비 제외)를 합한 금액을 기준으로 한다.
③ 1개 공사의 총공사비가 300억 원 이상인 경우 해당 특급기술인 1명 추가 배치

건설사업관리 대상 설계용역

1. 개요

발주청은 대통령령으로 정하는 설계용역에 대하여 건설엔지니어링사업자로 하여금 건설사업관리를 하게 하여야 한다.

2. 건설사업관리 대상 설계용역

① 시설물의 안전 및 유지관리에 관한 특별법에 따른 1종 시설물 및 2종 시설물 건설 공사의 기본설계 및 실시설계용역

② 시설물의 안전 및 유지관리에 관한 특별법에 따른 1종 시설물 및 2종 시설물이 포함되는 건설공사의 기본설계 및 실시설계용역

③ 신공법 또는 특수공법에 따라 시공되는 구조물이 포함되는 건설공사로서 발주청이 건설사업관리가 필요하다고 인정하는 공사의 기본설계 및 실시설계용역

④ 총공사비가 300억 원 이상인 건설공사의 기본설계 및 실시설계용역

⑤ 기관 또는 공사의 소속 직원이 용역 감독 업무를 수행하는 설계용역과 일괄입찰의 실시설계적격자가 시행하는 실시설계용역은 제외

3. 설계용역에 대한 건설사업관리 업무

① 건설공사 설계기준 및 건설공사 시공기준의 적합성 검토

② 구조물의 설치 형태 및 건설공법 선정의 적정성 검토

③ 사용재료 선정의 적정성 검토

④ 설계내용의 시공 가능성에 대한 사전검토

⑤ 구조계산의 적정성 검토

⑥ 측량 및 지반조사의 적정성 검토

⑦ 설계공정의 관리

⑧ 공사기간 및 공사비의 적정성 검토

⑨ 설계의 경제성 검토

⑩ 설계안의 적정성 검토

⑪ 설계도면 및 공사시방서 작성의 적정성 검토

Section 7 시공단계 건설사업관리계획

1. 개요

① 발주청은 건설공사의 부실시공 및 안전사고의 예방 등 건설공사의 시공을 관리하기 위하여 건설공사 착공 전까지 시공단계의 건설사업관리계획을 수립하여야 한다.

② 발주청은 건설사업관리기술인 또는 공사감독자의 배치 등 건설사업관리계획을 준수할 수 없는 경우 건설공사를 착공하게 하거나 건설공사를 진행하게 하여서는 아니 된다.

2. 건설사업관리계획 포함사항

① 건설공사명, 시행기관명, 건설공사 주요내용 및 총공사비 등 건설공사 기본사항
② 사업관리방식
③ 건설사업관리기술인 또는 공사감독자 배치계획
④ 기술자문위원회 또는 지방심의위원회의 심의 대상 여부 및 심의 결과
⑤ 공사감독자 또는 건설사업관리기술인 업무범위
⑥ 그 밖에 발주청이 필요하다고 인정하는 사항
⑦ 건설엔지니어링사업자 수행 시 추가 사항
  ㉠ 건설사업관리 대가 산출내역
  ㉡ 건설사업관리용역 입찰 예정 시기
  ㉢ 건설사업관리 용역사업을 대상으로 하는 평가 계획

3. 건설사업관리계획의 수립 등

1) 수립대상 공사 : 착공 전까지

① 총공사비가 5억 원 이상인 토목공사
② 연면적이 660제곱미터 이상인 건축물의 건축공사
③ 총공사비가 2억 원 이상인 전문공사
④ 안전관리계획을 수립해야 하는 총공사비가 100억 원 이상인 건설공사 중 기술자문위원회를 둔 발주청이 발주하는 건설공사
  ㉠ 구조물이 포함된 건설공사

　　　ⓛ 구조물이 포함되지 않은 건설공사 중 건설공사의 부실시공 및 안전사고의 예
　　　　방을 위하여 건설사업관리계획의 적정성 등의 심의가 필요하다고 발주청이
　　　　인정하는 건설공사

2) 제외공사

　　① 국가를 당사자로 하는 계약에 관한 법률에 따라 국제입찰에 따른 정부조달 건설
　　　공사
　　② 건설사업관리 제외 6가지 건설공사(기관 또는 공사의 소속 직원이 직접 건설사업
　　　관리공사 제외)
　　③ 전시·사변이나 그 밖에 이에 준하는 국가비상사태에서 시행하는 건설공사
　　④ 재해 복구, 안전사고 예방 등을 위해 긴급하게 시행하는 건설공사

3) 기술자문위원의 건설사업관리계획의 심의

　　① 요청자 : 발주청
　　② 심의자 : 기술자문위원회
　　③ 통보 : 15일 이내
　　④ 심의결과 : 적정, 조건부적정, 부적정
　　⑤ 재심의 : 부적정 판정을 통보받은 경우 수정·보완 후 다시 심의를 요청

4) 기술자문위원회가 없는 발주청 발주 건설공사

　　① 대상공사
　　　㉠ 안전관리계획을 수립해야 하는 건설공사
　　　ⓛ 총공사비가 100억 원 이상인 건설공사
　　　ⓒ 안전관리계획을 수립해야 하는 총공사비가 100억 원 이상인 건설공사 중 구
　　　　조물이 포함된 건설공사 또는 구조물이 포함되지 않은 건설공사 중 적정성
　　　　등 심의가 필요하다고 인정되는 공사
　　② 심의자 : 지방심의위원회의
　　③ 통보 : 15일 이내
　　④ 심의결과 : 적정, 조건부적정, 부적정
　　⑤ 재심의 : 부적정 판정을 통보받은 경우 수정·보완 다시 심의를 요청

5) 건설사업관리계획 변경

　　① 건설공사의 공사규모, 공사기간, 총공사비 등 주요 사업계획이 변경되는 경우
　　　(100분의 10 이내로 변경된 경우 제외)

② 건설사업관리방식이 변경되는 경우

③ 배치계획에서 총 건설사업관리기술인의 수가 감소되는 경우

④ 그 밖에 발주청이 건설사업관리계획의 변경이 필요하다고 인정하는 경우

Section 8 실정보고와 공사중지 명령

1. 실정보고

1) 정의

건설사업관리를 수행하는 건설엔지니어링사업자는 건설사업자가 현지여건의 변경이나 건설공사의 품질향상 등을 위한 개선사항의 검토를 요청하는 경우 이를 검토하고, 발주청에 관련 서류를 첨부하여 보고하는 필요한 조치

2) 실정보고의 조치 기한

① 건설엔지니어링사업자 : 건설사업자가 개선사항의 검토를 요청하는 경우 이를 검토하고 14일 이내에 발주청에 관련 서류를 첨부하여 보고

② 발주청 : 접수일부터 14일 이내에 해당 실정보고에 대한 검토 결과를 건설기술용역사업자에게 서면 통보

③ 벌칙 : 1년 이하의 징역 또는 1천만 원 이하의 벌금

  ㉠ 정당한 사유 없이 실정보고를 하지 아니하거나 거짓으로 한 자

  ㉡ 정당한 사유 없이 실정보고를 접수하지 아니한 자

2. 공사중지 명령

1) 정의

건설사업관리를 수행하는 건설엔지니어링사업자와 공사감독자는 건설사업자가 건설공사의 설계도서·시방서(示方書), 그 밖의 관계 서류의 내용과 맞지 아니하게 건설공사를 시공하는 경우 또는 안전 관리 의무를 위반하거나 환경관리 의무를 위반하여 인적·물적 피해가 우려되는 경우에는 재시공·공사중지(부분 공사중지 포함) 명령이나 그 밖에 필요한 조치를 할 수 있다.

2) 조치

① 재시공·공사중지 명령 등 필요한 조치에 관한 지시를 받은 건설사업자는 특별한 사유가 없으면 이에 따라야 한다.

② 조치 명령자는 지체 없이 발주청에 보고

③ 조치 명령자는 시정 여부 확인 후 공사재개 지시 등 필요한 조치 후 발주청에 보고

④ 조치 명령은 서면으로 해야 하며 조치내용, 결과 기록·관리

⑤ 불이익조치 금지 : 건설기술인의 변경, 현장 상주의 거부, 용역대가 지급의 거부·지체 금지

⑥ 면책 : 명령에 고의 또는 중대한 과실이 없는 때 그 손해에 대한 면책

Section 9 건설공사 부실벌점제도

1. 개요

① 국토교통부장관, 발주청과 인·허가기관의 장은 건설엔지니어링, 건축설계, 공사감리 또는 건설공사를 성실하게 수행하지 아니함으로써 부실공사가 발생하였거나 발생할 우려가 있는 경우 또는 건설공사의 타당성 조사에서 건설공사에 대한 수요 예측을 고의 또는 과실로 부실하게 하여 발주청에 손해를 끼친 경우에는 부실의 정도를 측정하여 벌점을 주어야 한다.

② 발주청은 벌점을 받은 자에게 건설엔지니어링 또는 건설공사 등을 위하여 발주청이 실시하는 입찰 시 그 벌점에 따라 불이익을 주어야 한다.

2. 부실벌점부과 대상

① 건설업자

② 주택건설등록업자

③ 건설엔지니어링사업자(건축사사무소개설자 포함)

④ 위에 고용된 건설기술인 또는 건축사

3. 건설공사 등의 부실 측정에 따른 벌점 부과

1) 부과대상

① 건설엔지니어링

② 건축설계(총용역비 1억5천만 원 이상)

③ 공사감리(건축사법에 따른 공사감리)

④ 건설공사를 공동도급하는 경우

  ㉠ 공동이행방식 : 공동수급협정서에서 정한 출자비율에 따라 부과(부실공사에 대한 책임 소재가 명확히 규명된 경우에는 해당 구성원에게만 부과)

  ㉡ 분담이행방식인 경우 : 분담업체별로 부과

2) 부실처분 제외 대상

① 건설기술 진흥법에 따른 업무정지

② 건설기술 진흥법에 따른 등록취소 또는 영업정지

③ 건설산업기본법에 따른 영업정지 및 등록말소

④ 주택법에 따른 등록말소 또는 영업정지

⑤ 국가를 당사자로 하는 계약에 관한 법률에 따른 입찰참가자격 제한

⑥ 국가기술자격법에 따른 자격취소 또는 자격정지

⑦ 그 밖의 관계 법령에 따른 행정처분

4. 벌점의 산정방법

① 해당 반기에 동일 업체의 건설공사 또는 건설엔지니어링을 2개 이상 점검한 경우 벌점의 합을 건수로 나누어 산정한 벌점을 업체의 평균벌점으로 한다.

② 누계 평균벌점은 최근 2년간 평균벌점 합을 2로 나눈 값으로 한다.

5. 벌점의 적용

① 입찰자격의 사전심사 시 감점

누계 평균벌점	감점되는 점수(점)
1점 이상 2점 미만	0.2
2점 이상 5점 미만	0.5
5점 이상 10점 미만	1
10점 이상 15점 미만	2
15점 이상 20점 미만	3
20점 이상	5

② 누계 평균벌점은 매 반기의 말일 기준으로 2개월이 지난날부터 적용

③ 주요 부실내용을 기준으로 벌점을 책정하고 그 결과를 벌점 부과대상자에게 통지

④ 벌점 책정 결과 통지 경우 30일 이상 의견제출 기회를 주어야 하고, 의견서를 받은 날부터 15일 내 결과 통지

⑤ 건설기술자 등이 근무하는 업종을 변경하는 경우에도 벌점 승계

6. 부실벌점 측정 기준

개별 단위의 부실사항별로 업체와 건설기술자 등에게 각각 부과

1) 건설업자, 주택건설등록업자 및 건설기술자에 대한 벌점 측정기준

번호	주요부실내용	벌점
1.1	토공사의 부실 • 설계도서(관련 기준을 포함한다. 이하 같다)와 다르게 기초굴착과 절토·성토 등을 함으로 인하여 토사붕괴 또는 지반침하가 발생한 경우	2 또는 3
	• 기초굴착 및 절토·성토 등을 소홀히 하여 토사붕괴 또는 지반침하가 발생한 경우	1
1.2	콘크리트면의 균열 발생 • 구조물의 허용 균열폭보다 큰 균열이 발생했으나 구조검토 등 원인분석과 보수·보강을 위한 균열관리를 하지 않은 경우	3
	• 구조물의 허용 균열폭보다 큰 균열이 발생했으나 구조검토 등 원인분석과 보수·보강을 위한 균열관리를 한 경우	1 또는 2
	• 구조물의 허용 균열폭보다 작은 균열이 발생했으나 균열의 진행여부에 대한 관리와 보수·보강을 하지 않은 경우	1

번호	주요부실내용	벌점
1.3	콘크리트 재료분리의 발생 • 주요 구조부의 철근 노출이 발생한 경우 • 구조부의 재료분리가 0.1m² 이상 발생하였는데도 적정한 보수·보강 조치(재료분리 위치를 파악하여 구체적인 보수·보강 계획을 수립한 경우에는 보수·보강 조치를 한 것으로 본다)를 하지 않은 경우	3 1
1.4	철근의 배근·조립 및 강구조의 조립·용접·시공 상태의 불량 • 주요 구조부의 시공불량으로 부재당 보수·보강이 3곳 이상 필요한 경우 • 주요 구조부의 시공불량으로 보수·보강이 필요한 경우 • 그 밖의 구조부의 시공불량으로 보수·보강이 필요한 경우	3 2 1
1.5	배수상태의 불량 • 배수구조물을 설계도서 및 현지 여건과 다르게 시공하여 배수기능이 상실된 경우 • 배수구조물을 설계도서 및 현지 여건과 다르게 시공하여 배수기능에 지장을 준 경우 • 배수구의 관리가 불량한 경우	3 2 1
1.6	방수불량으로 인한 누수발생 • 누수가 발생하거나 방수구조물에서 방수면적 1/2 이상의 보수가 필요한 경우 • 방수구조물의 시공불량으로 보수가 필요한 경우	3 1 또는 2
1.7	시공 단계별로 건설사업관리기술자(건설사업관리기술자를 배치하지 않아도 되는 경우에는 감독자를 말한다. 이하 이 번호에서 같다)의 검토·확인을 받지 않은 시공한 경우 • 주요 구조부에 대하여 건설사업관리기술자의 검토·확인을 받지 않고 시공한 경우 • 건설사업관리기술자 지시사항의 이행을 정당한 사유 없이 지체한 경우	 2 또는 3 1
1.8	시공상세도면 작성의 소홀 • 주요 구조부 시공상세도면의 작성을 소홀히 하여 시공보완이 필요한 경우 • 그 밖의 구조부에 대한 시공상세도면의 작성을 소홀히 하여 시공보완이 필요한 경우	2 또는 3 1
1.9	공정관리의 소홀로 인한 공정부진 • 건설사업관리기술자로부터 지연된 공정을 만회하기 위한 대책을 요구받은 후 그 대책을 수립하지 않은 경우 • 공정관리의 소홀로 공사가 지연되고 있으나 대책이 미흡한 경우	2 또는 3 1
1.10	가설시설물(동바리·비계 또는 거푸집 등) 설치상태의 불량 • 가설시설물의 설치불량으로 안전사고가 발생한 경우 • 가설시설물의 시공계획서 및 시공도면을 작성하지 않거나 그 설치의 불량으로 인하여 보완시공이 필요한 경우	2 또는 3 1 또는 2

번호	주요부실내용	벌점
1.11	건설공사현장 안전관리대책의 소홀 • 정기안전점검을 한 결과 조치 요구사항을 이행하지 않거나 정당한 사유 없이 기간 내에 안전점검을 실시하지 않은 경우, 안전관리계획을 수립할 때 그 내용의 일부를 누락하거나 기준에 미달하여 보완이 필요한 경우	2 또는 3
	• 각종 공사용 안전시설 등의 설치를 안전관리계획에 따라 설치하지 않아 안전사고가 우려되는 경우	1 또는 2
1.12	품질관리계획 또는 품질시험계획의 수립 및 실시의 미흡 • 품질관리계획 또는 품질시험계획을 수립할 때 그 내용의 일부를 빠뜨리거나 기준을 충족하지 못하여 보완이 필요한 경우	2 또는 3
	• 품질관리계획 또는 품질시험계획의 실시가 미흡하여 보완시공이 필요한 경우	1 또는 2
1.13	시험실의 규모·시험장비 또는 건설기술자 확보의 미흡 • 시험장비를 갖추지 않거나 품질관리를 수행하는 건설기술자를 배치하지 않은 경우	3
	• 시험실·장비나 건설기술자의 자격이 기준에 미달한 경우	2
	• 시험장비의 고장을 방치하여 시험의 실시가 불가능하거나 유효기간이 지난 장비를 사용한 경우	1
1.14	건설용 자재 및 기계·기구 관리 상태의 불량 • 기준을 충족하지 못하거나 발주청의 승인을 받지 않은 기자재를 반입하거나 사용한 경우	3
	• 건설기계·기구의 설치 관련 기준을 충족하지 못하여 안전사고의 위험이 있는 경우	2
	• 자재의 보관 상태가 불량하여 품질에 영향을 미칠 경우	1
1.15	콘크리트의 타설 및 양생과정의 소홀 • 콘크리트 배합설계를 실시하지 않은 경우, 콘크리트 타설계획을 수립하지 않은 경우, 거푸집 해체시기 및 타설순서를 준수하지 않은 경우	2 또는 3
	• 슬럼프테스트, 염분함유량시험, 압축강도시험 또는 양생관리를 실시하지 않은 경우, 생산·도착시간 및 타설완료시간을 기록·관리하지 않은 경우, 기준을 초과하여 레미콘 물타기를 한 경우	1 또는 2
1.16	레미콘 플랜트(아스콘 플랜트를 포함한다) 현장관리 상태의 불량 • 계량장치를 검정하지 않은 경우, 골재를 규격별로 분리하여 저장하지 않은 경우, 자동기록장치를 작동하지 않거나 기록지를 보관하지 않은 경우, 기준을 초과하여 레미콘 물타기를 한 경우 또는 골재관리상태가 미흡하거나 아스콘의 생산온도가 적정하지 않은 경우	2 또는 3
	• 품질시험이 적정하지 않거나 장비결함사항을 방치한 경우	1 또는 2

번호	주요부실내용	벌점
1.17	아스콘의 포설 및 다짐 상태 불량 • 시방기준에 맞지 않는 자재를 현장에 반입한 경우 • 현장다짐밀도 및 포장두께가 부족한 경우 • 혼합물온도관리기준을 초과하거나 평탄성 측정 결과 시방기준을 초과한 경우	2 또는 3 1 또는 2 1
1.18	설계도서 및 관련 기준과 다른 시공 • 주요 구조부를 설계도서 및 관련 기준과 다르게 시공하여 보완시공이 필요한 경우 • 그 밖의 구조부를 설계도서 및 관련 기준과 다르게 시공하여 보완시공이 필요한 경우 • 그 밖의 구조부를 설계도서 및 관련 기준과 다르게 시공하여 경미한 보수가 필요한 경우	3 2 1
1.19	계측관리의 불량 • 계측장비를 설치하지 않은 경우 또는 계측장비가 작동하지 않는 경우 • 특별시방서의 규정상 계측횟수가 미달하거나 잘못 계측한 경우 • 측정기한이 초과하는 등 계측관리가 소홀한 경우	3 2 1

2) 시공 단계의 건설사업관리를 수행하는 건설사업관리용역업자 및 건설사업관리기술자에 대한 벌점 측정기준

번호	주요부실내용	벌점
2.1	설계도서 및 각종 기준의 내용대로 시공되었는지에 관한 단계별 확인의 소홀 • 주요 구조부에 대한 검토·확인을 소홀히 하여 보완시공이 필요하거나 계획공정에 차질이 발생한 경우 • 그 밖의 구조부에 대한 검토·확인을 소홀히 하여 보완시공이 필요하거나 계획공정에 차질이 발생한 경우 • 그 밖에 확인검측의 누락 또는 검측업무의 지연으로 인하여 계획공정에 차질이 발생한 경우	3 2 1
2.2	시공상세도면에 대한 검토의 소홀 • 주요 구조부 시공상세도면의 검토를 소홀히 하여 보완시공이 필요한 경우 • 그 밖의 구조부 시공상세도면의 검토를 소홀히 하여 보완시공이 필요한 경우	2 또는 3 1
2.3	기성 및 예비 준공검사의 소홀 • 검사 후 재시공 사항이 발생한 경우 • 검사 후 부분 보완시공 사항이 발생한 경우 • 검사 지연으로 계획공정에 차질이 발생한 경우	3 2 1

번호	주요부실내용	벌점
2.4	시공자의 건설안전관리에 대한 확인의 소홀	
	• 안전관리계획서를 검토·확인하지 않은 경우, 정기안전점검을 하지 않은 경우 또는 미지정기관의 정기안전점검이나 정기안전점검 결과 조치요구사항의 이행을 확인하지 않은 경우	3
	• 건설안전관리계획서의 제출을 1개월 이상 지연한 경우 또는 정기안전점검의 기간 내 미실시 등 확인을 소홀히 한 경우	2
2.5	설계변경사항 검토·확인의 소홀	
	• 설계노서의 확인을 잘못하여 시공 후 주요 구조부 또는 전체 공사비의 10% 이상 변경사유가 발생한 경우	3
	• 설계 변경사항을 반영하지 않은 경우	2
	• 설계 변경사항의 검토 지연으로 공정에 차질이 발생한 경우	1
2.6	시공계획 및 공정표 검토의 소홀	
	• 시공계획 및 공정표 검토의 잘못으로 보완 시공이 필요하거나 계획공정에 차질이 발생한 경우	2 또는 3
	• 설계 변경 요인에 따른 시공계획 및 공정표 변경승인을 관련 규정에 따라 이행하지 않은 경우	1 또는 2
2.7	품질관리계획(품질시험계획)의 수립과 시험 성과에 관한 검토·확인의 불철저	
	• 계획의 수립 또는 성과에 대한 검토·확인을 실시하지 않은 경우, 시공자가 시험장비를 갖추지 않거나 품질관리를 수행하는 건설기술자를 배치하지 않았는데도 시정지시 등 적정한 조치를 하지 않은 경우	3
	• 계획의 수립 또는 성과에 대한 검토·확인을 불성실하게 하여 보완시공이 필요한 경우, 시험실·장비나 품질관리를 수행하는 건설기술자의 자격이 기준에 미달하였는데도 시정지시 등 적절한 조치를 하지 않은 경우	2
	• 계획의 수립 또는 성과에 대한 검토·확인을 소홀히 하여 품질시험 중 일부 종목을 빠뜨리거나 시험횟수가 부족한 경우, 시험장비의 고장을 방치하여 시험의 실시가 불가능하거나 장비의 유효기간이 지났는데도 시정지시 등 적정한 조치를 하지 않은 경우	1
2.8	사용자재 적합성의 검토·확인의 소홀	
	• 레미콘·철근 등 주요자재 품질확인을 소홀히 한 경우	2
	• 기타자재의 품질확인을 소홀히 한 경우	1
2.9	시공자 제출서류의 검토 소홀 및 처리 지연	
	• 제출서류 처리 지연으로 계획공정에 차질이 발생하거나 보완시공이 필요한 경우	3
	• 제출서류 검토를 소홀히 하여 보완시공이 필요한 경우	2
	• 제출서류 검토를 소홀히 하여 계획공정에 차질이 발생한 경우	1

번호	주요부실내용	벌점
2.10	기록유지 및 보고의 소홀 • 건설사업관리업무수행지침서 등에 따른 기록유지 또는 보고를 소홀히 하여 계획공정에 차질 또는 민원이 발생하거나 보완시공이 필요한 경우	1 또는 2
2.11	건설사업관리 업무의 소홀 등 • 건설사업관리기술자의 자격미달 및 인원부족이 발생한 경우(건설사업관리용역업자만 해당한다) • 건설사업관리기술자가 현장을 무단으로 이탈한 경우(건설사업관리기술자만 해당한다)	2 또는 3 1 또는 2
2.12	입찰참가자격 사전심사 시 제출된 건설사업관리기술자의 임의변경 또는 관리 소홀(건설사업관리용역업자만 해당한다) • 발주자에게 승인을 받지 않고 건설사업관리기술자를 교체한 경우, 50% 이상의 건설사업관리기술자를 교체한 경우(해당 공사현장에 3년 이상 배치, 퇴직·입대·이민·사망, 질병·부상으로 인한 3개월 이상의 요양 필요, 3개월 이상의 공사 착공 지연 또는 진행 중단, 발주청이 필요하다고 인정한 경우는 제외한다) • 같은 분야의 건설사업관리기술자를 상당한 이유 없이 3번 이상 교체한 경우	2 또는 3 1 또는 2
2.13	공사 수행과 관련한 각종 민원발생대책의 소홀 • 환경오염(수질오염, 공해 또는 소음)의 발생으로 인근주민의 권익이 침해되어 집단민원이 발생한 경우로서 예방조치를 하지 않은 경우 • 공사 수행과정에서 토사유실, 침수 등 시공관리를 소홀히 하여 민원이 발생한 경우로서 그 예방조치를 하지 않은 경우	2 또는 3 1 또는 2
2.14	시방기준의 변경이나 사업계획의 변경 등에 따른 발주청의 지시사항을 이행하지 않아 계획공정에 차질이 발생하거나 보완시공이 필요한 경우	1 또는 2
2.15	가교 등 주요 가설시설물에 대한 구조검토 절차를 이행하지 않거나 소홀히 한 경우	2 또는 3
2.16	공사현장에 상주하는 건설사업관리기술자를 지원하는 건설사업관리기술자(이 표에서 "기술지원기술자"라 한다)의 현장시공실태 점검의 소홀 • 기술지원기술자로서 업무를 수행한 이후 현장점검 횟수가 제59조 제5항에 따라 국토교통부장관이 정하여 고시한 세부 기준에 따른 횟수보다 2회 이상 부족하여 기술지도 등 업무에 지장을 준 경우 • 기술지원기술자 업무로서 업무를 수행한 이후 현장점검 횟수가 제59조 제5항에 따라 국토교통부장관이 정하여 고시한 세부 기준에 따른 횟수보다 2회 이상 부족한 경우	2 1

번호	주요부실내용	벌점
2.17	건설공사 목적물의 하자 발생 • 시공 단계의 건설사업관리 업무를 성실하게 수행하지 않아 「건설산업기본법 시행령」 제30조 및 별표 4에 따른 하자담보책임기간 내에 3회 이상 하자(「건설산업기본법」 제82조 제1항 제1호에 따른 하자를 말한다. 이하 이 번호에서 같다)가 발생한 경우로서 「건설산업기본법」 제93조 제1항 및 같은 법 시행령 제88조에 따른 시설물의 주요 구조부에 발생한 하자가 1회 이상 포함되는 경우(건설사업관리용역업자만 해당한다)	3
	• 시공 단계의 건설사업관리 업무를 성실하게 수행하지 않아 「건설산업기본법」 제28조에 따른 하자담보책임기간 내에 하자가 3회 이상 발생한 경우(건설사업관리용역업자만 해당한다)	1 또는 2
2.18	하도급 관리 소홀 • 불법하도급을 묵인한 경우	3
	• 하도급에 대한 타당성 검토 부실로 「건설산업기본법」에 따라 영업정지·과징금 또는 과태료가 부과된 경우	2 또는 3
	• 하도급에 대한 타당성 검토 부실로 계획공정에 차질 또는 민원이 발생하거나 불법행위가 발생한 경우	1

3) 그 밖의 건설엔지니어링사업자 및 건설기술자 등에 대한 벌점 측정기준

번호	주요부실내용	벌점
3.1	각종 현장 사전조사 또는 관계 기관 협의의 잘못으로 인한 설계 변경사유의 발생 • 과업지시서에 명시된 현장 사전조사나 관계 기관 협의 등을 하지 않은 경우	3
	• 과업지시서에 명시된 현장 사전조사 및 관계 기관 협의 등을 했지만 조사범위의 선정 등이 부실한 경우	2
	• 지역여론의 수렴 등이 부족하여 공사 중 민원이 발생한 경우	1
3.2	토질·기초조사의 잘못 • 과업지시서에 명시된 보링 등 토질·기초조사를 하지 않은 경우	3
	• 과업지시서에 명시된 토질·기초조사를 잘못하여 공법의 변경사유가 발생한 경우	2
	• 경미한 설계 변경사유가 3건 이상 발생한 경우	1
3.3	현장측량의 잘못으로 인한 설계 변경사유의 발생 • 주요 시설계획의 변경이 발생한 경우	3
	• 그 밖의 시설계획의 변경이 발생한 경우	2
	• 측량성과분석이 미흡한 경우	1
3.4	구조·수리계산의 잘못이나 신기술 또는 신공법에 관한 이해의 부족으로 인한 구조물 보완시공의 사례 발생 • 주요 구조물의 전면 보완시공이 발생한 경우	3
	• 주요 구조물의 부분 보완시공이 발생한 경우	2
	• 그 밖의 구조물의 보완시공이 발생한 경우	1

번호	주요부실내용	벌점
3.5	수량 및 공사비(설계가격을 기준으로 한다) 산출의 잘못 • 총공사비가 10% 이상 변경된 경우 • 총공사비가 5% 이상 변경된 경우 • 토공·배수공 등 공종별 공사비가 10% 이상 변경된 경우(총공사비의 10% 이상에 해당되는 공종으로 한정한다)	3 2 1
3.6	설계도서 작성의 소홀 • 설계도서의 일부를 빠뜨리거나 관련 기준을 충족하지 못한 경우 • 설계도서 간에 일치하지 않는 부분이 발생한 경우 또는 해당 공사의 특수성, 지역여건 또는 공법 등을 고려하지 않아 현장의 실정과 맞지 않거나 공사 수행이 곤란한 경우 • 상세도면의 작성이 미흡하여 시공이 곤란한 경우, 시공상세도면의 목록이 없는 경우 또는 인용내용이 분명하지 않거나 설계내용이 빠진 경우	3 2 1
3.7	자재 선정의 잘못으로 인한 공사의 부실 초래 • 주요 자재 품질·규격의 적합성 검토를 소홀히 하여 보완시공이 필요한 경우	1 또는 3
3.8	건설엔지니어링 참여 건설기술자의 업무관리 소홀 • 참여예정 건설기술자가 실제 건설엔지니어링 업무 수행 시에 참여하지 않거나 무자격자가 참여한 경우 • 참여 건설기술자의 업무범위 기재내용이 실제와 다르거나 감독자의 지시를 이행하지 않은 경우	3 1 또는 2
3.9	입찰참가자격 사전심사 시 제출된 건설기술 등 용역 참여기술자의 임의 변경 또는 관리 소홀(건설엔지니어링사업자만 해당한다) • 발주자와 협의하지 않거나 발주자의 승인을 받지 않고 건설엔지니어링 참여기술자를 변경한 경우, 50% 이상의 건설엔지니어링 참여기술자를 변경한 경우(해당 공사현장에 3년 이상 배치, 퇴직·입대·이민·사망, 질병·부상으로 인한 3개월 이상의 요양 필요, 3개월 이상의 공사 착공 지연 또는 진행 중단, 발주청이 필요하다고 인정한 경우는 제외한다) • 같은 분야의 건설엔지니어링 참여기술자를 상당한 이유 없이 3번 이상 교체한 경우	2 또는 3 1 또는 2
3.10	건설엔지니어링 업무의 소홀 등 • 제59조 제4항에 따른 건설사업관리의 업무내용 등과 관련하여 업무의 소홀, 기록유지 또는 보고의 소홀로 인하여 보완설계가 필요한 경우 • 건설엔지니어링 참여기술자의 업무 소홀로 인하여 설계용역 계획공정에 차질이 발생한 경우	2 또는 3 1 또는 2
3.11	설계의 경제성 등의 검토 소홀 • 주요 구조물의 전면적인 공법 변경사유가 발생한 경우 • 주요 구조물의 부분적인 공법 변경사유가 발생한 경우	2 또는 3 1 또는 2

번호	주요부실내용	벌점
3.12	건설공사 안전점검의 소홀 • 정기안전점검 또는 정밀안전점검 보고서를 사실과 현저히 다르게 작성한 경우	3
	• 정기안전점검 또는 정밀안전점검을 소홀히 하여 보완시공이 필요하거나 안전사고가 발생한 경우	1 또는 2
3.13	타당성조사 시 수요예측을 고의나 과실로 부실하게 수행하여 발주청에 손해를 끼친 경우 • 고의로 수요예측을 30% 이상 잘못한 경우	3
	• 과실로 수요예측을 30% 이상 잘못한 경우	2
	• 고의로 수요예측을 잘못하여 법 또는 다른 법률에 따라 형사처벌을 받은 경우	1

4) 벌점의 공개

국토교통부장관은 매 반기의 말일을 기준으로 2개월이 지난 날부터 인터넷 조회시스템에 벌점을 부과받은 업체명, 법인등록번호 및 업무영역 등을 공개한다.

7. 결론

부실벌점제도는 부실에 대한 경각심을 높이고 부실공사 방지차원에서 시행되는 제도이므로 모든 업체, 기술자들은 품질관리를 철저히 하여 부실공사를 예방하여야 한다.

Section 10 건설공사 현장점검

1. 개요

① 건설공사의 부실방지, 품질 및 안전 확보가 필요한 경우 건설공사에 대하여 현장을 점검할 수 있으며, 점검 결과 필요한 경우 시정명령 등의 조치 또는 영업정지 등의 요청할 수 있으며 점검결과 및 조치결과를 국토교통부장관에게 제출하여야 한다.

② 발주청(인·허가기관)은 안전사고나 부실공사가 우려되어 민원이 제기되는 경우 3일 이내에 현장을 점검하여야 하고, 그 점검결과 및 조치결과를 국토교통부장관에게 제출하여야 한다.

2. 점검자

① 국토교통부장관
② 특별자치시장
③ 특별자치도지사
④ 시장·군수·구청장
⑤ 발주청

3. 건설공사현장 점검 대상

① 재해 또는 재난이 발생한 경우의 해당 건설공사
② 중대한 결함이 발생한 경우의 해당 건설공사
③ 인·허가기관의 장이 부실에 대한 민원 또는 안전사고 예방 등을 위해 점검이 필요하다고 인정하여 점검을 요청하는 건설공사
④ 그 밖에 부실에 대하여 구체적인 민원 또는 안전사고 예방 등을 위하여 점검자가 필요하다고 인정하는 건설공사

4. 부실시공 지적 시 조치

① 해당 시설물의 구조안전에 지장을 준다고 인정되는 경우 일정 기간의 공사중지
② 설계도서에서 정하는 기준에 적합한지의 진단 및 이에 따른 시정조치
③ 건설공사현장의 출입구에 표지판의 설치

5. 건설공사현장 점검

① 점검통지 : 점검자는 건설사업관리용역사업자, 현장배치 건설기술인에게 점검 3일 전까지 통보
② 구체적인 민원이 제기된 경우 통보 생략 가능(증거인멸 등 방지)
③ 점검통지 내용
 ㉠ 점검 근거 및 목적
 ㉡ 점검일시
 ㉢ 점검자의 인적사항(소속·직급 및 성명 : 점검요원증 제시)
 ㉣ 점검내용

건설공사 품질관리

1. 개요

① 건설사업자 및 주택건설등록업자는 건설공사의 품질확보를 위하여 그 종류에 따라 품질 및 공정 관리 등 건설공사의 품질관리계획 또는 시험 시설 및 인력의 확보 등 건설공사의 품질시험계획을 수립하고, 이를 발주자에게 제출하여 승인을 받아야 한다.

② 건설사업자 및 주택건설등록업자에 고용되어 품질관리업무를 수행하는 건설기술자는 품질관리계획 또는 품질시험계획에 따라 그 업무를 수행하여야 한다.

③ 건설사업자 또는 주택건설등록업자는 품질시험 및 검사를 완료한 날부터 7일 이내에 그 결과 및 실시대장 등 증빙자료를 열람이 가능하도록 건설공사 안전관리 종합정보망에 입력하여야 한다.

④ 발주청, 인·허가기관의 장 등은 품질관리계획을 수립하여야 하는 건설공사에 대하여 건설사업자와 주택건설등록업자가 품질관리계획에 따른 품질관리를 적절하게 하는지를 확인할 수 있다.

2. 품질관리계획 수립대상공사

① 감독권한대행 등 건설사업관리 대상인 건설공사로서 총공사비가 500억 원 이상인 건설공사

② 연면적이 3만 제곱미터 이상인 다중이용건축의 건설공사

③ 해당 건설공사의 계약에 품질관리계획의 수립이 명시되어 있는 건설공사

3. 품질시험계획 대상공사

① 총공사비가 5억 원 이상인 토목공사

② 연면적이 660제곱미터 이상인 건축물의 건축공사

③ 총공사비가 2억 원 이상인 전문공사

4. 품질관리, 시험계획 제외공사

① 조경식재공사

② 철거공사

5. 고시 대상 건설자재 · 부재

① 레디믹스트콘크리트
② 아스팔트콘크리트
③ 바다모래
④ 부순 골재
⑤ 철근, 에이치(H)형강 및 두께 6mm 이상의 건설용 강판
⑤ 순환골재

6. 품질관리를 위한 시설 및 건설기술자 배치기준

대상공사 구분	공사규모	시험실 규모	건설기술인
특급 품질관리 대상공사	품질관리계획 수립대상 건설공사 중 1. 총공사비가 1,000억 원 이상인 건설공사 2. 연면적 5만m^2 이상인 다중이용 건축물의 건설공사	$50m^2$ 이상	가. 특급기술인 1명 이상 나. 중급기술인 2명 이상
고급 품질관리 대상공사	특급품질관리 대상 공사가 아닌 건설공사	$50m^2$ 이상	가. 고급기술인 1명 이상 나. 중급기술인 2명 이상
중급 품질관리 대상공사	1. 총공사비가 100억 원 이상인 건설공사 2. 연면적 5,000m^2 이상인 다중이용 건축물로서 특급 및 고급품질관리 대상 공사 외 공사	$20m^2$ 이상	가. 중급기술인 1명 이상 나. 초급기술인 1명 이상
초급 품질관리 대상공사	급품질관리 대상 공사가 아닌 건설공사	$20m^2$ 이상	초급기술인 1명 이상

7. 품질관리 적정성 확인

① 건설공사의 인허가기관의 장 등은 품질 관리를 적정하게 실시하는지의 여부를 확인할 수 있다.
② 적정성 여부에 대한 확인 : 연 1회 이상 실시하되, 준공 2월 전까지 시행

8. 품질검사의 대행 국 · 공립시험기관

① 지방국토관리청
② 지방중소기업청

③ 국가기술표준원

④ 시·도의 건설시험 분야 시험소 및 사업소

⑤ 국방시설 조달본부

⑥ 조달청 품질관리단

⑦ 지방해양수산청

⑧ 국·공립대학이 설립한 건설시험 관련 연구소

9. 결론

발주자는 품질관리계획 및 품질시험계획에 따라 건설공사의 시공 및 사용재료에 대한 품질관리업무를 적정하게 수행하고 있는지 여부를 철저히 확인하여야 하며 발주자 및 시공자는 품질관리 및 품질확보를 위해 노력하여야 한다.

Section 12 안전관리계획서

1. 개요

① 안전관리계획서란 건설공사 착공에서 준공에 이르기까지 발생할 수 있는 안전사고의 예방을 위한 제반 기술적 안전관리활동 계획을 명시한 사전 안전성 평가자료이다.

② 건설업자와 주택건설등록업자는 안전점검 및 안전관리조직 등 건설공사의 안전관리계획을 수립하고, 이를 발주자에게 제출하여 승인을 받아야 하며 발주청이 아닌 발주자는 미리 안전관리계획의 사본을 인·허가기관의 장에게 제출하여야 한다.

2. 안전관리 수립 대상공사

① 시설물의 안전 및 유지관리에 관한 특별법에 따른 1종 및 2종 시설물의 건설공사

② 지하 10미터 이상을 굴착하는 건설공사(굴착 깊이 산정 시 집수정, 엘리베이터 피트 및 정화조 등의 굴착 부분은 제외)

③ 폭발물을 사용하는 건설공사로서 20미터 안에 시설물이 있거나 100미터 안에 사육하는 가축이 있어 해당 건설공사로 인한 영향을 받을 것이 예상되는 건설공사

④ 10층 이상 16층 미만인 건축물의 건설공사

⑤ 리모델링 또는 해체공사

   ㉠ 10층 이상인 건축물의 리모델링 또는 해체공사

   ㉡ 주택법에 따른 수직증축형 리모델링

⑥ 건설기계관리법에 따라 등록된 건설기계가 사용되는 건설공사

   ㉠ 천공기(높이 10미터 이상)

   ㉡ 항타 및 항발기

   ㉢ 타워크레인

⑦ 가설구조물을 사용하는 건설공사(구조적 안전성 확인 가설구조물)

   ㉠ 높이가 31미터 이상인 비계

   ㉡ 작업발판 일체형 거푸집 또는 높이가 5미터 이상인 거푸집 및 동바리

   ㉢ 터널의 지보공(支保工) 또는 높이가 2미터 이상인 흙막이 지보공

   ㉣ 동력을 이용하여 움직이는 가설구조물

   ㉤ 그 밖에 발주자 또는 인·허가기관의 장이 필요하다고 인정하는 가설구조물

⑧ 발주자 또는 인·허가기관의 장이 안전관리가 특히 필요하다고 인정하거나 건설공사

3. 안전관리계획수립 기준 포함사항

① 건설공사의 개요 및 안전관리조직

② 공정별 안전점검계획(계측장비, 폐쇄회로 텔레비전 등 안전 모니터링 장비의 설치 및 운용계획 포함)

③ 공사장 주변의 안전관리대책(건설공사 중 발파·진동·소음이나 지하수 차단 등으로 인한 주변지역의 피해방지대책과 굴착공사로 인한 위험징후 감지를 위한 계측계획을 포함)

④ 통행안전시설의 설치 및 교통 소통에 관한 계획

⑤ 안전관리비 집행계획

⑥ 안전교육 및 비상시 긴급조치계획

⑦ 공종별 안전관리계획(대상 시설물별 건설공법 및 시공절차 포함)

4. 안전관리계획서의 작성내용

1) 안전관리계획

(1) 공사의 개요

① 위치도

② 공사개요

③ 전체공정표 및 설계도서

(2) 안전관리조직

시설물의 시공안전 및 공사장 주변안전에 대한 점검·확인 등을 위한 관리조직표

(3) 공정별 안전점검계획

자체안전점검, 정기안전점검 시기·내용·안전점검공정표 등 실시계획 등에 관한 사항

(4) 공사장 주변 안전관리계획

① 공사 중 지하매설물의 방호·인접시설물의 보호

② 공사장 및 공사현장주변에 대한 안전관리에 관한 사항

(5) 통행안전시설 설치 및 교통소통계획

① 공사장 주변의 교통소통대책

② 교통안전시설물, 교통사고예방대책 등 교통안전관리에 관한 사항

(6) 안전관리비 집행계획

안전관리비의 계상액, 산정명세, 사용계획 등에 관한 사항

(7) 안전교육계획

안전교육계획표, 교육의 종류·내용 및 교육관리에 관한 사항

(8) 비상시 긴급조치계획

공사현장에서의 비상사태에 대비한 비상연락망, 비상동원조직, 경보체제, 응급조치
및 복구 등에 관한 사항

2) 대상시설물별 세부안전관리계획(해당 공종 착공 전에 제출가능)

(1) 가설공사

① 가설구조물의 설치개요, 시공상세도면

② 안전시공절차 및 주의사항

③ 안전점검계획표 및 안전점검표

④ 가설물 안전성계산서

(2) 굴착공사 및 발파공사

① 굴착·흙막이·발파·항타 등의 개요, 시공상세도

② 안전시공절차 및 주의사항

③ 안전점검계획표 및 안전점검표

④ 굴착비탈면, 흙막이 등 안전성계산서

(3) 콘크리트공사

① 거푸집·동바리·철근·콘크리트 등 공사개요, 시공상세도면

② 안전시공절차 및 주의사항

③ 안전점검계획표 및 안전점검표

④ 동바리 등 안전성계산서

(4) 강구조물공사

① 자재·장비 등의 개요, 시공상세도면

② 안전시공절차 및 주의사항

③ 안전점검계획표 및 안전점검표

④ 강구조물의 안전성계산서

(5) 성토 및 절토공사(흙댐공사를 포함한다)

① 자재·장비 등의 개요, 시공상세도면

② 안전시공절차 및 주의사항

③ 안전점검계획표 및 안전점검표

④ 안전성계산서

(6) 해체공사

① 구조물해체의 대상·공법 등의 개요, 시공상세도면

② 해체순서, 안전시설 및 안전조치 등에 대한 계획

(7) 건축설비공사

① 자재·장비 등의 개요 및 시공상세도면

② 안전시공절차 및 주의사항

③ 안전점검계획표 및 안전점검표

④ 안전성 계산서

5. 안전관리계획서 제출, 심사

1) 제출

① 발주자 또는 인·허가기관장에게 제출하는 경우 공사감독자 또는 건설사업관리 기술인의 검토·확인, 내용 변경 때도 동일

② 발주자나 인·허가기관의 장은 20일 이내에 그 결과를 통보

③ "시설물의 안전 및 유지관리에 관한 특별법" 1종 시설물 및 2종 시설물의 건설공 사의 경우 국토안전관리원에 안전관리 계획 검토 의뢰

2) 심사

① 적정 : 안전에 필요한 조치가 구체적이고 명료하게 계획되어 건설공사의 시공상 안전성이 충분히 확보되어 있다고 인정될 때

② 조건부 적정 : 안전성 확보에 치명적인 영향을 미치지는 아니하지만 일부 보완이 필요하다고 인정될 때

③ 부적정 : 시공 시 안전사고가 발생할 우려가 있거나 계획에 근본적인 결함이 있다고 인성될 때

6. 결론

안전관리계획서는 강제, 의무사항으로 공사 착공 전에 실시하는 사전안전성 평가제도로서 안전관리계획 수립기준 및 절차를 정하고 소요되는 안전관리비를 계상토록 한 것으로 건실공사의 발주자, 건설업자 및 주택건설등록업자는 안전관리계획을 성실히 이행함으로 건설공사의 안전관리에 노력해야 한다.

Section 13   안전점검

1. 개요

① 건설업자와 주택건설등록업자는 안전관리계획에 따라 안전점검을 하여야 하며 안전점검 결과를 국토교통부장관에게 제출하여야 한다.

② 공사기간 동안 매일 자체안전점검을 하고 필요시 정기안전점검 및 정밀안전점검을 하여야 한다.

2. 안전점검의 종류

① 자체안전점검

② 정기안전점검

③ 정밀안전점검

④ 초기점검

⑤ 공사재개 전 안전점검

3. 안전점검 계획수립 시 고려사항

① 이미 발생된 결함의 확인을 위한 기존 점검자료의 검토

② 점검 수행에 필요한 인원, 장비 및 기기의 결정

③ 작업시간

④ 현장기록 양식

⑤ 비파괴 시험을 포함한 각종시험의 실시목록

⑥ 붕괴우려 등 특별한 주의를 필요로 하는 부재의 조치사항

⑦ 수중조사 등 그 밖의 특기사항

4. 안전점검 실시시기

① 자체안전점검 : 건설공사의 공사기간동안 매일 공종별 실시

② 정기안전점검 : 실시기준에 따라 실시. 발주자는 건설공사의 규모, 기간, 현장여
건에 따라 점검시기 및 횟수를 조정

③ 정밀안전점검 : 정기안전점검결과 건설공사의 물리적·기능적 결함 등이 발견되
어 보수·보강 등의 조치를 취하기 위하여 필요한 경우에 실시

④ 초기점검 : 건설공사를 준공하기 전 실시

⑤ 공사재개 전 안전점검 : 공사 중단으로 1년 이상 방치된 시설물이 있는 경우 공사
를 재개 전 실시

5. 건설공사별 정기안전점검 실시시기

건설공사 종류	정기안전점검 점검차수별 점검시기				
	1차	2차	3차	4차	5차
교량	가시설공사 및 기초공사 시공 시 (콘크리트 타설 전)	하부공사 시공 시	상부공사 시공 시	–	–

건설공사 종류		정기안전점검 점검차수별 점검시기				
		1차	2차	3차	4차	5차
터널		갱구 및 수직구 굴착 등 터널굴착 초기단계 시공 시	터널굴착 중기단계 시공 시	터널 라이닝콘크리트 치기 중간단계 시공 시	–	–
댐	콘크리트댐	유수전환시설 공사 시공 시	굴착 및 기초공사 시공 시	냅 축조공사 시공 시 (하상기초 완료 후)	댐 축조공사 중기단계 시공 시	댐 축조공사 말기단계 시공 시
	필댐	유수전환시설 공사 시공 시	굴착 및 기초공사 시공 시	댐 축조공사 초기단계 시공 시	댐 축조공사 중기단계 시공 시	댐 축조공사 말기단계 시공 시
하천	수문	가시설공사 완료 시 (기초 및 철근콘크리트공사 시공 전)	되메우기 및 호안공사 시공 시	–	–	–
	제방	하천바닥 파기, 누수방지, 연약지반 보강, 기초처리 공사 완료 시	본체 및 비탈면 흙쌓기공사 시공 시	–	–	–
하구둑		배수갑문 공사 중	제체 공사 중	–	–	–
상하수도	취수시설, 정수장, 취수가압펌프장, 하수처리장	가시설공사 및 기초공사 시공 시 (콘크리트 타설 전)	구조체공사 초·중기 단계 시공 시	구조체공사 말기단계 시공 시	–	–
	상수도 관로	총공정의 초·중기 단계 시공 시	총공정의 말기단계 시공 시	–	–	–

건설공사 종류		정기안전점검 점검차수별 점검시기				
		1차	2차	3차	4차	5차
항만	계류시설	기초공사 및 사석공사 시공 시	제작 및 거치공사, 항타공사 시공 시	철근콘크리트공사 시공 시	속채움 및 뒷채움공사, 매립공사 시공 시	–
	외곽시설(갑문, 방파제, 호안)	가시설공사 및 기초공사, 사석공사 시공 시	제작 및 거치공사 시공 시	철근콘크리트공사 시공 시	속채움 및 뒷채움공사 시공 시	–
건축물	건축물	기초공사 시공 시 (콘크리트 타설 전)	구조체공사 초·중기 단계 시공 시	구조체공사 말기단계 시공 시	–	–
	리모델링 또는 해체공사	총공정의 초·중기 단계 시공 시	총공정의 말기단계 시공 시	–	–	–
폐기물 매립시설		토공사 시공 시	총공정의 중기 단계 시공 시	총공정의 말기단계 시공 시	–	–
지하차도, 지하상가, 복개구조물		토공사 시공 시	총공정의 중기단계 시공 시	총공정의 말기단계 시공 시	–	–
도로·철도·항만 또는 건축물의 부대시설	옹벽	가시설공사 및 기초공사 시공 시 (콘크리트 타설 전)	구조체공사 시공 시	–	–	–
	절토 사면	발파 및 굴착 시공 시	비탈면 보호공 시공 시	–	–	–
10미터 이상 굴착하는 건설공사		가시설공사 및 기초공사 시공 시 (콘크리트 타설 전)	되메우기 완료 후			
폭발물을 사용하는 건설공사		총공정의 초·중기 단계 시공 시	총공정의 말기단계 시공 시	–	–	–

6. 안전점검 실시

1) 자체안전점검

① 점검자 : 안전총괄책임자 총괄 분야별 안전관리책임자의 지휘에 따라 협의체(안전관리담당자, 수급인, 하수급인으로 구성)가 실시

② 방법 : 해당 공종의 시공상태 점검 및 안전성 여부 확인을 위해 자체안전점검표에 따라 실시

③ 조치 : 사고 및 위험 가능성을 조사하고, 지적사항을 안전점검일지에 기록, 지적사항에 대한 조치 결과를 다음날 자체안전점검에서 확인

2) 정기안전점검

① 점검자 : 시설물안전법에 따라 등록한 안전진단전문기관, 국토안전관리원

② 점검 사항

　㉠ 공사 목적물의 안전시공을 위한 임시시설 및 가설공법의 안전성

　㉡ 공사목적물의 품질, 시공상태 등의 적정성

　㉢ 인접건축물 또는 구조물 등 공사장주변 안전조치의 적정성

　㉣ 이전 점검에서 지적된 사항에 대한 조치사항

③ 조치 : 발주자, 허가·인가·승인 등을 한 행정기관의 장, 시공자에게 통보하고, 통보 받은 발주자 또는 행정기관의 장은 시공자에게 보수·보강 등 필요한 조치 요청

3) 정밀안전점검

① 점검자 : 건설안전점검기관

② 방법 : 정기안전점검에서 지적된 점검대상물에 대한 문제점을 파악할 수 있도록 수행. 육안검사, 부재에 대한 상태평가, 구조계산 또는 내하력시험 실시

③ 완료 보고서 포함사항

　㉠ 물리적·기능적 결함 현황

　㉡ 결함원인 분석

　㉢ 구조안전성 분석결과

　㉣ 보수·보강 또는 재시공 등 조치대책

4) 초기점검

① 목적 : 준공 전 문제점 발생부위 및 붕괴유발부재 또는 문제점 발생 가능성이 높은 부위 등의 중점유지관리사항을 파악하고 향후 점검·진단 시 구조물에 대한 안전성평가의 기준이 되는 초기치 확보

② 방법 : 기본조사와 구조물 전체 외관조사망도 작성과 초기치를 구하기 위하여 필요한 추가조사

③ 실시 : 준공 전에 완료되어야 하나 준공 전 완료하기 곤란한 공사의 경우 발주자의 승인을 얻어 준공 후 3개월 이내 실시

5) 공사재개 전 안전점검

① 방법 : 시공자는 건설공사의 중단으로 1년 이상 방치된 시설물의 공사를 재개하는 경우 건설공사를 재개하기 전 해당 시설물에 대한 안전점검을 실시

② 실시 : 정기안전점검 수준으로 실시, 점검결과에 따라 적절한 조치를 취한 후 공사를 재개

7. 안전점검에 관한 종합보고서 작성 및 보존

① 안전점검의 내용 및 그 조치사항 포함

② 1종 및 2종 시설물에 대한 종합보고서를 제출받은 발주청 또는 인허가기관의 장은 준공 후 3개월 이내에 국토교통부장관에게 제출

③ 종합보고서 보존

  ㉠ 1종 시설물 및 2종 시설물은 시설물의 존속기간까지 보존

  ㉡ 1, 2종 시설물 외의 시설물은 건설공사의 하자담보책임기간 만료일까지 보존

8. 결론

건설업자 및 주택건설등록업자는 안전관리계획에 명시된 안전점검을 철저히 시행하여 효율적인 안전관리를 정착시키고 부실공사 방지를 위하여 공사 목적물에 품질확보가 이루어질 수 있도록 노력하여야 한다.

안전관리비

1. 개요

① 건설공사의 발주자는 건설공사 계약을 체결할 때에 건설공사의 안전관리비를 공
사금액에 계상하며 건설공사의 규모 및 종류에 따른 안전관리비 사용방법 등은
국토교통부령으로 정한다.

② 안전점검 비용 계상은 공사비 요율에 의한 방식을 적용하며 공사의 특성 및 난이
도에 따라 10%의 범위 내 가산할 수 있다.

2. 안전관리비 계상 및 사용기준

항 목	내역
1. 안전관리계획의 작성 및 검토 비용	① 안전관리계획 작성 비용 　㉠ 안전관리계획서 작성 비용(공법 변경에 의한 재작성 비용 포함) 　㉡ 안전점검 공정표 작성 비용 　㉢ 안전관리에 필요한 시공 상세도면 작성 비용 　㉣ 안전성계산서 작성 비용(거푸집 및 동바리 등) 　　※ 기 작성된 시공 상세도면 및 안전성계산서 작성 비용은 제외 ② 안전관리계획 검토 비용 　㉠ 안전관리계획서 검토 비용 　㉡ 대상시설물별 세부안전관리계획서 검토 비용 　　• 시공상세도면 검토 비용 　　• 안전성계산서 검토 비용 　　※ 기 작성된 시공 상세도면 및 안전성계산서 작성 비용 제외
2. 안전점검 비용	① 정기안전점검 비용 건설공사별 정기안전점검 실시시기에 발주자의 승인을 얻어 건설안 전점검기관에 의뢰하여 실시하는 안전점검에 소요되는 비용 ② 초기점검 비용 해당 건설공사를 준공(임시사용 포함)하기 직전에 실시하는 안전점 검에 소요되는 비용 ※ 추가조사 비용은 안전점검 비용요율에 따라 계상되는 비용과 별 　도 계상

항 목	내역
3. 발파·굴착 등의 건설공사로 인한 주변 건축물 등의 피해방지대책 비용	① 지하매설물 보호조치 비용 　㉠ 관매달기 공사 비용 　㉡ 지하매설물 보호 및 복구 공사 비용 　㉢ 지하매설물 이설 및 임시이전 공사 비용 　㉣ 지하매설물 보호조치 방안 수립을 위한 조사 비용 　　※ 공사비에 기 반영되어 있는 경우에는 계상을 하지 않는다. ② 발파·진동·소음으로 인한 주변지역 피해방지 대책 비용 　㉠ 대책 수립을 위해 필요한 계측기 설치, 분석 및 유지관리 비용 　㉡ 주변 건축물 및 지반 등의 사전보강, 보수, 임시이전 비용 및 비용 산정을 위한 조사비용 　㉢ 암파쇄방호시설(계획절토고가 10m 이상인 구간) 설치, 유지관리 및 철거 비용 　㉣ 임시방호시설(계획절토고가 10m 미만인 구간) 설치, 유지관리 및 철거 비용 　　※ 공사비에 기 반영되어 있는 경우에는 계상 안함 ③ 지하수 차단 등으로 인한 주변지역 피해방지 대책 비용 　㉠ 대책 수립을 위해 필요한 계측기의 설치, 분석 및 유지관리 비용 　㉡ 주변 건축물 및 지반 등의 사전보강, 보수, 임시이전 비용 및 비용 산정을 위한 조사비용 　㉢ 급격한 배수 방지 비용 　　※ 공사비에 기 반영되어 있는 경우에는 계상 안함 ④ 기타 발주자가 안전관리에 필요하다고 판단되는 비용
4. 공사장 주변의 통행안전 및 교통소통을 위한 안전시설의 설치 및 유지관리 비용	① 공사시행 중의 통행안전 및 교통소통을 위한 안전시설의 설치 및 유지관리 비용 　㉠ PE드럼, PE휀스, PE방호벽, 방호울타리 등 　㉡ 경관등, 차선규제봉, 시선유도봉, 표지병, 점멸등, 차량 유도등 등 　㉢ 주의 표지판, 규제 표지판, 지시 표지판, 휴대용 표지판 등 　㉣ 라바콘, 차선분리대 등 　㉤ 기타 발주자가 필요하다고 인정하는 안전시설 　㉥ 현장에서 사토장까지의 교통안전, 주변시설 안전대책시설의 설치 및 유지관리 비용 　㉦ 기타 발주자가 필요하다고 인정하는 안전시설 　　※ 공사기간 중 공사장 외부에 임시적으로 설치하는 안전시설만 인정 ② 기타 발주자가 안전관리에 필요하다고 판단되는 비용
5. 공사시행 중 구조적 안전성 확보 비용	① 계측장비의 설치 및 운영 비용 ② 폐쇄회로 텔레비전의 설치 및 운영 비용 ③ 가설구조물 안전성 확보를 위해 관계전문가에게 확인받는 데 필요한 비용

3. 안전관리비를 증액 계상(발주자의 요구 또는 귀책사유로 인한 경우로 한정)

① 공사기간의 연장
② 설계변경 등으로 인한 건설공사 내용의 추가
③ 안전점검의 추가편성 등 안전관리계획의 변경
④ 그 밖에 발주자가 안전관리비의 증액이 필요하다고 인정하는 사유

Section 15 안전관리조직

1. 개요

안전관리계획을 수립하는 건설업자 및 주택건설등록업자는 안전관리조직을 두어야
하고 건설공사의 안전관리를 위하여 건설공사에 참여하는 공사작업자 등에게 안전
교육을 실시하여야 한다.

2. 안전관리조직의 구성 및 직무

1) 안전총괄책임자

① 해당 건설공사의 시공 및 안전에 관한 업무를 총괄 관리
② 직무
  ㉠ 안전관리계획서의 작성 및 제출
  ㉡ 안전관리 관계자의 업무 분담 및 직무 감독
  ㉢ 안전사고가 발생할 우려가 있거나 안전사고가 발생한 경우의 비상동원 및 응
     급조치
  ㉣ 안전관리비의 집행 및 확인
  ㉤ 협의체의 운영
  ㉥ 안전관리에 필요한 시설 및 장비 등의 지원
  ㉦ 자체안전점검의 실시 및 점검 결과에 따른 조치에 대한 지휘·감독
  ㉧ 안전교육의 지휘·감독

2) 분야별 안전관리책임자

① 토목, 건축, 전기, 기계, 설비 등 건설공사의 각 분야별 시공 및 안전관리 지휘

② 직무

ⓐ 공사 분야별 안전관리 및 안전관리계획서의 검토·이행

ⓑ 각종 자재 등의 적격품 사용 여부 확인

ⓒ 자체안전점검 실시의 확인 및 점검 결과에 따른 조치

ⓓ 건설공사현장에서 발생한 안전사고의 보고

ⓔ 안전교육의 실시

ⓕ 작업 진행 상황의 관찰 및 지도

3) 안전관리담당자

① 건설공사 현장에서 직접 시공 및 안전관리를 담당

② 직무

ⓐ 분야별 안전관리책임자의 직무 보조

ⓑ 자체안전점검의 실시

ⓒ 안전교육의 실시

4) 협의체

① 수급인과 하수급으로 구성

② 매월 1회 이상 회의 개최

③ 안전관리계획의 이행에 관한 사항과 안전사고 발생 시 대책 등에 관한 사항 협의

3. 안전교육

① 분야별 안전관리책임자 또는 안전관리담당자는 당일 공사작업자를 대상으로 매일 공사 착수 전에 실시

② 당일 작업의 공법 이해, 시공상세도면에 따른 세부 시공순서 및 시공기술상의 주의사항 등을 포함

③ 안전교육 내용을 기록·관리하고 공사 준공 후 발주청에 관계 서류와 함께 제출

건설공사 현장의 사고조사

1. 개요

① 건설사고가 발생한 것을 알게 된 건설공사 참여자(발주자 제외)는 지체 없이 그 사실을 발주청 및 인·허가기관의 장에게 통보하여야 한다.

② 발주청 및 인·허가기관의 장은 사고사실을 통보 받았을 때에는 사고발생 일시 및 장소, 사고발생 경위, 조치사항, 향후 조치계획을 즉시 국토교통부장관에게 제출하여야 한다.

2. 중대한 건설사고

① 사망자가 3명 이상 발생한 경우

② 부상자가 10명 이상 발생한 경우

③ 건설 중이거나 완공된 시설물이 붕괴 또는 전도(顚倒)되어 재시공이 필요한 경우

④ 원자력시설공사의 현장에서 발생한 사고는 제외

3. 사고조사서에 포함하여야 할 사항

① 사고 개요

② 사고원인 분석

③ 조치 결과 및 사후 대책

④ 그 밖에 사고와 관련되어 필요한 사항

V.E(Value Engineering)

1. 개요

최저의 생애주기비용으로 최상의 가치를 얻기 위한 목적으로 수행되는 프로젝트의 기능분석을 통한 대안창출노력으로 여러 전문분야의 협력을 통하여 수행되는 체계적인 프로세스라고 정의할 수 있다. 건설현장에서 최소의 비용으로 각 공사에서 요

구되는 공기, 품질, 안전을 필요한 기능을 철저히 분석해서 원가절감 요소를 찾아내는 활동이다.

2. 가치의 기본원리

$$V = \frac{F}{C}, \quad C = F + P_i$$

여기서, V : 사용가치, F : 필수 기능 비용

C : L.C.C 현상 비용, P_i : 개선 가능 비용(Cost Down 여지가 있는 비용)

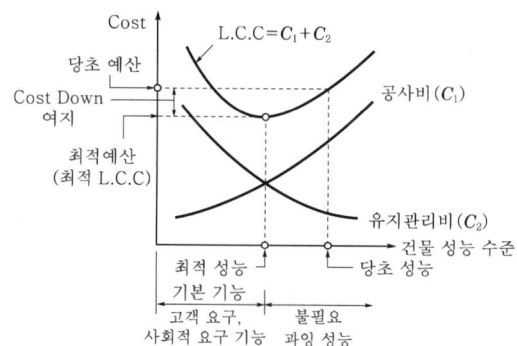

3. 필요성

1) 원가절감

① 실행에 대한 손익분기점 분석

② 1일 공사비의 산정

2) 조직력 강화

① 합리적 조직관리

② 과학적인 조직력 강화

3) 기술력 축적

① 신기술 개발에 의한 원가절감

② 과학적인 기법 활용

4) 경쟁력 제고

① 최저 비용

② 최고 품질

5) 기업체질개선

  ① 공사관리에 전산화
  ② 표준화, 전문화, 단순화 지향

4. V.E의 효과 및 영역

1) 설계시의 V.E

  ① 기성재료의 모두율에 맞게 설계
  ② 설계의 단순화 및 규격화

2) 시공자의 V.E

  ① 경제적인 공법 및 장비 활용
  ② 원가절감 시공에 따른 인센티브
  ③ 입찰 전 현지 여건, 인력 공급 등의 사업검토

5. V.E의 문제점

  ① V.E에 대한 인식부족
  ② 안이한 생각
  ③ 성급한 기대
  ④ V.E 활동시간 부족

6. V.E의 대책

  ① 교육실시
  ② 활동시간 확보
  ③ 전 조직의 참여
  ④ 이익확보 수단으로 이용

7. 결론

  ① V.E의 기법은 작업과정에서 실시되어야 하며, 전 직원이 참여 V.E의 기법을 이해하고 인식을 전환하여야 한다.
  ② V.E는 품질, 내구성, 안전성 등을 확보하면서 원가절감이 가능한 기법으로 대외 경쟁력을 배양할 수 있으며 V.E를 활성화하기 위해 선발주자, 설계자, 시공자의 일체화가 필요하다.

Section 18   CM(Construction Management)

1. 개요

① CM이란 건설공사에 관한 기획, 타당성 조사, 분석, 설계, 조달, 계약, 시공관리, 감리, 평가, 사후관리 등에 관한 관리업무의 전부 또는 일부를 수행하는 것을 말한다.

② CM의 의미는 건설사업의 공사비 절감(Cost), 품질향상(Quality), 공기단축(Time)을 목적으로 발주자가 전문지식과 경험을 지닌 건설사업관리자에게 발주자가 전문지식과 경험을 지닌 건설사업관리자에게 발주자가 필요로 하는 건설사업관리 업무의 전부 또는 일부를 위탁하여 관리하게 하는 새로운 계약발주방식 또는 전문관리기법이다.

2. CM의 기본형태

1) 재래식 방식

① 설계자가 설계완료 후 시공자 공사에 참여하는 계약형태
② 설계, 시공간의 정보 단절로 인해 설계의도대로의 시공성 부족
③ 공기지연 소지가 많음

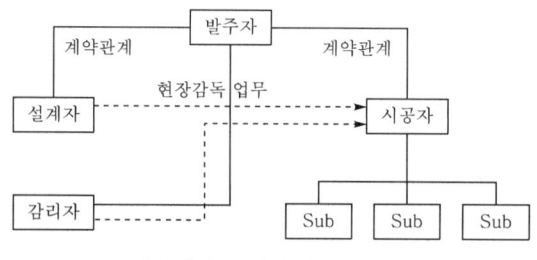

[재래식 계약방식]

2) 설계 · 시공일괄, Turnkey 방식

① 설계와 시공을 일괄 시행함으로써, 설계 · 시공의 조화를 도모
② 경쟁으로 인한 설계기술의 발전소지 및 책임소재의 명확화
③ 감독관리의 용이
④ 계약자의 이윤 추구에 따른 부실시공 우려

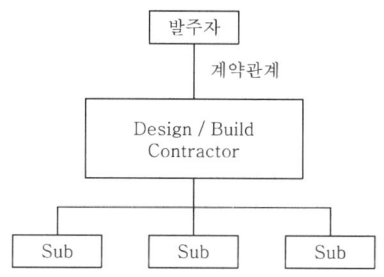

[설계 · 시공일괄, Turnkey 계약방식]

3) CM-for-Fee(순수형 CM)

① CM업자가 발주자의 대리(Agency)인 역할로서 시공에 대한 책임은 없음

② 기획 · 설계 · 시공단계의 총괄적 관리업무만을 수행한다.

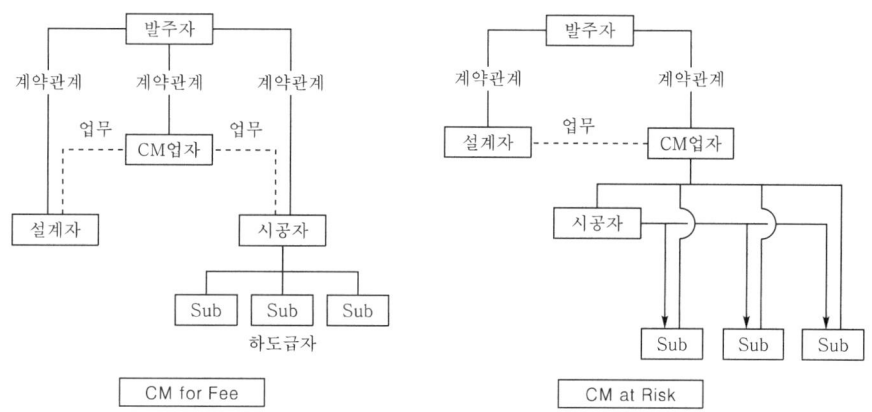

[CM의 계약방식]

4) CM at Risk(위험형 CM)

① 위험형 CM은 CM업자가 관리적 업무 외에 시공까지 책임지는 형태

② 부실시공에 대한 위험성을 책임져야 하는 계약방식이다.

5) CM 계약 방식에 의한 장 · 단점

계약형태	기본개념	장점	단점
재래식 방식	설계, 시공 과정 분리	• 설계완료 후 시공으로 설계의 완벽성 • 초기 프로젝트 비용의 소액화	• 시공자, 설계자와의 적대적 관계 성립 • 설계, 시공의 부조화 • 공사 기획 업무의 과다 • 책임소재의 불분명 • 공사기간 장기화 우려

계약형태	기본개념	장점	단점
CM-for-Fee	CM업자는 자신의 업무에만 책임을 진다.	• 순수형 CM • CM업자는 공사결과에 대한 책임이 없음 • Fast-Track 시공-공기 단축	• CM업자의 책임감 부실우려 • 시공에 책임이 없으므로 관리의 한계성
CM at Risk	시공상의 위험, 비용 추가에 대한 책임을 진다.	• 위험형 CM • CM의 적용효과 극대화 • CM의 기술개발 축적가능	• 발주자의 시공 경험 습득 저해 • 설계, 시공의 통제 어려움 • 부실시공의 우려

3. CM대상공사

① 설계 · 시공 관리의 난이도가 높아 특별한 관리가 필요한 건설공사

② 발주청의 기술인력이 부족하여 원활한 공사 관리가 어려운 건설공사

③ 건설공사의 원활한 수행을 위하여 발주청이 필요하다고 인정하는 건설공사

4. 건설공사 단계별 업무

1) 설계이전단계의 업무

건설공사의 기획, 타당성 조사, 분석 등의 업무

2) 기본설계단계의 업무

① 설계자 선정업무 지원

② 기본설계의 경제성 등 검토(기본설계 V.E)

③ 공사비 분석 및 개략공사비 적정성 검토

④ 기본설계 용역 진행상황 및 기성관리

⑤ 기본설계 조정 및 연계성 검토(기본설계 Interface)

3) 실시설계단계의 업무

① 설계자 선정업무 지원

② 공사 발주계획 수립

③ 실시설계의 경제성 등 검토(실시설계 V.E)

④ 공사비 분석 및 공사원가의 적정성 검토

⑤ 실시설계 용역 진행상황 및 기성관리

4) 시공단계의 업무

① 공정·공사비 통합관리계획서 검토, 성과분석 및 대책수립
② 클레임 분석 및 분쟁 대응업무 지원
③ 책임감리 업무
④ 최종 건설사업관리 보고

5) 시공이후단계의 업무

시설물 운영 및 유지보수·유지관리

5. CM의 문제점

① 발주자의 이해 없이는 실패
② CM방식은 강력한 하도급업체 필요
③ 발주자, 설계자, 시공자 간 이해 필요
④ 건설생산 System 개선 필요

6. 대책

① 설계, 시공자 간 상호 협력
② CM 전문인력 양성
③ 관리기술 향상에 의한 국제 경쟁력 확보
④ 건설생산 System 개선

7. 결론

① CM(건설사업관리)제도는 부실시공 감소, 사업비의 최적화 및 고급기술의 축적 등 무형의 고부가가치를 창출할 수 있는 산업국가 경쟁력 향상에 한 몫을 차지할 수 있도록 제도 개선, 전문인력양성 등 노력을 기울여야 한다.
② 건설시장 개방과 신기술 개발에 대응할 수 있는 기술축적 차원에서 자료의 data를 체계적으로 관리, 기술 향상에 노력하여야 한다.

기타 관련법

Section 1 건설기계의 종류

1. 개요

① 건설기계란 건설공사에 사용할 수 있는 기계로서 타워크레인, 덤프트럭, 굴삭기 등 27종이 있다.

② 건설현장에서 사용되는 건설기계는 등록·검사·형식승인 및 건설기계조종사면 허 등이 적법한 안전도가 확보된 건설기계를 사용하여야 한다.

2. 건설기계관리법의 목적

① 건설기계를 효율적으로 관리

② 건설기계의 안전도 확보

③ 건설공사의 기계화를 촉진

3. 건설기계의 종류

① 불도저

② 굴착기

③ 로더

④ 지게차

⑤ 스크레이퍼

⑥ 덤프트럭

⑦ 기중기

⑧ 모터그레이더

⑨ 롤러

⑩ 노상안정기

⑪ 콘크리트뱃칭플랜트

⑫ 콘크리트피니셔

⑬ 콘크리트살포기

⑭ 콘크리트믹서트럭

⑮ 콘크리트펌프

⑯ 아스팔트믹싱플랜트

⑰ 아스팔트피니셔

⑱ 아스팔트살포기

⑲ 골재살포기

⑳ 쇄석기

㉑ 공기압축기

㉒ 천공기

㉓ 항타 및 항발기

㉔ 자갈채취기

㉕ 준설선

㉖ 특수건설기계

㉗ 타워크레인

4. 건설기계의 특징

① 대형화에 의한 사고강도가 크다

② 사고발생 시 인적·물적 손실이 크다.

③ 경험을 기초로 한 작업을 한다.

④ 사고의 주원인은 안전수칙 미준수와 장비 결함이다.

⑤ 작업효율이 우수하다.

⑥ 위험작업에 적합하다.

5. 사망 다발 5대 건설기계·장비

① 굴삭기

② 트럭류

③ 고소작업대(차)

④ 이동식 크레인

⑤ 지게차

Section 2 건설기계의 등록 말소

1. 개요

시·도지사는 등록된 건설기계에 대하여 소유자의 신청이나 시·도지사의 직권으로
등록을 말소할 수 있다.

2. 등록 말소

① 거짓이나 그 밖의 부정한 방법으로 등록을 한 경우
② 건설기계가 천재지변 또는 이에 준하는 사고 등으로 사용할 수 없게 되거나 멸실된
   경우
③ 건설기계의 차대(車臺)가 등록 시의 차대와 다른 경우
④ 건설기계가 건설기계안전기준에 적합하지 아니하게 된 경우
⑤ 정기검사 명령, 수시검사 명령 또는 정비 명령에 따르지 아니한 경우
⑥ 건설기계를 수출하는 경우
⑦ 건설기계를 도난당한 경우
⑧ 건설기계를 폐기한 경우
⑨ 건설기계해체재활용업을 등록한 자에게 폐기를 요청한 경우
⑩ 구조적 제작 결함 등으로 건설기계를 제작자 또는 판매자에게 반품한 경우
⑪ 건설기계를 교육·연구 목적으로 사용하는 경우
⑫ 내구연한을 초과한 건설기계 또는 정밀진단을 받아 연장된 경우는 그 연장기간을
   초과한 건설기계

3. 직권말소

① 거짓이나 그 밖의 부정한 방법으로 등록을 한 경우
② 건설기계의 폐기 요청 또는 그 밖의 처분을 1개월이 지날 때까지 이를 이행하지
   아니하여 폐기한 경우
③ 내구연한을 초과한 건설기계 또는 정밀진단을 받아 연장된 경우는 그 연장기간을
   초과한 건설기계

Section 3 **타워크레인의 내구연한**

1. 개요

① 국토교통부장관은 타워크레인과 그 장치 및 부품에 대하여 내구연한을 정할 수 있으며 누구든 내구연한을 초과한 타워크레인을 운행하거나 사용할 수 없다. 다만 정밀진단을 받아 안전하게 운행할 수 있다고 인정되는 경우 그 내구연한을 3년 단위로 연장할 수 있다.

② 건설기계조종사를 고용하고 있는 건설기계사업자 내구연한을 초과한 타워크레인의 운행 또는 사용을 알고도 말리지 아니하거나 운행 또는 사용을 지시해서는 아니 된다.

2. 타워크레인의 내구연한

① 타워크레인의 내구연한(耐久年限) : 20년

　㉠ 건설기계제작증에 따른 제작연도에 등록된 타워크레인의 경우 : 최초의 신규 등록일부터

　㉡ 건설기계제작증에 따른 제작연도에 등록되지 않은 타워크레인의 경우 : 제작연도의 말일부터

　㉢ 설치상태에서 내구연한이 도래한 경우 : 내구연한이 초과된 후 최초로 해체될 때까지 연장

② 정밀진단을 받아 안전하게 운행할 수 있다고 인정되는 경우 : 3년 단위로 연장

3. 정밀안전진단 단체 등

① 한국건설기술연구원
② 검사대행자
③ 건설기계사업자단체
④ 한국교통안전공단
⑤ 타워크레인제작자

4. 부품인증이 필요한 부품

① 타워크레인의 유압(油壓) 실린더
② 타워크레인의 브레이크라이닝

 **건설기계 검사(타워크레인)**

1. 개요

① 건설기계의 소유자는 그 건설기계에 대하여 검사를 받아야 한다.

② 시·도지사는 건설기계의 소유자가 정기검사 최고, 수시검사 명령 또는 정비 명령에 따르지 아니하는 경우에는 해당 건설기계의 등록번호표를 영치할 수 있다.

2. 검사의 종류

① 신규 등록검사 : 건설기계를 신규로 등록할 때 실시하는 검사

② 정기검사 : 검사유효기간이 끝난 후 계속 운행 시

③ 구조변경검사 : 건설기계의 주요 구조를 변경하거나 개조한 경우 실시하는 검사

④ 수시검사 : 성능이 불량하거나 사고가 자주 발생하는 건설기계의 안전성 등을 점검하기 위하여 수시로 실시하는 검사와 건설기계 소유자의 신청을 받아 실시하는 검사

3. 정기검사 유효기간

기종	구분	검사유효기간
1. 굴착기	타이어식	1년
2. 로더	타이어식	2년
3. 지게차	1톤 이상	2년
4. 덤프트럭	-	1년
5. 기중기	타이어식, 트럭적재식	1년
6. 모터그레이더	-	2년
7. 콘크리트 믹서트럭	-	1년
8. 콘크리트펌프	트럭적재식	1년
9. 아스팔트살포기	-	1년
10. 천공기	트럭적재식	2년
11. 타워크레인	-	6개월

기종	구분	검사유효기간
12. 특수건설기계		
가. 도로보수트럭	타이어식	1년
나. 노면파쇄기	타이어식	2년
다. 노면측정장비	타이어식	2년
라. 수목이식기	타이어식	2년
마. 터널용 고소작업차	타이어식	2년
바. 트럭지게차	타이어식	1년
사. 그 밖의 특수건설기계	–	3년
13. 그 밖의 건설기계		3년

① 신규등록 후의 최초 유효기간의 산정은 등록일부터 기산
② 신규등록일(수입 중고건설기계 : 제작연도의 12월 31일)부터 20년 이상 경과된
   경우 검사유효기간은 1년(타워크레인은 6개월)
③ 타워크레인을 이동, 설치하는 경우 이동, 설치할 때마다 정기검사를 받아야 한다.

4. 타워크레인의 검사기준

1) 구조

① 마스트, 지브(jib), 선회장치, 구조물 및 각종 기계장치는 비틀림, 굴곡, 휨, 부식,
   균열 및 용접결함이 없고, 연결부 및 볼트체결 부위에는 유격이 없을 것
② 기초 바닥면은 현저한 깨짐이나 부등침하 등이 없을 것
③ 클라이밍(Climbing) 또는 텔레스코픽(Telescopic) 장치는 안전한 구조를 갖추어
   야 하며 안전에 영향이 있을 정도의 유압계통의 오일 누설이 없을 것

2) 기계장치

① 각 주행전동기, 감속기, 체인, 벨트, 구동축, 지지부의 연결고리, 로프록크 연결
   볼트 및 구동축연결 커플링은 견고히 체결되어 풀림이 없을 것
② 각 전동기, 동력전달장치 및 트롤리 레일 및 롤러, 주행차륜(이동식) 드럼 등의
   이상음, 이상발열, 균열, 변형, 손상, 마모 등이 없을 것
③ 레일의 양 끝부분에는 완충장치 및 이동한계 스위치 등의 정지장치가 정상작동 될 것

3) 도르래 및 훅(hook)

① 도르래 본체 및 로프 이탈방지장치는 균열, 변형 등이 없고, 도르래 홈의 마모량
   은 로프 직경의 20퍼센트 이내일 것

② 암, 보스부, 베어링 및 핀은 균열, 변형 및 마모가 없고, 발열방지 및 마모방지를 위하여 윤활되어 있을 것

③ 혹 본체는 균열, 변형 등이 없고 정격하중이 표기되어 있을 것

4) 와이어로프

① 달기기구 및 지브의 위치가 가장 아래쪽에 위치할 때 와이어로프는 드럼에 최소 2바퀴 이상 감겨 있을 것

② 클립 간 간격은 로프 직경의 6배 이상으로 하여야 하고, 클립에 의한 와이어로프 단말고정을 하는 경우 클립 수는 다음의 기준에 적합할 것

직경(mm)	16 미만	16~28	28 초과
클립 수	4개	5개	6개 이상

③ 와이어로프의 소선절단 수는 한 핏치 내의 소선수의 10퍼센트 미만이고 마모율은 호칭지름의 7퍼센트 이내이며 킹크가 없을 것

5) 각종 이름판은 손상이 없고 조정실에는 지브길이별 정격하중 표시판(Load Chart)을 부착하고, 지브에는 조종사가 잘 보이는 곳에 구간별 정격하중 및 거리표지판을 부착할 것. 다만 거리표시를 확인할 수 있는 모니터가 조종실에 있는 경우에는 그러하지 아니한다.

6) 전기관계

① 각종 전기장치의 배선은 접촉단자 체결나사의 풀림, 탈락, 손상, 열화 등이 없어야 하며 전선인 입구 피복의 손상 및 열화가 없을 것

② 각종 전기장치는 접지되어 있어야 하고 전선의 절연저항은 다음 기준에 적합할 것

대지전압	150V 이하	150V 초과 ~300V 이하	300V 초과 ~400V 미만	400V 이상
절연저항	0.1MΩ 이상	0.2MΩ 이상	0.3MΩ 이상	0.4MΩ 이상

③ 전자접촉기, 과전류 보호기, 결상보호장치는 정상적으로 작동될 것

④ 제어반에는 과전류 보호용 차단기 또는 퓨즈가 설치되어 있고, 그 차단용량이 해당 전동기 등의 정격전류에 대하여 차단기는 250퍼센트, 퓨즈는 300퍼센트 이하일 것

⑤ 콘트롤러는 원활하게 작동되어야 하며 핸들은 정지위치에 정확하게 록크되고 작동방향의 표지판은 손상이 없고 표시가 선명할 것

⑥ 전동기는 이상소음 및 이상발열이 없을 것

7) 각종 장치를 교체하는 경우 동등 이상의 것으로 교체할 것

  브러시는 이상마모가 없어야 하며, 마모한도는 원치수의 50퍼센트 이하일 것

8) 지면에서 60미터 이상의 높이로 설치하는 경우 「항공법」에 따른 항공장애등을 설치할 것

9) 설치된 이후에 검사가 용이하지 아니하는 지브 등 고소(高所)에 위치하는 부위에 대해서는 설치자가 지상에서 실시한 검사내용을 인정할 수 있되, 수검자는 검사자의 요구가 있을 경우 부식, 균열 등에 대한 육안검사 또는 비파괴검사 결과를 제시할 것

10) 방호장치

  ① 권과방지장치, 과부하방지장치, 회전부분방호장치, 혹 해지장치, 미끄럼방지장치, 경사각지지장치, 경보장치는 정상적으로 작동될 것
  ② 하중시험은 정격하중의 1.05배 미만의 하중으로 한다. 다만 검사 시의 하중시험은 지부외측단에서 적용키로 하고 하중 및 동작시험 후 달기기구 및 기초부 등의 균열, 변형 또는 파손 등이 없어야 한다.
  ③ 동작시험은 ②에서 규정한 하중을 매달고 일정속도로 운전할 때 운전동작(권상, 횡행, 주행 등)이 원활하고 방호장치는 설정 범위 내에서 정상작동되어야 하며 브레이크는 확실하고 이상음 또는 이상진동이 없을 것

11) 설치높이는 원칙적으로 자립고(free standing) 이내이어야 한다. 다만, 부득이하게 자립고 이상의 높이로 설치하는 경우에는 「건설기계 안전기준에 관한 규칙」 기준에 적합하여야 한다.

12) 그 밖의 사항

  ① 검사 시 부품의 해체 등이 필요한 경우에는 해당 부품을 해체하여 검사할 수 있으며, 건설기계 안전기준에 관한 규칙을 적용하여 검사할 수 있다.
  ② 검사에 필요한 시험용 하중은 수검자가 준비하여 제출하여야 한다.
  ③ 검사 시 타워크레인의 설계도서 또는 건설기계기술사, 건축구조기술사, 토목구조기술사 등이 발행한 해당 현장 구조검토서를 제시하여야 한다.

④ 기초앵커를 별도로 제작·설치하는 경우에는 기초앵커 제작증명서, 재료시험성
   적서 및 주각부 보강 자재의 규격을 측정한 결과서와 그 측정 사진을 제시하여야
   한다.

⑤ 2017년 7월 1일 이후 수입된 중고 타워크레인의 신규등록검사를 받으려는 경우에
   는 「비파괴검사기술의 진흥 및 관리에 관한 법률」 제11조에 따라 비파괴검사업자
   로 등록한 건설기계 검사대행자로부터 비파괴검사를 받아 그 결과를 제출하여야
   한다.

⑥ 검사 시 최근 3년간의 정비이력, 사고이력 및 자체적으로 실시한 점검결과서를
   제출받아 확인하고, 신규등록 이후 이동설치하여 검사하는 경우에는 마스트의 볼
   트, 핀 교체 여부를 확인할 것

⑦ 검사 시 타워크레인 설치 및 해체 시 해당 장면이 촬영된 영상자료를 필요한 경우
   요청하여 확인할 것

⑧ 제조일부터 10년 이상 경과된 타워크레인을 이동설치하여 정기검사를 받으려는
   경우에는 아래 부품에 대해 검사대행자로부터 안전성을 검토받아 그 결과를 기재
   한 서류를 제출받아 확인하여 검사할 것. 다만, 안전성을 검토한 검사대행자에게
   정기검사를 신청한 경우는 제외
   ㉠ 권상장치와 기복장치의 감속기 기어 및 축
   ㉡ 턴테이블 스윙기어 및 고정볼트
   ㉢ 클라이밍(Climbing) 및 텔레스코픽(Telescopic) 장치의 각 부분

⑨ 제조일부터 15년 이상 경과된 타워크레인을 이동설치하여 정기검사를 받으려는
   경우에는 정기검사를 신청한 날부터 역산하여 2년이 되는 날 이후에 비파괴검사
   업자로 등록한 검사대행자가 타워크레인을 해체한 상태에서 수행한 비파괴검사
   결과를 기재한 서류를 제출받아 확인하여 검사할 것

5. 타워크레인의 관리

① 관리기관 : 건설기계의 검사업무를 확인·점검하기 위하여 「공공기관의 운영에
   관한 법률」에 따른 공공기관 중에서 검사업무 총괄기관

② 총괄기관의 업무
   ㉠ 검사업무의 확인·점검
   ㉡ 검사 신청의 접수 및 제5항에 따른 검사업무의 배정
   ㉢ 그 밖에 국토교통부령으로 정하는 사항
     • 타워크레인의 등록현황 관리

- 타워크레인의 이력관리
- 타워크레인의 검사결과 확인
- 타워크레인의 사고조사 통계관리
- 타워크레인 검사원에 대한 직무 교육
- 평가위원회가 타워크레인 검사대행자에 대한 평가 등을 위해 요구한 사항

③ 업무를 수행한 결과 : 분기별로 국토교통부장관에게 보고

④ 검사대행자 : 검사를 수행한 날부터 14일 이내에 그 결과를 총괄기관에 제출

Section 5 재난 및 안전관리 기본법의 목적

1. 개요

① 재난 및 안전관리 기본법은 각종 재난(화재, 폭발, 환경오염 사고 등)으로부터 국민의 생명과 재산을 보호하기 위한 법이다.

② 재난의 예방 및 대비, 대응, 복구, 그밖에 재난 및 안전관리에 필요한 사항을 규정하고 있다.

2. 기본이념

① 재난 예방

② 재난 시 피해 최소화

③ 안전 우선

④ 국민의 안전한 사회 활동

3. 목적

① 재난으로부터 국토보존과 국민의 생명·신체·재산을 보호

② 재난 및 안전관리 체제 확립

③ 재난의 예방·대비·대응·복구·안전문화 활동 등 규정

4. 문제점

① 지방자치단체 재난관리 조직 미흡

② 전문인력 부족(관련 전문가 참여 시스템 결여)

③ 관련법과 부조화

④ 구체적 내용 부족

5. 대책

① 지방자치단체의 재난관리 조직 활성화

② 전문인력 적극 활용

③ 구체적이고 실용적인 내용 삽입

④ 건설안전 기타법과 조화 유지

Section 6 재난관리법 용어

1. 재난

1) 정의

국민의 생명·신체·재산과 국가에 피해를 주거나 줄 수 있는 것

2) 재난의 종류

① 자연재난 : 태풍, 홍수, 호우(豪雨), 강풍, 풍랑, 해일(海溢), 대설, 한파, 낙뢰, 가뭄, 폭염, 지진, 황사(黃砂), 조류(藻類) 대발생, 조수(潮水), 화산활동, 소행성·유성체 등 자연우주물체의 추락·충돌, 그 밖에 이에 준하는 자연현상으로 인하여 발생하는 재해

② 사회재난 : 화재·붕괴·폭발·교통사고(항공, 해상사고 포함)·화생방사고·환경오염사고 등으로 인하여 발생하는 피해와 에너지·통신·교통·금융·의료·수도 등 국가기반체계의 마비, 감염병 또는 가축전염병의 확산, 미세먼지 등으로 인한 피해

③ 재난의 범위

  ㉠ 국가 또는 지방자치단체 차원의 대처가 필요한 인명 또는 재산의 피해

  ㉡ 행정안전부장관이 재난관리를 위하여 필요하다고 인정하는 피해

2. 해외재난

대한민국의 영역 밖에서 대한민국 국민의 생명·신체 및 재산에 피해를 주거나 줄 수 있는 재난으로 정부차원의 대처가 필요한 재난

3. 재난관리

재난의 예방·대비·대응 및 복구를 위한 모든 활동

4. 재난관리책임기관

① 중앙행정기관 및 지방자치단체(제주 행정시를 포함)
② 지방행정기관·공공기관·공공단체 및 재난관리 대상 중요시설의 관리기관(재외 공관 등 101개)

5. 긴급구조

1) 정의

재난이 발생할 우려가 현저하거나 재난이 발생하였을 때에 국민의 생명·신체 및 재 산을 보호하기 위하여 긴급구조기관과 긴급구조지원기관이 하는 인명구조, 응급처 치, 그 밖에 필요한 모든 긴급한 조치

2) 긴급구조기관

소방청·소방본부 및 소방서(해양재난 : 해양경찰청·지방해양경찰청 및 해양경찰서)

6. 안전문화활동

안전교육, 안전훈련, 홍보, 사고 예방 신고 장려 등을 통하여 안전에 관한 가치와 인 식을 높이고 안전을 생활화하도록 하는 등 재난이나 그 밖의 각종 사고로부터 안전 한 사회를 만들어가기 위한 활동

재난상황의 보고

1. 개요

시장·군수·구청장, 소방서장, 해양경찰서장, 재난관리책임기관의 장 또는 국가기반시설의 장은 그 관할구역, 소관 업무 또는 시설에서 재난이 발생하거나 발생할 우려가 있으면 재난상황에 대해서는 즉시, 응급조치 및 수습현황에 대해서는 지체 없이 각각 행정안전부장관, 관계 재난관리주관기관의 장 및 시·도지사에게 보고하거나 통보하여야 한다.

2. 보고 및 통보에 포함사항

① 재난 발생의 일시·장소와 재난의 원인
② 재난으로 인한 피해내용
③ 응급조치 사항
④ 대응 및 복구활동 사항
⑤ 향후 조치계획
⑥ 그 밖에 해당 재난을 수습할 책임이 있는 중앙행정기관의 장이 정하는 사항

3. 재난상황의 보고

① 최초 보고 : 인명피해 등 주요 재난 발생 시 지체 없이 서면(전자문서 포함), 팩스, 전화 중 가장 빠른 방법으로 하는 보고
② 중간 보고 : 전산시스템 등을 활용하여 재난 수습기간 중에 수시로 하는 보고
③ 최종 보고 : 재난 수습이 끝나거나 재난이 소멸된 후 종합하여 하는 보고

4. 해외재난상황의 보고 및 관리

① 재외공관의 장은 관할 구역에서 해외재난이 발생하거나 발생할 우려가 있으면 즉시 그 상황을 외교부장관에게 보고하여야 한다.
② 보고를 받은 외교부장관은 지체 없이 해외재난 발생 또는 발생 우려 지역에 거주하거나 체류하는 해외 재난국민 생사확인 등 안전 여부를 확인하고, 행정안전부장관 및 관계 중앙행정기관의 장과 협의하여 해외재난국민의 보호를 위한 방안을 마련하여 시행하여야 한다.

특별 재난지역의 선포 및 복구

1. 개요

중앙대책본부장은 재난의 발생으로 인하여 국가의 안녕 및 사회질서의 유지에 중대한 영향을 미치거나 당해 재난으로 인한 피해의 효과적인 수습 및 복구를 위하여 특별한 조치가 필요하다고 인정되는 경우에는 중앙위원회의 심의를 거쳐 당해 지역을 특별재난지역으로 선포할 것을 대통령에게 건의할 수 있다.

2. 특별재난의 범위 및 선포

① 범위

  ㉠ 자연재난으로서 국고 지원 대상 피해 기준금액의 2.5배를 초과하는 피해가 발생한 재난

  ㉡ 사회재난의 재난 중 재난이 발생한 해당 지방자치단체의 행정능력이나 재정능력으로는 재난의 수습이 곤란하여 국가적 차원의 지원이 필요하다고 인정되는 재난

  ㉢ 그 밖에 재난 발생으로 인한 생활기반 상실 등 극심한 피해의 효과적인 수습 및 복구를 위하여 국가적 차원의 특별한 조치가 필요하다고 인정되는 재난

② 선포 : 중앙대책본부장은 특별재난지역의 구체적인 범위를 정하여 공고

3. 특별재난지역에 대한 지원

① 특별지원

  ㉠ 자연재난 구호 및 복구 비용 부담기준 등에 관한 규정에 따른 국고의 추가지원

  ㉡ 자연재난 구호 및 복구 비용 부담기준 등에 관한 규정에 따른 지원

  ㉢ 의료·방역·방제(防除) 및 쓰레기 수거 활동 등에 대한 지원

  ㉣ 재해구호법에 따른 의연금품의 지원

  ㉤ 농어업인의 영농·영어·시설·운전 자금 및 중소기업의 시설·운전 자금의 우선 융자, 상환 유예, 상환 기한 연기 및 그 이자 감면과 중소기업에 대한 특례보증 등의 지원

  ㉥ 그 밖에 재난응급대책의 실시와 재난의 구호 및 복구를 위한 지원

② 지방자치단체 필요비용 일부 지원

　　㉠ 재난으로 사망하거나 실종된 사람의 유족 및 부상당한 사람에 대한 지원

　　㉡ 피해주민의 생계안정을 위한 지원

　　㉢ 피해지역의 복구에 필요한 지원

　　㉣ ①의 ㉢, ㉤에 해당하는 지원

　　㉤ 그 밖에 중앙대책본부장이 필요하다고 인정하는 지원

4. 결론

① 최근 대형 사고를 보면 재난관리 체계나 처리과정이 얼마나 허술한지 한 눈에 알 수 있다.

② 발생 가능한 재난에 대해 재난관리 체계를 확립하고 전문인력을 양성하여 불시에 발생하는 재난 수습을 위해 대비해야 한다.

③ 특별재난이 발생했을 경우 양심과 정성으로 재난에 대한 피해를 최소화하고 빠른 복구를 위해 노력해야 한다.

Section 9 산업재해보상보험법

1. 목적

① 근로자의 업무상의 재해를 신속 공정하게 보상

② 재해근로자의 재활 및 사회 복귀를 촉진하기 위한 보험시설을 설치·운영

③ 재해 예방과 근로자의 복지 증진을 위한 사업을 시행

④ 근로자 보호에 이바지

2. 업무상 재해와 장애

1) 업무상 재해

업무상의 사유에 의한 근로자의 부상·질병·신체장해 또는 사망

2) 장애

부상 또는 질병이 치유되었으나 정신적 또는 육체적 훼손으로 인해 노동능력이 손실되거나 감소된 상태

3. 적용범위

1) 근로자를 사용하는 모든 사업 또는 사업장

2) 적용 제외 사업

① 공무원연금법 또는 군인연금법에 의하여 재해보상이 되는 사업
② 선원법·어선원 및 어선 재해보상보험법 또는 사립학교교직원 연금법에 의하여 재해보상이 되는 사업
③ 가구 내 고용활동
④ 농업·임업(벌목업은 제외)·어업·수렵업 중 법인이 아닌 자의 사업으로서 상시 근로자수가 5인 미만인 사업

4. 업무상의 재해의 인정 기준

① 업무상 사고와 질병, 출퇴근 재해로 구분하며 해당 사유로 부상·질병 또는 장해, 사망 발생 시
② 업무상 사고
  ㉠ 근로자가 근로계약에 따른 업무나 그에 따르는 행위를 하던 중 발생한 사고
  ㉡ 사업주가 제공한 시설물 등을 이용하던 중 그 시설물 등의 결함이나 관리소홀로 발생한 사고
  ㉢ 사업주가 주관하거나 사업주의 지시에 따라 참여한 행사나 행사준비 중에 발생한 사고
  ㉣ 휴게시간 중 사업주의 지배관리하에 있다고 볼 수 있는 행위로 발생한 사고
  ㉤ 그 밖에 업무와 관련하여 발생한 사고
③ 업무상 질병
  ㉠ 업무수행 과정에서 물리적 인자(因子), 화학물질, 분진, 병원체, 신체에 부담을 주는 업무 등 근로자의 건강에 장해를 일으킬 수 있는 요인을 취급하거나 그에 노출되어 발생한 질병
  ㉡ 업무상 부상이 원인이 되어 발생한 질병
  ㉢ 직장 내 괴롭힘, 고객의 폭언 등으로 인한 업무상 정신적 스트레스가 원인이 되어 발생한 질병
  ㉣ 그 밖에 업무와 관련하여 발생한 질병

④ 출퇴근 재해

　㉠ 사업주가 제공한 교통수단이나 그에 준하는 교통수단을 이용하는 등 사업주
　　의 지배관리하에서 출퇴근하는 중 발생한 사고

　㉡ 그 밖에 통상적인 경로와 방법으로 출퇴근하는 중 발생한 사고

　　※ 제외 : 일탈 또는 중단 중의 사고 및 그 후의 이동 중의 사고

⑤ 근로자의 고의 · 자해행위나 범죄행위 또는 그것이 원인이 되어 발생한 부상 · 질
　병 · 장해 또는 사망재해로 보지 않는다.

5. 사망의 추정

① 선박이나 항공기가 침몰 · 전복 · 멸실 또는 행방불명되는 사고가 발생한 경우

　→ 타고 있던 근로자의 생사가 그 사고 발생일 부터 3개월간 밝혀지지 아니한
　　경우

② 항행 중인 선박 또는 항공기에 타고 있던 근로자가 행방불명된 경우

　→ 생사가 행방불명된 날부터 3개월간 밝혀지지 아니한 경우

③ 천재지변, 화재, 구조물 등의 붕괴, 그 밖의 각종 사고가 발생한 경우

　→ 현장에 있던 근로자의 생사가 사고 발생일부터 3개월간 밝혀지지 아니한 경우

④ 사망으로 추정되는 사람은 그 사고가 발생한 날 또는 행방불명된 날에 사망한 것
　으로 추정

6. 문제점

① 보상기준 및 보상금 미흡
② 산업재해 은폐 및 축소
③ 안전전문가 참여 부족
④ 건설안전 관련법과 조화 부족

7. 개선방향

① 보상기준 세분화 및 보상금 현실화
② 환경에 관련된 사항 반영
③ 산업재해 은폐 및 축소에 대한 처벌 강화
④ 관련법과 유기적인 조화 유지

8. 결론

① 산업재해 발생 시 근로자 입장에서 신속하고 내실 있는 처리가 요구되며 현실성
   있는 보상으로 근로자의 사회복귀를 위해 최선을 다해야 한다.
② 산재보상법은 그 목적에 따라 근로자의 권익 보호 및 근로자 보호에 힘써야 한다.

Section 10 대기환경보전법

1. 목적

① 대기오염으로 인한 국민건강이나 환경에 관한 위해(危害)를 예방
② 대기환경을 적정하고 지속가능하게 관리·보전
③ 모든 국민이 건강하고 쾌적한 환경에서 생활할 수 있게 하는 것

2. 용어

① 대기오염물질
   대기 중에 존재하는 물질 중 대기오염의 원인으로 인정된 가스·입자상물질
② 온실가스
   적외선 복사열을 흡수하거나 다시 방출하여 온실효과를 유발하는 대기 중의 가스
   상태 물질로서 이산화탄소, 메탄, 아산화질소, 수소불화탄소, 과불화탄소, 육불
   화황
③ 가스
   물질이 연소·합성·분해될 때에 발생하거나 물리적 성질로 인하여 발생하는 기
   체상물질
④ 먼지
   대기 중에 떠다니거나 흩날려 내려오는 입자상물질

3. 대기오염 경보

① 단계별 오염물질의 농도기준

대상 물질	경보 단계	발령기준	해제기준
미세먼지 (PM-10)	주의보	기상조건 등을 고려하여 해당지역의 대기자동측정소 PM-10 시간당 평균농도가 150μg/m^3 이상 2시간 이상 지속인 때	주의보가 발령된 지역의 기상조건 등을 검토하여 대기자동측정소의 PM-10 시간당 평균농도가 100μg/m^3 미만인 때
	경보	기상조건 등을 고려하여 해당지역의 대기자동측정소 PM-10 시간당 평균농도가 300μg/m^3 이상 2시간 이상 지속인 때	경보가 발령된 지역의 기상조건 등을 검토하여 대기자동측정소의 PM-10 시간당 평균농도가 150μg/m^3 미만인 때는 주의보로 전환
초미세 먼지 (PM-2.5)	주의보	기상조건 등을 고려하여 해당지역의 대기자동측정소 PM-2.5 시간당 평균농도가 75μg/m^3 이상 2시간 이상 지속인 때	주의보가 발령된 지역의 기상조건 등을 검토하여 대기자동측정소의 PM-2.5 시간당 평균농도가 35μg/m^3 미만인 때
	경보	기상조건 등을 고려하여 해당지역의 대기자동측정소 PM-2.5 시간당 평균농도가 150μg/m^3 이상 2시간 이상 지속인 때	경보가 발령된 지역의 기상조건 등을 검토하여 대기자동측정소의 PM-2.5 시간당 평균농도가 75μg/m^3 미만인 때는 주의보로 전환
오존 (O$_3$)	주의보	기상조건 등을 고려하여 해당지역의 대기자동측정소 오존농도가 0.12ppm 이상인 때	주의보가 발령된 지역의 기상조건 등을 검토하여 대기자동측정소의 오존농도가 0.12ppm 미만인 때
	경보	기상조건 등을 고려하여 해당지역의 대기자동측정소 오존농도가 0.3ppm 이상인 때	경보가 발령된 지역의 기상조건 등을 고려하여 대기자동측정소의 오존농도가 0.12ppm 이상 0.3ppm 미만인 때는 주의보로 전환
	중대 경보	기상조건 등을 고려하여 해당지역의 대기자동측정소 오존농도가 0.5ppm 이상인 때	중대경보가 발령된 지역의 기상조건 등을 고려하여 대기자동측정소의 오존농도가 0.3ppm 이상 0.5ppm 미만인 때는 경보로 전환

② 경보 단계별 조치사항

㉠ 주의보 발령 : 주민의 실외활동 및 자동차 사용의 자제 요청 등

     ⓛ 경보 발령 : 주민의 실외활동 제한 요청, 자동차 사용의 제한 및 사업장의 연료사용량 감축 권고 등

     ⓒ 중대경보 발령 : 주민의 실외활동 금지 요청, 자동차의 통행금지 및 사업장의 조업시간 단축명령 등

Section 11   비산분진 발생 신고 대상 사업장

1. 개요

① 건설현장의 대형화, 고층화로 인한 소음, 진동, 비산먼지 발생이 환경 및 근로자에게 피해 요인이 되고 있다.

② 일정한 배출구 없이 대기 중에 직접 먼지를 배출하는 사업을 하고자 하면 비산먼지 발생 억제 시설 설치 또는 필요한 조치를 취해야 한다.

2. 비산분진의 피해

① 대기오염

② 근로자 건강장애

③ 작업능률 저하

④ 민원의 발생

⑤ 공기 지연 및 품질 저하

3. 비산먼지 발생 사업(11개 사업)

① 시멘트, 석회, 플리스터틱 및 시멘트 관련 제품의 제조 및 가공업

② 비금속 물질의 채취업, 제조업 및 가공업

③ 제1차 금속제조업

④ 비료 및 사료제품 제조업

⑤ 건설업(지반조성 공사, 건축물 축조 및 토목공사, 조경공사로 한정)

⑥ 폐기물 매립시설 설치 · 운영사업 등

4. 비산먼지 발생 신고

1) 신고 대상 사업장

① 건축물축조공사 : 건축물의 증·개축, 재축 및 대수선을 포함하고, 연면적이 $1,000m^2$ 이상인 공사

② 토목공사

㉠ 구조물의 용적 합계가 $1,000m^3$ 이상, 공사면적이 $1,000m^2$ 이상 또는 총 연장이 200m 이상인 공사

㉡ 굴정공사의 경우 총 연장이 200m 이상 또는 굴착토사량이 $200m^3$ 이상인 공사

③ 조경공사 : 면적의 합계가 $5,000m^2$ 이상인 공사

④ 지반조성공사

㉠ 건축물해체공사의 경우 연면적이 $3,000m^2$ 이상인 공사

㉡ 토공사 및 정지공사의 경우 공사면적의 합계가 $1,000m^2$ 이상인 공사

㉢ 농지조성 및 농지정리 공사로서 흙쌓기(성토) 등을 위해 운송차량을 이용한 토사 반출입이 이루어지는 공사. 농지전용을 위한 토, 정지공사 등이 복합적으로 이루어지는 공사면적의 합계가 $1,000m^2$ 이상인 공사

⑤ 도장공사 : 장기수선계획을 수립하는 공동주택에서 시행하는 건물외부 도장공사

⑥ 그 밖에 ①부터 ⑤까지의 공사 규모 이상인 공사

2) 제출시기

당해공사 착공 전까지

3) 제출

특별자치시장·특별자치도지사·시장·군수·구청장

4) 제출서류

① 공사개요(공사목적 및 공사일정 포함)

② 공사장 위치도(공사장 주변 피해대상 표시)

③ 방진시설 등의 설치 명세 및 도면

④ 그 밖의 저감대책

Section 12   도시 및 주거환경정비법

1. 도시 및 주거환경정비법의 목적

① 주거환경 불량 지역 정비

② 도시환경 개선

③ 주거생활의 질 향상

제3단계 [주거생활의 질 향상]
↑
제2단계 [도시환경 개선]
↑
제1단계 [주거불량 지역 정비]

[목적의 3단계]

2. 정비사업

도시기능을 회복하기 위하여 정비구역에서 정비기반시설을 정비하거나 주택 등 건축물을 개량 또는 건설하는 사업

① 주거환경개선사업 : 도시저소득 주민이 집단거주하는 지역으로서 정비기반시설이 극히 열악하고 노후·불량건축물이 과도하게 밀집한 지역의 주거환경을 개선하거나 단독주택 및 다세대주택이 밀집한 지역에서 정비기반시설과 공동이용시설 확충을 통하여 주거환경을 보전·정비·개량하기 위한 사업

② 재개발사업 : 정비기반시설이 열악하고 노후·불량건축물이 밀집한 지역에서 주거환경을 개선하거나 상업지역·공업지역 등에서 도시기능의 회복 및 상권활성화 등을 위하여 도시환경을 개선하기 위한 사업

③ 재건축사업 : 정비기반시설은 양호하나 노후·불량건축물에 해당하는 공동주택이 밀집한 지역에서 주거환경을 개선하기 위한 사업

3. 노후·불량건축물

① 건축물이 훼손되거나 일부가 멸실되어 붕괴, 그 밖의 안전사고의 우려가 있는 건축물

② 내진성능이 확보되지 아니한 건축물 중 중대한 기능적 결함 또는 부실 설계·시공으로 구조적 결함 등이 있는 건축물로서 대통령령으로 정하는 건축물

　㉠ 급수·배수·오수 설비 등의 설비 또는 지붕·외벽 등 마감의 노후화나 손상으로 그 기능을 유지하기 곤란할 것으로 우려되는 건축물

ⓒ 안전진단기관이 실시한 안전진단 결과 건축물의 내구성·내하력(耐荷力) 등이 기준에 미치지 못할 것으로 예상되어 구조 안전의 확보가 곤란할 것으로 우려되는 건축물

③ 특별시·광역시·특별자치시·도·특별자치도 또는 인구 50만 이상 대도시의 건축물

　㉠ 주변 토지의 이용 상황 등에 비추어 주거환경이 불량한 곳에 위치할 것

　㉡ 건축물을 철거하고 새로운 건축물을 건설하는 경우 건설에 드는 비용과 비교하여 효용의 현저한 증가가 예상될 것

④ 도시미관을 저해하거나 노후화된 건축물로서 시·도조례로 정하는 건축물

　㉠ 준공된 후 20년 이상 30년 이하의 범위에서 시·도조례로 정하는 기간이 지난 건축물

　㉡ 도시·군기본계획의 경관에 관한 사항에 어긋나는 건축물

4. 재건축사업의 안전진단 대상 주택단지의 건축물

① 정비계획의 입안권자가 천재지변 등으로 주택이 붕괴되어 신속히 재건축을 추진할 필요가 있다고 인정하는 것

② 주택의 구조안전상 사용금지가 필요하다고 정비계획의 입안권자가 인정하는 것

③ 노후·불량건축물 수에 관한 기준을 충족한 경우 잔여 건축물

④ 정비계획의 입안권자가 진입도로 등 기반시설 설치를 위하여 불가피하게 정비구역에 포함된 것으로 인정하는 건축물

⑤ 시설물의 안전 및 유지관리에 관한 특별법의 시설물로서 안전등급이 D(미흡) 또는 E(불량)인 건축물

5. 재건축 추진 절차

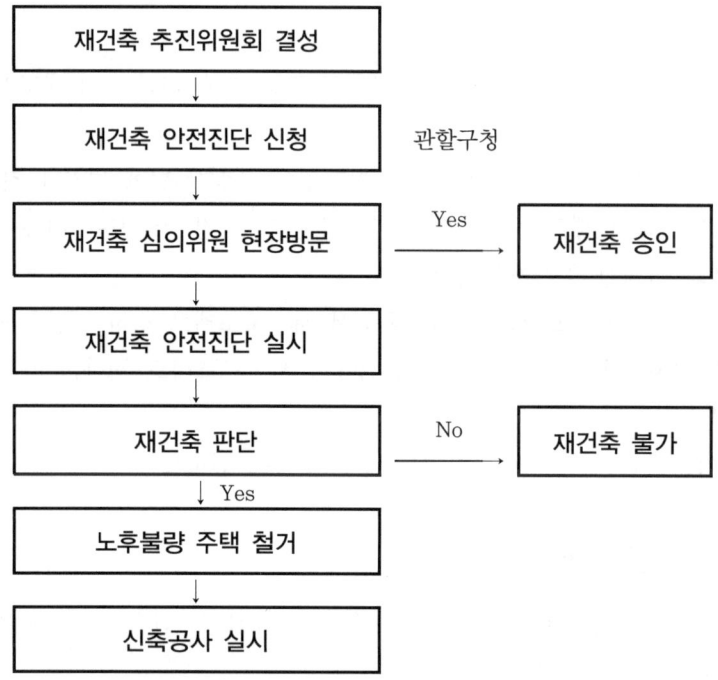

근로기준법

1. 통상임금

① 근로자에게 정기적이고 일률적으로 소정(所定)근로 또는 총근로에 대하여 지급하기로 정한 시간급 금액, 일급 금액, 주급 금액, 월급 금액 또는 도급 금액을 말한다.

② 통상임금을 시간급 금액으로 산정할 경우

  ㉠ 시간급 금액으로 정한 임금은 그 금액

  ㉡ 일급 금액으로 정한 임금은 그 금액을 1일의 소정근로시간 수로 나눈 금액

  ㉢ 주급 금액으로 정한 임금은 그 금액을 1주의 통상임금 산정 기준시간 수로 나눈 금액

  ㉣ 월급 금액으로 정한 임금은 그 금액을 월의 통상임금 산정 기준시간 수로 나눈 금액

⑩ 일·주·월 외의 일정한 기간으로 정한 임금은 ⓛ부터 ⓔ까지의 규정에 준하여 산정된 금액

ⓗ 도급 금액으로 정한 임금은 그 임금 산정 기간에서 도급제에 따라 계산된 임금의 총액을 해당 임금 산정 기간의 총근로시간 수로 나눈 금액

ⓢ 근로자가 받는 임금이 규정에서 정한 둘 이상의 임금으로 되어 있는 경우에는 각각 산정된 금액을 합산한 금액

2. 업무상 질병과 요양의 범위

1) 업무상 질병의 범위

① 업무상 부상으로 인한 질병

② 물리적 요인으로 인한 질병

  ㉠ 엑스선, 감마선, 자외선 및 적외선 등 유해방사선으로 인한 질병

  ㉡ 덥고 뜨거운 장소에서 하는 업무 또는 고열물체를 취급하는 업무로 인한 일사병, 열사병 및 화상 등의 질병

  ㉢ 춥고 차가운 장소에서 하는 업무 또는 저온물체를 취급하는 업무로 인한 동상 및 저체온증 등의 질병

  ㉣ 이상기압하에서의 업무로 인한 감압병(잠수병) 등의 질병

  ㉤ 강렬한 소음으로 인한 귀의 질병

  ㉥ 착암기 등 진동이 발생하는 공구를 사용하는 업무로 인한 질병

  ㉦ 지하작업으로 인한 눈떨림증(안구진탕증)

③ 화학적 요인으로 인한 질병

  ㉠ 분진이 발생하는 장소에서의 업무로 인한 진폐증 등의 질병

  ㉡ 검댕·광물유·옻·타르·시멘트 등 자극성 성분, 알레르겐 성분 등으로 인한 연조직염, 그 밖의 피부질병

  ㉢ 아연 등의 금속흄으로 인한 금속열

  ㉣ 산, 염기, 염소, 불소 및 페놀류 등 부식성 또는 자극성 물질에 노출되어 발생한 화상, 결막염 등의 질병

  ㉤ 납, 수은 등 물질이나 그 화합물로 인한 중독 또는 질병

  ㉥ 크롬 등 물질로 인한 중독 또는 질병

④ 생물학적 요인으로 인한 질병

⑤ 직업성 암

⑥ 무리한 힘을 가해야 하는 업무로 인한 내장탈장, 영상표시단말기(VDT) 취급 등 부적절한 자세를 유지하거나 반복 동작이 많은 업무 등 근골격계에 부담을 주는 업무로 인한 근골격계 질병

⑦ 업무상 과로 등으로 인한 뇌혈관 질병 또는 심장 질병

⑧ 업무와 관련하여 정신적 충격을 유발할 수 있는 사건으로 인한 외상후스트레스장애

⑨ 산업재해보상보험및예방심의위원회의 심의를 거쳐 고용노동부장관이 지정하는 질병

⑩ 그 밖에 업무로 인한 것이 명확한 질병

2) 요양의 범위

① 진찰

② 약제 또는 진료 재료의 지급

③ 인공팔다리 또는 그 밖의 보조기의 지급

④ 처치, 수술, 그 밖의 치료

⑤ 입원

⑥ 간병

⑦ 이송

Section 14 근로자재해보장책임보험(근재보험)

1. 정의

근로자재해보상책임보험이란 근로자가 업무에 기인하여 불의의 재해나 질병에 걸렸을 경우 사용자가 근로기준법 또는 산업안전보건법상의 재해보상과 이를 초과한 민법상 손해배상 책임을 담보하는 보험이다.

2. 근재의 적용

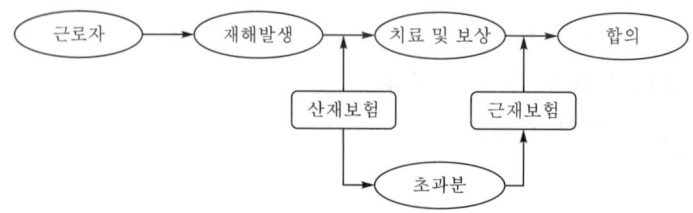

3. 산재보험과 차이점

구분	산재보험	근재보험
주관	국가	민영보험사
요율	정해진 요율	차등 요율
역할	치료비 및 일정액 보상	미충족·초과분 보상
종류	강제 보험	임의 보험
보상	정액보상제	실손보상방식

4. 가입 대상

① 사업을 영위하는 사용자
② 산재 보험 가입사업장에 한함

5. 보상하지 않는 손해

① 계약자, 피보험자의 법령위반으로 인한 손해
② 근로자의 고의 또는 범죄행위에 의한 손해
③ 무면허, 음주운전 중 생긴 손해
④ 천재지변에 의한 손해
⑤ 전쟁, 폭동 중에 의한 손해

중대재해처벌법의 목적

1. 개요

① 중대재해처벌법은 사업 또는 사업장, 공중이용시설 및 공중교통수단을 운영하거나 인체에 해로운 원료나 제조물을 취급하면서 안전·보건 조치의무를 위반하여 인명피해를 발생하게 한 사업주, 경영책임자, 공무원 및 법인의 처벌 등을 규정하고 있다.

② 중대재해를 예방하고 시민과 종사자의 생명과 신체를 보호함을 목적으로 한다.

2. 법의 목적

① 안전·보건 조치의무를 위반하여 인명피해를 발생하게 한 사업주, 경영책임자의 처벌 규정

② 중대재해를 예방

③ 시민과 종사자의 생명과 신체를 보호

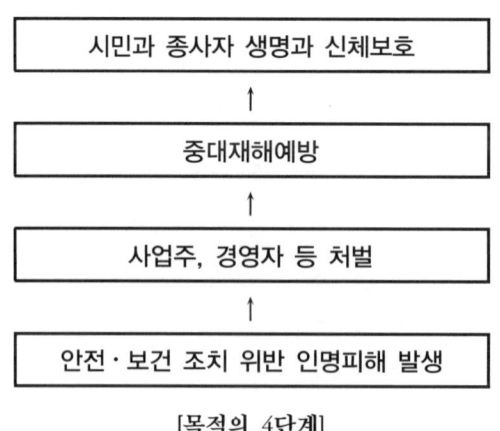

[목적의 4단계]

3. 적용범위 및 시기

① 상시 근로자가 5명 미만인 사업 또는 사업장의 사업주 또는 경영책임자
② 2022.1.27. 이후 : 50명 이상 사업 또는 사업장(건설업 50억 원 이상 공사)
③ 2024.1.27. 이후 : 50명 미만 사업 또는 사업장과 개인사업자(건설업 50억 원 미만 공사)

4. 문제점

① 구체적 내용 부족
② 처벌주의
③ 타법과의 조화 미흡 및 중복
④ 건설환경 반영 부족

5. 개선방향

① 구체적 내용 반영
② 처벌우선이 아닌 구조적 개선 노력
③ 타법과의 조화 유지 및 중복부분 정리
④ 건설환경 적극 반영

Section 2

중대재해와 종사자

1. 중대재해란 중대산업재해와 중대시민재해로 구분한다.

2. 중대산업재해

① 사망자가 1명 이상 발생
② 동일한 사고로 6개월 이상 치료가 필요한 부상자가 2명 이상 발생
③ 직업성 질병자가 1년 이내에 3명 이상 발생

3. 중대시민재해

① 사망자가 1명 이상 발생
② 동일한 사고로 2개월 이상 치료가 필요한 부상자가 10명 이상 발생
③ 동일한 원인으로 3개월 이상 치료가 필요한 질병자가 10명 이상 발생

4. 종사자

① 「근로기준법」상의 근로자

② 도급, 용역, 위탁 등 계약형식에 관계없이 대가를 목적으로 노무를 제공하는 자

③ 사업이 여러 차례의 도급에 따라 행하여지는 경우 모든 수급인의 근로자와 대가를 목적으로 노무를 제공하는 자

Section 3 사업주와 경영책임자 등의 안전 및 보건 확보의무

1. 개요

사업주 또는 경영책임자 등은 사업 또는 사업장에서 종사자의 안전·보건상 유해 또는 위험을 방지하기 위하여 조치를 하여야 한다.

2. 안전보건 확보의무

1) 재해예방에 필요한 인력 및 예산 등 안전보건관리체계의 구축 및 그 이행에 관한 조치

① 안전·보건에 관한 목표와 경영방침 설정

② 안전·보건에 관한 업무를 총괄·관리하는 전담 조직 구축

　㉠ 상시근로자 수가 500명 이상인 사업 또는 사업장

　㉡ 시공능력의 순위가 상위 200위 이내인 건설사업자

③ 유해·위험요인을 확인하여 개선하는 업무절차를 마련(반기 1회 이상 점검)

④ 예산 편성 및 집행 : 인력, 시설, 장비 구비 및 유해. 위험요인 개선

⑤ 안전보건관리책임자, 관리감독자, 안전보건총괄책임자의 업무 수행을 위한 조치
: 권한과 예산 및 평가 기준 마련(반기 1회 이상 평가·관리)

⑥ 산업안전보건법에 정해진 수 이상의 안전관리자, 보건관리자, 안전보건관리담당자를 배치

⑦ 안전·보건 관련 종사자의 의견 청취 절차 마련 : 개선방안 마련 후 이행여부, 필요조치(반기 1회 이상)

⑧ 조치에 관한 매뉴얼 마련(조치여부 반기 1회 이상 점검)

　㉠ 작업 중지, 근로자 대피, 위험요인 제거 등 대응조치

　㉡ 중대산업재해를 입은 사람에 대한 구호조치

　㉢ 추가 피해방지를 위한 조치

⑨ 제3자에게 업무의 도급, 용역, 위탁하는 경우 안전·보건을 확보기준과 절차를 마련(반기 1회 이상 점검)

　　㉠ 산업재해 예방을 위한 조치 능력과 기술에 관한 평가기준·절차

　　㉡ 도급, 용역, 위탁 등을 받는 자의 안전·보건을 위한 관리비용에 관한 기준

　　㉢ 건설업의 경우 도급, 용역, 위탁을 받는 자의 안전·보건을 위한 공사기간에 관한 기준

2) 재해 발생 시 재발방지 대책의 수립 및 그 이행에 곽한 조치

3) 중앙행정기관·지방자치단체가 개선, 시정 등을 명한 사항의 이행에 관한 조치

4) 안전·보건 관계 법령에 따른 의무이행에 필요한 관리상의 조치

　　① 반기 1회 이상 안전·보건 관계법령 이행여부 점검 및 결과 보고

　　② 점검결과 이행을 위한 인력, 예산 등을 지원

　　③ 안전보건교육실시 확인 및 교육예산 확보

3. 중대산업재해 발생 시 처벌

1) 1명 이상 사망 : 1년 이상의 징역 또는 10억 원 이하 벌금(법인, 기관 : 50억 이하 벌금)

2) 사망 외 중대재해 : 7년 이하 징역 또는 1억 원 이하 벌금(법인, 기관 : 10억 이하 벌금)

3) 형이 확정된 후 5년 이내 중대재해 발생 시 형의 2분의 1까지 가중

Section 4 안전보건교육의 실시

1. 개요

　　① 중대산업재해가 발생한 법인 또는 기관의 경영책임자 등은 안전보건교육을 이수하여야 한다.

　　② 안전보건교육은 총 20시간의 범위에서 이수해야 한다.

2. 안전·보건교육 포함사항

　　① 안전보건관리체계의 구축 등 안전·보건에 관한 경영 방안

　　② 중대산업재해의 원인 분석과 재발 방지 방안

3. 안전 · 보건교육의 실시

① 한국산업안전보건공단이나 등록된 안전보건교육기관
② 교육실시 30일 전까지 대상자에게 교육기관, 일정 통보
③ 교육비용은 대상자 부담

중대산업재해 발생사실 공표

1. 개요

① 고용노동부장관은 제4조에 따른 의무를 위반하여 발생한 중대산업재해에 대하여 사업장의 명칭, 발생 일시와 장소, 재해의 내용 및 원인 등 그 발생사실을 공표할 수 있다.
② 사업주와 경영책임자 등의 안전 및 보건 확보의 의무를 위반하여 발생한 중대산업재해로 범죄의 형이 확정되어 통보된 사업장을 대상으로 한다.

2. 공표내용

① "중대산업재해 발생사실의 공표"라는 공표의 제목
② 해당 사업장의 명칭
③ 중대산업재해가 발생한 일시 · 장소
④ 중대산업재해를 입은 사람의 수
⑤ 중대산업재해의 내용과 그 원인(사업주 또는 경영책임자 등의 위반사항 포함)
⑥ 해당 사업장에서 최근 5년 내 중대산업재해의 발생 여부

3. 공표

① 사업장의 사업주 또는 경영책임자 등에게 공표하려는 내용을 통지
② 30일 이상의 소명자료 제출이나 의견 진술 기회 부여
③ 관보, 고용노동부, 한국산업안전보건공단의 홈페이지에 게시
④ 홈페이지에 게시하는 경우 공표기간은 1년

[중대재해처벌법과 산업안전보건법의 비교]

구분	중대재해처벌법	산업안전보건법
의무 주체	• 개인사업주, 경영책임자 등 • 법인	• 개인사업주, 행위자 • 법인
보호 대상	• 근로기준법상 근로자 • 노무제공자(위탁, 도급 포함) • 수급인의 근로자 및 노무제공자 • 수급인	• 근로기준법상 근로자 • 수급인의 근로자 • 특수고용종사근로자 • 노무제공자
적용 범위	• 5인 미만 사업장 제외	• 전 사업장
중대재해의 정의	[중대산업재해] • (사망) 사망자 1명 이상 발생 • (부상) 동일한 사고로 6개월 이상 치료가 필요한 부상자 2명 이상 발생 • 동일한 유해요인으로 급성중독 등 직업성 질병자 1년 이내 3명 이상 발생	[중대재해] • (사망) 사망자 1명 이상 발생 • (부상) 3개월 이상 요양이 필요한 부상자 동시 2명 이상 발생 • 부상자 또는 직업성 질병자 동시 10명 이상 발생
처벌	[경영책임자 등(자연인)] • (사망) 7년 이하 징역 또는 10억 원 이하 벌금 • (부상·질병) 7년 이하 징역 또는 1억 원 이하 벌금 • (가중처벌) 형이 확정된 후 5년 이내에 재범 시, 2분의 1까지 가중 [법인] • (사망) 50억 원 이하 벌금 • (부상·질병) 10억 원 이하 벌금	[개인사업주 및 행위자] • (사망) 7년 이하 징역 또는 1억 원 이하 벌금 • (안전보건조치위반) 5년 이하 징역 또는 5천만 원 이하 벌금 • (가중처벌) 형이 확정된 후 5년 이내에 재범 시, 2분의 1까지 가중 [법인] • (사망) 10억 원 이하 벌금 • (안전보건조치위반) 5천만 원 이하 벌금

MEMO

PART 02

안전관리론

건설안전기술사

안전관리

안전관리

1. 개요

① 안전관리란 모든 과정에 내포된 위험 요소의 조기 발견 및 예측으로 재해를 예방하려는 안전활동을 말한다.

② 근본이념은 인명존중에 있으며 경영자는 쾌적한 작업환경 조성 및 안선시설을 세공하며 근로자는 제반규정을 준수하여야 한다.

2. 안전관리의 목적

① 인간존중(인도주의)
② 기업의 경제적 손실 예방
③ 생산성 및 품질 향상
④ 사회적 신뢰
⑤ 사회복지 증진

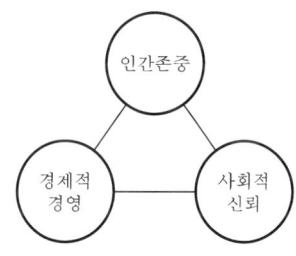

[안전관리 목표]

3. 재해의 기본원인(4M)

① Man(인간적 요인) : 인간의 과오, 망각, 무의식, 피로 등
② Machine(실비적 요인) : 기계의 결함, 안전장치 미설치
③ Media(작업적 요인) : 작업순서, 동작, 방법, 환경 및 정리정돈 등
④ Management(관리적 요인) : 안전관리 조직, 규정, 교육, 훈련 미흡 등

4. 안전관리 순서

1) 수준 향상

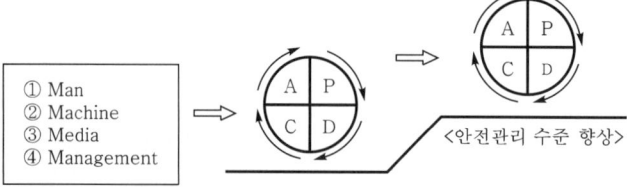

| ① Man
② Machine
③ Media
④ Management | ⇒ | A P / C D | ⇒ | A P / C D |

<안전관리 수준 향상>

2) 순서

(1) 제1단계(Plan : 계획)

① 안전관리 계획의 수립

② 현장실정에 맞는 적합한 안전관리 방법 결정

(2) 제2단계(Do : 실시)

① 안전관리 활동 실시

② 안전관리 계획에 대해 교육·훈련 및 실행

(3) 제3단계(Check : 검토)

① 안전관리 활동에 대한 검사 및 확인

② 실행 안전관리 활동에 대한 결과검토

(4) 제4단계(Action : 조치)

① 검토된 안전관리 활동에 대한 수정 조치

② 향상된 안전관리 활동 고안하여 다음 계획에 진입

(5) P → D → C→ A 과정을 Cycle화

① 단계적으로 목표를 향해 진보, 개선, 유지해 나감

② Cycle 반복 안전관리 수준 향상 → 안전 확보

5. 안전관리 조직의 형태

1) 라인형 조직(직계식 조직)

① 계획에서 실시까지 직선적 행사

② 생산조직 전체에 안전관리 기능 부여

③ 100인 이하 소규모 사업장에 적합

2) Staff형 조직(참모식)

① Staff(참모)를 두고 안전관리

② 주도적 안전관리가 부족하고 조언 및 보고에 머문다.

3) Line, Staff 복합형(직계, 참모조직)

① 두 조직 장점을 취한 형태

② Staff 및 Line에 겸임, 전임 안전 관리자를 둔다.

6. 안전관리 활동

1) 안전조회

① 작업 전 아침체조

② 안전의식 고취, 건강관리

2) 안전모임(T.B.M)

① 직·반장이 주동이 되어 작업 단위별 실시

② 보호구 및 작업의 중점사항

3) 작업 전 안전점검

① 작업 전 환경상태 점검

② 크레인, 건설기계, 기구, 설비 사용 전 일상점검 실시

4) 안전순찰

① 작업장 전체 순찰

② 불안전한 인적·물적 사항 시정·지도

5) 작업 중 지도, 감독

① 작업 중 수시로 담당 작업 장소에 대해 실시

② 물적(불안전한 상태), 인적(행동), 관리적 요인 지도감독

6) 안전공정 협의

작업 시 수반되는 안전대책 지시

7) 작업종료 전 정리정돈

통로확보, 기자재 적치 및 보관시설에 처리, 청소 담당자 지정

8) 작업종료 시 확인

종료 전 작업장 전체 확인. 방화, 도난, 제3자 재해방지 확인

안전(Safety), 재해(Calamity, Loss), 사고(Accident), 위험(Hazard)

1. 안전(Safety)

1) 정의

안전이란 사람의 사망, 상해 또는 설비나 재산의 손실, 상실요인이 전혀 없는 상태, 즉 재해, 질병, 위험, 손실로부터 자유로운 상태를 말하며 '재해 Zero', '위험도 Zero' 의 상태이다.

2) 안전개념

(1) 정신주의적 안전의 시대
① 초창기적 개념, 인간의 대책만의 시대
② 인간의 주의에만 의존, 자기방어를 요청하는 시대

(2) 의학 심리학적 안전대책과 기술분야 대책의 평행 진전시대
① 인적, 물적 안전대책의 기초 마련
② 인적, 물적 상호관계 연결 못함

(3) 인간-기계 시스템적 관점에 의한 안전대책 시대
① 인간-기계 특성 사이에 부조화를 제거하며 필요대책 강구
② 인간, 물(物)의 상호관계 중시

(4) 시스템 안전으로 결합된 종합된 안전을 추구하는 관리기술적 안전 시대
① 과학의 결합과 관리기술에 의한 안전성 확보
② 시스템 안전기술로서 신뢰성 공학, 시스템 공학 등을 결합

2. 재해(Calamity)

1) 정의

① 재해란 물체, 물질, 인간의 작용 또는 반작용에 의해 상해나 그 가능성이 생기는 것으로, 인명과 재산의 손실을 발생시키는 것을 의미한다.
② 산업재해란 근로자가 업무에 관계된 건설물, 설비, 원재료 등에 의하거나 기타 업무에 기인하여 사망, 부상, 질병에 이환되는 것을 의미한다.

2) 재해의 종류

(1) 자연적 재해(天災)

① 천재는 예방 불가, 예견을 통한 피해 경감대책 수립

② 종류 : 지진, 태풍, 홍수, 번개, 해일, 적설 등

(2) 인위적 재해(人災)

① 전체 재해 98%

② 예방 가능한 재해

③ 종류 : 건설, 공장, 광산, 교통, 항공, 선박, 학교재해 등

3. 사고(Accident)

1) 정의

사고란 고의성이 없는 불안전한 행동이나 상태(조건)가 선행되이 직접 또는 간접적으로 인명이나 재산에 손실을 가져올 수 있는 사건을 의미한다.

2) 사고(안전사고)의 종류

(1) 인적 사고

① 사람의 동작에 의한 사고 : 추락, 충돌, 협착, 전도

② 물체·운동에 의한 사고 : 붕괴, 도괴, 낙하, 비래

③ 접촉·흡수에 의한 사고 : 감전, 이상기온 접촉, 유해물 접촉

(2) 물적 사고

화재, 폭발, 파열

4. 위험(Hazard)

1) 정의

근로자가 근로장소에서 접촉하는 물(物) 또는 환경과의 상호관계를 나타내는 것. 환경에 의한 부상 등 발생 가능성을 말한다.

2) 위험의 분류

① 기계적 위험

② 화학적 위험

③ 에너지 위험

④ 작업적 위험

3) 위험분류 내용

(1) 기계적 위험

① 접촉적 위험 : 끼임, 잘림, 스침, 격돌, 찔림.

② 물리적 위험 : 비래, 낙하물에 맞음, 추락, 전락.

③ 구조적 위험 : 파열, 파괴, 절단

(2) 화학적 위험

① 폭발, 화재위험 : 폭발성, 발화성, 인화성, 가연성 물질, 분진.

② 생리적 위험 : 중독, 부식성 액체, 독극물

(3) 에너지 위험(전기, 열)

① 전기, 열 등의 에너지 위험 : 감전, 과열, 발화, 눈 장애(용접)

② 열 기타 위험 : 화상, 방사선 장해, 눈 장애(레이저)

4) 작업적 위험

(1) 작업 방법적 위험

잘못된 작업방법으로 인한 위험 : 추락, 낙하, 비래, 전도

(2) 작업 장소적 위험

주변 정리정돈 불량, 열악한 작업환경으로 인한 위험 : 추락, 낙하, 비래, 전도

Section 3 — 안전관리조직의 3유형

1. 개요

① 안전관리조직이란 사업주가 안전에 대한 책임을 완수하기 위해 재해 예방대책
에 대한 검토, 기획이나 실시를 위해 만드는 조직이다.

② 원활한 안전관리, 활동 및 조직의 확립을 위해 사업장 규모에 따라 3가지 유형
으로 분류된다.

2. 안전관리조직의 필요성

① 기업 손실 방지

② 조직적 사고 예방 활동

③ 모든 위험 제거

④ 기술수준 향상

⑤ 재해 예방률 향상

3. 안전조직의 고려사항

① 책임과 권한의 한계 분명

② 생산라인과 직결

③ 사업장 특성, 규모에 부합

④ 제도적 체계 확립

4. 형태(3유형)

1) Line형(직계식)

① 직선적

② 생산조직 전체 기능 부여

③ 100명 이하

④ 장점

㉠ 지시, 전달의 신속·정확

㉡ 명령계통이 간단·명료

⑤ 단점

㉠ 전문지식, 기술축적 미흡

㉡ 정보 불충분

㉢ Line에 과중한 책임

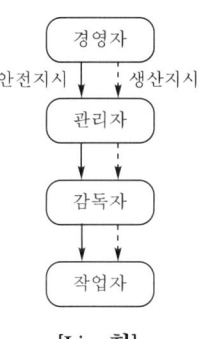

[Line형]

2) Staff형(참모식)

① 참모(Staff)를 두고 안전관리

② 장점

㉠ 지식·기술 축적용이

㉡ 신속한 정보 입수 및 기술 개발

㉢ 경영자에 대한 조언, 자문 용이

③ 단점

㉠ 각 부서 협조 없이 지시·전달 난해

[Staff형]

ⓛ 안전과 생산 별개 취급(생산부서와 마찰)

ⓒ 생산부서에 책임 권한이 없음

3) Line, Staff 복합형(직계-참모식)

  ① Line형, Staff형 장점을 취한 형태

  ② 장점

    ㉠ 지식, 기술 축적 용이

    ⓛ 전달 신속, 정확

    ⓒ 신기술 개발, 보급용이

  ③ 단점

    ㉠ 명령계통, 지도, 조언 혼동

    ⓛ Staff 월권행위 유발 가능

    ⓒ Line권한 약해져 Staff 의존 우려

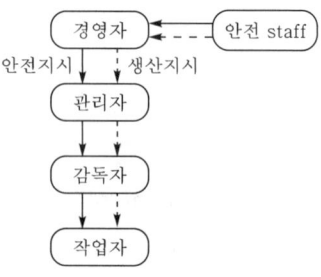

[Line, Staff 복합형]

Section 4

안전관리와 품질관리의 연계성

1. 개요

  ① 안전관리란 위험요소 제거로 재해를 방지하려는 안전활동을 말하며, 품질관리는 목적물을 경제적으로 만들기 위한 관리수단이다.

  ② 품질관리단계는 P → D → C → A로 진행되며 안전관리 단계와 같다.

2. 안전관리와 품질관리 순서

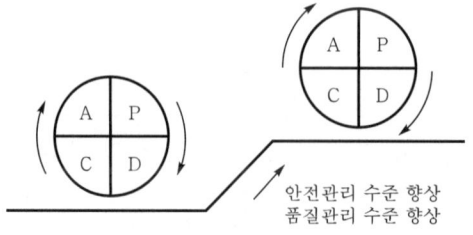

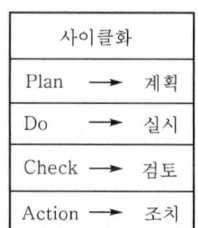

사이클화		
Plan	→	계획
Do	→	실시
Check	→	검토
Action	→	조치

3. 안전관리와 품질관리의 연계성

```
┌─────────────────────────────┐        ┌──────────────┐
│   안전관리=품질확보=품질관리   │   →   │  기업이윤증대  │
└─────────────────────────────┘        └──────────────┘
```

① 점검방법이 동시적이고 항목이 대동소이하다.

② 생산성 향상은 품질관리에서 작업개선, 환경개선은 안전관리에서 비롯, 연계성이 크다.

③ P → D → C → A 단계가 동일하다.

④ 철저한 품질관리는 안전시공 확보, 철저한 안전시공은 공사품질 확보로 이어진다.

⑤ 완벽한 품질관리는 완벽한 안전관리가 전제되어야 한다.

4. 안전관리와 품질관리의 비교

구분	안전관리	품질관리
관련법규	산업안전보건법	건설기술진흥법
목적	재해방지 수단(4M)	품질확보 수단(5M)
대상	Man(인적 요인) Machine(물적 요인) Media(매체 요인) Managent(관리적 요인)	Man(노무) Material(자재) Machine(설비) Money(자금) Method(공법)

Section 5 안전업무

1. 개요

안전업무는 인적·물적 모든 재해의 예방 및 재해의 처리대책을 행하는 작업으로 5단계로 구분한다.

2. 안전대책의 원칙

① 기술(Engineering) : 기술기준 작성, 활용하여 대책 추진

② 교육(Education) : 지식, 기술 교육

③ 관리(Enforcement) : 목표달성 활동

3. 안전업무의 내용

① 위험이나 사고 및 재해를 미연에 방지
② 재해발생을 신속히 차단하여 피해 최소화
③ 모든 시책 및 실시의 체제화 활동

4. 안전업무의 순서

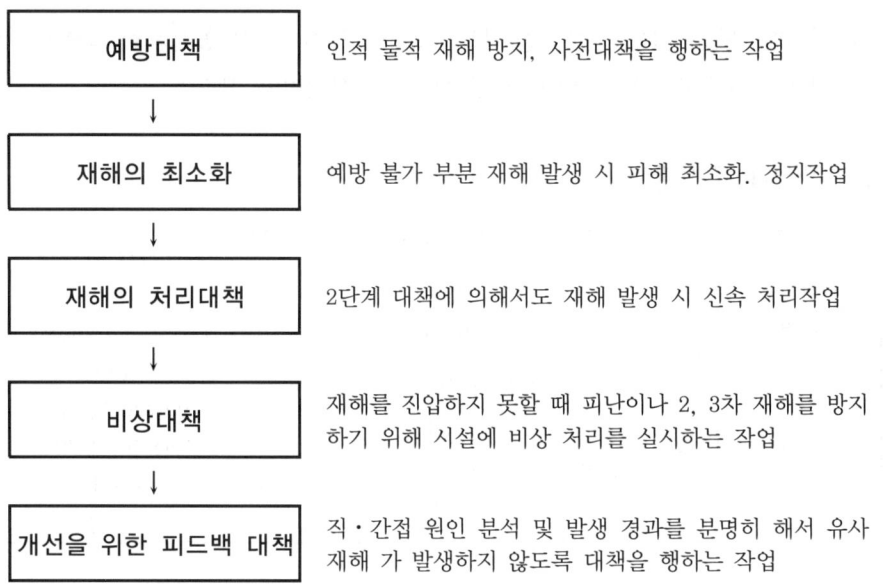

예방대책	인적 물적 재해 방지, 사전대책을 행하는 작업
재해의 최소화	예방 불가 부분 재해 발생 시 피해 최소화. 정지작업
재해의 처리대책	2단계 대책에 의해서도 재해 발생 시 신속 처리작업
비상대책	재해를 진압하지 못할 때 피난이나 2, 3차 재해를 방지하기 위해 시설에 비상 처리를 실시하는 작업
개선을 위한 피드백 대책	직·간접 원인 분석 및 발생 경과를 분명히 해서 유사 재해 가 발생하지 않도록 대책을 행하는 작업

Section 6 안전의 기둥 4M(재해의 기본 원인)

1. 개요

① 안전의 기둥 4M은 미국 공군에서 개발, 채택하고 있는 가장 적절한 재해분석 방법이다.
② 모든 재해는 불안전한 상태, 행동을 발생시키는 기본 원인이 있고, 그 배후에는 재해의 기본 원인 4M의 생각에 따라 분석, 결정한다.

2. 4M에 의한 재해발생 연쇄관계

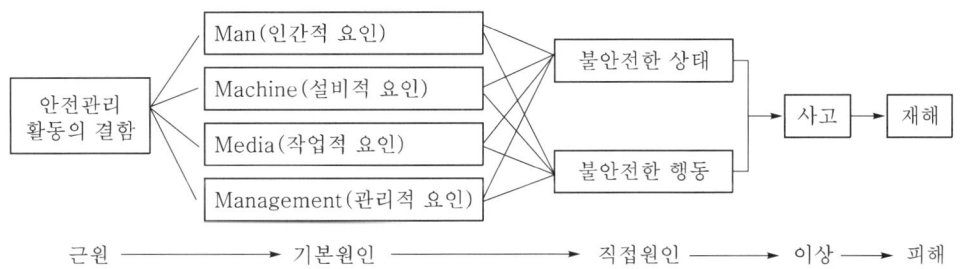

3. 재해의 기본 원인(4M)

1) Man(인간적 요인)

① 심리적 원인 : 망각, 고민, 무의식 행동, 착오
② 생리적 원인 : 피로, 질병, 수면부족
③ 직장적 원인 : 인간관계, 의사소통, 통솔력 등

2) Machine(설비적 요인)

① 기계, 설비의 설계상 결함
② 방호의 불량, 점검, 정비의 불량
③ 표준화 부족
④ 정비점검의 부족

3) Media(작업적 요인)

① 작업정보 부적절
② 작업자세, 동작 결함
③ 작업공간, 환경조건 불량
④ 부적절한 작업방법

4) Management(관리적 요인)

① 안전관리 조직, 규정 결함
② 안전관리 계획 미수립, 교육훈련 부족
③ 적성배치 부적절, 건강관리 불량

Section 7   **무재해 운동**

1. 개요

① 무재해란 근로자가 상해를 입지 않을 뿐 아니라 상해를 입을 수 있는 요소가 없는 상태를 말한다.

② 무재해 운동이란 근로자 주변에 위험요소가 없는 상태를 추구하는 것으로 사업주와 근로자가 자율적으로 추진하여 산업재해를 근절시키기 위한 운동이다.

2. 무재해 운동의 기본이념(3원칙)

1) 무(無)의 원칙

재해의 잠재요인을 사전에 파악, 해결함으로써 산업재해 제거

2) 선취의 원칙

위험요인을 행동 전에 미리 발견, 파악, 해결 재해 예방, 방지

3) 참가의 원칙

잠재 위험요인을 발견, 해결하기 위해 전원이 참여, 문제나 위험 해결

[기본이념]

3. 추진 3기둥

1) 최고경영자의 경영자세

인간존중의 경영자세

2) 관리감독자의 안전보건 추진

관리감독자들이 실천하는 것이 중요

3) 직장, 소집단의 활발한 자주활동

직장 멤버와의 협동 노력으로 자주적 추진

[무재해 추진 기둥]

4. 추진방법 4단계

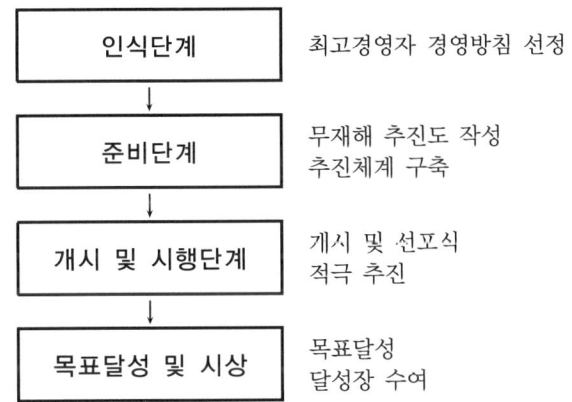

인식단계	최고경영자 경영방침 선정
준비단계	무재해 추진도 작성 추진체계 구축
개시 및 시행단계	개시 및 선포식 적극 추진
목표달성 및 시상	목표달성 달성장 수여

5. 실천기법

1) 위험예지훈련

① 작업장 내 잠재 위험요인을 작업 전 해결하는 것을 습관화하여 사고를 예방하는 훈련

② 브레인 스토밍 등

2) 잠재재해 발굴훈련

조합원의 발표, 토의를 통해 사전에 재해 예방

3) T.B.M(Tool Box Meeting) 운동

작업 전, 중식 후, 종료 전 3~5분 정도 잠재위험을 스스로 생각하고 납득하는 위험 예지활동

4) 지적확인

위험요소의 강조, 지적, 확인

5) Touch and Call

동료끼리 연대감을 조성하는 스킨십

6) 5C 운동 등

작업장에서 지켜야 할 기본사항

6. 무재해 1배수 목표

① 건설업

공사 규모	5억 미만	5~50억 미만	50~100억 미만	100~500억 미만	500억 이상
목표 시간	127,000	130,000	260,000	455,000	910,000

② 건설기계관리사업

규모	50인 미만	50~99인	100~199인	200~299인	300~999인	1,000~1,999인	2,000인 이상
목표일(시간)	416일	263일	131일	66일	180,000시간	360,000시간	660,000시간

※ 무재해 : 사업장에서 근로자가 업무에 기인하여 사망 또는 4일 이상의 요양을 요하는 부상 또는 질병에 이환되지 않는 것

7. 성과

① 원만한 기업풍토 조성으로 진정한 노사화합 성취
② 생산성 향상 및 기업경영에 이바지
③ 긍정적인 기업번영 보장

8. 그 밖의 무재해 추진 기법

연번	기법명	내용
1	5C 운동	작업장에서 기본적으로 지켜야 할 복장단정(Correctness), 정리정돈(Clearance), 청소청결(Cleaning), 점검확인(Checking)의 4가지에 전심전력(Concentration)을 추가한 5가지 항목의 영문자 첫자인 'C'를 따서 5C 운동이라고 하는 무재해 추진 기법
2	안전제안제도	안전에 대한 동기 부여의 일환으로 지속적인 안전의식 함양에 있으며 심사 후 좋은 내용은 포상하여 설비, 제도 등의 개선에 전 사원이 적극 동참토록 유도
3	설비 사전 안전성 심사제도	사내에 신규로 반입되거나 이전, 변경되는 기계설비에 대해 안전보건위원회 산하 안전기술전문위원에서 기계설비의 설계, 도입단계에서부터 안전성을 심사하여 근원적으로 안전을 확보

연번	기법명	내용
4	ZERO 운동	안전의 기본요소인 정리, 정돈, 청소, 청결, 의식상태를 확보하여 안전하고 쾌적한 작업공간을 조성하고 의식의 선진화를 통해 임직원의 의식개혁 및 안전사고 예방을 위해 매주 토요일 1시간씩 전원 참가하는 안전활동 실시
5	집단패널티제도	사고 발생 부서는 전원 8시간 집단 OJT 실시로 지식, 기능, 태도 등 교육을 통해 동일 사고 예방
6	노·사 합동 정기안전 보건점검 제도화	분기 및 안전보건 취약계절 선정 노·사 합동 점검 • 위생점검 • 현장 작업환경 • 위험 기계 기구 및 수공구 등 • 작업자 지도 계몽
7	안전실명제 실시	주요작업, 유해위험, 작업내용, 협력업체 연락처를 명기하여 책임의식을 고취시키고 비상시에는 신속한 대처 가능
8	ILS(Isolation & Locking System)	예상치 못한 전원 투입이나 갑작스러운 에너지 방출로부터 작업자를 보호하기 위한 것으로 기계나 설비를 수리·보수하는 동안 에너지를 차단하는 프로그램을 만들어 실시함으로써 사전 안전조치를 하여 본인의 안전을 근원적으로 일깨워주는 기법

Section 8 안전문화 운동

1. 개요

안전문화란 국민생활 전반에 걸쳐 안전에 관한 태도, 관행, 의식이 체질화되어 '안전제일'의 가치관이 국민생활 속에 정착되는 것으로, 인간존중의 이상을 실현시켜 나가는 정신활동이다.

2. 필요성

① 안전의식 향상
② 안전의 생활화
③ 안전의 체질화

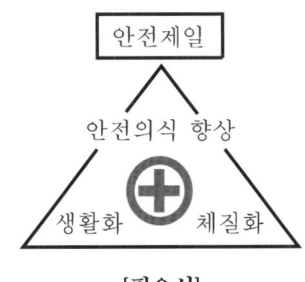

[필요성]

3. 안전문화 운동의 자세

① 안전에 의문을 제기하는 자세
② 적당주의 배제
③ 개인의 책임감 고양
④ 안전으로 충만된 사고방식

4. 추진방향

1) 가정생활을 통한 안전문화 형성

① 어린이 조기 안전교육 생활화 운동 전개
② 가정용 홍보자료 제작, 보급
③ 사고사례, 안전수칙 등 매뉴얼 제작, 보급
④ 반상회 등 활용(유인물 배포)

2) 학교생활을 통한 안전문화 형성

① 초, 중, 고 교육과정에서 교육체계 확립
② 교육과정 및 교과서에 안전교육 내용 반영
③ 교육부 중·장기 계획수립, 시행
④ 안전전담 조직, 안전학습 자료, 안전 학습관 설치 및 자료 연구 개발

3) 직장생활을 통한 안전문화 형성

① 기업주, 시설주 등 안전교육 실시의 제도화
② 공직자 안전지식 교육 실시
③ 질서의식, 준법정신 함양
④ 직업교육을 통한 안전의식 제고
⑤ 건설근로자의 안전의식 제고

4) 사회여론 및 국민참여를 통한 안전문화 확산

① 안전문화 의식구조 재정립
② 안전문화 전시관 설치
③ 안전 점검의 날 지정 운영(1996.3.4. 개시)
④ 국민안전검사 청원제도 도입
⑤ 안전문화 지도자 선발, 교육
⑥ 안전문화 촉진대회 개최

⑦ 안전문화 추진을 위한 각종 행사 전개
⑧ 각종 홍보활동 전개(TV 등 방송매체, 전광판 등)

5. 문제점(추진시)

1) 안전의식 부재

① 적당주의
② 안전불감증
③ 안전교육체제 미흡
④ 계층홍보 부족

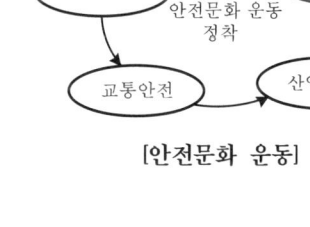

[안전문화 운동]

2) 준법풍토, 법적제재 미흡

① 법령 위반 시 제재 미흡
② 위반 시 고발할 수 있는 시민정신 부재
③ 법을 지키면 손해라는 인식 팽배

6. 안전문화 정착 방안

① 국민의 안전의식 제고, 제도개선, 법적제재 조치 등이 상호 병행
② 안전문화운동 추진을 위한 정부의 정책, 예산 지원
③ 안전문화 정착을 위한 장기적 계획 수립 필요

Section 9 안전시공 사이클 운동(건설현장 일상적 안전관리 활동)

1. 개요

① 안전시공 사이클 운동이란 건설업 재해 예방을 위한 자율적 안전관리 활동을 말한다.
② 건설재해 감소 목적으로 일일, 주간, 월간 실시 업무로 구분한다.

2. 업무분류 및 내용

1) 일일 실시 업무

① 안전조회 : 작업 전 체조 및 지시 및 전달사항

② 안전모임(TBM) : 작업단위조별 10~15분 실시, 위험예지훈련

③ 작업전 안전점검 : 사용 전, 작업 전 기계, 기구, 설비점검

④ 안전순찰 : 불안전한 인적·물적 사항 지정, 지도

⑤ 작업 중 지도 감독 : 담당자 작업장소 수시 지도, 감독

⑥ 안전공정협의 : 작업에 수반되는 안전대책 지시

⑦ 작업종료 전 정리정돈 : 종료 전 5~10분만 실시

⑧ 작업종료 시 확인 : 작업장 전체, 주변 확인

[일일 실시 업무]

2) 주간 세부 실시사항

① 주간 전체모임 : 정기적으로 실시

② 주간 공정협의 : 주간 공정계획 등 설명

③ 주간 안전점검 : 전체 및 기계 등에 실시

④ 주간 정리정돈 : 작업환경유지 및 작업능률 향상

3) 월간 세부 실시사항

① 안전 협의회 : 월간 공정협의, 차기 점검 등 토의

② 정기 자체점검 : 자체 검사대상 기계 기구 정기검사

③ 안전행사 : 특정일 지정 30분 정도 실시

3. 결론

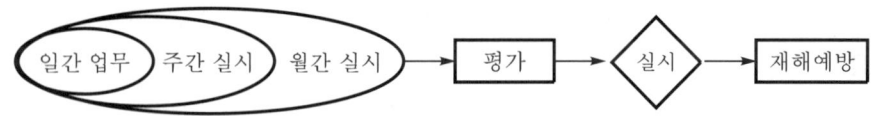

Section 10

건설현장에서 실시하는 안전관리활동

1. 개요

① 안전관리 활동은 근로자의 동기유발을 촉진시켜 재해를 방지할 수 있다.

② 분야별 형태에 맞추어 효과적인 내용과 방법을 통해 추진성과를 올릴 수 있게 계획되어야 한다.

2. 목적

① 안전의식제고 및 관심유도

② 근로자 동기유발 촉진

③ 불안전상태, 행동개선

④ 재해가능성 예방

3. 안전시공 관리체계

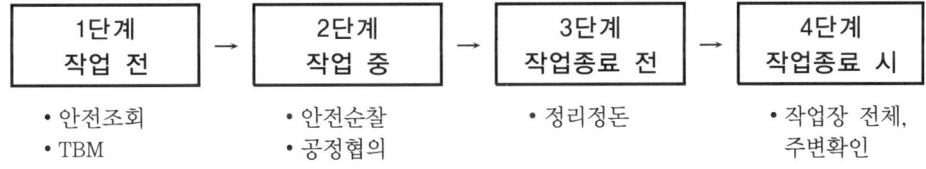

1단계 작업 전	→	2단계 작업 중	→	3단계 작업종료 전	→	4단계 작업종료 시
• 안전조회 • TBM		• 안전순찰 • 공정협의		• 정리정돈		• 작업장 전체, 주변확인

4. 안전활동의 종류

① 책임과 권한의 명확화

② 작업환경의 정비

③ 고용 시 안전의식 고취

④ 안전조회 실시

⑤ TBM실시

⑥ 안전순찰 및 점검실시

⑦ 안전당번제도

⑧ 안전작업 표준활동

⑨ 제안제도실시

[시간별 재해자 수]

(단위 : 명)

구분	총재해자	10:00~12:00	14:00~16:00
2022년	31,245	6,118	6,857
2023년	32,353	7,691	6,480
합계	63,598	13,809	13,337

* 2022~2023년 총재해자 63,598명 중 27,146명(42.7%) 발생

⑩ 안전경쟁실시

⑪ 안전표창제도 실시

⑫ 현장 안전위원회 개최

⑬ 안전, 강습, 연수, 견학실시

⑭ 안전영화 및 슬라이드 상영

⑮ 안전방송실시

⑯ 안전주간행사 실시

5. 대책

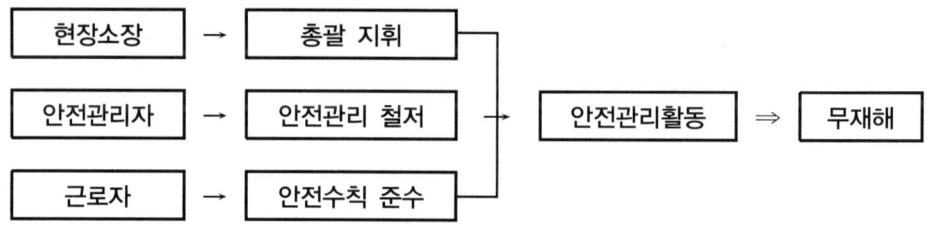

Section 11

TBM(Tool Box Meeting)

1. 개요

① 현장에서 그때의 상황에 적응하여 실시하는 위험예지활동으로 즉시즉흥법이라고
도 함

② 미국에서 시작되어 큰 성과를 올린 일종의 안전 Meeting

2. 효과

① 책임감 향상

② 안전관리 향상

③ Team수준으로 향상

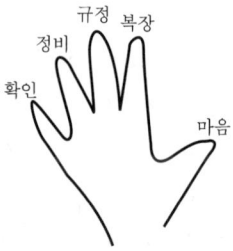

[안전확인 5지 운동]

3. 진행방법(4Round 8단계)

(1) 1Round : 사실의 파악 → 어디에 위험이 있는가?

 ① 1단계 : 문제제기

 ② 2단계 : 현상파악

(2) 2Round : 본질추구 → 이 위험이 요점이다

 ① 3단계 : 문제의 발견

 ② 4단계 : 중요문제해결

(3) 3Round : 대책수립 → 당신은 어떻게 하겠는가?

 ① 5단계 : 해결책 구상

 ② 6단계 : 구체방안 수립

(4) 4Round : 목표설정 → 우리들은 이렇게 한다.

 ① 7단계 : 중점사항 결정

 ② 8단계 : 실시계획 책정

4. TBM 위험예지훈련방법

 ① TBM 역할연기훈련

 ② One Point 위험예지훈련(구두)

 ③ 삼각 위험예지훈련(구두)

 ④ 단시간 Meeting 즉시즉흥훈련

Section 12 작업환경요인과 건강장애 종류 및 작업환경 개선

1. 개요

 ① 근로자의 불안전 행위나 오조작은 환경적 불안전 상태가 유인되어 개입되고 작업환경 조건은 산업재해의 직·간접 원인이 된다.

 ② 작업환경(노동환경)은 화학적, 물리적, 생물적, 사회적 요인으로 구분되며, 이 요인은 근로자 건강에 큰 영향을 미친다.

2. 작업환경(노동환경)요인의 분류(4요인)

① 화학적 요인 : 유해물질
② 물리적 요인 : 유해 에너지
③ 생물적 요인 : 병원균
④ 사회적 요인 : 주위환경

3. 작업환경 4요인 및 건강장애 종류

작업환경요인	장애의 종류	대상작업
〈화학적 요인〉 ・전리방사선물질 ・광물성 분진　　・특정 화학물 ・중금속　　　　・산소 결핍	진폐증, 전리방사선장애, 산업중독, 직업성 암, 피부장애, 산소 결핍	건설, 광산, 요업, 방사선물질 취급, 광공업, 축전지 제조, 지하실
〈물리적 요인〉 ・이상 온습도, 복사열 ・이상기압　　　・부적절 조명 ・소음　　　　　・초음파 ・자외선　　　　・적외선	동상, 잠수병, 잠함병, 피로, 근시, 난청, 정신피로, 귀울림, 두통, 통반, 각막염, 백내장	냉동실, 열처리, 잠수, 압기공사, 정밀, 사무작업, 건설, 프레스 제작, 전동공구 취급, 의료, 비파괴검사
〈생물적 요인〉 세균, 기생충, 쥐, 곤충, 알레투겐	감염증, 식중독, 직업성 알레르기	모든 작업, 화학공업, 농림축산
〈사회적 요인〉 근로조건, 인간관계	정신피로, 정서 불안정	모든 작업

4. 건강장애 예방대책

① 유해화학물질이나 소음원 같은 유해요인의 원인 제거
② 유해화학물질이나 유해에너지의 확산방지
③ 각종 보호구 착용으로 개인 폭로량(위험에 개방) 저감

5. 작업환경 개선

1) 작업환경조건의 개선

① 작업장 정리정돈 청소
② 채광 : 유리창 크기 바닥면적 1/5 이상

2) 조도기준

　① 초정밀작업 : 750lux 이상

　② 정밀작업 : 300lux 이상

　③ 보통작업 : 150lux 이상

　④ 기타 작업 : 75lux 이상

3) 통풍 및 환기

　① 통풍 : 자연환기 및 창문 개방

　② 환기 : 국소배기, 전체 환기

4) 색채조절

　설비, 작업장소에 필요정보 및 안전정보 식별 쉽게 사용

5) 온열조건

　냉·난방, 통풍, 온습도 조절

6) 행동장애요인 제거

　작업장 공간 확보, 승강설비, 피난시설, 근로자 복장 단정

7) 소음

　청각 피로 방지를 위한 방음 보호구(귀마개, 귀덮개) 착용

Section 13 위험예지훈련(Danger Prediction Training)

1. 개요

위험예지훈련이란 위험을 미리 알린다는 뜻으로 작업 중 발생할 수 있는 위험요인을 발견, 파악하여 대책을 강구하고 작업 전 위험을 제거하는 훈련이다.

2. 안전성취를 위한 방법

　① 감수성훈련

　② 단기간 미팅(Meeting)훈련

　③ 문제해결훈련

3. 기초 4Round(위험예지훈련의 4단계)

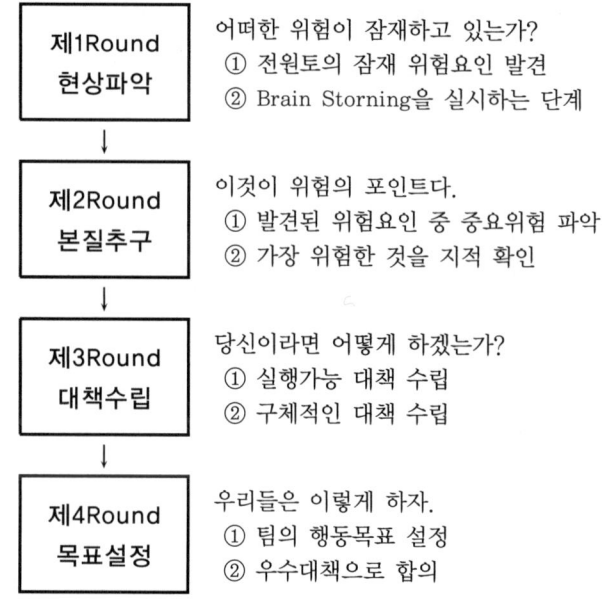

제1Round 현상파악	어떠한 위험이 잠재하고 있는가? ① 전원토의 잠재 위험요인 발견 ② Brain Storming을 실시하는 단계
제2Round 본질추구	이것이 위험의 포인트다. ① 발견된 위험요인 중 중요위험 파악 ② 가장 위험한 것을 지적 확인
제3Round 대책수립	당신이라면 어떻게 하겠는가? ① 실행가능 대책 수립 ② 구체적인 대책 수립
제4Round 목표설정	우리들은 이렇게 하자. ① 팀의 행동목표 설정 ② 우수대책으로 합의

4. 위험예지훈련에서 활용하는 주요 기법

1) 브레인 스토밍(Brain Storming)

① 여러 사람이 자유분방하게 질을 고려치 않고 대량으로 아이디어 도출

② 비판금지, 자유분방, 대량발언, 수정발언의 4원칙

2) TBM 위험예지훈련

① TBM 역할연기훈련

② One Point 위험예지훈련

③ 삼각 위험예지훈련

④ 1인 위험예지훈련

⑤ 단시간 Meeting 즉시 즉흥훈련

3) 지적확인

① 안전작업을 위해 작업공정 요소마다 "~좋아!"라고 지적, 큰소리로 확인하여 안전을 확보하는 방법

② 사전, 사후, 위험작업 전 신호 점검 시

4) Touch and Call

① 현장에서 동료의 손과 어깨를 맞대고 팀의 행동목표나 구호를 외치는 방법

② 손고리형, 손포개기형, 어깨동무형

5) 5C 활동

① 작업장에서 지켜야 할 5가지 항목

② 복장단정, 정리정돈, 청소청결, 점검확인, 전심전력

6) 잠재재해 발굴 운동

작업장 내 잠재하는 불안전 요소를 찾아내 이를 월 1회 이상 발표, 토의하여 재해를 사전에 예방하기 위한 방법

Touch and Call

1. 개요

Touch and Call이란 작업현장에서 팀의 행동목표 또는 구호를 큰소리로 외쳐 다짐함으로써 일체감, 연대감을 조성하는 일종의 스킨십을 말한다.

2. Touch and Call 실시

1) 실시방법

(1) 손포개기형

① 인원 : 4~5명

② 방법 : 리더의 손바닥 위에 손을 포개서 실시

(2) 어깨동무형

① 인원 : 7~8명

② 방법 : 왼손을 상대방 오른쪽 어깨에 얹고 "~좋아" 제창

(3) 손고리형

① 인원 : 5~6명

② 방법 : 왼쪽 엄지로 서로 맞잡고 둥근원을 만들어 실시

2) 실시 시기, 시간

① 10초 이내의 짧은 시간에 실시

② TBM(Toll Box Meeting) 후, 작업 전에 실시

3) 효과

① 근로자 간 연대감 조성

② 앗차사고 예방

Section 15 5C 운동

1. 정의

5C 운동이란 무재해 운동을 보다 효과적으로 추진하기 위한 기법으로, 작업장에서 지켜야 할 준수사항 5가지 항목을 의미한다.

2. 5C 운동의 목표

① 안전의 확보

② 원가절감

③ 안전작업

④ 재해 예방

[5C 운동의 목표]

3. 5C 운동의 종류

1) Correctness(복장단정)

① 몸에 맞고, 규정된 복장 착용

② 안전모, 안전대, 안전화 정확히 착용(턱끈, 구명줄)

2) Clearance(정리, 정돈)

① 정리, 정돈 실태 파악, 전원이 동시 실천

② 정리, 정돈 기준 설정, 장애요인에 의한 재해 예방

3) Cleaning(청소, 청결)

    ① 유해요인 제거로 쾌적한 작업환경 유지

    ② 방치물에 의한 사고를 미연에 방지(전도 등)

4) Checking(점검, 확인)

    ① 안전점검 실시(일상점검, 정기점검, 특별점검, 수시점검)

    ② 위험요인 발견 시 즉시 보고, 시정 요구

5) Concentrating(전심전력)

    ① 사업주, 근로자 일체감을 가지고 안전활동 추진, 정착

    ② 안전활동의 자발적이고 적극적인 참여

Section 16 지적확인

1. 개요

지적확인이란 위험작업에 임하여 무재해를 지향하겠다는 뜻으로 작업행동 요소요소에서 자기가 해야 할 대상을 손가락으로 지적하면서 큰소리로 구호를(~좋아!)를 외쳐 안전을 확보하는 행위를 말한다.

2. 필요성

    ① 오판단, 오조작 등 실수 방지

    ② 자신의 행동과 작업결과에 대한 안전 확보

    ③ 작업의 정확도 향상

3. 효과

    ① 긴장도를 높이고 의식수준 제고

    ② 과오의 최소화

    ③ Phase Ⅲ 수준까지 의식수준 향상

작업방법	아무것도 하지 않음	지적	확인	지적 확인
오조작 발생률	2.85%	1.5%	1.25%	0.8%

4. 지적확인항목(대상)

1) 사람의 확인(자기자신)

① 위치(대상물과의 거리)

② 자세(머리, 가슴, 발 위치)

③ 복장(작업모, 작업복)

④ 보호구(안전모, 안전화)

⑤ 공동책임자(상대의 위치, 자세, 복장, 보호구, 신호등)

2) 물건의 확인

① 기계류

② 조작기기

③ 공구

④ 자재, 제품 등 적치 방법

⑤ 표시, 표지

⑥ 보호구

5. 확인시기

① 사전확인 : 밸브개방, 스위치 on 등 조작 전 확인

② 사후확인 : 안전대 착용, 산소농도 측정 등

③ 위험작업 전 : 산소결핍, 고소작업 전

④ 상호점검 시 : 복장, 보호구 등

Section 17 브레인 스토밍(Brain Storming)

1. 개요

오스븐(A.F. Osborn)에 의해 창안된 토의식 아이디어 개발 기법으로, 의사결정에 대한 아이디어를 구성원들이 자유롭게 개진하여 창의적인 방안을 선택할 수 있도록 하는 집단 의사 결정 방법으로 위험예지훈련에서 활용하는 주요 기법이다.

2. 기본전제

① 창의력은 정도에 차이는 있으나 누구나 가지고 있다.

② 비창의적 문화풍토는 창의성 개발을 저해하고 있다.

③ 자유허용, 부정적 태도를 바꾸면 창의성 개발이 가능하다.

3. 특징

① 문제해결 시 질은 고려치 않고 머릿속에서 떠오르는 대로 아이디어 창출

② 앞의 아이디어 결합, 개조하도록 하여 자유연상

③ 위험예지훈련의 기초 4Round 과정에서의 토의기법으로 활용

4. 브레인 스토밍의 4원칙

1) 비판금지원칙

좋다, 나쁘다 비평금지

2) 자유분방원칙

편안한 마음으로 자유롭게 발언

3) 대량발언(질보다 양의 치중 원칙)

내용 관계없이 대량발언

4) 통합과 개선의 원칙

타인의 아이디어를 수정하거나 덧붙여 발언해도 좋다.

5. 브레인 스토밍의 순서

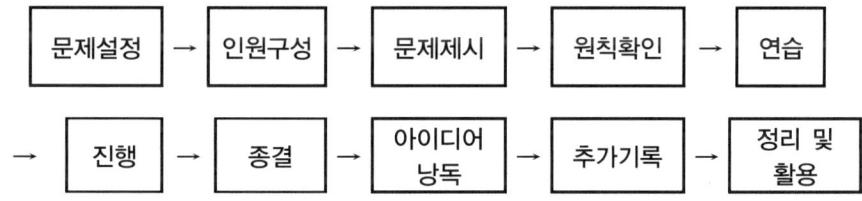

Section 18 감성안전

1. 정의

감성안전이란 적은 투자로 근로자의 마음을 움직이는 자율안전 기법으로, 수직하달식의 안전지시가 건설현장의 고전적인 딱딱한 업무 등으로 인간성이 상실되고 인간 존중의 기본 이념과 거리가 먼 반면, 감성안전은 존중과 칭찬, 경청, 배려 등 감성을 자극하여 이를 안전과 품질 향상으로 이끄는 자율적인 방법이다.

2. 감성안전의 시행

3. 감성안전 5요소

① 구성원의 존중과 신뢰
② 일과 회사에 대한 자부심
③ 동료애
④ 공정한 대우
⑤ 애정과 관심의 리더십

4. 사례

① 불우이웃돕기로 감성 에너지 증대
② 예절교육
③ 가화만사성 캠페인
④ 작업 10분 전 안전 및 예절 교육
⑤ 팀장 100% 사외 안전교육 이수
⑥ 긍정적인 사고 캠페인

Section 19 High-Five 운동

1. 개요

① High-Five 운동은 건설업 사망재해를 줄이고자 하는 노사가 참여하는 자율운동이다.

② 각 사업장에서 사망재해 확률이 높은 작업을 선정하고 노사가 협력하여 예방활동을 전개하여 사망재해를 최소화하려는 안전문화 운동이다.

2. 국내 건설업 현황

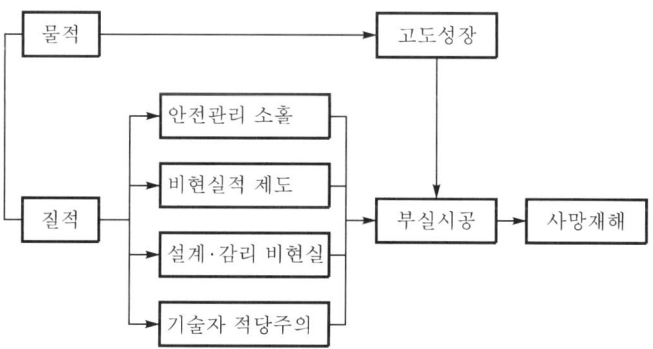

3. 사망재해 다발작업

① 개구부에 인접해서 작업하는 경우의 작업

② 발판을 미설치하고 하는 고소에서의 작업

③ 전기를 취급하는 작업 또는 인근에서의 작업

④ 슬레이트 지붕 위에서의 작업

⑤ 이동식 틀비계 상의 작업

⑥ 크레인을 이용하여 자재, 화물, 공, 기구 등을 인양하는 작업

[사망재해 다발작업]

⑦ 굴삭기와 관련하여 작업하는 경우의 작업

⑧ 굴삭기 제외 건설기계 작업(차량계 건설기계와 관련하여 작업하는 경우의 작업)

⑨ 사다리를 이용한 작업과 관련한 작업

⑩ 거푸집의 설치, 해체 작업과 관련한 작업

4. 단계별 업무추진

1) High-Five 담당자 지정

① 추진 담당자 지정

② 공사규모, 공정을 고려하여 자체적으로 지정

③ 추진 담당자는 High-Five 수행

2) High-Five 선정

① 추진 담당자가 선정 지정

② 선정된 High-Five를 산업안전보건위원회와 협의체 간의 회의를 통해 협의 수정

③ 사망재해 위험도가 높은 순으로 산정하여 확정

3) High-Five 운동 개시 목표

① 사업장 전 구성원이 인지할 수 있는 방법으로 공포

② 게시판, 현수막 등을 이용 공포

③ 선포식 개최 및 결의대회 등 실시

④ 안전점검의 날(매월 4일)을 통해 선포

⑤ 근로자의 자발적 참여 방안강구

4) High-Five 안전대책 수립

① 작업별 위험요인 및 안전대책 작성

② 근로자 안전교육 실시

③ 해당 작업의 안전대책에 대한 교육 실시

④ High-Five 운동 추진방법에 대한 교육 실시

5) High-Five 운동 시행

① 안전조회, TBM 등을 통해 시행

② 협의체, 안전보건위원회 회의 시 확인

6) High-Five 효과 및 평가

① High-Five 운동효과 분석 및 평가

② 안전점검의 날을 통해 표창장 등 포상 실시

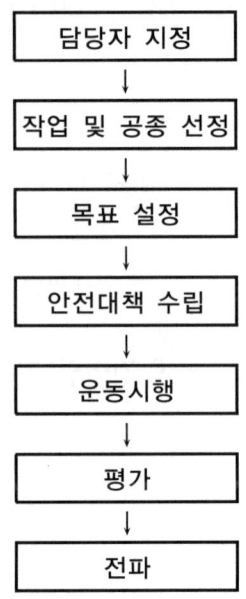

[High-Five 추진 순서]

7) 우수사례 발굴 및 전파

① High-Five 운동 노하우 등 우수사례 발굴 및 전파

② 우수사례는 공단에 제출, 타 현장에서도 인용할 수 있도록 전파

Section 20 스트레칭(Stretching)

1. 개요

스트레칭이란 작업 전 혹은 작업 중에 실시하는 유연성 체조로 근로자의 부상 방지 및 건강 증진을 도모하는 간단한 체조이다.

2. 스트레칭의 필요성

① 근육과 긴장 완화

② 작업에 따른 부상 예방

③ 유연성 증진

④ 격렬한 활동이 용이

⑤ 신체의 인지도 발달

⑥ 관절의 가동범위 확대

⑦ 혈액순환 촉진

⑧ 피로예상 및 회복대책

3. 스트레칭의 필요시기

① 작업시작 전

② 작업 중 휴식 시

③ 몸이 뻐근하거나 찌뿌듯할 때

④ 같은 작업 반복 시

⑤ 장시간 똑같은 자세 유지 후

⑥ 작업 후 긴장완화

4. 실천기법 프로그램

① 의자이용 스트레칭 프로그램

② 장시간 의자에 앉아 있었을 때의 프로그램

③ 등하부 긴장 완화를 위한 프로그램

④ 작업 전, 후 긴장 완화를 위한 프로그램

5. 스트레칭 방법

① 기지개를 켜듯 근육을 펴고 20~30초간 유지한다.

② 호흡은 깊고 길게 한다.

③ 갑작스런 동작은 근육 수축을 일으키므로 동작과 동작 사이에는 충분한 여유를 둔다.

④ 상·하체를 골고루 사용하여 약 5~10분 정도 실시한다.

Section 21 추락 방호망의 인장강도

1. 개요

방호망이란 그물코가 다수인 망으로 고소 작업 시 추락 방지용 및 낙하물 방지용으로 사용되며 정기적인 시험을 거쳐 이상 발견 시 폐기하여야 한다.

2. 시험의 종류

① 인장시험

　㉠ 방망사 인장시험

　㉡ 테두리로프 및 달기로프 인장시험

② 낙추시험 : 모서리 및 각 변에 시험설비 설치 후 중앙부에 추를 낙하

③ 방염성 시험

3. 추락방호망의 구조

① 소재 : 합성섬유

② 그물코 : 사각 또는 마름모로 크기는 10m 이하

③ 테두리 로프 : 방망 주변을 형성하는 로프

④ 달기 로프의 결속 : 달기 로프는 3회 이상 묶어 테두리 로프에 결속

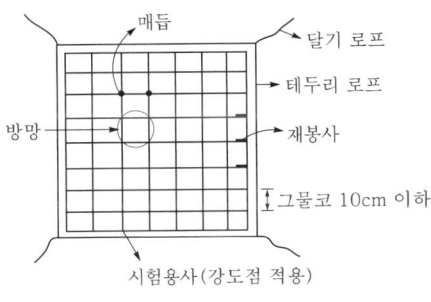

[방호망의 구조]

4. 신품 방망사의 인장하중(kN)

그물코 한 변의 길이(mm)	방호망의 종류 및 성능(kN)		
	매듭방호망	무매듭방호망	라셀방호망
100	1.96 이상	2.36 이상	2.06 이상
500	1.08 이상		1.13 이상
30			0.74 이상
15			0.40 이상

5. 추락 방호망의 사용 제한

① 강도 이하 방호망(방망사)

② 충격받은 방호망

③ 파손 시 보수 안 된 방호망

④ 강도가 명확하지 않은 방호망

※ 최초 정기점검은 1년 이내 최근 시험일로부터 6개월마다 정기적으로 시험용사를 이
   용한 시험 실시

Section 22
최하사점

1. 정의

① 추락 시 로프 지지 위치에서 신체 최하점까지를 최하사점이라고 한다.

② 1개 걸이 안전대 사용 시 적정로프 길이를 규정하는 것으로 사전 확인하여 중대 재해를 예방하여야 한다.

2. 현장조건

① 2.0m 이상 고소작업

② 추락위험이 있는 장소, 작업

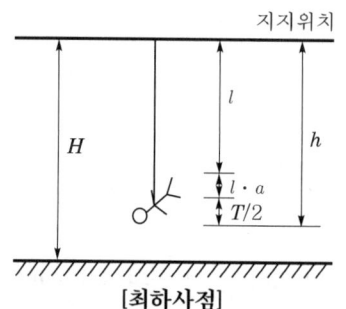

[최하사점]

3. 최하사점

1) 최하사점 공식

$$H > h = 로프길이(l) + 로프의신장길이(l \cdot a) + \frac{작업자의\ 키}{2}(\frac{T}{2})$$

여기서, h : 추락 시 로프지지 위치에서 신체 최하사점까지 거리(최하사점)

H : 로프지지 위치에서 바닥까지 거리

2) 로프길이에 따른 결과

① $H > h$: 안전

② $H = h$: 위험

③ $H < h$: 중상, 사망

3) 1개 걸이 안전대 사용 시 준수사항

① 로프길이 2.5m 이상인 2종 안전대는 반드시 2.5m 이내 범위 내에서 사용한다.

② 안전대 로프 지지 구조물은 벨트 위치보다 높을 것

③ 신축 조절기 사용 시 가능한 한 짧게 조절하여 사용한다.

④ 수직이나 경사면 작업 시 설비를 보강하거나 지지 로프를 설치한다.

⑤ 추락의 경우 진자상태가 되었을 경우 물체에 충돌하지 않기 위해 설치한다.

⑥ 바닥면으로부터 높이가 낮은 장소에서 사용 시 바닥면으로부터 로프 길이의 2배 이상 높은 구조물 등에 설치한다.

Section 23 제조물 책임(PL, Product Liability)

1. 개요

제조물 책임이란 제조물의 결함으로 발생한 소비자의 신체, 생명, 재산 피해(손해)에 대한 제조업자 등의 손해배상을 규정한 것으로, 피해자 보호 및 건전한 경제발전을 도모함을 목적으로 한다.

2. 제조물 책임 조건

① 제조물의 결함
② 소비자의 생명, 신체 또는 재산상 손해 발생
③ 손해에 대한 제조업자의 고의, 과실이 없어도 책임 부과

3. 제조물 결함 내용

① 제조상 결함 : 설계와 다르게 제조
② 설계상 결함 : 설계자체 결함
③ 표시상 결함 : 지시, 경고표시 미비

4. 기업의 책임

① 제조물 책임 : 결함상품에 의해 생긴 신체, 재산피해에 대한 손해배상책임
② 하자담보 또는 채무 불이행 책임 : 하자에 의한 교환, 수리, 상품 회수 대금 반환 등

5. 제조물 책임의 면책

① 해당 제조물을 공급하지 않은 사실
② 공급 당시 기술, 과학수준으로 결함을 발견할 수 없는 사실
③ 공급 당시 법령기준 준수
④ 설계 제작에 관한 지시로 발생한 결함

6. 소비자 4대 권리

① 안전할 권리
② 알 권리
③ 선택할 권리
④ 의견을 반영할 권리

Section 24

건설현장 안전사고의 종류와 응급처치

1. 개요

① 안전사고란 고의성 없는 불안전한 행동, 상태에 기인하여 인적, 물적 손실이 발생하는 것을 말한다.
② 건설현장의 안전사고 발생 시 병원 후송 전까지 기본적이고 응급적인 처치를 응급처치라 한다.

2. 재해발생 메커니즘

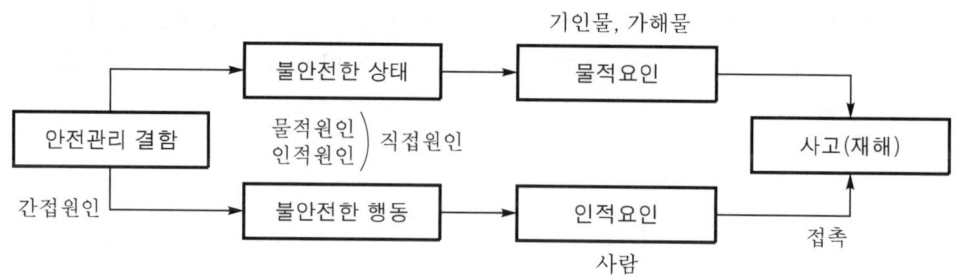

3. 안전사고의 분류

1) 인적 사고

사람의 동작, 물체의 운동, 접촉, 흡수에 의한 사고

2) 물적 사고

상해는 없고 경제적 손실 초래

4. 사고(재해) 발생원인

1) 간접원인

① 기술적 원인

② 교육적 원인

③ 관리적 원인

2) 직접원인

① 불안전한 상태

② 불안전한 행동

③ 천후요인(천재지변)

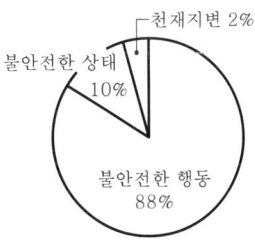

[직접원인 발생비율]

5. 대책

1) 3E 대책

① 기술적 대책 : 기계, 기구 설비 개선

② 교육적 대책 : 안전교육, 훈련

③ 관리적 대책 : 엄격한 제도 시행

2) 시설적 대책

① 안전난간

② 추락방호망

③ 낙하물 방지망

④ 방호시트

⑤ 안전표지

⑥ 기타 방호설비

3) 법령준수

    사업주, 근로자 의무 준수

4) 보호구 착용

    안전모, 안전화 등 개인 보호구 착용

5) 안전관리 활동

    일상, 순회점검 등 실시

6. 안전사고 발생의 응급처리

1) 현장에 구급용구 비치

    ① 붕대재료, 탈지면, 핀셋 및 반창고

    ② 외상에 대한 소독약

    ③ 화상약

    ④ 지혈대, 부목, 들것

2) 응급처치 요령

    ① 인공호흡 등 기본처치법 훈련

    ② 구조용구가 있는 장소나 연락방법 확인

    ③ 재해자 상태 관찰 후 처치

    ④ 함부로 움직이지 말고 (재해자) 편안한 자세 유지

    ⑤ 응급처치 후 신속히 병원 후송

3) 준수사항

    ① 생사의 판정은 하지 않는다(병원, 의사).

    ② 원칙적으로 의약품 사용은 피한다.

    ③ 응급처치 후 의사에게 인계

Section 25

추락, 붕괴, 낙하 · 비래에 의한 위험 방지

1. 개요

건설현장에서 발생하는 재해 중 추락, 붕괴, 낙하·비래는 재래형 재해로서 발생비율이 높고 중대재해와 직결되므로 중점관리하여 재해를 최소화해야 한다.

2. 재해발생 형태별 현황

(단위 : 명)

구분	총재해자 수	떨어짐	넘어짐	물체에 맞음	부딪힘	끼임	절단, 베임, 찔림	기타
2021년	29,943	8,225	4,685	3,533	2,304	2,336	3,098	5,762
2022년	31,245	7,912	4,990	3,371	2,731	2,473	2,898	6,870
2023년	32,353	7,313	5,321	3,216	2,689	2,442	2,682	8,690
합 계	93,541	23,450	14,996	10,120	7,724	7,251	8,678	21,322
점유율(%)	100	25.1	16	10.8	8.3	7.6	9.3	22.8

3. 추락재해

1) 정의

사람이 고소에서 다른 물체와 접촉 없이 자유낙하하는 것

2) 추락재해 특성

① 작업장보다 낮은 장소가 있으면 내용에 관계없이 발생한다.

② 가장 많은 재해형태로 중대재해로 연결된다.

③ 충격부가 머리일 경우 상해가 크고 사망에 이르기 쉽다.

④ 충격장소가 딱딱한 경우에 상해가 크다.

⑤ 높이가 높을수록 상해가 크다.

⑥ 고령자일수록 상해가 크다.

3) 추락재해 5대 기인물

① 개구부

② 비계류

③ 작업발판

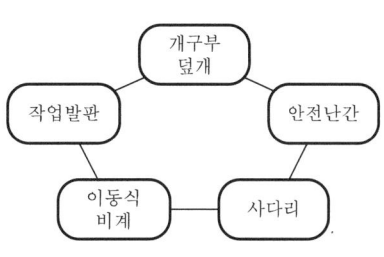

[추락 5대 기인물]

④ 사다리

⑤ 구조물

4) 추락재해 발생원인

(1) 개구부

① 안전시설 미설치

② 안전표지 및 주의경고 시설물의 미비

③ 주변 조명의 불충분

④ 개인 보호구 미지급

[개구부 덮개]

(2) 작업발판

① 작업발판의 폭 협소

② 안전대 미착용

③ 손잡이 미설치 및 비계설치 불안정

(3) 비계류

① 안전수칙 미준수

② 구조의 불안정(이동식 비계 전도방지 장치 등)

③ 비계 위 과다 적재

(4) 이동식 사다리

① 안전모 등 개인 보호구 미착용

② 사다리 강도 부족

③ 설계 각도 불안전

(5) 철골작업

① 안전대 착용 불량

② 안전통로 미확보

③ 악천후 시 작업 진행

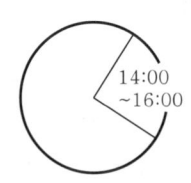

[재해발생 취약시간]

5) 추락재해 방지대책

(1) 추락방지

① 2m 이상 높이 작업 시 안전난간 및 발판 설치

② 발판설치 곤란 시 방망 설치 및 안전대 착용

(2) 개구부 등의 방호조치

① 높이 2m되는 개구부나 작업발판 끝에 안전난간 설치(대형 개구부)

② 소형 개구부는 개구부 덮개 설치

(3) 안전대 부착설비

　① 안전대 부착설비 설치

　② 안전대 및 부속설비 이상 유무 작업 전 점검

(4) 악천후 시 작업 중지

　2m 이상 장소에서 폭풍, 폭우, 폭설 등 악천 후 예상 시 작업 중지

(5) 조명의 유지

　안전작업에 필요한 적정 조도 유지

(6) 슬레이트 등 지붕 위에서의 위험 방지

　지붕 위 폭 30cm 이상 발판 및 방호망 설치

(7) 승강설비의 설치

　안전승강 위한 승강설비 설치

(8) 이동식 비계의 구조

　승강용 사다리, 안전난간, 발판, 바퀴구름 방지장치 등

(9) 이동식 사다리

　튼튼한 구조, 미끄럼 방지 장치 부착

(10) 안전관리자의 지정

　위험작업 시 전담 안전관리자 지휘 작업

(11) 출입금지

　위험장소는 관계근로자 외 출입금지

(12) 구명장구 비치

　수중에 추락 대비 구명장구 비치

(13) 울의 설치

　화상, 질식 우려 장소에 울을 설치

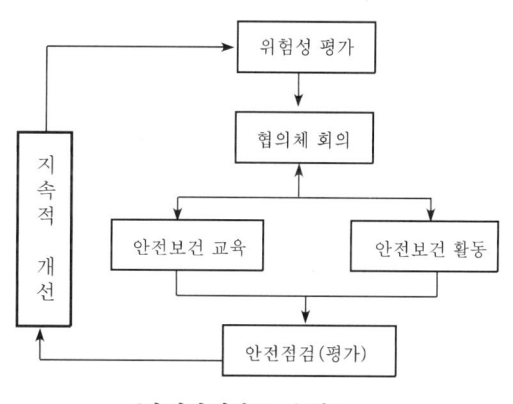

[안전관리활동 운영]

4. 붕괴 등에 의한 재해

1) 붕괴, 낙하에 의한 재해

(1) 발생원인

　① 지반의 붕괴

　② 토석의 낙하

(2) 예방대책

① 지반은 안전한 경사확보

② 낙하위험 토석 제거, 옹벽, 흙막이 지보공 설치

③ 빗물이나 지하수 등 배제

2) 낙반, 붕괴에 의한 재해

(1) 발생원인

① 갱 내 낙반 붕괴

② 측벽의 붕괴

(2) 위험 방지

① 지보공 설치

② 부석 제거

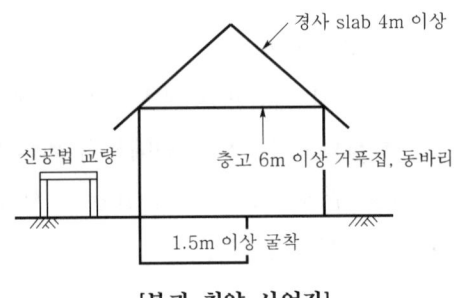

[붕괴 취약 사업장]

5. 낙하·비래에 의한 재해

1) 발생원인

물체가 떨어지거나 다른 곳으로부터 날아와 맞음

2) 방지대책

① 낙하물 방지망 또는 방호선반 설치

② 출입금지구역 설정

③ 보호구 착용

④ 낙하·비래 방지 설비 설치

⑤ 투하설비 설치 및 감시인 배치

3) 고소작업 시 물체 낙하 방지대책

① 상하 동시 작업 금지 부득이한 경우 충분한 안전대책 수립 후 작업

② 투하작업 금지, 양중설비 및 투하설비 설치

③ 안전모 착용 철저, 방호 시트 등 방호설비

④ 위험지구 출입금지 조치 및 감시인 배치

Section 26 건설현장에서 작업환경이 안전에 미치는 요소 및 예방대책

1. 개요

① 작업환경에는 화학적, 물리적, 생리적, 사회적 요인 등이 있으며 이 요인들이 근로자 신체에 영향을 미쳐 건강상태를 악화시킨다.

② 유해요인을 차단하기 위해 작업환경 측정, 환경개선 및 보호구 착용 등으로 재해를 예방하여야 한다.

2. 재해발생 메커니즘

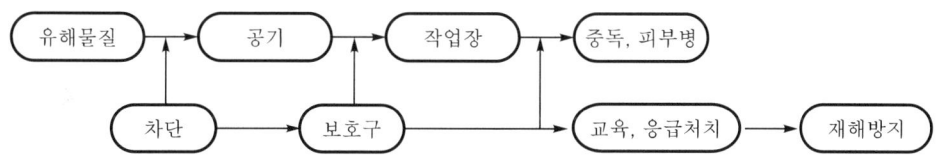

3. 작업환경 측정, 실시

1) 시기

① 대상 작업장이 된 경우 30일 이내 실시

② 6개월에 1회 이상 실시

③ 시료 채취 후 30일 이내 노동관서에 신고

2) 측정대상 사업장

(1) 물리적 인자(2종)

① 8시간 시간가중평균 80dB 이상의 소음

② 고열 작업장

(2) 분진(7종)

① 광물성 분진

② 곡물분진

③ 면분진

④ 나무분진

⑤ 용접흄

⑥ 유리섬유

⑦ 석면분진

(3) 화학적 인자

① 유기화합물

② 금속류 등

(4) 기타 고용노동부장관이 고시하는 인체에 해로운 인자

4. 작업환경과 직업병

1) 화학적 요인에 의한 직업병

진폐증, 피부장애, 산소결핍증, 중독

2) 물리적 요인에 의한 직업병

난청, 망막손실, 손떨림

3) 생물학적 요인에 의한 직업병

피부병, 습진, 알레르기

4) 사회적 요인에 의한 직업병

스트레스, 정신질환, 정신피로

5. 예방대책

1) 소음, 진동

① 소음원 차단, 제거, 이격, 차음설비, 방진설비

② 귀마개, 귀덮개 등 보호구 착용 후 작업

2) 환기

① 실내 유해물질 배출, 환기, 송기조치

② 산소농도 18% 이상 유지

③ 방진, 방독, 송기마스크 등 보호구 지급

3) 통풍

터널 등 발파 후 통풍기 가동 공기정화

4) 조명

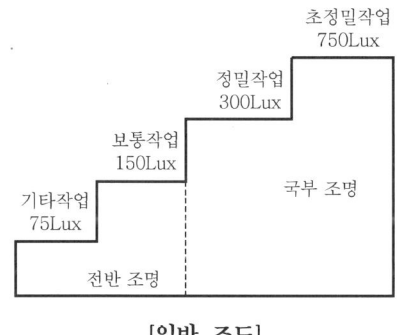

[일반 조도]

5) 건강진단 실시

법정 건강진단 실시 근로자 건강관리 확인

6) 작업환경 측정 실시

정기적인 작업환경 측정으로 유해요인 제거

7) 정리정돈, 채광, 색채조절, 행동장애 요인 제거

6. 결론

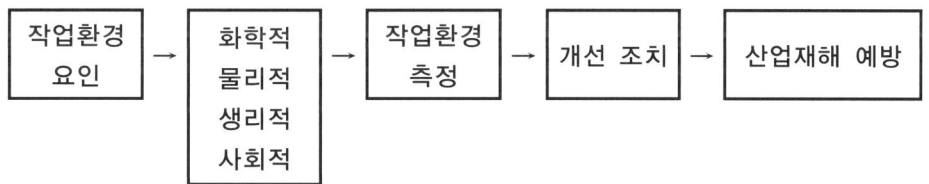

Section 27

현장 개설 시 안전관리 운영계획 수립 및 협력업체 관리 방안

1. 개요

건설공사의 대형화, 고층화, 복잡화에 따라 현장 개설 전 사전 안전관리 운용계획을 철저히 수립해야 생산의 최일선에 있는 협력업체의 재해발생을 예방할 수 있다.

2. 안전관리계획 흐름도

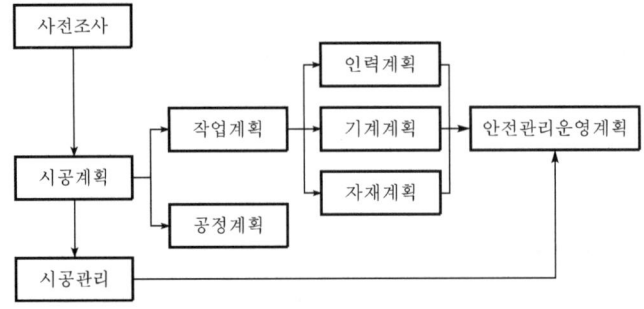

3. 현장 개설 시 검토사항

① 설계도서
② 계약조건
③ 입지조건
④ 인접 구조물 상태
⑤ 공해

4. 안전관리 운용계획

1) 현장 가설계획

① 가설사무실 배치
② 임시전력 설치
③ 용수, 양중 계획

2) 대관업무

① 착공서류 제출
② 경계측량

3) 안전관리 체계구비

① 안전관리비 운용계획
② 안전관리조직 설정

4) 안전관리 계획서, 유해 위험 방지 계획서 작성

현장 적합한 공종

5) 비상연락망

① 외부 : 발주처, 사업관리자, 소방서, 경찰서

② 내부 : 본사, 협력업체, 현장구내

5. 협력업체 문제점

1) 제도적 측면

① 원도급자의 일방 계약

② 하도급자 권리 부족

③ 원·하도급자 간 책임한계 불분명

④ 안전관리비 지급체계 미흡

2) 인적 측면

① 기능공 안전의식 결여

② 고용 불안정

③ 취업기피(3D)

④ 미숙련공 투입(외국인, 고령자)

3) 시설 측면

① 동시작업 시 하도급 간 안전시설 한계 불분명

② 안전시설에 대한 의식 부족

③ 구체적인 안전시설 설치비용 미고려

4) 운영관리 측면

① 성과급, 돌관작업

② 안전관리, 활동의식 부족

③ 신공법 적용 시 안전성 검토 미흡

④ 경영측의 안전목표 설정 부재

⑤ 안전정보 부재

5) 환경적 측면

① 작업의 복합성으로 재해 위험성 다양

② 작업환경의 가변성

③ 공정변화

6. 협력업체 안전관리방법(안전수준향상 제고 방안)

1) 안전관리체계의 정립

① 경영주의 안전의식 및 목표 정립

② 권한과 책임의 한계 명확화

③ 안전활동 상벌제 실질 적용

④ 안전생활화 유도(정리정돈, 안전활동)

2) 물적 안전관리체제 구축

① 설비 및 사용기자재 점검 및 검사 철저

② 노사점검, 순찰의 실질적 기능 강화

③ 안전보호장구 구비 지원

④ 전담요원 전문성 향상 교육 및 권한 강화

3) 관리감독 강화

① 협력회사별 점검반 운영(합동점검)

② 현장실습 및 교육의 확인

③ 안전지시 불이행 근로자 2진 아웃제 실시

④ 작업자 특성 적정 배치

⑤ 긴급, 돌관작업에 대한 관심 및 감독 철저

4) 원도급자와 공조체계 강화

① 원·하도급자 간 실무협의회 개최

② 안전포상제도 실시

③ 안전보호장구 지원

④ 공사단계별 안전성평가 강화

⑤ 안전교육 원도급자가 실시

7. 결론

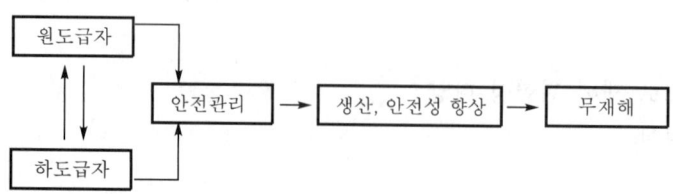

Section 28 건설재해가 근로자, 기업, 사회에 미치는 영향

1. 개요

건설현장에서 발생하는 건설재해는 근로자, 기업, 사회에 인적 또는 물적으로 큰 영향을 미치며 모든 건설산업 재해의 시작은 협력업체 근로자 위주로 발생하므로 이들에 대한 집중 지원, 관리가 필요하다.

2. 건설재해 증가 원인

1) 자율 안전관리 체제 구축 미비

  ① 원청업체 채산성 악화
  ② 협력업체 협조미비

2) 협력업체 안전관리 능력 결여

  ① 영세업자의 투자 능력 부족
  ② 인적·물적 자원 부족

3) 추락, 낙하 등 재래형 재해 반복

  ① 시공기술 발전에 비해 안전관리 기술 미진
  ② 근로자 소극적 자세 및 안전의식 부족

4) 채산성 악화

  ① 최저가 낙찰 및 과다 경쟁
  ② 채산성 악화로 안전관리 투자 여력 상실

3. 근로자에 미치는 영향

  ① 신체 및 생명 손해
  ② 피해자 본인 및 가족의 직접적 피해
  ③ 가족의 경제적 손실 및 정신적 타격
  ④ 장애 후유증으로 작업능력 저하
  ⑤ 근로자 사기 저하

4. 기업에 미치는 영향

1) 인적 손실

① 경력근로자 노동력 상실 및 노동력 저하

② 근로자 사기 저하

③ 안전에 대한 불안감으로 작업능률 저하

2) 물적 손실

① 재해 수습비용 발생

② 작업 중단 등으로 인한 간접비 증가

③ 교육훈련 등 경비 및 시간 소요

3) 신뢰성 저하

① 기업 이미지 손상

② 기업평가 절하

③ 기업에 대한 근로자의 신뢰도 하락

4) 기업활동 영향

① 법적 책임으로 기업활동 위축

② 각종 평가 시 불이익

③ PQ 시 감점

④ 조업 중단으로 생산활동 위축

⑤ 판매 부진

⑥ 불량률 증가

5. 사회에 미치는 영향

1) 국민세금 증가

① 피해자, 가족, 사회보장경비 증가

② 경제발전비용이 사회복지비용으로 도용

2) 물가인상

생산성 저하로 원가 상승

3) 정신적 부담

　① 재해에 따른 스트레스 발생

　② 불안감으로 능률 저하

4) 일상생활 지장

　① 재해로 인한 교통 차단, GAS, 수도 중단

　② 대형 재해 시 의식주 공급 차질

5) 국가 신인도 추락

　① 선진국 이미지 추락

　② 안전후진국 분류

6. 개선방향

　① 사업장 자율안전체제 정착

　② 협력업체 안전관리능력 강화

　③ 법적, 제도적 개선(최저가 등)

　④ 작업자 적정 배치

　⑤ 근로자, 기업, 사회의 안전의식 전환

7. 결론

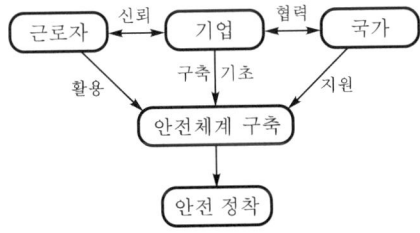

혹서기의 근로자 안전관리

1. 개요

① 여름철 고온다습한 환경 내 장시간 작업 시 피로, 스트레스로 인한 불안전행동
을 유발하여 재해를 발생시킨다.

② 특히 혹서기에는 열피로, 경련 등 질병 이완 우려가 높아 집중 관리가 필요하다.

2. 재해 발생 메커니즘

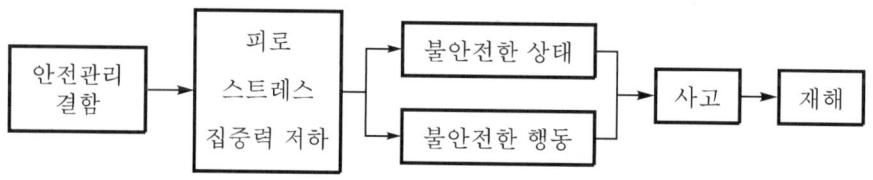

3. 혹서기 재해발생현황

구분	2022년				2023년			
	6월	7월	8월	계	6월	7월	8월	계
사망자 수(명)	44	32	37	113	36	32	35	103
재해자 수(명)	2,733	2,547	2,931	8,211	2,884	2,683	2,955	8,522

① • 2022년 총사망자 수 539명 중 113명(20.9%)

　• 2022년 총재해자 수 31,245명 중 8,211명(26.3%)

② • 2023년 총사망자 수 486명 중 103명(21.2%)

　• 2023년 총재해자 수 32,353명 중 8,522명(26.4%)

4. 혹서기 영향

① 피로, 스트레스 가중

② 불안전상태, 행동유발

③ 생산성 저하

④ 안전상 영향

⑤ 질병 발생

Professional Engineer Construction Safety

작업의 강도	작업내용	허용온도레벨
지극히 경작업	손끝을 움직이는 정도(사무)	32℃
경작업	가벼운 손작업(선반, 감시보턴 조작, 보행)	30℃
중등도작업	상체를 움직이는 정도(줄질, 자전거)	29℃
중등도작업	전신동작(3~40분에 1회 휴식)	27℃
중작업	전신동작(즉시 땀이 난다)	26℃

5. 근로자 안전에 미치는 영향

1) 고온에 의한 발병

① 열경련 : 과다한 땀 배출로 근육의 경련
② 일사병 : 햇빛에 장시간 노출 시 발생
③ 열사병 : 고온의 밀폐공간에 장시간 노출

2) 증상

① 열경련 : 다리, 복부 경련
② 일사병 : 피부 창백, 차갑고 땀 과다 배출, 현기증, 구토, 두통
③ 열사병 : 피부 뜨겁고 건조, 맥박 저하, 무의식 상태 유발

3) 응급처치

(1) 열경련

① 서늘하고 그늘진 곳으로 환자 이송
② 물 또는 전해질 음료 공급

(2) 일사병

① 서늘하고 시원한 곳으로 환자 이송
② 구토 시 기도 유지
③ 옷 벗기고 신체 냉각

(3) 열사병

① 기도 확보
② 시원한 곳으로 환자 이송
③ 빠른 시간 내 체온 냉각
④ 위험도 높으므로 구급조치(119)

6. 안전대책

① 현장 내 간이 휴게시설 설치
② 식수, 심염정제 비치
③ 고온 시(35℃ 이상) 작업 중지
④ 철저한 건강관리 및 충분한 수면
⑤ 고령자, 질병 의심자 옥외 작업 금지
⑥ 과음, 과식 금지
⑦ 적정한 휴식시간 부여
⑧ 순찰, 관리감독 강화

7. 결론

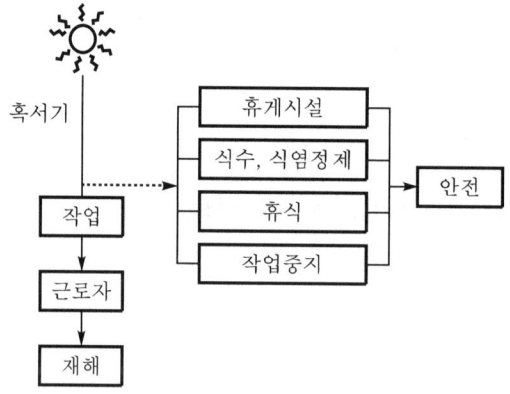

[혹서기 안전대책]

Section 30 건설산업구조의 문제가 안전에 미치는 영향

1. 개요

건설산업구조형태는 발주부터 근로자까지 복잡한 진행과정으로 구성되어 구조적 문제점에 의한 재해가 다수 발생하므로 안전에 유의해야 한다.

2. 건설산업구조의 문제점

1) 작업환경의 특수성
① 옥외공사 위주
② 설비 중량이 큼

2) 작업 자체의 위험성
① 고소작업이 많음
② 상하 동시 작업 빈번

3) 공사계약의 편무성
① 무리한 수주로 근로조건 열악(최저가)
② 무리한 공기 단축으로 재해 위험요인 증대(돌관작업)

4) 하도급 안전관리체계 미흡
① 불법 하도급 성행
② 전문 공종의 다양화

5) 고용의 불안정
① 근로자 유동성이 많음
② 고용관계 불분명(임시직, 일당제)

6) 안전의식 미흡
① 작업자의 안전의식 결여
② 관리자의 안일한 태도

3. 안전에 미치는 영향

1) 자율안전관리체계 미흡
① 원청의 채산성 악화
② 협력업체 협조 부족
③ 작업의 복잡, 다양성 및 신공법 적용

2) 재해 예방시설 투자 미흡
① 작업의 일회성 및 연속성에 의한 시설 미투자
② 작업의 가변성

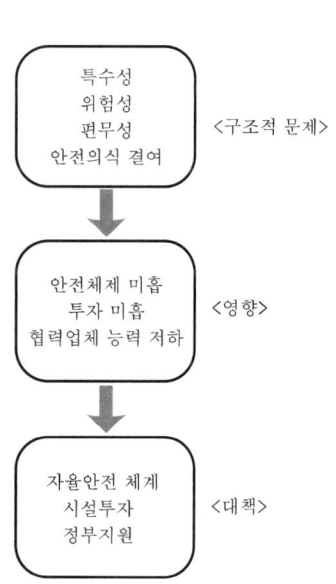

3) 협력업체 안전관리능력 미흡

① 인적 · 물적 자원 부족

② 협력업체 영세성

4) 근로자 안전의식 결여

① 작업의 유동성 증대

② 적합한 보호구 미착용

4. 대책

① 자율안전관리체계 확립

② 협력업체 안전시공체계 구축

③ 재해 예방시설 투자 증대

④ 근로자 안전교육 및 의식개혁

⑤ 작업장 내 순회점검(일일, 주간, 월간)

⑥ 정부 및 관련 단체 지원

Section 31 건설현장 근로자 사망재해 중 뇌 · 심혈관계 질환 예방대책

1. 개요

건설업 환경의 변화로 최근 뇌, 심혈관계 질환의 발생이 빈번하고 사망에 이르는 등 문제가 발생 되는 바 충분한 교육과 건강진단 실시 및 발생 시 응급처치를 신속히 함으로써 사망재해를 최소화하여야 한다.

2. 뇌 · 심혈관계질환 발생현황

구 분	2021년	2022년	2023년
총재해자 수(명)	29,943	31,245	32,353
총사망자 수(명)	551	539	486
업무상 질병 이환자 수(명)	2,921	3,676	5,394
뇌 · 심혈관계 사망자 수(명)	67	45	56

3. 직업병과 심·혈관계 질환 예방 필요성

1) 직업병의 의미

① 직업적으로 노출되는 유해인자에 의해 발생되는 질병

② 직업상 업무에 기인하여 일차적으로 발생되는 질환

③ ① ②항에 기인하여 발생한 합병증도 포함

2) 심·혈관계 질환 예방의 필요성

① 일상생활은 심장과 더불어 하는 것

② 사망원인 1위

③ 최근 식습관의 변화로 급증

④ 우리나라 3대 사망질환 : 뇌졸중, 심장병, 암

4. 발생원인

① 심장에 피 결손 : 혈류 순환체계 이상(순환능력 부족)

② 협심증 : 심근의 대사장애(혈액, 산소보급 부족)

③ 심근경색증 : 관상동맥에 혈전이 발생, 관상동맥 경화증에 의한 발작적 쇼크

④ 중풍 : 뇌혈관이 막히거나 터지는 현상

5. 증상

1) 뇌혈관

① 한쪽다리가 저리거나 몸의 균형이 잡히지 않을 때

② 발음이 제대로 안되거나, 상대방 말이 알아듣기 어려울 때

③ 두통, 구토 등

2) 심혈관

① 가슴통증 : 죄는 느낌, 짓누르거나 짜는 느낌

② 식은땀이 나거나 숨이 찰 때

6. 뇌·심혈관계 질환의 예방대책

1) 개선불가능 인자

유전가족력, 남성, 고령

2) 개선가능 인자

① 흡연, 음주
② 운동 부족, 콜레스테롤

3) 기타 위험인자

당뇨병, 심장병, 비만, 스트레스

4) 작업조건 개선

① 장시간 노동 및 노동강도 개선
② 야간 및 교대작업 개선
③ 위험요인 작업환경 개선(고열, 한냉, 산소 결핍, 중량물)
④ 스트레스 해소

5) 근로자 건강 증진

① 근로자 체형측정
② 건강검진, 수시 간이검진 실시

6) 생활습관 개선

① 바르지 못한 생활습관 개선(규칙적 생활)
② 균형된 영양관리

7. 응급조치

① 안전한 장소에서 편안한 자세로 움직이지 않는다.
② 주위작업자, 관리자에게 연락한다.
③ 구강 내 이물질 제거 후 기도를 유지한다.
④ 인공호흡 및 심장 마사지를 실시한다.
⑤ 119 및 가까운 의료기관에 연락한다.

Section 32

건설안전관리의 장애요인 및 대책

1. 개요

① 건설업의 특성상 안전관리를 함에 있어 작업환경, 작업 자체의 위험성 등 여러 가지 장애요인이 발생하게 된다.

② 건설현장의 안전관리를 위해 전반적인 장애요인을 제거, 재해를 예방해야 한다.

2. 건설재해 증가 원인

① 자율안전관리체제 구축 미비
② 사회간접자본시설(SOC) 투자 확충
③ 재해 예방시설 투자 미흡
④ 기본적 안전대책 소홀
⑤ 협력업체의 안전관리 미흡
⑥ 근로자 안전의식 결여
⑦ 준법정신 미흡

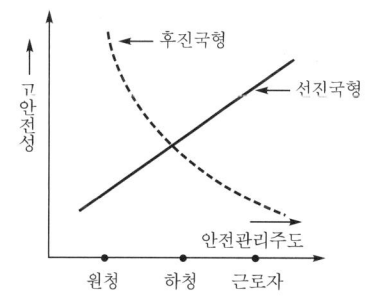

3. 안전관리의 장애요인

1) 건설업 특성에 따른 장애요인

① 작업환경의 특수성
② 작업 자체의 위험성
③ 공사계약의 편무성
④ 하도급 안전관리체제 미흡
⑤ 고용불안정, 노무자의 유동성
⑥ 근로자 안전의식 결여
⑦ 건설공사의 기계화
⑧ 재래형 재해 발생(추락, 낙하, 붕괴)

2) 공정에 따른 장애요인

① 발주단계 : 입찰 시 안전평가 미반영
② 설계단계 : 안전기술자 미참여

③ 시공단계 : 형식적 안전관리계획

④ 사업관리단계 : 사업관리업무 불분명과 안전관리 수준 미흡

⑤ 유지관리단계 : 안전관리 예산의 미반영

4. 대책

① 안전을 고려한 설계 : 설계단계에서 안전기술 자문 및 협력

② 무리 없는 공정계획 : 합리적 시공관리 및 적정공기 확보로 안전관리

③ 안전관리체제 확립 : 안전관리 조직 운영, 안전시설 점검 및 점검체제

④ 작업지시 단계 : 안전사항 철저 지시

⑤ 안전의식 강화 : 관리자, 근로자 안전의식 강화

⑥ 안전관리자 지휘 : 위험장소 작업시

⑦ 안전보호구 착용 : 착용법 준수

⑧ 악천후 시 : 강풍, 강우, 강설 시 작업 중지

⑨ 고소작업 시 : 2.0m 이상 작업 시 안전조치(추락방지 조치)

⑩ 붕괴, 도괴 방지 : 계측 및 안전시설 설치

⑪ 정리정돈 : 수시로 정리정돈

⑫ 법규 준수 : 산업안전보건법 기준 준수

⑬ 안전성적 : 우수업체 인센티브 부여

5. 결론

건설업 특수성으로 인한 다량재해, 재래형 재해, 중대재해의 증가를 예방할 수 있는 실질적 자율 안전체제를 구축하기 위해 안전관리 장애요인의 사전 발굴, 대책 수립, 실시를 통한 안전관리가 절실히 필요하다.

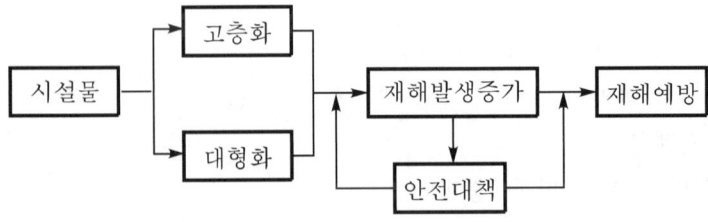

Section 33 고령 건설근로자의 안전을 위해 고려해야 할 작업의 종류

1. 개요

① 우리나라 고령인구가 2000년에 약 7%로 고령사회에 진입하였으며 2020년에는 16% 로 고령화사회로 전망된다.

② 건설현장 고령 근로자의 특성을 고려하여 업무에 대한 배려를 함으로써 재해를 최소화해야 한다.

2. 연령별 재해자 수(건설업, 2023년 기준)

총재해자 수	30세 미만	40세 미만	50세 미만	60세 미만	60세 이상
32,353명	906	2,124	4,032	9,462	15,289

3. 안전 고려 작업의 종류 및 대책

1) 신체적 능력 감퇴

(1) 중량물 취급

① 2인 이상 작업 및 보조기구 사용

② 근력 최대값의 70% 작업 배려

(2) 작업자세

① 어깨 이하 작업

② 입식작업

(3) 반복작업

15분 이내로 작업

(4) 전신지구력

휴식장소 설정

(5) 작업시간, 근무형태

① 야간일수 줄임

② 근무형태, 시간폭 여유

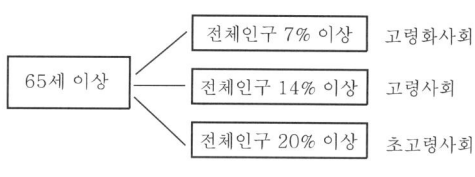

65세 이상	전체인구 7% 이상	고령화사회
	전체인구 14% 이상	고령사회
	전체인구 20% 이상	초고령사회

[고령사회의 개념(UN 규정)]

(6) 시각기능 저하

① 문자는 크게

② 조도 600lux 이상(야간 시)

(7) 청력 감퇴

① 소음기준 70dB 이하, 사무작업 55dB 이하

② 시력으로 정보전달 수단 활용

2) 인지능력, 기억력, 집중력 저하에 따른 작업조건 배려

(1) 인지능력, 기억력 저하

① 작업내용 명확

② 작업순서가 명료한 작업

(2) 작업속도

① 빠른 동작 제외

② 2시간 이내 15분 휴식

3) 사고 방지를 위한 배려

① 경험 위주 배치

② 조명, 경사, 손잡이 설치

4) 건강관리에서 배려

① 건강검진 실시

② 운동, 영양, 휴식조언 및 기회 제공

4. 향후 발전방향

① 고령화사회 진입에 따른 계도, 홍보

② 고령 근로자에 대한 건강진단 강화

③ 체력측정검사 실시

④ 고령 근로자를 위한 교육 프로그램 개발 및 보급

⑤ 건강증진 운동 프로그램 참여

⑥ 고령 근로자를 위한 작업환경 개선

5. 결론

고령화사회는 피할 수 없는 선택으로 고령 근로자는 채용 시부터 철저한 관리로 위험에 대한 사전조치 및 작업 시 철저한 관리로 안전을 확보하여야 한다.

Section 34 제3국(외국인) 근로자 건설현장 투입에 따른 문제점 및 대책

1. 개요

① 건설업이 3D 직종으로 분류되면서 기능 인력이 매우 부족한 현실이다.
② 이에 따라 건설현장의 외국인 근로자가 증가함에 따라 언어적, 문화적 격차로 인한 안전사고가 증가하고 있어 철저한 안전대책이 필요하다.

2. 외국인 근로자 문제점

1) 언어 소통
작업 지시 및 위험구간 표지에 대한 이해 부족

2) 생활습관
종교, 식생활습관 등 환경 적응 미흡

3) 환경(기후)
기후 변화에 의한 생체 리듬 교란

4) 작업 이해도
비숙련자, 교재 부족으로 작업에 대한 이해도 부족

5) 작업 숙련도
신기술 등 적용 부족

6) 안전 의식
안전보다 작업 위주

7) 소속감 결여
다수의 불법 취업자

3. 안전대책

1) 안전교육 실시

안전 지식, 기능, 태도 교육 실시

2) 작업 훈련도 교육

작업방법, 배치 등 개선

3) 동기 부여

적정 임금 체계와 생활 보장

4) 안전제일의식 개편

수시교육 실시

5) 심성교육 실시로 태도 개선

무사고자로 전환

6) 각종 표지판 제작

국가별 안전수칙 제작

7) 교재, 홍보 비디오 활용

공단 활용 특별 교육 실시

4. 향후 방향

① 기능 인력 관리 및 임금 체계 현실화
② 1인 다기능 기술 습득을 위한 프로그램 개발
③ 안전교육 이수 의무화
④ 기능인력으로서 신분 보장
⑤ 자긍심 부여
⑥ 사회교육 프로그램 참여

5. 결론

외국인 근로자의 효과적 관리를 위해 취업보장, 인간존중, 복지증진에 노력해야 하며, 건설 기능인력으로서 신분을 보장해줌으로써 안정된 인력수급 및 건설재해를 예방해야 한다.

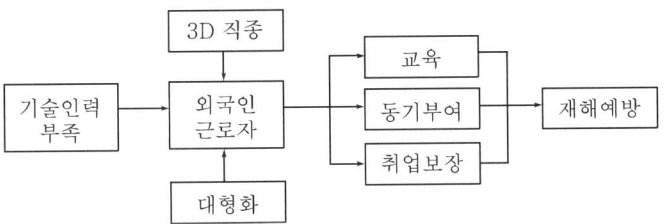

3대 다발재해 유형 및 예방대책

1. 정의

① 3대 다발재해란 재해 발생빈도가 타 재해에 비해 현저히 높은 떨어짐, 넘어짐, 물체에 맞음을 말한다.

② 3대 다발재해는 전체 재해의 60% 정도를 차지하는 실정으로 감소를 위해 집중관리가 필요하다.

2. 재해형태별 사망재해 발생현황

(단위 : 명)

구분	총재해자 수	떨어짐	넘어짐	물체에 맞음	부딪힘	끼임	절단, 베임, 찔림	기타
2021년	29,943	8,225	4,685	3,533	2,304	2,336	3,098	5,762
2022년	31,245	7,912	4,990	3,371	2,731	2,473	2,898	6,870
2023년	32,353	7,313	5,321	3,216	2,689	2,442	2,682	8,690
합 계	93,541	23,450	14,996	10,120	7,724	7,251	8,678	21,322
점유율(%)	100	25.1	16	10.8	8.3	7.6	9.3	22.8

※ 재해유형 용어
- 떨어짐 : 높이가 있는 곳에서 사람이 떨어짐(구 명칭 : 추락)
- 넘어짐 : 사람이 미끄러지거나 넘어짐(구 명칭 : 전도)
- 깔림·뒤집힘 : 물체의 쓰러짐이나 뒤집힘(구 명칭 : 전도)
- 부딪힘 : 물체에 부딪힘(구 명칭 : 충돌)
- 물체에 맞음 : 날아오거나 떨어진 물체에 맞음(구 명칭 : 낙하·비래)
- 무너짐 : 건축물이나 쌓여진 물체가 무너짐(구 명칭 : 붕괴·도괴)
- 끼임 : 기계설비에 끼이거나 감김(구 명칭 : 협착)

3. 건설현장의 3대 다발재해 유형

1) 떨어짐

① 외부 비계 고소작업 시 떨어짐

② 개구부 떨어짐

③ 사다리, 이동식 틀비계에서 떨어짐

2) 넘어짐

① 경사로, 가설계단에서 근로자 넘어짐

② 이동식 크레인, 백호 등 장비 넘어짐

③ 단관비계, 틀비계 넘어짐

3) 물체에 맞음

① 양중자재의 낙하

② 가설자재의 낙하

③ 적재된 중량물자재의 낙하

4. 예방대책

1) 기술적 대책(Engineering)

① 안전시설에 대한 안전설계 및 작업방법 개선

② 보호구 및 방호장치의 기술기준 작성 및 활용

③ 안전율 적용 등 안전기준의 선정

2) 교육적 대책(Education)

① 사고원인에 대한 안전교육 및 훈련 실시

② 지식, 기술 등의 이해를 위한 교육 및 숙련

③ 사고사례를 활용한 안전교육

3) 관리적 대책(Enforcement)

① 현장수칙 등 엄격한 규칙 제정 및 제도적 이행

② 조직적인 안전활동 등 안전의 시스템화

③ 적정한 인원배치 및 경영자의 솔선수범

재해

하인리히(H.W. Heinrich)의 연쇄성 이론

1. 개요

① 하인리히는 재해의 발생은 언제나 사고요인의 연쇄반응 결과로 발생한다는 연쇄성 이론을 제시했다.

② 연쇄성 이론에 따르면 사고의 발생은 불안전한 행동, 불안전한 상태에 기인하여 재해를 수반하며, 대부분은 방지할 수 있다.

2. 재해 발생 메커니즘

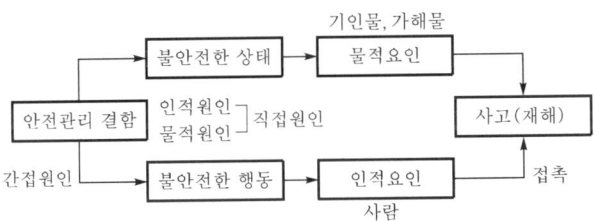

3. 하인리히의 사고 발생 연쇄성 이론

1) 유전적 요인 및 사회적 환경(선천적 결함)

① 무모, 완고, 탐욕 등 성격상 바람직하지 못한 유전적 가능성

② 환경이 성격을 잘못 조작

③ 환경은 교육의 재해요인

④ 유전, 환경은 함께 인적 결함 원인

2) 개인적 결함(인간의 결함)

① 부모의 포악한 성품의 유전, 후천적 결함

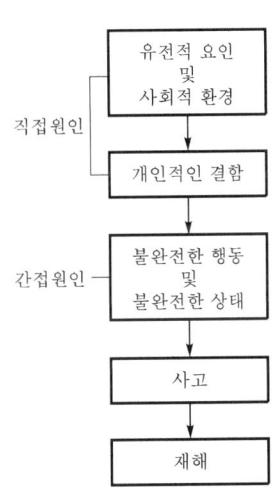

[하인리히 연쇄성 이론]

② 기계적, 물리적, 위험성이 존재하는 이유 구성

3) 불안전한 행동 및 불안전 상태

① 안전장치 제거, 인양물 하부 작업

② 부적당한 방호상태, 불충분한 조명 등

4) 사고

① 직·간접 원인으로 인해 작업에 지장, 능률 저하

② 직·간접적으로 인명, 재산 손실

5) 재해(상해, 손실)

① 직접적으로 사고로부터 생기는 상해(사망, 골절)

② 사고의 결과 인적, 물적 손실

4. 하인리히의 재해 예방 중심목표

하인리히는 사고예방의 중심목표로 제3요인인 불안전한 행동 및 상태를 제거하면 재해를 예방할 수 있다고 강조했다.

5. 하인리히의 재해구성비율

1) 1 : 29 : 300의 법칙

① 330회 사고 가운데 사망 또는 중상 1회, 경상 29회, 무상해사고 300회 비율로 발생

② 재해의 배후는 상해를 수반하지 않는 방대한 수(300건 : 90.9%)의 사고가 발생

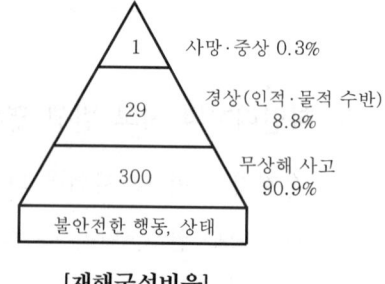

[재해구성비율]

2) 재해의 발생

① 재해의 발생

=물적 불안전상태+인적 불안전행동+α

=설비의 결함+관리적 결함+α

② α : 잠재된 위험의 상태=재해

$$\alpha = \frac{300}{1 + 29 + 300} = 90.9\,\%$$

6. 재해 예방비율 비교

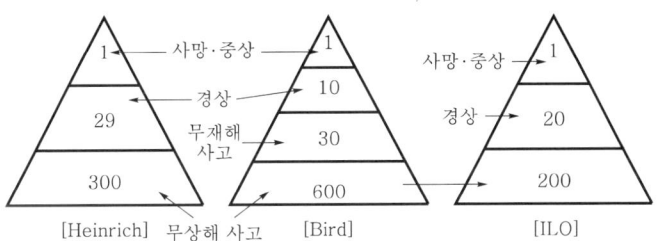

7. 재해 예방의 4원칙

1) 손실 우연의 법칙

재해손실은 사고 발생 시 사고 대상의 조건에 따라 달라지므로 재해손실은 우연성에 의하여 결정된다.

2) 원인 계기의 원칙

사고 발생과 원인은 필연적 관계이며 직접 원인, 간접 원인으로 구분된다.

3) 예방 가능의 원칙

재해는 원칙적으로 원인만 제거하면 예방할 수 있다.

4) 대책 선정의 원칙

재해 예방을 위한 안전대책은 반드시 존재하며, 재해 예방을 위한 3E 대책이 중요하다.

8. 사고예방 기본원리 5단계

1) 제1단계 조직 – 안전관리 조직

안전관리자 선임, 안전라인, 참모조직, 안전활동 계획 수립

2) 제2단계(사실의 발견) – 현상 파악

사고 및 활동기록의 검토, 작업 분석

3) 제3단계(분석) – 원인 분석

사고의 원인 분석, 교육훈련 및 적정배치

4) 제4단계(시정책의 선정) – 대책 수립

기술, 교육훈련 개선, 안전운동 전개

5) 제5단계(시정책의 적용) – 실시

　목표 설정, 3E 대책 실시, 재평가 → 시정

재해 예방의 4원칙과 사고 예방원리 5단계

1. 개요

① 하인리히는 재해 예방을 위한 재해 예방 4원칙과 사고 예방원리 5단계라는 이론을 제시했다.

② 손실 방지보다 사고 발생 자체를 방지해야 한다는 재해 예방 4원칙과 재해의 98%인 인위적 재해를 미연에 방지하기 위해 사고 예방원리 5단계를 적절히 적용하여 재해를 예방해야 한다.

2. 재해 예방의 4원칙

1) 손실 우연의 원칙

① 재해손실은 사고 발생 시 대상, 조건에 따라 달라지므로 재해손실은 우연성에 의하여 결정된다.

② 1 : 29 : 300 법칙

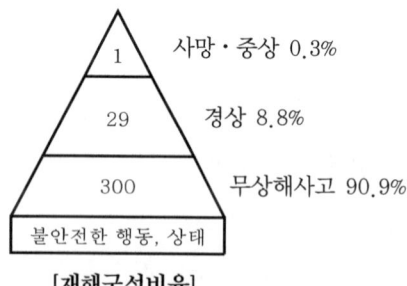

- 330회 사고 가운데
  1건, 29건, 300건 발생
- 300건이 안전대책의 실마리
- 재해의 발생

$$\boxed{\begin{array}{c} 관리적\ 결함 \\ 설비적\ 결함 \end{array}} = \boxed{\begin{array}{c} 불안전\ 상태 \\ 불안전\ 행동 \end{array}} + \alpha$$

$$\alpha = \frac{300}{1+29+300} \text{(잠재된 위험의 상태)}$$

③ 재해 방지의 대상은 우연성에 좌우되는 손실 방지보다 사고 발생 자체를 방지한다.

2) 원인 계기의 원칙

   ① 사고와 손실의 관계는 우연적이지만 사고와 원인과의 관계는 필연적

   ② 사고의 직접적 원인

      ㉠ 기술적 원인(Engineering)

      ㉡ 교육적 원인(Education)

      ㉢ 관리적 원인(Enforcement)

   ③ 사고의 간접적 원인

      ㉠ 불안전한 상태 10%

      ㉡ 불안전한 행동 88%

      ㉢ 천후요인(불가항력) 2%

3) 예방 가능의 원칙

   ① 재해는 원인만 제거되면 예방이 가능

   ② 인재(직접 원인 98%) 미연에 방지 가능

4) 대책 선정의 원칙

   ① 안전대책은 반드시 존재

   ② 3E 대책

      ㉠ 기술적 대책

      ㉡ 교육적 대책

      ㉢ 관리적 대책

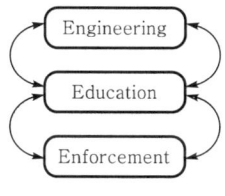

[합리적 관리]

3. 재해(사고) 예방 기본원리 5단계(H.W. Heinrich)

1) 제1단계(조직) – 안전관리 조직

   ① 경영자의 안전목표 설정

   ② 안전관리자 선임

   ③ 안전라인 및 참모조직

   ④ 안전활동 방침 및 계획 수립

   ⑤ 조직활동을 통한 안전활동 전개

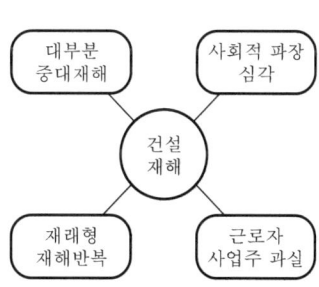

[건설재해 특징]

2) 제2단계(사실의 발견) – 현상 파악

   ① 사고 및 활동기록의 검토

   ② 작업 분석

③ 점검 및 검사

④ 각종 안전회의 및 토의

⑤ 근로자 제안 및 여론조사

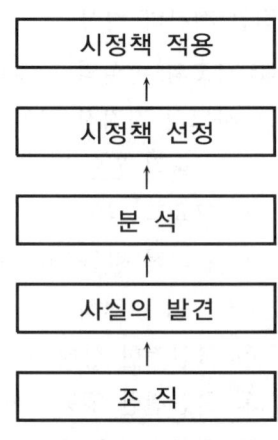

[재해(사고) 예방 5원리]

3) 제3단계(분석) – 원인 분석

① 사고원인 및 경향성 분석

② 사고기록 및 관계자료 분석

③ 인적, 물적, 환경적 조건 분석

④ 작업 공통 분석

⑤ 교육훈련 및 적정 배치 분석

⑥ 안전수칙 및 보호장비의 적부

4) 제4단계(시정책의 선정) – 대책 수립

① 기술적 개선

② 교육훈련의 개선

③ 인사조정 및 안전행정의 개선

④ 규정, 수칙 등 제도의 개선

⑤ 이행, 독려체계 강화

⑥ 안전운동의 전개

5) 제5단계(시정책의 적용) – 실시

① 목표 설정

② 3E 대책

③ 후속 조치(재평가 → 시정)

Section 3 ## 버드(F.E. Bird)의 최신 연쇄성(Domino) 이론

1. 개요

버드는 손실제어요인(Loss Control Factor)의 연쇄반응의 결과로 재해가 발생된다는 연쇄성 이론을 제시했다.

2. 버드의 이론에 의한 재해 발생 연쇄관계(발생과정)

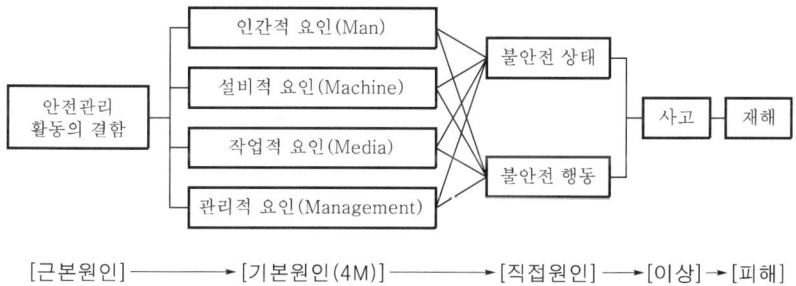

[근본원인] ──────→ [기본원인(4M)] ──────→ [직접원인] ──→ [이상] → [피해]

3. 버드(F.E. Bird)의 최신 재해 연쇄성 이론

1) 제어의 부족(관리 부족)

① 안전관리 부족은 안전관리자, 스태프의 관리 부족에 기인

② 안전관리계획에 모든 재해, 사고요인 해결책을 포함

2) 기본원인(기원)

① 사고 발생원인은 개인적 및 직업상 관련된 요인이 존재

ㄱ 개인적 요인 : 지식 부족, 육체적, 정신적 문제 포함

ㄴ 작업상 요인 : 기계설비의 결함, 부적절한 작업기준

② 재해의 직접원인보다 기본원인을 규정하여 효과적인 제어기능 확립

3) 직접원인(징후)

① 불안전한 행동, 상태

② 근본적인 징후 발견 및 원인을 색출하여 조사

4) 사고(접촉)

① 신체 또는 정상적 신체활동을 저해하는 물질과의 접촉으로 본다.

② 불안전한 관리 및 기본원인에 의한 신체접촉에 기인

5) 재해(상해, 손실)

① 육체적 상해 및 물적의 손실 포함

② 사고의 최종결과는 손실을 의미

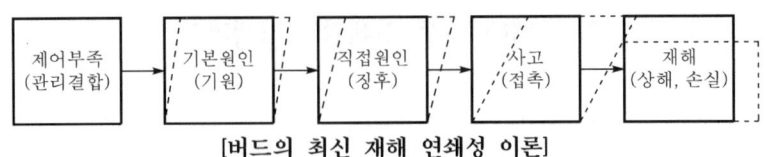

[버드의 최신 재해 연쇄성 이론]

4. 버드의 재해 예방 중요 요소

기본원인(4M)을 제거해야 재해가 예방된다고 강조

5. 버드의 재해구성비율(1 : 10 : 30 : 600)

① 641회 사고 가운데 사망 또는 중상 1회, 경상(물적, 인적 상해) 10회, 무상해 사고 (물적 손실) 30회, 상해, 손해 없는 사고 600회 비율로 발생

② 재해의 배후에는 상해를 수반하지 않는 방대한 수(630건/98.28%)의 사고가 발생

③ 630건의 사고 즉, 아차사고의 인과(원인 결과)가 사업장 안전대책의 실마리

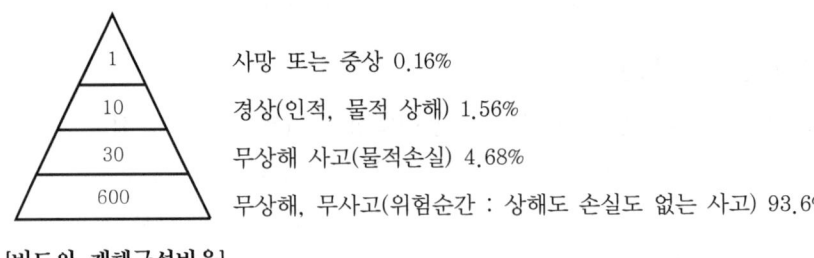

사망 또는 중상 0.16%

경상(인적, 물적 상해) 1.56%

무상해 사고(물적손실) 4.68%

무상해, 무사고(위험순간 : 상해도 손실도 없는 사고) 93.6%

[버드의 재해구성비율]

6. 버드와 하인리히의 연쇄성 이론 비교

단계	버드	하인리히
1	제어의 부족	유전, 사회적 요인
2	기본 원인	개인적 결함
3	직접 원인	불안전 행동, 상태
4	사고	사고
5	재해	재해

Section 4 재해 발생원인과 대책

1. 개요

① 재해는 직접 원인(불안전 상태, 행동) 간접 원인(3E)에 의해 발생하며 인적, 물적 손실을 수반한다.

② 재해는 원칙적으로 모두 예방이 가능하며 간접·직접 원인에 대한 과학적이고 체계적인 대책을 선정하여야 한다.

2. 재해의 유형

(단위 : 명)

구분	총재해자 수	떨어짐	넘어짐	물체에 맞음	부딪힘	끼임	절단, 베임, 찔림	기타
2021년	29,943	8,225	4,685	3,533	2,304	2,336	3,098	5,762
2022년	31,245	7,912	4,990	3,371	2,731	2,473	2,898	6,870
2023년	32,353	7,313	5,321	3,216	2,689	2,442	2,682	8,690
합 계	93,541	23,450	14,996	10,120	7,724	7,251	8,678	21,322
점유율(%)	100	25.1	16	10.8	8.3	7.6	9.3	22.8

3. 재해 발생 메커니즘

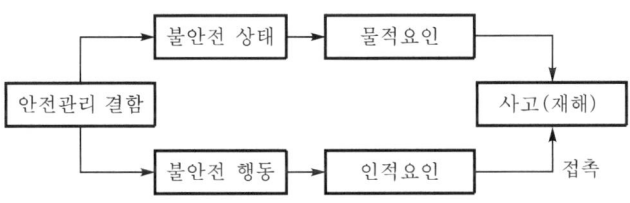

4. 재해(사고) 발생원인의 분류

1) 간접 원인

① 기술적 원인 : 10%

② 교육적 원인 : 70%

③ 관리적 원인 : 20%

2) 직접 원인

① 불안전한 상태 : 10%

② 불안전한 행동 : 88%

③ 천후요인(불가항력) : 2%

5. 물적, 인적 원인

1) 물적 요인

① 관리적 원인 : 안전수칙, 인원배치

② 교육적 원인 : 위험작업에 대한 교육

③ 기술적 원인 : 기계설계 불량, 점검, 보존 불량

2) 인적 요인

① 소질적 결함

② 작업에 몰두 주변상황 배제

③ 의식 우회

④ 무의식 행동

⑤ 생략

⑥ 착오

⑦ 피로

⑧ 신체적 조건 불량

⑨ 전문지식 결여

6. 직접적인 원인의 사고비율

1) 선진국형

① 불안전 상태 : 10%

② 불안전 행동 : 88%

③ 천후요인 : 2%

2) 후진국형

① 불안전 상태 : 88%

② 불안전 행동 : 10%

③ 천후요인 : 2%

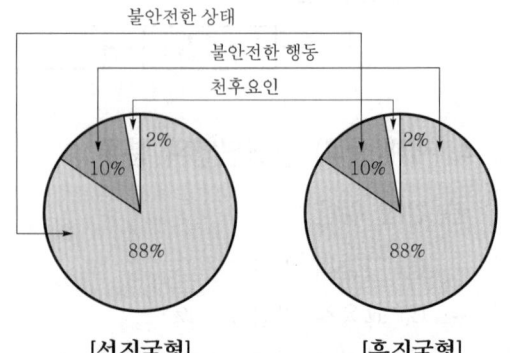

7. 재해 예방 대책

1) 재해 예방 4원칙(Heinrich 재해 예방 4원칙)

① 손실 우연의 원칙

② 원인 계기의 원칙

③ 예방 가능의 원칙

④ 대책 선정의 원칙

2) 재해(사고) 예방 대책

(1) 재해 예방 5단계(하인리히 사고 예방 기본원리 5단계)

① 제1단계(안전관리조직)

② 제2단계(사실의 발견)

③ 제3단계(분석 및 평가)

③ 제4단계(시정책의 선정)

④ 제5단계(시정책의 적용)

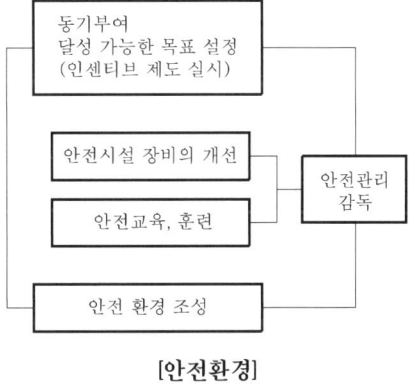

[안전환경]

(2) 3E 대책(J.H. Harvey의 3E)

① 기술적 대책

② 교육적 대책

③ 관리적 대책

(3) 기타

① 시설적 대책

② 법령 준수

Section 5 재해의 종류와 예방대책

1. 개요

재해란 안전사고로 인한 인명, 재산의 손실을 말하며 자연적 재해(천재), 인위적 재해(인재)로 구분하고, 모든 인위적 재해는 예방이 가능하다.

2. 재해의 종류

① 자연적 재해(천재) : 지진, 태풍, 홍수, 번개 기타 2%

② 인위적 재해(인재) : 건설, 공장, 광산, 교통, 항공재해 등 98%

3. 자연적 재해와 예방대책

1) 지진

① 내진설계

② 내진성 강화

③ 사질지반 액상화 방지조치

④ 지진 발생 시 낙하물에 대한 방호조치

2) 태풍

① 바람 영향이 있는 장소 보호 시트 임시 철거

② 가설물 벽 연결부 보강, 비계판 고정

③ 잔재물, 폐자재 안전한 곳으로 이동

④ 활동 가능성 있는 토석 정리, 제거

⑤ 주변 배수시설 철저

⑥ 우의 등 안전장구 사용 철저

3) 홍수

① 가설물 설치 시 홍수위 조사 후 고지대 설치

② 주변 침수로 고립 시 철수계획 수립

③ 공사용 가설도로 차량운행에 지장 없도록 견고히 설치

④ 수상구조물 작업 시 사전에 물을 채워 작업

⑤ 우기철 대비계획 수립

4) 번개

① 낙뢰방지 피뢰침 설치(20m 이상)

② 낙뢰에 의한 화재발생 확산 방지 및 소화대책 수립

③ 피뢰침, 접지선, 접지관 등 점검. 이상 발견 시 즉시 수리, 교체

④ 번개가 심할 때 피뢰침 설치, 건물 내에서도 벽체와 이격

5) 기타

① 설계, 시공 시 극한 자연현상 고려(강설, 폭우 등)

② 신속히 자연현상을 예견하여 대책 시행

4. 인위적 재해와 예방대책

1) 인위적 재해의 종류(전체 98%를 차지하며 예방 가능한 재해)

① 건설재해 : 추락, 낙하, 비래 등

② 공장재해 : 노동상태, 중독 등

③ 광산재해 : 낙반, 폭발 등

④ 교통재해 : 충돌, 탈선 등

⑤ 항공재해 : 추락사고 등

⑥ 선박재해 : 좌초, 침몰 등

⑦ 학교재해 : 학생, 교사의 재해

⑧ 도시재해 : 건물화재 등

⑨ 가정재해 : 추락, 가스폭발 등

2) 사고 예방 기본원리 5단계(H.W. Heinrich)

① 제1단계(조직) : 안전관리 조직

　안전목표 설정, 안전관리자 선임

② 제2단계(사실의 발견) : 현상 파악

　사고기록 검토, 사고조사, 작업분석

③ 제3단계(분석) : 원인분석

　원인, 경향분석, 자료분석

④ 제4단계(시정책의 선정) : 대책 수립

　기술적 교육훈련, 제도 개선

⑤ 제5단계(시정책 적용) : 실시

　기술적, 교육적, 관리적 대책(재평가 → 시정)

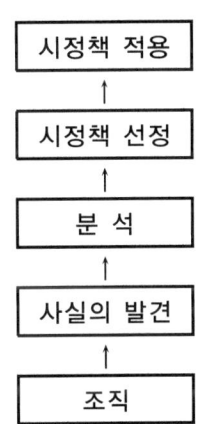

[사고(재해) 예방원리]

3) 3E 대책(J.H. Harvey의 3E)

① 기술적 대책 : 설비, 환경 개선과 작업방법 개선

② 교육적 대책 : 안전교육, 안전훈련, 경험훈련, 안전지식훈련

③ 관리적 대책 : 엄격한 규칙에 의해 제도적 시행

4) 기타

　① 시설적 대책 : 안전난간, 추락방망, 방호시트
　② 법령 준수

Section 6

산업재해 발생구조(Mechanism) 4유형

1. 개요

산업재해는 공학적으로 분석하면 외부 에너지가 신체에 충돌 작용하여 근로자의 생명, 노동능력을 감퇴시키는 현상을 말한다.

2. 산업재해의 4유형

1) 제 I 형

폭발, 파열, 낙하, 비래 등 에너지 폭주로 발생하는 재해

　(1) I-a

　　① 산업재해(法上)
　　② 사고의 결과로 발생

　(2) I-b

　　① 제3자 재해, 공중재해(法外)
　　② 고층 낙하물에 의한 산업재해

　(3) I-c

　　① 무상해사고(法外)
　　② 에너지가 물에 충돌 경제적 손실

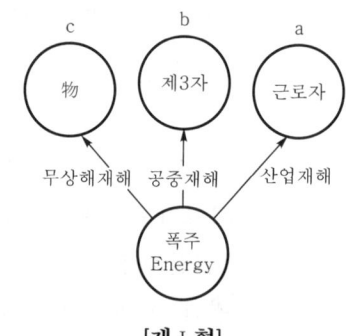

[제 I 형]

2) 제 II 형

　① 에너지가 활동구역의 사람에게 침입, 재해 발생
　② 동력운전 기계에 의한 재해, 감전화상
　③ 충전부 등 접촉

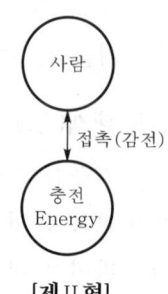

[제 II 형]

3) 제Ⅲ형

① 인체가 에너지체로서 물 등에 충돌, 발생

② 사람의 추락, 격돌

③ 고소작업 시 근로자 추락

4) 제Ⅳ형

① 작업환경 내 유해물질 상존 시 그 작용으로 발생

② 직업성 질병 등

③ 산소 결핍증, 질식 등 환경적 불안전 상태를 직접
원인으로 하는 산업재해

[제Ⅲ형]

[제Ⅳ형]

Section 7 등치성 이론(산업재해 발생형태)

1. 정의

① 등치성 이론이란 사고의 원인의 여러 가지 요인 중 한 가지 요인이라도 없으면 발
생하지 않으며 재해는 여러 가지 요인이 연결되어 발생한다는 이론이다.

② 등치(Equal of Value)라는 것은 등치가 아닌 요인은 재해요인이 아니며 한 가지
요인이라도 빠지면 재해가 일어나지 않는 요인이어야 한다.

2. 재해 발생형태

1) 집중형(단순자극형)

① 상호 자극에 의해 순간적으로 재해 발생

② 재해 발생장소에 그 시기에 일시적 요인 집중

2) 연쇄형

① 하나의 사고요인이 또 다른 요인을 발생시키면서 재해를 발생시키는 형태

② 분류

㉠ 단순연쇄형 : 사고요인이 발생, 그것이 원인이 되어 계속 발생

㉡ 복합연쇄형 : 2개 이상 단순 연쇄형에 의해 발생

3) 복합형

집중형과 연쇄형이 복합적으로 작용해 재해가 발생하는 형태

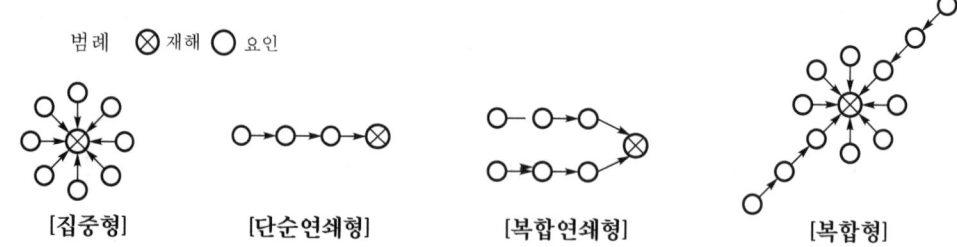

[집중형]　　　[단순연쇄형]　　　[복합연쇄형]　　　[복합형]

Section 8 **재해사례 연구법**

1. 개요

재해사례 연구법이란 산업재해의 사실과 배경을 체계적으로 파악, 문제점과 원인을 규명하고 재해 예방 대책을 수립하기 위한 수법으로 수강자의 입장에서 재해 분석 후 재해 예방대책 수립을 위한 방법이다.

2. 재해사례 연구의 목적

① 재해 예방대책 수립
② 안전보건 활동 실천
③ 안전에 관한 사고력 제고

3. 재해사례 연구기준

① 법규, 기술지침, 사내규정, 작업명령
② 작업표준, 설비기준, 작업의 상식, 직장의 습관

4. 진행방법

1) 개별연구

① 자문자답 또는 사실에 스스로의 조건 보충과 비판을 통한 판단 및 결정
② 집단연구의 경우 같은 과정을 거침

---

2) 반별 토의

① 기인사고와 집단토의 결과를 대비

② 참가자의 자기개발 또는 상호개발 촉진

3) 전체토의

① 반별 논의 결과를 상호 발표 및 의견 교환

② 미해결 현안사항 또는 관련사항 토의

③ 참가자 경험 및 정보의 교환

5. 재해사례 연구법의 순서

재해상황 파악 → 재해사례 연구의 4단계 → 실시계획

6. 재해상황의 파악(전제조건)

① 재해 발생 일시, 장소

② 업종, 규모

③ 상해(상병)의 상황 : 부상부위별 상해의 성질, 정도

④ 물적 피해 상황 : 생산정지 일수, 물적 손해액

⑤ 피해자의 특성 : 성명, 성별, 직종, 소속, 근무연수

⑥ 사고유형 : 추락, 비래, 낙하, 붕괴, 도괴, 감전

⑦ 기인물 : 재해 근원물, 환경, 불안전 상태

⑧ 가해물 : 직접 사람에 접촉하여 위해를 가한 것

⑨ 조직도 : 피해자를 중심으로 지휘 명령 계통의 관계 표시

⑩ 재해현장도 : 재해현장 평면도, 측면도 등

7. 재해사례 연구 4단계

1) 사실의 확인(제1단계)

① 정보, 사람, 물, 관리의 면에서 파악

② 재해관계 사실 및 재해요인의 객관적 규명

③ 연락, 보고, 확인, 처지 등 포함

2) 문제점 발견(제2단계)

① 기준 벗어난 문제점 적출

② 인적, 물적, 관리면에서 분석, 검토

③ 장래영향까지 예측

3) 근본적 문제점의 해결(제3단계)

① 중심적 요인을 검토하여 근본적 문제점으로 결정

② 문제점 사실 요약, 재해요인 결정

③ 인적, 물적, 관리적인 재해원인으로 구분하여 결정

4) 대책의 수립(제4단계)

① 재해원인을 바탕으로 대책 수립

② 예방 발견 및 제거를 위한 방법 검토

③ 동종 유사 재해 예방대책 수립

```
┌─────────────┐
│  사실의 확인  │
└─────────────┘
       ↓
┌─────────────┐
│  문제점 발견  │
└─────────────┘
       ↓
┌─────────────┐
│ 근본적 문제점 │
│     결정     │
└─────────────┘
       ↓
┌─────────────┐
│  대책의 수립  │
└─────────────┘
```

[사례연구 4단계]

8. 향후 개선 방향

① 과학적 사례 분석법 도입

② 재해사례의 철저한 피드백

③ 재해통계의 시스템화

Section 9 재해 조사

1. 개요

① 재해 조사란 재해원인과 자체의 결함 등을 규명함으로써 동종재해 및 유사재해 방지를 위한 예방대책을 강구하기 위하여 실시하는 것이다.

② 관계자 추궁이 아닌 재해원인에 대한 사실 규명을 목적으로 한다.

2. 재해 조사의 목적

① 동종 재해 사전 예방

② 유사 재해 사전 예방

3. 재해 발생 과정(Mechanism)

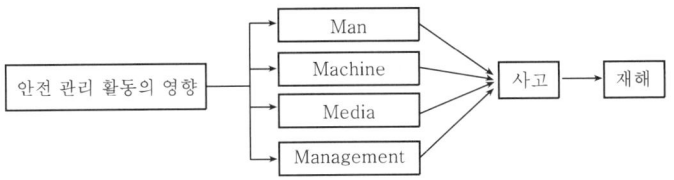

4. 재해 조사의 순서(4단계)

1) 제1단계(사실의 확인)

   ① 재해 발생까지의 경과 확인

   ② 인적, 물적, 관리적인 면에 관한 사실 수집

2) 제2단계(직접 원인과 문제점 확인) – 재해요인 확인

   ① 인적, 물적, 관리적인 면에서 재해요인 파악

   ② 파악된 사실로부터 재해의 직접 원인 확정 및 문제점 유무 확인

3) 제3단계(기본 원인(4M)과 기본적 문제점 결정) – 재해요인 결정

   ① 재해요인의 상관관계와 중요도 고려

   ② 불안전 상태 및 행동의 배후에 있는 기본원인 4M의 생각에 따라 분석 결정

4) 제4단계(대책의 수립)

   ① 최선의 효과를 얻을 수 있는 구체적이고 실시 가능한 것

   ② 동종 재해 및 유사 재해의 예방대책 수립

5. 재해 조사 방법(재해 조사의 3단계)

1) 제1단계(현장 보존)

   ① 재해 발생 직후에 실시

   ② 현장 보존에 유의

2) 제2단계(사실의 수집)

   ① 현장의 물리적 흔적(물적 증거) 수집

   ② 재해현장 촬영 사진 보관 및 기록

3) 제3단계(목격자, 감독자, 피해자 등 진술)

① 목격자, 현장책임자 등 다수 사람들로부터 사고 시 상황 청취

② 재해 피해자로부터 재해 직전 상황 청취

③ 판단이 어려운 특수, 중대재해는 전문가에 의뢰

6. 재해 발생 시 조치 순서

1) 긴급 처리

① 피해 기계 정지, 피해 확산 방지

② 피해자의 응급조치

③ 관계자에게 통보

④ 현장 보존

2) 재해 조사

잠재 재해요인 적출(6하원칙 5W/1H) → 사상자 보고

① 누가

② 언제

③ 어떤 장소에서

④ 어떤 작업을 하고 있을 때

⑤ 어떠한 물(기인물) 또는 환경에

⑥ 어떠한 불안전한 상태 또는 행동이 있었기에

⑦ 어떻게 재해가 발생하였는가

[재해 발생 시 조치 순서]

3) 원인 강구

간접 원인(관리), 직접 원인(사람, 물)의 원인 분석 → 재해원인 결정

4) 대책 수립

① 동종 재해 예방 대책

② 유사 재해 예방 대책

5) 대책 실시 · 계획

6하원칙(5W/1H)에 의해 대책 실시계획

6) 실시

대책 실시계획에 따라 실시

7) 평가

　　평가 후 후속조치(재평가 → 시정)

7. 재해조사자 및 조사내용

1) 재해조사자

　　① 현장감독자
　　② 안전관리자
　　③ 안전보건위원회 위원
　　④ 노동조합 간부
　　⑤ 안전관리전문가

2) 조사내용

　　① 재해 발생 년, 월, 일, 일시, 장소
　　② 피해자 성명, 성별, 연령, 경험
　　③ 피해자의 직업, 직종
　　④ 피해자의 상병의 정도, 부위, 성질
　　⑤ 사고의 형태(추락, 낙하, 비래 등)
　　⑥ 기인물
　　⑦ 가해물
　　⑧ 피해자의 불안전 행동
　　⑨ 피해자의 불안전한 인적요소
　　⑩ 기인물의 불안전한 상태
　　⑪ 관리적 요소의 결함(교육, 규칙)
　　⑫ 기타 필요사항

8. 재해조사 시 유의사항

　　① 사실을 수집한다(이유는 후에 확인).
　　② 목격자 등의 증언하는 사실 이외의 추측의 말은 참고로만 한다.
　　③ 조사는 신속하게 행하고 긴급 조치하여 2차 재해를 방지하도록 한다.
　　④ 사람, 기계설비 양면의 재해요인을 모두 도출한다.
　　⑤ 객관적 입장에서 공정하게 조사한다.
　　⑥ 책임 추궁보다 재발 방지를 우선으로 하는 기본 태도를 갖는다.

⑦ 피해자에 대한 구급조치 우선으로 한다.

⑧ 2차 재해의 예방과 위험에 대비하기 위해 보호구를 착용한다.

Section 10 재해통계 작성 시 고려사항

1. 개요

① 재해통계란 재해의 원인, 발생시기, 기간, 장소, 피해 정도를 파악하여 낸 통계로, 재해의 예방, 구조, 복구 등을 위한 기초자료이다.

② 정량적, 정성적 방법으로 구분되며 재해 예방에 근간이 되는 중요한 부분이다.

2. 종류

1) 정량적 방법

① 연천인율 : 근로자 1,000명당 1년간 발생한 재해건수

② 도수율 : 근로시간 1,000,000시간 중 발생한 재해건수

③ 강도율 : 근로시간 1,000시간당 재해일은 근로손실일수

2) 정성적 방법

① 개별적 원인 분석 : 특수, 중대재해 적합

② 통계적 원인 분석 : 파레토도, 관리도, 특성요인도

③ 시간별

④ 요일별

⑤ 직장별

⑥ 연령별

⑦ 경험 연수별 등

[파이도표]

3. 재해통계 작성 시 고려사항

① 내용의 내실화

② 안전활동 추진자료이지 안전활동은 아님

③ 근거에 의한 상태 추측 금지

④ 경향과 성질 중시. 통계 자체는 중요시하지 말 것

Section 11 재해원인 분석방법(재해통계의 정성적 분석)

1. 개요

① 재해원인 분석은 안전성적의 평가를 위한 자료 및 재해 예방 대책을 수립하기 위해 실시하는 안전활동이다.

② 재해 분석 시 재해현상 구성요소를 추출, 원인을 분석함으로써 동종의 재해를 방지하는 데 그 목적이 있다.

2. 재해통계의 종류

① 시간별 통계   ② 요일별 통계

③ 월별 통계   ④ 직장별 통계

⑤ 직종별 통계   ⑥ 연령별 통계

⑦ 경험 연수별 통계   ⑧ 부상 부위별 통계

3. 재해원인 분석방법

1) 개별적 원인 분석

① 개개의 재해를 하나하나 분석, 상세하게 원인 규명

② 재해별 적합한 원인 분석법(특수, 중대, 중소기업 재해)

2) 통계적 원인 분석

① 각 요인의 상호관계와 분포상태 등을 거시적으로 분석하는 방법

② 과거의 재해 다수 분석, 검토 후 재해의 공통 유형(Pattern)을 발견하려는 분석법

③ 종류(이용방법)

㉠ Pareto도

- 사고의 유형, 기인물 등 분류항목을 큰 순서대로 도표화
- 재해의 중심적 원인 파악 유효
- 중점 관리대상 선정에 유리
- 재해원인의 크기, 비중 확인 가능

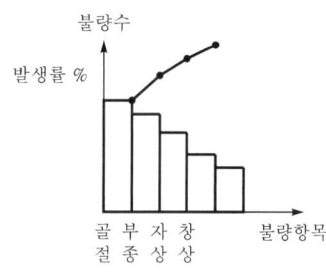

[파레토도]

ⓛ 특성요인도
- 재해의 특성과 영향을 주는 원인과의 관계를 어골(생선뼈)형태로 세분
- 원인과 결과와의 관계를 나타내어 재해원인 분석

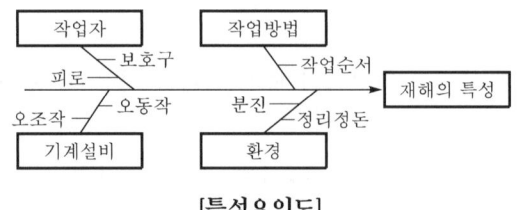

[특성요인도]

ⓒ Cross도(크로스 분석도)
- 2개 이상의 문제관계를 분석하기 위해 사용
- 재해 발생 위험도가 큰 조합발견 가능

[크로스 분석도]

ⓔ 관리도
- 월별 재해 발생 수를 그래프화하여 관리선을 설정
- 관리선은 상한관리선, 중심선, 하한관리선으로 표시

ⓔ 기타 : 파이도표, 오일러도표

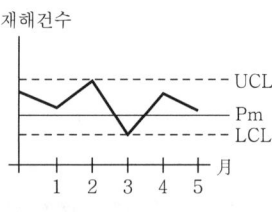

[관리도]

3) 문답방식에 의한 원인 분석
① Flow Chart를 이용 재해원인 분석
② 재해 분석 시 다시 한번 F/C상 원점으로 돌아가 검토, 재해원인 파악

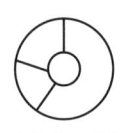 

[파이도표] [오일러도표]

4. 작성 시 유의사항

① 안전활동 추진 자료이지 안전활동은 아님
② 재해통계 근거로 조건이나 상태를 추측하지 말 것

Section 12

특성요인도(Causes and Effect Diagram)

1. 정의

재해의 결과(특성)가 어떠한 원인(요인)으로 일어나는지 그 원인 관계를 살펴보고, 도식화(특성요인도)해서 문제점을 파악하고 해결을 생각하는 기법을 말한다.

2. 특징

① 물고기 뼈 그림
② 특성에 영향을 주고 있다고 생각되는 요인을 큰 것부터 큰 뼈, 중간 뼈, 작은 뼈로 표현

3. 기법의 전개

① 특성(문제의 결과)을 정한다.
② 요인을 들춰낸다 : 자료를 수집하고 다음 중요한 것을 큰 뼈의 위치에 그려 넣는다.
③ 특성요인도를 완성시킨다(중간 뼈, 작은 뼈를 추가).
④ 중점 요인을 분석한다.
⑤ 누락 여부 체크, 인과관계 체크, 중요하다고 생각되는 요인에 ○표로 체크한다.

4. 기법의 응용

① 건설현장이나 공장의 문제점을 분석하고 개선점을 찾아내려고 할 때 매우 효과적
② 현재 사무와 영업개선의 문제에 폭넓게 쓰인다.

5. 특성요인도 작성 예

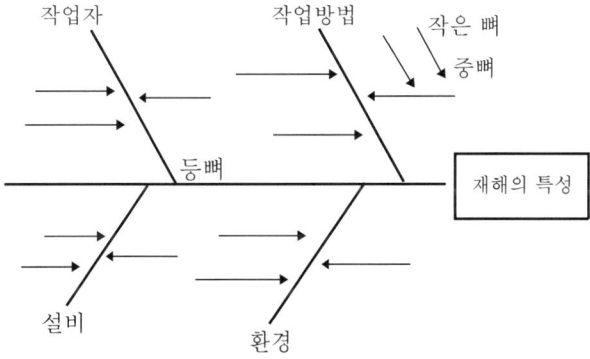

Section 13 　 잠재재해 발굴 방법

1. 개요

건설공사 특성상 재해가 잠재하므로 사전조사를 통해 원인을 사전에 파악, 대처함으로써 예방 가능하다.

2. 건설공사의 특성

① 특수성 : 옥외공사, 설비의 복잡성
② 위험성 : 고소공사, 중량물 취급
③ 편무성 : 도급 및 하도급 불평등
④ 하도급 안전관리 미흡
⑤ 고용의 불안정(임시, 공기는 유한성)

3. 잠재재해 발굴방법

1) 일반사항

① 설계도서, 계약조건 등의 파악
② 인접부지, 입지조건, 인접구조물 파악
③ 공해, 기상, 관계법규 등 확인

2) 기술사항

(1) 기초 및 토공사

① 토질, 지반조사 : 지형, 지질, 지층, 지하수 상태, 식생 등
② 지하 매설물 방호조치 : 매달기 방호, 받침 방호

(2) 철골공사

① 설계도 공작도 확인 : 비계받이, 트랩, 고리
② 내력설계 대상 여부

(3) 해체공사

건물의 신축년도, 설비배관, 철근간격 및 부지조사

Section 14 재해손실비(Accident Cost)

1. 개요

① 재해손실비란 업무상 재해로 인해 인적 상해를 수반하는 손실비용을 말한다.

② 재해가 발생하지 않는다면 지출되지 않을 직·간접으로 발생하는 비용을 총칭한다.

2. 재해손실비 산정 시 유의사항

① 쉽고 간편하게 산정할 수 있는 방법 채택

② 기업규모와 관계없이 일률적 채택 가능한 방법 선정

③ 전국적인 산업에 집계나 추계될 수 있는 방법 선정

④ 사회가 신뢰하는 확률 있는 방법 채택

3. 재해손실비 평가방식

1) 하인리히 방식

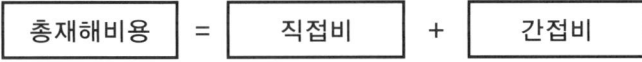

| 총재해비용 | = | 직접비 | + | 간접비 |

(1) 직접비 : 법령으로 정한 재해비용(산재보상비)

　　휴양, 휴업, 장해, 유족보상 및 장례비

(2) 간접비 : 재산손실, 생산중단 등으로 입은 기업손실

　① 인적 손실(임금손실) : 작업대기, 복구정리 등 본인 및 제3자에 관한 것을 포함한 시간손실

　② 물적 손실 : 기계, 공구, 재료, 시설의 복구에 소비된 시간 및 재산손실

　③ 생산 손실 : 생산 감소, 중단, 판매 감소 등에 의한 손실

　④ 특수 손실 : 근로자 신규채용, 교육비, 섭외비에 의한 손실

　⑤ 기타 손실 : 병상 위문금, 여비, 통신비, 입원 시 잡비 등

(3) 간접비의 정확한 산출이 어려울 때 직접비의 4배로 추계

　　직접비 : 간접비 = 1 : 4　　간접비가 직접비의 4배 소요

(4) 실례

직접손실비 300만 원, 간접손실비 1,400만 원일 때 간접비 검토

① 직접손실비 : 간접손실비=1 : 4.6

② 검토 : 피해자 손실시간 비용이 높고 공기지연으로 위약금 등이 증대

2) 시몬스(R.H. Simonds) 방식

총재해비용=산재보험비용+비보험비용(산재보험비용<비보험비용)

(1) 산재보험비용 : 산재보상보험법에 의해 보상된 금액

(2) 비보험비용 : 산재보험비용 이외의 비용

① A×휴업상해건수(영구, 부분 노동불능)+B×통원상해건수(일시노동불능)+C×응급조치건수(8시간 이내 치료)+D×무상해사고건수

② A, B, C, D는 상해 정도에 의한 평균재해비율로, 산출이 어렵고 제도 등의 차이로 우리나라에는 적용이 곤란하다.

③ 비보험금 항목

ㄱ 제3자가 작업을 중지한 시간에 대하여 지불한 임금손실

ㄴ 손상을 받은 재료, 설비수선, 교체, 철거를 한 순손실비

ㄷ 보상이 없는 근로자의 작업시간 및 지불임금

ㄹ 시간 외 근로에 대한 특별 지불임금

ㅁ 신입 작업자 교육훈련비

ㅂ 산재에서 부담하지 않는 의료부담 비용

ㅅ 재해로 감독자, 근로자가 소모한 시간비용

ㅇ 부상자 복귀 후 생산 감소로 인한 임금비용

ㅈ 기타 소송비 외

3) 버드(F.E. Bird) 방식(빙산이론)

직접비 : 간접비 = 1 : 5

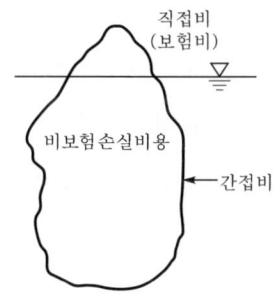

(1) 직접비(보험비)

의료비, 보상금

(2) 간접비(비보험손실비용)

① 건물손실비

② 기구 및 장비손실

③ 제품 및 재료손실

④ 조업중단, 지연으로 인한 손실

⑤ 비보험손실 : 시간비, 조사비, 교육비, 임대비 등

4) 콤페스(Compes) 방식

총재해비용=개별비용비+공용비용비

(1) 개별비용비(직접 손실)

① 작업 중단

② 수리비용

③ 사고조사

(2) 공용비용비

① 보험료

② 안전보건팀 유지비

③ 기업 명예비

④ 안전감에 대한 추상적 비용

Section 15 종합재해지수(FSI)

1. 정의

종합재해지수란 재해의 발생빈도와 근로손실 일수를 종합하여 나타내는 것으로 사업장의 위험도를 비교하는 수단과 안전관심을 높이는 데 사용한다.

2. 재해율의 분류

① 천인율

② 도수율(빈도율)

③ 강도율

④ 환산재해율

⑤ 종합재해지수

⑥ 안전성적

3. 종합재해지수(Frequency Severity Indicator)

1) 종합재해지수

① 재해의 발생빈도와 재해로 인한 근로손실일수를 종합하여 표기

② 사업장 위험도 비교

$$종합재해지수 = \sqrt{도수율 \times 강도율}$$

2) 도수율(빈도율/F.R)

① 산업재해의 발생빈도를 나타내는 단위

② 1,000,000시간당 재해 발생건수

$$도수율 = \frac{재해발생건수}{연근로시간 수} \times 1,000,000$$

3) 강도율(S.R)

① 재해의 경중 정도 측정

② 1,000시간당 재해로 잃어버린 근로손실일수

$$강도율 = \frac{근로손실일수}{연근로시간 수} \times 1,000$$

Section 16 시몬스 방식 재해 코스트

1. 개요

① 재해란 안전사고의 결과로 일어나는 인명과 재산의 손실을 말한다.

② 재해손실비(Cost)란 재해가 발생하지 않으면 지출되지 않는 직·간접 손실비용을 말한다.

2. 재해손실비 평가

1) 하인리히(H.W. Heinrich) 방식

총재해비용=직접비+간접비 → 1 : 4

2) 버드(F.E. Bird) 방식

직접비 : 간접비=1 : 5

3) 콤페스(Compes) 방식

총재해비용=개별비용비+공용비용비

3. 시몬스 방식 재해 코스트

1) 의미

총재해비용=산재보험비용+비보험비용(산재보험비용<비보험비용)

2) 산재보험비용

산업재해보상보험법에 의해 보상된 금액

3) 비보험비용

(1) 산업재해보험 이외의 비용

(2) 내용

① 제3자의 작업 중지로 인한 임금 손실

② 손상받은 재료, 설비의 수선, 교체

③ 신입 작업자의 교육훈련비 등

4. 재해손실비 산정 시 고려사항

① 쉽고 간편하게 산정할 수 있는 방법 강구

② 규모에 관계없이 일률적 적용

③ 집계가 용이

④ 사회적으로 신뢰할 수 있는 확률 방법

Section 17 국제노동기구(I.L.O)의 재해등급분류

1. 개요

① 산업재해의 정도를 부상의 결과 생긴 노동기능의 저하의 정도에 따라 구분하는
   방법이 I.L.O의 국제통계회의에 의해 약속
② 분류방식에는 재해 정도 및 원인별 분류방식이 있다.

2. 재해 정도에 따른 국제적인 구분

① 사망 : 부상의 결과 사망
② 영구 전노동 불능장애 : 노동기능 완전상실(1~3급)
③ 영구 일부노동 불능장애 : 노동기능 일부상실(4~14급)
④ 일시 전노동 불능장애 : 의사진단으로 일정기간 노동 못함. 휴업재해
⑤ 일시 일부노동 불능장애 : 통원치료
⑥ 구급처치재해 : 부상 다음날 복구

3. 재해원인별 분류방식

① 재해의 성격에 의한 분류 : 골절상, 타박상, 외상
② 재해의 형태에 의한 분류 : 추락, 낙하, 비례, 낙반사고 등
③ 재해의 매개체에 의한 분류 : 기계, 원자재, 장비 등
④ 상해부의에 따른 분류 : 허리, 목, 팔, 다리 등

4. I.L.O 재해구성비율

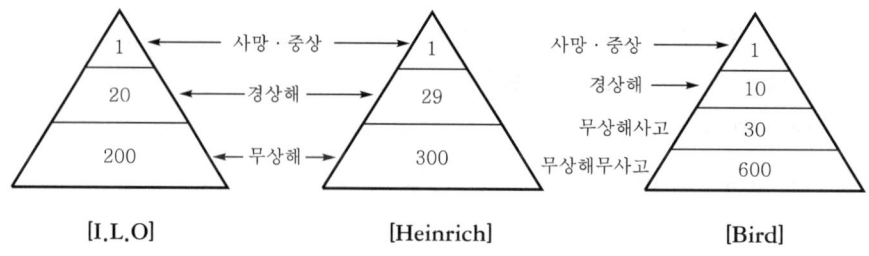

[I.L.O]   [Heinrich]   [Bird]

건설기계 재해형태와 발생원인 및 대책

1. 개요

① 건설공사의 대규모, 고층화로 공사량 증대, 인건비 상승, 기능공 부족 등의 문제
가 대두되고 있다.

② 이를 해소하기 위해 기계화 시공이 필수인데, 건설기계 등에 의한 사고는 대형 재
해로 연결되므로 사전 예방이 절실하다.

2. 건설기계의 종류

① 차량계 건설기계 : 불도저, 트럭, 굴삭기

② 차량계 하역운반 기계 : 덤프트럭, 셔블로더, 지게차

③ 양중기계 : 트럭 크레인, 이동식 크레인, 타워크레인

④ 기타 : 건설용 리프트, 곤돌라 등

3. 건설기계의 재해형태

① 건설기계의 전도

② 건설기계에 협착

③ 건설기계에서의 추락

④ 크레인의 도괴 또는 전도

⑤ 인양화물의 낙하에 의한 재해

⑥ 인양물에 협착

⑦ 감전재해

⑧ 리프트 재해 : 협착, 충돌, 추락

⑨ 타워크레인 재해 : 전도, 붐(Boom) 절손, 본체 낙하

4. 재해원인

1) 사전조사 미흡

건설기계 사용장소의 지반, 지질 등 사전조사 미흡

2) 구조상 결함

   공사용 건설기계 자체의 구조상 결함

3) 인식 부족

   공사의 종류, 규모에 따른 작업계획의 부적절

4) 불안전한 작업방법

   작업환경 및 작업조건에 대한 안전 미확보

5) 교육훈련 부족

   운전자, 작업자에 대한 교육훈련 부족

5. 안전대책

1) 건설기계의 전도 방지

   ① 연약지반 침하 방지 조치(깔판, 깔목 등)
   ② 유자격 운전자 확인

2) 건설기계에 협착

   ① 관계자 외 출입 금지(신호수 배치)
   ② 작업 중 운전석 이탈 금지

3) 건설기계에서의 추락

   ① 운전자 외 승차 금지
   ② 운전 시 안전벨트 착용

4) 크레인 도괴 또는 전도

   ① 아웃트리거 적정 설치 및 밑받침목 설치
   ② 정격하중 준수

5) 인양화물 낙하에 의한 재해 방지

   ① 2개소 이상 결속 및 유도로프 설치
   ② 안전 훅 걸이 사용

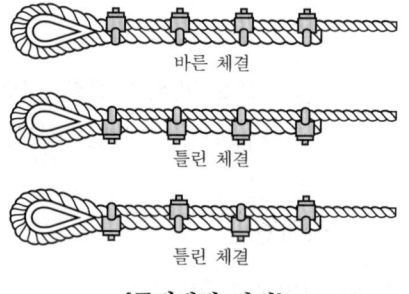

바른 체결

틀린 체결

틀린 체결

[클립체결 방법]

6) 리프트 안전대책

   ① 안전장치 부착(권과방지 장치, 과부하방지 장치 등)

② 작업시작 전 점검

③ 정기검사 실시

7) 타워크레인 안전대책

① 기초 최대 하중을 고려한 구축

② 충돌 방지 장치

③ 안전장치 부착(과부하 방지장치 등)

④ 와이어 로프 수시 점검

⑤ 악천후 시 작업 중단

⑥ 운전원 정기교육

⑦ 신호체계 확립

Section 19 건설현장 준·고령 근로자, 외국인에 대한 사고유형별, 재해패턴 및 중대재해 예방대책

1. 개요

① 최근 3D 현상 등으로 건설업에 대한 기피현상이 기능 인력 부족, 준·고령 근로자 및 외국인에 대한 고용이 다수 발생하고 있는 실정이다.

② 준·고령 근로자 및 외국인에 대한 적절한 교육 및 안전대책이 시급하다.

2. 준·고령 근로자의 특성

① 근력의 저하

② 반사능력 저하

③ 불안전 자세 및 행동

④ 시청각 기능의 저하

⑤ 신체 회복력 둔화

⑥ 작업순서, 방법무시

⑦ 행동보다 마음으로 작업

⑧ 안이하고 산만한 태도

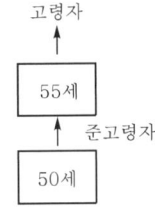

[고령자의 구분]

3. 외국인 근로자의 특성

1) 언어소통

① 작업지시에 대한 정확한 이해 부족

② 사회문화적 차이

2) 생활습관의 차이

① 변화된 환경에 적응 부족

② 식습관, 종교문제

3) 기후 및 환경 적응시간 소요

① 시차 극복

② 온도, 습도차 적응

4) 작업의 이해도 부족

① 신기술 시공

② 내용전달 부족

5) 작업 숙련도 부족

① 기능공이 아닌 사무직이 대다수

② 경험 부족

6) 안전의식 부족

① 안전에 대한 이해 부족

② 안전보다 금전 우선

7) 소속감 결여

① 타민족 배타

② 유동성이 높음

4. 예방대책

① 기능과 지식에 맞는 작업 배치 : 개인특성, 국민성 고려

② 개인면담 실시 : 연령, 숙련도, 작업인지도 확인

③ 작업숙련도 교육 : 작업방법, 작업배치 등 개선

④ 안전교육 실시 : 안전지식, 안전기능, 안전태도 교육

⑤ 동기부여 : 적정임금, 복지 보장
⑥ 건강진단 실시 : 정기적으로 실시
⑦ 집단교육보다 분리교육 실시 : 연령, 국가별로 실시
⑧ 시청각기능 향상 : 적당한 조명, 소음 저감, 정보 활용
⑨ 안전제일의식의 전환 : 생명존중
⑩ 중량물 취급방법 개선 : 인력운반 지양, 이동대차 활용

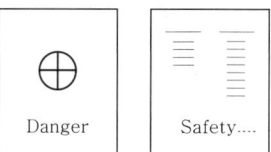

[안전표지, 안전수칙]

5. 향후방향

① 안전교육 의무화
② 기능인력관리 및 임금체계 현실화
③ 기능인력으로서 신분보장
④ 자긍심 부여
⑤ 각종 사회교육 프로그램 참여 유도

6. 결론

① 3D 업종 기피현상으로 준·고령자 및 외국인 근로자 채용 증가가 불가피하므로 각각의 특성을 고려하여 적절한 대책으로 산업재해를 예방해야 한다.
② 고령, 외국인 근로자 안전대책

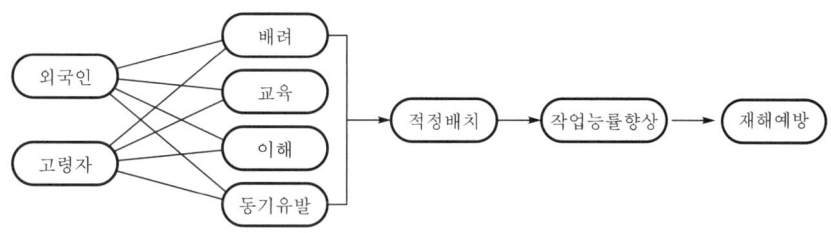

Section 20

신규 채용자 재해원인 및 대책

1. 개요

건설현장 신규 채용자는 건설기계 등에 대한 지식 부족, 기능도 미숙 등으로 재해 발생 빈도가 높아 교육 및 안전관리를 통해 재해 발생을 최소화해야 한다.

2. 교육체계도

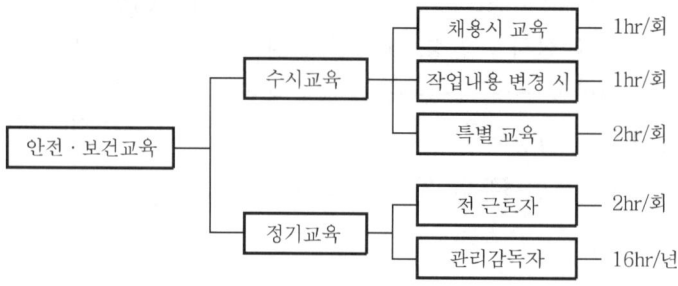

3. 재해 발생원인

① 작업 이해도 부족
② 작업기능 및 기계장치에 대한 지식 부족
③ 숙련도 부족
④ 불안전 행동 유발 가능
⑤ 무리한 행동

4. 방지대책

① 철저한 안전교육 실시 : 보호구, MSDS 등
② 3E 대책 : 기술, 교육, 관리적 대책
③ 시설적 대책 : 안전난간, 추락방호망, 방호시트 등
④ 법령 준수 : 산업안전보건법 준수
⑤ 채용 전 : 건강진단 실시, 노령 근로자 적정 배치

Section 21

고층건물공사 슬래브 타설 중 붕괴로 중대재해 발생 시 재해조사와 조사항목, 법적 근거, 절차

1. 개요

① 재해조사란 재해원인과 자체의 결함 등을 규명하여 동종의 유사 재해를 막기 위한 대책으로 실시한다.

② 슬래브 타설 시 붕괴는 중대재해를 동반하므로 설계부터 시공단계까지 철저한 안전관리가 필요하다.

2. 중대재해

① 사망자가 1인 이상 발생한 재해
② 3개월 이상 요양을 요하는 부상자가 동시에 2인 이상 발생한 재해
③ 부상자 또는 직업성 질병자가 동시에 10인 이상 발생한 재해

3. 중대재해 발생 보고 및 조사

1) 중대재해 발생 시 보고

(1) 보고
① 발생 즉시 관할 노동관서의 장에게 보고
② 천재지변 시 소멸 후 즉시

(2) 내용
① 발생개요 및 피해상황
② 조치 및 전망
③ 기타 주요 상황

2) 재해조사 근거
• 조사, 통계 유지 관리 : 고용노동부장관은 산업재해의 예방을 위하여 이를 조사하고 이에 관한 통계를 유지, 관리하여야 한다.

4. 재해조사방법

① 1단계(현장 보존) : 재해 발생 직후 상태
② 2단계(사실의 수집) : 물적 증거 수집, 사진 촬영
③ 3단계(목격자 등의 진술) : 감독자, 재해자, 목격자

5. 재해조사항목

① 재해 발생 년, 월, 일, 시간, 장소
② 피해자 성명, 성별, 연령, 경험

③ 피해자 직종, 업종

④ 상병정도, 부위, 성질

⑤ 사고의 형태

⑥ 기인물

⑦ 가해물

⑧ 불안전한 행동

⑨ 불안전한 상태

⑩ 관리적 요소 결함 등

6. 재해 발생 시 조치순서(7단계)

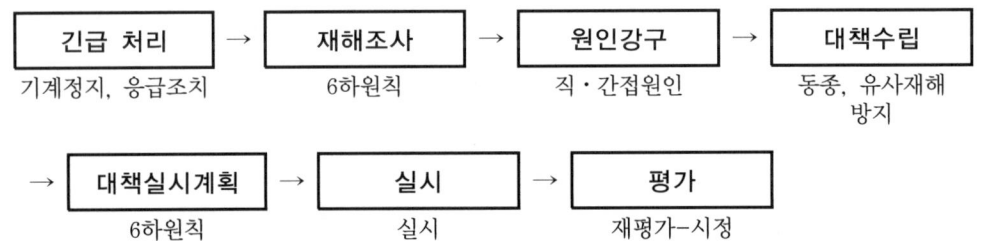

```
┌──────────┐     ┌──────────┐     ┌──────────┐     ┌──────────┐
│ 긴급 처리 │ →  │ 재해조사  │ →  │ 원인강구  │ →  │ 대책수립  │
└──────────┘     └──────────┘     └──────────┘     └──────────┘
 기계정지, 응급조치    6하원칙        직·간접원인      동종, 유사재해
                                                        방지
```

```
      ┌────────────┐     ┌──────────┐     ┌──────────┐
 →   │ 대책실시계획 │ →  │   실시   │ →  │   평가   │
      └────────────┘     └──────────┘     └──────────┘
         6하원칙            실시          재평가-시정
```

7. 거푸집 동바리 붕괴 예방대책

① 지주 침하 방지 조치

② 개구부 상부 설치 시 견고한 받침 보강

③ 전용 철물 사용

④ 높이 2m마다 수평 연결재 2개 방향 설치

⑤ 3본 이상 연결 사용 금지(동바리)

⑥ 높이 및 작업특성, 하중에 적합한 동바리 사용

⑦ 지주의 상하 고정, 미끄럼 방지 조치

⑧ 거푸집 동바리 구조검토서 및 표준조립도 작성

⑨ 검정품 사용

⑩ 타설순서 준수(기둥 → 벽체 → 보 → 슬래브)

8. 결론

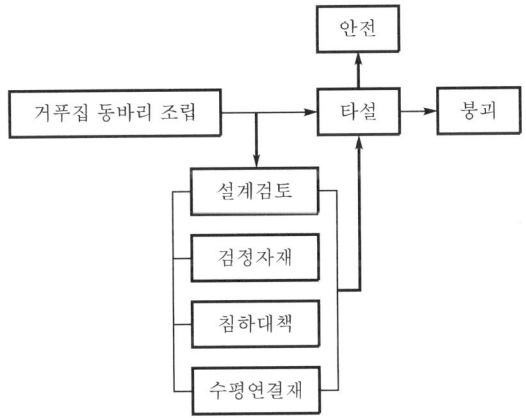

건설환경 변화(기계화, 고령화, 신기술 도입)에 따른 근로재해와 안전보건상 문제

1. 개요

① 건설공사의 고층화, 대형화됨에 따라 건설재해가 증가하고 있으며 재해 발생 시 중대재해와 직결되므로 철저한 계획과 교육 관리를 통해 재해를 최소화하여야 한다.

② 특히 건설환경 변화에 따른 기계화, 고령화, 신기술 도입으로 재해의 패턴도 다양화되는 추세로 이를 예방하기 위한 연구와 노력이 필요하다.

2. 국내건설업 현황

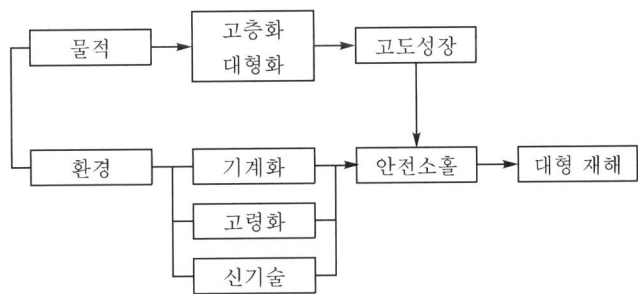

3. 건설환경 변화에 따른 근로재해

1) 기계화

(1) 효과

① 노동력 부족 대처

② 공기 단축

③ 품질 확보

④ 안전 확보

⑤ 전천후 공사 가능

(2) 문제점

① 공정이 많고 연속성이 없음

② 고감도 센서(sensor) 개발 필요

③ 작업내용 불명확, 반복작업이 적음

④ 별도 기술자 필요

2) 고령화

(1) 원인

① 3D 직종으로 근로자 부족

② 숙련공의 대부분을 차지

(2) 근로재해

① 인지능력 저하에 따른 재해

② 과중한 작업 및 시간에 따른 재해

(3) 대책

① 적절한 작업 배치

② 안전교육 철저

[50세 이상 재해자 수]

(단위 : 명)

구분	2021년	2022년	2023년
전체 재해자 수	29,943	31,245	32,353
50세 이상 재해자 수	27,208	24,354	28,783
점유율(%)	90	78	89

3) 신기술 도입

(1) 문제점

　① 내용 검증이 안 된 신기술 도입에 따른 안전대책 미흡

　② 철저한 안전성 평가에 따른 신기술 지정, 도입 부족

　③ 신기술 지정, 도입 시 각 단위별 안전관리 계획 및 대책 수립 미흡

(2) 근로재해

　① 신기술 이해 부족에 의한 재해

　② 각 공정별 충돌에 의한 재해

4. 향후 건설 안전방향

1) 안전관리 실적향상 유도

　① 우수자 인센티브

　② PQ 시 가점

2) 근로자 의식 전환

　① 안전수칙 준수 풍토 조성

　② 안전교육, 훈련 실시

3) 자율안전관리제도 확립

　① 안전협의체 구성

　② 안전당번제 실시

4) 안전문화 정착

　① 유년기부터 안전의식 교육

　② 안전제일 풍토 조성

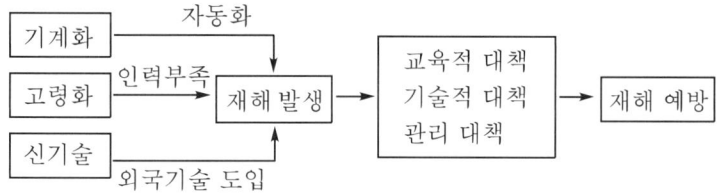

[건설안전방향]

5) 전문인력 양성 및 활용

① 전문기관 육성

② 전문기술자 활용

5. 결론

① 국내 건설환경은 물적 위주의 고도성장을 이루었다.

② 고도성장에 따른 기계화, 고령화, 신기술 도입으로 새로운 패턴의 재해가 발생함에 따라 이를 최소화하기 위해 사업주, 관리감독자, 근로자 모두의 부단한 연구와 노력이 필요하다.

03 보호구

보호구

1. 개요

① 보호구란 각종 위험으로부터 근로자를 보호하기 위한 보조기구로 신체의 일부 또는 전부에 장착하는 것이다.

② 작업종류별 사용목석에 적합한 것을 사용하여야 하며 상시 점검하여 이상이 있는 것은 보수 또는 교환해주어야 한다.

2. 보호구의 구비조건

① 착용이 간편

② 방호성능 우수

③ 품질 양호

④ 경량성

⑤ 마무리 및 외관이 양호

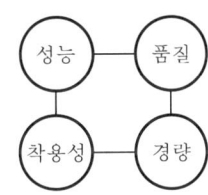

[보호구 구비조건]

3. 분류

① 안전보호구 : 안전모, 안전대, 안전화, 안전장갑 등

② 위생보호구 : 방진, 방독, 송기마스크, 보안경, 귀마개, 귀덮개, 보호복 등

4. 안전인증 보호구

① 추락 및 감전위험 방지용 안전모

② 안전대

③ 안전화

④ 안전장갑

⑤ 차광 및 비산물 위험 방지용 보안경

⑥ 용접용 보안면

⑦ 방독마스크

⑧ 방진마스크

⑨ 송기마스크

⑩ 방음용 귀마개 또는 귀덮개

⑪ 전동식 호흡 보호구

⑫ 보호복

5. 보호구의 관리와 보관

① 직사광선을 차단하고, 통풍이 잘 되는 장소에 보관

② 부식성, 유해성, 인화성, 기름, 산 등과 격리 보관

③ 주변에 발열성 물질 제거 후 보관

④ 오염된 것(땀, 이물질)은 세척 후 그늘에 건조

6. 보호구 사용 시 유의점

① 상시 점검하고 이상 발견 시 보수 또는 교환한다.

② 적절한 보호구를 선정하여 착용한다.

③ 필요 수량을 충분히 확보하여 비치한다.

④ 채용 시 또는 정기교육 시 올바른 사용법(턱끈조임, 안전대 사용)을 교육한다.

⑤ 검정합격(안전인증) 보호구를 사용한다.

 Section 2 안전모

1. 개요

① 안전모는 추락, 낙하, 비래 위험 방지나 경감 또는 감전의 위험을 방지하기 위해 사용되는 보호구이다.

② 작업에 따라 적절한 안전모를 착용하여야 하며 턱끈은 반드시 조인 후 작업해야 한다.

2. 안전모의 요구성능

① 내수성

② 내관통성

③ 충격흡수성

④ 난연성

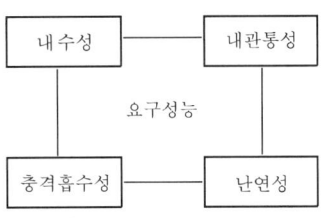

[안전모의 요구성능]

3. 안전모의 사용구분

종류 (기호)	사용구분	비고
AB	물체의 낙하 또는 비래 및 추락에 의한 위험 방지 또는 경감시키기 위한 것	
AE	물체의 낙하 또는 비래에 의한 위험을 방지 또는 경감하고, 머리 부위 감전에 의한 위험을 방지하기 위한 것	내전압성[주1]
ABE	물체의 낙하 또는 비래 및 추락에 의한 위험을 방지 또는 경감하고 머리 부위 감전에 의한 위험을 방지하기 위한 것	내전압성

주 1) 내전압성이란 7,000V 이하의 전압에 견디는 것을 말한다.

4. 안전모의 성능시험

1) 내관통시험

① 450g의 철재추를 3m 자유낙하시켜 관통거리 측정

② 성능기준

㉠ AB : 11.1mm 이하

㉡ AE, ABE : 9.5mm 이하

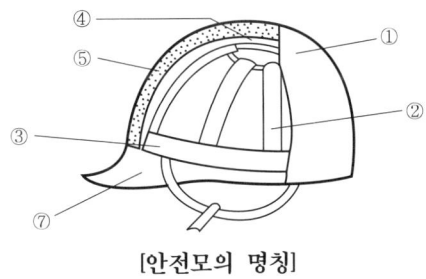

[안전모의 명칭]

번호	명칭	
①	모체	
②	착장체	머리받침끈
③		머리고정대
④		머리받침고리
⑤	충격흡수재	
⑥	턱끈	
⑦	챙(차양)	

2) 충격 흡수성 시험

① 3,600g의 철재추를 1.5m 자유낙하 전달충격력 측정
② 성능기준

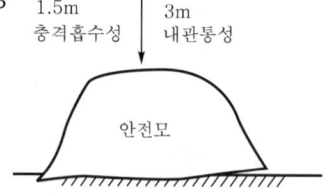

ㄱ 충격력 4,450N 이하
ㄴ 착장체 기능상실 없을 것

3) 내전압성 시험

① 모체가 동일 수위가 되도록 입수 후 20kV 전압을 가해 충전전류 측정
② 1분간 절연파괴 없고 충격전류 10mA 이내

4) 내수성 시험

① 질량증가율 $= \dfrac{\text{담근 후의 질량} - \text{담그기 전의 질량}}{\text{담그기 전의 질량}} \times 100\,[\%]$

(※ 20~25℃ 수중에 24시간 담금)

② 질량증가율 1% 이내

5) 난연성 시험

① 접촉면 수평상태서 10초간 연소시킨 후 모체의 연소시간 측정
② 불꽃을 내며 5초 이상 연소되지 않을 것

6) 턱끈풀림시험

150N 이상 250N 이하에서 턱끈이 풀려야 한다.

5. 안전모의 폐기기준

① 겉모양 이상 발생
② 착장체, 충격흡수재 등 파손 시 교환 및 폐기
③ 심한 충격을 받은 안전모

안전화

1. 개요

안전화란 물체의 낙하, 충격, 찔림, 화학약품으로부터 발 또는 발등을 보호하거나 감전을 예방하기 위해 착용하는 보호구이다.

2. 안전화의 구비조건

① 착용이 용이하고 편할 것
② 작업에 방해가 되지 않을 것
③ 방호성능이 우수할 것
④ 품질이 양호하고 외관상 좋을 것
⑤ 모양 및 끝마무리가 양호할 것

3. 안전화의 명칭

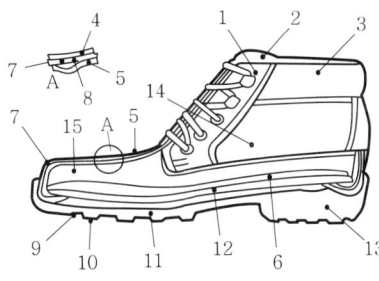

1. 선포	2. 안전화 혀	3. 목패딩
4. 몸통	5. 안감	6. 깔개
7. 선심	8. 보강재	9. 겉창
10. 소돌기	11. 내답판	12. 안창
13. 뒷굽	14. 뒷날개	15. 앞날개

4. 성능시험

① 은면결렬시험 : 가죽표면의 균열상태 측정
② 인열강도시험 : 가죽이이 찢어지기 시작하거나 계속 찢는 데 필요한 힘 측정
③ 선심의 내부길이 : 선심의 최대 내부 길이를 측정
④ 내부식성 시험 : 식염수에 담근 후 부식 확인

⑤ 인장강도시험 및 신장율

㉠ 인장강도의 경우 $T = \dfrac{F}{A}$

여기서, T : 인장강도(N/cm^2), F : 최대하중(N), A : 시편의 단면적(cm^2)

㉡ 신장율의 경우 $E = \dfrac{L_1 - L}{L} \times 100 [\%]$

여기서, E : 신장율(%), L : 표선거리(mm), L_1 : 절단될 때의 표선거리(mm)

⑥ 내유성 시험 : 기름에 담근 후 직사광선을 받지 않는 곳에서 시험

⑦ 내압박성 시험 : 누름판(20kN 이상 하중, 75mm 이상 가압면)

〈내압박성 시험하중〉

(단위 : kN)

등급	중작업용	보통작업용	경작업용
시험하중	15	10	4.4

⑧ 내충격성 시험 : 강재추를 일정 높이에서 자유낙하시켜 변형된 높이 측정

⑨ 박리저항시험 : 안창 제거 후 겉창과 가죽의 가장자리를 고정 후 잡아당겨 박리 측정

⑩ 내답발성 시험 : 철못을 수직으로 세우고 정하중을 가해 관통여부 측정

5. 안전화의 종류

종류	성능구분
가죽제 안전화	물체의 낙하, 충격 또는 날카로운 물체에 의한 찔림위험으로부터 발을 보호하기 위한 것
고무제 안전화	물체의 낙하, 충격 또는 날카로운 물체에 의한 찔림위험으로부터 발을 보호하고 내수성을 겸한 것
정전기 안전화	물체의 낙하, 충격 또는 날카로운 물체에 의한 찔림위험으로부터 발을 보호하고 정전기의 인체대전을 방지하기 위한 것
발등 안전화	물체의 낙하, 충격 또는 날카로운 물체에 의한 찔림위험으로부터 발 및 발등을 보호하기 위한 것
절연화	물체의 낙하, 충격 또는 날카로운 물체에 의한 찔림위험으로부터 발을 보호하고 저압의 전기에 의한 감전을 방지하기 위한 것

종류	성능구분
절연장화	고압에 의한 감전을 방지 및 방수를 겸한 것
화학물질용 안전화	물체의 낙하, 충격 또는 날카로운 물체에 의한 찔림 위험으로부터 발을 보호하고 화학물질로부터 유해위험을 방지하기 위한 것

6. 안전화의 등급

등급	사용장소
중작업용	광업, 건설업 및 철광업 등에서 원료취급, 가공, 강재취급 및 강재운반, 건설업 등에서 중량물운반작업, 가공대상물의 중량이 큰 물체를 취급하는 작업장으로서 날카로운 물체에 의해 찔릴 우려가 있는 장소
보통작업용	기계공업, 금속가공업, 운반, 건축업 등 공구가공품을 손으로 취급하는 작업 및 차량사업장, 기계 등을 운전·조작하는 일반작업장으로서 날카로운 물체에 의해 찔릴 우려가 있는 장소
경작업용	금속 선별, 전기제품 조립, 화학제품 선별, 반응장치 운전, 식품가공업 등 비교적 경량의 물체를 취급하는 작업장으로서 날카로운 물체에 의해 찔릴 우려가 있는 장소

7. 폐기기준

① 섬심 변형
② 밑창 등 탈락
③ 봉합부 등 파손

Section 4 안전대

1. 개요

① 안전대란 고소작업 시 추락위험을 방지하기 위해 착용하는 보호구로 작업에 적당한 보호구를 사용하여야 한다.
② 고소작업 전 부품의 변형, 파손 등을 확인하고 정확히 착용 후 수평, 수직 구명줄에 연결 후 작업에 임해야 한다.

2. 종류

종류	사용 구분	비고
벨트식	1개 걸이용 U자 걸이용	추락 방지대 및 안전블록은 안전그네식에만 적용한다.
안전그네식	추락방지대 안전블록	

3. 안전대 착용대상작업

① 높이 2m 이상 추락위험이 있는 작업
② 추락위험이 있는 작업장소
   ㉠ 작업발판(폭 40m 이상)이 없는 작업장소
   ㉡ 작업발판이 있어도 난간대가 없는 작업장소
   ㉢ 난간대로부터 상체를 내밀어 작업하는 경우
   ㉣ 작업발판과 구조체가 30m 이상 이격되어 방호시설이 없는 장소

4. 안전대 사용방법

① 요골 근처에 착용
② 이상 유무 확인 후 사용
③ 버클, U자걸이 등 적정하게 사용

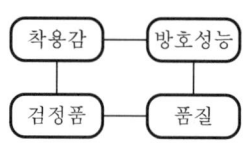

[안전대 선택]

5. 안전대 성능시험

① 정하중 성능시험
② 동하중 성능시험

6. 안전대의 점검

① 벨트의 마모, 흠, 비틀림, 약품류에 의한 변색
② 재봉실의 마모, 절단, 풀림
③ 철물류 마모, 균열, 변형, 전기단락에 의한 용융, 리벳이나 스프링 상태
④ 로프의 마모, 소선의 절단, 흠, 열에 의한 변형, 풀림 등의 변형, 약품류에 의한 변색
⑤ 각 부품의 손상 정도에 의한 사용한계 준수

7. 안전대의 보수

① 벨트, 로프의 오염 시 세척(중성세제) 후 그늘에서 자연건조할 것
② 벨트, 로프, 도료의 오염 시 용재를 사용하지 말고 헝겊으로 닦을 것
③ 철물류에 물이 묻었을 때 헝겊으로 닦고 녹 방지 기름칠을 할 것
④ 철물류 회전부에 정기적으로 주유할 것

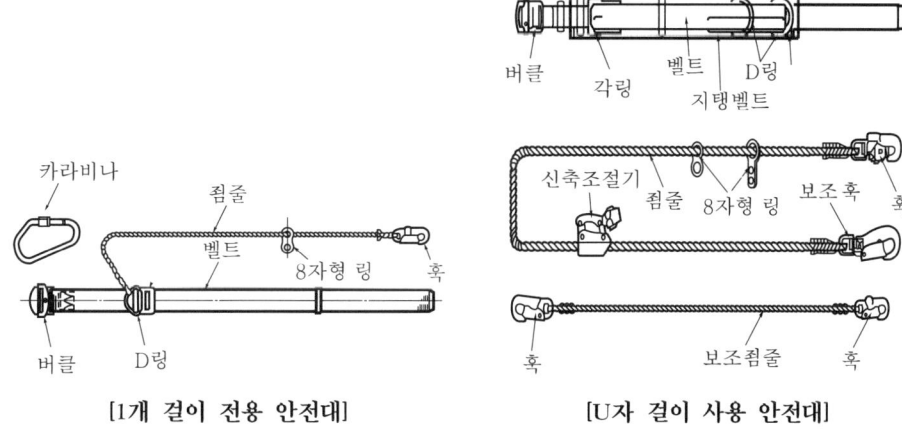

[1개 걸이 전용 안전대]　　　[U자 걸이 사용 안전대]

8. 안전대 폐기기준

1) 로프

① 소선에 손상이 발생한 것
② Paint, 기름, 약품 등에 오염되어 변화된 것
③ 비틀림 발생

2) 벨트

① 끝 또는 폭이 10mm 이상 손상, 변형 발생
② 양끝 헤짐이 심한 것

3) 재봉부

① 재봉 부분 이완된 것
② 재봉실 1개소 이상 절단된 것
③ 재봉실 마모가 심한 것

4) D링

① 깊이 1mm 이상 손상된 것

② 눈이 보일 정도의 변형이 심한 것

③ 전체적으로 녹슨 것

5) 훅, 버클

① 훅, 갈고리 안쪽에 손상이 있는 것

② 훅 외측 1mm 이상 손상된 것

③ 이탈 방지장치의 작동이 나쁜 것

④ 녹이 슬거나 변형된 것

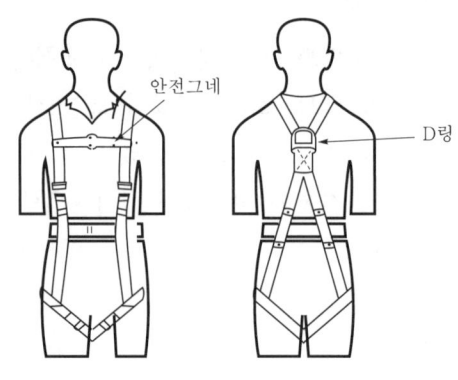

[안전그네]

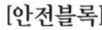

[안전블록]

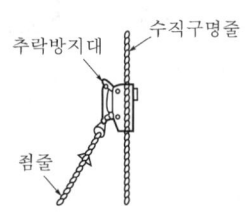

[추락방지대]

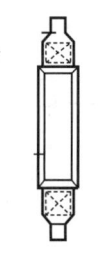

[충격흡수장]

9. 사용 시 준수사항

① 로프 지지 구조물 위치는 벨트위치보다 높을 것

② 추락 시 진자상태인 경우 물체에 충돌하지 않을 위치일 것

③ 수직, 경사면 작업 시 설비보강 지지로프 설치

Section 5

절연장갑(내전압용)

1. 정의

절연장갑이란 건설현장에서 감전을 방지하기 위해 사용되는 보호구로 사용전압에 적합한 절연장갑을 사용하여야 한다.

2. 절연장갑의 등급

등급	최대사용전압		색상
	교류(V, 실효값)	직류(V)	
00	500	750	갈색
0	1,000	1,500	빨간색
1	7,500	11,250	흰색
2	17,000	25,500	노란색
3	26,500	39,750	녹색
4	36,000	54,000	등색

3. 일반구조 및 재료

① 절연장갑은 고무로 제조하여야 하며 핀홀(Pin Hole), 균열, 기포 등의 물리적인 변형이 없어야 한다.

② 여러 색상의 층들로 제조된 합성 절연장갑이 마모되는 경우에는 그 아래의 다른 색상의 층이 나타나야 한다.

③ 장갑의 구조 및 치수

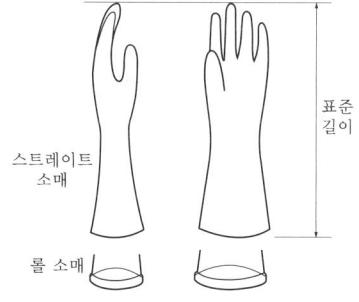

스트레이트 소매
롤 소매
표준 길이

[절연장갑의 치수(오차범위는 ±15mm)]

등 급	표준길이(mm)
00	270 및 360
0	270, 360, 410 및 460
1, 2, 3	360, 410 및 460
4	410 및 460

4. 시험 성능기준

절연 내력	최소내전압시험 (실효치, kV)			00등급	0등급	1등급	2등급	3등급	4등급
				5	10	20	30	30	40
	누설 전류 시험 (실효값, mA)	시험전압 (실효치, kV)		2.5	5	10	20	30	40
		표준 길이 (mm)	460	미적용	18 이하	18 이하	18 이하	18 이하	18 이하
			410	미적용	16 이하	16 이하	16 이하	16 이하	16 이하
			360	14 이하	14 이하	14 이하	14 이하	14 이하	미적용
			270	12 이하	12 이하	미적용	미적용	미적용	미적용

성능기준		인장강도	$1,400N/cm^2$ 이상(평균값)
		신장률	100분의 600 이상(평균값)
		영구신장률	100분의 15 이하
	경년변화	인장강도	노화 전 100분의 80 이상
		신장률	노화 전 100분의 80 이상
		영구신장률	100분의 15 이하
		뚫림강도	18N/mm 이상
		화염억제시험	55mm 미만으로 화염 억제
		저온시험	찢김, 깨짐 또는 갈라짐이 없을 것
		내열성	이상이 없을 것

5. 절연장갑 사용 시 유의사항

① 정기적으로 검사할 것
② 작업에 적절한 보호구 선정
③ 작업자에게 올바른 사용법을 가르칠 것
④ 안전인증 보호구 사용

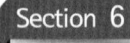

Section 6

방진마스크

1. 정의

방진마스크란 분진이 호흡기를 통해 체내에 유입되는 것을 방지하기 위한 보호구로 분리식과 안면부 여과식으로 분리된다.

2. 방진마스크의 등급(사용장소)

등급	특급	1급	2급
사용 장소	• 베릴륨 등과 같이 독성이 강한 물질들을 함유한 분진 등 발생장소 • 석면취급장소	• 특급마스크 착용장소를 제외한 분진 등 발생 장소 • 금속 흄 등과 같이 열적으로 생기는 분진 등 발생장소 • 기계적으로 생기는 분진 등 발생장소(규소 등과 같이 2급 방진마스크를 착용하여도 무방한 경우는 제외한다)	• 특급 및 1급 마스크 착용장소를 제외한 분진 등 발생장소
	• 배기밸브가 없는 안면부 여과식 마스크는 특급 및 1급 장소에 사용해서는 안 된다.		

3. 방진마스크의 형태

종류	분리식		안면부 여과식
	격리식	직결식	
형태	전면형, 반면형	전면형, 반면형	반면형
사용조건	산소농도 18% 이상인 장소에서 사용하여야 한다.		

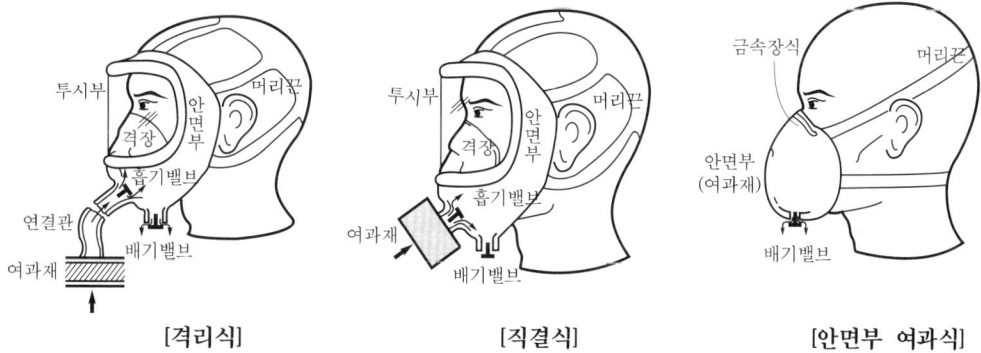

[격리식]　　　　　　[직결식]　　　　　　[안면부 여과식]

4. 방진마스크의 종류

형태		구조 분류
분리식	격리식	안면부, 여과재, 연결관, 흡기밸브, 배기밸브 및 머리끈으로 구성되며 여과재에 의해 분진 등이 제거된 깨끗한 공기가 연결관을 통해 흡기밸브로 흡입되고 체내의 공기는 배기밸브를 통하여 외기 중으로 배출하게 되는 것으로 부품을 자유롭게 교환할 수 있는 것을 말한다.
	직결식	안면부, 여과재, 흡기밸브, 배기밸브 및 머리끈으로 구성되며 여과재에 의해 분진 등이 제거된 깨끗한 공기가 흡기밸브를 통하여 흡입되고 체내의 공기는 배기밸브를 통하여 외기 중으로 배출하게 되는 것으로 부품을 자유롭게 교환할 수 있는 것을 말한다.
안면부 여과식		여과재로 된 안면부와 머리끈으로 구성되며 여과재인 안면부에 의해 분진 등이 여과된 깨끗한 공기가 흡입되고 체내의 공기는 여과재인 안면부를 통해 외기중으로 배기되는 것으로(배기밸브가 있는 것은 배기밸브를 통하여 배출) 부품을 교환할 수 없는 것을 말한다.

5. 방진마스크의 일반구조(안전기준)

① 착용 시 이상한 압박감이나 고통을 주지 않을 것
② 전면형은 호흡시에 투시부가 흐려지지 않을 것
③ 분리식 마스크는 여과재, 흡기밸브, 배기밸브 및 머리끈을 쉽게 교환할 수 있고 착용자 자신이 안면과 마스크의 안면부와의 밀착성 여부를 수시로 확인할 수 있을 것
④ 안면부 여과식 마스크는 여과재로 된 안면부가 사용기간 중 심하게 변형되지 않을 것
⑤ 안면부 여과식 마스크는 여과재를 안면에 밀착시킬 수 있을 것

Section 7

방독마스크

1. 정의

방독마스크란 유해물에 근로자가 노출되는 것을 막기 위해 사용되는 보호구로 종류 및 등급에 적정한 방독마스크를 사용하여야 한다.

2. 방독마스크의 종류

종류	시험가스
유기화합물용	시클로헥산(C_6H_{12})
할로겐용	염소가스(Cl_2) 또는 증기
황화수소용	황화수소가스(G_2S)
시안화수소용	시안화수소가스(HCN)
아황산용	아황산가스(SO_2)
암모니아용	암모니아가스(NH_3)

3. 방독마스크의 등급(사용장소)

등급	사용장소
고농도	가스 또는 증기의 농도가 100분의 2(암모니아는 100분의 3) 이하의 대기 중에서 사용하는 것
중농도	가스 또는 증기의 농도가 100분의 1(암모니아는 100분의 1.5) 이하의 대기 중에서 사용하는 것
저농도 및 최저농도	가스 또는 증기의 농도가 100분의 0.1 이하의 대기 중에서 사용하는 것으로서 긴급용이 아닌 것

※ 비고 : 방독마스크는 산소농도가 18% 이상인 장소에서 사용하여야 하고, 고농도에서 사용하는 방독마스크는 전면형(격리식, 직결식)을 사용해야 한다.

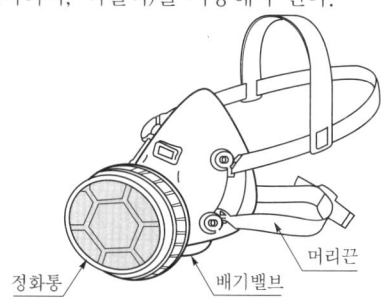

정화통　　　배기밸브　　　머리끈

[방독마스크의 형태]

4. 방독마스크의 형태 및 구조

형태		구조
격리식	전면형	정화통, 연결관, 흡기밸브, 안면부, 배기밸브 및 머리끈으로 구성되고, 정화통에 의해 가스 또는 증기를 여과한 청정공기를 연결관을 통하여 흡입하고 배기는 배기밸브를 통하여 외기 중으로 배출하는 것으로 안면부 전체를 덮는 구조

안면부
안경
구획(격장)
흡기밸브
머리끈
연결관
안면부
정화통

형태		구조	
격리식	반면형	정화통, 연결관, 흡기밸브, 안면부, 배기밸브 및 머리끈으로 구성되고, 정화통에 의해 가스 또는 증기를 여과한 청정공기를 연결관을 통하여 흡입하고 배기는 배기밸브를 통하여 외기중으로 배출하는 것으로 코 및 입부분을 덮는 구조	
직결식	전면형	정화통, 흡기밸브, 안면부, 배기밸브 및 머리끈으로 구성되고, 정화통에 의해 가스 또는 증기를 여과한 청정공기를 흡기밸브를 통하여 흡입하고 배기는 배기밸브를 통하여 외기중으로 배출하는 것으로 정화통이 직접 연결된 상태로 안면부 전체를 덮는 구조	[1안식]
	반면형	정화통, 흡기밸브, 안면부, 배기밸브 및 머리끈으로 구성되고, 정화통에 의해 가스 또는 증기를 여과한 청정공기를 흡기밸브를 통하여 흡입하고 배기는 배기밸브를 통하여 외기 중으로 배출하는 것으로 안면부와 정화통이 직접 연결된 상태로 코 및 입 부분을 덮는 구조	[2안식]

5. 방독마스크의 구조

① 착용 시 이상한 압박감이나 고통을 주지 않을 것

② 착용자의 얼굴과 방독마스크의 내면 사이의 공간이 너무 크지 않을 것

③ 전면형은 호흡 시에 투시부가 흐려지지 않을 것

④ 격리식 및 직결식은 정화통·흡기밸브·배기밸브 및 머리끈을 쉽게 교환할 수 있고 착용자 자신이 스스로 안면과 방독마스크 안면부와의 밀착성 여부를 수시로 확인할 수 있을 것

송기마스크

1. 정의

송기마스크란 가스, 증기, 공기 중에 부유하는 미립자상 물질 또는 산소결핍 공기를 흡입함으로써 발생할 수 있는 근로자의 건강장애를 예방하기 위하여 사용되는 보호구를 말한다.

2. 송기마스크의 종류 및 등급

종류	등급		구분
호스마스크	폐력흡인형		안면부
	송풍기형	전동	안면부, 페이스실드, 후드
		수동	안면부
에어라인마스크	일정 유량형		안면부, 페이스실드, 후드
	디맨드형		안면부
	압력 디맨드형		안면부
복합식 에어라인마스크	디맨드형		안면부
	압력 디맨드형		안면부

3. 송기마스크의 종류에 따른 형상 및 사용범위

종류	등급	형상 및 사용범위
호스 마스크	폐력 흡인형	호스의 끝을 신선한 공기 중에 고정시키고 호스, 안면부를 통하여 착용자가 자신의 폐력으로 공기를 흡입하는 구조로서, 호스는 원칙적으로 안지름 19mm 이상, 길이 10m 이하이어야 한다.
	송풍기형	전동 또는 수동의 송풍기를 신선한 공기 중에 고정시키고 호스, 안면부 등을 통하여 송기하는 구조로서, 송기풍량 조절을 위한 유량조절 장치(수동 송풍기를 사용하는 경우는 공기조절 주머니도 가능) 및 송풍기에는 교환이 가능한 필터를 구비하여야 하며, 안면부를 통해 송기하는 것은 송풍기가 사고로 정지된 경우에도 착용자가 자기 폐력으로 호흡할 수 있는 것이어야 한다.

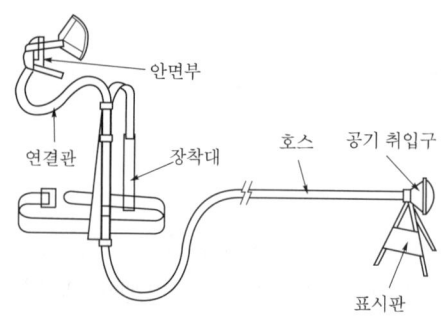

[폐력흡인형 호스마스크]

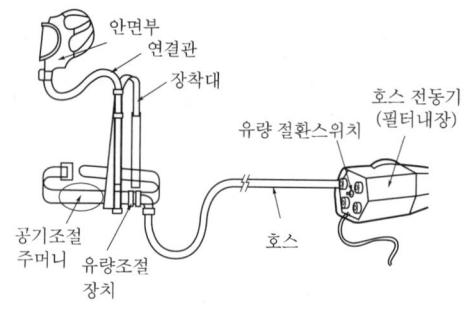

[전동송풍기형 호스마스크]

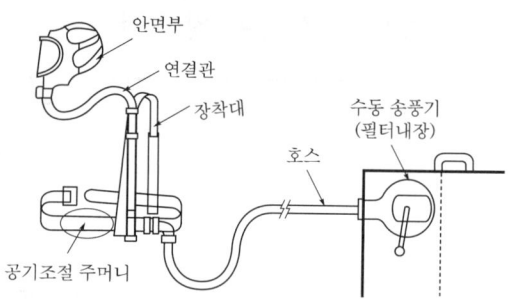

[수동송풍기형 호스마스크]

종류	등급	형상 및 사용범위
에어 라인 마스크	일정 유량형	압축공기관, 고압 공기 용기 및 공기압축기 등으로부터 중압호스, 안면부 등을 통하여 압축공기를 착용자에게 송기하는 구조로서, 중간에 송기 풍량을 조절하기 위한 유량 조절장치를 갖추고 압축공기 중의 분진, 기름 미스트 등을 여과하기 위한 여과장치를 구비한 것이어야 한다.
	디맨드형 및 압력디맨드형	일정 유량형과 같은 구조로서 공급밸브를 갖추고 착용자의 호흡량에 따라 안면부 내로 송기하는 것이어야 한다.
복합식 에어 라인 마스크	디맨드형 및 압력디맨드형	보통의 상태에서는 디맨드형 또는 압력 디맨드형으로 사용할 수 있으며, 급기의 중단 등 긴급 시 또는 작업상 필요시에는 보유한 고압 공기용기에서 급기를 받아 공기호흡기로서 사용할 수 있는 구조로서, 고압공기 용기 및 폐지밸브는 KS P 8155(공기 호흡기)의 규정에 의한 것이어야 한다.

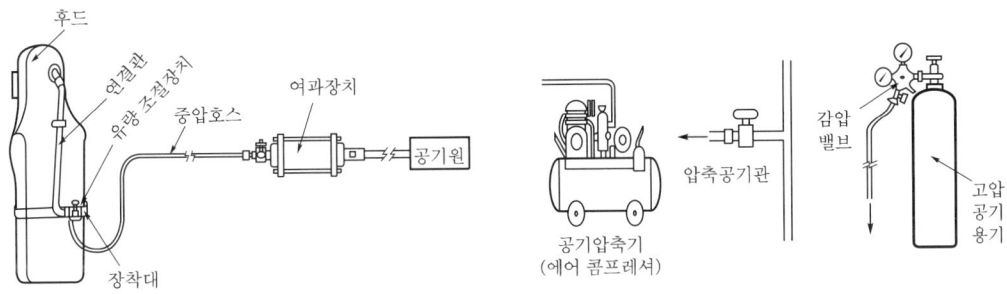

[일정유량형 에어라인마스크]   [AL마스크용 공기원의 종류]

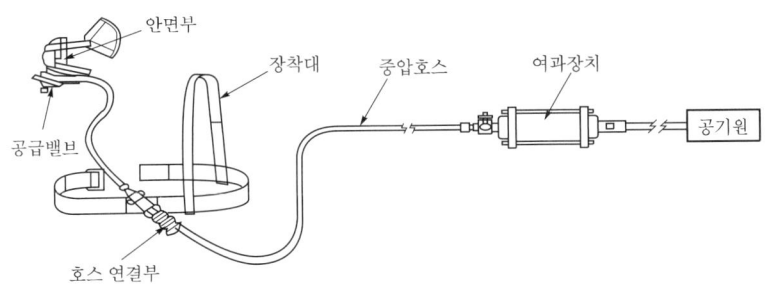

[디맨드형 에어라인마스크]

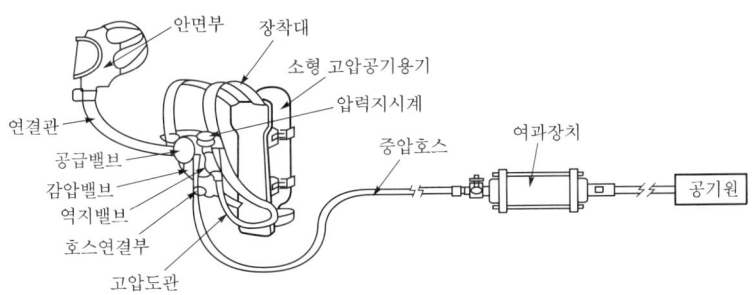

[복합식 에어라인마스크]

4. 송기마스크의 재료

① 강도·탄력성 등이 각 부위별 용도에 따라 적합할 것

② 피부에 접촉하는 부분에 사용하는 재료는 자극 또는 변화를 주지 않아야 하며, 소독이 가능한 것일 것

③ 금속재료는 내부식성이 있는 것이거나 내부식 처리를 할 것

④ 호스 및 중압 호스는 균일하고 유연성이 있어야 하며, 흠·기포·균열 등의 결점이 없고 유해가스 등에 의하여 침식되지 않을 것

Section 9 방열복

1. 정의

방열복이란 근로자가 고열작업에 의한 화상과 열증을 방지하기 위하여 사용되는 보호구로 착용 부위별로 구분된다.

2. 방열복의 종류 별 착용 부위

종류	착용 부위	종류	착용 부위
방열상의 방열일체복 방열두건	상체 몸체(상·하체) 머리	방열하의 방열장갑	하체 손

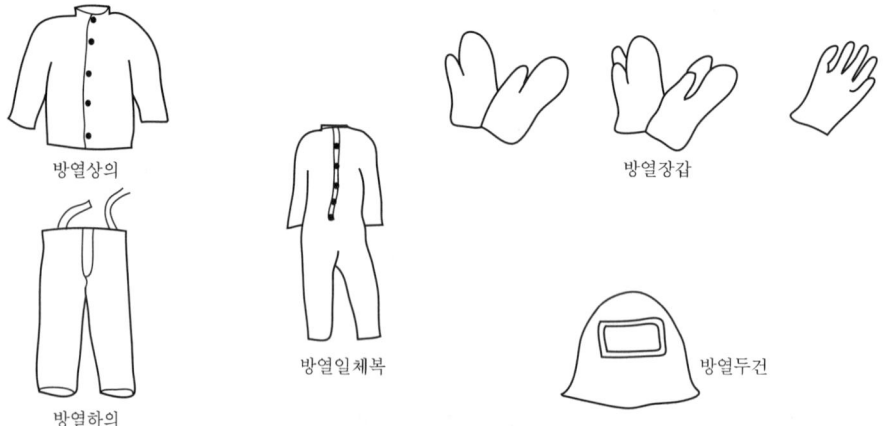

방열상의

방열장갑

방열하의

방열일체복

방열두건

[방열복의 종류]

3. 방열복의 일반구조(안전기준)

① 방열복은 파열, 절상, 균열이 생기거나 피막이 벗겨지지 않아야 하고, 기능상 지장을 초래하는 흠이 없을 것
② 방열복은 착용 및 조작이 원활하여야 하며, 착용상태에서 작업을 행하는 데 지장이 없을 것
③ 방열복을 사용하는 금속부품은 내식성 재질 또는 내식처리를 할 것
④ 방열상의의 앞가슴 및 소매의 구조는 열풍이 쉽게 침입할 수 없을 것

⑤ 방열두건의 안면렌즈는 평면상에 투영시켰을 때에 크기가 가로 150mm 이상, 세로 80mm 이상이어야 하며, 견고하게 고정되어 외부 물체의 형상이 정확히 보일 것

⑥ 방열두건의 안전모는 안전인증품을 사용하여야 하며, 상부는 공기를 배출할 수 있는 구조로 하고, 하부에는 열풍의 침입 방지를 위한 보호포가 있을 것

⑦ 땀수는 균일하게 박아야 하며 2땀/cm 이상일 것

⑧ 박아 뒤집는 봉제시접은 3mm 이상일 것

⑨ 박이 시작, 끝맺음 및 특히 터지기 쉬운 곳에 대해서는 2회 이상 되돌아박기를 할 것

Section 10 방음보호구(귀마개 또는 귀덮개)

1. 정의

방음용 보호구란 소음이 발생되는 사업장에서 근로자의 청력을 보호하기 위하여 사용하는 귀마개와 귀덮개를 말하며 차음성능을 고려하여 적절하게 사용하여야 한다.

2. 방음용 보호구의 종류와 등급

종류	등급	기호	성능	비고
귀마개	1종	EP-1	저음부터 고음까지 차음하는 것	귀마개의 경우 재사용 여부를 제조특성으로 표기
	2종	EP-2	주로 고음을 차음하고 저음(회화음영역)은 차음하지 않는 것	
귀덮개	-	EM	-	-

3. 귀마개 귀덮개의 차음성능기준

중심주파수(Hz)	차음치(dB)		
	EP-1	EP-2	EM
125	10 이상	10 미만	5 이상
250	15 이상	10 미만	10 이상
500	15 이상	10 미만	20 이상
1,000	20 이상	20 미만	25 이상

중심주파수(Hz)	차음치(dB)		
	EP-1	EP-2	EM
2,000	25 이상	20 이상	30 이상
4,000	25 이상	25 이상	35 이상
8,000	20 이상	20 이상	20 이상

4. 방음용 보호구의 일반구조

① 귀마개는 사용수명 동안 피부자극, 피부질환, 알레르기 반응 혹은 그 밖에 다른 건강상의 부작용을 일으키지 않을 것

② 귀마개 사용 중 재료에 변형이 생기지 않을 것

③ 귀마개를 착용할 때 귀마개의 모든 부분이 착용자에게 물리적인 손상을 유발시키지 않을 것

④ 귀마개를 착용할 때 밖으로 돌출되는 부분이 외부의 접촉에 의하여 귀에 손상이 발생하지 않을 것

⑤ 귀(외이도)에 잘 맞을 것

⑥ 사용 중 심한 불쾌함이 없을 것

⑦ 사용 중에 쉽게 빠지지 않을 것

안전심리 5요소

1. 개요

개인의 습관은 동기, 기질, 감성, 습성의 차이에 큰 영향을 주며 이 5대 요소는 안전에 직접 관련되고 적절히 조절하여 재해를 예방할 수 있다.

2. 인간심리의 특성

1) 간결성

① 최소의 에너지로 목표에 도달하려는 특성

② 생략, 단축은 불안전 행동의 요인이 되므로 안전수칙을 제정, 이행토록 해야 한다.

2) 주의의 일점집중현상

① 돌발사태에 직면하면 주의가 일점집중되어 판단정지 등 멍한 상태에 빠진다.

② 대안을 강구하는 심리적 훈련이 필요하다.

3) 리스트 테이킹(Rist Taking)

① 객관적 위험을 스스로 판단, 의지, 결정하고 행동하는 것

② 작업의 달성, 공기, 성격, 능률 등 요인에 따라 Risk Taking의 정도도 변한다.

3. 안전심리 5대 요소

1) 동기(Motive)

① 능동적인 감각에 의한 자극에서 일어나는 사고(思考)의 결과

② 사람의 마음을 움직이는 원동력

2) 기질(Temper)

  ① 인간의 성격, 능력 등 개인적인 특성

  ② 성장 시 생활환경에 영향을 받아 변화

3) 감정(Feeling)

  ① 희, 노, 애, 락 등의 의식

  ② 사고를 일으키는 정신적 동기

4) 습성(Habit)

  동기, 기질, 감정 등과 밀접, 행동에 영향

5) 습관(Custom)

  성장과정을 통해 형성된 특성 등이 자신도 모르게 습관화된 현상

4. 안전대책

1) 기술적 대책

  ① 어렵고 복잡한 작업 투입 억제

  ② 위험성이 큰 작업배치 억제

2) 교육적 대책

  ① 태도교육에 중점을 둔 교육, 훈련 실시

  ② 재해 빈발자 특성 파악 후 교육계획 수립

3) 관리적 대책

  ① 사고 우려자 집중관리

  ② 적성검사를 통한 적정 작업 배치

4) 심리적 대책

  ① 개별면담 실시

  ② 모랄서베이(Morale Survey) 기법 활용, 통계, 사례, 관찰법 활용

5. 결론

안전심리 5대 요소의 적절한 통제, 교육, 관리를 통해 안전대책을 수립하고 안전사고를 예방해야 한다.

$B = f(P.E)$에 의한 불안전 행동의 배후요인

1. 개요

① K. Lewin은 $B = f(P.E)$라는 공식으로 인간행동을 개체와 환경과의 함수관계로 설명하고 있는데, 유전적인 인적 요인과 환경적인 외적 요인으로 이루어진다고 보고 있다.

② 불안전 행동에 의한 재해 발생률은 전체 재해의 88%를 차지하고 있으며 그 인적, 물적 배후요인에 대한 근본적인 대책이 요구된다.

2. 재해발생 메커니즘

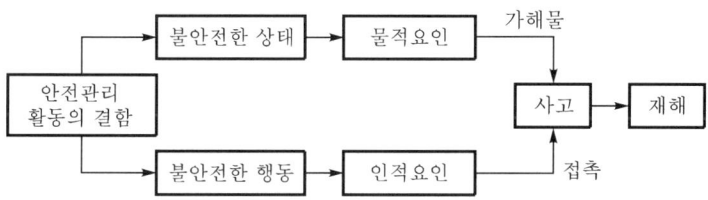

3. 불안전 행동의 종류

1) 지식의 부족(모른다)

① 작업상의 위험에 대한 지식 부족, 불안전 행동

② 안전한 작업방법을 모르는 경우

2) 기능의 미숙(할 수 없다)

① 기능 미숙으로 인한 불안전 행동

② 안전작업 의지는 있어도 할 수 없는 경우

3) 태도의 불량, 의욕 결여(하지 않는다)

① 태도의 불량으로 불안전 행동

② 작업방법을 알면서도 하지 않는 경우

4) 인간의 Error

(1) 인간의 특성으로 Error에 의한 불안전 행동

(2) 인간 Error의 배후요인(4M)

① Man(인간적 요인) : 인간의 과오, 망각, 무의식, 피로 등

② Machine(설비적 요인) : 기계결함, 안전장치 미설치

③ Media(작업적 요인) : 작업순서, 동작, 방법, 환경, 정리정돈 등

④ Management(관리적 요인) : 안전관리 조직, 규정, 교육, 훈련미흡 등

4. K. Lewin의 법칙(행동의 법칙)

$$B = f(P.E)$$

여기서, B(Behavior) : 인간의 행동, f(Function) : 함수관계(적성, 기타, P.E에 영향),
P(Person) : 인적요인(유전), E(Environment) : 외적요인(환경)

① K. Lewin은 인간의 행동(B)은 그 사람이 지니고 있는 개체(P)와 심리적인 환경(E)과 상호관계가 있다고 주장

② 인간의 행동은 P와 E에 의해 성립되는 심리학적인 생활공간의 구조에 따라 결정된다.

③ 행동(B)의 안전수준이 떨어지지 않게 P와 E를 제어, 불안전 행동을 방지할 수 있다.

④ 인간행동의 위험 방지를 위해 인적요인(P)과 외적요인(E)도 바로 잡아야 한다.

⑤ P(인적요인)를 구성하는 요인 : 성격, 지능, 감각운동 기능, 연령, 경험, 심신상태

⑥ E(외적요인)를 구성하는 요인 : 가정, 직장 등의 인간관계, 온습도, 조명, 먼지, 소음

5. 불안전 행동의 배후요인 분류

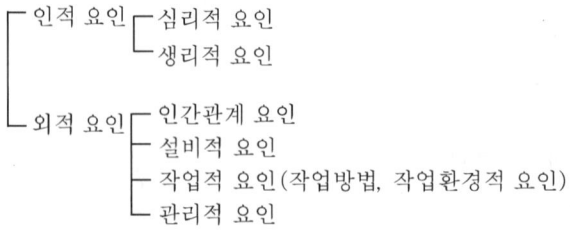

인적 요인 ┬ 심리적 요인
         └ 생리적 요인

외적 요인 ┬ 인간관계 요인
         ├ 설비적 요인
         ├ 작업적 요인(작업방법, 작업환경적 요인)
         └ 관리적 요인

6. 불안전 행동의 배후요인

1) P : 인적 요인(유전요인)

(1) 심리적 요인

① 주변적 동작 : 주변 무시 작업 몰두

② 걱정거리 : 작업 외 문제 기인

③ 소질적 결함 : 신체적 결함(간질, 심장결함, 고혈압)

④ 생략 : 급하거나 피로 시 발생

⑤ 의식의 우회 : 부적응 상태가 되어 사고 발생

⑥ 무의식 행동 : 주변 동작에 의해 행해지는 행동

⑦ 착오 : 착오는 불안전 행동 유발

⑧ 지름길 반응 : 목적 달성을 위해 순서 무시

⑨ 억측판단 : 이 정도면 되겠지 하는 판단

⑩ 망각 : 작업상 중요 절차 망각

(2) 생리적 요인

① 피로
  ㉠ 육체적, 정신적 노동에 의해 작업능률이 저하되는 상태
  ㉡ 피로의 분류
    • 정신적 피로 : 중추신경계통의 피로
    • 육체적 피로 : 신체피로
    • 급성피로 : 정상, 건강피로
    • 만성피로 : 축적피로

② 영양과 에너지 대사
  ㉠ 근로 에너지에 필요한 영양 섭취
  ㉡ 에너지 대사율에 적합한 에너지 보급

③ 적성과 작업
  ㉠ 작업내용과 적성의 조화
  ㉡ 근로자 적재 적소 배치, 노동성 향상과 불안전 행동 제거

2) E : 외적 요인(환경요인)

(1) 인간관계 요인

① 작업자의 지식, 기능, 노력, 협력 등은 인간관계를 형성하는 중요 요소

② 인간관계가 나쁘면 안전의식, 작업능률 저하로 사고위험이 커짐

③ 가정내 불화 등

(2) 설비적 요인

① 기계설비의 위험성과 취급상의 문제

② 유지 관리 시 문제

(3) 작업적 요인

① 작업방법적 요인 : 작업자세, 작업속도, 작업강도, 근로시간, 휴식시간

② 작업환경적 요인 : 작업공간, 조명, 색채, 소음, 분진, 정리정돈

(4) 관리적 요인

① 교육훈련의 부족 : 작업자의 지식부족, 기능미숙으로 불안전 행동 유발

② 감독, 지도 불충분 : 안전확인 부족으로 불안전 행동 유발

③ 적정배치 불충분 : 업무에 필요한 기능, 지식, 체력 등을 무시한 배치로 불안전 행동 유발

7. 결론

불안전 행동의 배후요인을 철저히 규명하고 적절한 대책을 수립하여 불안전 행동을 제거하여 재해를 예방해야 한다.

Section 3 **무사고자와 사고자의 특성**

1. 개요

① 대부분의 사고는 소수의 근로자에 의해 발생하는 데 소심한 사람은 성격이 도덕적이고 사고 유발 가능성이 크고, 무사고자는 위험한 환경에서도 이를 극복하고 불안전 행동을 나타내지 않는 자를 말한다.

② 무사고자와 사고자의 특성을 파악, 관리적인 조치를 활용함으로써 불안전한 행동을 제거하는데 효과적으로 이용해야 한다.

2. 안전사고 경향

① 소수의 근로자에게서 발생(반복 발생)

② 소심하거나 도전적 성격인 근로자에게서 발생

③ 심사숙고형은 사고 경향성이 낮음

3. 소질적인 사고요인

1) 지능

① 지능과 사고는 비례관계가 아님

② 지적 수준에 맞추어 적정 배치, 반복 훈련으로 적응력 향상

2) 성격

성격이 작업에 적용되지 못할 경우 사고 발생

3) 시각기능

① 시각기능 결함이니 두 눈 시력이 다른 자의 경우 많이 발생

② 반응의 속도보다 정확도 차이에서 사고 발생

4. 무사고자

① 위험한 환경에서 이를 잘 극복하고 불안전한 행동을 나타내지 않는다.

② 무사고자의 특성

㉠ 심신의 건강, 절제력, 관용, 친절, 책임감이 있다.

㉡ 온건하고 자기감정 통제 가능

㉢ 상황판단이 명확, 추진력이 있다.

㉣ 의욕, 집념이 강하고 같은 실수 반복이 없다.

㉤ 급박한 상황에서 슬기롭게 극복

㉥ 자기 자질 효과적으로 활용

㉦ 약간 내성적, 수줍어하고 겸손하다.

㉧ 개인보다 전체를 우선 생각

5. 사고자

자신의 순간적 착각, 실수, 판단 착오에 의해 불안전 행동을 나타내는 자

1) 재해 빈발자(사고를 자주 일으키는 사람)

(1) 재해 빈발자에 대한 학설

① 기회설 : 개인보다는 작업의 위험성에 기인

② 암시설 : 재해를 당하면 대응능력 저하로 재해 빈발

③ 재해 빈발 경향자설 : 재해를 빈발하는 소질적 결함자가 있다.

 (2) 재해 빈발자의 유형

　　① 미숙성 빈발자 : 기능 미숙, 환경 미숙 때문

　　② 상황성 빈발자 : 작업 난해, 기계설비 결탁, 환경상 주의력 혼란, 심신에 조심

　　③ 습관성 빈발자 : 재해 유경험자 신경과민, 슬럼프

　　④ 소질적 빈발자 : 재해원인 요소를 내포한 자, 특수 성격 소지자

2) 사고자의 특성

　　① 지능이 낮고, 산만, 집중력 부족

　　② 대인관계 부족, 괴팍하고 급한 성격

　　③ 무모한 생각

　　④ 자제력 부족, 충동적, 공격적, 본능적 욕구 추구

　　⑤ 모든 일에 불만, 피해망상으로 원한 가짐

　　⑥ 책임 회피, 자기합리화

　　⑦ 자기에게 관대, 타인에게 혹독

　　⑧ 타인의 눈치를 보며 무기력하게 보임

　　⑨ 사고를 운명의 장난이라 치부

　　⑩ 겁이 많아 항상 긴장, 모든 일에 근심, 걱정

　　⑪ 술과 중독성 약 자주 복용

　　⑫ 무모하고 격렬하며 엉뚱한 짓, 통찰력 부족

6. 사고자에 대한 대책

1) 기술적 대책

　　① 어렵고 복잡한 작업투입 억제

　　② 위험성 큰 작업배제

2) 교육적 대책

　　① 태도 중심의 교육 및 훈련 실시

　　② 개인특성 파악 후 교육계획 수립

3) 관리적 대책

　　① 별도의 집중관리

　　② 적성검사 후 적정배치

4) 심리적 대책

　　① 개인면담 실시

　　② 모랄서베이 기법 활용, 통계, 사례, 관찰법 이용

7. 결론

사고자, 사고 빈발자에 대한 대책 수립 및 철저한 관리로 사고에 대한 예방을 철저히 함으로써 건설현장의 재해를 최소화해야 한다.

Section 4 · 동기부여(동기유발, Motivation) 이론

1. 개요

① 개체로 하여금 행동을 일으키게 하는 외부 자극 및 내적 요인을 총괄하여 동기 (Motive)라 한다.

② 동기부여란 동기를 불러일으키게 하고, 유지 및 목표를 세워 이끌어 나가게 하는 과정을 말하며 건설현장에서는 안전 동기를 유발시켜 재해를 예방해야 한다.

2. 동기유발방법

1) 안전 근본이념 인식

안전의 가치를 근로자에 인식시켜 동기유발

2) 안전목표 설정

달성 가능한 목표를 명확히 설정

3) 결과 통지

결과를 구성원에게 통지 평가, 검토하여 안전의욕 고취

4) 상과 벌

상과 벌을 통한 인위적 동기유발

5) 경쟁과 협동 유도

경쟁, 협동 등 사회적 동기 이용

6) 최적 수준 유지

단순한 과제, 용이할수록 동기 유발 수준이 높아지고, 복잡·곤란 시 낮아짐

3. 동기부여 이론

1) Maslow의 욕구단계 이론(5단계)

① 생리적 욕구(1단계) : 기아, 갈증, 호흡, 배설,
성욕 등 기본적 욕구

② 안전 욕구(2단계) : 안전을 추구하려는 욕구

③ 사회적 욕구(3단계) : 애정, 소득에 대한 욕구

④ 인정받으려는 욕구(4단계) : 자존심, 명예, 성
취, 지위에 대한 욕구

⑤ 자아실현의 욕구(5단계) : 잠재적인 능력을 실
현하고자 하는 욕구

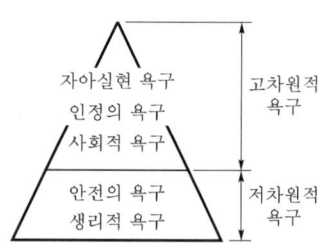

[Maslow의 욕구 5단계]

2) Alderfer의 E.R.G 이론

① 생존욕구 : 신체적인 차원에서 유기체의 생존과 유지에 관련된 욕구

② 관계욕구 : 타인과 상호작용을 통해 만족되는 대인 욕구

③ 성장욕구 : 개인의 발전과 증진에 관한 욕구

3) Mc Gregor의 X.Y 이론

① 환경 개선보다 일의 자유화 추구 및 불필요한 통제 배제

② 특정 작업의 기회 부여 및 정보 제공

③ 자아실현의 욕구

X 이론	Y 이론
• 인간 불신감 • 성악설 • 인간은 게으르고 지배받기를 즐긴다. • 물질욕구 • 명령통제에 의한 관리 • 저개발국형	• 상호 신뢰감 • 성선설 • 인간은 부지런하고 적극적, 자주적이다. • 정신욕구 • 목표통합과 자기통제에 의한 자율관리 • 선진국형

4) Herzberg의 위생-동기 이론

① 위생요인(유지욕구) : 인간의 동물적인 욕구를 반영

② 동기요인(만족욕구) : 자아실현을 하려는 인간의 독특한 경향 반영

③ 위생요인 불만족 요인, 동기 부여 요인은 만족요인

5) 기타 이론

(1) D. Mcclelland의 성취동기 이론

① 욕구는 학습되는 것으로 개인마다 욕구의 계층에 차이가 있다고 주장

② 성취욕구, 권력욕구, 친교욕구로 구분

(2) E. Schein의 인간모형

인간은 다양한 욕구와 잠재력을 가진 존재이며 복잡성 유형이 사람마다 다르다는 이론

4. 동기부여 이론의 비교

이론 단계	Maslow (욕구의 5단계)	Alderfer (E.R.G 이론)	Mc Gregor (X.Y 이론)	Herzberg (위생-동기 이론)
1단계	생리적 욕구(종족 보존)	생존욕구	X 이론	위생요인
2단계	안전욕구			
3단계	사회적 욕구(친화)	관계욕구	Y 이론	동기부여요인
4단계	인정받으려는 욕구	성장욕구		
5단계	자아실현의 욕구			

5. 동기부여를 위한 안전활동사항

① 책임과 권한의 명확화

② 작업환경 정비

③ 고용 시 안전의식 고취
④ 아침조회 실시
⑤ 안전모임(TBM) 실시
⑥ 안전순찰, 점검 실시
⑦ 안전당번 제도
⑧ 안전작업표준 활용
⑨ 제안제도 실시
⑩ 안전경쟁 실시
⑪ 안전표창 실시
⑫ 현장안전위원회 개최
⑬ 안전강습, 연수, 견학 실시
⑭ 안전방송, 영화, 슬라이드 상영
⑮ 주간행사, 안전의 날 행사
⑯ 안전설문조사, 안전 News 발행
⑰ 안전 포스터 등 모집 게시
⑱ 완장, 배지 착용

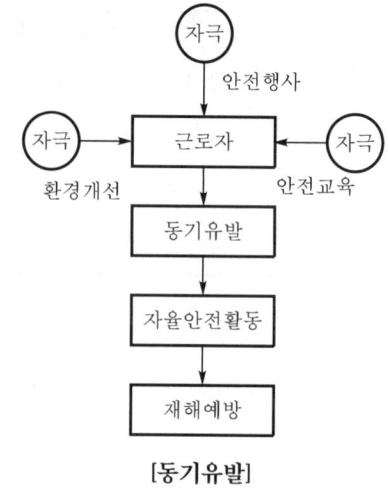

[동기유발]

6. 결론

안전사고는 안전동기가 결여되어 불안전한 행동을 유발해 발생하므로 안전 근본이념의 인식, 목표 설정 등 안전동기를 부여하여 안전사고를 예방해야 한다.

Section 5 정보처리채널 및 의식수준 5단계

1. 개요

① 정보처리란 감지한 정보를 가지고 수행하는 단계, 여러 종류의 조작을 말한다.
② 정보처리채널은 일의 난이도에 따라 5단계로 구분한다.

2. 인간의 정보처리과정 Flow Chart

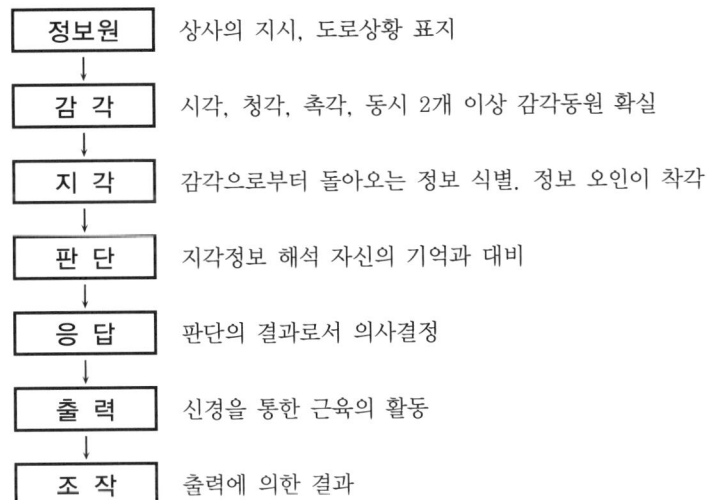

정보원	상사의 지시, 도로상황 표지
감 각	시각, 청각, 촉각, 동시 2개 이상 감각동원 확실
지 각	감각으로부터 돌아오는 정보 식별. 정보 오인이 착각
판 단	지각정보 해석 자신의 기억과 대비
응 답	판단의 결과로서 의사결정
출 력	신경을 통한 근육의 활동
조 작	출력에 의한 결과

3. 정보처리 채널(정보처리 5단계)

1) 반사작업(무의식)

  ① 반사작용으로 지각을 통하지 않는 정보처리
  ② 정보파악 전에 반사신경이 긴급한 필요성을 감수하여 처리

2) 주시하지 않아도 되는 작업

  ① 정보처리를 하면서 동시에 다른 정보처리도 가능
  ② 몸이나 피부로 학습된 간단한 조작의 처리

3) 루틴(Routine)작업

  ① 동시에 다른 정보처리 불가, 미리 순서가 결정된 정상적인 정보처리
  ② 처리할 정보의 순서를 미리 알고 있는 경우

4) 동적의지결정작업

  ① 조작결과 확인치 않으면 다음 조작 결정을 할 수 없는 정보처리
  ② 정보처리 순서를 미리 알지 못하는 경우로 비정상 작업 시 필요

5) 문제해결

  ① 미지, 미경험 상태에 대처하는 정보처리로 창의력 필요
  ② 정보보관 기억만으로 대처 불가, 창의력 필요, 정보처리 필요

4. 의식수준 5단계

의식수준	주의상태	신뢰도	비고
Phase O	수면중	0	의식 단절, 우회
Phase I	졸음상태	0.9 이하	의식수준의 저하
Phase II	일상생활	0.99~0.9999	정상상태
Phase III	적극 활동 시	0.9999 이상	주의집중 15분 이상 지속 불가
Phase IV	과긴장 시	0.9 이하	의식 과잉

5. 정보처리와 의식수준의 상호관계

정보처리	의식수준
반사작업(무의식)	Phase I, II, III
주의하지 않아도 되는 작업	Phase II
루틴작업	Phase II
동적, 의지결정작업	Phase III
문제해결	Phase III

Section 6 주의 · 부주의

1. 정리

① 주의란 행동의 목적에 의식수준이 집중하는 심리상태이다.
② 부주의란 목적을 수행하기 위한 전개과정에서 목적에서 벗어나는 심리, 신체적 변화의 현상이다.

2. 주의

1) 주의의 특징

(1) 선택성

① 여러 종류 자극 시 소수 특정한 것을 선택하는 기능
② 주의는 동시에 2개 방향에 집중하지 못함

   (2) 방향성

     ① 주시점만 인지하는 기능

     ② 한 지점에 집중하면 다른 곳에는 주의가 약해짐

   (3) 변동성

     ① 주기적으로 부주의 리듬이 존재

     ② 고도의 주의는 장시간 지속 불가

2) 주의력과 동작

     ① 인간의 동작은 주의력에 의해 좌우된다.

     ② 비정상적인 동작은 재해사고를 유발한다.

3. 부주의

1) 부주의의 특징

     ① 불안전 행동뿐만 아니라 불안전 상태에도 통용

     ② 부주의란 말은 결과를 표현

     ③ 원인이 존재

     ④ 무의식 행위와 의식 주변에서 행해지는 행위에 출현

2) 인간의식의 공통경향

     ① 대응력에 한계 존재

     ② 초점이 멀어질수록 희미해짐

     ③ 초점이 합치되지 않을 때 대응력 저감

     ④ 중단하는 경향

     ⑤ 긴장 뒤에는 이완하는 파동이 있음

3) 의식의 수준과 부주의의 현상

  (1) 의식의 수준 5단계

의식수준	주의상태	신뢰도	비고
Phase 0	수면 중	0	의식의 단절, 우회
Phase I	졸음상태	0.9 이하	의식수준 저하
Phase II	일상생활	0.99~0.9999	정상상태
Phase III	적극 활동 시	0.9999 이상	집중 15분 이상 불가
Phase IV	과긴장 시	0.9 이하	주의의 일점 집중, 의식의 과잉

(2) 부주의의 현상

① 의식의 단절 : Phase O

② 의식의 우회 : Phase O

③ 의식수준 저하 : Phase Ⅰ

④ 의식의 과잉 : Phase Ⅳ

4) 부주의상태를 기인하는 동작의 실패요인 및 제거

(1) 실패원인

① 자세의 불균형

② 피로도

③ 작업강도

④ 기상조건

⑤ 환경조건

(2) 동작의 실패요인 제거

① 안전교육 철저

② 착각이나 오인요소 제거

③ 동작기준 규정 준수

④ 동작 장애요인 제거

⑤ 심신상태 정상적으로 유지

⑥ 능력을 초과하는 업무 부여 금지

⑦ 작업장 내 냉·난방 통풍, 적절한 온·습도 유지

⑧ 작업환경 개선 및 개별면담 실시

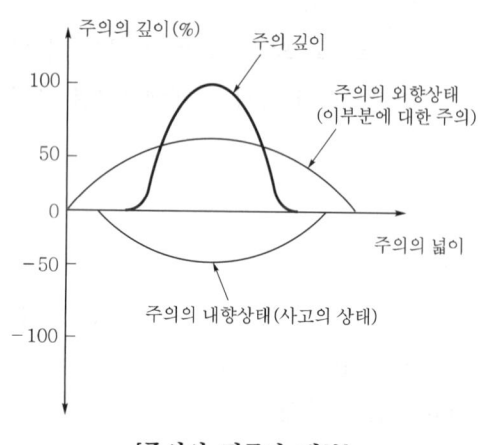

[주의의 집중과 배분]

5) 부주의 발생의 원인

(1) 외적 요인(불안전 상태)

① 작업환경 조건 불량 : 불쾌감, 기능 저하 발생, 주의력 유지 곤란

② 작업순서 부적당 : 판단의 오차 및 조작실수 발생

(2) 내적요인(불안전 행동)

① 소질적 조건 : 간질병 등 재해요소 내포자

② 의식의 우회 : 걱정, 고민, 불만에 의한 부주의 발생

③ 경험, 미경험 : 경험에 의한 억측, 경험 부족으로 대처방법 실수

6) 부주의 예방대책

(1) 외적 요인

① 작업환경 조건의 정비

② 근로조건 개선

③ 신체피로 해소

④ 작업순서 정비

⑤ 인간 능력과 특성에 부합되는 설비, 기계 제공

⑥ 안전작업방법 습득

(2) 내적 요인

① 적정 작업 배치

② 정기적 건강진단 및 임상검사

③ 안전 카운슬링

④ 안전교육 철저

⑤ 주의력 집중 훈련

⑥ 스트레스 해소 대책 수립 및 실시

4. 결론

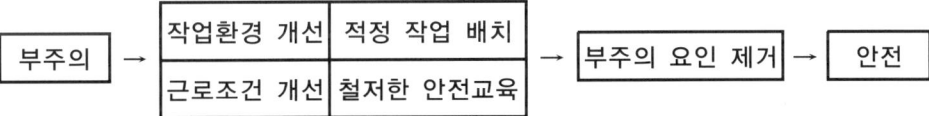

Section 7 착오 발생 3요인

1. 개요

착오란 '틀리는 것', 즉 사실과 관념이 일치하지 않는 것을 말하며 불안전한 행동의 배후요인으로 불안전 행동을 유발해 사고나 재해의 요인이 되며 인지, 판단, 조작 3 가지로 분류된다.

2. Human Error의 배후요인(4M)

① Man(인간적 요인)

② Machine(설비적 요인)

③ Media(작업적 요인)

④ Management(관리적 요인)

3. 착오 발생요인

1) 인지과정의 착오

(1) 외계의 정보를 받아 감각중추까지 인지되기까지 과정에서 발생하는 에러

(2) 종류

① 생리, 심리적 능력의 한계(인적 요인)

② 정보량 저장능력의 한계

③ 감각 차단 현상 : 단조로운 업무, 반복 업무

④ 정서 불안정

2) 판단과정 착오

(1) 의사결정 후 작업 명령 전까지 과정에서 일어나는 에러

(2) 종류

① 능력 부족

② 정보 부족

③ 자기합리화

④ 환경조건의 불비

3) 조작과정의 착오

(1) 동작이 현실적으로 나타나기까지 조작오류나 절차를 생략하는 에러

(2) 종류

① 작업자 기술 미숙

② 작업경험 부족

4. 착오 발생결과 Flow Chart

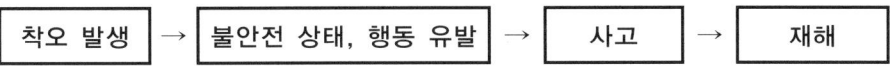

| 착오 발생 | → | 불안전 상태, 행동 유발 | → | 사고 | → | 재해 |

Section 8 운동의 시지각과 착시(Optical Illusion)

1. 운동의 시지각(착각현상)

1) 정의

시지각이란 실제로 움직이지 않는 대상이 착각에 의해 움직이는 것 같이 보이는 현상으로 자동·유도·가현운동으로 구분한다.

2) 운동의 시지각(착각 현상) 종류

(1) 자동운동

① 암실 내 정지된 소광점을 응시하고 있으면 움직이는 것처럼 보이는 운동

② 자동운동이 생기기 쉬운 조건

㉠ 광점이 작을 것

㉡ 광의 강도가 작을 것

㉢ 대상이 단순할 것

(2) 유도운동

① 실제로 움직이지 않는 것이 어느 기준에 유도되어 움직이는 것처럼 느껴지는 현상

② 실례

㉠ 구름에 둘러싸인 달(반대로 움직이는 것처럼 보임)

㉡ 플랫폼에서 열차 출발

(3) 가현운동(β 운동)

① 정지하고 있는 대상물이 급속히 나타나거나 소멸되는 것으로 인하여 일어나는 운동

② 영화 영상의 방식. 마치 대상물이 움직이는 것처럼 인식. 네온사인

2. 착시현상

1) 정의

어떤 대상이 실제와 보이는 것이 일치하지 않는 것으로 시각의 착각현상을 말한다.

2) 착시현상(기하학적 착시)

(1) Muler, Lyer의 착시

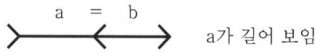

a가 길어 보임

(2) Helmbolz의 착시

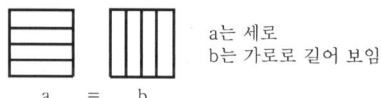

a는 세로
b는 가로로 길어 보임

(3) Herling의 착시

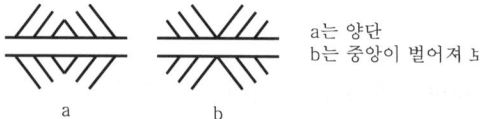

a는 양단
b는 중앙이 벌어져 ↳

(4) Poggendorff 착시

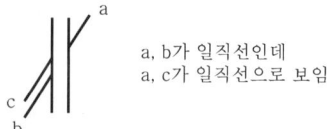

a, b가 일직선인데
a, c가 일직선으로 보임

Section 9

R.M.R 및 작업강도에 영향을 주는 요소

1. 개요

① R.M.R(Relative Metabolic Rate ; 에너지대사율)이란 작업강도의 단위로 산소호흡량을 측정, 에너지 소모량을 결정하는 방식으로 R.M.R이 클수록 중작업이다.

② 작업강도란 작업 수행 시 소모되는 에너지의 양을 말하며 R.M.R에 의해 그 정도를 표시한다.

2. R.M.R(에너지대사율)

$$R.M.R = \frac{작업대사량}{기초대사량} = \frac{작업 \ 시 \ 소비에너지 - 안정 \ 시 \ 소비에너지}{기초대사량}$$

3. R.M.R과 작업강도

R.M.R	작업강도	실례
0~2	경작업	앉아서 하는 작업으로 정밀, 사무작업, 바느질
2~4	중(中)작업	동작, 속도가 작은 작업으로 연마, 재단, 못박기
4~7	중(重)작업	동작, 속도가 큰 작업으로 전신작업, 벼베기, 보행
7 이상	초중작업	과격작업(전신작업)으로 해머 작업, 천공

4. 작업강도에 따른 에너지소비량

1) 기초대사량

① 활동하지 않는 상태에서 신체기능을 유지하는데 필요한 대사량

② 성인의 경우 기초대사량 : 1,500~1,800kcal/day 정도

③ 기초대사량 산출

$$기초대사량 = Ax$$

여기서, A : 체표면적(cm^2)

   x : 체표면적당 시간소비당 에너지

   $A = H^{0.725} W^{0.425} 72.46$

   H : 신장(cm), W : 체중(kg)

2) 에너지소비량

① 1일 보통사람의 소비에너지 : 약 4,300kcal/day

② 기초대사와 여가에 필요한 에너지 : 약 2,300kcal/day

③ 작업 시 소비에너지=4,300-2,300=2,000kcal/day

④ 분당 소비에너지(작업 시 분당평균 에너지소비량)=2,000kcal/day÷480분(8시간)
   =약 4kcal/분

3) 휴식시간

① 작업에 대한 평균에너지값을 4kcal/분이라 할 때 이 한계를 넘는다면 휴식시간을 삽입하여 초과분 보상

② 휴식시간 산출

$$R = \frac{60(E-4)}{E-1.5}$$

여기서, R : 휴식시간(분)

E : 작업 시 평균에너지소비량(kcal/분)

60 : 총작업시간(분)

4 : 작업 시 분당 평균에너지소비량(kcal/분)

1.5 : 휴식시간 중 에너지소비량(=750kcal÷480분)

[예제] 1분당 4.5kcal의 열량을 소모하는 작업 시 시간당 휴식시간은?

$$R = \frac{60(4.5-4)}{4.5-1.5} = 10분$$

5. 작업강도에 영향을 주는 요소

① 에너지 소모량

② 해당 작업의 속도

③ 해당 작업의 자세

④ 해당 작업 대상의 종류

⑤ 해당 작업의 범위

⑥ 해당 작업의 밀도

⑦ 해당 작업의 변화도

⑧ 해당 작업의 정밀도

⑨ 해당 작업의 복잡성

⑩ 해당 작업의 수행의지(주의집중 정도)

⑪ 해당 작업의 복잡성

⑫ 해당 작업의 제약정도

⑬ 해당 근로자의 판단의 정도

⑭ 해당 근로자의 대인관계

⑮ 해당 작업시간의 길이

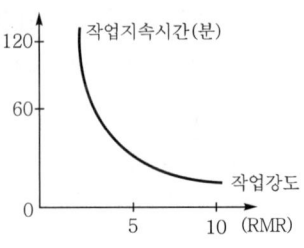

[작업강도와 시간의 상관관계]

6. 작업강도 유지대책

① 작업시간의 조정 및 교대

② 일정시간의 휴식

③ 피로의 회복

④ 교육훈련 및 상담

⑤ 작업환경의 개선

⑥ 적절한 영향섭취 및 운동

⑦ 건강진단

⑧ 부적절한 작업단계 배제

7. 결론

① R.M.R(에너지대사율)과 작업강도, 작업강도 유지와 작업능률은 서로 밀접한 관계가 있으며, R.M.R(에너지대사율)이 클수록 피로가 발생한다.

② 피로는 사고 발생원인이 되므로, 일정시간 휴식을 취해 피로 발생 감소 및 적당한 작업강도를 유지하여 안전사고를 예방해야 한다.

Section 10 생체리듬(Biorhythm)

1. 정의

① 생체리듬은 생물체의 일부 또는 전부에 나타나는 체내변화를 말하며 육체적, 지성적, 감성적 리듬이 주기적으로 변화를 일으켜 신체활동에 영향을 미친다는 이론이다.

② 생체리듬을 면밀히 검토하여 위험일 등 주기변화를 안전관리에 응용, 재해를 예방해야 한다.

2. 피로의 종류

① 정신피로

② 육체적 피로

③ 급성피로

④ 만성피로

3. 생체리듬의 종류와 특징

1) 신체리듬(P)

① 몸의 물리적인 상태(면역력, 체내기관 기능)

② 23일 주기로 반복(활동기 11.5일, 저조기 11.5일)

③ 활동기에는 왕성한 작업, 저조기에는 피로와 싫증 발생

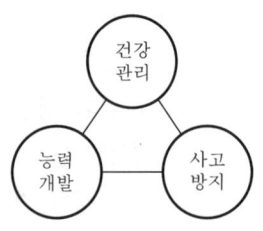

[Biorhythm 활용]

2) 감정리듬(S)

① 기분이나 신경계통(창조적, 대인관계, 감정의 기복)

② 28일 주기로 반복(활동기 14일, 저조기 14일)

③ 활동기에는 감정 발산이 순조롭고, 저조기에는 짜증, 자극 발생

3) 지성리듬(I)

① 두뇌활동 관련(집중력, 암기력, 기억력 등)

② 33일 주기로 반복(활동기 16.5일, 저조기 16.5일)

③ 활동기에는 머리가 맑고, 저조기에는 산만하고 망각 발생

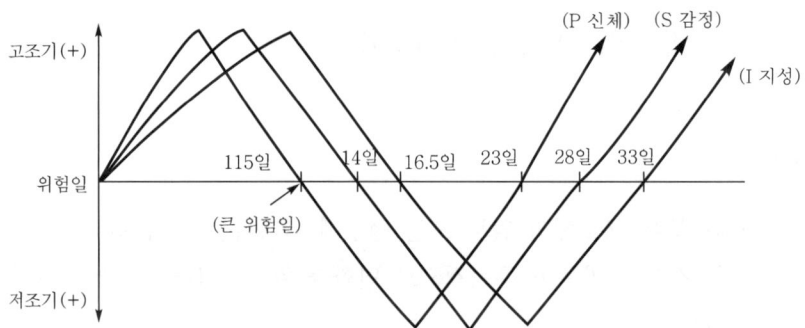

4. 결론

큰 위험일(연 1~3회), 작은 위험일(월 5~6회)을 감안하여 작업자 근무 조정 등 실시하고 안전사고를 예방해야 한다.

Section 11　모랄 서베이(Morale Survey) 활용방법

1. 개요

① 모랄 서베이란 인간관계 관리의 일환으로 2차 세계대전 후 보급된 대표적 관리법이다.

② 직장, 집단에서 근로자의 심리, 욕구를 파악. 그들의 자발적 협력을 구하는 것뿐 아니라 구성원 자신의 적응면에서도 효과가 있다.

2. 모랄 서베이 효과

① 근로자 심리요구 파악, 불만을 해소하고 노동의욕 증진

② 경영관리 개선 자료 활용

③ 종업원 정화작용 촉진(카타르시스)

3. 모랄 서베이 방법

1) 통계에 의한 방법

사고 상해율, 생산성, 지각, 조퇴 등 분석 파악하는 방법

2) 사례 연구법

여러 가지 제도에서 나타나는 사례를 연구하여 현상 파악하는 방법

3) 관찰법

종업원의 근무실태 계속 관찰, 문제점 노출

4) 실험연구법

실험그룹과 통제그룹으로 나누고 정황, 자극을 주어 태도 변화 조사

5) 태도 조사법(의견 조사)

① 현재 가장 많이 사용

② 질문지법, 면접법, 집단토의법, 투시법에 의해 의견 조사

건설현장의 안전활동 동기유발

1. 개요

건설현장의 재해 방지를 위해 다양한 동기유발방법이 적용되며, 각각 현장 실정에 맞는 방법을 적용하여 무재해 달성을 위해 노력해야 한다.

2. 동기유발방법

① 상과 벌
② 안전의식
③ 명확한 목표 설정
④ 현실성 있는 실시

3. 동기유발의 종류

① 모범근로자 포상 : 매주 우수근로자 게시 및 포상
② 협력업체 무재해 마일리지 포상 : 업체별, 공통별 분리 포상
③ 현장 소장 무재해 마일리지 포상 : 무재해 시간, 달성일로 포상
④ 2진 아웃제 시행
  ㉠ 안전수칙 1회 위반 : 경고장, 벌금
  ㉡ 안전수칙 2회 위반 : 퇴출
⑤ 아침조회 참석 우수업체, 공통 포상 : 체조, TBM 실시 우수업체
⑥ 안전웅변대회 개최 : 우수근로자 포상
⑦ 일일 안전관리자 제도시행 : 각 공종별 근로자 참여
⑧ 안전 우수근로자 차별화 관리 : 조끼 색상 차별화로 자부심 고취

Section 13 피로의 원인과 대책

1. 개요

① 피로란 일정시간 작업활동을 지속하면 발생하는 작업능률 감퇴, 저하, 착오 및 주의력 감소, 권태 등 심리적 불쾌감을 일으키는 현상이다.

② 피로는 인간의 신체기능을 저하시켜 작업 중의 긴장감과 정확도가 떨어져 불안전한 행동이나 에러(Error)를 유발하여 재해와 직결된다.

2. 피로의 분류

① 정신피로 : 중추신경 계통의 피로

② 육체피로 : 신체피로

③ 급성피로 : 정상피로, 건강피로

④ 만성피로 : 축적피로

3. 증상

1) 신체적 증상(생리적 현상)

① 작업에 대한 몸 자세가 흐트러지고 지친다.

② 작업에 대한 무감각, 무표정, 경련 등이 발생한다.

③ 작업효과나 작업량 감퇴 및 저하된다.

2) 정신적 증상(심리적 현상)

① 주의력 감소 또는 경감

② 불쾌감 증대

③ 긴장감 해지

④ 권태, 태만, 관심·흥미감 상실

⑤ 졸음, 짜증, 두통 발생

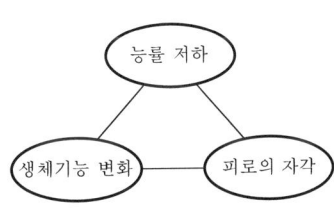

[피로의 3대 특징]

4. 원인 및 대책

1) 신체활동에 의한 피로

    ① 작업 교대, 목적의 동작 배제

    ② 작업 중 휴식, 기계력 사용

2) 정신적 노력에 의한 피로

    휴식, 양성훈련

3) 신체적 긴장에 의한 피로

    운동, 휴식

4) 정신적 긴장에 의한 피로

    ① 철저한 작업계획 수립

    ② 불필요한 마찰 배제

5) 환경과의 관계에 의한 피로

    ① 부적절한 제 관계 배제

    ② 위생교육

6) 영양 및 배설의 불충분

    ① 건강식품 준비

    ② 위생교육, 운동 필요성 계몽

7) 질병에 의한 피로

    ① 적절한 치료, 예방법 교육

    ② 유해작업 개선

8) 기후에 의한 피로

    온도, 습도, 통풍의 조절

9) 단조함, 권태감에 의한 피로

    ① 작업의 가치 교육

    ② 동작교대 교육, 휴식

안전교육

1. 개요

① 교육이란 피교육자를 자연적 상태(잠재 가능성)로부터 어떤 이상적인 상태(바람직한 상태)로 이끌어가는 작용이다.
② 인간 측면에 대한 사고 예방 수단의 하나로 안전을 유지하기 위한 지식과 기능의 부여 및 안전태도를 형성하기 위한 교육이다.

2. 안전교육의 기본방향

① 사고사례 중심의 안전교육
② 안적작업(작업표준)을 위한 안전교육
③ 안전의식 향상을 위한 안전교육

3. 안전교육의 목적

① 인간정신의 안전화
② 행동의 안전화
③ 환경의 안전화
④ 설비와 물자의 안전화

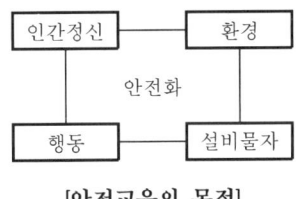

[안전교육의 목적]

4. 안전교육의 3요소

구분	형식적 교육	비형식적 교육
교육의 주체	강사(교수)	부모, 형, 선배, 사회인사 등
교육의 객체	수강자(학생)	자녀, 미성숙자 등
교육의 매개체	교재	교육환경, 인간관계 등

5. 안전교육 계획

1) 수립 시 고려사항

① 필요한 정보 수집

② 현장의견 반영

③ 안전교육 시행체계 고려

④ 안전에 대한 포괄적 교육

2) 포함사항

① 교육목표

② 교육의 종류 및 교육대상

③ 교육의 과목 및 교육내용

④ 교육기간 및 시간

⑤ 교육장소

⑥ 교육방법

⑦ 교육담당자 및 강사

6. 교육의 형태

1) O.J.T(On the Job Training)

① 직장 중심의 교육훈련

② 직속상사가 부하직원에 대해 지식, 기능, 태도 등 교육훈련

③ 개별교육 및 추가교육에 적합

④ 상사의 지도, 조회 시 교육, 재직자의 개인지도 등

2) Off J.T(Off the Job Training)

① 직장 외 교육훈련

② 다수의 근로자에게 조직적인 훈련 가능. 지식이나 경험교류 가능

③ 강사 초빙 교육, 실례연구, 관리감독자, 신입자의 집합 기초교육 등

7. 교육지도의 8원칙(지도교육법의 8원칙)

① 상대방의 입장에서 교육(학습자 중심)

② 동기부여(동기유발)

③ 쉬운 것부터 어려운 것으로

④ 반복교육

⑤ 한 번에 하나씩 교육

⑥ 인상의 강화(강조사항)

⑦ 5감의 활용(시각, 청각, 촉각, 후각, 미각)

⑧ 기능적인 이해

8. 안전교육법의 4단계

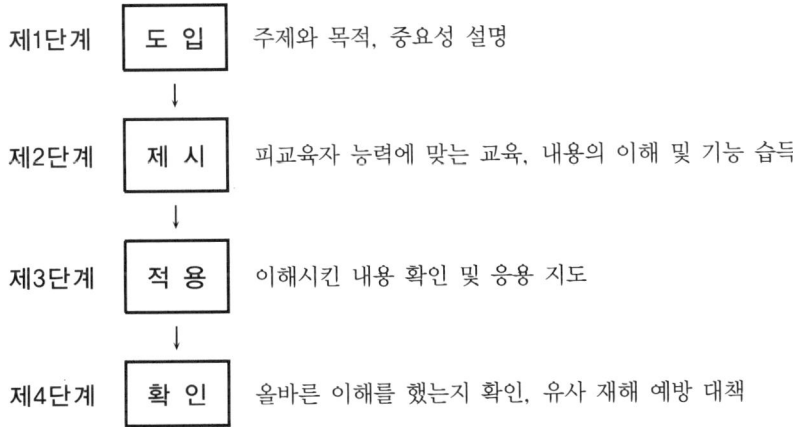

제1단계	도 입	주제와 목적, 중요성 설명
제2단계	제 시	피교육자 능력에 맞는 교육, 내용의 이해 및 기능 습득
제3단계	적 용	이해시킨 내용 확인 및 응용 지도
제4단계	확 인	올바른 이해를 했는지 확인, 유사 재해 예방 대책

9. 매체에 따른 교육효과

1) 이해도

귀	눈	귀+눈	입(귀+눈+입)	머리+손·발
20%	40%	60%	80%	90%

2) 감지효과(5감효과)

시각	청각	촉각	미각	후각
60%	20%	15%	3%	2%

10. 안전교육(교육훈련)의 평가

1) 안전교육의 평가방법

① 관찰법
② 평정법
③ 면접법
④ 자료분석법
⑤ 실험비교법
⑥ Test(검정시험)법
⑦ 상호평가법

2) 교육훈련평가 4단계

① 1단계(반응단계) : 훈련을 어떻게 생각하고 있는가?
② 2단계(학습단계) : 어떤 원칙, 사실, 기술 등을 배웠는가?
③ 3단계(행동단계) : 어떤 행동의 변화를 가져왔는가?
④ 4단계(결과단계) : 교육훈련 통해 코스트 절감, 품질개선, 안전관리, 생산증대 등에 어떠한 결과를 가져왔는가?

11. 안전교육 시 유의사항

① 교육 대상자의 지식, 기능 정도에 따라 교재 준비
② 계속적, 반복적으로 끈기 있게 교육
③ 상상력 있는 구체적인 내용으로 실시
④ 사례 중심의 산교육 실시
⑤ 교육 후 평가 실시

12. 결론

① 건설현장의 안전사고 예방을 위해 철저한 사전준비, 적합한 교육내용, 방법을 사용, 안전교육을 실시해야 한다.
② 안전교육은 모든 사고를 예방하는 능력을 기르는 데 목적이 있으며, 효과적인 안전교육을 시행하기 위해서 철저한 준비와 방법이 필요하다.

Section 2 안전교육지도 원칙 및 안전교육 문제점과 활성화 방안

1. 개요

① 안전교육 시 안전교육지도 8원칙을 적절히 활용. 학습자가 교육목적에 도달할 수 있게 하여야 하며 근로자가 위험에 직면 시 적절한 대응을 할 수 있는 산교육이 필요하다.

② 재해 예방을 위해 현시점에서 안전교육의 문제점을 파악하여 적절하고 효과적인 활성화 방안을 강구해야 한다.

2. 교육지도의 8원칙

1) 상대방 입장에서 교육

① 피교육자 중심의 교육

② 교육 대상자의 지식, 기능 정도에 맞게 교육

2) 동기부여(동기유발)

① 관심과 흥미를 갖도록 동기부여

② 방법 : 근본이념 인식, 명확한 목표설정, 상과 벌 등

3) 쉬운 것부터 어려운 부분으로 진행

① 일반 사항부터 전문적인 것으로 진행

② 초기부터 전문성 도입 시 피교육자 의욕 상실

4) 반복교육

① 들은 것 1시간 후 44%, 한 달 후 20% 정도 기억

② 지식은 반복을 통해 실시해야 기억수준이 향상됨

5) 한 번에 하나씩 교육

① 의욕보다 실리 차원에서 실시

② 피교육자 인지 정도 감안

6) 인상의 강화

① 보조교재 사용

② 사고사례 제시

7) 5감의 활용

　　① 시청각 효과(80%) 위주 교육

　　② 5감 활용 시 최고 수준의 교육효과 기대

8) 기능적인 이해

　　기능적으로 이해시켜 기억에 오래 남게 함

3. 안전교육의 문제점

1) 전문인력 부족

　　전문인력 양성 부재로 비전문가에 의한 안전교육

2) 질보다 양 위주의 교육

　　법정시간 채우기식 교육

3) 강압적 안전교육

　　고용주, 근로자 협조 부족

4) 현장에 맞지 않는 안전교육

　　현장실정을 무시한 획일적인 교육 실시

5) 근로자 유동성으로 인한 체계적 교육 부재

　　일용직이 다수인 건설업의 특성에 기인

6) 고용주의 이익 우선 의식

　　안전교육 비용 및 시간을 불필요한 낭비로 간주

7) 관리감독 소홀

　　형식적인 감독, 단속

4. 활성화 방안

1) 전문인력 육성

　　① 건설 안전전문 교육기관 확충

　　② 교육기관의 다양화

2) 내실교육

　① 교육내용 사전 점검제도 실시

　② 다양한 교재 개발

3) 고용주, 근로자 인식 전환

　① 지속적인 안전교육 강화

　② 안전문화 운동 정착

4) 현장 위주 안전교육

　① 현장, 특성, 규모 등에 적합한 교육 실시

　② 강압적이지 않은 현장에 도움이 되는 교육 실시

5) 근로자의 체계적 관리

　① 고용노동부서 경력관리 시스템 도입

　② 교육이수관리카드제도 도입

6) 관리감독 강화

　① 안전사고 예방에 대한 인식전환

　② 교육 미필자 작업 금지

5. 결론

안전교육 시 교육지도 8원칙을 적절히 사용, 교육효과 극대화로 산업재해를 예방해야 한다.

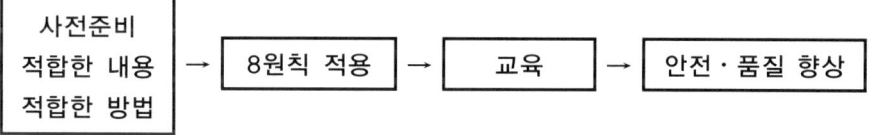

학습지도방법과 안전교육의 단계별 교육과정(3단계)

1. 개요

① 학습지도란 학습자가 교육목적 달성을 위해 그에 부수(附隨)된 환경을 조직하고 움직여 나가는 교육활동이다.

② 안전교육의 단계별 교육과정이 상호 유기적으로 연결된 학습 진행으로 이루어져야 충분한 효과를 얻을 수 있다.

2. 학습지도의 원리

① 자기활동의 원리(자발성 원리) : 자발적 학습 참여

② 개별화의 원리 : 학습자 각자에 맞는 학습활동 기회 부여

③ 사회화의 원리 : 학교, 사회경험 교류

④ 통합의 원리 : 학습을 통합적인 전체로 지도

⑤ 직관의 원리 : 구체적 사실, 경험으로 효과

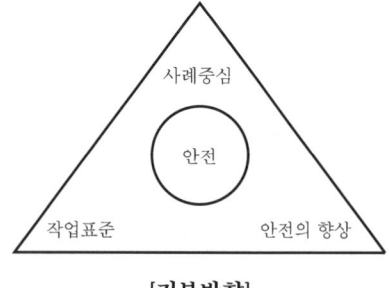

[기본방향]

3. 학습지도방법의 7형태

① 강의식 : 교사의 언어를 통한 설명, 해설

② 독서식 : 교재에 의한 학생의 학습

③ 필기식 : 필기에 의한 강의, 독서를 겸한 방식

④ 시범식 : 유능한 시범자 시범

⑤ 신체적 표현 : 신체를 이용

⑥ 시청각교재 이용 : 시청각교재를 이용한 지식 전달

⑦ 계도(유도) : 학습이 어려운 문제 해결지도

4. 안전교육의 3단계(단계별 교육과정)

1) 제1단계(지식교육)

(1) 교육목표

① 안전의식 향상

② 기능지식의 주입

(2) 교육내용

① 재해 발생의 원리 이해

② 안전법규, 규정, 기준 습득

③ 잠재위험요소 이해

(3) 교육방식

① 제시방식

② 강의, 시청각교육 등을 통한 지식의 전달과 이해

2) 제2단계(기능교육)

(1) 교육목표

① 안전작업기능 향상

② 표준작업기능 향상

③ 위험예측 및 응급처치기능 향상

(2) 교육내용

① 전문적 지식 및 안전기술기능

② 안전장치(방호장치)관리기능

③ 작업방법, 취급, 조작행위 숙달

(3) 교육방식

① 실습방식

② 시범, 견학, 실습을 통한 경험, 체득과 이해

3) 제3단계(태도교육)

(1) 교육목표

① 작업동작의 정확화

② 공구, 보호구 취급태도의 안전화

③ 점검태도 정확화

(2) 교육내용

① 작업동작, 표준작업방법의 습관화

② 점검 및 작업 전, 후 검사요령 습관화

③ 지시, 전달, 확인 등 태도의 습관화

(3) 교육방식

　① 참가방식

　② 작업동작지도, 생활지도 통한 안전의 습관화

(4) 안전태도교육의 원칙

　① 청취한다.

　② 이해하고 납득한다.

　③ 항상 모범을 보여준다.

　④ 권장한다.

　⑤ 처벌한다.

　⑥ 좋은 지도자를 얻도록 힘쓴다.

　⑦ 적정 배치한다.

　⑧ 평가한다.

5. 결론

건설현장의 재해 예방에 중요한 안전교육 시 교육의 3단계, 지식 → 기능 → 태도의 단계로 진행하여 안전사고를 예방할 수 있는 산교육을 실시해야 한다.

Section 4 **기업 내 정형교육**

1. 정의

기업 내 교육은 정형 교육과 비정형 교육으로 나눌 수 있으며, 계층별 교육훈련을 통해 지식이나 기능을 부여, 능력을 개발함으로써 사고 예방 및 생산성 향상을 도모할 수 있다.

2. 기업 내 정형교육

1) A.T.P(Administration Training Program) or C.C.S(Civil Communication Section)

(1) 대상 : 최고 경영자

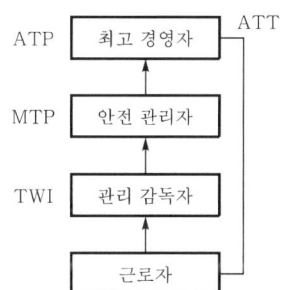

(2) 내용

① 정책의 수립

② 조직 : 경영, 조직형태, 구조 등

③ 통제 : 조직통제, 품질관리, 원가통제

④ 운영 : 운영조직, 협조에 의한 회사운영

(3) 교육시간 : 128시간

(4) 진행방법 : 강의법에 토의법 가미

2) A.T.T(Americal Telephone Telegram)

(1) 대상 : 대상계층이 한정되지 않음

(2) 교육내용

① 계획적 감독

② 작업의 계획, 인원배치

③ 작업의 감독

④ 공구 및 자료보고 및 기록

⑤ 개인작업의 개선 및 인사관계

(3) 교육시간 : 1차 → 1일 8시간 2주, 2차 → 문제 발생 시

(4) 진행방법 : 토의식

3) M.T.P(Management Training Program)

(1) 대상 : T.W.I보다 약간 높은 계층(관리자 교육)

(2) 내용

① 관리의 기능

② 조직의 운영

③ 회의의 주관

④ 작업개선 및 안전한 작업

(3) 교육시간 : 40시간

(4) 진행방법 : 토의식

4) T.W.I(Training Within Industry)

(1) 대상 : 일선 감독자

(2) 내용

① 작업지도 훈련

② 작업방법 훈련

③ 인간관계 훈련

④ 작업안전 훈련

(3) 시간 : 10시간

(4) 진행방법 : 토의식

3. 결론

기업 내 정형교육을 실시할 때는 계층별로 적절한 교육을 실시하여 최대의 효과를 얻을 수 있다.

Section 5 **적응과 부적응(K. Lewin의 3가지 갈등형)**

1. 개요

적응과 부적응은 개인적 소질이 그 환경에 조화되고 있는지 여부에 따라 설명할 수 있으며 작업능률과 생산성에 깊은 관계가 있다.

2. 적응

1) 정의

개인이 자신이나 환경에 대하여 만족한 관계를 갖는 것

2) 조건

① 개인의 능력을 발휘할 수 있을 것

② 직무 자체에 만족할 수 있을 것

③ 소속사회에 유익한 것이란 자각이 있을 것

3. 부적응

1) 정의

욕구불만이나 갈등상태에 놓여 있는 것

2) 부적응의 요인

① 욕구불만 : 욕구충족이 안 되어 일어나는 정서적 긴장상태

② 갈능 : 서로 대립되는 2개 이상 욕구가 동시 만족될 수 없는 심리적 상태

3) K. Lewin의 3가지 갈등형

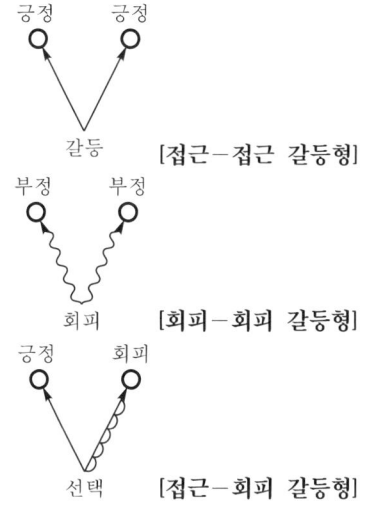

(1) 접근–접근 갈등형(+.+유의성)

① 긍정적 욕구 동시 2개 등장 선택 갈등

② 집에서 공부, 나가서 영화

[접근–접근 갈등형]

(2) 회피–회피 갈등형(−.−유의성)

① 부정적 욕구 2개 발생 진퇴양난

② 학교는 가야 하는 데 몸이 불편하다.

[회피–회피 갈등형]

(3) 접근–회피 갈등형(+.−유의성)

① 긍정, 부정욕구 동시 발생 심리적 갈등

② 대학은 가고 싶은 데 공부는 싫다.

[접근–회피 갈등형]

Section 6 적응기제

1. 정의

적응기제(Adjustment Mechanism)란 갈등이나 욕구 등의 적응 과정에서 긴장이나 불균형의 상태가 발생할 때 그 상태를 해소하여 평형을 이루려는 과정을 말한다.

2. 적응기제의 종류

1) 방어기제

① 보상 : 자기 능력, 성격, 환경 등의 조건이 자기 욕망을 실현시킬 수 없을 때 생기는 열등감에서 벗어나려는 행동

② 합리화 : 변명 등으로 자기의 행동을 정당화하려는 기제

③ 동일시 : 자기가 이루지 못한 욕망을 타인에게서 발견하고 자신을 그와 동일시하여 만족을 얻으려는 행동

④ 투사 : 자기의 불만 등을 남에게 덮어씌우는 행동

⑤ 승화 : 정신적 역량으로 전환

⑥ 치환 : 어떤 감정이나 태도를 취해보려는 대상을 다른 대상으로 바꾸는 것

⑦ 반동 형성 : 한 본능이 그 대립물에 의해서 의식면으로부터 감추어지는 기제

2) 도피기제

① 고립 : 현실 도피

② 퇴행 : 현실의 어려움을 이겨내지 못하고 어린 시절로 돌아가고자 하는 행동

③ 억압 : 마음의 안정을 위협하는 사고나 경험을 무의식세계로 감추려 하는 것

④ 백일몽 : 공상세계에서나마 만족하려는 행동

3) 공격기제

욕구 불만에 대한 반항이나 자기를 괴롭히는 대상에 대하여 능동적으로 적대시하는 태도나 행동으로 폭행이나 싸움, 기물파괴, 조소, 폭언, 욕설 등이 있다.

3. 효과적인 적응기제방법

① 욕구 좌절 상황에서도 견디어 낼 수 있는 힘을 길러준다

② 적응을 위한 효과적인 지도방법은 개인차의 인정과 개인 존중의 신념이 필요하다.

③ 현실과 이상관계를 통찰하고 적절히 조절한다.

06 인간공학과 시스템 안전

Professional Engineer Construction Safety

1. 정의

① 인간공학이란 일을 사람에게 맞추는 과학, 즉 인간과 기계를 하나의 계(Man-Machine System)로 취급, 가장 효율적으로 운영. 인간의 능력 한계와 일치하도록 기계 기구의 작업환경을 개선하는 방법에 관한 공학이다.

② 인간과 기계의 조화로운 일체 관계를 연결시키는 것을 최대 목적으로 한다.

2. 인간공학의 목적

① 안전성 개선
② 생산성 향상
③ 쾌적성 증가
④ 생활의 질 향상

3. 인간-기계의 통합체계

1) 수동체계

① 수공구나 기타 보조물로 구성
② 신체의 힘을 원동력으로 사용하여 작업을 통제하는 인간 사용자와 결합

2) 기계화체계

① 반자동체계라고도 하며, 동력장치가 고도로 통합된 부품들로 구성
② 변화가 별로 없는 기능을 수행토록 설계
③ 동력은 기계가 제공, 운전자 기능은 조정장치 사용
④ 표시장치를 통해 조정장치 실행

3) 자동체계

  ① 신뢰성이 완전한 자동체계란 불가능

  ② 인간은 감시, 프로그램, 정비 유지 기능 수행

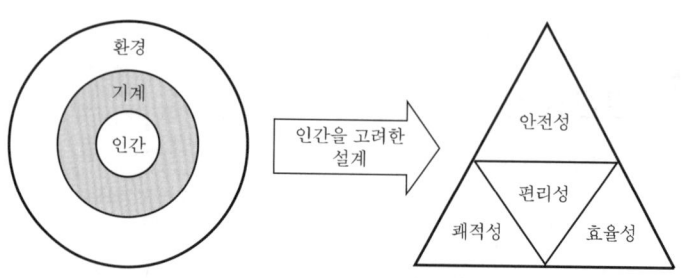

[인간공학적 설계목표]

4. 인간과 기계의 상대적 재능

1) 인간이 기계보다 우수한 기능

(1) 감지(정보 수용)

  ① 매우 낮은 수준의 자극 감지(5감)

  ② 신호 인지(심한 잡음 무관)

  ③ 복잡한 자극형태 식별

  ④ 예기치 못한 사건 감지(예감, 느낌)

(2) 정보보관기능(저장)

  중요도에 따라 정보 장시간 보관

(3) 정보처리 및 의사결정

  ① 경험을 토대로 의사 결정

  ② 관찰을 통한 귀납적 추리

  ③ 주관적 추산, 평가

  ④ 문제 해결의 독창력 발휘

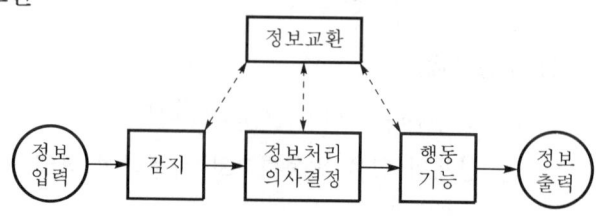

[Man-Machine system 기능 계통도]

(4) 행동기능

  ① 과부하 상황에서도 중요한 일에만 전념

  ② 무리 없는 한도 내에서 신체적인 반응을 적용

2) 기계가 인간보다 우수한 기능

(1) 감지(정보 수용)

초음파, X선, 레이더파 등 감지

(2) 정보보관기능

암호화된 정보를 신속하게 대량으로 보관

(3) 정보처리 및 의사결정

① 암호화된 정보를 신속, 정확하게 회수

② 연역적으로 추리

③ 명시된 프로그램에 따라 정량적인 정보처리

(4) 행동기능

① 장시간 작업 수행

② 반복적 작업의 신뢰성

③ 주위 환경(소란)에 관계 없이 작동

5. 인간공학의 적용 효과

① 생산성 향상

② 근로자의 건강 및 안전 향상

③ 직무 만족도 향상

④ 작업의 질 향상

⑤ 이직률 및 작업손실시간 감소

⑥ 산재손실비용 감소

⑦ 노사 간 신뢰 구축

6. 결론

서로 다른 특성을 지닌 인간과 기계를 조화로운 관계로 만들어 안전성을 향상시키고 사고를 방지하여 쾌적한 작업환경을 조성해야 한다.

인간 과오(Human Error)

1. 개요

인간의 기술수준이나 연구수준이 도달한 상태에서 발생하는 실수를 인간 과오 (Human Error)라 한다. 기기 조작시뿐 아니라 기계 개발 단계에서도 발생할 수 있으므로 철저한 교육 및 작업환경 개선 등으로 인간 과오를 사전에 예방해야 한다.

2. 인간 과오의 배후요인 4요소(4M)

① Man(인간적 요인)
② Machine(설비적 요인)
③ Media(작업적 요인)
④ Management(관리적 요인)

3. 인간 과오의 종류(대뇌의 정보처리에서 본 인간 과오)

1) 인지 확인의 실수

① 외계 정보를 받아 대뇌 감각중추로 인지되기까지 Error
② 확인 미스도 포함

2) 판단, 기억의 실수

① 의사결정 후 운동중추에서 명령까지 과정에서 발생하는 Error
② 기억에 관한 실패도 포함

3) 동작, 조작의 실수

① 동작 도중 일어나는 실수
② 조작 잘못이나 절차를 생략하는 실수

4. 원인

1) 심리적 요인

① 지식 부족
② 의욕 결여

③ 피로상태

④ 착각오인

⑤ 긴장 과대, 흥분

2) 물리적 원인

① 일의 단조로움

② 일의 복잡함

③ 생산성 강조

④ 작업환경 불량

5. 예방대책

① 안전교육 철저

② 착각, 오인요소 제거

③ 비상시 대처방법 체득

④ 동작 장애요인 제거

⑤ 건강한 심신상태 유지 및 건강하지
  못할 때 작업 금지

⑥ 능력에 맞게 작업

⑦ 작업환경 개선 및 개별면담 실시

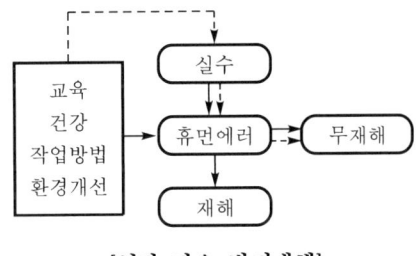

[인간 과오 방지대책]

6. 결론

재해와 직접적인 관련이 있는 인간 과오의 완전 방지는 어려운 일이나 관리하는 것은 가능하므로 철저한 교육, 건강상태 유지, 작업방법, 작업환경 개선 등으로 인간 과오를 사전에 예방해야 한다.

Section 3 **실수의 종류 및 원인대책**

1. 정의

실수란 인간의 정보감지 → 정보처리 → 판단 → 결심 → 조작의 흐름상 발생하는 옳지 않은 상태를 말하며 결심단계에 큰 비중을 차지한다.

2. 실수의 분류

① 열심에서 오는 실수 : 열심에 빠져들어 생기는 실수
② 확신에서 오는 실수 : 고도 숙련자 및 반복 작업으로 습관화된 행동에 따라 생략 등으로 발생
③ 초조에서 오는 실수 : 스트레스가 인간의 냉정과 심증을 무너뜨려 발생
④ 방심에서 오는 실수 : 단조로움, 지루함, 개인적인 걱정에 기인
⑤ 바쁨에서 오는 실수 : 조작 생략, 회복여유 감소, 공황상태 증대로 발생
⑥ 무지에서 오는 실수 : 교육훈련 부족, 이해도 불충분

3. 실수의 원인

① 자기습관에 의한 받아들임
② 주위가 다른 방향에 있음
③ 자기의 의도에 맞도록 받아들임
④ 판단, 결심단계에서의 심리적 구조

4. 실수의 대책

① 심리적 압박과 과잉된 책임감 경감
② 충분한 수면과 휴식
③ 작업량 적정 배분
④ 적재적소 작업자 배치
⑤ 체계적인 관리체계 확립 및 실시

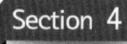 Section 4

작업표준(Work Standard)

1. 개요

작업표준(Work Standard)이란 작업조건, 방법, 관리방식 등 취급상의 표준 작업 기준 및 작업의 표준화를 말하며 단위작업에 대한 요소에 대하여 요점을 명확하게 명문화한 것이다.

2. 작업표준의 목적

① 작업의 효율화
② 위험요인의 제거
③ 손실요인의 제거

3. 작업표준의 종류

① 기술표준
② 동작표준
③ 작업지도서
④ 작업순서
⑤ 작업요령

4. 작업표준의 운용

① 도시화하여 관계 작업자에게 배분
② 주요 부분 현장게시
③ 훈련 실시(작업표준)
④ 작업 변경 시 작업표준도 조정
⑤ 지속적 지도감독 실시
⑥ 작업표준 변경 시 유의사항
  ㉠ 현재 작업방법 검토 후 위험 및 유해요인 파악
  ㉡ 작업방법 개선 시 작업자의 의견 및 협조 하에 진행
  ㉢ 작업방법의 개선기법 이해 및 숙련
  ㉣ 개선된 작업방법의 지속적인 지도

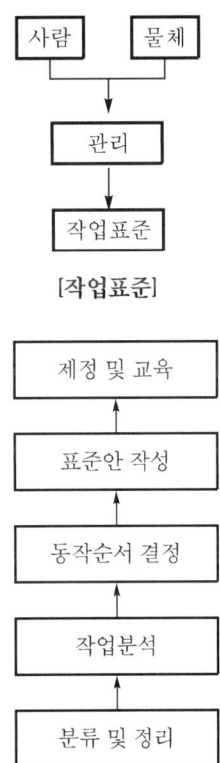

[작업표준]

[작업표준 작성순서]

Section 5

동작경제의 원칙(Principles of Motion Economy)

1. 개요

① 동작경제의 원칙이란 작업자의 불필요한 동작으로 인한 위험요인을 찾아내어 동작을 분석, 가장 경제적이고 적합한 표준동작을 설정하는 것을 말한다.

② 작업 시 동작 실패는 재해를 발생시키므로 동작에 대한 실패요인을 찾아 개선시켜 위험요인을 제거해야 한다.

2. 동작분석의 방법

1) 관찰법

육안으로 현지에서 직접 관찰하면서 분석하는 방법

2) Film 분석법

카메라로 촬영하여 작업자의 동작을 분석하는 방법

3. 동작경제의 3원칙

1) 인체 사용에 관한 원칙

① 양손은 동시에 동작을 시작하여 동시에 끝맺는다.
② 양손은 휴식을 제외하고는 동시에 쉬어서는 안 된다.
③ 팔의 동작은 서로 반대의 대칭적인 방향으로 행하며 동시에 행해야 한다.
④ 팔, 손, 손가락 그리고 신체의 동작은 일을 만족하게 할 수 있는 최소의 동작으로 한정해야 한다.
⑤ 작업에 도움이 되도록 가급적 물체의 관성을 이용하여야 하며 근육의 사용을 최소한으로 줄인다.

2) 작업장의 배열에 관한 원칙

① 모든 공구나 재료는 일정 위치에 놓도록 한다.
② 공구, 재료 및 제어기구들은 사용 장소에 가깝게 배치해야 한다.
③ 재료를 사용장소로 보내는 데는 가급적 중력을 이용한 송달상자나 용기를 사용해야 한다.
④ 가능한 한 낙하시켜 전달하는 방법을 따른다.
⑤ 재료와 공구는 조립순서에 부합되게 배열한다.
⑥ 채광과 조명장치를 효율적으로 설치한다.
⑦ 의자와 작업대의 모양과 높이는 각 작업자에게 알맞도록 한다.

3) 공구 및 장비의 설계에 관한 원칙

① 물체 고정장치나 발을 사용함으로써 손의 작업을 보조하고 손은 다른 동작을 담당하도록 한다.

② 가능한 한 두 개 이상의 공구를 결합하도록 해야 한다.

③ 공구나 재료는 미리 배치한다.

④ 손가락이 사용되는 작업에는 손가락마다 힘이 같지 않음을 고려해야 한다.

⑤ 각종 손잡이는 손에 가장 알맞게 고안함으로써 피로를 감소시킬 수 있다.

⑥ 각종 레버나 핸들은 작업자가 최소의 움직임으로 사용할 수 있는 위치에 있어야 한다.

4. 동작실패에 대한 대책

① 착각요인 제거

② 감각기능이 정상이 되도록 유지

③ 올바른 판단을 위한 지식 축적

④ 무익식 동작의 배제

⑤ 능력발현 체력 유지

Section 6 | 시스템 안전

1. 개요

① 시스템(system)이란 여러 개의 요소 또는 요소집합에 의해 구성되고 시스템 상호 간 관계를 유지하면서 목적을 위해 작용하는 집합체를 말한다.

② 시스템 안전이란 기능, 시간, 코스트 등 제약조건 하에서 인원이나 설비가 받는 상해나 손상을 적게 하는 것이다.

2. 시스템 안전 프로그램 작성계획에 포함사항

① 계획의 개요

② 안전조직

③ 계약조건

④ 관련 부분과의 조정

⑤ 안전기준

⑥ 안전해석

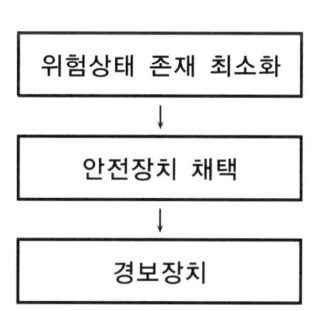

[시스템 안전의 우선도]

⑦ 안전성 평가

⑧ 안전 데이터 수집 및 분석

⑨ 경과 및 결과의 분석

3. 시스템 안전 프로그램 편성 5단계

1) 제1단계 구상단계

① 설비의 사용조건, 가공제품 성상

② 설비의 요구되는 기능 검토

2) 제2단계 사양결정단계

① 1단계 결과 설비의 구비기능 결정

② 설비의 사양 결정(종류, 용량, 성능)

③ 달성해야 할 목표 결정

3) 제3단계 설계단계

① 시스템 안전 프로그램의 중심이 되는 단계

② 기본설계와 본설계로 구분

③ 설계에 의해 안전성과 신뢰성의 목표 달성

④ 안전설계 원칙

㉠ 위험상태 존재를 최소화

㉡ 안전장치의 채용

㉢ 경보장치의 채용

4) 제4단계 제작단계

① 설계구현의 단계

② 사용조건의 검토

㉠ 작업표준 : 단위동작 분석

㉡ 보전의 방식 : 부품폐기 기준

㉢ 안전점검 기준 : 점검주기, 방법 등

5) 제5단계 조업단계

① 조업개시 시운전단계

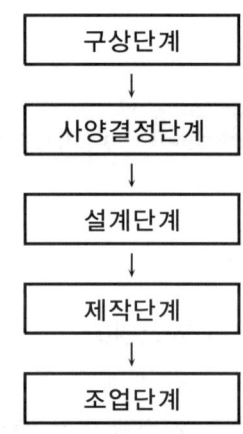

[시스템 안전 프로그램
편성순서]

② 시운전 시 안전성 재확인

③ 조업을 통해 설비의 안전성, 신뢰성 확보와 동시에 시스템 안전 프로그램 평가 실시

4. 시스템 안전 해석

1) 위험성의 분류

① 범주(Category) Ⅰ(무시) : 인원의 손상, 시스템 손상에 이르지 않음

② 범주(Category) Ⅱ(한계적) : 인원, 시스템 손상 없게 배제, 제어

③ 범주(Category) Ⅲ(위험) : 인원, 시스템 상해 시 즉시 시정조치

④ 범주(Category) Ⅳ(파국적) : 인원 사망, 중상, 시스템 손상

2) 시스템 안전해석기법

① F.T.A(Fault Tree Analysis : 결함수 분석법) : 재해 발생요인을 FT 도표에 의해 분석

② F.M.E.A(Failure Mode and Effects Analysis : 사고유형과 영향 분석) : 시스템에 영향을 미치는 전체 요소의 고장을 형별로 분석, 그 영향 검토

③ E.T.A(Event Tree Analysis : 사고수 분석법) : 귀납적, 정량적인 분석방법, 재해 확대 요인 분석에 적합

④ P.H.A(Preliminary Hazards Analysis : 예비사고 분석) : 사전에 시스템 내 위험요소 상태를 확인하는 정성적 평가

⑤ C.A(Criticality Analysis : 위험도 분석) : 위험도를 가진 요소나 고장의 형태에 따른 분석법

⑥ D.T(Decision Tree : 의사결정나무) : 시스템의 신뢰도를 나타내는 귀납적, 정량적인 분석법

⑦ M.O.R.T(Management Oversight and Risk Tree) : 고도의 안전 달성을 목적으로 원자력산업에 이용

⑧ T.H.E.R.P(Technique of Human Error Rate Prediction) : 인간 과오(Human Error)에 기인한 사고의 근원에 대한 분석 및 안전공학적 대책수립에 사용

5. 결론

① 시스템 안전 프로그램의 내실을 기하기 위한 정확하고, 적절한 최신 정보를 얻기 위해 재해사례, 개선사례 등 정보를 널리 수집하는 것이 필요하다.

② 시스템 안전 달성을 위한 계획-설계-제조-조업 전 단계의 위험요소를 최소화하기 위해 시스템 안전관리, 시스템 안전공학을 정확하고 확실하게 적용, 시스템 안전을 달성해야 한다.

Section 7 P.H.A(Preliminary Hazards Analysis : 예비사고 분석)

1. 정의

대부분의 시스템 안전 프로그램에 있어서 최초 단계의 안전분석으로 사전에 시스템 내의 위험요소가 얼마나 위험한 상태에 있는가를 정성적으로 평가하고 후속조치를 판단하기 위한 예비사고 분석법(P.H.A)이다.

2. 시스템 안전 프로그램 5단계

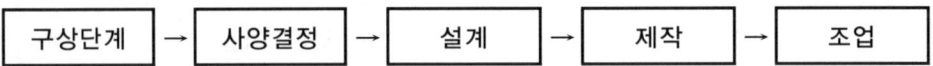

구상단계 → 사양결정 → 설계 → 제작 → 조업

3. 위험성 강도의 범주

① Category Ⅰ : 파국적 사망, 중상 또는 시스템 상실
② Category Ⅱ : 위기적 상해 및 중한 직업병 또는 중요한 시스템 손상
③ Category Ⅲ : 한계적 상해 또는 주요 시스템 손상이 없도록 배제하거나 억제
④ Category Ⅳ : 무시할 상해 또는 시스템 손상 없음

4. P.H.A Flow Chart

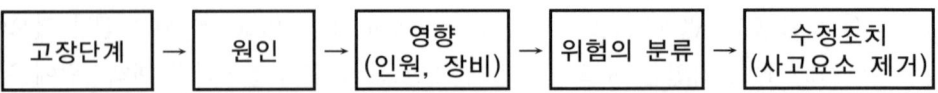

고장단계 → 원인 → 영향(인원, 장비) → 위험의 분류 → 수정조치(사고요소 제거)

5. PHA 양식

사상	단계	원인	영향	위험의 분류
명칭	고장단계	사고원인	인원장비	최초 대책 전 위험

6. 분석방법

① 점검카드 사용

② 경험에 따른 방법

③ 기술적 판단에 의한 방법

Section 8 F.T.A(Fault Tree Analysis)

1. 정의

1960년대 초 미국 벨 전화연구소에서 군용으로 개발한 방법으로, 기계 운전상태의 안전성을 수학적으로 해석하고 요인을 F.T 도표에 의해 분석하는 방법이다.

2. 산업안전에 적용

① 목표는 재해나 사고의 발달을 확률적인 수치로 평가

② Man-Machine System상에 기계의 고장률, 인간의 에러나 실수의 자료를 모아 작성

③ 사건의 발생확률을 수식화하여 기입하고 수학적으로 집중 처리

④ 현재 우리나라에서는 자료 부족으로 인해 사업장 적용 사례가 없다.

3. F.T.A 작성순서

① 대상 시스템 범위 결정

② 대상 시스템 자료 정비

③ 상상하고 결정하는 사고의 명제(Tree의 정상 사상)를 결정

④ 원인 추구의 전제조건 유념

⑤ 정상 사상에서 순차적으로 원인사상을 논리기호로 연결

⑥ 각 사상에 기호를 붙이고 번호를 붙여 정리

4. 작성시기

① 기계설비를 가동할 경우

② 위험이나 고장 우려나 그런 사유 발생 시

③ 재해 발생 시

5. F.T.A 작성방법

① 분석대상 시스템의 공정과 작업내용 파악

② 재해원인과 영향 조사 및 정보 수집

③ F.T도 작성

④ F.T도를 수학적 처리에 의해 간소화

⑤ F.T에 발생확률 대입

⑥ 분석 대상의 재해 발생확률 계산

⑦ 과거의 재해 발생률과 비교, 그 결과가 다르면 재검토

⑧ 효과적인 예방대책 수립

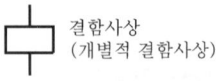
결함사상
(개별적 결함사상)

기본사상

통상사상

[F.T.A 기호]

Section 9

시스템 안전에서 위험의 3가지 의미

1. 정의

시스템 안전이란 어떤 시스템에서 기능, 시간, 코스트 등 제약조건 하에서 인원, 설비가 받는 상해, 손상을 최소화하는 것을 말하며, 시스템 안전에서 위험은 Risk, Peril, Hazard로 구분된다.

2. 위험의 분류

① Risk(위험발생 가능성)

② Peril(사고)

③ Hazard(위험의 근원)

3. 위험의 3가지 의미

1) Risk(위험 발생 가능성)

① 위험을 부담한다고 하는 경우의 위험

② 사고 발생의 가능성, 불확실성이라는 의미

③ 손해 또는 피해 가능성

예 화재나 폭발의 가능성을 위험이라 인식

2) Peril(사고)

① 위험이 발생했다고 하는 경우의 위험

② 사고 그 자체

③ 우발적 사건

예 화재, 폭발, 충돌, 사망 등 우발적 재해나 사건

3) Hazard(위험의 근원)

① 위험이 증가했다고 하는 경우의 위험

② 위험한 것의 근원으로 단순히 위험한 것의 존재

③ 사고 발생의 조건, 사정, 상황, 요인, 환경

예 화재사고 시, 건물의 구조, 용도, 보관물품, 입지, 기상조건 등

4) 위험의 예

원유탱크가 화력발전소 구내에 설치됐다고 가정했을 때

① Risk : 원유탱크가 화재, 폭발을 일으키고 주변 환경에 나쁜 영향을 미칠 가능성

② Peril : 원유탱크의 화재, 폭발 등의 사고 그 자체

③ Hazard : 원유탱크

Section 10 **안전설계기법의 종류**

1. 정의

안전설계기법이란 인적, 기계적 결함 시 고장의 검출, 기능 회복, 기능 대행 등 안전성을 고려하고 사고가 발생하지 않게 하는 설계기법이다.

2. 안전장치의 요건

① 작업성
② 전용성
③ 신뢰성
④ 경제성

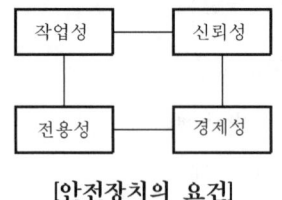

[안전장치의 요건]

3. 안전설계기법의 종류

1) Fail Safe

① 설비, 장치의 일부 고장 발생 시, 안전측으로 동작하는 기법
② 분류
  ㉠ Fail Passive(자동감지) : 부품 고장 시 정지방향으로 이동
  ㉡ Fail Active(자동제어) : 고장 시 짧은 시간 운전 가능
  ㉢ Fail Operational(차단 및 조정) : 보수 시까지 안전기능 유지

2) Back up

주기능 고장 시 2기능 대행하는 예비장치

3) Fail Soft

설비나 장치 일부가 고장났을 때 기능은 저하되어도 전체 기능은 가동

4) 다중계화

다중으로 설비하고 바꾸거나 선택적이거나 병렬로 사용하는 기법

5) 고장진단 회복

고장 시 고장 검출을 신속히 해서 기능을 회복하는 기법

6) Fool Proof

틀리게 조작하더라도 안전하게 되게 하는 기법

7) 안전율 적용

적정치보다 낮게 사용하는 등 안전 여유를 갖고 설계

Section 11 Fail Safe

1. 정의

Fail Safe란 인간 또는 기계의 과오나 동작상 실수가 있어도 안전사고를 일으키지 않도록 2, 3중으로 통제할 수 있도록 안전을 고려한 시스템으로 기계설비의 안전화대책으로 사용된다.

2. Fail Safe 기능의 3단계

1) Fail Passive(자동감지)
   ① 부품 고장 시 기계는 정지방향으로 이동
   ② 고장 시 에너지 최저화(정지)
   ③ 산업기계에 주로 채용

2) Fail Active(자동제어)
   ① 부품 고장 시 경보음 발생 중 짧은 시간 운전 가능
   ② 고장 시 대책 전까지 안전상태 유지

3) Fail Operational(차단 및 조정)
   ① 부품 고장 시 기계는 보수시까지 안전한 기능 유지
   ③ 기계의 운전에 가장 바람직한 방법

3. Fail Safe 기구

1) 구조적 Fail Safe
   강도, 안전성 유지 목적
   예 항공기 : 엔진 고장 시 나머지 엔진으로 운행

2) 기능적 Fail Safe
   기능 유지가 목적
   예 철도 건널목 신호 : 고장 시 항상 적색으로 표시

Section 12 Fool Proof

1. 정의

Fool Proof란 인간의 과오, 실수(Mistake) 등 이른바 Human error(인간 과오) 방지를 위한 것으로 인간이 기계를 잘못 취급해도 사고나 재해로 연결되지 않는 기능을 말한다.

2. Fool Proof의 중요기구

1) Guard

Guard가 열려 있으면 작동이 안 되고 작동 중 열 수 없다.
예 손이 위험 영역에 들어가기 전 경고

2) 조작기구

양손 동시 조작 시 기계작동, 손을 떼면 정지 또는 역전복귀
예 Guard를 닫으면 기계 작동, 열면 정지

3) Lock(제어) 기구

수동 또는 자동으로 어떠한 조건이 충족되면 기계가 다음 동작 실시
예 1개 또는 여러 개의 열쇠를 사용해 전체를 열어야 기계조작 가능

4) Trip 기구

브레이크 장치와 짝을 이루어 기계의 급정지장치로 사용
예 신체가 기계영역에 일부만 들어가도 가동 정지

5) Over Run 기구

전원 스위치를 끈 후 위험 존재 시 Guard가 열리지 않는 기구
예 전원스위치 차단 후 기계가 정지하지 않으면 Guard는 열리지 않음

6) 밀어내기 기구(Push & Pull 기구)

위험상태가 되기 전 위험지역으로부터 보호
예 Guard 가동부 개방 시 자동적으로 위험지역으로부터 신체를 밀어냄

7) 가동 방지기구

제어회로 등으로 설계된 접점 차단하는 기구

⑩ 불의의 기동을 방지

Section 13 위험관리(Risk Management)

1. 개요

① 위험이란 근로자가 물체나 환경에 기인하여 부상이나 질병의 가능이 있는 상태를 말한다.

② Risk management란 Risk의 확인, 측정, 제어를 통해 최소의 비용으로 Risk의 불이익 영향을 최소화하는 것이다.

2. Risk의 종류

1) 순수 위험(정태적 위험)

① 위험이 생겼을 때 손해만 발생

② 보험관리적 위험

③ 인적, 재산, 책임위험으로 세분

④ 주요 요인 : 천재, 인간의 착오

2) 투기적 위험(동태적 위험)

① 위험이 생겼을 때 이익 또는 손해 발생

② 경영관리적 위험

③ 모험적 행위, 도박거래에 수반

④ 주요 요인 : 인간의 욕구, 사회환경 변화

3. Risk Management의 구성(3단계)

1) 위험의 발견 및 확인

출발점으로 Hazard(Risk원천)를 추출, Risk항목을 분명히 함

2) 위험의 정량화

　　확인된 Risk에 대해 발생확률과 피해 정도 확인

3) 위험에의 대처

　　Risk 처리기술에 따라 최적의 방안 선택

　　① Risk 회피 : 근본원인 제거, Risk가 존재하는 곳에서 이격

　　② 피해의 경감 : 발생확률 저감, 결과의 경감

　　③ 전환 : 다른 사람에게 전환

　　④ 보류 : 모두를 자기가 담당, 자기보험

4. Risk Managent의 순서

1) Risk 발굴 확인

　　① 직접 자기의 눈으로 Risk 정보를 확인

　　② 다른 조직의 문제 처리 상태를 알기 위해 연락

　　③ 새로운 기술, 법률, 판례에 의해 Risk 탄생

2) Risk의 측정 분석

　　① 과거 손해기록, 금액이 장래에도 같은 경과로 진행된다고 가정

　　② 확률적으로 장래의 손해액 예산서 작성

3) Risk의 처리기술

(1) 위험처리수단

　　① Willett의 이론 : 회피, 예방, 보유

　　② Hardy의 이론 : 제거, 보유, 전가

(2) 위험의 처리기술

　　① 위험의 회피

　　　㉠ Risk가 있는 특정의 사업에 손대지 않는 것

　　　㉡ 위험에 관계되는 활동 자체 자제

　　　㉢ 소극적인 위험처리수단

　　② 위험의 제거

　　　㉠ 위험을 적극적으로 예방하고 경감하려는 수단

　　　㉡ 위험 제거에 포함사항

　　　　• 위험의 방지 : 위험 감소, 위험 경감

[Flow Chart]

- 위험의 분산 : 위험의 단위 증대
- 위험의 결합 : 협정을 맺고 위험을 제거하려는 것
- 위험의 제한 : 위험 부담의 경계를 확정

③ 위험의 보유

   ㉠ 소극적 보유 : 위험에 대한 무지에서 결과적으로 보유

   ㉡ 적극적 보유 : 위험을 충분히 확인한 후 보유(준비금 설정, 자가보험 등)

④ 보험의 전가

   ㉠ 회피, 제거 불가. 제3자에게 Risk 전가 또는 보유

   ㉡ 위험의 전가는 보험, 보증, 공제, 기금제도 등

4) Risk 처리 기술 선택

① Risk의 회피가 이루어지지 않는 한 Risk가 경감되어도 Risk는 남음

② 남게 된 Risk에 대해 회사의 재정능력을 고려 보유 또는 이전의 의사결정

5. 결론

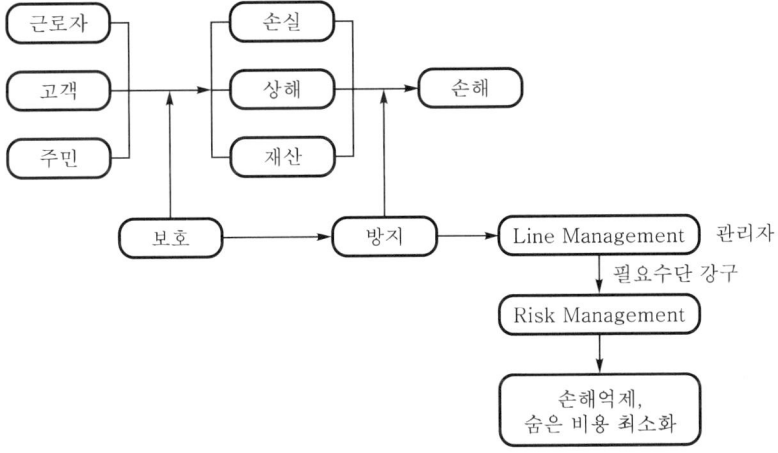

안전성 평가(Safety Assesment)

1. 개요

① 안전성 평가(Safety Assesment)란 위험성 확인평가 후 그 위험성을 사회적으로 허용된 범위까지 감소, 배제하는 것이다.
② 설비나 제품의 설계, 제조, 사용에 있어 기술적, 관리적 측면에 대해 종합적인 안전성을 사전에 평가, 개선 시정책을 구한다.

2. 안전성 평가의 종류

① Safety Assessment(안전성 평가)
② Technology Assessment(기술개발의 종합평가)
③ Risk Assessment(위험성 평가)
④ Human Assessment(인간과 사고상의 평가)

3. 안전성 평가

1) 정의

설비의 모든 공정에 걸친 안전상 사전평가 행위를 말하며 Risk Assessment라고도 한다.

2) 안전성 평가의 기본방향

① 상해예방은 가능하다.
② 상해에 의한 손실은 본인, 가족, 기업의 공통적 손실
③ 관리자는 작업자 상해방지에 책임을 진다.
④ 위험부분에 방호장치를 설치한다.
⑤ 안전에 책임을 질 수 있게 교육훈련 의무화

3) 안전성 평가의 기본원칙(5단계)

① 제1단계(기본자료 수집) : 안전성 평가를 위한 기본자료 수집, 분석
② 제2단계(정성적 평가) : 안전 확보를 위한 기본적 자료 검토
③ 제3단계(정량적 평가) : 재해중복 또는 가능성이 높은 것에 대한 위험도의 평가

④ 제4단계(안전대책) : 위험성 정도로 안전대책 검토

⑤ 제5단계(재평가) : 재해정보 및 FTA(결함수 분석법)에 의한 재평가

4) 안전성 평가시기

① 공장건설 전

② 공장건설 중

③ 공장건설 후

④ 조업개시 전

⑤ 조업개시 후

5) 안전성 평가의 4가지 방법

① Check List에 의한 평가

② 위험의 예측 평가(Lay Out 검토)

③ 고장유형과 영향 분석(FMEA법)

④ 결함수 분석법(FTA법)

4. 결론

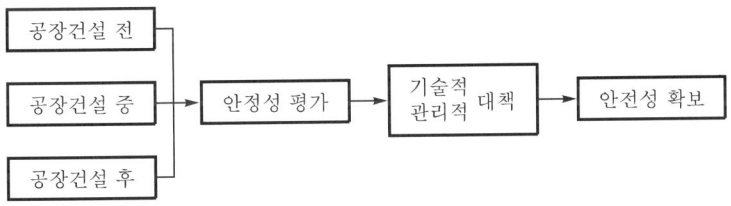

Technology Assessment(기술개발의 종합평가)

1. 정의

Technology Assessment란 기술개발 과정에서 합리성(효율성)과 비효율성(위험성)을 종합적으로 분석·판단하고 비교·평가에 의한 대체계획을 수립, 경제성 검토 후 종합적 평가를 하는 것을 말한다.

2. 기술개발 종합평가 Flow Chart

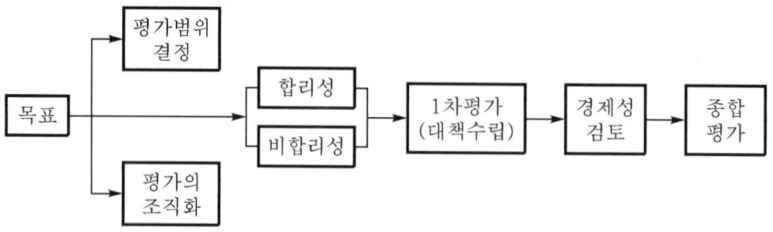

3. T.A의 5단계

1) 제1단계(사회적 복리기여도)

   기술개발이 사회 및 환경에 미치는 영향검토

2) 제2단계(실현가능성)

   기술의 잠재능력을 명확히 해 실용화 촉진

3) 제3단계(안전성, 위험성 비교평가)

   합리성, 비합리성 비교평가 후 대체계획 수립

4) 제4단계(경제성 검토)

   신제품 개발에 따른 경제성 검토

5) 제5단계(종합평가 및 조정)

   가장 바람직한 대체안을 선택 실시

4. 기술개발의 합리성(효율성), 비합리성(위험성)

1) 합리성(효율성)

   ① 재해의 감소(공해, 산업재해, 보건 향상)

   ② 생산성 향상

   ③ 자원의 확대

   ④ 상품의 국제화

   ⑤ 기술수준 향상

2) 비합리성(위험성)

   ① 인체 : 보건상 장애, 정신적 장애, 재해 위험성 등

② 환경 : 대기, 수질, 열오염 등

③ 사회기능 : 도시과밀, 교통정체, 전파방해 등

④ 자원낭비 : 골재 고갈, 지하수 고갈 등

⑤ 산업, 직업, 문화 : 실직, 전직, 문화의 획일화

5. Technology Assessment 실행방법

① Assessment 내상 기술 정확히 인식

② Assessment 작업 전모를 파악하고 기초 데이터 수집

③ 문제해결을 위한 대체적 방법 제시

④ 그룹에 미치는 영향을 파악, 영향 크기를 평가, 측정

⑤ 대상 기술 및 발생화 문제와 관련 있는 그룹 파악

⑥ 대체안 상호 비교하여 선택 및 실행

6. 결론

신기술 개발의 경우 개발과정 및 결과가 사회나 환경에 미치는 영향을 사전에 파악, 검토, 평가하여 기술개발에 의한 사회, 환경에 미치는 위험성을 최소화해야 한다.

건설안전기술사

PART 03

건설안전기술

━━ 건설안전기술사 ━━

부실공사의 원인, 대책

1. 개요

① 부실공사란 설계도서나 시방서에 규정된 대로 시공하지 않아 구조물의 성능 및 품질이 현저히 저하되어 결함이나 하자가 발생하는 공사를 말한다.

② 부실공사는 안전사고와 직결돼 사회적 파장이 크므로 설계, 시공, 감리 및 유지 단계별로 각별한 노력이 요구된다.

2. 건설공사의 특성

① 작업환경이 열악하다.

② 취급 부재가 중량물이다.

③ 작업장소가 협소하고 고소 작업공정이 많다.

④ 작업공종이 많고 공정이 복잡하다.

3. 국내 건설공사 재해율

1) 건설업 재해 현황

구분	2019년	2020년	2021년	2022년	2023년
총재해자 수	27,211	26,799	29,943	31,425	32,353
증감(명)	−475	−412	3,144	1,302	1,11,8
사망자 수	517	567	551	539	486
증감(명)	−53	50	−16	−12	−53

2) 발생 형태별 건설재해

[재해 발생 형태별 현황]

(단위 : 명)

구분	총재해자 수	떨어짐	넘어짐	물체에 맞음	부딪힘	끼임	절단, 베임, 찔림	기타
2021년	29,943	8,225	4,685	3,533	2,304	2,336	3,098	5,762
2022년	31,245	7,912	4,990	3,371	2,731	2,473	2,898	6,870
2023년	32,353	7,313	5,321	3,216	2,689	2,442	2,682	8,690
합 계	93,541	23,450	14,996	10,120	7,724	7,251	8,678	21,322
점유율(%)	100	25.1	16	10.8	8.3	7.6	9.3	22.8

4. 국내 건설사업 현황

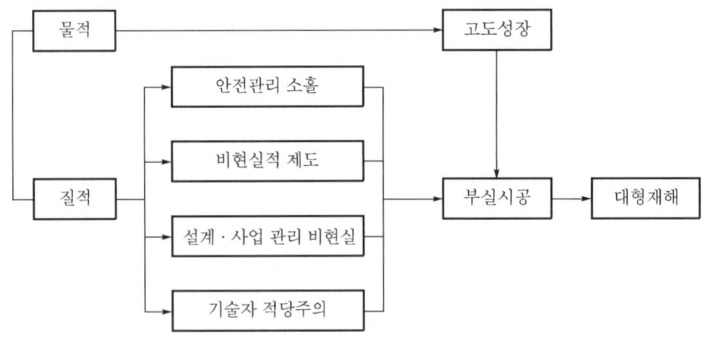

5. 부실공사의 원인

1) 품질관리 부실

① 품질관리 P → D → C → A 단계 미시행

② 시험, 검사의 형식적 수행

2) 안전관리 미흡

① 안전관리비를 이익으로 인식

② 안전관리자 겸직 및 비상주로 인한 관리 소홀

3) 무리한 공기 단축

① 발주자, 사업주의 과욕으로 설계 공기 무시

② 야간, 돌관작업으로 품질 저하

4) 덤핑 수주

    ① 과당경쟁으로 인한 원가 이하 수주

    ② 최저가 입찰제로 덤핑 수주

5) 사전조사 미흡

    ① 지반, 인접구조물에 대한 사전조사 미흡

    ② 설계도서에 의한 구조물 사전 안전성 평가 부족

6) 미숙련공 고용

    ① 3D 기피현상으로 인한 숙련공 부족

    ② 외국인 근로자 고용으로 의사전달 미흡

7) 하도급자의 부실

    ① 하도급자의 전문성 부족

    ② 저가 하도급 및 불법 하도급

6. 방지대책

1) 계약제도 보완

    ① PQ(Pre-Qualification) 제도, 부대입찰, 대안입찰제도 활용

    ② 덤핑 및 담합 금지

    ③ 신기술 지정제도, 기술개발 보상제도 적극 도입

2) 공사관리자

    ① 도면 및 시방서에 의한 관리

    ② CM(Construction Management) 활성화

    ③ 적정공기 준수

3) 설계 및 재료 관리

    ① 설계기간의 충분한 확보 및 사전검토 철저

    ② 건식화, 고강도화

    ③ 공장 제작이 가능한 MC(Module Construction)화

4) 시공관리

    ① 품질관리 및 적정공기 준수

    ② 설계도서에 충실한 관리

③ 무리한 공기 단축 및 돌관작업 금지

5) 사업 관리 및 유지 관리

① 사업 관리자의 기술력 강화

② 부실에 대한 강력한 책임소재 규명

③ 적정한 안전점검 실시

6) 신기술 개발

① 4차 산업 활용

② VR, AR, IoT 적극 도입

7. 결론

① 부실공사의 원인은 설계, 시공, 사업 관리 분야의 부실과 정부의 제도 미비에 기인하여 발생하고 있다.

② 부실공사의 방지를 위한 정부차원의 제도 개선과 건설공사 주체별로 부단한 노력과 책임의식이 요구된다.

Section 2 건설폐기물 재활용 방안

1. 개요

① 건설폐기물은 건설산업의 대형화 및 해체공사의 증가 등으로 발생량이 늘어남에 따라 환경공해 등 사회적 문제로 부각되고 있다.

② 폐기물의 발생량 저감 대책 및 재활용 방안에 대한 대책을 강구하여야 한다.

2. 건설폐기물 현황(환경부)

1) 건설 폐기물 발생 현황

(단위 : 톤/일, %)

구분	2018년	2019년	2020년	2021년	2022년	2023년
발생량	7,554	8,070	8,644	8,381	7,618	6,437
전년 대비 증감률	5.4	6.8	7.1	−3.0	−9.1	−15.5

2) 종류별 분류(2017년)

① 건설 폐재류 82.6%

② 혼합 건설 폐기물 11.3%

③ 건설 폐토석 4%

④ 가연성, 비가연성 폐기물 1.3%

3) 처리현황(2017년)

① 재활용 98.1%

② 매립 1.5%

③ 소각 0.4%

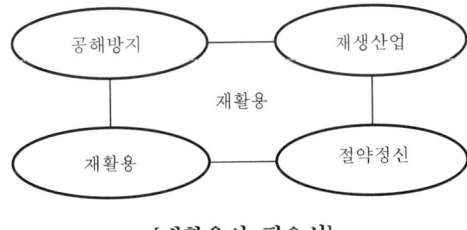

[폐기물 종류별 구성 비율]

3. 재활용의 필요성

① 환경공해 방지

② 자원의 재활용

③ 재생산업의 활성화

④ 절약정신 고취

[재활용의 필요성]

4. 건설 폐기물의 종류

① 폐콘크리트

② 폐아스팔트 콘크리트

③ 폐벽돌

④ 폐블록

⑤ 폐기와

⑥ 폐목재(나무의 뿌리, 가지 등 임목 폐기물 제외)

⑦ 폐합성수지

⑧ 폐섬유

⑨ 폐벽지

⑩ 건설오니(굴착공사, 지하 구조물 공사 등을 하는 경우 연약지반을 안정화시키는 과정 등에서 발생하거나 건설폐재류를 중간처리하는 과정에서 발생하는 무기성 오니)

⑪ 폐금속류

⑫ 폐유리

⑬ 폐타일 및 폐도자기

⑭ 폐보드류

⑮ 폐판넬

⑯ 건설 폐토석(건설공사에 발생되거나 건설 폐기물을 중간 처리하는 과정에서 발생된 흙, 모래, 자갈 등으로서 자연 상태의 것을 제외한 것)

⑰ 혼합 건설 폐기물(건설 폐기물 중 둘 이상의 건설 폐기물이 혼합된 것)

⑱ 건설공사로 인해 발생되는 그 밖의 폐기물(생활 폐기물과 지정 폐기물은 제외)

5. 폐기물이 미치는 영향

1) 안전관리

① 현장 내 정리정돈 불량으로 인한 전도재해 발생

② 유해물질에 의한 근로자 건강장애 발생

2) 환경

① 비산, 먼지에 의한 주변 환경 저해

② 안정액 등에 의한 지하수 오염

3) 시공관리

① 자재 낭비에 의한 공사비 증가

② 정리정돈으로 인한 인건비 투입

6. 건설 폐기물 처리 순서(All baro system)

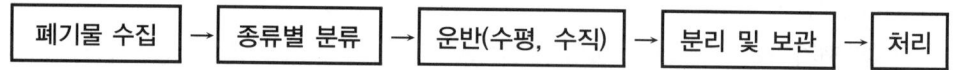

폐기물 수집 → 종류별 분류 → 운반(수평, 수직) → 분리 및 보관 → 처리

7. 폐기물 재활용 방법

1) 직접 이용법

① 해체된 상태 그대로 사용

② 창호재, 위생기구 등은 가설 건물에 사용

2) 가공 이용법

① 최소한의 가공에 의해 재사용

② 철판재, 유리류 등은 가공 후 재사용

3) 재생 사용법

  ① 원형에 가까운 상태로 재생 후 사용

  ② 재생 골재, 아스팔트 재생·활용

4) 환원법

  ① 소각하여 감량처리 또는 에너지로 활용

  ② 종이, 목재 등 소각으로 에너지 회수

8. 향후 재활용 촉진 방안

1) 재생물 이용 활성화

  공공시설 등에 재생 이용 추진

2) 위탁업자 육성

  체계적이고 확실한 처리

3) 재활용재 성능 기준 마련

  재활용재에 대한 성능 및 사용 기준 마련

4) 폐기물 발생 억제

  적절한 공법 적용

5) 재생처리 장비의 개발

  현장 상황에 적합한 장비의 개발 촉진(이동식, 고정식 외)

6) 책임의 강화

  폐기물 처리에 관한 책임 강화

7) 재활용 의무기준 강화

  재활용에 대해 발주자에게도 의무 부여

8) 재활용 기술 개발

  ① 재활용 기반 구축 기술

  ② 선별 및 생산 시스템 기술

  ③ 재활용 제품, 공법 기술

9. 결론

① 건설 현장에서 발생하는 폐기물은 최대한 재활용함으로써 자원 활용 및 환경 유해요인을 최소화하여야 한다.

② 폐기물 발생 억제를 위하여 설계 단계부터 시공에 이르기까지 철저한 계획을 세워 노력하여야 하며 정부차원의 재활용 방안도 필요하다.

Section 3 폐콘크리트 재활용 방안(순환골재)

1. 개요

① 최근 건설자재 수요가 신도시 개발 등으로 급증하고 있으나 건설자재의 고갈로 수급이 어려운 실정이다.

② 콘크리트 구조물 해체 시 발생하는 폐콘크리트의 처분장소 및 처리비용 증가로 인하여 폐콘크리트의 재활용은 절실한 상황이다.

2. 건설폐기물 현황

(단위 : 톤/일)

구분			2018년	2019년	2020년	2021년	2022년	2023년
총계			7,554	8,070	8,644	8,381	7,618	6,437
가연성		소계	97	91	102	89	94	107
		폐목재	29	31	42	35	34	37
		폐합성수지	67	59	59	53	60	69
		기타	1	1	1	1	0	0
불연성		소계	6,598	7,080	7,681	7,548	6,733	5,660
	건설 폐재류	폐콘크리트	4,783	5,030	5,394	5,449	4,748	3,800
		폐아스팔트콘크리트	1,378	1,502	1,584	1,378	1,215	1,255
		건설 폐토석	259	306	409	470	498	358
		기타	130	199	209	149	152	167
	건설오니		46	41	84	100	118	79
	기타		2	1	1	2	1	1
혼합 건설폐기물			858	897	860	743	790	669
기타			1	2	2	2	1	1

3. 폐콘크리트의 활용

① 부재 덩어리 : 기초 및 뒤채움에 활용
② 1차 파쇄재 : 바닥 다짐용, 도로 노반재로 사용
③ 조골재 : 아스팔트 혼합물용으로 활용
④ 세골재 : 재생 콘크리트용 골재로 이용
⑤ 미분말 : 지반 개량에 사용

4. 순환골재 사용 용도

① 도로공사용
② 건설공사용(성토, 복토용)
③ 주차장 또는 농로 등의 표토용
④ 폐기물 처리 시설 중 매립시설의 복토용
⑤ 성토용

5. 순환골재 콘크리트

1) 종류

(1) A종 콘크리트

① 50% 이상 재생골재 사용 콘크리트
② 설계기준강도 150kg/cm^2
③ 목조건물의 기초나 간이 콘크리트에 사용

(2) B종 콘크리트

① 30~50% 재생골재 사용 콘크리트
② 설계기준강도 180kg/cm^2

(3) C종 콘크리트

① 30% 이하 재생골재 사용 콘크리트
② 설계기준강도 210kg/cm^2

2) 특징

① 응결속도가 빠르다(1~2시간 정도).
② 건조수축이 크다.
③ 단위수량의 증가

④ 압축강도 저하

⑤ 슬럼프 감소

6. 문제점

① 재생품 사용에 따른 품질 저하

② 필요 수요의 불확실

③ 분쇄에 의한 소음 및 분진 등 환경공해 발생

④ 재활용에 대한 인식 부족

7. 개선 방향

① 불순물 제거 및 혼화제 사용으로 품질 개선

② 분진방지 설비 및 방진시설 채택으로 환경공해 억제

③ 재활용 업체에 대한 정부 지원

④ 재활용 콘크리트 활용 기술 개발

⑤ 폐콘크리트를 이용한 신제품 개발

8. 결론

① 재생 골재는 보통 골재에 비해 품질이 떨어지므로 콘크리트 제조 시 재생 골재에 대한 비율을 최대한 낮추어 생산하여야 한다.

② 폐콘크리트 활용을 위해서 품질개선 방법, 최적 혼합비율 방법 등에 대한 연구가 절실하며 이에 대한 정부의 아낌없는 지원이 필요하다.

Section 4

건설공해의 원인 및 대책

1. 개요

① 건설공해란 공사 착공부터 준공까지 행해지는 건설작업으로 인한 주변주민의 생활환경에 위해를 끼치는 것을 말한다.

② 최근 생활환경에 대한 의식이 높아져 건설공사로 인한 환경공해가 사회 문제로 대두되고 있는 실정으로, 건설공사 시 발생할 수 있는 모든 공해원인을 제거하는 것은 어려우나 최소화하기 위한 최선의 노력이 필요하다.

2. 건설공해의 특징

① 제한된 시간과 공간에서 발생
② 민원해결이 곤란하다
③ 공사종료와 함께 소멸
④ 공사 중 불가피한 사안

3. 건설공해의 종류

1) 직접공해

① 소음, 진동
② 비산 먼지
③ 지반침하
④ 수질오염
⑤ 불안감
⑥ 교통장애

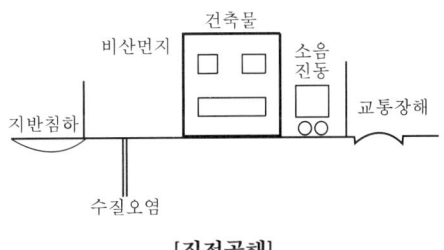

[직접공해]

2) 간접원인

① 일조권 침해
② 빌딩풍해
③ 전파방해
④ 프라이버시 침해
⑤ 경관저해

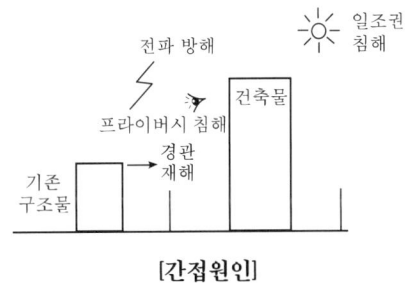

[간접원인]

4. 공해의 규제

1) 소음규제

① 말뚝항타기, 인발기, 장비 등

② 생활소음 규제 기준[단위 : dB(A)]

대상지역	대상소음	조석 (05:00~07:00 18:00~22:00)	주간 (07:00~18:00)	야간 (22:00~05:00)
1. 주거지역 등	공사장	60	65	50
2. 그 밖의 지역	공사장	65	70	50

1. 주거지역, 녹지지역, 관리지역 중 취락지구·주거개발진흥지구 및 관광·휴양개발진흥지구,
   자연환경보전지역, 그 밖의 지역에 있는 학교·종합병원·공공도서관

2) 진동규제

① 인발기, 항타기

② 강구 사용 작업

③ 생활진동 규제 기준(단위 : cm/sec)

건물 분류	문화재	주택, 아파트	상가	철근콘크리트 빌딩, 공장
건물기초에서 허용치	0.2	0.5	1	1~4

3) 오탁수 규제

① 수질

② 폐기물 기준(pH 6.0~7.5 이상)

4) 먼지규제

$300\mu g/m^3$ 이하(환경청)

5. 건설공해의 원인

1) 소음, 진동

① 타격공법에 의한 말뚝항타 시

② 토공사 시 굴삭기 도우져, 덤프트럭 운행

③ 콘크리트 공사 시 펌프카 등

2) 비산, 분진

① 차량통행에 의한 비산먼지 발생

② 구체공사 시 거푸집재의 먼지, 도장작업 시 비산

3) 지반침하

    ① 히빙, 보일링에 의한 지반침하 균열

    ② 지하수 펌핑에 의한 수위 저하

4) 수질오염

    ① 지하수 개발을 위한 보링 구의 방치

    ② 건설현장 발생 오물 우천 시 지반으로 유입

5) 교통장애, 불안감

    ① 콘크리트 타설 시 레미콘 차량에 의한 교통정체 발생

    ② 대형 굴착에 의한 소음진동으로 주민 불안감 조성

6) 간접공해

    ① 대형구조물로 인한 경관저해 및 프라이비시 침해 발생

    ② 전파방해 및 일조권 저해

6. 공해방지 대책

1) 소음, 진동

    ① 저소음, 저진동 공법 채택

    ② 말뚝 항타 시 방음커버 설치

    ③ 차음벽, 방진벽 등 설치

[소음에 따른 인체 반응]

소음레벨(dB)	인체반응
60	수면장애 시작
70	정신 집중력 저하
80	청력장애 시작
90	장시간 노출 시 난청

2) 비산 분진

    ① 세륜시설 설치 및 운영

    ② 살수차 운영 주변 청소 및 살수

    ③ 분진망, 방호 시트 설치

3) 지반침하

    ① 언더피닝 공법으로 인접지반 보강

    ② 흙막이벽 안전성 확보 및 계측 관리

    ③ 차수공법 적용으로 급격한 지하수위 변화 억제

4) 수질오염

    ① 지하수 Boring 구의 Cap 등 사용 막기

    ② 현장 내 오염물질 즉시 처리

5) 교통장애, 불안감

① 콘크리트 타설 시 주민 공지 및 신호수 배치

② 작업시간 조정

③ 차음벽, 차단막 등 설치

6) 간접공해

① 환경영향 평가 실시

② 주민설명회 개최

7. 공해방지 시설 현장 설치 예

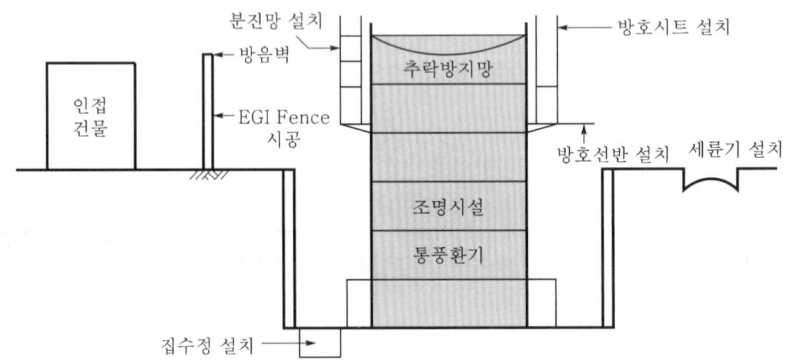

8. 결론

① 건설공해 방지를 위하여 친환경 재료 및 공법을 채택, 공해를 최소화하여야 한다.

② 주변 민원 발생에 대비해 주민설명회 개최 및 공해저감 시설에 대한 집중적 투자로 공해발생으로 인한 환경 위해요인을 저감해야 한다.

Section 5

건설진동 방지 대책

1. 개요

① 건설공사에서 발생하는 진동은 그 크기 또는 발생시간에 따라 주변 피해가 크므로 대책이 필요하다.

② 진동의 발생은 주변 환경에 악영향을 끼치고 민원발생의 소지가 높으므로 설계단계부터 적절한 공법채택 등 대책이 필요하다.

2. 진동공해의 특징

① 주변 민원발생의 원인
② 주변 환경과 관계없이 발생
③ 제한된 시간과 공간에서 발생
④ 공사 중 불가피한 사안
⑤ 공사종료와 함께 소멸

3. 진동의 발생원인(공정별 분류)

1) 해체공사

① 중량 추 및 착암기 사용에 의한 소음, 진동
② 폐자재 반출 시 트럭에 의한 진동

2) 토공사

① 굴착공사 시 굴삭기, 불도저에 의한 진동
② 흙막이 파일 인발에 의한 진동

3) 기초공사

① 파일 타격(항타기)에 의한 진동
② 장비 이동에 의한 진동

4) 골조공사

① 레미콘 트럭 이동에 의한 진동
② 펌프카 및 바이브레이터에 의한 진동

5) 마감공사

① 구조체 할석 공사 시 진동
② 마감자재 운반 시 운송트럭에 의한 진동

6) 부대공사

① 포장공사 시 장비이동에 의한 진동
② 가설전기 사용 시 발전기에 의한 진동

4. 진동방지 대책

1) 해체공사

① 유압 Jack 공법, 압쇄공법 등 저진동 공법 채택

② 방음벽 설치

2) 토공사

① 저진동 기계·기구 사용

② 인접건물과 최대한 이격하여 장비 설치

3) 기초공사

항타기 방진패드 부착

4) 건설 기계·기구

① 저진동 기계·기구 사용

② 방진커버 부착 사용

5) 작업시간 조절

① 아침, 저녁 시간대 작업 금지

② 주요 작업 낮 시간대 실시

6) 주변 민원 대책

① 주민 설명회 개최

② 일상 점검을 통한 민원 예방

7) 진동규제기준 준수(단위 : cm/sec)

건물 분류	문화재	주택, 아파트	상가	철근콘크리트 빌딩, 공장
건물기초에서 허용치	0.2	0.5	1	1~4

8) 철저한 사전검토

① 설계 전 주변 환경에 대한 사전조사 철저

② 저진동 공법 및 방진대책 고려

5. 결론

① 건설공사 시 발생하는 진동은 완전 제거가 어려운 바 계획 단계부터 주변 환경이나 특성을 고려해 사용 기계·기구 및 적정한 공법에 대한 검토가 필요하다.

② 특히, 사전에 주민 설명회 등을 개최해 충분한 설명과 이해를 구함으로써 진동에 의한 민원 발생을 최소화해야 한다.

Section 6 특정 공사 사전신고(소음, 진동 발생 공사)

1. 개요

소음 및 진동이 발생되는 특정한 기계·장비를 5일 이상 사용하는 공사 시행 시 소음.진동 저감대책을 관할청에 신고하여야 한다.

2. 대상공사

① 연면적이 1,000m^2 이상인 건축물의 건축공사 및 연면적이 3,000m^2 이상인 건축물의 해체공사

② 구조물의 용적 합계가 1,000m^3 이상 또는 면적 합계가 1,000m^2 이상인 토목건설공사

③ 면적 합계가 1,000m^2 이상인 토공사·정지공사

④ 총연장이 200m 이상 또는 굴착 토사량의 합계가 200m^3 이상인 굴정공사

⑤ 종합병원의 부지 경계선으로부터 직선거리 50m 이내의 지역

⑥ 공공도서관의 부지 경계선으로부터 직선거리 50m 이내의 지역

⑦ 학교의 부지 경계선으로부터 직선거리 50m 이내의 지역

⑧ 공동주택의 부지 경계선으로부터 직선거리 50m 이내의 지역

⑨ 주거지역 또는 제2종지구단위계획구역(주거형)

⑩ 100개 이상의 병상을 갖춘 노인 대상 요양병원의 부지경계선으로부터 직선거리 50m 이내의 지역

⑪ 어린이집 중 입소규모 100명 이상인 어린이집의 부지경계선으로부터 직선거리 50m 이내의 지역

3. 특정공사의 사전신고 대상 기계·장비의 종류

① 항타기·항발기 또는 항타항발기(압입식 항타항발기 제외)
② 천공기
③ 공기압축기(공기토출량이 분당 $2.83m^3$ 이상의 이동식으로 한정)
④ 브레이커(휴대용 포함)
⑤ 굴삭기
⑥ 발전기
⑦ 로더
⑧ 압쇄기
⑨ 다짐기계
⑩ 콘트리트 절단기
⑪ 콘크리트 펌프

4. 신고서 제출 및 변경 신고

① 제출자 : 특정공사를 시행하려는 자(도급자)
② 제출시기 : 해당 공사 시행 전(건설공사는 착공 전)까지
③ 제출처 : 특별자치시장·특별자치도치사 또는 시장·군수·구청장
④ 내용
  ㉠ 특정공사의 개요(공사목적과 공사일정표 포함)
  ㉡ 공사장 위치도(공사장의 주변 주택 등 피해 대상 표시)
  ㉢ 방음·방진시설의 설치 명세 및 도면
  ㉣ 그 밖의 소음·진동 저감 대책

5. 중요 사항 변경 신고

1) 대상 사업장

① 특정공사 사전신고 대상 기계·장비의 30% 이상의 증가
② 특정공사 기간의 연장
③ 방음·방진시설의 설치명세 변경
④ 소음·진동 저감대책의 변경
⑤ 공사 규모의 10% 이상 확대

2) 제출서류(7일 이내)

① 변경신고서

② 변경내용을 증명하는 서류

③ 특정공사 사전신고 증명서

④ 그 밖의 변경에 따른 소음·진동 저감 대책

Section 7 착공 전 현장소장의 행정기관 안전·환경 관련 업무

1. 개요

① 현장소장은 구조물에 안전 및 품질관리를 위하여 직무를 성실히 이행하여야 한다.

② 공사 착공 전 안전 및 환경관리에 관한 제반 사항에 대한 계획을 품질관리와 연계하여 면밀히 작성하고 상호 조화로운 시공체계가 되도록 하여야 한다.

2. 안전시공 사이클

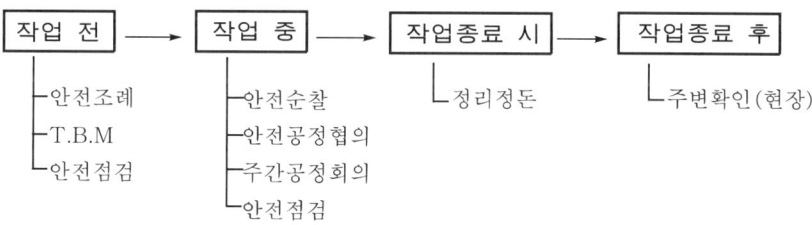

```
┌─────────┐     ┌─────────┐     ┌───────────┐     ┌───────────┐
│ 작업 전 │ ──▶ │ 작업 중 │ ──▶ │ 작업종료 시 │ ──▶ │ 작업종료 후 │
└─────────┘     └─────────┘     └───────────┘     └───────────┘
  ┌안전조례       ┌안전순찰         └정리정돈            └주변확인(현장)
  ├T.B.M         ├안전공정협의
  └안전점검       ├주간공정회의
                 └안전점검
```

3. 현장소장의 직무(산업안전보건법상)

안전보건 관리 책임자	안전보건 총괄책임자
① 산업재해 예방계획의 수립	① 위험성평가의 실시
② 안전보건관리규정의 작성 및 변경	② 작업의 중지 및 재개
③ 근로자의 안전·보건교육	③ 도급사업 시의 안전·보건 조치
④ 작업환경측정 등 작업환경의 점검 및 개선	④ 산업안전보건관리비의 집행 감독 및 그 사용에 관한 관계수급인 간의 협의·조정
⑤ 근로자의 건강진단 등 건강관리	⑤ 안전인증대상기계 등과 자율안전확인 대상기계 등의 사용 여부 확인
⑥ 산업재해의 원인 조사 및 재발 방지대책 수립	⑥ 선임 사실 및 수행내용을 증명서류 비치
⑦ 산업재해에 관한 통계의 기록 및 유지	
⑧ 안전장치 및 보호구 구입 시의 적격품 여부 확인	

4. 착공 전 현장소장의 업무

1) 안전 관련 업무

(1) 유해·위험 방지 계획서(산업안전보건법)

① 근로자 안전, 보건 확보에 관한 사항

② 높이 31m 이상 건축물 외 4개 공사

③ 산업안전보건공단에 제출

(2) 안전관리 계획서(건설기술진흥법)

① 건설공사 시공안전 및 주변 안전 확보에 관한 사항

② 1, 2종 시설물의 건설공사 외 7개 공사

③ 국토안전관리원에 제출

(3) 안전관리자 선임계 제출

① 공사금액이 50억 원 이상인 건설현장

② 관할 지방노동관서에 제출

(4) 무재해 운동 개시 보고

무재해 운동의 개시일로부터 14일 이내에 무재해 운동 개시 보고

[무재해 운동 개시 보고]

공사 규모	5억 미만	5~50억 미만	50~100억 미만	100~500억 미만	500억 이상
목표 시간	127,000	130,000	260,000	455,000	910,000

(5) 재해예방 기술지도 계약

① 공사금액 1억 원 이상 120억 원(토목 150억 원) 미만 건설공사(안전관리자 선임 보고 시 예외)

② 착공일로부터 14일 내

③ 15일 이내마다 1회 실시한 서류 현장 비치

(6) 사업장 개시 보고

① 근로복지공단

② 착공일로부터 14일 이내

2) 환경 관련 업무

① 비산먼지 발생 신고서

② 특정 공사(소음, 진동) 사전 신고서

③ 세륜장 설치 운영 및 분진막 설치

3) 쓰레기 다량 배출 신고

① 해당 구청 환경과

② 특정 폐기물 및 일반 폐기물 처리 계획

4) 폭약 사용 신고

① 군(구) 환경과

② 사용 7일 전

5. 안전, 환경, 품질의 관계

① 항상 유기적이며 어느 하나라도 부실하면 전체에 영향을 준다.

② 상호 보완, 조정하여 공사를 진행해야 한다.

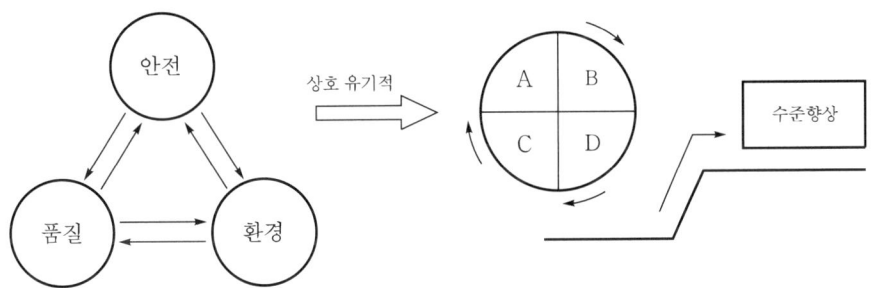

[안전, 환경, 품질의 관계]

6. 결론

① 현장소장은 공사 착공 전 사전조사를 철저히 하여 공사 수행 시 발생할 수 있는 문제를 사전에 조사·분석하여야 한다.

② 안전과 환경에 관한 업무에 대하여 현장여건에 맞는 제출서류를 작성하여 적정한 시기에 제출하고, 안전 및 환경에 관한 계획에 따라 철저한 실시로 재해예방 및 환경오염을 최소화하도록 노력해야 한다.

Section 8 황사가 건설현장 안전에 미치는 영향과 피해 최소화 방안

1. 개요

① 황사란 바람에 의해 하늘 높이 올라간 미세한 모래먼지가 대기 중에 퍼져서 하늘을 덮었다가 떨어지는 현상 또는 모래흙을 말한다(1910년 이후 황사라 부른다).

② 주로 봄철(3~5월)에 몽골과 중국경계에 걸친 드넓은 건조지역에서 발생하며, 우리나라 등 아시아권에서 많이 발생한다.

2. 황사의 발원지

① 황하 상류의 알라산 사막

② 몽골과 중국 사이 건조지대

③ 고비사막, 타클라마칸 사막

④ 만주

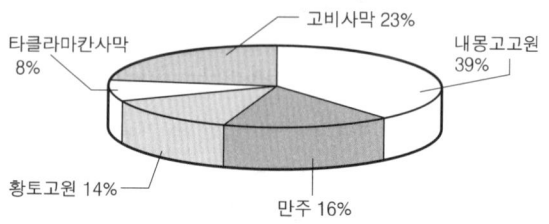

3. 황사발생 과정

① 발원지의 토양이 봄철에 녹으면서 잘게 부서져 미세입자 발생

② 발원지 부근에 강한 상승기류(강한 저기압) 형성

③ 발원지로부터 약 5.5km 고도의 편서풍 기류를 통해 우리나라로 이동

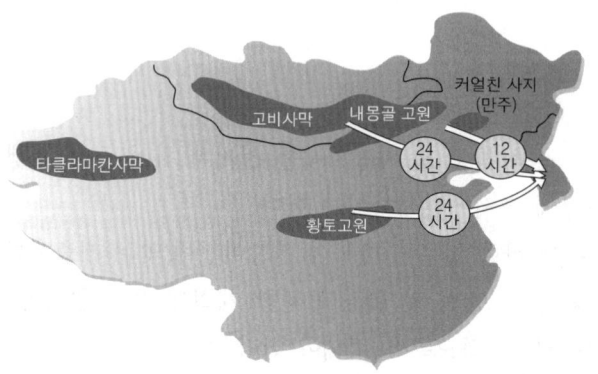

[황사 발생지역 및 이동경로]

4. 황사가 인체에 미치는 영향

1) 영향
① 알레르기성 결막염 발생
② 알레르기성 비염 유발
③ 호흡기 질환 유발
④ 피부염, 피부 알레르기

2) 대처요령
① 보안경 및 전용 마스크 착용
② 가급적 외출 금지
③ 외출 시 손, 발, 눈, 콧속을 물로 씻는다.
④ 실내 공기 정화 및 가습기 사용

5. 황사가 건설현장에 미치는 영향
① 근로자 안과 및 호흡기 질환 발생
② 먼지로 인한 시계 불량으로 능률 저하
③ 먼지로 인한 정밀기계(계측기, 컴퓨터)의 오작동 발생
④ 누적먼지에 의한 접합부 접합 상태 불량 초래
⑤ 작업 중지에 의한 공기 지연

6. 피해 최소화 대책
① 보안경 및 분진 마스크 착용
② 분진망 설치
③ 고소작업 금지(철골, 외부비계작업)
④ 세안, 세척시설 확충
⑤ 정밀기계(계측기, 컴퓨터) 수시 점검
⑥ 작업 전 바닥청소 실시
⑦ 중대경보 발령(미세먼지 평균농도가 $300\mu g/m^3$ 이상 2시간 이상 지속)
  - 사업장의 조업시간 단축명령 및 주민의 실외활동 금지 요청, 자동차의 통행금지

7. 결론

황사가 발생하면 강풍을 동반하는 경우가 많아 가급적 외부 작업은 중단하고 공휴일이나 작업 중지 후 작업 재개 시 누적 먼지를 제거함으로써 미끄러짐으로 인한 재해 및 마감재 부착 불량에 따른 품질저하 요인을 제거해야 한다.

Section 9 우기철 낙뢰 시 인명피해 방지대책

1. 개요

① 낙뢰란 자연현상으로 구름 속에서 분리 축적된 정(+)전하와 부(−)전하가 대기의 전리파괴를 일으키면서 중화되는 하나의 커다란 불꽃방전이다.

② 낙뢰로 인한 감전은 근로자의 생명을 위협하는 자연재해로 낙뢰에 대한 대책을 충분히 교육함으로써 근로자의 생명을 보호해야 한다.

2. 낙뢰 에너지

① 낙뢰 에너지를 전력량으로 환산하면 1시간에 약 300kWh에 해당하는 양

② 번개는 10초에 1회의 꼴로 발생되기 때문에 하나의 적란운은 중급 발전소 규모에 해당된다.

  ※ 1kWh는 1,000W의 전력을 1시간 동안 사용한 것을 의미

3. 피뢰침 설치 기준

① 피뢰침 보호각은 45° 이하

② 피뢰침 접지 저항은 10Ω 이하

③ 피뢰침은 30mm^2 이상의 동선

④ 피뢰침은 가연성 가스 등이 누설될 경우 시설물과 1.5m 이격

4. 낙뢰 시 인명피해 방지 대책

① 대형빌딩이나 집 등 금속체에 둘러싸인 곳으로 대피

② 전화 사용 금지

③ 큰 나무 밑 등 고립된 지역에서 탈피

④ 물가에서 떨어져 있을 것

⑤ 기계·기구로부터 멀리 떨어질 것

⑥ 금속체(울타리, 배관, 철근 적재부)로부터 떨어질 것

⑦ 낙뢰 시 엎드리지 말고 무릎을 꿇을 것

Section 10 건설공사 기계화 시공과 안전

1. 개요

① 최근 건설공사의 대형화, 복잡화로 인하여 위험 작업이 증가되고, 기능 인력의 노령화로 인해 기계화 시공의 필요성은 증가되고 있다.

② 건설공사에 적합하고 안전한 기계화 시공을 위하여 연구 및 기술투자가 절실하다.

2. 기계화 시공 분야

① 토공용 로봇

② 용접용 로봇

③ 외부 청소용 로봇

④ 하자 감지용(타일 등) 로봇

⑤ Slurry Wall 공사용 로봇

⑥ NATM 터널 굴착 로봇

3. 기계화 시공의 필요성

① 복잡하고 정밀한 작업에 대응

② 안전장치 설치가 곤란한 위험 장소에 대한 시공

③ 밀폐공간 및 유해물질 등 위험한 작업 환경에서의 시공

④ 위험 작업에 대한 대응

⑤ 중량물 취급 작업에 대한 대체

⑥ 단순 반복 작업에 대한 대응

4. 기계화 시공의 장점

① 노동력 대체
② 공기 단축
③ 안전 확보
④ 정밀작업 가능
⑤ 품질 확보

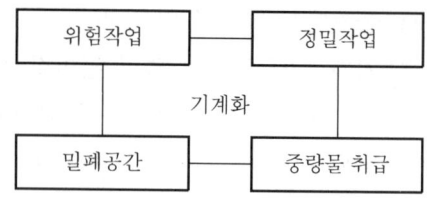

[기계화 시공의 필요성]

5. 문제점

1) 기술적 측면

① 작업공정이 복잡한 수작업이 필요한 부분이 많다.
② 취급 자재의 중량 및 부피가 크다.
③ 기계화 시공 실적이 미흡
④ 표준화, 규격화가 미흡

2) 구조적 측면

① 동일 반복 작업이 적다.
② 적용 범위가 국한되어 있다.

3) 경제적 측면

① 초기 투자비 과다
② 전용성이 낮아 부가가치 낮음
③ 고장 시 수리비 과다

6. 안전 측면 활용

1) 고소작업 시

① 추락, 낙하 재해 방지
② 인적 손실 방지
③ 안전시설 미설치 구간 시공

2) 밀폐 공간 작업 시

① 산소결핍 장소 작업(잠함공사)
② 정화조 내부 방수공사

③ 하수관 등 가스 발생 지역

④ 터널 내 가스 누출 지역

3) 유해, 위험물질 취급 장소

① 폭파, 발파 작업 시

② 분진발생장소 작업 시

③ 유기용제 염기성 취급 장소

7. 결론

건설공사에서 로봇은 단순, 반복 작업에만 적용되고 있는 실정으로 노무 절감, 품질 확보, 안전에 대한 경쟁력 확보를 위하여 기계화 시공에 대한 문제점을 파악, 신기술 신공법에 적용 가능한 로봇 개발이 중요한 과제이다.

Section 11 건설 클레임(Construction Claim)

1. 개요

① 클레임이란 시공자나 발주자가 자기의 권리를 주장하거나 손해배상, 추가공사건 등을 청구하는 법률상의 권리로서, 계약 당사자 중 어느 일방이 계약과 관련하여 발생하는 제반 분쟁에 대한 구체적인 조치를 요구하는 서면청구 또는 주장을 말한다.

② 건설 클레임 대상으로는 불완전한 계약서, 공기지연, 손해배상, 추가공사비 등과 시공 중 의견 불일치로 여의치 않을 경우 주재 또는 소송으로 해결해야 한다.

2. 클레임의 발생 원인

① 계약에 대한 변경을 요구할 때

② 계약에 의한 당사자의 행위

③ 불가항력적인 사항

④ 프로젝트의 특성

3. 클레임의 유형

① 공사지연 클레임

② 공사범위 클레임

③ 공기촉진 클레임

④ 현장 상이조건 클레임

4. 예방대책

① 표준공기 확보

② 적정 이윤 산정

③ 준비단계 철저

④ 설계자 책임체제 도입

⑤ 자재 질적 향상

⑥ 자질 향상

⑦ 책임한계, 책임소재를 가릴 클레임 제도 정착 필요

5. 분쟁 해결방안 비교

구분	분쟁 해결 기간	비용	구속력
협상	• 매우 신속하게 해결할 수 있다. • 협상자의 협상태도나 목적 등에 의해 좌우된다.	• 최소	• 구속력 없음 • 협정으로 유도 가능
조정	• 대체로 신속하다. • 조정자의 능력에 따라 기간이 증감한다.	• 조정자(조정기관)의 수수료	• 구속력 없음 • 도덕적 압력 발생
조정-중재	• 형식이 제거되면 빠른 결과가 가능하다. • 활용절차에 따라 좌우된다.	• 조정자(조정기관)의 수수료	• 미국의 경우 사전에 주에서 협정 후 상대방은 그 결정을 수용한다.
중재	• 규칙들로 제한을 가한다. • 소송보다는 빠르다. • 중재인의 능력과 가용성에 따라 좌우된다.	• 중재인의 급료 • 서류 정리에 드는 비용 • 대리인 사용 시 대리인의 급료	• 계약에 따라 구속
소송	• 준비기간이 많이 소요된다. • 5년 이상 소요될 수도 있다.	• 시간비용과 대리인 급료 등 많은 비용이 소요된다.	• 구속력이 없다.
클레임 철회	• 없다.	• 철회사정에 따라 다르다.	• 계약적 합의

6. 결론

① 클레임이 발생하면 공기지연, 품질저하 및 안전관리에 문제점이 발생한다.
② 설계단계부터 클레임 발생을 억제하여 클레임으로 인한 피해를 최소화해야 하며, 클레임 발생 시 신속한 해결이 중요하다.

Section 12

지진(Earth Quake)

1. 개요

① 지진이란 지구의 힘에 의해 지중에 거대한 암반이 갈라지면서 그 충격으로 땅이 흔들리는 현상으로 대형 재해를 동반한다.
② 2010년 1월 2일 아이티 지진(규모 7.0)으로 사망자만 23만 명의 대참사가 발생했다. 지진 발생 시 동반하는 대형 재해를 예방하기 위해 내진설계 및 시공으로 피해를 최소화하여야 한다.

2. 지진의 원인

1) 판구조 이론

① 주로 사용되는 이론(1960년대 후반 등장)
② 지구는 유라시아판, 태평양판 등 10개 판으로 구성
③ 서로 밀고 쪼개지면서 연간 수 cm 정도씩 이동
④ 벽돌을 맞댄 상태처럼 미끄러지지 않다가 마찰저항이 초과하면 급격히 미끄러져 지진이 발생
⑤ 판경계 지진(일본, 캘리포니아), 판내부 지진(쓰촨성)으로 분류

2) 탄성 반발성

자연에 기편단층에 존재한다고 가정하고 단층에 가해지는 힘(탄성력)이 어느 부분이 견딜 수 없게 되는 순간 급격한 파괴를 일으켜 지진 발생

3. 지진의 분류

① 구조지진 : 대부분의 지진 형태로 축적된 탄성 에너지가 방출되는 현상

② 화산지진 : 화산폭발로 발생

③ 함몰지진 : 내부의 연약한 지반이나 공동이 내려앉아 발생

4. 지진의 요소

① P파 : 액체, 기체, 고체 통과

　　(5km/sec)

② S파 : 고체 통과(4km/sec)

③ L파 : 지면파(3km/sec)

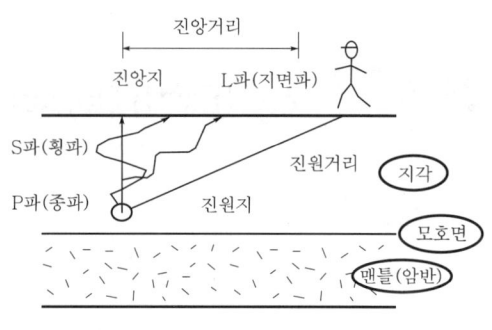

[지진의 요소]

※ 진도, 규모
- 리히터 지진계로 진도 5.6 발생(잘못된 표현) → 리히터 스케일, 리히터 규모, 5.6 지진
- 진도 : 정수 로마자 표기
- 규모 : 소수 1위 아라비아 숫자

---

5. 지진 발생 현황

1) 국내 지진 사례

① 2016. 9. 12 : 규모 5.8 경주지진

② 2007. 1. 20 : 규모 4.8 오대산 발생

③ 2004. 5. 29 : 규모 5.2 울진 동쪽 80km 지점

④ 1978. 10. 7 : 규모 5.0 홍성(피해 ×, 건축물 ×)

2) 발생빈도

규모 ＼ 분류	한국	일본	세계	현상
3.0 이상	9	1,200	100,000	사람이 느낄 수 있는 정도
5.0 이상	0.2	100	3,000	건물피해 발생
6.0 이상	–	10	100	지표면 균열 송수관 파손

6. 지진이 지반, 구조물에 미치는 영향

1) 지반 및 기초 피해

① 액상화, 부등침하, 건물의 슬라이딩
② 지반의 함몰 및 융기
③ 부 마찰력 발생, 철골 주각부 파괴

2) 구조물 피해

① 구조체 균열, 좌굴, 변형 발생
② 구조체 붕괴, 전도, 설비 배관 변형·파손
③ 비구조재의 파괴, 매설물 파괴
④ 내력벽 및 조적벽 변형

3) 기타

① 화재, 폭발
② 통신두절, 환경파괴, 산사태

7. 지진의 구분

① 본진 : 제한된 공간, 시간 내
   가장 큰 지진
② 전진 : 본진 앞 지진
③ 여진 : 본진 뒤 지진

[지진의 구분]

8. 내진설계 대책

1) 강도 상승형

① 구조물 강도를 크게 하여 지진에 저항
   (구조물 강도 > 지진 하중)
② 내력벽 증설, 부축벽, 가새, 벽두께 증가

2) 강성 증가형

① 강성 : 변형에 대응하여 원상회복 능력
② 철골주조, 고강도 철근, 철판(Plate) 사용

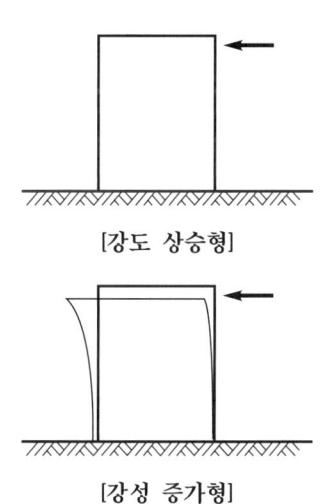

[강도 상승형]

[강성 증가형]

3) 인성 증가형

① 지진 에너지 흡수 유도

② 띠철근, Sprial Hoop, 다이아프램 등

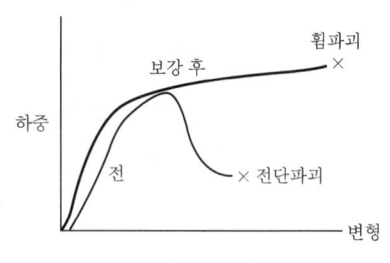

[인성 증가형]

4) 혼합형

강도, 강성 상승형과 인성 증가형의 변형

5) D.I.B(Dynamic Intelligent Building)

컴퓨터를 이용한 지진에 대한 진동 소멸장치 설치

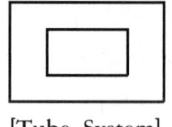

[Tube System]

6) Tube System

라멘 구조에 비해 휨 변위 1/5 감소

7) 건물의 경량화

하부구조 강성화, 경량화

8) 내진구조 재료

고인성화, 고강도화, 비강도가 큰 재료, 고연성화

9) 기초판 확대

Tie Beam, 기초판 철근 역배근

10) 건물 형상 단순화

입면 평면당 길이와 폭의 비 조정

11) Strong Column & Weak Beam

기둥은 강하고 보는 약하게

9. 문제점

① 일본 데이터에 의존

② 전담기구 부재

③ 내진설계 기준 미정립

④ 전문가 부족

⑤ 안이한 생각(판내부)

10. 대책(향후 방안)

① 체계적 데이터베이스 작성
② 전담기구 및 전문가 양성
③ 내진설계 기준 정립
④ 국가적 지원, 비상체계 확립

11. 면진구조

1) 개념

고감쇠 적층고무(Isolator)를 사용, 건물과 지반을 유연하게 연결하여 지진 에너지를 흡수하는 구조(안전성, 사용성, 연성이 우수한 구조)

2) 면진구조 요소

① 면진 Clearance(수평, 수직, Clearance)
② Fail System(인간 실수 2.3 중 통제 안전보장)
③ Back up System
④ 적층고무
⑤ 설비배관 Flexible

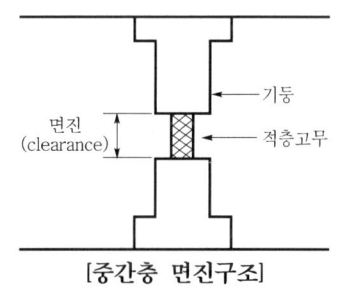

[중간층 면진구조]

3) 면진구조, 내진구조 비교

구분	면진구조	내진구조
파손	부재의 파손 없음	부분, 전면 파손
사용성	해당 구조물 사용에 지장 없음	해당건물 사용 금지
보수보강	면진부재 점검	보수보강, 해체, 개축

12. 결론

국내 지진은 증가(횟수, 규모) 추세에 있으며 우리도 지진에 대해 안전하다는 생각을 재고하여 기존 구조물에 대한 내진대책이 시급하다.

① 신설 구조물의 내진설계기준 강화
② 전문인력 육성
③ 연구시설 확충
④ 내진설계 시스템 국내 정착
⑤ 구조물 안전성 확보 등 다각적인 노력으로 지진으로 인한 피해를 최소화해야 한다.

지진해일

1. 개요

해저지진, 해저화산 분화, 해저 핵실험 등 기상 외 요인에 의해 해저가 융기하거나 침강하여 해수면이 변화하면서 발생하는 파를 지진해일이라 한다.

2. 지진해일의 성질

① 바다에서의 파는 주기가 1초 이하의 것에서부터 24시간 이상의 것까지 여러 종류의 파군이 있으나 지진해일은 그 중 수 분에서 1~2시간에 걸친 파이다.
② 전파속도는 수심에 비례한다.
③ 따라서 수심이 2,000m라면 속도는 504km/hr, 1,000m라면 356km/hr이다. 일반적으로 지진에 의한 지진해일의 경우 규모 6.3 이상으로 진원깊이 80km 이하의 얕은 곳에서 수직 단층운동에 의한 지진일 경우 발생 가능성이 있다.

3. 지진해일 경보

① 현재의 과학기술로 지진발생을 예측하기는 어렵지만 먼 거리에서 발생한 지진해일에 대해서는 그 도착시각을 예측할 수 있다.
② 가령 지진이 동해 북동부 해역(일본 북서근해)에서 발생할 경우 이로 인한 지진해일은 1시간에서 1시간 30분 후에 동해안에 도달하므로 적절한 경보 발표로 30분에서 1시간 정도 대비시간을 가질 수 있다.
③ 지진발생 후 지질해일이 발생할 것인가에 대한 확실한 증거를 찾는 데는 상당한 시간이 소요되므로 만일의 사태에 대비하여 해상에서 일정한 규모 이상의 얕은 지진이 발생할 경우 "주의보" 또는 "경보"를 발표하는 것이 국제적인 관례이다.

4. 지진해일 대처 요령

지진해일은 다른 해일과 발생원인이 다르므로 아래와 같은 사항에 유념하여 대처하여야 한다.
① 격심한 지면진동을 느끼면 가까운 곳에서 큰 지진이 난 것이므로 해안지역의 주민은 즉시 높은 지대로 대피하여야 한다. 해안 가까운 곳에서 발생한 지진해일은 수 분 이내에 해안으로 밀려오므로 지진경보를 듣고 대비할 여유가 없다.

② 해안에서 먼 거리에서 발생한 지진해일에 대해서는 기상청이 해일특보를 사전에 발표하므로 이를 기준으로 하여 재해대책 요원의 안내에 따라 대비하거나 필요한 안전조치를 하여야 한다.

③ 지진해일은 약 10분 간격으로 반복되며 제3파나 제4파(약 30분)에서 최대가 되는 경우가 많고 이러한 상태가 3~4시간 지속된 후 점차 약화되면서 하루 정도 지속된다는 점에 유의하여야 한다.

④ 지진해일 특보가 발표되면 수영, 보트놀이, 낚시, 야영 등을 즉시 중지하여야 한다.

⑤ 지진해일 시 먼 바다에서 조업중인 선박은 해일경보가 해제될 때까지 항구 밖에서 대기하며, 여유가 있을 경우에는 항구 내의 선박도 먼 바다로 대피하는 것이 보다 안전하다.

⑥ 우리나라는 먼 태평양에서 밀려오는 지진해일에 대해서는 안전한 편이나 주변 해역에서 발생하는 지진해일에는 주의해야 한다.

Section 14 보령 해난사고

1. 개요

① 2008년 5월 4일 보령 남포 죽도 방조제 해수 범람으로 7명이 사망하고 다수의 부상자가 발생했다.

② 특보나 지진이 발생하지 않은 상태에서 발생한 해난사고이다.

2. 원인

① 인근지역이나 외해에 큰 파도가 관측되지 않았다.

② 죽도 인근에서만 국지적으로 큰 파도가 발생했다.

③ 인공 구조물이나 지형에 의해 국지적으로 파의 에너지가 증폭되어 나타난 현상으로 추정된다.

3. 현지 조사결과

① 사고 당시 기상상황 분석과 현지 조사 결과 강풍, 폭풍해일, 지진해일 등 악기상에 의한 현상이라고 할 수 있는 정황은 보이지 않았다.

② 4일 보령의 만조시각이 14시 31분으로, 사고지점은 조위가 높아지고 있는 상황이었다. CCTV 자료에 따르면 피해지역인 죽도의 서쪽에서 접근한 물결에 의해 피해가 발생했다.

③ 인근지역이나 외해에서 큰 파도가 관측되지 않고 죽도 인근에서만 국지적인 큰 파도가 발생한 이유는 인공적인 구조물이나 지형에 의해 국지적으로 파의 에너지가 증폭되어 나타난 현상으로 분석된다.

4. 안전대책

① 자연재해는 예상치 못한 부분에서 수시로 발생한다.

② 보령사고에서 보면 자연재해 부분도 있지만 기본적인 안전의식 부족으로 다수의 사망자가 발생했다.

③ 방파제에 안전난간 설치 및 개인 안전장구를 착용하였다면 사망피해는 최소화할 수 있었을 것이다.

Section 15 건설공사 사전 재해예방의 단계별 문제점

1. 개요

① 건설업계에서는 아직도 비현실적인 입찰계약제도나 무질서한 하도급 거래 및 불합리한 설계·감리와 기술자의 적당주의 관행 등으로 부실공사가 발생하고 있는 실정이다. 이런 부실공사로 인한 문제점은 건설현장의 안전과도 관계되어 재해가 발생하고 있다.

② 건설재해를 사전에 방지하기 위하여 설계부터 시공까지 전 단계에 걸친 문제점을 사전에 파악하여 대책을 강구해야 한다.

2. 국내 건설업의 현황

① 물적 성장에 비해 질적 성장 뒤짐

② 비현실적인 제도

③ 국내 건설시장 전면 개방(U.R 협상)

④ 안전관리의 소홀

3. 부실공사의 원인

① 사전조사 미흡
② 설계의 부실
③ 감리 및 시공 부실
④ 기술이행력 부족
⑤ 설계변경 및 적당주의

4. 건설공사 단계별 문제점 및 대책

1) 사전조사

(1) 문제점

① 현장주변 상황파악 미흡(시설물, 구조물)
② 지역, 지구에 대한 특수성 무시

(2) 대책

① 주변 시설물 및 매설물에 관한 철저한 조사
② 지역 특수성에 대한 조치(민원 및 주거수준 고려)

2) 설계

(1) 문제점

① 설계기간 및 용역비 부족
② 설계사의 자질 부족(특수성 등 미고려)

(2) 대책

① 충분한 사전조사에 의한 설계
② 설계 시 충분한 시간 확보 및 전문인력 양성

3) 사업 관리

(1) 문제점

① 사업 관리자의 기술능력 부족 및 전문인력 부족
② 안전관리 부분 미흡

(2) 대책

① 기술능력 강화 및 전문 인력 육성
② 안전관리 업무 한계를 법제화, 전문 안전업무 분리

4) 제도

(1) 문제점

① 최저가 입찰제

② 불법 및 불공정 하도급

(2) 대책

① PQ 및 CM 제도 활성화

② 불법 및 불공정 하도급업자 제재 강화

5) 시공

(1) 문제점

① 도면 및 시방서의 기준 준수 미흡

② 무리한 공기 단축 및 돌관작업

(2) 대책

① 도면 및 시방서 준수 시공

② 충분한 공기의 산정 및 돌관작업 방지

6) 기타

(1) 문제점

① 건설기술자(설계, 시공, 사업 관리)의 책임의식 결여

② 부실설계, 감리, 시공자 제재 미흡

③ 단계별 협의 부족

(2) 대책

① 건설기술자 의식개혁

② 부실에 대한 제재조치(PQ 시 감점 등) 강화

③ 업무조정 기능 강화(CM 제도)

5. 향후 정책 방향

① 책임시공 풍토 조성

② 설계의 경쟁력 확보

③ 입찰 및 사업 관리 제도 활성화

④ 시설물의 지속적 유지관리 시스템 구축

⑤ 부실공사의 처벌 강화

⑥ 전문 기술인력 양성

6. 결론

① 건설공사의 부실 방지를 위한 설계, 사업 관리, 시공 분야의 건설관련 제도 개선 및 관련기술자의 자발적 노력이 필요하다.

② 부실공사는 안전관리와 직결되어 재해 발생에 의한 사회적 문제를 일으킬 수 있으므로 부실방지를 위한 정부 차원의 적극적인 지원과 각종 행정절차 투명화, 성실시공의 풍토 조성 및 관련 기술자의 책임의식이 요구된다.

Section 16 작업장의 조도 기준

1. 개요

① 조도(조명)란 인공광선을 사용, 명암을 조절하는 것을 말한다.

② 조명이 불량하면 생산성·품질 저하, 피로·두통을 유발한다.

③ 조명 개선은 생산성 10% 향상, 에러율 30% 감소 효과가 있다.

2. 조도 기준

1) 일반 작업장

① 초정밀 작업 : 750 lux 이상

② 정밀 작업 : 300 lux 이상

③ 보통 작업 : 150 lux 이상

④ 기타 작업 : 75 lux 이상

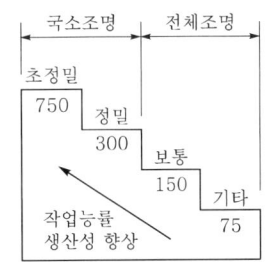

[일반 작업장]

2) 터널 내 작업

① 막장 : 70 lux 이상

② 중간부 : 50 lux 이상

③ 입구 : 30 lux 이상

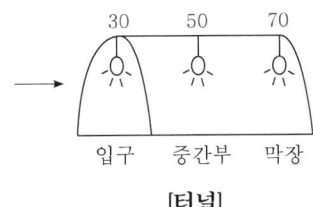

[터널]

3. 조명(조도) 조건

① 적당한 조도 : 사업장에 맞는 밝기

② 광원 고정 : 브래킷 등 사용

③ 입체감 : 광선 방향 등 개선

④ 그림자 제거 : 그림자 지역 배치 금지

⑤ 눈부심 방지 : 간접 조명

⑥ 광색 : 작업 고려

⑦ 채광 + 인공조명 : 바닥면적 대비 창문면적 1/3 이상

⑧ 정기점검 청소 : 최소 4주 1회 마른걸레, 16주 물세척

Section 17 산업안전보건법상 근골격계 부담 작업의 종류 및 유해성 조사

1. 개요

① 근골격계 부담작업이란 단순 반복작업 또는 인체에 과도한 부담을 주는 작업으로 서 작업량, 작업속도, 작업강도 및 작업장 구조 등에 따라 규정한다.

② 근골격계 부담 작업으로 근로자의 신체적 고통과 불균형으로 인한 통증이 수반되 어 안전작업 저해 요인이 되므로 이에 대한 대책이 필요하다.

2. 근골격계 질환의 진행

1단계	2단계	3단계
작업동안 통증 피로	작업 시간 초기부터 통증	휴식시간에도 통증
하루 지나면 증상 없음	하루 지나도 통증	하루 종일 통증
작업 능력 감소 없음	통증으로 불면	통증으로 불면
악화-회복 반복	악화 지속	다른 일에도 통증

3. 근골격계 부담 작업의 종류

1) 근골격계 부담 작업

(1) 정의

단순 반복작업 또는 인체에 과도한 부담을 주는 작업으로서 작업량·작업속도·작 업강도 및 작업장 구조 등에 따라 행하는 작업

(2) 근골격계 부담 작업의 종류

① 하루에 4시간 이상 집중적으로 자료 입력 등을 위해 키보드 또는 마우스를 조작하는 작업

② 하루에 총 2시간 이상 목, 어깨, 팔꿈치, 손목 또는 손을 사용하여 같은 동작을 반복하는 작업

③ 하루에 총 2시간 이상 머리 위에 손이 있거나, 팔꿈치가 어깨 위에 있거나, 팔꿈치를 몸통으로부터 들거나, 팔꿈치를 몸통 뒤쪽에 위치하도록 하는 상태에서 이루어지는 작업

④ 지지되지 않은 상태이거나 임의로 자세를 바꿀 수 없는 조건에서, 하루에 총 2시간 이상 목이나 허리를 구부리거나 트는 상태에서 이루어지는 작업

⑤ 하루에 총 2시간 이상 쪼그리고 앉거나 무릎을 굽힌 자세에서 이루어지는 작업

⑥ 하루에 총 2시간 이상 지지되지 않은 상태에서 1kg 이상의 물건을 한손의 손가락으로 집어 옮기거나, 2kg 이상에 상응하는 힘을 가하여 한손의 손가락으로 물건을 쥐는 작업

⑦ 하루에 총 2시간 이상 지지되지 않은 상태에서 4.5kg 이상의 물건을 한 손으로 들거나 동일한 힘으로 쥐는 작업

⑧ 하루에 10회 이상 25kg 이상의 물체를 드는 작업

⑨ 하루에 25회 이상 10kg 이상의 물체를 무릎 아래에서 들거나, 어깨 위에서 들거나, 팔을 뻗은 상태에서 드는 작업

⑩ 하루에 총 2시간 이상, 분당 2회 이상 4.5kg 이상의 물체를 드는 작업

⑪ 하루에 총 2시간 이상 시간당 10회 이상 손 또는 무릎을 사용하여 반복적으로 충격을 가하는 작업

4. 건설업 근골격계 질환 발생 현황

[질병 종류별 발생 현황(건설업)]

구분	총계	신체부담 작업	진폐증	요통
2022년	3,676	1,576	191	921
2023년	5,394	2,431	258	1,164
합 계	9,070	4,007	449	2,085

5. 근골격계 질환 예방을 위한 의학적 조치

사업장의 근골격계 질환 예방을 위한 의학적 조치는 흐름도를 따른다.

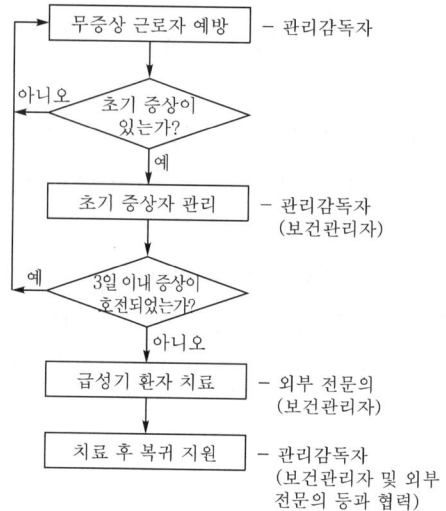

[사업장 내 의학적 조치 흐름도]

6. 유해 요인 조사 방법

1) 조사 내용

① 설비, 작업공정, 작업량, 작업속도 등 작업장 상황

② 작업시간, 자세, 방법 등 작업조건

③ 작업과 관련된 근골격계 질환 징후 및 증상유무 등

④ 임시건강진단 등에서 근골격계 질환자가 발생하였거나 근로자가 근골격계 질환으로 업무상 질병으로 인정받은 경우

⑤ 근골격계 부담 작업에 해당하는 새로운 작업, 설비의 도입 경우

⑥ 근골격계 부담 작업에 해당하는 업무의 양과 작업 공정 등

2) 참여자

근로자 대표 또는 당해 작업 근로자

3) 조사시기

① 근골격계 근로자를 종사시킬 경우 3년마다 유해성 조사 실시

② 신설 사업장은 신설일로부터 1년 이내 실시

7. 결론

근골격계 질환 예방을 위하여 사업주는 배치 전 근로자의 특성을 파악 배치하고 표준작업서 작성 및 올바른 작업 방법 훈련으로 질환 발생률을 저하시켜야 한다.

Section 18

사무실 공기 관리 기준

1. 개요

① 사무실 내 공기오염에 의한 건강장애를 예방하기 위해 모든 사무실에 공기 관리 책임을 부여하는「산업안전보건기준에 관한 규칙」으로 규정하고 있다.

② 사무실 근로자의 건강 문제는 선진국에서는 이미 사회적 중요 이슈가 되고 있으며 고용노동부에서도 그 기준이 정해진 바 사업주는 그 기준을 준수해야 한다.

2. 사업주의 의무

① 미생물로 인한 사무실 내 공기오염 방지 조치

② 실외 오염물질 유입 방지

③ 필요시 공기의 질 측정·평가하여 공기 관리

3. 사무실 공기 관리 지침

오염 물질	관리 기준	측정횟수 (측정시기)	시료 채취 시간
미세먼지	$150\mu g/m^3$ 이하	연 1회 이상	업무 시간 동안 - 6시간 이상 연속 측정
일산화탄소	10ppm 이하	연 1회 이상	업무 시간 후 1시간 이내 및 종료 전 1시간 이내 - 각각 10분간 측정
이산화탄소	1,000ppm 이하	연 1회 이상	업무 시간 후 2시간 이내 및 종료 전 2시간 이내 - 각각 10분간 측정
포름알데히드	$120\mu g/m^3$ (또는 0.1ppm) 이하	연 1회 이상 신축(대수선 포함) 건물 입주 전	업무 시간 동안 - 6시간 이상 연속 측정

오염 물질	관리 기준	측정횟수 (측정시기)	시료 채취 시간
총휘발성 유기화합물	$500\mu g/m^3$ 이하	연 1회 이상 신축(대수선 포함) 건물 입주 전	업무 시작 후 1시간~종료 1시간 전 - 30분간 2회 측정
총부유세균	$800CFA/m^3$ 이하	연 1회 이상	업무 시작 후 1시간~종료 1시간 전 - 최고 실내온도에서 1회 측정
이산화질소	0.05ppm 이하	연 1회 이상	업무 시작 후 1시간~종료 1시간 전 - 1시간 측정
오존	0.06ppm 이하	연 1회 이상	업무 시간 동안 - 6시간 이상 연속 측정
석면	0.01개/cc 이하	석면이 포함된 설비 또는 건축물의 해체·보수 후 입주전	공사완료 후 입주 전 - 6시간 이상 연속 측정

4. 사무실 적용 범위 및 조치 사항

① 중앙관리 방식만 적용하였으나 2007년 3월 6일부터 모든 사무실 적용으로 변경
② 공기정화 설비를 갖춘 사무실의 환기기준(1인당 필요한 최소 외기량 $0.57m^3/min$, 환기 횟수 시간당 4회 규정)
③ 사무실 공기 관리 상태 평가 기준
  ㉠ 근로자가 호소하는 증상(호흡기, 눈, 피부 자극 등) 조사
  ㉡ 공기정화 설비의 환기량이 적당한지 여부 조사
  ㉢ 외부 오염물질 유입경로 조사
  ㉣ 실내 오염원 조사

5. 결론

사무실 근로자의 건강장애 예방을 위하여 규정된 기준을 항상 유지함으로써 쾌적한 근무 환경 조성으로 생산성 향상 및 사무직 근로자의 건강을 보호하도록 적극 노력해야 한다.

Section 19 현장작업 안전에 적합한 조명

1. 개요

① 사업주는 입환작업, 궤도의 보수, 점검 및 터널, 지하구간 등 어두운 장소에서 작업 시 적정한 조명을 유지해야 한다.

② 불량한 조명은 근로자에게 피로를 증대시켜 안전사고와 직결되므로 적절한 조명을 확보해야 한다.

2. 양호한 조명의 조건

① 광원의 흔들림 방지
② 그림자 생성 방지
③ 적정한 광색
④ 적당한 입체감
⑤ 현휘 방지(눈부심)
⑥ 충분한 일광 활용
⑦ 직접반사회피

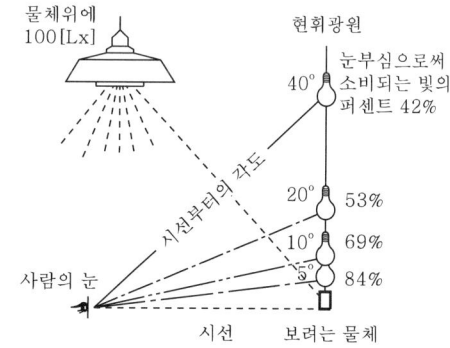

[광원의 위치와 빛의 손실]

3. 건설현장의 조도기준

1) 터널조도 기준

① 입구 : 30 lux 이상
② 중간부 : 50 lux 이상
③ 막장부 : 70 lux 이상

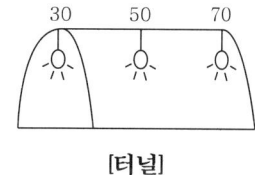

[터널]

2) 일반조명 기준

① 작업장 통로, 기타 작업 항만 하역 시 : 75 lux 이상
② 보통작업 : 150 lux 이상
③ 정밀작업 : 300 lux 이상
④ 초정밀작업 : 750 lux 이상

3) 정기적 유지보수

(1) 정기적인 유지 보수 계획 수립

6개월마다 정기점검을 실시하여 불량한 것은 교체, 신규 조명 설치

(2) 조명설비의 조도 감소 원인

① 램프에 분진, 기타 퇴적물의 축적 : 분진퇴적이 장기간에 걸쳐 진행되기 때문에 간과하기 쉬우며, 분진이 빛을 흡수하기 때문에 탐지가 어렵다.

② 전구, 형광등의 빛은 수명기간 동안 계속 감소 : 형광등은 초기보다 25~30% 감소

③ 창문, 천정, 벽에 먼지 퇴적 : 정기적 청소로 20%의 조도 증가

[적절한 청소주기]

구분	마른걸레질	물세척
먼지가 많은 장소	1주간	4주간
먼지가 적은 장소	2주간	8주간
먼지가 극히 적은 장소	4주간	16주간

4. 안전대책

① 전기 담당자 지정 : 수시 점검, 수리 교체(점검표 작성)

② 전문인력(유자격자) 배치 : 담당자 이외의 작업자 점검 금지

③ 전선관리 : 전용 걸이대 사용(바닥이 습한 곳 유의)

④ 안전설비 설치 : 누전차단기 접촉 방지 시설(아크릴판 등)

⑤ 적정한 조명기구 사용 : 발파구역 안전조명은 덮개(투광등) 설치

5. 측정

1) 조도계 배치

① 현장 내 비치하고 수시로 조도 측정

② 조도 미달 시 즉시 보강

③ 조도계 점검(보정)

2) 안전점검 시에도 측정

6. 결론

조명은 안전작업의 기본이 되는 중요 사항이므로 수시 점검 및 적정 조도 유지로 조명에 의한 피로에서 기인한 안전사고를 예방해야 한다.

Section 20

구급용품과 응급처치 요령

1. 개요

① 응급조치란 사고자의 질병으로 갑자기 재해자가 발생하였을 때 그 재해자가 치료기관에 도착하기 전까지 행해지는 즉각적이고 임시적인 처치를 말한다.

② 건설현장은 응급처치를 위한 구급용품을 비치하고 비치장소 및 사용방법을 근로자에게 교육 등을 통해 주지시키고 안전교육이나 안전조회 등 비상시의 응급처치 및 연락방법 등을 수시로 교육해야 한다.

2. 건설현장 비치 구급용품

1) 구급용품

① 붕대, 탈지면, 반창고
② 외상 소독약
③ 지혈대, 부목, 들것
④ 화상에 필요한 의약품

2) 구급용구

경추 보호대, 인공 산소 소생기, 척추 고정관, 삼각건, 공기부목 등

3) 구조 및 이송장비

특수 들것, 줄사다리, 전기등, 텐트, 절단장비 등

4) 기타 물품

의식주에 필요한 물품

3. 응급처치 요령

① 안전교육 등을 통해 구급처치법 주지

② 구급용품 비치 장소, 사용법 및 연락방법 숙지

③ 호흡곤란 시 인공호흡 실시

④ 응급조치 후 119 또는 신속하게 병원 후송

⑤ 사고자는 편안한 자세를 유지시키고 보온 조치

⑥ 의식불명 시 구토 등에 의한 이물질 제거 및 기도
   유지

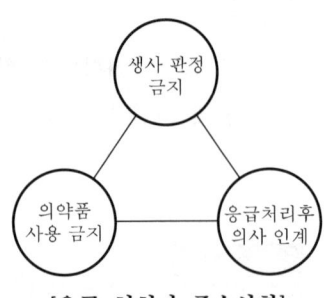

[응급 처치자 준수사항]

4. 구급용품 관리

① 청결하고 오염에 노출되지 않게 보관

② 수시점검으로 사용 가능한 상태 유지

③ 현장 특성에 맞는 적절한 구급용품 비치

④ 근로자가 사용하기 편리한 장소 보관

Section 21 목재 가공용 둥근톱의 안전

1. 정의

① 건설현장에서 사용되는 둥근톱은 목재와 톱날의 간섭에 의한 근로자의 타격, 톱날과
   신체 접촉에 의한 절단 등 위험이 높으므로 안전장치 장착 후 사용해야 한다.

② 사업주는 목재 가공용 둥근톱 기계에는 분할날 등 반발 예방 장치 및 톱날 접촉
   예방 장치 설치 의무를 규정하고 있다.

2. 주요 유해·위험 요인

① 목재 투입 시 톱날 접촉으로 베임·절단 사고

② 절단 시 목재의 반발로 목재에 맞음

③ 보안경 등 보호구 미착용으로 인한 사고

④ 목 분진, 소음 등에 의한 건강장해 위험

3. 둥근톱의 방호장치의 종류

구분	종류	구조
덮개	가동식 덮개	덮개, 보조덮개가 가공물의 크기에 따라 위아래로 움직이며 가공할 수 있는 것으로 그 덮개의 하단이 송급되는 가공재의 윗면에 항상 접하는 구조이며, 가공재를 절단하고 있지 않을 때는 덮개가 테이블면까지 내려가 어떠한 경우에도 근로자의 손 등이 톱날에 접촉되는 것을 방지하도록 된 구조 덮개 / 가공재
	고정식 덮개	작업 중에는 덮개가 움직일 수 없도록 고정된 덮개로 비교적 얇은 판재를 가공할 때 이용하는 구조 스토퍼 / 톱날덮개(톱날 접촉 예방 장치) / 조절나사 / 분할날(반발예방장치) / 최대 8mm / 최대 25mm
분할날	겸형식 분할날	분할날은 가공재에 쐐기작용을 하여 공작물의 반발을 방지할 목적으로 설치된 것으로 둥근톱의 크기에 따라 2가지로 구분 12mm 이내 / 2/3l / 표준 테이블 위치
	현수식 분할날	분할날폭 / 12mm 이내

4. 일반구조

① 톱날은 어떤 경우에도 외부에 노출되지 않고 덮개가 덮여 있어야 한다.
② 작업 중 근로자의 부주의에도 신체의 일부가 날에 접촉할 염려가 없도록 설계되어야 한다.

③ 덮개 및 지지부는 경량이면서 충분한 강도를 가져야 하며, 외부에서 힘을 가했을 때 지지부는 회전되지 않는 구조로 설계되어야 한다.

④ 덮개의 가동부는 원활하게 상하로 움직일 수 있고 좌우로 움직일 수 없는 구조로 설계되어야 한다.

⑤ 둥근톱 분할날 설치 기준

　㉠ 분할날의 두께는 둥근톱 두께의 1.1배 이상일 것

　㉡ 견고히 고정, 분할날과 톱날 원주면과의 거리는 12밀리미터 이내로 조정, 유지

　㉢ 표준 테이블면 상의 톱 뒷날의 2/3 이상을 덮도록 할 것

　㉣ 재료는 STC 5(탄소공구강) 사용

　㉤ 분할날 조임볼트는 2개 이상일 것

　㉥ 분할날 조임볼트는 둥근톱 직경에 따라 볼트를 사용하여야 하며 이완방지조치가 되어 있을 것

5. 휴대용 둥근톱의 구조

① 가공덮개와 톱날 노출각이 45° 이내

② 절단작업이 완료되었을 때 자동적으로 원위치에 되돌아오는 구조일 것

③ 이동범위를 임의의 위치로 고정할 수 없을 것

④ 덮개의 지지부는 덮개를 지지하기 위한 충분한 강도를 가질 것

⑤ 덮개의 지지부의 볼트 및 이동덮개가 자동적으로 되돌아오는 기계의 스프링 고정볼트는 이완방지장치가 설치되어 있는 것일 것

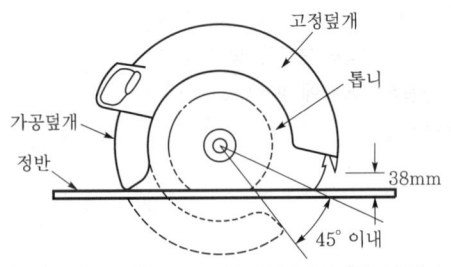

[휴대용 둥근톱 가공덮개와 톱날구조]

6. 작업 안전수칙

① 둥근톱기계의 고정상태가 견고한지 확인한다(바닥 면과의 지지 및 톱날 고정상태 등)

② 둥근톱의 최대 원주 속도를 준수한다.

③ 톱니에 말려들 위험이 있는 장갑은 착용하지 않는다.

④ 반발 또는 가공 중 톱날 노출 우려가 있는 구부러진 목재는 켜지 않는다.

⑤ 톱날에서 충분히 이격된 위치를 잡는다(단, 나무껍질 등 분리될 수 있는 부분을 잡지 않는다).

⑥ 톱날이 정상적으로 회전하지 않을 때는 일단 가공물을 후퇴시킨다.

⑦ 톱날 높이는 가공물 상부 면보다 5mm 이상 올리오지 않게 조정한다.

⑧ 옹이부분은 서서히 켠다.

⑨ 목재를 켜고 있는 동안에는 재료를 비틀지 않는다.

⑩ 긴 목재나 폭이 큰 목재를 켤 경우에는 들뜸을 방지하기 위해 먼저 고정시키거나 보조 테이블을 설치한다.

⑪ 보안경, 안전화, 방진마스크 등 보호구를 착용한다.

⑫ 소형의 목재 가공 시에는 푸시스틱 등 작업보조기구를 사용한다.

⑬ 전원 차단 시 회전하는 톱날을 정지시키기 위해 톱날을 옆에서 눌러 정지시키지 않도록 한다.

CHAPTER 02 가설공사

1. 개요

① 가설공사는 공사 목적물의 완성을 위한 임시설비로서 공사가 완료되면 해체·철거·정리되는 임시적으로 행해지는 공사이다.

② 가설공사는 안전시공과 구조물의 품질과 안전에 직접적인 영향을 미치기 때문에 가설구조물에 대한 안전을 고려한 공사관리 계획의 수립이 필요하다.

2. 가설재의 구비요건(비계의 3요건)

1) 안전성

① 좌굴 및 전도에 대한 충분한 안정성을 가질 것
② 유동에 대한 충분한 고정조치를 할 것
③ 추락에 대한 난간 등의 방호조치가 된 구조를 가질 것
④ 낙하물에 대한 틈이 없는 바닥판 구조 및 상부 방호조치를 구비할 것

2) 작업성(시공성)

① 넓은 작업발판 : 통행과 작업에 방해가 없고 작업 자세를 취할 때 무리가 생기지 않는 구조
② 넓은 공간 : 통행과 작업을 방해하는 부재가 없는 구조
③ 적당한 작업 자세 : 정상적인 작업자세로 작업할 수 있고 추락을 막기 위한 개구부의 방호 및 비계 외측에 난간을 설치할 것

3) 경제성

① 가설 및 철거비 : 가설 및 철거가 신속하고 용이할 것
② 가공비 : 현장가공을 하지 않도록 할 것
③ 상각비 : 사용 연수가 길고(전용률) 다양한 적용성을 확보할 것

3. 가설구조물의 특징

① 연결재가 적은 구조로 되기 쉽다.

② 부재 결합이 간단하나 불안전 결합이 많다.

③ 구조물이라는 통상의 개념이 확고하지 않으며 조립의 정밀도가 낮다.

④ 부재는 과소 단면이거나 결함이 있는 재료를 사용하기 쉽다.

⑤ 전체 구조에 대한 구조 계산기준이 부족하여 구조적으로 문제점이 많다.

4. 가설공사의 종류

1) 가설비계

① 통나무비계

② 강관비계

③ 강관틀비계

④ 달비계

⑤ 달대비계

⑥ 말비계

⑦ 이동식 비계

2) 가설통로

① 경사로

② 통로발판

③ 사다리(철재, 목재, 연장, 옥외용, 이동식)

④ 가설 계단

⑤ 승강로(Trap)

3) 가설도로

① 가설도로

② 우회로

4) 기타

① 가설 사무실(현장 사무실, 숙소, 창고, 시험실 등)

② 가설 설비(가설 전기, 가설 용수, 위생설비 등)

③ 가설 울타리 등

5. 가설 구조물(비계) 조립 및 해체 시 안전대책

① 관리감독자 지정 : 관리감독자의 지휘하에 작업 실시

② 안전보호구 착용 : 안전모, 안전대 등 안전보호구의 착용

③ 재료, 기구의 불량품 제거 : 재료, 기구, 공구 등에는 불량품이 없을 것

④ 작업내용 작업자에게 주지 : 조립, 변경, 해체의 시기, 범위, 순서 등은 사전에 작업자에게 알릴 것

⑤ 작업자 이외 줄입 금지 : 작업장 수변은 삭업자 이외의 출입을 금지시키고 안전표지는 적절하게 부착

⑥ 강풍, 호우, 폭설 등 악천후 시 작업 중지

구분	내용
강풍	10분간 평균 풍속이 10m/sec 이상
강우	1회 강우량이 50mm 이상
강설	1회 강설량이 25cm 이상
중진 이상의 지진	진도 4 이상의 지진

⑦ 비계의 점검 보수 : 악천후로 인한 작업 중지 후 또는 조립·해체·변경 후에는 작업자 점검 및 보수 실시

⑧ 고소작업 시 방호조치 : 고소작업 시에는 안전망 및 안전대 사용

⑨ 상하 동시 작업 : 상하 동시 작업 시 상하 연락 및 협조하에 작업

⑩ 달줄 또는 달포대 사용 : 재료, 기구, 공구 등을 올리고 내릴 때 달줄 또는 달포대 사용

⑪ 부근 전력선 방호 실시 : 부근 전력선에는 절연 방호조치 및 단전조치 후 작업

⑫ 통로에 재료 비치 금지 : 가설통로에 재료 등 통로방치 금지

⑬ 정리정돈 : 해체 작업 시 재료는 순서대로 정리정돈

6. 가설구조물 개발 방향(가설재의 개발 방향)

① 강재화 : 안전성, 내구성, 확실한 접합장치

② 표준화 : 조립 및 해체가 용이, 경제적

③ 규격화 : 대량 생산 용이, 인력 절감

④ 경량화 : 취급 및 운반이 용이, 가설부재의 체적 축소

⑤ 재질 향상 : 경량 가설재 개발, 가설재의 고강도화

⑥ 시설의 동력화 : 조립 및 설치의 자동화, 노무 절감

7. 결론

① 가설공사는 본 공사를 위해 일시적으로 행하여지는 시설 및 설비로, 안전성, 작업성(시공성), 경제성에 대한 사전검토가 필요하다.

② 가설공사는 본 공사에 비해 안전관리 소홀로 인한 재해발생 위험이 높아 착공 전 안전관리계획을 철저히 수립하여 재해예방에 힘써야 한다.

Section 2 — 비계의 재료, 조립, 점검, 보수

1. 개요

① 비계(Scaffold)란 건설공사에서 작업자가 지상 또는 바닥으로부터 손이 닿지 않는 위치의 시공을 위해 조립되는 것으로, 궁극적으로는 작업발판 및 작업통로를 설치하기 위한 것이다.

② 비계는 임시시설의 특성상 구조가 불안전한 경우가 많아 악천후로 인한 작업 중지 및 비계를 조립·해체하거나 변경한 후에는 당해 작업 시 직전에 점검·보수를 하여야 한다.

2. 비계의 재료

① 변형·부식 또는 심하게 손상된 것 사용 금지

② 비계의 구조 및 재료에 따라 작업발판의 최대 적재 하중을 정하고 이를 초과한 적재 금지

③ 비계의 안전계수

  ㉠ 달기 와이어로프 및 달기강선의 안전계수는 10 이상

  ㉡ 달기체인 및 달기훅의 안전계수는 5 이상

  ㉢ 달기강대와 달비계의 하부 및 상부지점의 안전계수는 강재의 경우 2.5 이상, 목재의 경우 5 이상

  ※ 안전계수 : 와이어로프 등의 절단하중값을 하중의 최댓값으로 나눈 값

3. 작업발판의 구조

① 발판재료는 작업할 때의 하중을 견딜 수 있도록 견고한 것으로 할 것

---

② 폭은 40센티미터 이상, 발판재료 간의 틈은 3센티미터 이하로 할 것

③ 좁은 작업공간 : 폭 30센티미터 이상, 발판재료 간의 틈을 5센티미터 이하(작업장 하부출입금지 조치)

④ 추락의 위험이 있는 장소에는 안전난간을 설치할 것(안전난간을 설치 곤란한 경우, 임시로 안전난간을 해체 시 : 추락방호망 설치, 안전대 사용)

⑤ 작업발판의 지지물은 하중에 의하여 파괴될 우려가 없는 것을 사용할 것

⑥ 작업발판재료는 뒤집히거나 떨어지지 않도록 둘 이상의 지지물에 연결하거나 고정시킬 것

⑦ 작업발판을 작업에 따라 이동시킬 경우에는 위험 방지에 필요한 조치를 할 것

4. 비계의 조립·해체 및 변경 시 준수사항(달비계 또는 높이 5m 이상의 비계)

① 관리감독자의 지휘 하에 작업

② 조립·해체 또는 변경 시기·범위 및 절차를 그 작업에 종사하는 근로자에게 교육

③ 작업구역 내에 근로자의 출입 금지 및 내용 게시

④ 비·눈 등 기상 상태가 불안정할 때는 그 작업을 중지시킬 것

⑤ 작업 시 폭 20cm 이상의 발판 설치 및 근로자는 안전대 착용 등 추락 방지를 위한 조치를 할 것

⑥ 재료·기구 또는 공구 등을 올리거나 내릴 때에는 달줄 또는 달포대 등을 사용

5. 비계의 점검 보수

1) 점검 보수 시기

① 비·눈 그 밖의 기상 상태 불안정으로 인해 날씨가 나빠서 작업을 중지시킨 후

② 비계를 조립·해체하거나 또는 변경한 후

③ 작업시작 전에 점검하고 이상 발견 즉시 보수

2) 점검 보수 내용

① 발판재료의 손상 여부 및 부착 또는 걸림 상태

② 당해 비계의 연결부 또는 접속부의 풀림 상태

③ 연결재료 및 연결 철물의 손상 또는 부식 상태

④ 손잡이의 탈락 여부

⑤ 기둥의 침하·변형·변위 또는 흔들림 상태

⑥ 로프의 부착 상태 및 매단 장치의 흔들림 상태

Section 3 통나무비계

1. 정의

① 통나무비계는 결속선을 사용하여 조립한 구조로 저층 건축공사에 사용하고 있으나 사용 강도의 신뢰성이 떨어져 거의 사용되지 않고 있다.

② 통나무비계는 지상높이 4층 이하 또는 12m 이하인 건축물·공작물 등의 건조·해체 및 조립 등 작업에서만 사용할 수 있다.

2. 비계의 3조건

① 안전성

② 작업(시공)성

③ 경제성

3. 통나무 재료의 구비조건

① 곧고 큰 옹이, 부식, 갈라짐, 흠이 없이 건조된 것으로 썩거나 다른 결점이 없어야 한다.

② 직경은 밑둥에서 1.5m 되는 지점 지름이 10cm 이상, 끝 마무리의 지름은 4.5cm 이상

③ 휨 정도는 길이의 1.5% 이내

④ 밑둥에서 끝마무리까지의 지름의 감소는 1m당 0.5~0.7cm가 이상적이나 최대 1.5cm를 초과하지 않아야 한다.

⑤ 결손과 갈라진 길이는 전체 길이의 1/5 이내이고 깊이는 통나무 직경의 1/4를 넘지 않아야 한다.

4. 통나무비계의 구조

1) 비계기둥

① 간격은 2.5m 이하

② 지상으로부터 첫 번째 띠장은 3m 이하의 위치에 설치할 것

2) 미끄럼 침하 방지

 ① 비계 기둥의 하단부를 묻고, 밑둥잡이를 설치

 ② 깔판 사용

3) 비계기둥의 이음

 ① 겹침이음 : 1m 이상을 서로 겹쳐서 2개소 이상 결속

 ② 맞댄이음 : 쌍기둥틀 또는 1.8m 이상의 덧댐목을 사용하여 4개소 이상 결속

4) 접속부 및 교차부

 철선, 기타의 튼튼한 재료로 견고하게 결속

5) 교차가새로 보강할 것

6) 벽이음 및 버팀

 ① 간격은 수직방향에서 5.5m 이하, 수평방향에서는 7.5m 이하로 할 것

 ② 강관·통나무 등의 재료를 사용하여 견고한 것으로 할 것

 ③ 인장재와 압축재의 간격은 1m 이내로 할 것

5. 통나무비계 조립 시 준수사항

 ① 비계기둥의 밑둥은 호박돌, 잡석 또는 깔판 등으로 침하 방지 조치 및 연약지반일 때는 땅에 매립하여 고정

 ② 기둥 간격은 띠장 방향에서 1.5m 내지 1.8m 이하, 장선 방향에서는 1.5m 이하

 ③ 띠장 방향에서 1.5m 이하로 할 때에는 통나무 지름이 10cm 이상 간격은 1.5m 이하, 지상에서 첫 번째 띠장은 3m 정도의 높이에 설치

 ④ 비계기둥의 간격은 1.8m 이하

 ⑤ 겹침이음을 하는 경우 1m 이상 겹쳐대고 2개소 이상 결속하고 맞댄이음을 하는 경우 쌍기둥틀로 하거나 1.8m 이상의 덧댐목을 대고 4개소 이상 결속

 ⑥ 벽 연결은 수직방향에서 5.5m 이하, 수평방향에서는 7.5m 이하 간격으로 연결

 ⑦ 기둥간격 10m 이내마다 45도 각도의 처마 방향 가새를 비계기둥 및 띠장에 결속

 ⑧ 작업대에는 안전난간을 설치해야 한다.

 ⑨ 작업대 위의 공구, 재료 등에 대해서는 낙하물 방지 조치

Section 4 단관비계(강관비계)

1. 개요

① 강관비계란 외부 고소작업을 위하여 외벽을 따라 설치한 가설물로서 안전성이 우수해야 함은 물론 작업성, 경제성이 확보되어야 한다.

② 단관 및 부속철물은 K.S 기준에 적합하여야 하며 또한, 외력에 의한 균열, 뒤틀림 등의 변형이 없어야 하고 부식되지 않아야 한다.

2. 비계의 종류

① 통나무비계
② 강관비계
③ 강관틀비계
④ 달비계
⑤ 달대비계
⑥ 말 비계
⑦ 이동식 비계

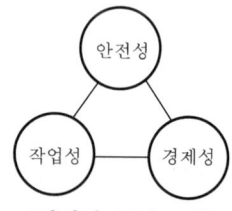

[비계의 구비조건]

3. 강관비계의 구조

① 하단부에는 깔판(밑받침 철물), 받침목 등을 사용하고 밑둥잡이를 설치한다.

② 비계기둥 간격은 띠장 방향에서는 1.85m, 장선 방향에서는 1.5m 이하이어야 하며, 비계기둥의 최고부로부터 아래 방향으로 31m를 넘는 비계기둥은 2본의 강관으로 묶어 세워야 한다(장비 반입·반출을 위하여 공간 등을 확보할 필요가 있는 경우 구조 검토 후 각 2.7m 이하 가능).

③ 띠장 간격은 2.0m 이하로 설치하여야 한다.

④ 장선 간격은 1.5m 이하로 설치하고, 비계기둥과 띠장의 교차부에서는 비계기둥에 결속하고, 그 중간부분에서는 띠장에 결속한다.

⑤ 비계기둥 간의 적재하중은 400kg을 초과하지 않도록 해야 한다.

⑥ 벽 연결은 수직으로 5m, 수평으로 5m 이내마다 연결하여야 한다.

⑦ 기둥 간격 10m 마다 45도 각도의 처마방향 가새를 설치해야 하며, 모든 비계기둥은 가새에 결속하여야 한다.

⑧ 작업대에는 안전난간을 설치하여야 한다.

⑨ 작업대의 구조는 추락 및 낙하물 방지조치를 하여야 한다.

⑩ 작업발판 설치가 필요한 경우에는 쌍줄비계여야 하며, 연결 및 이음철물은 가설 기자재 성능검정 규격에 규정된 것을 사용하여야 한다.

구분	준수사항
기둥	• 띠장방향 간격 : 1.85m 이하 • 장선방향 간격 : 1.5m 이하
띠장	• 띠장 간격 : 2.0m 이하
장선	• 1.5m 이하
벽 연결(Wall Tie)	• 수평·수직 5m 이내마다 연결
가새	• 기둥간격 10m마다 45도 각도로 처마방향으로 설치 • 비계기둥과 띠장에 연결 • 가새 평행간격 10m
비계발판	• 목재 또는 합판 사용 • 폭 40cm 이상 • 안전난간 설치(상부난간대 높이 90~120cm, 중간대 높이 45~60cm)
적재하중	• 비계기둥 간 적재하중 : 400kg 이하 [비계기둥 1본의 허용하중 7kN 이내(가설공사 표준시방서 기준)]
높이제한	• 45m 이하
강관보강	• 비계기둥 최고부로부터 31m 지점 밑 부분의 비계기둥은 2본의 강관으로 묶어세울 것
침하 방지	• 깔판, 받침목 및 밑둥잡이 설치

4. 강관비계의 조립(설치)도

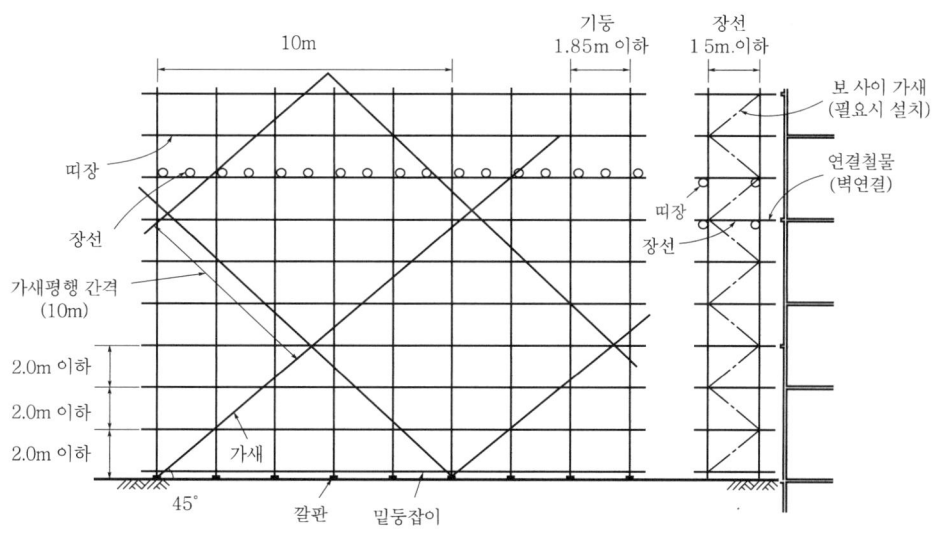

5. 강관비계 조립 시 주의사항

① 비계기둥에는 미끄러지거나 침하하는 것을 방지하기 위해 밑받침 철물을 사용하거나 깔판·깔목 등을 사용하여 밑둥잡이를 설치하는 등의 조치를 할 것
② 강관의 접속부 또는 교차부는 적합한 부속철물을 사용하여 접속하거나 단단히 묶을 것
③ 교차가새로 보강할 것
④ 외줄비계·쌍줄비계 또는 돌출비계의 벽이음 및 버팀
　㉠ 강관비계의 조립간격(벽이음)

강관비계의 종류	조립간격(단위 m)	
	수직방향	수평방향
단관비계	5	6
틀비계 (높이 5m 미만 제외)	6	8

　㉡ 강관·통나무 등의 재료를 사용하여 견고한 것으로 할 것
　㉢ 인장재와 압축재로 구성되어 있을 때에는 인장재와 압축재의 간격을 1m 이내로 할 것
⑤ 가공전로에 근접하여 비계를 설치할 때는 가공전로를 이설하거나 가공전로에 절연용 방호구를 장착하는 등 가공전로와의 접촉을 방지하기 위한 조치를 할 것

6. 비계 조립, 해체 시 안전대책

① 안전관리자 지정
② 안전보호구 착용
③ 재료, 기구의 불량품 제거
④ 작업 내용 작업자에게 주지
⑤ 작업자 이외 출입 금지
⑥ 강풍, 호우, 폭설 등 악천후 시 작업 중지
⑦ 비계의 점검 보수
⑧ 고소작업 시 방호조치
⑨ 상하 동시 작업 금지
⑩ 달줄 또는 달포대 사용
⑪ 부근 전력선 방호조치

⑫ 통로에 재료 방치 금지

⑬ 정리정돈

7. 가설구조물의 개발 방향(가설재의 개발 방향)

① 강재화 : 안전성, 내구성, 확실한 접합장치

② 표준화 : 조립 및 해체가 용이, 경제적

③ 규격화 : 대량 생산 용이, 인력 절감

④ 경량화 : 취급 및 운반이 용이, 가설부재의 체적 축소

⑤ 재질 향상 : 경량 가설재의 개발, 가설재의 고강도화

⑥ 시설의 동력화 : 조립 및 설치의 자동화, 노무 절감

8. 결론

① 비계는 특성상 부재의 결합이 불안전하며 구조적으로 문제점이 있는 가설 구조물 이므로 설치기준을 엄격히 준수·설치하여야 한다.

② 작업 시에는 안전관리자의 지휘하에 작업을 하여야 하고, 작업장 주변은 출입통 제 및 안전표지를 부착하여 안전사고 예방에 힘써야 한다.

Section 5

강관틀비계

1. 정의

① 강관틀비계는 강관 등의 금속재료를 미리 공장 생산하여 현장 사용목적에 따라 조립, 사용하는 비계이다.

② 조립 및 해체가 용이하고 용도에 따라 하단에 바퀴를 달아 이동식으로도 사용한다.

2. 비계의 구비조건

① 안전성

② 작업(시공)성

③ 경제성

3. 강관틀비계의 구조

구분	준수사항
높이제한	40m 이하
높이 20m 초과시	• 주틀의 높이는 2.0m 이하 • 주틀 간 간격은 1.8m 이하
교차가새	주틀 간 설치
수평재	최상층 및 5층 이내마다 설치(띠장틀)
벽연결(Wall Tie)	• 수직방향 : 6.0m 이내 • 수평방향 : 8.0m 이내
버팀기둥	• 띠장 방향으로 높이 4m 이상 길이 10m 초과 시 설치 • 띠장 방향으로 10m 이내마다 버팀기둥 설치
적재하중	비계기둥 간 적재하중 : 400kg 이하
하중	기본틀 간 하중 : 400kg 이하

4. 조립 시 준수사항

① 밑둥에는 밑받침 철물 사용
② 밑받침의 고저차가 있는 경우 조절형 밑받침 철물을 사용, 수평・수직 유지
③ 작업대에는 안전난간 및 추락, 낙하물 방지 조치 설치
④ 연결 및 이음철물은 안전인증 제품 사용

Section 6 달비계 사용 시 주의사항

1. 개요

달비계란 외부 작업을 위해 설치하는 가설물로 와이어로프, 체인, 강재 등으로 구성되어 있으며 구성물 중 와이어로프는 적재물을 지지하는 중요성을 감안, 수시점검을 실시하고 이상 발견 시 작업 중지 후 즉각 교체 등의 조치를 취해야 한다.

2. 달비계 안전계수

① 달기 와이어로프 및 달기강선 10 이상

② 달기체인 및 달기훅 5 이상

③ 달기강대와 달비계의 상·하부 지점이 강재의 경우 2.5 이상, 목재의 경우 5 이상

3. 달비계 조립 사용 시 준수사항

① 안전관리자의 지휘 하에 작업

② 와이어로프 및 강선의 안전계수는 10 이상

③ 와이어로프의 일단은 권양기에 확실히 감겨져 있어야 한다.

④ 와이어로프 사용 금지 기준

  ㉠ 와이어로프 소선이 10% 이상 절단된 것

  ㉡ 지름이 공칭지름의 7% 이상 감소된 것

  ㉢ 변형이 심하거나 비틀어진 것

⑤ 승강하는 경우 작업대는 수평 유지

⑥ 허용 하중 이상의 작업원 탑승 금지

⑦ 권양기에는 제동장치 설치

⑧ 작업발판 폭은 40cm 이상, 철저한 고정

⑨ 발판 위 약 10cm 위까지 발끝막이판 설치

⑩ 안전난간 설치, 고정

⑪ 안전난간 설치가 곤란하거나 임시로 안전난간을 해체하는 경우에는 추락 방지용 방망을 치거나 안전대 착용

⑫ 안전모와 안전대 착용

⑬ 달비계 위에서는 각립사다리 등 사용 금지

⑭ 난간 밖에서 작업 금지

⑮ 동요 또는 전도 방지장치 설치

⑯ 급작스런 행동으로 인한 비계의 동요, 전도 방지

⑰ 추락 방지용 달비계 구명줄 설치

4. 달비계 작업 순서

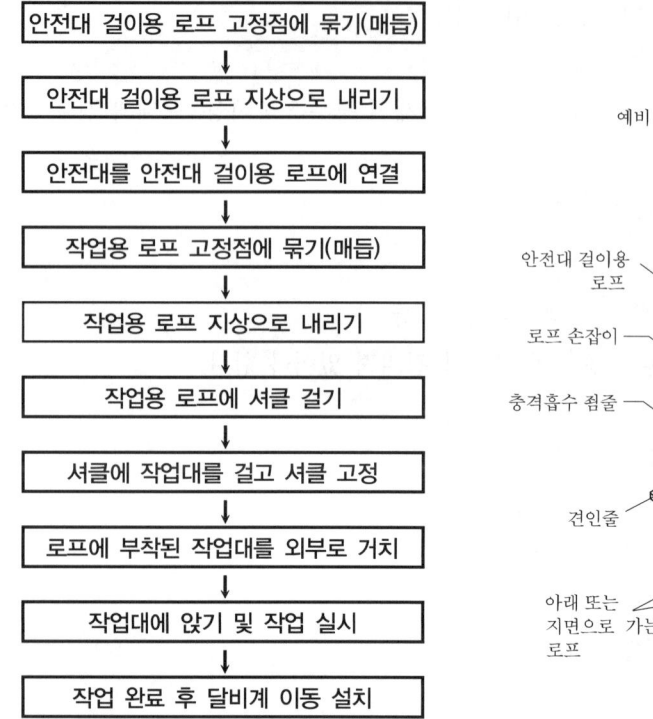

안전대 걸이용 로프 고정점에 묶기(매듭)

↓

안전대 걸이용 로프 지상으로 내리기

↓

안전대를 안전대 걸이용 로프에 연결

↓

작업용 로프 고정점에 묶기(매듭)

↓

작업용 로프 지상으로 내리기

↓

작업용 로프에 셔클 걸기

↓

셔클에 작업대를 걸고 셔클 고정

↓

로프에 부착된 작업대를 외부로 거치

↓

작업대에 앉기 및 작업 실시

↓

작업 완료 후 달비계 이동 설치

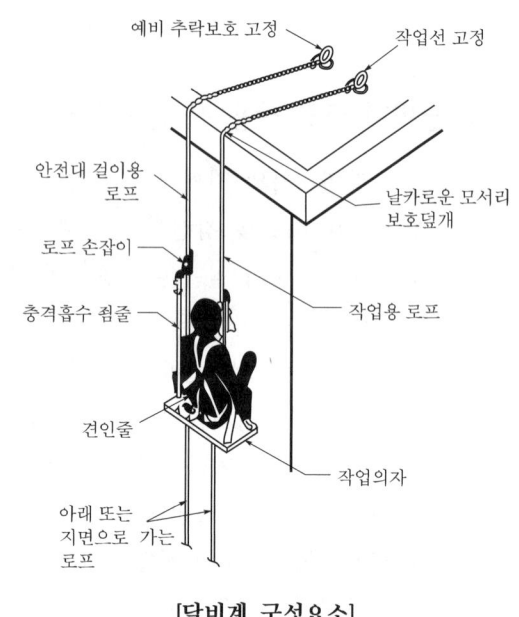

[달비계 구성요소]

Section 7 달대비계

1. 개요

달대비계는 달비계와 구분되는 특징으로 작업 도중 이동할 수 없는 형식의 비계를 의미하며 흔히 철골공사 현장에서 접합부 용접이나 볼트 작업을 위해 매달아 작업발판을 만드는 형태의 비계이다.

2. 가설재의 구비 요건

① 안전성 : 안전에 대한 충분한 강도, 구조
② 작업성 : 넓은 작업발판 및 작업공간 확보
③ 경제성 : 가설, 철거가 신속하고 용이할 것

3. 달대비계의 종류

① 전면형 달대비계 : SRC조에서 거의 전면적으로 가설되어 후속 철근공사의 작업 발판 사용

② 통로형 달대비계 : 철골의 내민보에 조립틀을 부착, 작업발판으로 사용

③ 상자형 달대비계 : 기둥, 내민보에 용접 접합한 상자형의 작업발판

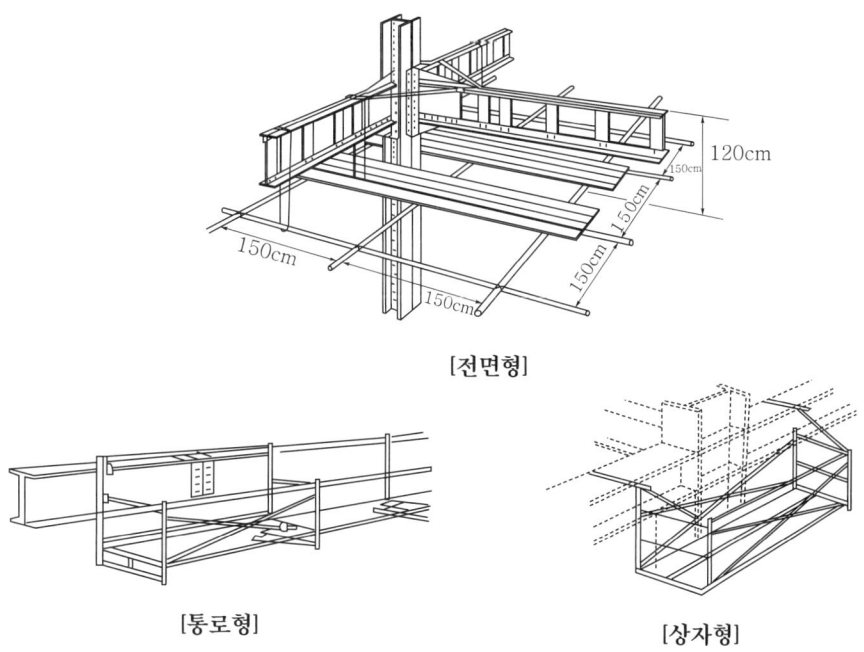

[전면형]

[통로형]   [상자형]

4. 달대비계의 안전 사항

① 달대비계를 체인으로 매다는 경우 달기체인의 안전계수는 5 이상 확보

② 작업 난간대(90~120cm), 발끝막이판(10cm) 설치

③ 하중에 충분히 견디고 움직이지 않게 고정

④ 철선사용 시 #8소성철선(4가닥 꼼), 안전계수 8 이상 사용

⑤ 철근이나 강봉 사용 시 지름 19mm 이상 사용

5. 작업 시 안전조치

① 작업책임자의 지휘 하에 작업

② 근로자는 반드시 안전모, 안전대 착용

③ 허용 하중 이상의 작업자 탑승 금지

④ 달대비계 위에서 사다리나 디딤판 사용 금지

⑤ 안전난간 외부에서 작업 금지

⑥ 달대비계에서 안전대 착용 시 비계보다 구조물에 체결

⑦ 급작스런 행동으로 인한 동요 전도 방지

Section 8 말비계

1. 개요

① 말비계는 천정 높이가 낮은 실내에서 보통 마무리 작업에 사용되는 것으로 각립 비계와 안장비계로 나눈다.

② 말비계의 특성상 전도, 추락에 의한 재해가 빈발하는 바 안전성이 확보된 제품을 사용하고, 현장 제작 시 견고한 구조로 제작, 사용하여야 한다.

2. 사용 시 준수사항

① 사다리의 각부는 수평하게 놓아서 상부가 한쪽으로 기울지 않도록 하여야 한다.

② 각부에는 미끄럼 방지장치를 해야 하며, 제일 상단에 올라서서 작업하지 말아야 한다.

3. 말비계의 분류

1) 각립 비계

① 2개의 사다리를 상부에서 연결하여 발판 또는 비계 역할

② 수직고가 2.0m 미만이 되도록 설치

2) 안장 비계

① 각립비계를 1.5~2m 간격으로 병렬시킴

② 비계널을 놓아 실내 내장 마무리 등에 사용

4. 말비계의 구조

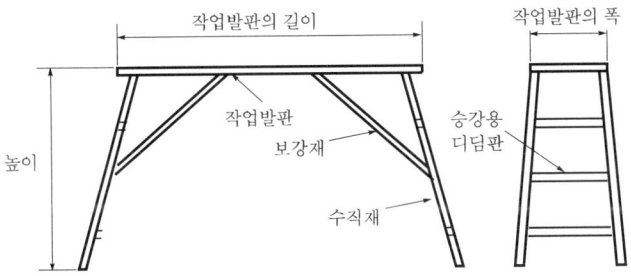

5. 설치 기준

① 지주부재의 하단에는 미끄럼 방지장치를 하고, 양측 끝부분에 올라서서 작업하지 않도록 할 것

② 지주부재와 수평면과의 기울기를 75° 이하로 하고, 지주부재와 지주부재 사이를 고정시키는 보조부재를 설치할 것

③ 말비계의 높이가 2m를 초과할 경우에는 작업발판의 폭을 40cm 이상으로 할 것

6. 작업 시 유의사항

① 작업발판 위에서 작업 및 이동 시 확인

② 작업발판 고정(전도되지 않게 작업자 위치 및 자재 분산 적치)

③ 안전모 착용 철저

7. 가설재의 발전 방향

① 강재화

② 경량화

③ 동력화

④ 표준화

⑤ 단순화

⑥ 전문화

Section 9

이동식 비계

1. 개요

① 이동식 비계란 작업 장소 전체에 비계를 설치하기에는 비경제적이고 일시적인 작업을 할 때 비계틀을 만들어 하부에 바퀴 구름 장치를 달아 이동하면서 작업할 수 있는 비계를 말한다.

② 이동식 비계를 조립하여 작업 시 이동식 비계의 바퀴에는 불의의 이동을 방지하기 위한 제동장치를 설치한 다음 비계의 일부를 견고한 시설물에 잡아매는 등의 조치를 하여야 한다.

2. 가설재의 구비요건(비계의 요건)

① 파괴 및 도괴에 대한 충분한 강도를 가질 것

② 동요에 대한 충분한 강도를 가질 것

③ 추락에 대한 난간 등의 방호조치가 된 구조를 가질 것

④ 낙하물에 대한 틈이 없는 바닥판 구조 및 상부 방호조치를 구비할 것

⑤ 통행과 작업에 방해가 없고 작업 시 무리가 생기지 않는 넓은 발판

⑥ 통행과 작업을 방해하는 부재가 없는 넓은 공간

⑦ 정상적인 작업자세로 작업할 수 있고 추락을 막기 위한 개구부의 방호 및 비계 외측에 난간을 설치할 것

⑧ 가설 및 철거가 신속하고 용이할 것

⑨ 현장시공을 하지 않도록 할 것

⑩ 사용 연수가 길고(전용률) 다양한 적용성을 확보할 것

3. 이동식 비계의 구조

구분	준수 사항
높이제한	밑변 최소 길이의 4배 이하
승강설비	승강용 사다리 부착
적재하중	작업대 위의 최대 적재하중 : 250kg 이하
제동장치	바퀴 구름 방지 장치(Stopper) 설치

구분	준수 사항
작업발판	• 목재 또는 합판 사용 • 폭 40cm 이하 • 안전난간 설치(상부난간대 높이 90~120cm, 중간대 높이 45~60cm)
가새	2단 이상 조립 시 교차가새 설치
표지판	최대 적재하중 및 사용책임자 명시

4. 이동식 비계의 조립도(설치도)

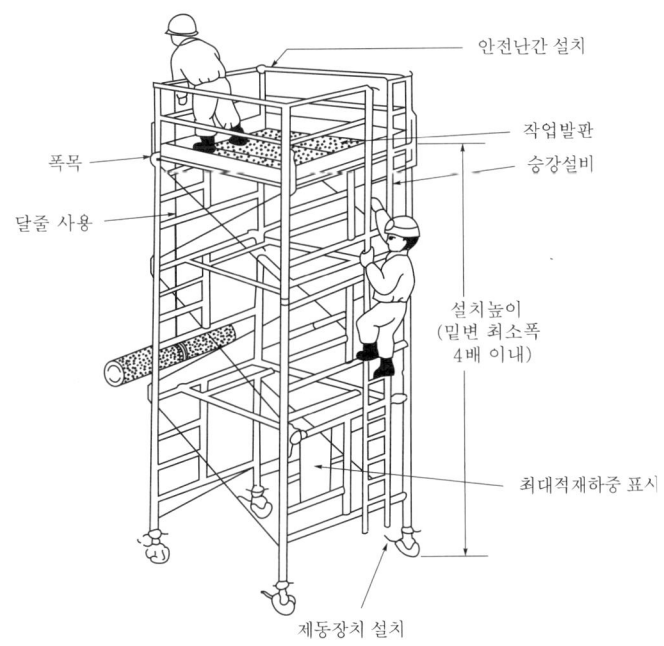

폭목
달줄 사용

안전난간 설치
작업발판
승강설비
설치높이
(밑변 최소폭
4배 이내)
최대적재하중 표시
제동장치 설치

5. 이동식비계 조립 및 사용 시 준수사항

① 안전관리자를 지정하여 직접 작업 지휘하에 작업 실시
② 비계의 최대 높이는 밑변 최소 폭의 4배 이하
③ 작업대의 발판은 전면에 걸쳐 빈틈없이 깔 것
④ 비계의 일부를 건물에 체결하여 이동, 전도 등을 방지
⑤ 승강용 사다리는 견고하게 부착
⑥ 최대 적재하중을 표시
⑦ 부재의 접속부, 교차부는 확실하게 연결
⑧ 작업대에는 안전난간 및 낙하물 방지조치 설치

⑨ 불의의 이동을 방지하기 위해 제동장치를 반드시 갖출 것

⑩ 작업원이 없는 상태에서 이동할 것

⑪ 비계의 이동에는 충분한 인원을 배치할 것

⑫ 안전모 착용 및 지지 로프를 설치할 것

⑬ 재료, 기구, 공구 등을 올리고 내릴 때 달포대 및 달줄 사용

⑭ 부근 전력선에는 절연 방호조치 및 단전조치 후 작업

⑮ 상하 동시 작업 시 상하 연락 및 협조하에 작업

6. 결론

① 이동식 비계는 특성상 부재의 결합이 불안전하며 구조적으로 문제점이 있는 가설 구조물이므로 작업 시 안전사고에 유의하여야 한다.

② 이동식 비계는 사용 시 안전난간 및 제동장치 등의 설비 불안전으로 재해가 많이 발생하는 비계로 일시적으로 사용하더라도 안전시설을 철저히 설치하고 안전관리자를 배치하여 사고를 방지해야 한다.

Section 10 시스템 비계의 구조

1. 정의

시스템 비계란 수직재, 수평재, 가새재 등 각각의 부재를 공장에서 제작하고 현장에서 조립하여 사용하는 조립형 비계로, 고소작업에서 작업자가 작업장소에 접근하여 작업할 수 있도록 설치하는 작업대를 지지하는 가설 구조물을 말한다.

2. 비계의 종류

① 강관비계 및 강관틀비계

② 달비계, 달대비계 및 걸침비계

③ 말비계 및 이동식 비계

④ 시스템 비계

⑤ 통나무 비계

3. 시스템 비계의 구조

① 수직재·수평재·가새재를 견고하게 연결하는 구조
② 비계 밑단의 수직재와 받침철물은 밀착되도록 설치
③ 수직재와 받침철물의 연결부의 겹침길이는 받침철물 전체길이의 3분의 1 이상
④ 수평재는 수직재와 직각으로 설치하고 체결 후 흔들림이 없도록 견고하게 설치
⑤ 수직재와 수직재의 연결철물은 이탈되지 않도록 견고한 구조
⑥ 벽 연결재의 설치간격은 제조사가 정한 기준에 따라 설치

4. 시스템 비계의 조립 작업 시 준수사항

① 비계 기둥의 밑둥에는 밑받침 철물 사용
② 밑받침에 고저차가 있는 경우에는 조절형 밑받침 철물을 사용
③ 경사진 바닥에 설치하는 경우에는 피벗형 받침 철물 또는 쐐기 등을 사용
④ 가공전로에 근접하여 비계를 설치하는 경우 이설 또는 절연용 방호구를 설치
⑤ 비계 내 이동하는 경우 지정 통로 이용
⑥ 같은 수직면상의 위와 아래 동시 작업을 금지
⑦ 최대적재하중을 초과 금지, 최대적재하중이 표기된 표지판 부착하고 근로자에 주지

Section 11

계단

1. 정의

① 계단이란 높이가 다른 곳으로 움직일 때 밟고 오르내릴 수 있도록 여러 턱으로 만든 설비 또는 그 하나의 턱을 말한다.
② 구조는 근로자의 통행에 안전하도록 설치하여 유지, 보수되어야 한다.

2. 계단의 강도

① 매제곱미터당 500kg 이상의 하중에 견딜 수 있는 강도를 가진 구조
② 안전율은 4 이상
③ 바닥을 구멍이 있는 재료로 만드는 경우 공구 등이 낙하할 위험이 없는 구조

3. 계단의 폭

① 폭을 1미터 이상(급유용·보수용·비상용 계단 및 나선형 계단인 경우는 제외)
② 계단에 손잡이 외의 다른 물건 등을 설치 또는 적치 금지

4. 기타 구조

① 높이 3미터를 초과하는 계단에 높이 3미터 이내마다 너비 1.2미터 이상의 계단참을 설치
② 바닥면으로부터 높이 2미터 이내의 공간에 장애물이 없도록 설치(급유용·보수용·비상용 계단 및 나선형 계단인 경우는 제외)
③ 높이 1미터 이상인 계단의 개방된 측면에 안전난간을 설치

Section 12 고소작업대

1. 정의

① 고소작업대란 작업자가 탈 수 있는 작업대를 승강시켜 높이 2미터 이상인 장소에서 작업을 하기 위한 목적으로 사용하는 것으로 작업대가 상승, 하강하는 설비를 가진 작업 차량을 말한다.
② 고소작업대 작업이란 고소작업대에 탑승하여 고소작업을 하는 것을 말하며, 고소작업대 운전(작업자) 작업을 포함한다.

2. 고소작업대의 종류

① 차량 탑재형
② 보행자 제어식
③ 자체 추진식(시저형, 자주식)

3. 고소작업대 구조

1) 와이어로프 또는 체인으로 올리거나 내릴 경우

① 와이어로프 또는 체인이 끊어져 작업대가 떨어지지 아니하는 구조

② 와이어로프 또는 체인의 안전율은 5 이상

2) 유압에 의해 올리거나 내릴 경우

　① 일정한 위치에 유지할 수 있는 장치
　② 압력의 이상저하를 방지할 수 있는 구조

3) 권과방지장치 또는 압력의 이상상승 방지 구조
4) 붐의 최대 지면경사각을 초과 운전 금지
5) 작업대에 정격하중(안전율 5 이상)을 표시할 것
6) 가드 또는 과상승방지장치를 설치(끼임·충돌 등 재해 예방)
7) 조작반의 스위치는 눈으로 확인할 수 있도록 명칭 및 방향표시를 유지할 것

4. 고소작업대 설치하는 경우 준수사항

　① 작업대를 가장 낮게 내릴 것
　② 작업대를 올린 상태에서 작업자를 태우고 이동하지 말 것
　③ 짧은 구간을 이동 시 유도자 배치
　④ 이동통로의 요철상태, 장애물의 유무 등을 확인

5. 고소작업대를 사용 시 준수사항

　① 작업자 안전모·안전대 등 보호구 착용
　② 관계자 외 작업구역 접근방지 조치
　③ 적정수준의 조도 유지
　④ 전로(電路) 근접 작업 시 작업감시자를 배치 등 감전사고 방지 조치
　⑤ 정기적으로 점검하고 붐·작업대 등 각 부위의 이상 유무를 확인
　⑥ 전환스위치는 다른 물체를 이용 고정 금지
　⑦ 정격하중을 초과 적재 및 탑승 금지
　⑧ 붐대를 상승시킨 상태에서 탑승자는 작업대 이탈 금지. 다만, 작업대에 안전대 부착설비를 설치하고 안전대 연결 시 이탈 가능

Section 13   가설통로의 종류 및 설치기준

1. 개요

① 가설통로란 작업장으로 통하는 장소 또는 작업장 내의 근로자가 사용하기 위한 통로로, 주요한 부분에는 통로표시를 하고 근로자가 안전하게 통행할 수 있도록 해야 한다.

② 가설통로의 종류에는 경사로, 통로발판, 사다리, 가설계단, 승강로 등이 있으며 통로에 정상적인 통행을 방해하지 않는 정도의 채광 또는 조명시설을 하여야 한다.

2. 가설통로의 구비조건

① 견고한 구조(근로자가 안전하게 통행)

② 통로의 주요 부분에 통로표지 설치

③ 채광 및 조명시설(75Lux 이상)

④ 추락위험 장소에 안전난간 설치

3. 가설통로의 종류

① 경사로

② 통로발판

③ 사다리

④ 가설계단

⑤ 승강로(Trap)

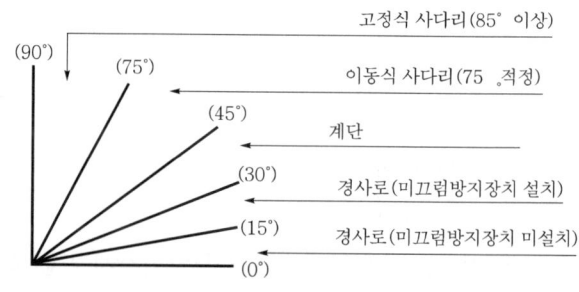

[설치각도에 따른 가설통로]

4. 경사로 설치 및 사용 시 주의사항

① 시공하중 또는 폭풍, 진동 등 외력에 대하여 안전하도록 설계해야 하고 항상 정비하고 안전통로를 확보해야 한다.

② 비탈면의 경사각은 30도 이내로 한다.

③ 경사로의 폭은 최소 90cm 이상

④ 높이 7m 이내마다 계단참 설치

⑤ 추락 방지용 안전난간 설치

⑥ 목재는 미송, 육송 또는 그 이상의 재질을 가진 것

⑦ 경사로 지지기둥은 3m 이내마다 설치

⑧ 발판은 폭 40cm 이상으로 하고, 틈은 3cm 이내로 설치

⑨ 발판이 이탈하거나 한쪽 끝을 밟으면 다른 쪽이 들리지 않게 장선에 결속

⑩ 결속용 못이나 철선이 발에 걸리지 않아야 한다.

[미끄럼막이 간격]

경사각	미끄럼막이 간격	경사각	미끄럼막이 간격
30도	30cm	22도	40cm
29도	33cm	19도 20분	43cm
27도	35cm	17도	45cm
23도 15분	37cm	14도	47cm

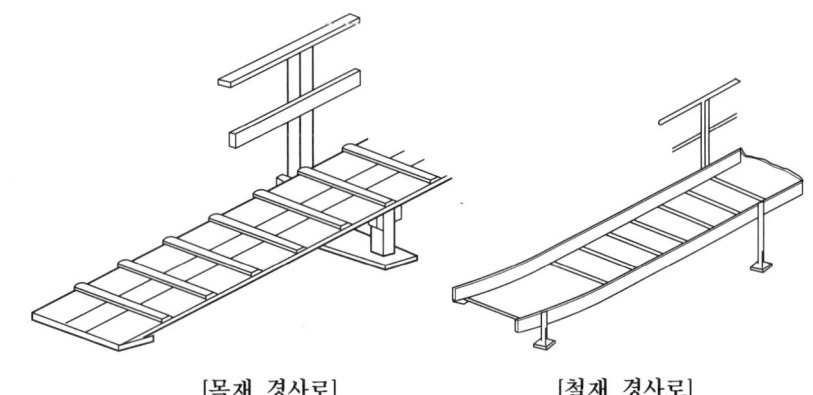

[목재 경사로]　　　　　　[철재 경사로]

5. 통로발판 설치기준

① 근로자가 작업 및 이동하기에 충분한 넓이 확보

② 추락 위험이 있는 곳에는 안전난간이나 철책 설치

③ 발판을 겹쳐 이음하는 경우 장선 위에서 이음을 하고 겹침길이는 20cm 이상

④ 발판 1개에 대한 지지물은 2개 이상

⑤ 작업발판의 최대폭은 1.6m 이내

⑥ 작업발판 위에는 돌출된 못, 옹이, 철선 등이 없어야 한다.

⑦ 비계발판의 구조에 따라 최대 적재 하중을 정하고 이를 초과하지 않도록 해야 한다.

6. 사다리 설치

1) 사다리의 종류

종류	준수사항
고정 사다리	• 80°의 수직이 가장 적합 • 높이 2.5m 초과지점부터 등받이울 설치의 경우 제외
옥외용 사다리	• 철제를 원칙, 10m 이상인 때에는 5m마다 계단참 설치 • 사다리 전면의 사방 75cm 이내에는 장애물이 없을 것
목재 사다리	• 재질은 건조된 것으로 결함이 없고 곧은 것 • 수직재와 받침대는 장부촉 맞춤으로 하고 사개를 파서 제작 • 발받침대의 간격 25~35cm • 이음 또는 맞춤부분은 보강 • 벽면과의 이격거리는 20cm 이상
철제 사다리	• 수직재와 발받침대는 횡좌굴을 일으키지 않는 충분한 강도 확보 • 발받침대는 미끄럼 방지 장치 • 받침대의 간격 25~35cm • 사다리 몸체 또는 전면에 기름 등의 미끄러운 물질 제거
이동식 사다리	• 길이 6m 이하 • 다리의 벌림은 벽 높이의 1/4 정도가 적당 • 벽면 상부로부터 최소한 60cm 이상의 연장길이 확보
기계 사다리	• 추락 방지용 보호 손잡이 및 발판이 구비 • 작업자는 안전대 착용 • 사다리가 움직이는 동안에 작업자가 움직이지 않도록 사전교육 실시
연장 사다리	• 총 길이 15m 이하 • 사다리의 길이를 고정시킬 수 있는 잠금쇠와 브래킷 구비 • 도르래 및 로프는 충분한 강도 확보

2) 사다리 사용 시 준수사항

① 안전하게 수리될 수 없는 사다리는 작업장 외로 반출

② 사다리는 작업장에서 위로 60cm 이상 연장

③ 움직일 염려가 있을 때는 작업자 이외의 감시자 배치

④ 부서지기 쉬운 벽돌 등을 받침대로 사용 금지

⑤ 작업자는 복장을 단정히 하여야 하며, 미끄러운 신발 사용 금지

⑥ 지나치게 부피가 크거나 무거운 짐의 운반 금지

⑦ 출입문 부근에 사다리를 설치할 경우에는 반드시 감시자 배치

⑧ 금속 사다리는 전기 설비가 있는 곳에는 사용 금지

⑨ 사다리를 다리처럼 통로로 사용 금지

3) 미끄럼 방지 장치

① 사다리 지주의 끝에 고무, 코르크, 가죽, 강스파이크 등을 부착시켜 바닥과의 미끄럼을 방지하는 안전장치가 있어야 한다.

② 쐐기형 강스파이크는 지반이 평탄한 맨땅 위에 세울 때 사용

③ 미끄럼 방지 판자 및 미끄럼 방지 고정쇠는 돌마무리 또는 인조석 깔기 마감한 바닥용으로 사용

④ 미끄럼 방지 발판은 인조고무 등으로 마감한 실내용을 사용하여야 한다.

7. 통로

1) 통로 설치 시 유의사항

① 작업장으로 통하는 장소 또는 작업장 내에는 근로자가 사용하기 위한 안전한 통로를 설치하고 항상 사용 가능한 상태로 유지해야 한다.

② 통로의 주요 부분에는 통로표시를 하고, 근로자가 안전하게 통행할 수 있도록 해야 한다.

③ 통로 채광 및 조명시설은 75Lux 이상

④ 옥내에 통로를 설치할 때는 걸려 넘어지거나 미끄러지는 등의 위험 요소를 제거하고, 통로면으로부터 높이 2m 이내의 장애물은 제거한다.

2) 가설통로의 구조

① 견고한 구조로 할 것

② 경사는 30도 이하로 할 것

③ 경사가 15도를 초과할 때는 미끄러지지 않는 구조로 할 것

④ 추락의 위험이 있는 장소에는 안전난간을 설치할 것

⑤ 수직갱에 가설된 통로의 길이가 15m 이상인 때에는 10m 이내마다 계단참 설치

⑥ 건설공사에 사용하는 높이 8m 이상인 비계다리에는 7m 이내마다 계단참 설치

8. 결론

① 가설통로는 시공하중, 폭풍, 진동 등 외력에 대하여 안전하도록 설계되고 설치하여야 하며, 항상 정비하여 안전통로를 확보해야 한다.

② 모든 가설통로에는 추락 방지용 안전난간 및 조명을 설치해야 하며, 근로자의 안전을 위해 주의 표지판 등을 설치하여 위험에 대비해야 한다.

Section 14 가설도로

1. 개요

① 가설도로란 공사를 목적으로 현장 진입도로 및 현장 내 가설하는 도로로 표면은 차량 및 장비가 안전하게 통행할 수 있도록 견고하게 만들어져야 한다.

② 특히 건설공사 시 현장 내 안전운행 속도를 준수하여 차량에 의한 안전사고를 예방할 수 있게 적절한 차량 운행 계획을 수립·시행하여야 한다.

2. 가설도로 설치 시 준수사항

① 도로의 표면은 장비 및 차량이 안전운행할 수 있도록 유지·보수한다.

② 장비 사용을 목적으로 하는 진입로, 경사로 등은 주행하는 차량통행에 지장을 주지 않도록 만들어야 한다.

③ 도로와 작업장 높이에 차이가 있을 때는 바리케이드 또는 연석 등을 설치하여 차량의 위험 및 사고를 방지해야 한다.

④ 도로는 배수를 위해 도로 중앙부를 약간 높게 하거나 배수시설을 하여야 한다.

⑤ 운반로는 장비의 안전운행에 적합한 도로의 폭을 유지해야 하고, 모든 커브는 통상적인 도로 폭보다 좀 더 넓게 만들고 시계에 장애가 없도록 조성해야 한다.

⑥ 커브 구간에서는 차량이 가시거리의 절반 이내에서 정지할 수 있도록 차량의 속도를 제한하여야 한다.

⑦ 최고 허용 경사도는 부득이한 경우를 제외하고는 10% 이내로 한다.

⑧ 필요한 전기시설(교통신호등 포함), 신호수, 표지판, 바리케이드, 노면표지 등을 교통 안전운행을 위하여 제공하여야 한다.

⑨ 안전운행을 위하여 먼지가 일어나지 않도록 물을 뿌려주고 겨울철에는 눈이 쌓이지 않도록 조치하여야 한다.

3. 우회로 설치 시 준수사항

① 교통량을 유지시킬 수 있도록 계획한다.

② 시공 중인 교량이나 높은 구조물의 밑을 통과해서는 안 되며 부득이하게 시

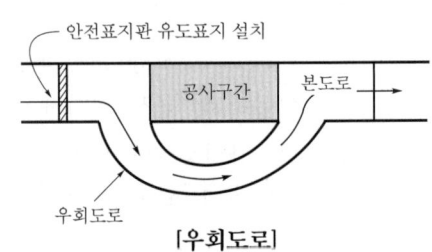

[우회도로]

공 중인 교량이나 높은 구조물의 밑을 통과해야 할 경우에는 필요한 안전조치를 해야 한다.

③ 모든 교통통제나 신호 등은 교통법규에 적합하도록 하여야 한다.

④ 우회로는 항시 유지·보수되도록 확실한 점검을 실시하여야 하며, 필요한 경우에는 가설등을 설치하여야 한다.

⑤ 우회로의 사용이 완료되면 모든 것을 원상 복구하여야 한다.

4. 표지 및 기구

① 교통안전 표지 규칙
② 방호장치(반사경, 보호책, 방호설비)

5. 신호수의 조건

① 신호수는 책임감이 있을 것
② 임무를 숙지할 것
③ 훈련되고 경험 있는 자일 것

6. 결론

① 가설도로는 기존 도로의 상황을 벗어난 임시 도로로서 안전사고에 여지가 많은 도로이다.

② 가설도로 설치 시 사고 예방을 위하여 신호수 배치 및 안전표지를 설치하여야 한다.

Section 15 재사용 가설기자재 성능기준

1. 목적

① 재사용 가설기자재란 사업장에서 1회 이상 사용하였거나 사용하지 않은 신품이라도 장기간의 보관으로 강도의 저하 우려가 있는 가설기자재이다.

② 산업안전보건법에서 규정한 안전인증 및 자율안전확인의 신고 규정에 의거 추락·낙하 및 붕괴 등의 위험 방지 및 보호에 필요한 가설기자재의 성능유지를 위하여 재사용 가설기자재의 성능기준을 정함을 목적으로 한다.

2. 적용범위

① 안전인증규격에 따라 합격 또는 신고된 가설기자재를 1회 이상 사용한 제품

② 신품이라도 장기간 보관 등으로 강도저하의 우려가 있는 가설기자재

③ 안전방망, 수직보호망 및 수직형 추락방망 등 1회용인 망류는 제외

3. 폐기기준

① 변형·손상·부식 등이 현저하여 교정이 불가능한 가설기자재

② 의무안전인증, 자율안전기준의 시험성능기준에 미달하는 가설기자재

4. 판정시기

보관장소에서 현장으로 반입 전 재사용 여부 판단

5. 성능기준과 시험방법

① 수리 또는 정비를 거친 가설기자재의 재사용 가부 판단을 위한 성능시험 실시

② 시험방법은 가설기자재 안전인증규격과 자율안전확인규격에 따른다.

③ 성능 기준은 안전인증규격과 자율안전확인규격의 100% 이상

④ 안전인증규격과 자율안전확인규격에 없는 성능기준은 한국산업표준에 따른다.

6. 시험체선정과 표시

① 시험체는 재사용으로 판정된 가설기자재 모집단에서 무작위로 선정

② 성능시험 결과 재사용으로 판정된 경우 잘 보이는 곳에 "재사용 가"의 표시를 한다.

7. 시험빈도(국토교통부 고시 "건설공사 품질관리 업무지침" 중 가설기자재)

종별	시험종목	시험방법	시험빈도	비고
강재 파이프서포트	평누름에 의한 압축 하중	KS F 8001 (최대사용 길이에서 시험)	• 제품규격마다(3개) • 공급자마다	최대사용길이가 3.5~4m 제품은 3.5m에서 시험

종별		시험종목	시험방법	시험빈도	비고
강관 비계용 부재	비계용 강관	인장 하중	KS F 8002	• 제품규격마다(3개) • 공급자마다	
	강관 조인트	휨 하중			
		인장 하중			
		압축 하중			
조립형 비계 및 동바리부재	수식재	압축 하중	KS F 8021	• 제품규격마다(3개) • 공급자마다	
	수평재	휨 하중			
	가새재	압축 하중			
	트러스	휨 하중			
	연결조인트	압축 하중			
		인장 하중			
일반 구조용 압연 강재 (KS D 3503) * 흙막이용 자재로 제한		치수	KS D 3503	• 제품규격마다 • 공급자마다	• 공사시방서(또는 설계도서)에 명시된 제품과 동등 이상 여부 확인 • 치수는 두께만 시험
		인장 강도			
		항복 강도			
		연신율			
용접 구조용 압연강재 (KS D 3515) * 흙막이용 자재로 제한		겉모양, 치수, 무게	KS D 3515	• 제품규격마다 • 공급자마다	• 공사시방서(또는 설계도서)에 명시된 제품과 동등 이상 여부 확인 • 치수는 두께만 시험
		항복점 또는 항복강도			
		인장강도			
		연신율			
일반구조용 용접 경량 H형강 (KS D 3558) * 흙막이용 자재로 제한		치수	KS D 3558	• 제품규격마다 • 공급자마다	• 공사시방서(또는 설계도서)에 명시된 제품과 동등 이상 여부 확인 • 치수는 평판부분의 두께만 시험
		인장 강도			
		항복 강도			
		연신율			
일반구조용 각형강관 (KS D 3568) * 거푸집 및 동바리 구조물에 사용하는 멍에 또는 장선용 자재로 제한		치수	KS D 3568	• 제품규격마다 • 공급자마다	• 공사시방서(또는 설계도서)에 명시된 제품과 동등 이상 여부 확인 • 치수는 평판부분의 두께만 시험
		인장 강도			
		항복 강도			
		연신율			

종별	시험종목	시험방법	시험빈도	비고
열간압연강 널말뚝 (KS F 4604)	인장 강도	KS F 4604	• 제품규격마다 • 공급자마다	• 치수는 평판부분의 두께만 시험
	항복 강도			
	연신율			
	모양, 치수, 단위질량			
복공판	외관상태 및 성능	공사시방서에 따름	• 제품규격별 200개마 다(단, 200개 미만은 1회) • 공급자마다 • 설치 후 1년 이내마다	국가건설기준 코드의 설계하중 기준에 만족

Section 16 타워크레인(Tower Crane)

1. 개요

타워크레인은 동력을 사용하여 중량물을 달아 올리거나 수평으로 운반하는 것을 목적으로 하는 기계이다. 구조물의 고층화, 대형화에 따른 사용이 많아짐에 따라 안전사고도 증가하는 실정으로, 이에 대한 안전대책이 필요하다.

2. 크레인의 종류

1) 고정식

① 타워크레인(Tower Crane)

② 지브 크레인(Jib Crane)

③ 호이스트 크레인(Hoist Crane)

2) 이동식 크레인

① 트럭 크레인(Truck Crane)

② 크롤러 크레인(Crawler Crane)

③ 유압 크레인(Hydraulic Crane)

3. 타워크레인의 위험요소

1) 본체의 전도

① 정격하중 이상의 전도

② 설치가대의 강도 부족

③ 벽지지대 및 지지 로프의 파손, 불량

④ 권상용 와이어로프의 절단 및 체결 부분 이탈

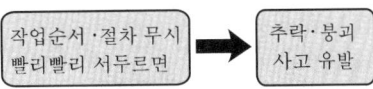

◆ 설치·해체·상승작업이 가장 위험(56%)

◆ 추락·낙하재해가 전체의 65%

◆ 마스트 상승 작업지 재해 다발(47%)

작업순서·절차 무시
빨리빨리 서두르면 → 추락·붕괴
사고 유발

[재해발생 현황 개요]

2) 지브의 결손

① 인접 시설물 및 근접 타워크레인과 접촉

② 지브와 달기구와의 충돌

③ 정격하중 이상의 과부하

④ 수평 인양작업 시

3) 화물의 낙하·비래

① 권상용 와이어로프의 절단

② 줄 걸이 잘못으로 화물 낙하

③ 지브와 달기구의 충돌

④ 운반구의 낙하·비래 방호조치 미흡

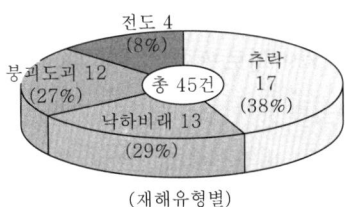

조립 2
(13%)
사용중 5
(31%)
총 16건
설치.해체
9
(56%)

(발생시기별)

4) 기타

① 낙뢰

② 감전

③ 선회장치의 고장

전도 4
(8%)
붕괴도괴 12
(27%)
총 45건
추락
17
(38%)
낙하비래 13
(29%)

(재해유형별)

[재해발생 현황 분석(1999~2003)]

4. 배치계획

1) 위치

① 가급적 평탄하고 조립 해체가 용이한 곳

② 대지 경계선을 고려한 지브 선회반경 확인

③ 충돌발생 위험이 없는 곳

2) 세우기

① 유동에 대비 건물에 긴결

② 각부 안전장치 부착

5. 구성부위별 안전 검토사항

1) 기초

① 상부하중을 지지할 수 있는 구조

② 연약지반 보강 파일 또는 매트 기초시공

③ 고정용 앵커볼트 1.1m 이상 근입

2) Mast

① 수직도 유지(1/1,000 이내)

② Bolt, Pin 접합 철저

③ Jack 안전 확인

3) Balance Weight(평행추)

① 설치 시 무게중심 확인

② 낙하 방지 조치

4) Boom

① 취성파괴 방지

② 용접 금지

③ 과부하 방지장치

5) 와이어로프

① 용량초과 양중 금지

② 변형, 부식, 꼬임 등
손상 유무 확인

6) 기타

① 항공장애등 설치

② 피뢰침 설치

[타워크레인]

6. 조립 · 해체 시 주의 사항

① 작업순서를 정하고 그 순서에 따라 작업 실시

② 작업을 할 구역에는 관계 근로자 외 출입 금지 및 취지 표시

③ 폭풍 · 폭우 · 폭설 등의 악천후 시 작업 중지

④ 해당 작업 위치에서 순간 풍속 10m/sec 이내일 경우에만 수행

⑤ 작업 장소는 안전작업을 위한 충분한 공간 확보 및 장애물 제거

⑥ 들어 올리거나 내리는 기자재는 균형을 유지

⑦ 크레인 능력, 사용조건에 따라 충분한 응력을 갖는 구조로 기초를 설치하고 침하 등이 일어나지 않도록 할 것

⑧ 규격품 볼트를 사용하고 대칭되는 곳을 순차적으로 결합하고 분해

7. 운행 시 주의사항

① 신호수는 반드시 1인만 배치 운행

② 급격한 가동, 정지 금지

③ 이상음 또는 이상진동시 정지 후 원인 파악

④ 과부하 경우 즉각 하중을 내려놓는다.

⑤ 주행, 선회 시 장애물 확인

⑥ 반대방향 선회 시 완전히 정지하고 실시

⑦ 주행 시 지휘자 신호에 따른다.

⑧ 순간풍속 10m/sec 이상 시 작업 중지 후 선회 브레이크 풀어 자유선회

⑨ 운전자 교대 시 인수인계 철저

8. 안전대책

1) 사용의 제한

고용노동부장관이 정하는 제작기준과 안전기준에 적합하지 아니한 크레인을 사용하여서는 안 된다.

2) 방호장치의 조정

과부하 방지 장치·권과 방지 장치·비상 정지 장치 및 브레이크 장치 등 방호장치를 부착하고 유효하게 작동될 수 있도록 미리 조정하여 두어야 한다.

3) 안전밸브의 조정

정격하중에 상당하는 하중을 걸었을 때의 유압에 상당하는 압력 이하로 작동되도록 조정

4) 해지장치의 사용

와이어로프 등이 훅으로부터 벗겨지는 것을 방지하기 위한 해지장치 구비

5) 과부하의 제한

정격 하중을 초과하는 하중을 걸어 사용 금지

6) 경사각의 제한

지브 크레인을 사용하여 작업을 할 때에는 지브의 경사각 범위 내에서 사용

7) 탑승의 제한

① 근로자를 운반하거나 근로자를 달아 올린 상태에서 작업 금지
② 작업의 성질상 부득이한 경우 조치
  ㉠ 탑승설비가 뒤집히거나 떨어지지 않도록 필요한 조치를 할 것
  ㉡ 안전대(安全帶) 또는 구명줄을 설치하고, 안전난간의 설치가 가능한 구조인
     경우 안전난간을 설치할 것
  ㉢ 탑승설비를 하강시킬 때에는 동력 하강방법에 따를 것

8) 출입의 금지

와이어로프의 내각 측으로부터 위험 발생 우려가 있는 장소에 근로자 출입 금지 조치

9) 병렬설치 크레인의 수리 등의 작업

감시인을 두고 주행로 상에 스토퍼를 설치하는 등 주행 크레인끼리 충돌이나 주행
근로자에 접촉함으로써 발생하는 근로자의 위험 방지 조치

10) 폭풍에 의한 이탈 방지

순간풍속이 30m/s를 초과하는 바람이 불어올 우려가 있을 때 이탈 방지 장치 작동

11) 조립·해체 시 조치

① 작업순서를 정하고 그 순서에 의하여 작업을 실시할 것
② 비·눈 그 밖의 기상 상태 불안정으로 인하여 날씨가 몹시 나쁠 때에는 그 작업을
   중지시킬 것 등

12) 폭풍 등으로 인한 이상 유무 점검

사업주는 순간풍속이 30m/s를 초과하는 바람이 불어온 후 또는 중진 이상 진도의 지진
후에 크레인을 사용하여 작업할 때에는 미리 그 크레인 각 부위의 이상 유무를 점검

13) 건설물 등과의 사이의 통로

주행 크레인 또는 선회 크레인과 건설물 또는 설비와의 사이에 통로는 그 폭을 0.6m
이상으로 한다. 다만, 통로 중 건설물의 기둥에 접촉하는 부분에 대하여는 0.4m 이상

14) 건설물 등의 벽체와 통로와의 간격 등

다음에 규정된 간격을 0.3m 이하로 하여야 한다.

① 크레인의 운전실 또는 운전대를 통하는 통로의 끝과 건설물 등의 벽체와의 간격

② 크레인 거더의 통로의 끝과 크레인 거더와의 간격

③ 크레인 거더의 통로로 통하는 통로의 끝과 건설물 등의 벽체와의 간격

9. 작업 시 준수사항

① 인양할 화물을 바닥에서 끌어당기거나 밀어 작업하지 아니할 것

② 유류 드럼이나 가스통 등 운반 도중에 떨어져 폭발하거나 누출될 가능성이 있는 위험물 용기는 보관함(또는 보관고)에 담아 안전하게 매달아 운반할 것

③ 고정된 물체를 직접 분리·제거하는 작업을 하지 아니할 것

④ 미리 근로자의 출입을 통제하여 인양 중인 화물이 작업자의 머리 위로 통과하지 않게 할 것

⑤ 인양할 화물이 보이지 아니하는 경우에는 어떠한 동작도 하지 아니할 것

10. 결론

① 건설현장에서의 타워크레인의 사용 증가에 따른 전도, 낙하 등 안전사고가 증가하고 있어 이에 대한 안전대책이 절실하다.

② 타워크레인은 설치부터 해체할 때까지 모든 과정에서 안전대책이 필요하지만 특히 텔레스코핑 작업(상승작업) 시 사고의 약 50%가 발생하는 점을 감안해 텔레스코핑 작업에 대한 안전에 각별히 유의하여야 한다.

Section 17 타워크레인의 안전기준 의무사항

1. 개요

① 건설공사의 대형화와 고층화로 인해 타워크레인의 수요 증가로 설치·해체 시 재해발생이 많고, 중대재해가 증가하고 있다.

② 특별 안전교육, 설치·해체 시의 작업계획서 작성·지지방법 등에 대한 기준이 없어 타워크레인의 안전기준 의무사항이 신설되었다.

2. 타워크레인의 안전의무

1) 타워크레인의 지지

(1) 벽체에 지지하는 경우

① 설계검사 서류 또는 제조사의 설치작업 설명서 등에 따라 설치할 것

② 설계검사 서류 등이 없거나 명확하지 않은 경우에는 전문가의 확인을 받아 설치하거나 기종별·모델별 공인된 표준방법으로 설치할 것

③ 콘크리트 구조물에 고정시키는 경우에는 매립이나 관통 또는 이와 동등 이상의 방법으로 충분히 지지되도록 할 것

④ 건축 중인 시설물에 지지하는 경우 동 시설물의 구조적 안정성에 영향이 없도록 할 것

(2) 타워크레인을 와이어로프로 지지하는 경우(벽체가 없는 등 부득이한 경우)

① 설계검사 서류 또는 제조사의 설치작업 설명서 등에 따라 설치할 것

② 설계검사 서류 등이 없거나 명확하지 않은 경우에는 전문가의 확인을 받아 설치하거나 기종별·모델별 공인된 표준방법으로 설치할 것

③ 와이어로프를 고정하기 위한 전용 지지 프레임을 사용할 것

④ 와이어로프 설치각도는 수평면에서 60도 이내로 하되 지지점은 4개소 이상 같은 각도로 설치할 것

⑤ 와이어로프의 고정부위는 충분한 강도와 장력을 갖도록 설치하고, 와이어로프를 클립·샤클 등의 고정기구를 사용하여 견고하게 고정할 것

⑥ 와이어로프가 가공전선에 근접하지 않도록 할 것

2) 설치, 해체 시 작업계획서 작성내용

① 타워크레인의 종류 및 형식

② 설치·조립 및 해체순서

③ 작업도구·장비·가설설비 및 방호설비

④ 작업인원의 구성 및 작업 근로자의 역할범위

3) 강풍 시 타워크레인의 작업제한

① 순간풍속이 매 초당 10미터를 초과하는 경우에는 타워크레인의 설치·수리·점검 또는 해체작업 중지

② 순간풍속이 매 초당 15미터를 초과하는 경우에는 타워크레인의 운전작업 중지

Section 18 타워크레인의 재해 유형과 안전대책

1. 개요

① 건설현장의 고층화, 대형화에 따라 타워크레인의 사용의 증가로 인한 안전사고가 증가하고 사고 발생 시 대형 재해 가능성이 높다.

② 타워크레인에 의해 발생 가능한 재해예방을 위한 안전교육, 안전점검, 안전수칙 등 안전관리 대책을 수립하여야 한다.

2. 건설기계 연도별 사고사망자 현황(건설업/전체 사업)

기인물	2021년	2022년	2023년
타워크레인	2 / 2	2 / 2	3 / 3
이동식 크레인	6 / 12	9 / 9	8 / 9
승강기	3 / 13	3 / 6	0 / 3
리프트	1 / 4	2 / 2	3 / 5
믹서차	1 / 4	0 / 1	2 / 2
트럭	21 / 44	10 / 39	11 / 30

3. 타워크레인의 재해 유형 및 원인

1) 본체의 전도

① 정격하중 이상 과하중 양중 시
② 기초 강도 부족 및 앵커 매립 깊이 부족
③ 마스트의 강도 부족 및 균열

2) Boom의 절손

① 정격하중 이상 양중
② 타워크레인의 충돌(크레인 간, 장애물)
③ 와이어로프 절단

3) 타워크레인 본체 낙하

 ① 유압잭의 불량

 ② 권상용, 승강용 와이어로프 절단

 ③ 조인트 핀 파손 및 손실

 ④ 텔레스코핑 시 고정핀 누락

4) 자재의 낙하 · 비래

 ① 와이어로프 절단

 ② 줄 걸이 불량에 의한 인양물 낙하

 ③ 물체와 충돌

5) 기타

 ① 낙뢰

 ② 강풍 시 선회장치 불량

 ③ 신호수 미배치

 ④ 작업 반경 내 인원통제 미비

4. 타워크레인의 구조 및 분류

1) 타워크레인의 구조

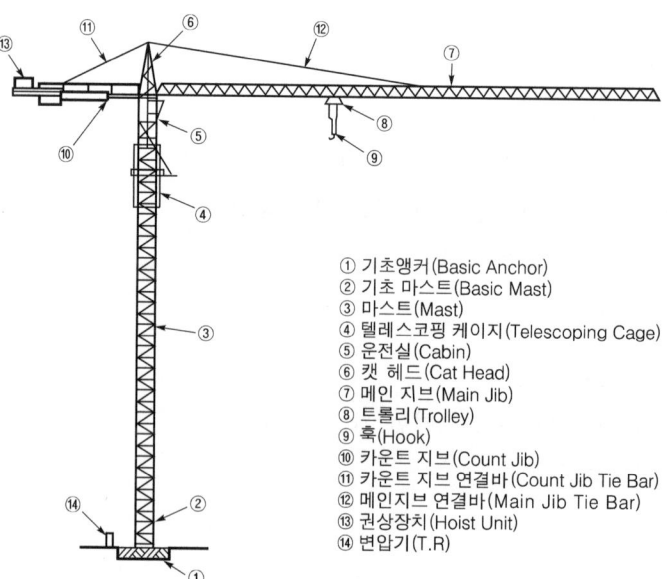

① 기초앵커(Basic Anchor)
② 기초 마스트(Basic Mast)
③ 마스트(Mast)
④ 텔레스코핑 케이지(Telescoping Cage)
⑤ 운전실(Cabin)
⑥ 캣 헤드(Cat Head)
⑦ 메인 지브(Main Jib)
⑧ 트롤리(Trolley)
⑨ 훅(Hook)
⑩ 카운트 지브(Count Jib)
⑪ 카운트 지브 연결바(Count Jib Tie Bar)
⑫ 메인지브 연결바(Main Jib Tie Bar)
⑬ 권상장치(Hoist Unit)
⑭ 변압기(T.R)

2) 타워크레인의 분류

 (1) 설치방식

   ① 고정식 : 기초 위에 정착

   ② 이동식 : 레일, 무한궤도 이용

 (2) Climbing 방식

   ① Mast Climbing 방식

   ② Base Climbing 방식

 (3) Jib 방식

   ① 수평 타워크레인

   ② 경사 타워크레인

5. 안전대책

 1) 기초

   ① 앵커 볼트의 변형 및 부식 상태 수시 확인

   ② 기초의 침하 여부 확인

 2) Mast

   ① 수직도 및 배열 상태 확인

   ② 고정부위(벽체, 바닥)의 변형 및 용접부 균열 확인

   ③ 선회장치 고정 볼트 이완 여부 확인

 3) 운전석

   인양물 매단 채 이탈 금지

 4) 평행추

   조립 상태 및 하중을 정확히 파악하여 설치

 5) Boom

   ① 조립 상태, 배열 상태 정확히 할 것

   ② 트롤리의 이동 상태 확인, 수시 점검

   ③ 정격하중 표기(붐대 위)

6) Hook

① 안전고리 상태 점검
② 인양 시 무게중심 확인 후 로프 체결

7) 기타

① 크레인 외관상 기울기 및 수평 상태 확인
② 강풍 시 작업 중지
③ 피뢰침, 항공장애등 설치
④ 운전원 유자격자 확인
⑤ 운전원 신호수 신호체계 통일
⑥ 관련자 안전교육 실시

6. 결론

건설현장에서 사용하는 타워크레인은 공정진행상 역할이 중요한 양중기이다. 작업 전, 작업 중, 작업완료 시 각 부위별 안전점검과 안전수칙을 준수하며 작업한다면 크레인에 의한 재해 발생을 예방할 수 있을 것이다.

Section 19

타워크레인 작업계획 작성

1. 개요

① 사업주는 타워크레인을 설치 · 조립(상승) · 해체작업을 하는 경우 작업계획서를 작성, 승인하고 내용을 해당 근로자에게 알리고 그 계획에 따라 작업을 하도록 하여야 한다.
② 작업계획은 공사기간의 무리한 단축, 공사비 절감을 위해 안전한 작업수행을 저해하는 조건을 붙이지 않아야 한다.

2. 작업계획서 작성 시기 및 승인

① 설치 · 조립(상승) · 해체작업은 매 작업개시 전
② 중량물 취급(양중) 작업이 시작되기 전

③ 설치위치, 설치방법 또는 기중기 규격 등이 변경되었을 경우

④ 타워크레인의 기종 혹은 제원이 변경되었을 경우

3. 작업계획서 작성 및 검토 절차

① 작성자 : 설치·임대업체 사업주, 협력사 소장

② 검토자 : 작업 전 부서장 및 안전관리자

③ 승인자 : 안전보건총괄책임자(현장소장)

4. 작업계획서 작성내용

① 일반현황 : 회사명, 현장주소, 현장명, 현장 전화번호, 현장 관계자, 관계자 연락처, 작업 업체명, 업체 전화번호, 작업 담당자, 담당자 연락처, 사용기간, 사용대수

② 타워크레인 현황 : 구분, 모델명, 형식, 메인지브 길이, 카운터지브 길이, 정격하중, 설치높이, 마스트 수량, 지지·고정위치, 정기검사 유효기간, 정기검사일, 지지고정방법

③ 관리적 현황 : 작업계획서, 장비매뉴얼, 기계 등 대여사항 기록부

④ 작업근로자 현황 : 성명, 연락처, 업무분장, 자격/교육, 유효기간

⑤ 중량물 취급작업 현황 : 작업개요, 작업조건, 지브길이별 능력, 줄걸이 하중확인, 위험반경 내 출입금지방안, 가공전선 접근, 풍속에 따른 작업중지 기준

⑥ 설치·상승·해체작업 계획표 : 일정, 시간, 작업공정, 작업분담 및 담당

⑦ 작업 계획 주요내용

 ㉠ 설치·조립(상승)·해체하는 작업 및 중량물취급 작업 시 위험을 예방할 수 있는 안전대책은 위험성 평가표와 타워크레인 안전점검표로 한다.

 ㉡ 첨부서류 : 타워크레인 안전점검표(필수), 위험성평가표(필수) 외

⑧ 설치·상승·해체작업 현황

 ㉠ 설치하고자 하는 타워크레인 종류 및 형식 작성

 ㉡ 설치·상승·해체순서에는 배치도·입면도·작업도(도식화), 작업절차표, 주요 관리사항 작성

 ㉢ 설치·상승·해체작업 전반을 영상으로 기록하여 보존

5. 결론

① 최근 국내 건설현장의 경우 고임금과 인력수급문제, 구조물의 고층화·대형화 등
으로 건설인력 대비 건설장비에 의한 시공비율이 나날이 증가하고 있다

② 건설기계·장비에 대한 안전관리 무관심, 안전수칙 미준수, 임대업체의 안전관리
부재, 다단계 하청과 저가 임대계약에 따른 부실관리 등 구조적이고 근본적인 문
제점에 대한 대책으로 현장상황에 적절한 작업계획서 작성이 필요하다.

Section 20 건설용 리프트

1. 개요

① 리프트는 동력을 사용하여 사람이나 화물을 운반하는 것을 목적으로 하는 기계설
비이다.

② 리프트는 불안전 가시설물로 재해 발생이 높아 설치 및 운행 시 각별한 관리가 필
요하다.

2. 리프트의 종류

1) 건설용 리프트(Construction Lift)

(1) 개요

동력을 사용하여 가이드레일을 따라 상하로 움직이는 운반구를 매달아 화물을 운반
할 수 있는 설비 또는 이와 유사한 구조 및 성능을 가진 것으로서 건설현장에서 사용
하는 것

(2) 형식에 따른 분류

① 와이어로프식 건설용 리프트 : 와이어로프 및 윈치에 의해 작동

② 랙 및 피니언식 건설용 리프트 : 랙 및 피니언과 전동기에 의해 작동

(3) 용도에 따른 분류

① 화물용 리프트 : 화물만 운반

② 인화 공용 리프트 : 탑승조작 설비가 장착되어 화물과 근로자를 동시에 이동

③ 작업대 겸용 운반구용 리프트 : 건물 외벽에서 근로자가 타거나 화물, 작업자재
등을 실을 수 있는 작업대 등을 구비한 것

2) 일반 작업용 리프트(Industrial Work Lift)

(1) 권동식
승강로의 상부에 호이스트를 설치하고 이를 이용하여 와이어로프나 체인을 감거나 풀어서 운반구를 승강시키는 것

(2) 랙 및 피니언식
승강로에 랙을 만들고 운반구에 이것과 맞물리는 피니언을 설치하여 운반구를 승강시키는 것

(3) 유압식
유체의 압력에 의해 운반구를 승강시키는 구조로 직접 운반구를 지탱해 주는 것과 와이어로프나 체인을 이용하여 운반구를 승강시키는 것

(4) 윈치식
승강로의 상부에 호이스트 이외의 권상장치를 설치하고 이를 이용하여 와이어로프 또는 체인을 감거나 풀어서 운반구를 승강시키는 것

3. 리프트 설치기준

1) 기초
① 콘크리트 강도 210kg/cm 이상
② 완충장치 설치
③ 기초볼트 2개 이상 사용하여 고정하거나 부식 없는 앵커볼트 사용

2) Mast
① 수직도 1/1,000 유지
② 볼트와 핀을 정확히 연결
③ 가이드 레일 변형 방지 조치

3) 운반구
① 사다리 설치(발판 25~35cm)
② 비상탈출구 설치
③ 과부하 방지 장치 설치
④ 운반구와 건물의 이격은 6cm 이내

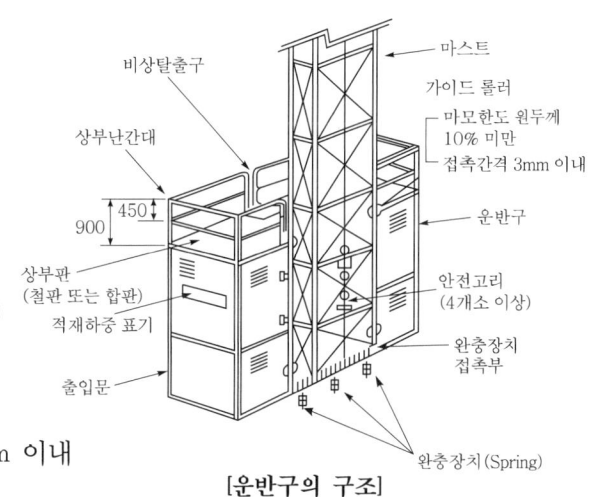

[운반구의 구조]

4. 건설용 리프트 안전조치

① 권과 방지 장치, 과부하 방지 장치, 비상 정지 장치, 경보장치, 완충장치 등 안전 장치를 설치한다.

② 리프트 적재함(Cage)과 탑승장과의 이 격거리는 6cm 이내로 제한한다.

③ 하부 기초에는 리프트 완충장치용 스 프링 또는 폐타이어를 설치한다.

④ 기초 콘크리트를 리프트 하중 및 양중 하중에 충분히 견딜 수 있는 구조로 설 치한다.

ㄱ. 기초 콘크리트 타설 시 완충장치를 설치 할 수 있도록 앵커 설치 슬리브 처리

ㄴ. 기초판의 크기는 대략 3,600×2,200 ×300(가로×세로×높이) 이상으로 설치

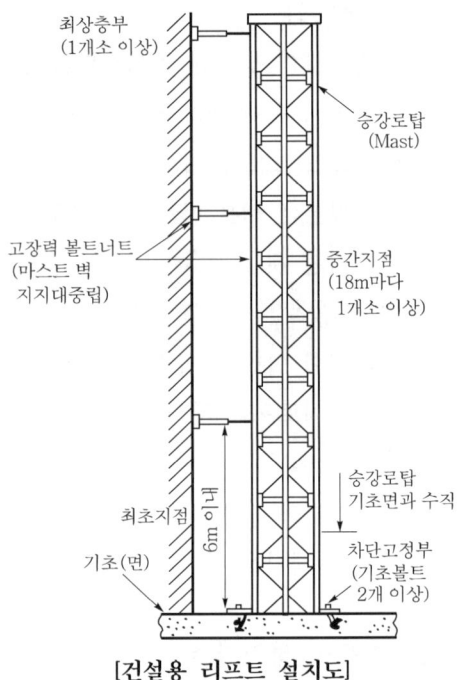

[건설용 리프트 설치도]

⑤ 지상에는 적재함 외측에 방호울을 설치하 고 방호문의 높이는 1.8m 이상으로 설치한다.

ㄱ. 방호울 및 방호문은 기성제품 또는 강관 파이프로 설치

ㄴ. 방호울 및 방호문 상태를 수시로 점검하여 보수

ㄷ. 방호문에는 시건장치 설치

⑥ 각 층에 호출시설을 설치하고 리프트 하강 시에는 경보음이 울리도록 장치한다.

⑦ 적재함 내부 승하강 작동 레버는 사용자 임의로 조작이 불가능한 구조(버튼식 으로 하고 무인작동이 불가능한 회로 구성)로 설치한다.

⑧ 리프트 마스트의 긴결은 높이 18m 이내마다 건물에 고정하고 최상부는 필히 고정한다.

⑨ 마스트의 수직도를 준수하고 연결부분, 볼트, 너트는 부식이 없는 것을 사용한다.

⑩ 기초부분 앵커는 손상, 변형이 없는 것을 사용한다.

5. 건설용 리프트의 안전장치

1) 출입문 연동장치

① 운반구의 입구 및 출구문이 열려진 상태에서는 리프트가 동작하지 않도록 하는 장치

② 리밋 스위치를 사용하여 운반구의 입구문과 출구문에 각 1개씩 설치

③ 리밋 스위치는 낙하물 또는 외부 충격에 견딜 수 있도록 덮개 부착

2) 낙하 방지 장치

① 원심력을 이용한 브레이크 장치의 일종으로 운반구가 기계적 혹은 전기적 이상으로 운반구가 자유낙하 시 정격속도의 1.3배 이상에서 자동적으로 전원을 차단하고 1.4배 이내에서 기계장치의 작동으로 운반구를 정지시켜 주는 안전장치

② 낙하 방지 장치는 적재하중 적재 후 낙하시험 시 1.5~3m 사이에서 동작이 정지

3) 비상정지 장치

① 리프트의 작동 중 비상 상태가 발생할 경우 운전자가 리프트의 작동을 중지시키도록 하는 장치

② 수가 정지식과 슌차 정지식이 있으며 작동 스위치보다 2~3배 큰 크기의 적색 돌출형 스위치를 사용

4) 권과 방지 장치

① 전기식 : 운반구가 승강로의 최상부 또는 최하부에 도달할 때 승강로에 부착된 캠에 의해서 리밋 스위치가 작동하여 리프트가 정지하는 장치

② 기계식 : 상부 리밋 스위치가 작동하지 않을 경우 운반구의 과상승으로 인한 추락을 방지하기 위해 운반구의 상승을 강제적으로 막는 스토퍼 장치

5) 과부하 방지 장치

① 운반구에 적재하중보다 1.1배 초과 적재 시 과부하 감지 센서에 의해 경고음을 발하면서 리프트의 작동을 자동으로 정지시키는 장치

② 기계식, 전기식, 전자식이 있으나 전기식은 사용 금지

6) 안전고리

랙 및 피니언식 건설용 리프트에서 랙 및 피니언 기어나 가이드 롤러의 이상으로 운반구가 마스트를 이탈하는 것을 방지하기 위해 운반구의 배면 프레임에 설치하는 안전장치로 4개 이상 설치한다.

7) 충격완충 장치

① 기계적 또는 전기적 이상으로 운반구가 멈추지 않고 계속 하강 시 운반구의 충격을 완화시켜 주기 위한 최후의 안전장치

② 적재 후 정격속도의 1.4배로 낙하 시 운반구와 기초 프레임에 접촉 충격이 크지 않게 설치

8) 삼상전원 차단장치

전기식 권과 방지 장치가 오동작 또는 고장으로 인해 정상기능을 발휘하지 못하거나 리프트 수리, 조정 등 비상 시 추가적으로 삼상전원을 차단하기 위해 운반구 내부에 설치하는 안전장치

9) 방호울 출입문 연동장치

방호울 출입문이 열려 있을 때 리프트가 작동하지 않게 하는 기계적 잠금장치

6. 리프트의 변식사용 금지사항

① 과적 사용을 위한 조작 금지
② 도어 연동장치 제거 금지(입·출구 리밋 스위치 제거, 파손 등)
③ 출입문을 열어놓고 운행 금지(이상 시 즉시 수리 후 가동)
④ 상, 하단 자동정지 장치 제거 금지(캠 및 리밋 스위치)
⑤ 삼상 캠 스위치 및 캠 제거 금지(캠 및 스위치 레버 제거, 파손 금지)
⑥ 브레이크 변칙 조작 금지
⑦ 안전고리 제거 금지
⑧ 컨트롤 장치의 부품 개조 또는 변칙 조작 금지
⑨ 지붕의 비상 탈출구 개방 운행 금지
⑩ 마스트 지지대 미설치 또는 규격치수 외 설치 금지
⑪ 비상 정지용 스위치 임의 제거 또는 파손 금지
⑫ 보호망 등 제거 또는 파손 금지
⑬ 조작 스위치 박스는 고정되어 있어야 한다.
⑭ 운반구 또는 마스트에 다른 용도로 사용하기 위한 구조변경 금지

7. 결론

건설용 리프트에 의한 재해는 발생률은 적으나 발생 시 중대 재해와 직결되므로 정기적인 점검을 실시, 이상 유무를 확인하여 즉각 조치를 취함으로써 재해를 예방하고, 운전원에 대한 특별 교육 등의 실시로 안전운행을 할 수 있도록 해야 한다.

건설 리프트 안전장치 중 비상 스위치

1. 개요

건설현장에서 사용되는 리프트는 사람과 화물을 수직으로 양중하는 건설기계로 많이 사용되고 있으나 추락, 낙하, 협착에 의한 안전사고가 많이 발생하는 건설기계이다. 특히 비상 스위치는 추락을 방지하기 위한 필수 안전장치이다.

2. 건설 리프트 안전장치의 종류

① 출입문 연동 장치
② 비상정지 장치
③ 권과 방지 장치
④ 과부하 방지 장치
⑤ 안전고리
⑥ 충격완충 장치
⑦ 낙하 방지 장치
⑧ 방호울 출입문 연동 장치

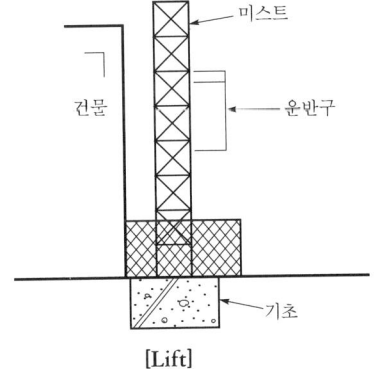

[Lift]

3. 비상 스위치 개요

① 리프트의 작동 중 비상사태가 발생한 경우 운전자가 리프트의 작동을 중지시키는 장치
② 순간 정지식과 순차 정지식이 있다.
③ 일반적으로 리프트용 비상정지 장치는 작동스위치보다 2~3배 큰 크기의 적색 돌출형 스위치를 많이 설치한다.
④ 특별안전교육을 이수한 전담 운전원을 항상 배치하여야 한다.

4. 개선대책

① 비상 스위치를 자동 센서형으로 개발, 설치
② 비상 스위치보다 한 단계 높은 안전장치를 설치하여 오작동에 대한 사고 예방
③ 안전성 높은 양중기계 개발

Section 22 권상장치 안전상태 점검 항목

1. 개요

① 권상장치란 동력을 이용하여 사람, 화물 등을 운반하는 기계 및 설비장치를 말하며 크레인, 리프트, 곤돌라, 승강기 등이 있다.

② 권상장치 점검은 대형 사고 예방을 위한 안전조치로, 점검 항목·확인사항 및 시기에 적합한 점검이 이루어져야 한다.

2. 점검 목적

① 산업재해 예방

② 근로자 안전 확보

③ 쾌적한 작업 환경 조성

④ 기계·기구 및 설비의 성능 보장

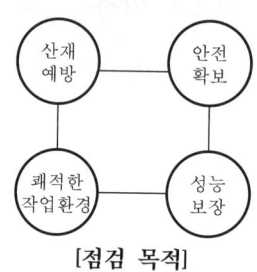

[점검 목적]

3. 안전상태 점검 항목

1) 방호장치 이상 유무 확인

① 권과 방지 장치

② 과부하 장치

③ 비상 정지 장치

④ 낙하 방지 장치

⑤ 출입문 연동 장치

⑥ 충격 완충 장치 등

2) 브레이크 및 클러치의 이상 유무

① 각 부위 주유 확인

② 마모상태 확인

③ 작동상태 확인

3) Wire-Rope 및 달기 체인의 이상 유무

① 소선 탈락 여부 확인

② 균열·부식 여부 확인

4) 배선, 배전반, 개폐기 및 컨트롤러의 이상 유무

　① 접지 여부 확인

　② 전선 누전상태 확인

4. 점검 시 확인 사항

　① 내외면의 변형 유무 및 마모상태

　② 부식의 유무 정도 및 손상 유무

　③ 기능의 정상적 작동상태

Section 23 　**곤돌라**

1. 정의

　① 곤돌라란 전용 승강장치에 달기로프 또는 달기강선에 달기발판이나 작업대를 부착한 상하설비를 말한다.

　② 곤돌라에 의한 재해는 추락에 의한 중대 재해로 연결되므로 안전한 구조를 가진 곤돌라를 설치하고 작업지침을 준수하여 사고를 방지하여야 한다.

2. 곤돌라의 재해 유형

1) 추락

　① 허용 하중 초과에 의한 본체 추락

　② 와이어로프 단선 및 고정물 불안정으로 인한 추락

　③ 구명줄이나 안전대 미착용에 의한 근로자 추락

2) 낙하 · 비래

　① 사용재료의 낙하

　② 작업공구의 낙하

3. 안전대책

1) 와이어로프의 점검

(1) 와이어로프 안전계수

① 근로자가 탑승하는 경우 10 이상

② 화물을 취급하는 경우 5

(2) 와이어로프는 보통 ϕ8mm~ϕ10mm를 사용

(3) 폐기기준

① 한 꼬임에서 끊어진 소선의 수가 10% 이상 절단된 것

② 지름의 감소가 공칭지름의 7%를 초과하는 것

③ 이음매가 있는 것, 꼬인 것, 심하게 변형 또는 부식된 것

2) 운반구

① 바닥재의 파손, 부식, 미끄럼 방지 조치

② 울 설치, 볼트의 체결 철저 및 용접부의 균열, 부식, 변형 방지

③ 와이어로프의 연결부 및 연결 철저

④ 이동용 바퀴, 완충고무의 손상 방지

⑤ 매 작업시작 전 운반구 점검 실시

3) 기타 안전대책

① 지지대의 와이어로프 및 보조 와이어로프의 결속 및 고정 철저

② 지지대 간의 폭과 곤돌라 와이어로프 간의 폭은 그 허용오차가 ±100mm 이내

③ 구명줄의 변질, 이음, 변색, 소선절단 등 손상된 부분이 없어야 한다.

④ 구명줄의 안전계수는 10 이상이어야 한다.

⑤ 기어장치의 체결 상태, 이상마모, 이상소음, 급유 상태 확인

⑥ 브레이크의 작동 상태, 과속 방지 장치, 과부하 방지 장치, 권과 방지 장치, 리밋 스위치 등 안전장치 작동 상태 확인과 변형이나 손상유무 점검

4. 곤돌라 작업 시 준수사항

1) 설치 및 작업시작 전 준수사항

① 곤돌라를 설치할 때에는 구조적으로 견고하게 설치하고 지지

② 운반구의 잘 보이는 곳에 최대 적재하중 표지판을 부착하고 바닥 끝부분은 발끝 막이 판 설치

③ 작업시작 전에는 반드시 각종 방호장치, 브레이크의 기능, 와이어로프 등의 상태를 점검표에 의거 점검 실시

④ 작업 시에는 작업자에게 특별 안전교육을 실시하고 안전대, 안전모, 안전화 등 개인 보호구를 착용

⑤ 곤돌라와는 별개로 콘크리트 기둥 등 구조물에 구명줄을 설치하고 그 구명줄에 안전대(추락 방지대)를 걸고 운반구에 탑승하여 작업

⑥ 곤돌라 조작은 지정된 자만 하고 작업원은 곤돌라에 관한 특별 안전교육을 받은 작업자만 하여야 한다.

2) 작업 중 준수사항

① 곤돌라 상승 시에는 지지대와 운반구의 충돌을 방지하기 위하여 지지대 50cm 하단에서 정지

② 2인 이상의 작업자가 곤돌라를 사용할 때에는 정해진 신호에 의해 작업

③ 작업은 운반구가 정지한 상태에서만 실시

④ 탑승하거나 내릴 때에는 반드시 운반구를 정지한 상태에서 행동

⑤ 작업공구 및 자재의 낙하를 방지할 수 있도록 정리정돈 철저

⑥ 운반구 안에서 발판, 사다리 등 사용 금지

⑦ 곤돌라의 지지대와 운반구는 항상 수평을 유지하여 작업

⑧ 곤돌라를 횡으로 이동시킬 때에는 최상부까지 들어올리거나 최하부까지 내려서 이동

⑨ 벽면에 운반구가 닿지 않게 하고 필요시 운반구 전면에 보호용 고무 등 부착

⑩ 전동식 곤돌라를 사용할 때 정전 또는 고장 발생 시 작업원은 승강 제어기가 정지 위치에 있는 것을 확인한 후 책임자의 지시를 받아야 한다.

⑪ 작업종료 후 운반구는 최하부 바닥에 고정

⑫ 강풍 등의 악천후 시 작업을 중지(풍속이 초당 10m 이상)

⑬ 고압선 부근 작업 시 충전전로에 절연용 방호구를 설치하거나 작업자에게 보호구를 착용시키는 등 활선 근접작업 시 감전재해 예방조치

⑭ 작업종료 후에는 정리정돈을 하고 모든 전원을 차단

Section 24　안전난간

1. 개요

안전난간이란 추락을 방지하기 위한 목적으로 설치하는 가시설물로, 난간기둥, 상부 난간대, 중간대, 발끝막이판으로 구성되어 있다.

2. 설치장소

① 중량물 취급 개구부
② 작업대
③ 흙막이 지보공의 상부
④ 2m 이상 고소작업 장소의 단부 등
⑤ 가설계단의 통로

3. 안전난간의 구조 및 설치요건

1) 구조

① 상부난간대, 중간난간대, 발끝막이판 및 난간기둥으로 구성

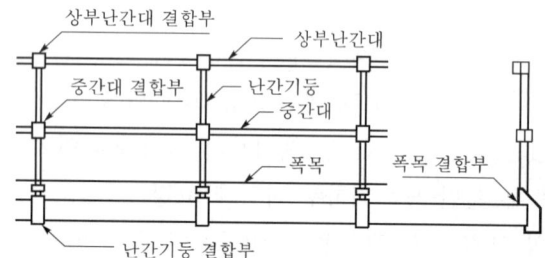

② 상부난간대는 90cm 이상 120cm 이하에 설치하고, 중간난간대는 중간에 설치할 것

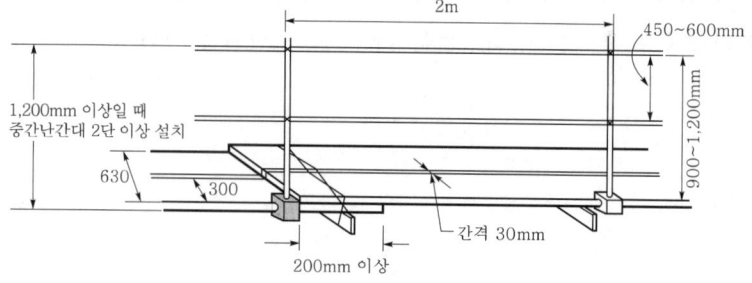

③ 발끝막이판은 바닥면 등으로부터 10cm 이상의 높이로 설치(두께 1.6cm 이상)

④ 난간기둥은 상부난간대와 중간난간대를 견고하게 떠받칠 수 있도록 상부난간대
   와 중간난간대는 바닥면 등과 평행을 유지

⑤ 난간대는 지름 2.7cm 이상의 금속제 파이프나 그 이상의 강도를 가진 재료일 것

⑥ 안전난간은 100kg 이상의 하중에 견딜 수 있는 구조일 것

2) 설치요건

   ① 모든 발판 및 추락 위험이 있는 곳은 안전난간을 설치해야 한다.

   ② 난간기둥 사이 간격은 2m 이내로 하며, 경사는 5° 이내로 한다.

4. 안전난간의 재료

1) 강재

   상부난간대, 중간대 등 주요 부분에 이용되는 강재는 표에 나타낸 것이거나 또는 그
   이상의 기계적 성질을 갖는 것이어야 하며, 현저한 손상, 변형, 부식 등이 없는 것이
   어야 한다.

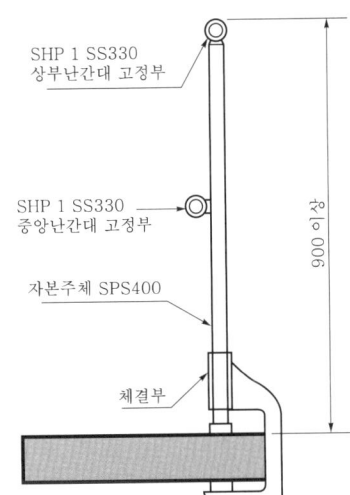

[종류별 표준 치수]

(단위 : mm)

강재 종류	지주	상부난간대
강관	∅34.0×2.0 이상	∅27.2×2.3 이상
각형강관	30×30×1.6 이상	25×25×1.6 이상
형강	40×40×5 이상	40×40×3 이상

2) 목재

   강도상 현저한 결점이 되는 갈라짐, 충식, 마디 부식, 휨, 섬유의 경사 등이 없고 나
   무껍질을 완전히 제거한 것으로 한다.

[부재의 단면 규격]

(단위 : mm)

목재의 종류	난간기둥	상부난간대
통나무	말구경 70	말구경 70
각재	70×70	60×60

3) 기타

와이어로프 등 상기 이외의 재료는 강도상 현저한 결점이 되는 손상이 없는 것으로 한다.

5. 조립 또는 부착

① 안전난간의 각 부재는 탈락, 미끄러짐 등이 발생하지 않도록 확실하게 설치하고, 상부난간대는 쉽게 회전하지 않도록 한다.

② 상부난간대, 중간대 또는 띠장목에 이음재를 사용할 때에는 그 이음 부분이 이탈되지 않도록 한다.

③ 난간기둥의 설치는 작업바닥에 대해 수직으로 하고 비틀림, 전도, 부풀음 등이 없는 견고한 것으로 한다.

6. 주의사항

① 안전난간은 함부로 제거해서는 안 되며, 작업형편상 부득이 제거할 경우에는 작업종료 즉시 원상복구

② 안전난간을 안전대의 로프, 지지로프, 서포트, 벽 연결, 비계판 등의 지지점 또는 자재 운반용 걸이로서 사용 금지

③ 안전난간에 재료 등 적재 금지

④ 상부난간대 또는 중간대를 밟고 승강 금지

7. 결론

안전난간은 추락을 방지하기 위한 가시설물로 설치기준에 적합하게 설치하고 점검 시 그 이상 유무를 확인하여 사고를 예방하여야 한다.

Section 25 개구부의 추락위험 및 안전대책

1. 개요

① 높이 2m 이상의 작업장소에서 구조물 단부, 작업발판의 끝, 바닥의 개구부에는 추락으로 인한 근로자의 재해예방을 위한 안전난간, 또는 충분한 강도를 가진 덮개를 설치하여야 한다.

② 개구부는 위치에 따라 바닥개구부, 벽면개구부로 구분되고 대형개구는 안전난간 설비를 하여야 한다.

2. 재해발생 현황

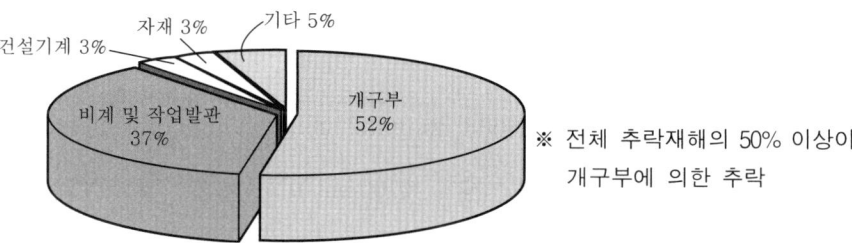

※ 전체 추락재해의 50% 이상이
개구부에 의한 추락

3. 개구부의 추락재해 원인

① 개구부 안전시설 미설치

② 부적합한 안전시설 설치

③ 개인 보호구 미지급·미착용

④ 작업방법 불량

4. 재해예방 대책

1) 개구부의 최소화

설계·시공방법 개선을 통한 불필요한 개구부 제거

2) 기준에 적합한 안전시설물 설치

① 측면 개구부 : 안전난간, 울

② 바닥 개구부 : 안전난간(대형 개구부), 덮개(소형 개구부), 안전방망

③ 작업여건상 난간, 덮개의 설치가 곤란하거나, 안전시설물을 일시 해체하는 경우 안전방망 설치, 안전대 착용을 위한 걸이시설 설치

3) 유지 · 보수

작업으로 인한 안전시설물 해체, 또는 손상 시 즉시 원상복구

4) 개인 보호구

2m 이상 고소작업 시 안전대 지급 · 착용

5) 작업방법 개선

① 안전난간을 밟고 승강 및 작업하는 행위 금지
② 개구부 주변 작업발판 사용 시 안전방망 또는 보강난간 설치

5. 개구부 추락 방지 설비 설치기준

1) 개구부 덮개

(1) 사용재료

① 철근 사용 : D13 이상, 가로 · 세로 @100mm 이하(용접)
② 합판 사용 : Thk = 12mm 이상
③ 기타(메탈라스 등) 동등 이상의 성능을 가진 것

(2) 구조

① 상부판과 스토퍼로 구성
② 상부판의 크기는 개구부보다 사면으로 10cm 이상 큰 구조
③ 위험표지 부착

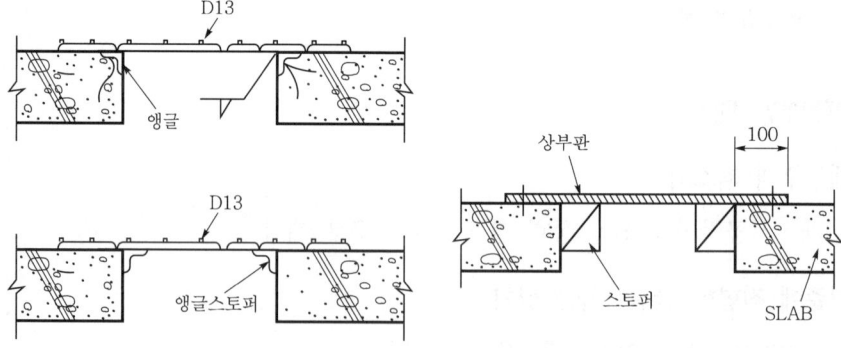

[개구부 덮개 구조]

[위험표지판]

2) 안전난간

(1) 사용재료

① 안전난간지주, 단관비계, 안전방망 : 안전인증 제품

② 폭목 : THK = 12mm 이상

③ 기타 동등 이상의 성능을 가진 것

(2) 구조

① 난간지주 : 간격 2m 이하

② 상부난간대 : 90~120cm

③ 중간대 : 상부난간대 높이의 1/2

④ 폭목 : 높이 10cm 이상

⑤ 위험표지 부착(접근 금지, 추락위험등)

⑥ 개구부 주변 작업 시 작업발판의 높이가 40cm 이상인 경우

   – 바닥 개구부의 경우 상부 안전방망 설치, 측면 개구부의 경우 안전난간 상부에
보강난간 추가 설치

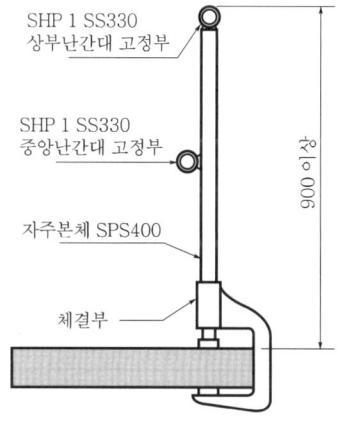

[강재 안전난간 구조]

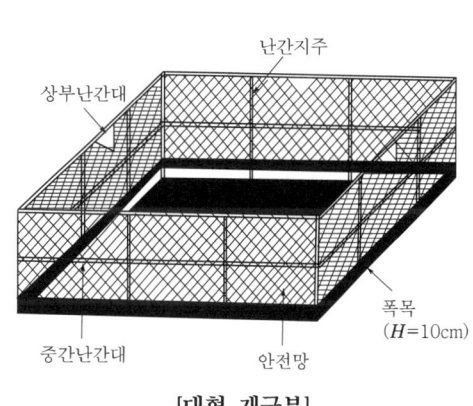

[대형 개구부]

Section 26   건설현장의 감전재해 예방

1. 개요

① 전기재해는 인체에 전기가 통하여 발생하는 감전재해와 전기가 점화원으로 작동하여 발생되는 화재·폭발 등이 있다.

② 건설현장에서 발생하는 전기재해의 유형은 작업의 특수성 때문에 감전재해가 거의 대부분을 차지하고 있다.

③ 2017년 건설업 전체 579명의 사망자 중 감전재해로 인한 사망자는 17명으로 전체 3%를 차지하고 있다.

2. 월별 사망 현황

① 최근 5년간('14~'18년) 건설현장 장마철(6~8월) 감전재해현황(공식통계 기준)
   - 건설업 감전 사고부상자의 27.6%(195명/706명), 사고사망자의 21.4%(15명/70명)가 장마철(6~8월)에 발생

② 장마철 및 폭서기에 감전재해가 많이 발생하는 원인
   ㉠ 주변에 습기와 물기
   ㉡ 간편한 복장에 의한 신체의 노출범위 증가
   ㉢ 더위로 인한 집중력 감소와 땀 등에 의한 인체의 전기저항 감소
   ㉣ 일조시간의 증가로 작업시간 증가에 따른 피로 누적

[감전재해 발생 현황]

(단위 : 명)

구분	2021년	2022년	2023년	합계
총재해자 수	29,943	31,245	32,353	93,541
감전재해자 수(%)	134(0.4)	135(0.4)	133(0.4)	402(0.4)
총사망자 수	551	539	486	1,576
감전사망자 수(%)	9(1.6)	11(2.0)	7(1.4)	27(1.7)

3. 감전재해 발생 주요 원인

1) 특별고압활선 및 근접 작업 시 안전조치 미흡

① 정전작업 미실시 및 잔류전하 방전 미실시

② 콘크리트 붐대가 특고압선에 접촉

③ 이동식 크레인 붐대가 특고압선에 접촉

④ 활선작업 버킷 차량이 특고압선에 접촉

⑤ 지하철 고압선로에 근접하여 작업하다 감전

2) 이동식, 가반식 전동기계·기구 사용 작업 시 안전조치 미흡

① 교류 아크용접기 사용 중 감전

② 수중 양수기에 감전

③ 전기드릴, 그라인더, 바이브레이터 사용 중 외함 누전으로 감전

④ 분전반, 배전반 충전부에 감전

3) 배선, 이동전선 등 안전조치 미흡

① 벗겨진 임시 배선에 접촉

② 배선 배치 불량으로 피복 파손에 의한 도전체 누전으로 감전

③ 투광등 설치 도중 접촉부 절연재 파손에 의한 누전으로 감전

④ 전구 파손에 의한 전구 소켓 충전부에 의한 감전

4) 임시 수전설비 안전조치 미흡

4. 감전재해 예방대책

1) 활선 및 활선 근접 작업 시 안전조치

(1) 중장비 사용 작업 시 특고압선 접촉 방지

① 선로 이설

② 방책 설치

③ 접근 한계거리 유지

④ 안전표지판 설치

(2) 가급적 활선작업은 지양하고 정전 조치 후 작업

(3) 정전 작업순서

① 작업 전 전원 차단(단로기 개로, 잔류전하 방전)

② 전원투입 방지(시건장치, 경고표지 부착)

③ 작업장소의 무전압 여부 확인(검전기 사용)

④ 단락접지

⑤ 작업장소의 보호(충전부 방호장치 부착)

(4) 저압 활선작업 및 활선 근접작업

① 절연용 보호구 착용

② 근접된 충전전로에 절연용 방호구 설치

(5) 고압 활선작업 및 활선 근접작업

① 절연용 보호구 착용 및 절연용 방호구 설치

② 활선작업용 기구 및 장치 사용

③ 작업 중 충전전로로부터 머리 30cm, 몸 또는 옆 60cm 이격거리 유지

(6) 활선작업 시 안전거리

충전부 선로전압	접근한계 거리(cm)	활선작업 거리(cm)
3.3~6.6kV	20	60
22.9kV	30	75
154kV	160	160

2) 이동식, 가반식 전동 기계·기구 안전조치

(1) 교류 아크릴 용접기 안전조치

① 용접기 배선 : 배선은 규격용품을 사용하고 정리정돈을 철저히 할 것

② 외함접지 : 용접기의 외함은 반드시 접지할 것

③ 단자 : 단자접속부는 절연테이프 또는 절연커버 방호할 것

④ 전원차단 스위치 : 사용하지 않을 때는 전원을 차단시킬 수 있도록 전용 개폐기 또는 안전 스위치를 설치할 것

⑤ 콘센트 설치 : 개폐기 또는 안전 스위치 밑에 콘센트를 설치하여 전원을 인출할 것

⑥ 자동 전격 방지 장치 : 검정품인 자동 전격 방지 장치를 부착할 것

⑦ 홀더 : 홀더 절연물이 파손되지 않아야 하며, 절연내력 및 내열성이 있는 KS 규격품을 사용할 것

⑧ 용접봉 : 용접봉은 물에 담그지 않도록 할 것

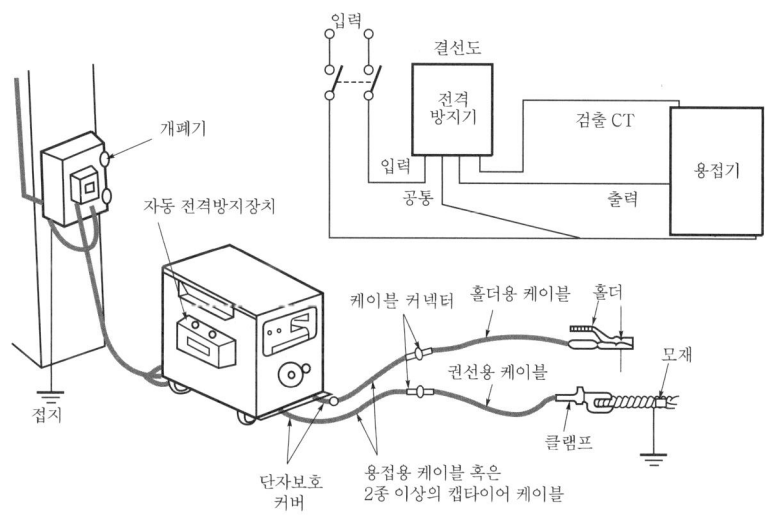

[교류 아크릴 용접기 설치도]

(2) 수중 양수기

　　① 누전차단기 설치

　　② 분전반 시건장치

　　③ 안전표지판 설치

　　④ 단자 연결부 절연 커버 또는 절연 테이핑 실시

　　⑤ 케이블 전선 사용

　　⑥ 양수기 인양 로프는 마닐라로프 사용

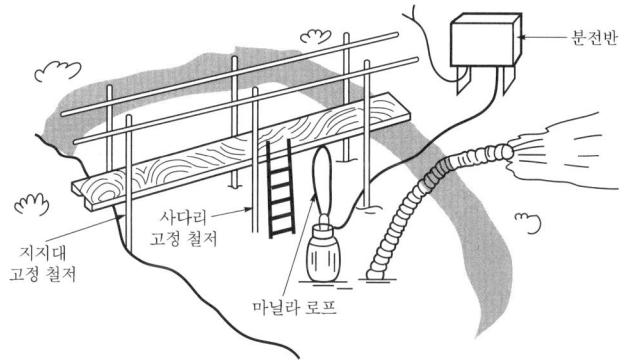

[외부 수중 양수기 설치도]

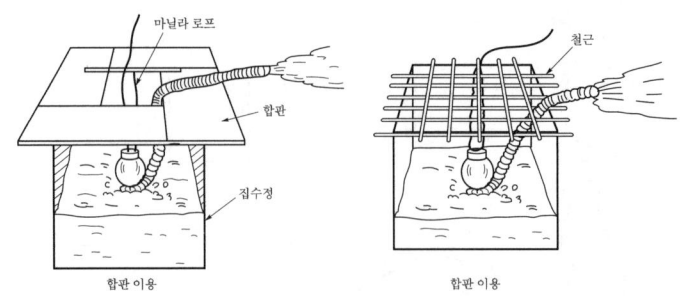

[집수정 양수기 설치도]

(3) 임시분전반 안전조치

① 전기 사용 장소에서는 임시 배전반을 설치하여 반드시 콘센트에서 플러그로 전원을 인출할 것

② 분기회로에는 감전 보호용 지락과 과부하 겸용의 누전차단기를 설치할 것

③ 충전부가 노출되지 않도록 내부 보호판을 설치하고 콘센트에 110V, 220V 등의 전압을 표시할 것

④ 철제 분전함의 외함은 반드시 접지시킬 것

⑤ 외함에 회로도 및 회로명, 점검일지를 비치하고 주 1회 이상 절연 및 접지 상태 등을 점검할 것

⑥ 분전함 문에 잠금장치를 하고 "취급자 외 조작 금지" 표지 부착

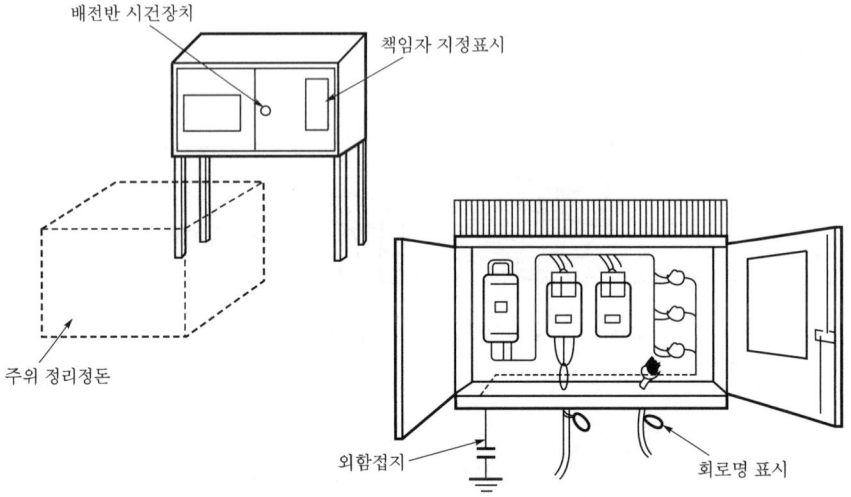

[임시분전반 설치도]

3) 배선, 이동전선 등 안전조치

(1) 임시배선 안전조치

① 임시배선은 지중 또는 가공으로 포설

② 가공으로 포설할 경우 옥외형 비닐 절연전선을 사용하고 주의 표시 및 높이를 표시

③ 지중으로 포설할 경우 고내수성, 내산성 등이 좋은 절연 케이블 사용

(2) 투광등 안전조치

① 투광등은 기동성이 좋고 안전대책이 구비된 것을 사용

② 접지선이 포함된 구심형 케이블을 접지형 콘센트에 연결하여 사용

③ 설치도를 참조하여 안전조치 후 사용

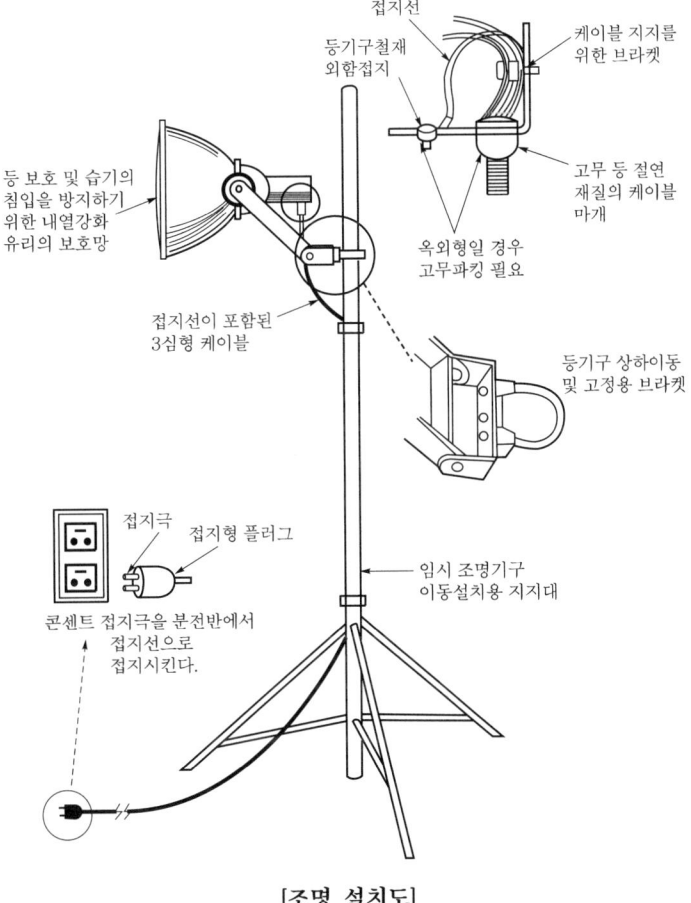

[조명 설치도]

(3) 조명설비

① 조명등 설치 시 파손 및 감전 방지를 위해 보호망을 설치하고 배선은 절연 물질의 고정 위치에 설치

② 등기구 및 소켓은 방수형으로 설치

③ 조명시설 파손 시 즉시 교체

④ 전구 교체 시에는 절연장갑 착용

⑤ 분전반의 누전차단기 작동 여부 점검

⑥ 접지 여부

⑦ 전기 담당자의 정기점검 실시

(4) 임시 수전설비 안전조치

① 설치장소 : 임시 수전설비는 구획된 장소에 설치

② 위험표지판 부착 : 출입통제를 위한 위험표지 부착 및 시건장치

③ 울타리 설치 : 철제 울타리와 철문을 충분한 높이로 설치 및 접지

④ 난간대 설치 : 변대의 변압기 주위에 난간대를 설치하여 추락을 방지

⑤ 보호커버 : 가공선로용 전주의 밑에서 위로 2m까지의 지지선은 보호커버를 씌우고 야광페인트(노랑, 검정)를 칠한다.

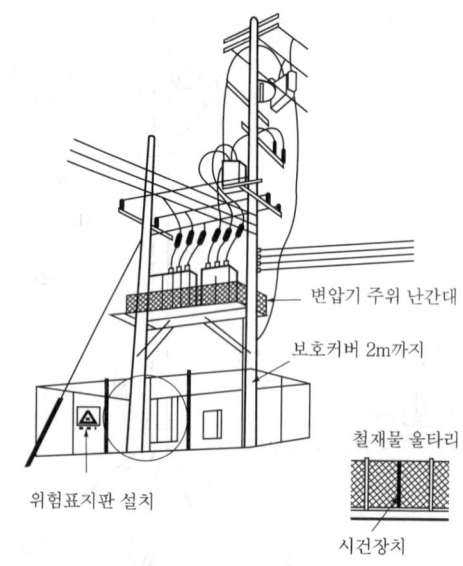

[임시 수전설비 설치도]

5. 응급조치

1) 감전 시 응급조치

감전 쇼크에 의해 호흡이 정지되었을 경우 약 1분간 산소결핍 현상 발생, 인공호흡 등 응급조치를 할 경우 95% 이상 소생 가능

2) 응급처치 요령

① 최우선으로 전원 차단

② 재해자를 위험지역에서 신속히 대피 후 2차 재해 발생 방지

③ 인공호흡, 심장마사지 등의 응급조치

3) 전기화상 사고 시 응급조치

① 불이 붙은 곳은 물, 소화용 담요 등을 이용하여 소화

② 상처에 달라붙지 않은 의복은 모두 벗긴다.

③ 화상 부위를 세균 감염으로부터 보호하기 위해 화상용 붕대로 감는다.

④ 상처 부위에 파우더, 향유, 기름 등을 바르지 말 것

⑤ 진정제, 진통제는 의사의 처방에 따르지 않고 사용하지 말 것

6. 결론

① 전기재해는 발생률은 낮으나 재해강도가 커서 발생하면 사망 위험이 높다.

② 전기재해를 예방하기 위해 철저한 방지대책을 수립·시행하고 또한 그에 대한 관리를 철저히 함으로써 전기로 인한 감전재해를 방지할 수 있을 것이다.

Section 27 고압전선로 인접 작업 시 감전 방지 대책(펌프카 작업)

1. 개요

고압 가공전선로와 인접한 장소에서 건설공사를 할 경우에 작업자의 부주의로 인한 접촉 감전사고가 발생할 수 있다. 특히 콘크리트 타설 시 펌프카에 대한 안전작업 수칙을 철저히 지켜 감전사고를 예방하여야 한다.

2. 가공전선로에 의한 재해 유형

① 콘크리트 붐대가 가공선로에 접촉

② 이동식 크레인 붐대가 가공선로에 접촉

③ 활선작업 버킷 차량이 가공선로에 접촉

④ 지하철 고압선로에 근접하여 작업하다 감전
⑤ 길이가 긴 자재 운반 작업 시 가공전선로에 접촉 감전
⑥ 외부 비계 위에서 작업 중 가공전선로에 접촉 감전

3. 감전 방지 대책

1) 펌프카의 가공전선로 근접 시 안전대책

① 신호수를 시야가 가리지 않는 곳에 배치
② 가공전선로에 절연 방호구 설치
③ 선로 이설 및 방책 설치
④ 접근 한계거리를 유지하여 작업
⑤ 가능하면 가공전선로를 정전시킨 후 단락 접지
⑥ 안전표지판 설치(특고압 위험)
⑦ 활선작업 시 안전거리

충전부 선로전압	접근 한계거리(cm)	활선 작업거리(cm)
3.3~6.6kV	20	60
22.9kV	30	75
154kV	160	160

2) 펌프카 사용 작업 시 안전대책

① 안전관리자 등 안내자 배치
② 펌프카의 배관 상태 확인(연결부위 확인)
③ 콘크리트 수송용 호스 선단의 요동 방지(고정 철저)
④ 아웃트리거 설치 철저(지반보강, 깔목, 깔판)
⑤ 가공전선로 등 지장물 확인 후 작업시행
⑥ 압송관 이상 유무 확인(파괴 대비)
⑦ 안전표지판 설치(접근 금지)
⑧ 유자격 운전원 확인

 **Section 28** **가설전기 접지 종류와 방법**

1. 개요

① '접지'란 동판, 동봉, 아연도금을 한 철관 또는 철봉(접지극)에 동전을 납으로 때
   워 접속해, 지중에 깊숙이 매입 또는 꽂아 넣고, 여기서 전선을 연장해서 접지 목
   적물에 접속(접지 목적물을 접지선으로 대지와 연결)하는 것이다.

② 가설전기 접지공사는 1종, 2종, 3종 및 특별 제3종 접지공사가 있으며, 건설현장에서의
   전기 재해는 충전부에 의한 감전재해가 거의 대부분을 차지하고 있어 접지는 매우
   중요하다.

2. 접지 방법

① 접지극 설치 장소는 수분을 함유하거나 산류 등 금속을 부식시키는 성분이 없는 곳
② 접지선은 녹색의 비닐피복을 한 직경 1.6mm 이상의 절연전선을 사용
③ 가반식(휴대용)의 전동기구는 전기기구에 부속 코드 또는 타이어 케이블 등의 선
   심 중, 녹색 피복의 것을 플러그로부터 콘센트의 접지용 전극을 경유해서 접지
④ 접지선과 접지극은 납땜이나 단자를 이용하여 확실히 접속한다. 단, 피뢰침, 피
   뢰기용 접속은 납땜접속하지 않는다.
⑤ 재해 시 중대재해 가능성이 높으므로 응급조치 교육과 보호구 착용이 필요하다.
⑥ 접지저항치

전압(저압)	접지공사 종류	접지저항치
100V, 200V 기기	제3종 접지공사	100Ω 이하
400V 기기	특별 제3종 접지공사	10Ω 이하

3. 접지 예

꽂음접속기(플러그, 콘센트)는 반드시 접지극(단자)이 부착된 것을 사용

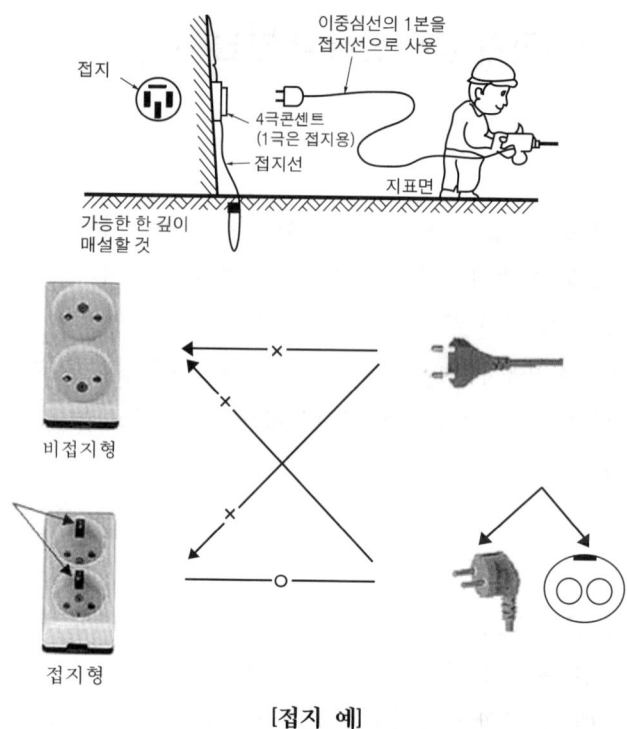

비접지형

접지형

[접지 예]

4. 접지의 필요성

전기기계 · 기구 절연 불량 등으로 누전 발생 시 인체로 흐르는 전류를 경감시켜 감전 재해 예방

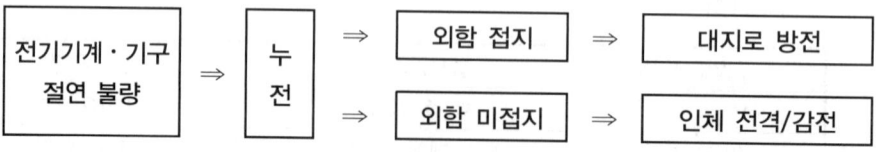

5. 접지의 종류 및 요령

1) 제1종, 제3종, 특별 제3종

① 피뢰침, 피뢰기용 접지선은 노출 시공을 원칙으로 하며, 외상을 받을 우려가 있는 접지선은 금속관이나 합성수지관 등에 넣는다.

② 접지선은 피접지 기계 · 기구에서 60cm 이내의 부분과 지중 부분 외에는 금속관이나 합성수지관에 넣는다.

2) 제1종, 제2종 접지

① 접지극은 지하 75cm 이상의 깊이로 매설한다.

② 접지선은 접지극에서 지표상 60cm까지의 부분에서 절연전선, 캡타이어 케이블을 사용한다.

③ 지표면 하 75cm에서 지표상 2m까지의 부분에는 합성수지관으로 덮는다.

Section 29 전기용접 및 절단 작업 시 재해 유형과 안전대책

1. 개요

① 2017년 건설업 전체 579명의 사망자 중 감전재해로 인한 사망자는 17명으로 전체 3%를 차지하고 있다.

② 건설현장에서 사용되는 전기용접기 및 절단기에 의한 감전사고 예방을 위해 기계 ·기구의 점검 및 사용 시 안전수칙을 준수하여야 한다.

2. 감전재해 현황

[감전재해 발생 현황]

(단위 : 명)

구분	2021년	2022년	2023년	합계
총재해자 수	29,943	31,245	32,353	93,541
감전재해자 수(%)	134(0.4)	135(0.4)	133(0.4)	402(0.4)
총사망자 수	551	539	486	1,576
감전사망자 수(%)	9(1.6)	11(2.0)	7(1.4)	27(1.7)

3. 전기용접의 재해 유형

1) 화재

① 불꽃비산 및 고열에 의한 화재 폭발

② 가연성 물질 주위에서 작업

2) 감전

① 충전부 접촉

② 젖은 영역 작업 및 훼손 케이블 접촉

3) 건강장해

  ① 용접흄, 유해가스, 유해광선 발생

  ② 소음 및 고열 발생

4) 추락

  고소 작업 시 보호구 미착용 및 불안전 자세

5) 중독 및 산소 결핍

  유해가스 체류 장소 및 밀폐 장소 작업

4. 용접 시 유해인자

1) 흄(Fume)

  철의 용융으로 발생

2) 유해가스

  일산화탄소, 질소 산화물 등 발생

3) 소음 및 기타 요인

  ① 소음

  ② 고열, 화상

  ③ 감전, 화상

  ④ 화재, 폭발

5. 재해원인

  ① 접지 미실시

  ② 절연커버 방호조치 미흡

  ③ 배선 등 정리정돈 부족

  ④ 규격용품 미사용

  ⑤ 전격 방지기 미설치

  ⑥ 피복전선 피복 상실

  ⑦ 보호구 미착용(절연장갑, 장화)

  ⑧ 자세 불량

6. 안전대책

항목	세부 조치 내역

용접작업
안전관리
	① 화기작업 안전작업허가서 제도 운영 및 관리
	② 용접작업 장소에 소화기 등 비치, 관리
	   – 소화기, 불연성 재질의 불받이포, 물, 건조사 등
	③ 용접작업 장소와 인화성, 가연성 물질 격리조치
	④ 용접작업 시작 전, 작업 중 안전점검 실시
	   – 가연성 가스 및 산소농도 측정, 환기장치 가동 상태 확인 등
	⑤ 작업발판 등 안전한 용접작업 장소 확보
	⑥ 가스 종류별 배관·호스 색상 구분
	⑦ 용접흄, 유해가스 제거를 위한 환기설비 설치

용접기
안전조치
	① 한국산업규격에서 정한 규격 홀더 사용
	② 성능 검정품, 자동전격 방지기 부착 사용
	③ 케이블 접속단자, 케이블 등 충전부 절연 조치
	④ 교류아크용접기에 자동전격방지기를 설치하여야 하는 경우
	   – 내부선체가 노선체로 둘러쌓인 경우
	   – 2m 이상 장소로 철골 등 도전성이 높은 물체에 근로자 접촉이 우려되는 장소
	   – 물·땅 등으로 인하여 도전성이 높은 상태에서 작업하는 장소

용접 작업자 관리	① 안전대, 안전모, 보안면 등 용접용 개인 보호구 착용 ② 유해가스 중독 및 산소결핍 위험 방지용 보호구 비치 ③ 고열, 소음, 적외선 등에 대한 건강관리 대책 강구 ④ 탱크, 맨홀 및 피트 등 통풍이 불충분한 곳에서 긴급상황에 대비할 수 있는 비상조치 강구

7. 사업주 및 근로자 준수사항

발생형태	사업주(관리감독자) 조치사항	근로자 준수사항
화재 폭발재해 예방	① 화기작업 안전작업허가서 발생 제도 운영 및 현장관리 감독 ② 용접 작업장소에 소화작업에 필요한 준비물 비치 – 소화기, 물, 건조사 등 ③ 용접 불티 비산 방지 대책 강구 ④ 용접작업 장소와 인화성, 가연성 물질 격리 조치 ⑤ 용기 내부 가연성 가스 체류장소 지속적 환기 및 치환 – 가스 농도 측정 후 폭발하한계 1/4 이하일 때 작업 및 지속적인 환기 실시 ⑥ 가스 종류별 배관·호스 색상 구분	① 화기작업 안전작업허가서의 안전조치사항 준수 및 이행 ② 용기 내부 작업 시 주기적 가스 농도 측정 및 환기설비 가동 상태 확인 ③ 가스 종류별 배관·호스 색상 숙지 후 작업 ④ 산소가스를 청소 등 용접 이외의 용도로 사용 금지 – 산소 과잉방출에 의한 화재위험 등 방지

발생형태	사업주(관리감독자) 조치사항	근로자 준수사항
추락재해 예방	① 용접 작업발판 설치 ② 개인 안전대, 안전모 등 개인 보호구 지급	① 용접모재 접지는 모재와 근접된 장소에 실시 - 전격에 의한 추락 방지 ② 지급된 개인 보호구 착용
감전재해 예방	① 한국산업규격 홀더 선정 : 용접기 정격 2차전류에 적합한 홀더 선정 ② 성능검정품인 자동 전격 방지기 부착	① 케이블 접속단자, 충전부 방호 및 손상 케이블 절연 조치 ② 자동 전격방지기 기능 해제, 사용 금지
건강장해 예방 등	① 국소 배기장치 및 전체 환기장치 설치 ② 방진 마스크, 송기 마스크, 보안면 등 개인 보호구 지급 ③ 밀폐장소의 유해가스 및 산소농도 측정용 검지기 비치 ④ 고열, 소음, 적외선 등에 대한 건강관리 대책 강구 ⑤ 탱크 맨홀 및 피트 등 작업 시 긴급 구호 장비 구비 및 감시자 배치	① 국소 배기장치 등 환기설비 정상 가동 ② 지급한 개인 보호구 착용 ③ 작업시작 전, 작업 중 가연성 가스 및 산소 농도 측정 ④ 긴급 시 긴급 연락방법 등 숙지

8. 결론

① 감전재해는 재해 강도가 높아 발생 시 사망에 이르는 경우가 많이 발생한다.
② 근로자에 대한 사전교육 및 전기 기계·기구에 대한 방호조치 및 검정품 안전장치를 설치하여 재해 발생 방지 및 근로자 안전보건을 유지 증진하여야 한다.

Section 30 추락재해 특징 및 재해 방지를 위한 시설과 설치기준

1. 개요

추락재해는 건설현장에서 발생빈도가 가장 높고 재해강도 역시 높은 재해로서 최근 5년간 산업안전보건공단에서 조사한 건설현장의 사망재해 조사 보고서를 분석한 결과에 따르면 전체 건설현장 사망자 중 추락재해로 인한 사망자가 약 50% 이상을 차지하고 있다.

2. 건설재해 발생 형태별 현황

구분	2022년		2023년		증감
	재해자 수(명)	점유율(%)	재해자 수(명)	점유율(%)	재해자 수(명)
합 계	31,245	100	32,353	100	1,108
떨어짐	7,912	25.3	7,313	22.6	−599
넘어짐	4,990	15.9	5,321	16.4	331
물체에 맞음	3,371	10.8	3,216	9.9	−155
부딪힘	2,731	8.7	2,689	8.3	−42
끼임	2,473	7.9	2,442	7.5	−31
절단·베임·찔림	2,898	9.2	2,682	8.3	−216
기타	6,870	22	8,690	26.9	1,820

3. 추락재해 발생 유형

① 개구부 및 작업발판 단부에서의 추락

② 비계에서의 추락

③ 사다리 및 작업대에서의 추락

④ 철골 등의 조립·해체작업 중 추락

⑤ 비탈면, 경사면에서의 추락

4. 추락재해의 특징

① 재래형 재해로 중대 재해의 가능성이 높다.

② 충격 부위가 머리인 경우 상해가 크고 사망 확률이 높다.

③ 충격 장소가 견고한 경우 상해가 크다.

④ 고령자일수록 상해가 크다.

⑤ 개인 보호구 미착용자가 주로 발생

5. 추락재해 예방에 따른 문제점

① 추락위험이 있는 고소작업은 임시작업이 많으며 상황에 따라 위험개소가 변화한다.

② 작업에 따라 난간 등의 설치가 곤란하거나 설비 측면의 대책을 강구하기가 곤란한 경우가 많다.

③ 근로자의 작업형태에 따라 보통의 안전대책으로는 불충분하여 특수한 대책을 강구할 필요가 있는 경우가 많다.

6. 추락재해 주요 발생 장소

① 비계
② 개구부
③ 사다리, 경사지붕
④ 경사로 및 계단

7. 추락 방지 시설의 종류

① 추락 방지망
② 안전난간
③ 작업발판(통로발판)
④ 안전대 부착 설비
⑤ 개구부 추락 방지 설비

8. 추락 방지 시설 설치기준

1) 추락 방지망

① 달기로프, 테두리로프 강도 1,500kg 이상
② 방망 지지점 600kg 이상 강도, 안전인증 제품 사용

2) 안전 난간

① 가설통로, 개구부, 통로끝단부에 설치(90~120cm)
② 구성 : 상부난간대, 중간난간대, 난간기둥, 발끝막이판(10cm)

3) 개구부 덮개 설치

① Pipe Duct, Air Duct, Dust Chute, 장비반입구
② 본구조체 상부에 여유 확보(10cm)
③ 덮개 중앙에서 120kg 지지력 확보
④ 필요 시 안전난간 설치

4) 작업발판

① 경사가 14°를 초과할 때에는 미끄럼막이 설치

② 작업발판 끝은 흠에 확실히 설치

③ 발판을 겹쳐 이음 시 장선 위에 이음하고 겹침 길이는 20cm 이상

경사각	미끄럼막이 간격	경사각	미끄럼막이 간격
30° 이내	30cm	22°	40cm
29°	33cm	19° 20′	43cm
27°	35cm	17°	45cm
23° 15′	37cm	14°	47cm

5) 안전대 부착 설비

① 작업장소 및 여건을 고려, 가로 및 세로로 설치

② 안전대 부착 설비로 활용, 일정 장력 유지

6) 조명 설치(조도 기준)

구분	기타 작업	일반 작업	정밀 작업	초정밀 작업
기준(Lux)	75	150	300	750

7) 작업 시 위로 60cm 이상 연장 설치

① 사다리 상단 60cm 이상

② 근로자 오르고, 내림 시 안전 확보

8) 근로자 개인 보호구 착용

① 안전모, 안전화, 안전대, 각반

② 착용철저 및 유지관리 철저

9) 안전표지판 설치

① 추락위험 지역 설치

② 보호구 착용

10) 악천후 시 작업 중지

악천후 시 즉시 작업을 중지하고 작업 재개 전 시설물 안전점검 철저

11) 안전관리자 배치 확인 및 감독

추락 위험장소 수시 점검·감독

9. 추락재해의 원인 및 대책

추락재해는 다양한 공종, 작업과정에서 발생하고 있기 때문에 그 발생상황도 매우 다양하다. 따라서 추락재해의 발생원인 또한 매우 다양하며 이에 대한 방지대책도 상황에 따라 적절하게 수립되어야 한다.

1) 추락재해 발생 주요 원인
① 외부 비계작업 시 추락방지 시설 불량 – 안전난간, 작업발판 등의 설치 불량 또는 미흡
② Elevator pit 내부 작업발판 설치방법 부적절 – 지지구조, 강도 등 미흡
③ 건설용 리프트 무인작동 및 전담 운전원 미배치
④ 철골작업 추락 방지조치 미실시
  ㉠ 추락 방지망 미설치
  ㉡ 안전대 부착설비 미설치 및 안전대 미착용
⑤ 각종 개구부에 대한 추락 방지조치 미실시
  ㉠ 안전난간 미설치
  ㉡ 덮개 미설치
  ㉢ 안전표지판 미설치
⑥ 작업발판, 이동식 비계 등의 추락방지 조치 미실시
  ㉠ 작업발판 미고정
  ㉡ 작업발판 주위에 안전난간 미설치
  ㉢ 사다리 등 승강설비 미설치
⑦ 근로자의 무리한 행동 – 안전수칙 미준수 등

2) 추락재해 예방대책
① 외부 비계작업 시 추락 방지시설 철저 – 견고한 구조의 난간, 작업발판 등의 설치
② Elevator pit 내부 작업발판 설치 철저 – 견고한 재료로서 밀실하게 작업발판 설치
③ 건설용 리프트 무인작동 금지 및 전담 운전원 배치
④ 철골작업 추락방지 조치 철저
  ㉠ 추락방지망 설치
  ㉡ 추락방지망 설치가 곤란한 경우 안전대 부착설비 설치 및 안전대 착용
⑤ 각종 개구부에 대한 추락 방지조치 철저
  ㉠ 안전난간 설치
  ㉡ 견고한 구조의 덮개 설치

ⓒ 발판은 2개소 이상 고정 실시 등

⑥ 근로자의 무리한 행동 금지 – 안전수칙 준수

10. 결론

추락은 그 발생범위 및 빈도수가 큰 재래형 재해로 각별한 관리가 필요하며 현장 실
정에 맞는 안전시설 및 안전대책으로 추락에 의한 재해를 예방해야 한다.

Section 31 건설기계 · 기구의 재해 유형과 안전대책

1. 개요

① 현장사용 건설 기계 · 기구는 제작 및 안전기준에 적합한 기준을 갖추어야 하며
건설기계에 의한 재해는 기계의 종류에 따라 다양하게 발생하고 있다.

② 건설기계의 재해 방지를 위해 유자격 운전자 및 작업 반경 내 통제 및 작업순서에
관한 사전계획이 필요하다.

2. 건설기계에 의한 사망자

구분	총사망자(명)	건설기계에 의한 사망자(명)	점유율(%)
2021년	551	18	3.27
2022년	539	19	3.5
2023년	486	19	3.9
합계	1,576	56	3.6

3. 건설기계 · 기구의 종류

1) 건설기계

① 차량계 건설기계 : 불도저, 로더, 백호우, 항타기, 항발기, 롤러, 콘크리트 펌프
카, 천공기 등 유사 구조 · 기능의 건설기계

② 차량계 하역 운반기계 : 덤프트럭, 셔블 로더

③ 양중기계 : 크레인(트럭, 이동식, 고정식 크레인)

2) 위험 기계·기구

크레인, 리프트, 승강기, 압력용기, 프레스 등

4. 재해 유형

1) 추락

① 신호수 미배치 및 안전운전 무시
② 운전원 외 인원 승차
③ 리프트의 안전 울타리 미설치
④ 고소차 탑승작업 시 부주의

2) 낙하

① 부적절한 와이어로프 결속
② 와이어로프 절단
③ 크레인 본체의 낙하

3) 감전

① 통전 중인 전선에 접촉
② 고압선로에 대한 방호조치 미흡

4) 전도

① 정격속도 미준수 및 무리한 운전
② 아웃트리거 설치 미흡(연약지반)

5) 협착

① 신호 미준수 및 운전 미숙
② 후진 시 후방 미확인

5. 안전작업 절차 플로 차트

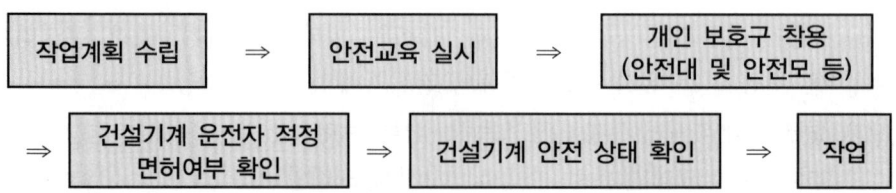

6. 안전대책

1) 추락

① 신호수 배치 및 유자격자 운전 확인

② 운전원 외 탑승 금지

③ 리프트, 안전 울타리 설치

2) 낙하

① 인양물 체결 철저

② 유도 로프 설치

③ 작업 반경 내 접근 금지

3) 감전

① 주변 고압선로 방호 조치

② 가설 울타리 설치 및 안전표지 부착

4) 전도

① 연약지반 개량(받침목, 바닥조성)

② 유자격 운전원 및 신호수 배치

5) 협착

① 장비운행 시 신호수 배치

② 후진 및 이동 시 비상벨 작동

6) 양중기

① 작업 전 안전점검 실시

② 과하중 방지장치 설치

③ 인양용 로프 수시 점검

④ 신호는 1인이 한다.

7. 건설기계 안전사항

① 건설기계 사용 시 작업계획 수립

② 기계별 주용도 외 사용 제한

③ 붕괴 방지, 지반의 침하 방지 조치

④ 유자격 운전자를 배치

⑤ 폭풍, 폭우, 폭설 등 악천후 시 작업 중지

⑥ 유도자 배치 및 표준신호

⑦ 작업 관계자 외 출입 금지

⑧ 작업전 운전자 및 근로자 안전교육 실시

⑨ 제한속도 준수

⑩ 승차석 이외의 위치에 근로자 탑승 금지

⑪ 운전석 이탈 시 원동기를 정지, 브레이크 작동 등 이탈을 방지하고 버킷, 리퍼 등 작업장치를 지면에 고정

8. 결론

건축물의 대형화, 고층화로 인한 건설기계 사용이 증가함에 따라 안전사고에 대한 각별한 관리가 필요한 바, 각 건설기계에 대한 안전을 우선으로 하는 적절한 작업계획을 수립, 준수함으로써 재해를 최소화하여야 하며 안전과 환경에 적합한 기계기구 개발이 필요하다.

Section 32 | 초고층 건축공사 시 인양작업 안전관리 방안

1. 개요

초고층(50층, 200m) 건축은 고소화에 따른 위험성 및 양중 높이의 증대와 공사 내용의 복잡·다양화, 공사기간 증대 등의 특수성이 발생한다. 이런 특수성을 감안해 현장 여건에 적합한 공법 선정으로 면밀한 시공 및 안전관리를 하여야 한다.

2. 초고층 건축의 특수성

1) 도심지에 건축

① 도심지 교통 혼잡

② 민원의 증대

③ 인접건물 및 지하매설물 장애

2) 지하구조물의 깊이 증대

　　① 흙막이 공법 안전성 확보

　　② 지반의 지내력 확보

　　③ 기초공사의 무소음·무진동 공법 채택

3) 작업원의 수직 동선 및 양중높이 증대

　　① 협소한 작업공간

　　② 양중기 불안전 구조 우려

4) 공사기간의 증대

　　① 작업환경에 제약으로 공사기간 연장

　　② 다양한 공정의 충돌

5) 고소작업으로 인한 안전대책

　　① 초고층용 추락 방지 조치 채택

　　② 수직양중에 대한 불안전 요소 제거

3. 초고층 재해발생 특성

　　① 도심지의 고소작업

　　② 대형 기계설비의 사용

　　③ 자연의 영향 증대

　　④ 재해강도가 크다.

　　⑤ 동시 복합적 발생

　　⑥ 재해의 대형화

　　⑦ 지하수 저하로 인한 주변 장애

4. 안전관리 문제점

　　① 작업량 증대

　　② 작업의 복잡성

　　③ 안전설비 및 조직의 방대

　　④ 공기의 장기화

　　⑤ 반복적인 작업

⑥ 근로자 통제 곤란

⑦ 관리 범위의 확대

5. 양중계획 시 고려사항

① 설계도서 검토

② 주변 교통환경 확인

③ 배치계획

④ 양중자재 배분

⑤ 가설계획

⑥ Stock Yard(자재 적치장)

⑦ 양중기계 종류

　㉠ 대형 양중기 : Tower Crane, Jib Crane, Truck Crane 등

　㉡ 중형 양중기 : Hoist, 화물전용 리프트 등

　㉢ 소형 양중기 : 엘리베이터(화물용 포함), Universal Lift 등

⑧ 양중기계 선정

⑨ 양중기계 대수

⑩ 양중 사이클

⑪ 양중 횟수 등

6. 양중관리

① 집중관리 방식 채택

② 운행관리 조직계통도 및 연락체계도 작성

③ 담당자는 중량, 소요일수, 작업층 등 양중계획을 작업 전에 수립

④ 공정별 책임자 및 신호수 선정

⑤ 작업충돌을 배제한 계획적인 양중 실시

7. 초고층 공사 안전대책

① 철저한 공정계획 수립

② 안전관리 조직, 책임체제 확립

③ 작업지시 단계에서 안전 우선 지시

④ 안전을 고려한 설계 및 배치

⑤ 상하 작업 시 조정과 연락체계 확립

⑥ 사전 안전성 평가제도 정착

⑦ 관리자, 작업원의 안전의식 강화

⑧ 관리자, 담당자 안전교육 실시

⑨ 작업 전, 작업 중, 작업 후 안전점검 실시

8. 결론

① 건축공사의 초고층화·대형화로 인한 대형 재해가 빈번하게 발생하고 있어 이에 따른 안전대책의 관리기법 개선에 연구방향을 두고 안전관리 기준을 검토해야 한다.

② 공사 관리자는 고소화에 따른 안전관리의 중요성을 인식하고 안전교육 및 적절한 재해 방지 초치를 함으로써 동종 사고 예방 및 근로자의 안전을 최우선으로 하는 작업을 해야 한다.

Section 33 항타기, 항발기 안전대책

1. 개요

① 동력을 사용하는 항타기 또는 항발기의 본체·부속장치 및 부속품은 사용목적에 적합한 강도와 심한 손상·마모·변형 또는 부식이 없는 것을 사용하여야 한다.

② 기초공사 기계인 항타·항발기는 전도에 의한 사고가 자주 발생하므로 연약지반 시 깔판, 깔목 등 적절한 침하 방지조치를 하여야 한다.

2. 위험요인 및 재해 방지 대책

1) 항타기 작업 중 전도·충돌

(1) 위험요인

① 연약지반에서 작업 중 지반침하

② 항타기 기체가 경사지게 설치

③ 작업장소 이동 시 급선회, 급조작

④ 야간작업 시 조명설비 부족으로 인한 충돌

⑤ 악천후 시 무리한 작업 진행

⑥ 장비간 근접작업 시 유도자 미배치로 충돌

⑦ 백호우 시동 중 운전원 이탈에 의한 장비의 불시 이동으로 충돌

(2) 재해예방 대책

① 연약지반에서 작업 시 침하 방지를 위해 깔판 사용

② 항타작업을 위해 정차 시 수평유지 철저

③ 작업장소 이동 시 항타기를 최하부까지 내리고 천천히 이동

④ 작업에 지장이 없도록 충분한 조명설비 확보

⑤ 폭풍, 강우, 강설 등 악천후 시에는 작업 중단

⑥ 장비간 근접작업 시 유도자 배치

2) 항타기 작업 중 추락 · 낙하

(1) 위험요인

① 권상용 와이어로프 파단

② 권상장치에 하중을 건 상태로 운전자 운전위치 이탈

③ 파일 양중작업 중 로프에서 파일이 빠짐

④ 항타 리더 수직이동 작업 시 추락

⑤ 권상기에 하중을 건 상태로 정차 중 파일 낙하

⑥ 작업반경 내 출입통제 미실시

(2) 재해예방대책

① 작업 전 권상용 와이어로프 손상, 변형여부 점검

② 권상기에 하중을 건 상태에는 운전자 운전위치 이탈 금지

③ 파일 권상 시 빠지지 않도록 휘말아달기 또는 2줄걸이 실시

④ 항타 리더에는 수직구명줄 및 추락 방지대 설치

⑤ 권상기에 하중을 건 상태로 정차 시에는 쐐기장치 또는 브레이크 고정

3) 항타기 작업 중 협착 · 감전

(1) 위험요인

① 신호수 미 배치로 인한 고정물체와 장비에 협착

② 주변 장애물 확인 미흡으로 장비와 협착

③ 인양물과 장비에 협착

④ 발전기에 감전

(2) 재해예방 대책
① 신호수 배치와 통신기기 사용
② 작업 전 주변장애물 확인
③ 인양물 고정 철저
④ 발전기 접지
⑤ 안전교육철저(특별안전교육, TBM)

3. 안전대책

1) 도괴의 방지조치
① 연약한 지반의 침하를 방지하기 위하여 깔판·깔목 등 사용
② 시설 또는 가설물 등에 설치 시 내력이 부족할 때에는 그 내력을 보강할 것
③ 말뚝 또는 쐐기 등을 시용히여 각부 또는 가대를 고정하여 미끄럼 방지 조치
④ 궤도 또는 차로 이동 시 레일 클램프 및 쐐기 등 이동 방지 조치
⑤ 상단 부분을 안정시킬 때 버팀대는 3개 이상으로 하고 그 하단 부분은 견고한 버팀·말뚝, 또는 철골 등으로 고정
⑥ 버팀줄만으로 상단 부분을 안정시킬 때는 버팀줄을 3개 이상으로 하고 같은 간격으로 배치할 것
⑦ 평형추를 사용하여 안정시킬 때는 평형추의 이동 방지를 위해 가대에 견고하게 부착

2) 권상용 와이어로프 등의 사용 금지
① 이음매가 있는 것
② 와이어로프의 한 꼬임에서 끊어진 소선(필러선을 제외한다)의 수가 10% 이상인 것
③ 지름의 감소가 호칭지름의 7%를 초과하는 것
④ 심하게 변형 또는 부식된 것
⑤ 와이어로프의 안전계수가 5 이상이 아니면 사용 금지
⑥ 권상기에는 쐐기장치 또는 역회전 방지용 브레이크 부착
⑦ 권상장치의 드럼에 권상용 와이어로프가 꼬였을 때는 와이어로프에 하중을 걸어서는 안 된다.
⑧ 권상장치에 하중을 건 상태로 운전위치 이탈 금지
⑨ 근로자에게 위험을 미칠 우려가 있는 장소에는 근로자 출입 금지
⑩ 신호하는 자와 신호방법을 정하고 운전작업 시 운전자는 그 신호에 따라야 한다.

⑪ 조립·해체·변경 또는 이동 시에는 작업지휘자를 정하여 지휘·감독하고 그 작업방법과 절차를 정하여 근로자에게 주지

⑫ 항타기 또는 항발기 조립 시 점검사항

　ㄱ 본체의 연결부의 풀림 또는 손상의 유무

　ㄴ 권상용 와이어로프·드럼 및 도르래의 부착 상태의 이상 유무

　ㄷ 권상장치의 브레이크 및 쐐기장치 기능의 이상 유무

　ㄹ 권상기의 설치 상태의 이상 유무

　ㅁ 버팀의 방법 및 고정 상태의 이상 유무

Section 34 건설현장의 가설공사 안전관리

1. 개요

① 가설공사는 공사 목적물의 완성을 위한 임시 설비로서 본 공사 완료 시 해체, 철거, 정리되는 임시적으로 행해지는 공사를 말한다.

② 가설공사의 임시성으로 인한 구조물의 불안전 요인이 많아 안전사고에 대한 위험성을 가지고 있다.

2. 가설재의 구비 요건

① 안전성

② 시공성(작업성)

③ 경제성

3. 가설공사의 특성

① 연결재가 적은 구조물이 되기 쉽다.

② 부재결합이 간단하나 불안전 결합이 많다.

③ 조립의 정밀도가 낮다.

④ 부재가 과소단면이거나 결함 있는 재료를 사용하기 쉽다.

⑤ 구조계산 기준이 부족하여 구조적으로 문제점이 많다.

4. 가설공사의 종류 및 설치기준

1) 비계

① 기둥간격 : 1.5~1.8m 이하

② 띠장간격 : 첫 번째 2.0m 이하, 그 다음부터 1.5m 이하

③ 가새 : 기둥 간격 10m마다 45° 각도로 설치

④ 적재하중 : 400kg 이하

⑤ 최고부부터 31m 지점 아래 기둥 2본 설치

⑥ 침하 방지를 위하여 밑둥잡이 및 받침목 설치

2) 안전난간

① 안전난간 높이 : 90cm~120cm 이하

② 중간대 높이 : 상부난간대와 바닥면의 중간

③ 기둥 중심 간격 : 적정 간격

④ 폭목의 높이 : 10cm 이상

3) 추락 방호망

① 그물코의 간격 : 10cm 이하

② 신품 방망사의 인장하중(kN)

그물코 한 변의 길이(mm)	방망의 종류 및 성능(kN)		
	매듭방망	무매듭방망	라셀방망
100	1.96 이상	2.36 이상	2.06 이상
500	1.08 이상		1.13 이상
30			0.74 이상
15			0.40 이상

③ 방망 인장강도 : 600kg 이상

④ 매달기줄, 테두리줄 인장강도 : 1,500kg 이상

4) 낙하물 방지망

① 10m 이내마다 설치

② 내면 길이 2m 이상

③ 각도 20° ~30° 이하

④ 안전인증제품 사용

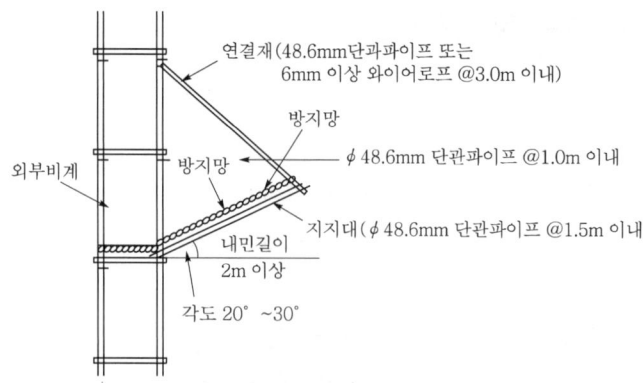

연결재(48.6mm단과파이프 또는
6mm 이상 와이어로프 @3.0m 이내)

방지망

ϕ 48.6mm 단관파이프 @1.0m 이내

방지망

외부비계

지지대(ϕ 48.6mm 단관파이프 @1.5m 이내

내민길이
2m 이상

각도 20°~30°

[낙하물 방지망 설치 예]

5) 임시전기

① 분전반은 반드시 시건장치를 설치하여 관리

② 전원 사용 시 반드시 콘센트를 통해서 사용

③ 임시 배선은 벽에 전선 거치대 등을 이용하여 배선

④ 분전반은 반드시 접지한다.

6) 기타

① 가설 사무실 설치 시 위치 및 지반 고려

② 가설 사무실에 대한 강풍, 강설에 대한 대응

③ 가설자재에 대한 안전인증 및 점검 철저

5. 조립 · 해체 시 안전대책

① 안전관리자 배치

② 안전한 통로 확보

③ 인양, 배출 시 달줄, 달포대 사용

④ 악천후 시 작업 중지

⑤ 재료 · 기구의 불량품 제거

6. 결론

① 가설공사는 본 공사를 위해 일시, 임시적 시설물로 안전성, 작업성, 경제성에 대한 사전검토 및 적정한 유지관리가 필요하다.

② 가시설물에 대한 불안전요소로 안전사고 발생위험이 높으므로 재해예방을 위한 실질적인 안전관리 계획을 수립 관리하여야 한다.

초고층 건축물의 재해방지계획 및 안전가설시설

1. 개요

① 초고층 빌딩은 대체로 50층 이상의 규모, 높이 200m 이상을 말하는데, 건설산업의 발전으로 초고층의 기준은 높아질 것이다.

② 대규모, 다기능 및 복합 용도를 띠고 있고, 많은 인명과 설비 · 장비를 수용하고 있어 자연재해와 인위적인 재해에 대해 전반적인 대비가 필요하다.

2. 초고층 빌딩의 특징

① 재해의 취약성이 높다.

② 구조적 안전성능 유지 곤란

③ 재해 발생 시 대피 시간이 많이 소요

④ 재해 발생 시 대형 피해

3. 초고층 건축물의 원인적 문제점

1) 건축물 높이에 따른 문제점

① 지진 및 풍압에 대한 취약성

② 낙뢰의 위험성 증가

③ 복잡한 시스템의 취약성

④ 항공기 사고의 위험성 증가

2) 건축물 크기에 따른 문제점

① 화재에 대해 피해의 대형화 우려

② 에너지 공급 중단 시 광범위한 파급으로 재해로 발전

③ 침수에 의한 손실 대형화

3) 주변에 미치는 영향

① 교통량 증가로 교통체증 및 소음 증가

② 일조권 침해

③ 테러리즘에 대한 보안성 문제

4. 재해방지 대책

1) 건축물의 움직임에 대응
내진 설계, 내풍압성 고려

2) 건축물의 노격 문제
회전구체 방법 사용

3) 항공기 충돌사고 대응
항공장애등 설치(60m 이상)

4) 승강기의 사고 대응
자동관리 시스템 도입

5) 화재 발생에 대한 취약점
① 화재 진압의 자동화 시스템 도입
② 건축자재의 불연화

6) 에너지 공급의 연속성 유지
건축물 내 축전설비 및 열병합발전 설비 설치

7) 테러리즘의 표적으로 작용 우려에 대한 대비
이동 인원에 대한 총체적 관리 시스템 등(CCTV 설치)

5. 결론

① 건설 기술의 발전으로 초고층 건축물의 증가에 따른 대형 재해가 우려되는바 인재, 천재, 구조적 재해에 대한 최적의 대응방안이 도입되어야 한다.
② 초고층 건물에 대한 특성으로 높이의 재해 요소를 억제할 수 있는 기술 개발과 안전 시스템 도입으로 재해를 예방해야 한다.

토공사 · 기초공사

Professional Engineer Construction Safety

지반조사(Surface Exploration)

1. 개요

① 지반조사란 지반을 구성하는 지층 및 토층의 형성, 지하수의 상태, 각 지층 및 토층의 성상을 알아내어 그 대지 안에 계획할 건축물의 설계 및 공사계획에 필요한 자료를 제공하기 위해 하는 조사를 말한다.

② 지반조사 자료는 구조물 안전을 위한 기본적인 사항으로 철저한 조사, 분석으로 시공 시 발생 가능한 위험을 사전에 차단해야 한다.

2. 지반조사의 목적

① 지층 및 토층의 성상 파악

② 부지의 적합성 평가

③ 시공성 검토

④ 주변 영향 검토

3. 지반조사의 종류

1) 지하탐사법

(1) 터파보기(Test Pit)

① 삽으로 구멍을 파보는 방법

② 소규모 건축물에 적용

③ 간격 5~10m, 깊이 1.5~3m, 지름 1m 정도로 실시

(2) 짚어보기(Sound Rod, 탐사정)

① 직경 9mm 정도의 철봉을 인력으로 회전하여 박아 넣어 조사

② 저항울림, 꽂히는 속도, 손짐작 등으로 판단

③ 얕은 지층에 적용

(3) 물리적 탐사법

① 전기저항식, 탄성파식, 강제진동식 등이 있다.

② 지반의 지층구조, 풍화정도, 지하수 존재 등을 파악

2) Sounding Test

(1) 표준관입시험(Standard Penetration Test)

① 시험용 샘플러로 중량 63.5kg의 추를 75cm의 높이에서 자유낙하시켜 표준관입용 샘플러를 30cm 관입시키는데 필요한 타격 횟수 N값을 통하여 흙의 지내력을 측정하는 방법

② 사질지반에 적합

③ N값이 클수록 토질이 밀실

모래지반의 N값	점토지반의 N값	상대밀도(g/cm^3)
0~4	0~2	매우 연약(Very Loose)
4~10	2~4	연약(Loose)
10~30	4~8	보통(Medium)
30~50	8~15	단단한 모래(Dense), 점토(Stiff)
50 이상	15~30	매우 단단한 모래(Vary Dense), 점토(Vary Stiff)
	30 이상	경질(Hard)

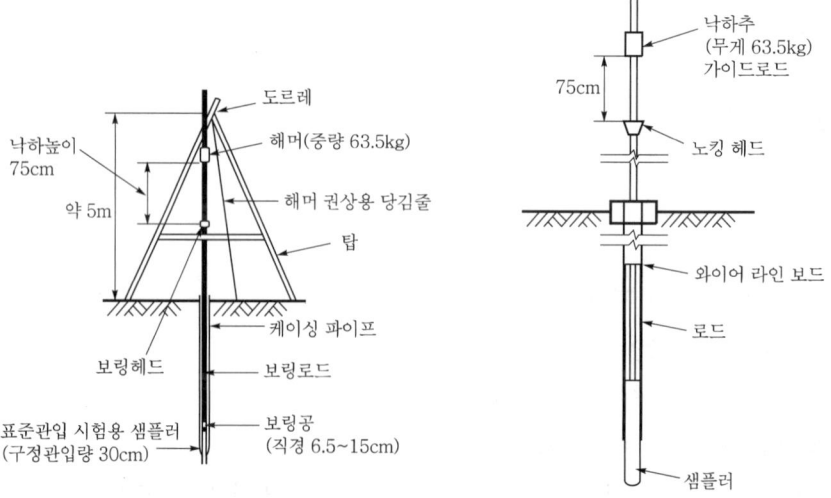

[표준관입시험]

(2) Vane Test

① 보링의 구멍을 이용하여 +자형의 Vane Test를 회전시켜 그 저항력으로 점토의 점착력 판별

② 연한 점토질에 적합

③ 시험 측정길이는 15m 정도

3) Boring 및 Sampling

(1) 개요

지중에 철관으로 천공하여 채취한 토사(Sampling)로 판별하는 방법이 보링(Boring) 이며 지중의 토질분포, 흙의 층상 등을 알 수 있는 주상도를 작성할 수 있다.

(2) 목적

① 흙의 지층 판단

② 표준관입시험을 포함한 Sounding Test를 위한 방법

③ 연약지반의 토층 성상, 층 두께 확인

④ 지하수위 조사

(3) Boring

① 보링간격은 30m 정도로 수직으로 굴착하며 부지 내 3개소 이상 시행

② 보링깊이는 소규모 건물의 경우 기초폭의 1.5~2배로, 일반적으로 약 20m 이상 또는 지지 지층 이상

③ 종류

㉠ 충격식 보링(Percussion Boring) : 충격날 이용, 경질지반

㉡ 회전식 보링(Rotary Boring) : 드릴로드와 비트 이용, 지층의 변화를 연속적 으로 파악

㉢ 오우거 보링(Auger Boring) : 나선형의 송곳이용, 깊이 10m 이내의 보링에 사용

㉣ 수세식 보링 : 이중관 이용, 분사한 물과 함께 배출된 흙탕물이 침전되어 나 타난 지층으로 토질 판단

(4) Sampling

① 연약지반의 조사에서 자연 상태의 역학적인 성질을 파악하기 위해 토질이 흐트러진 상태로 채취하는 것을 교란시료, 자연 상태에 가까운 시료를 불교란시료(Undisturbed Sampler)라 한다.

② 종류

　㉠ Thin Wall Sampling : Thin Wall Sampler 사용, N값 0~4 정도의 연약점토 또는 사질지반

　㉡ Composite Sampling : Composite Sampler사용, N값 0~8 정도의 다소 굳은 점토 또는 사질지반

　㉢ Foiling Sampling : 연약지반의 전체 깊이에 걸쳐 완전히 연결된 시료 채취 가능

　㉣ Dension sampling : N값 4~20 정도의 경질 점토 샘플링에 적합

4) 토질 시험(Soil Test)

(1) 개요

흙에 물리적 성질과 역학적 성질을 파악하기 위해 주로 실내에서 시행하는 시험

(2) 종류

① 물리적 시험 : 토립자 비중 시험, 흙의 함수량 시험, 입도 시험, 투수 시험, 단위 체적중량 시험, 소성한계 시험, 액성한계 시험

② 역학적 시험 : 압밀시험(Consolidation Test), 전단시험

5) 지내력 시험(재하시험)

① 기초 저면까지 판 지반에서 직접 재하하여 허용지내력을 구하는 시험

② 재하판은 $0.2m^2$의 정방형 또는 원형으로 보통 45cm각의 것을 사용

③ 매회 재하는 1톤 이하, 예정 파괴하중의 1/5 이하로 침하량이 2시간에 0.1mm 이하이면 침하정지로 본다.

④ 장기하중에 대한 허용지내력은 다음 중 작은 값을 택하고 단기하중은 장기하중의 2배로 한다.

　㉠ 총 침하량이 2cm에 도달했을 때 하중의 1/2

　㉡ 침하곡선이 항복상황을 표시할 때의 1/2

　㉢ 파괴 시 하중의 1/3

⑤ 지반 반력계수

　㉠ 정의 : 기초에 작용하는 하중에 대한 지반침하의 비로 정의되며 지반반력계수 (Coefficient Of Subgrade Reaction)는 탄성계수가 지반에 대한 상수인 반면 기초 크기, 형상, 근입깊이 등에 따라 변화하는 성질이 있다.

ⓒ 지반반력계수 추정

- 평판재하 시험 실시

$$K = \frac{P_1}{S_1} \, (\text{t/m}^3, \ \text{kg/cm}^3)$$

여기서, P_1 : 단위면적당 하중, 항복하중의 1/2

S_1 : 평판재하 시험 결과의 침하량(cm)

- 지반반력계수가 크면 지반은 단단하고 압축성이 작으며 지지력이 크다는 것을 의미한다.

ⓒ 영향인자

- 탄성계수가 크면 지반반력계수는 크다.
- 기초의 크기, 길이가 크면 지반반력계수는 적어진다.
- 근입깊이가 크면 지반반력계수는 크다.
- 재하시간, 변형률, 재하속도 등에 따라서도 변화된다.

ⓔ 결과 이용

- 탄성계수 이용
- 연성기초로 부재 설계 : 지하철, 건물 전면(MAT)기초
- 전면기초 침하량 산정
- 말뚝의 수평 지지력 산정

6) 기타 시험

① 투수시험(지하수위, 투수계수 측정)

② 양수시험(투수계수 측정)

③ 간극수압시험(Piezometer)

④ 토압시험(토압계)

Section 2 **콘(Cone) 관입 시험**

1. 개요

① 콘 관입 시험은 지반조사 종류 중 Sounding, 즉 원위치 시험의 일종으로 로드(Rod) 선단에 부착된 콘을 지중에 관입, 회전 또는 인발하면서 저항치를 측정하여 지반의 견고성, 상대밀도, 상대강도 등의 특성을 간편·신속하게 현장에서 측정할 수 있는 방법이다.

② 지하층의 저항을 탐사하여 지반의 상태를 조사하는 시험 방법으로 특히 연약지반에서 널리 적용되는 조사방법이다.

2. 콘 관입 시험의 종류

① 피에조콘(CPTV)

② 탄성파콘(SCPT)

③ 환경콘(ECPT)

3. 콘 관입 시험의 특징

① 주로 연약한 점토 지반에 사용

② 지반의 경연 정도 측정

③ Rod 선단에 정착된 콘을 지중에 관입

④ 관입 시 저항치 측정

⑤ 환산표를 사용하여 현장에서 지지력 추정

⑥ 정적 관입 : 1cm/sec(일반적 사용)

⑦ 동적 관입 : 진동, 충격으로 시험

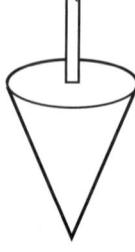

[콘 관입]

4. 측정값 이용

① 콘 지지력을 강도로 환산

② 지반 허용 지지력 추정

③ 말뚝 지지력 추정

④ Trefficbility(지질 상태) 판단

Section 3 연약지반 개량 공법(지반 안정 공법)

1. 개요

① 연약지반의 개량 공법은 구조물의 부동침하를 방지하기 위하여 연약지반의 지내력을 인공적으로 증가시키는 공법이다.

② 지반 개량 공법은 원지반의 토질 그 자체를 개량시키는 것으로 종류에는 치환, 다짐, 탈수, 등으로 강화하는 공법이 있다.

2. 지반 개량의 목적

① 전단강도 증대(변형, 강도 저하 억제)

② 액상화 방지

③ 투수성 감소

④ 주변 지반의 안전성 확보

⑤ 시공성 확보

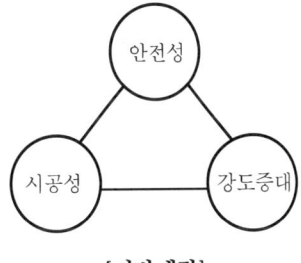

[지반개량]

3. 지반 개량 공법의 종류

1) 치환 공법

① 굴착치환 공법

② 미끄럼치환 공법

③ 폭파치환 공법

2) 압밀 공법(재하 공법)

① Preloading 공법(선행재하 공법, 사전압밀 공법)

② 사면선단재하 공법

③ 압성토 공법(Surcharge 공법)

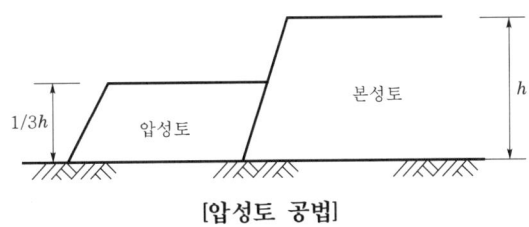

[압성토 공법]

3) 혼합 공법

　① 입도 조정법

　② Soil 시멘트법

　③ 화학약제 혼합법

4) 탈수 공법

　① Sand Drain 공법

　② Paper Drain 공법

　③ Well Point 공법

5) 진동다짐압입 공법

　① 진동다짐 공법(Vibro Flotation 공법)

　② 다짐모래말뚝 공법(Sand Pile 공법)

　③ 동다짐 공법(Dynamic Compaction 공법)

6) 고결 공법

　① 생석회말뚝 공법

　② 동결 공법

　③ 소결 공법

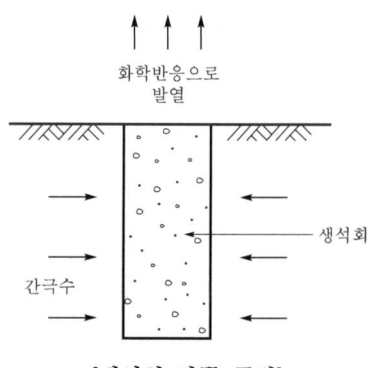

[생석회 말뚝 공법]

7) 배수 공법

　① 중력배수 공법

　② 강제배수 공법

　③ 전기침투법

4. 지반개량 공법별 특성

1) 치환 공법

　(1) 굴착치환 공법

　　연약층을 굴착 제거 후 양질의 흙으로 치환하는 공법

　(2) 미끄럼치환 공법

　　연약지반 위에 양질의 성토를 압축하여 미끄럼 활동으로 치환하는 공법

　(3) 폭파치환 공법

　　연약지반이 넓게 분포되었을 때 폭파 에너지에 의해 압축하는 공법

2) 압밀(재하) 공법

(1) Preloading 공법(선행재하 공법, 사전압밀 공법)

사전에 미리 성토를 하여 침하시켜 지내력을 증가시킨 후 성토 부분을 굴착 제거하는 방법

(2) 사면선단재하 공법

성토의 비탈 부분을 계획선 이상으로 넓게(0.5~1.0m) 하여 비탈면 끝의 전단강도를 증가시긴 후 더 돋은 부분을 제거하는 방법

(3) 압성토 공법(Surcharge 공법)

계획 높이 이상으로 성토하여 강제로 침하시켜 지내력을 증가시킨 후 압성토를 제거하는 공법

3) 혼합 공법

(1) 입도조정법

다른 입자의 흙을 혼합하는 방법으로 운동장, 노반, 활주로 등에 사용

(2) Soil Cement 법

흙과 시멘트를 혼합하여 다져서 보양하는 방법

(3) 화학약제 혼합법

연약지반에 화학약제를 혼합하여 개량하는 방법

4) 탈수 공법

(1) Sand Drain 공법

연약지반에 모래말뚝을 형성한 후 성토하중을 가하여 간극수를 단시간 내 제거하는 공법

(2) Paper Drain 공법

연약지반에 Paper Drain을 설치하여 배수를 함으로써 압밀을 촉진시키는 공법

(3) Well Point 공법

① 지반에 일정 간격으로 케이싱 파이프를 박아 지반 속의 지하수를 진공 펌프로 배수하는 공법

② 케이싱 구멍 주위에 필터층을 부착하여 토입자의 이동 없이 지하수만을 배수하여 지하수위를 낮추면서 지반을 압밀하는 공법

5) 진동다짐 압입 공법

(1) 진동다짐 공법(Vibro Flotation 공법)

지반 중에 봉상 진동기를 넣어 물을 빼면서 자갈이나 모래를 채워 넣는 공법

(2) 다짐모래말뚝 공법(Sand Pile 공법)

지중에 말뚝을 박은 후 그 속에 모래를 다짐하여 말뚝을 형성하는 공법

(3) 동다짐 공법(Dynamic Compaction Method)

연약층에 무거운 추를 자유낙하시켜 지반을 다지고 이때 발생하는 잉여수를 배수하여 지반을 개량하는 공법

6) 고결 공법

(1) 생석회 말뚝 공법

모래말뚝 대신 수산화칼슘(생석회)을 주입하여 흙의 수분과 화학반응을 하여 발의한 수분증발

(2) 동결 공법

동결관을 땅 속에 박고 액체 질소 같은 냉각제를 흐르게 하여 흙을 동결시켜 일시적 사용

(3) 소결 공법

연약지반에 연직 또는 수평 공동구를 설치하고 그 안에 연료를 연소시켜 탈수하는 공법

7) 배수 공법

(1) 중력배수 공법(Deep Well 공법)

물이 높은 곳에서 낮은 곳으로 흐르는 원리를 이용하여 지하수위를 저하시키는 공법

(2) 강제배수 공법(Well Point 공법)

물을 강제로 모아서 배수하는 공법

(3) 전기침투법

물의 성질 중 전기가 양극에서 음극으로 흐르는 원리를 이용하여 Well Point를 음극봉으로 하는 공법

5. 안전대책

1) 공사 전 준비사항

① 작업계획, 작업내용을 충분히 검토하고 이해
② 공사물량 및 공기에 따른 근로자의 소요인원 계획 수립
③ 이설, 제거, 거치보전 계획을 수립

④ 가스관, 상하수도관, 지하 케이블 등에 대한 방호 조치

⑤ 반입수량을 검토, 준비하고 반입방법에 대하여 계획

⑥ 예정된 굴착방법에 적절한 토사 반출방법을 계획

⑦ 수기 신호, 무선 통신, 유선통신 등의 신호체제를 확립

⑧ 지하수 유입에 대한 대책 수립

2) 작업 시 준수사항

① 작업장소의 불안전한 상태 유무의 점검 및 조치

② 근로자 적절히 배치

③ 사용하는 기기, 공구 등을 근로자에게 확인

④ 근로자의 안전모, 복장 상태, 안전대 착용 확인

⑤ 당일 작업량, 작업방법 설명 및 안전작업에 대한 교육

⑥ 작업장소 및 위험장소에 근로자 접근 및 출입 금지 조치

⑦ 굴착자와 차량 운전자간 표준신호 준수

6. 결론

① 지반개량은 흙파기 공사 시 주변 지반의 이완을 미리 방지하거나 기초저면의 지내력이 설계강도에 미달될 때 실시하는 것으로 사전조사를 통한 적정한 공법 선정이 중요하다.

② 지반개량 시 주변의 환경공해를 유발하지 않고 안전한 공법 및 지내력을 증가시킬 수 있는 공법 개발이 필요하다.

Section 4
사질토 지반의 개량 공법

1. 개요

① 연약지반(사질토)에서의 구조물 시공은 지반침하로 인한 부등침하와 주변 시설물, 매설물 및 도로침하 붕괴 등의 원인이 된다.

② 따라서 연약지반에서는 치환 공법, 약액주입 공법 등의 지반 개량 공법으로 지내력을 확보하여야 한다.

2. 연약지반의 판정 기준

① 점성토 지반 : N값이 4 이하인 지반(N≦4)

② 사질토 지반 : N값이 10 이하인 지반(N≦10)

※ **N값** : 표준관입 시험으로 구해진 지반의 단단함의 지표

3. 지반 개량 목적

① 사질지반의 액상화 방지

② 기초의 부등침하 방지

③ 터파기 공사의 안전성 확보

④ 주변 지반의 안전성 확보

⑤ 투수성 감소

4. 사전조사

1) 토질 및 지반 조사

① 지형, 지질, 지층, 지하수, 용수, 식생 등

② 주변 기절토된 경사면의 실태 조사

③ 토질 구성, 토질 구조, 지하수 및 용수의 형상

④ Sounding, Boring 등 토질시험 실시

2) 지하 매설물 조사

① 가스관, 상수도관, 지하 케이블

② 지하 매설물에 대한 안전 조치

3) 설계도서 검토

시방서, 구조계산서 등

4) 입지조건 확인

주변 하천 유무 확인 등

5) 기상조건

강우, 강설 등

6) 관계 법규 검토

　건축법, 관련 조례 등

5. 사질토 지반 개량 공법

1) 진동 다짐 공법

　① 인위적인 외력을 가하여 접착력 증가

　② 본상 진동기를 이용하여 진동과 물다짐을 병용하여 모래지반을 개량하는 공법

2) 다짐모래 말뚝 공법

　① 진동을 이용하여 모래를 압입시켜 모래 말뚝을 형성하여 다짐에 의한 지지력을
　　향상시키는 공법

　② 관입이 곤란한 단단한 층은 Air Jet, Water Jet 공법 병용

3) 동다짐 공법

　5~40톤의 무거운 추를 6~30m 높이에서 자유낙하시켜 지반 충격을 줌으로써 다짐
　효과를 주어 지반 개량

4) 약액 주입 공법

　지반 내 주입관을 삽입하고 시멘트나 약액을 주입하여 지반을 강화하는 공법

5) 폭파 다짐 공법

　다이너마이트를 이용, 인공지진을 일으켜 느슨한 사질토 지반을 다지는 공법

6) Well Point 공법

　지중에 케이싱을 삽입하여 배수하는 공법

7) Deep Well 공법

　터파기의 장내에 깊은 우물을 파고 Casing Strainer를 삽입하여 수중 펌프로 양수하는
　공법

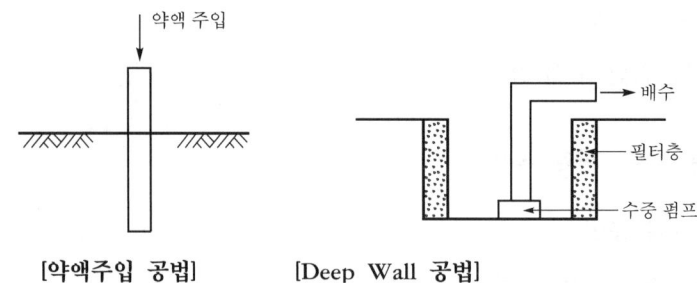

[약액주입 공법]   [Deep Wall 공법]

6. 공법 선정 시 유의사항

① 지반 조건(연약층의 깊이 분포 구조)
② 지반의 물리적, 역학적 성질
③ 토사의 화학적 성질
④ 지하수 조건(지하수위)
⑤ 공법사용 목적별 기대 효과
⑥ 투입재료 및 장비투입 조건
⑦ 시공비 등의 경제성
⑧ 환경조건
⑨ 시공의 용이성 및 공사기간
⑩ 안전성

7. 결론

① 연약지반에 구조물 축조 시에는 반드시 지반개량을 실시하여 액상화 방지 및 지지력의 증대를 도모해야 한다.
② 시공 시 발생하는 소음, 진동 등의 환경공해 및 안전대책을 갖출 수 있는 공법의 지속적인 연구개발이 필요하다.

Section 5 | 굴착공사 시 안전대책

1. 개요

① 굴착(Excavation)이란 인력이나 굴착기를 이용해 지반을 파는 것으로 굴착 공법은 굴착모양과 굴착형식으로 구분한다.

② 굴착 시 철저한 사전조사, 적절한 공법선정, 안전한 시공이 필요하다.

2. 굴착공사 시 사전조사

1) 토질에 대한 조사

(1) 조사대상

지형, 지질, 지층, 지하수, 용수, 식생

(2) 조사항목

① 주변에 기절토된 경사면의 실태조사

② 토질구성(표토, 토질, 암질), 토질구조(지층의 경사, 지층, 파쇄대의 분포, 변질대의 분포), 지하수 및 용수의 형상 등의 실태 조사

③ 사운딩

④ 시추

⑤ 물리탐사(탄성파조사)

⑥ 토질시험 등

2) 지하 매설물 조사

① 굴착작업 전 가스관, 상하수도관, 지하케이블, 건축물의 기초 등

② 굴착 시 지하 매설물에 대한 안전 조치

3. 굴착 공법의 종류

1) 모양에 의한 분류

(1) 구덩이 파기(Pit Excavation)

국부적으로 파는 방법으로 독립기초에 적용

(2) 줄기초 파기(Trench Excavation)

지중보, 벽식기초에 사용하는 도랑 모양으로 파는 기초

(3) 온통 파기(Overall Excavation)

Mat 기초에 적용하는 방식으로 구조물 전체를 파는 형식

2) 굴착형식에 의한 분류

(1) Open Cut 공법

① 경사 Open Cut 공법 : 지보공이 없이 경사로 굴착하는 공법

② 흙막이 Open Cut 공법 : 흙막이벽과 지보공으로 토사의 붕괴를 차단하면서 굴착하는 공법

(2) 아일랜드 공법(Island Method)

흙파기 면을 따라 널말뚝을 박고 중앙부를 굴착하여 구조물을 축조하고 여기에 버팀대를 지지하여 주변 흙을 파내고 구조물을 완성시키는 공법

(3) 트렌치 컷 공법(Trench Cut Method)

구조물의 외측에 널말뚝을 박고 굴착 후 구조물을 축조한 다음 외측 구조물을 흙막이로 사용. 중앙부를 굴착, 구조물을 완성하는 공법

(4) 톱다운 공법(Top Down Method)

지하연속벽 설치 후 지상과 지하를 동시에 축조해 가는 공법

4. 인력굴착 시 준수사항

1) 공사 전 준비사항

① 작업계획, 작업내용을 충분히 검토하고 이해

② 공사물량 및 공기에 따른 근로자 소요인원 계획

③ 작업에 지장을 주는 장애물이 있는 경우 이설, 제거, 거치보전 계획 수립

④ 시가지 등에서 공중재해에 대한 위험이 수반될 경우 예방대책을 수립하고 가스관, 상하수도관, 지하 케이블 등 지하 매설물에 대한 방호 조치

⑤ 작업에 필요한 기기, 공구 및 자재의 수량을 검토, 준비하고 반입방법 계획

⑥ 예정된 굴착방법에 적절한 토사 반출방법 계획

⑦ 수기 신호, 무선 통신, 유선통신 등의 신호체제 확립 후 작업 진행

⑧ 지하수 유입 대책 수립

2) 일일 준비 준수사항

① 작업 전에 작업장소의 불안전한 상태 유무를 점검

② 근로자 적절히 배치

③ 사용하는 기기, 공구 등을 근로자에게 확인

④ 근로자의 안전모 착용 및 복장 상태, 또 추락의 위험이 있는 고소작업자는 안전대 착용 확인

⑤ 근로자에게 당일의 작업량, 작업방법 및 작업의 단계별 순서와 안전상의 문제점에 대하여 교육

⑥ 작업장소나 위험장소에는 관련 근로자 외 출입 금지 조치

⑦ 굴착된 흙의 차량 운반 시 통로 확보 및 굴차자와 차량 운전자 상호 간 신호체계 확립

3) 굴착작업 시 준수사항

① 안전관리자의 지휘하에 작업

② 지반의 종류에 따라서 정해진 굴착면의 높이와 기울기로 진행

③ 굴착면 및 흙막이 지보공의 상태를 주의하여 작업 진행

④ 굴착면 및 굴착심도 기준을 준수하여 작업 중 붕괴 예방

⑤ 굴착토사나 자재 등을 경사면 및 토류벽 천단부 주변 적재 금지

⑥ 매설물, 장애물에 대한 대책을 강구한 후 작업

⑦ 용수 등의 유입수가 있는 경우 배수시설을 한 뒤에 작업

⑧ 수중펌프나 벨트 컨베이어 등 전동기기를 사용할 경우는 누전 차단기를 설치하고 작동 여부 확인

⑨ 산소 결핍의 우려가 있는 작업장은 안전 조치 후 작업 실시

⑩ 도시가스 누출, 메탄가스 등의 발생이 우려되는 경우 화기사용 금지

5. 기계굴착 시 준수사항

1) 굴착작업 전 준수사항

① 기계 선정 : 공사의 규모, 주변 환경, 토질, 공사기간 등을 고려한 적절한 기계 선정

② 작업 전 기계 점검사항

　㉠ 낙석, 낙하물 등의 위험이 예상되는 작업 시 견고한 헤드 가이드 설치 상태

　㉡ 브레이크 및 클러치의 작동 상태

　㉢ 타이어 및 궤도차륜 상태

　㉣ 경보장치 작동 상태

　㉤ 부속장치의 상태

③ 정비 상태가 불량한 기계 투입 금지

④ 장비 진입로와 작업장 주행로를 확보하고, 다짐도, 노폭, 경사도 등 상태 점검

⑤ 굴착된 토사의 운반통로, 노면의 상태, 노폭, 기울기, 회전반경 및 교차점, 장비의 운행 시 근로자의 비상 대피처 등에 대해서 조사하여 대책 강구

⑥ 인력굴착과 기계굴착을 병행할 경우 각각의 작업 범위와 작업추진 방향을 명확히 결정하고 기계의 작업반경 내 근로자 출입 방지 방호설비 또는 감시인 배치

⑦ 발파, 붕괴 시 대피장소 확보

⑧ 장비 연료 및 정비용 기구·공구 등의 보관장소가 적절한지 확인

⑨ 운전자가 자격을 갖추었는지를 확인

⑩ 굴착된 토사를 덤프트럭을 이용해 운반할 경우 유도자와 교통정리원 배치

2) 기계굴착 작업 시 준수사항

① 운전자의 건강 상태 확인

② 운전자 및 근로자는 안전모 착용

③ 운전자 외 승차 금지

④ 운전석 승강장치 부착 사용

⑤ 운전 시작 전 제동장치 및 클러치 등 작동 유무 확인

⑥ 통행인이나 근로자에게 위험이 미칠 우려가 있는 경우 유도자 신호에 의해 운전

⑦ 규정속도로 운전

⑧ 정격용량을 초과하는 가동은 금지, 연약지반의 노견, 경사면 등 작업 시 담당자 배치

⑨ 충분한 기계 주행로 폭 확보, 철저한 노면 다짐, 배수 조치 및 필요 장소에 담당자 배치

⑩ 시가지 등 인구밀집 지역에서는 매설물 확인을 위한 줄파기 등 인력굴착 후 기계굴착 실시. 매설물이 손상을 입었을 경우 즉시 작업 책임자에게 보고하고 지시를 받아야 한다.

⑪ 갱이나 지하실 등 환기가 잘 안 되는 장소는 충분한 환기 조치

⑫ 전선이나 구조물 등에 인접하여 부움을 선회해야 되는 작업에는 사전 회전반경, 높이제한 등 방호 조치를 강구하고 유도자의 신호에 따라 작업

⑬ 비탈면 천단부 주변에는 굴착된 흙이나 재료 등 적재 금지

⑭ 위험장소에 장비 및 근로자, 통행인 접근 금지 표지판 설치 또는 감시인 배치

⑮ 장비를 차량으로 운반해야 될 경우 전용 트레일러를 사용하고, 널빤지로 된 발판 등을 이용해 적재할 경우 장비가 전도되지 않도록 안전한 기울기, 폭 및 두께 확보

⑯ 작업의 종료나 중단 시 장비를 평탄한 장소에 두고 버킷 등은 지면에 정착

⑰ 장비는 당해 작업목적 외 사용 금지

⑱ 장비에 이상 발견 시 즉시 수리하고 부속장치를 교환, 수리할 때에는 안전담당자가 점검

⑲ 부착물을 들어 올리고 작업할 경우에는 안전지주, 안전블록 등을 사용

⑳ 작업종료 시 장비관리 책임자가 열쇠 보관

㉑ 낙석 등의 위험이 있는 장소에서 작업할 경우 장비에 헤드가드 등 견고한 방호장치를 설치하고 전조등, 경보장치 등이 부착되지 않은 기계는 운전 금지

㉒ 흙막이 지보공을 설치할 경우 지보공 부재의 설치순서에 맞도록 굴착 진행

㉓ 조립된 부재에 장비의 버킷 등이 닿지 않도록 신호자의 신호에 따라 운전

㉔ 상하 동시 작업 안전 조치

　㉠ 상부로부터의 낙하물 방호설비를 한다.

　㉡ 굴착면 등에 있는 부석 등을 완전히 제거한 후 작업을 한다.

　㉢ 사용하지 않는 기계, 재료, 공구 등을 작업장소에 방치하지 않는다.

　㉣ 작업은 책임자의 감독하에 진행한다.

Section 6 굴착공사 시 지하수 대책

1. 개요

① 지하 굴착공사에서 지하수 처리는 흙막이 벽체의 안전시공은 물론 재해 방지 및 주변 지반에 미치는 영향이 크므로 철저한 사전조사에 의한 지하수 대책을 수립해야 한다.

② 지하수 대책으로 배수, 차수, 고결 공법이 있으며 지반조건에 적절한 공법을 채용한 안전한 시공이 이루어지도록 해야 한다.

2. 배수의 목적

① 부력 경감

② 지반 강화

③ 작업 개선(Dry Work)

④ Piping 방지

⑤ 토압 저감

⑥ Boiling 방지

3. 지하수의 종류

1) 자유수

강우 등의 침투로 자유로이 수면이 승강하는 지하수, 지표수

2) 피압수

① 불투수층(점토지반)과 불투수층 사이에 높은 압력을 갖는 지하수
② 건물을 뜨게 하는 현상 발생

4. 지하수 대책 공법의 분류

1) 배수 공법

(1) 중력배수 공법
  ① 집수정 공법
  ② Deep Well 공법
(2) 강제배수 공법
  ① Well Point 공법
  ② 진공 Deep Well 공법
(3) 전기침투 공법

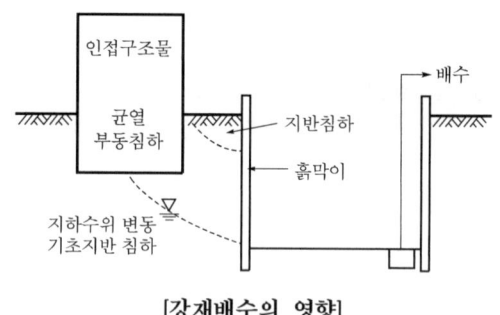

[강재배수의 영향]

2) 차수 공법

(1) 차수 흙막이 공법
  ① Sheet Pile 공법
  ② Slurry Wall 공법
  ③ 주열식 흙막이 공법(Earth Drill, Benoto, R.C.D, Prepacked Con'c Pile)
(2) 주입 공법
  ① 시멘트주입 공법
  ② 약액주입 공법

3) 고결 공법

① 동결 공법
② 소결 공법

5. 배수 공법

1) 중력배수 공법

(1) 집수정 공법

① 터파기의 한 구석에 깊은 집수정을 설치하여 펌프를 이용, 외부로 배수 처리하는 방법

② 설비가 간단하여 공사비가 저렴, 소규모 용수

(2) Deep Well 공법(깊은 우물 공법)

① Deep Well(깊은 우물)을 파고 스트레이너를 부착한 케이싱(Casing)을 삽입하고 수중 펌프로 양수하여 지하수위를 저하시키는 공법

② 한 개소당 양수량이 크므로 지표에 구조물이 있을 경우 특별 관리

2) 강제배수 공법

(1) Well Point 공법

① 지중에 집수관(Pipe)을 박고 Well Point를 사용하여 진공 펌프로 흡입·탈수하여 지하수위를 저하시키는 공법

② 설치 위치는 굴착 부분의 양측 또는 주위 부분

(2) 진공 Deep Well 공법

① Deep Well과 Well Point를 병용하여 진공 펌프로 강제 배수하는 공법

② 급속히 수위강하가 필요한 경우 사용

3) 전기침투 공법

① 지중에 전기를 통하게 하여 물을 전류의 이동과 함께 배수하는 공법

② 점토 지반의 간극수를 탈수하는 공법

③ 배수와 동시에 지반개량의 효과도 얻을 수 있다.

6. 차수 공법

1) 차수 흙막이 공법

(1) Sheet Pile 공법

① 강재 널말뚝을 연속으로 연결하여 벽체를 형성하는 공법

② 차수성이 높고 연약 지반에 적합

(2) Slurry Wall 공법

　① 지중에 콘크리트를 타설하여 지하연속 벽체를 구축하는 공법

　② 소음, 진동이 없고 차수성이 높다.

(3) 주열식 흙막이 공법

　① 현장타설 콘크리트 말뚝을 연속적으로 박아 주열식으로 흙막이벽을 형성하는 공법

　② 종류

　　㉠ Earth Drill 공법

　　㉡ Benoto

　　㉢ R.C.D

　　㉣ Prepacked Con'c Pile(CIP, MIP, PIP)

2) 주입 공법

　① Cement Mortar, 화학약액, 접착제 등을 지반 내의 주입관을 통해 지중에 Grouting하여 균열 또는 공극 부분의 틈에 충전하여 지반을 고결시키는 공법

　② 종류 : 시멘트주입 공법, 약액주입 공법

7. 고결 공법

1) 동결 공법

　① 지반을 일시적으로 인공 동결시켜 지반을 안정시킨 후 그 동안에 구조물을 축조하고 해동시키는 특수한 가설 공법

　② 연약지반이나 약액주입 공법으로 효과를 기대할 수 없는 경우에 사용

2) 소결 공법

　① 연직 또는 수평 공동구를 설치하여 그 안에 연료를 연소시켜 수분을 탈수하는 공법

　② 점토질의 연약지반에 적용

8. 지하수위 저하의 피해

　① 자유수위(지표수) 차에 의한 Boiling 현상(사질토 지반)

　② 지하 배수 시 폐수 발생

　③ 흙막이 벽체 부실의 Piping 현상

　④ 피압수에 의한 부풀음(점토질 지반)

⑤ 강제 배수 시 문제점

　㉠ 인접 구조물 침하 및 균열 발생

　㉡ 지하 매설물 침하 및 파손

　㉢ 주변 지반 침하

　㉣ 주변 우물 고갈

　㉤ 주변 지하수위 저하

9. 대책

1) 흙막이 공법 선정

지하수위 및 지하수량을 고려하여 적절한 공법 채택

2) 지하배수 시 폐수처리 대책

약식 정화조를 만들어 폐수를 정화시킨 후 방류

3) Piping 대책

지수성(수밀성) 높은 흙막이 공법 선정

4) Boiling 대책

널말뚝의 근입장은 깊게, Well Point 공법에 의해 지하수위 저하

5) 강제배수 시 대책

복수 공법(주수, 담수 공법), Under Pinning 실시, 연약지반 개량

6) 피압수 대책

Deep Well 공법 채용으로 지하수위 저하

7) 현장 계측관리 철저 시행

① Crack 측정 : Crack Gauge(인접 구조물 균열 측정)

② 지표면 침하 : Level, Inclino Meter

③ 지중 수직변위(침하) : Extension Meter

④ 지중 수평변위(경사), 지반의 수평경사 : Inclino Meter(경사계)

⑤ 지하수위 변동 조사 : Water Level Meter(수위계)

⑥ 구조물 응력 : Strain Gauge(변형계), Lord Cell(하중계)

10. 결론

① 지하 굴착공사 시 배수로 인한 주변 지반, 인접 건물, 지하 매설물 침하 및 주변 우물 고갈 등의 피해와 심할 경우 붕괴로 인한 대형사고도 발생하므로 굴착공사 시 지하수처리는 무엇보다도 중요하다.

② 이러한 문제점을 방지하기 위해서 지하수에 대한 충분한 검토와 지반에 대한 상세한 사전조사로 여건에 적합한 배수 공법과 차수 공법을 선정하여 안전시공과 재해 방지 및 주변지반에 대한 영향을 최소화해야 한다.

Section 7 Recharge 공법(복수 공법)

1. 정의

복수 공법이란 주 지반의 침하나 우물물의 고갈 등을 경감·방지하기 위해 필요한 장소에 복수 우물을 두고, 지하수를 거꾸로 주입하여 그 부분의 지하수위 저하를 방지하는 공법이다.

2. 목적

① 주변 지반침하 방지

② 주변 우물 고갈 방지

③ 지하 매설물 파손 방지

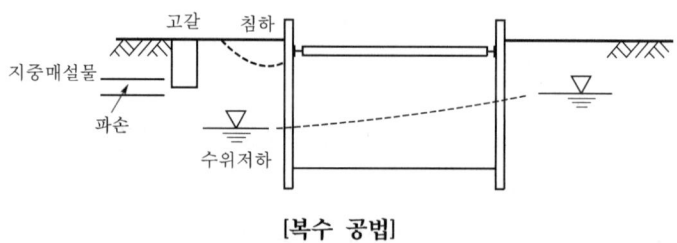

[복수 공법]

3. 복수 공법

1) 지하수위 저하

흙파기 시공 시 급격한 지하수위 강하로 인접지반 침하 발생

2) 침하 방지

현장에 Well Point로 양수한 물을 주수 Sand Pile에 의해 지중에 주입하여, 주변 건물에 원 상태의 지하수위 유지

3) 요점

① 펌핑(Pumping)에 의해 고갈된 부위에 물 주입
② 굴착저면이 인접 건축물의 기초면보다 낮을 때 적용하여 인접 건축물의 부동침하 방지
③ 주수한 물에 의한 굴착면의 붕괴를 방지하기 위해 도수 Sand Pile 설치
④ 주변 우물의 고갈 방지와 주변 지반침하 및 지하 매설물 파손 방지

4. 결론

① 굴착공사 시 지하수위의 급격한 변화는 주변 구조물 및 매설물에 침하나 변형을 발생시킨다.
② 이에 대한 대책 중 지하수위의 회복을 위한 복수 공법 채택으로 구조물 및 매설물의 안전을 확보하여야 한다.

Section 8 깊은 굴착 시 토류벽 배면의 탈수 압밀침하 발생원인

1. 개요

① 최근 건축물이 고층화, 대형화, 복잡화되고 있는 경향으로 특히 도심지에서 근접 시공이 날로 증가하고 있는 추세이다.
② 지하 굴착작업 시 인접 구조물, 지하 매설물 및 지반의 침하 변형·변위 등에 대비하여 안정성 확보를 위한 사전조사를 철저히 하여야 한다.

2. 지하 굴착공사 플로 차트

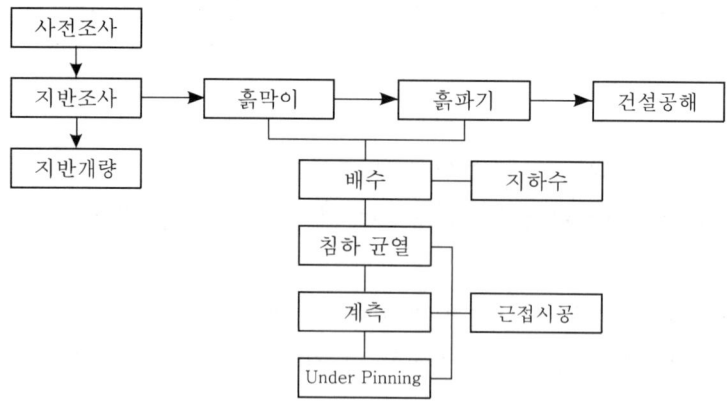

3. 침하의 종류

1) 즉시침하(탄성침하)

사질토지반에서 재하와 동시에 침하 발생

2) 압밀침하

점성토 지반에서 탄성침하 후 장기간에 걸쳐서 일어나는 침하

3) 2차 압밀침하

점성토의 Creep(외력이 일정하게 유지되어 있을 때, 시간이 흐름에 따라 재료의 변형이 증대하는 현상) 변형으로 발생

4. 흙막이벽에 발생하는 변위

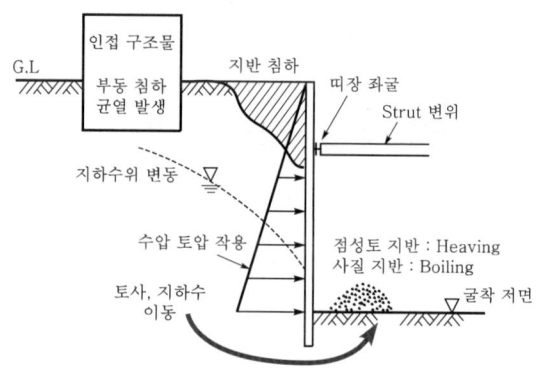

[주변 지반·인접 구조물의 변위 요인]

5. 원인

1) 강제배수

강제배수 시 토사유출로 지반 내 공극 증대

2) 과재하중

흙막이 주변 과재하중, 중장비 통행으로 하중 및 진동 발생

3) 뒤채움 불량

뒤채움재 재료 불량, 다짐불량으로 인한 침하

4) 흙막이 변형

흙막이 배면토의 토압 및 근입장 부족

5) 압밀침하

연약지반, 지반 개량 미실시, 배수

6) Boiling, Heaving

사질토, 수위차, 점성토, 흙의 중량차 및 근입장 부족

7) Piping

Boiling → Piping 파괴

6. 대책

1) 흙막이 안전성 검토

Boiling, Heaving, Piping, 토압 등 고려 검토

2) 사전조사 철저

토질, 지반조사, 지하수위, 주변 시설물 등

3) 복수 공법(지하수위 회복)

주수 공법, 담수 공법

4) 뒤채움 철저

적정 재료, 30cm마다 다짐

5) 지표면 과재하 방지

　흙막이 근처 무리한 재하 금지(굴착깊이 이내 적치 금지)

6) 지반개량

　약액주입 공법, 시멘트 Grouting 등

7) Boiling, Piping 방지

　지하수위 저하, 근입장 깊이 확보 및 배수에 의한 수압 저감

8) Heaving

　근입장 깊게, Earth Anchor 보강 등

9) 차수성 고려 흙막이 선정

　H-pile < Sheet Pile < Slurry Wall

7. 안전대책

① 안전관리자 작업지휘 하에 작업
② 복공 부위 지보공 보강
③ Boiling, Heaving 및 Piping 방지
④ 계측관리 철저
⑤ 근로자에게 작업에 대한 설명 및 이해
⑥ 장애물 제거, 매설물 방호 조치
⑦ 불안전 상태 점검 및 발견 시 즉시 제거
⑧ 신호 준수, 위험구역 출입 금지

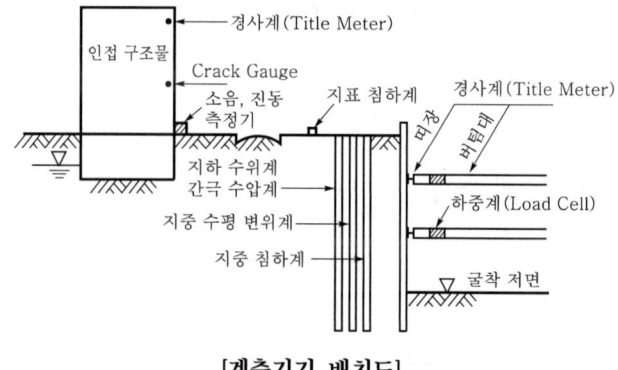

[계측기기 배치도]

8. 결론

① 굴착공사 시 흙막이의 침하는 붕괴의 위험이 있으므로 사전조사를 철저히 하고 시공성, 경제성, 안전성을 고려한 최적 공법을 선택하여 주변 구조물 침하, 지하 매설물 파손 등이 생기지 않도록 면밀한 시공계획을 수립해야 한다.

② 또한 굴착공사 중이나 완료 후에도 지반 및 흙막이의 거동을 관리하는 계측관리를 실시하여 정보화 시공으로 작업의 안전성을 확보해야 한다.

Section 9 | 트렌치 굴착공사 중 발생되는 재해 형태와 문제점 및 붕괴 방지 대책

1. 개요

① 트렌치 굴착이란 지하 구조물을 축조하고자 할 때 주변 부분이 무너지지 않도록 방지해 가면서 도랑(Trench) 모양으로 파서 구조물의 외주부를 만든 다음, 완성한 외주부를 무너짐 막이로 이용하여 내부를 굴착하는 공법이다.

② Island Cut 공법과 역순으로 흙을 파내는 공법으로 지반이 연약하여 Open Cut 공법을 실시할 수 없거나 지하 구조체의 면적이 넓어 흙막이 가설비가 과다할 때 적용한다.

2. 적용 조건

① 지반이 연약하여 온통파기(Open Cut)가 곤란할 때
② Heaving, Boiling에 의한 파괴가 예상될 때
③ 굴착면이 넓어 버팀대를 가설하여도 변형이 우려될 때
④ 넓고 얕은 지반 굴착 시
⑤ 휴식각 유지가 곤란한 지반

3. 특징

① 중앙부 공간 활용(1차 굴착 시) : 도심지 협소한 공간 문제 해결
② 버팀대 변형 최소화 : 버팀대의 길이가 짧아 변형이 적음

③ 연약지반이 넓고 깊은 굴착에 적당

④ 깊은 굴착에 부적당

⑤ 공기 증대 : Island Cut 공법에 비해 2차 굴착으로 공기 연장

⑥ 경제성 : 흙막이벽(내측 흙막이벽)의 이중 설치로 비경제적

4. 시공순서 플로 차트

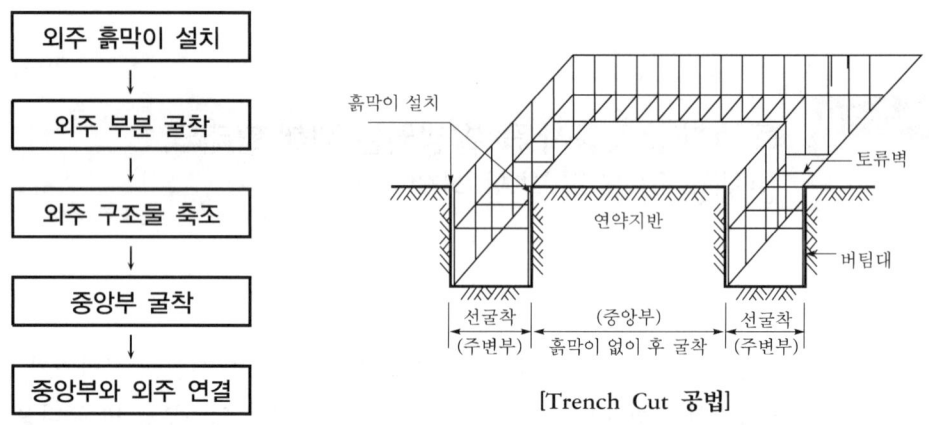

외주 흙막이 설치
↓
외주 부분 굴착
↓
외주 구조물 축조
↓
중앙부 굴착
↓
중앙부와 외주 연결

[Trench Cut 공법]

5. 재해 유형

1) 붕괴

① 굴착 중 토류벽 저면 붕괴 사고

② 과재하중에 의한 붕괴

③ 유수 유입에 의한 붕괴

④ 불량 자재 사용에 의한 붕괴

2) 낙석

① 천단부 방호 조치 미흡

② 낙하위험부 안정 조치 미흡

3) 지반 침하

① 주변 지반 침하로 인한 인접 건물 침하

② 지하 매설물 변형 및 파괴

4) 기타

① 흙파기 상부에서 추락

② 낙하물에 의한 재해

6. 문제점

① 인접 지반 침하 균열

② 토류벽 변위에 따른 배면토 이동으로 인한 침하

③ 지하수 유출 시 발생하는 침하

④ 굴착 지반이 연약할 경우 Heaving

⑤ 사질 지반일 경우 Boiling

⑥ 지하 매설물 침하에 의한 화재폭발 등 재해 발생

7. 재해 방지 대책

1) 굴착기준 준수

① 흙막이 지보공을 설치하지 않는 경우 굴착 깊이는 1.5m 이하

② 흙막이 지보공을 설치하여야 하는 경우

  ㉠ 수분을 많이 포함한 지반

  ㉡ 뒤채움 지반인 경우

  ㉢ 차량이 통행하여 붕괴하기 쉬운 경우

③ 굴착 깊이가 2미터 이상일 때 굴착 폭은 1m 이상 확보

④ 흙막이 널판만을 사용할 경우 널판 길이 1/3 이상의 근입장 확보

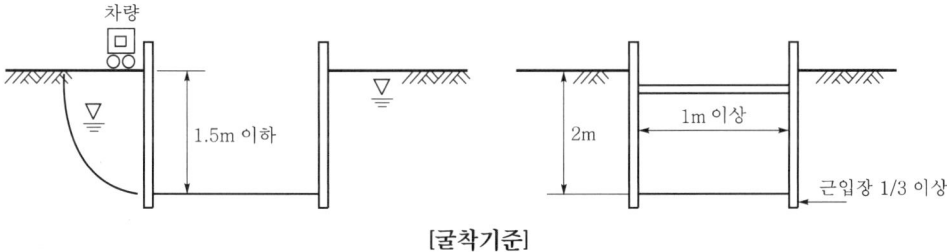

[굴착기준]

2) 사전조사 철저

① 지질, 지형 등 조사

② 주변 구조물 및 매설물 조사

3) Heaving Boiling 방지 대책

    ① 수밀성 있는 흙막이 사용(Sheet Pile 등)

    ② 강성이 큰 흙막이 사용 및 근입장 확보

4) 공법 선정

    ① 구조적으로 안전한 공법 선정

    ② 인접지반에 피해 없는 공법 선정(소음, 진동, 침하 등 고려)

5) 작업 내용 이해, 숙지

    특별 안전교육 실시

6) 신호체계 유지

7) 장애물 제거

    매설물 이설 및 방호 조치

8) 불안전한 상태 점검

    정기순회 점검, 계측

9) 근로자 배치 계획

    안전협의체 회의

10) 사용기기, 공구 확인

    작동 및 누전 확인

11) 위험장소 출입 금지

    방책, 표지판설치

12) 인접지 진동치 규제(cm/sec)

분류	문화재	주택/APT	상가	콘크리트 빌딩
진동허용치	0.2	0.5	1.0	1.0~4.0

13) 생활소음규제기준(dB)

대상지역	대상소음	조석 (05:00~07:00 18:00~22:00)	주간 (07:00~18:00)	야간 (22:00~05:00)
1. 주거지역 등	공사장	60	65	50
2. 그 밖의 지역	공사장	65	70	50

1. 주거지역, 녹지지역, 관리지역 중 취락지구·주거개발진흥지구 및 관광·휴양개발진흥지구, 자연환경보전지역, 그 밖의 지역에 있는 학교·종합병원·공공도서관

8. 트렌치 굴착 시 준수사항

① 통행자 접근 금지 조치 및 안전 표지판 설치

② 야간작업 시 조명시설 경광등 설치

③ 굴착 시 흙막이 지보공 설치

④ 흙막이 지보공을 설치하지 않는 경우 굴착깊이는 1.5미터 이하

⑤ 수분이 많은 지반, 뒤채움 지반 또는 차량 통행이 빈번한 곳은 반드시 지보공 설치

⑥ 굴착폭은 작업 및 대피가 용이하도록 충분한 넓이 확보. 굴착깊이가 2미터 이상일 경우에는 1미터 이상의 폭으로 한다.

⑦ 흙막이 널판만을 사용할 경우는 널판길이의 1/3 이상의 근입장 확보

⑧ 용수 발생 시 펌프로 배수하고 흙막이 지보공 설치

⑨ 굴착면 천단부 적재 금지, 적재 필요시 굴착깊이 이상 떨어진 장소에 적재하고, 별도의 건설기계 장비 통로 설치

⑩ 파쇄하거나 견고한 지반을 분쇄할 경우 진동 방지 장갑 착용

⑪ 콤프레셔는 작업이나 통행에 지장이 없는 장소에 설치

⑫ 벨트 컨베이어를 이용한 굴착토를 반출할 경우

　㉠ 기울기는 30도 이하로 하고 가대를 이용, 굴착면에 가깝게 설치

　㉡ 벨트 컨베이어 이동 시 작업 책임자의 지시에 따라 이동하고 전원스위치, 내연기관 등은 반드시 단락 조치 후 이동

　㉢ 회전부분 방호 조치 및 비상정지 장치 설치

　㉣ 큰 옥석 등 석괴의 경우는 운반 중 낙석, 전락 방지를 위한 컨베이어 양단부에 스크린 등의 방호 조치.

⑬ 지하 매설물(가스관, 상·하수도관, 케이블)이 발견되면 공사를 중지하고 방호 조치 후 굴착 실시

⑭ 바닥면의 굴착심도를 확인하면서 작업

⑮ 굴착깊이가 1.5미터 이상인 경우는 사다리, 계단 등 승강설비 설치

⑯ 굴착된 도랑 내에서 휴식 금지

⑰ 뒤채움을 할 경우 30센티미터 이내마다 충분히 다지고 필요시 물다짐

⑱ 작업 도중 굴착된 상태로 작업을 종료할 경우는 방호울, 위험 표지판을 설치하여 제3자의 출입을 금지시켜야 한다.

9. 결론

① 트렌치 굴착 공사 시 주변 지반이 연약하여 터파기 작업 중, 작업 후 내외적 원인에 의한 인접 구조물의 침하, 붕괴 등의 재해가 우려되므로 사전조사 단계부터 적절한 대책수립이 필요하다.

② 적절한 공법 적용, 굴착기준 준수, 지하수 관리 등을 철저히 하여 주변 침하에 의한 재해를 방지하여야 한다.

Section 10 **암반의 등급판별에 적용되는 요소**

1. 개요

① 암질변화 구간의 발파는 반드시 시험발파를 선행하여 실시하고 암질에 따른 발파 시방을 작성하여야 하며 진동치, 속도, 폭력 등 발파 영향력을 검토하여야 한다.

② 암질의 변화구간이나 이상암질 발견 시에는 반드시 암질에 따른 발파 시방을 작성하여야 한다.

2. 연약암질 및 토사층의 경우 발파 시 검토사항

① 발파 시방의 변경 조치

② 암반의 암질 판별

③ 암반지층의 지지력 보강 공법

④ 발파 및 굴착 공법 변경

⑤ 시험발파 실시

3. 암질판별 기준

1) R.Q.D(%)

　① 암반의 Core를 채취하여 암질의 상태 분류

　② $R.Q.D = \dfrac{10cm\,이상인\,core\,길이\,합계}{보링공의\,길이(총\,시추길이)} \times 100\%$

2) 탄성파 속도(m/sec)

　탄성파 속도의 빠르기

3) R.M.R

　① 암반의 평점에 의한 암반분류 방법(개별 채점 및 환산)

　② 평점이 높을수록 암질이 좋다.

4) 일축압축강도(kg/cm^2)

　직접 하중을 가해 파괴시험 실시

5) 진동치 속도(cm/sec=Kine)

　주변 구조물 및 인가 등 피해 대상물 인접 발파는 0.5km 이하

4. 암질의 분류

암질의 분류 ＼ 시험방법	R.Q.D (%)	R.M.R (%)	일축압축강도 (kg/cm^2)	탄성파 속도 (km/sec)
풍화암	<50	<40	<125	<1.2
연화암	50~70	40~60	125~400	1.2~2.5
보통암	70~85	60~80	400~800	2.5~3.5
경암	>85	>80	>800	>3.5

5. 발파허용 진동치

건물 분류	문화재	주택/아파트	상가	철골 콘크리트 빌딩 및 상가
건물기초에서 허용 진동치(cm/sec)	0.2	0.5	1.0	1.0~4.0

6. 결론

① 발파 대상 구간의 암반 상태를 사전에 조사, 확인 후 발파시방과 접합 여부를 판단하여야 한다.

② 암질변화 구간 및 발파시방 변경 시는 시험발파 후 암질을 판별하여 발파방식, 표준시방 등 계획을 재수립하여야 한다.

Section 11 지하 매설물 시공 시 안전

1. 개요

① 지하 매설물에는 가스관, 송유관, 전기배선관, 통신관, 상·하수도관 등이 있으며, 이들 시설은 도시민의 생활에 필요한 중요 시설이다.

② 지하 매설물의 허술한 관리로 화재 폭발 등 엄청난 재해가 발생하지 않도록 지하 매설물에 대한 보호대책을 수립·시행하여야 한다.

2. 지하 매설물의 종류(현황)

① LNG관 : 한국가스공사 관련 시설물로, 강관으로 구성

② 도시가스관(LPG관 포함) : 27개 도시가스(주) 관련 시설물로, 강관으로 구성

③ 송유관 : 대한송유관공사, 한국송유관공사, 국방부의 관련 시설물로, 강관으로 구성

④ 전기배전관 : 한국전력공사 관련 시설물로, PVC관, 흄관으로 구성

⑤ 통신관 : 한국통신공사 관련 시설물로, PVC관으로 구성

⑥ 상수도관 : 한국수자원공사, 지방자치단체 관련 시설물로, 주철관, 강관 등으로 구성

⑦ 하수도관 : 지방자치단체 관련 시설물로 PVC관, 흄관 등으로 구성

3. 굴착작업 시 안전대책

1) 사전조사

① 굴착작업 착수 전 사전조사 실시

② 조사내용 : 매설물 종류, 매설 깊이, 선형 기울기, 지지방법 등

2) 굴착작업

　① 매설물의 위치 파악 : 시가지 굴착 경우 도면 및 관리자의 조언에 의하여 줄파기 작업 시작

　② 매설물 노출 시 : 관계 기관, 소유자 및 관리자에게 확인시키고 방호 조치

　③ 매설물의 이설 및 위치 변경, 교체 : 관계 기관(자)과 협의하여 실시

　④ 순회 점검 : 최소 1일 1회 이상 와이어로프의 인장 상태, 거치구조의 안전 상태, 집합부분 점검

　⑤ 매설물에 인접하여 작업 시 : 주변 지반의 지하수위가 저하되어 압밀침하 및 매설물의 파손에 대비해 관계 기관(자)과 충분히 협의하여 방지대책 강구

　⑥ 가스관과 송유관 등이 매설된 경우 : 화기사용 금지. 부득이하게 용접기를 사용할 경우 폭발 방지 조치 후 작업

　⑦ 되메우기 : 매설물의 방호를 실시하고 양질의 토사를 이용하여 충분한 다짐

4. 지하 매설물의 사고 유형

　① 가스폭발

　② 기름유출로 인한 환경오염 및 화재 폭발

　③ 감전사고

　④ 통신두절

　⑤ 상하수도관 파열로 토사 붕괴 및 단수

5. 지하 매설물의 사고원인

　① 사전조사 미흡 : 지하 매설물의 종류, 위치 및 지하수 상태 등 사전조사 부실

　② 방호시설 불량 : PVC 반관, 보호용 철판 등의 방호시설 불량

　③ 안전관리 미흡 : 지하굴착 시 안전관리자 미배치

　④ 불량재료 사용 : 비규격 재료 및 배관 부속 재료의 불량

6. 지하 매설물의 안전시공

1) 가스관(LNG관)

(1) 설계기준(선진국 기준 동등 이상)

　① 관계압력 : 70kg/cm^2(주배관), 외압은 내압에 비해서 적음

② 두께 : 지역의 중요도에 따라 16.7mm, 13.3mm, 11.1mm의 3등급으로 분류(안전율 2.5~1.6배 고려)

③ 관 보호 : 외부에 폴리에틸렌 3.5mm 피복, 전기 방식

④ 내용연수 : 약 30년

(2) 시공

① 도로를 따라 매설, 본선 매설 시 관 상부와 노면까지의 거리 1.2m 이상

② 관 1개당 길이가 12m로 용접으로 연결(결함검사 철저)

③ 외부로부터 보호하기 위해 보호용 철판 설치

④ 도로 횡단 시 흄관 등으로 보호

⑤ 타 시설과 30cm 이상 이격

⑥ 타 공사로 인한 굴착 시 피해 방지를 위해 경고표지판 설치 및 위험 테이프(가스관, 송유관 등) 매설

(3) 시공 시 검사방법

① 용접부위를 100% 방사선 촬영하여 한국가스공사 및 한국가스안전공사가 판정

② 한국가스안전공사 입회하에 최고 압력의 1.5배($105kg/cm^2$)를 걸어서 내압 확인

③ 한국가스안전공사 입회하에 하천, 도로통과 등의 주요 부위 및 500m마다 1개소 검사

(4) 안전관리 대책

① 중앙통제소에서 전관의 압력 점검

② 긴급차단 장치 조작(8~20km 간격 설치)

③ 누설 시 발견이 용이하도록 부취제 혼합

④ 자동탐지기 탑재 차량이 매일 전 노선 2회 순찰

⑤ 정기점검 실시

　㉠ 한국가스공사 : 6개월마다

　㉡ 한국가스안전공사 : 1년마다

2) 상수도관

(1) 설계기준

① 관계압력 : 내압으로 수압, 충격압, 외압으로써 차량하중과 토압을 고려하여 결정

② 외압 : 최대 $10kg/cm^2$

③ 관보호 : 부식 두께 2mm를 추가 고려해야 하며, 전기방식 또는 강관 콘크리트 보호공 설치

④ 내용년수 : 40년

(2) 시공

① 관 연장은 관종에 따라 4~6m 이내

② 연결방법 : 현장용접, 플렌지 접합, 메커니컬 접합방식 등 사용

③ 매설심도는 1.2m 이상, 한랭지는 동결심도 이하

④ 하수관 밑으로 매설 금지

(3) 시공확인

① 강관 : 매관마다 공기압 시험(시험압력 $15kg/cm^2$)

② 주철관 : 300m마다 수압시험(시험압력 $5kg/cm^2$)

③ 도로, 철도, 하천횡단 등의 취약 부위에 대해 검사

(4) 안전관리 대책

① 청음기, 누수탐사기로 정기적 점검

② 누수발생 시 2km마다 설치된 제수밸브에 의해 차단 및 보수실시

③ 대형 시스템에서는 중앙제어실에서 수량, 수압 상시 측정

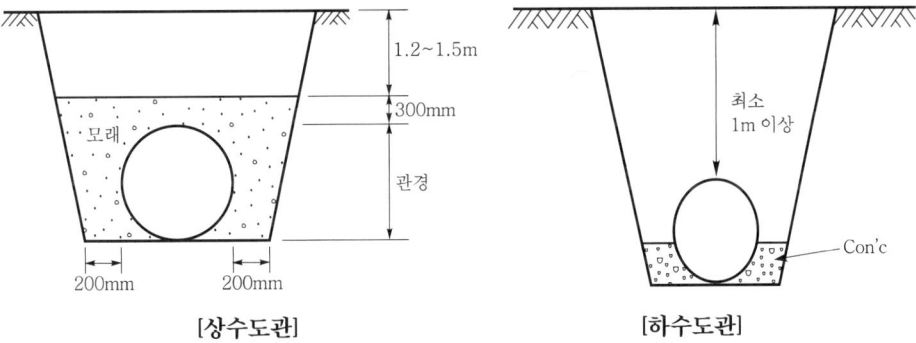

[상수도관]　　　　　　　　　　[하수도관]

3) 하수도관

(1) 설계기준

① 관계압력 : 대부분 외압만 고려, 특별한 경우 압력관 사용

② 재료 : 외압에 견딜 수 있는 흄관, 철근콘크리트관, P.C관 등 사용

③ 내용년수 : 50년 이상

(2) 시공

① 관연장은 관종에 따라 1~5m 이내

② 연결방법 : 칼라접합, 플렌지 접합, 메커니컬 접합방식 등 사용

③ 우수관과 오수관의 분리식을 택하는 지역에서는 우수관과 오수관 연결 금지

(3) 시공 확인

① 분류식 오수관과 합류식 80mm 미만에 대해 10% 이상 수밀검사

② 관경 800mm 이상 : 육안검사

③ 관경 800mm 이하 : 10% 이상에 대하여 CCTV로 접합부 검사

④ 우수관과 오수관의 오접 방지를 위해 관 색깔 차별화

(4) 안전대책

① 매설 시 보도의 지하 부분 매설

② 하수도 본선 매설 시 윗 부분과 노면까지의 거리는 3m 이상

③ 교량에 설치 시 보의 양측 또는 상판 밑에 설치

4) 기타

(1) 송유관 안전대책

① 차량 하중의 영향이 적은 장소에 매설

② 송유관과 도로의 경계선 사이가 안전에 필요한 거리를 유지할 것

③ 송유관의 이격거리

㉠ 방호 구조물의 윗부분을 노면으로부터 1.5m 이상 띄울 것

㉡ 방호 구조물로 보호하지 않은 경우 송유관의 윗부분을 노면으로부터 1.8m 이상 띄울 것

(2) 전기배전관 안전대책

① 차도 및 길어깨 외의 부분에 매설

② 전기 배전관의 이격거리

㉠ 차도의 지하인 경우 : 0.8m 이상을 노면으로부터 띄울 것

㉡ 보도의 지하인 경우 : 0.6m 이상을 노면으로부터 띄울 것

③ 통신관 안전대책

㉠ 케이블의 외피 손상, 파손이 없도록 PVC 반관 보호 및 가마니를 덮어 작업 충격 방지

㉡ 굴착 시 관로 등 지중설비가 완전히 노출되도록 굴착

7. 결론

① 굴착작업 시에는 지하 매설물 관리자 입회하에 방호 조치 후 작업을 실시하여야 하며, 지하 매설물에 대한 안전시공, 안전관리 및 정기적인 안전점검 실시로 대형 사고 발생을 방지해야 한다.

② 지하 매설물의 안전관리 소홀은 대형 사고를 유발하므로 지하 매설물에 대한 보다 합리적인 제도 개선과 설계, 시공 및 관리업무에 높은 관심과 이해가 필요하다.

Section 12 가스관의 보호 및 관리

1. 개요

① 가스는 도시가스, LNG(액화천연가스)와 LPG(액화석유가스), 부탄 등 여러 종류가 있으며, 가스관의 부근에서 굴착공사 시 관리업체 관계자 입회 및 가스관의 노출 또는 영향을 받을 때 방호 조치 후 작업을 진행해야 한다.

② 가스는 발열량이 매우 높고 고압이기 때문에 폭발 등 사고 발생 시 피해 지역이 광범위하고 피해 정도가 크므로 가스관의 방호 조치 및 안전관리를 철저히 해야 한다.

2. 가스의 종류

① 도시가스
② LNG(Liquefied Natural Gas, 액화천연가스)
③ LPG(Liquefied Petroleum Gas, 액화석유가스)
④ 메탄, 부탄, 수소, 프로판, 아세틸렌 등

3. 가스 공급 방식

1) 중·고압 방식

① 가스의 간선 수송용에 사용
② 압력
   ㉠ 중압 : $1kg/cm^2$ 이상 ~ $10kg/cm^2$ 미만
   ㉡ 고압 : $10kg/cm^2$ 이상

2) 저압 방식

① 저압으로 하기 위해 정압기(가바나)에 의해 압력을 낮추어 가스 미터를 통해서 일반 가정에 공급
② 압력 : $1kg/cm^2$ 미만

4. 가스의 폭발

1) 폭발 조건

① 가연성 가스가 실내 혹은 갱 속과 같이 둘러싸인 공간에 존재할 때
② 혼합기가 폭발한계 내에 있을 때
③ 착화원이 있을 때

2) 가스의 폭발 한계

가스	폭발 한계		이론 공기량	발열량 (kcal/N · m³)
	하한	상한		
도시가스	5.5%	41%	4.2	4,120
LNG	5.5%	14%	10.1	10,000
LPG	2.1%	9.1%	25.9	26,600

3) 폭발에 따른 피해(가스 폭발이 주위에 미치는 영향)

① 충격 파괴
② 폭풍 파괴
③ 파편 파괴
④ 소이(태움) 파괴

5. 가스 누설 시 응급 조치

1) 관계기관에 즉시 연락

① 가스회사, 경찰서, 소방서 등에 긴급 연락
② 가스사고 장소 및 가스 사고의 종류
③ 피해 정도 및 현장 부근의 현황

2) 부근에 불씨가 되는 것 사용 금지

① 용접, 가스절단 금지
② 모든 전기절단 금지
③ 금속제 공구의 사용 금지(충격에 의한 불꽃 방지)
④ 횃불, 담배 금지
⑤ 엔진 브레이크의 사용 금지
⑥ 자동차 출입 금지

3) 관계자 외는 부근에서 이동

    ① 가스 관계자 외는 출입 금지

    ② 가스에 의한 2차사고 예방

4) 피난유도

    방송시설, 메가폰 등을 이용하여 가스 위험지역에서 안전지역으로 피난 유도

5) 부근 밀폐공간의 가스 유입 방지

    ① 복공의 개방

    ② 맨홀 뚜껑 개방

    ③ 건물 내에서는 창을 개방하여 환기

6. 가스관의 사고원인

1) 사전조사 미흡

    매설 깊이, 매설 위치 등 사전조사 미흡

2) 취급 부주의

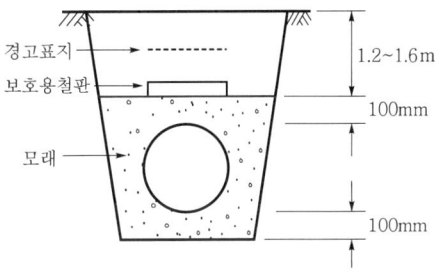

[가스관]

    ① 가스 공사의 비전문가 및 무면허자 공사

    ② 가스 취급 시 안전수칙 무시

    ③ 가스관의 법상 이격거리(1.2m 이상) 미준수

    ④ 굴착공사 시 안전관리 미흡

3) 재료불량

    ① 비규격 가스 배관재료 사용

    ② 배관 부속재료 불량

4) 안전설비 미흡

    ① 안전차단장치 미흡 및 2차 안전장치 미고려

    ② 접지시설의 불량 및 노후

5) 표시판

    ① 안전표시판 미설치

    ② 시공 시 표시판 위치 변경 시공

6) 기타

① 설계 시 비전문가 설계

② 노후 설비의 결함

7. 가스관의 보호 조치(굴착공사에 따른 보호 조치)

1) 직접적 조치

(1) 이전 설치, 돌리기, 임시 배관

① 이전설치 : 공사에 의한 영향범위 내의 가스관을 영향범위 밖으로 옮기는 것

② 돌리기 : 구축물에 지장을 주는 가스관을 부분적으로 우회하여 배관하는 것

③ 임시배관 : 공사 시 가스관이 장애가 될 때 공사 완료 시까지 사용자를 위해 임시로 배관하는 것

(2) 관 종류 변경

가스관의 강도 증가에 의한 방호 조치로 재질을 주철에서 강 또는 덕타일 주철로 변경하는 것

(3) 이음보강

가스관이 노출되었을 때 접합부를 보강하는 것

(4) 빠지기 방지 조치

① 가스관 내압으로 접합부를 빠지게 하는 힘이 작용하므로 용접, 플렌지 접합, 나사 접합 등으로 방지

② 곡관부, 분기부 및 관 끝 주위가 노출 시 빠지기 방지 조치 실시

③ 납 접합은 빠지기 방지 조치를 강구

(5) 가스 차단장치의 설치

① 가스관의 노출 길이가 100m 이상일 때는 긴급으로 가스를 차단할 수 있는 장치 설치

② 지하철공사, 지하가설공사 등의 대규모 굴착공사 시 적용

(6) 신축이음의 설치

가스관의 이음부에 지열 등에 대비한 신축이음 장치 설치

(7) 기타

① 법상 이격거리 1.2m 이상 준수(가스관 윗부분과 노면까지의 거리) 도로 횡단 시 흄관 등으로 방호 조치

② 타 시설과 30cm 이상 이격 등

2) 간접적 조치

(1) 매달기 방호

① 굴착 시 가스관의 주위가 노출되었을 때는 지지물이 없어지므로 매달기 방호 조치

② 노출된 부분의 매달기 방호 조치 부분

   ㉠ 가스차단 장치

   ㉡ 정압기

   ㉢ 불순물 제거 징치

   ㉣ 용접 이외 방법의 접합부가 2개 이상 있을 때

   ㉤ 다음에 표시한 부분의 길이를 넘을 때

노출되어 있는 부분의 상황	양 끝부의 상황	
	경고한 땅속에 양 끝이 지지되어 있을 때	기타의 경우
강관이며, 접합부가 없는 것 또는 접합부의 접합방법이 용접인 것	6m	5m
기타의 것	3m	2.5m

(2) 받침방호

① 굴착으로 노출된 가스관을 되메울 때 침하가 일어나 가스관의 절손사고 발생 가능성이 있으므로 받침방호 조치

② 가스관의 하부에 받침대를 설치하여 되메움

(3) 기타

① 고정 조치

② 옆 흔들기 방지장치의 설치

③ 배면방호 조치

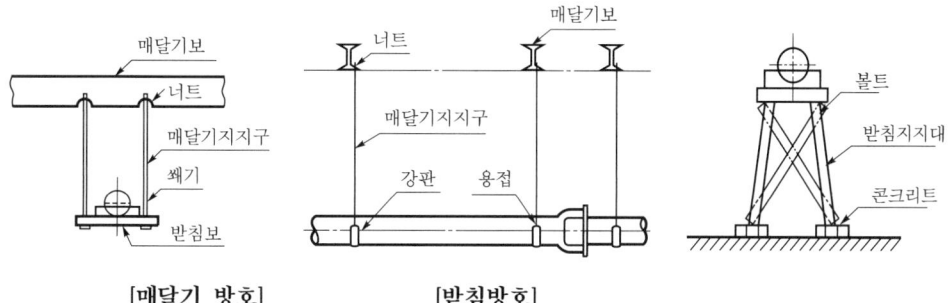

[매달기 방호] [받침방호]

8. 결론

① 가스로 인한 사고는 보통 폭발사고로 엄청난 대형 재해가 발생하므로 설계부터 시공, 관리 전반에 이르는 전반적인 안전대책이 필요하다.

② 가스누설 시에는 즉시 관계기관에 연락하여 안전 조치를 취해야 하며, 굴착공사 시 안전관리의 소홀로 인한 사고가 많이 발생하므로 굴착 시 관련업체 관리자 입회 및 가스관의 방호 조치를 철저히 하여 사고를 예방해야 한다.

Section 13 Under Pinning 공법

1. 개요

① Under Pinning이란 기존 구조물에 근접시공 시 기초 바닥이 기존 구조물의 기초저면보다 깊은 건물을 시공할 때, 기존 구조물을 보호하기 위하여 지하에 실시하는 보강공사 공법이다.

② Under Pinning은 기존 구조물의 사용이나 기능을 방해하지 않고 주변에 유해한 영향을 미치지 않는 공법으로 시공해야 한다.

2. Under Pinning 실시

① 구조물의 침하나 기울음을 미연에 방지하기 위한 경우

② 구조물을 이동할 경우

③ 기존 구조물 하부에 지중 구조물을 설치할 경우

④ 구조물에 침하가 생겨 복원할 경우

3. 사전조사

1) 조사내용

① 기존 구조물의 기초 상태와 지질조건 및 구조형태 등

② 작업방식, 공법 등 대책과 작업상의 안전계획 확인 후 작업

2) 인접하여 굴착 또는 기존 구조물의 하부를 굴착할 경우

크기, 높이, 하중 등을 충분히 조사하고 굴착에 의한 진동, 침하, 전도 등 외력에 대해서 충분히 안전한가를 확인

4. 보강 공법의 분류

1) 2중 널말뚝 공법

① 인접 건물과 여유가 있거나 연약지반일 때 사용

② 흙막이 널말뚝 외측에 2중으로 널말뚝을 박아 흙과 물의 이동을 막는 방법

2) 차단벽 설치 공법

① 상수면 위에서 시공하는 경우 사용

② 인접 건물과 땅을 판 벽과의 사이에 설치하여 건물 하부 흙의 이동을 막음

3) Pit or Well 공법

① 비교적 경량 건물로 상수면보다 위에서 공사가 가능한 경우 사용

② Pit or Well을 기존 건물과 흙막이 사이에 설치

③ 인접하여 굴착할 때 널말뚝이 필요 없다.

4) 현장 콘크리트 말뚝타설 공법

① 기존 구조물의 기초바닥 밑에 우물모양의 구멍을 파고 현장 콘크리트 말뚝을 형성하는 방법

② 말뚝은 하나 건너 시공하고 뒤에 사이말뚝 시공

5) 강재말뚝 공법

현장 콘크리트 말뚝 대신 강재 말뚝을 지층까지 박고 기초 또는 기둥을 말뚝 위에서 Jack에 의해 지지시키는 공법

6) 지반안정 공법

① Well Point

② 주입 공법 : 시멘트 모르타르나 약액을 주입하여 지반 강화

③ 전기고결법 : 직류전기에 의해 지반속의 물을 고결

5. 시공순서

1) 사전 조사

   지반, 입지조건, 지하 매설물 조사 등

2) 준비 공사

   구조체의 보수 및 보강 공사 준비

3) 가받이 공사

   구조물을 일시적으로 지지

4) 본받이 공사

   신설 기초와 받이 바꾸기 공사

5) 철거와 복구 공사

   가설받침공의 철거, 되메우기 등 정리 작업

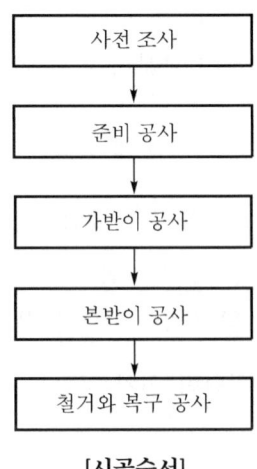

```
┌──────────────┐
│   사전 조사   │
└──────────────┘
       ↓
┌──────────────┐
│   준비 공사   │
└──────────────┘
       ↓
┌──────────────┐
│  가받이 공사  │
└──────────────┘
       ↓
┌──────────────┐
│  본받이 공사  │
└──────────────┘
       ↓
┌──────────────┐
│ 철거와 복구 공사 │
└──────────────┘
```

[시공순서]

6. 시공 시 유의사항

① 부동침하 방지를 위해 기초형식을 기존과 동일하게 선정

② 시공 시는 변형이 허용 값 이내가 되도록 할 것(기초의 침하, 구조물의 부동침하)

③ 흙막이 시공이 어려운 경우 약액주입 공법 사용(지반 보강)

④ 공극이 많은 지반은 특별 대책 강구

⑤ 밑받침 말뚝 타입 장비는 협소공간에서 작업 가능한 장비 선정

⑥ 도심지 공사 시 소음, 진동, 지반의 변화, 지하수위 저하 등 공해발생 방지에 유의

7. 안전대책

1) 기존 구조물의 하부 대책

   기존 구조물의 하부에 Pile, 가설 슬래브 구조 등의 대책 강구

2) 기존 구조물 방호

   붕괴 방지 Pile 등에 브래킷을 설치하여 기존 구조물 방호

3) 기존 구조물 침하 예상 시 대책

   ① 토질, 토층 등을 정밀조사

   ② 혼합 시멘트, 약액주입 공법, 수평·수직 보강말뚝 공법 등으로 대책 강구

4) 웰 포인트 공법 시

① 기존 구조물 침하에 유의

② 침하 발생 시 그라우팅, 화학적 고결 방법 등 대책 강구

5) 비상 투입용 보강재 준비

지속적으로 기존 구조물의 상태 관리 및 주위에 비상 투입용 보강재 준비

6) 소규모 구조물 방호

① 맨홀 등은 굴착 전 파일 및 가설가대로 매달아 보강

② 옹벽, 블록벽의 경우 철거 또는 버팀목으로 보강

8. 결론

① Under Pinning은 기존 구조물 보호를 위한 보강 공법으로 충분한 사전조사에 의한 정밀한 시공이 필요하다.

② Under Pinning은 일반 기초공사에서 생각할 수 없는 엄격한 제약조건(인접 구조물)하에서 실시되므로, 기존 기초 및 구조물의 계측관리에 의한 과학적인 시공이 필요하다.

Section 14 근접공사 시 설계, 계획단계의 고려사항 중 시공계획

1. 개요

① 최근 도심지의 경우 과밀화 현상으로 건물의 밀도가 높아짐에 따라 대부분이 근접공사를 시행하고 있다.

② 근접공사의 경우 인접 구조물 및 인접 부지 지반의 침하와 지하 매설물의 변형 등의 피해가 발생하는데 이를 방지하기 위하여 설계계획 단계에서 피해를 줄일 수 있도록 시공계획을 수립하는 것이 중요하다.

2. 사전 조사

1) 조사 대상

지형, 지질, 지층, 지하수, 용수, 식생 등

2) 조사항목

① 주변 기절토된 경사면 실태 조사

② 토질구성, 토질구조, 지하수 및 용수의 형상

③ 사운딩

④ 시추

⑤ 물리탐사(탄성파 조사)

⑥ 토질시험 등

3) 지하 배설물 조사

가스관, 상·하수도관, 지하 케이블, 건축물 기초 조사

3. Underpinning 대책

① Underpinning : 기존 구조물의 기초에 추후 시공하는 영구적인 보강 공사

② 기존 구조물 하부대책 : 파일, 가설 슬래브 구조 및 언더피닝 공법 등의 대책을 강구

③ 기존 구조물 방호 : 붕괴 방지 파일 등에 브래킷 설치

④ 지반의 침하 방지 : 모래, 자갈, 콘크리트, 지반보강 약액재 등을 충전

⑤ 기존 구조물 침하 예상 시 대책 : 토질, 토층 정밀조사, 보강 공법 적용 등

⑥ 기존 구조물 침하에 주의 : 작업장 주위에는 비상투입용 보강재 등을 준비

⑦ 기존 구조물 관찰 : 경사계, 침하계 등 계측기 설치

4. 지하수 대책

① 배수 공법 : 중력배수, 강제배수

② 차수 공법 : 흙막이, 주입 공법

③ 고결 공법 : 동결 공법, 소결 공법

5. 계측관리

① 지상 구조물 : Crack Gauge(균열), Tilt Meter(경사계)

② 지중 : Inclino Meter(수위계), Extension Meter(침하계)

③ 지하수 : Water Level Meter(수위계), Piezo Meter(간극수압계)

④ 흙막이 부재 : Load Cell(하중계), Strain Gauge(변형계)

⑤ 토압 측정 : Soil Pressure Gauge

⑥ 지표면 침하 측정 : Level, Staff

⑦ 소음·진동 측정 : Sound Level Meter, Vibro Meter

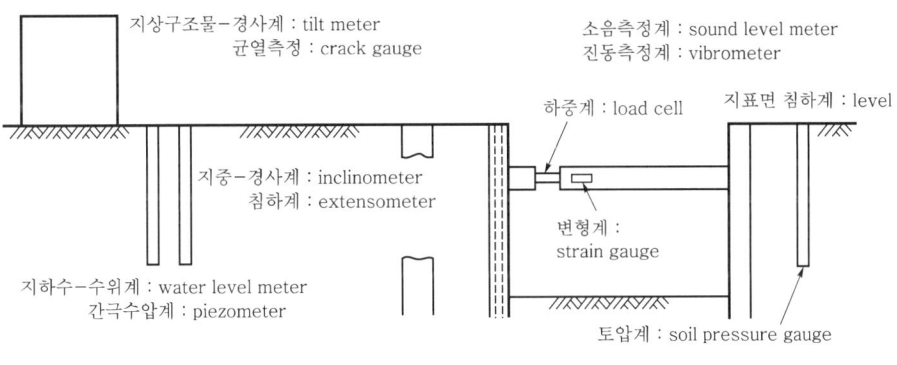

지상구조물-경사계 : tilt meter
균열측정 : crack gauge

소음측정계 : sound level meter
진동측정계 : vibrometer

하중계 : load cell

지표면 침하계 : level

지중-경사계 : inclinometer
침하계 : extensometer

변형계 :
strain gauge

지하수-수위계 : water level meter
간극수압계 : piezometer

토압계 : soil pressure gauge

[계측관리]

6. 공해 방지대책

① 소음 : 차음벽, 방음벽 설치

② 진동 : 저소음·저진동 공법 선정

③ 세륜 시설 설치운영 : 출입차량에 대한 세륜 철저

④ 차량 서행 : 작업장 내 규정 속도(10km 이내) 준수

⑤ 건설기계 : 저소음·저진동 건설기계 사용

⑥ 지하굴착공사 : 발생된 Bentonite 분리시설로 건조처리

7. 흙막이 붕괴 방지 대책

① 구조상 안전하고 지반조건을 고려한 공법 선정

② 흙막이 벽 주위 대형 차량 통행 및 자재 적치 금지

③ Heaving, Boiling, Piping 방지대책 수립

④ Sheet Pile 또는 H-pile 인발 시 즉시 Grouting

⑤ 계측관리 철저

⑥ 뒤채움 및 다짐 철저(30cm 층다짐)

⑦ 지하수 처리 계획 수립(배수, 주수 공법 등)

⑧ 안전점검실시(작업 전, 중, 후 작업재개 시)

8. 결론

① 근접공사는 인접 건물 및 인접 지반에 많은 영향과 피해를 발생시키므로 설계계획 단계부터 철저한 사전조사가 필요하다.

② 언더피닝, 지하수, 계측, 공해, 흙막이 붕괴 방지 대책 등에 대하여 철저히 검토함으로써 그 피해를 최소화할 수 있다.

Section 15

토석 붕괴의 원인 및 예방대책

1. 개요

① 토석붕괴의 원인은 내적원인과 외적원인으로 분류한다.

② 지반 등을 굴착할 때에는 굴착면에 구배기준을 준수하여 토석붕괴에 의한 재해를 방지하여야 한다.

2. 토석붕괴의 형태

1) 사면 천단부 붕괴

① 사면의 활동면이 사면의 끝을 통과 시 발생

② 경사각 53° 이상 급경사 시 파괴

2) 사면 중심부 붕괴

① 사면의 활동면이 사면의 끝보다 위를 통과할 때 발생

② 연약토에서 굳은 지반이 얇게 있을 때 파괴

3) 사면 하단부 붕괴

① 사면의 활동면이 사면의 끝보다 아래 통과 시 발생

② 연약토에서 굳은 지반이 깊게 있을 때 파괴

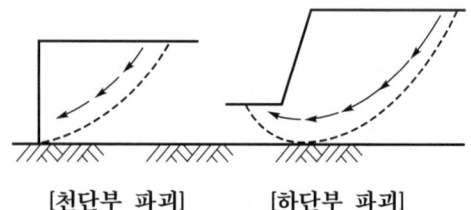

[천단부 파괴]　　　[하단부 파괴]

3. 토석붕괴의 원인

1) 외적 원인

① 사면, 법면의 경사 및 기울기의 증가

② 절토 및 성토 높이의 증가

③ 공사에 의한 진동 및 반복 하중의 증가

④ 지표수 및 지하수의 침투에 의한
   토사 중량의 증가

⑤ 지진, 차량, 구조물의 하중작용

⑥ 토사 및 암석의 혼합층 두께

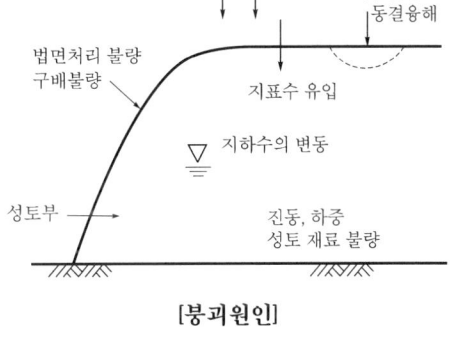

[붕괴원인]

2) 내적 원인

① 절토 사면의 토질·암질

② 성토 사면의 토질구성 및 분포

③ 토석의 강도 저하

4. 예방대책

1) 예방점검

① 전 지표면의 답사

② 경사면의 지층 변화부 상황 확인

③ 부석의 상황 변화의 확인

④ 용수의 발생 유·무 또는 용수량의 변화 확인

⑤ 결빙과 해빙에 대한 상황의 확인

⑥ 각종 경사면 보호공의 변위, 탈락 유·무

⑦ 점검 시기는 작업 전·중·후, 비온 후, 인접 작업구역에서 발파한 경우에 실시

2) 예방 조치

① 적절한 경사면의 기울기를 계획

구분	지반의 종류	기울기
보통흙	모래	1 : 1.8
	연암 및 풍화암	1 : 1.0
암반	경암	1 : 0.5
	그밖의 흙	1 : 1.2

② 경사면의 기울기가 당초 계획과 차이 발생 시 즉시 재검토 후 계획 변경

③ 활동할 가능성이 있는 토석 제거

④ 경사면의 하단부에 압성토 등 보강 공법으로 활동에 대한 저항대책 강구

⑤ 말뚝(강관, H형강, 철근콘크리트)을 타입하여 지반 강화

5. 결론

비탈면 굴착 시 발생하는 토석 붕괴를 방지하기 위해 구배기준 준수 및 예방점검, 예방대책을 실시하고, 위험 부위는 매일 수시로 점검하여 계측 등에 의한 안전대책을 수립하고 위험요인을 제거하여야 한다.

Section 16 비탈면 굴착 시 붕괴원인 및 예방대책

1. 개요

굴착작업을 하는 때에는 지반의 붕괴 또는 토석의 낙하에 의한 근로자의 위험을 방지하기 위하여 관리감독자로 하여금 작업시작 전에 작업장소 및 그 주변의 부석·균열의 유무, 함수·용수 및 동결 상태의 변화를 점검하도록 하여야 한다.

2. 경사면에 안전성 검토

① 지질조사 : 층별 또는 경사면의 구성 토질구조

② 토질시험 : 최적함수비, 삼축압축강도, 전단시험, 점착도 등의 시험

③ 사면붕괴 이론적 분석 : 원호활절법, 유한요소법 해석

④ 과거의 붕괴된 사례 유무

⑤ 토층의 방향과 경사면의 상호 관련성

⑥ 단층, 파쇄대의 방향 및 폭

⑦ 풍화의 정도

⑧ 용수의 상황

3. 토석붕괴의 원인

1) 외적 원인

① 사면, 법면의 경사 및 기울기의 증가

② 절토 및 성토 높이의 증가

③ 공사에 의한 진동 및 반복 하중의 증가

④ 지표수 및 지하수의 침투에 의한 토사 중량의 증가

⑤ 지진, 차량, 구조물의 하중 작용

⑥ 토사 및 암석의 혼합층 두께

2) 내적 원인

① 절토 사면의 토질·암질

② 성토 사면의 토질구성 및 분포

③ 토석의 강도 저하

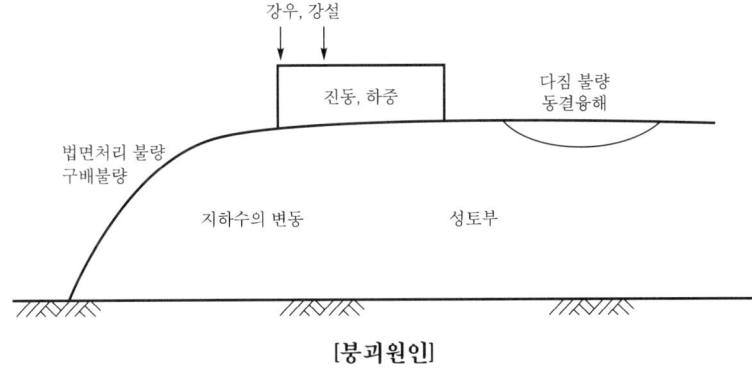

[붕괴원인]

4. 예방대책

1) 예방점검

① 전 지표면의 답사

② 경사면의 지층 변화부 상황 확인

③ 부석의 상황 변화 확인

④ 용수의 발생 유·무 또는 용수량의 변화 확인

⑤ 결빙과 해빙에 대한 상황 확인

⑥ 각종 경사면 보호공의 변위, 탈락 유·무

⑦ 점검 시기는 작업 전·중·후, 비온 후, 인접 작업구역에서 발파한 경우에 실시

2) 토사붕괴 발생 예방 조치

① 적절한 경사면의 기울기를 계획

② 경사면의 기울기가 당초 계획과 차이 발생 시 즉시 재검토 후 계획 변경

③ 활동할 가능성이 있는 토석은 제거

④ 경사면의 하단부에 압성토 등 보강 공법으로 활동에 대한 저항대책 강구

⑤ 말뚝(강관, H형강, 철근콘크리트)을 타입하여 지반 강화

5. 안전대책

1) 동시작업의 금지

① 붕괴토석의 최대 도달거리 범위 내에서 굴착공사, 배수관의 매설, 콘크리트 타설작업 금지

② 동시작업 시 적절한 보강대책 강구

2) 대피공간의 확보

① 붕괴의 속도는 높이에 비례

② 수평 방향의 활동에 대비하여 작업장 좌우에 피난통로 등을 확보

6. 비탈면 보호 공법(법면 보호 공법)

1) 식생에 의한 공법

① 떼붙이기공 : 평떼, 줄떼

② 식생공 : 비탈면에 식물 피복

③ 식수공 : 법면에 나무를 심어 보호

④ 파종공 : 씨앗, 비료, 흙 등의 뿜어 붙일 재료에 물을 가한 혼합재료를 뿜어 붙이기 기계를 사용하여 사면에 뿜어 붙이는 공법

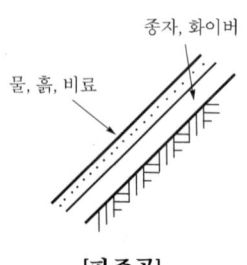

[파종공]

2) 구조물에 의한 보호공

① 콘크리트 붙이기공 : 콘크리트 또는 모르타르를 뿜어 붙이는 공법

② 돌쌓기공 : 견치석을 쌓아 법면 보호

③ Shotcrete : 풍화가 심한 곳에 콘크리트 모르타르를 뿜어 뿜칠하는 공법

④ 콘크리트 격자 블록공 : PC 격자 블록 설치 후 식생 및 돌 채움

7. 결론

굴착 시 경사면에 대한 안전성 검토가 중요하다. 안전성 검토에 의한 사전 예방 조치 및 안전대책을 철저히 수립하여 발생가능한 모든 위험에 대처해야 한다.

Section 17　사면의 붕괴 원인 및 방지 대책

1. 정의

① 사면(Slope, 법면)은 지표면의 경사를 말하며 자연사면과 인공사면으로 구분한다. 자연사면에서 발생하는 붕괴현상을 산사태라 하고 인공사면에서 발생하는 붕괴현상을 사면파괴라고 한다.

② 사면의 붕괴의 원인은 내적 요인과 외적 요인으로 나뉘는데 각 지역의 기후, 지반 등 특성을 고려한 대책 공법을 선정하여 재해를 예방하여야 한다.

2. 사면의 종류 및 붕괴의 형태

1) 무한사면

(1) 경사가 균일하고 사면이 긴 사면

(2) 붕괴의 형태

완경사지에서 서서히 발생 속도가 느리고 규모가 크다.

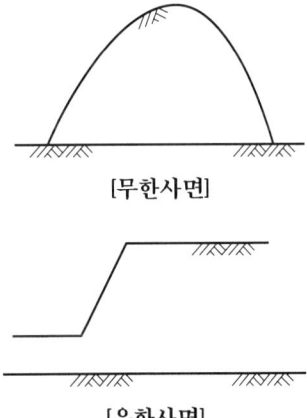

[무한사면]

[유한사면]

2) 유한사면

(1) 사면의 경사가 균일하고 상·하단에 접한 지표면이 수평인 사면

(2) 붕괴의 형태

① 사면 천단부 붕괴 : 경사가 급하고 비점착성 토질일 때 발생

② 사면 중심부 붕괴 : 견고한 지층이 얕은 곳에 있을 때 발생

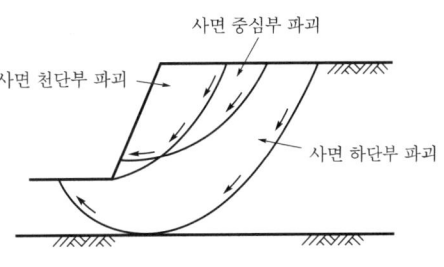

[유한사면 붕괴형태]

③ 사면 하단부 붕괴 : 경사가 완만하고 점착성 토질이거나 견고한 지층이 깊이 있
을 때 발생

3) 직립사면

(1) 암반이나 굳은 점토에서 생기는 연직으로
깍은 사면

(2) 붕괴의 형태
비탈의 일부가 낙하하여 발생

[직립사면]

3. 사면의 붕괴 원인

1) 외적 원인

① 사면, 법면의 경사 및 기울기의 증가
② 절토 및 성토 높이의 증가
③ 공사에 의한 진동 및 반복 하중의 증가
④ 지표수 및 지하수의 침투에 의한 토사 중량의 증가
⑤ 지진, 차량, 구조물의 하중 작용
⑥ 토사 및 암석의 혼합층 두께

2) 내적 원인

① 절토 사면의 토질·암질
② 성토 사면의 토질구성 및 분포
③ 토석의 강도 저하

4. 사면안정 공법

1) 사면보호 공법

(1) 식생 공법

① 사면을 식물로 피복하여 우수에 의한 침수 방지 및 녹화에 의한 미적 효과
② 파종 공법 : 종자 뿜칠공, 식생 매트공, 식생반공, 식생근공, 식생대공, 식생혈공,
객토식생
③ 식재 공법 : 잔디입히기공, 줄잔디공

(2) 피복 공법

① 사면표층의 풍화 방지, 식생재료 시공 후의 침식 방지, 수중 사면의 차수를 목적

② 각종 인공재료에 따라 플라스틱, 소일 시멘트, 액상 합성수지, 합성섬유, 매트, 아스팔트 피복

(3) 뿜칠 공법

① 슬러리상, 분체상 혹은 입상의 재료를 압축공기에 의해 사면 표면에 뿜어 붙이는 공법

② 종자의 뿜칠공, 시멘트 모르타르 및 시멘트 콘크리트 뿜칠

(4) 붙임 공법

돌, 콘크리트 블록 등의 물질을 사면 표면 전면 또는 일부에 붙여서 사면을 안정화시키는 공법

(5) 격자틀 공법

① 사면 표층 토사의 붕괴, 침식 및 세굴, 표층 암반의 풍화, 박리 및 낙석 등을 방지하기 위해 주로 시멘트 콘크리트 재료에서 격자상으로 사면을 구획하는 공법

② 격자틀공의 종류 : 콘크리트 블록 격자틀, 특수경량 격자틀, 현장타설 콘크리트 격자틀

(6) 낙석방호 공법

① 풍화나 호우 등으로 낙석이 예상되는 곳의 낙석 피해를 경감하기 위해 시공되는 공법

② 낙석 방지망공, 낙석 방지책공, 낙석 방지공이 있다.

2) 사면보강 공법

(1) 누름성토 공법

사면의 미끄럼 파괴를 억제하기 위해 사면저부에 성토를 하는 공법

(2) 옹벽 공법

사면의 구배를 급하게 하여 토지의 유효 이용을 도모할 목적으로 옹벽을 조성하는 공법

(3) 보강토 공법

지반 속에 일정한 인장강도를 가진 보강재를 배치하여 흙과 보강재를 일체화하는 공법

(4) 미끄럼 방지 말뚝 공법

사면에 말뚝을 타입하여 사면의 활동을 억제하는 공법

(5) 앵커 공법

록볼트와 어스앵커를 사용하여 미끄럼면이나 균열이 있는 암반에 강재를 써서 프리스트레스를 도입함으로써 전단저항력을 증가시켜서 사면을 안정화시키는 공법

3) 사면지반 개량 공법

(1) 주입 공법

시멘트나 약액을 주입하여 지반을 강화하는 공법

(2) 이온 교환 공법

흙의 공학적 성질을 변경하여 사면의 안정을 꾀하는 공법

(3) 전기 화학적 공법

전기 화학적으로 흙을 개량하여 사면의 안정을 꾀하는 공법

(4) 시멘트 안정처리 공법

흙에 시멘트 재료를 첨가하여 혼합, 교반하여 고화시켜서 사면 안정을 도모하는 공법

(5) 석회 안정처리 공법

점성토에 소석회 또는 생석회를 가하여 화학적 결합작용으로 사면을 안정시키는 공법

(6) 소결 공법

가열에 의한 토성개량을 목적으로 한 안정 공법

Section 18 암반 사면의 붕괴 형태와 붕괴 방지 조치

1. 개요

① 암석(Rock Material)은 주먹만한 크기의 작은 돌을 의미하고, 암반(Rock Mass)은 암석뿐만 아니라 절리나 단층을 포함한 규모가 큰 돌덩어리를 의미한다.

② 토사 사면의 붕괴는 대부분 원호파괴인 반면 암반사면의 붕괴형태는 사면에 발달해 있는 불연속면의 발달 상태에 따라서 결정된다.

2. 암반사면의 붕괴 형태

1) 평면 파괴

① 층리나 절리 같은 불연속면이 경사면과 동일한 방향으로 발발하면 발생

② 마찰각보다 더 큰 각도로 굴착면쪽으로 기울어져 있을 때 발생

2) 쐐기형 파괴

① 불연속면이 두 빙향으로 발달하여 불연속면이 교차되는 곳에서 발생

② 두 불연속면의 교차 경사각이 마찰각보다 클 경우 교차선 방향으로 미끄러진다.

3) 원형 파괴

연속면이 불규칙하게 많이 발달하여서 뚜렷한 구조적인 특징이 없으면 발생

4) 전도 파괴

① 절개면의 경사방향과 불연속면의 경사방향이 반대일 경우 발생

② 절개면과 절리면의 주향 차이가 ±20' 이내일 때

3. 절리와 단층

1) 절리

① 절리란 암반 내에 규칙적으로 깨져 있는 불연속면을 의미한다.

② 절리면을 따라서 현저하게 움직인 증거가 없고, 절리의 연장성은 보통 수 cm에서 수십 m로 다양하다.

③ 작은 암괴의 낙반은 절리들로 인하여 발생한다.

④ 화성암과 퇴적암에서는 절리의 발달이 대체로 규칙적이나 변성암은 불규칙적이다.

2) 단층

① 단층이란, 불연속면을 따라서 현저하게 움직인 불연속면이다.

② 단층면에는 미끄러진 상태를 나타내는 반들반들한 면이나, 파쇄된 암석(Fault Breccia) 또는 단층점토(Fault Clay)가 존재한다.

③ 일반적으로 단층은 절리에 비해서 연장성이 커서(수십 m에서 수천 km까지) 각종 토목공사 시 단층이 대규모의 암반붕괴를 야기시킨다.

④ 예를 들면, 서울에서는 강남 이남 지역이 주로 변성암으로 이루어져서 지하철공사의 터널굴착이나 암반절개 시에 변성암 내의 단층으로 인한 급작스러운 대규모 암반 붕괴가 빈번히 발생하는 주된 이유 중의 하나이다.

4. 암반 사면의 붕괴 원인

① 일률적 표준구배 적용 : 설계 시 지층의 특성을 무시한 일률적 구배 적용
② 진동·충격 : 지진, 발파 등에 의한 진동이나 충격 발생
③ 함수량 증가 : 지표수, 지하수의 침투에 따른 암반중량 증가나 간극수압 증가
④ 하중 발생 : 상부 구조물 설치, 강우, 적설 등 하중 증대
⑤ 사면의 형상 변형 : 하천, 해안의 침식에 의한 형상 변화

5. 붕괴 방지 조치

1) 경사를 낮추는 공법

풍화대나 붕적층 같이 인위적으로 전단 저항력을 증가시키기 어려운 경우에 적용

※ 사면이 무너져 내리면서 쌓여 분급이 불량하게 퇴적된 것을 붕적층(Colluvium)이라고 한다.

2) 배수처리 공법(표면배수 및 지하배수)

지하수의 유입이나 지하수위 변동이 심한 경우

3) Rock Bolt나 Tension Cable 이용법

① 암반의 상태가 양호하나 불연속면의 전단강도가 취약한 경우
② 관상, 주상과 같이 불연속면이 규칙적인 경우
③ 쐐기파괴나 전도파괴 같이 부분적으로 불안한 경우

4) Shotcrete 표면처리 공법 또는 Wire mesh

불규칙한 절리가 발달하여 표면 전체 보호, 지표수의 유입 방지

5) 옹벽 공법

암반의 굴착량 최소화, 사면의 낮은 곳에 식생공이나 석공을 필요로 하는 경우

6) 철책공

사면안정엔 문제가 없으나 국부적인 붕괴로 암괴나 암편의 탈락이 예상되는 곳

Section 19   Slurry Wall 공법(지하연속벽)

1. 개요

① Slurry Wall 공법이란 지반 굴착 시 공벽 유지를 위해 현탁액을 주입하고 철근망을 삽입한 후 콘크리트를 타설하여 지수벽, 흙막이벽, 구조체벽 등의 지하 구조물을 연속적으로 설치하는 공법을 말한다.

② 인접 구조물이 많은 도심지에서 깊은 굴착으로 인한 굴착 영향을 최소화하면서 본구조체를 축조할 수 있는 저소음, 저진동 공법으로 벽식, 주열식 공법으로 나눌 수 있다.

2. 공법의 종류

1) 벽식 공법

(1) 개요

굴착 시 안정액(Bentonite)을 사용하여 공벽을 보호하면서 연속으로 벽체를 축조하는 공법

(2) 종류

ICOS, Soletanche, ELSE 등

2) 주열식 공법

(1) 개요

현장타설 콘크리트 파일(Pile) 설치 후 연속으로 연결하여 구조체를 축조하는 공법이다.

(2) 종류

Earth Drill, R.C.D, Prepacked Pile 등

[필요성]

3. 특징

1) 장점

① 벽 두께, 길이를 자유롭게 설계 및 조정 가능

② 저소음, 저진동 공법

③ 수밀성이 크다.

④ 지반 조건에 좌우되지 않는다.

⑤ 벽체의 강성이 크다.

⑥ 민원발생이 적다.

2) 단점

① 고도의 경험과 기술 필요

② Bentonite 오염 우려 및 처리 곤란

③ 대형 장비 사용으로 거치공간 필요

④ 별도의 기계설비(침전설비 등) 필요

⑤ 공사비 고가

⑥ 굴착 중 공벽붕괴 우려

4. Slurry Wall의 용도

1) 지반굴착 시

토류벽 및 차수벽 역할

2) 지하 구조체

① 건축 구조물의 지하실 벽체

② 지하철, 지하도의 벽

③ 지하 주차장, 상가의 외벽 등

3) 지중 구조물

지하 저장탱크 벽체

5. 사전조사

① 설계도 검토

② 입지조건 검토

③ 지반조사

④ 공해, 기상조건 검토

6. 시공순서 플로 차트

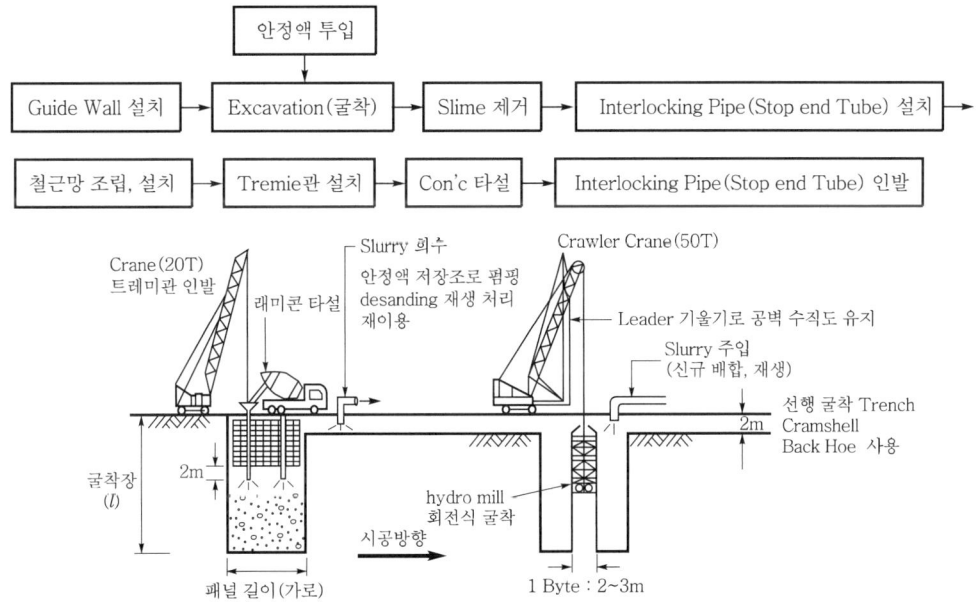

[Slurry Wall 공사]

7. 시공 순서

1) Guide Wall 설치

① 수직도 유지 연속벽 위치, 표층교란 방지 및 가대 역할(트레미관 설치 시)

② 연속벽 두께보다 폭을 50mm 크게 한다 (D+50mm).

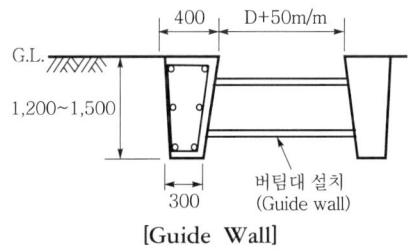

[Guide Wall]

2) 굴착(Excavation)

① 안정액(Bentonite)을 주입하여 공벽을 보호하면서 굴착

② Crane(20t 이상)에 Clamshell을 달아 굴착

③ 굴착 공벽의 수직허용오차 $\leqq$ 1/100(이하)

④ Con'c Panel 시공순서

   ㉠ 첫 번째 Panel은 $P_1 \rightarrow P_2 \rightarrow P_3$ 순서로 시공

   ㉡ 두 번째 Panel은 $S_1 \rightarrow S_2$ 순서로 시공, Stop End Tube는 사용하지 않는다.

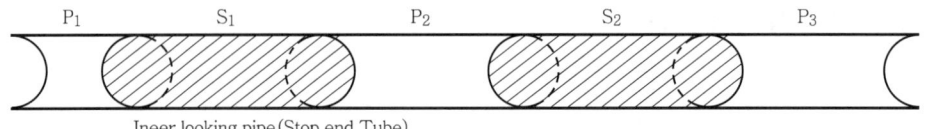

Ineer looking pipe(Stop end Tube)

3) Slime 제거

① 굴착 완료 후 Trench 내 Bentonite 용액을 Cleaning하는 작업

② 굴착 종료 3시간 경과 후 모래 함수율 3% 이내가 될 때까지 제거

③ Air Lift, Sand Pump 등 사용

4) Interlocking Pipe(Stop End Tube) 설치

① Panel Joint 상호 간의 지수효과를 증대

② Pipe 두께는 연속벽 두께보다 5cm 작은 것을 수직으로 설치

5) 철근망 조립, 설치

① 현장에서 조립한 철근망(Steel Cage)에 각종 Sleeve 및 Dowel Bar 등을 설치

※ Dowel Bar : 두께 22~25mm, 길이 50~70mm의 강봉이며, 일단은 고정하고 타단은 자유로이 미끄럼 구조로 하여 한쪽 판의 응력을 다른 판에 전달하는 작용을 한다.

② Desending 완료 후 Trench 내에 삽입

③ Desending

㉠ 굴착 완료된 Trench 내 안정액이 Gel화되어 발생 및 퇴적 후 굴착 심도를 유지하지 못하기 때문에 Desending 통하여 신선한 안정액과 교체

㉡ 방식

• Tremie 병용 Suction Pump

• Air lift

• Water jet 방식

6) Tremie관 설치

① ϕ275mm의 콘크리트 타설용 관

② 굴착 바닥에서 15cm 정도 뜨게 설치

7) 콘크리트 타설

① 굴착 후 12시간 이내 타설

② Tremie관은 콘크리트 속에 1~2m 묻혀 있을 것

③ Tremie관을 통하여 콘크리트 연속 타설(중단 없이), Slump 값은 18±2cm

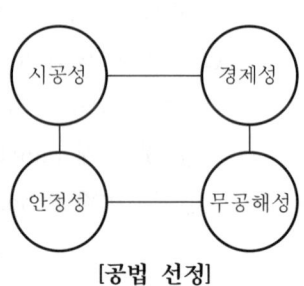

[공법 선정]

8) Interlocking Pipe(Stop End Tube) 인발

① 콘크리트 타설 후 응결이 끝나 경화되기 전(4~6시간)에 완전 제거
② 콘크리트가 경화되면 인발이 어려우므로 인발시간 엄수

8. 환경공해 방지

① Bentonite 분리시설(침전조) 설치
② Bentonite 폐액은 정화 후 방류
③ 건조 후 즉시 반출

9. 안전대책

1) 지질 상태 검토

지질의 상태에 대한 충분한 검토 및 안전 조치에 대한 정밀한 계획 수립

2) 지질조사 자료의 정밀 분석

지질조사 자료는 정밀하게 분석되어야 하며, 지하수위, 토사, 암반, 심도 및 층 두께, 성질 등을 명확하게 표시한다.

3) 착공지점의 매설물 확인

① 시공 지점의 매설물 여부를 확인
② 매설물이 있는 경우 이설, 거치 보전 등 계획 변경

4) 차수벽 설치 계획

지하수위가 높은 경우 차수벽 설치 계획 수립

5) 복공구조 시설

토사반출 시 복공구조는 적재하중 조건을 고려하여 구조계산에 의한 지보공 설치

6) 계측관리 철저

① 수위계(Water Level Meter) : 지하수위 변화를 실측하여 원인분석 및 대책 수립
② 경사계(Inclino Meter) : 굴착진행 시 흙막이가 배면측압에 의해 기울어짐을 파악
③ 하중계(Load Cell) : Strut 등의 축 하중 변화 상태를 측정하여 부재의 안전 상태 파악
④ 침하계(Extension Meter) : 인접 지층의 각 층별 침하량의 변동 상태 파악

⑤ 응력계(Strain Gauge) : 굴착작업에 따른 스트럿(Strut), 띠장(Wale), 각종 강재 등의 변형 정도를 측정

⑥ 계측기기 설치가 불가할 경우 : 트렌싯 및 레벨 측량기에 의해 수직·수평변위 측정

7) 계측 허용범위 초과 시 작업 중단

수직·수평 변위량이 허용범위 초과 시 즉시 작업을 중단하고 장비·자재의 이동, 구조보완 등 긴급 조치

8) Heaving 및 Boiling에 대한 사전 대책 강구

사전에 Heaving 및 Boiling에 대한 긴급 대책 강구 및 흙막이 지보공 하단 굴착 시 이상 유무 정밀 관측

9) 경질 암반 발파

① 발파 시 반드시 시험발파로 발파 시방 준수

② 엄지말뚝, 중간말뚝, 흙막이 지보공 벽체의 진동 억제

③ 진동치 규제기준(단위 : cm/sec)

건물 분류	문화재	주택/APT	상가	빌딩/공장
건물 기초에서의 허용 진동치	0.2	0.5	1.0	1.0~4.0

10) 배수계획 수립

배수계획을 수립하고 배수 능력에 의한 배수장비와 배수 경로 설정

10. 결론

① Slurry Wall 공법은 공사의 안전성, 공해문제, 인접건물 등의 영향을 고려할 때 도심지 내의 좁은 공사현장에서 적용이 기대되는 공법이다.

② 시공 시 연속벽의 이음방법, 지중 장애물 처리, 공벽 붕괴 방지 등 여러 가지 문제점에 대한 연구·개발로 시공품질 향상 및 안전한 시공이 되어야 한다.

Top Down 공법

1. 개요

① Top Down 공법이란 흙막이벽으로 설치한 Slurry Wall을 본 구조체의 벽체로 이용하여 1층 부분의 바닥을 설치한 후 지하 터파기를 병행하면서 지상 구조물도 축조해가는 공법이다.
② 도심지 내 공사여건상 다른 흙막이 공법 적용이 어려운 곳에 적용되는 공법으로 공기단축은 가능하나 지하 환기나 조명에 의한 재해발생이 우려되는 공법이다.

2. 용도

① 지하철
② 지하상가
③ 깊은 지하실

3. 특징

1) 장점

① 흙막이 구조물의 안정성 우수
② 지하와 지상층 병행 시공으로 공기 단축
③ 주변 지반에 대한 영향 최소
④ 기상조건과 관계없이 지하공사 진행(전천후 공사 가능)
⑤ 저소음, 저진동
⑥ 선시공된 1층 바닥을 작업장으로 사용 가능

2) 단점

① 지하 및 지상 공정간섭으로 공정관리가 복잡
② 바닥 개구부를 통한 장비 굴착토 반출 등의 어려움
③ 지하에 환기시설, 조명시설 필요
④ 굴착장비 소형 제약 및 공사비 증대
⑤ 설계변경 및 토공계획의 어려움

4. 공법의 분류

1) 완전역타 공법(Full Top Down)

① 1층 슬래브 완전하게 시공(바닥 개구부 확보)

② 가장 안전한 공법이지만 굴착토 반출이 어렵다.

2) 부분역타 공법(Partial Top Down)

① 지하 슬래브 부분적으로(1/2~1/3) 시공

② 작업조건이 양호하며 굴착토 반출이 용이

3) Beam 및 Girder식 역타 공법

① Beam Girder(큰보와 작은 보)만 타설하고 지하층 굴착

② 최하층 슬래브부터 위층으로 시공

③ 굴착토 반출 용이

5. 시공순서 플로 차트

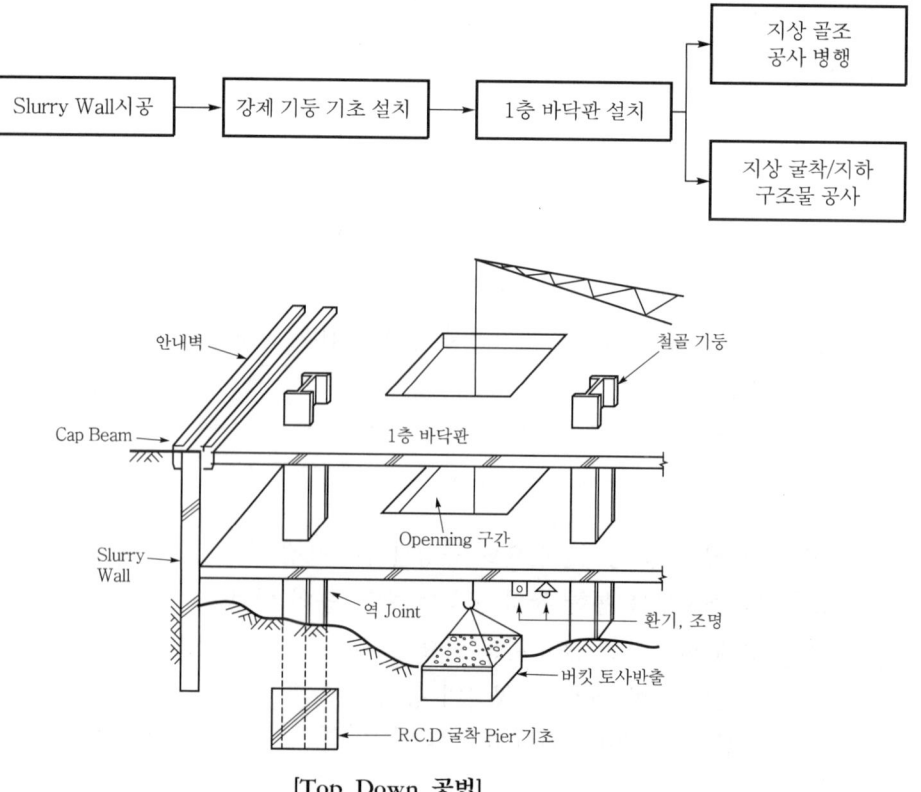

[Top Down 공법]

6. 시공 시 유의사항

1) Slurry Wall 공사

① 벽체의 수직도 유지 및 불투수층까지 근입시켜 지하수 유입 차단

② 안정액 처리 등 환경오염 대책 수립(침전조 등 설치)

2) 철골기둥 기초공사

① 기둥의 수직도(1/100 이하)와 좌굴(Buckling) 점검

② 바닥 슬래브와 기둥 Top 채움부 Grouting

③ 기초 콘크리트 타설 후 자갈을 채워 기둥의 이동 방지(좌굴 방지)

3) 1층 바닥 슬래브 시공

① 연속벽과 기둥 전단연결 철근(Dowel Bar) 설치

② Opening 구간 위치 선정에 유의(연속벽 주변은 피한다)

③ Slurry Wall 상부를 Chipping하여 Cap Beam과 일체성 확보 후 콘크리트 타설

④ 지하 바닥 슬래브 시공 방법

  ㉠ On Ground Slab : 무근 콘크리트 타설 후 슬래브 타설

  ㉡ On Ground Beam : 빔 하부를 지면에 닿게 시공하고 슬래브 밑은 Support 로 지지

  ㉢ On Ground Formwork : 슬래브, Beam 밑에 Support로 지지, 시공 편리

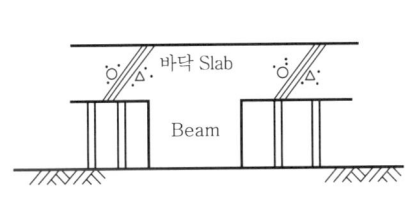

[On Ground Beam]

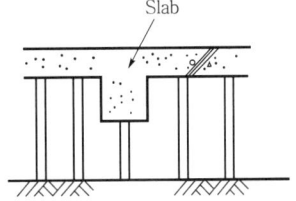

[On Ground Formwork]

4) 굴착

① 지상 1층 바닥 슬래브 양생 후 지하 1층부터 굴착

② 규정 깊이 이상 초과하지 말 것(2~3개층 단위로 굴착)

③ 지하수위 유동 및 지반변위 조사

④ 조명 및 환기시설 설치

5) 슬래브와 기둥 접합

① Stud Bolt, Angle, Twist Bar
② 철근 용접

6) 콘크리트 타설

① 선타설 콘크리트와 후타설 콘크리트의 역 Joint부분 처리 철저(레이턴스 제거)
② 역 Joint부분 마무리 방법 : Grouting, 충전재 주입, 콘크리트 타설

7. 안전대책

1) 지질 상태 검토

지질의 상태에 대한 충분한 검토 및 안전 조치에 대한 정밀한 계획 수립

2) 지질조사 자료의 정밀 분석

지질조사 자료는 정밀하게 분석되어야 하며, 지하수위, 토사, 암반, 심도 및 층 두께, 성질 등을 명확하게 표시한다.

3) 착공지점의 매설물 확인

① 시공 지점의 매설물 여부를 확인
② 매설물이 있는 경우 이설, 거치 보전 등 계획 변경

4) 차수벽 설치 계획

지하수위가 높은 경우 차수벽 설치 계획 수립

5) 복공구조 시설

토사반출 시 복공구조는 적재하중 조건을 고려하여 구조계산에 의한 지보공 설치

6) 계측관리 철저

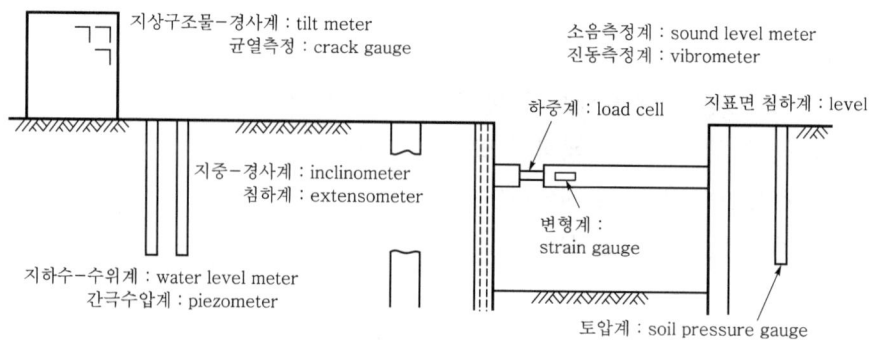

7) 계측 허용범위 초과 시 작업 중단

수직·수평 변위량이 허용범위 초과 시 즉시 작업을 중단하고 장비·자재의 이동, 구조 보완 등 긴급 조치

8) Heaving 및 Boiling에 대한 사전대책 강구

Heaving 및 Boiling에 대한 긴급대책을 사전에 강구하고, 흙막이 지보공 하단 굴착 시 이상 유무 정밀 관측

9) 경질 암반에 대한 발파

① 발파 시 반드시 시험발파에 의한 발파 시방 준수
② 엄지말뚝, 중간말뚝, 흙막이 지보공 벽체의 진동 억제
③ 진동치 규제기준 준수

10) 배수계획 수립

배수계획을 수립하고 배수 능력에 따른 배수장비와 배수경로 설정

11) 환기

① 항상 신선한 공기를 공급할 수 있는 충분한 용량의 환기설비 설치
② 적정한 산소농도(18% 이상) 유지를 위한 환기 방식(수시 산소농도 측정)
③ 환기 및 송풍 방식 : 중앙집중 환기방식, 단열식 송풍방식, 병렬식 송풍방식

12) 조명

① 근로자의 안전을 위하여 작업면에 대한 충분한 조명장치 및 설비를 확인
② 작업장의 조명 조건
  ㉠ 적당하게 밝게(75 Lux 이상)
  ㉡ 명암의 차이가 심하지 않게(그림자 방지)
  ㉢ 눈이 부시지 않게(간접조명 이용)

8. 결론

① Top Down 공법은 도심지의 협소한 부지에 적합한 공법으로 지하공사의 안전성, 공기단축 등의 면에서 적용 기회가 많은 공법이다.
② 지하와 지상에서 동시에 작업이 진행되므로 공정간섭에 의한 관리가 어렵기 때문에 시공관리 및 안전관리에 유의하여야 한다.

③ 지하 굴착 깊이가 깊어 안전대책을 철저히 수립하고 준수해야 하며, 콘크리트 조인트 부분의 시공기술 개발과 기둥의 수직도 유지 등의 향상을 위한 연구개발이 필요하다.

Section 21 소일 네일링 공법(Soil Nailing Method)

1. 개요

① Soil Nailing 공법이란 흙과 보강재 사이의 마찰력, Nail의 인장응력 등으로 흙과 일체화(미끄럼 방지)시켜 지반의 안전을 도모하는 공법이다.

② 절토사면의 안정, 흙막이 등으로 사용되며 비교적 공기가 짧고 공사비가 저렴하여 위험도가 적은 지반에서 많이 사용되는 공법이다.

2. 용도

① 사면의 보강
② 굴착면 흙막이
③ 기초 옹벽 보강
④ 터널의 지보

3. 적용 분야(목적) 및 적용 지반

1) 적용 분야

① 터파기 굴착면 안정
② 터널의 지보
③ 절토사면의 안정
④ 기존 구조물의 보수 및 재건축 시 적용
⑤ 기타 기존 옹벽의 보강, 병용 공법으로 활용

2) 적용 지반

① 클리프 변형이 적은 실트질 지반
② 소성점토 지반

③ 굳은 모래, 자갈 지반

④ 경암반, 연암반, 풍화암(균열이 깊지 않은 것)

4. 특징

1) 장점

① 공기단축 가능(단일 공법으로 공정이 간단)

② 사용 장비가 소형(크롤러 드릴 등)으로 공사비 질감

③ 협소한 장소 및 급경사 지형에 적용 가능

④ 단계적으로 작업 가능

⑤ 저소음, 저진동으로 건설공해 최소화

2) 단점

① 지하수 발생 부위 시공 곤란

② 점착력이 없는 사질토 지반에서 시공 곤란

③ 정밀한 시공 관리 필요

5. Nail의 분류

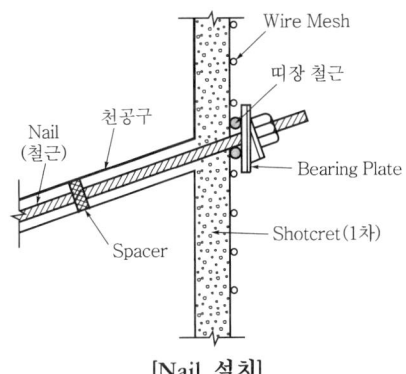

[Nail 설치]

1) Driven Nail

직경 15mm~46mm 정도의 연강으로 제조된 Nail을 Hammer를 이용한 타입

2) 부식 방지용 Nail

영구 구조물에 사용되는 아연도금 또는 Epoxy로 피복된 Bar를 직접 지반에 타입

3) Grouted Nail

① 직경 15mm~46mm 정도의 고강도 강봉을 쓰며 가장 많이 시공하는 방법

② 천공된 구멍 내부에 Nail을 설치하고 Resin 또는 Grouting으로 충전

6. 시공순서

1) 플로 차트

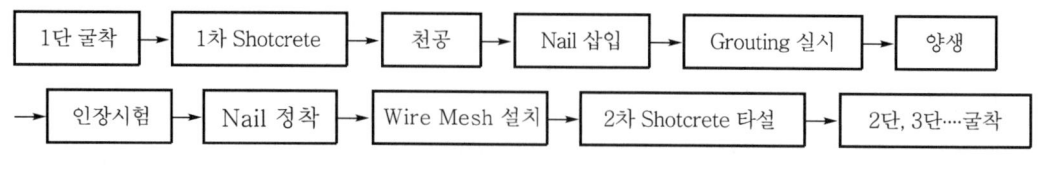

| 1단 굴착 | → | 1차 Shotcrete | → | 천공 | → | Nail 삽입 | → | Grouting 실시 | → | 양생 |

| → | 인장시험 | → | Nail 정착 | → | Wire Mesh 설치 | → | 2차 Shotcrete 타설 | → | 2단, 3단····굴착 |

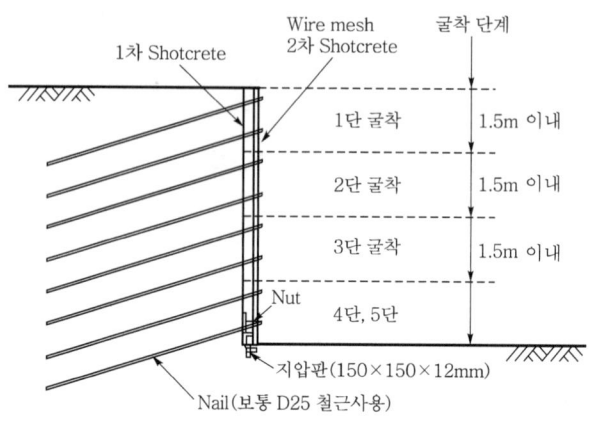

[Soil Nailing 공법]

2) 시공순서

(1) 굴착

① 붕괴되지 않는 자립도 이내에서 1단 굴착 깊이를 결정한 후 굴착

② 단계별 굴착 깊이는 토질에 따라 다르며 보통 1.5m 이내

(2) 1차 Shotcrete

① 굴착 직후 굴착면 보호를 위해 평활하게 1차 Shotcrete 실시

② 굴착면의 일체화를 도모하기 위해 5cm~10cm 두께로 실시

(3) 천공

① 1차 Shotcrete 실시 후 24시간 경과 후 천공

② 굴착면에 Auger를 이용하여 지반을 천공, 연약부는 케이싱 사용

(4) Nail 삽입

① 굴착 직후 주로 철근을 이용하여 삽입

② 철근 12mm~46mm를 이용하여 천공된 구멍에 Nail 삽입(보통 D25를 많이 사용, L=0.5~0.8m)

③ 영구 구조물로 하는 경우에는 부식 방지용 Nail 사용

(5) Grouting 실시

　① Nail과 지반과의 부착 성능 향상

　② Nail과 지반과의 공극 사이에 시멘트 밀크 주입(W/C비 : 45~55%)

(6) 양생

　① 충분한 강도 발현 시까지 보호 양생

　② 양생기간 주위의 충격, 진동 등에 주의

(7) 인장시험

　① Grouting이 충분히 양생되었을 때 인장시험 실시

　② 인발시험기를 이용 Nail이 지반 속에 견고하게 설치되었는지 확인

(8) Nail 정착

　① 인장시험에 합격된 Nail을 정착시킴

　② 응력을 분산시키기 위하여 150×150×12mm의 지입판 사용

　③ Nail에 지압판 설치 후 Nut를 이용하여 정착

(9) Wire Mesh 설치

　① Nail 정착 완료 후 1차 Shotcrete 위에 Wire Mesh 설치

　② $\phi6{\sim}8\text{mm}{\times}100{\times}100$ 정도의 용접 제작된 금속망을 사용하며 연결 부위는 규정 이상 겹치게 설치

(10) 2차 Shotcrete 타설

　① Wire Mesh 설치 후 신속히 Shotcrete 타설

　② 10cm~15cm 두께 정도로 2차 Shotcrete 타설 후 다음 단계 굴착 시작

　③ Shotcrete의 배합비는 1 : 2 : 4, 설계기준강도는 180kg/cm^3 이상

7. 시공 시 유의사항

1) 굴착작업

　① 토질조건을 고려하여 Nailing으로 굴착벽면을 보강하면서 1~2m 정도 굴착

　② 과굴착 금지

2) Shotcrete 작업

　① 굴착벽면의 붕괴, 낙석 등을 방지하기 위하여 굴착

　② 즉시 1차 Shotcrete 시공하여 벽면 보호(안면보호대 등 보호구 착용)

　③ Nailing 작업 후 Wire Mesh로 보강하고 신속히 2차 Shotcrete 시공

3) 천공작업

① 천공구 경사각 오차는 ≤ ±3

② 공벽이 붕괴되지 않도록 지반조건에 적합한 천공기계 사용

4) 천공간격

적정 천공간격을 유지하는 것이 중요

5) Grouting

① Nailing 작업 후 주입구를 통하여 정압으로 주입

② 주입 시 공내 공기가 유입되지 않게 유의(강도 저하)

6) 긴장작업

Nailing의 요구되는 강도가 나올 때까지 긴장하여 정착

7) 정착력 확인(인발시험)

긴장이 완료된 Nailing은 지압판 위에 정착시킨 후 인발 시험기를 통하여 정착력 확인 검사(매 $200m^2$ 마다 실시)

8) 기타

① 단계별로 굴착과 보강이 동시에 이루어지므로 품질관리에 유의

② 점착력이 적은 지반에는 시공이 곤란하므로 주의

8. 계측관리

① 응력계(Strain Gauge)에 의한 계측

② 수위계(Water Level Meter)

③ 경사계(Inclino Meter), 침하계(Extension Meter) 등 설치

9. 결론

① Soil Nailing 공법은 경제성과 공기단축, 저소음, 저진동 등의 장점을 가지고 있으나 굴착 단계별 시공으로 인한 이음부 등의 품질관리에 유의하여 시공하여야 한다.

② 지하수 발생 지반, 점착력이 부족한 사질토 지반 등에서 시공이 곤란한 공법으로 모든 토질조건에 시공 가능한 공법 및 영구 구조물에 사용 시 Nail의 부식 방지 등에 대한 연구 개발이 필요하다.

Section 22 어스앵커 공법

1. 개요

① Earth Anchor 공법이란 지반에 천공 후 인장재를 경질 지반에 정착시켜 인장력에 의하여 토압을 지지하게 하는 공법을 말한다.

② 지중에 정착된 Anchor체는 앵커의 인장재에 가해지는 힘을 지중에 전달하는 역할을 하며, 가설 Anchor와 영구 Anchor로 나눌 수 있다.

2. Earth Anchor의 분류

1) 가설 Anchor

(1) 가설 구조물에 임시로 사용하여 공사완료 후 철거하는 제거식 앵커

(2) 용도

① 흙막이벽의 Tie Back Anchor

② 말뚝 재하시험 시 반력 앵커로 사용

2) 영구 Anchor

(1) 구조물을 보강하기 위하여 사용

(2) 용도

① 구조물의 부상 방지용(Rock Anchor)

② 송전선 철탑 기초의 인발저항용

③ 옹벽의 전도 방지용

④ 산사태 방지용(낙석, 낙반 방지)

3. Earth Anchor의 지지방식별 분류

1) 마찰형 지지방식

앵커체의 마찰저항력에 의해 지지되는 방식으로, 일반적으로 많이 사용

2) 지압형 지지방식

앵커체의 수동토압(지압)에 의해 발휘되는 지압저항력으로 지지되는 방식

3) 복합형 지지방식

마찰형 지지방식과 지압형 지지방식을 조합하여 지지되는 방식

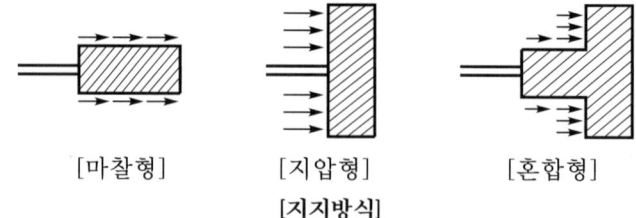

[마찰형]   [지압형]   [혼합형]

[지지방식]

4. 특징

1) 장점

① 버팀대 공법에 비해 넓은 작업공간 확보

② 장애물이 없어 공기 단축 가능

③ 버팀대, 센터파일 등 가설재 절약

④ 굴착부의 평·단면 제약을 받지 않는다.

⑤ Anchor에 Prestress를 주므로 벽체의 변위와 지반 침하 최소화

2) 단점

① 시공검사 및 품질관리가 어렵다.

② 연약지반일 때 적용 불가능

③ 비제거식인 경우 인장강재 회수 불가

④ 지하수위가 높은 경우 앵커부 누수와 토사 유출 시 지반침하 발생

⑤ 인접 구조물, 지하 매설물 등이 있을 경우 부적합

5. 용도

① 흙막이 배면측압 반력용

② 흙 붕괴 방지용

③ 지내력 시험과 반력용

④ 옹벽의 수평 저항용

⑤ 교량에서 반력용

6. 시공순서 플로 차트

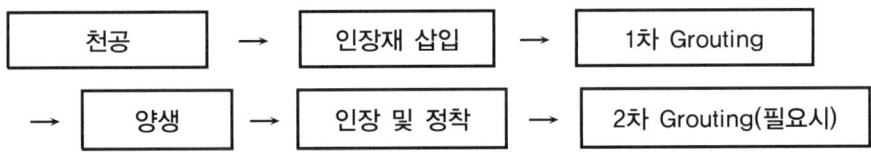

7. 시공순서

1) 천공

　① 천공 시 벽면의 붕괴에 유의

　② 공벽 교란우려 시 케이싱 설치 고려

2) 인장재 삽입

　① 삽입 전 공 내 슬라임 완전 제거

　② 정착장에 안전하게 정착되도록 삽입(PS 강선)

3) 1차 Grouting

　① 정착장에 밀실하게 Grouting

　② Grouting재는 인장재에 부식 영향이 없을 것

4) 양생

　① 진동이나 충격 금지

　② 양생 시 기온의 변화에 유의하여 충분한 양생

5) 인장 및 정착 작업

　① 인장 시 응력이완(Relaxation)의 감소를 고려(설계 1.2배 긴장 후 맞추어 정착)

　② 인발, 인장 확인시험 실시

　③ 시험 실시 후 인장재를 좌대에 정착

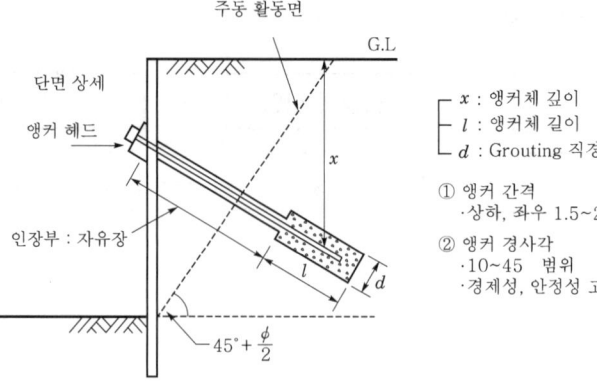

x : 앵커체 깊이
l : 앵커체 길이
d : Grouting 직경

① 앵커 간격
·상하, 좌우 1.5~2m
② 앵커 경사각
·10~45 범위
·경제성, 안정성 고려

[어스 앵커 설치도]

6) 2차 Grouting(필요 시)

① 필요 시 자유장에 부식 방지를 위해
   Grouting 실시

② 일반적으로 가설 앵커에는 실시하지 않음

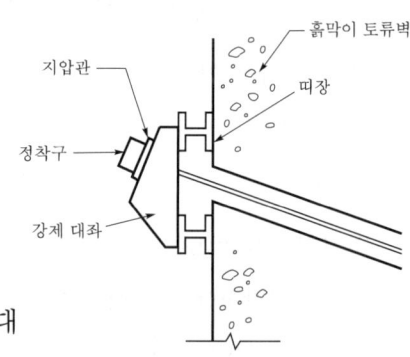

[앵커 두부의 정착]

8. 시공 시 유의사항

① 인장재는 녹, 이물질 등을 제거하여 부착력을 증대

② 정착 길이는 최소 3.0m 이상

③ Grouting재는 부식, 방수 등의 영향을 고려

④ Anchor의 설치 각은 20° ~ 30°

⑤ 대표 단면, 취약 개소에 대하여 계측관리 실시(Load Cell, Strain Gauge)

⑥ 인발력에 의한 지반 균열 시 Grouting으로 보강

⑦ 설치된 Anchor는 반드시 시험하여 관리

⑧ 시공 시 안전에 유의

  ㉠ 안전관리자 배치

  ㉡ 근로자 특별안전교육

  ㉢ 보호구 착용

  ㉣ 접근 금지용 방책 및 표지판 설치

9. 결론

① Earth Anchor 공법은 경제성, 공기 단축과 어울러 소음, 진동 등의 건설공해가
   적은 공법이다.

② 인장재 및 정착부, Grouting 등의 품질관리 및 계측을 실시 지반에 대한 안전에 유의하여 재해를 예방해야 한다.

Tremie관

1. 개요

① Tremie관이란 수중 콘크리트 타설용 수송관으로, 상부에 콘크리트를 받는 호퍼를 가지며, 관 끝에 역류 방지용 마개 또는 뚜껑이 붙어 있는 관이다.

② Tremie 공법은 수중 콘크리트 타설 시 굳지 않은 콘크리트가 최대한 물과 접촉하지 않도록 특수관을 이용하는 공법이다.

2. 종류

1) 밑뚜껑식

선단에 뚜껑을 만들어 콘크리트 투입 시 Tremie관을 조금 들어 올리면 콘크리트 중량에 의해 뚜껑이 제거되는 방식

2) Plunger식

Plunger관 투입구에 Plunger를 장착하여 콘크리트 투입 시 관 내의 안정액을 배제하면서 콘크리트를 타설하는 방식

3) 개폐문식

선단에 개폐문을 설치하고 Tremie관을 세워 콘크리트를 채운 후 선단을 개방하여 콘크리트를 타설하는 방식

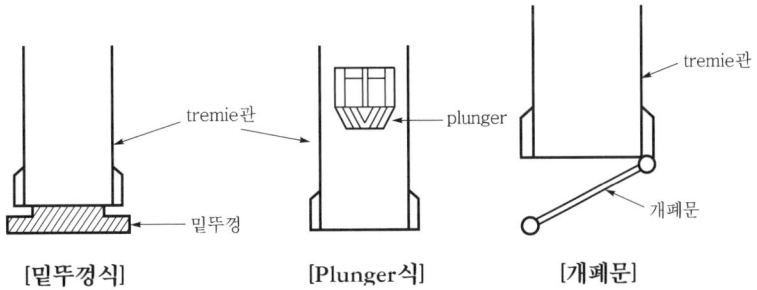

[밑뚜껑식] [Plunger식] [개폐문]

3. Tremie 연결 방식

1) Flange 연결 방식

수심이 깊고 대량의 콘크리트 타설 시 사용

2) Socket 연결 방식

수심이 얕고 소량의 콘크리트 타설 시 사용

Section 24
벤토나이트(Bentonite, 안정액)

1. 개요

벤토나이트란 점토의 일종으로 물과의 친화력이 강하며, 물에 담그면 흡수 팽창하여 젤리상으로 된다. 이 현탁액은 연속지중벽 공법 등에 있어서 구멍 벽면의 붕괴를 방지하며 관리가 허술하면 사고발생의 원인이 되므로 안정액 관리에 유의해야 한다.

2. 벤토나이트의 목적

① 굴착공벽의 지지 : 공벽에 부착 흙벽을 지지
② 굴착토사 분산 방지 : 굴착토사의 침전 방지 및 외부 운반 용이
③ 콘크리트와 치환 : 콘크리트와 혼입되지 않고 치환
④ 지하수 유입 방지 : 지하수보다 높은 비중과 수위로 공 내 지하수 유입 방지
⑤ 굴착면 마찰저항 저감 : 굴착기계의 마찰열, 마모 방지

3. 안정액의 분류

① Bentonite를 주제로 한 안정액 : 이온교환성, 현탁성, 팽윤성, 흡착성
② CMC를 주제로 한 안정액 : 안정액의 탈수를 저감하고 점성 증대
③ Bentonite, CMC 혼합안정액 : 지반 상태를 고려하여 사용

4. Bentonite 사용 시 유의사항

① 콘크리트와 치환이 가능하도록 적정 농도 유지

② 안정액의 치환 후 관리 철저(침전조 활용 회수)

③ 공사 기간 중 비중, 점성, 여과성 등을 관리

④ 환경공해 예방 철저(지하수, 하천유입 방지)

Section 25 | 옹벽의 안정성 조건 3가지

1. 개요

① 옹벽이란 배후토사의 붕괴 방지와 부지 활용을 목적으로 만들어지는 구조물로 자중과 흙의 중량에 의해 토압에 저항하고 구조물의 안정을 유지한다.

② 옹벽의 안정성에 관해서는 활동, 전도, 침하에 대하 안정성 검토가 필요하다.

2. 옹벽의 종류

1) 중력식 옹벽

자중에 의해 토압에 저항 무근 콘크리트 또는 석축으로 시공

2) 역T형 옹벽

옹벽의 자중과 밑판 위의 흙의 중량에 의해 토압에 저항 철근콘크리트 시공

3) 부벽식 옹벽

역T형 옹벽이 높아질 경우 전후면에 부벽을 설치

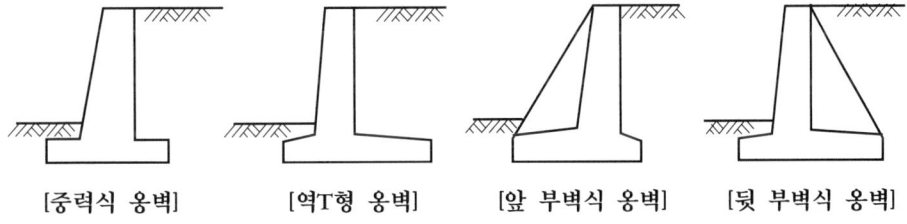

[중력식 옹벽]　　　[역T형 옹벽]　　　[앞 부벽식 옹벽]　　　[뒷 부벽식 옹벽]

3. 토압의 종류

① 주동 토압 : 옹벽의 전방으로 변위를 발생시키는 토압

② 정지 토압 : 변위가 없을 때의 토압

③ 수동 토압 : 옹벽의 후방으로 변위를 발생시키는 토압

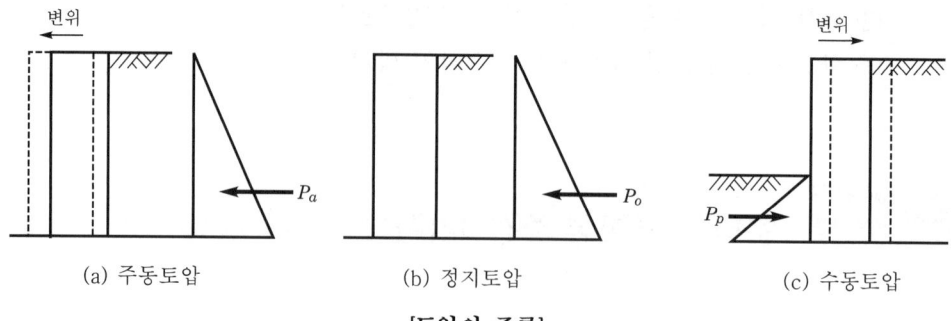

(a) 주동토압   (b) 정지토압   (c) 수동토압

[토압의 종류]

4. 안전성 조건

1) 활동

(1) 안전율

$$F_s = \frac{\text{기초지반의 마찰력의 합계}}{\text{수평력의 합계}} \geqq 1.5$$

(2) 안전율 부족 시

① 기초 Slab 하부에 활동 방지벽(Shear Key) 설치

② 말뚝으로 기초 보강

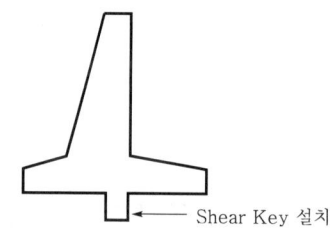

Shear Key 설치

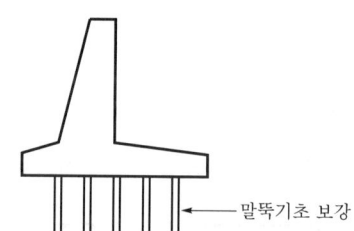

말뚝기초 보강

2) 전도

(1) 안전율

$$F_s = \frac{\text{전도에 대한 저항 모멘트}}{\text{전도 모멘트}} \geqq 2.0$$

(2) 안전율 부족 시

① 옹벽 높이를 낮춘다.

② 뒷굽의 길이를 길게 한다.

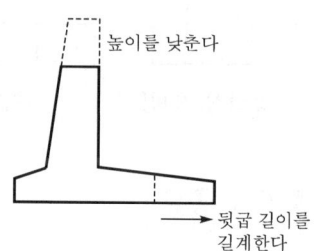

높이를 낮춘다

뒷굽 길이를
길게한다

3) 침하

(1) 안전율

$$F_s = \frac{\text{지반의 극한 지지력}}{\text{지반의 최대반력}} \geqq 3.0$$

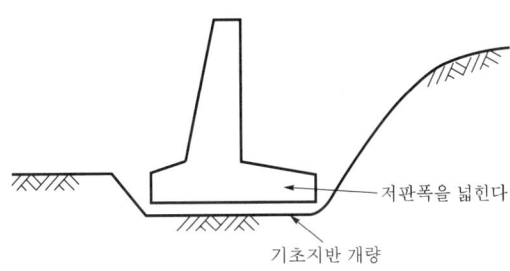

저판폭을 넓힌다

기초지반 개량

(2) 안전율 부족 시

① 기초지반을 개량한다.

② 저판의 폭을 넓힌다.

Section 26 흙막이 구조물에 작용하는 토압의 종류

1. 개요

흙막이 공사에 있어서 토압이란 흙과 접하는 구조물에 미치는 흙의 압력을 말하며 주동토압, 정지토압, 수동토압으로 구분된다.

2. 토압의 종류

1) 주동토압(P_a)

① 흙막이 벽체 전방으로 변위를 발생시키는 토압

② 옹벽설계용 토압은 주로 주동토압 적용

2) 정지토압(P_o)

① 벽체의 변위가 없을 때의 토압

② 지하 구조물, 교대구조물에서 주로 적용

3) 수동토압(P_p)

① 벽체의 후방으로 변위를 발생시키는 토압(Sheet Pile에 적용)

② 흙이 벽체에 미치는 압력

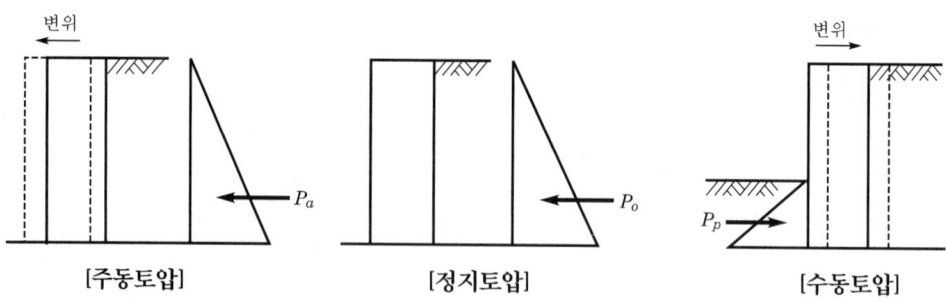

[주동토압]   [정지토압]   [수동토압]

3. 토압의 크기

① 수동토압(P_p) > 정지토압(P_o) > 주동토압(P_a)

② 옹벽의 안전율

활동 : 1.5, 전도 : 2.0, 침하 : 3.0

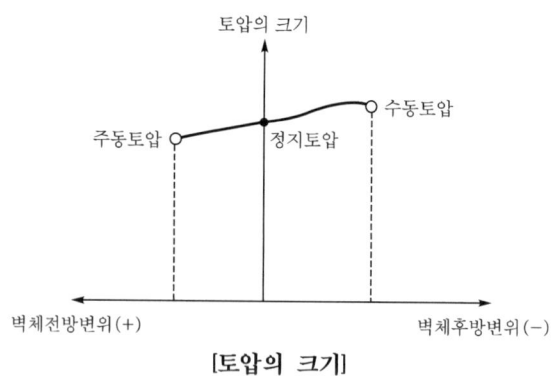

[토압의 크기]

Section 27 지반반력계수

1. 개요

① 지반반력계수란 평판재하시험에서 지반면에 하중을 걸었을 때의 단위 면적당 하중 $P(\mathrm{kg/cm^2})$를 그 때의 침하량 $S(\mathrm{cm})$로 나눈 값(K값)을 말한다.

② 지반반력계수는 탄성계수가 지반에 대한 상수인 반면 기초크기, 형상, 근입깊이에 따라 변화하는 성질이 있다.

2. 지반계수(K값)

1) 지반계수의 추정식

$$K값(K-\text{value}) = \frac{P_1}{S_1}$$

여기서, P_1 : 단위 면적당 하중(ton/cm^2, kg/cm^2)

S_1 : 평판재하시험 결과로부터의 침하량(cm)

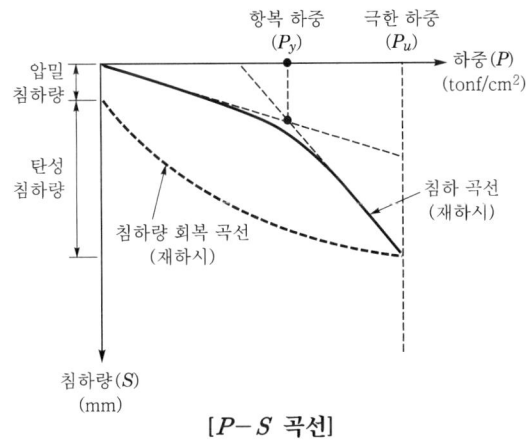

[$P-S$ 곡선]

2) 지반계수의 값

① 연약한 점토층 : 2 미만

② 모래층 : 9~10

③ 지반반력계수가 크면 지반은 단단하고 압축성이 작으며, 지지력이 크다는 의미이다.

3. 지반계수의 활용

① 전면기초(Mat)의 침하량 산정(지지력 산정)

② 연성기초로 부재설계 : 전면기초(Mat), 지하철 등

③ 말뚝의 수평지지력 산정

④ 탄성계수의 추정

4. 지반계수에 영향을 주는 요소

① 기초의 크기 및 길이

② 기초의 형상

③ 기초의 근입 깊이

④ 탄성계수의 크기

⑤ 기타 재하시간, 재하속도, 변형률 등

Section 28 다짐곡선(Compaction Curve)

1. 개요

다짐곡선은 함수비가 각각 다른 상태에 있는 동일 흙에 같은 다짐을 주어 다진 결과 얻어지는 건조밀도와 함수비와의 관계를 표시하는 곡선이다.

2. 실내 다짐 곡선

① 몰드에 시료를 3층으로 나누어 담고, 함수비를 바꾸어 가면서 각 층마다 25회씩 Hammer로 충격 다짐한다.

② 표준 다짐시험에서 Hammer의 무게는 2.5kg, 낙하고 30cm, 층수 3층, 층당다짐 횟수는 25회로 한다.

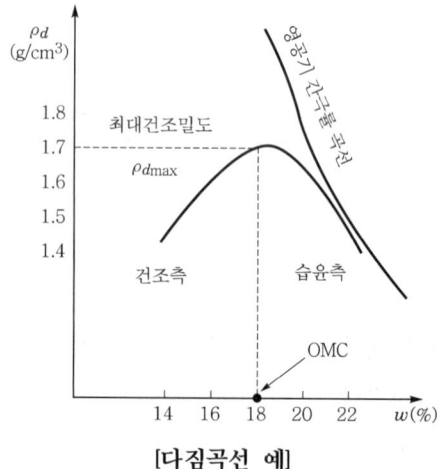

[다짐곡선 예]

3. 다짐한 흙의 성질

① 토립자 간 간극이 좁아진다.

② 토립자 상호간 부착력 증가

③ 흙의 역학적 강도와 지지력 증가

④ 압축성, 투수성, 흡수성 감소

4. 다짐에 영향을 주는 요소

1) 함수비

2) 흙의 종류

3) 다짐 에너지

① 다짐 에너지를 달리하면 다짐 곡선이 달라짐

② 다짐 에너지를 증가시키면 최적 함수비는 감소하며 최대건조밀도는 증가

5. OMC(최적함수비, Optimum Moisture Content)

일정한 다짐에 의해서 가장 다짐도가 좋은 최대건조밀도를 주는 함수비를 최적함수비라고 한다.

6. 다짐에 있어 최적함수비의 의미

① 최대건조밀도가 얻어진다.

② 최대에 가까운 전단강도나 차수성을 얻을 수 있다.

③ 최대건조밀도를 얻을 수 있다.

Section 29 안전율(Safety Factor)

1. 개요

① 안전율이란 사용재료의 극한강도(파괴강도)와 허용응력과의 비를 말한다.

② 구조물은 고정하중, 적재하중 등의 장기하중과 적설하중, 풍하중 등의 단기하중에 대해 안전하여야 한다.

2. 특징

① 하중 및 응력과의 성질 또는 재료의 성질에 따라 달라진다.

② 신뢰도, 공작정도, 사용 상태 등에 따라서 좌우된다.

③ 일반적인 강재의 안전율은 3~3.5 정도이다.

④ 콘크리트의 안전율은 3~4 정도이다.

⑤ 재료의 극한 강도 또는 항복 강도와 재료의 결함이나 추가하중을 고려한 허용설계 응력과의 비 → 허용응력

3. 안전율 적용 사례

1) 기성 파일의 지지력

① R_a(허용지지력)$= \dfrac{R_v(극한지지력)}{F_s(안전율)}$

② F_s(안전율)$= \dfrac{R_v}{R_a}$

2) 콘크리트

① F_b(허용 휨 압축 응력도)$= 0.4F_c$(압축강도)

② F_s(안전율)$= \dfrac{F_c}{F_b} = 2.5$

3) 가설 구조의 안전율

(1) 달비계 안전계수

① 달기 와이어로프 및 달기 강성 : 10 이상

② 달기 체인 및 달기 훅 : 5 이상

③ 달비계 하부와 달기 강재

㉠ 목재 : 5 이상

㉡ 강재 : 2.5 이상

(2) 양중기의 와이어로프

① 근로자 합승 운반구 지지 : 10 이상

② 화물의 하중을 직접 지지 : 5 이상

③ ①, ② 외의 경우 : 4 이상

Section 30 영공극 곡선

1. 개요

① 영공극 상태란 어떤 함수비에서 다짐에 의해 흙 속의 공기가 완전히 배출되면 건조 중량이 최대가 되는데, 이때를 영곡극 상태라 한다.
② 영공극 곡선이란 흙의 공극에 공기가 전혀 없다고 가정한 경우의 흙의 밀도와 함수비와의 관계를 나타내는 곡선을 말한다.

2. 흙의 3상도

① 간극비 $e = \dfrac{V_v}{V_s}$

② 간극률 $m = \dfrac{V_v}{V} \times 100$

③ 포화도 $S_r = \dfrac{V_w}{V_u} \times 100\,(\%)$

④ 함수비 $w = \dfrac{W}{\dfrac{w}{W_s}} \times 100\,(\%)$

⑤ 함수율 $w' = \dfrac{W}{\dfrac{w}{W}} \times 100\,(\%)$

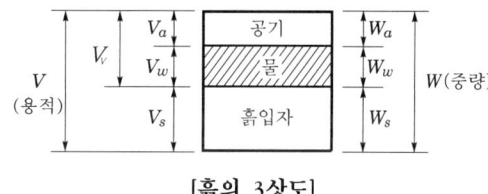

[흙의 3상도]

3. 영공극 곡선

① 건조중량 최대 상태
② 함수비와 건조밀도 관계곡선
③ 공식

$$\gamma_d = \dfrac{G_s}{1+e}\gamma_s = \dfrac{G_s}{1+WG_s/S}\,\gamma_w$$
$$= \dfrac{1}{1/G_s + w/s}\,\gamma_w$$

$(\because S_e = WG_s$에서 $e = \dfrac{WG_s}{s})$

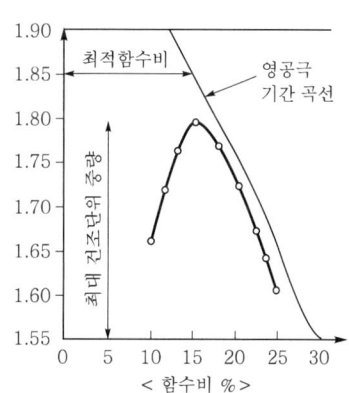

Section 31   Boiling, Heaving, Piping

1. 개요

Boiling, Heaving, Piping은 모두 차수능력이 우수한 흙막이(Cip, Scw, Slurry Wall 등)가 시설공사 후 지하수위 이하로 터파기를 했을 때 발생하는 현상으로 흙막이 변형, 붕괴, 주변 지반 함몰 등의 대형 안전사고와 직결되므로 각별한 주의가 필요하다.

2. Boiling 현상

1) 정의

연약한 사질토 지층에서 주로 발생하는 현상으로 흙막이 내부를 주변 지하수 아래로 터파기 할 경우 주변 지하수의 수압(피압수)에 의해 터파기한 바닥으로 물이 솟아오르는 현상이다.

2) Boiling의 피해

① 흙막이 구조체 파괴
② 주변구조물 변형
③ 지하 매설물 파괴
④ 지반 지지력 저하

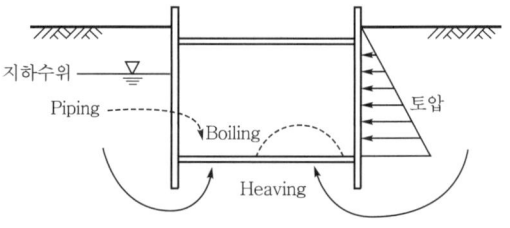

[Boiling, Heaving, Piping]

3) Boiling의 원인

① 사질토 지반
② 피압수 발생
③ 흙막이 근입장 부족
④ 굴착면보다 지하수위가 높을 때

4) Boiling 방지대책

(1) 주변의 지하수위 저하

Deep Well 공법, Well Point 공법

(2) 근입장 확보

흙막이 근입 깊이를 깊게 해서 외부의 수압이 터파기 면까지 전달되지 않도록 조치

(3) 지반개량

터파기한 바닥을 밀실하게 다짐(지반 개량)

3. Heaving 현상

1) 정의

유동성이 큰 연약지반(해안가 갯벌, 연약 점토층 등)에서 많이 발생되며 흙막이 외부의 유동성이 큰 토사의 토압으로 인해 터파기 면으로 연약지반이 밀려 올라오는 현상

2) Heaving의 피해

① 흙막이 파괴

② 지하 매설물 파괴

③ 주변 구조물 침하

3) Heaving의 원인

① 흙막이 근입장 부족

② 굴착면 피압수 발생

③ 주변 토사중량이 굴착부 토사중량보다 클 때

4) Heaving 방지 대책

(1) 충분한 근입장 확보

근입장 확보 및 단단한 지반까지 근입

(2) 지반 개량

시멘트, 약액주입 공법 등 적용

(3) 적절한 공법 적용

지반에 적절한 공법 채용

4. Piping 현상

1) 정의

피압수가 있고 흙막이가 부실하거나 흙막이의 차수성능이 떨어질 때 발생하고 흙막이 벽틈이나 약한 부분으로 물이 터져 나오는 현상

2) Piping 현상의 피해

① 흙막이의 변형 및 파괴

② 굴착면 지지력 저하

③ 지하 매설물 파괴

④ 댐 파괴 및 붕괴

3) Piping 현상 방지 대책

(1) 흙막이 공법

Sheet Pile, 지하 연속벽 공법 등 차수성이 우수한 공법 적용

(2) 충분한 근입장 확보

근입장 확보 및 단단한 지반까지 근입

(3) 지반개량 공법

배면 LW 그라우팅 실시

(4) 지하수위 저하

Deep Well 공법 및 약액주입 공법 적용

Section 32 지반이상 현상의 원인과 안전대책 및 Heaving에 대한 안전율

1. 개요

토공사 시 지반에 발생하는 이상 현상은 물에 따른 수압과 흙에 따른 토압 및 지반 여건 등의 원인이 되기 때문에 사전조사뿐 아니라 계측관리를 통해서 지반 이상 현상을 파악하고, 계측 및 수시 점검을 통해서 시공 안전성을 확보해야 한다.

2. 사전 조사

1) 설계도서 검토

2) 계약조건 검토

3) 인접 구조물의 상태 점검 및 파악

4) 지반조사

① 지형, 지진, 지하수위 상태

② Boiling, Sounding 재하시험 실시

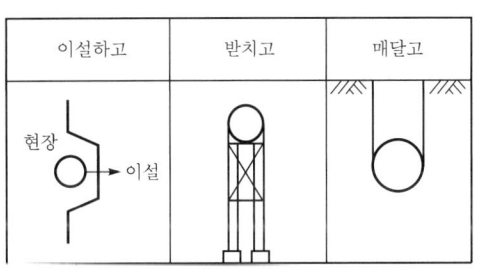

5) 지하 매설물의 방호 조치

① 매달기 방호

② 받치기 방호

③ 이설(지하 매설물)

3. 이상 현상의 원인 및 대책

1) 토압

(1) 원위

① 천단부 적재 등으로 토류벽 과다 토압 발생, 주변 침하

② 수동토압(P_p) < 주동토압(P_a)

(2) 대책

① 적치물 제거 및 토류벽 안전성 검토

② 수동토압(P_p) > 주동토압(P_a)

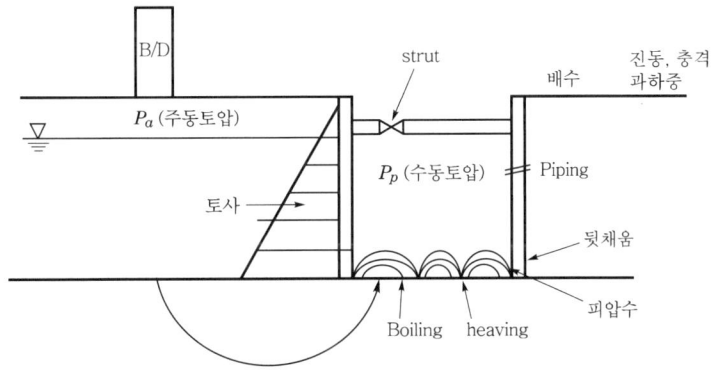

2) Boiling

(1) 원인

사질지반에서 지하수차에 의해서 지반에 물이 올라오는 현상

(2) 대책

① 굴착저면 개량(지반 보강), 토류벽 차수 공법(Sheet Pile 등)

② 근입장 깊이 확보 및 부분 굴착

3) Heaving

(1) 원인

배면토(점토지반) 중량이 굴착저면 중량보다 클 때 중량차에 의한 굴착저면이 부풀어 오르는 현상

(2) 대책

근입장 깊이를 깊게 하고 부분 굴착 및 지반을 개량

4) Strut 변형

(1) 원인

Strut 설치 지연 및 상부 가시설공 변형

(2) 대책

굴착 2m 깊이에 Strut 설치

5) 피압수 및 Piping

배수 등으로 수위 조절

6) 뒤채움 불량

뒤채움 재료 및 다짐 철저

7) 과대 하중

흙막이 주변 적재 금지

8) 발파 진동

무진동 공법 적용

4. 안전율 유도

회전 모멘트 M_d는

$$M_d = w \cdot x \cdot \frac{x}{2} = \frac{x^2}{2} \cdot \gamma \cdot H$$

저항 모멘트 M_γ는

$$M_\gamma = x \int_0^x S(x \cdot d\theta)$$

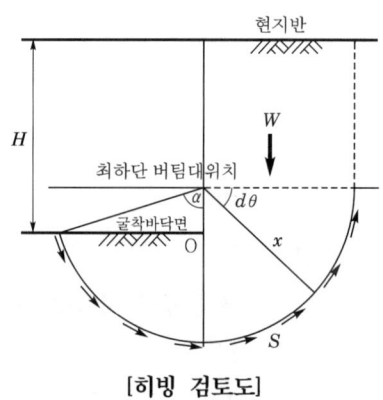

[히빙 검토도]

S가 깊이에 관계 없이 일정값으로 된 경우에는

$$M_\gamma = x \cdot S \cdot x(-\frac{\pi}{2}+\alpha)$$

안전율 F_s는

$$F_s = \frac{M \cdot \gamma}{M_d} = \frac{S(\pi+2\alpha)}{\gamma \cdot H}$$

여기서, γ : 흙의 단위 체적중량
 α : 최하단 버팀대 위치에 대한 가상 활동면까지의 각도(rad)
 S : 지반 전단강도

5. 결론

① 토공사 근접 시공 시 주변 침하 등 이상 현상에 대비 토류벽 등의 사전 안전성 검토와 사전조사를 철저히 해야 한다.
② 시공 시 작업순서 준수 및 버팀대(Strut)를 조속히 시공하여야 하며, 계측관리를 철저히 하여야 한다.
③ 토공사 중 또는 완료 시에도 사고위험 지반의 거동을 파악하여 지반의 이상 현상 발생 즉시 안전 조치를 취한 후 안전시공을 하여야 한다.

Section 33 흙막이 공사 시 주변 침하 원인과 대책

1. 개요

① 흙막이 공사 시 발생되는 문제점은 주변 침하, 소음, 진동, 지하수 고갈 등으로, 설계부터 시공에 이르기까지 전 과정에서 침하 방지를 위한 철저한 사전조사 및 점검이 필요하다.
② 흙막이 공사 시 가장 피해를 주는 문제는 주변 지반의 침하이며, 침하를 완전히 방지한다는 것은 불가능한 일이나 원인파악과 대책을 강구하면 발생되는 피해를 최소화할 수 있다.

2. 흙막이 공법 선정 시 검토사항

① 안전성 높은 공법
② 작업성이 우수한 공법
③ 경제적인 공법
④ 주변대지 조건 고려
⑤ 수밀성 높은 공법
⑥ 강성이 큰 공법
⑦ 지하수 배수 시 배수처리 공법 적격 여부
⑧ 흙막이 해체 고려

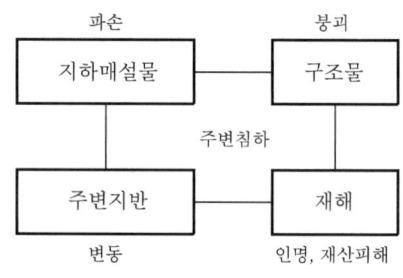

[주변 침하의 피해]

3. 흙막이 공법의 종류

4. 침하발생 원인

1) 지하수위 저하에서 오는 침하

(1) 토압에 의한 Heaving 현상
  ① 흙막이 근입장 부족
  ② 흙막이벽 내외의 토사의 중량 차이가
    클 때
(2) 자유수(지표수)에 의한 Boiling 현상
    (사질토 지반)
  ① 흙막이 근입장 부족
  ② 흙막이벽의 배면 지하수위와 굴착저면과의 수위차가 클 때

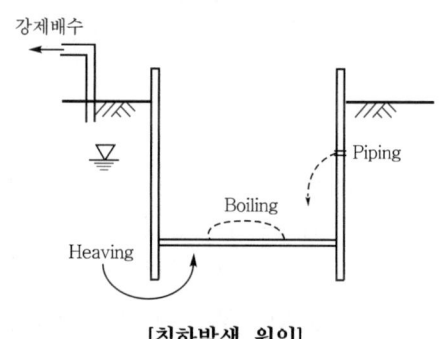

[침하발생 원인]

(3) 흙막이 벽체 부실의 Piping 현상

　① Boiling 현상으로 발생

　② 터파기 이외의 수위 차

(4) 강제 배수 시 문제점(수위 변화)

　① 인접 구조물 침하

　② 지하 매설물 침하(공공 매설물 침하)

　③ 주변 지반 침하

　④ 주변 우물 고갈

　⑤ 주변 지하수위 저하

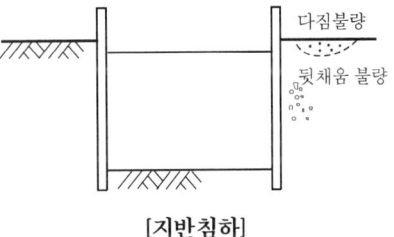

[지반침하]

(5) 기타

　① 지하 배수 시 폐수처리 문제

　② 피압수에 의한 부풀음(점토질 지반)

2) 주변침하(지반침하) 원인

　① 흙막이벽 배면토 이동

　② 토류판 설치 시 뒤채움 및 다짐 불량

　③ Sheet Pile, 어미말뚝 인발 후 뒤채움 및 다짐 불량

　④ 매설물 뒤채움 및 다짐 불량

　⑤ Heaving

　⑥ 배수 시 토사유출(Piping)

　⑦ 배수에 따른 점성토의 압밀침하

3) 인접 건물 침하 원인

　① 흙막이벽 변위에 따른 배면토 이동으로 기초 주위 토사유출

　② 배수 시 Pile이나 Pier 주위 토사유출에 따른 침하

　③ 배수 시 압밀침하에 따른 부압으로 인접 구조물 침하

　④ Sheet Pile 등 인발 후 되메우기 및 다짐 불량에 의한 침하

　⑤ 인접 건물의 기초가 흙막이벽 깊이보다 높을 때

　⑥ 인접 건물의 기초가 Pile이나 Pier 기초인 경우

　⑦ Heaving에 의한 Pile이나 Pier 주변 침하 시 발생하는 구조물 침하

5. 흙막이 공사 시 침하 방지 대책

1) 구조상 안전한 공법 선정
① 경제성과 현장여건 감안한 강성이 큰 공법 선정
② 침하크기 : H-Pile 및 토류판 > Sheet Pile > Slurry Wall(Top Down)

2) 지하수 처리에 대한 차수 및 배수계획
① 차수계획 : Sheet Pile, Slurry Wall, 주열식 흙막이, 고결안정 공법
② 배수계획 : 중력배수 공법, 강제배수 공법, 전기침투 공법

3) Heaving 방지대책
① 흙막이 근입장 확보(경질지반까지 도달)
② 부분 굴착으로 굴착지반의 안전성 확보
③ 강성이 큰 흙막이 사용
④ 흙막이벽 배면 Earth Anchor 시공

4) Boiling 방지 대책
① 흙막이 근입장을 경질지반까지 도달
② Well Point 공법 등으로 지하수위 저하
③ Sheet Pile 등의 수밀성 있는 흙막이 공법 채택
④ 약액주입 공법 등에 의해 지수벽이나 지수층 설치

5) Piping 방지대책
① 차수성 높은 흙막이 공법 채용
② 흙막이벽의 밀실 시공
③ 흙막이벽의 근입장 깊이를 깊게
④ 약액주입 공법 등에 의해 지수벽이나 지수층 설치

6) 흙막이 공사의 시공상 안전대책
① Strut에 Pre-Loading을 가한다.
② 흙막이벽 주위 대형 차량 통제
③ 현장여건을 감안한 경제적이고 적정한 흙막이 공법 선정
④ Sheet Pile이나 H-Pile 인발 후 즉시 Grouting
⑤ 토류판 배면에 깬 자갈, 모래 혼합물 등 뒤채움 및 다짐 철저
⑥ 보강차수 Grouting 공법 실시

6. 정보화시공(계측) 실시

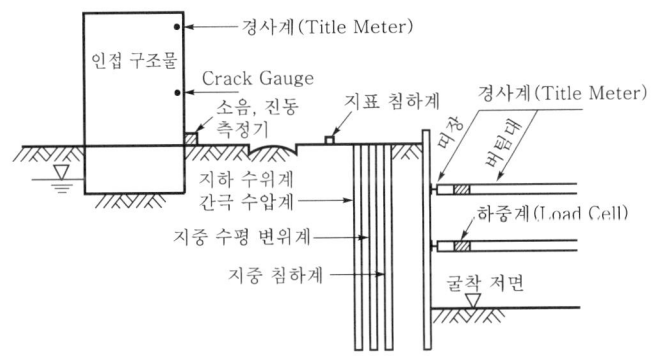

7. 결론

① 흙막이 공사 시 발생하는 사고는 흙막이 붕괴, 도괴 및 주변 구조물의 붕괴 등 대형 사고로 연결되어 복구가 어렵고 사회문제화 되므로 충분한 사전검토와 시공 시의 안전관리 및 품질관리를 철저히 해야 한다.

② 또한 계측관리와 같은 정보화시공으로 주변 민원의 사전 방지와 안전하고 경제적인 시공이 될 수 있도록 해야 한다.

Section 34

건축 구조물의 부동침하 원인과 대책

1. 개요

① 건축 구조물은 완공 후 시간 경과에 따라 부분적 균열이 발생되는데 그 원인은 부동침하, 온도변화, 수축팽창 및 외력에 의한 것 등이 있다.

② 건축 구조물의 부동침하는 기초지반의 지내력 또는 파일 지정의 지지력 부족, 편심하중, 지하수위 변화 등에 기인하므로 설계단계부터 적절한 대책이 필요하다.

2. 침하의 종류

1) 즉시침하

사질토 지반에서 주로 발생하며 외부 하중이 가해지는 즉시 일어나는 침하

2) 압밀침하

외력이 가해지면서 흙 입자 내 수분이 빠져나가면서 일어나는 침하

3) 2차 압밀침하

하중의 증가 없이 지속적인 하중에 의한 Creep 변형으로 발생

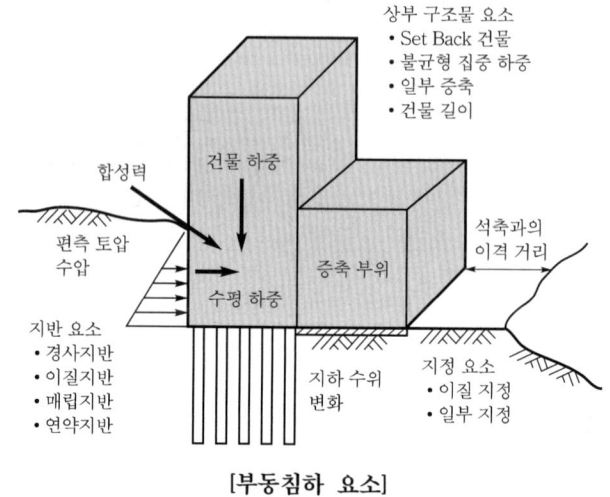

[부동침하 요소]

3. 부동침하로 인한 영향

① 지반의 침하
② 구조물의 균열 및 누수
③ 배관 등 설비의 손상
④ 구조물의 내구성 저하

4. 부동침하의 원인

1) 지반상 원인

① 연약지반 : 연약지반 위 또는 매립지에 기초를 시공
② 연약층 지반 두께 : 연약층의 지반 깊이가 다른 경우 침하량 상이
③ 이질지반 : 지반의 종류가 다른 지반에 걸쳐 기초를 시공
④ 지하 매설물 또는 Hole : 기초 하부에 지하 매설물 또는 Hole이 있을 때
⑤ 경사지반, 언덕위에 건축 : 경사지나 언덕에 근접 시공 시 기초 Sliding 발생

2) 기초상 원인

① 서로 다른 기초(매트+독립 등) : 이질기초의 복합시공으로 인한 부동침하

② 기초 제원(형상, 크기 등) : 기초 제원의 차이로 인한 부동침하

③ 인근 지역 터파기 : 부주의한 터파기에 의한 토사 붕괴로 부동침하

3) 기타 원인

① 지하수위 변화 : 지하수위 변동으로 인한 수위 상승 및 주변 배수로 인한 수위 저하

② 부주의한 증축 : 하중 불균형으로 인한 부동침하

5. 방지대책

1) 연약지반에 대한 대책(연약지반 개량 공법)

(1) 고결법

① 연약지반에 시멘트나 약액을 주입하여 지반강화 또는 동결 공법으로 지내력을 증가시키는 공법

② 종류

㉠ 주입 공법 : 시멘트주입 공법, 약액주입 공법

㉡ 고결 공법 : 동결 공법, 소결 공법

(2) 치환 공법

① 양질의 흙을 치환하여 지내력을 증가시키는 공법

② 치환 공법 : 굴착치환, 활동치환, 폭파치환

(3) 강제압밀 공법(재하 공법)

① 연약지반을 강제적으로 압밀침하하여 지내력을 증가시키는 공법

② 재하 공법 : 선행재하 공법, 압성토 공법, 사면선단재하 공법

(4) 탈수 공법

① 연약점토층의 간극수를 탈수하여 지내력을 증가시키는 공법

② 탈수 공법 : Sand Drain 공법, Paper Drain 공법, Well Point 공법

(5) 다짐 공법(진동다짐압입 공법)

① 모래지반을 기계적으로 다짐하여 지내력을 증가시키는 공법

② 진동다짐압입 공법 : Vibro Floatation 공법, Vibro Composer 공법, Sand Pile 공법

2) 기초구조(Sub-structure)에 대한 대책

  (1) 경질지반에 지지

    지반에 적절한 공법 적용으로 지지력 확보

  (2) 말뚝 지정

    ① 말뚝둘레의 마찰저항에 의한 지지

    ② 부마찰력 검토

    ③ 선단지지력 확보

  (3) 복합기초 이용

    이질지반에 복합기초를 이용하여 지지력 확보

  (4) 지하실 설치(Floating Foundation, 뜬 기초)

    ① 굳은 지층이 깊이 있는 연약지반에서 사용

    ② 굴착한 흙의 중량 이하의 건물을 지지하는 공법(건축물의 중량을 2/3~3/4로 억제)

  (5) 부력 방지 : Rock Anchoring

3) 상부구조(Super-structure)에 대한 대책

    ① 건물의 경량화 : P.C화로 건물의 자중 감소

    ② 평면 길이를 짧게 : 건물 길이를 짧게 하여 하중 불균형 방지

    ③ 강성을 크게 : 건물의 강성을 증대시켜 변형 방지

    ④ 건물 증축 시 하중 고려 : 건물 증축 시 하중의 불균형을 고려

    ⑤ 건물의 중량분배 고려 : 건물 전체의 중량을 고려하여 균등 배분

    ⑥ 계측 관리 : 수위계, 수압계, 침하계, 변형계 등 설치 운영

6. 결론

    ① 공사 완료 후 발생하는 부동침하에 의한 구조물 균열은 보수도 어렵지만 구조물의 내구성 및 내구연한에도 악영향을 미친다.

    ② 구조물의 부동침하 방지를 위한 사전조사 단계부터 시공 및 유지보수에 이르기까지 철저한 품질관리 및 안전관리에 최선을 다해야 한다.

Section 35 공사현장 주변 구조물 이상발견 시 안전성 평가

1. 개요

① 도심지 건설공사 시 인근 건물에 이상이 발생하지 않도록 적당한 공법 선정이 필요하며 시공 중 발생하는 구조물의 이상은 안전상 문제를 야기하므로 즉시 안전성 평가를 실시해야 한다.

② 안전진단이란 시설물의 안전성 확보와 재해 방지를 위해 구조물의 결함 등을 조사, 보수·보강 방법을 제시하는 행위를 말한다.

2. 안전 진단의 필요성

① 작용 하중의 변동
② 재료 강도의 불명확
③ 구조물의 시행 오차
④ 인적 과오 존재

3. 안전 진단 순서

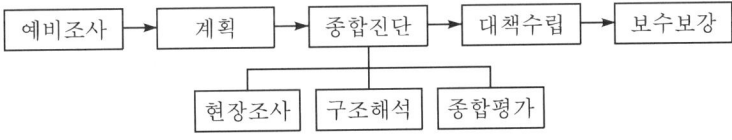

4. 콘크리트 안전진단 항목

① 콘크리트 강도
② 균열
③ 중성화
④ 기울기
⑤ 철근 부식 등
⑥ 지반 침하
⑦ 처짐

5. 안전성 평가 기준

구분	A	B	C	D	E
균열폭	0.1mm 미만	0.1~0.2mm 미만	0.2~0.3mm 미만	0.3~0.7mm 미만	0.7mm 이상
누수	누수 부위가 없는 경우	누수 흔적이 있는 경우	균열 사이로 약간의 누수가 있는 경우	균열 사이로 누수가 많은 상태	균열 사이로 물이 떨어지는 상태
파손	없음	없음	경미한 파손 10×10cm 미만	파손 면적 10×10cm~ 30×30cm 미만	파손이 극심하여 즉시 보수를 요하는 경우 30cm 이상
콘크리트 강도	설계 강도 이상	설계 강도 이상	$0.85 f_{ck}$ 이상	$0.75 f_{ck}$ 이상	$0.75 f_{ck}$ 미만
중성화	0.5cm 이하	1.0cm 이하	1.5cm 이하	3cm 이하	철근 위치 이상

6. 보수 보강 공법

① 표면 처리 공법

② 주입 공법

③ 충전 공법

④ 강재 Anchor 공법

⑤ Prestress 공법

⑥ 강판 부착 공법

⑦ 치환 공법

⑧ 탄소 섬유 보강 공법

7. 붕괴 원인

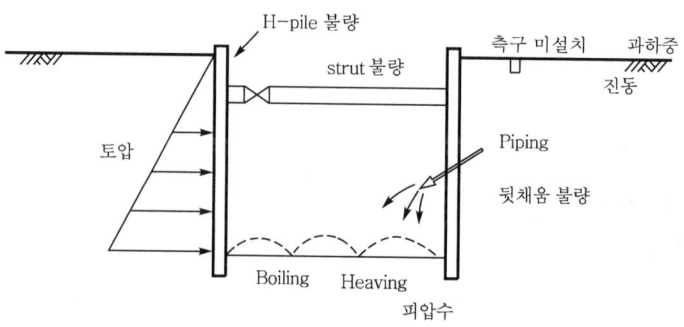

8. 붕괴 방지 대책

1) 공법 선정

① 구조 안전상 적절한 공법 선정

② 침하의 크기 : H-Pile 도류판 > Sheet Pile > Slurry Wall

2) 차수 및 배수 공법

① Sheet Pile, Slurry Wall : 차수

② 중력·강제 배수 공법 : 배수

[Sheet Pile]

3) Heaving 방지 대책(배면 토사가 내부로 부풀음)

① 흙막이 근입장 확보(경질기반)

② 흙막이 강성

4) Boling 대책(굴착저면 물, 모래 솟아오르는 현상)

① 수밀성이 있는 흙막이 공법 사용(차수성)

② Well Point 공법 등으로 지하수위 조절

5) Piping 대책(외부 우수 내부로 유입)

① 흙막이 밀실 시공

② 차수성 우수한 공법 선정

9. 결론

① 건설 공사 시 주변 지반 침하는 인접 구조물에 중대한 피해를 유발할 수 있으므로 피해 최소화를 위해 각별한 대책이 필요하다.

② 주변 침하가 진행되면 사전 계획단계부터 보수 보강 단계까지 철저한 안전진단 계획을 수립, 실시하여 재해 예방 및 구조물 안전을 확보하여야 한다.

Section 36 제방 상단에 송전탑이 있을 경우 근접 시공

1. 개요

① 제방 상단 구조물에 근접하여 시공하는 경우 깊은 굴착 시 굴착저면 지반의 불안정 상태로 송전탑의 침하 등 재해가 발생할 수 있으므로 충분한 대책을 세워야 한다.

② 흙막이 주변 지지력 감소 및 주변의 지반 침하로 인한 붕괴 등 피해현상이 우려되므로 가시설 토류벽에 대한 안전성 검토와 적절한 대책이 필요하다.

2. 흙막이 공법의 종류

1) 지지 방식에 따른 분류

① 자립식

② 버팀대식(수평, 빗버팀대식)

③ Earth Anchor 방식

2) 구조 방식에 따른 분류

① H-Pile 토류판

② Sheet Pile(강널말뚝) 공법

③ 강관 Sheet Pile(강관널말뚝) 공법

④ Slurry Wall 공법

3. 시공계획 플로 차트

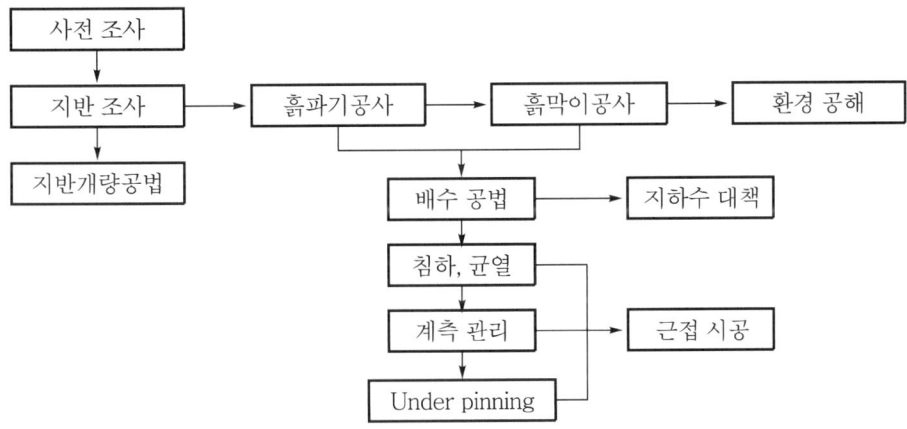

4. 사전조사

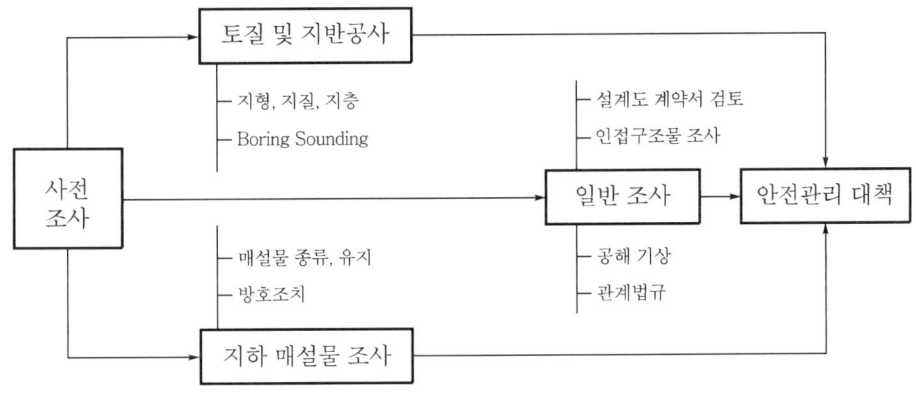

5. 근접 시공 시 침하로 인한 붕괴 원인

① 과대 토압 작용 : 기존 구조물 및 상부 적재물
② Heaving 현상 : 연약지반 경우 배면토가 안쪽으로 돌아 들어가 굴착면 저면의 부풀음 현상
③ Boiling 현상 : 사질토 지반에서 물막이 배면 수위 차에 의한 모래입자가 솟아오르는 현상
④ Piping 현상 : Boiling 현상에서 진전된 현상으로 내부로 물 침투
⑤ 굴착시공 불량 : 적정구배 무시 및 부적정 공법 채택

6. 안전성 검토 및 안전대책

1) 안전성 검토

(1) 토압 검토

① 활동 검토(전단력) : $F_s = P_p \geq 1.5\,P_a$

② 전도 검토(전단력) : $F_s = M_p \geq 1.5\,M_a$

③ 토압 안전조건 : $P_a \leq R + P_p$

(2) Boiling 검토

$$F_s = \frac{W}{U} = \frac{D_L \cdot r's}{\lambda \cdot a \cdot r_\omega} \geq 1.5$$

여기서, D_L : 근입 깊이

$r's$: 흙의 단위중량

r_ω : 물의 단위중량

ω : 토사의 중량

U : 양압력

(3) Heaving 검토

안전율 F_s 는

$$F_s = \frac{M\gamma}{M_d} = \frac{S(\pi + 2\alpha)}{\gamma \cdot H}$$

여기서, γ : 흙의 단위 체적중량

α : 최하단 버팀대 위치에 대한

가상 활동면까지의 각도(rad)

S : 지반 전단강도

2) 안전 대책

(1) 수밀성 토류벽 시공 : Sheet Pile, Slurry Wall 공법

(2) Heaving 대책

① H-pile 근입장 확보

② 흙막이 상부 하중 통제

③ 배면토 하중 경감

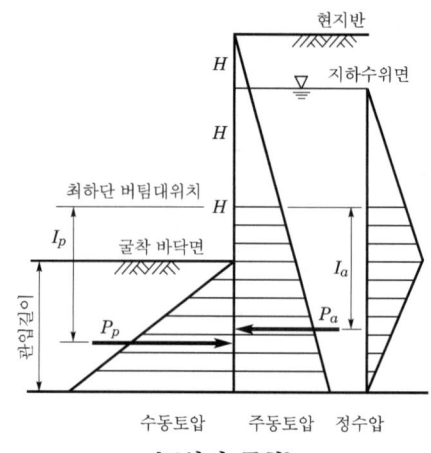

[토압의 균형]

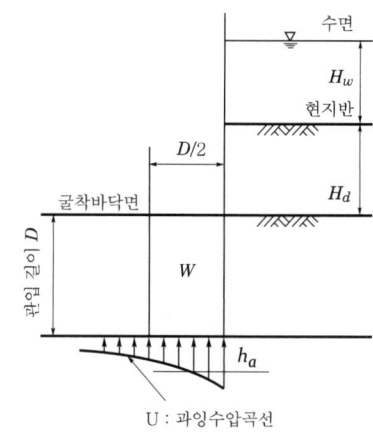

U : 과잉수압곡선

[보일링 검토도]

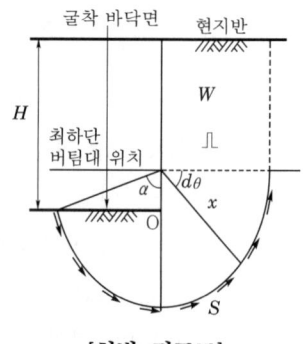

[히빙 검토도]

(3) Boiling 대책

① 지하수위 저감

② 토류벽 차수성 개량

③ 지표수 유입 방지

(4) piping 대책

① 흙막이 벽의 근입장 확보

② 차수성 높은 흙막이 설치

③ 지하수위 저하(배수 공법)

④ Grouting 공법, 주입 공법, 불투수성 블랭킷 설치

⑤ 제방 폭 확대 및 Core형(심벽형)으로 대처

⑥ 설계계획 변경

⑦ 지하수위의 계측관리 등

7. 결론

① 근접 시공 시 지하굴착에 의한 주변 지반 영향으로 붕괴, 도괴 등 주변 구조물에 심각한 영향을 끼칠 수 있다.

② 적절한 흙막이 공법 채택 및 시공 시 계측 관리를 통해 사전에 지반거동 파악 및 수시점검을 통한 지반 관리로 사고를 예방하여야 한다.

Section 37 기초 공법의 종류 및 특징

1. 개요

① 기초(Foundation, Footing)란 구조물의 최하부에서 구조물의 하중을 받아 지반에 안전하게 전달시키는 구조 부분을 말한다.

② 지반의 일부분이라도 과하중으로 인한 지반파괴가 발생하지 않도록 하중을 잘 분포시켜 지반에 전달하는 기능을 가져야 한다.

2. 기초 공법 선정 시 유의사항

① 구조물의 하중 조건 및 허용 침하량 고려
② 지반의 조건에 따른 기초의 크기 및 깊이 결정
③ 정확한 지반조사에 의한 기초 공법 결정
④ 공사기간 및 공사비 고려

3. 기초 공법의 종류 및 특징

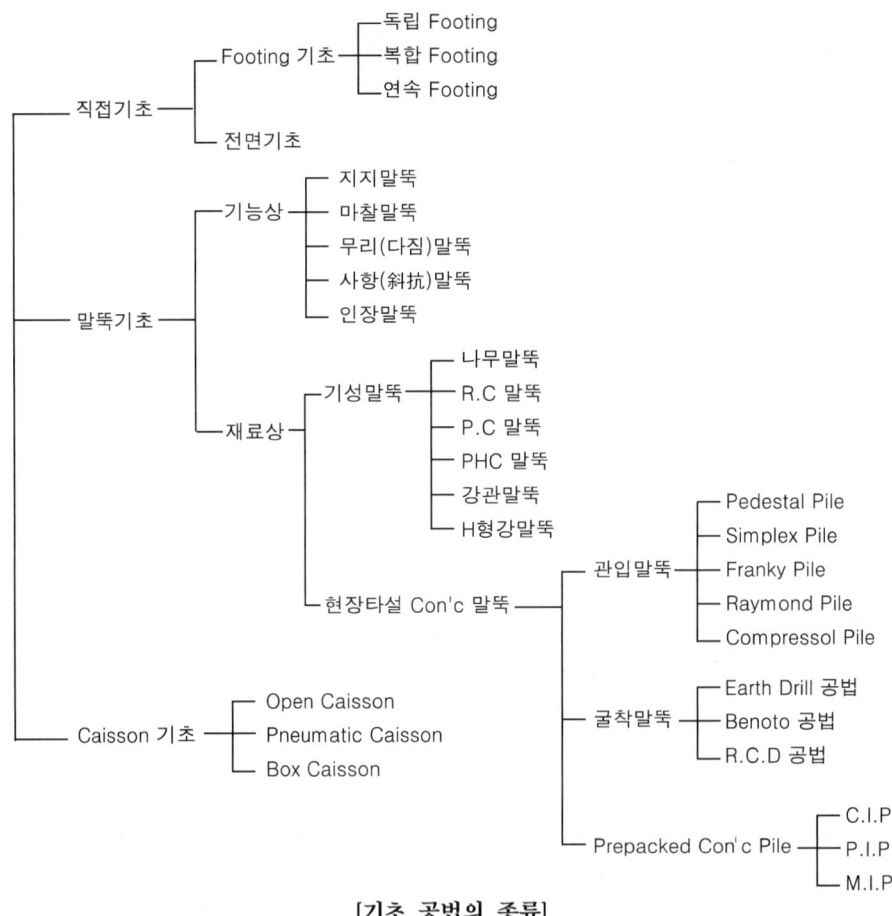

[기초 공법의 종류]

1) 직접기초

(1) 푸팅 기초(Footing Foundation)

① 상부 구조의 하중을 기초에 직접 전달하는 기초

② 종류 : 독립기초, 복합기초, 연속기초가 있다.

③ 공사비가 저렴하고 시공이 간편하다.

④ 연약지반에 적용이 부적합하다.

(2) 전면기초(Mat Foundation : 온통기초)

① 상부구조의 하중을 기초 전체로 지지

② 작용 수평력이 골고루 분포하여 부동침하 감소

③ 방수효과 우수

2) 말뚝기초

(1) 기능상 분류

① 지지말뚝 : 경질지반까지 말뚝을 정착시켜 말뚝의 선단 지지력에 의해 지지하는 말뚝이다.

② 마찰말뚝 : 말뚝둘레(주면)의 마찰력에 의해 지지하는 말뚝이다.

③ 다짐(무리)말뚝 : 사질지반에 다수의 말뚝으로 지반을 압축하여 다짐효과를 얻기 위한 말뚝이다.

④ 사항(斜杭)말뚝 : 수평력이나 인장력에 저항하는 말뚝으로 횡저항말뚝이라고도 한다.

⑤ 인장말뚝 : Bending Moment를 받는 기초 등의 인장 측에 저항하는 말뚝이다.

(2) 기성말뚝

① 나무말뚝(Wood Pile)

㉠ 소나무, 납엽송 등의 곧고 긴 생목을 상수면 이하(보통 4~6m)에 박는다.

㉡ 경미한 구조 및 상수면이 낮은 곳에 사용한다.

② R.C 말뚝(Centrifugal Reinforced Concrete Pile)

㉠ 공장 제작으로 단면은 중공원통형이고 보통 R.C 말뚝이라 하며, 주로 기초말뚝에 사용한다.

㉡ 재료가 균질하고 강도가 크나 말뚝 이음부분에 대한 신뢰성이 낮다.

③ PSC 말뚝(Prestressed Concrete Pile)

㉠ 프리텐션 방식 원심력 PSC 말뚝(Pre-tensioning Centrifugal PSC Pile)

: 사전에 PS 강재에 인장력을 주고, 그 주위에 콘크리트를 타설하여 PS 강재와 콘크리트의 부착으로 프리 스트레스를 도입하는 방식이다.

㉡ 포스트텐션 방식 원심력 PSC 말뚝(Post-tensioning Centrifugal PSC Pile)

: 콘크리트 경화 후 시스관 내에 PS 강재를 넣어 긴장하여 단부에 정착시켜 프리스트레스를 도입하고 시스관 내를 시멘트 그라우팅하는 방식의 말뚝이다.

④ PHC 말뚝(Pretensioned High Strengh Concrete)

  ㉠ 일반적으로 프리텐션 방식에 의한 원심력을 이용하여 제조된 콘크리트 말뚝으로 PHC Pile에 사용하는 콘크리트는 압축강도 $800kg/cm^2$ 이상의 고강도 말뚝이다.

  ㉡ PHC Pile의 장점

   • 타격력에 대한 저항력 및 휨에 대한 저항력이 크다.

   • 경제적인 설계가 가능하다.

⑤ 강관말뚝(Steel Pipe Pile) : 강판이 원통형으로 용접강관이 주로 쓰이며, 해안 매립지 및 양질지반이 깊을 때 사용한다.

⑥ H형 말뚝(H-Steel Pile) : H형 단면으로 된 형강재로 선단지지 말뚝으로 사용한다.

(3) 관입말뚝

① Pedestal Pile : Simplex Pile을 개량하여 지내력 증대를 위해 말뚝 선단에 구근을 형성하는 공법이다.

② Simplex Pile : 외관을 소정의 깊이까지 박고 콘크리트를 조금씩 넣고 추로 다지며 외관을 빼내는 공법이다.

③ Franky Pile : 외관을 추로 내리쳐서 소정의 깊이에 도달하면 내부의 마개와 추를 빼내고 콘크리트를 넣어 추로 다져 외관을 조금씩 들어 올리면서 말뚝을 형성하는 공법으로 소음 진동이 적어 도심지 공사에 적합하다.

④ Raymond Pile : 얇은 철판제의 외관에 심대(Core)를 넣어 지지층까지 관입한 후 심대를 빼내고 외관 내에 콘크리트를 다져 넣어 말뚝을 만드는 공법으로 연약지반에 사용한다.

⑤ Compressol Pile : 구멍 속에 잡석과 콘크리트를 교대로 넣고 무거운 추로 다지는 공법이다.

(4) 굴착말뚝

① Earth Drill 공법(Calweld 공법) : 회전식 Drilling Bucket으로 필요한 깊이까지 굴착하고, 그 굴착공에 철근을 삽입하고 콘크리트를 타설하여 대구경 제자리 말뚝을 만드는 공법이다.

② Beneto 공법(All Casing 공법) : 케이싱 튜브를 유압잭으로 땅 속에 관입시켜 그 내부를 해머 그래브로 굴착하고, 지반을 천공하여 공 내에 철근을 세운 후 콘크리트를 타설하면서 케이싱 튜브를 뽑아내어 현장타설 말뚝을 축조하는 공법이다.

(5) Prepacked Concrete Pile

① C.I.P 말뚝(Cast-in-Place Pile) : Earth Auger로 지중에 구멍을 뚫고 철근망을 삽입(생략 가능)한 다음 모르타르 주입관을 설치하고 자갈을 채운 후 주입관을 통해 모르타르를 주입하여 제자리 말뚝을 형성하는 공법이다.

② P.I.P 말뚝(Packed-in-Place Pile) : 소정의 깊이까지 회전시키면서 굴착한 다음 흙과 Auger를 빼올린 분량만큼의 프리팩트 모르타르를 Auger 기계의 속구멍을 통해 압출시키면서 제자리 말뚝을 형성하는 공법이다.

③ M.I.P(Mixed-in-Place Pile) : Auger의 회전축대는 중공관으로 되어 있고, 축선 단부에서 시멘트 페이스트를 분출시키면서 토사와 시멘트 페이스트를 혼합 교반하여 만드는 일종의 Soil Concrete 말뚝이다.

(6) Caisson 기초

① Open Caisson(Well Method, 우물통 공법) : 상하단이 개방된 우물통을 지표면에 거치한 후 통 내를 통하여 굴착기계로 지반토를 굴착하여 소정의 지지층까지 침하시키는 공법으로 교량기초 또는 기계기초에 많이 사용하고 시공설비가 간단하며 소음에 의한 공해가 거의 없는 공법이다.

② Pneumatic Caisson(공기잠함) : Caisson 하부의 압축공기 작업실에 고압공기를 공급하여 지하수를 배제한 후 작업실 바닥의 토사를 굴착반출하면서 소정의 지지기반까지 침하시키는 공법이다.

③ Box Caisson(설치형, 상자형) : 지상에서 보통 철근콘크리트로 만들어진 Box형의 Caisson을 진수시켜 소정의 위치에 배로 예인하여 침하시키는 공법으로 방파제에 많이 사용된다.

Section 38 부력 기초

1. 정의

부력기초(Floating Foundation, 뜬기초)란 지지층이 깊은 경우 기초가 설치되는 지반을 굴착하여 구조물로 인한 하중 증가를 감소 또는 완전히 제거시키는 형식으로 얕은 기초의 일종으로 주로 연약지반에 사용된다.

2. 부력기초 적용 시 고려 사항

① 부력 기초는 침하 방지 또는 경감이 목적이다.

② 지지력에 구조물이 만족되어야 하고 지지력이 너무 깊은 부력기초에만 의지하는
  것은 위험할 수 있다.

③ 기초 형식은 독립, 연속, 전면기초 형식을 채택

④ 부등침하를 최소화하고 침하에 대해 허용값은 커진다.

⑤ 토질조사와 시험 실시

⑥ 지하수위의 계절적 변화 파악

3. 부력기초의 조건

① 하부지반 지지층은 수평으로 균일할 것

② 구조물 중량 〈 배토중량

③ 지반의 지지력은 깊지 않을 것

4. 부력기초의 계산 예

1) 구조물의 적정 높이

건물하중이 1m당 0.4 t/㎡이고 그림과 같이 토사를 제거했을 때 적정한 구조물의 높이 산정

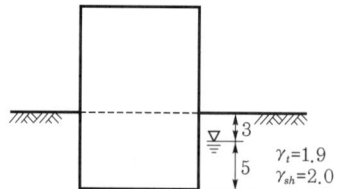

2) 풀이

① 높이 1m 당 구조물의 하중 : $0.4t/m^2$

② 제거토 무게 : $(3m \times 1.9) + (5m \times 2) = 15.7t/m^2$

③ 안전율 계산 : $15.7t/m^2 \times 0.75 = 11.775t/m^2$

④ 건물 높이 : $11.757/0.4 ≒ 29m$

⑤ 구조물의 높이는 29m까지 이론상 가능함.

Section 39 부마찰력

1. 개요

① 부마찰력이란 연약지반에서 지층을 관통한 지지말뚝의 주위 지반이 침하함에 따라 하향으로 작용하는 마찰력을 말한다.

② 부마찰력은 말뚝에 침하해 가는 지반 일부가 늘려져 있어 말뚝의 시시력에는 전혀 효과를 주지 못하게 되므로 지반의 특성을 고려해 Pile의 소요 지지력을 확보하기 위한 대책이 필요하다.

2. Pile 마찰력

1) 정마찰력(Positive Friction)

① 지지 말뚝의 지지력 = 선단지지력 + 주면마찰력
② 주면마찰력은 상향의 정마찰력 $R_p + P_F > P$

2) 부마찰력(Negative Friction)

주면마찰력이 지반의 침하로 하향으로 작용
$R_p > N_F + P$

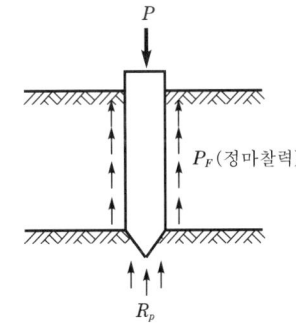

[정마찰력]

3. 부마찰력으로 인한 피해

① 구조물 침하 발생
② Pile의 지지력 감소
③ Pile의 파손

4. 부마찰력 발생원인

① 연약지반의 분포가 넓거나 두꺼울 때
② 점성토 지반에 압밀침하 발생 시
③ 말뚝을 조밀하게 박을 때
④ 동결흙의 융해
⑤ 지하수의 급격한 저하
⑥ 말뚝의 진동으로 주위 지반을 교란 시

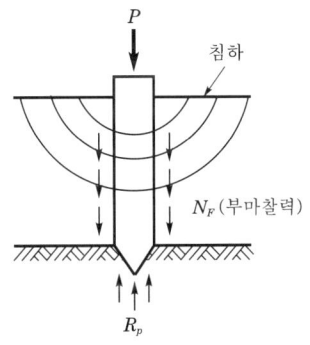

[부마찰력]

5. 부마찰력 저감 대책

① 연약지반 개량

② 말뚝표면에 역청재 도포 및 간격(2.5d) 유지

③ 지표면 적재 금지

④ 배수층 설치

⑤ 지하수위 저하 방지

⑥ 이중관 말뚝 사용

⑦ 말뚝 근입 깊이 증가 및 표면적이 적은 말뚝사용

⑧ 말뚝에 진동 금지

Section 40 기초공사 Pile 항타기의 종류와 시공 시 안전대책

1. 개요

① Pile 항타는 항타기를 사용, 지중에 직접 Pile을 타격하여 박는 공법으로, Pile의 종류, 수량, 지반 상태, 공사장의 위치에 따라 Hammer가 결정된다.

② Pile 항타 시 발생하는 소음으로 인한 공해가 사회 문제화되므로 사전에 공법 선정에 대한 충분한 검토와 안전대책이 강구되어야 한다.

2. 항타 공법의 특징

① 시공속도가 빠르고 경제적

② 기계설비가 상대적으로 단순

③ 경사파일의 시공이 용이

④ 시공 중 지지력 판정이 가능

⑤ 시공실적 및 경험이 풍부

⑥ 타격소음과 진동 등 환경공해 발생

⑦ 파일손상 및 지중 구조물 변위 우려

3. 항타기의 종류

1) Drop Hammer(자유낙하)

① 중추의 무게는 말뚝 무게의 2배 정도(300~600kg)

② 낙하 높이 1~1.5m 정도

2) Steam Hammer

① 증기압 이용 타입

② 타격력 조절이 곤란, 최근에는 거의 사용하지 않는다.

3) Diesel Hammer

① 단동식과 복동식

② 가장 널리 사용되며 타격 에너지가 크다.

4) 유압 Hammer

① 유압 이용 램을 상승하여 낙하

② 저소음 공법, 기름, 연기의 비산이 없다.

4. 시공 시 안전관리 대책

1) 작업에 대한 이해

① 항타공사 시 유의사항 교육 실시

② 작업계획, 내용 충분히 검토

2) 연약지반 항타장비 전도 방지

① 장비 진출입 및 이동로 점검

② 연약지반 시 복공판 설치 등 대책 강구

3) 자재 반입 계획

① 자재 하역 및 적치 장소 확보

② 현장 반입 방법 및 이동 계획 수립

4) 장비 이동 및 운용 간 신호체계 확립

① 수기, 무선, 유선통신 등 통신방법 결정

② 작업 책임자에 의한 교육 및 점검 실시

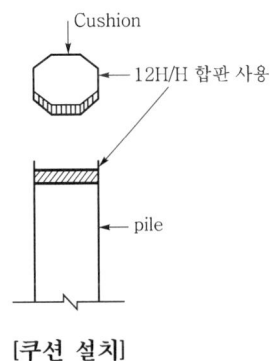

[쿠션 설치]

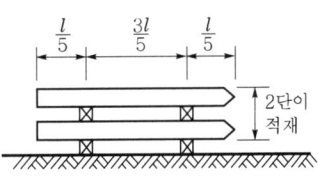

[Pile 자재관리]

5) 개인 보호구 착용

　　① 근로자의 안전모, 안전화 지급 및 정상 착용

　　② 고소 작업자의 추락, 낙하, 비래에 대한 계획(안전대 등)

6) 근로자 소요인원 계획

　　① 공사 물량에 따른 적정한 소요인원 투입

　　② 필요시 유자격자 여부 확인

7) Pile 세우기

　　① 2개소 이상의 규준대 설치

　　② 매달기 위치 준수

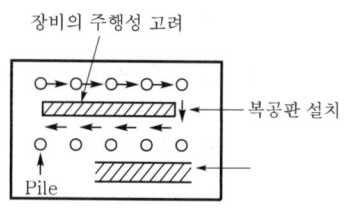

[Pile 항타순서]

8) Pile 박기 간격 준수

　　① 중앙부 $2.5d$ 이상 또는 75cm 이상

　　② 기초판 끝과의 거리 : $1.25d$ 또는 37.5cm

9) Pile 손상 방지

　　① 말뚝 두부에 나무 등 쿠션 설치

　　② 두부 파손 방지(타격하중 초과 금지)

10) 최종 관입량

　　① 10~20회 타격 평균값

　　② Rebound Check 결과 유지

11) Pile 중파 방지

　　① Pile의 수직도 유지

　　② Hammer 무게 적정 유지

5. 시공 시 안전대책

1) 조립 시 점검

　　① 본체 연결부의 풀림 또는 손상의 유무

　　② 권상용 와이어로프, 드럼 및 도르래의 부착상태의 이상 유무

　　③ 권상장치의 브레이크 및 쐐기장치 기능의 이상 유무

④ 권상기 설치상태의 이상 유무

⑤ 버팀의 방법 및 고정상태의 이상 유무

2) 본체 부속장치 및 부속품강도

① 적합한 강도를 가질 것

② 심한 손상·마모·변형 또는 부식이 없을 것

3) 무너짐 방지 조치

① 연약한 지반 : 침하 방지용 깔판, 깔목 사용

② 시설 또는 가설물에 설치 : 내력 부족 시 내력 보강

③ 각부나 가대가 미끄러질 우려가 있는 경우 : 말뚝 또는 쐐기 등을 사용 각부나 가대를 고정

④ 궤도나 차로 이동 : 불시 이동 방지를 위한 레일 클램프(rail clamp) 및 쐐기로 고정

⑤ 버팀대로 상단을 안정시키는 경우 : 버팀대 3개 이상, 하단은 견고한 버팀 말뚝 또는 철골로 고정

⑥ 버팀줄로 상단을 안정시키는 경우 : 버팀줄 3개 이상, 동일 간격으로 배치

⑦ 평형추를 사용하여 안정시키는 경우 : 평형추의 이동 방지를 위해 가대에 견고하게 부착

4) 이음매가 있는 권상용 와이어로프의 사용 금지

5) 권상용 와이어로프의 안전계수가 5 이상

6) 권상용 와이어로프의 길이

① 추 또는 해머가 최저의 위치에 있을 때 또는 널말뚝을 빼내기 시작할 때를 기준으로 권상장치의 드럼에 적어도 2회 감기고 남을 수 있는 충분한 길이일 것

② 권상장치의 드럼에 클램프 클립 등을 사용하여 견고하게 고정할 것

③ 추 해머 등과의 연결은 클램프 클립 등을 사용하여 견고하게 할 것

7) 도르래는 충분한 강도가 있는 샤클과 고정철물을 사용 말뚝, 널말뚝과 연결

8) 권상기에 쐐기장치 또는 역회전방지용 브레이크 부착

9) 권상기가 들리거나 미끄러지거나 흔들리지 않게 설치

10) 도르래의 부착

① 도르래나 도르래 뭉치를 부착하는 경우 : 부착부가 받는 하중에 의하여 파괴될 우려가 없는 브래킷, 샤클 및 와이어로프로 견고하게 부착

② 권상장치의 드럼축과 권상장치로부터 첫 번째 도르래의 축 간의 거리 : 권상장치 드럼폭의 15배 이상

③ 도르래는 권상장치의 드럼 중심을 지나야 하며 축과 수직면상에 있어야 한다.

④ 항타기의 구조상 권상용 와이어로프가 꼬일 우려가 없는 경우 : ②, ③을 적용하지 않는다.

11) 사용 시 조치

① 해머운동에 의한 증기, 공기호스와 해머의 접속부 파손방지를 위해 해머에 고정

② 증기, 공기 차단 장치 : 운전자의 조작이 쉬운 위치에 설치

③ 권상장치의 드럼에 권상용 와이어로프가 꼬인 경우 : 와이어로프에 하중 금지

④ 권상장치에 하중을 건 상태로 정지하는 경우 : 쐐기장치나 역회전방지용 브레이크 사용

12) 말뚝 등을 끌어올릴 경우

훅 부분이 드럼 또는 도르래의 바로 아래에 위치하도록하여 끌어올려야 하며 항타기에 체인블록을 부착하여 끌어 올리는 경우도 같다

13) 항타기의 버팀줄을 늦추는 경우

버팀줄 조정하는 근로자가 지지할 수 있는 한도초과 하중 발생 방지를 위한 장력조절블록 또는 윈치 사용

14) 두 개의 지주 등으로 지지하는 항타기 이동의 경우

각 부위를 당김으로 인하여 항타기 전도 방지를 위해 반대 측에서 윈치로 장력와이어로프를 사용 제동

15) 작업장소에 가스배관, 지중전선로 등을 조사하여 이전 설치나 매달기 보호 등의 조치

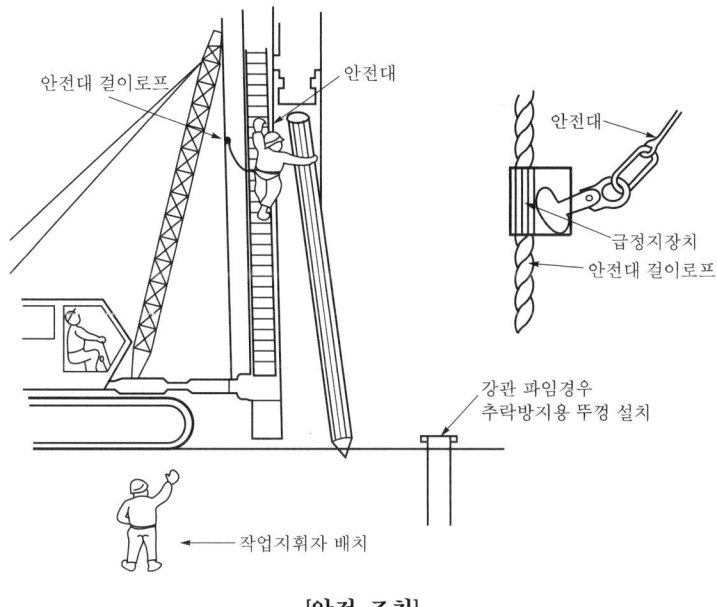

[안전 조치]

6. 결론

① 파일 공사는 공법 선정 시 사전조사 및 공사의 규모, 말뚝의 종류, 지질상황, 공사의 조건 등을 고려하여 선정하여야 한다.

② 시공 시 철저한 품질관리와 안전관리 및 기계의 무소음, 무진동 장비 개발로 건설 공해를 방지하여야 한다.

Section 41 기초공사 시 진동저감 대책

1. 개요

① 최근 구조물의 대형화와 고층화로 지하 구조물 굴착 및 시공 시 대형 장비의 투입이 불가피하여 소음, 진동에 대한 공해가 증가하는 추세이다.

② 근접 시공의 영향을 최소화할 수 있도록 기존 구조물의 구조, 형식, 사용 목적 및 신설 구조물의 시공법을 포함하여 저진동에 대한 철저한 사전준비가 필요하다.

2. 말뚝기초 시공법의 종류

① 말뚝기초는 상부 하중을 지반에 전달시켜 상부가 안정된 구조물을 축조하기 위해 설치하는 것으로, 기성말뚝과 현장타설 콘크리트 말뚝으로 분류한다.

② 시공법의 종류

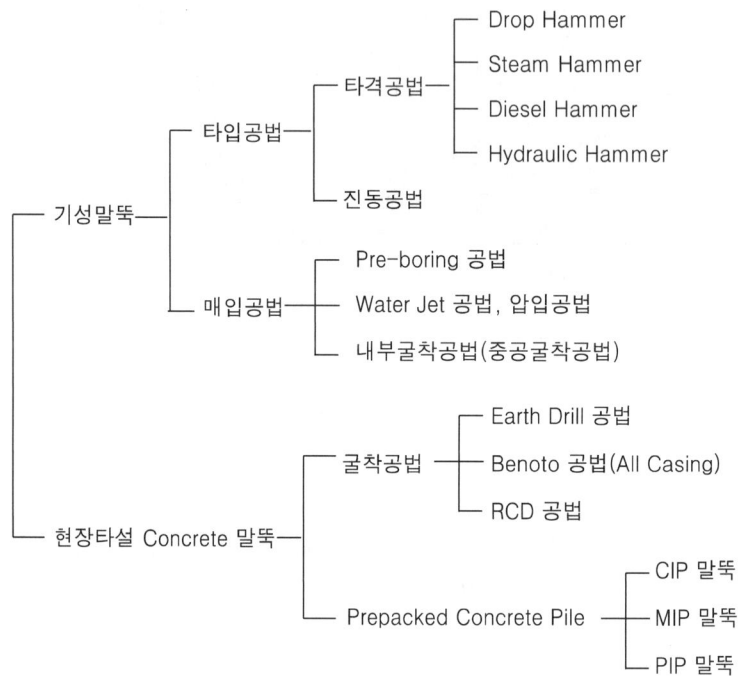

3. 사전 조사 사항

① 설계도서 검토

② 계약조건 검토

③ 입지조건 검토

④ 인접 구조물 검토

⑤ 각종 공해, 기상, 지질, 지장물 검토

⑥ 관계 법규 검토

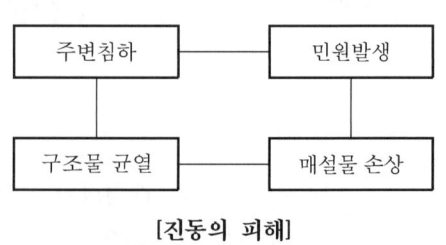

[진동의 피해]

4. 진동저감 Pile 공법 채택

1) 매입말뚝 공법(천공 후 매입)

① 저소음, 저진동 시공 가능

② 기성제품 사용으로 균일 품질 확보

③ 대구경의 말뚝도 시공 가능

④ 타입공정의 축소로 인접 구조물에 대한 영향이 적음

2) 선행굴착 공법

① Earth Auger로 천공하고 말뚝 삽입 후 압입하는 공법

② 경타 시 소음, 진동 발생 불가피

3) 삽입 공법(유압식압입 공법)

① 유압 압입장치의 반력을 이용하여 매입

② 저소음, 저진동

4) 중공 굴착 공법

① 말뚝의 내부를 스파이럴 Auger로 굴착하면서 말뚝을 매입하는 공법

② 말뚝의 파손이 없으며 강관말뚝에 주로 적용

5) 기타

① 말뚝머리 완충재 보강(고무덮개, 목재덮개 이용 진동 및 소음 저감)

② 타격식 Hammer를 지양하고 유압식 Hammer를 이용한 압입

③ 압입이 덜된 경우에도 타격은 지양하고 Water Jet 공법으로 고압으로 물을 분사시켜 천공 후 압입

④ 항타기 및 천공기의 Outrigger 깔판, 깔목 등의 침하 방지

⑤ 소음, 진동기준 준수

5. 시공 전, 시공 중 준수사항

① 사전조사 : 지반조사, 현장 주위 입지 조건 등의 사전조사 실시 및 안전대책 강구

② 지하 매설물 : 지하 매설물의 종류, 위치 등을 확인하여 사전 방호 조치로 안전 확보

③ 말뚝의 운반, 보관, 취급 : 저장장소는 사용을 고려하여 확보

④ 장비의 정비 철저 : 항타 및 압입, 천공장비 수시 점검

⑤ 쿠션재 : 고무, 합판 등의 두께 확보 및 수시 교체

⑥ 말뚝의 수직도 : 트랜싯으로 직각 2방향에서 연직도 확인

⑦ 적정 유압 Hammer : 파일 크기 및 적정 지내력을 고려한 Hammer 선정

⑧ 개인 보호구 착용 : 작업자에게 안전모, 안전화, 안전장갑 지급, 착용

⑨ 운전자 이탈 금지 : 권상장치에 하중을 건 상태로 이탈 금지

⑩ 작업 지휘자 지정 : 전담 작업 지휘자를 지정하여 공사 지휘

6. 결론

도심지 기초공사 시 발생되는 소음과 진동 등 환경 위해요인의 완전한 제거는 불가능하지만 사전조사를 철저히 하고 현장여건에 적합한 저진동, 저소음 공법을 채택함으로써 발생 가능한 피해를 최소화해야 한다.

Section 42 강관 Pile 두부 보강 공법

1. 개요

① 구조물 기초의 지내력 향상 방법 중 하나로 강관 Pile 항타 공법이 채택되어 시행되기도 한다.

② 항타 완료 후 Footing Concrete와 결합되는 부분에 두부보강을 정밀 시공하여 기초 지내력 향상을 최대화해야 한다.

2. 두부 보강 방법의 종류

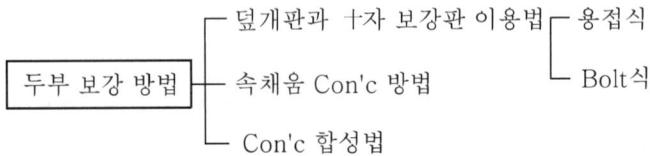

3. 종류별 특징

1) 덮개판과 십(十)자 보강판(용접식)

① 보강 덮개판을 Pile 머리에 씌움

② 콘크리트 충전보다 효과가 적음

2) 덮개판과 십자 보강판(Bolt식)

① 십자 보강판을 Pile 머리에 씌움

② 두부 절단, Bolt 천공에 정밀 요구

3) 강콘크리트 합성형

① Pile 결합구 Bolt 연결

② 결합구 내부를 콘크리트 충전

4) 속채움 콘크리트 방법

미끌림 방지와 합판 걸림턱 용접 →
보강 철근망 삽입 → 콘크리트 타설

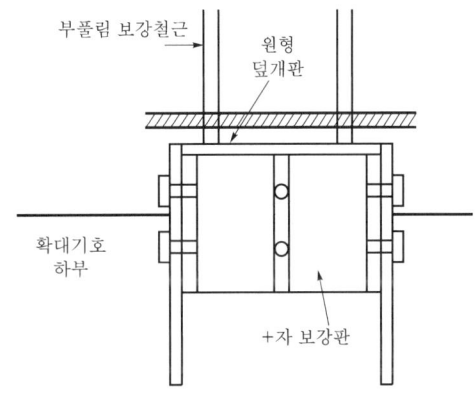

[덮개판과 十자 보강판을 이용한 Bolt 공법]

Section 43 기초의 양압(부력) 및 구조물 안전과의 상관관계

1. 개요

① 부력(Buoyancy)이란 어떤 물체가 수중에 있을 때 그 물체는 물속에 잠긴 물체 부피의 물 무게만큼 가벼워진다. 이때 가벼워지는 힘을 부력이라 하며 수압 중 상향으로 작용하는 수압을 양압력이라 한다.

② 부력이 건물의 자중보다 크게 작용할 때 건물이 부상하는 사고가 발생하는데 부력 방지를 위한 세심한 사전조사와 설계·시공상의 대책이 필요하다.

2. 부력(양압)

① 수압 $P_\omega = k_\omega \times r_\omega \times h$

② 부력 $V_\omega = \Sigma Ai \times P_\omega$

③ 건물 자중에 대한 안전

$W_p \geqq 1.2 V_\omega \ (F_\omega = 1.25)$

여기서, k_ω : 측압계수, P_ω : 수압

r_ω : 물의 단위중량

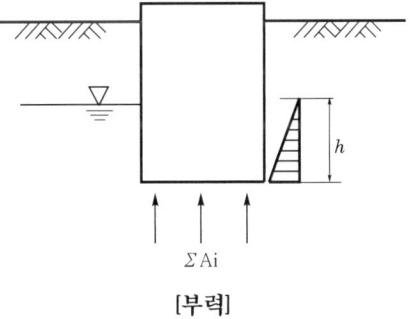

[부력]

3. 안전과의 상관관계(부력에 의한 피해)

① 구조물 파손, 누수, 기울음
② 주요 부재의 균열, 구조물 부상
③ 피압수 용출, 지하 슬래브 융기 및 파손
④ 구조물 붕괴
⑤ 지하 매설물 부상
⑥ 구조물 부상 시 인접 구조물 기초 파손
⑦ 불균형 하중으로 인한 부등 변위 발생

4. 사전조사

① 설계도서, 지반조건
② 지하 매설물 조사
③ 토질 및 지반 조사
④ 인접 구조물 조사
⑤ 지하수위 조사

5. 부력의 원인

① 피압수 : 불투수층에 높은 압력의 피압수가 존재할 때
② 지하수위 변동 : 매립지대, 계곡지대 위 구조물 축조 시
③ 지반여건 : 점토질, 암반층, 배수가 안 되는 지반일 때
④ 건물 자중 보다 부력이 클 때
⑤ 지하수위가 높은 지역에서 구조물 완성 후 배수를 중단
⑥ 강우에 의한 지표수의 지하침투 시
⑦ 굴착구 주변의 상수도관 파열로 침수 시

6. 구조물 안전

1) 부상 방지 대책

① Rock Anchor(부력 방지용) 설치
② Bracket 시공
③ 인접 구조물에 구조물 긴결

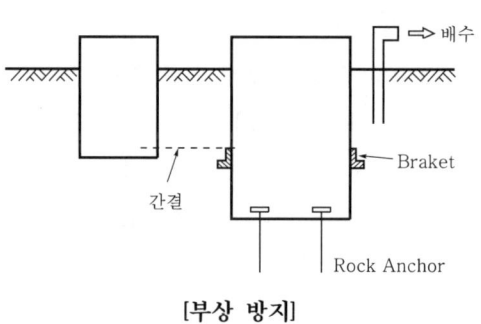

[부상 방지]

④ 구조물 자중 증대

  (저수조 내부에 지하수 채움 및 골재 저장)

⑤ 구조물 지하수위 위에 시공

⑥ 강제배수(Well Point, Deep Well) 실시

⑦ 계곡부 지표수가 공사부지 내로 유입 방지 조치

⑧ 기초바닥 철근 역배근 시공

2) 구조물 안전시공(균열, 누수 방지)

(1) 설계 시

① 사전조사 철저

② 이중벽 설치, 배수계획 및 방수 공법 적용

(2) 재료 적용

① 차수성 높은 수밀 콘크리트 및 팽창 콘크리트 타설

② 중량의 자재 선택

(3) 시공

① 지수 공법(완전지수, 부분지수 공법) 및 지수재 사용

② Expansion Joint 설치

③ 균열 제어 철근 시공

④ 이음부 Cold Joint 방지

⑤ 시공이음부 레이턴스 제거

⑥ 콘크리트 타설 시 수평타설, 타설 높이 낮게

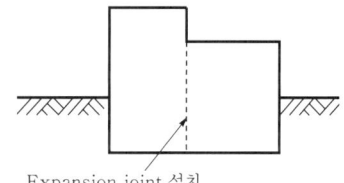

[Expansion Joint]

7. 부력 검토 예

1) 조건

① 가로 120m × 세로 80m

② 지상 20층, 지하 5층(5F × 5m)

③ 지하수위 : GL - 5m

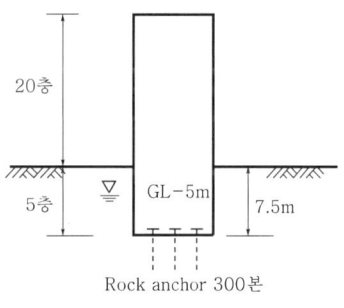

[부력 검토]

2) 부력 계산

① 건물 자중 : 120m × 80m × 25층 × 0.7 = 168,000톤

② 수압 : 120m × 80m × 20m = 192,000톤(지하수위 5m 제외)

③ 부력 : 192,000톤 - 168,000톤 = 24,000톤

3) 대책

① Rock Anchor : 24,000톤 × 1.25(Fs) = 30,000/100톤 = 300본 시공

② Dewatering : 24,000톤/120 × 80 = 2.5m

∴ GL −7.5m

8. 결론

부력은 구조물 안전에 미치는 영향이 크므로 사전조사를 철저히 하여 적정한 조치 후 시공하여야 하며, 시공 중 발생하는 부력에 의한 구조물 균열, 누수 등 구조물 안전 확보를 위한 적절한 조치를 고려하여 구조물의 안전성과 경제성을 확보하여야 한다.

Section 44 계측관리(정보화 시공)

1. 개요

① 계측관리란 굴착공사 시의 흙막이 부재 및 주변 구조물의 안전성 확보를 위해 실시하는 여러 가지 현장 측정을 말한다.

② 계측관리는 시공 전, 시공 중, 시공 후에 발생되는 실제 지반의 거동을 측정하여 안전하고 경제적인 시공으로 유도하는데 목적이 있으며, 사전에 계측계획을 수립하고 그 계획에 따라 계측해야 한다.

2. 계측의 목적

1) 안전성

① 주변 지반 거동의 조기 발견 조치

② 각종 지보재의 지보 효과 확인

③ 인접 구조물의 안전성 확인

2) 경제성

붕괴, 도괴 예방으로 공사의 경제성 도모

3) 작업성

안전한 작업으로 시공성 증대

4) 이론 검증

① 장래 공사에 대한 자료 축적
② 정량적인 수치 데이터 수집

5) 데이터 활용

① 민원 예방 및 대응자료 확보
② 위험 요소에 대한 즉각적인 대응책 수립
③ 유사 공사에 데이터 활용

3. 계측관리의 필요성

① 흙막이 안정 상태 확인
② 향후 변형 예측
③ 설계치와 시공 시 측정치 불일치
④ 신 공법에 대한 평가

4. 설치 장소

① 흙막이 부재
② 교통량이 많은 곳
③ 선행 작업 Feed Back(자료화)
④ 주변 구조물

5. 계측관리 플로 차트

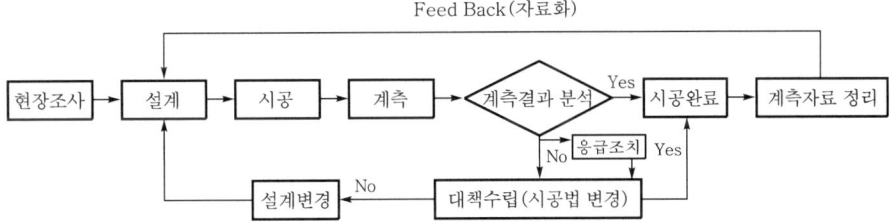

6. 계측기 배치

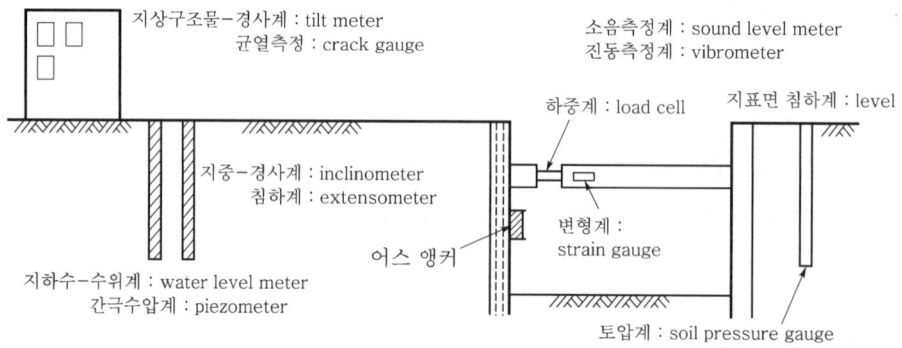

7. 계측항목에 따른 계측기기

	계측항목	계측기기
1	인접 구조물 기울기 측정	Tilt Meter, Level, Transit
2	인접 구조물 균열 측정	Crack Gauge
3	지중 수평변위 계측	Inclino Meter
4	지중 수직변위 계측	Extension Meter
5	지하수위 계측	Water Level Meter
6	간극수압 계측	Piezometer
7	흙막이 부재 응력 측정	Load Cell
8	Strut 변형 예측	Strain Gauge
9	토압 측정	Soil Pressure Gauge
10	지표면 침하 측정	Level, Staff
11	소음 측정	Sound Level Meter
12	진동 측정	Vibro Meter

8. 계측 시 주의사항

① 계측기 교정 및 작동 확인 후 설치
② 계측관리 계획에 입각하여 계측 부위, 위치 선정
③ 공사 준공 후 일정기간 동안 계측 실시(지반안정 시까지)
④ 계측자료 그래픽화하여 관리
⑤ 오차를 적게 할 것
⑥ 관련성 있는 계측기는 집중 배치할 것

⑦ 계측계획은 경험자가 수립하고 전담자 배치 운영

⑧ 착공부터 준공 시까지 계속 계측관리 자료 유지

⑨ 계측 도중 변화치수 없어도 지속적으로 실시

⑩ 계측주기

   ㉠ 계측기 설치 직후 : 매일 1회

   ㉡ 공사 중 : 2회/주

   ㉢ 완료 후 : 2~3회/주

9. 결론

① 본 공사에 앞서 사전조사 결과를 기초로 하여 측정된 결과를 유효하게 활용할 수 있도록 설계와 시공에 적합한 계측항목, 방법, 기기를 선정하여 효과적인 계측이 될 수 있도록 하여야 한다.

② 도심지 굴착공사의 재해 방지를 위해 과학적인 계측관리 도입과 경험이 많은 담당자를 배치하여 지속적인 계측을 시행하고, 위험요소 발견 시는 적절한 조치로 흙막이 및 인접 구조물의 안전과 근로자 재해 방지에 최선을 다해야 한다.

Section 45   침수 시설물 점검 요령

1. 개요

① 구조물이 폭우 등에 의해 침수되면 구조물의 균열 등 취약 부위에 부식, 중성화 등 손상을 입게 된다.

② 전기·통신 상태 등이 마비될 수 있으며, 구조물 내 배수를 위한 집수정 등의 배수설비를 집중 점검해야 한다.

2. 철근 부식 메커니즘

① 취약부로 물, 산소 유입

② 철근 표면의 국부 전지 작용

③ 녹 발생

④ 표면 팽창

⑤ 균열 발생

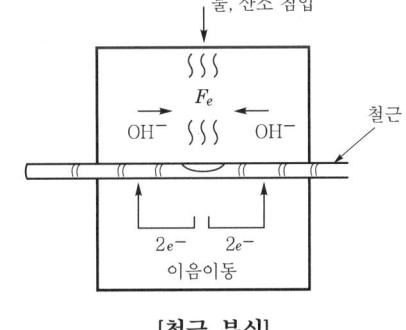

[철근 부식]

3. 점검 요령

1) 콘크리트 중성화
① 페놀프탈레인 시험
② 중성화 진전 시 적색으로 변화

2) 철근 상태 점검
① 부식에 의한 팽창 확인(약 2.5배 팽창)
② 육안에 의한 녹물 발생 확인

3) 집수정 상태
① 오물 등 제거
② 집수기능 확인

4) 배수시설 점검
① 집수정 Pump 및 전원 상태 확인
② 배수배관 점검

5) 전기 · 통신 상태
① 각 라인별 누전 상태 및 단선 확인
② 전선 훼손 상태 확인

Section 46 흙의 동상현상

1. 개요

① 동상 현상이란, 흙이 얼어서 지면을 들어 올리는 현상으로 대기의 온도가 0℃ 이하로 내려가면 흙 속의 공극수가 동결되어 체적이 증가하여 지표면이 위로 부풀어 오르는 현상이다.
② 0℃ 이하의 온도가 상당기간 계속되면 지표면 아래에는 동결하는 층과 동결하지 않는 층의 경계선이 존재하는데, 이를 동결선이라 한다.

2. 동상에 의한 피해

① 철도 침목, 도로포장, 상하수도관 등의 손상
② 구조물 기초의 변형 및 균열 발생
③ 구조물의 붕괴
④ 융해에 의한 지반의 강도저하 및 지반침하

3. 동상의 발생조건(원인)

1) 흙

① 토질면에서 0.075mm 이하의 고운 토질이 8%(중량) 이상 포함된 흙
② 동해를 입기 쉬운 Silt질(모래보다 미세하고 점토보다 거친 퇴적토) 흙이 존재

2) 온도

① 0℃ 이하 온도가 계속되면 Ice Lense 형성 → 동결선 상층부에 부피가 큰 얼음결정 발생
② 0℃ 이하 온도가 계속되면 동결 깊이가 깊어지고 동해 피해가 커짐

3) 물

① Ice lense(서릿발)가 형성될 수 있도록 물 공급이 충분한 경우
② 흙이 포화 상태이고 동결선이 지하수위 가까이 있을 경우

4. 동결지수

1) 동결지수

① 0℃ 이하의 기온과 시간과의 곱을 일정 기간에 걸쳐 누계
② 자연동결의 경우 일평균 기온이 연속하여 영하로 되는 최초의 날부터 연속하여 영상으로 되는 날까지의 일평균 기온을 곱하여 산출

2) 동결지수의 활용

① 기초의 동결에 대한 안전 근입 깊이 산정 시 이용
② 적정 포장 두께 산정 시 이용

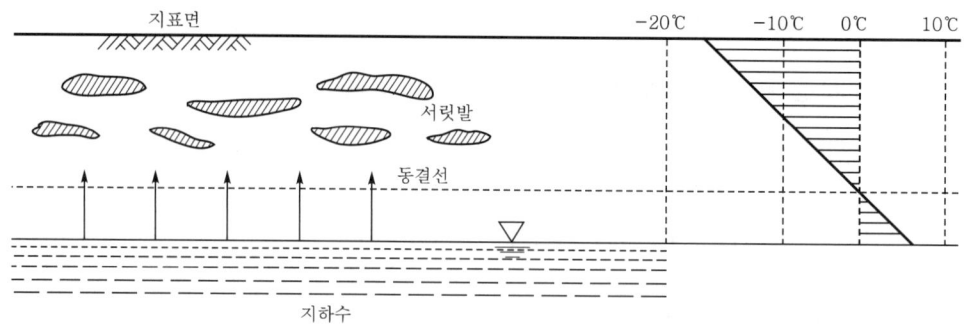

[서릿발의 형성]

5. 동결심도

1) 동결심도

지반면에서 지하 동결선까지의 깊이

2) 동결심도 산출식

$$Z = C\sqrt{F}$$

여기서, Z : 동결심도

C : 지역계수

F : 표고보정 동결지수

$$F = 동결지수 \pm 0.9 \times 동결기간 \times 표고차 / 100$$

예 서울측후소 표고 : 85.5m, 계획지정의 가장 높은 표고 : 280m, 동결지수 : 736℉,
동결기 : 61일

• 수정 동결지수 = 동결지수 ± 0.9 × 동결기간 × 표고차/100

$$= 736 \pm 0.9 \times 61 \times (280 - 85.5)/100$$

$$= 845℉ = 450℃$$

따라서 동결심도는 다음과 같다.

동결심도 $(3 \sim 5) \times \sqrt{450} = 63.63 \sim 106.07$cm이다.

6. 방지 대책

1) 동결심도

구조물 기초를 동결심도 아래에 구축

2) 지하수위

배수구 등을 설치하여 지하수위 저하

3) 모관수

① 모세관 현상에 의하여 지하수가 지하수면으로부터 올라가는 것
② 모관수 상승을 차단하는 층을 두어 동상 방지

4) 비동결성 재료

모래, 자갈과 같은 비동결성 재료를 사용하여 동상 방지

5) 흙의 치환

동결심도 상부의 흙을 비동결성 재료로 치환

6) 배수층 설치

융해 현상에 대비하여 동결심도 아래에 배수층 설치

7) 화학 처리

NaCl, $CaCl_2$ 등으로 지표의 흙을 화학처리하여 동결온도 저하

8) 단열 처리

흙 속에 기포 콘크리트, 석탄재 등을 삽입 동결온도 저하

9) 차수층

차수층을 두어 강수나 지하수를 차단

7. 결론

① 흙의 동상현상이 발생한 경우 그 피해는 구조물의 기초강도 및 내구성에 영향을 끼치게 되고 구조물의 붕괴를 초래할 수 있다.
② 또한 동해를 입은 지반이 융해할 경우 지반의 강도 저하 및 지반침하를 발생시켜 흙막이의 붕괴나 사면의 붕괴를 일으키게 될 경우 대형 재해가 발생되어 사회문제로 부각될 수도 있어 이에 대한 대책을 수립하여 동해를 예방해야 한다.

Section 47 | 지하철(터널) 공사에서 야간작업 시 사고예방 대책

1. 개요

지하철 공사는 전 공정이 지하 터널에서 이루어지는 특성상 발생 가능한 재해는 내부 작업에서의 조명, 환기 불충분으로 인한 재해가 있고 토사반출 및 자재 반입에 따른 외부 작업 시 재해와 교통 재해 및 일반 보행자 재해 등에 유의하여 작업해야 한다.

2. 터널 공법의 종류

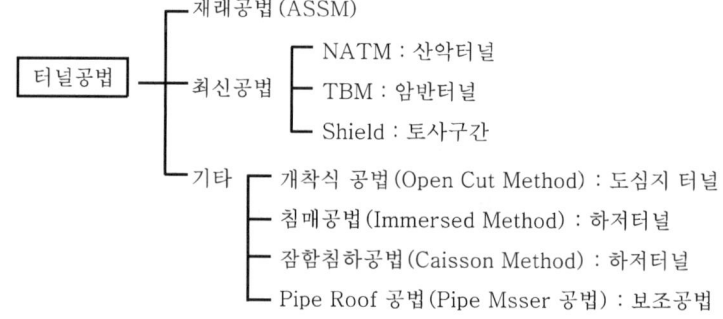

3. 지하철 야간 작업 시 재해 발생 원인

① 신호체계 미흡 : 지상·지하 작업자 간 신호체계 불일치
② 야간작업 관리 부실 : 안전 요원의 업무 태만 및 미배치
③ 비상연락 체계의 미비 : 야간작업 시 비상연락망 미작성
④ 신호수 미배치 : 토사 반출 등 상부 작업 시 신호수 미배치
⑤ 환기 시설 미비 : 적정 산소 농도 18% 이상 유지 미흡
⑥ 인수인계 불충분 : 주야간 작업자 간 불안전한 상태 등의 설명 등 미흡
⑦ 조명 시설의 미흡 : 일반 작업, 터널 구간 조명 기준조도 부족 및 미설치

4. 사고 예방 대책

① 조명의 확보(단위 : lux)

구분	기준
기타작업	75
보통작업	150
정밀작업	300
초정밀작업	750

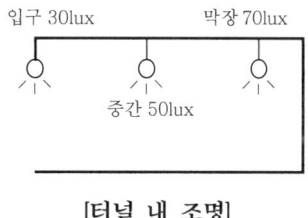

[터널 내 조명]

② 신호체계 확립 : 신호수 배치 및 신호체계 확립

③ 안전관리자 배치 : 야간작업 시, 상하 작업 시 안전관리자 배치 및 작업지휘

④ 안전교육 : 야간 작업자에 대한 특별안전교육 실시

⑤ 환기 설비 : 적정 환기 설비로 산소농도 적정유지 및 내부 분진 제거

⑥ 안전체계 구축 : 야간 작업 시의 비상시 연락 및 안전대책 수립

⑦ 인수인계 철저 : 주야간 작업자 간의 교대 시 위험 요인에 대한 인수인계 철저

⑧ 근로자 피로 방지 : 야간 근로자에 대한 적절한 휴식시간 보장

⑨ 근로시간 조정 : 야간 작업 시 무리한 근로 금지(주야 계속 근무 금지)

5. 야간작업 안전시설 기준

1) 안전통로 설치기준

① 작업 시 근로자는 지정된 안전통로를 사용하여야 한다.

② 안전통로에는 적절한 조명 유지 및 돌출물을 제거한다.

③ 한번 설치된 안전통로는 작업 종료 시까지 유지해야 한다.

[작업장의 최소조도 기준]

작업장의 유형	조도(lux)
일반 실내 및 지하작업장	55 이상
일반 옥외	33 이상
피난 또는 비상구 바닥	110 이상

2) 작업발판 설치기준

① 작업 시 작업발판은 빈틈이 없이 설치하여야 한다.

② 작업발판의 가장자리나 안전난간은 식별이 용이하도록 발광물을 부착시켜야 한다.

3) 기타 안전시설 기준

① 작업장의 주 출입구, 장비 및 차량의 통행이 빈번한 장소 등 위험한 장소에는 경광등을 설치할 것

② 안전시설에 부착된 전기시설은 절연, 접지 및 잠금 등의 조치를 할 것

③ 안전시설에 부착된 조명은 통행 근로자의 안면에 정면으로 투광 금지

④ 비상통로에는 근로자가 쉽게 식별할 수 있도록 점멸등을 설치할 것

6. 야간작업 근로자 건강관리

1) 휴식시간

작업시간이 4시간인 경우에는 30분 이상, 8시간인 경우에는 1시간 이상 실시

2) 건강관리 사항 등

① 작업시작 전에 근로자 심신 상태를 점검하여 투입 여부를 결정

② 비상구급 약품을 현장에 비치하고 근로자의 건강관리 지원

③ 기온이 강하할 우려가 있을 경우 체온을 유지할 수 있는 복장 착용

④ 소음, 진동 및 비산먼지의 노출기준이 초과되는 경우 작업환경 개선

7. 야간작업 금지

① 적정한 조명이 확보되지 아니한 경우

② 정전이 예고된 경우

③ 강풍, 강우, 강설, 혹한 시 옥외작업

④ 안전시설, 안전표지판, 교통표지판 및 근로자의 안전장구가 미비된 경우

⑤ 기타 야간작업 안전 조치가 미비된 경우

8. 결론

① 지하철 야간작업 시 발생되는 대부분의 재해는 안전관리 부실로 인해 발생되므로 공사 관리자의 선안전 후시공 등 철저한 관리가 필요하다.

② 장기적인 안전관리 측면에서 종합안전관리자 제도 등을 시행, 안전성 높은 제도의 정착이 필요하다.

Section 48 도심지 지하 터파기 시 암발파 작업에 의한 재해 유형과 안전대책

1. 개요

① 발파작업에서 천공, 장전, 결선, 점화, 불발 잔약의 처리 등은 자격을 갖춘 발파 책임자가 진행, 감독하여야 한다.

② 특히 도심지 내에서 발파작업 시 주변 구조물에 대한 사전조사를 철저히 하여 발파 계획을 수립하고 환경 및 재해예방에 만전을 기하여야 한다.

2. 발파작업 시공순서 플로 차트

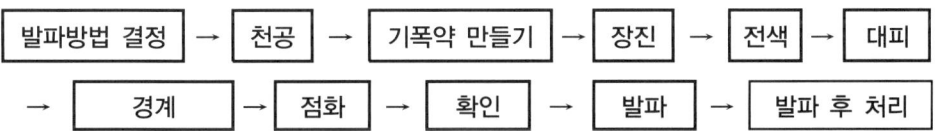

발파방법 결정 → 천공 → 기폭약 만들기 → 장진 → 전색 → 대피 → 경계 → 점화 → 확인 → 발파 → 발파 후 처리

3. 발파에 의한 재해 유형

1) 추락

천공작업 시, 화약 장전 시 추락

2) 낙석, 낙반

천공작업 시 낙석, 발파작업 시 낙반

3) 충돌, 협착

안전관리자 및 신호수 미배치 → 천공장비 작업자의 충돌

4) 발파사고

근로자에 대한 대피 미확인 및 경보 미실시

5) 폭발사고

① 발파 후 잔류화약 미확인 및 불발화약에 의한 폭발

② 발파 후 유독가스 제거 미흡으로 인한 폭발

4. 인접 구조물에 대한 안전대책

1) 발파 계획서 작성
발파 전 사전조사 실시 후 발파계획 수립

2) 자유면 이용
발파하는 곳의 공기에 닿는 면 이용

3) 시험 발파
발파면허를 소지한 발파 책임자의 작업 지휘 하에 발파작업 실시 및 전문가의 안전성 검토

4) 인접 구조물
인접 구조물의 상태와 발파 시 진동 등에 대한 안전 고려

5) 폭발력 저감
지발전기뇌관 사용과 저폭속 화약류 사용

6) 주변 대피 등
주민들에게 발파 시간, 장소를 사전에 주지

5. 발파작업 시 안전대책

1) 발파작업에 대한 처리
발파 책임자가 천공, 정전, 점화 불발 잔약 처리할 것

2) 발파 책임자의 작업 지휘

3) 발파 시 발파시방 준수
장약량, 천공각도, 천공장, 천공구경, 화약 종류, 발파방식 준수

4) 발파 시 시험발파 선행
암질 변화구간의 발파는 반드시 시험발파 선행

5) 암질 변화구간 및 이상 암질 출현 시 암질 판별 실시
① R.M.R
② R.Q.D
③ 일축압축강도 등

6) 생활소음규제기준(dB)

대상지역	대상소음	조석 (05:00~07:00 18:00~22:00)	주간 (07:00~18:00)	야간 (22:00~05:00)
1. 주거지역 등	공사장	60	65	50
2. 그 밖의 지역	공사장	65	70	50

1. 주거지역, 녹지지역, 관리지역 중 취락지구·주거개발진흥지구 및 관광·휴양개발진흥지구, 자연환경보전지역, 그 밖의 지역에 있는 학교·종합병원·공공도서관

7) 작업자의 안전 도모

① 발파시간, 대피장소
② 대피경로, 방호방법 등 협의 실시

8) 허용 진동치 준수(cm/sec)

분류	문화재	주택/APT	상가	빌딩/공장
건물 허용 진동치	0.2	0.5	1.0	1.0~4.0

6. 발파 후 처리

① 폭발음 수가 점화 수와 같은가 확인
② 발파 후 대기시간(15분 이상) 내 접근 금지
③ 발파 후 가스 또는 부석의 위험을 배제한 점검을 한 후 접근
④ 발파 후 점검 도화선의 잔재, 구멍 끝의 확인, 잔유물의 유무 등
⑤ 유수가 있는 장소는 불발과 잔류약이 많으므로 특별 점검
⑥ 잔류약을 확인하고 수거한 후에는 보관소에 반납
⑦ 삽입봉, 삽입물은 일정 장소에 정돈해 두어야 한다.

7. 결론

① 발파작업에서 안전사고는 대부분 작업방법, 화약류의 취급, 발파방식의 잘못으로 인하여 발생하므로 이에 대한 적절한 안전 조치가 필요하다.
② 특히 인구 밀집 지역인 도심지에서의 발파작업 시 인접 구조물 및 주민에 대한 철저한 안전성 검토로 중대 재해를 예방해야 한다.

거푸집 공사

1. 정의

거푸집(Form)이란 소정의 형상, 치수를 가진 콘크리트 구조물을 만들기 위한 일시적 구조물로 소정의 강도와 강성을 가지는 동시에 완성 구조물의 위치, 형상, 치수가 정확하게 확보되고, 구조물이 완성될 때까지는 흔들림이 없도록 견고하며, 조립·해체가 용이해야 한다.

2. 설계 시 고려하중

① 연직방향 하중 : 거푸집, 지보공(동바리), 콘크리트, 철근, 작업원, 타설용 기계기구, 가설설비 등의 중량 및 충격하중
② 횡방향 하중 : 작업할 때의 진동, 충격, 시공오차 등에 기인되는 횡방향 하중 이외에 필요에 따라 풍압, 유수압, 지진 등
③ 콘크리트의 측압 : 굳지 않은 콘크리트의 측압
④ 특수하중 : 시공 중에 예상되는 특수한 하중
⑤ 상기 ①~④호의 하중에 안전율을 고려한 하중

3. 거푸집 재료 선정 시 고려사항

① 강도
② 강성
③ 내구성
④ 작업성
⑤ 타설 콘크리트에 대한 영향력
⑥ 경제성

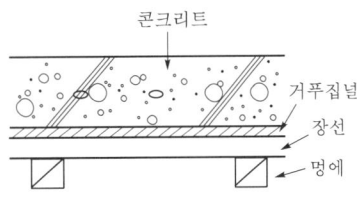

[거푸집의 구조]

4. 거푸집 부재 선정 시 고려사항

1) 목재 거푸집

① 홈집 및 옹이가 많은 거푸집과 합판의 접착부분이 떨어져 구조적으로 약한 것은 사용 금지

② 거푸집의 띠장은 부러지거나 균열이 있는 것 사용 금지

2) 강재 거푸집

① 형상이 찌그러지거나, 비틀림 등 변형이 있는 것은 교정한 다음 사용

② 표면의 녹은 쇠솔(Wire Brush) 또는 샌드페이퍼(Sand Paper)로 닦아내고 박리제 (Form oil)를 엷게 도포

3) 지보공(동바리)

① 현저한 손상, 변형, 부식이 있는 것과 옹이가 깊숙이 박혀 있는 것은 사용 금지

② 각재 또는 강관 지주는 양끝을 일직선으로 그은 선내에 있는 것 사용

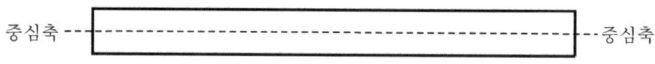

[지보공재로 사용되는 각재 또는 강관의 중심축 예]

③ 강관지주(동바리), 보 등을 조합한 구조는 최대 허용하중 범위 내에서 사용

4) 연결재

① 정확하고 충분한 강도가 있는 것

② 회수, 해체하기가 쉬운 것

③ 조합 부품수가 적은 것

5. 거푸집 조립 시 준수사항

① 안전관리자 배치 : 거푸집 지보공 조립 시 반드시 안전관리자 배치

② 작업장 통로, 비계 확인 : 거푸집의 운반, 설치 작업에 필요한 작업장 내 통로 및 비계가 충분한지 확인

③ 달줄, 달포대 사용 : 재료, 기구, 공구를 올리거나 내릴 때에는 달줄, 달포대 사용

④ 악천후 시 작업 중지 : 강풍, 폭우, 폭설 등의 악천 후에는 작업을 중지

⑤ 작업인원 통행제한 및 집중 금지 : 작업장 주위에는 작업원 이외의 통행을 제한하고 슬래브 거푸집 조립 시 인원 집중 금지

⑥ 보조원 대기 : 사다리 또는 이동식 틀비계를 사용 작업할 때에는 항상 보조원을 대기

⑦ 거푸집 현장제작 : 거푸집을 현장에서 제작 할 때는 별도의 작업장에서 제작

6. 거푸집 점검사항

① 직접 거푸집을 제작, 조립한 책임자가 검사

② 기초 거푸집을 검사힐 때에는 티파기 폭 확인

③ 거푸집의 형상 및 위치 등 정확한 조립 상태 확인

④ 거푸집에 못이 돌출되어 있거나 날카로운 것이 돌출되어 있을 시에는 제거

7. 거푸집 해체작업 시 준수사항

① 안전관리자 배치 : 거푸집 해체는 안전관리자를 배치하고 순서에 의하여 실시

② 양생기간 확보 : 거푸집은 콘크리트 자중 및 시공 중 하중을 견딜만한 강도를 가질 때까지는 해체 금지

③ 안전보호구 착용 : 해체작업 시 안전모 등 안전 보호 장구 착용

④ 출입 금지 : 거푸집 해체 작업장 주위에 관계자 외 출입 금지

⑤ 상·하 동시 작업 금지 : 원칙적으로 상·하 동시 작업 금지, 부득이한 경우 긴밀히 연락을 하며 작업

⑥ 충격이나 지렛대 사용 금지 : 거푸집 해체 시 구조체에 무리한 충격이나 큰 힘에 의한 지렛대 사용 금지

⑦ 돌발적 재해 방지 : 보 또는 슬래브 거푸집 제거 시 거푸집의 낙하 충격으로 인한 작업원의 돌발적 재해 방지

⑧ 돌출물 제거 : 해체된 거푸집이나 각목 등에 박혀 있는 못 또는 날카로운 돌출물은 즉시 제거

⑨ 정리정돈 : 해체된 거푸집, 각목은 재사용 가능한 것과 보수할 것을 선별, 분리, 적치하고 정리정돈

⑩ 기타 : 제3자의 보호조치에 대해 완벽한 조치 강구

표준 시방서상 거푸집 수평·수직 허용오차

1. 개요

① 거푸집은 소정의 형상·치수를 가진 콘크리트 구조물을 만들기 위한 일시적 구조물이다.

② 거푸집은 완성 구조물의 위치·형상·치수를 정확하게 확보하기 위하여 제작 설치 시 허용오차를 최소화해야 한다.

2. 거푸집 설계 시 고려 하중

① 수직하중

= 고정하중 + 활하중(시공하중 + 충격하중)

= {철근콘크리트($24kN/m^3$) + 거푸집의 무게($0.4kN/m^2$)} + $2.5kN/m^2$ 이상

② 콘크리트 측압

③ 풍하중

④ 수평하중

⑤ 특수하중

3. 거푸집 허용오차

구분		부위	허용오차
수직 오차	H=30m 이하	선·면·모서리	25mm 이하
		노출된 기둥의 모서리, 조절줄눈의 홈	13mm 이하
	H=30m 초과	선·면·모서리	$\dfrac{H}{1,000}$ 이하, 최대 150mm 이하
		노출 모서리 기둥	$\dfrac{H}{2,000}$ 이하, 최대 75mm 이하
수평오차	부재	보·슬래브 밑 모서리	25mm 이하
		쇠톱 자름·조인트	19mm 이하
		보·슬래브 중앙에 300mm 이하의 개구부 또는 슬래브 중앙에 큰 개구부 생기는 경우	13mm 이하
슬래브 제물마감		슬래브 상부면/인방보, 파라펫	19mm 이하 / 13mm 이하
계단			높이 3mm 이하, 폭 6mm 이하

4. 기타

1) 부재 단면 치수의 허용오차

기둥, 보, 교각, 벽체(두께만 적용) 슬래브(두께만 적용) 등의 부재

① 단면 치수가 300mm 미만 : +9mm, -6mm

② 단면 치수가 300~900mm 이하 : +13mm, -9mm

③ 단면 치수가 900mm 이상 : +25mm

2) 부재를 관통하는 개구부

(1) 개구부의 크기

+25mm, -6mm

(2) 개구부의 중심선의 위치

+3mm, -3mm

5. 거푸집 동바리 조립 시 안전사항

① 사용 가설기자재는 성능검정 합격 제품 사용

② 비계용 강관을 거푸집 동바리 구조 부재로 사용 금지

③ 파이프 받침 길이방향 연결 사용 시 볼트 또는 전용 철물을 이용하고 맞댐 이음체결이나 현장 용접이음 사용 금지

④ 파이프 받침에 삽입식 보조지주를 끼워 동바리 설치

⑤ 층고가 6m를 초과하거나 슬래브의 두께가 1m를 초과하는 경우, 협소한 공간에서는 시스템 동바리 사용

⑥ 수평 연결재는 가로, 세로 방향으로 직교되게 설치하되 철근이나 목재 사용을 금하고, 강관 파이프를 사용하여야 하며, 클램프 등 전용 철물을 이용해 고정

⑦ 상재하중이 안전하게 전달될 수 있도록 동바리의 수직도 준수 및 파이프 받침 거꾸로 세우기 금지

⑧ 조절용 핀은 전용 핀을 사용하고 철근이나 기타 철물의 사용 금지

⑨ 지주 침하 방지용 깔판, 깔목을 설치하되 2단 이상 설치를 금하며 지반 상태가 불량한 경우 양질의 흙으로 치환, 다짐 및 콘크리트 타설

⑩ 거푸집 동바리를 설치한 후에는 조립 상태에 대한 현장 책임자의 확인점검 실시

⑪ 콘크리트 타설 작업 중 거푸집 동바리의 변형, 변위, 파손 유무를 감시할 수 있는 감시자 배치

6. 결론

① 거푸집 동바리는 불안전 가시설물로 안전에 대한 각별한 관리가 필요하다. 특히 최근 5년간 재해현황을 보면 4m 이상 동바리 사용 시 97.8%를 차지하고 있다.

[동바리 설치 높이별 재해 현황]

구분	계	동바리 높이(m)					
		$H<4$	$4\leq H<5$	$5\leq H<6$	$6\leq H<7$	$7\leq H<9$	$9\leq H$
건수	47	1	3	4	7	17	15
구성비	100	2.1	6.4	8.5	14.9	36.2	31.9

② 따라서 거푸집 동바리 구조검토에 의한 조립도를 기반으로 한 정확한 시공이 이루어져야 하며 특히 층고가 4m를 초과하는 구조물에서는 조립 시 안전한 기성제품을 사용하여 붕괴 재해를 사전에 예방해야 한다.

Section 3 슬립 폼(Slip Form)

1. 개요

① 슬립 폼(Slip Form)은 콘크리트 타설 후 콘크리트가 자립할 수 있는 강도 이상이 되면 거푸집을 상부 방향으로 상승시키면서 연속적으로 철근 조립, 콘크리트 타설 등을 실시하여 구조물을 완성시키는 공법에 적용하는 거푸집을 말한다.

② 슬립 폼은 굴뚝, 사일로, 교각 등의 구조물에 주로 사용되므로 고소 작업으로 인한 추락, 낙하, 비래, 재해에 대한 안전대책이 필요하다.

2. 슬립 폼의 구조

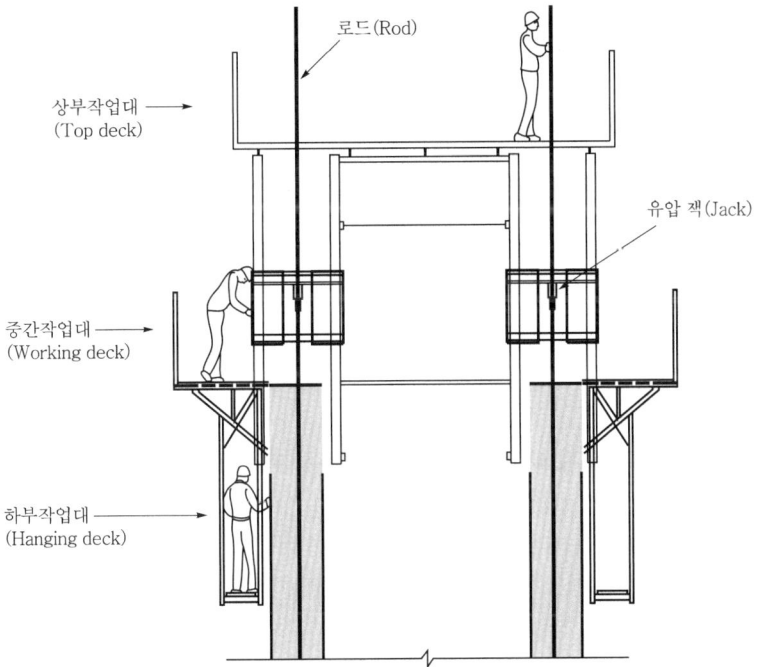

로드(Rod)

상부작업대 →
(Top deck)

유압 잭(Jack)

중간작업대 →
(Working deck)

하부작업대 →
(Hanging deck)

3. 슬립 폼의 특징

1) 장점

① 구조물의 단면에 따라 다양한 모양으로 제작 가능

② 주야 작업이 가능

③ 시공 이음이 없어 미관이 양호

④ 콘크리트 수밀성 확보 가능(다짐 용이)

2) 단점

① 면밀한 계획과 경험 필요

② 특수한 기계, 기구류가 일시에 필요하다.

③ 단시간 내에 집중적으로 많은 직종의 작업원이 필요

④ 공사비 증대

4. 슬립폼 작업 시 안전작업 계획

1) 작업계획 수립

슬립 폼의 설치, 슬립 업 해체작업 등 단계별 안전작업 방법과 장비 순서에 대한 안전조치 사항 등이 포함된 작업계획 수립

일평균 기온(℃)	형틀 높이(mm)	1일 슬립업량(m)	1시간당 슬립업량(cm)
25 이상	1,250	4	17
10~25	1,250	3	12.5
10 이하	1,250	2.5~3	10~12.5

2) 로드(Rod)와 유압잭

거푸집 자중, 작업 하중 장비 등에 충분한 강도를 갖도록 수량 및 용량 결정

3) 작업계획 수립

풍부한 경험과 지식을 갖춘 사람이 수립하고 이행 여부 수시 확인

4) 사전검토 철저

공사 목적의 구조물 위치에 대한 지질조사 및 주변 지장물 조사 등 실시

5) 크레인 리프트 계획

구조물의 평면배치에 따른 양중기 및 크레인 설치계획 수립

6) 작업장 확보

이동식 크레인의 전도 방지를 위한 충분한 넓이와 지내력이 확보된 작업장 형성

7) 작업 공종별 투입인원 계획

철근 조립, 콘크리트 타설, 슬립 업 등 작업 공종별 투입인원 및 시기 등을 반영

8) 비상 발전계획 수립

가설 전기시설은 정전에 대비하여 비상 발전계획을 수립

5. 조립·시공 시 유의사항

① 각 작업대 단부에 근로자의 추락위험 방지를 위한 안전난간 설치
② 슬립 폼 부재조립 시 볼트 체결 상태 반드시 확인

Professional Engineer Construction Safety

③ 크레인 등 양중기 작업 반경 내 자재야적장 별도 확보

④ 작업대에 화재를 대비하여 소화기 비치

⑤ 상승속도는 사전에 예비 실험을 통하여 결정

⑥ 기후나 시공조건을 확인

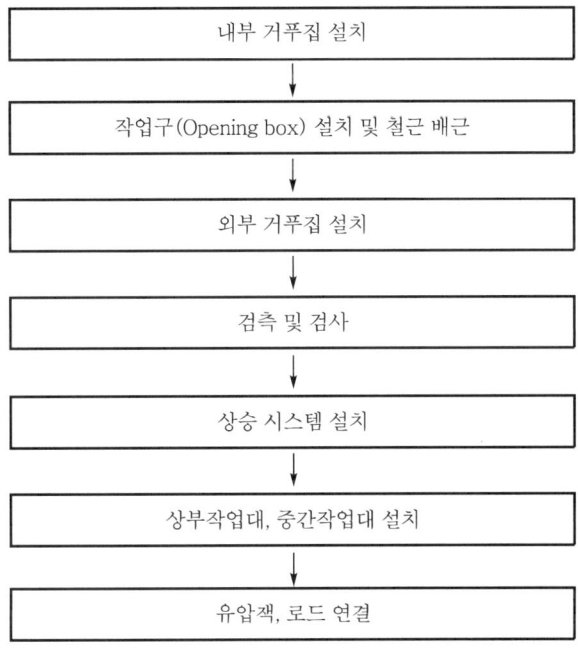

[조립순서 Flow Chart]

6. 안전대책

1) 사전준비 철저

Form 상승에 맞춰 자재의 운반, 설치, 조립, 타설이 되도록 계획 및 준비

2) 요크 제작

안전을 고려하여 제작

3) Jack과 Rod의 공간 확보

Jack, Rod와 배근철근과의 적정 공간 확보

4) 수직도 유지

수직 확인기를 거푸집에 부착, 수직도 확인

제4장 철근콘크리트 공사　745

5) 야간작업 시 조명 유지

    야간작업의 안전에 필요한 조명 유지(평상시 75Lux 이상 유지)

6) 추락 방지 설비 설치

    안전난간대, 작업발판, 추락 방지망, 안전대 부착설비 등 추락 방지 설비 설치

7) 관리감독자 배치

    자재 인양, 콘크리트 타설 시 관리감독자 상주

8) 달줄, 달포대 사용

    자재 낙하 방지용 달줄, 달포대 사용

9) 악천후 시 작업 중지

구분	내용
강풍	10분간 평균 풍속이 10m/sec 이상
강우	50mm/회 이상
강설	25cm/회 이상
지진	진도 4 이상

10) 안전보호구 착용

    안전모, 안전대 등의 안전 보호장구 착용 철저

11) 신호수 배치

    콘크리트 타설 시 상하부에 신호수 배치

7. 결론

    슬립 폼은 구조물의 고층화 및 급속 시공의 관점에서 본다면 매우 유용한 거푸집 공법이라 할 수 있으나 고소작업에 의한 안전사고의 발생이 빈번하기 때문에 공사 전에 계획을 철저히 수립하고 작업계획 및 순서를 준수하여 안전사고를 예방하여야 한다.

Section 4　거푸집 동바리의 안전조치

1. 개요

① 거푸집이란 타설된 콘크리트가 설계된 형상과 치수를 유지하며 콘크리트가 소정의 강도에 도달하기까지 양생 및 지지하는 구조물을 말한다.

② 동바리란 타설된 콘크리트가 소정의 강도를 얻기까지 고정하중 및 시공하중 등을 지지하기 위하여 설치하는 부재이다.

② 거푸집 동바리는 안전성 검토 미흡과 콘크리트 타설시 준수사항 미준수로 인한 붕괴 등 재해 발생 시 대형 재해로 연결되므로 사전에 철저한 대책수립이 요구된다.

2. 거푸집 동바리 붕괴 원인

1) 거푸집 동바리 설치 불량

① 안전성이 검증되지 않은 거푸집 동바리 사용

② 거푸집 동바리 부재 자체의 결함

③ 이질 재료의 사용(단관 Pipe + Pipe Support 등)

④ 재료의 단면 부족

⑤ 부재의 이음 불량(체결, 용접 등)

⑥ 수평 연결재 설치 불량

⑦ 교차가새 미설치

⑧ 거푸집 동바리 구조 검토 미실시

⑨ 거푸집 동바리 상·하단부 고정 불량

⑩ 거푸집 동바리 지지 지반의 침하

⑪ 거푸집 동바리 내관 등을 거꾸로 설치함에 따른 상재하중 지지력 부족

⑫ 계단 부위 등 경사 슬래브에 설치되는 동바리 하부에 깔목, 깔판의 설치 불량

2) 콘크리트 타설방법 불량

① 한 곳을 집중 타설함으로써 편심하중에 의한 붕괴사고 발생

② 콘크리트 타설 물량을 고려한 적절한 콘크리트 타설 장비의 투입 여부 등 사전검토 미실시

3. 거푸집

1) 거푸집의 종류

(1) 목재 거푸집

목재는 가공이 쉽고 적당한 보온성이 있어 가장 많이 사용된다.

(2) 강재 거푸집

전용성이 우수(50회 이상 전용 가능), 중량으로 취급이 곤란, 조립·해체 시 숙련도 요구

(3) 알루미늄제 거푸집

강도 균일, 내구성이 높고 경량재로서 작업이 용이

(4) 기타 거푸집

① 플라스틱제 거푸집

② 워플 거푸집

③ 슬라이딩 폼

2) 거푸집의 구비조건

① 조립. 해체가 용이할 것

② 전용성이 우수한 형상, 크기일 것

③ 수밀성

④ 변형이 없을 것

⑤ 충격과 작업하중, 변형이 없는 강도를 지닐 것

3) 거푸집 조립 시 안전수칙(준수사항)

① 안전관리자 배치

② 작업장 통로, 비계 확인

③ 달줄, 달포대 사용

④ 악천후 시 작업 중지

⑤ 작업인원 통행 제한 및 집중 금지

⑥ 보조원 대기

⑦ 거푸집 현장제작 시 별도의 작업장에서 제작

⑧ 콘크리트 타설 시 변형되지 않게 턴버클, 가새 설치

⑨ 조립작업은 조립 → 검사 → 수정 → 고정 작업을 반복 수행

3. 거푸집 동바리

1) 거푸집 동바리의 종류

(1) 목재 동바리

말구가 7cm 정도 되는 통나무로 갈라짐, 부식 등이 없는 제품

(2) 강재 동바리

① 지주시 : 강관지주식(Pipe Support), 틀조립식, 단관지주식, 조립강주식

② 보식 : 경지보식, 중지보식

2) 거푸집 동바리 조립 시 유의사항

(1) 공통적 유의사항

① 깔목의 사용, 콘크리트 타설, 말뚝박기 등 동바리 침하 방지 조치

② 개구부 상부에 동바리 설치 시 견고한 받침대 설치

③ 동바리의 고정 등 지주의 미끄러짐 방지 조치

④ 동바리는 맞댄 또는 장부 이음으로 하고 동질의 재료 사용

⑤ 접속부 및 교차부는 볼트·클램프 등 전용 철물 사용

⑥ 거푸집이 곡면일 때에는 버팀대의 부착 등 당해 거푸집의 부상을 방지하기 위한 조치를 할 것

(2) Pipe Support를 동바리로 사용할 때

① Pipe Support는 조립 전 결함 유무 점검

② Pipe Support의 전용 꽂기핀 사용

③ 조립 전 미리 높이를 맞추어 길이 조정

④ Pipe Support의 연결은 3본까지로 제한

⑤ Span이 긴 경우는 양단부 및 중앙부의 Support를 먼저 세워 대략의 높이를 결정

⑥ 조립 시 수평 연결의 설치 고려

⑦ Pipe Support의 두부 및 각부는 견고하게 고정

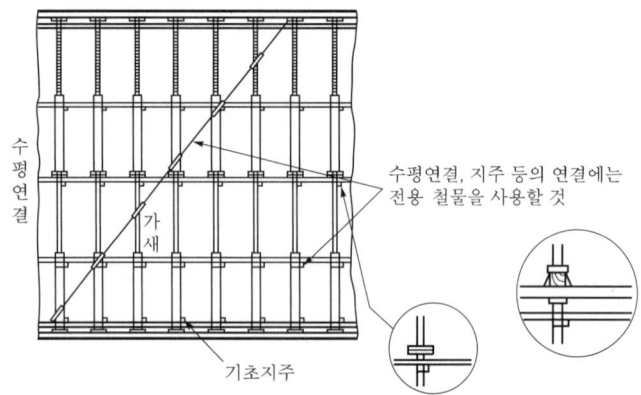

[Pipe-Support를 지주로 사용한 동바리]

⑧ 계단 헌치 부분은 Camber로 고정

⑨ Pipe Support 높이가 3.5m 초과 시 2m 이내마다 수평연결 실시

3) 거푸집 동바리 해체작업 시 준수사항

① 안전관리자 배치

② 양생기간 확보

[보통 포틀랜드 시멘트 기준]

평균기온 \ 위치	보/기초/기둥/벽	바닥+지붕 슬래브/보 밑
20℃ 이상	4일	7일

[기초, 보 옆, 기둥 및 벽의 거푸집 존치기간(콘크리트의 재령(일))]

시멘트 종류 \ 평균기온	조강 포틀랜드 시멘트	보통 포틀랜드 시멘트 고로 슬래그 시멘트 특급 포틀랜드 포졸란 시멘트 A종 플라이애시 시멘트 A종	고로 슬래그 시멘트 포틀랜드 포졸란 시멘트 B종 플라이애시 시멘트 B종
20℃ 이상	2	4	5
20℃ 미만 10℃ 이상	3	6	8

③ 안전보호구 착용

④ 출입 금지

⑤ 상·하 동시 작업 금지

⑥ 충격이나 지렛대 사용 금지

⑦ 돌발적 재해 방지

⑧ 돌출물 제거

⑨ 정리정돈

⑩ 제3자의 보호조치에 대해서도 완전한 조치 강구

Section 5 콘크리트 거푸집 동바리 시공 시 사전검토 및 조립 시 유의사항

1. 개요

가설공사는 공사 목적물의 완성을 위한 임시 설비로, 공사 완료 시 해체·철거되는 특성을 가지며 동바리에 의한 거푸집의 붕괴사고 원인은 재료, 동바리 설치, 콘크리트 타설 방법불량에 기인하여 발생한다.

2. 가설공사의 3요소

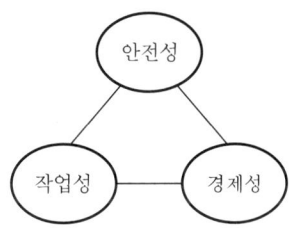

[가설공사 3요소]

 1) 안전성

파괴·도괴에 대한 충분한 강도 및 방호조치 구조

 2) 작업성(사용성)

넓은 작업 발판

 3) 경제성

가설 및 철거비

3. 가설구조물의 구조적 특징

① 연결재가 적은 구조가 되기 쉽다.

② 부재 결합이 간단하고 불안전 결합이 많다.

③ 정밀도가 낮다.

④ 과소 단면이거나 결함이 있는 재료 사용 우려

4. 사전검토 사항

1) 하중

(1) 수직하중

① 고정하중

철근콘크리트($24kN/m^3$) + 거푸집 무게($0.4kN/m^2$)

② 횡하중

시공하중 + 충격하중 : $2.5kN/m^2$ 이상

(2) 수평 하중

작업 시 진동 충격, 시공 오차 등에 기인(풍압·지진 등)

(3) 콘크리트 측압

굳지 않은 콘크리트의 측압

(4) 특수하중

시공 중에 예상되는 특수한 하중

2) 동바리 재료

(1) 목재

① 흠집 및 옹이나 손상이 없는 것

② 단면차가 심한 것 제외

(2) 강재

① 찌그러지거나 비틀림 등의 변형이 없는 것

② 부식에 의한 단면 감소가 없는 것

5. 거푸집 동바리 조립 시 안전사항

① 사용 가설기자재는 성능검정 합격 제품 사용

② 비계용 강관을 거푸집 동바리 구조 부재로 사용 금지

③ 파이프 받침 길이 방향 연결 사용 시 볼트 또는 전용 철물을 이용하고 맞댐 이음 체결이나 현장 용접이음 사용 금지

④ 파이프 받침에 삽입식 보조 지주를 끼워 동바리 설치

⑤ 층고가 6m를 초과하거나 슬래브 두께가 1m를 초과하는 경우, 협소한 공간에서는 시스템 동바리 사용

⑥ 수평 연결재는 가로, 세로 방향으로 직교되게 설치하되 철근이나 목재 사용을 금하고, 강관 파이프를 사용하여야 하며, 클램프 등 전용 철물을 이용해 고정

⑦ 상재하중이 안전하게 전달될 수 있도록 동바리의 수직도 준수 및 파이프 받침 거꾸로 세우기 금지

⑧ 조절용 핀은 전용 핀을 사용하고 철근이나 기타 철물의 사용 금지

⑨ 지주 침하 방지용 깔판, 깔목을 설치하되 2단 이상 설치를 금하며 지반 상태가 불량한 경우 양질의 흙으로 치환, 다짐 및 콘크리트를 타설

⑩ 거푸집 동바리를 설치한 후에는 조립 상태에 대하여 현장책임자가 확인점검 실시

⑪ 콘크리트 타설 작업 중 거푸집 동바리의 변형, 변위, 파손 유무를 감시할 수 있는 감시자 배치

6. 거푸집 동바리 붕괴 재해 원인

① 동바리 재료 불량
② 동바리 설치 불량
③ 콘크리트 타설방법 불량
④ 구조 검토 미흡

7. 향후 개발 방향

① 강재화
② 표준화
③ 규격화
④ 경량화

[개발 방향]

8. 결론

거푸집 동바리는 불안전한 가설구조물로 안전성 확보를 위해 가설재 표준안전도면 및 시방서 제정이 필요하며 가설재 생산·조립 시스템의 기계화 및 자동화로 재해를 예방해야 한다.

**거푸집 동바리(Support 형식) 가설조립도 작성 시
구조적 검토사항**

1. 개요

거푸집·동바리의 설계와 조립도의 작성이 공사 설계단계부터 도외 시 되고, 기능공의 경험적인 방법에 의해 조립·설치되고 있어 콘크리트 타설 중 구조물의 붕괴가 빈번히 발생 물리적 피해 및 사회적 물의를 일으키고 있다. 따라서 콘크리트 구조물의 품질 확보 및 붕괴 재해를 방지하기 위해 사전에 구조설계 및 조립도를 작성하고 설치, 확인하는 사전관리가 필요하다.

2. 거푸집·동바리 붕괴 원인

① 구조검토 미실시

② 미검정 거푸집 사용

③ 부재 자체의 결함

④ 이질재료의 사용(강관+Pipe Support)

⑤ 재료의 단면 부족

⑥ 수평 연결재 설치 불량

⑦ 교차가새 미설치

⑧ 상하단부 고정 불량

⑨ 지지 지반의 침하

⑩ 동바리 거꾸로 세움

⑪ 콘크리트 타설 불량(편심하중)

3. 거푸집·동바리 구조검토(설계)

① 현장조건에 따른 여러 종류에 하중에 대해 안전성·경제성을 확보할 수 있도록 구조설계 실시

② 구조설계 순서

㉠ 하중계산 : 가설물에 작용하는 하중 및 외력의 종류 크기 산정

㉡ 응력계산 : 외력하중에 의하여 각 부재에 생기는 응력을 구함

ⓒ 단면계산 : 각 부재에 생기는 응력에 대하여 안전한 단면을 결정
③ 표준 조립도 작성
　㉠ 구조설계 기준, 가정조건 등을 구체적으로 명기
　ⓛ 계산은 힘의 흐름 순서에 따라 차례로 한다.
　ⓒ 표준조립도를 작성하고 사용부재의 재질, 단면규격, 설치간격, 접합 및 이음 방법, 긴결철물 등을 상세히 기재한다.

4. 거푸집 · 동바리 존치기간

1) 거푸집(압축강도 시험실시할 경우)

벽 · 기둥 · 보 옆 · 확대기초	$50kg/m^2$ 이상
슬래브 · 보 밑	설계기준 강도 $\times \dfrac{2}{3}$ 이상 (단, $140kg/m^2$ 이상)

2) 동바리 · 보 밑 · 슬래브 : 100% 이상

5. 조립 · 해체 시 안전대책

1) 거푸집 조립 시 준수사항
① 안전담당자 배치 : 거푸집 지보공을 조립 시 안전 담당자 배치
② 통로 및 비계 확인 : 거푸집의 운반, 설치 작업에 필요한 작업장 내의 통로 및 비계가 충분한가 확인
③ 달줄, 달포대 사용 : 재료, 기구, 공구를 올리거나 내릴 때에는 달줄, 달포대 사용
④ 악천후 시 작업을 중지 : 강풍, 폭우, 폭설 등의 악천 후에는 작업을 중지

구분	일반작업	철골공사
강풍	10분간 평균 풍속이 10m/sec 이상	10분간 평균 풍속이 10m/sec 이상
강우	1회 강우량이 50mm 이상	1시간당 강우량이 1mm 이상
강설	1회 강설량이 25cm 이상	1시간당 강설량이 1cm 이상

⑤ 작업인원 집중 금지(집중하중 금지) : 작업장 주위에는 작업원 이외의 통행을 제한하고 슬래브 거푸집을 조립 시 많은 인원이 한 곳에 집중금지

⑥ 보조원 대기 : 사다리 또는 이동식 틀비계 사용하여 작업 시 항상 보조원을 대기

⑦ 거푸집을 현장 제작 : 거푸집을 현장에서 제작할 때는 별도의 작업장에서 제작

2) 강관지주(동바리) 조립 시 준수 사항

① 거푸집의 변형 방지 : 거푸집이 곡면일 경우에는 버팀대의 부착 등으로 거푸집의 변형을 방지하기 위한 조치

② 지주의 침하 방지 : 지주의 침하를 방지하고 각부가 활동하지 않도록 견고하게 설치

③ 접속부 및 교차부 연결 : 강재와 강재와의 접속부 및 교차부는 볼트, 클램프 등의 철물로 정확하게 연결

④ 강관 지주 이음 및 좌굴방지

  ㉠ 강관 지주는 3본 이상을 이어서 사용금지

  ㉡ 높이가 3.6m 이상의 경우에는 높이 1.8m 이내마다 수평연결재를 2개 방향으로 설치하고 수평연결재의 변위와 이음부 좌굴방지

⑤ 받침판 또는 받침목의 삽입 및 고정

  ㉠ 지보공 하부의 받침판 또는 받침목은 2단 이상 삽입금지

  ㉡ 작업 인원의 보행에 지장이 없고 이탈되지 않게 고정

6. 결론

거푸집 동바리는 불안전 가시설물로 안전에 대한 각별한 관리가 필요하다. 특히 4m 이상 동바리 사용 시 최근 재해현황을 보면 97.9%를 차지하고 있다. 따라서 거푸집 동바리에 대한 구조검토에 의한 조립도에 의한 정확한 시공이 이루어져야 하며 특히 층고가 4m를 초과하는 구조물에서는 조립 시 안전한 기성제품을 사용 붕괴재해를 사전에 예방해야 한다.

거푸집 · 동바리 검사 항목

1. 개요

① 거푸집·동바리는 철근콘크리트 공사의 구조물 구축에 중요한 공정이고 붕괴 도괴 등의 재해 방지를 위해 검사 항목을 정해 놓고 항상 확인해야 한다.

② 거푸집·동바리는 공사 전 구조검토를 실시하여 조립도를 작성하고 소립노에 의한 설치로 품질 및 안전을 확보하여야 한다.

2. 재료의 구비사항

① 작업성 우수

② 경제성 우수

③ 강성 및 강도가 클 것

④ 신뢰성 확보

⑤ 내구성 우수

3. 검사항목

1) 시공 전 검사

하중을 고려한 재료 검사

2) 시공 중

① 거푸집 배부름 검사

② 몰탈 누수 검사

③ 접속부 체결 검사

④ 침하 검사

⑤ 시공의 정밀도 검사

⑥ 전체 누적 오차 검사

[거푸집의 시공오차]

구분	시공허용오차
수직오차	H : 30m 미만~25mm 이하
	H : 30m 이상~1/1,000 이하
수평오차	부재 : 25mm 이하
	매설물면 : 19mm 이하
기타오차	계단높이 : 3mm 이하
	계단넓이 : 6mm 이하

Section 8 슬래브 거푸집 설계(응력 검토 및 간격 검토 방법)

1. 응력 검토 방법

※ 조건 : Slab THK 200mm, 합판 섬유방향 배치, 단순보로 가정했을 때
층고 3,600mm, 허용처짐값 0.3cm

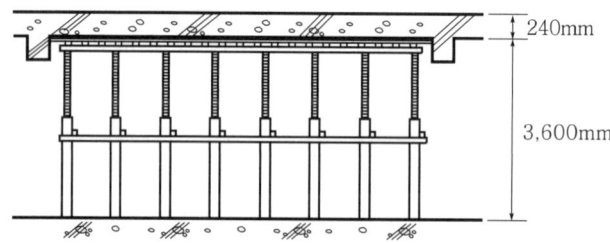

1) 사용재료

① 거푸집 널 : Ply wood THK 12mm, 18mm

② 장선 : 미송각재 90×90mm ⓐ 400mm

③ 멍에 : 미송각재 90×90mm ⓐ 800mm

④ Support : Pipe Support V4

2) 재료별 허용응력 및 단면성능

구분	E (kg/cm²)	I (cm⁴)	Z (cm³)	f_b (kg/cm²)	f_s (kg/cm²)	f_c (kg)	비고
합판 THK 12mm THK 18mm	7×10^4 7×10^4	0.144 0.486	0.24 2.54	240 240			
미송각재 90×90mm	7×10^4	547	121.5	105	7.5		
Pipe Support (V4)						1,050	

여기서, E : 탄성계수, I : 단면 2차 모멘트$\left(\dfrac{bh^3}{12}\right)$, Z : 단면계수$\left(\dfrac{bh^2}{6}\right)$,

강관 $I = \dfrac{\pi}{64}(D^4 - d^4)$, $Z = \dfrac{\pi}{32D}(D^4 - d^4)$

f_b : 허용휨응력, f_s : 허용전단응력, f_c : 허용축하중

3) 연직방향 하중계산(W)

① 고정하중 $= 2,400\text{kg} \cdot \text{f} \times 0.24\text{m}(\text{Slab THK}) = 576\text{kg} \cdot \text{f/m}^2$

② 거푸집 자중 $= 44\text{kg} \cdot \text{f/m}^2$ $\qquad\qquad = 44\text{kg} \cdot \text{f/m}^2$

③ 활하중 $= 250\text{kg} \cdot \text{f/m}^2$ $\qquad\qquad = 250\text{kg} \cdot \text{f/m}^2$

$$\rightarrow 0.087\text{kg} \cdot \text{f/cm}^2$$

4) 각부재 검토

(1) 합판검토(THK 12mm, 90×180cm 사용 시)

단면 2차 모멘트	$I = 0.144\text{cm}^4$
단면계수	$Z = 0.24\text{cm}^3$
허용휨응력	$f_b = 240\text{kg} \cdot \text{f/cm}^2$
탄성계수	$E = 7 \times 10^4 \text{kg} \cdot \text{f/cm}^2$

① 하중계산 : 합판의 단위폭 1cm에 작용하는 하중 산출

$w = 0.087\text{kg} \cdot \text{f/cm}^2 \times 1\text{cm}$

$= 0.087\text{kg} \cdot \text{f/cm}$

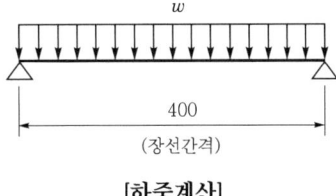

400
(장선간격)

[하중계산]

② 휨 검토

$$M_{\max} = \frac{1}{8}\omega l^2$$

$$= \frac{1}{8} \times 3.48 \text{kg} \cdot \text{f}/\text{cm} \times (80\text{cm})^2$$

$$= 17.4 \text{kg} \cdot \text{cm}$$

$$Z = \frac{bh^2}{6} = 0.24 \text{cm}^3$$

$$\sigma_b = \frac{M_{\max}}{Z}$$

$$= \frac{17.4 \text{kg} \cdot \text{f} \cdot \text{cm}}{0.24 \text{cm}^3}$$

$$= 72.50 \text{kg} \cdot \text{f}/\text{cm}^2 < f_b = 240 \text{kg} \cdot \text{f}/\text{cm}^2 \quad \therefore \ \text{O.K}$$

③ 처짐 검토

$$\delta_{\max} = \frac{5\omega l^4}{384EI}$$

$$= \frac{5 \times 0.087 \times (40)^4}{384 \times 7 \times 10^4 \times 0.144} = 0.28 \text{cm} \leqq 0.3 \text{cm} \quad \therefore \ \text{O.K}$$

(2) 장선 검토(미송각재 90×90 사용)

① 하중계산 : 멍에간격을 80cm로 가
정하여 장선 1본에 작용하는 하중
산출

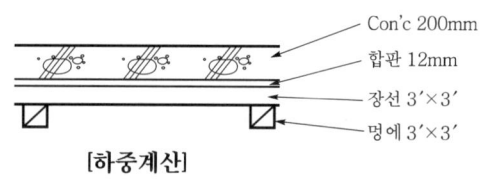

[하중계산]

$$\omega = 0.087 \text{kg} \cdot \text{f}/\text{cm}^2 \times 40 \text{cm}$$

$$= 3.48 \text{kg} \cdot \text{f}/\text{cm}$$

② 휨 검토

$$M_{\max} = \frac{1}{8}\omega l^2 = \frac{1}{8} \times 3.48 \text{kg} \cdot \text{f}/\text{cm} \times (80\text{cm})^2$$

$$= 2.784 \text{kg} \cdot \text{cm}$$

$$\sigma_b = \frac{M_{\max}}{Z}$$

$$= \frac{2,784}{121.5}$$

$$= 22.91 \text{kg} \cdot \text{f}/\text{cm}^2 < f_b = 105 \text{kg} \cdot \text{f}/\text{cm}^2 \quad \therefore \ \text{O.K}$$

③ 처짐 검토

$$\delta = \frac{5\omega l^4}{384EI}$$

$$= \frac{5 \times 3.48 \times (80)^4}{384 \times 7 \times 10^4 \times 547}$$

$$= 0.048\text{cm} < 0.3\text{cm} \quad \therefore \ \text{O.K}$$

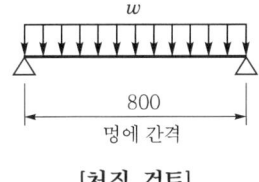

[처짐 검토]

④ 전단검토

$$V_{\max} = \frac{1}{2}\omega l = \frac{1}{2} \times 3.48 \times 80 = 139.2\text{kg} \cdot \text{f}$$

$$\tau = \frac{n \cdot V_{\max}}{A} = \frac{1.5 \times 139.2}{9 \times 9} = 2.58\text{kg} \cdot \text{f/cm}^2$$

$$< f_s = 7.5\text{kg} \cdot \text{f/cm}^2 \quad \therefore \ \text{O.K}$$

n : 형상계수(사각형 단면 1.5, 원형단면 $\frac{4}{3}$

　　원형 강관단면 2.0, 사각형 강관단면 2.0)

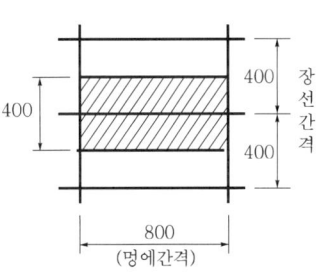

[전단 검토]

(3) 멍에 검토

① 하중계산 : 멍에 1본에 작용하는 하중 산출

$$\omega = 0.087\text{kg} \cdot \text{f/cm}^2 \times 80\text{cm}$$

$$= 6.96\text{kg} \cdot \text{f/cm}$$

② 휨 검토

$$M_{\max} = \frac{1}{8}\omega l^2$$

$$= \frac{1}{8} \times 6.96 \times (80)^2$$

$$= 5{,}568\text{kg} \cdot \text{f} \cdot \text{cm}$$

$$\sigma_b = \frac{M_{\max}}{Z}$$

$$= \frac{5{,}568}{121.5}$$

$$= 45.8\text{kg} \cdot \text{f/cm}^2 < f_b = 105\text{kg} \cdot \text{f/cm}^2 \quad \therefore \ \text{O.K}$$

③ 처짐 검토

$$\delta = \frac{5\omega l^4}{384EI}$$

$$= \frac{5 \times 6.96 \times (80)^4}{384 \times 7 \times 10^4 \times 547}$$

$$= 0.10\text{cm} < 0.3\text{cm} \quad \therefore \text{ O.K}$$

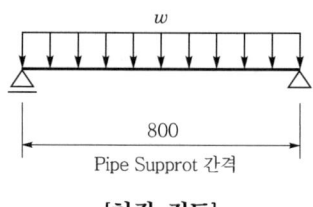

[처짐 검토]

④ 전단 검토

$$V_{\max} = \frac{1}{2}\omega l = \frac{1}{2} \times 6.96 \times 80 = 278.4\text{kg} \cdot \text{f}$$

$$\tau = \frac{n \cdot V_{\max}}{A} = \frac{1.5 \times 278.4}{9 \times 9} = 5.16\text{kg} \cdot \text{f}/\text{cm}^2 < f_s = 7.5\text{kg} \cdot \text{f}/\text{cm}^2 \quad \therefore \text{O.K}$$

(4) 멍에 캔틸레버 부분 검토

> 캔틸레버 보의 휨 모멘트, 전단력, 처짐
> · 휨 모멘트 $M_{\max} = P \cdot l$
> · 전단력 $V_{\max} = P$
> · 처짐 $\delta_{\max} = \dfrac{Pl^3}{3EI}$

① 하중 계산 : 멍에 단부(장선재)에 집중하중이 작용하는 캔틸레버 보로 가정하여 장선재 1본에 작용하는 하중을 산출

$$P = 0.087\text{kg} \cdot \text{f}/\text{cm}^2 \times l\text{cm} \times 80\text{cm}$$
$$= 6.96 \times l\text{kg} \cdot \text{f}$$

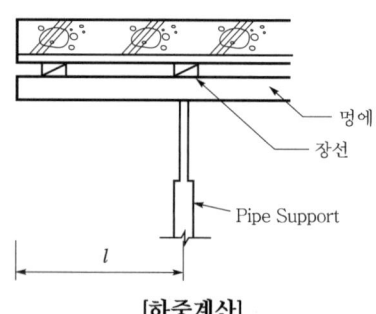

[하중계산]

② 휨 검토

$$M_{\max} = \text{P} \times l$$

$$= 6.96 \times l^2$$

$$\sigma_b = \frac{M_{\max}}{Z} = \frac{6.96 l^2}{121.5} < f_b = 105\text{kg} \cdot \text{f}/\text{cm}^2$$

$$\therefore l^2 < \frac{105 \times 121.5}{6.96} = 1{,}832.9\text{cm}^2$$

$$\therefore l = 42.8\text{cm}\,(42\text{cm 이하로 함})$$

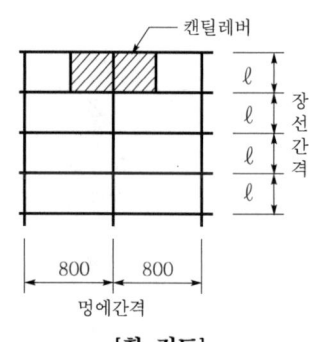

[휨 검토]

③ 전단 검토

멍에의 내민길이(장선재 위치)를 42cm로 하면,

$$V_{\max} = P = 6.96l$$

$$= 6.96 \times 42\text{cm} = 292.3\text{kg} \cdot \text{f}$$

$$\tau_{\max} = \frac{n \cdot V_{\max}}{A} = \frac{1.5 \times 292.3}{9 \times 9}$$

$$= 5.4\text{kg} \cdot \text{f}/\text{cm}^2 < f_s = 7.5\text{kg} \cdot \text{f}/\text{cm}^2 \quad \therefore \text{ O.K}$$

④ 처짐 검토

$$\delta_{\max} = \frac{Pl^3}{3\text{EI}} = \frac{292.3 \times (42)^3}{3 \times 7 \times 10^4 \times 547}$$

$$= 0.19\text{cm} < 0.3\text{cm} \quad \therefore \text{ O.K}$$

(5) Pipe Support 검토

① 하중 검토 : Pipe Support의 허용축하중 검토

$$N = 0.087\text{kg} \cdot \text{f}/\text{cm}^2 \times 80 \times 80$$

$$= 556.8\text{kg} \cdot \text{f}$$

Pipe Support의 허용하중을 안전율(F.S=1.3)

을 적용하여 검토하면,

$$N = 556.8\text{kg} < \frac{1,060\text{kg} \cdot \text{f}}{1.3} = 870\text{kg} \cdot \text{f}$$

$$\therefore \text{ O.K}$$

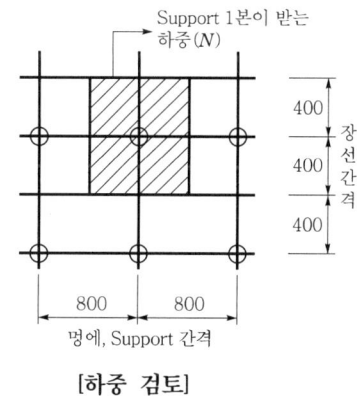

[하중 검토]

(6) 수평 연결재 검토

Support의 높이가 3.5m 이상이므로 높이 2m마다 수평 연결재를 직교하여 설치한다.

5) 검토 결과

① 합판 THK 12mm 사용

② 장선 : 미송각재 90×90mm ⓐ 400mm 설치

③ 멍에 : 미송각재 90×90mm ⓐ 800mm 설치

④ Pipe Support : V_4 ⓐ 800mm

⑤ 높이 2m마다 수평 연결재 직교 설치

2. 간격 검토 방법

※ 조건 : 슬래브 두께 240mm, 거푸집 자중 $44\text{kg} \cdot \text{f/m}^2$ 적용(활하중 $250\text{kg} \cdot \text{f/m}^2$)

층고 3,600mm, 허용처짐값 0.3cm

1) 사용재료

① 거푸집널 : Ply wood THK 12mm, 18mm

② 장선 : 미송각재 90×90mm ⓐ 400mm

③ 멍에 : 미송각재 90×90mm ⓐ 800mm

④ Support : Pipe Support V4

2) 연직방향 하중계산(W)

① 고정하중 $= 2{,}400\text{kg} \cdot \text{f/m}^3 \times 0.2\text{m} = 576\text{kg} \cdot \text{f/m}^2$

② 거푸집 자중 $= 44\text{kg} \cdot \text{f/m}^2$

③ 활하중 $= 250\text{kg} \cdot \text{f/m}^2$

Total $870\text{kg} \cdot \text{f/cm}^2$

$\rightarrow 0.087\text{kg} \cdot \text{f/cm}^2$

3) 각 부재의 검토

(1) 합판 검토(THK 12mm, 90×180mm 사용 시)

① 하중계산 : 합판의 단위폭 1cm에 작용하는 하중 산출

$w = 0.0870\text{kg} \cdot \text{f/cm}^2 \times 1\text{cm} = 0.087\text{kg} \cdot \text{f/cm}$

② 휨 검토

$M_{\max} = \dfrac{1}{8} = wl^2$, $\sigma = \dfrac{M}{Z}$ 에서 공식을 유도하면,

$l = \sqrt[4]{\dfrac{8 \cdot \sigma \cdot Z}{w}}$

$= \sqrt[4]{\dfrac{8 \times 249 \times 0.24}{0.087}} = 72.77\text{cm}$

③ 처짐 검토

$\delta_{\max} = \dfrac{5wl^4}{384EI}$ 에서 공식을 유도하면,

$$l = \sqrt{\frac{384 \cdot E \cdot I \cdot \delta}{5w}}$$

$$= \sqrt{\frac{384 \times 7 \times 10^4 \times 0.144 \times 0.3}{5 \times 0.087}} = 40.02\text{cm}$$

※ 합판의 검토는 장선간격을 결정하는 것이므로 휨 검토나 처짐 검토 중 양쪽 모두 만족할 수 있는 간격으로 결정한다. 그러므로 장선간격은 40cm로 한다.

(2) 장선검토(미송각재 90×90mm 사용)

① 하중계산 : 장선 1본에 작용하는 하중 산출

$$w = 0.087\text{kg} \cdot \text{f/cm}^2 \times 40\text{cm} = 3.48\text{kg} \cdot \text{f/cm}$$

② 휨 검토

$$l = \sqrt[4]{\frac{8 \cdot \sigma \cdot Z}{w}}$$

$$= \sqrt[4]{\frac{8 \times 105 \times 121.5}{3.48}} = 171.25\text{cm}$$

③ 처짐 검토

$$l = \sqrt[4]{\frac{384 \cdot E \cdot I \cdot \delta}{5w}}$$

$$= \sqrt[4]{\frac{384 \times 7 \times 10^4 \times 547 \times 0.3}{5 \times 3.48}} = 121.18\text{cm}$$

※ 장선의 검토는 멍에 간격을 결정하는 것이므로 휨 검토나 처짐 검토 중 양쪽 모두 만족할 수 있는 간격으로 결정해야 하므로 멍에간격을 120cm로 한다.

(3) 멍에 검토

① 하중계산 : 멍에 1본에 작용하는 하중 산출

$$w = 0.087\text{kg} \cdot \text{f/cm}^2 \times 120\text{cm}$$

$$= 10.44\text{kg} \cdot \text{f/cm}$$

② 휨 검토

$$l = \sqrt[4]{\frac{8 \cdot \sigma \cdot Z}{w}}$$

$$= \sqrt[4]{\frac{8 \times 105 \times 121.5}{10.44}} = 98.87\text{cm}$$

③ 처짐 검토

$$\delta_{\max} = \frac{5wl^4}{384EI}$$

$$l = \sqrt[4]{\frac{384 \cdot E \cdot I \cdot \delta}{5w}}$$

$$= \sqrt[4]{\frac{384 \times 7 \times 10^4 \times 547 \times 0.3}{5 \times 10.44}} = 95.87 \text{cm}$$

※ 멍에의 검토는 동바리 간격을 결정하는 것이므로 휨 검토나 처짐 검토 중 양쪽 모두 만족할 수 있는 간격으로 결정해야 하므로 동바리 간격은 90cm로 한다.

(4) Pipe Support 검토

① 하중검토 : Pipe Support의 허용 축하중 검토

$$N = 0.087 \text{kg} \cdot \text{f/cm}^2 \times 120 \text{cm} \times 90 \text{cm}$$

$$= 939.6 \text{kg} \cdot \text{f}$$

② V_4 Pipe Support의 허용하중을 안전율(F.S=1.3)을 적용하여 검토하면,

$$N = 939.6 \text{kg} \cdot \text{f} < \frac{1,050 \text{kf} \cdot \text{f}}{1.3} = 807 \text{kg} \cdot \text{f} \quad \therefore \text{ No Good}$$

③ V_3 Pipe Support의 허용하중을 안전율(F.S=1.3)을 적용하여 검토하면,

$$N = 939.6 \text{kg} \cdot \text{f} < \frac{1,200 \text{kg} \cdot \text{f}}{1.3} = 923 \text{kg} \cdot \text{f} \quad \therefore \text{ No Good}$$

※ Pipe Support의 간격이 과다하여 V_3 또는 V_4를 사용할 수 없으므로 멍에 검토 과정부터 재검토를 해야 한다.

(5) 장선재 검토(미송각재 90×90 사용)

2)의 장선 검토 내용과 같이 휨 검토 171.25cm, 처짐 검토 126.8cm에서 멍에 간격을 12cm로 하여 No Good으로 판명되었으므로 멍에 간격을 90cm로 변경하여 동바리 간격을 재검토하도록 한다.

(6) 멍에 재검토(미송각재 90×90 사용)

① 하중계산 : 멍에 1본에 작용하는 하중 산출

$$w = 0.087 \text{kg} \cdot \text{f/cm}^2 \times 90 \text{cm}$$

$$= 7.83 \text{kg} \cdot \text{f/cm}$$

② 휨 검토

$$l = \sqrt[4]{\frac{8 \cdot \sigma \cdot Z}{w}}$$

$$= \sqrt[4]{\frac{8 \times 105 \times 121.5}{7.83}} = 114.1\text{cm}$$

③ 처짐 검토

$$l = \sqrt[4]{\frac{384 \cdot E \cdot I \cdot \delta}{5w}}$$

$$= \sqrt[4]{\frac{384 \times 7 \times 10^4 \times 547 \times 0.3}{5 \times 7.83}} = 103.0\text{cm}$$

※ 멍에의 검토는 동바리 간격을 결정하는 것이므로 휨 검토나 처짐 검토 중 양쪽 모두 만족할 수 있는 간격을 90cm로 동바리 간격으로 결정한다.

(7) Pipe Support 재검토

① 하중 검토 : Pipe Support의 허용 축하중 검토

$$N = 0.087\text{kg} \cdot \text{f}/\text{cm}^2 \times 90\text{cm} \times 90\text{cm}$$

$$= 704.7\text{kg} \cdot \text{f}$$

② V_4 Pipe Support의 허용하중을 안전율(F.S=1.3)을 적용하여 검토하면,

$$N = 704.7\text{kg} \cdot \text{f} < \frac{1,050\text{kg} \cdot \text{f}}{1.3} = 807\text{kg} \cdot \text{f} \quad \therefore \text{ O.K}$$

(8) 수평 연결재 검토

Pipe Support의 높이가 3.5m 이상이므로 높이 2m마다 수평 연결재를 직교하여 설치한다.

※ 최종 검토 결과

응력검토 방법에서 멍에 간격과 동바리 간격이 800mm로 설치하도록 결정하였으나 간격검토 방법으로 검토한 결과 멍에 간격과 동바리 간격을 900mm로 하여 설치해도 안전하다는 결론을 내릴 수 있다.

• 합판 THK 12mm 사용
• 장선 : 미송각재 90×90mm ⓐ 400mm 설치
• 멍에 : 미송각재 90×90mm ⓐ 800mm 설치
• Pipe Support : V_4 ⓐ 800mm 설치
• 수평 연결재 : 높이 2m마다 직교하여 설치

Section 9   거푸집 측압(생 콘크리트 측압)

1. 개요

① 벽, 보, 기둥 옆의 거푸집은 생 콘크리트를 타설함에 따라 압력이 생기는 데, 이를 측압이라 하며 마감공사에 필요한 콘크리트 표면의 정밀도를 좌우하는 요소이다.

② 콘크리트의 측압은 슬럼프, 타설 속도와 관련이 있으며 콘크리트 타설 높이에 따라 측압은 상승하나 일정 높이 이상이 되면 측압은 증가하지 않는다.

2. 거푸집에 작용하는 하중

① 수직하중

= 고정하중 + 활하중(시공하중+충격하중)

= {철근콘크리트($24kN/m^3$) + 거푸집의 무게($0.4kN/m^2$)} + $2.5kN/m^2$ 이상

② 콘크리트 측압

③ 풍하중

④ 수평하중

⑤ 특수하중

3. 측압

1) 콘크리트 헤드(Head)

(1) 콘크리트 헤드

측압은 타설에 따라 조금씩 증가하고 일정 높이에 달하면 다시 저하하는 데 이때 측압이 가장 높을 때의 높이

(2) 측압의 분포

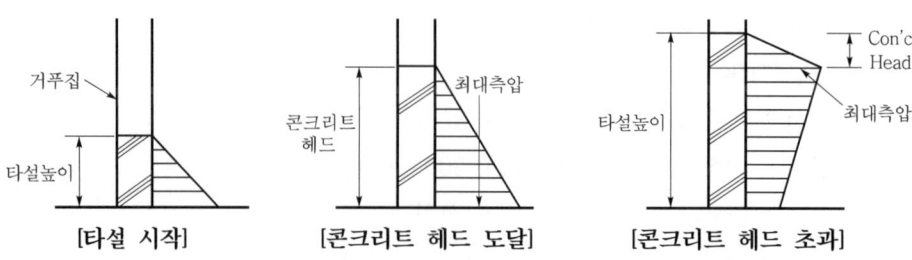

[타설 시작]   [콘크리트 헤드 도달]   [콘크리트 헤드 초과]

2) 측압 산정

예제) 콘크리트 타설 속도 10m/h~20m/h, 타설 높이 3.6m일 때 측압은?

(무근 콘크리트 비중(W)=2.(3)

측압 $= 2.0W + 0.8W \times (H-2.0)$

$= 2.0 \times 2.3 + 0.8 \times 2.3 \times (3.6-2.0) = 7.54(\text{ton/m}^2)$

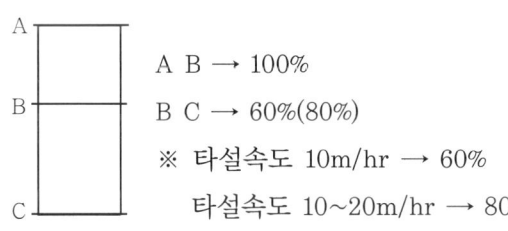

A B $\rightarrow$ 100%

B C $\rightarrow$ 60%(80%)

※ 타설속도 10m/hr $\rightarrow$ 60%

타설속도 10~20m/hr $\rightarrow$ 80%

4. 거푸집 측압의 설계용 표준 값(t/m²)

분류	진동기 미사용	진동기 사용
벽	2	3
기둥	3	4

5. 측압에 영향을 주는 요인(측압이 큰 경우)

① 거푸집 부재단면이 클수록

② 거푸집 수밀성이 클수록

③ 외기온도가 낮을수록

④ 거푸집 표면이 평활할수록

⑤ 시공연도(Workability)가 좋을수록

⑥ 철골 또는 철근량이 적을수록

⑦ 습도가 낮을수록

⑧ 타설 속도가 빠를수록

⑨ 다짐이 좋을수록

⑩ 슬럼프가 클수록

⑪ 콘크리트 비중이 클수록

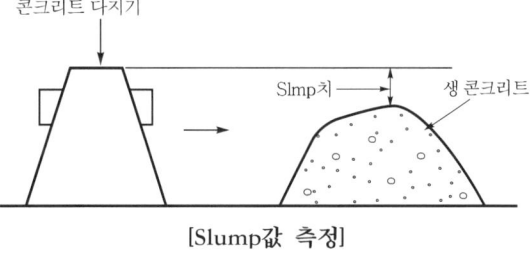

[Slump값 측정]

6. 측압 측정 방법

1) 수압판에 의한 방법

수압판을 거푸집면의 바로 아래에 대고 탄성 변형에 의한 측압을 측정하는 방법

2) 측압계를 이용하는 방법

수압판에 변형계(Strain Gauge)를 달고 탄성 변형량을 전기적으로 측정하는 방법

3) 조임철물 변형에 의한 방법

조임철물에 변형계를 부착시켜 응력변화를 확인하는 방법

4) OK식 측압계

죄임철물의 본체에 센터 홀의 유압잭을 장착하여 인장의 변화에 의한 측정 방식

7. 콘크리트 타설 시 안전대책

1) 타설 순서는 계획에 따라 실시

기둥 → 보 → 슬래브 순으로 타설

2) 콘크리트 타설 시 이상 유무 확인

콘크리트 타설 시 담당자 배치 및 거푸집, 지보공 등의 이상 시 즉시 처리

3) 타설 속도

타설 속도는 국토교통부 제정 콘크리트 표준시방서 준수

4) 기자재 설치, 사용 시 준수사항

기자재 설치 사용 시 성능 확인을 사용 전, 사용 중, 사용 후 점검

5) 콘크리트 편타 금지

집중타설(편타) 시 거푸집 변형, 탈락에 의한 붕괴 위험

6) 전동기 사용

지나친 진동은 거푸집 붕괴의 원인

[측압이 거푸집에 작용하는 순서]

8. 거푸집 설계용 콘크리트 측압

(단위 : tonf/m²)

부위		타입속도 (m/hr) H(m)	10 이하인 경우		10 초과, 20 이하인 경우		20을 초과하는 경우
			1.5 이하	1.5 초과, 4.0 이하	2.0 이하	2.0 초과 4.0 이하	4.0 이하
기둥		$W_0 \cdot H$	$1.5 W_0 + 0.6 W_0 \times (H - 1.5)$		$W_0 \cdot H$	$2.0 W_0 + 0.8 W_0 \times (H - 2.0)$	$W_0 \cdot H$
벽	길이 3m 이하의 경우		$1.5 W_0 + 0.2 W_0 \times (H - 1.5)$			$2.0 W_0 + 0.4 W_0 \times (H - 2.0)$	
	길이 3m를 초과하는 경우		$1.5 W_0$			2.0	

[주] 1) H : 아직 굳지 않은 콘크리트의 높이(m)(측압을 구하고자 하는 위치에서 콘크리트의 타입 높이)
  2) W_0 : 아직 굳지 않은 콘크리트의 단위용적 중량(tonf/m³)

9. 결론

콘크리트 측압은 거푸집 설계의 중요 요소이므로, 설계 시 충분한 강도 산정과 검토가 이루어져야 하며, 콘크리트 타설 시 거푸집 붕괴의 원인이 되는 측압에 영향을 주는 요인에 유의하여 안전시공이 될 수 있도록 해야 한다.

Section 10 철근공사의 안전

1. 개요

철근공사(Reinforcing Bar Work)란 철근을 사용해서 하는 가공, 조립. 배근 등의 공사를 말하며 장척, 중량물에 의한 사고가 빈번하므로 안전작업지침을 준수해야 한다.

2. 철근의 종류

① 원형철근(Round Steel Bar)
② 이형철근(Deformed Steel Bar)
③ 고강도철근(High Tensile Bar)

④ 피아노선(Piano Wire, Piano String)

⑤ 용접철망(Welded Steel Wire Fabrics)

⑥ 철선, 강선(Steel Wire)

3. 철근가공 및 조립작업 시 준수사항

1) 작업 책임자 상주

철근가공 작업장 주위는 작업 책임자가 상주하여야 하고 정리정돈 및 작업원 외 출입 금지 조치

2) 안전보호장구 착용

가공 작업자는 안전모 및 안전보호장구 착용

3) 해머 절단 시 준수사항

① 햄머 자루는 금이 가거나 쪼개진 부분 확인하고 튼튼하게 조립

② 해머 부분이 마모되어 있거나, 훼손된 것 사용 금지

③ 무리한 자세로 절단 금지

④ 마모되어 미끄러질 우려가 있는 절단기의 절단 날은 사용 금지

4) 가스절단 시 준수사항

① 가스절단 및 용접자는 해당 자격증 소지자여야 하며, 작업 중에는 보호구를 착용할 것

② 가스절단 작업 시 호스 전선의 손상 유무 확인

③ 호스, 전선 등은 직선상으로 짧게 배선

④ 가연성 물질에 인접하여 용접작업 시 소화기 비치

5) 철근 가공

① 가공작업 고정틀에 정확한 접합을 확인

② 탄성에 의한 스프링 작용으로 발생되는 재해 방지

6) 아크(Arc) 용접 이음

① 배전판 또는 스위치는 용이하게 조작할 수 있는 곳에 설치

② 접지 상태 항상 확인

4. 철근 운반 시 준수사항

1) 인력 운반

① 1인당 무게는 25킬로그램 정도가 적절하며, 무리한 운반 금지

② 2인 이상이 1조가 되어 어깨메기로 운반

③ 긴 철근을 한 사람이 운반할 때에는 한쪽을 어깨에 메고 한쪽 끝을 끌면서 운반

④ 운반할 때는 양끝을 묶어 운반

⑤ 던지지 말고 천천히 내려놓을 것

⑥ 공동 작업 시 신호에 따라 작업

2) 기계 운반

① 운반작업 시 작업 책임자를 배치하여 수신호 또는 표준 신호방법에 따라 시행

② 달아 올릴 때에는 로프와 기구의 허용하중 이상 과다하게 달아 올리지 말 것

③ 비계나 거푸집 등에 대량의 철근 걸쳐 놓기 금지

④ 달아 올리는 부근 관계 근로자 외 출입 금지

⑤ 권양기의 운전자는 현장 책임자가 지정하는 자가 운전

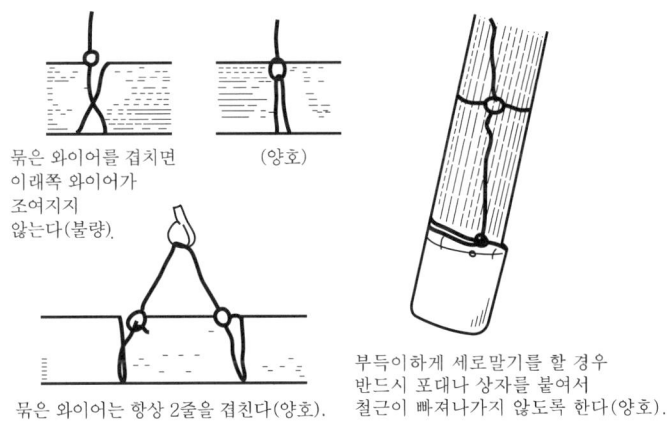

묶은 와이어를 겹치면
아래쪽 와이어가
조여지지
않는다(불량).

(양호)

묶은 와이어는 항상 2줄을 겹친다(양호).

부득이하게 세로말기를 할 경우
반드시 포대나 상자를 붙여서
철근이 빠져나가지 않도록 한다(양호).

[묶은 와이어의 걸치기 예]

3) 철근 운반 시 감전사고 등 예방

① 철근 운반작업을 하는 바닥 부근에는 전선 배치 금지

② 철근 운반 작업장 주변 전선은 사용 철근 최대 길이 이상 높이에 배선

③ 철근과 전선의 이격거리는 최소한 2미터 이상

④ 운반장비는 반드시 전선의 배선 상태 확인 후 운행

Section 11 철근의 유효 높이

1. 정의

철근의 유효 높이는 휨 모멘트를 받는 부재의 단면에서 압축측 콘크리트 표면으로부터 정 철근 또는 부 철근 단면의 중심까지의 거리를 말하며 철근콘크리트 응력 산정과 철근량 산정 시 필요한 내용이다.

2. T형보의 유효 높이

$d = h - d_c$(보의 유효 높이) : 압축 연단에서 인장 철근 중심까지의 거리

여기서, h : 보의 춤

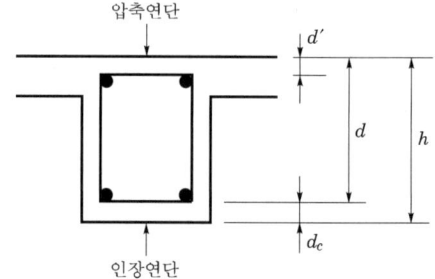

d_c : 인장 연단면에서 그와 가장 가까운 곳에 위치한 철근 중심까지의 거리(= 피복두께+스트럽+주근 중심 간격)

d' : 압축 연단으로부터 압축 철조 중심까지의 거리

$d - d'$: 철근 간의 거리

3. 적용

① 철근의 정착과 피복 두께(Covering Depth)와 함께 구조체 안전에 가장 중요한 요소로서 구조체 응력 변화와 직결된다.

② 철근량 산정 시 유효 높이를 고려하여 산정한다.

Section 12 철근의 정착과 이음

1. 개요

① 철근콘크리트 구조체에서 철근을 콘크리트로부터 쉽게 분리되지 않게 하기 위해 철근의 정착길이 확보가 중요하고 정착되는 부재의 중심선을 넘어 정착하여야 소정의 강도를 발휘할 수 있다.

② 철근의 이음은 한 곳에 집중되지 않도록 하여야 하며, 사전에 구조도 등의 검토를 통해 겹친 이음, 용접 이음 등 현장여건에 적합한 이음공법을 채택하여야 한다.

2. 정착

1) 정착 위치

① 기둥주근 : 기초에 정착

② 벽 주근 : 보·바닥판·기둥에 정착

③ 지중 보 주근 : 기초 또는 기둥에 정착

④ 작은 보 주근 : 큰 보에 정착

⑤ 보 주근 : 기둥에 정착

⑥ 바닥철근 : 보 및 벽체에 정착

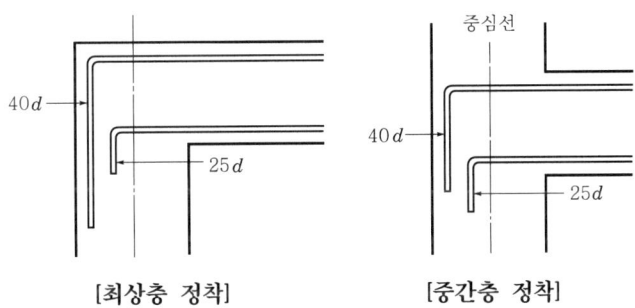

[최상층 정착]   [중간층 정착]

2) 정착 시 유의사항

① 철근의 정착 길이 허용오차는 소정길이의 10% 이내

② Hook은 정착 길이에 포함하지 않는다.

③ 중심선으로부터 외측에 정착

3. 이음 길이 및 위치

① 압축철근 및 적은 인장력을 받는 철근은 $25d$ 이상(경량 콘크리트는 $30d$ 이상)

② 큰 인장력을 받는 철근은 $40d$ 이상(경량 콘크리트는 $50d$ 이상)

③ 철근지름이 다를 때는 가는 철근을 기준

④ 응력이 작은 곳

⑤ 기둥은 하단에서 50cm 이상부터 기둥 높이의 3/4 이하 지점

⑥ 보는 압축 측에서 이음

4. 이음 시 주의사항

① 철근 이음길이 허용오차 10% 이내

② Hook은 이음길이에 포함하지 않는다.

③ 엇갈려 이음하고 한 곳에 50% 이상 집중 금지

④ D28, D29 이상 철근은 이음 금지

상부 철근이 하부 철근보다 부착성이 떨어지는 이유

1. 개요

콘크리트 타설 후 물과 미세한 물질 등은 상승하고, 무거운 골재나 시멘트는 침하되는 현상을 블리딩(Bleeding)이라 하며, Laitance 및 Water Gain 현상을 유발시킨다. 이러한 블리딩에 의해 상부철근은 하부철근보다 부착성이 떨어지므로 블리딩에 대한 적절한 대책이 필요하다.

2. 부착성 저하 이유

1) 수막 현상

① 철근 하부의 공극 발생

② 공극에 의한 균열 발생

2) 블리딩 현상

① 일종의 재료 분리 현상

② 철근의 부착력 저하

3) Laitance

블리딩에 따른 콘크리트 또는 모르타르의 표면에 떠올라서 앙금이 된 물질로서 시멘트나 공재 중의 미립자

4) Water Gain 현상

아직 굳어지지 않은 콘크리트 또는 모르타르 속에서 물이 상승하는 현상

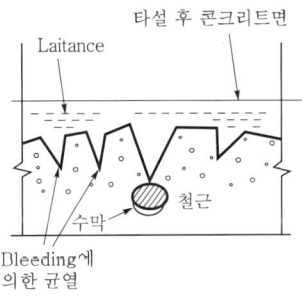

[Laitance]

3. 대책

① 굵은 골재는 입도·입형이 좋은 강자갈 사용
② 적당한 혼화제 사용
③ 과도한 다짐 방지(블리딩 방지)
④ 거푸집은 누수가 적은 재료 선정
⑤ 타설 높이를 적게 함

Section 14

균열제어 철근

1. 정의

① 균열제어 철근이란 콘크리트 건조 수축, 온도 변화 및 기타 원인에 의한 인장 응력의 증대에 대비하고 균열의 심화를 억제할 목적으로 콘크리트 구조물에 사용하는 보강 철근을 말한다.
② 이 철근은 균열을 균일하게 분산시켜 작은 균열로 한정시키는 데 유효하다.

2. 균열제어 철근

1) 바닥판 헌치부

시스관 내 PS 재배치 시 PS 인장력 부족

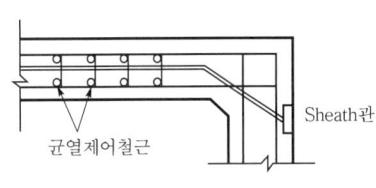

[바닥판 헌치부]

2) I형 Precast 보

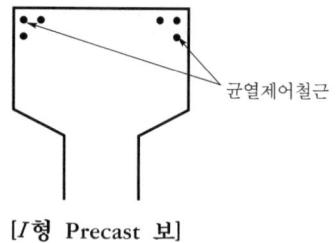

[I형 Precast 보]

3) PS 콘크리트 T형 보

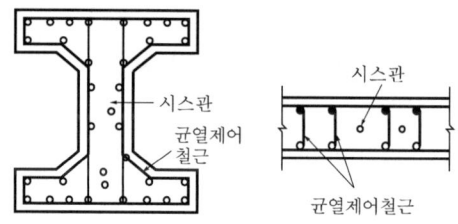

[PS 콘크리트 T형 보]

Section 15

철근의 피복 두께

1. 개요

철근콘크리트 구조체에서 내구성 확보를 위해 철근을 보호할 목적으로 철근을 콘크리트로 감싼 철근 표면과 콘크리트 표면의 최단거리를 피복 두께라 한다.

2. 철근 피복의 목적

① 내구성 확보

② 부착성 확보

③ 내화성 확보

④ 방청성 확보

⑤ 콘크리트 타설 골재의 유동성 확보

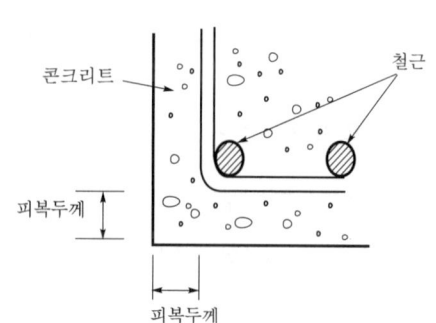

3. 피복두께 결정 시 고려사항

① 방청성, 내화성, 내구성, 구조내력 등의 확보
② 부재의 종류별 마무리 유무
③ 환경조건
④ 시공정도

4. 피복 두께

부위			피복두께(cm)
흙에 접하지 않는 부위	지붕슬래브, 바닥슬래브, 비내력벽	옥내	3
		옥외	4
	기둥, 보, 내력벽	옥내	4
		옥외	5
흙에 접한 부위	기둥, 보, 바닥슬래브, 내력벽		5
	기초, 옹벽		7

※ 표의 치수에서 10mm 뺀 값 이상을 최소 피복 두께로 한다.

Section 16

철근의 Pre-Fab(Pre-Fabrecation)

1. 개요

철근의 Pre-Fab(Pre-Fabrecation) 공법이란 철근콘크리트 공사에 사용하는 철근을 기둥, 보, 바닥, 슬래브 등 부위별로 공장에서 미리 조립하여 현장에서 조립하는 공법으로, 공기 단축 및 안전성 확보에 유리하다.

2. 도입 배경

① 대량 생산
② 노동력 절감
③ 원가 절감
④ 공해 저감
⑤ 공기 단축

3. Pre-Fab 효과(목적)

① 시공정도의 향상(정확도)
② 공기 단축(철근가공 및 배근 공정 축소)
③ 관리의 용이성(현장조립)
④ 작업공정의 단순화
⑤ 구조체 공사의 시스템화

4. 공법의 분류

1) 기둥, 보 철근의 Pre-Fab

① 철근 선조립 공법
② 철근 후조립 공법

2) 벽, 바닥 철근의 Pre-Fab

철근망 공법(용접철망 사용)

3) 철근의 Pointing 공법

S.R.C조의 기둥·보 철근을 철골에 Pointing

5. 특징

1) 장점

① 대구경 고강도 철근 사용으로 고강도 콘크리트에 적용
② 정확한 피복 확보로 시공정도 향상
③ 사용자재 손실 감소
④ 공기 단축 및 품질 향상
⑤ 기능공 투입 감소(철근공)
⑥ 각층 연속 콘크리트 타설 가능

2) 단점

① 부피 증대로 운반 곤란(중량에 비해)
② 별도의 양중장비 필요
③ 이음부 현장조립 정밀도 필요
④ 양중 시 충격에 의한 변형 발생

6. 문제점

① 원가 상승 : 운반비 증가로 인한 투입 원가 상승
② 기술개발 미흡 : 전문인력 부족 및 표준화 미흡
③ 초기 투자비 증가 : 별도의 생산설비 필요

7. 대책

① 표준화 : 철근 이음, 정착 및 가설방법의 표준화
② 기술 개발 : 전문 인력 확보 및 연구 개발
③ 기계화 : 운반, 설치, 현장제작까지 기계화
④ 로봇화 : 공장가공 시 로봇화하여 공기 단축 및 안전성 확보

8. 철근가공 및 조립작업 시 준수사항

1) 작업 책임자 상주

철근가공 작업장 주위는 작업 책임자가 상주하여야 하고 정리정돈 및 작업원 외 출입 금지 조치

2) 안전보호장구 착용

가공 작업자는 안전모 및 안전보호장구 착용

3) 해머 절단 시 준수사항

① 해머 자루는 금이 가거나 쪼개진 부분을 확인하고 튼튼하게 조립
② 해머 부분이 마모되어 있거나 훼손된 것 사용 금지
③ 무리한 자세로 절단 금지
④ 절단기의 절단 날은 마모되어 미끄러질 우려가 있는 것 사용 금지

4) 가스절단 시 준수사항

① 가스절단 및 용접자는 해당자격 소지자라야 하며, 작업 중에는 보호구를 착용
② 가스절단 작업 시 호스 전선의 손상 유무 확인
③ 호스, 전선 등은 직선상으로 짧게 배선
④ 가연성 물질에 인접하여 용접작업 시 소화기 비치

5) 철근 가공

① 가공작업 고정틀에 정확한 접합을 확인

② 탄성에 의한 스프링 작용으로 발생되는 재해 방지

6) 아크(Arc) 용접 이음

① 배전판 또는 스위치는 용이하게 조작할 수 있는 곳에 설치

② 접지 상태를 항상 확인

7) 철근 운반 시 감전사고 등 예방

① 철근 운반 작업을 하는 바닥 부근에는 전선 배치 금지

② 철근 운반 작업장 주변 전선은 사용 철근 최대 길이 이상 높이에 배선

③ 철근과 전선의 이격거리는 최소한 2m 이상

④ 운반장비는 반드시 전선의 배선 상태 확인 후 운행

9. 결론

① 철근공사는 기능인력 확보가 어렵고 건설공사의 주공정으로 기계화, 성력화로 공기단축, 원가절감 및 작업의 안전성 확보가 필요하다.

② 향후 로봇화, 기계화, 무소음, 무진동 공법을 적용하는 추세로 공업화에 적합한 철근의 Pre-Fab화가 필요하다.

Section 17 고로 시멘트

1. 개요

① 용광로 방식의 제철작업에서 고로에 생성된 고로의 수쇄(水碎) 슬래그와 포틀랜드 시멘트 클링커로 이루어지는 혼합 시멘트를 말한다.

② 바닷물, 산 등의 화학적 침식 저항성이 커 바닷물의 작용을 받는 구조물, 터널·하수도 등에 쓰인다.

2. 고로 시멘트의 종류

규격	명칭	함유량(%)
KSL 5210	고로 슬래그 시멘트 1종	5~30
	고로 슬래그 시멘트 2종	30~60
	고로 슬래그 시멘트 3종	60~70

3. 고로 시멘트의 용도

① 댐 등 매스 콘크리트

② 해양 콘크리트

③ 상하수도 시설, 터널, 옹벽, 도로포장 등

4. 고로 시멘트의 특징

① 수화열이 낮다(보통 포틀랜드 시멘트에 비해).

② 초기 강도는 낮으나 장기 강도 증가

③ 내구성 및 수밀성 증대

④ 단위수량과 세골재율이 조금 커짐

⑤ 보통 포틀랜드 시멘트에 비해 중성화가 빠르다.

⑥ 건조수축이 커서 균열발생

5. 시멘트의 개발 방향

① 고강도

② 기능성 시멘트 개발

③ 고품질화

Section 18 혼화재료

1. 정의

① 대부분의 콘크리트 혼화재료는 묽은 콘크리트(Fresh Concrete)의 시공성 향상을

위한 시공연도 개선(Workability)과 굳은 콘크리트(Hardened Concrete)의 강도 증진에 목적을 두고 있다.

② 사용량의 다소에 따라서 혼화제(混和劑, 약품적 의미로 소량 사용)와 혼화재(混和材, 재료적 의미로 대량 사용)로 나눌 수 있다.

2. 혼화재료 사용 목적

① 초기 강도 증진
② 내구성 개선
③ 수밀성 증진
④ 시공연도 개선

3. 혼화재료의 종류별 특징

1) 혼화제(混和劑)

약품적인 것으로 소량을 사용해서 소요의 효과를 얻을 수 있는 혼화재료(시멘트량의 1% 정도 이하로 배합계산에서 그 자체의 용적을 무시)

(1) AE(Air Entraining Agent)제

① 공기연행제 또는 계면활성제라고 하며 콘크리트 내부에 독립된 미세기포를 발생시켜서 Ball Bearing 효과에 의한 시공연도를 개선

② 단위수량의 저감과 동결융해 저항성이 있으며 공기량은 3~5%를 적용시키는 데 철근과 콘크리트의 부착력을 약화시키는 결점

(2) 감수제

① 단위수량을 낮게 하면서도 시공연도 개선
② 콘크리트의 강도 개선

(3) 유동화제

단위수량을 낮추면서도 묽은 콘크리트의 유동성 향상

(4) 방청제

철근 등 강재를 염화물에 의한 부식 방지

(5) 응결 촉진제

묽은 콘크리트의 응결을 촉진, 동절기공사나 급속공사 등에 적용

(6) 응결 지연제

묽은 콘크리트의 응결을 지연, 지나친 응결촉진 방지

(7) 방수제

흡수성을 차단하는 성능 보유

(8) 방동제

콘크리트 동결 방지 혼화제 다량 사용 시 급결작용 발생으로 강도 저하

2) 혼화재(混和材)

사용량이 비교적 많고 그 자체의 용적을 배합계산에 고려(시멘트량의 5% 정도 이상)

(1) 고로 슬래그(高爐 Slag) 분말

① 고로(高爐) 방식의 제철소에서 발생되는 용융 상태의 슬래그를 물, 공기 등으로 급냉시켜 이를 미분쇄한 것

② 시멘트의 수화작용을 지연시키므로 동결융해 저항성이 낮고 초기 강도가 낮으나 장기강도 증진

③ 내해수성 및 내화학 저항성 우수

(2) 플라이 애시(Fly Ash)

① 화력발전소 등의 연소 보일러에서 집진기로 회수된 부산물인 석탄재로서 입도가 시멘트입자보다 현저히 낮은 포졸란계를 대표하는 혼화재

② 단위수량을 낮추어서 콘크리트의 블리딩 현상 감소

③ 경화 콘크리트의 초기 재령에서의 강도는 낮지만 장기강도를 개선

④ 수화발열량을 저감시킴에 따라 매스 콘크리트 적용

(3) 실리카 흄(Silica Fume)

① 실리콘 제조 시 발생하는 초미립자의 규소 부산물을 전기 집진장치에 의해서 얻는 혼화재

② 고성능 감수제와 병용 사용시 고강도 및 투수성이 작은 콘크리트

③ 초미분이기 때문에 감수제를 사용치 않으면 단위수량이 증대

④ 수화초기의 발열 저감, 수밀성·내구성 향상

⑤ 실리카 흄의 치환율이 클 경우 중성화 우려

(4) 팽창재

물과 반응하여 경화하는 과정에서 콘크리트가 팽창

Section 19   해사 사용 시 문제점 및 대책(염해대책)

1. 개요

① 구조물의 대형화에 따른 수요 증대로 인해 양질의 하천골재 고갈로 해안골재 사용에 따른 염해현상이 늘어나고 있다.

② 염해란 콘크리트 중에 염화물($CaCl$)이 철근을 부식시켜 구조체에 손상을 입히는 현상으로 이에 대한 충분한 검토와 대책이 이루어져야 한다.

2. 염분함유 규제치

① 염화물 이온량 0.02%(염화나트륨으로 환산하면 모래 건조중량의 0.04% 이하)

② 0.02% 초과 시 주문자의 승인을 얻되 그 한도는 0.1% 이하로 한다.

3. 해사 사용 시 문제점

1) 부식의 메커니즘

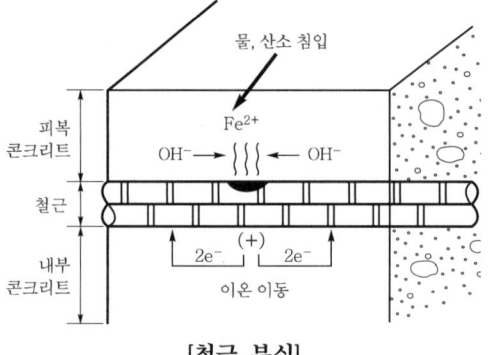

[철근 부식]

(1) 양극반응

$$Fe \rightarrow Fe^{++} + 2e^-$$

(2) 음극반응

$$H_2O + \frac{1}{2}O_2 + 2e^- \rightarrow 2OH^-$$

$$Fe^{++} + H_2O + \frac{1}{2}O_2 \rightarrow Fe^{++} + 2OH^-$$

$\rightarrow Fe(OH)_2$: 수산화 제1철(부동태 피막 역할)

$Fe(OH)_2 + \frac{1}{2}H_2O + \frac{1}{4}O_2 \rightarrow Fe(OH)_3$: 수산화 제2철(붉은 녹) $\rightarrow$ 부식 진행

2) 균열

① 주요 구조부 콘크리트 체적팽창

② 조적부 내구성 저하로 균열

3) 내구성 저하

균열 발생으로 인한 열화 현상 발생

4) 강도 저하

① 초기 강도는 증가하나 장기 강도는 저하

② 조적벽 강도 저하 : 부착 강도 저하, 균열, 박락

5) 기타

① 타일 탈락 및 접착성 저하

② 미장 부위 탈락

4. 염해 방지 대책

1) 재료 및 배합

① 청정수 사용

② 중용열 시멘트 사용(장기 강도가 크고 염해에 대한 저항성 큼)

③ 해사염분 사용량 규제 – 0.04% 이하(건조모래)

④ W/C비 및 슬럼프값 작게(수밀성, 내구성 확보)

⑤ 굵은골재 치수는 크고 잔골재율은 작게

⑥ AE제 등 혼화제 사용

2) 철근부식 방지법

① 철근 표면에 아연도금 실시

② Epoxy Coating, 스프레이 사용 도막 두께 $150{\sim}300\mu m$ 정도 유지

③ 방청제를 콘크리트에 혼합하여 철근 표면에 피막형성(아질산계)

④ 철근피복두께 증가

⑤ 단위 수량을 감소

3) 염분 제거 방법

① 자연강우 : 자연강우에 의해 염분 제거(우기철 및 자연방치)

② Sprinkler 살수 : 골재 $1m^3$당 6회 정도 살수

③ 하천모래와 혼합 : 바다모래를 Sprinkler 살수 후 강모래와 혼합(하천모래 80% + 해사 20%)

④ 제염 Plant에서 기계 사용 세척 : 모래체적 1/2 담수 사용 세척

⑤ 제염제 사용 : 제염제는 고가이므로 경제성 검토 후 선택

⑥ 준설선위에서 세척 : 모래 $1m^3$, 물 $6m^3$ 비율로 6번 세척

4) 기타

① 해사 사용 콘크리트는 고온증기 양생을 피한다.

② P.S 콘크리트에서는 사용을 금한다.

5. 염분함유량 측정법

1) 질산은 적정법

실험실에서 실시하는 화학약품에 의한 시험방법

2) 이온 전극법

① 염화물량 측정기로서 주로 현장에서 사용

② 간이 시험법으로 10분 이내 결과값 확보 가능

3) 시험지법(Quantab법)

시험지를 이용하는 간이 측정법, 가장 많이 사용(백색 변화 길이 측정)

6. 향후 개선 방향

① 사용 목적별 품질기준 설정(구조용, 건축용, P.C용)

② 해사 사용방법에 대한 장기적인 연구 검토

③ 재료 건식화 및 고품질 콘크리트 개발

7. 결론

① 해사의 사용은 강모래 품귀로 인해 어쩔 수 없는 현실로 콘크리트의 철근부식, 강도 저하, 균열, 내구성 저하 등 문제점이 발생하지 않는 범위까지 품질을 확보하는 것이 중요하다.

② 해사는 효율성이 좋은 제염장치 및 측정기 개발이 필요하며, 해사 사용방법 등에 대한 장기적인 연구와 개발이 필요하다.

콘크리트의 배합

1. 정의

① 콘크리트의 배합 설계란 설계 도서(시방서, 설계서)에 규정되어 있는 콘크리트를 얻기 위해 시멘트, 골재, 물 및 혼화재료의 혼합비율을 결정하는 것이다.

② 콘크리트의 배합 설계는 압축강도, 수밀성, 내구성을 확보하는 중요한 요소이다.

2. 배합 설계의 종류

1) 시방 배합

시방서에 의한 배합, 또는 책임 기술자가 지시한 배합

2) 현장 배합

현장의 상황에 맞게 설계한 배합

3. 배합 설계 방법

1) 물·시멘트(W/C)비

① 내구성, 강도, 수밀성을 고려하여 최소로 한다.

② 제빙화학제가 사용되는 콘크리트 45% 이하 수밀성 요구 시 50% 이하

③ 중성화 저항성을 고려해야 하는 경우 55% 이하

2) 잔골재율

① 콘크리트의 강도를 크게 하기 위해서는 가급적 작게 한다.

② 소요의 워커빌리티를 얻을 수 있는 범위 내에서 단위수량이 최소가 되도록 결정

3) 굵은골재 최대치수(Gmax)

① 부재 최소치수의 1/5, 철근피복 및 철근의 최소 순간격의 3/4을 초과해서는 안 된다.

② 최대치수가 클수록 강도도 커진다.

구조물의 종류	굵은골재의 최대치수(mm)
일반적인 경우	20 또는 25
단면이 큰 경우	40
무근 콘크리트	40. 부재 최소치수의 1/4를 초과해서는 안 됨

4) 단위수량 결정

가급적 작게 하는 것이 좋다.

5) 시멘트 중량

단위 시멘트량은 원칙적으로 단위수량과 물·시멘트비로부터 정한다.

6) 슬럼프(Slump)

슬럼프가 클수록 블리딩이 많아지고 굵은골재 분리현상이 발생

종류		슬럼프값(mm)
철근콘크리트	일반적인 경우	80~150
	단면이 큰 경우	60~120
무근 콘크리트	일반적인 경우	50~150
	단면이 큰 경우	50~100

7) 공기량

공기량 증가 시 콘크리트 강도는 작아진다.

굵은골재의 최대치수(mm)	공기량(%)	
	심한 노출	보통 노출
10	7.5	6.0
15	7.0	5.5
20	6.0	5.0
25	6.0	4.5
40	5.5	4.5

콘크리트의 성질

1. 개요

① 콘크리트 성질은 굳지 않은 콘크리트(Fresh Concrete, 미경화 콘크리트), 굳은 콘크리트(Hardened Concrete, 경화 콘크리트) 구분할 수 있다.
② 콘크리트의 성질을 만족시키기 위해서는 재료, 배합, 시공에 철저한 품질관리에 대한 노력이 필요하다.

2. 굳지 않은(미경화) 콘크리트 성질

1) Workability(시공성)

반죽질기 여하에 따른 작업의 난이도 및 재료분리에 저항하는 성질

2) Consistency(반죽질기)

단위수량의 다소에 따라 반죽이 되고 진정도를 나타내며 콘크리트의 유동속도에 관계된다.

3) Plasticity(성형성)

거푸집을 제거하면 천천히 형상이 변하지만 재료를 분리하지 않는 성질

4) Fnishability(마감성)

굵은골재 최대치수, 잔골재율, 잔골재의 입도, 반죽질기 등에 의해 마무리하기 쉬운 정도를 나타내는 성질

5) Compactibility(다짐성)

다짐이 용이한 정도를 나타내며 혼화재료를 사용, 다짐성 개선

6) Mobility(유동성)

콘크리트의 유동의 정도를 나타내며 유동화제로 기능개선이 가능

7) Viscosity(점성)

콘크리트의 차진 정도를 나타내며 콘크리트 내 마찰저항이 일어나는 성질

3. Workability 영향 요소

1) 골재

① 골재모양의 영향이 크다. 모가난 골재, 쇄석골재는 워커빌리티가 떨어진다.
② 잔골재 입도, 워커빌리티 영향이 크다.

2) 시멘트

단위시멘트량, 시멘트 종류, 분말도 등에 따라 워커빌리티가 달라진다.

3) 단위수량

단위수량이 클수록 콘크리트는 묽어지고 재료 분리 발생

4) 공기량

공기량 1% 증가에 슬럼프는 2cm 증가

5) 비빔시간

비빔이 불충분하거나 과도하면 반죽질기 증대

4. 굳은 (경화) 콘크리트의 성질

1) 탄성 변형

콘크리트가 외력에 의하여 탄성변위 내에서 생기는 변형

2) 강도

① 압축강도 : 재령 28일
② 전단강도 : 압축강도의 1/4~1/6
③ 휨강도 : 압축강도의 1/5~1/8
④ 인장강도 : 압축강도의 1/10~1/13
⑤ 부착강도 : 철근콘크리트에서 콘크리트 속에 묻힌 철근이 빠져나갈 때의 견디는 힘
⑥ 파괴강도 : 구조물에 반복하중이 걸리면 항복점 이하에서 파괴되는 현상을 피로 파괴라 한다.

3) 체적 변화

① 수분 및 온도 변화에 대한 체적 변화가 발생한다.
② 콘크리트의 열팽창계수 $= 1 \times 10^{-6}/℃$

4) 내구성

① 콘크리트가 열을 받으면 압축강도가 저하하고 체적이 감소한다.

② 콘크리트의 내구성을 길게 하려면 W/C는 작게, 굵은골재 최대치수는 크고, 잔골재율 최대치수는 작게 한다.

5) Creep

(1) Creep의 정의

콘크리트에 일정한 하중을 장시간 재하하게 되면, 하중의 증가 없이도 콘크리트의 변형은 증가되는 데 이것을 Creep라 한다.

(2) Creep가 증가하는 경우

① 경과시간이 길수록

② 건조 상태일 때

③ 초기재령에서 재하 시

(3) 대책

① 양질의 재료사용

② 물·시멘트(W/C)비 작게

③ 초기 양생 철저

④ 응력 집중 방지

⑤ 거푸집 해체시간 준수

Section 22 콘크리트의 물·시멘트(Water Cement Ratio)비

1. 개요

물·시멘트비(Water Cement Ratio)란 반죽한 콘크리트 또는 모르타르에 있어서 골재가 표면건조 포화 상태일 때 시멘트 풀(Cement Paste) 속에 있는 물과 시멘트의 중량비를 말하며, 물·시멘트비는 콘크리트의 압축강도, 내구성, 수밀성을 고려하여 적정한 물·시멘트(W/C)비가 될 수 있도록 결정해야 한다.

2. 물·시멘트비의 특성

① 콘크리트의 강도, 내구성 결정 중요 요인
② 물·시멘트비 1%의 변화는 콘크리트 1m³에 대한 물의 양 3~4L이다.
③ 물·시멘트비가 커지면 강도, 내구성, 수밀성 저하
④ 적당한 시공연도 내에서 가능한 한 적게

3. 물·시멘트비의 결정

1) 소요의 강도, 내구성, 수밀성 및 균열 저항성 고려

2) 콘크리트의 압축강도를 기준으로 결정

(1) 시험에 의해 결정

① 압축강도와 물·시멘트비와의 관계는 시험에 의해 결정
② 재령 28일의 공시체로 압축강도 시험

(2) 시험을 실시하지 않고 보통 포틀랜드 시멘트 사용 시(작은 값을 적용)

$$W/C = \frac{51}{f_{28}/k + 0.31}$$

여기서, W/C : 물·시멘트비
f_{28} : 콘크리트 재령 28일 강도
k : 시멘트 강도

3) 콘크리트의 내동해성 기준

45~60% 이하

4) 콘크리트의 황산염에 대한 내구성 기준

50% 이하

5) 제빙화학제가 사용되는 콘크리트

45% 이하

6) 콘크리트의 수밀성 기준

50% 이하

7) 해양 구조물에 쓰이는 콘크리트

45~50%

8) 콘크리트 중성화 저항성 고려

    55% 이하

4. 물·시멘트비의 영향

1) 물·시멘트비가 적을 경우

  (1) 강도가 크다(내구성 향상).

  (2) 수밀성이 향상(방동, 방수)

  (3) 수화작용이 적어진다.

    ① 발열량이 적다.

    ② 조기강도가 적다.

    ③ 건조수축이 적다.

    ④ 균열이 적다.

2) 물·시멘트비가 큰 경우

  (1) 시공연도(Workability)가 좋다.

  (2) 강도 저하(내구성 저하)

  (3) 수밀성 저하

  (4) 골재 재료 분리

  (5) Bleeding 현상 발생

    ① 철근 부착력 감소

    ② 수막 형성

    ③ 건조수축에 의한 균열 발생

    ④ 수분 상승으로 인한 동해 발생

  (6) Laitance 발생

    이음부 강도 저하

5. 물·시멘트비 최소화 대책

    ① 굵은골재 치수는 크게

    ② 잔골재율은 적게

    ③ 실리카 흄 사용

④ 단위수량 적게
⑤ 골재는 흡수율 적게
⑥ 고성능 감수재 사용 시 25%까지 감소

6. 결론

콘크리트의 물·시멘트비는 작업에 알맞은 Workability를 가지는 범위 내에서 적정
한 물·시멘트비를 준수하여 콘크리트의 소요강도, 내구성, 수밀성을 확보하고 품질
관리에 최선을 다해야 한다.

Section 23 콘크리트 강도에 영향을 주는 요인

1. 개요

① 콘크리트 강도에 영향을 주는 요인은 콘크리트 제조에 소요되는 재료, 배합, 시
공, 양생 등이며, 물·시멘트비와 골재가 가장 큰 영향요소이다.
② 콘크리트의 강도 저하는 내구성 및 수밀성이 나빠지고 구조체에 문제가 발생하기
때문에 제조 전 과정에서 품질개선에 노력이 필요하다.

2. 콘크리트 강도에 영향을 주는 요인

① 재료 : 물, 시멘트, 골재, 혼화재료, 철근
② 배합 방법 : 물·시멘트비, 슬럼프값,
골재의 최대치수, 잔골재율
③ 시공 : 운반, 타설, 다짐, 이음
④ 양생, 재령

[영향 요인]

3. 요인별 특성

1) 재료

(1) 물

기름, 산, 염분 등이 함유되지 않은 깨끗한 물 사용

---

(2) 시멘트

①　강도가 크고 비중이 큰 시멘트 사용

②　풍화된 시멘트 사용 금지

(3) 골재

①　골재 자체의 강도가 클 것(Cement Paste 강도보다 큰 것 사용)

②　골재의 입도, 입형이 고른 것 사용

(4) 혼화재료

①　콘크리트 성질 개선 및 시멘트 사용량을 감소하기 위해 사용

②　A.E제(시공연도), 감수제(사용수량 감소), 지연제(수화열 감소)

(5) 철근

①　구조물에 적합한 강도의 철근 사용

②　불순물 및 녹이 발생하지 않도록 보관에 유의

2) 배합 방법

(1) 물·시멘트비

①　물·시멘트비가 적을수록 강도가 크다(콘크리트 강도는 물·시멘트비에 역비례).

②　수화작용에 필요한 물의 양은 시멘트 중량의 25%

③　물·시멘트비 1% 증가 시 강도 $10kg/cm^2$ 저하

(2) 슬럼프(Slump)값

①　Workability(시공연도)의 양부를 판단

②　슬럼프값이 커지면 시공성은 좋아지지만 블리딩 및 재료분리가 발생

③　소요 슬럼프값의 범위

종류		슬럼프값(mm)
철근콘크리트	일반적인 경우	80~150
	단면이 큰 경우	60~120
무근 콘크리트	일반적인 경우	50~150
	단면이 큰 경우	50~100

(3) 골재의 최대치수

①　유동성 고려 시 너무 큰 골재 사용은 피한다.

②　철근 간격 및 시공연도 허용 범위 내 최대한 큰 골재를 사용한다.

구조물의 종류	굵은골재 최대치수(mm)
일반적인 경우	20 또는 25
단면이 큰 경우	40
무근 콘크리트	40

(4) 잔골재율

① 잔골재율을 작게 하면 강도, 내구성, 수밀성 향상

② 잔골재율이 커지면 시공성은 좋아지지만 블리딩 및 재료분리 발생

3) 시공

(1) 콘크리트 배합

① 적절한 소요 슬럼프값 유지

② 굵은 골재의 최대치수를 크게 하고 잔골재율을 작게 하여 콘크리트의 강도, 내구성, 수밀성 향상

(2) 레미콘 운반

① 운반 도중 재료분리 방지

② 콘크리트 비빔부터 부어넣기 종료까지 시간은 외부 온도 25℃ 미만의 경우 120분, 25℃ 이상의 경우 90분을 한도로 한다.

(3) 타설

① 타설 전 거푸집, 배근, 매설물 등을 점검

② 거푸집 청소 후 살수하여 습윤 상태 유지

③ 먼 구획부터 수평이 되도록 타설

④ 타설 시 철근, 파이프, 나무, 벽돌 등 매설물이 이동되지 않도록 주의

⑤ 타설 낙하고 1m 이하로 하여 재료분리 방지

⑥ 콘크리트 펌프 타설 시 측압에 대한 고려

⑦ 타설 순서 : 기둥 → 벽 → 계단 → 보 → 슬래브

⑧ 보는 양단에서 중앙으로, 계단은 하단에서 상단으로

⑨ 이어치기 부분은 적게 하고 이어치는 부분은 수평·수직으로

(4) 이음

① Cold Joint 방지

㉠ 25℃ 초과 : 2시간 이내 타설

㉡ 25℃ 이하 : 2시간 30분 이내 타설

② 조인트는 콘크리트에 건조수축 및 온도변화에 의한 균열 방지

(5) 다짐

① 진동기는 수직 사용

② 철근, 거푸집에 닿지 않게

③ 간격 50cm 정도

④ 구멍이 생기지 않도록 서서히 뺀다.

⑤ 굳기 시작한 콘크리트 진동 금지

⑥ 진동기는 1일 부어넣기 20m³마다 1대 준비

4) 양생 및 재령

(1) 양생

① 콘크리트 타설 후 충분한 습윤 유지

일평균 기온	보통 포틀랜드 시멘트
15℃ 이상	5일
10℃ 이상	7일
5℃ 이상	9일

② 타설 후 24시간 이내 보양, 진동, 충격, 적재 금지

③ 직사광선 및 급격한 건조를 피하고 한기에 대한 적당한 양생

④ 건조수축 균열 방지

⑤ 양생 방법

㉠ 가열 보온양생 : 온풍기, 난로를 이용해 더운 공기를 불어넣는 방법

㉡ 피막보양 : 콘크리트 표면에 피막 보양제를 뿌려 콘크리트 중의 수분 증발을 막아 보양하는 방법

㉢ 증기보양 : 보온 시트로 콘크리트 부위를 감싸고 내부에 고온의 증기를 불어넣어 보온하는 방법

㉣ 습윤보양 : 타설 후 콘크리트의 초기 건조를 막기 위해 습윤이나 살수로 보양하는 방법

㉤ Auto Clave 보양 : 고온 고압(180℃, 10기압)의 포화 증기로 양생하는 방법

㉥ 고주파 양생 : 거푸집 바닥과 콘크리트 위에 철판을 놓아 고주파를 흘려보내 양생하는 방법

㉦ 전기 양생 : 전기 저항열에 의해 콘크리트를 직접 가열하는 방법

(2) 재령

① 재령 7일에 70% 강도 발현

② 재령 28일에 100% 강도 발현

4. 결론

① 콘크리트 타설 후 초기 건조 수축에 의한 균열이 전체 콘크리트의 품질을 좌우하는 중요 요소이므로 충분한 양생을 실시해야 한다.

② 콘크리트의 강도는 구조물의 내구성에 미치는 영향이 크므로, 설계, 재료, 시공의 전 과정에서 철저한 품질관리가 필요하고 고강도, 고내구성, 고수밀성 및 시공성을 갖춘 콘크리트의 개발이 중요하다.

Section 24 콘크리트의 재료분리

1. 정의

① 콘크리트의 구성요소(시멘트, 물, 잔골재, 굵은골재)가 골고루 분포되어 있지 않고 균질성을 상실한 상태, 즉 골재와 모르타르가 분리되는 현상을 재료분리라 한다.

② 재료분리 방지를 위해서는 배합설계, 운반 ,타설, 다짐 등의 여러 측면에서 대책이 필요하다.

2. 재료분리에 의한 피해

① 콘크리트의 강도 저하

② 수밀성 저하

③ 철근과의 부착강도 저하

④ 균열 발생

3. 재료분리의 원인

① 최소 단위 시멘트양 부족

② 굵은골재 최대치수가 40mm 초과 및 입형 불량

③ 슬럼프가 높을 때

④ 비빔시간의 지연

⑤ 단위수량이 클 때

⑥ 물·시멘트비가 크고 점성이 떨어질 때

⑦ 블리딩 현상 발생

4. 방지대책

① 적정 단위 시멘트량

② 물·시멘트비 65% 이하

③ AE제나 포졸란 사용

④ 적정입도 및 입형의 골재 선정

⑤ 굵은 골재의 최대치수는 피복두께 및 철근간격을 고려해 선정

⑥ 수밀성이 좋은 재료의 거푸집 사용

⑦ 적정 슬럼프 유지로 재료분리 방지

⑧ 콘크리트 타설 시 수직타설을 피하고 타설높이 최소화

⑨ 과다한 다짐 금지

Section 25 블리딩(Bleeding)과 레이턴스(Laitance)

1. 정의

① 블리딩(Bleeding)은 일반적으로 콘크리트를 타설하여 다짐한 후에 골재나 시멘트 는 침하하고 표면에 물과 미세물질이 상승하여 일어나는 현상을 말한다.

② 물이 상승할 때에는 비교적 가볍고 미세한 물질을 동반하므로 콘크리트에 상부면에 는 블리딩에 의하여 떠오른 미립분 침적물이 생기는데 이것을 레이턴스(Laitance) 라 한다.

2. 블리딩과 레이턴스

1) 영향을 미치는 인자

① 분말도가 높고 응결시간이 빠른 시멘트를 사용한 경우

② 입도가 가는 세골재를 사용하는 경우

③ AE제를 사용한 경우에 블리딩은 적어진다.

④ 콘크리트 온도가 높은 경우

⑤ 콘크리트의 타설속도가 늦은 경우

⑥ 콘크리트의 타설 높이가 낮은 경우

⑦ 적절한 다짐을 했을 경우에 블리딩은 적어진다.

2) 방지대책

① 강자갈 또는 세골재량의 증가

② AE제, AE감수제 등 혼화제의 사용

③ 단위수량을 감소시켜 반죽질기를 낮게 한다.

④ 타설높이는 낮게 하고 적정한 타설속도 유지

3. 블리딩 및 레이턴스에 의한 영향

1) 블리딩에 의한 영향

① Fresh Concrete에서 블리딩은 콘크리트 표면이 급속히 건조한 경우 수축균열 발생

② 블리딩에 수반된 침하가 철근 등에 의하여 구속되면 침하균열 발생

③ 철근이나 조골재 등에 블리딩 수가 남아 있는 경우에는 부착력 저하, 수밀성 저하 발생

2) 레이턴스에 의한 영향

① 레이턴스를 제거하지 않고 콘크리트 타설 시 부착강도 저하

② 콘크리트의 내구성 저하 발생

Section 26 | 레미콘 반입 시 검사항목

1. 개요

레미콘이란 콘크리트 제조 설비를 갖춘 공장(레미콘 공장)에서 생산되고, 아직 굳지 않은 상태로 현장에 운반되는 콘크리트를 말한다. 현장에 반입되는 콘크리트 품질관리를 철저히 관리하기 위해 배합설계서 확인 및 적절한 검사를 실시하여야 한다.

2. 현장 레미콘 반입 시 품질 시험

① 슬럼프 시험

② 공기량 시험

③ 염화물 함유량 시험

④ 강도(재령 28일 강도를 원칙으로 하되 7일 강도 시험도 실시) 시험

⑤ 단위용적 질량시험

⑥ 용적시험

⑦ 시험빈도는 1일 1회 이상, 구조물별 150m³마다 1회 시험

3. 레미콘 납품서 관리

① 레미콘 출하시각, 도착시각, 규격 등 차량번호와 납품서(송장)와의 동일 여부

② 인수자

③ 구조물별 콘크리트 타설 현황 작성 여부(구조물별 집계)

④ 납품서 보관에 있어 회사별, 규격별 집계, 자재수불대장 기록, 사업 관리자 확인
   및 생산기록지(SUPER-PRINT) 등 제출 여부

4. 품질 검사 시 검사 항목

종류		슬럼프값	염화물 이온량
철근콘크리트	일반적인 경우	80~150mm	0.02% 이하
	단면이 큰 경우	60~120mm	
무근 콘크리트	일반적인 경우	50~150mm	
	단면이 큰 경우	50~100mm	

5. 불량 레미콘 유형

① 슬럼프 측정 결과 기준을 벗어나는 경우

② 공기량 측정결과 기준을 벗어나는 경우

③ 염화물 함량 측정 결과 기준을 벗어나는 경우

④ 레미콘 생산 후 KSF4009 규정시간을 경과하는 경우(혼합하고 1.5시간 내 배출)

⑤ 비비기부터 타설까지 25℃ 이상일 때 90분, 25℃ 미만일 때 120분을 초과한 레미콘

Section 27

콘크리트 펌프카 작업 중 안전대책

1. 개요

① 콘크리트 펌프카란 혼합한 콘크리트에 압력을 가하여 파이프를 통해 콘크리트를 타설현장까지 수송하는 장치로 콘크리트 공사의 주력 시공기계이다.

② 콘크리트 펌프카 작업 중 충돌, 협착, 감전 등 재해 발생에 대비하여 철저한 안전 관리가 요구된다.

2. 건설업 재해 현황

구분	2019년	2020년	2021년	2022년	2023년
총재해자 수	27,211	26,799	29,943	31,425	32,353
증감(명)	-475	-412	3,144	1,302	1,11,8
사망자 수	517	567	551	539	486
증감(명)	-53	50	-16	-12	-53

3. 콘크리트 펌프카의 위험요인 및 재해예방 대책

1) 콘크리트 펌프카의 작업 중 충돌·협착

 (1) 위험요인

   ① 유도자 미배치로 펌프카와 레미콘 차량 사이에 협착

   ② 경사면 정차 시 브레이크 결함에 의한 충돌·협착

   ③ 레미콘 차량 후진 시 정지선 미설정으로 충돌·협착

   ④ 장비 정차구간 주변 근로자 통제 미실시

   ⑤ 운전원의 오조작으로 인한 충돌·협착(급선회, 급조작 등)

   ⑥ 야간작업 시 조명불량으로 구조물 및 작업자 충돌

 (2) 재해예방 대책

   ① 차량 후진 시 유도자 배치

   ② 경사면에 정차 시 바퀴에 고임목 설치

③ 레미콘 차량 후진 시 정지선 설정

④ 장비 정차구간에 접근 방지 시설 설치(안전구역 설정)

⑤ 작업 전 펌프카 조작원에게 안전작업 방법 교육 실시

⑥ 야간작업 시 충분한 조명 확보

2) 콘크리트 펌프카의 작업 중 추락 감전

(1) 위험요인

① 단부에서 타설 중 고무호스 요동으로 추락

② 장비 위에 오르거나 내릴 시 추락

③ 펌프카 조작원 단부에서 조작작업 중 추락

④ 펌프카 작업반경 내 상부 가공선로에 접촉하여 감전

⑤ 단부에서 등지고 작업 중 추락

(2) 새해예방 대책

① 단부에서 작업 시 사전 추락예방 조치 실시(안전난간 설치 등)

② 장비 위로 이동 시 승강통로 이용

③ 펌프카 조작원 단부에서 안전거리 이격 후 조작

④ 작업 전에 전신주 및 가공선로 현황 파악 후 보호 조치

⑤ 지장물을 파악하여 작업동선 및 장비 작업위치 협의

⑥ 콘크리트 타설 시 작업자는 단부를 정면으로 보고 작업

3) 콘크리트 펌프카의 작업 중 낙하 및 비래

(1) 위험요인

① 펌프카 붐대를 이용하여 배관자재 양중 시 낙하

② 붐대 파이프에서 고무호스 이탈

③ 타설 중 굳지 않은 콘크리트 낙하

④ 압송관 연결부위 탈락에 의한 낙하

⑤ 붐대 이동 시 호스에 남아 있는 콘크리트 낙하

⑥ 작업구간 하부 근로자 출입통제 미실시

(2) 재해예방 대책

① 배관자재 양중 시 전용 양중기 사용

② 작업 전 타설배관 연결 상태 점검

③ 작업구간 하부 출입통제 실시(단부 타설 시 타설압력 조절)

④ 수직 고정용 압송관 연결부위는 타설 전 조임 상태 점검

⑤ 타설 중 붐대 이동 시 1m 이내의 높이로 이동

⑥ 펌프카 조작원은 작업내용을 파악할 수 있는 장소에서 조작

⑦ 악천후 시 작업중단(강풍, 강우, 강설, 지진 등)

4) 콘크리트 펌프카의 작업 중 전도·전락

(1) 위험요인

① 펌프카를 경사지에 정차

② 아웃트리거 일방향 설치 또는 일부 확장 설치

③ 아웃트리거 침하 방지 받침목 미설치 또는 부적합한 받침목 설치

④ 성토 구간 정차 시 부등침하로 인한 전도

⑤ 우천 후 지반 이완으로 펌프카 전도

⑥ 사면 선단부 근접작업 중 토사 붕괴로 인한 전도

(2) 재해예방 대책

① 펌프카 정차 시 수평 부지에 정차

② 아웃트리거는 양방향 및 전부 확장 설치

③ 아웃트리거 침하 방지 받침목 설치(기성제품 사용)

④ 성토구간 작업 시 다짐 또는 치환 실시

⑤ 우천 후 작업 시 지반 상태 점검(철판 위에 장비 정차)

⑥ 사면 선단부는 안전거리만큼 이격하여 정차

Section 28 Pop-out 현상(박리현상)

1. 정의

Pop-out 현상(박리현상)이란 경화된(굳은) 콘크리트에서 연질의 굵은 골재가 콘크리트 표면 가까이 위치해 수분을 흡수하여 동결 팽창하면서 모르타르층을 뚫고 외부로 빠져 나오는 현상으로 구조물에 피해를 입힌다.

2. Pop-out 피해 현상

① 콘크리트 강도 저하
② 중성화 촉진
③ 철근 부식 발생
④ 수밀성 저하
⑤ 콘크리트 노후화 촉진
⑥ 미관 저해

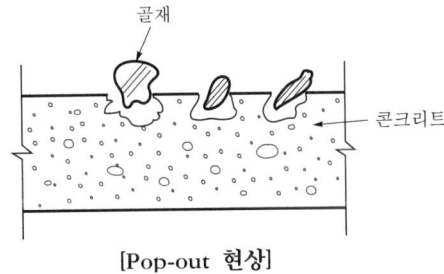

[Pop-out 현상]

3. 문제점

① 강도, 내구성 저하
② 콘크리트 균열 촉진
③ 수밀성 저하
④ 누수로 인한 철근 부식

4. 발생원인

① 동결 융해
② 흡수성 골재 사용
③ 알칼리 골재 반응
④ 철근 부식 팽창
⑤ 팽창성 골재
⑥ 중성화
⑦ 염해
⑧ 콘크리트 가열

5. 방지 대책

1) AE제 사용

콘크리트 중에 AE제를 첨가하여 Ball Bearing 작용으로 팽창력을 흡수

2) 동결융해 방지

① W/C비를 작게 한다.
② 물의 침입 방지를 위해 물끊기, 물 흐름 구배 등을 설치

3) 알칼리 골재 반응 방지

① 저 알칼리형의 시멘트 사용

② 포졸란, 고로 슬래그, 플라이 애시 등의 혼화제 사용

③ 배합설계 시 단위 시멘트량을 적게 한다.

④ 강자갈 또는 골재를 세척하여 사용한다.

Section 29 콘크리트의 중성화(Neutralization)

1. 개요

① 콘크리트의 중성화(Neutralization)란 콘크리트의 화학작용으로 인하여 공기 중 탄산가스가 콘크리트 중의 수산화칼슘(강알칼리)과 반응하여 탄산칼슘(약알카리)으로 되어 콘크리트가 약알칼리화되는 현상을 말한다.

② 콘크리트의 중성화가 진전되면 물과 공기가 침투 철근을 부식시켜 녹에 의한 철근의 체적팽창(2.6배)으로 Crack이 발생하여 콘크리트의 내구성이 저하된다.

2. 중성화의 화학반응식

1) 수화작용(pH 10~13)

수화작용

$$CaO + H_2O \rightarrow Ca(OH)_2$$

[소석회] 　 [수산화칼슘]

2) 중성화(pH 10 이하)

[수산화칼슘] 　 중성화 　 [물]

$$Ca(OH)_2 + CO_2 \rightarrow CaCO_3 + H_2O$$

[이산화탄소] [탄산칼슘]

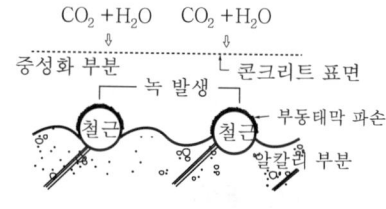

[중성화]

3. 중성화에 정도에 따른 콘크리트의 잔존수명(예측)

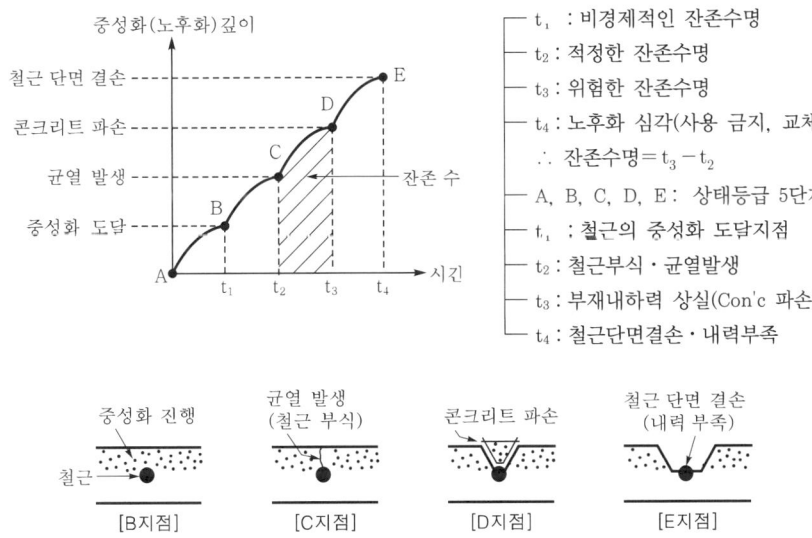

- t_1 : 비경제적인 잔존수명
- t_2 : 적정한 잔존수명
- t_3 : 위험한 잔존수명
- t_4 : 노후화 심각(사용 금지, 교체)
- ∴ 잔존수명 = $t_3 - t_2$
- A, B, C, D, E : 상태등급 5단계
- t_1 : 철근의 중성화 도달지점
- t_2 : 철근부식·균열발생
- t_3 : 부재내하력 상실(Con'c 파손)
- t_4 : 철근단면결손·내력부족

4. 중성화에 따른 철근의 부식 과정

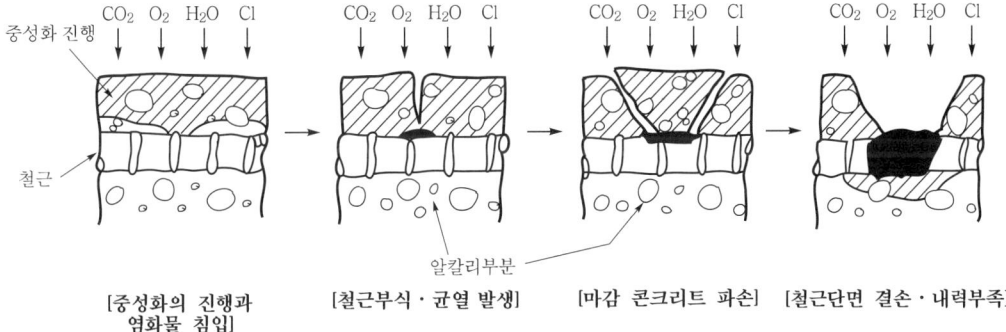

5. 중성화에 따른 성능저하 손상 및 보수 판정 기준

성능저하 손상도	중성화 깊이	중성화 정도	보수 여부
Ⅰ (경미)	측정치 < $0.5D$	경미	예방 보전적 조치
Ⅱ (보통)	$0.5D \le$ 측정치 < D	보통	콘크리트의 부분교체
Ⅲ (과다)	$D \le$ 측정치	큼	콘크리트의 완전교체

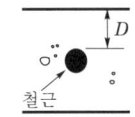

※ D = 철근피복두께

6. 중성화 시험법

1) 개요

콘크리트가 중성화되기 어려운 정도를 파악하는 시험으로 중성화 깊이를 측정

2) 종류

(1) 폭로시험

① 실제 구조물이 받은 조건하에서 공시체를 실외에 폭로시켜 탄산가스에 의한 중성화 촉진 시험

② 결과를 얻을 때까지 장기간 요하기 때문에 일정 온도, 습도의 공기 중에서 탄산가스 농도(5~10%)를 일정하게 하여 기밀실에서 시험

3) 시험

(1) 방법

콘크리트의 파취면에 1%의 페놀프탈레인 용액을 분사하여 부재의 색깔로 중성화 판정

(2) 판정

① 적색(pH 10 이상) → 알칼리성 부위(정상)

② 무색(pH 10 이하) → 중성화

7. 중성화의 원인

① 물·시멘트비가 높을수록

② 골재 자체의 공극이 큰 경량골재 사용 시

③ 분말도가 큰 혼합 시멘트 사용 시

④ 철근의 피복두께가 얇을 때

⑤ 다짐 및 양생불량

⑥ 단기 재령일수록

⑦ 중성화 촉진 요인(환경조건)

   ㉠ 탄산가스의 농도가 높을수록

   ㉡ 습도가 낮을수록

   ㉢ 온도가 높을수록

   ㉣ 산성비에 노출

   ㉤ 실외보다 실내가 크다(CO_2 침입).

8. 중성화 대책

① 물·시멘트비 단위수량은 최소화

② 밀실한 콘크리트 타설

③ 철근피복두께 확보

④ AE제 또는 AE 감수제 등의 혼화재료 사용

⑤ 다짐을 충분히 하고 양생을 철저히

⑥ 콘크리트 표면에 기밀성이 좋은 뿜칠재 시공

⑦ 장기 재령 유지

⑧ 충분한 마감재(미장면 위 페인트, 타일이나 돌마감)

9. 결론

① 콘크리트에 중성화가 진행되면 구조물의 내구성과 안전성에 손상을 초래하므로, 사전에 중성화 방지를 위한 적절한 조치가 필요하다.

② 중성화 방지를 위한 고강도, 고내구성, 고수밀성 콘크리트 생산에 필요한 기술 개발 및 전 작업공정에 품질개선 노력이 요구된다.

Section 30 │ 알칼리 골재 반응(Alkali Aggregate Reaction)

1. 개요

① 알칼리 골재반응(A.A.R)이란 골재 중에 포함되어 있는 실리카와 시멘트 중의 알칼리 금속 성분이 물속에서 장기간 반응하여 규산소다를 만들고, 이때 팽창압에 의해 콘크리트에 균열을 발생시키는 현상을 말한다.

② 알칼리 골재반응을 방지하기 위해 쇄석이 아닌 강자갈을 사용하고, 저알칼리 시멘트를 사용하며, 구조체의 습기를 방지하고 건조 상태를 유지하여야 한다.

2. 알칼리 골재 반응의 종류

① 알칼리 실리카 반응

② 알칼리 탄산염 반응

③ 알칼리 실리케이트 반응

3. 골재 알칼리 반응의 원인

① 반응골재 및 쇄석 사용

② 과다한 단위 시멘트량

③ 다습한 기후조건

④ 제염이 부족한 해사 사용

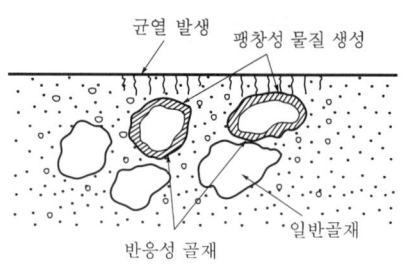

[알칼리 골재반응]

4. 알칼리 골재 반응의 피해

① 콘크리트 부재의 뒤틀림, 단차, 국부 파괴

② 골재 주변이 팽창하여 균열 발생

③ 균열부에서 백화현상

④ 피복이 두꺼울수록 알칼리성 반응에 의한 균열은 커진다.

⑤ 구조물 내구성 저하, 미관 손상

5. 알칼리 골재 반응 방지 대책

① 고로 슬래그, 플라이 애시(Fly ash), 실리카 흄, 포졸란 사용

② 저알칼리형의 포틀랜드 시멘트 사용

③ 반응성 광물이 없는 골재 사용

④ 건조 상태 유지

⑤ 배합 시 단위 시멘트량 최소화

Section 31 | Cold Joint

1. 개요

Cold Joint란 콘크리트 타설할 때 장비의 변화, 레미콘 수급불량, 일기변화 등 시공계획에 의한 이음이 아닌 시공불량에 의한 이음으로, 콘크리트 부어넣기 경과시간 25℃ 초과 시에는 2시간 이상, 25℃ 이하에서는 2.5시간 이후에 이어붓기할 경우 발생하며 강도, 내구성, 수밀성 저하의 원인이 된다.

2. Cold Joint

1) 발생원인

① 재료 분리가 진행된 콘크리트 사용

② 서중 콘크리트 타설계획 미흡

③ 레미콘 타설 소요시간 지연

2) 영향(피해)

① 콘크리트 내구성 저하

② 콘크리트 수밀성 저하

③ 콘크리트 중성화 촉진

④ 철근 부식

⑤ 균열 발생

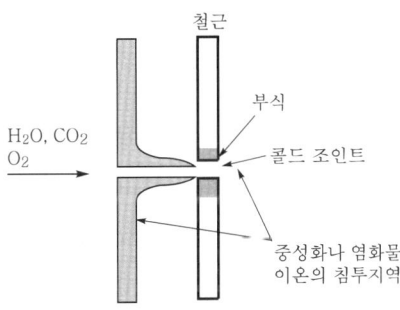

[Cold Joint에 따른 내구성 저하]

3) 방지대책

① 이어치기 허용시간 한도 준수

② 이음부 시공 시 진동 다짐 철저

③ 응결 지연제 사용

④ 레이턴스 제거

⑤ 타설 순서, 운반계획 수립 및 준수

[허용 이어치기 시간간격의 표준]

외부 기온	허용 이어치기 시간
25℃ 초과	2.0시간
25℃ 이하	2.5시간

Section 32 신축 줄눈(균열 방지 유도줄눈)

1. 개요

① 콘크리트의 줄눈(Joint)은 온도변화, 건조수축 등으로 영향으로 발생하는 균열을 방지할 목적으로 설치하는 것으로 사전계획이 중요하다.

② 콘크리트 타설 시 시공상 필요에 의해 설치하는 시공 줄눈과 구조물이 완성되었을 때 구조물이 다양한 변형에 대응하기 위한 기능 줄눈이 있다.

2. 콘크리트 줄눈(Joint)의 종류와 기능

1) 시공 줄눈(Construction Joint)

시공 시 발생하는 계획적인 줄눈

2) 기능 줄눈(Function Joint)

① 신축 줄눈(Expansion Joint) : 균열을 일정하게 생기도록 유도하는 줄눈

② 조절 줄눈(Control Joint) : 부등침하나 수축 등을 유도하기 위한 줄눈

③ 수축 줄눈(Shrinkage Joint) : 콘크리트 변형 방지를 위한 줄눈

④ Slip Joint : 균열 발생 지연 줄눈

⑤ 미끄럼 줄눈(Sliding) : 걸림턱을 만들어 바닥판이나 보를 쉽게 움직일 수 있게 한 이음

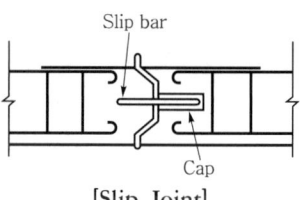

[Slip Joint]

3. 신축 줄눈(Expansion Joint)

1) 정의

콘크리트 신축에 의한 균열에 저항하기 위한 목적으로 설치하는 줄눈

2) 기능

① 온도, 습도 변화에 따른 수축·팽창 제어

② 온도구배에 의한 온도균열 방지

③ 매스 콘크리트 등에 적용

④ 기초 침하가 예상될 때 유도용 조인트로 적용

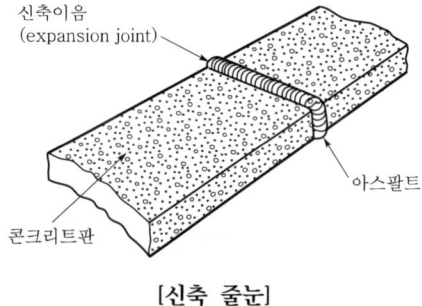

[신축 줄눈]

3) 시공 시 유의사항

① Joint는 확실하게 절단

② 유지관리가 용이한 재료 선정

③ 철근 방청처리

④ 조인트 부위의 변형을 고려하여 방수처리

Section 33 굳은 콘크리트의 크리프

1. 정의

① 크리프(Creep)란 부재에 응력이 일정할 때도 변형률이 시간 경과에 따라 점차 증가하는 현상을 말하며 이 때 일어난 변형을 크리프 변형이라 한다.

② 크리프 변형은 탄성변형보다 크며, 지속력의 크기가 적정 강도의 80% 이상이 되면 파괴되는데, 이것은 크리프 파괴이다.

2. 크리프의 특징

① 같은 콘크리트에서 응력에 의한 크리프 진행은 일정하다.

② 재하기간 3개월에 모든 크리프의 50%, 1년에 약 80%가 완료

③ 온도 20~80℃ 범위에서 온도상승에 비례한다.

④ 정상 크리프 속도가 느리면 파괴시간이 길어진다.

⑤ 변형이 나타나면 처짐, 균열의 폭이 시간이 경과함에 따라 증가

⑥ 콘크리트와 부착된 철근 사이에 응력의 재분배

⑦ 수화, 건조수축, 온도변화에 의한 잔류응력 해소

3. 크리프 증가 요인

① 하중이 클수록

② 시멘트량과 단위수량이 많을수록

③ 부재의 단면치수가 작을수록

④ 외부의 습도가 낮을수록

⑤ 대기온도가 높을수록

⑥ W/C비가 클수록

⑦ 재령이 짧을수록

4. 크리프 파괴의 종류

① 변천 크리프(1차 크리프) : 변형속도가 시간이 지나면서 감소

② 정상 크리프(2차 크리프) : 변형속도가 일정하거나 최소로 변형

③ 가속 크리프(3차 크리프) : 변형속도가 점차 증가하며 파괴

휨 균열과 전단 균열

1. 개요

콘크리트 구조물은 설계, 재료, 시공, 유지 보수, 사용 환경 등 여러 요인에 기인하여 균열이 발생되며 구조물의 내구성 및 안전성에 심각한 영향을 미친다.

2. 휨 균열과 전단 균열

1) 휨 균열

휨 모멘트를 받는 콘크리트 부재의 인장력을 받는 단면의 단부에서 부재 축방향의 직각방향으로 생기는 균열

2) 전단 균열

주로 콘크리트 부재에 생기는 경사진 균열로 전단력에 의해 발생하고 경사 장력의 방향이 약하기 때문에 생기는 균열이다.

3) 구조적 균열에 대한 평가 및 대책

[내구성 확보 허용 균열 폭]

구분	허용 균열 폭
건조 환경	0.4mm
습윤 환경	0.3mm
부식 환경	0.2mm

3. 발생원인

1) 소요 단면, 철근량 부족

휨, 전단 하중 균열 발생

2) 장기 하중, 초과 장기 하중 작용

휨 하중 균열 발생

3) 단기 하중 및 동하중 작용

전단 하중 균열 발생

4. 방지대책

① 구조물 단면 증대(헌치 등)
② 전단보강근(늑근) 조밀 배근
③ 슬래브 배근 시 Top Bar 충분히 배근
④ 중앙부 처짐 방지 설계

Section 35 콘크리트 공사의 품질관리 시험(콘크리트 비파괴 시험)

1. 개요

① 콘크리트 공사에서 품질관리는 콘크리트 제조에 필요한 재료 및 모든 작업과정이 중요하며, 품질확보와 경제성, 내구성 소요공기를 준수하기 위한 철저한 품질관리가 필요하다.
② 비파괴시험(N.D.T, Non Destructive Test)이란 형상이나 기능을 변화시키지 않고 품질을 판정하는 방법으로 콘크리트의 강도, 결합, 균열 등을 검사하는 것을 말한다.

2. 품질관리 시험의 목적

1) 압축강도 추정

콘크리트 압축강도 추정

2) 품질검사

신설 구조물의 품질검사

3) 안점점검 및 정밀 안전진단

기존 구조물의 안전점검 및 정밀 안전진단

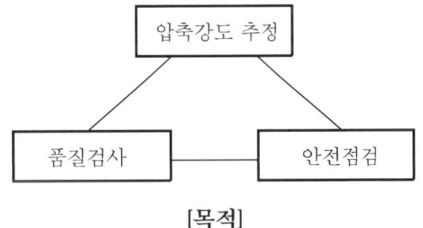

[목적]

3. 콘크리트 품질관리 시험의 종류

1) 타설 전 시험

(1) 시멘트 시험

① 비중 시험

② 분말도 시험

③ 강도 시험

④ 팽창도 시험(안정성 시험)

⑤ 응결 시험

(2) 골재 시험

① 체가름 시험

② 흡수율 시험

③ 마모 시험

④ 혼탁비색법

2) 타설 중 시험

① 압축강도 시험

② Slump 시험

③ 공기량 시험

④ Bleeding 시험

⑤ 염화물 시험

3) 타설 후 시험

(1) 재하 시험(Load Test)

(2) Core 채취법

(3) 비파괴 시험(N.D.T, Non Destructive Test)

① 반발경도법(강도법)

② 초음파법(음속법, Ultrasonic Techniques)

③ 복합법

④ 음파법(공진법, Sonic Method)

⑤ 자기법(Magnetic Method)

⑥ 전기법(Electrical Method)

⑦ 원자법(Nuclear Method)

⑧ 자기 온도계법(Thermography Method)

⑨ 레이더법(Radar Method)

⑩ 방사선법(Radiography Method)

⑪ 내시경법(Endoscopes Method)

⑫ 인발법(Pull out Test)

⑬ 관입법

⑭ 기타 : 숙성도법, 적외선법, X선법 등

4. 콘크리트의 품질관리 시험

1) 타설 전 시험(레미콘 공장 시험) : 재료 시험(시멘트, 골재, 수질)

 (1) 시멘트

　① 비중시험

　　㉠ 시멘트가 차지하는 부피를 계산하는데 사용

　　㉡ 르샤틀리에 비중법

　② 분말도 시험

　　㉠ 시멘트 입자의 굵고 가능을 나타내는 것

　　㉡ 종류 : 체가름법, 비표면적법, 브레인 방법 등이 있다.

　③ 강도 시험

　　㉠ 40×40×160mm 공시체를 3본 제작하여 실시

　　㉡ 종류 : 압축강도 시험, 휨(인장) 강도 시험

　④ 팽창도 시험(안정성 시험)

　　㉠ 안정성은 팽창도의 정도를 말함

　　㉡ Auto Clave 팽창도 시험 방법

　⑤ 응결 시험

　　㉠ 응결 상태 시험

　　㉡ 바카바늘 장치 이용, 표준바늘 이용

 (2) 골재

　① 체가름 시험

　　㉠ 조립률(F.M) $= \dfrac{80\text{m/m} \sim \text{No.100체}(10개의 체)\ 가적잔유율\ 누계}{100}$

　　㉡ 잔골재 : 2.3~3.1, 굵은 골재 : 6~8

　② 흡수율 시험

　　㉠ 콘크리트 배합설계에 있어 골재의 절대용적을 파악

　　㉡ 종류 : 굵은 골재의 흡수율 시험, 잔골재의 흡수율 시험

　③ 마모 시험

　　㉠ 로스엔젤스 시험기에 의한 굵은 골재의 마모시험

    ⓛ 굵은 골재의 마모저항을 측정하여 마모한도를 정함

  ④ 혼탁비색법

    ㉠ 유기불순물 함유량 시험

    ⓛ NaOH(양잿물) 3% 용액에 24시간 침수 후 그 변색 정도를 표준 골재색과 비교하여 적정 여부 판단

 (3) 수질 시험

  ① 상수도 사용 원칙

  ② 해수 사용 금지

2) 타설 중 시험

 (1) 압축강도 시험

  ① 콘크리트량 $100\sim150m^3$마다 1회(3개) 타설 지점에서 채취

  ② 공시체를 3본 제작하여 파괴 시의 최대하중을 읽는다.

  ③ 7일 압축강도를 28일 압축강도 추정

 (2) 슬럼프 시험

  ① 소요 시공연도 확인 시험

  ② 시험법

    ㉠ Slump Cone($10 \times 20 \times 30cm$)을 수밀평판에 설치

    ⓛ 각층 25회 다짐(3회 반복)

    ㉢ 조용히 수직으로 들어 올려 무너져 내린 높이를 측정(슬럼프값)

 (3) 공기량 시험

  ① 슬럼프 강도 등에 영향을 주므로 사용 시엔 반드시 공기량 시험 실시

  ② 시험기구 : Washington Air Meter, Dispenser

 (4) Bleeding 시험

  ① 콘크리트의 재료분리 경향을 시험

  ② Bleeding 시험은 콘크리트의 부착력과 수밀성을 향상시키기 위해 실시

 (5) 염화물 시험

  ① 시료를 레미콘 운반차에서 채취하여 굳지 않은 콘크리트 내의 염분량 측정

  ② 시험방법 : 질산은 적정법, 전위차 적정법 등(모래건조 중량의 0.04% 이상, 콘크리트 체적의 $0.3kg/m^3$ 이하)

3) 타설 후 시험

(1) 재하 시험(Load Test)

① 완공된 R.C조 건축물이 콘크리트 강도 시험에 불합격일 경우 또는 시공상 심각한 결함이 나타났을 때 안전성 양부의 판정을 위하여 실시

② 구조부재에 설계하중 또는 그 몇 배의 실하중을 싣고 보의 변형 상태를 측정하여 판정 자료를 사용

(2) Core 재취법

① 타설된 콘크리트에서 시험하고자 하는 부분의 Core를 채취하고 채취부분은 보수·보강

② 철근이 없는 지점에서 채취

(3) 비파괴 시험(N.D.T, Non Destructive Test)

① 재료 혹은 제품 등을 파괴하지 않고 강도, 결함의 유무 등을 검사하는 방법

② 콘크리트 비파괴 시험은 콘크리트의 강도, 결함, 균열 등을 검사

3. 결론

① 콘크리트 구조물은 하자가 발생하면 보수가 불가능하므로 콘크리트 타설 전, 타설 중, 타설 후에 철저한 품질관리가 필요하다.

② 비파괴 현장시험의 결과는 경험이 있는 자에 의해 해석되고 평가되어야 하며, 고성능 검사장비의 개발과 비파괴 현장시험의 정확성 및 합리적인 검사방법, 검사기준의 표준화가 필요하다.

Section 36 콘크리트 구조물의 노후화 원인 및 방지대책 (내구성, 성능 저하)

1. 개요

① 콘크리트 구조물은 복합 재료적 물성으로 균열 등 노후화가 진전되면서 콘크리트 구조물의 수명이 단축되고 있다.

② 콘크리트 구조물의 설계, 재료, 시공, 물리·화화적 작용, 기상 작용, 기계적 작용 등 여러 요인에 의해 노후화가 발생한다.

2. 콘크리트 구조물의 노후화 종류

1) 균열(Crack)

수축, 정착, 구조적, 철근부식, 지도형상, 동결융해 균열 등

2) 층분리(Delamination)

철근의 상부 또는 하부에서 콘크리트가 층을 이루며 분리되는 현상

3) 박리(Scaling)

콘크리트 표면의 모르타르가 점진적으로 손실되는 현상

4) 박락(Spalling)

콘크리트가 균열을 따라 원형으로 떨어져 나가는 층 분리 현상의 진전된 현상

5) 백태(Efflorescence)

콘크리트 내부의 수분에 의해 염분이 콘크리트 표면에 고형화한 현상

6) 손상

외부와 충돌로 인해 콘크리트 구조물 손상 발생

7) 누수

배수공과 시공이음의 결함, 균열 등으로 발생

3. 콘크리트 내구성 관련 시험방법

1) 동결융해 시험

① 1일 6~8회의 동결융해를 반복하여 시험
② 시험 종류
  ㉠ A법(수중 동결융해하여 시험)
  ㉡ B법(공기 중 동결융해하여 시험)
③ 동해는 동결융해 시험에 의해 판정

2) 중성화 시험

① 콘크리트가 중성화되기 어려운 정도를 파악하는 시험으로 중성화 깊이를 추정
② 시험 종류 : 폭로 시험, 탄산가스에 의한 중성화 촉진 시험 등

③ 콘크리트의 파취면에 1%의 페놀프탈레인 용액을 분사하여 부재의 색깔로 중성화 판정

④ 판정(pH : 알칼리도)

　㉠ 적색(pH 10 이상) → 알칼리성 부위

　㉡ 무색(pH 10 이하) → 중성화

3) 알칼리 골재반응 시험

① 골재의 알칼리 실리카 반응을 판별하기 위해 실시

② 시험 종류 : 암석학적 시험법(편광 현미경), 화학법 등

③ 알칼리 실리카는 주위의 수분을 흡수하여 콘크리트 팽창에 의해 균열을 발생시킴

4) 염화물시험

① 시료를 레미콘 운반차에서 채취하여 굳지 않은 콘크리트 내의 염분량을 측정

② 시험 종류 : 질산은 적정법, 전위차 적정법

③ 염분 규제치 : 모래건조 중량의 0.04% 이하, 콘크리트 체적의 $0.3kg/m^3$ 이하

4. 노후화의 원인 분류

1) 기본적 원인

① 설계상의 원인

② 재료상의 원인

③ 시공상의 원인

2) 기상 작용

① 동결융해

② 기온의 변화(온도 변화)

③ 건조수축

3) 물리 · 화학적 작용

① 중성화(Neutralization)

② 알칼리 골재 반응(A.A.R, Alkali Aggregate Reaction)

③ 염해(Salt Damage)

4) 기계적 작용

① 진동, 충격

② 마모, 파손

③ 전류에 의한 작용

5. 노후화의 원인(내구성 저하 원인)

1) 기본적 원인

(1) 설계상의 원인

① 복잡한 설계의 과감한 디자인

② 설계단면 부족

③ 과다·과소 하중

④ 철근량 부족, 피복두께 부족

⑤ 균열 방지 및 유도용 Joint의 미설계

(2) 재료상의 원인

① 물, 시멘트, 골재 등 재료의 불량으로 인한 내구성 저하

② 혼화재료 과다 사용

(3) 시공상의 원인

① 콘크리트 운반 중 재료분리

② Cold Joint : 콘크리트 부어넣기 경과시간이 $25°C$ 이상에서는 2시간 이상, $25°C$ 이하에는 2시간 30분이 지난 후 이어붓기할 경우에 발생하는 Joint, 서중콘크리트에서 많이 발생

③ 콘크리트 타설 시 가수(加水), 다짐 불량

④ 콘크리트 품질검사 미비

⑤ 콘크리트 타설 후 양생 불량

2) 기상작용

(1) 동결융해

① 콘크리트가 팽창, 수축작용에 의해 균열이 발생하여 내구성 저하

② 일반적으로 압축강도가 $400kg/cm^2$ 이상이면 동해의 영향을 받지 않음

(2) 기온의 변화(온도변화)

① 양생하는 동안 급격한 온도변화에 의한 균열을 발생시켜 내구성 저하

② 가열양생, 매스 콘크리트 시공 시 콘크리트가 낮은 기온에 갑자기 노출되면 인장응력으로 균열 발생

(3) 건조수축

① 콘크리트 타설 후 수분증발로 인한 건조수축 발생

② 급격한 건조수축은 블리딩 현상으로 인해 콘크리트 내구성 저하

3) 물리·화학적 작용

(1) 중성화(Neutralization)

① 콘크리트가 공기 중의 탄산가스의 작용을 받아서 서서히 알칼리성을 잃어가는 현상

② 철근의 부식을 촉진시켜 철근의 부피가 팽창(2.6배)하여 구조물의 강도 저하

(2) 알칼리 골재 반응(A.A.R, Alkali Aggregate Reaction)

① 골재의 반응성 물질이 시멘트의 알칼리 성분과 결합하여 일으키는 화학반응

② 콘크리트 팽창에 의해 균열이 발생하여 내구성 저하

(3) 염해(Salt Damage)

① 콘크리트 중에 염화물이 존재하여 철근을 부식시켜 콘크리트 구조물에 손상을 입히는 현상

② 골재에 염분 함량이 규정 이상 함유 시 발생

4) 기계적 작용

(1) 진동·충격

① 구조물에 진동 및 충격으로 콘크리트에 결함 발생

② 콘크리트 양생 중의 진동·충격은 내구성 저하의 요인이 되어 노후화 촉진

(2) 마모·파손

① 콘크리트 재령 경과 후 과적재 하중으로 인한 구조체 손상

② 모서리 부분의 탈락 및 균열

(3) 전류에 의한 작용(전식)

① 철근콘크리트 구조물에 전류가 작용하여 철근에서 콘크리트로 전류가 흐를 때 철근부식

② 콘크리트에서 철근으로 전류가 흐르면 철근부착강도 저하

6. 방지대책

1) 기본적 대책

(1) 설계상의 대책

① 설계하중의 충분한 산정, 소요 단면 확보

② 신축이음 설계, 철근의 피복두께 확보

(2) 재료상의 대책

① 물 : 불순물이 함유되지 않은 청정수

② 시멘트 : 풍화된 시멘트의 사용 금지

③ 골재 : 입도, 입형이 좋은 양질의 골재 사용

④ 혼화재료 : 시공특성에 맞는 적절한 혼화재료 사용

(3) 시공상의 대책

① 콘크리트 타설 속도 준수, 이음부 밀실시공

② 적절한 슬럼프값 유지, 재료분리 방지

③ 가수(加水) 금지, 초기양생 철저

2) 기상작용 방지

(1) 동결융해

① 경화속도를 빠르게 하여 동해를 방지

② AE제 또는 AE 감수제 사용

(2) 기온의 변화(온도변화)

① 양생 시 온도조절로 콘크리트의 인장변형 능력을 증대

② Pre-cooling, Pipe-cooling 등을 사전에 계획

(3) 건조수축

① 골재의 크기를 크게 하고 입도가 양호한 골재 사용

② 조절줄눈의 적절한 배치

3) 물리·화학적 작용 방지

(1) 중성화

① 물·시멘트비를 적게 하고 밀실한 콘크리트의 타설

② 철근피복 두께 확보 및 AE제 또는 AE 감수제 사용

(2) 알칼리 골재 반응

① 반응성 골재의 사용 금지

② 양질의 용수 및 저알칼리 시멘트 사용

(3) 염해

① 콘크리트 중에 염소 이온량을 적게 하고 밀실한 콘크리트 타설

② 염분 규제치 : 모래 건조 중량의 0.04% 이상, 콘크리트 체적의 $0.3kg/m^3$ 이하

4) 기계적 작용 방지

(1) 진동·충격

① 콘크리트 타설 후 일체의 하중요소 방지

② 콘크리트 양생 중 현장 내 출입을 철저히 통제

(2) 마모·파손

① 물·시멘트비를 적게 하고 밀실한 콘크리트의 타설

② 충분한 습윤양생을 하여 콘크리트의 압축강도를 증대

(3) 전류에 의한 작용(전식)

① 설계 단계에서부터 누설전류에 대한 전식피해 방지 조치

② 배류기 설치 등의 전식 방지대책 강구

7. 결론

① 콘크리트 구조물의 내구성 저하는 노후화를 촉진시켜 구조상 중요한 문제가 발생하므로 설계, 재료, 시공 등 전 과정에서 철저히 품질관리가 이루어져야 한다.

② 콘크리트 구조물 완성 후 노후화를 방지하기 위해 정기적인 점검과 성능저하 진행상황을 파악하여 적절한 보수·보강이 이루어져야 하며, 고내구성 콘크리트 개발과 고성능 감수제의 활용으로 내구성 저하를 미연에 방지해야 한다.

Section 37 콘크리트 구조물의 균열 발생 원인 및 대책과 보수·보강

1. 개요

① 콘크리트 구조물의 균열은 재료분리, 건조수축, 중성화 등에 의해 발생할 수 있으며 구조물의 기능 및 구조상 안전성을 위협할 수 있다.

② 콘크리트 품질 확보를 위해 설계부터 재료, 배합, 타설, 양생에 이르는 전 과정에서 철저한 관리가 중요하다.

2. 균열의 발생 원인

① 과다하중

② 시공불량

③ 레미콘 품질 저하

④ 콘크리트 건조수축에 의한 균열

3. 콘크리트 구조물 균열의 영향

① 강도 저하

② 내구성 저하

③ 수밀성 저하

④ 단열 및 방습효과 저하

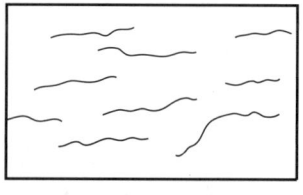

[균열의 영향]

4. 콘크리트 균열의 종류

1) 굳지 않은(미경화) 콘크리트의 균열

(1) 소성수축 균열

① 블리딩 속도보다 증발 속도가 빠를 때 발생

② 건조한 바람 고온저습한 외기에 노출 시 습윤
손실에 기인

[소성수축 균열]

(2) 침하균열

① 콘크리트 마감 후 계속 침하로 발생

② 철근 직경, 슬럼프가 클수록 증가

2) 굳은(경화) 콘크리트의 균열

(1) 건조수축에 의한 균열

(2) 화학적 반응에 의한 균열

(3) 철근부식에 의한 균열

(4) 시공 시 과하중으로 인한 균열

(5) 열 응력에 의한 균열

(6) 기상작용에 의한 균열의 크기(크기별 분류)

① 미세 균열 : 0.1mm 미만

② 중간 균열 : 0.1mm 이상 ~ 0.7mm 미만

③ 대형 균열 : 0.7mm 이상

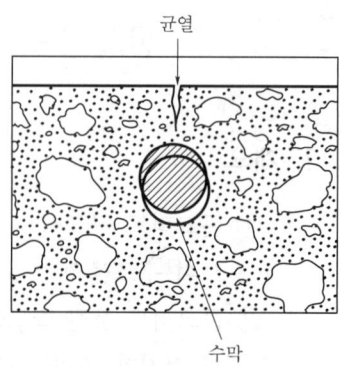

[침하로 인한 균열 발생]

5. 균열 발생원인 분류

1) 기본적 원인
　　① 설계 부실
　　② 재료 불량
　　③ 배합 불량
　　④ 시공 불량
　　⑤ 시험 불량

2) 기상 작용
　　① 동결융해
　　② 기온의 변화(온도 변화)
　　③ 건조수축

3) 물리·화학적 작용
　　① 중성화(Neutralization)
　　② 알칼리 골재 반응(A.A.R, Alkali Aggregate Reaction)
　　③ 염해(Salt Damage)

6. 균열 발생 원인

1) 기본적인 원인

(1) 설계부실
　　① 복잡하고 과감한 디자인(곡선 등)
　　② 설계단면, 철근량, 피복두께 부족
　　③ 과다·과소 하중
　　④ 균열 방지 및 유도용 Joint의 미설계

(2) 재료불량
　　① 풍화된 시멘트, 강도 낮은 골재 등 재료의 불량
　　② 혼화재 과다 사용

(3) 배합 불량
　　① 물·시멘트비 과다
　　② 굵은골재 치수 과소

(4) 시공상의 원인

① 콘크리트 운반 중 재료분리

② Cold Joint

③ 콘크리트 타설시 가수(加水), 다짐 불량

④ 콘크리트 품질검사 미비

⑤ 콘크리트 타설 후 양생 불량

2) 기상 작용

(1) 동결융해

① 동절기 콘크리트 타설로 인한 팽창·수축작용에 의해 균열 발생

② 압축강도가 400kg/cm^2 이상이면 동해의 영향을 받지 않음

(2) 기온의 변화(온도변화)

① 양생하는 동안 급격한 온도변화에 의한 균열 발생

② 매스 콘크리트(80cm) 시공 시 내외부의 온도차에 의한 균열 발생

(3) 건조수축

① 콘크리트 타설 후 급격한 건조에 의한 건조수축 발생

② 분말도가 큰 시멘트 사용에 의한 균열

3) 물리·화학적 작용

(1) 중성화(Neutralization)

① 콘크리트가 공기 중의 탄산가스의 작용을 받아서 서서히 알칼리성을 잃어가는 현상

② 철근의 부식을 촉진시켜 철근의 부피가 팽창(2.6배)하여 구조물의 강도 저하

(2) 알칼리 골재 반응(A.A.R, Alkali Aggregate Reaction)

① 골재의 반응성 물질이 시멘트의 알칼리 성분과 반응하여 Gel 상의 불용성 화합물이 발생 콘크리트 팽창 현상 발생

② 콘크리트 팽창에 의해 균열이 발생하여 내구성 저하

(3) 염해(Salt Damage)

① 콘크리트 중에 염화물이 존재하여 철근 부식으로 균열 발생

② 골재에 염분 함량이 규정 이상 함유 시 발생

7. 방지대책

1) 기본적 대책

(1) 설계상의 대책

① 설계 하중의 충분한 산정, 소요 단면 확보

② 신축 이음 설계, 철근의 피복두께 확보

(2) 재료상의 대책

① 물 : 불순물이 함유되지 않은 청정수 사용

② 시멘트 : 풍화된 시멘트의 사용 금지

③ 골재 : 입도, 입형이 좋은 양질의 골재 사용

④ 혼화재료 : 시공 특성에 맞는 적절한 혼화재 적정량 사용

(3) 기타

① 적절한 배합비 확보

② 시공 전, 시공 중, 시공 후에 철저한 시험 실시

③ 타설 속도 준수 및 다짐 철저

2) 기상 작용 방지

(1) 동결융해

① 경화 속도를 빠르게 하고 빙점 이하 콘크리트 타설 금지

② AE제 또는 AE 감수제 사용

(2) 기온의 변화(온도변화)

① 양생 시 온도 조절로 콘크리트의 인장변형 능력을 증대

② Pre-cooling, Pipe-cooling 등 양생

(3) 건조수축

① 중용열 포틀랜드 시멘트 사용

② 조절 줄눈의 적절한 배치

3) 물리·화학적 작용 방지

(1) 중성화

① W/C비를 최소화하고 밀실한 콘크리트의 타설

② 철근피복 두께 확보

(2) 알칼리 골재 반응

① 반응성 골재의 사용 금지

② 양질의 용수 및 저알칼리 시멘트 사용

(3) 염해

① 콘크리트 중에 염소 이온량을 적게 하고 밀실한 콘크리트 타설

② 염화물 이온량 0.02% 이하

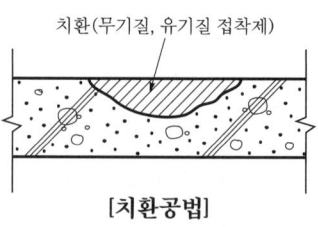

치환(무기질, 유기질 접착제)

[치환공법]

8. 균열 보수 · 보강 공법

1) 치환 공법

① 열화 또는 손상 범위가 작고 경미할 때

② 콘크리트를 국부적으로 제거한 후 접착성 좋은 무기질, 유기질 접착제를 이용하여 치환

2) 표면처리 공법

① 균열 발생 콘크리트 표면에 시멘트 페이스트 등 피막을 형성하는 공법

② 균열 폭 0.2mm 이하의 경미한 균열보수에 사용

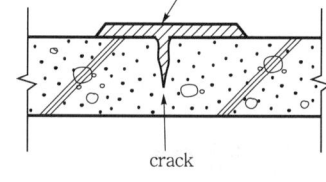

cement paste

crack

[표면처리 공법]

3) 강판부착 공법(강판압착 공법)

① 부재치수가 작은 구조의 국부보강 공법

② 균열 부위에 강판을 대고 Anchor로 고정 후 접촉 부위를 Epoxy 수지로 접착

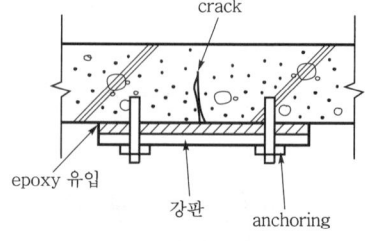

crack

epoxy 유입

강판

anchoring

[강판부착 공법]

4) Pre-stress 공법

① 균열 직각 방향으로 P.C. 강선을 넣어 긴장시키는 공법, 균열이 깊을 때 사용, 주입공법과 병용

② 부재의 외부에 설치

5) 강재 Anchor 공법

① 꺾쇠형 Anchor체를 보강하는 공법 균열

② 틈새는 시멘트 모르타르, 수지 모르타르 충전

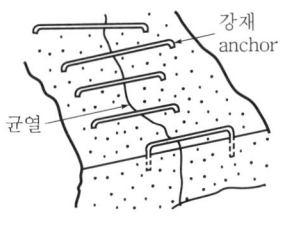

[강재 Anchor 공법]

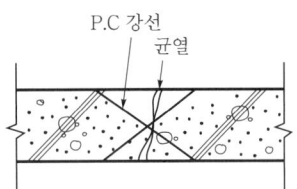

[Rock Anchor 공법]

6) B.I.G.S. 공법(Balloon Injection Grouting System)

① 고무 튜브에 압력을 가하여 균열 심층부까지 충전 주입하는 공법

② 균일한 압력관리가 용이

7) 주입 공법

① 에폭시 수지 그라우팅 공법

② 균열선을 따라 10~30cm 간격으로 주입용 Pipe 설치

③ 균열 표면뿐 아니라 내부까지 충전시키는 공법

④ 주입재료 : 저점성 Epoxy 수지

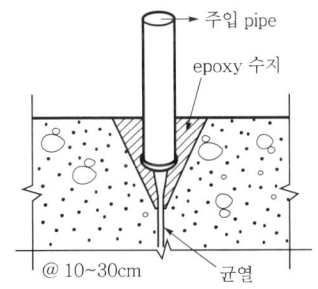

[주입 공법]

8) 충전 공법(V-cut)

① 균열의 폭이 작고(0.3mm 이하) 주입이 곤란할 때 적용

② 폭과 깊이가 10mm 정도 V-cut, U-cut 후 수지 모르타르 또는 팽창성 모르타르로 충전

③ 경화 후 표면을 Sanding 또는 Grinding

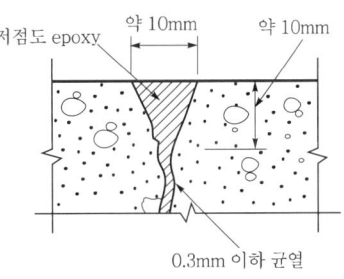

[충전 공법]

9. 결론

① 콘크리트 구조물의 균열 원인은 복합적인 이유로 발생되기 때문에 완전한 균열 방지는 거의 불가능하므로 설계에서 유지 보수까지의 전 공정에 걸친 철저한 품질관리로 균열 발생을 최소화해야 한다.

② 균열 발견 시 조기에 보수·보강 공법을 채택, 철근 부식을 차단하여 콘크리트의 강도, 내구성, 수밀성을 향상시켜 구조물의 안전성을 확보해야 한다.

철근콘크리트 구조물의 균열에 대한 평가와
허용규제 기준 및 보수 · 보강 판정 기준

1. 개요

① 콘크리트 구조물에 발생하는 균열은 불가피한 일이고 허용 균열 폭 이하는 구조
적, 내구성 면에서 문제시 되지 않는다.

② 허용 균열 폭 이상의 균열이 발생하면 내구성, 수밀성, 기능 저하 및 철근 부식과
미관에도 영향을 미치기 때문에 균열의 발생원인 및 특징을 파악하여 구조물에
미치는 영향에 따라 보수기준 및 보수 공법이 검토되어야 한다.

2. 균열의 분류

1) 구조적 균열

① 설계 오류로 인한 균열

② 외부 하중에 의한 균열

③ 단면 및 철근량 부족에 의한 균열

2) 비구조적 균열

(1) 굳지 않은 콘크리트의 균열

① 침하균열

② 소성수축 균열

(2) 굳은 콘크리트의 균열

① 건조수축으로 인한 균열

② 열응력에 의한 균열

③ 화학적 반응에 의한 균열

④ 기상작용으로 인한 균열

⑤ 철근부식으로 인한 균열

⑥ 시공 시 과하중에 의한 균열

3. 균열의 조사

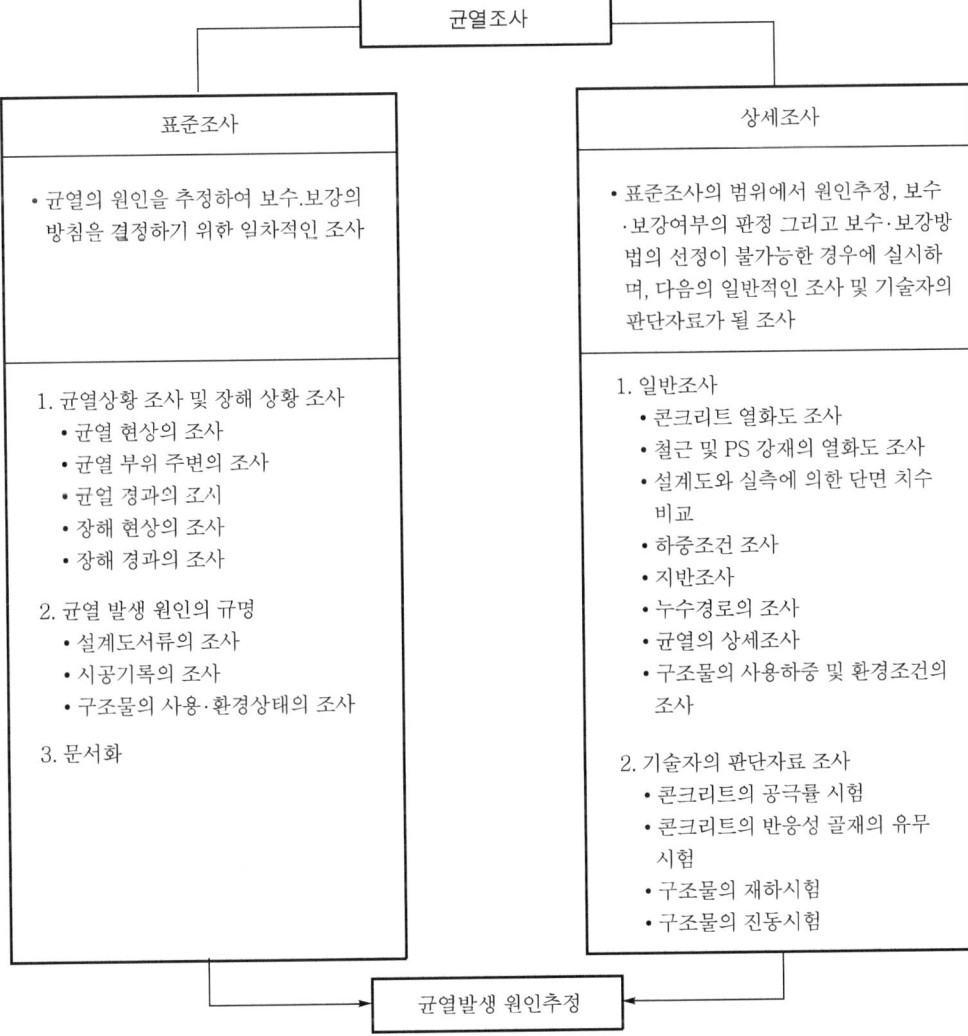

균열조사

표준조사

• 균열의 원인을 추정하여 보수.보강의 방침을 결정하기 위한 일차적인 조사

1. 균열상황 조사 및 장해 상황 조사
  • 균열 현상의 조사
  • 균열 부위 주변의 조사
  • 균열 경과의 조사
  • 장해 현상의 조사
  • 장해 경과의 조사

2. 균열 발생 원인의 규명
  • 설계도서류의 조사
  • 시공기록의 조사
  • 구조물의 사용·환경상태의 조사

3. 문서화

상세조사

• 표준조사의 범위에서 원인추정, 보수·보강여부의 판정 그리고 보수·보강방법의 선정이 불가능한 경우에 실시하며, 다음의 일반적인 조사 및 기술자의 판단자료가 될 조사

1. 일반조사
  • 콘크리트 열화도 조사
  • 철근 및 PS 강재의 열화도 조사
  • 설계도와 실측에 의한 단면 치수 비교
  • 하중조건 조사
  • 지반조사
  • 누수경로의 조사
  • 균열의 상세조사
  • 구조물의 사용하중 및 환경조건의 조사

2. 기술자의 판단자료 조사
  • 콘크리트의 공극률 시험
  • 콘크리트의 반응성 골재의 유무 시험
  • 구조물의 재하시험
  • 구조물의 진동시험

균열발생 원인추정

4. 균열의 허용(평가) 기준

1) 허용 균열 폭

강재 종류		부식에 대한 환경조건			
		건조 환경	습윤 환경	부식성 환경	고부식성 환경
이형철근	건물	0.4mm	0.3mm	0.004tc	0.0035tc
	기타 구조물	0.006tc	0.005tc		
프리스트레스구조		0.005tc	0.004tc	–	–

* tc : 최외단 철근의 표면과 콘크리트 표면 사이의 최소 피복두께(mm)

2) 내구성 확보를 위한 허용 균열 폭

조건	건조 환경	습윤 환경	부식성 환경	고부식성 환경
허용 균열 폭	0.4mm	0.3mm	0.2mm	0.15mm

3) 구조 안전성, 내구성, 방수부재 허용 균열 폭

① 내구성 확보를 위한 허용 균열 폭 이하

② 방수부재 : 0.1mm 이하(미세 균열)

4) 외국의 경우 콘크리트 구조물 허용 균열 폭

영국	프랑스	일본	미국
일반 구조물 0.3mm	0.4mm	습도 높은 곳 : 0.4mm 침식 강한 곳 : 0.2mm	대기 중 구조물 : 0.4mm 흙 속 구조물 : 0.3mm 수밀 부재 : 0.1mm

5. 보수 판정 기준

1) 허용 규제치 이상의 균열 대상

① 일반 구조물 : 0.3mm 이상 균열

② 프리스트레스 구조물 : 0.2mm 이상 균열

2) 구조물의 중요 부재, 주요 기능 부분

허용 규제치 균열 이하라도 보수·보강 필요

3) 보수공법의 적용 시기

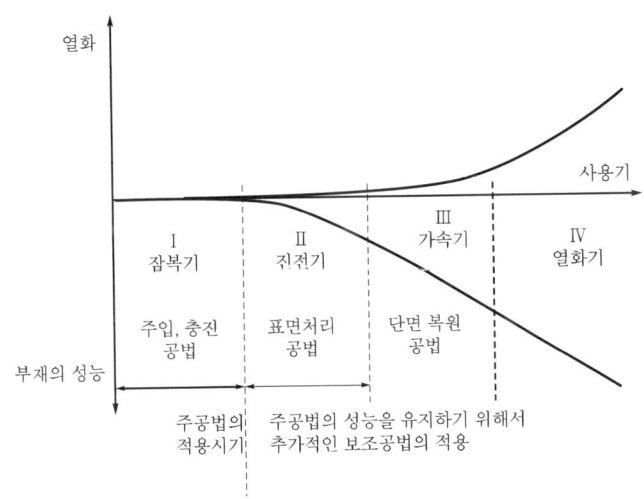

I(잠복기) : 콘크리트 속으로 외부 염화물 이온이 침입 및 철근 근방에서 부식 발생
한계량까지 염화물 이온이 축적되는 단계
II(진전기) : 물과 산소의 공급 하에서 지속적으로 부식이 진행되는 단계
III(가속기) : 축방향 균열발생 이후의 급속한 부식단계
IV(열화기) : 부식량이 증가하고 부재로서의 내하력에 영향을 미치는 단계

6. 결론

① 콘크리트 구조물의 균열은 내구성, 수밀성 등을 저하시켜 노후화를 촉진시키고 구조물에 대한 신뢰와 안전과 사용상 문제를 일으킨다.

② 균열을 방지하기 위해서는 설계, 재료, 시공 등 전 과정에서 철저한 품질관리가 요구되며, 균열 발생 시에는 즉시 평가를 실시하여 적절한 보수 보강을 실시하여야 하고 총체적인 균열 체계에 대한 이해와 대책이 필요하다.

Section 39 | 콘크리트 동결융해가 구조물에 미치는 영향 및 방지대책

1. 개요

① 콘크리트의 동결융해란 콘크리트 속의 수분이 기온 강하에 따라 얼음으로 변해 체적팽창이 발생, 큰 빙압이 생겨서 재료파괴의 원인이 된다.

② 동결융해가 발생하면 콘크리트의 강도, 수밀성, 내구성 등이 저하되고 구조물에 심각한 영향을 끼치므로 철저한 방지대책이 필요하다.

2. 구조물에 미치는 영향

① 구조물의 침하
② 내구성 저하
③ 철근의 부식
④ 중성화 진행
⑤ 구조물의 누수

3. 동결융해의 원인

① 물·시멘트비(W/C)가 높을 때
② 혼화재료(AE제, 감수제) 미사용
③ 철근, 거푸집 내 빙설
④ 양생 미흡

4. 동결융해의 방지대책

① 내구성 높은 골재 사용
② 밀실한 콘크리트 타설로 수밀성 확보
③ 철근, 거푸집에 빙설 제거
④ 물·시멘트(W/C)비를 작게
⑤ 콘크리트 구조물에 물의 침입 방지
⑥ 양생 철저(초기 동해 방지)
⑦ AE제, AE감수제 첨가

5. 동결융해의 시험

1) 시험방법

① 석재, 굵은골재, 콘크리트, 모르타르, 기와, 벽돌, 타일 등의 안정성, 내구성 또는 내해성을 판정하는 시험법
② 시험하고자 하는 물체를 흡수시켜 빙점하에 냉각 동결

③ 상온으로 되돌려 융해시키는 조작을 반복
④ 이상을 나타내기에 이르는 사이클 수로 판정
⑤ A법, B법이 있다.

2) 시험의 종류

① A법 : 수중에서 급속 동결융해시켜 시험
② B법 : 공기 중에서 급속 동결융해시켜 시험

Section 40 콘크리트의 폭열현상

1. 정의

① 콘크리트 폭열현상이란 화재 시 콘크리트 구조물에 물리적·화학적 영향을 주어 파괴되는 현상으로 콘크리트 표면온도가 상승하여 표면이 탈락하는 현상이다.
② 콘크리트 내화성이 우수한 재료지만 화재 시 고열에 의한 큰 피해가 발생하므로 화재에 대한 대비 및 화재 후 적절한 보수, 보강이 필요하다.

2. 화재 조사

① 철근 배근 위치에서 콘크리트 박리 박락 여부 확인
② 콘크리트 강도 확인
③ 탄성력(처진 후 복원되는 정도) 상실 정도
④ 중성화(화학적 변화 상태 등) 조사

3. 폭열 발생 원인

① 흡수율이 큰 골재 사용
② 내화성이 약한 골재 사용
③ 콘크리트 내부 함수율이 높을 때
④ 치밀한 조직으로 화재 시 수증기 배출이 안 될 때

4. 폭열현상의 영향 요인

1) 화재의 강도(최대온도)

① 화재의 최대온도가 200℃부터 콘크리트 품질 저하 시작

② 화재의 최대온도가 500℃면 압축강도 1/2로 저하, 철근 부착강도 저하

2) 화재의 형태

① 부분적인 것과 전면적인 것이 있다.

② 구조물의 변형 및 구속력이 콘크리트 강도에 의해 결정된다.

3) 화재 지속시간

지속시간이 길면 길수록 피해가 크다.

4) 구조형태

① 보의 단면 및 슬래브의 두께가 작을수록 위험하다.

② 부정정 구조물에는 변형이 억제되어 있으므로 구속력이 크다.

5) 콘크리트 및 골재의 종류

석회암을 골재로 사용하는 콘크리트는 화재 시 높은 열에 의해 파괴된다.

6) 화재 시 발생하는 가스

5. 폭열현상 방지 대책

1) 간접적인 대책

① 화재·가스 경보기 설치

② 소화기 설치

③ 누전 방지 대책 강구

④ 방화 조직·기구 설치

2) 직접적인 대책

① 방화 코팅 도포

② 방화 시스템 강구 및 스프링클러 가동

③ 방화 페인트 도포

Section 41 화재 피해 콘크리트 구조물의 안전진단 기법

1. 개요

① 최근 산업화·도시화에 따른 건축물의 고층화·밀집화로 화재발생 시 재산, 인명, 구조물의 피해 등 국가적 손실을 초래하고 있다.

② 콘크리트 구조는 화재에 비교적 강해 화재 발생 후 세밀한 조사와 피해등급에 따른 적절한 보수·보강이 필요하다.

2. 화재 피해 메커니즘

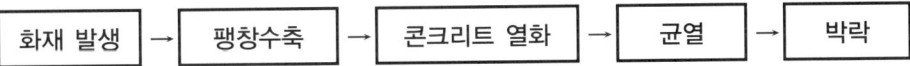

화재 발생 → 팽창수축 → 콘크리트 열화 → 균열 → 박락

3. 화재에 의한 콘크리트 구조물 파손

1) 온도에 따른 수분의 증발

100℃	100~200℃	400℃
자유공극수 방출	물리적 흡착수 방출	화학적 결합수 방출

2) 콘크리트 파손

화재지속시간	온도	콘크리트 파손 깊이
80분	800℃	0~5mm
90분	900℃	5~25mm
180분	1100℃	30~50mm

3) 강재

① 일반 강재 : 800℃에서 응력 소실

② 냉간 강재 : 500℃에서 응력 소실

4. 구조물 안전진단 기법(화재의 조사)

1) 1차 조사

(1) 육안검사로 구조체 화재 상태 판단

휨, 균열, 결손 등

(2) 검사 내용

① 콘크리트의 변색

② 폭열의 유무, 크기, 깊이

③ 균열의 유무, 폭 및 깊이

④ 들뜸이나 박리의 유무

⑤ 부재의 휨이나 변형

⑥ 철근의 상태

2) 2차 조사

(1) 재료시험

1차 조사 결과로 피해등급 1급(무피해) 이외의 경우 간단한 조사로 재료시험 실시

강도 추정
$$\begin{cases} f_c = 10R_o - 110 \text{(일본동경도학회)} \\ f_c = 13R_o - 184 \text{(일본재료학회)} \\ f_c = 7.3R_o + 100 \text{(일본건축학회)} \end{cases}$$

$R_o = R + \triangle R (\mathrm{kgf \cdot cm^2})$
$R_o = $ 수정반발경도
$R = $ 표면반발경도
$\triangle R = $ 타격강도에 의한 보정값

• 반발경도법 : 가로 · 세로 3cm 간격 20개 교점 이용

(2) 초음파법

$$V_P = \frac{L}{T}$$

여기서, V_P : 초음파 속도
L : 측정거리(m 또는 km)
T : 음파전달시간(sec)

(3) 복합법

① 반발경도법+초음파법

② $f_c = 8.2R_o + 269V_p - 1094$

(4) 방사선법

X선, γ선 이용

(5) 음파법, 자기법, 전기법 등

3) 코어 채취 시험

채취한 코어를 이용 압축시험을 통해 압축강도를 구한다.

4) 철근 인발 시험

채취한 철근의 인장시험 실시(항복점, 인장강도, 신율 등)

5) 진동 시험

강제 진동 방식, 충격 진동 방식

6) 중성화 시험

콘크리트 표면을 치핑하여 중성화시험 후 건전 부분과 비교

7) 재하 시험

모래, 물 등을 실제 재하하여 최대변형과 잔류변형을 측정, 재사용 여부를 판정한다.

5. 화재의 피해등급 및 판정

피해 등급	피해 상태	피해현상	재사용 판정
I급	무피해의 상태	• 피해가 전혀 없다. • 마감재료 등이 남아있다.	보수 불필요
II급	마감재 분분에 피해 발생	• 구체에 그을음 부착 • 수열온도 500℃ 이하 • 상판 보의 약간의 균열	
III급	철근 위치에 도달하지 않은 피해	• 미세한 균열 • 수열온도가 500℃ 초과	보수
IV급	주근의 부착이 문제가 있는 상태	• 표면에 수 mm 폭의 균열 • 철근의 일부 노출	보강
V급	주근이 좌굴 등 실질적 피해	• 폭열의 범위가 크다. • 철근 노출이 크다. • 휨이 두드러진다.	부재 교환

6. 화재 예방대책

1) 직접 대책

① 내열설계

② 구조물 내화피복

③ 마감재 방화코팅

④ 방화 페인트

2) 간접 대책

　　① 소화설비

　　② 화재경보기

　　③ 가스경보기

3) 화재예방 3요소

　　① 점화원 관리

　　② 가연물 관리

　　③ 소화설비

7. 결론

① 화재에 대한 구조물의 피해는 내구성 저하, 붕괴 등 안전사고 등을 초래하므로, 화재는 초기 진화가 중요하며 화재피해 시 신속한 안전진단으로 구조물의 피해 상태를 파악하여 적당한 보수 보강 공법을 강구해야 한다.

② 철근콘크리트 구조물에 대한 내화성능의 합리적인 평가 방법과 화재 시 및 화재 후 거동을 평가할 수 있는 해석적·합리적 기법을 확립해야 한다.

Section 42　경량 콘크리트

1. 개요

경량골재 콘크리트란 보통 콘크리트보다 단위중량이 작은 콘크리트로 경량골재를 일부 또는 전부를 사용하여 제조하며 중량 경감의 목적으로 만들어진 단위용적 중량 $1.4 \sim 2.0 t/m^3$ 이하인 콘크리트를 총칭한다.

2. 경량골재 콘크리트의 특징

① 구조물의 자중 경감 효과

② 내화·단열 및 방음성 향상

③ 콘크리트 타설 시 노동력 절감

④ 강도가 약함

⑤ 다공질이고 투수성이 큼

⑥ 건조수축이 크고 중성화가 빠름

3. 경량 콘크리트의 종류

사용한 골재에 의한 콘크리트의 종류	사용골재		설계기준강도 (MPa)	기건단위 용적질량 (kg/m³)
	굵은골재	잔골재		
경량골재 콘크리트 1종	경량골재	모래, 부순 잔골재, 고로슬래그 잔골재	15 21 24	1,700~2,000
경량골재 콘크리트 2종	경량골재	경량골재나 혹은 경량골재의 일부를 모래, 부순 잔골재, 고로슬래그 잔골재로 대체한 것	15 18 21	1,400~1,700

4. 경량 콘크리트의 분류

1) 경량골재 콘크리트

경량골재를 사용 제작 물·시멘트비 55% 이하

2) 기포 경량 콘크리트

콘크리트 내부에 기포를 형성 경량화한 콘크리트

3) 무세골재 콘크리트

잔골재를 넣지 않고 굵은 골재(10~20mm)로 시멘트와 물로 제작된 콘크리트

4) 톱밥 콘크리트

골재 대신 톱밥을 넣어 만든 콘크리트(못 박기 가능)

5) 신더 콘크리트

석탄재를 골재로 사용한 콘크리트

5. 시공 시 유의사항

1) 균일한 품질 확보

① 콘크리트 운반거리는 짧게

② 경량재료의 재료분리에 유의

2) 다짐

고성능 진동기를 사용 50cm 이내로 충분히 다짐

3) 흙, 물 접촉 부위

수분을 많이 흡수하는 흙, 물의 접촉부는 내구성 저하 원인이 된다.

4) 조기 건조에 유의

급격한 건조를 방지하기 위해 양생제 살포

5) 재료

화산암, 화산모래, 광석재, 소성점토, 석탄재 등 경량골재 사용

6) 배합

성능 증대를 위해 AE제 사용

물·시멘트비	55%
슬럼프	50~180mm
공기량	보통골재보다 1% 크게

7) 시공

① 충분히 침하된 후 타설, 타설 시 편타 금지
② 바닥 타설 후 30~60분 후 균열 제거를 위해 두드려 마무리

8) 양생

타설 후 5일간 살수하고 충분한 습윤 상태 유지

6. 경량 콘크리트(고강도) 적용

① 초고층 빌딩 상부층에 자중경감 목적으로 적용
② 프리스트레스, 프리캐스트 콘크리트 부재
③ 육상 구조물, 해상 구조물, 해상기지

7. 콘크리트 타설 시 안전수칙(펌프카)

① 레미콘 트럭과 펌프카를 적절히 유도하기 위한 차량 안내자 배치
② 펌프 배관용 비계를 사전 점검하고 이상이 있을 때에는 보강 후 작업

③ 펌프카 배관 상태 확인 및 레미콘 트럭과 펌프카와 호스 선단 연결작업 확인

④ 호스 선단이 요동하지 않도록 확실히 붙잡고 타설

⑤ 공기압송 방법의 펌프카 사용 시 콘크리트가 비산하는 경우가 있으므로 주의하여 타설

⑥ 펌프카의 붐대를 조정할 때에는 주변 전선 등 지장물을 확인하고 이격거리 준수

⑦ 아웃트리거 사용 시 지반의 부동침하로 펌프카 전도 방지 조치

⑧ 펌프카의 전후에는 식별이 용이한 안전 표지판 설치

⑨ 장비사양의 적정호스 길이 초과 사용 금지

8. 결론

최근 경제 성장과 기술 발달로 대형화·고층화에 적용되는 초경량화·초고강도 재료 개발의 필요성이 대두되고 있다. 이러한 조건을 충족시킬 수 있는 기술 연구와 개발에 대한 정부차원의 지원과 전문인력 양성 등의 노력이 필요하다.

Section 43 매스 콘크리트(Mass Concrete)

1. 개요

① 매스 콘크리트(Mass Concrete) 구조물 부재 치수는 댐 등과 같이 단면 및 용적이 큰 콘크리트로 토목용 콘크리트에 많으며, 시멘트의 수화열(水和熱) 축적에 의한 온도균열에 문제가 발생하는 콘크리트이다.

② 매스 콘크리트 구조물 부재 치수는 넓이가 넓은 평판구조에서는 두께 0.8m 이상, 구속된 벽체에서는 0.5m 이상을 매스 콘크리트라고 하며 온도 상승을 고려하여 시공해야 하는 콘크리트이다.

2. 매스 콘크리트의 용도

① 댐

② 교량의 교각, 교대

③ 공장의 대형 기계 기초의 콘크리트 등

3. 온도균열

1) 정의

① 콘크리트 표면과 내부의 온도차에 의해 발생하는 균열(인장균열)

② 콘크리트 타설 후 수일 내 발생하며 내구성 강도 수밀성에 저하 요인

2) 발생원인

① 수화 발열량과 내부 온도차

② 거푸집 제거 후 급격한 냉각

③ 온도구배에 의한 인장력 발생

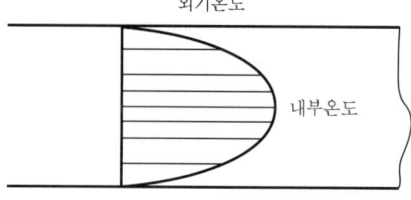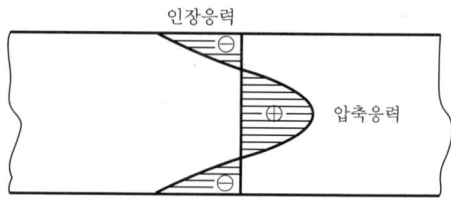

[온도구배에 의한 인장력]

4. 콘크리트의 온도 상승 요인

① 부재의 단면치수 및 형상이 클수록

② 보통 포틀랜드 시멘트 사용 시

③ 혼화재료 사용 시

④ 단위 시멘트량이 많을수록

⑤ 타설 시의 콘크리트 온도가 높을수록

5. 냉각방법

1) Pre-cooling

(1) 정의

콘크리트 재료의 일부 또는 전부를 미리 냉각하여 콘크리트 온도를 저하시키는 방법

(2) 냉각방법

① 굵은골재

㉠ 골재 저장소에 1~4℃의 냉풍 또는 냉각수를 순환시켜 냉각

㉡ 다른 재료에 비해 냉각효과가 있다.

㉢ 골재의 냉각은 전 재료가 균등하게 냉각되도록 한다.

② 물

　　㉠ 냉각수와 얼음을 사용한다.

　　㉡ 얼음은 물량의 10~40% 정도로 하고 콘크리트 비비기가 끝나기 전에 완전히 녹인다.

③ 시멘트 : 열을 내리되 급랭시켜서는 안 되고 그늘에서 보관한다.

2) Pipe-cooling

(1) 정의

콘크리트 타설 전에 Cooling용 Pipe를 배관하고 관 내에 냉각수 또는 찬 공기를 순환시켜 콘크리트를 냉각시키는 방법

(2) 냉각방법

① Pipe의 배치와 지름은 콘크리트의 수화열, 경제성 등을 고려하여 결정

② Pipe의 표준간격은 1.5m마다 한 개씩 설치하고 봉수량은 15L/min 성노로 한다.

③ 통수 기간은 콘크리트 타설 직후에 시작하여 적당한 온도가 될 때까지 계속한다.

(3) 특징

① 콘크리트 온도 제어가 비교적 쉽게 이루어진다.

② 시공이 번거롭고 냉각 Pipe, 이음부, Grouting에 비용이 많이 든다.

(4) 시공 시 주의사항

① Pipe-cooling 시 급격한 온도구배가 생기지 않게 한다(배관 부위의 균열 발생에 유의).

② Pipe-cooling이 완료되면 Pipe Grouting 처리

③ 장외 배관에는 단열 처리

6. 매스 콘크리트의 문제점

① 과도한 수화열로 온도 균열 발생

② 내・외부 온도차에 의한 수축, 팽창 및 균열 발생

③ 단면치수, 구속조건 등이 불균일하면 균열 발생

7. 매스 콘크리트의 대책

1) 설계상 대책

① 단면 치수를 적게, 형상은 단순하게 한다.

② 균열 방지 보강근을 계획한다.

2) 재료상 대책

(1) 물
① 불순물이 없는 음료수 정도의 물 사용
② 저온의 냉각수 및 얼음 병용

(2) 시멘트
① 수화열 적은 중용열 포틀랜드 시멘트 및 저발열 시멘트 사용
② 단위 시멘트량 적게

(3) 골재
① 굵은골재 최대치수는 크고, 잔골재율은 작게
② 입도가 양호한 골재 사용
③ 저온 골재 사용(그늘에 저장)

(4) 혼화제
① A.E제, A.E감수제 및 유동화제 사용
② 수화열을 적게 하기 위해 플라이 애시 등 사용

3) 배합상 대책

① 물·시멘트비
  ㉠ 시공성 확보 내에서 최대한 적게
  ㉡ 단위 수량을 적어지는 대신 혼화제 사용
② 가능한 한 슬럼프값을 적게

4) 시공상 대책

① 콘크리트의 내부 온도를 가능한 한 낮게 한다.
  ㉠ 타설 온도가 25℃ 넘을 때는 타설 중지
  ㉡ Pipe-cooling 및 Pre-cooling 실시
  ㉢ 타설 속도를 조정하고 연속 타설한다.
② 내부 온도가 최고 온도에 도달한 후 온도를 서서히 강하한다.
③ 콘크리트 표면 온도가 급격히 냉각되지 않게 하고 내부와 표면부의 온도차는 작게 한다.
④ 최고 온도 도달 후 Form을 해체하지 않고 온도 강하 시 외측에서 적당한 보온 조치
⑤ Expansion Joint(신축 줄눈) 설치

5) 양생 대책

① 콘크리트 양생에 온도균열을 제어하는 조치 강구

② 콘크리트의 급격한 온도 저하 방지를 위한 콘크리트 표면의 보온보호 조치

③ 표면건조를 방지하기 위해 소정의 시간 습윤 상태 유지

④ 양생 중 진동·충격 방지, 직사광선 차단 등 급격한 건조 금지

8. 콘크리트 타설 시 안전수칙

1) 차량 안내자 배치

레미콘 트럭과 펌프카를 적절히 유도하기 위한 차량 안내자 배치

2) 펌프 배관용 비계 사전 점검

펌프 배관용 비계를 사전 점검하고 이상이 있을 때에는 보강 후 작업

3) 펌프카 배관 상태 확인

펌프카 배관 상태 및 레미콘 트럭과 펌프카 호스 선단의 연결작업 확인

4) 호스 선단 요동 방지

호스 선단이 요동하지 않도록 확실히 붙잡고 타설

5) 콘크리트 비산 방지

① 공기압송 방법의 펌프카 사용 시 콘크리트가 비산하는 경우가 있으므로 주의하여 타설

② 차량 안내자를 배치하여 레미콘 트럭과 펌프카를 적절히 유도

6) 지장물 확인 및 이격거리 준수

펌프카의 붐대를 조정할 때에는 주변 전선 등 지장물을 확인하고 이격거리 준수

7) 부동침하 방지 조치

아웃트리거 사용 시 지반의 부동침하로 펌프카 전도 방지 조치

8) 안전표지판 설치

펌프카의 전후에는 식별이 용이한 안전표지판 설치

9) 적정 호스길이 사용

장비 사양의 적정 호스길이 초과 사용 금지

9. 결론

① 매스 콘크리트는 과도한 수화열 발생으로 온도상승을 일으키고, 단면 내의 온도 차에 의한 인장응력으로 온도균열의 발생한다.

② 매스 콘크리트는 슬럼프 및 단위 시멘트량을 최소화하고 재료, 배합, 시공, 양생 등 시공적인 면에서 대책과 보강근 배치계획 등 설계적인 면에서의 대책이 적극 검토되어야 한다.

Section 44
한중 콘크리트

1. 개요

① 한중 콘크리트란 하루 평균기온이 4℃ 이하로 예상되는 기상조건 하에서 타설하는 콘크리트를 말한다.

② 초기 동해의 방지가 가장 중요하며 이를 위하여 초기 양생 계획과 A.E제 및 A.E 감수제 등을 이용한 배합설계가 중요하고 타설 시 최저 온도는 5℃ 이상으로 유지해야 한다.

2. 한중 콘크리트의 피해

① 동결융해
② 강도 저하
③ 내구성 저하
④ 구조물의 붕괴

3. 동해의 원인(한중 콘크리트에 영향을 주는 요인)

1) 기온 변화

빙점 이하 온도변화, 동절기 콘크리트 타설

2) 물, 골재의 냉각

야적 골재에 강설 및 낮은 기온으로 눈 또는 얼음 혼합

3) 양생

    콘크리트 양생방법 불량

4) 과다한 수량

    저온 시 동결의 원인

4. 대책(한중 콘크리트의 시공법)

1) 재료상 대책

 (1) 물

    ① 물과 골재의 혼합물은 40℃가 적당

    ② 동결된 물 사용 금지, 물이 냉각되지 않게 보온 조치(저수조 이용)

 (2) 시멘트

    ① 조기강도가 크고 수화열이 많은 조강시멘트 사용

    ② 시멘트 냉각 방지 조치(보온덮개 및 저장고 이용)

 (3) 골재

    ① 눈과 얼음이 혼입된 골재는 사용 금지(동결 방지)

    ② 기온이 0℃ 이하일 경우 가열하여 사용(수증기 이용법 적정)

 (4) 혼화재료

    ① 방동제(염화칼슘, 식염) 사용

    ② 응결경화 촉진제(염화칼슘, 규산소다) – 철근 부식에 유의

    ③ A.E제, A.E감수제 사용

 (5) 재료 가열

    ① 시멘트는 직접 가열 금지

    ② 간접 가열 60℃ 이내, 믹서 내 온도 40℃ 유지(타설 시 기온 10℃)

    ③ 가열 재료 투입순서 : 골재 → 물 → 시멘트

    ④ 기온에 따른 골재 가열

5℃ 이하	물 가열
0℃	물, 모래 가열
−10℃ 이하	물, 모래, 자갈 가열

2) 배합상 대책

① 단위수량은 적정 시공연도 내에서 가능한 적게

② W/C비는 60% 이하가 적정

③ 슬럼프값 적게

④ A.E제, 감수제 사용

⑤ 초기 양생 기간 내 조기 강도 확보

3) 시공상 대책

① 타설 시 온도 : 콘크리트 타설 시 5℃ 이상, 20℃ 미만 유지

② 빙설 제거 : 타설 전 거푸집 내부 및 철근 표면 빙설 완전 제거

③ 레미콘 공장 선정 : 공장 가열설비 고려, 믹서 내 물 온도 40℃ 유지

④ 동결지반 콘크리트 타설 금지 : 거푸집, 동바리 설치 금지

⑤ 콘크리트 펌프 필요 시 배관 예열

4) 양생 대책

(1) 초기 양생

① 양생온도 양생기간 등 계획 수립

② 타설 후 5℃ 이상 유지(10℃가 적정)

③ 초기 강도 $40kg/cm^2$ 이상까지 보양

(2) 양생 방법

① 단열 보온 양생

㉠ 단열성이 높은 재료로 덮어서 시멘트의 수화열을 이용하여 보온

㉡ 보온재, 시트 등으로 차단 보양(표면보호)

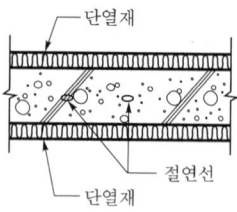

[단열 보온 양생]

② 가열 보온 양생

㉠ 기온이 낮을 경우 단열 보온 양생만으로 동결온도를 유지할 수 없을 때 가열에 의하여 양생

㉡ 종류

• 공간 가열 : 가장 널리 사용

• 표면 가열 : 슬래브에 적당
　　　　　　　(적외선 램프 사용)

• 내부 가열 : 열관리 곤란, 전기 사용

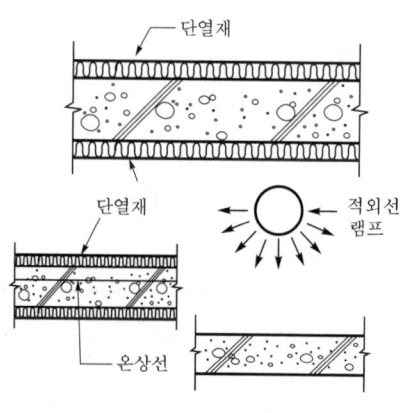

[표면 가열 양생]

[5℃ 및 10℃에서의 양생일수의 표준]

단면 구조물의 노출 상태	시멘트의 종류	보통의 경우		
		보통 포틀랜드 시멘트	조강 포틀랜드 보통 포틀랜드 +촉진제	혼합 시멘트 B종
(1) 연속해서 또는 자주 물로 포화되는 부분	5℃	9일	5일	12일
	10℃	7일	4일	9일
(2) 보통의 노출 상태에 있고 (1)에 속하지 않는 부분	5℃	4일	3일	5일
	10℃	3일	2일	4일

5. 콘크리트 타설 시 안전수칙(펌프카)

① 레미콘 트럭과 펌프카를 적절히 유도하기 위한 차량 안내자 배치
② 펌프 배관용 비계를 사전점검하고 이상이 있을 때에는 보강 후 작업
③ 펌프카 배관 상태 확인 및 레미콘 트럭과 펌프카와 호스선단의 연결작업 확인
④ 호스선단이 요동하지 않도록 확실히 붙잡고 타설
⑤ 공기압송 방법의 펌프카 사용 시 콘크리트가 비산하는 경우가 있으므로 주의하여
   타설
⑥ 펌프카의 붐대를 조정할 때에는 주변 전선 등 지장물을 확인하고 이격거리 준수
⑦ 아웃트리거 사용 시 지반의 부동침하로 펌프카 전도 방지 조치
⑧ 펌프카의 전후에는 식별이 용이한 안전 표지판 설치
⑨ 장비사양의 적정 호스 길이 초과 사용 금지

6. 결론

① 동해란 한중 콘크리트 타설 시 미경화 콘크리트 내 포함된 자유수의 동결로 인해
   체적이 팽창하고 조직이 이완 또는 파괴되면서 콘크리트의 강도를 저하시키는 것
   을 말한다.
② 양생 시 양생온도를 높게 하면 강도발현이 빨라져서 양생기간은 단축되나 급격한
   건조에 의한 균열이 발생하기 쉬우므로 콘크리트의 배합, 구조물의 종류, 기온
   등을 고려하여 양생 방법 및 양생기간, 온도 등을 계획하고 재료, 배합, 운반, 타
   설, 양생 등 전 작업과정에 걸쳐 철저한 품질관리가 이루어져야 한다.

Section 45 서중 콘크리트

1. 개요

① 서중 콘크리트란 하루 평균기온이 25℃를 초과할 때 타설 시공하는 콘크리트로 기온이 30℃ 이상 되면 콘크리트의 질이 저하되므로 유의해야 한다.

② 높은 기온에 의한 수분의 급격한 증발로 슬럼프 저하, Cold Joint 및 균열이 발생하기 쉬우므로 온도제어 등 철저한 사전대책이 필요하다.

2. 서중 콘크리트의 특징

① 슬럼프 저하

② Cold Joint 발생

③ 건조수축 균열 발생

④ 연행공기량 감소

⑤ 온도 균열 발생

3. 문제점

1) 강도, 내구성 저하

① W/C비의 증가로 강도, 내구성 저하

② 경화 시 수화열에 의한 건조수축균열 발생

③ 균열은 수분침투로 이어져 철근의 부식으로 강도 저하

2) 균열의 증가

① 블리딩의 증발속도보다 콘크리트 표면 수분의 급격한 증발, 소성수축 균열 발생

② 수화 반응에 의한 발열량 증가로 온도 균열 발생

3) Cold Joint 발생

빠른 응결로 인한 시공불량에 의해 발생

4) 슬럼프값 감소

① 온도 상승으로 콘크리트 내 수분 증발로 슬럼프값 감소

② Plug 현상(콘크리트 펌프막힘 현상) 발생

5) 단위수량 증가

① 기온이 10℃ 상승하면 단위수량 2~5% 증가

② 단위수량 증가는 콘크리트 강도의 저하요인

6) 수밀성 저하

수화열로 인한 온도 상승으로 갑작스런 경화

7) 연행 공기량 감소

시공연도(Workability)가 나빠지면 콘크리트의 강도는 감소

4. 대책

1) 재료상 대책

(1) 물

① 기름, 산, 유기 불순물이 없는 청정수 사용

② 저수탱크 단열재로 보양된 냉각수 및 얼음 사용

(2) 시멘트

① 수화 발열량이 적은 중용열 포틀랜드 시멘트 사용

② 서늘한 곳에 보관

(3) 골재

① 직사광선 차단 및 살수로 골재온도를 낮춘 골재 사용

② 기름, 산, 유기불순물이 없는 골재 사용

(4) 혼화제

① A.E제 분산제, 응결지연제 사용

② 유동화제 사용

2) 배합상 대책

① 시공성이 확보되는 한도 내에서 물·시멘트비(W/C비)를 적게

② 응결지연 혼화재료를 사용하여 시공연도 개선

③ 시험배합을 통한 적정한 슬럼프값 확보

3) 시공상 대책

(1) 운반

① 운반 시 Consistency 저하 방지를 위해 A.E제, 감수제 사용

② 배합 후 90분 이내 타설되도록 운반

(2) 타설

① Cold Joint 생기지 않도록 연속 타설

② 직사광선 차단(천막 등 설치)

③ 주간보다 야간타설 유도

④ 콘크리트 타설 온도 30℃ 이하 유지

⑤ 타설 시 수분 증발에 대비해 유동화제 사용으로 시공성 개선

4) 양생 대책

(1) 5일 이상 습윤양생 유지

(2) 진동, 충격, 적재하중 금지

(3) 급격 건조, 직사광선 금지

(4) 습윤양생, 시트 양생 곤란 시 피막양생

(5) Pre-cooling과 Pipe-cooling

① Pre-cooling

㉠ 물, 조골재 등을 차게 하여 사용

㉡ 타설 시 콘크리트 온도는 30℃ 이하 유지

㉢ 냉각수 및 얼음 병용

② Pipe-cooling

㉠ 콘크리트 타설 전에 Cooling용 Pipe(25mm)를 배치, 그 속에 냉각수 또는 찬 공기를 순환시켜 냉각시키는 방법

㉡ 냉각 파이프는 타설 전 누수검사를 실시하고 2~3주간 콘크리트 소요 온도 유지

㉢ Pipe-cooling이 완료되면 구멍은 Grouting 처리

5. 콘크리트 타설 시 안전수칙(펌프카)

① 레미콘 트럭과 펌프카를 적절히 유도하기 위한 차량 안내자 배치

② 펌프 배관용 비계를 사전점검하고 이상이 있을 때에는 보강 후 작업

③ 펌프카 배관 상태를 확인 및 레미콘 트럭과 펌프카와 호스선단의 연결작업 확인

④ 호스선단이 요동하지 않도록 확실히 붙잡고 타설

⑤ 공기압송 방법의 펌프카 사용 시 콘크리트가 비산하는 경우가 있으므로 주의하여
  타설
⑥ 펌프카의 붐대를 조정할 때에는 주변 전선 등 지장물을 확인하고 이격 거리 준수
⑦ 아웃트리거 사용 시 지반의 부동침하로 인한 펌프카 전도 방지 조치
⑧ 펌프카의 전후에는 식별이 용이한 안전표지판 설치
⑨ 장비사양의 적정호스 길이 초과 사용 금지

6. 결론

① 서중 콘크리트는 타설 시 수화열을 낮게 하고 타설 후 콘크리트의 표면이 바람이나
  직사광선에 노출되면 급격한 건조에 의한 균열이 발생하므로 습윤 상태를 유지해
  야 한다.
② 서중 콘크리트는 Cold Joint 발생, 균열 발생, 온도 균열 발생 등의 문제를 방지
  하기 위해서는 재료, 시공, 양생방법 등에 대한 철저한 준비 및 대책이 필요하다.

Section 46 고성능 콘크리트(High Performance Concrete)

1. 개요

① 고성능 콘크리트란 고내구, 고유동, 고강도의 특성을 지닌 콘크리트로 압축강도
  가 80~100MPa 범위의 콘크리트를 말한다.
② 고성능 콘크리트는 고강도 콘크리트와 40MPa 정도의 강도 수준에서 다짐작업을
  하지 않아도 시공성을 확보할 수 있는 고유동 콘크리트로 고내구성을 갖는 콘크리
  트의 특성을 포함하고 있다.

2. 콘크리트의 발전

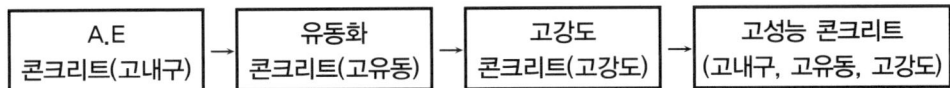

A.E 콘크리트(고내구)	→	유동화 콘크리트(고유동)	→	고강도 콘크리트(고강도)	→	고성능 콘크리트 (고내구, 고유동, 고강도)

3. 특징

① 고강도, 고내구성(압축강도 80~100MPa)
② 동결융해에 대한 저항성이 크다.
③ 소요 단면이 감소된다.
④ 다짐의 감소로 시공성 향상(고유동성)
⑤ Creep 현상이 적다.
⑥ 시공능률이 향상된다.
⑦ 강도 발현 변동이 커 취성파괴 우려
⑧ 시공 시 품질변화 우려
⑨ 내화성 문제

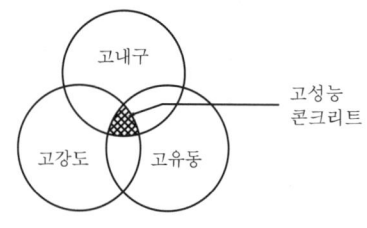

[고성능 콘크리트의 영역]

4. 고성능 콘크리트의 구성

1) 고강도 콘크리트

(1) 물

기름, 산, 유기 불순물이 없는 청정수 사용

(2) 시멘트

M.D.F(Macro Defect Free) 시멘트 : 고수밀성 및 고강도화

(3) 골재

단단하고 표면이 거칠며 소요의 내구성 및 수밀성 확보

(4) 혼화재료

① 플라이 애시(Fly Ash), 실리카 흄(Silica Fume) : 고성능 감수제와 같이 사용하여 강도 및 수밀성 증대
② 고성능 감수제 : 콘크리트 내 분체입자의 분산 성능 향상

(5) 고유동 콘크리트

① 플라이 애시 : 구속 수 감소 및 경화 발열의 경감을 목적으로 사용
② 고성능 감수제 : 콘크리트 내 분체입자의 분산성능을 향상

5. 결론

① 현대 구조물이 초고층화, 대형화, 특수화되면서 건설재료의 효율성 증대를 위해 고성능 콘크리트의 적용이 적극 검토되고 있다.

② 건설기술의 선진화를 위하여 고성능 콘크리트의 개념에 대한 이해와 명확한 개념 및 개발목표 설정이 필요하며, 활용방안에 대한 연구와 노력이 필요하다.

Section 47 고강도 콘크리트

1. 개요

① 고강도 콘크리트란 설계기준 강도는 일반 콘크리트에 비해 높은 40MPa 이상 으로 한다.

② 제조방법에서 Autoclave를 이용한 양생, 활성골재, 고성능 감수제, 실리카 흄 등 을 사용하여 강도, 내구성, 수밀성이 우수한 콘크리트이다.

2. 고강도 콘크리트의 특징

1) 장점

① 콘크리트의 고강도로 소요단면 축소

② 장 Span 시공 가능

③ 부재 경량화 가능

④ 콘크리트 강도 내구성 증대

⑤ 시공능률 향상

2) 단점

① Creep 현상이 적다.

② 취성 파괴 우려(강도 발현 변동이 큼)

③ 내화성 문제

④ 시공 시 품질변화 우려

3. 재료

1) 시멘트

① 양질의 시멘트 사용(KS L 5201에 적합한 것)

② 시멘트에 대해 품질을 확인하고, 사용방법을 충분히 검토

2) 혼화재료

① 고성능 감수제 사용

② 플라이 애시, 실리카 흄, 고로 슬래그 미분말 혼화재 사용

3) 골재

① 깨끗하고 강하며 내구적인 것으로서 적당한 입도

② 먼지, 진흙, 유기 불순물, 염분 등의 유해물질 제거

③ 굵은골재의 최대치수는 40mm 이하로 가능한 한 25mm 이하 사용

④ 콘크리트에 포함된 염화물량은 염소 이온량으로서 $0.3kg/m^3$ 이하

4. 배합

① 물·시멘트비는 일반적으로 50% 이하

② 단위시멘트량은 소요의 워커빌리티 및 강도를 얻을 수 있는 범위 내에서 가능한 한 적게

③ 단위수량은 소요의 워커빌리티를 얻을 수 있는 범위 내에서 가능한 한 작게

④ 잔골재율은 소요의 워커빌리티를 얻을 수 있도록 시험에 의해 결정하여야 하며, 가능한 한 작게

⑤ 고성능감수제의 단위량은 소요강도 및 작업에 적합한 워커빌리티를 얻도록 시험에 의해서 결정

⑥ 슬럼프값은 150mm 이하

⑦ 기상의 변화가 심하거나 동결융해에 대한 대책이 필요한 경우 AE제 사용

5. 시공

① 콘크리트는 재료의 분리 및 슬럼프값의 손실이 적은 방법으로 신속하게 운반

② 운반시간 및 거리가 긴 경우에 고성능 감수제 등을 추가로 투여하는 등 조치

6. 타설 및 양생

① 타설 순서는 구조물의 형상, 콘크리트의 공급 상태, 거푸집 등의 변형을 고려하여 결정

② 콘크리트 타설의 낙하고는 1m 이하로 한다.

③ 고강도 콘크리트는 습윤양생을 철저히 실시하여야 하며, 부득이한 경우 현장봉합 양생 등을 실시

④ 콘크리트를 타설한 후 경화 시까지 직사광선이나 바람에 의한 수분 증발 방지

7. 결론

최근 구조물의 고층화·대형화로 합리적이고 경제적인 건설재료가 필요해짐에 따라 콘크리트의 고강도화가 적극 검토되고 있는데, 고강도 콘크리트의 내화성을 높이고 균일 품질을 확보할 수 있는 방법에 대한 연구가 필요하다.

Section 48 수중 콘크리트

1. 개요

① 수중 콘크리트란 수중에 설치한 거푸집에 콘크리트 펌프카 또는 트레미관을 이용하여 부어 넣는 콘크리트를 말하며, 주로 구조물의 기초 공사에 적용한다.
② 수중 콘크리트 시공 시 높은 배합 강도를 가지는 콘크리트로 치거나 또는 설계기준강도를 적게 해야 하며, 배합·제조·타설에 대한 품질관리가 요구된다.

2. 요구 성능

① 유동성 확보
② 재료분리 저감 성능
③ 콘크리트 강도 확보
④ 블리딩 억제 성능

3. 종류

1) Prepacked 콘크리트 공법

2) 수중 콘크리트 타설 공법
   ① 트레미 파이프 공법
   ② 콘크리트 펌프 공법
   ③ 밑열림 상자 공법
   ④ 포대 콘크리트 공법

4. 수중 콘크리트의 배합

① 단위 시멘트량을 크게
② 잔골재율을 크게
③ 단위 수량은 작게
④ 물·시멘트(W/C)비 50% 이하
⑤ 단위시멘트량은 $370kg/m^3$ 이상
⑥ 입도가 좋은 굵은 골재를 사용
⑦ 잔골재율은 40~50%

[수중 콘크리트 슬럼프 표준값]

시공방법	일반 수중 콘크리트	현장말뚝, 지하 연속벽용
트레미	130~180mm	180~210mm
콘크리트 펌프	130~180mm	–
밑열림 상자, 밑열림 포대	100~150mm	–

[내구성으로 정해진 콘크리트의 최대 물·시멘트비]

환경 \ 콘크리트 종류	무근 콘크리트	철근콘크리트
담수중	65%	55%
해수중	60%	50%

5. Prepacked 콘크리트 공법

1) 시공순서 Flow chart

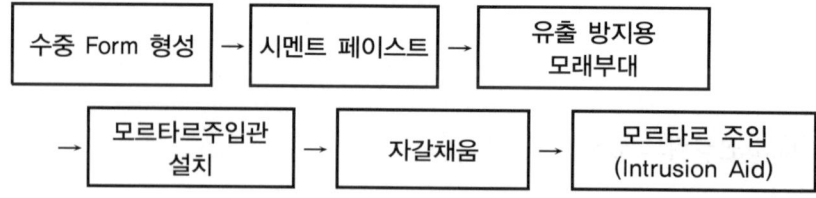

수중 Form 형성 → 시멘트 페이스트 → 유출 방지용 모래부대
→ 모르타르주입관 설치 → 자갈채움 → 모르타르 주입 (Intrusion Aid)

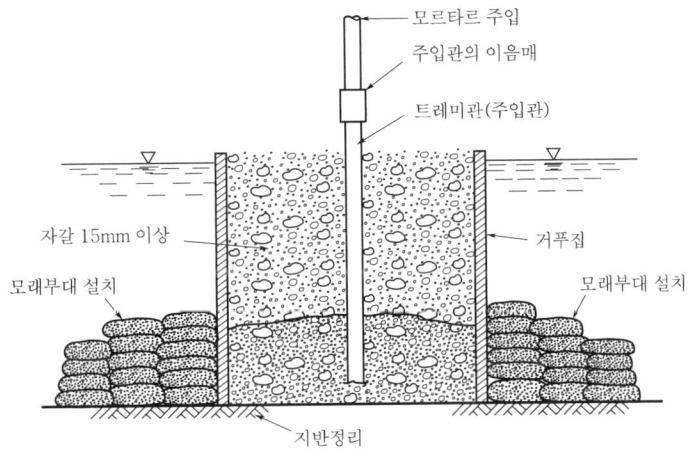

6. 수중 콘크리트의 타설 공법

1) 트레미 공법

① 트레미의 안지름은 굵은골재 최대치수의 8배 이상

② 타설 중 수평이동을 금지하고 좌우가 수평이 되게 타설

③ 콘크리트 타설시 트레미 관 내부는 항상 콘크리트로 채워져야 함

④ 트레미의 하단은 쳐놓은 콘크리트면보다 30~40cm 아래로 유지

2) 콘크리트 펌프 공법

① 트레미 파이프 대신 콘크리트 펌프의 수송관을 이용한 타설

② 콘크리트의 배관 수밀성 유지

③ 수송관 1개로 5m^3 정도 타설

④ 수송관은 콘크리트 상면에서 30~50m 아래 묻히게

3) 밑열림 상자 공법

① 밑열림 상자에 콘크리트를 넣고 수면 저부에 도착 시 상자를 열고 바닥에 콘크리트를 타설

② 콘크리트가 구석까지 잘 들어가지 않는 경우가 있으므로 수심을 측정하여 깊은 곳에서부터 콘크리트를 타설한다.

③ 종류에는 밑뚜껑식, 플린저식, 개폐식이 있다.

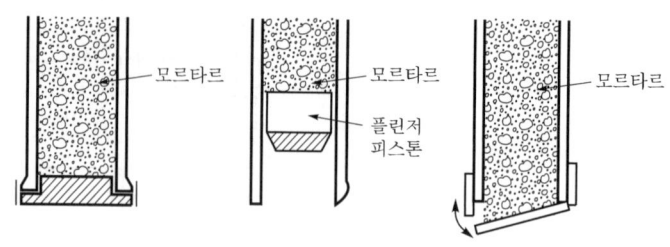

[밑열림 상자 공법]

4) 포대 콘크리트 공법

① 간이 수중 콘크리트 공법에 적용

② 수면 저부가 암반이어서 요철이 심한 경우 적용

③ $0.05m^3$ 이하 정도 포대에 콘크리트를 2/3만 채워 층을 쌓는다.

7. 결론

① 최근 건축물이 대형화, 초고층화됨에 따라 지하 깊은 굴착에 의한 수중 콘크리트 타설 공사가 증가하는 추세로, 타설 방법 및 적절한 공법 적용으로 품질 확보가 필요하다.

② 주로 건축물의 기초에 적용되는 수중 콘크리트이므로 보다 안전하고 고품질의 시공법에 대한 연구 개발에 힘써야 한다.

Section 49 콘크리트 PC 빔의 언본드(Un-bond) 공법

1. 정의

언본드(Un-bond) 공법이란 PS 강선에 방청 윤활제를 바르고 시스(Sheath)관에 삽입하여 방습 테이프를 감은 긴장재에 콘크리트를 타설하는 Post Tensioning 공법이다.

2. 적용 대상

사무소, 주차장 및 주거용 건물의 바닥 슬래브에 사용

3. 기대 효과

① 그라우팅 작업이 필요 없어 작업이 간편
② 슬래브 두께 감소 및 균열 제어 가능
③ 장 스팬 구조 가능으로 공간 활용성 증대
④ 기존 구조물 보강하는 경우 사용(단, 내화상의 배려가 필요)
⑤ PC 강선 부식 방지 및 부착력 향상

4. 공법적용 시 고려사항

1) 재료적 성질

(1) 콘크리트
① 압축강도가 높을 것($240 \sim 300 \text{kg/cm}^2$ 이상)
② 건조수축 및 크리프가 적을 것(W/C비 및 염분 함유량 감소)

(2) PC 강재
① 인장강도 및 피로강도가 높을 것
② 연성 확보 및 부식에 대한 저항성이 있을 것

(3) 그라우트
① 시공에 적합한 유동성과 팽창성을 가질 것
② 28일 압축강도는 200kg/cm^2 이상, 염화물 이온량은 0.3kg/m^3 이하일 것

2) 설계, 시공 시 고려사항

(1) PC 강재의 유효이용 방법
① 바닥의 PC 강선은 바닥 개구부를 피하여 배치하고 정착장소를 줄인다.
② 긴 방향으로 PC 강선을 배치하는 것이 짧은 방향으로 배치하는 것보다 경제적

(2) 시공계획 수립
① 콘크리트의 강도발현 및 적정 PC 긴장시기 검토
② 콘크리트 타설 구획 분배 및 프리스트레스를 도입하는 적절한 범위 설정
③ PC 강선 배선 정밀도 확보 등
④ 프리스트레스 손실 방지 대책 강구

3) 의장 설계상
① 층 사이 변위에 대한 처리방안 검토

② 치올림(Camber), 처짐 등에 대한 배려

③ 정착구 처리검토

Section 50 응력 이완(Relaxation)

1. 정의

① PS(Pre-stressed) 강재에 고장력을 가한 상태 그대로 장기간 양끝을 고정해 두면, 점차 소성이 변형하여 인장 응력이 감소해 가는 현상이다.

② 응력 이완은 Pre-stressed Concrete 부재에 변형·균열·처짐 등을 발생시켜 내구성을 저하시킨다.

2. 응력 이완의 분류

1) 순응력 이완

일정한 변형률하에서의 응력 이완이다.

2) 겉보기 응력 이완

콘크리트의 Creep, 건조수축에 의하여 변화되는 변형률하에서 응력이완으로, 실제 PC 부재에서 발생하는 응력 이완이다.

3. PS 강재

1) PS 강재의 요구 성질

① 응력 이완이 작을 것

② 인장강도가 높을 것

③ 부식 저항성이 클 것

④ 콘크리트 부착성이 좋을 것

2) PS 강재의 종류

① PS 강연선 : 여러 개의 소선을 꼬아서 만들며, Pretension, Post Tension 모두 사용

② PS 강선 : 원형, 이형이 있으며, Pretension에 사용

③ PS 강봉 : 원형, 이형이 있으며, Post Tension에 사용

3) 응력 이완의 값

① PS 강선, PS 강연선 : 3 이하

② PS 강봉 : 1.5 이하

철골공사

철골공작도에 포함시켜야 할 사항

1. 개요

① 철골공작도란 설계도서의 의도를 정확히 파악하고 시방서를 근거로 하여 그린 시
  공도면을 말한다.
② 철골 건립 시에나 건립 후 골조공사, 마감공사 시 고소작업에 의한 위험요인이 상
  존하므로 안전조치에 필요한 사항은 사전에 계획하여 공작도에 포함시켜야 한다.

2. 철골 공작도의 필요성

① 재해 예방
② 시공 정밀도 확보
③ 재시공 방지
④ 책임소재 및 한계의 명확성 확보

3. 공사 전 검토사항

1) 설계도와 공작도의 확인 및 검토

(1) 확인사항
  ① 부재의 형상 및 치수(길이, 폭, 두께)
  ② 접합부의 위치
  ③ 브래킷(Bracket)의 내민 치수
  ④ 건물의 높이 등

(2) 검토사항
  ① 철골의 건립형식
  ② 건립상의 문제점
  ③ 관련 가설설비 등

2) 건립기계 선정 및 건립기계 대수 결정

건립기계의 종류를 선정하고 건립공정을 검토하여 시공기간 및 건립기계 대수 결정

3) 건립작업 방법 결정

현장용접의 유무, 이음부의 시공 난이도를 확인하여 작업 방법 결정

4) 철골계단의 이용

S.R.C조의 경우 건립순서 등을 검토하여 철골계단을 안전작업에 이용

5) 내민보가 있는 기둥의 조치

① 취급이 곤란하므로 보를 절단
② 무게 중심의 위치를 명확히 함
③ 가보강 필요시 도면에 표시

4. 철골 공작도 포함사항

① 외부 비계받이 및 화물 승강용 브래킷
② 기둥 승강용 Trap
  ㉠ 기둥 제작 시 16mm 철근 등을 이용하여 설치
  ㉡ 높이 30cm 이내, 폭 30cm 이하
  ㉢ 안전대 부착 설비구조를 겸용
③ 구명줄 설치용 고리
④ 건립에 필요한 와이어 걸이용 고리
⑤ 난간 설치용 부재
⑥ 기둥 및 보 중앙의 안전대 설치용 부재
⑦ 방망 설치용 부재
⑧ 비계 연결용 부재
⑨ 방호선반 설치용 부재
⑩ 양중기 설치용 보강재

5. 결론

철골 공작도는 철골공사 시 품질확보에 중요한 도면으로, 공작도 작성에 있어 시공자는 제작공정에 지장이 없도록 충분한 시간적 여유를 가지고 안전을 고려한 공작도를 작성하여야 한다.

외압 내력설계 고려 대상 구조물
(자립도를 위한 대상 구조물)

1. 개요

① 철골구조란 형강, 강판, 평강 등을 주요 뼈대로 한 구조로 주공정이 고소작업으로 이루어져 근로자의 추락 철골의 붕괴. 도괴 능 위험요소가 낳아 안전관리에 철저를 기하여 한다.

② 특히 구조안전의 위험이 큰 철골구조물은 건립 중 강풍에 의한 풍압 등 외압에 대한 내력이 설계에 고려되었는지 확인해야 한다.

2. 철골공사의 종류

① 순 철골구조 공사

② 철골, 철근콘크리트 구조공사

③ 기타 공작물 제작 철골공사

3. 철골공사 전 설계도 및 공작도 확인

① 부재의 형상 및 치수, 접합부의 위치, 브래킷의 내민 치수, 건물의 높이 등

② 건립기계의 종류를 선정, 시공기간 및 건립기계의 대수 결정

③ 현장용접의 유무, 이음부의 시공 난이도를 확인하고 건립작업 방법 결정

④ 철골 철근콘크리트조의 경우 건립순서 등을 검토하여 철골계단을 안전작업에 이용

⑤ 한쪽만 많이 내민보가 있는 기둥에 대한 필요한 조치

⑥ 공작도에 포함시켜야 할 사항 : 건립 후에 가설부재나 부품을 부착하는 것은 위험한 작업(고소작업 등)이 예상되는 부재

⑦ 구조안전의 위험이 큰 철골 구조물은 건립 중 강풍에 의한 풍압 등 외압에 대한 설계고려 확인

4. 외압 내력 설계 고려 대상 구조물(자립도를 위한 대상 구조물)

① 높이 20미터 이상의 구조물

② 구조물의 폭과 높이의 비가 1 : 4 이상인 구조물

③ 단면구조에 현저한 차이가 있는 구조물
④ 연면적당 철골량이 $50kg/m^2$ 이하인 구조물
⑤ 기둥이 타이플레이트(Tie Plate)형인 구조물
⑥ 이음부가 현장용접인 구조물

Section 3

철골공사 공작 제작 및 현장건립

1. 개요

① 철골공사는 철골부재의 가공, 가조립 등이 공장에서 이루어지는 공장제작과 조립, 세우기 작업이 이루어지는 현장건립의 2가지 공정으로 나눈다.
② 철골공사는 고소작업, 중량물 취급과 용접작업 등 위험작업이 주공정으로 이루어져 재해발생 시 중대 재해로 직결되는 위험 공종으로 안전에 각별히 유의하여야 한다.

2. 철골공사의 특징

① 사전 조립이 가능하다.
② 재료의 인성, 강성이 크다.
③ 내구성이 우수하다.
④ 공사기간 단축이 용이하다.
⑤ 화재에 취약하다.

3. 공장제작 순서

1) 원척도 작성

설계도에 의거 1 : 1 실측도면 작성

2) 본뜨기

원척도에 의거 얇은 강판을 이용, 본뜨기 실시

3) 변형 바로잡기

검사에 합격한 재료의 변형 등을 수정

4) 금매김

수축, 변형, 마무리를 고려한 절단, 구멍뚫기 위치 표시

5) 절단 및 절삭가공

기계, 가스, 프라즈마 절단법 등에 의해 형상, 치수를 고려한 절단 구부림, 절삭 등 실시

6) 구멍 뚫기

철골부재에 고력 Bolt, 리벳 구멍을 뚫음

7) 가조립

담당원의 승인을 받아 각각의 부재를 볼트, 드리프트 핀을 이용해 가조립

8) 본조립

가조립된 부재를 고력 Bolt, Rivet, Bolt 접합, 용접 등으로 접합

9) 검사

부재의 외관 상태, 치수, 이음, 접합 등 검사

10) 녹막이 칠

광명단 등으로 지정된 위치에 방청도장 실시

11) 운반

현장세우기 순서에 의해 운반

4. 건립계획 수립

1) 현지 조사

① 작업 시 발생 소음, 낙하물 등의 인근 주민, 통행인, 가옥 등에 대한 위해 여부 조사 및 대책 수립
② 차량통행의 지장 여부, 자재 적치장의 소요 면적 조사
③ 건립용 기계의 작업 반경 내 지장물 조사

2) 건립기계 선정 시 검토사항

① 출입로, 설치장소, 기계조립에 필요한 면적, 기초 구조물 설치 공간과 면적 등 검토
② 소음 진동 허용치는 관계법에서 정하는 바에 따라 처리

③ 건물의 길이 또는 높이 등 건물의 형태에 적합한 건립기계 선정

④ 작업반경이 건물 전체 수용 여부, 부움의 하중범위, 수평거리, 수직높이 등 검토

3) 건립순서 계획 시 검토사항

① 현장건립 순서와 공장제작 순서가 일치되게 계획하고 제작검사 사전 실시, 현장 운반계획 등 확인

② 어느 한 면만을 2절점 이상 동시 세우기 금지 및 좌굴, 탈락에 의한 도괴 방지

③ 건립기계의 작업반경, 진행방향을 고려한 조립순서 결정 및 조립 설치된 부재에 의한 후속작업이 지장 받지 않도록 계획

④ 연속 기둥 설치 시 좌굴 및 편심에 의한 탈락 방지 등의 안전성을 확보하면서 건립

⑤ 건립 중 도괴를 방지하기 위하여 가보울트 체결기간을 단축시킬 수 있도록 후속 공사를 계획

4) 제약 조건을 고려한 1일 작업량 결정

운반로의 교통체계 또는 장애물, 작업시간의 제약 등을 고려 1일 작업량 결정

5) 강풍, 폭우 등과 같은 악천우 시에는 작업 중지

① 풍속 : 10분간의 평균풍속이 1초당 10미터 이상

② 강우량 : 1시간당 10밀리미터 이상

6) 안전시설 설치

필요한 전력과 기둥의 승강용 트랩, 구명줄, 추락 방지용 방망, 비계 등 안전시설 설치

7) 기타

지휘명령 계통과 기계 공구류의 점검 및 취급 방법, 신호 방법, 악천 후에 대비한 처리 방법 등 검토

5. 철골 건립 준비 시 준수사항

1) 지상 작업장 건립 준비 및 기계기구 배치

낙하물의 위험이 없는 평탄한 장소 선정, 경사지는 작업대나 임시 발판 등을 설치

2) 수목 제거 및 이설

건립작업에 지장이 되는 수목은 제거하거나 이설

3) 지장물 방호 및 안전조치

인근에 건축물 또는 고압선 등이 있는 경우 방호조치 및 안전조치

4) 기계기구 정비, 보수

사용 전에 기계기구에 대한 정비 및 철저한 보수 실시

5) 확인 사항

① 기계가 계획대로 배치뇌었는시 여부
② 윈치는 작업구역을 확인할 수 있는 곳에 위치하였는가 확인
③ 기계에 부착된 앵커 등 고정장치와 기초구조 등을 확인

6. 철골 반입 시 준수사항

1) 철골 적치

다른 작업에 장해가 되지 않는 곳에 철골 적치

2) 안정적인 받침대

적치될 부재의 중량을 고려해 적당한 간격으로 안정성 있는 받침대 사용

3) 건립 부재 반입 시 고려사항

부재 반입 시에는 건립 순서를 고려하여 반입하고 시공 순서가 빠른 부재는 상단부에
적치

4) 부재 하차 시 도괴 대비

부재 하차 시 쌓여 있는 부재의 도괴에 대비

5) 인양 시 부재 도괴에 주의

부재 하차 시 트럭 위에서의 작업은 불안정하므로 인양 시 부재가 무너지지 않도록
주의

6) 부재 로프 체결

부재에 로프 체결 작업자는 경험이 풍부한 사람이 실시

7) 인양 시 수평이동

인양 시 기계의 운전자는 서서히 들어 올려 일단 안정 상태 확인 후 트럭 적재함으로
부터 2미터 정도가 되었을 때 수평이동

8) 수평이동 시 준수사항

　① 전선 등 다른 장해물에 접촉할 우려는 없는지 확인

　② 유도 로프를 끌거나 누르지 않도록 할 것

　③ 인양된 부재의 아래쪽에 작업자 진입 금지

　④ 내려야 할 지점에서 일단 정지시킨 후 흔들림을 정지시킨 다음 서서히 내릴 것

9) 적치 시 주의사항

　① 너무 높게 쌓지 않고 적적한 높이로 적치

　② 적치 시 체인 등으로 묶어두거나 버팀대를 대어 넘어가지 않도록 조치

　③ 적치높이는 적치 부재 하단폭의 1/3 이하

7. 현장 세우기 순서

1) 철골부재 반입

건립순서에 따라 반입하고 빠른 시공 순서에 따라 적치

2) 기초 앵커 볼트(Anchor Bolt) 매립

매립 후 수정이 없도록 정확한 위치에 매립

3) 기초 상부 마무리

Base Plate를 수평으로 고정시키기 위해 그라우팅(Grouting) 등 실시

4) 철골 세우기

기둥 → 보 → 가세 순으로 조립

5) 철골 접합

가조립된 부재를 고력 Bolt, Rivet, Bolt 접합, 용접 등으로 접합

6) 검사

접합 상태를 육안검사, 토크관리법, 비파괴검사 실시

7) 녹막이 칠

녹막이 손상부위 및 남겨진 부분 녹막이 칠

8) 철골 내화피복

내화성능을 높이기 위한 내화피복 실시

철골공사 시공계획 수립 시 사전 검토사항과 안전대책

1. 개요

① 철골공사의 주요 공정은 건립 작업으로 각 현장마다 입지조건 및 주변 환경이 다르므로 작업환경을 충분히 고려한 시공계획을 수립하여야 한다.

② 실제 시공자인 하도급 업체의 의견을 충분히 반영하고 사전에 충분히 검토를 거친 후 안전성이 확보된 건립계획을 수립하여야 한다.

2. 입지조건 조사

1) 현장 인근 위해 여부 조사 및 대책 수립

현장작업 시 발생되는 소음, 낙하물 등의 인근 주민, 통행인, 가옥 등에 대한 위해 여부 조사 후 대책 수립

2) 차량 통행 시 지장 여부 조사

차량 통행이 인근 가옥, 전주, 수도관, 케이블 등의 지하 매설물에 지장을 주는지의 여부 조사

3) 자재 적치장 면적 조사 및 지반 조사

① 자재 적치장의 소요 면적이 충분한지 조사

② 적치될 부재의 중량을 고려하여 지반 지지력 조사

③ 자재 운반 시 차량 진입에 지장이 없도록 부지 면적 확보

4) 지장물 조사

① 건립용 기계의 Boom이 오르내리거나 선회하는 작업 반경 내 지장물(인접 가옥, 전선 등) 조사

② 자재 적치장 부지 내의 지장물 조사

3. 건립기계 선정 시 검토사항

① 건립기계의 출입고, 설치장소, 기계 조립에 필요한 면적

② 이동식 크레인은 건물 주위 주행통로의 유무

③ 정치식(타워 크레인 등) 건립기계의 기초 구조물 설치공간과 면적

④ 이동식 크레인의 엔진 소음은 학교, 병원, 주택 등에 근접 시 환경을 해칠 우려가
있으므로 소음 허용치를 관계법에 따라 처리

⑤ 건물의 길이, 높이 등 건물의 형태에 적합한 건립 기계 선정

⑥ 정치식(고정식) 건립 기계는 작업 반경, Boom의 안전 인양 하중범위 수평거리,
수직 높이 등을 검토

4. 건립순서 계획 시 검토사항

1) 철골 건립 시 계획 및 확인

① 현장건립 순서와 공장제작 순서가 일치되도록 계획

② 제작 검사 사전 실시, 현장 운반 계획 등을 확인

2) 좌굴, 탈락에 의한 도괴 방지

① 어느 한 면만 2절점 이상 동시에 세우는 것 금지

② 1 Span 이상 수평 방향 조립이 진행되도록 계획

3) 조립순서 설정

① 건립 기계의 작업 반경, 진행 방향을 고려하여 조립순서 결정

② 조립된 부재에 의해 후속 작업이 지장받지 않도록 계획

4) 연속 기둥의 설치 시 좌굴 및 편심에 의한 탈락 방지

① 기둥을 2개 세우면 기둥 사이의 보를 동시에 설치하여 안정성 확보

② 연속 기둥 설치 시 안전성을 확보하여 좌굴 및 편심에 의한 탈락 방지

5) 건립 중 도괴 방지

볼트 체결 기간을 단축시켜 건립 중 도괴를 방지하도록 후속 공사 계획

5. 1일 작업량 결정 시 고려사항

① 운반로의 교통체계

② 장애물에 의한 부재 반입의 제약

③ 작업 시간의 제약

6. 악천후 시 작업 금지

1) 강풍 시 조치

높은 곳에 있는 부재나 공구류가 낙하·비래하지 않도록 조치

2) 강풍, 폭우 등 악천후 시 작업 중지

구분	내용
강풍	10분간 평균 풍속이 10m/sec 이상
강우	1시간당 강우량 1mm/hr 이상
강설	1시간당 강설량이 1cm/hr 이상

7. 재해 방지 설비의 배치 및 설치 방법 검토

① 기둥의 승강용 Trap, 구명줄
② 추락 방지용 방호망
③ 낙하물 방지망, 낙하물 방호선반
④ 수직통로, 수평통로 등

8. 기타 검토사항

① 건립기계, 용접기 등의 사용에 필요한 전력 배치 및 설치 방법
② 기계 공구류의 점검 및 취급 방법
③ 신호 방법
④ 악천후에 대비한 처리 방법

9. 결론

철골 건립공사의 특성상 고소공사 및 중량물 취급에 의한 위험 작업이 많으므로 충분한 사전조사를 실시·검토하고 시공계획을 수립하여 근로자를 재해의 위험으로부터 보호하여야 한다.

Section 5

철골공사 기초 Anchor Bolt 매립 시 준수사항

1. 개요

① 철골공사에서 기초 주각부는 기둥의 축 하중을 기초에 전달하는 부위로 상부 하중의 크기와 거동에 따라 적절한 공법을 채택해야 한다.

② Anchor Bolt 설치는 철골의 정밀도가 좌우되는 중요한 부분으로, 견고하게 고정시키고 이동·변형이 발생하지 않도록 매립해야 한다.

2. 기초 Anchor Bolt 매입 공법

1) 고정매입 공법

① Anchor Bolt를 기초철근 상부에 정확히 매입하고 콘크리트를 타설하는 공법

② 대규모 공사에 적용

③ Anchor Bolt 매입 불량 시 수정이 곤란

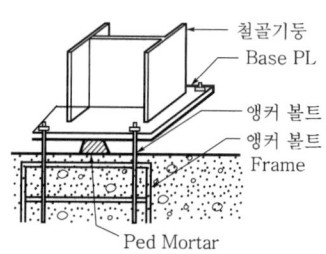

[고정매입 공법]

2) 가동매입 공법

① Anchor Bolt 상부를 조정할 수 있도록 콘크리트 타설 전 사전 조치(깔때기매입)하는 공법

② 중규모 공사에 적합

③ 시공오차의 수정 용이

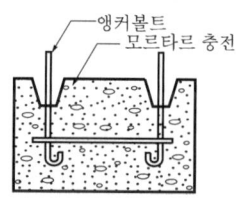

[가동매입 공법]

3) 나중매입 공법

① Anchor Bolt 위치에 콘크리트 타설 후 거푸집 제거, Anchor Bolt를 고정 후 2차 콘크리트를 타설하는 방법

② 콘크리트 양생 후 설치 부위를 천공하여 Anchor Bolt를 설치하는 방법

③ 소규모 단층 공사 및 기계기초에 적용

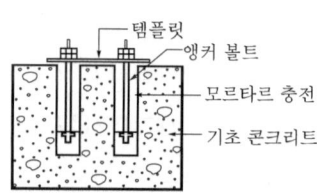

[나중매입 공법]

3. Anchor Bolt 매립 시 준수사항

① Anchor Bolt는 매립 후에 수정하지 않도록 설치

② Anchor Bolt의 매립 정밀도 범위

㉠ 기둥 중심은 기준선 및 인접기둥의 중심에서 5mm 이상 벗어나지 않을 것

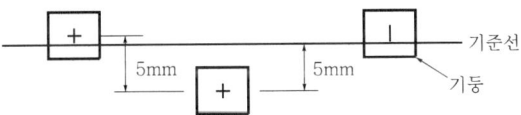

㉡ 인접 기둥 간 중심거리 오차는 3mm 이하일 것

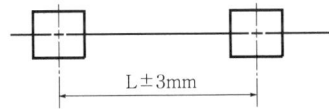

㉢ Anchor Bolt는 기둥 중심에서 2mm 이상 벗어나지 않을 것

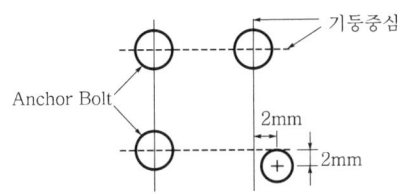

㉣ Base Plate 하단은 기준높이 및 인접 기둥의 높이에서 3mm 이상 벗어나지 않을 것

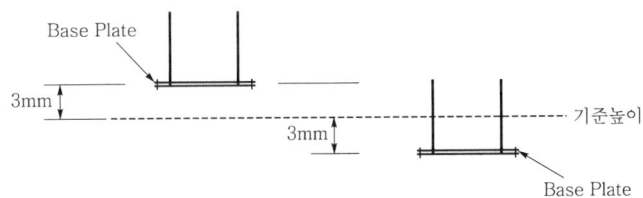

③ Anchor Bolt는 견고하게 고정시키고 이동, 변형이 발생하지 않도록 주의하면서 콘크리트 타설

4. 완성된 기초에 대한 확인 · 수정사항

1) 기본 치수의 측정 확인

① 기둥간격

② 수직도

③ 수평도

2) Anchor Bolt의 수정

　부정확하게 설치된 Anchor Bolt는 수정

3) 철골 기초 콘크리트의 배합강도 확인

　철골 기초 콘크리트의 배합강도는 설계기준과 동일한지 확인

5. 기초 주각부 마무리 공법

1) 전면바름 공법

　① 기둥 저면을 3~5cm 정도 넓게 하고 된 비빔 모르타르(1 : 2)를 채우는 공법
　② 시공이 간단하고 경미한 구조물에 사용

2) 나중채워넣기 중심바름법

　① 기둥 저면 중앙부를 이용, 앵커 볼트가 많고 대규모 공사에 적용

3) 나중채워넣기 +자 바름법

　① 기둥저면에 + 모양으로 모르타르를 바르고 기둥을 세운 후 모르타르 주입
　② 하중이 크고 고층 구조체에 적합

4) 나중채워넣기

　① 기둥 저면 중앙에 구멍을 내고 4면에 수평조절 장치를 넣어 수평조절 후 모르타르 주입
　② 자중이 가볍고 경미한 공사에 적용

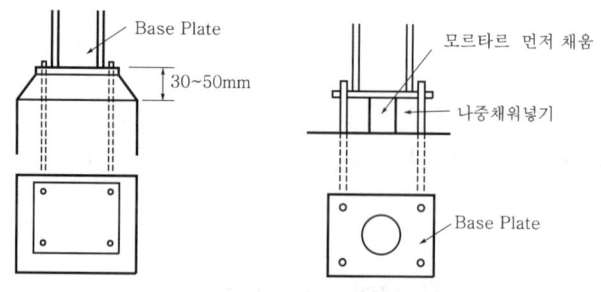

[전면마름 마무리법]　　[나중채워넣기 중심바름법]

6. 결론

　철골공사에서 기초 주각부의 Anchor Bolt는 구조적으로 집중하중을 지탱하는 중요 부분으로 정밀성을 요하며, Anchor Bolt 매입 시 현장조건과 공사규모에 적정한 매입공법을 선정하여 품질 및 안전성을 확보하여야 한다.

Section 6 철골구조 스터드 볼트 용접 상태 현장 점검

1. 개요

① Stud Bolt는 Shear Connector라고 하고 철골보, 기둥과 Con'c를 일체화시키기 위해서 사용하는 철물이다.

② 철골 구조에서 스터드 볼트 용접 고정 상태 불량은 철골과 콘크리트의 부착 성능을 저하시켜 구조물의 강도, 내구성의 문제를 발생시킬 수 있으므로 비파괴 검사 등을 통한 현장 관리를 철저히 해야 한다.

2. 용접결함의 종류

1) 치수 결함

치수 및 위치 불량

2) 구조 관련 결함

Crack, Blow Hole, Under Cut, Slag 감싸돌기

3) 성질 관련 결함

기계적, 화학적 결함

3. 현장 점검 방법

1) 외관검사(육안검사)

2) 절단검사

육안검사 및 비파괴 검사로 확실한 결과를 분석하기 어려울 경우

3) 비파괴 검사(N.D.T, Non Destructive Test)

① 초음파 탐상 시험 : 용접 부위에 초음파를 투입, 브라운관 나타난 형상으로 내부 결함 확인

② 방사선 투과 시험 : X선, γ선을 투과, 방사선 필름에 촬영

③ 자기 분말 시험 : 용접부에 자력선을 통과시켜 자장에 의한 결함 검출

④ 침투 탐상 시험 : 침투액을 도포하여 닦은 후 검사액 도포하여 결함 검출

⑤ 와류 탐상 시험 : 전기장을 교란시켜 결함 검출

Section 7

안전대 부착 설비인 구명줄의 종류와 역할

1. 개요

① 구명줄이란 안전대 부착 설비의 일종으로 생명선(Life Line)으로 불리며 근로자가 잡고 이동할 수 있는 안전난간의 기능과 추락을 저지시키는 기능을 하며, 설치시간, 작업자 수 등에 의해 일시적, 영구적인 것이 있다.
② 수평 · 수직 구명줄이 있으며, 1인 1가닥 사용을 원칙으로 한다.

2. 안전대 부착설비의 종류

① 비계
② 구명줄(수평 · 수직 구명줄)
③ 건립 중인 구조체
④ 전용 철물 : 턴버클, 와이어 클립, 용접 철물 등

3. 수평 구명줄

1) 기능

① 추락에 의해 발생되는 진자운동 에너지를 최소화하도록 설치
② 추락을 저지시킬 수 있는 기능
③ 근로자 이동시 안전난간의 기능

2) 구성

양측 고정 철물, Wire Rope, 긴장기

3) 설치 위치

작업자의 허리 위에 설치

4. 수직 구명줄

① 종류 : Wire Rope, 레일 블록(추락방지대)
② 기능 : 트랩 등을 이용 수직 이동 시 사용

Section 8 리프트 업(Lift Up) 공법의 특징 및 안전대책

1. 개요

① 리프트 업 공법이란 구조체를 지상에서 조립하여 크레인, 잭 등으로 들어 올려서 건립하는 공법으로 대경간 구조물, 교량 등에 적용한다.

② 지상에서 부재 조립작업이 진행되어 고소작업에 의한 재해위험은 낮고 작업은 용이하나, 리프트 업 하는 철골부재에 어느 정도의 강성이 필요하고 인양 시 낙하·비래에 대한 안전대책이 중요하다.

2. 리프트 업 공법의 용도

① 대경간 구조물의 지붕(체육관, 대형 홀 등)

② 공장, 정비고

③ 교량

④ 전파 송수신용 무선탑 등

3. 리프트 업 공법의 특징

1) 장점

① 지상 조립작업으로 고소작업이 적어 안전

② 품질 및 안전관리 용이

③ 작업능률 향상

④ 공기 단축

⑤ 가설비계 및 양중횟수 저감으로 공사비 절감

2) 단점

① 구조체 리프트 업 시 집중적으로 인력 및 장비 투입

② 리프트 업 완료 시까지 하부작업 중지

③ 리프트 업에 사전준비와 숙련도 필요

④ 철골 부재에 강성이 없으면 적용 곤란

4. 공법 선정 시 고려사항

① 현장의 입지조건(장애물, 작업 공간)
② 철골공사의 규모(부재의 크기 및 중량)
③ 철골의 구조 및 공사기간
④ 경제성, 시공성, 무공해, 안전성 고려

5. 안전대책

① 안전담당자 지휘하에 작업
② 작업 반경 내 타 작업자 출입금지
③ 강풍 시 부재, 공구류가 낙하·비래하지 않도록 조치
④ 달기 로프, 달기 포대 사용
⑤ 신호수를 배치하고 신호방법 준수
⑥ 가공전선과 이격거리 학보
⑦ Wire Rope, 턴버클 등으로 보강
⑧ 강우, 강풍 등 악천후 시 작업 중지

구분	내용
강풍	10분 간 평균 풍속이 10m/sec 이상
강우	1mm/hour 이상
강설	1cm/hour 이상

풍속(m/sec)	종별	작업 범위
0~7	안전한 작업범위	전 작업 실시
7~10	주의 경보	외부 용접, 도장작업 중지
10~14	경고 경보	건립 작업 중지
14 이상	위험 경고	고소작업자는 즉시하강 안전대피

⑨ 작업 전 작업내용, 작업방법 주지
⑩ 안전교육 실시
⑪ 안전모, 안전대 등 안전보호구 착용

6. 철골건립 준비 시 준수사항

1) 작업장의 정비

① 평탄한 장소를 선정하여 정비

② 경사지에서는 작업대, 임시 발판 등 설치

2) 수목의 제거 및 이설

건립 직업에 지장이 되는 수목은 제거, 이설

3) 인근 지장 물에 대한 방호조치 및 안전조치

4) 기계·기구 정비 및 보수 철저

사용 전 기계·기구에 대한 보수 및 정비 철저

5) 확인 사항

① 계획대로 기계가 배치되었는지 확인

② Anchor 등 고정 장치와 기초구조 확인

7. 결론

철골 건립 공사는 공사 특성상 고소 공사로 인한 위험작업이 많으므로 적절한 재해방지 설비를 설치하여 안전사고를 예방하여야 한다. 특히 리프트 업 공법 적용 시 대형 양중물에 의한 낙하·비래 등에 대비 양중작업에 대한 안전조치 및 안전교육을 시행하여 재해를 방지해야 한다.

Section 9 · 경량 철골의 구조적 장점

1. 개요

① 경량 철골구조는 주요 구조 부재를 경량 형강재를 사용하며, 단면형은 크지만 부재 두께가 얇고, 강재량이 적으면서 휨강도는 크고, 좌굴 강도에 유리하다.

② 경량형 강재의 두께는 1.6~4.0mm까지 여러 가지가 있으며, 2.3~3.2mm의 C형강이 많이 사용된다.

2. 특징

① 일반 형강재에 비해 휨강도가 큼
② 전체 좌굴 강도에 유리
③ 시공성이 좋아 공기 단축
④ 부재 두께가 얇기 때문에 국부 좌굴, 변형 및 비틀림 발생
⑤ 특별한 녹 방지가 필요

3. 시공

1) 절단

그라인더 절단기나 마찰 톱을 사용하여 절단

2) 가공 및 구멍 뚫기

구멍은 펀칭 또는 드릴 사용한다. 가공 중 생긴 변형은 600~650℃로 국부 가열하여 고정한다.

3) 녹막이 처리

아연도금 처리가 가장 효과적이며, 판 두께의 1/2 정도 두께가 감했을 때 물리적인 사용연한이 끝난다.

4) 접합

용접은 V형·X형·K형의 모살 용접으로 한다.

Section 10 철골구조물에 설치하는 수직통로 시설 및 추락방지대

1. 개요

철골작업 시 사용되는 작업통로는 임시로 설치되는 재료의 운반 및 근로자의 이동통로로 사용되는 가설구조물로, 수직 통로로 나눌 수 있으며, 재해방지를 위하여 견고하고 안전하게 설치·유지관리 되어야 한다.

2. 철골공사 작업통로의 분류

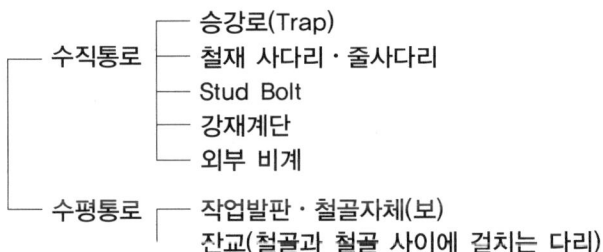

3. 수직통로

1) 승강로(Trap)

① 기둥 제작 시 16mm 철근 등을 이용하여 제작

② 높이 30cm 이내, 폭 30cm 이상

③ 수직 구명줄과 병설하여 추락 방지대로 이용

2) 철재 사다리 또는 줄사다리

공장 제작 시 설치용 고리 부착

3) Stud Bolt를 이용하여 통행

4) 강재계단

다른 부위보다 조기에 제작 설치하여 이용

5) 외부 비계

주로 보호망이나 낙하물 방지망 설치에 이용

4. 수평통로

① 작업발판·철골자체(보)

② 잔교 : 주로 토목공사에 이용

5. 추락방지대 구성요소

① 수직 구명줄 : 낙하 시 추락방지대 지지 기능을 하며, Wire Rope Type과 Rail Block Type 등이 있다.

② 추락방지대(로립) : 추락 시 근로자 낙하 저지 기능

③ 죔줄 : 추락방지대와 Hook 연결

6. 풍속별 작업 범위

풍속(m/sec)	종별	작업 범위
0~7	안전한 작업범위	전 작업 실시
7~10	주의 경보	외부 용접, 도장작업 중지
10~14	경고 경보	건립작업 중지
14 이상	위험 경고	고소작업자는 즉시 하강 안전대피

Section 11 철골부재 이음 형식의 종류와 특성

1. 개요

① 철골부재의 이음이란 철골의 기둥, 보등 주재들을 연결하여 하중을 지지할 수 있는 구조체를 조립하는 작업을 말한다.

② 이음 형식은 여러 방법이 있으나 최근에는 고장력 Bolt 접합이나 용접접합의 사용이 주로 사용되고 있다.

2. 이음 방법 선정 시 고려사항

① 시공성 : 시공이 용이할 것

② 경제성 : 관리가 쉽고 경제적일 것

③ 안정성 : 조립이 쉽고 간편할 것

④ 저공해성 : 저소음, 저진동 공법 채용

⑤ 강도 : 충분한 소요강도 확보

3. 이음 방법의 종류 및 특징

1) 리벳(Rivet) 이음

① 리벳을 900~1,000°C 정도 현장 가열 후 타격하여 접합

② 타격 시 소음, 진동, 화재의 위험, 시공 효율이 낮음(적용사례 낮음)

2) Bolt 이음

① 전단, 지압 접합 등의 방식으로 이음

② 경미한 구조체나 가설건물에 사용(처마높이 9m, Span 13m 이상 사용하지 못함)

3) 고장력 Bolt 이음

① 고장력 Bolt를 체결 부재 간 마찰력을 도입시켜 이음하는 방식

② 마찰이음, 인장이음, 지압이음 등이 있음(1차조임 → 금매김 → 본조임)

4) 용접이음

① 접합부의 모재와 용접봉 또는 용접 와이어를 녹인 용착금속을 융합하여 일체화시키는 접합 방식

② 이음 형식으로는 맞댄 용접, 모살용접이 있음

5) Pin 접합

Section 12 용접 취성 파괴의 3가지 요인

1. 개요

① 용접은 맞댄용접과 모살용접이 있으며, 용접에 인한 변형 및 파괴가 발생하지 않도록 재료 및 시공 관리를 철저히 해야 한다.

② 용접부의 파괴는 연성파괴와 취성파괴가 있으며, 취성파괴는 소성 변형 없이 급속히 파괴하는 것이다.

2. 용접의 분류

① 맞댄용법 : 접합부를 개선하여 맞대어 홈에 융착금속을 용융하여 접합 공법

② 모살용접 : 목두께 방향이 모재의 면과 45°의 각을 이루는 용접

3. 용접 파괴의 종류

① 연성 파괴 : 강재재료의 인장력을 주었을 때 큰 변형을 일으켜 파단면은 어떤 면에 따라서 큰 파괴가 일어나고 또 파단면은 큰 요철을 갖는 파괴

② 취성파괴 : 소성 변형 없이 균열 발생과 전파 과정이 연결되어 급속히 파괴되는 현상

4. 취성파괴의 요인

① 재료의 취화 : 파괴 인성이 낮은 재료 사용
② 인장 응력 증대
③ 결함의 존재 : 응력 집중을 가져오는 원인

5. 취성파괴의 종류

① 저응력 취성 파괴 : 항복점 이하에서 발생
② 고응력 취성 파괴 : 항복점 이상에서 발생

Section 13 PC 구조물의 공정별 시공 안전계획과 기계 · 기구 취급 안전

1. 개요

① 건축물이 대형화, 고층화, 건축단가 상승, 숙련공 부족, 공사기간의 지연 등의 많은 문제점들을 해결할 수 있는 방안으로, 공장에서 건축부재를 생산하여 현장에서 조립 시공하는 공법을 PC(Precast Concrete) 공법이라 한다.
② PC 공사는 고소작업으로 추락에 의한 재해 발생 빈도가 가장 높으며, 발생 시 중대재해로 연결되므로 공사 전반에 걸쳐 안전대책이 필요하다.

2. PC 공법의 분류

① 판식(횡벽 · 종벽 · 양벽 구조)
② 골조식(HPC 공법, RPC 공법, 적층 공법)
③ 상자식(Space Unit 공법, Cubicle Unit 공법)

3. PC 공법의 특징

1) 장점

    ① 품질 균일(공장 생산)

    ② 공사 기간 단축(공장제작 현장 조립)

    ③ 노무비 절감(골조공정 축소)

    ④ 원가 절감(대량 생산)

2) 단점

    ① 안전관리 유의(중장비 사용, 고소 작업)

    ② PC 부재의 접합부 취약

    ③ PC 부재의 운반, 설치 시 파손 우려

    ④ 평면의 단순화

4. PC 공사 시 재해 유형

    ① 추락 · 낙하 · 비래(PC 조립 작업)

    ② 가공선로에 의한 접촉 감전사고(기계 · 기구사용, 양중 시)

    ③ 전도 · 충돌 · 협착(인양 장비)

    ④ 도괴(부재의 자중 증대)

5. 시공 단계별 안전 대책

1) 반입 도로 정리

    ① PC 부재 운반차량 및 크레인 등의 중차량 통행로 정비

    ② 부재의 운반로는 적치장과 연결

2) 적치장

    ① 양중장비의 작업 반경 내 위치

    ② 운반차량 지장이 없도록 설치

    ③ 바닥 평타설 및 배수구 설치

    ④ 가장 큰 부재를 기준으로 적치 스탠드를 배치

3) 비계

    ① 비계 설치 시 바닥면보다 1m 높게 설치

    ② 필요에 따라 달비계를 설치

③ 작업발판 및 안전난간 설치

④ 연결부 및 고정철물 고정 철저

4) PC 부재의 설치

① PC 부재의 파손에 주의

② PC 부재 하부 오염방지

③ PC 부재 가능한 한 수직으로 설치

5) PC 부재의 조립

① 작업내용 숙지 및 안전교육 실시

② 안전요원 지휘 아래 작업

③ 인양 시 신호는 정해진 방법에 따라 실시

④ 작업자 안전모·안전대 등 보호구 착용

⑤ 기계·기구 공구의 이상 유무를 확인

⑥ 달아 올린 PC 부재 아래 작업자 출입금지

⑦ 강풍 시 조립부재 결속하거나 가새 설치

⑧ PC 부재 달아 올린 채 주행금지

⑨ 적재하중 초과하는 하중의 사용금지

⑩ 작업반경 내 작업자 외 출입 금지

⑪ 고압선로는 비닐시트 고무관 등으로 방호

⑫ PC 부재 인양 시 크레인 침하방지 조치

6. 기계·기구 취급상 안전 대책

1) 크레인은 운전면허 취득자가 운전

2) 기구 및 공구 사용 시 달줄, 달포대 사용

3) Boom 이동 범위 내 전선 등 장애물 제거

4) 안전장치의 확인(양중기)

① 과부하 방지 장치

② 권과 방지 장치

③ 비상 정지 장치

④ 브레이크 장치

5) 악천후 시 작업중지

구분	일반 작업	철골 작업
강풍	10분간 평균 풍속 10m/sec	평균 풍속 10m/sec
강우	1회 강우량 50mm	1시간 강우량 1mm 이상
강설	1회 강설량 25cm 이상	1시간 강설량 1cm 이상
지진	진도 4 이상	-

7. 결론

① PC 공사 시 사전 시공계획을 수립하고 추락 방지를 위한 추락방지용 방호망, 표준 안전난간, 안전대 부착설비를 설치한다.

② 기계·기구·공구 등의 낙하·비래 방지를 위한 낙하물 방지망·방호선반·수직보호망 등을 설치하여 낙하·비래 등의 재해를 예방한다.

Section 14 철골공사 재해 방지 설비

1. 개요

철골공사 시 발생하는 주요 재해는 추락, 낙하·비래, 감전 등 여러 형태가 있으며, 재해발생 시 대부분 중대 재해로 연결되어 인적·물적 피해를 발생시키고 있다. 이런 재해 발생을 방지하기 위해 용도, 사용 장소 및 조건에 따라 방호철망, 추락 방지용 방호망(안전 Net) 등 재해 방지 설비를 설치하여야 한다.

2. 철골공사의 재해 유형

1) 추락

① 철골세우기 시 보나 바닥판에서 추락

② 작업 중 개구부로 추락

2) 낙하·비래

① 철골 작업 시 볼트, 공구 등 낙하

② 철골 인양 중 낙하

3) 화재, 감전

   ① 용접작업 시 불꽃 비산으로 인한 화재

   ② 용접선 피복 손상 및 습윤장소에서 작업 시 감전

4) 도괴

   ① 철골 조립 시 도괴

   ② 타워 크레인의 과하중 및 충돌에 의한 도괴

3. 재해 방지를 위한 안전대책

1) 재해 방지 설비

	기능	용도 · 사용 장소 · 조건	설비
추락 방지	안전한 작업이 가능한 작업대	높이 2미터 이상의 장소로서 추락의 우려가 있는 작업	비계, 달비계, 수평통로, 안전난간대
	추락자를 보호할 수 있는 것	작업대 설치가 어렵거나 개구부 주위로 난간설치가 어려운 곳	추락 방지용 방호망
	추락의 우려가 있는 위험장소에서 작업자의 행동을 제한하는 것	개구부 및 작업대의 끝	난간, 울타리
	작업자의 신체를 유지시키는 것	안전한 작업대나 난간설비를 할 수 없는 곳	안전대 부착 설비, 안전대, 구명줄
비래 낙하 및 비산 방지	위에서 낙하된 것을 막는 것	철골 건립, 볼트 체결 및 기타 상하작업	방호철망, 방호울타리, 가설앵커 설비
	제3자의 위해 방지	볼트, 콘크리트 덩어리, 형틀재, 일반자재, 먼지 등이 낙하 · 비산할 우려가 있는 작업	방호철망, 방호시트, 방호울타리, 방호선반, 안전망
	불꽃의 비산 방지	용접, 용단을 수반하는 작업	용접불티 방지포

2) 고소작업에 따른 추락 방지설비 설치

   ① 추락 방지용 방호망 설치

   ② 작업자는 안전대 사용

   ③ 철골에 안전대 부착설비 설치

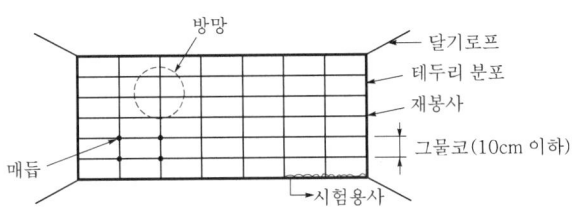

[추락 방지 설비]

3) 구명줄 설치

① 구명줄 한 가닥에 여러 명이 동시에 사용 금지

② 구명줄은 로프 직경 16mm 기준

4) 낙하·비래 및 비산 방지 시설(낙하물 방지망, 방호선반)

(1) 지상층의 철골건립 개시 전에 설치

(2) 설치 및 설치 방법

① 설치

　㉠ 첫단 설치높이 : 지상으로부터 가능한 한 낮게 설치

　㉡ 설치 간격 : 첫단 높이에서 10m 이내마다 설치

② 설치 방법

　㉠ 내민 길이 : 외부비계 방호 시트에서 수평거리로 2m 이상 돌출

　㉡ 설치 각도 : 20~30°의 각도 유지

[낙하물 방지망]

5) 외부 비계가 필요 없는 공법 채택 시

철골 보 등을 이용하여 낙하·비래 및 비산 방지 설비 설치

6) 화기 사용 시 조치

① 불연재 울타리 설치

② 용접불티 방지포 사용(최근 환경문제로 비석면 제품 사용)

7) 철골건물 내부에 낙하·비래 방지 시설 설치

① 10m 간격마다 수평으로 안전망 설치(추락 방지망 겸용)

② 기둥 주위에 공간(틈)이 생기기 않도록 할 것

8) 승강설비 설치

① 사다리, 계단, 외부 비계, 승강용 엘리베이터 등 설치

② 기둥 승강설비(Trap)

㉠ 기둥 제작 시 16mm 철근 등을 이용하여 설치

㉡ 높이 30cm 이하, 폭 30cm 이상으로 Trap 설치

㉢ 안전대 부착 설비구조를 겸용(철골 기둥에 수
식 로프를 병설하여 승강 시 안전대로 사용)

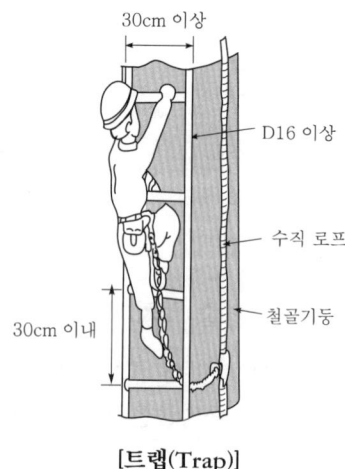

[트랩(Trap)]

4. 결론

① 철골공사는 작업 특성상 고소작업이 많아 추락
에 의한 재해가 발생하고, 재해 발생 시 중대 재
해로 연결된다.

② 공사규모, 작업환경을 고려한 추락 방지용 추락
방지망 설치 및 안전대 사용을 위한 안전대 부착설비 등 재해 방지 설비를 적절히
설치하여 재해를 예방해야 한다.

Section 15 용접결함의 발생원인과 대책

1. 개요

① 용접결함이란 용융금속과 모재에 생기는 결함을 총칭하며, 용접재료, 용접전류,
용접속도, 용접 숙련도, 온도, 습도 등 여러 가지 요인이 있다.

② 용접결함은 접합부의 강성 저하로 인한 구조물의 내구성 저하의 원인이 되므로
시공 시 전 과정에 걸친 철저한 품질관리가 필요하다.

2. 용접 결함의 종류

1) Crack(용접 터짐)

① 용착금속의 급랭으로 생긴 균열

② 고온터짐, 저온터짐, 수축터짐 등이 있음

2) Blow Hole(기공)

용착금속 내 H_2+CO_2 가스의 혼입으로 기공(기포)이 발생

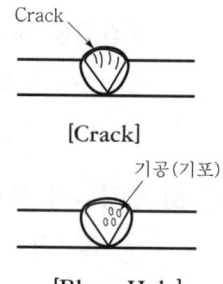

[Crack]

[Blow Hole]

3) Slag 감싸돌기

　모재와의 융합부에 Slag 부스러기가 잔존하는 현상

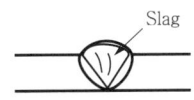

[Slag 감싸돌기]

4) Crater(항아리)

　Arc 용접 시 Bead 끝이 오목하게 패인 것

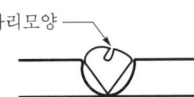

[Crater]

5) Under cut

　과대전류 또는 용입 부족으로 모재가 파이는 현상

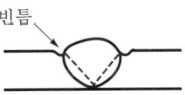

[Under Cut]

6) Pit

　용접부 표면에 생기는 작은 기포구멍

7) 용입 불량(Incomplete Penetration)

　용착금속의 융합 불량으로 완전용입이 되지 않은 상태

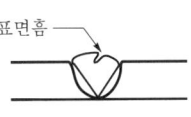

[Pit]

8) Fish Eye(은점)

　① Blow Hole 및 Slag가 모여 반점이 발생하는 현상

　② 용착음속의 파면에 나타나는 은백색을 한 생선 눈 모양의
　　 결함부

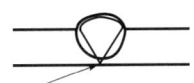

[용입불량]

9) Over Lap

　용착금속과 모재가 융합되지 않고 겹쳐지는 것

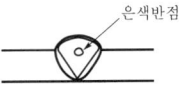

[Fish Eye]

10) 목 두께(Throat)불량

　응력을 유효하게 전달하는 용착금속의 두께가 부족한 현상

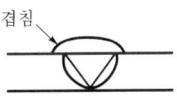

[Over Lap]

11) Over hang

　상향 용접 시 용착금속이 아래로 쳐져 내리는 것

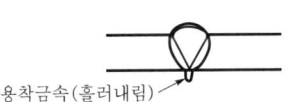

[Over Hang]

3. 용접 결함의 원인

　① 일정하지 않은 전류
　② 불규칙한 용접속도
　③ 기능공의 숙련도 부족
　④ 용접 재료(용접봉)의 불량(습윤 상태)
　⑤ 용접 개선면의 정밀도 및 청소 상태 불량

⑥ 급격한 용접에 의해 팽창, 수축 발생(예열 미실시)

⑦ 선 용접부위의 용접열에 의한 잔류응력의 영향으로 Crack 발생

⑧ Arc Strike[모재에 순간접촉으로 터짐(Crack), 기공(기포) 발생]

⑨ End Tab 미사용

4. 방지대책

1) 모재

① 미리 용접 부위에 예열을 하여 결함, 변형 방지

② 개선부의 정밀도를 확보하고 개선부의 유류, 먼지, 수분 등 불순물 제거

③ 용접 전 용접부위 청소 실시

④ 전체 가열법, 돌림용접 등 용접방법을 개선하여 잔류응력 최소화

⑤ Arc Strike를 금지시켜 용접결함 방지

⑥ 용접의 시작과 끝 지점에 End Tab을 연결시켜 용접하여 결함 방지

⑦ 용입 불량 및 용착금속 누출 방지용 Back Strip(뒷댐재) 설치

2) 용접공

① 용접 숙련도 확인 후 숙련 기능공 배치

② 용접 기능 미숙자 기술교육 실시

③ 용접 기능 유자격자 배치

3) 용접재료

① 적정 용접봉 사용(저수소계 용접봉 사용)

② 습기가 없는 건조한 곳에 용접봉 보관

4) 기후 등

① 고온, 저온, 고습, 풍우, 야간 등에는 작업 중단

② 0℃ 이하 용접 시 예열 및 후열 철저

③ 강풍 시 방풍시설 설치 후 작업

5) 기타

① 전압을 정기적으로 체크하고 적정 전류 · 전압 기계로 과대 전류 관리

② 빠른 용접속도는 용입 불량이 발생하므로 적정한 속도로 용접

③ 상향용접은 결함이 많이 발생하므로 억제

④ Rivet과 고력 Bolt를 병용하여 변형 방지 및 잔류응력 분산

5. 용접부의 검사 방법

1) 용접 착수 전 검사

① 트임새(개선, Groove) 모양 : Groove 형태, 개선 각도의 적합성 확인
② 구속법 : 부재의 역변형 방지, 각변형 회전변형의 구도 확인
③ 용접부 청소 : 용접부재의 청소 상태 확인
④ 용접 자세의 적부 : 하향 용접 자세와 안전한 자세 확인

2) 용접작업 중 검사

① 용접봉 : 적정 용접봉 사용, 습기가 없는 용접봉
② 운봉 : 용접선 위에서 용접봉을 이동시키는 동작을 검사
③ 전류의 적정 : 적정 전류를 체크하여 용접 결함 방지
④ 용접속도 : 동일한 속도 및 적당한 속도로 용접 결함 방지

3) 용접 완료 후 검사

(1) 외관검사(육안검사)

① 용접부 표면을 육안으로 검사하는 방법
② 용접 결함, 용접 변형과 Bead 외관의 양·부 검사
③ 숙련된 기술자 필요

(2) 절단검사

① 비파괴검사로 확실한 결과를 분석하기 어려운 부위를 절단하여 검사
② 절단된 부분의 용접 상태를 분석하여 결함을 검사

(3) 비파괴검사(N.D.T, Non Destructive Test, 강구조물 현장 시험)

① 방사선투과 시험(R.T, Radio-graphic Test)
  ㉠ 가장 널리 사용하는 검사 방법으로 X선, γ선을 투과하고 투과 방사선을 필름에 촬영하여 내부 결함 검출
  ㉡ 결함 검출 : Slag 감싸돌기, Blow hole, 용입 불량, 내부 균열(Crack) 등
  ㉢ 특징
    • 검사 상태 기록 보존 가능
    • 두꺼운 부재도 검사 가능
    • 검사장소 제한
    • 검사관에 따라 판정 차이가 큼(판독기술 필요)

② 초음파탐상 시험(U.T, Ultrasonic Test)

  ㉠ 용접 부위에 윤활유를 도포하고 초음파를 투입 브라운관 화면에 나타난 형상으로 내부 결함 탐상

  ㉡ 결함 검출 : 용접부위 두께 측정, Crack, Blow Hole, 슬래그 혼입 등

  ㉢ 특징

- 넓은 면을 판단
- 검사 속도가 빠르고 경제적
- 복잡한 형상의 검사는 불가능
- 검사 상태 기록성이 없음

③ 자기분말탐상 시험(MT, Magnetic Particle Test)

  ㉠ 용접부에 자력선을 통과하여 결함에서 생기는 자장에 의해 표면결함 검출

  ㉡ 결함 검출 : 용접부 표면균열 검출, 언더 컷, Crack, 흠집 등 검출

  ㉢ 특징

- 육안으로 외관검사 시 나타나지 않는 Crack, 흠집 등의 검출 가능(미세결함 검사)
- 기계장치가 대형
- 용접 부위의 깊은 내부 결함 분석 미흡

④ 침투탐상 시험(P.T, Penetration Test, Liquid Penetrant Test)

  ㉠ 용접 부위에 침투액을 도포하고 닦은 후 검사액을 도포하여 표면 결함 검출

  ㉡ 염색 침투탐상 시험과 형광 침투탐상 시험법이 있음

  ㉢ 결함 검출 : 용접부 표면결함 검출, 비철금속도 검출이 가능

  ㉣ 특징

- 검사가 간단
- 1회에 넓은 범위 검사
- 표면에 나타나지 않는 결함은 검출되지 않음

⑤ 와류탐상 시험(Eddy Current Test)

  ㉠ 용접 부위에 전기장을 교란시켜 결함을 검출하며, 자기분말탐상 시험과 유사하게 운용

  ㉡ 결함 검출 : 주로 용접부 표면결함 검출, 비철금속도 검출 가능

  ㉢ 특징

- 일반적으로 비접촉이며 시험 속도가 빠름
- 고온 시험체의 탐상 가능
- 시험결과의 기록·보존 가능

6. 결론

① 용접부의 결함은 구조물의 강도, 내구성 저하를 초래하여 구조물의 수명을 단축 시키고 안전상에 악영향을 미치므로 용접 전·중·후 전 과정에 걸친 결함을 파악하고 원인 분석 및 대책을 수립해야 한다.

② 용접 전 과정에 대한 철저한 품질관리를 통하여 양질의 시공과 안전한 작업으로 재해를 방지해야 한다.

Section 16 건설현장에서 전기용접 작업 시 안전대책 (재해 유형, 건강 장해)

1. 개요

① 건설현장에서 용접 시 발생하는 재해에는 감전, 화재, 중독, 추락 등 있으며 주로 접지 미실시, 전기기계의 결함으로 발생하고 있다.

② 발생 재해의 대부분이 중대재해와 직결되며 화재 및 재산상의 피해와 직업병도 유발시키므로 전기용접 작업 시 적절한 안전조치를 하여야 한다.

2. 전기용접의 재해유형

1) 화재, 폭발

① 용접, 용단작업 시 불꽃의 비산

② 가연성물질 등의 부근에서 용접 시 고열·불티에 의한 화재·폭발

2) 감전

① 젖은 영역에서 용접

② 파손된 케이블에 신체 접촉

③ 충전부 접촉에 의한 감전

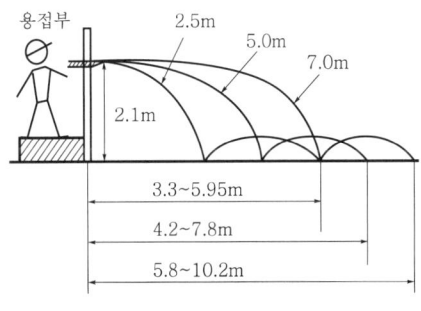

[용접 시 불꽃비산]

3) 중독, 질식

    ① 중금속(납, 망간, 마그네슘 등) 흡입

    ② 밀폐된 공간에서 피복 용접봉 등에 의한 가스 중독(환기 부족)

    ③ 유해가스 체류장소에서 중독 또는 산소 결핍 위험

4) 추락

    ① 고소 작업 시 용접자세 불량

    ② 고소에서 발의 헛디딤

    ③ 안전대 부착설비 미비 및 안전대 미착용

5) 직업병 발생

    ① 용접 흄, 유해가스, 유해광선, 소음, 고열에 의한 건강 장해

    ② 시력 장애, 호흡기 질환, 발암, 신경계 장애 등

3. 건강 장해(직업병)

1) 용접작업의 유해인자

    ① 흄(Fume) 발생 : 철이 용융되면서 산화철을 주성분으로 하는 미세한 소립자 발생

    ② 아크(Arc) : Arc는 유해광선을 발생시키고 특히 강한 자외선은 오존을 발생

    ③ 유해가스 : 오존, 질소산화물, 일산화탄소, 이산화탄소 등

    ④ 유해광선 : 용접 시 발생하는 아크광은 전광성 안염 유발

    ⑤ 소음 : 플라즈마 아크용접, 아크가우징 용접시 소음 발생

    ⑥ 고열 : 탱크 등 밀폐공간에서 발생

2) 건강 장해의 유형

  (1) 눈과 시력 장해

    ① 안염, 백내장, Arc Eye, 눈의 피로 등

    ② 용접광선(용접 Arc광 : 적외선, 가시선 등), 오존 등이 주원인

  (2) 호흡기 질환

    ① 폐기능 이상, 만성 기관지염 등

    ② 각종 흄과 가스 분진 등이 주원인

(3) 발암

① 폐암, 피부암, 기관지암 등

② 각종 흄, 가스, 유해광선 등이 주원인

(4) 신경계 장해

① 납, 망간, 마그네슘 중독으로 인한 불안, 의식불명, 감각 이상

② 납, 망간, 마그네슘, 가스 등이 주원인

(5) 위장. 간 장해

① 급성 위염, 위장. 간 자극, 스트레스성 위 질환 등

② 위장, 간을 통한 중금속의 흡수와 혈액을 통한 순환

(6) 피부질환

① 피부염, 화상 등

② 자외선, 니켈, 아연 등이 주원인

4. 안전대책

1) 주변 환경 정리

가연성 물질 등이 인접하여 잔류하지 않도록 용접작업 주변 환경 정리

2) 접지 확인

모든 전기 기계·기구에 접지를 실시 누전에 의한 감전 방지

3) 과전류 보호장치 설치

효과적인 과전류 보호장치 설치

4) 누전차단기 설치

감전 방지용 누전차단기를 설치하여 감전 방지

5) 용접봉의 홀더

K.S에 규격에 적합하거나 동등 이상의 절연내력 및 내열성을 갖춘 것 사용

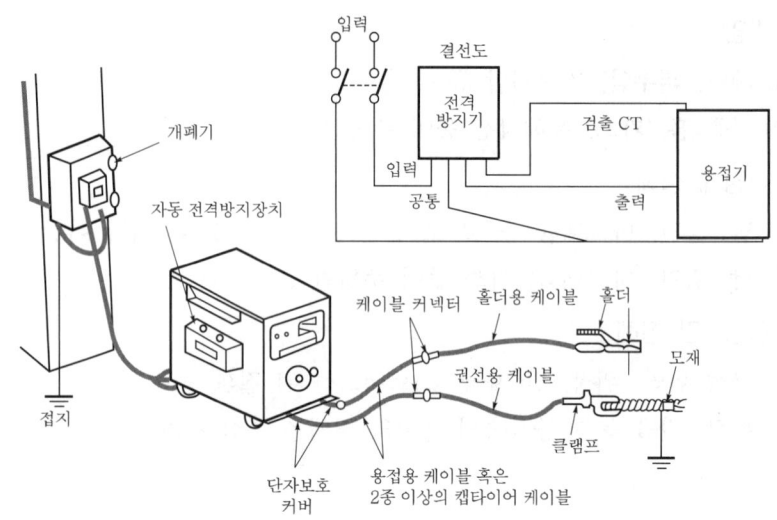

6) 젖은 영역에서 용접작업

절연장화를 착용하고 절연된 플랫폼에서 용접 실시

7) 용접, 용단 시 화재주의

불연재 울타리 설치 및 버미그라스로 주위를 덮은 후 용접

8) 좁은 장소(밀폐된 장소)에서 용접

용접 시 발생하는 가스(탄산가스) 제거용 배기장치(국소배기장치) 설치 운영

9) Arc 광선 차폐

용접 Arc에서 발생하는 광선에 타 작업자가 노출되지 않게 차폐(차단막)

10) 흄의 흡입 금지

건강 장해(직업병)의 원인이 되므로 흡입 방지를 위한 방독 마스크 등 착용

11) 안전시설

① 눈의 보호구(차광) : 차광안경, 보안면
② 화상 방지 보호구 : 용접용 장갑, 앞치마(Apron), 용접각반 등 보호구 착용
③ 호흡용 보호구 : 환경조건에 따라 송기 마스크, 방독 마스크 사용

12) 기타

① 파손된 케이블 사용 금지
② 세척작업장 근처에서 용접 금지 등

Professional Engineer Construction Safety

5. 용접작업 시 주변 안전조치

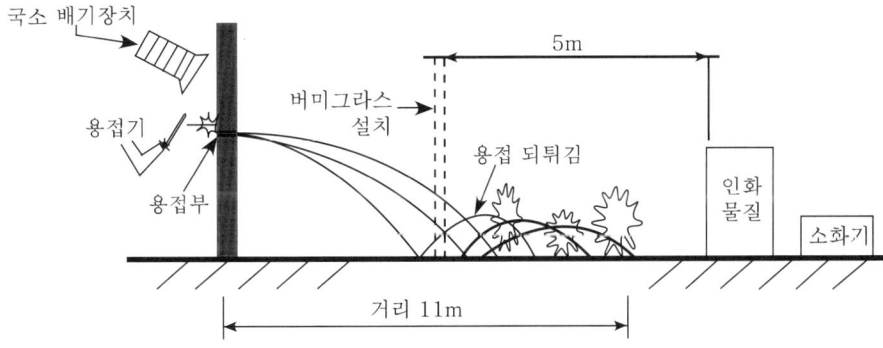

6. 결론

① 전기용접 시 발생하는 재해의 대부분은 감전재해로 인체보호형, 고감도형 누전차 단기 및 접지를 설치하여 감전재해를 예방하여야 한다.
② 전기용접 작업 시 발생하는 유해물질(흄, 아크)에 의한 재해와 직업병은 심각한 건강 장해를 유발시키므로 물질안전보건자료(MSDS) 비치 및 안전교육 실시로 재해와 직업병을 예방하여야 한다.

Section 17 가스용접 시 안전

1. 개요

① 가스용접 시 발생하는 화재 및 폭발 재해는 온도 상승 및 도관 파이프 파손에 의한 가스 누출에 기인하여 발생한다.
② 특히 고압 용기 사용에 따른 위험이 높아 폭발 화재 발생 시 인명 손상 등 대형 재해가 발생할 수 있으므로 철저한 관리대책이 필요하다.

2. 재해 유형

① 화재·폭발
② 추락·협착
③ 중독·질식

3. 재해원인

① 환기 시설이 부족한 밀폐공간에서 작업
② 기온 및 작업환경에 따른 온도 상승으로 폭발
③ 관리 및 점검 소홀에 의한 도관 파이프 누설
④ 불꽃 비산 설비 미흡
⑤ 관련 근로자 안전교육 미실시

4. 대책

① 밀폐공간에 대한 충분한 배기 및 환기장치 설치
② 불꽃 비산 방지용 버미그라스 등을 사용
③ 도관 파이프 작업 전 점검 철저
④ 보안면, 장갑, 각반, 치마 등의 보호구 착용
⑤ 유해물질에 대한 물질안전보건자료 현장 비치
⑥ 투입 작업자에 대한 특별 안전교육 실시

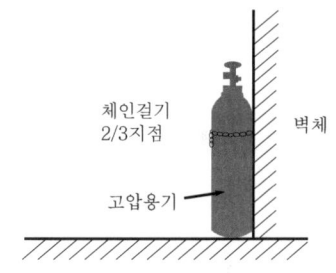

[가스용기 이동대차]

5. 가스용기 취급 시 주의 사항

① 충격 방지용 Cap 씌우기
② 용기온도 40℃ 이하로 유지
③ 전도 방지용 운반구사용 및 전도 방지 조치
④ 직사광선에 노출 방지(실내 및 차단막 설치)
⑤ 전용 위험물 보관 장소에 보관

6. 결론

가스용접 시 발생하는 재해는 주로 화재, 폭발 등 대형 사고로 인명 및 경제적 손실이 크기 때문에 검증된 용접기기를 사용하고, 적절한 환기 설비를 설치하여 안전사고를 최소화해야 한다.

Section 1   해체 공법의 종류 및 안전대책

1. 개요

① 종래 구조물의 해체공사는 해머와 브레이커를 사용, 전도에 의한 방법이 주로 채용되었으나 최근 안전과 공해를 고려한 공법의 필요성이 대두되어 이런 요소에 적절한 해체 공법의 선정 및 계획수립이 필요하다.

② 앞으로 더욱 늘어가고 있는 해체공사에 대응하기 위해서는 단독 공법보다는 2~3가지 공법을 혼용하여 시행하고 작업조건, 경제성, 공사기간, 안전성을 고려한 가장 효율 높은 공법을 선택해야 한다.

2. 구조물의 해체 요인

① 구조 및 기능의 수명한계
② 경제적 수명한계
③ 주거환경 개선
④ 도시정비 차원
⑤ 재개발 사업

3. 사전조사

1) 해체 대상 구조물 조사

① 구조의 특성 및 치수, 층수, 건물높이, 기준층 면적
② 평면 구성 상태, 폭, 층고, 벽 등의 배치 상태
③ 부재별 치수, 배근 상태, 구조적으로 약한 부분
④ 해체 시 전도 우려가 있는 내·외장재
⑤ 설비기구, 전기배선, 배관설비 계통의 상세 확인

⑥ 구조물의 노후 정도, 재해(화재, 동해 등) 유무

⑦ 증설, 개축, 보강 등의 구조변경 현황

⑧ 비산각도, 낙하반경 등의 사전 확인

⑨ 진동·소음·분진의 예상치 측정 및 대책방법

⑩ 해체물의 집적·운반방법

⑪ 재이용 또는 이설을 요하는 부재 현황

⑫ 기타 당해 구조물 특성에 따른 내용 및 조건

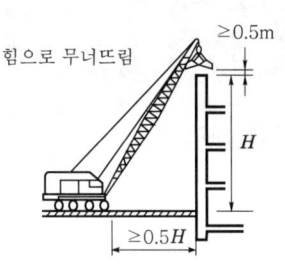

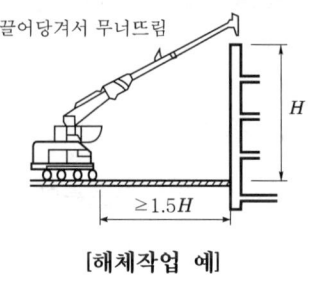

[해체작업 예]

2) 부지 상황 조사

① 부재 내 공지 유무, 해체용 기계설비 위치, 발생재 처리장소

② 해체공사 착수 전 철거, 이설, 보호가 필요한 공사 장애물 현황

③ 접속도로의 폭, 출입구 개수와 매설물의 종류 및 개폐 유지

3) 인근 주변 조사

① 인근 건물 동수 및 거주자 현황

② 도로 상황 조사, 가공 고압선 유무

③ 차량 대기장소 유무 및 교통량(통행인 포함)

④ 진동, 소음 발생 영향권 조사

4. 해체 공법의 종류 및 특징

1) 압쇄 공법

① 대형 중장비에 유압 압쇄기를 부착 콘크리트를 넣고 압쇄하는 공법

② 저소음, 저진동

③ 취급 조작이 용이

④ 해체물의 처리에 관계없이 계속 작업 가능하며 R.C 건물에 적합

⑤ 두께 20cm 이상 불가능

⑥ 분진 비산 방지를 위한 살수설비 필요

[압쇄기]

2) 대형 브레이커(Giant Breaker) 공법

① Hand Breaker와 같은 원리이며 압축공기나 유압에 의한 타격 파쇄

② 능률이 좋고 경제적

③ 소음이 크고 분진이 많이 발생
   (살수설비 필요)

④ 보, 기둥, 슬래브, 벽체 파쇄에 용이하며
   높은 곳 사용 가능

쇼벨계열
건설기계

대형 브레이커

[대형 브레이커]

3) 전도 공법

① 부재의 일부를 파쇄 또는 절단한 후 전도시켜 해체하는 공법

② 한 층씩 해체하고 전도축과 전도 방향에 유의

③ 전도 시 분진 비산 및 충격이 크다.

④ 위험 작업이므로 숙련된 작업원이 필요

4) 철 해머 공법(강구 공법, 타격 공법)

① 1~3ton의 강구(Steel Ball)를 이용해 그 충격력으로 구조물을 파괴하는 공법

② 소규모 건물에 적합하며 작업능률이 좋다.

③ 재래식 공법으로 소음과 진동이 크다.

5) 발파 공법(화약에 의한 파쇄법)

① 화약을 이용해 발파에 의한 충격파나 가스압력에 의해 파쇄하는 공법

② 대형 구조물, 암석 등의 파괴에 이용하며 발파력이 크다.

③ 파편 비산, 소음, 진동 등의 큰 공해 유발(도심지 사용 불가)

④ 발파 전문 자격자 필요

⑤ 매설물에 피해(영향)

6) 핸드 브레이커 공법(소형 브레이커 공법)

① 압축기(Compressor)를 이용 Hand Breaker의 반복 충격력으로 파괴

② 좁은 장소, 작은 부재의 파쇄에 용이하며 운반이 편리

③ 진동은 적으나 소음 및 분진이 많이 발생

④ 방진마스크, 보안경 등의 보호구 필요

7) 팽창압 공법

① 천공 후 구멍 속에 팽창제를 충전, 팽창압과 가스압력으로 파쇄하는 공법

② 도심지 해체공사에 유리(무근 콘크리트에 유리)

③ 무소음, 무진동 공법(저공해 공법)

④ 팽창재료가 고가

8) 절단(Cutter) 공법

① 회전원판(절단톱)을 고속 회전시켜 절단하는 공법

② 작업성이 우수하고 저진동, 분진이 없음

③ 2차 파쇄 필요(대형 해체 부재)

④ 기둥과 보등 접합부의 절단이 곤란하고 전력,
물 공급 필요

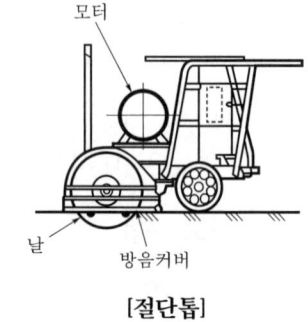

[절단톱]

9) 유압잭 공법

① 대형 유압잭을 슬래브와 슬래브, 보와 보 사이에 설치하고 유압을 이용해 밀어 올려 해체하는 공법

② 저소음, 저진동 공법으로 기동성, 시공성 우수

③ 잭 설치 시 숙련공 필요

④ 기둥과 기초 사이 시공 곤란

10) 폭파 공법(발파식 해체 공법)

① 구조물의 지지점마다 폭약을 설치하고 지발뇌관을 사용 순간적인 폭발로 파쇄물을 정확한 붕괴방향으로 유도하여 해체하는 공법

② 파쇄물이 안쪽으로 모여 들면서 구조물 해체

③ 소음, 진동, 분진공해 발생이 순간적

④ 재래식 공법 적용이 불가능한 구조물 해체 가능

11) 기타

① 쐐기 타입 공법 : 천공된 구멍에 쐐기를 넣어 파쇄

② 화염 공법 : 부재를 연소시켜 용해하여 해체

③ 통전 공법 : 구조체에 전기 쇼트를 이용하여 해체

5. 작업계획 수립 시 준수사항

1) 관계자 외 출입 금지

작업 구역 내에는 관계자 이외에는 출입 금지 조치

2) 악천후 시 작업 중지

구분	내용
강풍	10분간 평균 풍속이 10m/sec 이상
강우	1회 강우량이 50mm 이상
강설	1회 강설량이 25cm 이상
중진 이상의 지진	진도 4 이상의 지진

3) 그물망, 그물포대 사용

사용 기계·기구 등을 인양하거나 내릴 때 그물망 또는 그물포대 사용

4) 외벽 기둥 등의 전도 작업

외벽, 기둥 등을 전도시키는 작업 시 전도 낙하위치 및 파편 비산거리 등을 예측하여 작업반경 설성

5) 대피 확인

전도 작업 시 작업자 이외의 다른 작업자 대피 상태 확인 후 전도

6) 외곽 방호용 비계 설치

해체 건물 외곽에 방호용 비계 설치 및 해체물의 전도, 낙하, 비산의 안전거리 유지

7) 방진벽, 차단벽, 살수시설 설치

파쇄 공법의 특성에 따라 방진벽, 비산 차단벽, 분진 억제 살수시설 설치

8) 신호규정 준수

작업자 상호 간의 적정한 신호규정 준수와 신호방식 및 신호기기 사용법은 사전 교육에 의해 숙지

9) 적정한 위치에 대피소 설치

10) 각종 보호구 착용

① 분진 발생 시 방진마스크, 보안경 등의 착용
② Breaker 작업, 천공작업 시 귀마개, 귀덮개 등의 방호보호구 착용
③ 방음보호구 착용 시 차음 효과
  ㉠ 2,000Hz(일반 소음) : 20dB 차음 효과
  ㉡ 4,000Hz(공장 소음) : 25dB 차음 효과

6. 해체작업에 따른 공해 방지

1) 소음 및 진동

(1) 소음·진동기준 준수

공기압축기 등은 적당한 장소에 설치 및 장비의 소음·진동기준은 관계법에 따라 처리

① 건설소음 규제기준(단위 : dB)

[소음 규제치]

대상지역	대상소음	조석 (05:00~07:00 18:00~22:00)	주간 (07:00~18:00)	야간 (22:00~05:00)
1. 주거지역 등	공사장	60	65	50
2. 그 밖의 지역	공사장	65	70	50

1. 주거지역, 녹지지역, 관리지역 중 취락지구·주거개발진흥지구 및 관광·휴양개발진흥지구, 자연환경보전지역, 그 밖의 지역에 있는 학교·종합병원·공공도서관

② 진동치 규제기준(단위 : cm/sec)

건물 분류	문화재	주택/APT	상가	철근콘크리트 빌딩/공장
건물 기초에서의 허용 진동치	0.2	0.5	1.0	1.0~4.0

(2) 전도 공법의 경우

전도물 규모를 작게 하여 중량을 최소화하며 전도 대상물의 높이도 가능한 한 작게

(3) 철 해머 공법의 경우

해머의 중량과 낙하 높이를 최대한 낮게

(4) 부재의 해체 및 파쇄

① 현장 내에서는 대형 부재로 해체

② 장외에서는 잘게 파쇄

(5) 가시설 설치

인접건물의 피해를 줄이기 위해 방음·방진 목적의 가시설 설치

2) 분진 발생 억제

① 직접발생 부분 : 피라미드식, 수평살수식으로 물 뿌리기

② 간접발생 부분 : 방진시트, 분진차단막 등의 방진벽 설치

3) 지반침하에 대비

① 지하실 등 해체 시 : 해체작업 전에 대상건물의 깊이, 토질, 주변상황 등 고려

② 중기 운행 시 : 사용하는 중기 운행 시 수반되는 진동 고려

4) 폐기물 처리

해체작업 과정에서 발생하는 폐기물은 관계법에 의하여 고려

7. 결론

① 해체 공법은 사전조사를 통한 공해 및 주변 여건 및 환경을 고려하여 현장여건에 맞는 적정 해체 공법을 선택하여야 한다.

② 해체 공법은 우선적으로 안전 및 공해의 측면에서 검토되어야 하고 구조물의 해체는 무공해, 경제적으로 수행할 수 있는 공법개발을 위한 연구와 노력이 필요하다.

Section 2 | 해체공사에서 예상되는 재해 유형

1. 개요

해체공사는 대형 장비 사용으로 인한 강한 소음과 낙하, 추락, 붕괴, 도괴 등의 안전사고가 많이 발생하므로 충분한 사전조사를 실시해야 하며, 안전하고 공해가 적은 공법을 채택하여 공사를 실시해야 한다.

2. 해체공사 Flow Chart

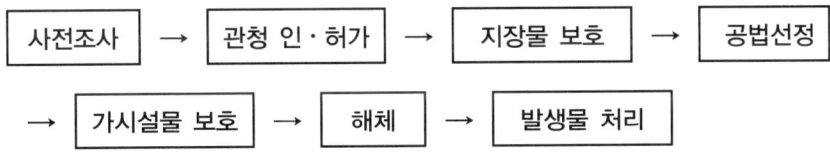

3. 재해 유형

1) 추락

① 고소·해체 작업 시 작업자 추락

② 고소·해체 작업 시 장비와 동반 추락

2) 낙하 · 비래

　① 해체 시 해체물(콘크리트 덩어리 등)의 낙하
　② 해체기계 기구 등의 비래

3) 감전

　① 해체 건설기계의 파손 전선에 접촉
　② 살수 등에 의한 누전으로 감전 내력 기능 상실, 경제적 수명 한계

4) 충돌 · 협착

　① 해체 작업 시 장비에 의한 협착
　② 해체 장비 이동 시 충돌
　③ 해체 시 전도 방향의 변동으로 해체물에 의한 협착

5) 붕괴

　① 해체 구조물 자체 내력상실로 붕괴
　② 해체 순서 무시로 인한 붕괴

6) 기타 지하매설물 파손 등

Section 3 ## 해체공사에서 절단톱 사용 시 준수사항

1. 개요

절단톱 공법이란 해체공사 시 회전날 끝에 다이아몬드 입자를 혼합 경화하여 제조된 절단톱으로 기둥 · 보 · 바닥 · 벽체를 적당한 크기로 절단하여 해체하는 공법을 말한다.

2. 사전조사

　① 해체 대상 구조물 조사 : 구조의 특성 및 치수, 층수, 건물높이, 기준층 면적
　② 부지 상황 조사 : 부지 내 공지, 장애물 등
　③ 인근 주변 조사 : 인근 건물, 거주자, 고압선 등

3. 절단톱의 특징

1) 장점

① 규격화된 해체 가능

② 작업성이 양호하며 해체 부재 운반 용이

③ 저진동·저분진

④ 건물 내부 작업으로 가설 시설비 절감

⑤ 기계 대수에 따라 작업 일정 자유로이 조절

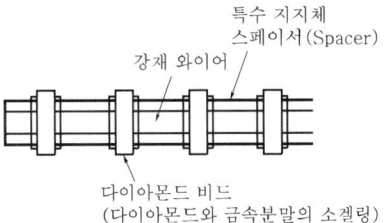

2) 단점

① 2차 파쇄 필요(대형 절단부재)

② 절단 시 소음 발생(회전음)

③ 접합부는 절단 곤란(기둥과 기초 등)

④ 전력 및 물의 공급 필요(냉각수)

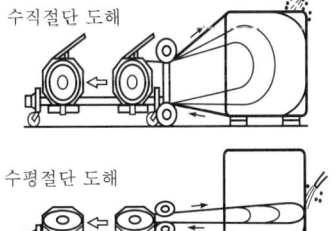

[절단톱의 구조 및 절단방법]

4. 절단톱 사용 시 준수사항

① 정리정돈 : 작업환경은 철저하게 정리정돈 실시

② 시설·설비의 정비·점검 : 절단기에 사용되는 전기, 급수, 배수설비를 수시로 정비·점검

③ 접촉 방지 커버 부착 : 회전날에는 접촉 방지 커버 부착

④ 작업 전 안전 점검 : 회전날의 조임 상태는 작업 전 안전점검 실시

⑤ 작업 중단 : 절단 중 회전날의 냉각수 점검 및 과열 시 일시 중단한 후 작업 실시

⑥ 절단 기준 : 절단방향은 직선 기준하여 절단하고 절단이 안 될 경우 최소 단면으로 절단

⑦ 절단기 점검·정비 : 절단기의 매일 점검·정비 및 회전 구조부 윤활유 주유

5. 결론

절단톱 작업 시 회전날 비산에 의한 사고 발생 위험이 크므로 작업자는 접촉 방지 커버 부착 및 조임 상태를 사전에 점검하고 주변 정리정돈를 철저히 하여 회전날로 인한 안전사고를 예방해야 한다.

발파식 해체 공법(폭파 공법)

1. 개요

① 발파식 해체 공법(Explosive Demolition Method)이란 구조물의 각 지지점에 폭약을 설치하고 지발뇌관을 이용 순간적인 폭발로 파쇄물을 해체하는 공법이다.

② 고층 빌딩이나 아파트 등 기존의 압쇄기 공법이 불가능하거나 철거대상 구조물에 균열이 심하여 철거 시 붕괴 및 함몰위험이 있어 인명피해가 우려되거나 기울음이 심할 때 안전하게 구조물을 해체할 수 있는 공법이다.

2. 발파식 해체 공법의 필요성

1) 난공사일 경우

초고층 빌딩, 고층 아파트 등 기존의 재래식 해체 공법으로는 시공이 불가능하거나 난공사 우려 시

2) 불안전한 구조물

해체 대상 구조물이 불안전하게 기울었거나 구조물 자체에 심한 균열로 재래식 공법으로는 장비 및 인명피해가 우려 시

3) 주변 악영향

재래식 해체 공법으로 시공 시 진동, 분진, 소음 등 주변 환경 및 구조물에 심각한 영향 발생 우려 시

4) 특수 구조물 해체

특수 교량, 선박, 공장, Tower 등 특수 구조물 해체 시

3. 사전조사

1) 해체 대상 구조물 조사

구조의 특성 및 치수, 층수, 건물높이, 기준층 면적 외

2) 부지상황 조사

부지 내 공지 유무, 해체용 기계설비 위치, 발생재 처리장소 외

3) 인근 주변 조사

인근 건물동수 및 거주자 현황 외

4. 발파식 해체 공법의 특징

1) 장점

① 재래식 공법 적용이 불가능한 구조물 해체 가능

② 공기단축(1회 발파 완료)

③ 소음, 진동, 분진공해의 순간적 발생, 소멸

④ 주변 시설물에 대한 피해 최소화

⑤ 지발뇌관을 이용 일정한 시간차를 두고 발파 시행

2) 단점

① 공사비 증가

② 인·허가 복잡

③ 발파장소에 제약(주변 환경 고려)

5. 발파 공법 Flow Chart

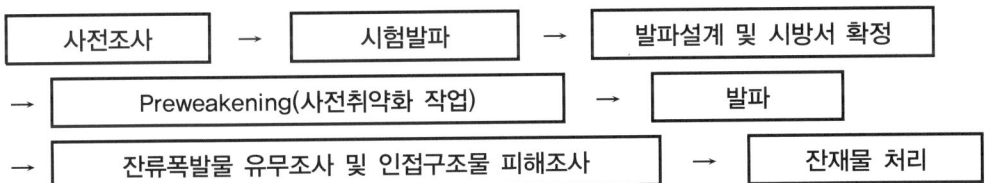

6. 발파 공법 작업순서

1) 사전조사

① 구조물에 따른 공사내용의 파악

② 취약 구조물 및 분진, 진동, 소음 등으로 인한 주변 환경 조사

③ 주변 환경 영향권 분석

2) 시험발파

시험발파 대상 부위의 파쇄로 구조물의 안전성 검토

3) 발파설계 및 시방서 확정

① 천공, 장약 결정 및 지발뇌관의 시차 결정

② 붕괴순서 및 방향 결정

③ 안전보호 대책, 각종 공해 대책 및 안전보장보험 가입

4) Preweakening(사전 취약화 작업)

① 구조물 일부분을 사전 파쇄 실시

② 사전 파쇄작업 미흡 시 붕괴거동이 계획대로 이루어지지 않을 수 있음

③ Preweakening 목적

  ㉠ 구조물 주요 부위에 장약된 폭약의 발파효과를 높임

  ㉡ 구조물의 용이한 붕괴와 계획된 방향과 장소로 전도 유도

5) 발파

① 천공 → 장약 → 발파(공인기관에서 발파진동 발생 측정)

② 발파 1시간 전까지 주민대피 및 만일의 사태에 대비하여 구급차, 소방차 동원

③ 안전 확인, 대피확인, 위험요인 제거 확인 후 발파

6) 잔류 폭발물 유무 조사 및 인접 구조물 피해 조사

① 발파 후 안전 확인 후에도 15분 전까지 관계자 외 출입 금지

② 발파 후 15분 이내 불발 유무 점검 등 안전성 여부 확인

③ 인접 구조물에 대한 피해조사

7) 잔재물 처리

① 잔재물 분쇄

② 잔재물 선별 운반 및 분진 발생 억제

7. 재래식 공법과 발파식 해체 공법의 비교

구분	재래식 공법	발파식 해체 공법
원리	압력, 충격, 진동	지지점 절단, 자중 이용, 시간차 폭발
사용 기계	대형 중장비	소형 천공기, 착암기
작업 특성	비계 설치, 작업공간 필요	건물 내부에서 안전하게
공사 기간	길다.	짧다.

구분	재래식 공법	발파식 해체 공법
주변 환경 영향	소음, 진동, 분진이 장시간	30분~1시간 주민 대피
경제성	5층 이하 저층 경제적	고층으로 갈수록 경제적

8. 안전대책

1) 출입 금지

작업 구역 내 관계자 외 출입 금지

2) 악천후 시 작업 중지

구분	내용
강풍	10분간 평균 풍속이 10m/sec 이상
강우	1회 강우량이 50mm 이상
강설	1회 강설량이 25cm 이상
중진 이상의 지진	진도 4 이상의 지진

3) 방호용 비계 설치

해체 건물 외곽에 방호용 비계 설치 및 해체물의 전도, 낙하, 비산의 안전거리 유지

4) 방진벽, 차단벽, 살수시설 설치

파쇄 공법의 특성에 따라 방진벽, 비산 차단벽, 분진억제 살수시설 설치

5) 신호규정 준수

작업자 상호 간의 적정한 신호규정 준수와 신호방식 및 신호기기 사용법은 사전 교육에 의해 숙지

6) 대피소 설치

적정한 위치에 대피소 설치

7) 화약발파의 안전

(1) 화약류 취급

① 화약류 운반, 작업 시 충격 또는 낙하에 유의
② 화약류 부근 화기 취급 금지(담배 등)
③ 화약류 보급소를 설치, 관계자 외 출입 통제(표지판 설치)

　　(2) 유의사항

　　　① 장약 전 해체 구조물 주변에 누설전류와 발화성 가스 유무 확인

　　　② 전기뇌관 결선 시 결선부위는 절연 테이프로 방수 및 누전 방지

　　　③ 도화선 연결 상태 사전점검

　8) 각종 보호구 착용

　　　① 분진발생 시 방진마스크, 보안경 등의 착용

　　　② 브레이커 작업, 천공작업 시 귀마개, 귀덮개 등의 방음보호구 착용

　　　③ 방음보호구 착용 시 차음효과

　　　　㉠ 2,000Hz(일반 소음) : 20dB 차음효과

　　　　㉡ 4,000Hz(공장소음) : 25dB 차음효과

9. 해체작업에 따른 공해 방지

　1) 소음 및 진동

　　(1) 소음 · 진동 규제기준

　　　① 건설소음 규제기준(단위 : dB) 준수

　　　② 진동치 규제기준(단위 : cm/sec) 준수

　　(2) 부재의 해체 및 파쇄

　　　① 작업 현장 내 대형 부재로 해체

　　　② 현장에서 잘게 파쇄

　　(3) 인접건물의 피해 최소화

　　　인접건물의 피해를 줄이기 위해 방음, 방진 목적의 가시설 설치

　2) 분진발생 억제

　　　① 직접발생 부분 : 피라미드식, 수평살수식으로 물 뿌리기

　　　② 간접발생 부분 : 방진시트, 분진차단막 등의 방진벽 설치

　3) 폐기물 처리

　　　해체작업 과정에서 발생하는 폐기물은 관계법에 의하여 처리

10. 결론

　　　① 최근 자주 사용되는 발파식 해체 공법은 해체 효율면에서 기존 해체 공법에 비해
　　　　우수한 공법이지만 폭약 사용에 대한 안전상 대책을 세밀하게 수립하여야 한다.

② 건물 해체 시 잘못된 붕괴로 주면 구조물에 피해를 끼칠 우려가 있으므로 붕괴 시 거동에 대한 예측을 위해 시뮬레이션(Simulation) 방법 등을 도입하고 안전한 발파·해체 공법에 대한 연구, 개발이 필요하다.

Section 5 **건설현장에서 발파작업 시 안전대책**

1. 개요

① 건설현장에서 화약류나 발파 기재의 수송, 취급, 보관 및 사용은 충분한 경험이 있는 유자격자가 지휘·감독을 하여야 하며 특히, 화약류 취급 시에는 제반 규정을 철저히 준수하여야 한다.

② 발파작업을 안전성 우선으로 시행하기 위해서는 사전조사부터 잔재물 처리까지 전 과정에 대한 철저한 계획 수립이 중요하며 발파 시 안전관리자를 선임하여 안전관리에 유의하여야 한다.

2. 재해 유형

1) 충돌 및 협착

① 천공작업 시 천공장비(차량)와의 협착
② 천공장비 이동 시 충돌

2) 추락

① 천공 및 장전 시 작업 플랫폼 미설치
② 안전장구(안전대 등) 미착용

3) 낙석·낙반

① 천공작업 시 낙석
② 발파작업 시 낙반

4) 발파사고

① 대피 확인 및 필요한 방호조치 미흡
② 임시 대피장소 설치 등 미흡

5) 폭발사고

① 발파 후 잔류화약 미확인

② 가스 폭발(발파 후 유독 가스 발생)

③ 화약류 보관 미흡

3. 발파작업(전기발파) 시공순서 Flow Chart

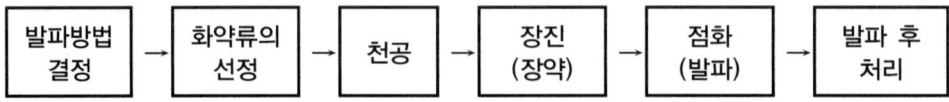

4. 발파작업(전기발파) 시공순서

1) 발파방법 결정

① 전기발파 시행 시 사전에 발파방법 결정

② 사전에 미주전류(迷走電流, Stray Current : 'Stray'란 단어의 의미가 '헤매고 있다. 방황한다.'란 뜻이다. 토양환경 또는 해수 중에 이리저리 흐르고 있는 모든 전류를 뜻한다.)의 유무를 검사하고, 미주전류가 있는 장소에서는 전기발파 금지

③ 발파방법에 따라 충분히 검토 후 가장 효과적인 방법 채택

④ 단발발파, 제발발파, M.S(Milli-Second)발파, D.S(Desi-Second)발파 등이 있다.

2) 화약류의 선정

① 화약류의 선정은 반드시 전문가에 의하여 결정

② 화약류 선정 시 고려사항

㉠ 발파현장 상황

㉡ 암석의 단단함

㉢ 화약류의 성능 및 경제성

3) 천공

① 천공구멍의 크기는 사용할 화약류의 직경보다 크게

② 일차 발파된 지역에서 천공 시 발파 때 잔류된 불발화약류의 유무를 확인하고 이전의 천공구는 이용하지 말 것

③ 불발된 장전구멍에서부터 15m 이내에서는 동력기계를 이용한 천공작업 금지

④ 천공작업과 장전작업은 일반적으로 동일 지역에서 병행 금지

⑤ 천공작업으로 발생되는 먼지는 습식으로 제거

⑥ 작업원의 추락 우려 시 작업발판을 비치하고 안전벨트를 착용

⑦ 천공 작업 중에는 안전관리자 배치

⑧ 천공 작업자에게 안전모, 안전마스크, 보안경, 안전장갑, 귀마개 등의 개인 보호구 지급

4) 장전(장약)

① 폭약 장전 시 발파구멍 바닥까지 충분히 청소

② 전회 발파공 사용 금지

③ 장전 장소 및 인접장소에서 전기용접 등의 작업 병행 금지(화기주의)

④ 천공작업이 완료된 후 장약작업을 실시하고, 천공·장약의 동시작업 금지

5) 점화(발파)

① 발파작업 지휘자의 지휘에 따라서 점화

② 발파시계를 작동시키거나, 측정용 안선 노화선에 점화

③ 점화신호에 따라서 확실하게 점화

④ 1인 점화 개수

㉠ 도화선 길이가 1.5m 이상일 때는 10발 이내

㉡ 도화선 길이가 0.5m 이상 1.5m 미만일 때는 5발 이내

㉢ 도화선 길이가 0.5m 미만일 때는 1발

⑤ 안전관리자는 모든 근로자의 대피 확인 및 필요한 방호조치 후 발파

6) 발파후 처리

(1) 발파모선 분리

발파 후 즉시 발파모선을 발파기에서 분리·단락시켜 재점화 방지

(2) 발파 후 접근시간

① 5분 경과 후 : 지발전기뇌관 발파 시

② 15분 경과 후(지발전기뇌관 이외의 발파 시)

㉠ 갱(터널) 내에서 발파에 의한 유해가스 위험을 제거(환기)

㉡ 천정, 측벽 기타의 암반 등에 대해 안전을 확인한 후 접근(부석 제거 후)

③ 30분 이상 경과 후 : 대발파 시

(3) 불발 시(불발화약류 발견 시)

① 회수할 수 없을 때 : 불발공에서 40cm 이상(인력굴착 시 30cm 이상, 기계굴착 시 60cm 이상) 수평천공하여 발파

② 회수할 수 있을 때

　㉠ 불발공에 물을 흘려 넣어 화약류 회수(수압에 의해 제거 방식)

　㉡ 불발공에 압축공기를 불어넣어 화약류 회수

5. 화약류의 취급(화약류의 취급 시 주의사항)

1) 충격 금지

화약류는 충격 및 두드림, 던지거나, 떨어뜨리지 않도록 항상 주의

2) 취급

화약류는 화기부근, 그라인더를 사용 시 근접해서 취급 금지

3) 흡연

화약류 주변에는 흡연 절대 금지

4) 화약상자 취급

화약류가 들어있는 상자를 열 때 철제기구 등으로 억지로 개폐 금지

5) 전기뇌관

전기뇌관은 전지, 전선, 모터, 기타 전기설비, 레일, 철제류 등에 접촉 금지

6) 보관

방수 처리를 하지 않은 화약류는 습기가 있는 곳에 두지 말 것

7) 수납용기

화약류 수납용기는 나무 또는 전기 부도체로 만든 견고한 구조로 할 것

8) 종류별 수납

화약, 폭약 또는 도폭선과 화공품(도폭선 제외)은 각각 다른 용기에 수납

9) 굳어진 폭약

굳어진 폭약은 반드시 딱딱한 것을 부드럽게 풀고 나서 사용

10) 발파현장 출입

발파현장에는 여분의 화약류를 들고 들어가지 말 것

11) 잔여 화약류 보관

　　잔여 화약류는 발파현장에 남겨두지 말고 신속하게 화약 취급소에 보관

12) 도난, 과부족 주의

　　화약류 취급 시 항상 도난에 주의하고 과부족이 발생하지 않도록 주의

6. 발파작업 시 안전대책

1) 발파작업에 대한 처리

　　천공, 장전, 점화, 불발 잔약의 처리 등은 선임된 발파 책임자가 할 것

2) 작업 지휘

　　발파 면허를 소지한 발파 책임자의 작업 지휘 하에 발파작업 시행

3) 발파시방 준수

　　장약량, 천공장, 천공구경, 천공각도, 화약종류, 발파방식은 발파시방 준수

4) 암질 변화구간 발파

　　시험발파를 선행하여 실시하고 암질에 따른 발파시방 및 발파 영향력 검토

5) 암질 변화구간 및 이상 암질의 출현 시 반드시 암질판별 실시

　　① R.Q.D(%)
　　② R.M.R(%)
　　③ 일축압축강도(kg/cm^2)
　　④ 탄성파 속도(km/sec)
　　⑤ 진동치 속도(cm/sec=Kine)

[암질의 분류]

시험방법 암질의 분류	R.Q.D	R.M.R	일축압축강도	탄성파 속도
풍화암	<50	<40	<125	<1.2
연암	50~70	40~60	125~400	1.2~2.5
보통암	70~85	60~80	400~800	2.5~3.5
경암	>85	>80	>800	>3.5

6) 발파시방 변경 시

반드시 시험발파를 실시하고 진동파속도, 폭력, 폭속 등의 조건에 맞는 적정한 발파 시방서 작성

7) 진동치 기준

주변 구조물 및 인가 등 피해 대상물이 인접한 위치의 발파는 진동값 속도 0.5m/sec 이하 유지

[발파 허용 진동치(cm/sec)]

건물 분류	문화재	주택 · APT	상가	철근콘크리트 빌딩 · 공장
건물기초에서의 허용 진동치	0.2	0.5	1.0	1.0~4.0

8) 터널의 경우(NATM 기준) 계측관리

① 지속적 관찰에 의한 보강 대책 강구
② 이상 변위 발생 시 작업중단 및 장비, 인력 대피 조치
③ 계측관리 사항
  ㉠ 내공 변위 측정
  ㉡ 천단 침하 측정
  ㉢ 지중, 지표 침하 측정
  ㉣ Rock Bolt 축력 측정
  ㉤ Shotcrete 응력 측정(복공 응력 측정)

9) 화약 양도 · 양수

화약 양도 · 양수 허가증을 정기적으로 확인하여 사용기간, 사용량 등을 확인

10) 작업자의 안전 도모

작업 책임자는 발파작업 지휘자와 발파시간, 대피장소, 경로 방호방법에 대한 협의로 작업자의 안전 도모

11) 붕괴 방지 실시

낙반, 부석의 제거가 불가능할 경우 부분 재발파, Rock Bolt, Fore Poling 등의 붕괴 방지를 실시(Fore-Poling의 재질은 Pipe 사용 시 직경은 30~40mm, 철근 사용 시는 25~36mm를 사용하며, 풍화암 이하의 균열이 심하게 발달된 지반에서는 '붕락 방지용'으로 사용한다)

12) 발파작업 시 유의사항

① 적절한 경보 및 근로자와 제3자의 대피 등의 조치를 취한 후 실시

② 발파 후에는 불발 잔약의 확인과 진동에 의한 2차 붕괴 여부를 확인

③ 낙반, 부석 처리 완료 후 작업 재개

13) 화약류 운반 시 준수사항

① 화약류는 화약류 취급 책임자로부터 수령

② 화약류 운반은 반드시 운반대나 상자를 이용하여 소분하여 운반

③ 용기에 화약류와 뇌관을 함께 운반 금지

④ 화약류, 뇌관 등은 충격을 주지 말고 화기에 근접 금지

⑤ 발파 후 굴착 작업 시 반드시 불발 잔약의 유무 확인

7. 결론

① 건설현장에서 발파로 인하여 주변 구조물의 피해 발생 우려 시 주변 상태와 발파위력을 충분히 고려한 계획, 시험발파에 의한 안전성 검토 후 발파작업을 실시하여야 한다.

② 발파작업 시 발생하는 재해는 대형 사고로 이어지므로 발파면허를 소지한 발파책임자의 작업 지휘하에 발파작업을 시행하고, 적정한 발파 방법을 채택하여 재해를 예방해야 한다.

Section 6 발파작업 시 진동 및 파손의 우려가 있을 때 통제사항

1. 개요

발파작업 시 진동 및 파손의 우려가 있을 때에는 주변 상태와 발파 위력을 충분히 고려한 계획, 시험 발파에 의한 안전성 검토 등 규정에 따라 통제해야 한다.

2. 진동 및 파손의 우려 시 통제사항

1) 발파작업 계획 수립

수중 구조물, 건물 및 기타 시설 내 또는 인근에서 발파작업을 할 때에는 주변 상태와 발파 위력을 충분히 고려하여 계획

2) 안전성 검토

도심지 발파 등 발파에 주의를 요하는 곳은 실제 발파 전 공인기관 또는 이에 상응하는 자의 입회로 시험발파를 실시하여 안전성 검토

3) 작업내용과 통제조치의 통고

수중 구조물, 건물 및 기타 시설 내 또는 인근에서 발파작업 시 필요한 경우 소유자, 점유자 그리고 그 주위에 통고

4) 발파구간 인접 구조물에 대한 피해 및 손상 예방

① 발파 허용 진동치에 의한 값을 준용

② 발파 허용 진동치(단위 : cm/sec)

건물 분류	문화재	주택/APT	상가	철근콘크리트 빌딩/공장
건물 기초에서의 허용 진동치	0.2	0.5	1.0	1.0~4.0

㉠ 기존 구조물에 금이 있거나 노후 구조물 등에 대해서는 위의 표의 기준을 실정에 따라 허용범위를 하향 조정

㉡ 이 기준을 초과할 때에는 발파를 중지하고 그 원인을 규명하여 적정한 패턴(발파기준)에 의하여 작업 재개

5) 진동의 검사·기록·해석

진동의 검사, 기록 그리고 해석은 발파작업 책임자가 실시

6) 지발뇌관 및 저폭속 화약류의 사용

발파진동의 경감과 발파효과의 상관관계를 고려하여 지발뇌관 및 저폭속 화약류를 사용

7) 자유면의 이용

적정한 최소저항선과 장약량을 가지고 가급적이면 많은 자유면을 이용

8) 폭발음의 경감

토제 등을 쌓거나 풍향·풍속을 고려하고 지발전기 뇌관을 이용

9) 이상 현상에 주의

진동과 소음을 줄이기 위해 정상적인 약량보다 적게 할 때에는 고압가스의 분출 등 이상 현상에 주의

Section 7 전기뇌관 지발효과

1. 정의

① 전기뇌관이란 금속제의 관체에 기폭약과 첨장약을 채워넣고, 전기 점화장치를 장착한 것으로 폭약을 기폭시키기 위해 이용하는 것을 말한다.

② 지발효과란 점화약과 기폭약 사이에 언시약을 삽입하여 점화힌 후에 그 언시약의 연소시간만큼 늦게 점화하도록 한 것이다.

2. 뇌관

1) 뇌관(Detonator)

도화선의 열로 폭약을 기폭(起爆)시키는 도화선의 끝에 연결뇌고 폭악 속에 삽입된 관

2) 뇌관의 종류

(1) 공업용 뇌관

금속제의 관체에 기폭약과 첨장약을 채워넣고 도화선을 이용하여 폭약을 기폭시키는 것

(2) 전기식 뇌관

금속제의 관체에 기폭약과 첨장약을 채워 넣고 도화선 대신 전기 점화장치를 장착하여 전선에 저압전류를 흘려서 기폭시키는 뇌관

(3) 비전기식 뇌관

천둥, 번개 시 낙뢰나 고주파전압 등에 의한 발화를 방지하기 위하여 개발된 뇌관

3. 전기식 뇌관

1) 순발 전기뇌관

① 통전과 동시에 발화하여 직접 기폭약에 점화되는 것
② 시간격차가 필요 없음

2) 지발 전기뇌관

(1) 특징

점화장치와 기폭약 사이에 연시약을 장진하여 폭발시키며 연시약의 종류와 길이를 바꾸어 자유롭게 지연발파에 대한 시간을 가감

(2) 종류

① D.S(Desi-Second) 전기뇌관

㉠ 기폭약이 폭발할 때까지의 시간격차가 1/10초 이상의 것

㉡ 단 간격은 0.25초

② M.S(Milli-Second) 전기뇌관

㉠ 기폭약이 폭발할 때까지의 시간격차가 1/100초 이상의 것

㉡ 폭발 간격은 0.025초

㉢ M.S의 폭발효과

- 진동이 경미해서 암반의 이완이 없다.
- 폭음이 적다.
- 인접 발파공을 압괴시키지 않는다.
- 잔유약이 없고 암석이 적게 파쇄된다.
- 파쇄체의 쌓임이 좋다.
- 암분이 적어 위생상 좋다.

(3) 용도

탄광, 광산, 토목 등에 광범위하게 이용

4. 지발효과

1) 정의

발파 후 인접부재들이 정확한 붕괴방향으로 거동되도록, 지발뇌관을 사용, 구역별로 일정한 시간차를 두고 폭발시키는 것이 효과적이라는 이론

2) 지발효과의 시차

① 8ms 이상의 시차에서는 지발효과가 없다.

② 17ms 이상의 시차에서 지발효과

③ 보통 0.1~0.5초 정도의 시차가 적당

3) 고려사항

① 붕괴 거동시간 확보

② 충격진동 영향 고려

Section 8 발파작업 시 발파 후 처리방법

1. 개요

① 발파작업은 추락, 낙석, 낙반, 발파, 폭발사고의 위험이 높아 안전에 유의하여 작업하여야한다.

② 특히 불량화약, 부실발파로 미발파에 의한 안전사고의 위험이 있으므로 안전한 발파 후 처리로 재해를 방지하여야 한다.

2. 발파시 재해 유형

① 추락

② 충돌, 협착

③ 낙석, 낙반

④ 발파사고

⑤ 폭발사고

3. 발파 후 처리

1) 발파모선 분리

발파 후 즉시 발파모선을 발파기에서 분리, 단락시켜 재점화 방지 초치

2) 정화 후 폭발하지 않거나 폭발 여부가 불분명할 때 현장 접근 금지

① 지발전기뇌관 발파 시는 5분

② 그밖의 발파 시는 15분

③ 대발파 시는 30분 이내

3) 불발 시 준수사항

① 불발공에서 40센티미터 이상(인력굴착 30센티미터 이상, 기계굴착 시 60센티미터 이상) 이격하여 수평천공하고 발파하여 처리

② 불발공에 물을 흘려 넣거나 압축공기로 전색물과 화약류 제거

③ 불발약은 다음 교대 시 그대로 인계하여서는 안 된다. 불가피한 상황에서 인계 시 상세히 알려주고, 확실한 표시를 하여 작업에 위험을 방지해야 한다.

4) 전선 및 기타 기재 수납

전선 및 기타 기재는 확실하게 수납 처리

4. 전기뇌관 불발의 원인

대원인	소원인
발파회로의 뇌관이 1발도 발화하지 않음 (도통 불량)	• 모선과의 결선을 누락 • 기폭약포를 장전 시 각선의 단선 상태
	• 발파모선 보조모선의 단선 상태 • 각선의 단선 상태
발파회로 전체의 뇌관중 1발밖에 발화되지 않음	• 결선부의 벗김 또는 단락 • 불발이 된 뇌관의 결선 탈락 • 기폭약포 장전 시 각선을 손상시켜 단락
발파회로의 산발적 불발	• 발파기의 출력 부족 • 발파기의 규격용량 이상의 발파 시 • 모선의 단락 상태 • 결선부가 녹슬어 있을 때 • 흙, 진흙, 암분이 결선부에 묻어 있을 때 • 결선부가 침수되었을 때 • 타사 제품의 뇌관과 혼용 사용 시
발파회로내 발파모선에 가까운 것은 발화하고 회로의 가운데에서 뇌관 불발	• 결선부가 물에 잠기거가 특히 모선 발파회로 결선부가 침수되었을 때
발파모선의 결선위치와는 관계없으며 때로는 특정부분의 뇌관이 불발	• 발파회로의 특정부분이 침수 되었을 때 • 결선 착오
근접공발파의 영향에 의해서 뇌관 불발	• 천공 간격이 비교적 가까울 때 • 발파공 부근암석에 균열, 처리, 단층이 있을 때 • 수중발파를 할 때

5. 전기뇌관 불발 대책

원인	대책
결선부의 접촉	결선부가 상호 접촉되지 않도록 예를 들면 결선부에 비닐 테이프를 감는다.
각선피복이 찢김	기폭약포 장전 중 각선을 상하지 않게 주의한다.
결선부가 물에 접촉	결선부에 비닐테이프를 감는다.

6. 전기 발파작업 시 불발공의 처리방법

1) 기존 법규 규정 준수

기존 법규나 규정을 준수하고 처리규정이 없을 때 한 시간 이상 대기한 다음 처리

2) 재발파

① 저항 측정기를 사용하여 불발공의 회로를 점검

② 이상이 없으면 발파회로에 다시 연결히여 재발파

③ 불발공이 단락되어 있으면 압축공기나 물로 제거한 다음 기폭 약포를 재장전하여 발파

3) 뇌관, 폭약 임의 매립, 폐기 금지

불발공으로부터 회수한 뇌관이나 폭약은 모두 제조업자의 시방에 따라 처리하여야 하며 임의로 매립하거나 폐기하여서는 안 된다.

4) 불발 방지 대책 수립

① 불발원인을 조사할 때에는 공정하고 객관적인 입장에서 조사

② 원인을 규명한 후 이를 기록하여 불발 방지 대책 수립

Section 1 콘크리트 교량의 가설공법(설치공법)과 안전

1. 개요

① 교량은 상부구조와 하부구조로 구성되며, 가설공법은 현장타설 공법과 Precast 공법으로 나눌 수 있다.

② 교량의 공사는 고소작업 및 중량물 취급 작업으로 인해 여러 형태의 재해가 복합적으로 발생하는 경우가 많으며, 재해 발생 시 중대 재해로 직결되므로 안전관리에 유의하여야 한다.

2. 교량의 구조

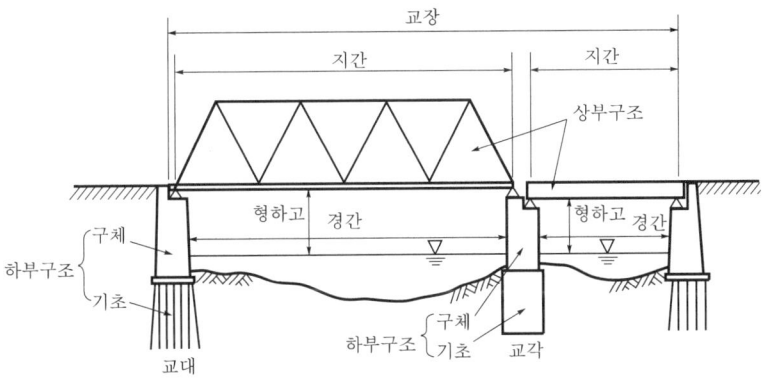

3. 교량 공법 선정 시 고려사항

① 안전성
② 시공성
③ 지형, 지질
④ 교량 구조 형식
⑤ 하부 공간 이용 여부
⑥ 건설공해
⑦ 경제성

4. 가설 공법의 분류

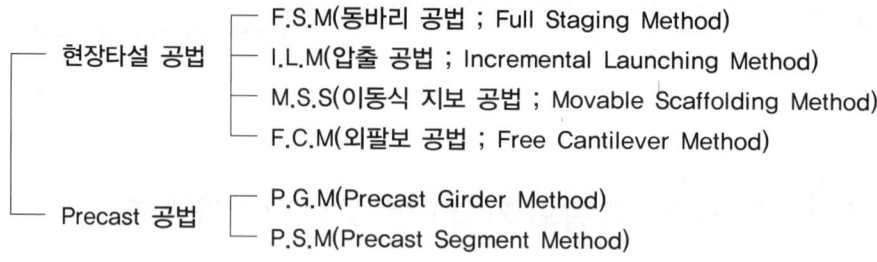

5. 가설 공법별 특성

1) 현장타설 공법

(1) F.S.M(동바리 공법 ; Full Staging Method)

① 교각과 교각(교대) 사이 전체에 동바리를 설치하여 상부구조를 제작하는 공법

② 교각의 높이가 낮을 때 경제적

③ 50m 이하 소규모 교량에 적합한 재래 공법

④ 동바리, 거푸집 조립·해체 시 안전에 유의

(2) I.L.M(압출 공법 ; Incremental Launching Method)

① 교대 후방에 위치한 제작장에서 일정한 길이의 상부부재(Segment)를 제작하여 압출장비로 전방으로 밀어내 설치하는 공법

② 교각의 높이가 높을 때 경제적

③ 30~60m 이하 경간에 적용(19 Span 이하)

④ 압출기에 의한 사고에 유의

(3) M.S.S(이동식 지보 공법 ; Movable Scaffolding System)

① 교각 위에서 상부구조를 제작하는 거푸집, 비계를 이동식 지보를 이용하여 한 경간(Span)씩 이동하면서 교량을 가설하는 공법

② 경간(Span) 길이가 40~70m이고 20 Span 이상 경간이 많은 교량 시공 시 경제적

③ 모든 작업이 가설 장비 내에서 실시되므로 비교적 안전

(4) F.C.M(외팔보 공법 ; Free Cantilever Method)

① 교각 위에서 이동식 거푸집을 보유한 작업차(Form Traveller)를 이용해 교각을 중심으로 좌우대칭을 유지하면서 상부구조를 가설해 나가는 공법

② 긴 경간일수록 경제적(90~160m)

③ Form Traveller가 2개조 이상 필요, 고가

④ 캔틸레버에 의한 부모멘트에 따른 변형 대책 필요

2) Precast 공법

(1) P.G.M(Precast Girder Method)

① 제작장에서 설치 경간(Span) 길이로 제작(Girder) 후 현장으로 운반하여 가설장비(Crane, Girder 설치기)를 이용하여 가설하는 공법

② Girder의 운반에 안전을 요하며 현장작업이 줄어든다.

③ 시공속도가 빠르며 소규모 교량(경간 길이 20~40m)에 적합

(2) P.S.M(Precast Segment Method)

① Segment인 Box Girder를 제작장에서 제작 후 크레인 등의 가설장비를 이용하여 상부구조를 가설하는 공법

② 최적 경간장 30~120m의 대규모 교량에 적용

③ Segment의 접합부 시공에 고도의 정밀성이 요구됨

④ Segment 운반 시 안전에 유의

6. 재해 유형

① 추락 : 교각 및 상부구조 추락 방호조치 미흡

② 충돌·협착 : 작업 중 장비(차량)와 작업자 간 발생

③ 붕괴·도괴 : 지반 침하 및 구조적 결함으로 동바리 및 거푸집의 붕괴·도괴

④ 낙하·비래 : 교량 상부 및 비계 위에 적치된 자재가 원인

⑤ 전도 : 크레인의 급조각, 아웃트리거 거치 불량

⑥ 감전 : 고압선에 건설기계, 철선, 와이어 로프 등이 접촉

7. 안전대책

① 안전관리자 지정 : 안전관리자의 지휘하에 작업 실시

② 보호구 착용 : 안전모, 안전대 등 안전보호구 지급, 착용 후 작업

③ 작업자 외 출입 금지 : 작업장 내부 및 주변에 작업자 외 출입 금지 조치, 안전표지판(경고) 부착

④ 악천후 시 작업 중지 : 강풍, 호우, 폭설, 지진 등 악천후 시 즉시 작업 중지

⑤ 고소작업 시 방호조치 : 고소작업 시 추락 방지망 및 안전대를 사용한 추락 방지 조치

⑥ 충돌·협착 방지 : 장비 사용 시 장비 유도자 배치 및 작업자와 차량과의 신호 준수

⑦ 붕괴·도괴 방지 : 거푸집 동바리 설치 시 말뚝 타입 등 지반 강화 및 깔목·깔판을 충분히 사용

⑧ 낙하·비래 방지 : 내민 길이 2m 이상의 방호 선반(낙하 방지 선반) 설치

⑨ 건설기계의 전도 방지 : 가설기계 아웃트리거를 견고히 고정하고 무리한 작업 금지(급정지, 급선회)

⑩ 감전 방지 : 고압선로의 이설 또는 절연용 방호구 설치

⑪ 상·하 동시 작업 : 상·하 동시 작업 시 감시자 배치 및 협조하에 작업(안전조치 후 작업)

⑫ 작업장 정리·정돈 : 현장 정리·정돈으로 작업자의 안전한 이동통로 확보

8. 결론

① 교량 가설 시 각 구조에 안전하게 설계·시공되어야 하며, 교량가설 공법 선정 시 토질, 지형 등을 고려한 안전하고 경제적인 공법을 선정하여야 한다.

② 교량가설 공사 시 발생하는 재해는 대부분 중대 재해로 막대한 물적 손실 및 인적 손실을 발생시키므로 전 과정에 걸쳐 철저한 안전관리와 적절한 안전시설을 설치하여 재해를 예방해야 한다.

Section 2 **교량의 안전성 평가 방법(교량의 내하력 평가 방법)**

1. 개요

① 최근 교통량 및 중차량의 증가로 초과 하중에 따른 교량의 안전성이 위협을 받고 있어 모든 교량의 운영과 유지 보수를 위해 현존 교량의 안전성 평가 작업이 절실히 요구되고 있다.

② 구조물의 내하력 평가란 기존 구조물의 기능 및 강도 등을 평가하여 구조물의 구조적 결함, 실용성, 안전성을 판단하는 것을 말한다.

2. 교량의 안전성 평가 목적

① 구조적 결함 및 설계 자료가 없는 노후 교량의 안전성·실용성 평가
② 교량 수명 연장으로 경제적 이용 극대화
③ 교량의 유지 관리 및 노후화 예방 대책에 필요한 자료 제공

3. 안전성 평가 순서

外관 조사 → 정적·동적 재해 시험 → 내하력 평가 → 종합 평가 → 보수·보강

4. 내하력 조사

1) 사전 조사

① 교량의 이력 조사(길이, 폭, 교량 등급 등)
② 주변 조사(위치, 주변 환경 등)

2) 상부구조

① 콘크리트 및 강재 등 재료의 실제 강도
② 균열, 박리, 박락, 층 분리
③ 신축 이음부와 받침부의 구속력 및 처짐
④ 구조부재의 실제 단면적과 철근의 위치
⑤ 도로 표면 균열 및 패임

3) 교좌장치

① 신축 이음부 작동 여부
② 교좌의 구조적 결함

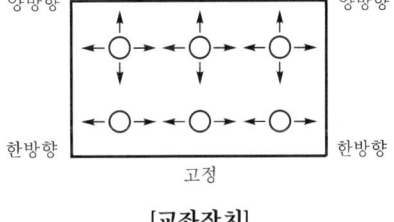

[교좌장치]

4) 하부구조

① 기초 유실 및 거동
② 교대 및 교각의 균열
③ 교대의 부등침하 및 전방이동
④ 강구조 부식 상태

5) 정적재하시험

(1) 시험 방법

① 재하시험은 재하차량 외 일반 차량 완전히 통제

② 재하 경우별로 0점 조정을 실시하여 시험결과를 정리

③ 시험차량은 시동을 끈 후 측정(진동, 소음, 충격 제거)

④ 재하 경우별로 2회 이상 반복 측정 실시

⑤ 활하중 재하 위치는 대칭성과 중첩성 확인을 위해 1회 이상 실시

⑥ 차량지체 및 교통사고 예상 시 재하차량을 차선별로 주행시켜 시험하는 의사정적 재하시험 실시

(2) 측정 지점

① 휨모멘트에 의한 변형 및 처짐이 최대가 되는 지점

② 전단에 의한 변형이 최대가 되는 지점

(3) 측정 내용

① 정적재하에 의한 변형률 측정

② 정적재하에 의한 처짐 측정

(4) 결과 분석

① 시험 결과로부터 처짐 및 응력 산정

② 처짐 및 응력에 대한 이론치와 측정치의 비교

③ 합성작용에 대한 분석 및 평가(Girder와 슬래브)

6) 동적재하시험

(1) 시험 방법

① 재하차량 이외에 일반 차량이 완전히 통제된 상태에서 실시

② 최저 10km/h부터 현장 여건상 가능한 한 최대 주행속도까지 10km/h 간격으로 속도를 증가시키면서 측정

③ 측정결과를 이용하여 사용성 측면에서의 교량 진동 특성 분석

(2) 측정 지점(정적재하시험 위치와 동일)

① 휨모멘트에 의한 변형 및 처짐이 최대가 되는 지점

② 전단에 의한 변형이 최대가 되는 지점

(3) 측정 내용

① 동적재하 속도에 따른 변형률 측정

② 전단에 의한 변형이 최대가 되는 지점

(4) 결과 분석

① 동적 변형 결정

② 동적 처짐 결정

③ 동적 반응 스펙트럼의 이론치와 측정치 분석

④ 35~45km/h일 때 변형률 및 처짐이 가장 크다(설계하중으로 본다).

7) 기본 내하력 : DB-24(1등교) 하중의 경우

$$P = 24 \times \frac{\sigma\alpha - \sigma d}{\sigma 24}$$

- P : 기본 내하력
- $\sigma\alpha$: 재료의 허용응력
- σd : 사하중에 의한 응력
- $\sigma 24$: DB-24 하중에 의한 응력

8) 공용 내하력

기본 내하력에 보정계수를 가상하여 실제로 적용할 수 있는 공용하중 결정

$$P' = P \times K_s \times K_r \times K_i \times K_o$$

- P' : 공용내하력
- P : 기본내하력
- K_s : 응력보정계수
- K_r : 노면 상태에 따른 보정계수
- K_i : 교통 상태에 따른 보정계수
- K_o : 기타 조건에 따른 보정계수

9) 종합적 평가

① 정상 상태 : 필요 자료 데이터화

② 비정상 상태 : 대상 교량에 대한 보수·보강 및 재시공 여부 결정

10) 보수·보강

(1) 필요성 판단

① 보수 : 발생된 손상(균열 등)을 허용기준을 참조하여 판단(표준시방서 등)

② 보강 : 부재안전율 기준 이상으로 하기 위한 부재단면 증가 등을 판단

(2) 공법 선정

① 공법의 적용성, 구조적 안전성, 경제성 등을 검토하여 결정

② 결함 발생 원인에 대한 정확한 분석 후 적합한 보수·보강 공법 선택

(3) 수준 결정

① 현상 유지(진행 억제)

② 실용상 지장이 없는 성능까지 회복

③ 초기 수준 이상으로 개선

④ 개축

(4) 우선순위 결정

① 보강을 보수보다, 주요 부재를 보조 부재보다 우선하여 순위를 결정

② 시설물이 가지는 중요도, 발생한 결함의 심각성 등을 종합적으로 검토 후 결정

(5) 공법의 종류

① 강판부착 방법

② Epoxy 주입 방법

③ Shotcrete 방법

④ 교각을 설치하는 방법

⑤ 교좌장치 개량 및 교체

⑥ 신축이음 개량 및 교체

⑦ 기타 강구조물의 보강(부식, 녹 발생, 용접부위 등)

5. 계측기 설치

① 지진계 : 주탑 기초부, 교대부

② 가속도계 : 주탑 상부, 상판, 케이블

③ 변위계 : 각 주탑 사이 경간에 대한 1/4, 1/2, 3/4 지점

④ 풍향풍속계 : 주탑 상부, 지간중앙 상판부

⑤ 스트레인 게이지 : 각 주요 볼트 및 용접 접합부

⑥ 경사계 : 각 주탑의 한쪽 기둥 상하단부

6. 문제점

① 교통량의 급격한 변화(1979년 이전 1등급 DB-18, 현재 1등급 DB-24)

② 중량 제한차량의 빈번한 통과

③ 설계 및 시공 시 향후 유지 관리에 대한 고려 미흡

④ 교량 관리 대장 관리 미흡

⑤ 지속적인 유지 관리 미흡(교량 전문지식 부족)

⑥ 전문가 부족

⑦ 전시(戰時) 미고려(탱크 : 50t)

7. 개선 방향

① 향후 교통량 증가를 반영한 설계

② 설계 시 유지 관리용 구조도면 제출 의무화

③ 유지 관리 기준 확립 지속적인 유지 관리

④ 교량 진단기법의 표준화

⑤ 교량의 구조적인 이력 정리

⑥ 제한 차량의 철저한 관리

⑦ 전문 인력 양성

⑧ 전시(戰時) 등의 특수 상황 고려

[교량 진단 흐름도]

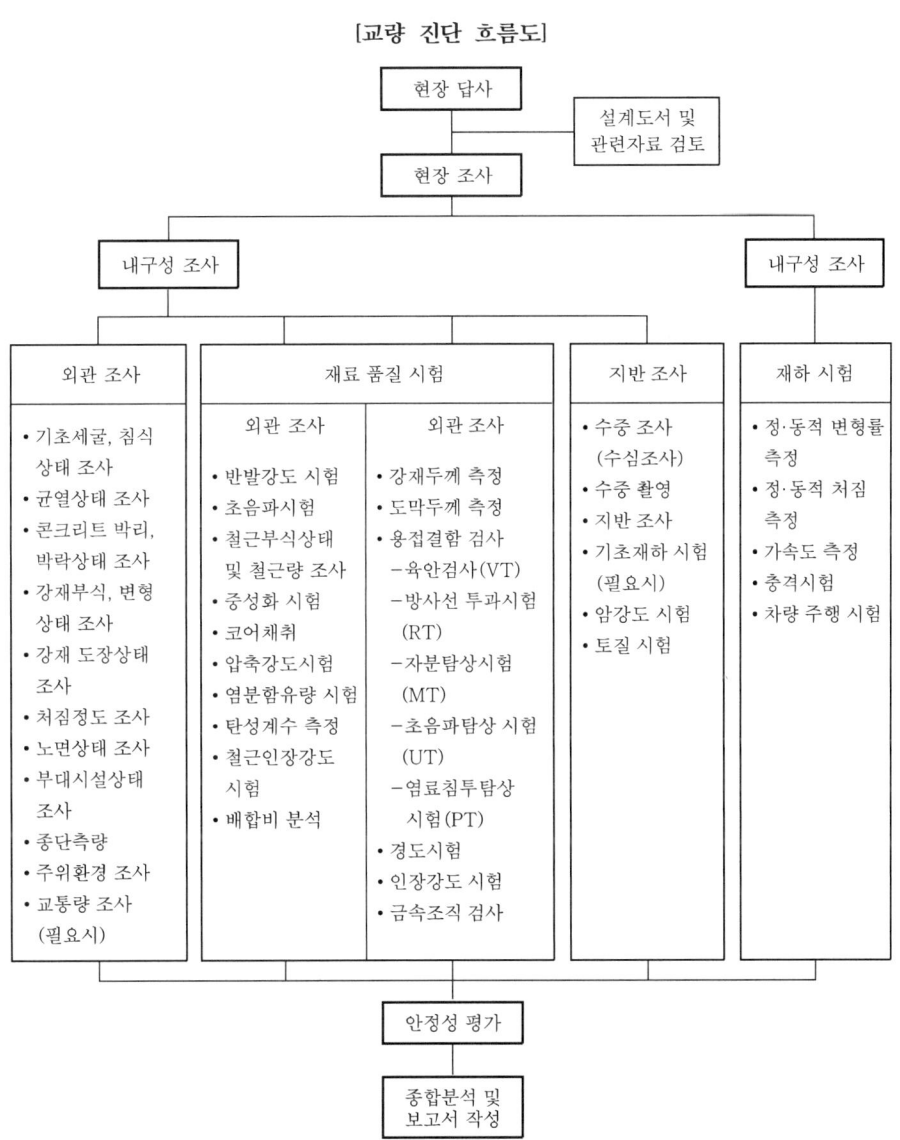

제7장 교량·터널·댐 공사 **947**

8. 결론

① 교량은 정기적인 내하력 평가로 내재되어 있는 위험요인이나 기능 및 상태 등을 신속하고 정확하게 검사·평가하고 적절한 안전조치를 취하여 재해 및 재난을 예방해야 한다.

② 교량의 안전성 및 기능성을 보완·보전케 함으로써 효용성을 증진시킴과 더불어 과학적 유지 관리를 체계화해야 한다.

Section 3 교량의 결함 내용과 손상 원인 및 대책

1. 개요

① 교량은 Bottom 슬래브, Web, Deck 슬래브 등으로 구성된 상부구조와 기초와 구체를 포함한 교대, 교각 등으로 구성된 하부구조로 구성되어 있다.

② 최근 교통량의 증가, 중차량 및 대형 차량의 통행 증가로 기존 교량 주요 구조부의 내하력이 현저하게 저하되어 안전점검 및 안전진단을 실시, 적절한 보수 보강 및 유지 관리 대책이 필요하다.

2. 교량의 구조도

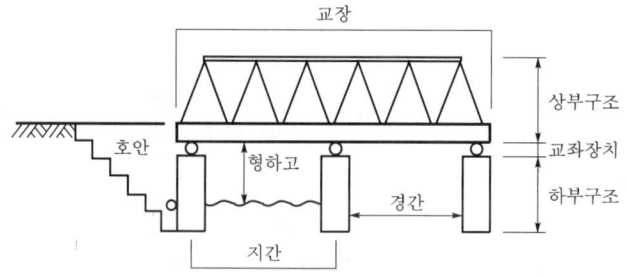

3. 교량의 수명주기

구분	보호기	노출기	취약기	공격기	손상기
박리면적	0%	2% 이하	10% 이하	25% 이하	25% 손상
특성	피복기간	염화물 침투기간	부식발생 기간	박리기간	안전도 손실 기간

4. 사전 조사

① 준공도면, 구조계산서, 특별시방서
② 시공·보수·보강도면 및 작업도면 제작
③ 재료증명서, 품질시험기록, 재하시험자료
④ 시설물 관리대장
⑤ 기타 필요한 사항

5. 정밀 안전진단(Flow Chart)

6. 결함의 내용과 손상원인

1) 하부구조

(1) 결함의 내용

① 기초 유실, 세굴, 침하
② 교각 교대 균열, 박리
③ 강구조물의 부식

(2) 결함의 원인

① 설계 부실, 연약지반
② 유수에 의한 공동화(Cavitation)
③ 콘크리트 피복두께 부족, 콘크리트 수밀성 부족, 재료 분리 등
④ 공동현상 : 유체 속에서 압력이 낮은 곳이 생기면 물속에 포함되어 있는 기체가 물에서 빠져나와 압력이 낮은 곳에 모이는데, 이로 인해 물이 없는 빈공간이 생긴 것

2) 상부구조

(1) 결함의 내용

① 철근콘크리트 : 균열, 박리, 파손, 철근 노출, 누수 및 백태
② 강구조 : 압축 플랜지(Flange) 좌굴, 인장 용접부 균열, 부식, 도장면 손상

(2) 결함의 원인

① 철근콘크리트 구조 : 염화칼슘, 피복 부족, 중성화, 진동

② 강구조 : 부식, 피로 균열, 단면 부족

3) 교좌장치

① 결함의 내용 : 가동면 부식, 부속물 파손, 고무재 갈라짐, 변형, 앵커볼트 파손 등

② 결함의 원인 : 교좌장치 배치 불량, 받침 물고임, 누수 기타

4) 신축 이음부

① 결함의 내용 : 본체 유동 및 파손, 고무판 마모, 방수재 파손

② 결함의 원인 : 노면수 유입, 강도, 강성 부족, 모서리 보강, 관리 미흡

7. 상태 평가

상태평가 등급	시설물의 상태	조치
A(우수)	최상의 상태	정상적인 유지 관리
B(양호)	양호한 상태	지속적인 주의 관찰(일부 보수)
C(보통)	보통의 상태	간단한 보강
D(미흡)	노후화 진전	사용 제한, 정밀 안전진단
E(불량)	노후화 심각	사용 금지, 교체, 개축

8. 보수 보강

1) 상부구조

① 철근콘크리트 : 충전법, 주입법, Press 도입법

② 강재 : 방청도장 방식 처리(Anchor Bolt, 구멍) 단면보강(Cover Plate 부착)

2) 하부구조

① 콘크리트 교량 : 충전 공법, 주입 공법, Prestress 도입, 보·기둥 증설, 지반개량, 강재 사용 단면 증설

② 강교 : 용접, Bolt 보강, 보강판, 부재 교환

3) 교좌장치

교좌장치 교체, 누수 방지, 방식·방청 처리 및 좌대 콘크리트 정밀 시공

4) 신축 이음부

① 조기 보수, 응급 보수, 기능 개량
② 노면수 유입 차단

9. 결론

① 1979년 이전 가설된 2등교 교량은 중차량 통행으로 인한 과하중으로 내하력 부족 및 노후화가 심각하여 보수 및 보강이 시급한 실정이나.
② 정기적인 안전점검 및 정밀 안전진단을 통해 적절한 보수 보강을 실시하고, 전문 인력의 육성 및 교량의 과학적 관리체계 구축으로 안전성을 확보해야 한다.

Section 4 | 기존 교량의 안전성을 유지하기 위한 방안

1. 개요

① 교량의 안전한 운영과 유지 관리를 위해 현존 교량의 안전성 평가 작업이 필요하다.
② 현황을 정확히 파악하고 안전성 유지를 위한 합리적인 방안을 세워 일관성 있는 유지 관리로 교량의 안전성을 확보해야 한다.

2. 안전성 평가 방법

① 외관 조사
② 정적재하 시험
③ 동적재하 시험
④ 내하력 시험
⑤ 종합평가

3. 안전성 유지 방안

1) 단계별 유지 관리

① 모니터링 : 계측기 및 제어장치 설치 및 운영
② 안전점검 : 육안 검사
③ 정밀 안전진단 : 안전성 분석 평가

④ 조치 : 사용 제한, 보수 보강, 교체 등의 조치

2) 주요 부재 방식 조치

(1) Bolt 연결부

① 볼트 구멍 및 접합면 방식 처리

② 부식 억제제 및 방식 도장

(2) 용접 이음부

① 용접 부분 수분, 녹 제거

② 산화 방지 및 표면처리 철저

3) 설계단계부터 고려

① 경제적 방식 기술 적용 및 피해 방지 조치

② 적정하중 고려한 설계 적용

4) 방식 전문기술 확보

① 우수한 해외 기술 도입

② 전문인력 확보

5) 보수 예산 확보

유지 보수에 필요한 적정 예산 확보

6) 교량의 계측 실시

① 계측기 설치 및 기록 유지

② 계측 실적 데이터베이스화

Section 5 교량 R.C 구조물의 슬래브 시공 시 붕괴원인과 대책

1. 개요

① 교량은 슬래브 등 상부구조와 교대, 교각으로 구성된 하부구조로 구분하며, 현장 지형 여건에 따라 현장타설 공법과 프리캐스트 공법으로 나누어진다.

② 특히 동바리 공법(FSM) 교량 상부공 시공 시 부주의 및 부실시공에 의해 교량 붕괴가 발생하므로 적합한 사전대책이 필요하다.

2. 교량 구조도

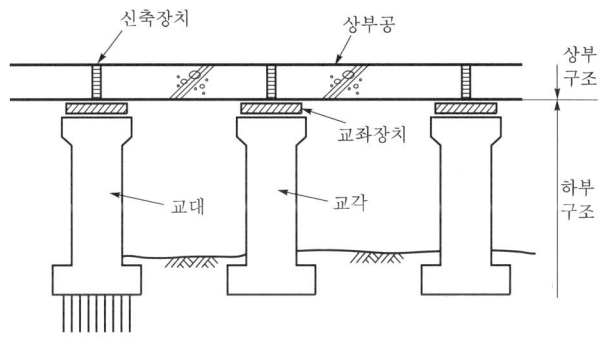

3. 사전 조사

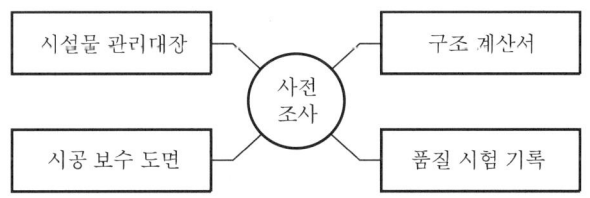

4. 붕괴 원인

1) 구조 검토 미흡

① 거푸집·동바리 시공계획서 미작성
② 구조 계산(안전성 검토) 및 시공 상세도 미작성

2) 시공 부실

① 동바리 간격 미준수
② 수평연결재 미설치, 미인증 자재 사용

3) 지반 침하

① 콘크리트 타설 중 동바리 침하 붕괴
② 집중 타설(편심발생)에 의한 거푸집 붕괴

4) 콘크리트 타설

① 콘크리트 타설 계획 미작성
② 타설 순서 및 속도 미준수

5) 사전 조사 미흡

    ① 지반의 지질 조사 미실시

    ② 지반개량 미실시

6) 점검 및 안전관리 소홀

    ① 일상점검 및 정기점검 실시 미흡

    ② 안전관리자 미상주

7) FCM 공법(외팔이 공법)

    ① 불균형 모멘트

    ② 처짐 관리 미흡

5. 붕괴 예방 대책

1) 거푸집·동바리 구조 계산 실시

    ① 적정 가설재 사용(검정품)

    ② 사전 안전성 검토 실시

2) 거푸집·동바리의 조립·해체

    ① 변형, 손상 가설재 사용 금지

    ② 3.6m 이상 1.8m마다 양방향 연결재 설치

    ③ 이음부 고정 철저

    ④ 조립·해체 시 작업순서 준수

3) 콘크리트 타설

    ① 집중 타설 금지

    ② 편타설 금지(좌우 균형 유지)

4) 시공 이음 관리 철저

    ① 지정 1/5 지점 시공 이음

    ② 최대 휨 구간 이음 금지

5) 지반 개량

    ① 주변 지형과 지질 파악

    ② 연약지반 개량

6) 안전관리 철저

① 정기점검, 일상점검 실시

② 조립·해체 시 안전관리자 지정·배치

7) 양생 관리

충분한 재령 및 소요 강도 확보까지 양생

6. 콘크리트 타설 시 안선대책(펌프카 타설)

① 차량 안내자 배치

② 펌프카 배관용 비계 점검

③ 펌프카 배관 상태 확인

④ 호수 선단 요동 방지

⑤ 콘크리트 비산 주의

⑥ 붐대 이격거리 준수

⑦ 펌프카 전도 방지

⑧ 안전표지판 설치

7. 결론

① 교량 가설 시 슬래브의 붕괴는 설계, 시공의 부실에 의해 발생하며 붕괴사고 발생 시 인명손상 및 경제적 손실이 크게 발생한다.

② 교량의 붕괴를 방지하기 위해 구조계산 실시와 안전한 조립순서 준수 및 충분한 재령 확보 후 거푸집을 해체하여 거푸집 동바리 붕괴를 방지해야 한다.

Section 6 하천횡단 강교를 가설 시 안전시공 대책

1. 개요

① 교량은 상부구조, 하부구조로 구성되고, 강교 가설공법은 지지방법과 운반방법에 의해 분류하고 있다.

② 강교 건설 시 중량물 이동에 의한 안전사고 위험이 높아 중량물 이동, 설치 시 철저한 안전조치 및 작업순서를 준수하여 작업하여야 한다.

2. 교량의 구조

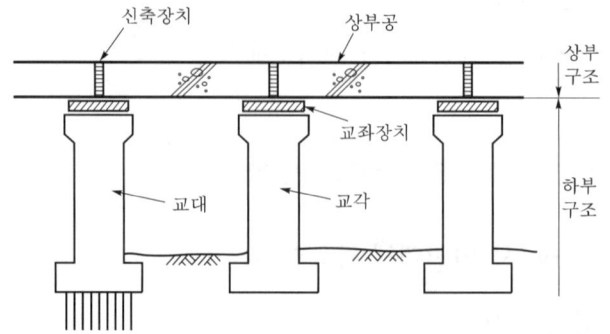

3. 가설공법의 종류

1) 지지방법

① 동바리 공법(Bent공법)

② 압출 공법(ILM)

③ 캔틸레버식 공법(FCM)

④ 가설트러스 공법(NSS)

2) 운반 방법

① 크레인식 공법

② Cable식 공법

③ Lift up Barge 공법

④ Ponton Crane 공법

4. 가설 공법 선정 시 고려사항

① 공법의 안정성, 시공성, 경제성

② 가설 지점의 지형, 지질

③ 교량 구조 형식

④ 공사기간

⑤ 건설공해

5. 공정별 안전대책

1) 제작

① 설계도서와 시방서 준수

② 부재의 절단 시 자동가스 절단기 사용

③ 적정 용접기구 사용 및 감전방지 조치

2) 운반

① 원통형 부재는 요동방지조치(받침대)

② 부재 적재 시 균형 유지

③ 과재하 금지

3) 부재 조립

① 가공선로, 지장물 확인 및 조치

② 작업장(공간) 확보

③ 이동식 크레인 사용 시 침하 방지 대책

④ 추락방지 조치(트랩, 안전대부착 설비)

⑤ 조립 전 품질검사 실시(불량품 교체)

⑥ 운전자, 작업자 간 신호 준수

4) 양중

① 작업공간 확보(교각상부 플랫폼, 비계 설치)

② 수평유지 및 무게중심 확인

③ 신호 체제 확립 및 신호수 배치

④ 과하중 금지

⑤ 양중하부 근로자 출입통제

⑥ 양중장비의 지지력 확보

5) 고력 Bolt 조임

① 전용 Bolt 사용

② 핀, Bolt 등 낙하 주의(달대, 달포대 사용)

③ 접합상태 확인 및 내력 확인

6) 용접작업

① 배선용 전선 확인(피복파손, 충전부)

② 자동전격방지장치 설치

③ 보호구 착용(용접면, 장갑, 앞치마 등)

④ 불꽃 비산방지 설비

6. 일반 안전수칙

① 안전담당자 지정

② 악천후 시 작업 중지

③ 관계자 외 출입금지

④ 건설기계에 의한 충돌, 협착 방지

⑤ 고소작업 시 방호조치

7. 결론

교량을 구성하는 모든 구조는 하중을 견딜 수 있는 안전한 구조로 설계 및 가설되어야 하고 가설 후 유지관리를 철저히 해야 한다. 특히 교량 가설 시 중량물 취급에 의한 재해 발생 가능성 및 고소작업에 의한 중대재해 발생이 많아 철저한 안전관리 및 적절한 안전시설을 설치하여 재해를 예방해야 한다.

Section 7 철도 교량의 궤도 교차 작업 시 위험 방지 대책

1. 개요

① 철도(鐵道)는 철 궤도와 철 차륜의 마찰을 주행 방식으로 하는 광범위한 운송수단을 일컫는 말이다.

② 철도 교량의 궤도 교차 시 운행 사고가 발생하면 인명 손실 등의 대형 재해가 발생할 수 있으므로 사전 계획에 따른 작업을 해야 한다.

2. 철도의 분류

① 운송 범주에 따른 분류 : 국제열차, 간선철도, 광역철도, 도시철도

② 속도에 따른 분류 : 고속철도, 일반철도

③ 궤간에 따른 분류 : 광궤, 표준궤, 협궤, 모노레일

④ 동력에 따른 분류 : 전기철도, 디젤기관철도, 증기기관철도

⑤ 궤도가 놓인 곳에 따른 분류 : 지하철도, 노면전차, 고가철도

3. 궤도의 구성 요소 및 기능

1) 레일

① 차륜을 직접 지지하여 차량을 안전하게 수행시키는 철 새료

② 고탄소강 레일, 실리콘 레일, 망간 등

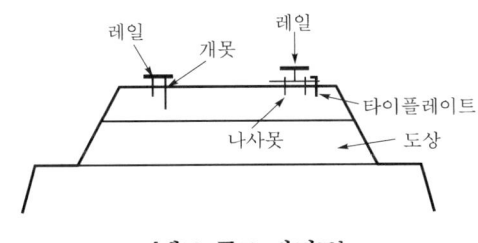

[궤도 구조 단면도]

2) 침목

① 레일을 소정의 위치에 고정시키도록 지지

② 차륜 하중을 도상에 넓게 분포시키기 위해 레일 밑에 깔아 놓은 목재 또는 콘크리트 재료

3) 도상

① 철도 선로의 노반(路盤)과 침목(枕木) 사이에 자갈과 쇄석이 깔린 부분

② 침목이 받는 차량의 무게를 노반에 골고루 분산시켜 침목의 이동 방지

③ 궤도의 배수(排水)와 선로작업 용이

4. 궤도

1) 정의

노면과 함께 열차 하중을 직접 지지하는 역할을 하는 도상 및 부분을 총칭

2) 구비조건

① 열차 하중을 지반에 넓고 균등히 전달

② 차량의 동요와 진동 감소 및 승차감 확보

③ 유지·보수 용이

④ 열차의 충격 하중을 견딜 수 있는 재료

5. 궤도작업의 위험 방지 대책

1) 운행 열차에 의한 위험

① 열차 운행 시간 확인 및 감시인 배치

② 감시인에게 위험 알림 신호 장비를 지급하고 감시만 할 것

③ 열차 통행 금지 작업 : 작업자 대피 공간 확보

④ 열차의 점검 수리 : 근로자의 접촉, 충돌, 감전 등 방지

⑤ 조명시설 설치

2) 궤도 보수 점검 작업의 위험

① 안전작업 계획서 작성 : 작업인원, 작업량, 작업순서, 방법 등

② 안전난간 및 방책의 설치

③ 자재의 붕괴, 낙하 방지(버팀대)

④ 접촉 방지 및 유도 신호

⑤ 제한속도 지정

⑥ 제동 장치의 구비

6. 철도 교량 작업 시 위험 방지

1) 대피공간 확보

① 작업자 대피를 위한 공간을 적당한 간격마다 확보

② 충분한 공간 확보(작업지시, 대피)

2) 교량에서의 추락 방지

① 안전난간 또는 추락방지망 설치

② 안전대 부착 설비 및 안전대 착용

3) 침목 교환 작업 시

열차를 정지시키고, 작업공간 확보 후 안전시공

4) 악천후 시 작업 중단

① 궤도상의 작업 중 기상조건 악화 시 작업 금지

② 악천후 예상 시 안전점검 실시

구분	내용
강풍	10분 간 평균 풍속이 10m/sec 이상
강우	50mm/회 이상
강설	25cm/회 이상
지진	진도 4 이상

7. 결론

① 철도 교량의 궤도 교차 작업은 고소작업의 특성상 추락, 낙하, 비래 및 중차량 사용에 의한 충돌, 협착 등의 위험이 크므로 사전에 위험요인을 파악하여 공사 계획에 따라 실시해야 한다.

② 철도교량 궤도 작업은 위험요인이 많은 공사로 신속한 작업이 이루어져야 하므로 감시원 배치 및 충분한 대피공간 확보로 안전사고를 예방해야 한다.

Section 8 터널공사의 안전대책(안전계획)

1. 개요

① 터널공사 시 지형 및 지질 조사를 철저히 하여 시공계획서를 작성하고 지반·지보공의 거동, 지표면 침하, 막장의 자립성, 갱구 상태 등을 관찰하여 추락·낙석·낙반·폭발 등을 예방할 수 있도록 안전한 시공을 하여야 한다.

② NATM(New Austrian Tunnelling Method) 공법은 원지반의 본래 강도를 유지시켜 지반 자체를 주 지보재로 이용하는 공법으로 지반변화에 대한 적용성 및 경제성이 우수한 공법이다.

2. 터널 공법의 분류

1) 재래 공법(ASSM ; American Steel Supported Method)

광산 목재나 Steel Rib로 하중을 지지하는 공법으로 안전성이 낮은 공법

2) 최신 공법

(1) NATM(New Austrian Tunnelling Method) 공법 : 산악 터널

지반 자체를 주지보재로 이용하는 공법으로 적응성, 경제성이 우수

(2) TBM(Tunnel Boring Machine) 공법 : 암반 터널

Hard Rock Tunnel Boring Machine의 회전 Cutter에 의해 암석터널 전단면을 절삭 또는 파쇄하는 굴착 공법

(3) Shield 공법 : 지하철, 상하수도, 전기통신시설

강제 원통 굴삭기(Shield)를 지중에 넣고 내부의 토사를 붕괴, 유동을 방지하면서 굴착, 개착 공법 대체

3) 기타 공법

(1) 개착식 공법(절개 공법 ; Open Cut Method) : 도심지 터널

지상에서 일정 깊이까지 개착하여 터널 본체를 완성한 후 매몰하여 터널을 만드는 공법으로, 지하철 터널에 많이 사용

(2) 침매 공법(Immersed Method) : 해저 터널

① 해저 또는 지하수면 하에 터널을 굴착하는 공법

② 지상에서 Tunnel Box를 제작하여 물에 띄워 현장에 운반 후 소정의 위치에 침하시켜 터널을 구축하는 공법

(3) 잠함 공법(Caisson Method)

지상에서 토막 터널을 제작 침하시킨 후 압축공기로 물을 배제시켜 수저를 굴착하여 내려가는 공법

(4) Pipe Roof 공법(Pipe Messer 공법)

굴착단면에 Roof를 형성하고 Roof를 지보공으로 하여 굴착하는 방법

3. 터널의 재해 유형

① 충돌 및 협착

② 추락

③ 낙석·낙반

④ 폭발사고

⑤ 발파사고

⑥ 용수로 인한 사고, 감전사고 등

4. 안전대책(안전계획)

1) 천공작업

(1) 기계적 결함을 사전에 점검
점보드릴, 레그해머 등 착암기의 기계적 결함을 사전에 점검하고 파손, 이완, 성능 저하 등의 장비는 교체

(2) 작업대 또는 대차
구조적으로 안전하고 차륜, 지지구조, 발판, 사다리, 안전난간대 등의 가시설 구조에 대해서는 안전성을 확인

(3) 개인보호구 지급
천공 작업자에게 안전모, 안전마스크, 보안경, 보안장갑, 귀마개 등의 개인보호구 지급, 착용 확인

(4) 천공작업 전 상세도면 작성
부석, 절리, 용출수, 누수 등의 상태를 확인하고, 필요 시 모암절리 방향의 상세도면 작성, 보관

(5) 천공작업 중 용수 대책
이상 용출수의 다량 발생 시 작업을 중지하고 긴급 방수대책 실시

(6) 장약 전 확인
설계, 시방 기준에 의한 천공 위치, 각도, 깊이 등의 준수 여부 확인

(7) 천공 시
전발파 때 잔류된 불발화약류의 유무를 확인, 발견 시 제거 후 작업 실시

(8) 이전 발파공 이용 금지
전번의 발파공을 이용 금지, 최소 이격거리를 유지하여 평행 굴착

2) 발파작업

(1) 발파 책임자의 지휘
발파는 선임된 발파 책임자의 지휘에 따라 시행

(2) 특별시방 준수
발파작업에 대한 특별시방 준수

(3) 정밀폭약(FINEX I, II) 사용
굴착단면 경계면에는 모암에 손상이 없게 정밀폭약(FINEX I, II) 등을 사용

(4) 화약량 검토

지질, 암의 절리 등에 따라 화약량을 검토하고 시방기준과 대비하여 안전 조치

(5) 근로자의 대피

발파 책임자는 모든 근로자의 대피 확인 및 필요한 방호조치 후 발파

(6) 임시 대피장소 설치

발파 시 안전한 거리 및 위치에서의 대피가 어려울 때 견고하게 방호한 임시 대피장소 설치

(7) 활선 분리

화약류를 장진하기 전 모든 동력선 및 활선은 장진기기로 부터 분리, 모든 동력선은 발원점으로부터 최소한 15m 이상 후방으로 이격

(8) 발파회선 타 동력선과 분리

발파용 점화회선은 타 동력선 및 조명회선으로부터 분리

(9) 도통시험 실시

발파 전 발파용 도통시험기를 사용, 연결 상태, 저하치 조사 목적으로 도통시험 실시

(10) 발파 후 조치

① 유독 가스의 유무 재확인 후 신속히 환풍기, 송풍기 등을 이용해 환기
② 발파 책임자는 가스 배출 완료 즉시 뜬 돌 제거 및 용출수 유무를 동시에 확인
③ 필요에 따라 Wire Mesh, Steel Rib, Shotcrete, Rock bolt 등의 지보공으로 보강
④ 불발 화약류 발견 시 국부 재발파 및 수압에 의한 제거 방식 등으로 잔류 화약 처리

3) 막장 관리

(1) 부석 제거

(2) 막장면 안전 조치

(3) 지하수 처리

(4) 용수가 많이 유출됐을 경우의 용수 대책

① 배수 공법
  ㉠ 물빼기 갱(수발갱)
  ㉡ 물빼기 Boring갱(수발 Boring갱)
  ㉢ Deep Well 공법(중력배수 공법)
  ㉣ Well Point 공법(강제배수 공법)
② 지수 공법
  ㉠ 주입 공법

　　　ⓛ 압기 공법

　　　ⓒ 동결 공법

(5) 계측 관리

　　주변 지반 및 지보공의 거동 확인을 위한 계측 관리

(6) 막장 내 조명

　　막장 내 조명은 밝게 하여 막장의 변형을 조기에 발견

(7) 긴급싱황에 대한 대처

　　막장의 붕괴 등 사고에 대비하여 유선시설, 무전기 등의 통신장비를 갖추고 긴급 상
　　황에 대처

(8) 막장의 안정을 위한 보조 공법

　　① 천단부 안정

　　　ⓐ 경사(사방향) Rock Bolt

　　　ⓛ Fore Poling

　　　ⓒ 주입 공법

　　　ⓔ 동결 공법

　　② 막장면 안정

　　　ⓐ Sealing Shotcrete

　　　ⓛ Rock Bolt

　　　ⓒ 주입 공법

　　　ⓔ 동결 공법

4) 버력(Refuse)처리

(1) 버력처리 장비는 사토장 거리, 운행속도 등의 작업계획을 수립한 후 작업

　　① 버력처리 장비 선정 시 고려사항

　　　ⓐ 굴착단면의 크기 및 단위발파 버력의 물량

　　　ⓛ 터널의 경사도

　　　ⓒ 굴착 방식

　　　ⓔ 버력의 성상 및 함수비

　　　ⓜ 운반 통로의 노면 상태

(2) 안전표지판 설치

　　① 위험요소에는 운전자가 보기 쉽도록 운행속도, 회전주의, 후진 금지 등 안전표지
　　　판을 부착

② 버력 반출용 수직구 아래 낙석주의, 접근 금지 등 안전표지판을 설치

(3) 안전교육 실시

안전조치를 취한 후 근로자에게 작업 안전교육 실시

(4) 안전관리자 배치

작업장에는 안전관리자를 배치하고 작업자 이외에는 출입 금지

(5) 안전장치 설치

버력의 적재 및 운반기계에는 경광등, 경음기 등 안전장치를 설치

(6) 불발 화약류 확인

버력 처리 시 불발화약류 혼입 여부 확인

(7) 무리한 적재 금지

버력 운반 중 버력이 떨어지는 일이 없도록 무리한 적재 금지

(8) 배수로 확보

버력 운반로는 항상 양호한 노면을 유지하도록 하여야 하며 배수로를 확보

(9) 갱 내 운반궤도 관리

탈선 등 재해가 발생하지 않도록 궤도를 견실하게 부설하고 수시 점검·보수

(10) 붕락, 붕괴의 위험 제거

버력 적재장 뜬돌 등을 제거 후 작업 실시

(11) 차량계 운반 장비 작업 전 점검 사항

① 제동장치 및 조절장치 기능의 이상 유무
② 하역장치 및 유압장치 기능의 이상 유무
③ 차륜의 이상 유무
④ 경광·경음장치의 이상 유무

5) 지반 침하 대책

① 주입 공법
② Sheet Pile
③ 지중벽(Slurry Wall 공법)

6) 고소작업

(1) 고소작업의 종류

① 천공작업

② 강재 지보공(Steel Rib) 작업

③ Rock Bolt 작업

④ Shotcrete 작업

⑤ Lining 콘크리트 작업 등

(2) 안전대책

① 추락 방지용 작업발판 설치

② 작업 플랫폼 사용

③ 작업 안전수칙 준수

④ 안전벨트 등 안전보호구 착용

7) 조명

(1) 조명시설 설치

막장의 균열 및 지질 상태, 터널 벽면의 요철 정도, 부석의 유무, 누수상황 등을 확인할 수 있도록 조명시설을 설치

(2) 조명시설의 기준

① 근로자의 안전을 위하여 터널 작업면에 대한 조명장치 및 설비 확인

② 작업면에 대한 조도 기준

작업 구간	기준
막장 구간	70Lux 이상
터널 중간 구간	50Lux 이상
터널 입·출구, 수직구 구간	30Lux 이상

(3) 채광 및 조명

① 명암의 대조가 심하지 않고 또한 눈부심을 발생시키지 않는 방법으로 설치

② 막장점검, 누수점검, 부석, 변형 등의 점검을 확실하게 시행할 수 있도록 적절한 조도 유지

(4) 조명시설의 정기점검

① 조명설비에 정기 및 수시점검 계획 수립

② 단선, 단락, 파손, 누전 등에 대해서는 즉시 조치

8) 환기

(1) 발생원

① 발파 후 유독 가스 발생

② 디젤 기관의 유해 가스 발생

③ 뿜어 붙이기 콘크리트(Shotcrete)의 분진

④ 암반 및 지반 자체의 유독 가스 발생

(2) 환기설비 설치

터널 전 지역에 항상 신선한 공기를 공급할 수 있는 충분한 용량의 환기설비 설치

(3) 발파 후 환기

① 발파 후 유해 가스, 분진 및 내연기관의 배기가스 등을 신속히 환기

② 발파 후 30분 이내 배기, 송기가 완료되도록 하여야 함

(4) 터널 내 투입 금지 내연기관

환기 가스 처리장치가 없는 디젤 기관은 터널 내 투입 금지

(5) 터널 내의 기온

① 터널 내의 기온은 37℃ 이하가 되도록 신선한 공기로 환기

② 근로자의 작업 조건에 유해하지 아니한 상태를 유지

(6) 환기계획 수립

① 소요 환기량에 충분한 용량의 환기계획 수립

② 적정한 산소농도(18% 이상) 유지를 위한 환기 방식

③ 환기 및 송풍 방식

㉠ 중앙집중 환기 방식

㉡ 단열식 송풍 방식

㉢ 병열식 송풍 방식

(7) 환기설비의 정기점검

파손, 파괴 및 용량 부족 시 보수 또는 교체

9) 분진

(1) 발생원

① 천공작업

② Shotcrete(뿜어 붙이기 콘크리트) 작업

③ 기타 : 굴착작업, 버력처리 등

(2) 대책

① 천공작업

㉠ 습식 Drill 사용

㉡ 분진 제거 작업 방식 선택

ⓒ 발생된 분진은 습식으로 제거

ⓔ 방진마스크, 보안경 등 개인 보호구 지급

② Shotcrete(뿜어 붙이기 콘크리트) 작업

ⓐ 분진 발생 방지를 위한 습식타설(습식 공법)

ⓑ 분진 밀폐식 기계 사용

ⓒ 방진마스크, 보안경 등 개인 보호구 지급

10) 소음

(1) 발생원

① 천공작업

② Breaker 작업

(2) 대책

① 저소음 장비 사용

② 저소음 공법 선정

③ 귀마개, 귀덮개 등의 방음보호구

(3) 소음 방지 보호구 착용 시 차음효과

① 2,000Hz(일반 소음) : 20dB 차음효과

② 4,000Hz(공장 소음) : 25dB 차음효과

(4) 건설소음 규제기준(단위 : dB)

[소음 규제치]

대상지역	대상소음	조석 (05:00~07:00 18:00~22:00)	주간 (07:00~18:00)	야간 (22:00~05:00)
1. 주거지역 등	공사장	60	65	50
2. 그 밖의 지역	공사장	65	70	50

1. 주거지역, 녹지지역, 관리지역 중 취락지구·주거개발진흥지구 및 관광·휴양개발진흥지구, 자연환경보전지역, 그 밖의 지역에 있는 학교·종합병원·공공도서관

11) 진동

(1) 발생원

① 천공작업

② 기타 기계·설비 등의 작업에 의한 강렬한 진동

(2) 대책

① 진동을 발생시키는 기계·설비의 대체

② 진동의 전파 방지를 위한 조치

③ 작업시간 중의 적정한 휴식시간 부여

④ 방진용 장갑 등 방진용 보호구 착용

5. 결론

① 터널 공사는 지하 및 막힌 공간이라는 특수성으로 각종 안전사고가 빈번히 발생하고 있는 실정으로 철저한 안전관리가 필요하다.

② 근로자들에 대한 안전교육을 철저히 함으로써 동종 재해 및 유사 재해를 예방하고 작업환경 개선에 의한 쾌적한 작업환경 조성에 힘써야 한다.

Section 9

NATM 공법(New Austrian Tunnelling Method)

1. 개요

① NATM 공법이란 원지반의 본래 강도를 유지시켜 이완된 지반의 하중을 지반 자체에 전달하게 하여 지보능력을 최대로 발휘할 수 있도록 하는 공법으로 지반 변화에 적응성 및 경제성이 우수한 공법이다.

② 최근 지반 안정과 변위 등을 계측하는 기술 발전으로 지하철, 철도, 도로, 터널 등에 많이 사용되고 타 터널 공법에 비해 작업공간이 넓어 작업효율 및 안전성이 좋은 공법이다.

2. 터널 공법의 분류

1) 재래 공법

ASSM(American Steel Supported Method) : 광산

2) 최신 공법

① NATM 공법(New Austrian Tunnelling Method) : 산악 터널

② TBM(Tunnel Boring Machine) 공법 : 암반 터널 굴착

③ Shield 공법(Shield Driving Method) : 토사 구간 굴착

3) 기타 공법

① 개착식 공법(절개 공법, Open Cut Method) : 도심지 터널
② 침매 공법(Immersed Method) : 하저 터널
③ 잠함 공법(Caisson Method)
④ Pipe Roof 공법(Pipe Messer 공법)

3. 특징

① 지반 자체가 터널에 주요한 지보재
② Steel Rib, Shotcrete, Rock Bolt 등은 지반이 주 지보재가 되게 하는 보조수단
③ 지보공인 Steel Rib, Shotcrete, Rock Bolt 등은 영구 구조물이다.
④ 연약 지반에서 극경암까지 적용
⑤ 계측에 의한 시공의 안전성 확인
⑥ 계측결과를 설계 및 시공에 반영(Feed Back)
⑦ 경제성이 우수
⑧ 재래 공법에 비해 지반변형이 적음

4. NATM 공법 시공순서 Flow Chart

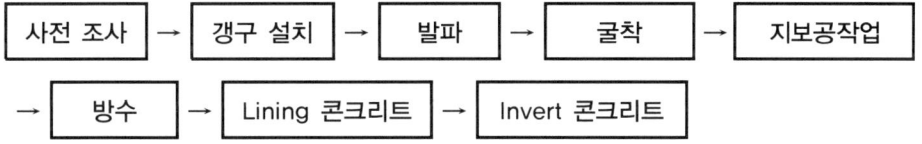

사전 조사 → 갱구 설치 → 발파 → 굴착 → 지보공작업
→ 방수 → Lining 콘크리트 → Invert 콘크리트

5. 터널 단면도(NATM 공법)

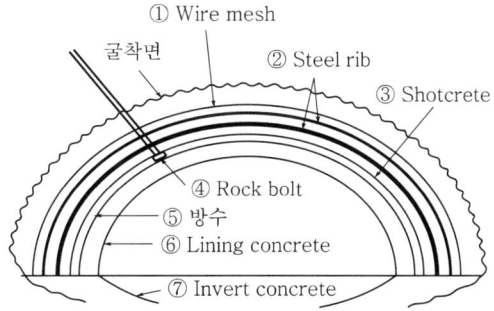

① Wire mesh
굴착면
② Steel rib
③ Shotcrete
④ Rock bolt
⑤ 방수
⑥ Lining concrete
⑦ Invert concrete

6. 시공순서

1) 사전 조사

(1) 지반 조사

① 시추(Boring) 위치

② 토층분포 상태

③ 투수계수

④ 지하수위

⑤ 지반의 지지력

(2) 추가 조사

① 인접 구조물의 지반 상태

② 위험 지장물

(3) 지반 보강

① 작업구, 환기구 등 수직 갱 굴착계획 구간의 연약지층·지반을 정밀 조사

② 필요 시 지반보강 말뚝 공법, 지반고결 공법, Grouting 등의 보강 조치

2) 갱구(터널 입구) 설치

① 터널 굴진을 위한 출입구(갱구)에 문상의 구조물 설치

② 흙막이 지보공, 방호망 설치 등 위험 방지 조치

③ 갱구 시공 시 세밀한 지반 조사를 실시하고 Rock Bolt 등으로 보강

3) 발파

(1) 발파 작업순서 Flow Chart

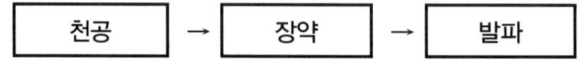

천공 → 장약 → 발파

(2) 천공

① 천공 배치에 따라 위치, 방향, 깊이 결정

② 이상 용출수의 다량 발생 시 작업을 중지하고 긴급 방수대책을 실시

③ 전 발파 때 잔류 불발 화약류의 유무 확인 및 전번의 발파공 이용 금지

④ 근로자 개인보호구 지급(안전모, 안전마스크, 보안경, 귀마개 등)

(3) 장약

① 폭약 장진 시 발파구멍 공저까지 완전히 청소

② 천공·장약의 동시 작업 금지

③ 포장이 없는 화약이나 폭약을 장진 시 화기의 사용 금지

④ 전기뇌관을 사용 시 전선, 모터 등에 접근 금지

(4) 발파

① 발파는 선임된 발파 책임자(안전관리자)의 지휘에 따라 시행

② 발파 책임자는 근로자의 대피를 확인 및 필요한 방호조치 후 발파

③ 여굴을 적세 하기 위해 제어발파(Controlled Blasting) 공법 채용

④ 제어 발파(Controlled Blasting) 공법의 종류

  ㉠ Cushion Blasting

  ㉡ Line Drilling

  ㉢ Pre-Splitting

  ㉣ Smooth Blasting

4) 굴착

① 일정한 굴착속도 유지 및 굴착면을 고르게 하여 여굴량을 적게 함

② 굴착을 장기간 중지 시 내공변위, 지질 상태를 판단하여 굴착면에 Shotcrete 및 Rock Bolt 추가 시행

③ 원지반이 불량하고 용수가 심할 경우 적절한 보조 공법 시행

5) 지보공 작업(암반보강)

(1) 지보공 작업순서 Flow Chart

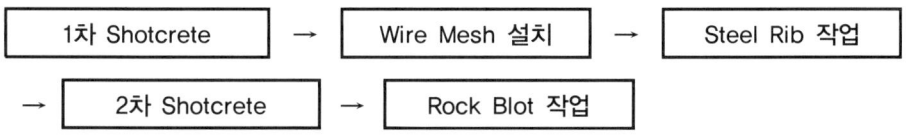

(2) 1차 Shotcrete 타설

터널 굴착 후 굴착면에 즉시 타설하여 암괴 등의 붕락 방지

(3) Wire Mesh(철망) 설치

① Shotcrete 전단보강 및 부착력 증가

② Shotcrete 경화 시까지 자립성 유지

③ Steel Rib(강재지보공) 작업

④ 지반붕락 방지 및 갱구부 보강

⑤ Shotcrete가 경화 전까지 지보효과 발휘

(4) 2차 Shotcrete 타설

① Wire Mesh 설치 후 2차 Shotcrete 타설

② 공기압은 분진 발생 억제 위해 $1 \sim 1.5 kg/cm^2$

(5) Rock Bolt 작업

① 이완된 암반을 견고한 지반에 결합

② 조기에 시공하는 것이 바람직(붕락 방지)

③ 작업순서

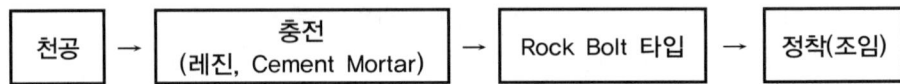

④ 배치방법

㉠ Random bolting : 필요한 부분 배치

㉡ System bolting : 패턴에 따라 배치

(6) 지보공의 기능

구분	기능
Wire Mesh	• Shotcrete 전단 보강 • Shotcrete 부착력 증진 • Shotcrete의 경화 시까지 자립성 유지 • 시공이음부 보강 및 균열 방지
Steel Rib	• Shotcrete 경화 전 지보효과 • 지반의 붕락 방지 • 터널의 형상유지
Shotcrete	• 지반 이완 방지 • 응력의 국부적 집중 방지 • 지반하중 분담(콘크리트 아치 형성)
Rock Bolt	• 이완된 암반을 견고한 지반에 결합 • 주변 암반의 붕락 방지 • 터널벽면의 안전성 향상

6) 방수

(1) 방수 작업순서 Flow Chart

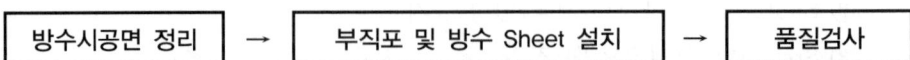

(2) 방수시공면 처리

① 유해물질과 돌출부 제거

② Shotcrete 면은 평탄하게 정리

(3) 부직포 및 방수 시트 설치

① 부직포

㉠ 방수막 손상 방지용

㉡ 연결부는 10cm 정도 겹친 이음

② 방수 시트

㉠ 빙수 시트를 전기 Welder로 60℃ 이상으로 접합

㉡ 방수 시트에 못 사용 금지 손상부 발견 시 즉시 보수

(4) 품질검사

① Air Test : 접합이 끝난 시트의 완전 봉합 여부 확인

② 진공 Test : 시트 덧붙이기 부분에 실시

7) Lining 콘크리트

(1) Lining 콘크리트 작업순서 Flow Chart

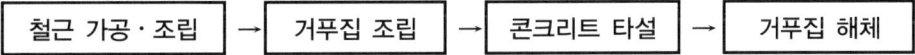

철근 가공·조립 → 거푸집 조립 → 콘크리트 타설 → 거푸집 해체

(2) 시공 시 유의사항

① 철근간격, 이음장, 스트럽 등의 설치 철저

② 콘크리트 타설 중 거푸집 이동 방지 조치

③ Lining 콘크리트 배면과 Shotcrete면 사이에 공극 발생 방지

④ 한 구획의 콘크리트는 연속해서 타설

⑤ 콘크리트가 경화된 후 시방에 의한 접착 Grouting을 천정부에 시행

8) Invert 콘크리트

① Arch 및 측벽과 일체가 되어 외력에 저항

② 주변지반이 부풀어 오른 경우 Shotcrete 조기타설 및 Rock Bolt 실시

7. 계측관리

1) 계측의 목적

① 터널의 안전 상태 확인

② 주변 원지반 거동 확인

③ 각종 지보재 효과 확인

④ 설계 시공의 경제성 도모

⑤ 장래 공사에 대한 자료 확보 활용(설계, 시공)

⑥ 인근 구조물의 안전 확인 및 확보

2) 계측항목

(1) 일반계측(A 계측)

① 지표면 침하 측정

② 내공변위 측정

③ 천단침하 측정

④ Rock Bolt 인발시험

(2) 지표계측(B 계측)

① 지표면 침하 측정

② 지중 변위 측정

③ 지중 침하 측정

④ 지중 수평 변위 측정

⑤ 지하수위 측정

⑥ Rock Bolt 축력 측정

⑦ 콘크리트(Shotcrete) 응력 측정

⑧ 터널 내 탄성파 속도 측정

⑨ 주변 구조물의 변형 상태 조사

(3) 계측 측정위치 선정

① 터널 입구(갱구) 부근

② 지반의 변화지점

③ 연약지반

④ 토피가 얕은 곳

8. 용수대책

1) 용수의 문제점

① Shotcrete 부착 불량

② Rock Bolt 정착 불량

③ 막장의 붕괴

2) 대책

(1) 수발 갱

① 우회 갱을 굴진 용수를 배수시켜 지하수위를 저하시키는 공법

② 용수량이 많고 미고결 사질 원지반에 채용

(2) 수발 Boring 공

① 갱 내 보링을 행하여 지하수위나 수압을 저하시키는 공법

② 간편하고 경제석인 공법

(3) Deep Well 공법(중력배수 공법)

① Deep Well(깊은 우물)을 파고 스트레이너를 부착한 Casing을 삽입하여 수중 펌프로 양수하여 지하수위를 저하시키는 공법

② 한 개소당 양수량이 크므로 지표에 구조물이 있을 경우 특별 관리

(4) Well Point 공법(강제배수 공법)

① 지주에 집수관(Pipe)을 박고 Well Point를 사용하여 진공 펌프로 흡입·탈수하여 지하수위를 저하시키는 공법

② 용수량이 적고 지하수위 5~8m 정도 조건에 적용

(5) 주입 공법

① 시멘트 모르타르, 화학약액, 접착제 등을 지반 내의 주입관을 통해 지중에 Grouting하여 균열이나 공극 부분에 충전하여 지반을 고결시키는 공법

② 단층, 파쇄대 등 균열이 많은 지층에 적용

(6) 압기 공법

① 갱 내의 공기압과 대기압의 차이를 이용하여 막장의 배수효과를 높이는 공법

② 연약층에 적용하며 Well Point 공법보다 효과가 크다.

9. 환경개선(공해 방지 대책)

1) 조명

(1) 조명시설 설치

① 막장의 균열 및 지질 상태, 터널 벽면의 요철 정도, 부석의 유무, 누수상황 등을 확인할 수 있도록 조명시설을 설치

② 근로자의 안전을 위하여 터널 작업면에 대한 조명장치 및 설비를 확인

③ 명암의 대조가 심하지 않고 또한 눈부심을 발생시키지 않는 방법으로 설치

④ 조명설비의 정기 및 수시점검 계획 수립 및 점검 실시

2) 환기

① 발파 후 디젤기관, 숏크리트 분진, 암반 자체에서 유해·유독가스 발생
② 터널 전 지역에 항상 신선한 공기를 공급할 수 있는 충분한 용량의 환기설비 설치
③ 발파 후 30분 이내 배기, 송기가 완료되도록 하여야 함
④ 환기 가스 처리장치가 없는 디젤 기관은 터널 내 투입 금지
⑤ 터널 내의 기온은 37℃ 이하가 되도록 신선한 공기로 환기
⑥ 적정한 산소농도(18% 이상) 유지를 위한 환기 방식

3) 분진

(1) 발생원

천공작업, 숏크리트 작업, 굴착작업 시 발생

(2) 대책

① 천공작업 : 습식 Drill 사용 및 개인 보호구 착용
② Shotcrete(뿜어 붙이기 콘크리트) 작업
　㉠ 개인 보호구 착용(방진 마스크, 보안경 등)
　㉡ 분진 밀폐기계 사용

4) 소음

① 발생원 : 천공작업, Breaker 작업 시 발생
② 대책 : 저소음 장비, 저소음 공법 채용

5) 진동

① 발생원 : 천공작업, 기타 기계작업 시 발생
② 대책 : 저진동 기계 및 방진장갑 등 보호구 착용

10. 결론

① NATM 공법은 시공 과정에서 원지반의 강도를 유지하지 못하면 터널의 안전성 확보가 어려우므로 정밀한 시공관리가 필요하다.
② 시공 중 설계 시 예측지반과 실제지반이 상이할 경우 지보재를 실제 지반에 적합하도록 설계 변경 후 시공하여야 하며 엄격한 계측관리로 안전성을 확보, 재해를 예방해야 한다.

Section 10 | 터널의(NATM 공법) 계측

1. 개요

① 터널 계측은 지반 거동의 관리, 지보공 효과의 확인, 안정 상태의 확인, 근접 구조물의 안전성 확인, 장래 설계 및 시공 자료 확보를 위해 실시하는 것이다.

② 시공 중 발생하는 실제 지반의 거동을 측정하여 당초 설계와 비교 분석하여 안전하고 경제적인 시공을 하는데 목적이 있으며, 사전에 계측 계획을 수립하고 계획에 따른 계측을 하여야 한다.

2. 계측의 목적

① 굴착지반의 거동 측정
② 지보공 부재의 변위 측정
③ 응력의 변화정밀 측정
④ 시공 안전성 사전에 확보
⑤ 설계 시 조사치와 비교분석 수정, 보완
⑥ 주변 구조물의 안전 확보
⑦ 장래 공사에 대한 자료 축적

3. 계측관리 순서 Flow Chart

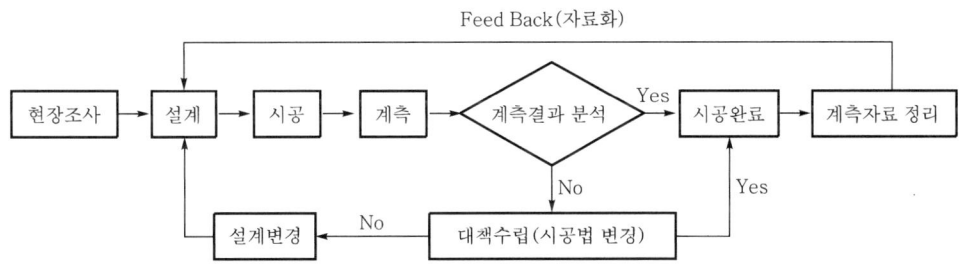

4. 계측항목

1) 일상계측(A 계측)

(1) 터널 내 육안 조사(관찰 조사)

Steel Rib, Shotcrete, Rock Bolt 등 지보공의 형태변화 관찰

(2) 내공변위 측정

변위량 및 변위속도에 의한 지반의 안전성 파악

(3) 천단침하 측정

터널 천단의 절대 침하량 측정

(4) Rock Bolt 인발시험

Rock Bolt의 인발력 확인(정착 효과 확인)

2) 대표계측(B 계측)

(1) 지표면 침하 측정

터널에 작용하는 하중변위의 측정

(2) 지중변위 측정

터널 주변의 느슨해진 영역 감시

(3) 지중침하 측정

터널에 작용하는 하중변위의 측정

(4) 지중수평변위 측정

터널의 발파 및 굴착 등으로 인한 지중 심도별 수평 변위량 측정

(5) 지하수위 측정

지하수위의 변동사항을 측정

(6) Rock Bolt 축력측정

Rock Bolt에 작용하는 축력 측정

(7) 뿜어 붙이기 콘크리트(Shotcrete) 응력 측정

콘크리트와 암석의 접촉면에서의 응력을 측정

(8) 터널 내 탄성속도 측정

탄성파 속도로 지층의 균열정도, 변질정도 등을 추정

(9) 주변 구조물의 변형 상태 조사

인접 구조물의 기울기 및 Crack의 변형량 측정

5. 계측항목에 따른 계측기기

계측항목	계측기기
① 터널 내 육안 조사(관찰 조사)	육안 조사
② 내공변위 측정	Tape Extensometer
③ 천단침하 측정	Level
④ Rock Bolt 인발시험	Pump, Hydraulic Ram
⑤ 지표면 침하측정	Multiple Extensometer, Rod Extensometer
⑥ 지중변위 측정	Multiple Extensometer, Rod Extensometer
⑦ 지중침하 측정	Multiple Extensometer, Rod Extensometer
⑧ 지중수평변위 측정	Inclinometer(경사계)
⑨ 지하수위 측정	Water level meter
⑩ Rock Bolt 축력측정	Rock Bolt 축력측정기
⑪ 뿜어 붙이기 콘크리트(Shotcrete) 응력측정	Shotcrete 응력측정기
⑫ 터널 내 탄성파속도 측정	탄성파속도 측정기
⑬ 주변 구조물의 변형 상태 조사	Telemeter(경사계), Crack Gauge(균열측정)

6. 계측단면도

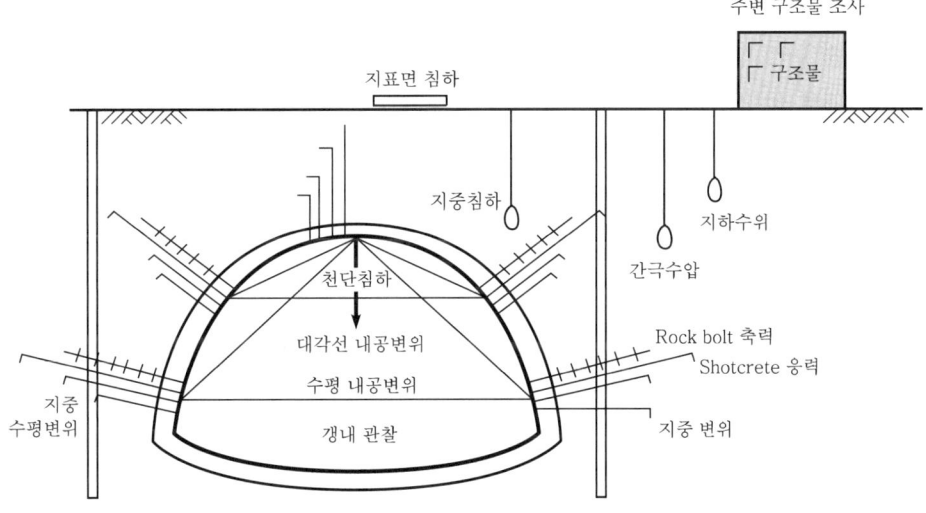

7. 계측관리

1) 계측계획 수립 시 포함사항

① 측정위치 개소 및 측정의 기능 분류

② 계측 시 소요 장비

③ 계측빈도

④ 계측결과 분석 방법

⑤ 변위 허용치 기준

⑥ 이상 변위 시 조치 및 보강 대책

⑦ 계측 전담반 운영 계획

⑧ 계측관리 기록 분석 계통 기준 수립

2) 계측 측정 위치 선정

① 터널 입구(갱구) 부근

② 지반의 변화지점

③ 연약지반

④ 토피가 얕은 곳

3) 계측기준

① 측정기준을 명확히 하고 계측결과를 설계 및 시공에 반영하여 공사의 안전성 도모

② 계측빈도 기준은 측정 특성별로 별도 수립하여야 하며, 일상계측과 대표계측으로 계측관리를 구분

4) 계측결과 기록

기록을 보존하여 계측결과를 시공관리 및 장래 계획에 반영

5) 계측기의 관리

① 전문교육을 받은 계측 전담원을 지정하여 지정된 자만이 계측

② 설치된 계측기 및 센서 등의 정밀기기는 관계자 이외에 취급 금지

③ 계측기록의 결과 분석 후 시공 중 조치사항에 대해서는 충분한 기술자료 및 표준 지침에 따름

8. 결론

① 터널의 계측은 사전 조사 결과를 효과적으로 활용할 수 있도록 터널의 용도, 규

모, 지반조건, 시공방법 등을 고려하여 계측목적에 적합한 기기의 결정 및 적정 배치 간격을 선정하여야 한다.

② 시공 중 얻어진 계측 결과는 설계값과 비교 검토 후 시공에 반영하여 안전성과 경제성을 확보하도록 노력하여야 한다.

Section 11 터널공사(NATM 공법)의 재해 유형 및 안전 조치

1. 개요

터널공사에 발생하는 재해 형태는 충돌 및 협착, 추락, 낙석, 낙반, 폭발사고, 용수로 인한 사고 등이 있으며 지하, 밀폐공간 등 터널공사의 특성상 재해 발생 시 중대재해로 직결되므로 안전관리에 유의하여야 한다.

2. 재해 유형의 분류

① 충돌 및 협착
② 추락
③ 낙석 · 낙반
④ 폭발사고
⑤ 발파사고
⑥ 용수로 인한 사고
⑦ 감전사고

3. 재해 유형 및 안전조치

1) 충돌 및 협착

(1) 장비(차량)관리

① 인도와 차도의 분리
② 난간 및 분리대 설치에 의한 안전통로 확보
③ 필요 시 대피소 또는 경고등 설치

(2) 천공장비(차량)관리

① 작업자와 차량과의 신호 준수

② 장비 유도자 배치

③ 접근 방지책 설치 및 표지판 설치

2) 추락

(1) 인력수송

① 승차석 외 탑승 금지

② 인력수송에 적합한 차량 운행

(2) 사다리 작업

① 인증된 작업대 사용(파손된 사다리 사용 금지)

② 사다리 설치각도 : 70° 기준

(3) 천공 및 발파약 장전

① 작업 플랫폼 사용

② 작업발판을 비치하고 안전벨트 등 보호구 착용

(4) 강재 지보공(Steel Rib) 설치 시

① 작업 플랫폼 사용

② 작업 진행방향 준수(막장방향)

③ 안전한 작업대 사용

(5) Rock Bolt 작업 시

① 작업 플랫폼 사용

② Rock Bolt 근입 깊이 확인

(6) Shotcrete 타설 시

① 추락 방지용 작업발판 설치

② 작업 플랫폼 사용

3) 낙석, 낙반

(1) 천공작업 시 낙석

① 낙석위험 확인, 조치 후 작업

② 안전모 등 보호구 착용

(2) 발파 작업 시 낙반

① 발파막장으로부터 300m 이상의 안전거리 유지

② 대피공간, 대피장소 확보

(3) 터널 가장자리 정리 굴착 시 낙석

① 막장 용출수 처리

② 낙석, 부석 위치로부터 안전거리 확보

(4) 터널 굴착 후 낙반사고

① 터널 굴착 후 즉시 1차 Shotcrete 타설

② Wire Mesh, Sheel Rib, Shotcrete, Rock Bolt 등의 지보공으로 암반 보강

4) 폭발사고

(1) 발파 후 잔류화약 미확인

① 불발 화약류 유무를 세밀히 조사

② 불발 화약류 발견 시 국부 재발파

(2) 가스 폭발

① 발생원인

㉠ 발파 후 유독 가스 발생

㉡ 디젤 기관의 유해 가스 발생

② 안전조치

㉠ 전기 스파크, 담뱃불 등 화기 원인 제거와 재송전 시 가스 측정·배출 후 송전

㉡ 가스의 유무 확인 및 충분한 용량의 환기설비 설치

㉢ 환기 및 송풍 방식 : 중앙집중 환기 방식, 단열식 송풍 방식, 병렬식 송풍 방식

5) 발파사고

① 모든 근로자의 대피 확인 및 필요한 방호조치 후 발파

② 발파 시 대피가 어려울 때 견고하게 방호한 임시 대피장소 설치

6) 용수로 인한 사고

(1) Shotcrete 부착 불량, Rock Bolt 정착 불량으로 인한 막장의 붕괴

(2) 안전조치

① 이상 용출수의 다량 발생 시 작업 중지 후 긴급 방수대책 실시

② 용수가 많이 유출될 경우 배수, 지수 등의 대책 실시

③ 용수대책 공법

㉠ 배수 공법 : 수발갱, 수발보링공, Deep Well, Well Point 공법

㉡ 지수 공법 : 주입 공법, 압기 공법

④ 막장의 안정을 위한 보조 공법

㉠ 천단부 안정 : Rock Bolt, Fore Poling, 주입 공법

㉡ 막장면 안정 : Sealing Shotcrete, Rock Bolt, 주입 공법

7) 감전사고

(1) 양수작업 중 수중 펌프 누전

(2) 안전조치

① 누전차단기는 용도에 맞는 것을 사용하고 성능을 수시로 점검

② 물속이나 습기 찬 곳의 전기기계 기구에 접근 시 전원 차단 확인

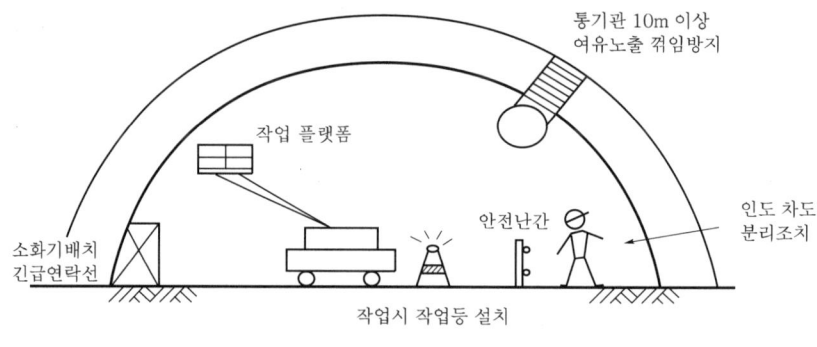

[터널 내 안전]

4. 결론

터널 공사 시 발생 가능한 재해 형태별 특성을 고려하여 안전 시공과 근로자에 대한 특별 안전교육 실시 및 수시 안전점검을 실시하여 재해를 예방해야 한다.

Section 12 터널 공사장 부근 터파기가 터널에 미치는 영향과 대책

1. 개요

터널 공사장에 인접하여 구조물 축조를 위한 터파기 공사는 기존 터널 구조물에 미치는 영향이 커 구조물 축조 시 사전 조사 및 지반 조건에 적합한 공법을 적용한다. 또한 터널공사장과 유기적인 연락체계를 구축하고, 계측 등을 통한 안전성 저해요인을 사전에 차단해야 한다.

2. 터널 공법의 종류

1) 재래식 공법 : 광산

2) 최신 공법

① NATM 공법 : 산악

② TBM 공법 : 암반

③ Shield 공법 : 지하철, 전기통신 박스

3) 기타 공법

① 개착식 공법 : 지하철

② 침매 공법 : 해저터널

3. 기존 터널에 영향을 미치는 행위

① 기존 터널 상부나 하부에 별도의 터널 굴착

② 기존 터널과 병행해서 별도의 터널 굴착(선로증설 등)

③ 터널 상부에 택지개발 등으로 성토

④ 터널 상부에 구조물 축조물

⑤ 터널 주변 근접 공사로 인한 지반 진동

⑥ 댐 공사로 인한 지하수위 상승 및 지하배수에 의한 지하수위 저하

4. 기존 터널 근접 시공 시 안전대책

1) 공법 선정

① 무진동, 저진동 굴착 공법 채용

② 무진동 발파 공법 적용

2) 균일 하중 배치

① 터널 상부 성토 시 동일한 성토높이 유지

② 구조물 축조 시 건물 하중의 균등 배치

3) 편심하중에 유의

상부 개착 시 균일한 절토

4) 계측 관리 철저

① 천단침하계, 내공변위 측정
② 지중침하계, 지하수위계 등 설치 운영

5) 터널 내부 보강

① 천단부 받침판 설치
② 라이닝 콘크리트 단면 보강 등

6) 터널 외부 보강

① 약액주입 공법
② 그라우팅 실시

7) 안전관리자 배치

① 발파, 굴착 등 주요 작업 시 안전관리자 작업 지휘
② 기존 터널 관리자와 유기적 연락

8) 작업순서 준수

① 무리한 공기 단축 금지
② 작업계획에 의한 작업 실시

5. 결론

터널 공사가 진행 중인 작업장에 인접하여 구조물을 축조할 경우 공사 진행 중 안전성이 확보되지 않은 터널에 대한 영향을 사전에 파악하고, 지반 침하 등의 안전상 문제가 없도록 무진동 저진동 공법을 채용하며, 필요시 지반개량을 통해 터널에 대한 피해를 예방해야 한다.

Section 13 지하철 구조물 균열 발생 원인 및 대책

1. 개요

① 지하철 주요 구조물인 터널의 안전성 평가 시 주요 결함 부위인 균열, 누수, 파손에 대해 정확한 상태 파악이 필요하다.

② 균열의 정도에 따라 보수 보강 등 적절한 공법 사용으로 즉각 조치를 취하는 것이 중요하다.

2. 안전진단의 필요성

① 시공오차
② 인적과오
③ 하중변동
④ 재료강도의 불명확

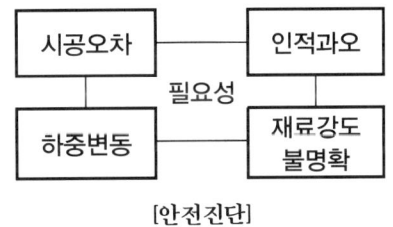

[안전진단]

3. 안전 진단 시 활용 자료

① 설계도서 : 준공도면, 구조계산서, 상세도 등
② 시방서 : 특기 빛 일반 시방서
③ 사진 : 주요 공정 사진, 결합부 사진 등
④ 시험성적서 : 콘크리트 말뚝 등
⑤ 유지 관리 자료 : 보수이력서, 시설물 관리대장 등

4. 안전성 평가 기준(균열)

항목 / 상태등급	미세 균열	중간 균열			대형 균열
구분	A	B	C	D	E
균열폭	0.1mm 미만	0.1~0.2mm 미만	0.2~0.3mm 미만	0.3~0.7mm 미만	0.7mm 이상

5. 보수 보강 대책

1) 콘크리트 균열

(1) 표면처리 공법

3mm 미만 균열 적용

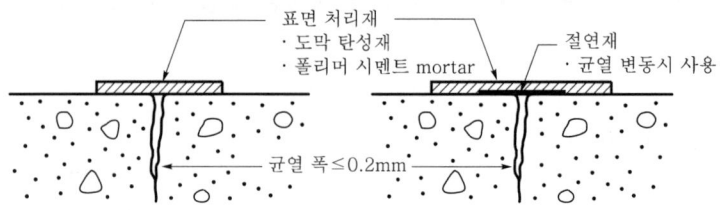

[콘크리트 표면처리 공법]

(2) 주입 공법

① 0.3mm 이상 균열 적용

② 에폭시 수지, 팽창 시멘트 주입

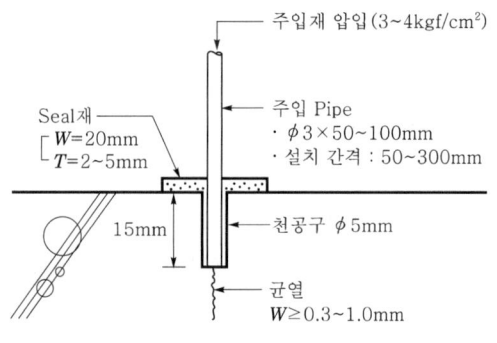

[주입 공법]

(3) 충전 공법

에폭시 수지, 폴리머 시멘트 충전

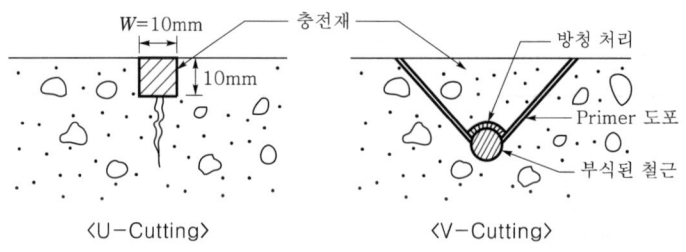

[충전 공법]

2) 누수

① 적절한 배수

② 수발공 설치(수압조절)

3) 복공 보강

① 지보공 보강 공법

② 내부 두께 보강 공법

③ 숏크리트 이용 보강 공법

④ 복공 교체

4) 백화

① 콘크리트 표면 건조

② 화학약품 처리

5) 동해

① 손상부위 덧씌우기

② 방청도장

6) 철근 부식

① 덧씌우기

② 피복 교체

6. 계측관리

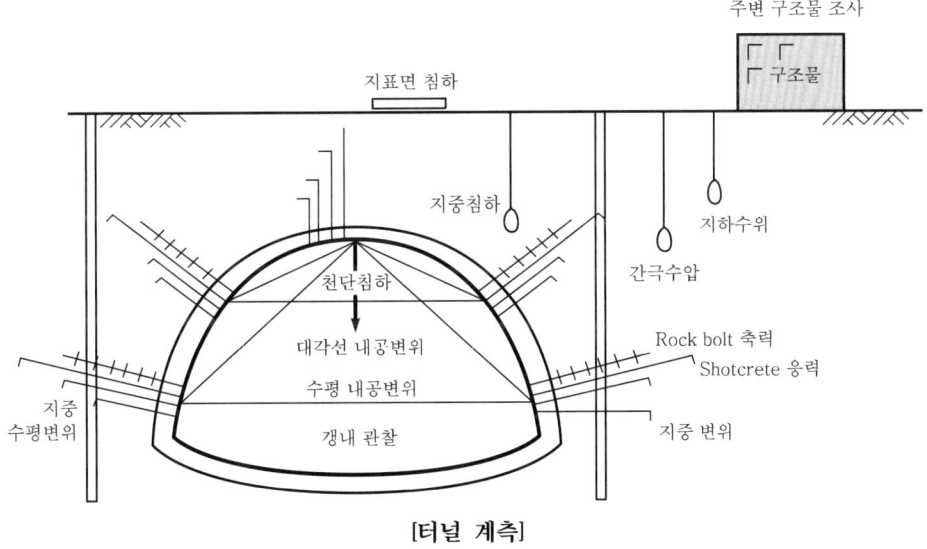

[터널 계측]

7. 결론

터널의 균열은 대형 사고의 원인이 될 수 있으므로 계측을 통해 철저히 관리하고 균열 등 결함 발견 시 정확한 분석으로 원인별 대책을 수립하고 적절한 보수 보강을 해야 한다.

Section 14 터널 정밀 안전진단의 업무흐름 및 조사사항, 시험과목

1. 개요

① 최근 터널의 노후화 및 내구성 저하와 부실시공으로 인한 균열, 부식, 콘크리트 열화현상 등 발생으로 터널 안전에 심각한 영향을 미치고 있다.

② 이러한 결함을 예방하기 위해 안전점검과 정밀 안전진단을 실시하여 적절한 보수 및 보강 등의 조치로 터널의 안전성을 확보해야 한다.

2. 터널 구조(NATM)

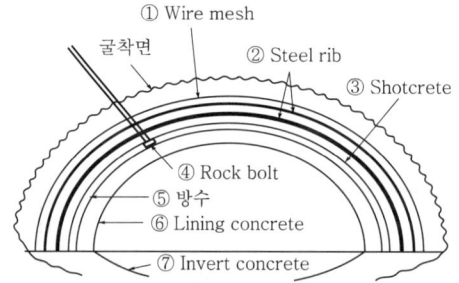

① Wire mesh
② Steel rib
③ Shotcrete
④ Rock bolt
⑤ 방수
⑥ Lining concrete
⑦ Invert concrete
굴착면

3. 정밀 안전진단 흐름도

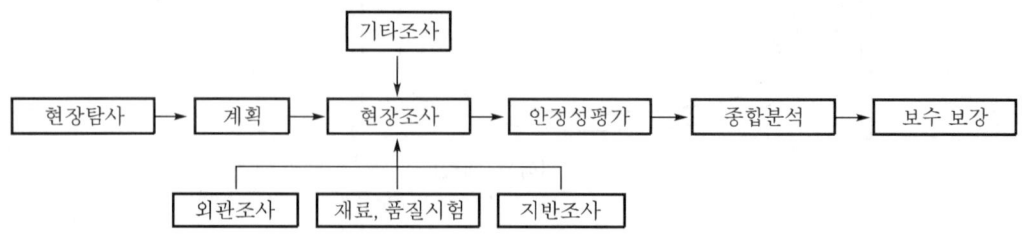

기타조사

현장탐사 → 계획 → 현장조사 → 안정성평가 → 종합분석 → 보수 보강

외관조사   재료, 품질시험   지반조사

4. 사전 조사

① 구조계산서, 특기시방서, 지표·지질 조사 보고서, 준공도면
② 시공 보수 도면, 제작 및 작업도면
③ 재료 증명서, 관리 및 선정시험 기록, 계측자료, 사진
④ 보수이력, 사고기록, 점검이력, 시설물 관리대장
⑤ 안전성 평가기록

5. 정밀 안전진단 조사사항

구분	점검 부위	현장 조사
갱문	기초지반	세굴, 융기, 침하, 이동
	옹벽바닥	침하, 이동, 유실, 이음부 균열, 침식, 공동현상, 균열 등
	전면	균열, 발락, 철근노출, 백태, 변색, 노후화, 철근부식, 누수
	석축	모르타르 이음부 균열, 배부름, 변현, 침하 등
	벽면	상부 및 이음부 변형과 침하, 배면경사부 균열
사면 및 주변 환경	외적 요인	지형 변화, 토피하중증가, 충격과 진동, 강우, 인접 저수지 수위강하
	내적 요인	진행성파괴, 풍화작용, 침식, 파이핑 현상 등
터널 내부	라이닝 콘크리트	균열, 누수, 박리, 층분리, 박락, 파손, 백태 등
배수로	집수구	뚜껑 개폐, 퇴적 상태, 배수 상태
	배수구	뚜껑 개폐, 퇴적 상태, 체수 상태, 손상 상태

6. 정밀 안전진단 진단항목, 방법

점검 부위	진단 항목	방법
터널 외부	균열 조사(폭, 길이, 깊이, 진전 여부)	초음파 검사법, 충격탄성파법
	누수(수량, 수질, 온도)	적외선 탐사법, 육안 조사
	콘크리트 강도	슈미트 해머법, 코어 채취
	백화	중성화 시험
	사면안정	사면안정 검토

점검 부위	진단 항목	방법
터널 내부	균열 조사	균열 측정기, 초음파 측정법
	누수	적외선 탐사법, 육안 조사
	콘크리트 강도	슈미트 해머법, 초음파법
	내부결함(공동, 박리, 박락)	레이더 탐사법
	2차 라이닝(두께, 열화)	중성화 시험, 레이더법
	강지보공	레이더법
	열화 증상	중성화 시험기
	지반 상태, 노면 상태	육안 조사
	부속시설	육안 조사
기타	표지판, 퇴적물	육안 조사
	소음, 진동, 조명, 환기	소음, 진동 측정계

7. 상태 평가

구분	A	B	C	D	E
균열(mm)	0.1 미만	0.1~0.2	0.2~0.3	0.3~0.7	0.7 이상
누수	누수 없음	누수 흔적	약간 누수	조금 누수	심한 누수
파손	없음	없음	경미한 파손	심한 파손	극심한 파손

8. 보수 보강

1) 균열

표면 처리법, 충전법, 주입법

2) 누수

① 용수 구간 : 배수공 설치
② 지하수 배출 구간 : 주입재
③ 수압이 큰 구간 : 수발공
④ 수위저하 공법

3) 복공 보강

① 지보공 보강, 숏크리트 두께 보강

② 복공 교체 Invert 콘크리트 타설

4) 복공배면 공동

모르타르 주입, Grouting

5) 복공열화

보강판, 라이닝, 개축

6) 중성화

표면 도장

7) 백화

염산, 인산, Sand Blasting

8) 보수·보강 현황 관리

① 보수·보강 시행 후 이력 관리

② 진단 시 보수·보강 이력 검토 후 진행성 판단 자료로 활용

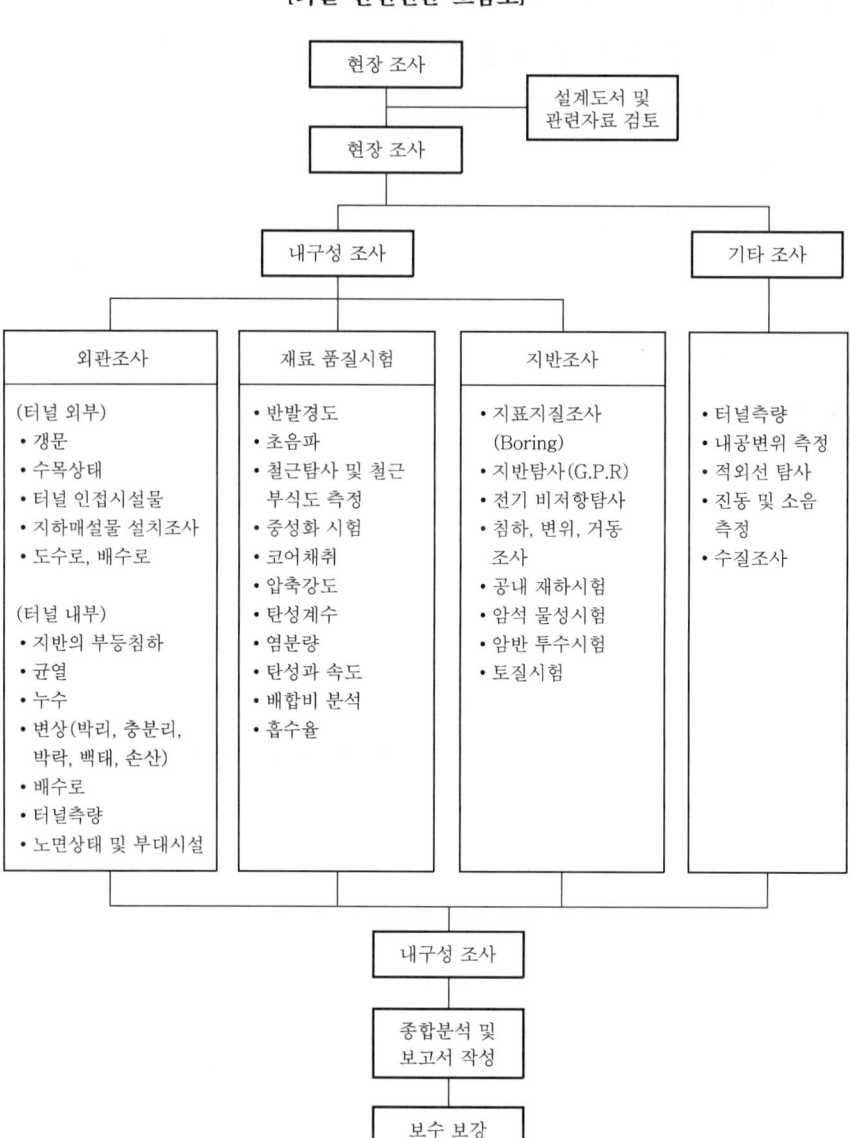

[터널 안전진단 흐름도]

9. 결론

① 터널 구조물의 특성상 내구성 저하가 발생하면 보수·보강의 난해함 및 경제적 부담이 발생하므로 내구성 향상을 위해 설계·시공 유지 관리 등 전 단계에 걸친 세밀한 계획과 실천이 중요하다.

② 정기적인 안전점검 및 정밀 안전진단으로 불안전 요소를 제거하여 안전을 확보해야 한다.

Section 15 터널공사에서 숏크리트(Shotcrete)

1. 개요

① 숏크리트(Shotcrete : 뿜어붙이기 콘크리트)란 압축공기에 의한 분사기를 사용하여 분사되는 모르타르로 소요의 강도, 내구성, 수밀성과 함께 강재를 보호하는 성질을 가지고, 품질의 변동이 적은 것이어야 한다.

② 숏크리트는 수밀성(水密性)과 강도가 뛰어난 모르타르를 얻을 수 있어, 구조물의 표면 마무리, 보수용, 강재(鋼材)의 녹 방지용으로 쓰인다.

2. 숏크리트(Shotcrete) 공법의 종류

1) 건식 공법

① 건조시킨 모래와 시멘트를 섞은 것(건비빔 : Dry Mixing)을 펌프로 압송하여 노즐 끝에서 물과 함께 분사하는 공법

② 리바운드량이 많으며 분진 발생

2) 습식 공법

① 이미 모르타르(시멘트, 굵은골재, 잔골재, 혼화재료)로 만든 것을 압축공기를 이용 분사하는 공법

② 노즐(Nozzle)의 청소가 곤란하며 분진 발생이 적음

3. 숏크리트의 기능

① 지반의 이완 방지

② 응력의 집중 방지

③ 굴착면의 붕괴 방지

4. 작업계획 수립 시 포함사항

① 사용목적 및 투입 장비

② 건식 공법, 습식 공법 등 공법의 선택

③ 노즐의 분사 출력 기준

④ 압송 거리

⑤ 분진 방지대책

⑥ 재료의 혼입기준

⑦ 리바운드 방지대책

⑧ 작업의 안전수칙

5. 뿜어붙이기 콘크리트 작업 시 준수사항

1) 유동성 부석 제거

작업 전 대상 암반면의 절리 상태, 부석, 탈락, 붕락 등 사전 조사 후 유동성 부석은 완벽하게 정리

2) 접착면의 누수에 의한 수막 분리 현상 방지

작업 대상 구간에 용수가 있을 경우에는 작업 전 누수공 설치, 배수관 매입에 의한 누수유도 등 적절한 배수 처리를 하거나 급결성 모르타르 등으로 지수

3) 콘크리트의 압축강도

콘크리트의 압축강도는 24시간 이내에 100kgf/cm^2 이상, 28일 강도 200kgf/cm^2 이상 유지하여야 함

4) 철망 고정용 앵커

철망 고정용 앵커는 10m^2당 2본이 표준

5) 철망 사용기준

철선굵기 ø3~6mm 눈금간격 사방 100mm의 것을 사용, 이음부위는 20cm 이상 겹침

6) 철망의 이격거리

철망은 원지반으로부터 1.0cm 이상 이격거리 유지

7) 지반의 이완변형 최소화

굴착 후 최단 시간 내에 뿜어붙이기 콘크리트 작업을 신속하게 시행

8) 기계의 유지 보수

기계의 고장 등으로 작업이 중단되지 않도록 기계의 점검 및 유지 보수 실시

9) 개인 보호구 지급 착용

작업 전 근로자에게 분진마스크, 귀마개, 보안경 등 개인 보호구를 지급, 착용 여부 확인 후 작업

10) 노즐 분사 압력 표준

뿜어붙이기 콘크리트 노즐 분사압력은 $2 \sim 3 kgf/cm^2$를 표준

11) 물의 압력

물의 압력은 압축공기의 압력보다 $1 kgf/cm^2$ 높게 유지

12) 뿜어붙이기 콘크리트의 최소 두께

① 약간 취약한 암반 : 2cm
② 약간 파괴되기 쉬운 암반 : 3cm
③ 파괴되기 쉬운 암반 : 5cm
④ 매우 파괴되기 쉬운 암반 : 7cm(철망 병용)
⑤ 팽창성의 암반 : 15cm(강재 지보공과 철망 병용)

13) 오손 방지 방호조치

부근의 건조물 등의 오손을 방지하기 위하여 작업 전 경계부위에 필요한 방호조치

14) 낙하에 인한 재해 예방

불량한 뿜어붙이기 콘크리트 발견 시 양호한 뿜어붙이기 콘크리트로 대체

6. 친환경적인 시공방안(Rebound 저감 대책)

1) 재료 배합적 측면

① 감수제, AE 감수제, 급결재의 적정 사용
② G_{max}는 10mm로 하여 리바운드량 최소화(2% 정도 감소함)
③ 슬럼프는 노즐막힘이 없는 범위에서 최소화(12정도)

2) 시공적인 측면

① 타설면에 1m 정도 유지하고 직각으로 분사
② 숏크리트의 분사압력을 $2 \sim 5 kgf/cm^2$ 정도로 작업
③ 숏크리트 1회 타설은 10cm 정도로 하고 하단에서 상향으로 시공
④ 숏크리트 타설 바닥에 비닐 등을 깔아 리바운드 된 숏크리트 지하 침투 방지

3) 오탁수의 처리

① 갱구부 전면에 오탁수 처리 시설 설치

② 물은 중화, 응집, 침전하여 처리하고 슬러지는 탈수 후 매립

Section 16 댐의 파괴 원인과 안전대책

1. 개요

① Dam은 축조재료에 따라 콘크리트 Dam과 Fill Dam으로 나누고, Fill Dam은 Earth Dam, Rock Fill Dam으로 구분한다.

② Dam 파괴 주된 원인은 Piping 현상으로 Dam 축조 시 재료선택, 기초처리, 다짐 등 전반적인 시공관리 및 안전관리가 이루어져야 한다.

2. Dam의 분류

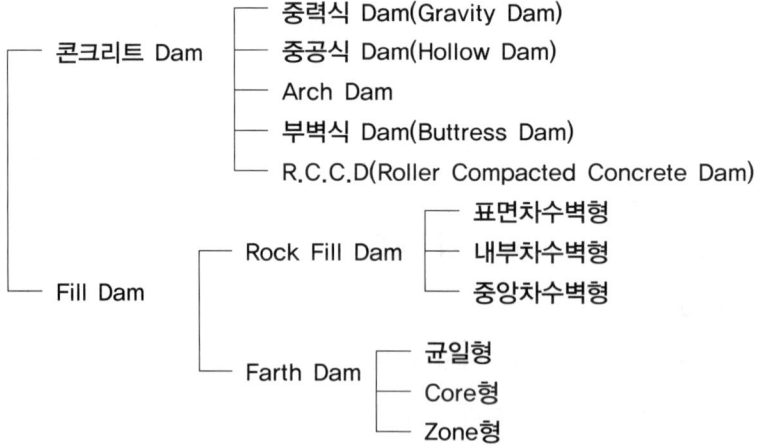

3. 종류별 특성

1) 콘크리트 댐

(1) 중력식 댐(Gravity Dam)

① 댐 본체의 자중만으로 수압이나 외력에 견디도록 설계된 댐

② 다른 댐에 비해 중력이 크기 때문에 견고한 기초 암반이 필요

③ 공사비는 증가하나 유지 관리가 용이

(2) 중공식 댐(Hollow Dam)

① 댐 내부를 중공으로 만든 댐(자중 감소)

② 높이가 40m 이상일 때 중력식 댐보다 경제적이다.

(3) 아치 댐(Arch Dam)

① 수평 단면은 아치형이고 연직 단면이 캔틸레버로 구성되는 댐

② 계곡 폭이 좁을수록 유리하며 미관이 우수하다.

(4) 부벽식 댐(Buttress Dam)

① 경사진 얇은 슬래브를 상류면으로 하여 이를 부벽으로 받친 댐

② 콘크리트 소요량이 적고 댐 검사가 용이하나 내구성은 적다.

(5) R.C.C.D(Roller Compacted Concrete Dam) 공법

① 댐 본체의 내부는 콘크리트를 빈배합(슬럼프 0)으로 타설하고, 진동 롤러로 다져 댐을 축조하는 공법

② Pre cooling이나 Pipe cooling이 필요 없는 신공법

③ 공기 단축이 가능한 경제적인 공법

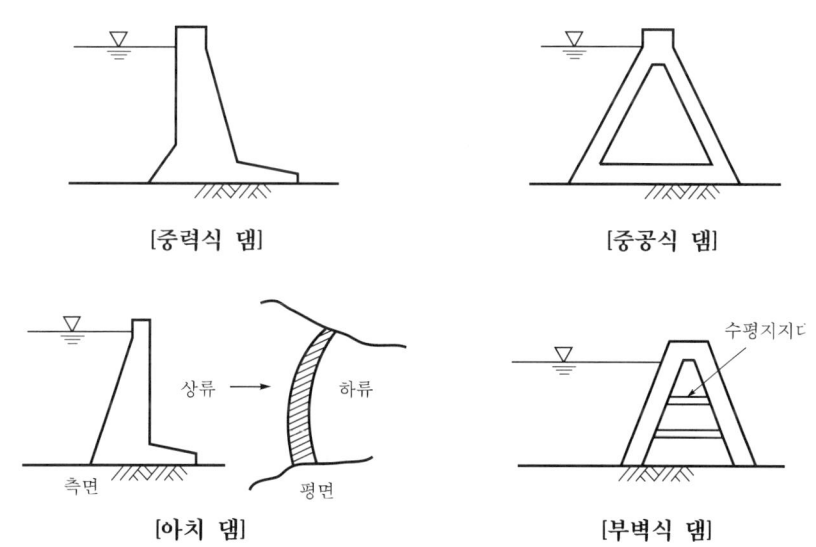

[중력식 댐]   [중공식 댐]

[아치 댐]   [부벽식 댐]

2) 필 댐(Fill Dam)

(1) Rock Fill Dam

① 절반 이상이 암석으로 구성된 댐

② 소규모 댐에 유리하며, 높은 지내력이 필요하다.

③ 종류

　㉠ 표면 차수벽형 : 댐의 상류 표면에 아스팔트 콘크리트 또는 철근콘크리트 등 차수재료로 포장하여 축조

　㉡ 내부 차수벽형 : 댐 내부에 점토 등 불투수성 재료로 경사 차수벽을 만드는 형식

　㉢ 중앙 차수벽형 : 댐 중앙에 불투수성 차수벽을 만드는 형식

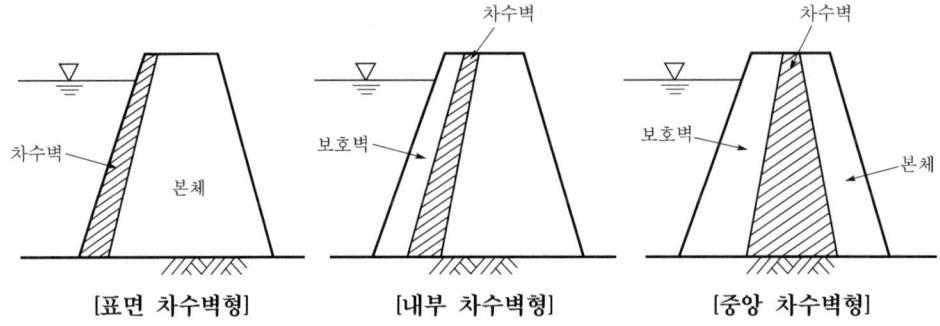

[표면 차수벽형]　　　[내부 차수벽형]　　　[중앙 차수벽형]

(2) Earth Dam

① 절반 이상이 흙으로 구성된 댐

② 기초지반의 조건이 나쁜 곳에서도 시공이 가능

③ 종류

　㉠ 균일형 : 사면보호재를 제외한 대부분의 축조재료가 균일한 댐

　㉡ Core형(심벽형) : 대부분의 축조재료가 투수성이며, 차수를 목적으로 불투수성 재료로 얇은 방수심벽을 두는 댐

　㉢ Zone형 : 댐 내부를 차수 Zone을 중심으로 하여 양측에 반투수 Zone 또는 투수 Zone를 배치하는 댐

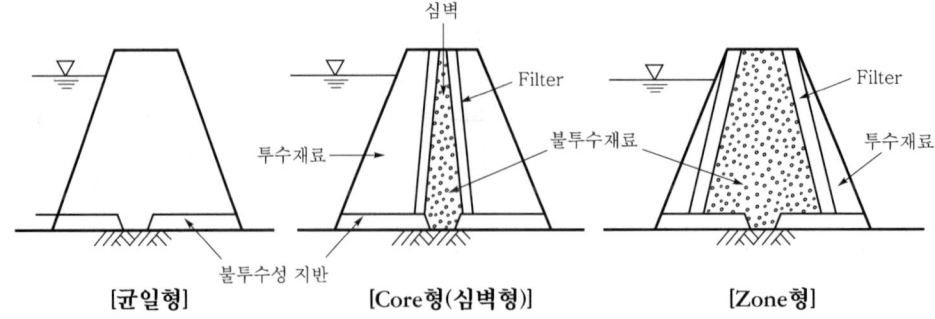

[균일형]　　　[Core형(심벽형)]　　　[Zone형]

4. 댐 파괴에 의한 피해

1) 상류

① 산사태 발생

② 어족 자원 상실

③ 기후 변화

2) 하류

① 침수에 의한 인명 피해

② 매몰, 침수에 의한 재산상 피해

③ 다른 지형 조성에 의한 기후 변화

5. 댐의 파괴 원인

1) 기초처리 불량

① 댐체와 기초경계부 접착면 처리 불량

② 투수성 기초 지반의 보강 불량

③ 기초 암반의 단층 또는 파쇄대의 지지력 부족으로 인한 부등침하

2) 파이핑(Piping) 현상

① 침하, 지진, 건조, 휨 등에 의한 균열 누수로 인한 파이핑 현상 발생

② 댐체의 단면(제방폭)부족 침투수 차단 미흡으로 파이핑 현상 발생

3) 재료 불량

① 댐체 재료의 부적합

② 투수층 불량재료 사용으로 침투수 침입

4) 공법 선정

① 규모, 수량에 부적합한 공법 선정

② 적정 양생법 미실시

5) 여수로 불량

① 홍수의 특성 등을 감안하지 않은 시설 규모

② 최대 유량 미감안

6) 감시 부족

적정 감시 설비 및 감시인 배치 부족

7) 검사공 미설치

댐 내부 검사공 미설치

8) 매스 콘크리트 시공 불량

Pre Cooling, Pipe Cooling 미실시

6. 댐의 안전대책

1) 기초 처리

(1) 기초 부위 지반 조사 철저

(2) 댐체와 기초 경계부의 접착부 정밀 시공

(3) 투수성 암반으로 처리

① 불투수성 기초까지 굴착하여 차수벽을 넓게 축조

② 차수벽(Sheet Pile, 콘크리트 등)을 불투수층까지 도달

③ 댐 상류 방향에 불투수성 블랭킷(Blanket) 설치

(4) Grouting

① 커튼 그라우팅(Curtain Grouting) : 기초의 수밀성 향상이 목적

② 압밀 그라우팅(Consolidation Grouting) : 기초의 지지력 향상이 목적

2) 파이핑 현상 방지

(1) 차수벽 설치

① Grouting 공법

② 주입 공법

(2) 불투수성 블랭킷(Blanket) 설치

(3) 제방 폭 확대

3) 재료 선정

① 댐체 각 Zone에 적합한 재료 선정

② 축제 재료에 가장 적당한 시공으로 다짐 철저

4) 적정 공법 선정

① 콘크리트 댐 : 견고한 기초 지반, 협곡에 적용

② 필댐 : 기초 지반의 조건이 나쁜 곳, 넓은 부지, 계곡에 적용

5) 여수로 설치

① 홍수에 대한 충분한 유량 대응 여수로 조성

② 댐에 최대 유량 감안

6) 감시 철저

① 수시 안전점검

② 우기 시 대비 비상 체계 수립

7) 검사공 설치

터널 내부 검사공 설치 및 계측기 운영

8) Mass 콘크리트 시공 발열 억제로 균열 방지

Pre cooling, Pipe cooling 양생으로 온도균열 방지

7. 댐 진단 흐름도

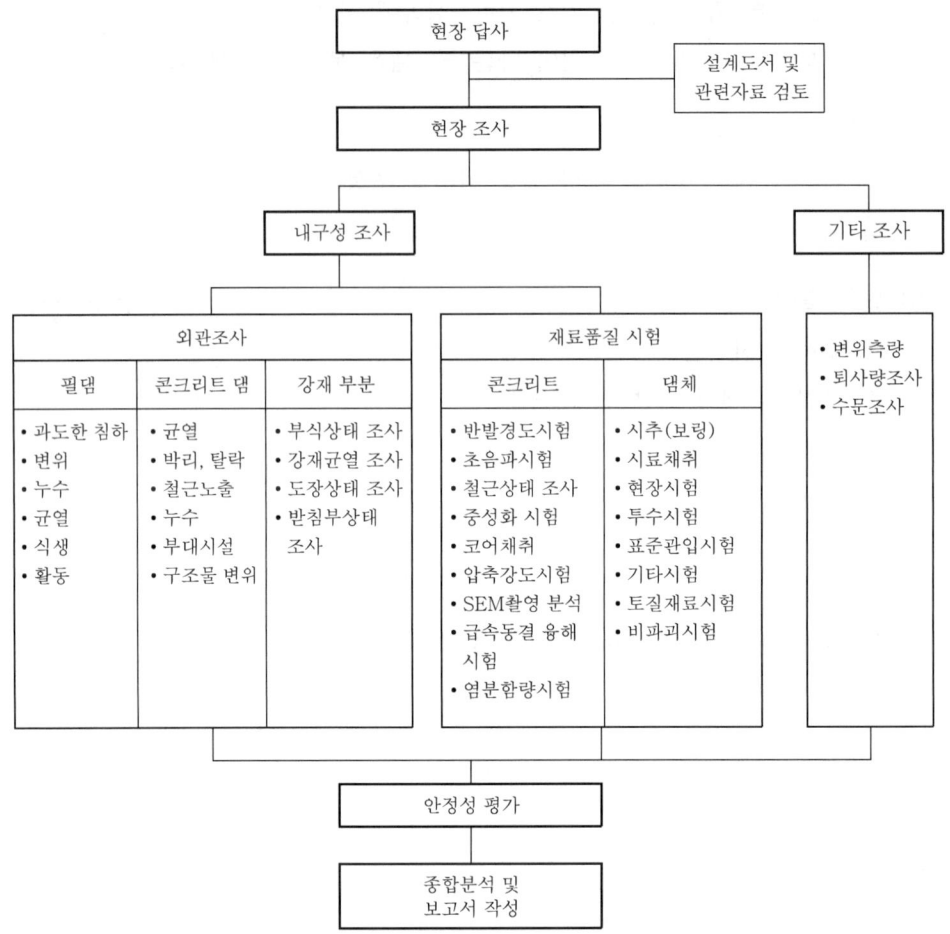

8. 결론

① 댐의 파괴는 인명 및 재산상 대형 재해를 동반하므로 사전 조사, 시공, 유지 관리 등 전 과정에 걸쳐 안전관리를 철저히 하여야 한다.

② 특히 필댐 파괴 방지를 위해 적정 재료의 선정, 다짐, 필터(Filter)층 등의 철저한 시공으로 파이핑 현상을 방지하고 적절한 계측 및 관리로 안전을 확보해야 한다.

Section 17 댐의 Piping 현상 발생 과정과 원인 및 대책

1. 개요

① Fill 댐의 Piping 현상이란 누수현상에 의해 생긴 물의 통로로 토립자가 누출되면서 세굴되어 Pipe 모양으로 구멍이 뚫리는 현상이다.

② Fill 댐의 붕괴 원인인 Piping 현상은 토질, 다짐불량, 균열 등에 기인하며 이를 방지하기 위해 코어용 재료의 선택에 주의하고 엄격한 시공관리가 이루어져야 한다.

2. Fill 댐의 누수에 따른 문제점

① 불투수층이 침투수에 의한 파이핑 현상 유발
② 제체 재료의 유실
③ 제체의 침하
④ 댐체의 붕괴

3. Piping 현상 발생 과정

1단계	재료 및 시공 부실
2단계	간극수압 증가(침투수)
3단계	Quick Sand 발생
4단계	Piping 발생
5단계	댐 파괴

※ Quick Sand : 가는 모래가 침투수의 상승류의 영향으로 액체에 가까운 상태로 되는 현상

4. Piping 현상 발생 원인

1) 기초 지반

① 댐체와 댐터 처리 불량
② 투수성 큰 지반의 처리 불량
③ 기초암반 지지력 부족(단층, 파쇄대)
④ Grouting 불량
⑤ 누수에 의한 세굴

2) 댐의 제체

　① 단면 부족

　② Core Zone 설계 및 시공 불량

　③ 재료의 부적정

　④ 다짐 불량, 침투수 유입

　⑤ 나무뿌리 등에 의한 구멍

　⑥ 댐체의 구멍, 균열 등

　⑦ 투수층 시공불량

5. Piping 현상 방지 대책

1) 재료의 선정

　각 Zone에 적합한 재료 선정 및 시공 관리

2) 다짐 철저

　설계조건에 적합한 다짐도로 시공

3) 지반 조사

　기초지반 처리 공법 적용

4) 차수벽 설치

　시트 파일, 콘크리트 차수벽 설치(불투수층까지)

5) 제방 폭 확대

　침윤선 연장 효과

6) 단층, 연약암반 처리

　치환 공법 등 채택

7) 댐터 처리

　표토 등의 제거로 댐터와 댐체의 접착성 확보

8) Core Zone 시공철저

　역할에 적합한 재료 선정, 시공 철저

9) 기타

① 압성토 공법
② 불투수성 블랭킷 설치
③ 비탈면 피복공
④ 배수구 및 배수도랑 설치
⑤ Grouting 실시

6. 결론

Fill Dam에서 발생하는 Piping 현상은 댐의 붕괴로 이어져 대형 재해를 발생시켜 인명, 환경 등에 큰 피해를 준다. 그러므로 댐의 제체 및 기초는 침투수에 안전하도록 충분한 검토와 대책이 필요하며, 누수 발생을 방지하기 위한 계측 관리를 통해 Piping의 발생 가능성이 있을 때는 즉시 보수·보강 등에 조치로 붕괴사고를 방지해야 한다.

Section 18 댐(Dam) 유수전환 방식

1. 개요

① 댐 공사에서 유수전환 방식이란 댐을 건설하기 위해 댐 지점의 하천 수류를 다른 방향으로 이동시키는 것을 말한다.
② 댐 본체 공사의 전체 공정을 크게 좌우하는 중요한 부분이며 가설 공사이므로 최저의 공사비로 최대의 효과를 얻을 수 있도록 해야 하며, 하천유출의 특성을 파악하여 가장 적절한 방식을 선택해야 한다.

2. 유수전환 공법의 종류

① 가배수로 터널 방식(전체절 방식)
② 부분체절 방식(반체절 방식)
③ 가 배수로 방식

3. 유수 전환 방식

1) 가배수로 터널 방식

① 댐 가설지점의 하천을 완전 봉쇄하고 가배수로 터널을 설치하여 유수를 전환하는 공법

② 댐의 상류를 물막이 작업공간으로 확보

③ 공사비 증가 및 우회터널 시공 공기 증가

④ 콘크리트 댐 시공 시 적용으로 제체 전면 시공 가능

⑤ 제체 축조공사에 공기 단축 등 유리

⑥ 협곡지역으로 제체 전면 시공 가능

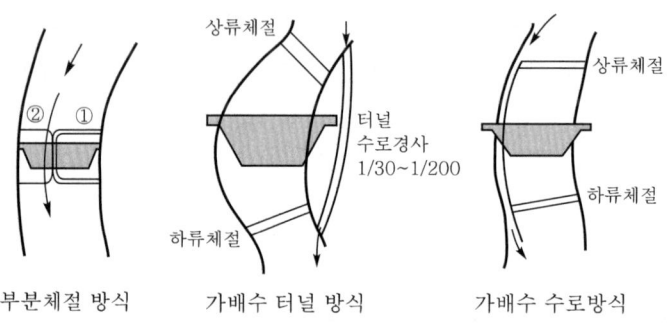

[댐 유수 전환 방식]

2) 부분체절 방식

① 하천의 1/2 정도를 막고 유수를 반대쪽으로 전환하여 제체를 축조하고 완료 후 다시 1/2 제체를 축조하는 방식

② 유량이 많은 곳은 적용 곤란

③ 시공 중 월류가 허용되는 콘크리트 댐, Rock Fill 댐 등에 적용

④ 가배수로 터널 시공 등 조건이 곤란한 곳에 적용

⑤ 하천폭이 넓거나 퇴적층 등 수심이 얕은 경우 적용

3) 가배수로 방식

① 하천 일부분에 가배수로를 설치하고 댐 제체를 축조하는 방식

② 하천의 유량이 극히 적은 장소에 적용

③ 전면적 기초 공사 불가능

④ 댐 본체의 콘크리트 타설 또는 성토 공정 제약

⑤ 공기가 짧고 공사비도 저렴하다.

⑥ 하천폭이 비교적 넓고 유량이 적은 경우에 적용

Section 19   침윤선

1. 개요

① 침윤선(Saturation)이란 어스 댐이나 제방 등에 있어서 물이 수위가 높은 쪽에서 제체(堤體)를 횡단 방향으로 침투하여 반대쪽에 도달할 때 제체 내에 형성되는 수면선(水面線)이다. 포화수선(飽和水線)이라고도 한다.

② 제체 내에서 침윤선이 높을수록 구조물의 사고 위험은 높아진다.

2. 침윤선의 정의

① 침투수의 최상부 유선(Flow-Line)이다.

② 침윤선상의 압력수두는 0이다.

③ 전수두(Total Head)는 위치수두(Elevation Head)로부터 결정된다.

④ 침윤선 'a-b'선은 'a-c'선으로 c점 아래에 있어야 한다.

⑤ 침윤선 공식(Dupuit식)

$$q = \frac{k}{\gamma l}(h_1{}^2 - h^2)$$

3. 침윤선이 제방에 미치는 영향

① 제체 누수로 인한 Piping 현상

② 제체 내 토립자 세굴, 누수

③ 지반누수 및 제방 침하 붕괴

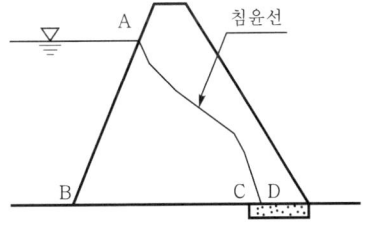

[침윤선(Seepage Line)]

4. 누수에 대한 안전대책

① 제방단면 확대

② 투수층에 차수판 설치

③ 비탈면 피복 보강, 차수벽에 의한 누수경로 차단

CHAPTER 08 기타 공사

Section 1 환경영향 평가 제도

1. 정의

'환경영향 평가 제도'란, 대규모의 개발사업이나 중요한 시책 프로그램을 시행하는 과정에서 나타날 수 있는 환경에 미치는 영향을 미리 예측·분석하여 이를 최소화하는 방안을 강구하는 제도이다.

2. 환경영향 평가 항목

1) 자연환경

기상, 지형·지질, 동·식물, 해양 환경, 수리·수문

2) 생활환경

토지이용, 대기질, 수질, 토양, 폐기물, 소음·진동, 악취, 전파 방해, 일조장애, 위락·경관, 위생·공중보건

3) 사회경제환경

인구, 주거, 산업, 공공 시설, 교육, 교통, 문화재

3. 환경영향 평가

1) 환경영향 평가서 작성자

① 사업자 직접 작성
② 환경영향 평가 대행기관에 의뢰 가능

2) 환경영향 평가 시기

① '사전 예방적' 제도로 개발 사업의 실시계획 승인 전 작성·협의
② 17개 분야 62개 단위사업별로 환경영향평가법에 규정

3) 작성순서
① 평가서 초안 작성
② 주변 의견 수렴
③ 최종 평가서 작성
④ 최종 평가서 협의 검토
⑤ 사후 관리

4. 주요 환경영향 평가 대상 사업장

① 자연 훼손 범위가 크고, 생태계적 교란 행위가 예상되는 사업(골프장, 공동묘지)
② 자연환경과 생태적 보호가치가 필요한 지역 내의 개발 사업
③ 택지, 공단 등 수질, 소음, 폐기물에 대한 환경 오염원이 우려되는 개발 사업
④ 댐 건설, 매립사업 등 환경영향 정도가 쉽게 예측되기 어려운 개발 사업

Section 2 커튼월(Curtain wall) 공법

1. 개요

① Curtain wall이란, 구조상 건물의 하중을 부담하지 않는 비내력벽으로 금속재 또는 금속재와 유리, 기타 마감재를 테두리로 짜 만든 외벽을 말한다.
② 초고층의 특성에 맞도록 경량화, 공장 생산화, 성력화를 위하여 비계 및 발판이 없는 공법을 선정해 안전사고를 예방하여야 한다.

2. 커튼월의 요구 성능

① 기밀성
② 내풍압성
③ 수밀성
④ 단열성
⑤ 차음성
⑥ 층간 변위 추종성 등
⑦ 강도
⑧ 심미성

3. 커튼월의 특징

① 공기 단축
② 경량화
③ 성력화 가능
④ 공업화 제품

4. 커튼월 공법의 분류(설치방법)

1) Unit System

공장에서 부재를 조립하여 현장에서 설치하는 공법

2) Stick System(Know-Down System)

현장에서 각 부재를 조립하는 방법으로 저층에 많이 적용

3) Unit and Mullion System

Unit System과 Stick System을 혼합한 시스템

5. Fastner의 설치 방식

1) Silde 방식

상부 한 부분만 고정, 나머지는 풀어둠

2) 회전(Rooking) 방식

하부에 하중전달 상부는 회전

3) 고정(Fix) 방식

4면 고정

6. 커튼월 설치 공법별 위험요인

① 운반 중 협착, 충돌
② 양중 시 낙하·비래
③ Wire Rope 절손으로 인한 낙하
④ 바람에 의한 비산 낙하
⑤ 용접으로 인한 화재
⑥ 신호 체제 불능

7. 안전대책

① 안전관리자 배치
② 악천후 시 작업 중지
③ 추락 방지 부착설비 및 안전대 착용
④ 운반 순서 및 작업순서 준수
⑤ 작업장소 하부 작업자 외 출입 금지
⑥ 용접불꽃 비산 방지
⑦ 낙하물 방지망 설치
⑧ 안전계획 수립
⑨ 보조 로프를 사용한 인양
⑩ 표준 신호 체계 확립 및 교육
⑪ 방화시설 점검
⑫ 장비 운전원 유자격 확인
⑬ 적재물 인양 중 운전원 이탈 금지

8. 결론

① 최근 초고층화로 인한 시공의 안전성 및 공기 단축을 위하여 커튼월 공법 많이 적용되고 있는 바 고소작업 및 고소양중에 의한 안전대책이 필요하다.
② 주변 환경과 입지조건을 고려하여 적정한 공법을 선정하고 근로자에 대한 안전교육 실시 및 철저한 안전관리로 재해를 예방해야 한다.

Section 3

부식의 종류 및 대책방안

1. 개요

① 부식이란 물건이 썩거나 녹이 슬어 모양이 변형되는 것을 말하며 목재는 균류(菌類)의 번식이 원인으로 부식하고, 금속은 산화에 의한 녹, 금속간의 이온화 경향의 차에 의한 전식(電蝕)등으로 부식한다.
② 부식문제는 미관상 문제뿐 아니라 구조물 내구성에 치명적이므로 부식에 대한 인식 및 대책방안이 필요하다.

2. 부식의 메커니즘

1) 양극반응

$$Fe \rightarrow Fe^{++} + 2e^{-}$$

2) 음극반응

$$H_2O + 1/2O_2 + 2e^{-} \rightarrow 2OH^{-}$$

$$Fe^{++} + H_2O + 1/2O_2 \rightarrow Fe^{++} + 2OH^{-} \rightarrow Fe(OH)_2 : 수산화 제1철(부동태 피막 역할)$$

$$Fe(OH)_2 + 1/2H_2O + 1/4O_2 \rightarrow Fe(OH)_3 : 수산화 제2철(붉은 녹) \rightarrow 부식 진행$$

3. 부식의 종류(피해)

① RC 구조물의 철근 부식

② 교량의 부식

③ 지하철 누설전류에 의한 전식

④ 지하 유류탱크의 부식

4. 철근 구조물의 철근 부식

1) 현황

① 하천골재의 부족으로 해사 사용량 증가(염해)

② 강도·내구성 저하로 불안감 조성

2) 원인(콘크리트 열화)

(1) 동결융해

콘크리트가 온도에 의한 팽창·수축작용으로 균열 발생→ 철근 부식

(2) 중성화

① 콘크리트가 공기 중의 탄산 가스의 작용을 받아서 서서히 알칼리성을 잃어가는 현상

② 중성화가 진전하여 철근 위치에 도달하면 철근에 녹 발생

③ 철근의 부피가 팽창(2.6배)하여 구조물의 강도 저하

(3) 알칼리 골재 반응

① 골재의 반응성 물질이 시멘트의 알카리 성분과 결합하여 일으키는 화학반응

② 콘크리트 팽창으로 균열 발생 → 철근 부식

(4) 염해

① 콘크리트 중에 염화물에 의한 철근 부식

② 골재에 염분함량 규정 이상 함유

(5) 기계적 작용(진동하중, 반복하중)

구조물에 진동 및 충격에 의한 콘크리트 결함 발생 → 철근 부식

(6) 전류에 의한 작용

철근콘크리트 구조물에 전류가 흐를 때 철근 부식

3) 대책

(1) 양질의 재료 사용 및 적절한 혼화재료 사용

(2) 밀실한 콘크리트 타설 및 양생 철저

(3) 철근 부식 방지법

① 철근표면에 아연도금

② Epoxy 및 Tar 코팅 처리

③ 철근 피복두께 증가

④ 균열 부위 보수 철저

⑤ 콘크리트에 방청제 혼합 및 콘크리트 표면 피막제 도포

⑥ 단위수량 감소

(4) 해사 사용 시 세척 철저

(5) 염분함량 기준치 이하로 이용

① 해사 : 모래 건조 중량의 0.04% 이하

② 콘크리트 : 콘크리트 체적의 $0.3kg/m^3$ 이하

(6) 염분 제거

① 야적 시 자연강우 및 스프링클러 살수

② 세척(모래 $1m^3$, 물 $6m^3$ 비율로 6번 세척)

③ 제염제 혼합(초산은 알루미늄 분말 8%)

④ 하천모래와 혼합하여 염분량 낮춤(하천모래 80% + 해사 20%)

5. 교량의 부식피해

1) 현황

① 보수예산 부족 등으로 부식손상 확대

② 강교에 대한 정밀진단 경험자 및 축적자료 부족

③ 철거 교량에 대한 원인 규명 미흡

2) 원인

① 철근, 철골, 볼트 이음부, 용접 이음부 등에 대한 방식조치 미흡

② 방식전문 기술인력 부족

③ 설계 단계에서부터 방식조치 미흡

3) 대책

(1) 주요 부재 및 연결부에 대한 철저한 방식 조치

(2) Truss 구조 강교의 볼트 및 용접 이음부 방식조치 필요

① 볼트 이음부

㉠ 신설 구조물 : 방식처리된 재료 사용, 볼트 홀 및 접합부 방식 처리

㉡ 기존 구조물 : 부식 억제제 및 방식 도장, 부식 볼트 교체 및 보수

② 용접 이음부

㉠ 용접부의 수분, 녹 등의 불순물 제거

㉡ 융착금속 중의 불순물 제거 및 표면처리 철저

(3) 설계부터 방식피해 방지 조치 및 경제적 방식기술 적용

(4) 방식전문 기술인력 및 보수예산 확보

(5) 선진 전문 진단기법 도입

(6) 교량 철거 시 검토

① 원인 규명

② 원인 제거에 따른 개선효과 검토

③ 경제성 분석

④ 철거 여부 결정

6. 지하철의 누설전류에 의한 매설배관의 전식피해

1) 현황

① 동력원인 직류(D.C)전원이 레일을 통해 전류 누설되어 지하매설 금속체(가스관, 상수도관, 송유관, 지역난방관, 콘크리트철근등)로 유입

② 누설전류 유입부 부식으로 가스 폭발 및 상수도관 파열 등 사고 예상

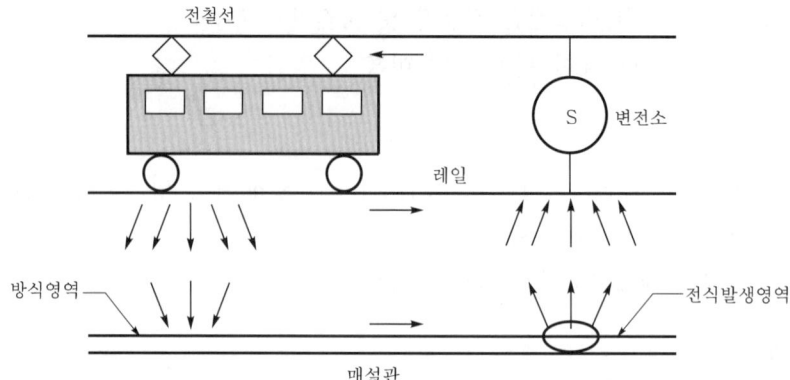

2) 원인

① 누설전류로 철근 및 지하철 주변의 매설배관(가스관, 상수도관, 송유관 등)에 전식 피해 발생

② 매설배관과 레일 사이에 배류기 미설치

③ 지하 매설배관의 절연 부족

3) 대책

(1) 설계부터 누설전류에 대한 전식피해 방지 조치

(2) 전식피해 예상 구역 부식성 조사 및 매설배관에 배류기 설치

(3) 터널 내부 철근에 대한 전식 방지 대책 강구

(4) 기존 매설배관에 대한 전식피해 조사 후 필요시 배류기 설치

(5) 주요 매설배관의 방식 대책

  ① 설계 시 전기방식법 도입

  ② 매설배관에 대한 전기방식 기준 확립

  ③ 매설배관에 대한 연구 배관(방식(전식)성재료)

  ④ 방식 부족 구간은 전기방식 시설 보강

  ⑤ 전문인력 확보 및 교육 강화

7. 지하 유류탱크의 부식

1) 현황

① 주유소 지하 기름 탱크 중 상당수가 부식되어 기름 유출

② 기름 유출로 경제적 손실 및 환경 파괴(지하수 · 토양 오염)

2) 원인

① 탱크 구조 불안전(탱크 도장 + 절연 테이프)
② 부식 진행이 빠름
③ 점검 및 관계자 교육 부족

3) 대책

① 전기 방식법을 도입, 국부 부식 차단
② 정기점검 및 관련자 교육 철저
③ 지하 매립 시 구조물 축조(점검, 관리 용이)

8. 향후 방향

① 방식 전문 교육기관 설치 운영 및 전문인력 양성
② 부식 우려 구조물에 대한 점검 실시(데이터베이스화)
③ 방식기술 연구, 개발

9. 결론

① 부식은 크게 산화에 의한 녹과 전식으로 구분할 수 있으며 부식으로 인해 상수도 관 파열, 가스관 폭발사고 및 기름 유출 등 사회적 영향이 큰 대형 사고로 연결되 므로 부식에 대한 중요성을 인식해야 한다.
② 부식을 방지하기 위해 설계 단계에서부터 부식 피해 방지 조치 및 경제적 방식 기 술을 적용하고, 전문 기술자 양성 및 안전점검을 실시하여 부식에 의한 대형 사 고 발생을 사전에 예방해야 한다.

Section 4 | 분진작업에 대한 안전대책

1. 개요

① 분진이라 함은 근로자가 작업하는 장소에서 발생하거나 흩날리는 미세한 분말상 의 물질을 말한다.

② 지하공간의 활용 및 특수설비 공사의 증가 추세에 따라 분진 등으로 인한 건강장해가 증가하고 있는 실정으로 유해 장소에 대한 적절한 환기대책이 강구되어야 한다.

2. 분진작업의 종류

① 시멘트·비산재 등을 쌓거나 내리는 장소, 혼합·살포·포장하는 장소에서의 작업
② 실내·갱내·탱크·선박·관 또는 차량 등의 내부에서 금속을 용접 또는 용단하는 작업
③ 암석가루를 살포하는 장소에서의 작업
④ 토석·광물·암석 등을 굴착하는 장소에서의 작업
⑤ 갱 내의 광물 등을 분쇄하거나 쌓는 등의 작업
⑥ 암석 등을 싣거나 내리는 장소에서의 작업
⑦ 갱내의 분진이 부착 또는 쌓여 있는 것을 이설·철거·점검 또는 보수하는 작업

3. 분진작업의 관리

1) 사용 전 점검

(1) 국소 배기장치

① 닥트 및 배풍기의 분진 상태
② 닥트 접속부의 이완 유무
③ 흡기 및 배기 능력
④ 그밖에 국소 배기장치의 성능을 유지하기 위하여 필요한 사항

(2) 공기 정화장치

① 공기 정화장치 내부의 분진 상태
② 여과 제진장치는 여과재의 파손 유무
③ 공기 정화장치의 분진처리 능력
④ 그밖에 공기정화장치의 성능 유지를 위하여 필요한 사항

2) 청소 실시

① 실내 작업장에서는 매일 작업시작 전 청소
② 실내 작업장의 바닥·벽 등에 쌓인 분진을 제거하기 위하여 매월 1회 이상 정기적으로 진공청소기 또는 습식 청소

3) 근로자에 대한 분진의 유해성 주지

　　① 분진의 유해성 및 노출 경로
　　② 분진의 발산 방지 및 작업장의 환기 방법
　　③ 작업장 및 개인위생 관리
　　④ 호흡용 보호구의 사용 방법
　　⑤ 분진에 관련된 질병 예방 방법

4) 세척시설 설치

　　분진작업 근로자가 있을 때에는 목욕시설 등 필요한 세척시설을 설치

5) 호흡용 보호구 지급

　　① 분진작업에 적절한 호흡용 보호구를 지급하여 착용
　　② 분진 발생원을 밀폐하는 설비 또는 국소 배기장치를 설치
　　③ 보호구 보관함을 설치하여 오염방지 조치
　　④ 지급한 보호구를 상시 점검하고 이상이 있는 것은 보수 또는 교환

4. 분진장해(진폐)의 예방

1) 작업자의 분진 노출 방지

　　① 작업공정, 작업방법의 변경
　　② 설비공구의 개선
　　③ 원자재의 변경
　　④ 보호구의 사용
　　⑤ 자동화에 의해 분진의 발산

2) 정기적인 건강진단 실시

　　① 근로자의 건강 상태 관리
　　② 질병 발견 시 적절한 사후조치로 진폐의 진전을 억제

5. 결론

　　① 밀폐된 장소에서의 분진 작업은 폐질환 등 근로자 건강장해를 유발할 수 있으므로 충분한 공간 확보 및 환기를 철저히 하여 작업에 임해야 한다.
　　② 안전관리자를 배치하여 작업을 지휘하고 작업장별 환기대책 및 안전교육을 철저히 하여 재해로부터 근로자를 보호해야 한다.

건설현장에서 발생 가능한 계절별 재해 예방 대책

1. 개요

① 4계절이 뚜렷한 우리나라의 기후 특성상 건설 현장에서의 작업은 계절의 변화에
도 많은 영향을 받는다.

② 특히 해빙기, 우기철, 동절기에 대한 별도의 안전계획을 수립하고 근로자 교육을
실시하여 안전한 작업이 진행될 수 있도록 하여야 한다.

2. 재해 형태별 현황

[재해 발생 형태별 현황]

(단위 : 명)

구분	총재해자 수	떨어짐	넘어짐	물체에 맞음	부딪힘	끼임	절단, 베임, 찔림	기타
2021년	29,943	8,225	4,685	3,533	2,304	2,336	3,098	5,762
2022년	31,245	7,912	4,990	3,371	2,731	2,473	2,898	6,870
2023년	32,353	7,313	5,321	3,216	2,689	2,442	2,682	8,690
합 계	93,541	23,450	14,996	10,120	7,724	7,251	8,678	21,322
점유율(%)	100	25.1	16	10.8	8.3	7.6	9.3	22.8

※ 재해유형 용어
- 떨어짐 : 높이가 있는 곳에서 사람이 떨어짐(구 명칭 : 추락)
- 넘어짐 : 사람이 미끄러지거나 넘어짐(구 명칭 : 전도)
- 깔림·뒤집힘 : 물체의 쓰러짐이나 뒤집힘(구 명칭 : 전도)
- 부딪힘 : 물체에 부딪힘(구 명칭 : 충돌)
- 물체에 맞음 : 날아오거나 떨어진 물체에 맞음(구 명칭 : 낙하·비래)
- 무너짐 : 건축물이나 쌓여진 물체가 무너짐(구 명칭 : 붕괴·도괴)
- 끼임 : 기계설비에 끼이거나 감김(구 명칭 : 협착)

3. 건설업 특징

① 작업 환경의 특수성
② 공사 계획의 편무성
③ 작업 자체의 위험성
④ 근로의 유동성

4. 계절별 재해

1) 해빙기 재해

① 비탈면 붕괴 ② 산사태

③ 공사장 주변 절개지, 옹벽 등의 붕괴 및 침하

2) 우기철 재해

① 침수 재해 ② 임시 배선 등에 의한 감전

③ 주변 침하 ④ 낙뢰로 인한 인명 사상

3) 동절기 재해

① 근로자 추락 ② 결빙 등으로 인한 전도

③ 질식, 화재

5. 계절별 예방 대책

1) 해빙기 대책

(1) 비탈면 식생에 의한 보호공(줄떼 등 식재)

(2) 구조물에 의한 보호공

① Soil Nailing

② Shotcrete

③ 철책, 옹벽 시공

④ Earth Anchor 시공

⑤ 콘크리트 말뚝 시공 등

2) 우기철 대책

① 통수 단면의 검토

② 주변 지반에 대한 점검

③ 분전반, 배전반 등의 점검, 배수로 정비

④ 수방자재의 확보

3) 동절기 대책

① 추락 방지 시설(추락 방지망, 안전 난간대 등)의 점검

② 낙하·비래 방지 시설(낙하물 방지망, 방호 선반 등)의 점검

③ 소화기·제설자재의 확보

6. 결론

① 건설현장은 건설공사의 특수성에 의한 재해가 빈번히 발생하며 특히 계절별 특성에 의한 해빙기, 우기철, 동절기에 발생하는 재해가 다양하다.

② 계절별 특성을 고려한 현장 실정에 적절한 사고 예방 대책과 더불어 사고 발생 시 신속한 사후 복구와 긴급 사태 시에 신속한 대피 등으로 피해를 최소화하여야 한다.

③ 향후 기상정보의 시스템화 및 계절별 안전설비 기준을 마련하여 보다 안전한 건설현장 조성 및 재해 방지를 위한 노력을 기울여야 한다.

Section 6 건설현장의 장마철(혹서기) 안전대책

1. 개요

① 우리나라는 사계절이 뚜렷한 기후적 특성을 가지고 있으며 그중 6월~8월은 장마철로 집중호우, 태풍, 고온·다습한 기후 등으로 주변 환경과 근로자의 신체에 변화가 발생한다.

② 특히 옥외 작업이 많은 건설현장의 특성으로 인한 근로자의 불안전 상태와 불안전 행동이 유발되어 각종 사고가 발생하게 된다.

2. 재해 발생 현황

1) 재해 발생 형태별 현황

(단위 : 명)

구분	총재해자 수	떨어짐	넘어짐	물체에 맞음	부딪힘	끼임	절단, 베임, 찔림	기타
2021년	29,943	8,225	4,685	3,533	2,304	2,336	3,098	5,762
2022년	31,245	7,912	4,990	3,371	2,731	2,473	2,898	6,870
2023년	32,353	7,313	5,321	3,216	2,689	2,442	2,682	8,690
합 계	93,541	23,450	14,996	10,120	7,724	7,251	8,678	21,322
점유율(%)	100	25.1	16	10.8	8.3	7.6	9.3	22.8

2) 하절기(6~8월) 재해 발생 현황

(단위 : 명)

구분	전체 발생		6~8월		점유율(%)	
	재해자	사망자	재해자	사망자	재해자	사망자
2021년	29,943	551	8,281	144	29.5	26.1
2022년	31,245	539	8,211	113	20.9	26.3
2023년	32,353	486	8,522	103	21.2	26.4
합 계	93,541	1,576	25,014	360	23.9	26.3

3. 위험요인 및 안전대책

1) 집중호우

(1) 위험요인

① 토사유실 또는 붕괴

② 주변지반 약화로 인접건물, 시설물의 손상 또는 지하매설물의 파손

③ 현장의 침수로 인한 공사 중단 및 물적 손실

 ※ 집중호우(集中豪雨, Severe Rain Storm) : 보통 하루의 우량이 100mm를 초과하면 집중호우라 하며, 통상적으로 하루에 연간 강수량의 8% 이상 내리면 집중호우로 인한 피해가 발생함

(2) 안전대책

① 비상용 수해방지 장비 및 자재 확보, 비치

② 비상 대기반을 편성 및 운영

③ 지하매설물 현황파악 및 관련 기관과 공조체계 유지

④ 현장 주변 취약시설에 대한 사전 안전점검 및 조치

⑤ 공사용 가설도로에 대한 안전 확보

2) 토사붕괴

(1) 위험요인

① 우수의 사면 내부 침투로 인한 사면의 유동성 증가 및 전단강도 저하

② 흙막이 지보공의 붕괴 위험

 ㉠ 빗물 침투에 의한 흙의 전단강도 저하

 ㉡ 함수량 증가에 따른 배면토압의 증가

③ 배수 불량으로 인한 옹벽 및 석축의 붕괴

(2) 안전대책

① 안전점검 및 사전 안전조치 실시

② 사면 상부 차량운행 또는 자재 적치 금지

③ 사면의 붕괴 또는 토석 낙하에 의하여 위험 시 흙막이 지보공의 설치 및 근로자 출입 금지 조치

④ 시설관리 주체 또는 지방 자치단체와 협조

⑤ 흙막이 지보공 상태를 점검 및 보강조치

3) 감전

(1) 위험요인

① 장마철 전기 기계·기구 취급 도중 감전재해

② 전기시설 침수로 인한 감전재해 위험

③ 전기 충전부에 근로자의 신체접촉에 의한 감전

(2) 안전대책

① 모든 전기 기계·기구는 누전차단기 연결 사용 및 외함 접지

② 임시 수전설비는 침수되지 않는 안전한 장소에 설치

③ 임시 분전반은 비에 맞지 않는 장소에 설치

④ 전기 기계·기구는 젖은 손으로 취급 금지

⑤ 이동형 전기 기계·기구는 사용 전 절연상태 점검

⑥ 배선 및 이동전선 등 가설배선 상태에 대한 안전점검 실시

⑦ 활선 근접 작업 시에는 가공전선 접촉 예방 조치 및 작업자 주위의 충전 전로 절연용 방호구 설치

4) 낙뢰로 인한 위험

(1) 낙뢰의 구분

① 열뢰 : 지표면의 과열로 발생

② 계뢰 : 고·저기압 경계에서 발생

③ 지형뢰 : 산줄기를 스치면서 상승할 때 발생

④ 자연뢰 : 화산의 폭발 등으로 발생

(2) 피뢰침 설치기준

① 피뢰침의 보호각은 45° 이하

② 접지저항은 10Ω 이하로 할 것

③ 피뢰도선은 $30mm^2$ 이상인 동선을 사용

④ 가연성 가스 등이 누설될 우려가 있는 시설물로부터 1.5m 이상 떨어진 장소에 설치

(3) 낙뢰 시 인명 사상 방지

① 대형 빌딩 또는 금속체(자동차 등)에 둘러싸인 곳으로 대피

② 가급적 전화 사용 금지

③ 고립된 큰 나무나 물건 밑에는 있지 말 것

④ 물가로부터 멀리 떨어질 것

⑤ 트랙터 등 기계류로부터 멀리 떨어질 것

⑥ 울타리, 금속제 배관, 철길 등 금속제로부터 멀리 떨어질 것

⑦ 공터에서 고립된 작은 구조물 안에 있지 말 것

⑧ 낙뢰 시 무릎을 꿇을 것(엎드림 금지)

5) 질식

(1) 위험요인

① 하절기 탱크, 맨홀, 피트 등 우수 등이 체류
    미생물의 증식 또는 유기물의 부패 등으로 인한 산소결핍으로 질식

② 밀폐장소에서 유기용제를 함유한 방수 및 도장작업 시 유기증기 흡입으로 인한
    질식

(2) 안전대책

① 장기간 방치된 밀폐된 공간의 양수작업 전 산소농도 측정(18%) 후 작업 실시(탱
    크, 암거, 맨홀, 하수구, 피트)

② 밀폐된 공간에서 유기용제 취급 작업 시 국소 배기장치 등의 환기설비 설치

③ 비상시 대피통로 확보 및 사전 안전교육 실시

6) 낙하 · 비래

(1) 위험요인

강풍에 의해 높은 장소의 자재 등 낙하 · 비래 위험

(2) 안전대책

① 강풍에 대비 각종 가설물, 안전표지판, 적재물 등은 견고하게 결속하고 보강상
    태 점검

② 악천후 시 작업 중지 및 대피

구분	일반 작업	철골 작업
강풍	10분간 평균 풍속이 10m/sec 이상	10분간 평균 풍속이 10m/sec 이상
강우	1회당 강우량이 50mm 이상	1시간당 강우량이 1mm/hour 이상
강설	1회당 강설량이 25cm 이상	1시간당 강설량이 1cm/hour 이상

③ 낙하물 방지망 설치 상태 점검

　㉠ 낙하물 방지망은 10m 이내마다 설치

　㉡ 내민길이는 벽면으로부터 2m 이상으로 설치

　㉢ 수평면과의 각도는 20° 내지 30° 유지

7) 건강장해 예방

① 여름철 무더위로부터 근로자 보호를 위한 휴게시설 설치, 운영

② 한 여름철에 기온이 가장 높은 오후 1~3시 사이에는 가능한 외부 작업 지양

[고온 허용온도 레벨(미국 ACGIH)]

작업의 강도	작업 내용	허용온도 레벨
지극히 경작업	손끝을 움직이는 정도(사무)	32℃
경작업	가벼운 손작업(선반, 감시보턴조작, 보행)	30℃
중등도작업	상체를 움직이는 정도(줄질, 자전거 주행)	29℃
중등도작업	전신을 움직인다(30~40분에 한번 휴식한다)	27℃
중작업	전신을 움직인다(즉시 땀이 난다)	26℃

※ ACGIH : America Conference of Governmental Industrial Hygienists

③ 작업 중 매 15~20분 간격으로 1컵 정도의 시원한 물을 마시는 등 충분한 물을 섭취(알콜, 카페인이 포함되어 있는 음료 등은 피할 것)

④ 현장 내 식당, 숙소 주변의 방역, 및 조리기구 등에 대한 청결 관리

⑤ 끓인 물을 제공하는 등 각종 시설에 대한 보건/위생관리를 철저히 실시

⑥ 건강장해 발생 근로자 응급조치 요령

건강장애	원인	증상	치료
열경련 (熱經攣, Heat Cramp)	• 고온 환경에서 심한 육체적 노동을 할 경우 발생 • 발한(發汗)에 의한 탈수와 염분소실이 원인	• 작업 시 많이 사용한 수의근(Voluntary Muscle, 隨意筋)의 유통성 경련이 오는 것이 특징 • 앞서 현기증, 이명(耳鳴),두통, 구역, 구토 등의 전구증상이 나타남.	• 통풍이 잘 되는 곳에 환자를 눕히고 작업복을 벗겨 체온을 낮추며, 더 이상의 발한이 없도록 함. • 동시에 생리 식염수 1~2L를 정맥주사하거나 0.1%의 식염수를 마시게 하여 수분과 염분을 보충
열사병 (熱射病, Hcat Stroke)	고온 다습한 작업 환경에서 격심한 육체적 노동을 할 경우 또는 옥외에서 태양의 복사열을 두부에 직접적으로 받는 경우에 발생	• 발한(發汗)에 의하여 이루어져야 할 체열 방출이 장해됨으로써 체내에 열이 축적되어 뇌막혈관은 충혈되고 두부에는 뇌의 온도가 상승하여 체온조절 중추의 기능, 특히 발한기전이 장해를 받음. • 또한 체온이 41~43℃까지 급격하게 상승되어 혼수상태에 이르게 되며 피부가 건조하게 됨. • 치료를 안하면 100% 사망하며, 치료를 하는 경우에는 체온 43℃ 이상인 때에는 약 80%, 43℃ 이하인 때에는 약 40%의 높은 사망률을 보임.	• 체온의 하강이 무엇보다 시급하다. 얼음물에 몸을 담가서 체온을 39℃까지 빨리 내려야 함. • 이것이 불가능할 때에는 찬물로 몸을 닦으면서 선풍기를 사용하여 증발 냉각이라도 시도하여야 함.
열피로 (熱疲勞, Heat Exhaustion)	• 고온 환경에 오랫동안 노출된 결과이며, 중노동에 종사하는 자, 특히 미숙련공에게 많이 발생함. • 기온과 습도가 갑자기 높아질 때 발생함.	• 경중인 경우에는 고온 환경에서 일할 때 머리가 좀 아프다거나 한 두 차례 어지럽다는 것을 느낌. • 실신환자는 무력감, 불안 및 초조감, 구역 등의 증상이 나타남. • 의식을 잃고 쓰러질 경우 의식은 2~3분 이내에 회복하지만, 고온 환경에 머물러 있을 때에는 혈압, 맥박수, 자각증상 등이 정상으로 회복되는데 1~2시간이 걸림	• 환자를 눕히거나 머리를 낮게 눕히면 곧 회복이 되므로 특별한 치료를 할 필요는 없음. • 환자를 시원한 곳에 옮겨 안심시키고 1~2시간 쉬게 하면서 물을 마시도록 함.
열성발진 (熱性發疹, Heat Rash)	피부가 땀에 오래 젖어서 생기는 것으로 고온, 다습하고 통풍이 잘 되지 않는 환경에서 작업할 때 많이 발생	• 처음에는 피부에 조그만 붉은 홍반성 구진이 무수하게 나타나며, 대개의 경우 맑거나 우유빛의 액체가 찬 수포로 변함. • 발진은 가렵지는 않으나 따갑고 얼얼한 느낌이 있다. 이러한 통증은 발진부위보다 훨씬 광범위하며, 발진이 생기기에 앞서 나타남.	• 온환경을 떠나 땀을 흘리지 않으면 곧 치유되며, 가급적 시원한 환경에서 땀을 적게 흘리고 2차적 감염을 예방하기 위하여 neomycin을 함유한 로션을 사용 • 냉수 목욕을 한 다음, 피부를 잘 건조시키고 칼라민로션이나 아연화연고를 바름.

4. 결론

① 우리나라의 기후 특성상 강우량이 많은 여름 장마철에는 우수에 의한 지반 연약화로 재해 위험이 높아 공사 전반에 걸친 안전 확인이 필요하다.

② 건설현장의 우기철 재해 예방을 위해 공사장 주변환경 개선 및 근로자에 건강장해에 대한 안전대책을 수립하여 강우 및 고온, 다습에 인한 인적·물적 피해를 최소화해야 한다.

Section 7 해빙기 건설현장의 안전

1. 개요

대기온도가 0℃ 이하로 내려가면 지중 공극수가 동결하면서 약 9% 정도의 체적이 증가하게 되고 동절기 폭설, 한파의 영향으로 동결 융해현상이 반복되면서 축대, 대형 공사장, 건축물 등에서 균열 및 붕괴 등의 안전사고의 우려가 있으므로 결함사항 발견 즉시 시정·개선 등의 안전관리 대책을 강구해야 한다.

2. 해빙기 안전사고 주요 원인

① 절·성토사면의 붕괴
② 흙막이 지보공 붕괴
③ 지반침하
④ 축대, 옹벽 붕괴
⑤ 동절기에 타설된 콘크리트 구조물의 붕괴 등

3. 재해 유형별 위험요인과 안전대책

1) 절·성토사면 붕괴

(1) 위험요인

① 절·성토 지반에 공극수 동결융해로 인한 사면 붕괴
② 우수, 강설로 인한 물이 사면에 침투 유동성 증가에 의한 사면 슬라이딩

(2) 예방대책

① 붕괴, 낙석, 부석 등 사면붕괴 위험구간 안전점검

② 사면상부 하중 과재 및 차량통행 금지

2) 흙막이 지보공 붕괴

(1) 위험요인

① 굴착 배면의 지반 동결융해로 인한 토압 및 수압 증가

② 주변 지반 침하로 인접건물 또는 매설물 파손

(2) 예방대책

① 흙막이 지보공에 대한 부식, 변형, 손상에 대한 안전점검 실시

② 이상부위 발견 시 즉각 적절한 보수, 보강 실시

③ 지표수 침입을 차단하기 위한 배수로 설치

3) 지반침하

(1) 위험요인

① 지반이완 침하로 지하 매설물 파손 및 변형 발생

② 동결지반 위의 가시설물의 붕괴 및 도괴 발생

(2) 예방대책

① 위험부위 매일 수시점검 실시(기울기, 주변 침하상태 육안조사)

② 동결지반 위에 설치된 건설기계, 동바리, 비계 등에 대한 안전대책 수립

4) 동절기 타설된 콘크리트 구조물 붕괴재해

(1) 위험요인

기 타설된 콘크리트가 동결, 설계강도 이하의 강도 발현 시

(2) 예방대책

① 동결 콘크리트는 강도가 1/2 이상 감소하므로 양생관리 철저

② 동절기 타설된 콘크리트에 대하여 강도측정 확인

5) 축대 · 옹벽

(1) 위험요인

① 해빙기에 배면토사의 함수비가 커짐에 따른 토압의 증가

② 절 · 성토 부위에 설치된 축대 · 옹벽은 붕괴 및 전도 시 인명과 재산피해 발생 우려

(2) 예방대책

① 상부 및 하단부에 침하 균열 발생 상태 점검

② 배면수 제거용 배수구멍의 기능유지 상태 확인

③ 산마루측구 등 배수시설 관리 상태 확인

4. 응급조치

① 재난발생 위험이 높은 부분은 신속한 정보전파와 보수・보강조치

② 공사 중지 및 주민들의 대피장소 지정 등 이재민 대책 강구

③ 붕괴위험이 있는 축대・옹벽 등은 안전진단 후 인근주민 대피, 통행제한 등을 실시한 후에 보수・보강 조치

5. 해빙기 안전대책

① 수시 안전점검 실시

② 위험부위에 대한 안전교육

③ 흙막이 구조물에 대한 계측관리

④ 위험부의 보수 보강

⑤ 유관기관과 협조 보고체계 확립

6. 결론

① 해빙기에는 동결된 지반의 융해로 인한 지반의 유동성 증가로 지반이 약해져 붕괴 등 여러 가지 재해가 발생할 수 있다.

② 위험 시설물 및 위험부위에 대한 수시점검과 계측 등을 실시 위험요인을 사전에 파악 보수・보강 등 적절한 조치로 안전사고를 예방해야 한다.

Section 8 **건설현장에서 동절기에 발생하는 재해요인별 예방대책**

1. 개요

① 동절기에는 사람의 행동이 둔해지고 활동에 제약을 받아 사고에 대한 위험성이 증가한다.

② 건설현장의 특성상 옥외 작업으로 인한 근로자에게 미치는 영향이 크고 불안전한
행동을 유발 재해가 발생하므로 사전 예방대책이 필요하다.

2. 재해 발생 메커니즘

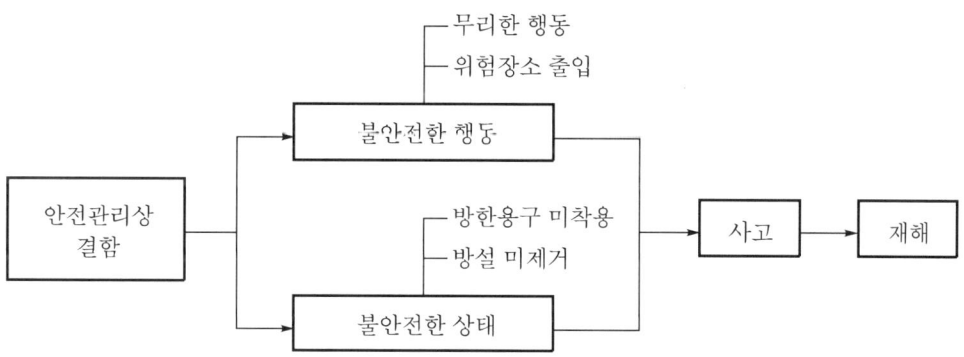

3. 재해 발생 형태별 현황

(단위 : 명)

구분	총재해자 수	떨어짐	넘어짐	물체에 맞음	부딪힘	끼임	절단, 베임, 찔림	기타
2021년	29,943	8,225	4,685	3,533	2,304	2,336	3,098	5,762
2022년	31,245	7,912	4,990	3,371	2,731	2,473	2,898	6,870
2023년	32,353	7,313	5,321	3,216	2,689	2,442	2,682	8,690
합 계	93,541	23,450	14,996	10,120	7,724	7,251	8,678	21,322
점유율(%)	100	25.1	16	10.8	8.3	7.6	9.3	22.8

4. 재해요인별 안전대책

1) 강풍·폭설 및 결빙

(1) 위험요인

① 폭설로 인한 가설 구조물의 붕괴 또는 변형

② 강설 및 결빙구간에서 미끄러짐으로 인한 전도 또는 추락

③ 혹한으로 인한 지하 매설물의 동파

④ 강풍으로 인한 자재의 낙하·비래

(2) 재해 예방 대책

① 적설량이 많을 때 가시설 및 가설 구조물 위의 눈을 제거한다.

② 눈이 계속 내릴 경우 하부 다짐으로 인한 밀도와 무게 증가

적설량	눈의 밀도
50cm	$50\text{kg}/\text{m}^2$
100cm	$150\text{kg}/\text{m}^2$
150cm	$300\text{kg}/\text{m}^2$

③ 예를 들어 100m^2 넓이의 지붕에 적설량이 1.5m일 경우 눈의 무게는 30ton이다.

④ 가설도로 요철부분 정비 및 급경사부의 모래함 또는 염화칼슘함 설치

⑤ 공사 중인 집수정, 맨홀 등에는 고인물을 빼고 덮개 설치

⑥ 강풍(10m/sec 이상)을 동반한 폭설 시 고소작업을 중지하고, 야적된 자재를 결속한다.

⑦ 골조공사의 경우 적설량이 시간당 1cm 이상인 경우 작업 중지

2) 토사 및 거푸집 동바리 붕괴

(1) 위험 요인

① 지반 내부 공극수 동결 팽창으로 인한 지반 변형·붕괴

② 콘크리트 타설 후 저온으로 인한 콘크리트 강도 발현 지연으로 구조물 붕괴

③ 지반침하로 인한 가설 구조물 및 거푸집 동바리 붕괴

(2) 재해 예방 대책

① 절·성토 공사 시 기준 구배 이상 준수

② 얼음 덩어리가 포함된 토사는 되메우기 및 성토용 재료로 사용 금지

③ 흙막이 지보공은 융해에 의한 토압 증가 우려가 있어 수시점검

④ 지표수의 침투를 막기 위해 배수시설을 설치하고 노면수 유입 방지

⑤ 토석의 붕괴 등 위험 장소에 방호시설 및 출입 금지 표지판 설치

⑥ 콘크리트 타설 시 유의사항

　㉠ 0℃ 이하 물, 골재 가열 및 보온양생

　㉠ 동결되거나 빙설이 혼입된 골재 사용 금지

　㉡ 고성능 감수제, 내한제 등 특수한 혼화제 사용

3) 화재·폭발, 질식

(1) 위험요인

① 난방기구 및 전열기구 과열로 인한 화재

② 현장 내에서 피우던 불이 다른 장소로 인화되어 화재 발생

③ 콘크리트 양생용 갈탄난로의 일산화탄소에 질식

④ 동결된 폭약 취급 중 폭발

(2) 재해 예방 대책

① 가설숙소, 현장 사무실, 창고 등의 난방기구 및 전열기 상태 확인

　㉠ 난방용 전열기의 사용은 승인된 제품만을 사용

　㉡ 난방용 유류는 난방기가 켜진 상태에서 절대 주유 금지

　㉢ 난방기구 1m 내에 유류 및 가연성 물질 제거 및 소화기 배치

② 인화성 물질은 작업장에 필요 수량만 반입, 구획된 저장소에 보관

③ 가설숙소, 현장 사무실 및 창고 주변에 소화기, 방화사 등 배치

④ 소화기 사용 방법 및 화재 발생 시의 대피요령 등 교육

⑤ 지정된 장소에서 흡연 불씨 완전 제거

⑥ 콘크리트 양생 시 불을 피우거나 열풍기를 사용하는 경우 소화기 비치 및 질식방지를 위해 환기설비와 설치 호흡용 보호구 지급

⑦ 현장 내에서 근로자가 임의로 불을 피우지 않도록 한다.

⑧ 밀폐된 공간 내 도장작업 시 환기(자연 환기, 강제 환기, 국소배기) 조치를 하고 화기 사용 금지

4) 동절기 건강관리

(1) 위험요인

① 혹한으로 인한 근로자의 동상, 백랍병 등 근로자 건강장해

② 근로자의 뇌·심혈관계 질환 발생

(2) 재해 예방 대책

① 장갑이나 신발은 여유 있게 착용하고, 습기가 찰 경우 즉시 교체

② 작업 전 충분한 체조로 몸의 긴장을 풀고 작업

③ 장시간 작업 시 수시로 손과 발, 귀를 마사지한다.

④ 기온 강하로 뇌·심혈관 질환의 발생이 우려되므로 충분한 휴식과 방한복 지급 및 따뜻한 음료의 제공 등 적절한 예방대책 강구

⑤ 혹한에서 전기톱, 브레이커 등 진동 기계 및 공구를 장시간 사용 시 손이 저리고 아픈 백랍증이 발생하기 쉬우므로 작업시간을 조절

⑥ 혹한 시 과다한 음주 및 흡연을 지양하고 충분한 영양섭취를 한다.

[동절기 건강장해]

병명	증상
저체온증	장시간 저온에 신체가 노출되면 체온이 떨어져 저체온 현상이 발생한다. 저체온 하에서는 정신기능이 둔화되며 혈압이 떨어지고, 심해지면 혼수상태에 빠져 신체는 얼음같이 차가워지고 피부는 생기를 잃어 창백하게 되는 증상이다.
동상	손가락, 발가락, 귀, 코 등 피부조직 심부의 온도가 −10℃에 달하여 조직의 표면이 동결되며, 피부, 근육, 혈관, 신경 등이 손상을 받는 증상이다.
백랍병	한랭 환경에서 장시간 전기톱 등 진동유발 기계공구 사용 시 그 진동이 손가락 혈관의 신경에 작용하여 저리고 아픈 증상이다.
종창	보온이 불충분하거나 심한 저온이 아니더라도 추위에 반복해서 노출되면 손가락, 팔, 다리부분에 가려운 종창이 부분적으로 생기는 증상이다.

5. 결론

① 동절기에는 강풍, 강설 등에 의한 기온강하로 근로자의 안전사고 발생이 빈번히 발생하고 있다.

② 동절기에 발생할 수 있는 위험요인을 사전에 파악 적절한 대책을 수립하고 이에 따른 집행 및 수시 점검을 통해 재해를 예방해야 한다.

Section 9 산소결핍에 의한 건강장해 예방

1. 개요

① 산소결핍이란 공기 중의 산소농도가 18% 미만인 상태를 말하며 산소결핍증이란 산소가 결핍된 공기를 들여 마심으로써 생기는 증상을 말한다.

② 산소농도가 16% 이하로 저하된 공기를 마시면 인체의 각 조직에 산소가 부족하여 맥박과 호흡이 빨라지고 구토, 두통 등 증상이 나타나고 산소농도가 10% 이하가 되면 질식·사망까지 발생하므로 산소결핍 작업 장소에 대한 환기를 철저히 하여야 한다.

2. 산소농도가 미치는 영향

1) 산소농도가 인체에 미치는 영향(Henderson과 Haggard의 농도 분류)

산소농도(%)	인체에 미치는 영향(산소결핍의 증상)	
12~16	① 맥박·호흡수의 증가 ③ 메스꺼움 ⑤ 귀울림	② 정신집중 곤란 ④ 두통
9~14	① 판단력·기억력의 약화 ③ 체온상승	② 멍한 상태 ④ 전신 무기력
6~10	① 의식불명 ③ 경련	② 중추신경 장애
6 이하	① 혼수 ③ 심장정지	② 호흡정지

2) 산소농도별 증상

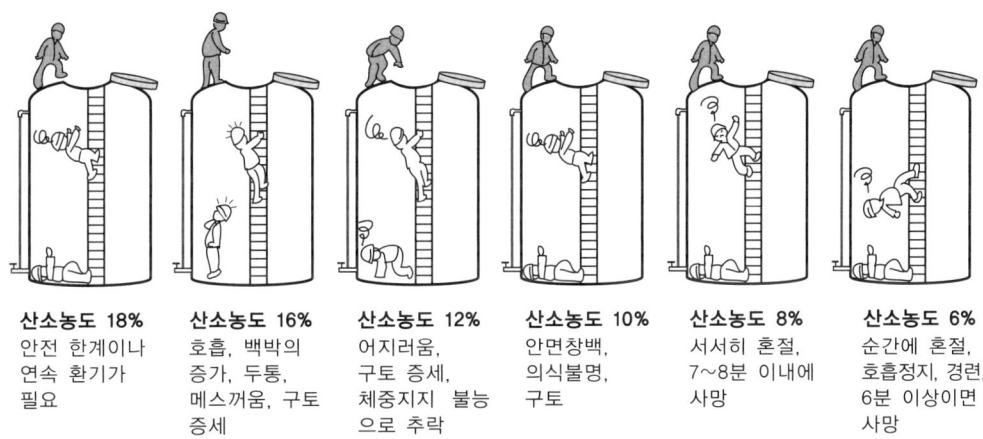

산소농도 18%	산소농도 16%	산소농도 12%	산소농도 10%	산소농도 8%	산소농도 6%
안전 한계이나 연속 환기가 필요	호흡, 백박의 증가, 두통, 메스꺼움, 구토 증세	어지러움, 구토 증세, 체중지지 불능 으로 추락	안면창백, 의식불명, 구토	서서히 혼절, 7~8분 이내에 사망	순간에 혼절, 호흡정지, 경련, 6분 이상이면 사망

3. 산소결핍 위험작업의 종류(밀폐공간)

① 다음의 지층에 접하거나 통하는 우물, 수직갱, 터널, 잠함, 피트 등의 내부
  ㉠ 상층에 물이 통과하지 않는 지층이 있는 역암층 중 함수 또는 용수가 없거나 적은 부분
  ㉡ 제1철염류 또는 제1망간염류를 함유하는 지층
  ㉢ 메탄·에탄 또는 부탄을 함유하는 지층
  ㉣ 탄산수가 용출되고 있거나 용출할 우려가 있는 지층
② 장기간 사용하지 않은 우물 등의 내부

③ 케이블, 가스관 또는 지하에 부설되어 있는 매설물을 수용하기 위하여 지하에 부설한 암거·맨홀 또는 피트의 내부

④ 빗물·하천의 유수 또는 용수가 체류하거나 체류하였던 통·암거·맨홀 또는 피트의 내부

⑤ 바닷물이 있거나 있었던 열교환기·관·암거·맨홀·둑 또는 피트의 내부

⑥ 장기간 밀폐된 강재(鋼材)의 보일러·탱크·반응탑이나 그 밖에 그 내벽이 산화하기 쉬운 시설의 내부

⑦ 천장·바닥 또는 벽이 건성유를 함유하는 페인트로 도장되어 그 페인트가 건조되기 전에 밀폐된 지하실·창고 또는 탱크 등 통풍이 불충분한 시설의 내부

⑧ 분뇨, 오염된 흙, 썩은 물, 폐수, 오수, 그 밖에 부패하거나 분해되기 쉬운 물질이 들어있는 정화조·침전조·집수조·탱크·암거·맨홀·관 또는 피트의 내부

⑨ 헬륨·아르곤·질소·프레온·탄산가스 또는 그 밖의 불활성기체가 들어 있거나 있었던 보일러 탱크 또는 반응탑 등 시설의 내부

⑩ 산소농도가 18퍼센트 미만 또는 23.5퍼센트 이상, 탄산가스농도가 1.5퍼센트 이상, 일산화탄소농도가 30피피엠 이상 또는 황화수소농도가 10피피엠 이상인 장소의 내부

⑪ 갈탄·목탄·연탄난로를 사용하는 콘크리트 양생장소(養生場所) 및 가설숙소 내부

⑫ 화학물질이 들어있던 반응기 및 탱크의 내부

⑬ 유해가스가 들어있던 배관이나 집진기의 내부

⑭ 근로자가 상주(常住)하지 않는 공간으로서 출입이 제한되어 있는 장소의 내부

4. 밀폐공간에서 사망재해 발생현황(2018~2020년)

구 분	총사망자(명)	화학물질 누출·접촉	점유율(%)
2021년	551	4	0.72
2022년	539	6	1.11
2023년	486	3	0.62
합계	1,576	13	0.82

5. 밀폐공간 작업 프로그램 수립 및 시행

① 수립·시행자 : 사업주

② 프로그램 포함사항

  ㉠ 사업장 내 밀폐공간의 위치 파악 및 관리 방안

  ㉡ 밀폐공간 내 질식·중독 등을 일으킬 수 있는 유해·위험 요인의 파악 및 관리 방안

  ㉢ 밀폐공간 작업 시 사전 확인이 필요한 사항에 대한 확인 절차

  ㉣ 안전보건교육 및 훈련

  ㉤ 그 밖에 밀폐공가 작업 근로자의 건강장해 예방에 관한 사항

③ 밀폐공간 작업 전 확인사항

  ㉠ 작업 일시, 기간, 장소 및 내용 등 작업 정보

  ㉡ 관리감독자, 근로자, 감시인 등 작업자 정보

  ㉢ 산소 및 유해가스 농도의 측정결과 및 후속조치 사항

  ㉣ 작업 중 불활성가스 또는 유해가스의 누출·유입·발생 가능성 검토 및 후속 조치 사항

  ㉤ 작업 시 착용하여야 할 보호구의 종류

  ㉥ 비상연락체계

④ 작업이 종료될 시까지 ③의 내용을 해당 작업장 출입구에 게시

⑤ 밀폐공간의 산소 및 유해가스 농도 측정 및 적정공기 유지 평가자

  ㉠ 관리감독자

  ㉡ 안전관리자 또는 보건관리자

  ㉢ 안전관리전문기관

  ㉣ 보건관리전문기관

  ㉤ 지정측정기관

6. 안전대책

1) 산소결핍 위험작업 시 조치

(1) 작업시작 전·중 환기

① 작업시작 전·중 작업장소 공기가 적정 산소농도(18% 이상)를 유지하도록 환기

② 환기시킬 수 없거나 환기가 곤란할 때 근로자에게 호흡용 보호구 지급

(2) 인원점검

산소결핍 위험작업 근로자는 입·출입시 반드시 인원 점검

(3) 관계 근로자 외 출입 금지

산소결핍 위험작업 근로자 외 출입을 금하고 그 내용을 게시

(4) 연락설비 설치

산소결핍 위험 작업장과 외부의 관리감독자 사이에 상시 연락을 취할 수 있는 설비 설치

(5) 산소결핍 우려 시 대피

산소결핍 우려가 있을 때에는 즉시 작업을 중단시키고 근로자를 대피

(6) 대피용 기구의 배치

송기마스크, 사다리 및 섬유 로프 등 비상시 근로자를 피난·구출하기 위하여 필요한 기구 비치

(7) 구출 시 송기마스크 사용

구출작업에 종사하는 근로자에게 공기호흡기 등 호흡용 보호구를 지급하여 착용토록 함

2) 관리상의 조치

(1) 안전관리자의 직무

① 근로자가 산소가 결핍된 공기나 유해가스에 노출되지 않도록 작업 시작 전에 작업방법 결정 및 작업 지휘

② 작업장소의 공기 중 산소농도를 작업 시작 전에 측정

③ 산소농도 측정기구·환기장치 또는 공기호흡기 등의 기구 또는 설비를 작업시작 전 점검

④ 근로자에게 송기마스크 등 착용 지도 및 착용 상황 점검

(2) 감시인의 배치

① 상시 작업 상황을 감시할 수 있는 감시인을 지정하여 밀폐공간 외부에 배치

② 이상이 있을 경우 즉시 안전관리자, 기타 관리감독자에게 통보하여 조기에 조치

(3) 긴급구조훈련

① 6월에 1회 이상 주기적으로 훈련을 실시하고 그 결과를 기록·보존

② 훈련내용

㉠ 비상연락체계 운영

㉡ 구조용 장비의 사용

㉢ 송기마스크 등의 착용

ㄹ 응급처치

(4) 작업전 근로자에 주지 사항

① 산소 및 유해가스 농도 측정에 관한 사항

② 사고시의 응급조치 요령

③ 환기설비 등 안전한 작업방법에 관한 사항

④ 보호구 착용 및 사용방법에 관한 사항

⑤ 구조용 장비사용 등 비상시 구출에 관한 사항

(5) 의사의 진찰

산소결핍증에 걸린 근로자에 대해서는 즉시 의사의 진찰 또는 응급처치

3) 보호구

(1) 안전대 및 구명 밧줄

근로자가 산소결핍증으로 인하여 추락할 우려가 있을 때 지급

(2) 호흡용 보호구

① 산소결핍 우려가 있는 장소에서 작업하는 근로자에게 지급

② 공기호흡기, 산소호흡기, 호스마스크 등 지급

4) 산소농도 측정

① 산소결핍 위험작업 시작 전, 중 공기 중 산소농도 측정

② 근로자로 하여금 산소농도 측정 시 호흡용 보호구의 착용 및 감시인의 배치 등 비
상조치

③ 산소농도가 18% 미만 시 환기 등을 실시

7. 응급처치 요령

1) 사고자에 대한 응급 조치

① 위험구역 환기 실시

② 폭발 가스 혼입 우려 시 전기 스위치 조작
금지

③ 구조자 송기식 호흡기 착용

④ 재해자 안전장소로 이동

⑤ 재해자 안정시키고 쇼크 방지

⑥ 호흡 중지 시 즉시 인공호흡 실시

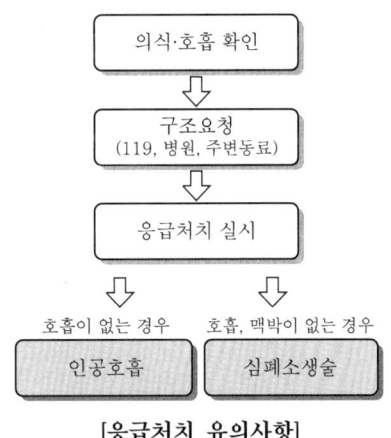

[응급처치 유의사항]

2) 응급처치 시 관찰사항

① 의식이 있는지 확인한다.

② 호흡하고 있는지 확인한다. 호흡이 정지되어 있으면 머리를 뒤로 젖히거나 아래 턱을 밀어내어 기도를 열어주고 다시 확인한다.

③ 출혈 유무를 살펴본다.

④ 맥을 짚어본다. 맥박이 뛰지 않는다고 느낄 때는 동공을 살펴본다. 동공이 크게 벌어져 있으면 위험하고 동공의 크기가 좌우 다르면 뇌에 이상이 있는 경우이다.

⑤ 손발이 움직이는지 확인한다.

⑥ 얼굴과 피부색, 체온을 살펴본다. 혀, 입술, 피부 등이 푸르스름한 색 또는 흑색 이 되고 손톱은 암자색이 되었는지 살펴본다.

⑦ 재해자의 체온을 유지하도록 보온한다.

⑧ 협력자를 구한다.

⑨ 재해자를 운반할 때는 서두르지 말고 재해자의 마음을 가라앉히고 되도록 재해자 의 상처를 건드리지 않도록 주의하여 운반한다.

8. 결론

① 밀폐공간 작업 시 유해가스 및 공기 중 산소농도가 18% 이하로 저하되면 근로자에 게 치명적인 건강장해를 초래하므로 충분한 작업공간 확보 및 환기를 철저히 하여 야 한다.

② 특히 산소결핍 위험작업 시에는 안전관리자를 지정하고 근로자가 산소가 결핍된 공기를 흡입하지 않도록 작업시작 전에 작업방법 결정 및 작업을 지휘·통제하여 재해를 예방해야 한다.

Section 10 질식 및 화재·폭발재해 예방

1. 개요

건설현장은 다양한 재료를 사용하여 공사 목적물을 건설하는 과정에서 근로자가 유 해한 위험물질을 취급하는데 따른 질식 및 화재·폭발 위험성이 다른 어떤 분야 보 다 높다. 따라서 이러한 건설현장의 질식 및 화재·폭발재해 예방을 위하여 주요 원 인을 파악 철저한 대책을 세워야 한다.

2. 질식 및 화재·폭발재해 발생 주요 원인

1) 질식재해 발생 주요 원인

① 콘크리트 양생작업 시 환기가 불충분한 장소에서 발생하는 유해가스 제거 미흡

② 갈탄·목탄·무연탄·경유 등의 연소 시 공기 중의 산소가 소모되어 $CO \cdot CO_2$ 등 발생가스가 작업 장소에 체류됨

③ 밀폐된 공간 내에서 본드·에폭시 수지용제·방수 프라이머 등 유기용제 사용 작업 시 환기 불충분

④ 탱크·맨홀·피트(Pit) 등 밀폐된 공간 내에서 유기용제 작업 시에 환기 불충분

⑤ 작업 전 산소농도 측정 미실시

⑥ 환기가 불충분한 장소에서의 내연기관 사용

⑦ 맨홀 내부 등 밀폐된 공간 내에서 가솔린 엔진 양수기 등을 가동하여 내연기관의 배기가스에 의한 질식

⑧ 터널 내부 작업 시 천공작업에 드릴·로더 등 내연기관이 부착된 장비를 투입하여 작업하는 과정에서 내연기관의 배출가스 등에 의하여 중독

⑨ 밀폐된 가설창고 등 실내에서 개방된 난방기구 사용

⑩ 호흡용 보호구 미지급, 미착용

⑪ 특별 안전교육 미실시

2) 화재재해 발생 주요 원인

(1) 가설숙소 내 화재 예방 조치 미흡

① 자동 화재경보기, 비상벨 등 경보설비 미설치

② 가설숙소 등의 비상구 미확보

③ 불량 누전차단기 설치

④ 현장 내에서 음주한 상태로 화기를 사용하는 등 관리 감독 불량

⑤ 휴대용 버너, 담뱃불, 라이터 등 취급 부주의

(2) 밀폐된 공간 내에서 인화성 물질 사용 중 화기 사용으로 인한 피해 발생

① 접착제(프라이머) 도포 중 라이터를 켜다 솔벤트 증기액이 인화되어 화재 발생

② 탱크 내부 보수작업 후 작업부위 점검을 위해 부탄가스 토치에 불을 붙이다 화재 발생

③ 소화조 개방 시 발생되는 메탄가스가 담뱃불에 인화되어 화재 발생

④ 스프레이(Spray) 도장작업 중 스파크(Spark)에 의해 화재 발생

(3) 관리 감독 불량

① 현장 내에 화재 발생 위험이 있는 화기취급에 대한 관리 감독 불량

② 작업자의 화기관리에 대한 안전의식 결여

(4) 과전류에 의한 비닐전선 발화

전선과열로 비닐 전선 피복에 기포가 발생되어 발화

3) 폭발재해 발생 주요 원인

(1) 근로자의 신체에서 발생한 정전기가 화약의 전기뇌관 도선에 접촉되어 폭발

전기뇌관이 폭발할 수 있는 조건

① 전류(폭발에 필요한 최소전류량 0.2A)

② 충격, 마찰 등 외부적인 힘이 가해질 경우

③ 화기에 의한 폭발

④ 드물게 일어날 수 있는 정전기에 의한 폭발

(2) 오수처리장 등 지하에 밀폐된 공간에서 작업 시 환기 미실시

밀폐된 공간에서 유기물 분해 시 발생되는 메탄가스 등이 전혀 배출되지 않고 장기간 계속 발생으로 가스가 축적된 상태에서 용접 불꽃 등에 의하여 폭발

(3) 환기가 불충분한 장소에서 가스용접기 등 작업 시 통풍·환기 등 폭발 예방조치 미흡

① LPG·산소용접기 토치의 가스 조절 밸브가 열려있는 것을 모르고 작업 중단 또는 종료 후 작업재개 시 용접기의 토치에 점화되는 순간 누출된 가스가 폭발

② 가스관 등 지하 매설물의 위치를 확인하지 않은 상태에서 천공작업 실시

③ 천공작업 중 가스관이 파손, 도시가스가 누출되어 지하 작업장 내에 체류되어 있는 상태에서 용접불꽃, 담뱃불, 전기 스파크(Spark) 등 점화원에 의해 폭발

(4) 가연성 물질이 있는 곳에서의 화기 사용

연료탱크 외부의 연료 누출 부위를 용접하는 과정에서 연료탱크 내부 잔여 연료의 온도 상승, 가연성 증기 발생, 밀폐된 상황에서 증기의 포화상태 하에서 용접불꽃이 침투하여 폭발

(5) 발파작업 시 대피확인 소홀

발파작업 시 발파기 조작장소(점화장소)는 발파장소가 잘 보이는 곳에 선정하여 작업원에 발파를 예고하고, 대피를 확인한 후 발파하여야 하나, 대피확인 소홀

(6) 화약 담당자의 화약 및 전기뇌관 관리 불량

발파작업에 소요되는 화약량을 정확히 산출하여 화약을 반입토록 하고 사용 후 화약 잔량이 발생할 경우에는 필히 임시 화약고에 저장하여 차후 반납하거나 화기에 접근 시키지 않아야함에도 불구하고, 화약 잔량이 소량인 관계로 화약 담당자가 임의로 소각처리하기 위하여 화약에 불을 붙이거나 또한, 화약 내에 뇌관이 있는지 여부 등의 확인조치를 하지 않아 화약 내에 남아 있던 뇌관에 의해 폭발(뇌관이 없이는 화약이 폭발하지 않고 불에 타게 됨)

(7) 현장 내에 화약관리 상태 소홀

① 현장 내에 반입된 화약은 천공작업 완료 후 화약주임 감독 하에 장약 및 발파를 하여 야 하나, 현장 내에 화약이 방치된 상태에서 화약 주임의 감독 없이 작업

② 화약 취급 장소에서 화기 사용

(8) 화약장전 작업반법 불량

장약 작업 중 폭약을 밀어 넣을 때에는 비철금속(나무막대, 플라스틱 막대 등)을 사용하여야 하나 드릴로트 등을 이용하여 무리한 작업 실시

(9) 환기가 불량한 지하실 유기용제 작업에 대한 환기시설 미흡

환기가 불량한 지하실 또는 밀폐된 장소에서의 신나류계의 인화성 방수제를 사용한 작업 시에는 유해가스 및 인화성 가스 적체를 초래할 수 있으므로 환기시설을 설치한 후 작업을 실시하여야 하고 작업 완료 후에도 환기설비를 가동하여 작업을 실시하여야 하나 그러한 대책 없이 작업하다 적체된 인화성 증기가 점화원에 의해 폭발할 수 있다.

(10) 인화성 물질 폭발

인화성 물질의 페인팅(Painting) 후 근로자의 출입을 막을 수 있도록 차단시설이나 지하실 출입문을 철저히 시건하여야 하나 폐합판을 이용하여 허술하게 입구를 차단하여 작업점검을 위해 라이터를 켜다 폭발

(11) 방폭형 전기기계·기구 미사용

인화성 물질의 증기가 폭발 위험 농도에 달할 우려가 있는 장소에서 전기 기계·기구를 사용할 때에는 방폭구조의 전기 기계·기구를 사용하여야 하나, 일반 전기기구를 사용하다 사고 발생

(12) 폭발성·발화성·인화성 물질에 의한 위험 예방 조치 미흡

위험물질에 대하여 작업장과 격리된 별도의 장소에 보관하여야 하나 그대로 방치하고 또한 유류화재·폭발성에 대한 사전지식이 없는 근로자가 유류 드럼통 옆에 모닥불을 피우다 가열, 팽창, 폭발함

3. 질식 및 화재 · 폭발재해 예방 대책

1) 질식재해 예방 대책

(1) 환기가 불충분한 장소에서 발생하는 유해가스 등을 제거하기 위한 배기구 설치

① 갈탄 목탄 등 연료의 연소 시 발생하는 $CO \cdot CO_2$ 등의 유해가스를 제거하기 위한 배기 덕트 설치

② 연료 연소에 따른 산소 소모를 최소화하기 위하여 이동용 송풍기설치 또는 외부 공기 를 송풍관을 이용하여 공급함으로써 산소부족현상 억제

③ 콘크리트 양생작업 방법 개선

④ 환기가 잘 되는 곳에 열풍기 등을 설치하여 플렉서블 덕트(Flexible Duct)를 통하여 열풍을 공급하는 방식으로 양생작업 방법 개선

(2) 국소 배기장치 등 환기장치 설치 및 가동

적정한 용량의 국소 배기장치 등을 설치하여 작업 전 · 중 환기 철저

(3) 작업 전 산소농도 측정

① 맨홀 내부 등 산소결핍의 우려가 있는 장소에서 작업을 하는 때에는 작업 전에 작업 장소 공기 중의 산소농도 측정

② 산소 농도가 18% 이상 유지되도록 송풍 또는 환기를 지속적으로 관리

(4) 내연기관 사용 금지 또는 적정한 환기시설 설치

① 맨홀 등 자연 환기가 불충분한 장소에서 내연기관 사용을 금지하고 적정한 환기시설 설치 및 가동

② 내연기관 가동 시 $CO \cdot CO_2$ 등 배기가스에 의한 중독 발생 위험이 있으므로 환기가 불충분한 장소에서는 내연기관 사용 금지

③ 소요 환기량을 산정하여 적정한 환기시설 설치 및 가동

(5) 밀폐된 공간 내에서는 장시간 목재 등의 물질 연소에 의한 난방 금지

(6) 환기설비 설치

상시 휴식 장소는 충분한 기적 및 환기량 확보를 위하여 환풍기 등을 설치

(7) 호흡용 보호구 지급, 착용 및 구출용 기구 비치

① 산소결핍 우려가 있는 장소에서 작업 시 공기호흡기 · 산소호흡기 · 송기마스크 등 호흡용 보호구를 지급하여 착용

② 사고발생 등 긴급사태 발생 시 근로자의 피난 구출을 위한 사다리 및 섬유 로프 등을 비치하고 감시인 배치

(8) 특별 안전·보건교육 실시

① 맨홀 작업

㉠ 장비, 설비 및 시설 등의 안전점검에 관한 사항

㉡ 산소농도 측정 및 작업환경에 관한 사항

㉢ 작업내용별 안전 작업방법 및 절차에 관한 사항

㉣ 보호구 착용 및 보호장비 사용에 관한 사항

② 산소 결핍징소 작업

㉠ 산소농도 측정 및 작업환경에 관한 사항

㉡ 사고 시의 응급 처치 및 비상시 구출에 관한 사항

㉢ 보호구 착용 및 사용방법에 관한 사항

㉣ 산소결핍 작업의 안전 작업방법에 관한 사항

③ 유기용제 취급 작업

㉠ 취급물질의 성상 및 성질에 관한 사항

㉡ 유해물질의 인체에 미치는 영향

㉢ 국소배기장치 및 안전설비에 관한 사항

㉣ 안전 작업방법 및 보호구 사용에 관한 사항

2) 화재재해 예방 대책

(1) 현장 숙소 내 화재예방 조치 철저

① 자동 화재경보기, 비상벨 등 경보설비 설치

② 주출입구 이외에 비상구를 설치하여 피난조치 철저

③ 전선의 허용전류와 상응하는 정격차단 용량을 가진 누전차단기 설치

④ 휴대용 버너 등 화재유발 기구 숙소 내 반입 금지

⑤ 숙소 내 방화사, 소화기 배치

⑥ 현장숙소 내 음주 금지 및 일일 점검

(2) 인화물질 사용 시 화기 사용 금지

① 방폭형 랜턴 사용

② 환기장치 설치

③ 유기용제 작업장 내 소화설비 설치

④ 공기호흡기, 사다리, 섬유 로프 등 비상 피난기구 비치

⑤ 유해·위험물질에 대한 물질안전 보건교육 자료의 교육, 위험물질 취급안전에 대한 교육

⑥ 위험성 및 비상대피 훈련 및 교육

(3) 관리감독 철저

① 화기사용 장소의 화재 방지 조치 실시

㉠ 화로 주위 울 설치

㉡ 화로 가동 중 화력을 높이기 위한 휘발유 등 투입 금지

② 지정된 장소 이외에서 화기 사용 금지

3) 폭발재해 예방 대책

(1) 정전기 대전방지용 안전화 및 제전복 착용

① 정전기 대전방지용 안전화는 구두의 바닥저항을 105~108(Ω) 정도로 낮추어 인체에 대전된 정전기를 구두를 통하여 대지로 흘려보내도록 하여 정전기를 방지한다.

② 제전복에 약 $50\mu\text{m}$ 정도 직경의 도전성 섬유를 넣어 코로나 방전을 유도하여 대전된 정전에너지를 열에너지로 변환시켜 정전기를 제거한다.

(2) 금속의 용접·용단 작업 시 폭발 예방을 위한 환기

① 환기가 불충분한 장소에서 가연성 가스 또는 산소를 사용하여 금속의 용접·용단 작업 시 폭발예방을 위한 충분한 통풍·환기 조치

② 작업 중단 또는 종료 후 작업장소를 떠날 때는 가스 등의 용기밸브 또는 코크를 잠그고 가스 등의 호스를 당해 가스 등의 용기로부터 해체하거나 당해 호스를 자연 통풍 또는 자연환기가 충분히 되는 장소로 이동시킨다.

(3) 천공작업 전 매설물 파악

천공작업 전 지하 매설물도 참조 및 관련 기관과 협의하는 등 매설물의 위치, 내용 파악

(4) 유류 배관 용접 시 화재·폭발 예방조치 철저

유류 등이 존재하는 배관 또는 연료탱크 용접작업 시에는 배관, 탱크 또는 드럼 등의 용기에 대하여 위험물, 인화성 유류 등을 제거하는 등 화재·폭발 예방조치 철저

(5) 화약 및 뇌관관리 철저

당일 사용하기 위하여 현장에 반입된 화약량 및 뇌관수를 정확히 파악하고 또한 천공 구멍(Hole)에 장전한 화약 및 뇌관을 제외한 남은 잔량수를 정확히 파악하여 임시화약고에 저장한 후 반납하거나 즉시 반납하도록 하는 등의 화약 및 뇌관관리 철저

(6) 발파작업 시 안전작업 준수

발파작업 시 폭약을 장전한 후 점화기에 발파보조 모선을 연결하고 발파모선을 점화할 때까지는 접속하는 축의 끝을 단락시켜주고, 반대 끝은 단락을 막도록 하는 조치를 하여 발파전 외부의 과잉전류 유입 유무확인 및 발파기 오조작에 다른 발파 재해 예방

(7) 화약관리 철저

현장 내 반입된 화약은 현장 내 화약보관소에 보관하고, 천공작업을 완료한 후에 화약주임 입회 하에 장약 및 발파작업을 실시하며, 발파작업 완료 후에는 불발 장약이나 잔약의 유무를 확인하고 사용 후 남은 화약은 반납하는 등의 화약의 취급, 관리를 철저히 한다.

(8) 화약장전 안전작업 준수

장전구는 마찰·충격·정전기 등에 의한 폭발이 발생할 위험이 없는 안전한 것을 사용

(9) 작업 전, 작업 중, 작업 후 충분한 환기시설 활용

유해가스 중독 및 발화, 인화가스의 위험물질 사용 작업 장소에서는 충분한 용량의 이동용 송풍기를 사용하여 작업 전, 작업 중, 작업 후에 적합한 환기가 이루어질 수 있도록 하여야 한다.

(10) 근로자의 출입 금지 조치

입구에 인화성 방수 페인트(Paint) 작업 실시 등의 내용을 제시하고 근로자가 출입하지 못하도록 출입문에 잠금장치를 하고 안내문을 게시

(11) 통풍·환기조치 실시 및 방폭 성능을 갖는 기계·기구 사용

가연성 가스가 발생하는 장소에 화재를 방지시키기 위한 통풍·환기 등의 조치를 실시하고 방폭 성능을 갖는 기계·기구를 사용

(12) 폭발성·발화성·인화성 물질의 관리 철저

위험물질에 대하여 격리된 별도의 장소에 보관하고, 잠금장치 및 안전교육을 철저히 하며 지정된 장소 이외에서는 모닥불 금지

4. 결론

수십 명의 사망자와 부상자를 낸 이천 냉동창고 폭발 화재사고에서 보듯이 화재, 폭발은 발생 시 다수의 사상자가 발생하는 강도가 큰 재해이다. 건설현장에서 발생가능한 모든 화재, 폭발, 질식의 원인을 사전에 제거하고 수시점검을 통해 재해를 예방해야 한다.

방조제 공사 시 최종 물막이를 위한 공법 및 안전시공을 위한 유의사항

1. 개요

① 가물막이란 하천, 해안 등의 수중 또는 물에 접하는 곳에 구조물을 축조 시 물의 침투를 막아 내부를 Dry한 상태로 만들기 위한 가시설물이다.

② 가물막이 공사 시 토질, 수위, 조류, 유속, 파도 등의 사전조사를 실시하고 수밀성, 경제성을 고려한 종합적인 안전관리계획을 세워서 시공해야 한다.

2. 사전조사

① 토질 및 지반 조사

② 지하 매설물 조사

③ 조위, 조류, 유속, 유량, 홍수위, 파도, 풍향, 풍속 등

④ 주변 준설공사 여부

3. 공법 선정 시 고려 사항

① 토압, 수압, 파도 등의 외력에 대한 안전성

② 시공의 안전성 및 물막이 내부 안전성

③ 물막이 내부 작업성 및 철거의 용이성

④ 선정 공법의 경제성

⑤ 주변 환경에 대한 영향

4. 가물막이 공법의 종류

1) 중력식

① 댐식, 토사 축제식, 박스식

② 케이슨식

③ 셀룰러 블록식

2) 강널말뚝식(Sheet Pile식)

① 한 겹 강널말뚝식, 두 겹 강널말뚝식

② 자립식, 셀식

③ Ring Beam 식

5. 시공 시 유의 사항

① Sheet Pile의 직선 타입으로 수직도 유지

② Sheet Pile 폐합철저로 수밀성 유지

③ 속채움 작업 시공 관리 철저히 하여 벽제의 변형 방지

④ 연약지반에 대한 지반개량 실시

⑤ 속채움 철저로 변형 방지

⑥ Sheet Pile 근입장 확보(Boiling현상, Heaving현상 방지)

⑦ 강널말뚝은 타입 후 즉시 Strut 띠장 등을 설치하여 휨 방지

⑧ 파형 강판셀을 설치 후 셀(Cell) 둘레에 누름토를 시공하여 안전성 확보

6. 안전대책

① 안전관리자 배치

② 악천후 시 작업 중지

③ 구명동의 등 보호구 지급

④ 운반 순서 및 작업순서 준수

⑤ 작업장소 하부 작업자 외 출입 금지

⑥ 신호체계 수립 및 교육

7. 결론

① 가물막이 공사의 결함은 재해의 중대한 원인이 되므로 시공계획이나 현장상황을 고려하여 적정한 공법으로 안전시공을 해야 한다.

② 가물막이 공법은 안전율이 낮은 가시설물로 향후 좀 더 간결하고 발전된 공법 도입 및 연구 개발이 필요하다.

Section 12

제방 붕괴 원인과 복구대책

1. 개요

① 제방(Dyke)이란 홍수시의 하천에 대한 범람을 막을 목적으로 만들어진 하천의 구조물로 대개 양 언덕 기슭에 축조한다.

② 제방 붕괴의 주요 원인으로 Piping 현상 및 물의 흐름에 의한 제체의 세굴이나 침투작용으로 발생하기 때문에 재료의 선정에 주의가 필요하다.

2. 제방의 구조

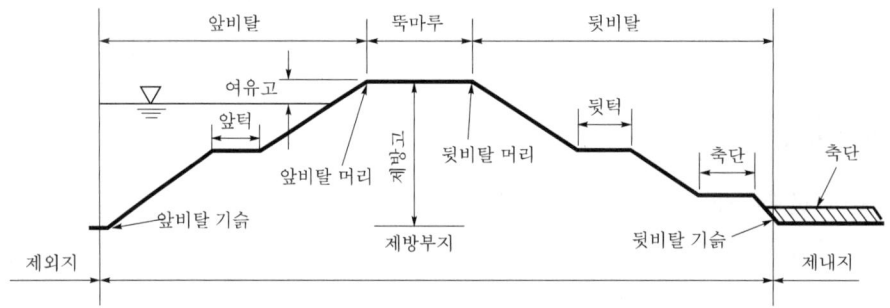

3. 제방의 누수 방지 대책

① 제방 단면 확대

② 차수벽 설치 비탈면 피복

③ 배수로 및 블랭킷 설치

④ 연약지반 개량(약액 주입, 압성토공법)

4. 제방의 붕괴원인

1) 지반침하

기초지반 침하로 제체와 지반 이격으로 침투수 용출

2) 제방 단면 과소

제방 단면 부족으로 침투수 차단 미흡

3) Piping 현상 발생

불량 재료 등에 의한 제방의 누수

4) 재료의 부적정

표토재료로 투수성이 큰 사질토 등의 사용

5) 다짐불량

제체의 다짐 불량으로 우수침투에 의한 토사 강도 저하

6) 차수벽 미설치

투수층에 차수벽을 설치하지 않아 침투수 침입

5. 방지대책

1) 기초지반 처리

① 제방부지 중앙에 홈을 만들어 성토부와 기초지반을 밀착시켜 누수 억제
② 지반 개량(치환 공법, 다짐 공법 등)

2) 제방 단면 확대

제방 폭을 확대시켜 침윤선 길이 연장

3) Piping 현상 발생

불투수성 재료를 사용하여 제방의 누수 방지

4) 다짐 철저

토질 및 시공조건을 고려한 철저한 다짐으로 비탈면 붕괴 방지

5) 비탈면 피복

제내지 또는 제외지에 접한부분에 불투수성 피복으로 침투수 차단

6) 차수벽 설치

제체 내 Sheet pile이나 점토 등으로 코어 설치

7) 블랭킷(Blanket) 설치

제외지 투수성 지반에 불투수성 재료나 아스팔트 등으로 피복

8) 배수용 집수정 설치

제내지에 배수용 집수정 설치(침윤선 저하)

6. 하천관리에 대한 문제점

① 무분별한 토지 개발
② 하천정비 미흡
③ 폐 관정 관리 부실
④ 차량통행 제한
⑤ 점검 및 유지관리 미흡
⑥ 관리자 의식 부족
⑦ 생활쓰레기, 산업폐기물 방치

7. 하천관리에 대한 대책

① 저습지대에 대한 개발 자제 및 통제
② 배수문 및 배수시설 대폭 확충, 준설 등 정비사업 실시
③ 하천제방 인근에 설치된 폐 관정 그라우팅 실시로 하천수 침투 방지
④ 중차량 통행제한 및 제방의 포장 등 보강으로 훼손 방지
⑤ 수시점검 및 순찰조사로 위험 발견 시 즉시 보수, 보강
⑥ 시설 관리주체의 시설 보호 의식 향상
⑦ 국민의식 향상
⑧ 비상시 안전대책 수립 및 관계기관 연락망 확충

8. 결론

① 제방의 붕괴 방지를 위해서는 충분한 사전조사 실시로 적정한 위치를 설정하고 기초지반 처리 및 축제 재료의 적정한 선정하여야 한다.
② 특히 제방 붕괴의 주원인인 Piping 현상을 방지하고 안전점검 실시 및 정비사업 실시로 안전대책이 확보되어야 한다.

Section 13 항만 외곽시설의 종류 및 각각의 안전시공 방안

1. 개요

① 항만에 설치하는 외곽시설은 항만 내 시설물 보호를 목적으로 설치하는 것으로 종류에는 방파제, 방사제, 방조제, 호안, 수문, 갑문, 도류제 등이 있다.

② 항만 외곽시설 공사는 수중공사 및 중장비 사용에 의한 위험요소가 많아 철저한 시공계획과 안전계획을 수립하여야 한다.

2. 항만 외곽 시설의 종류

1) 방파제(Breakwater)

항만 시설이나 선박을 외해의 파도로부터 보호하기 위한 외곽 시설

2) 방사제(Groyne)

항만이 해안의 침식이나 항만이 표사에 의해 얕아지는 것을 방지하기 위해 설치된 구조물

3) 방조제(Sea Dyke)

염수가 들어오는 것을 방지할 목적으로 하천을 횡단해서 설치하는 구조물

4) 호안(Revetment)

둑의 침식을 막고 동시에 물줄기의 방향을 규제하기 위한 구조물

5) 기타

① 수문(Sluice Gate)

② 갑문(Lock Gate)

③ 도류제(Training Levee) 등

3. 안전 시공 방안

1) 방파제(Breakwater)

(1) 방파제의 분류

① 경사제(Mound Type Breakwater)

㉠ 사석식과 블록식이 있으며, 소규모 방파제로 이용한다.

㉡ 연약지반에 적합하고 시공이 간단하며 유지보수가 용이하다.

② 직립제(Upright Breakwater)

㉠ 지반이 견고, 세굴의 염려가 없는 곳으로 채택(연약지반불가)한다.

㉡ 일체형으로 파력에 강하며 케이슨, 블록식 등이 있다.

③ 혼성제(Composite Breakwater)

㉠ 수심이 깊은 곳, 연약지반에 적용이 가능(경사제, 직립제 장점 채택)하다.

㉡ 케이슨식 혼성제, 블록식 혼성제 등이 있다.

(2) 시공 시 안전대책

① 공법 선정 : 쇄파효과 및 해양특성을 고려한 공법 선정

② 기초지반 연약 시 : 치환 공법, 샌드 드레인 공법, 재하 공법 등 적용 지반개량

③ 사석 재료 : 편평세장하지 않고 풍화파괴 없는 경질 재료 사용

④ 본체 : 철저한 시공 관리

⑤ 혼성재 사석부 : 편심 하중 방지

⑥ 상부 콘크리트 : 덮개 콘크리트 타설 철저

2) 방조제(Sea Dyke)

(1) 붕괴원인

① 제체 다짐 불량

② 제방 폭의 과소 시공

③ piping 현상 발생

④ 표토 재료의 부적정

(2) 방지대책

① 기초지반 처리 철저

② 제방 단면 충분한 확보

③ piping 현상 방지

④ 투수성이 낮은 표토재료 사용

⑤ 제방 비탈면 피복 및 다짐 철저

⑥ 차수벽 설치

⑦ Blanket 설치 및 지수벽 설치

3) 호안(Revetment)

(1) 호안의 시공

① 비탈덮기공

㉠ 호안 및 제체의 세굴 방지 및 물침투 방지

ⓒ 제체의 붕괴방지(흙막이 역할)

② 비탈멈춤공(호안기초공)

　ⓐ 수심이 깊고 기초를 넣기 어려운 경우 선택

　ⓑ 비탈덮기공의 활동 및 붕괴 방지

③ 밑다짐공

　ⓐ 호안기초공의 안정 도모

　ⓑ 호안의 세굴 방지

(2) 호안 시공 시 유의사항

① 사전 조사 : 설치장소의 하상 변동, 주변 환경 등

② 재료 선정 : 투수성 및 입도 등을 고려

③ 비탈면 안정 : 토압, 수압을 고려 구배설계

④ 소단설치 : 비탈길이 10m 이내에 소단 설치

⑤ 세굴 방지공 설치 : 호안상부에 1.0~1.5m 정도 폭으로 설치

4. 결론

① 항만 외곽시설 시공 시 주변 환경, 시공조건, 유지관리 등을 고려하여 위치를 선정하고 지형이 불량한 곳은 피하여야 한다.

② 대형 사고의 원인이 되는 제방 붕괴 방지를 위해 지반조사부터 유지관리까지 전반적인 계획을 수립하고 안전점검을 철저히 하여야 한다.

Section 14 해상운반 및 하역작업 시 안전관리

1. 개요

① 해상운반은 해상공사 및 운송비용의 절감을 위하여 지속적으로 이루어지고 있는 실정이다.

② 해상 운반 및 하역 작업은 해상이라는 특수성으로 인한 안전사고의 위험 및 재해강도가 높아짐에 따라 위험요소를 중점 관리해야 한다.

2. 해상운반의 종류(건설)

    ① 해사의 운반

    ② 교량 시설물 운반(강구조물)

    ③ 케이슨 운반(기초)

    ④ 암석의 운반(방조제)

3. 해상운반 시 안전대책

1) 운반대선

    ① 자체 균열 및 노후화 상태 진단(외판, 갑판)

    ② 계전설비 안전상태 점검

    ③ 적재량 표시 및 적정성 확인

    ④ 야간 표시등 부착

    ⑤ 예선과 거리는 200m 이내 유지

2) 체계적 관리

    ① 적재 및 적하 시 책임자 지정

    ② 적재 및 하적방법 검토

    ③ 선장의 운반항로 인지 확인

    ④ 선장은 승무원 수시 확인

3) 비상연락망 등

    ① 예선 로프 손상 여부 확인

    ② 운반선과 연락 방법 확인

    ③ 운반선 고장시 대책

4) 충분한 보호시설

    ① 파랑에 대비 요동 방지 조치

    ② 정박 시 파도에 의한 재해 방지

5) 바지선 관리

    ① 편중하중 제거

    ② 사람 동승 금지

③ 책임자 지정

④ 화물 과적 금지

6) 인명 구조 설비, 기타

① 이동식 또는 고정식 사다리 비치

② 구명복의 착용

4. 하역 작업 시 안전대책

1) 크레인 설비 확인

① 과부하 방지 장치 및 권과 방지 장치 확인

② 훅과 와이어 로프 탈락 방지 장치 부착

③ 지브 변형 및 손상 여부

④ 윈치 브레이크 작동 상태 확인

⑤ 검사증 유효기간 확인

2) 작업 시 안전 대책

① 운전원 유자격자 확인

② 걸기 작업자는 경험이 풍부한 자로 선임

③ 작업 전 안전점검 실시(일상점검)

④ 와이어 로프 손상 여부 확인

⑤ 작업장소 수심 확인

⑥ 훅 부분에 정격하중 표시 및 과하중 취급 금지

⑦ 신호수 지정 및 신호법 규정

⑧ 화물을 매단채 운전원 이탈 금지

⑨ 매단화물 위 근로자 탑승 금지 및 하부 출입 금지

⑩ 주변정리 정돈 철저

5. 결론

① 해상에서의 운반 및 하역 작업은 대형 및 중량물 취급 작업으로 인한 중대재해의 발생 가능성이 높아 운반선 및 하역장비의 철저한 안전점검이 필요하다.

② 기상 조건과 악화 시 작업중단, 과하중 적재 금지 및 책임자의 지휘에 따라 작업을 실시하여 안전사고의 위험성을 감소시키는 최선의 노력을 해야한다.

쓰레기 매립장

1. 개요

① 쓰레기 매립은 일반 건설공사보다 환경오염이 많이 발생하여 주변 지반과 지하수를 오염시키므로 환경오염 방지를 위한 대책이 필요하다.

② 또한 매립장에 구조물 공사 시 철저한 계획과 대책을 강구하여 재해예방에 만전을 기해야 한다.

2. 매립장의 형태

1) 평지매립(Open cut 공법)

평지에 적정 구배로 Open cut 한 후 매립

2) 곡간매립(옹벽공법)

먼저 옹벽을 설치하고 매립

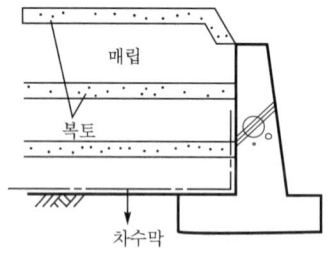

[곡간 매립/옹벽 공법]

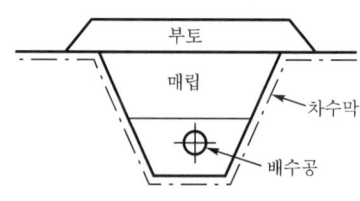

[평지 매립/Open cut]

3. 매립장의 특성

① 지지력 부족으로 지반 침하

② 사면의 불안정

③ 악취, 가스 발생

④ 지하수 오염

⑤ 기초 구조물의 부식으로 내구성 저하

4. 환경오염 방지 방안

1) 기반시설 공사

(1) 사면의 안정
- ① 매립높이와 관련하여 사면의 안전 검토
- ② 환경오염 물질 유출 방지

(2) 집수 · 배수 시설

발생되는 침출수를 신속히 배수 수위 상승 억제

(3) 우수 배제 시설
- ① 우수를 침출수와 구분하여 배제
- ② 우수를 침출수화 되지 못하게 신속히 배제

(4) 차수재
- ① 환경오염 면에서 가장 중요한 시설
- ② 차수재 손상 시 신속히 보강
- ③ 수평 차수시설과 수직 차수시설로 구분

2) 매립공사

(1) 복토
- ① 매일 복토 : 쓰레기 노출 방지, 악취 저감
- ② 중간 복토 : 진입로, 부지정리, 우수배제
- ③ 최종 복토 : 누수침투 방지, 가스 발생 억제

(2) 악취 및 해충 서식
- ① 악취 저감제 살포 및 신속히 복토
- ② 살충제 포설 및 신속히 복토

(3) 가스 발생

가스를 소각하거나 발전용 활용 검토

(4) 오염 감시 체계
- ① 수질관리 철저(지하수 오염 농도 등)
- ② 악취, 수질 등 지속적인 사후평가 실시

(5) 기타

처리 수질 관리, 조경, 매립물 자체 수분 감소

5. 안전대책

1) 지반안정 대책

치환 공법, 선행재하 공법 등

2) 사면 안정

3) 악취 및 해충 제거

4) 가스 차단

① 가스 추출공으로 대기 중으로 발산
② 소각 또는 발전용으로 검토, 활용

5) 지하수 오염 방수

① Sheet pile, 지하연속벽 등으로 차단
② 주기적으로 지하수 오염 농도 측정

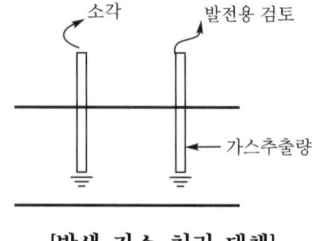

[발생 가스 처리 대책]

6. 결론

쓰레기 매립장은 환경오염의 우려가 많은 공사이므로 지반오염과 대기오염, 수질오염 등 다양한 오염원을 파악하고, 그에 따른 대책을 철저히 수립하여 대처하여야 한다.

Section 16 쓰레기 매립장의 환경오염 방지 방안과 시공시 안전 대책

1. 개요

① 쓰레기 매립장 공사는 일반 건설 공사보다 환경오염 요인을 많이 가지고 있으며, 특히 주변 지반과 지하수를 오염시키므로 환경오염 방지 대책이 필요하다.
② 대형 구조물 축조에 의한 안전사고 발생 우려가 있으므로 각 공정에 대한 안전예방 조치가 필요하다.

2. 매립장의 종류

① 평지 매립 : 적정 구배로 평지에 매립
② 곡간 매립 : 매립지에 옹벽 등 건립 후 매립

3. 매립장의 특징

① 지지력 부족으로 지반 침하
② 사면의 불안정
③ 악취 가스 발생(메탄 가스)
④ 주변 지하수, 하천 오염

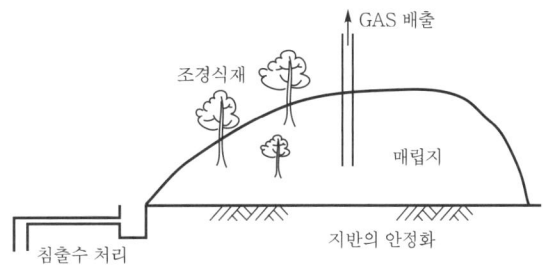

[매립장 구조]

4. 환경오염 방지 방안

1) 기반시설 공사

① 사면 안정 : 매립 높이를 고려하여 사면 안정 검토
② 집수, 배수 : 발생 침출수 집수, 배수시설 활용 신속 배출
③ 우수 배제 시설 : 우수가 침출수화되지 못하도록 신속 배제(별도 배수시설)
④ 차수시설 : 수평 차수시설 및 수직 차수시설 설치

2) 매립 공사

① 복토시설 : 쓰레기 노출 방지를 위해 매일 실시
② 악취, 해충 서식 방지 : 악취 저감제 사용 및 정기적 소독 실시
③ 가스 발생 처리 : 가스를 소각하거나 발전용 활용
④ 기타 : 조경 시설, 처리 수질 관리

5. 매립장 건설 시 안전 대책

1) 지반 안정 대책(연약지반)

① 치환 공법 : 양질의 토사로 치환
② 선행재하 공법 : 사전 성토하여 흙의 전단강도 증가
③ 활수 공법 : 매립지의 수분을 활수시켜 지반의 압밀 촉진
④ 동다짐 공법 : 중량물을 이용한 다짐
⑤ 주입 공법 : 시멘트나 약액을 그라우팅
⑥ 화학약제 혼합법 : 화학약제 혼합 지반 개량

2) 사면 안정

굴착 공사 전 매립 높이와 관련 사면 안정 검토(기울기 확보)

3) 악취 및 해충 방지

악취 저감제 및 소독설비 조성

4) 가스 차단

연료사용 설비 설치

5) 지하수 오염 방지

침출수에 의한 지하수 및 침출수 폐수처리시설 설치

6) 기타

① 부식 고려한 고내구성 콘크리트 타설
② 피복 두께 증가 및 방청 철근 사용
③ 집수 · 배수시설, 우수 배제 시설 설치

6. 결론

① 폐기물 매립장 건설 공사는 대부분 매립지에 시행하는 경우가 많아 연약지반에 대한 지반개량 및 철저한 시공이 필요하다.
② 시공 중 계측 관리를 철저히 하여야 하며 안전사고에 대비하고, 경제적이며 친환경적인 매립장이 될 수 있도록 하여야 한다.

Section 17 벌목작업 시 안전대책

1. 개요

① 최근 골프장 건설공사의 증대로 산악지역 개발을 위한 벌목작업이 증가하고 있다.
② 벌목작업 시 안전사고가 빈번히 발생하고 있어 작업자 및 관리감독자에 대한 교육 및 안전성 확인을 위한 수시점검이 필요하다.

2. 재해의 형태

1) 대상목에 의한 재해

① 덩굴 등에 걸려 전도 방향성 상실
② 벌목구역 내 작업 시 근로자와 대상목의 충돌

2) 운반작업 시 재해

① 1인 운반 시 전도에 의한 재해
② 나무를 굴려 이동 시 경고조치 미흡

3. 벌목작업의 흐름

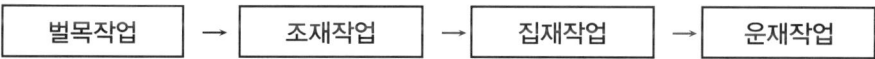

| 벌목작업 | → | 조재작업 | → | 집재작업 | → | 운재작업 |

1) 벌목작업

산지에서 벌목용 기계와 기구를 이용하여 수목의 지상부를 잘라 지면으로 넘기는 작업

2) 조재작업

벌목한 수목의 가지를 치고 필요에 따라 용도에 적합한 길이로 절단하는 작업

3) 집재작업

벌목한 원목을 어느 한 장소에 적재하는 작업

4) 운재작업

벌목한 원목의 현 위치에서 집재장으로 운반과 집재장에서 다른 집재장까지 운반하는 작업

4. 벌목작업 안전수칙

1) 작업시작 전

① 작업의 이해 및 순서 숙지
② 작업원 간의 연락방법 숙지
③ 안전화, 안전모 등 개인 보호구 착용
④ 호루라기 등 경적 신호기 휴대
⑤ 톱, 토끼 등 점검
⑥ 위험이 예상되는 작업통로, 도로 등은 표지판 설치

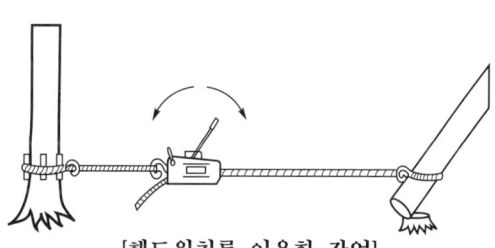

[핸드윈치를 이용한 작업]

2) 작업 중

① 벌목구간 접근 금지(수고 2배 이내 접근 금지, 통제원 배치)
② 벌목방향은 집재가 용이하게 선정
③ 폭풍, 폭우, 폭설 등 악천후 시 작업 중단

④ 옆 사람과 일정한 간격 유지

⑤ 나무를 굴릴 때 경고조치(호각, 함성)

⑥ 휴식 시 조별로 행동

3) 작업 후

① 톱, 도끼 등 점검 실시

② 작업구간 출입통제 조치

[지렛대로 밀기(1인 작업/2인 작업)]

8. 결론

① 벌목작업은 작업자의 작업순서 준수 및 적절한 안전조치가 필요한 재해 발생 위험이 높은 작업이다.

② 작업의 빈도가 낮아 안전기준 등의 미흡으로 사고 발생의 우려가 높아 안전기준 확립 및 근로자에 대한 특별 안전교육 실시로 재해를 예방하여야 한다.

건설안전기술사

부록 과년도 출제문제

최근 16개년 출제문제
(2010~2025년)

건설안전기술사

제90회 건설안전기술사(2010. 2. 7.)

제1교시

※ 다음 문제 중 10문제를 선택하여 설명하시오. (각 10점)

1. 안전관리 조직의 유형
2. 동적 에너지에 의한 재해예방을 위한 인터로킹(interlocking) 방법
3. Shear connector(전단연결재)
4. 거푸집 존치기간
5. Slurry wall(지중연속벽)
6. 터널에서 편토압 방지대책
7. 지반의 파괴형태
8. 기초 콘크리트 pile의 두부(頭部)정리
9. Approach slab
10. 재해의 기본원인(4M)과 재해발생 Mechanism
11. 흙막이 벽체에서 Arching현상
12. Lift car
13. 재해비용 산정 시 천재와 인재구분

제2교시

※ 다음 문제 중 4문제를 선택하여 설명하시오. (각 25점)

1. 중소규모 건설현장의 재해특성 및 안전관리 방향에 관하여 설명하시오.
2. 시설물의 안전과 유지관리를 통하여 재해와 재난을 예방하고 시설물의 효용을 증진시키기 위한 시설물정보관리종합 시스템에 대하여 설명하시오.
3. 건설안전관리계획서 작성지침에 있는 안전관리 공정표 작성방법 및 활용에 따른 안전사고 예방대책을 설명하시오.
4. 화재에 대한 구조물의 진단방법, 유지관리 및 방지대책에 관하여 설명하시오.
5. 건설공사에서 자율안전관리업체 지정방법 및 심사절차와 정부차원에서 추진 중인 건설공사 자율안전점검제도를 설명하시오.
6. 철근 콘크리트 공사의 거푸집과 동바리 시공에 있어서 작업상 안전에 관하여 지켜야 할 사항을 설명하시오.(단, 콘크리트 공사 표준안전작업지침을 기준으로 한다.)

✎ 제3교시

※ 다음 문제 중 4문제를 선택하여 설명하시오. (각 25점)

1. 노후 건축물 철거공사를 시행함에 있어 안전하게 철거할 수 있는 행정절차와 철거 프로세스(Process)에 대하여 설명하시오.

2. 연약지반 위에 소규모 구조물을 구축하려 한다. 연약지반에 대한 일시적 개량공법 및 안전 대책에 관하여 설명하시오.

3. 터널 공사에서 터널 내 작업환경을 개선하기 위한 위생관리 및 안전대책을 설명하시오.

4. 건축물 규모의 대형화에 따라 지하층 규모가 증가할수록 지하수위를 고려한 적합한 방수공법이 필요하다. 지하방수공법의 선정 시 중요사항, 방수공법의 종류, 방수시공 시 고려사항 및 안전관리방안에 대하여 설명하시오.

5. 대규모 사면굴착공사에서 발생하기 쉬운 비탈면의 붕괴에 대한 사면의 붕괴원인, 안전대책 및 사면의 절편법에 의한 유한사면의 안정계산법에 대하여 설명하시오.

6. System 동바리의 구조적인 개념과 붕괴원인 및 붕괴방지 대책에 대하여 설명하시오.

✎ 제4교시

※ 다음 문제 중 4문제를 선택하여 설명하시오. (각 25점)

1. 여름철에 콘크리트 타설 시 안전대책에 관하여 설명하시오.

2. 최근 BIM(Building Information Modeling) 설계기법이 도입되면서 설계기술과 시공 기술의 발전을 가져올 것으로 예상되는 데 BIM 설계기법이 건설안전기술에 미치는 영향에 대하여 설명하시오.

3. 건설현장에서 사용되는 이동식 크레인의 종류와 재해유형 및 안전대책을 설명하시오.

4. 건설현장의 철골 작업 시 추락방지설비의 문제점 및 개선방안에 관하여 설명하시오.

5. 지하흙막이 공사는 공법 선정에서부터 시공 완료 과정에 이르기까지 안전관리에 중점을 두어야 할 사항이 많은 공정이다. 흙막이 공법선정 및 시공 시 중점 안전관리사항과 품질관리 사항에 대하여 설명하시오.

6. 운행 중인 철도 터널과 인접된 지하구조물을 설치하고자 한다. 근접시공에 따른 안전 영역평가와 시공 중 보강대책을 설명하시오.

제91회 건설안전기술사(2010. 5. 23.)

제1교시

※ 다음 문제 중 10문제를 선택하여 설명하시오. (각 10점)

1. 안전성평가(Safety Assessment)
2. 토질의 동상
3. 위험관리를 위한 위험성 처리기법
4. 작업장의 조도기준
5. 사면파괴 및 사면안정 지배요인
6. 건설사업관리(CM)에서 안전관리
7. 히빙(Heaving) 현상
8. 제조물 책임(Product Liability)
9. 강섬유 보강 콘크리트
10. 근로자 작업안전을 위한 Bio-Rhythm 적용방법
11. 응력부식과 지연파괴
12. 지진발생 시 행동요령
13. 연화현상(Frost boil)

제2교시

※ 다음 문제 중 4문제를 선택하여 설명하시오. (각 25점)

1. 건설현장에서 실시하는 안전교육의 종류를 열거하고, 외국인 근로자에게 실시하는 안전교육에 대한 문제점 및 대책을 설명하시오.
2. 산업안전보건법상의 안전검사 제도를 설명하시오.
3. 프리캐스트 콘크리트(PC) 공사 시 발생되는 재해유형과 안전대책을 설명하시오.
4. 교량구조물의 안전성 평가를 위한 안전진단 수행 시 단계별 안전진단 절차에 대하여 설명하시오.
5. 건설현장의 시공과정에서 발생하는 비산 먼지 발생원인과 방지대책에 대하여 설명하시오.
6. 토류벽의 지지공법의 종류를 3가지 제시하고, 각 공법별 안전성 확보방안에 대하여 설명하시오.

제3교시

※ 다음 문제 중 4문제를 선택하여 설명하시오. (각 25점)

1. 거푸집 및 동바리 설치작업 시 발생되는 재해유형을 분류하고, 각각의 유형에 대한 안전대책을 설명하시오.

2. 건설공사 현장에서 사용되고 있는 리프트(Lift)의 조립·해체 및 운행 시 발생되는 재해유형과 안전대책에 대하여 설명하시오.

3. 콘크리트 교량구조물을 중심으로 발생된 변형에 대한 보수·보강기법에 대하여 설명하시오.

4. T/C(Tower Crane)를 고정하는 지지방식과 지지방식에 따른 안전대책을 설명하시오.

5. 바닷모래(海沙) 사용 시 구조물의 안전상 문제점 및 대책에 대하여 설명하시오.

6. NATM 터널굴착 시 안전확보를 위한 계측항목 및 각 항목별 안전을 위한 평가사항에 대하여 설명하시오.

제4교시

※ 다음 문제 중 4문제를 선택하여 설명하시오. (각 25점)

1. 건설현장의 가설전기를 사용하는 데 필요한 시설(가설전선, 분전함, 콘센트 및 꽂음기, 누전차단기, 접지 등)에 대한 설치기준 및 안전대책을 설명하시오.

2. 재건축, 재개발 현장에서 기존 시설물 및 건축물 등의 해체공사 시 발생되고 있는 재해유형과 안전대책에 대하여 설명하시오.

3. 콘크리트의 경화 전·후의 각각에 대한 균열의 원인과 대책에 대하여 설명하시오.

4. 이동식 틀비계, 말비계, A형 사다리 등 높이가 낮은 작업발판에서 추락하여 중대재해가 유발되고 있다. 이에 대한 재해원인 및 방지대책을 설명하시오.

5. 최근 지구 온난화 등 이상기후의 영향으로 인하여 발생되는 자연재해의 유형과 이에 대한 건설현장에서의 안전대책에 대하여 설명하시오.

6. 암발파 작업 시 발파 풍압이 근로자 및 인접 구조물에 미치는 영향에 대해 설명하시오.

제92회 건설안전기술사(2010. 8. 15.)

✎ 제1교시

※ 다음 문제 중 10문제를 선택하여 설명하시오. (각 10점)

1. 안전인증제
2. 보강토옹벽의 안정해석 시 파괴유형
3. 물질안전보건자료(MSDS)
4. 슬립 폼(Slip form)과 슬라이딩 폼(Sliding form)
5. 적응기제(Adjustment mechanism)
6. 교량의 정밀안전진단에서 차량재하를 위한 영향선
7. 3E 재해예방이론
8. 영공기 간극곡선(Zero air void curve)
9. 간접공해
10. 제방에 설치하는 통문·통관
11. 하인리히의 재해발생 5단계
12. 비배수 터널
13. 암반등급판별기준

✎ 제2교시

※ 다음 문제 중 4문제를 선택하여 설명하시오. (각 25점)

1. 건설현장의 위험성 평가방법의 실시시기와 절차에 대하여 설명하시오.
2. 초고층 빌딩공사에서 외부작업 중 발생할 수 있는 재해의 유형과 안전관리 대책에 대하여 설명하시오.
3. 지하수에 의한 지하구조물의 부상원인과 방지대책을 설명하시오.
4. 건설기술관리법상 안전점검의 종류와 건설공사를 준공하기 직전에 실시하는 초기안전점검 대상건설공사 및 내용을 설명하시오.
5. 댐 공사에서 매스 콘크리트(Mass concrete) 타설 시 안전대책을 설명하시오.
6. 옹벽배면에 있는 침투수를 배수하기 위한 방법과 이에 따른 유선망과 수압 분포에 대하여 설명하시오.

제3교시

※ 다음 문제 중 4문제를 선택하여 설명하시오. (각 25점)

1. 터널 공사에서 갱문의 종류 및 특성과 공사용 갱문 시공 중 안전대책을 설명하시오.
2. 콘크리트 구조물의 보수공사에서 보수재료의 적합성을 평가하는 기준을 설명하시오.
3. 건축현장에서 발생되는 화재의 원인과 근로자의 피난대책을 설명하시오.
4. 건설현장에서 원지반표면에 대한 벌목작업의 안전대책을 설명하시오.
5. 굴착공사에서 안전사고예방을 위한 정보화시공에 대하여 설명하시오.
6. 용접결함의 발생원인 및 대책을 설명하시오.

제4교시

※ 다음 문제 중 4문제를 선택하여 설명하시오. (각 25점)

1. 시설물의 안전점검 및 정밀안전진단 실시결과에서 중대한 결함에 대하여 설명하시오.
2. 현장소장으로서 건설현장의 일상적인 안전관리 활동에 대하여 설명하시오.
3. 프리스트레스트 콘크리트 박스 거더(Prestressed concrete box girder) 교량의 가설 공법 중압출공법(ILM)에 의한 시공 시 문제점 및 안전대책을 설명하시오.
4. 구조물에서 부식에 의한 손상원인과 대책을 설명하시오.
5. 산업안전보건법상 건축물이나 설비의 철거·해체 시 석면조사 대상과 석면해체·제거 작업의 안전성 평가기준을 설명하시오.
6. 하천공사에서 보의 축조 시 가물막이공법의 종류와 시공 시 안전대책을 설명하시오.

제93회 건설안전기술사(2011. 2. 20.)

📝 제1교시

※ 다음 문제 중 10문제를 선택하여 설명하시오. (각 10점)

1. 진동장해
2. 안전업무의 분류
3. 정보처리 채널과 의식수준 5단계와의 관계
4. 동작 경제의 3원칙
5. 철근의 이음과 정착
6. 슬라임(slime)의 필요성과 처리방법
7. 레미콘 반입 시 검사항목
8. 근로자의 건강진단
9. 터널에서의 계측
10. 우기철 낙뢰발생 시 인명사상 방지대책
11. Shotcrete의 Rebound
12. 가설통로의 종류 및 경사로
13. X-선 회절법

📝 제2교시

※ 다음 문제 중 4문제를 선택하여 설명하시오. (각 25점)

1. 무사고자와 사고자의 특성에 대하여 설명하시오.
2. 재해손실비 평가방법과 재해예방 5단계를 설명하시오.
3. 건설현장에서 공사착공 전 현장소장으로서 관련기관 인·허가에 대한 사전 조치사항에 대하여 설명하시오.
4. 콘크리트 구조물의 중성화 조사 부분과 중성화 시험 요령에 대하여 설명하시오.
5. 건설현장 근로자의 근골격계 질환 발생원인과 예방대책에 대하여 설명하시오.
6. 옹벽의 안정조건 및 붕괴원인과 대책을 설명하시오.

📝 제3교시

※ 다음 문제 중 4문제를 선택하여 설명하시오. (각 25점)

1. 무재해 운동의 3원칙, 3기둥, 실천 4단계 및 실천기법에 대하여 설명하시오.

2. 재해의 종류를 자연적, 인위적 재해로 분류하고 예방대책을 설명하시오.

3. 지하매설물 시공 시 안전대책을 설명하시오.

4. 하천 제방의 붕괴원인과 대책에 대하여 설명하시오.

5. 건설기술관리법에 의한 안전관리계획을 수립하여야 하는 공사와 계획의 내용, 제출 및 판정 규정을 설명하시오.

6. 추락방지용 안전대의 폐기기준 및 사용 시 유의하여야 할 사항을 설명하시오.

📝 제4교시

※ 다음 문제 중 4문제를 선택하여 설명하시오. (각 25점)

1. 쓰레기 매립장의 환경오염 방지방안 및 폐기물 매립장 건설시공 시 안전대책에 대하여 설명하시오.

2. 콘크리트 구조물의 균열 조사 시 균열 폭의 변동을 측정하는 방법과 균열이 진행성인 경우 조사해야 할 사항에 대하여 설명하시오.

3. 산사태 발생원인과 방지대책에 대해 설명하고, 비탈면에 대한 안전대책, 공학적 검토사항에 대하여 설명하시오.

4. 20m 이상 지하굴착 공사 시 예상되는 재해의 종류와 사전방지대책에 대하여 설명하시오.

5. 도심지 내에서 대형구조물을 해체하기 위하여 발파식 해체공법을 적용할 때 공해방지 대책과 안전대책에 대하여 설명하시오.

6. 연약지반의 측방유동의 특성 및 발생 원인에 따른 대책공법을 설명하시오.

제94회 건설안전기술사(2011. 5. 22.)

제1교시

※ 다음 문제 중 10문제를 선택하여 설명하시오. (각 10점)

1. 콘크리트의 균열 보강공법

2. 콘크리트 중성화의 화학반응 및 시험방법

3. 암압(Rock Pressure)

4. 안전진단 없이 리모델링 시 구조안전에 미치는 영향

5. 안심일터 만들기 4대 전략

6. Lift의 안전장치

7. 얕은 기초의 굴착공법

8. 주의 수준(Attention Level)

9. 흙막이 지보공 설치시 정기적 점검항목(산업안전기준에 관한 규칙 근거)

10. Pile 기초의 부마찰력(Negative Pressure)

11. 유해·위험방지계획서 제출대상(건설)과 심사제도 및 확인제도

12. 구조물의 해체공법

13. 콘크리트 폭렬에 영향을 주는 인자

제2교시

※ 다음 문제 중 4문제를 선택하여 설명하시오. (각 25점)

1. 지하철공사 중 도시 가스의 유입으로 인한 폭발의 원인 및 안전대책을 설명하시오.

2. 건설현장에서의 도장공사 시 발생되는 재해의 원인 및 대책을 설명하시오.

3. 건설업 안전보건경영시스템(KOSHA 18001)의 추진방법과 활성화 방안을 설명하시오.

4. 건설현장의 가설구조물에 대한 문제점과 가설공사의 일반적 안전수칙을 설명하시오.

5. 철골공사의 재해유형과 재해방지설비에 관하여 설명하시오.

6. 지진발생 시 재난의 형태와 지진저항 구조물의 종류를 설명하시오.

📝 제3교시

※ 다음 문제 중 4문제를 선택하여 설명하시오. (각 25점)

1. 사장교와 같은 대형교량 작업 시 추락사고에 대한 예방대책을 설명하시오.
2. 다음의 시스템 안전 해석기법에 관하여 설명하시오.
   - 결함수 분석법(Fault Tree Analysis)
   - 사고수 분석법(Event Tree Analysis)
   - 고장의 형과 영향분석(Failure Mode and Effects Analysis)
   - 예비사고분석(Preliminary Hazards Analysis)
   - 위험도 분석(Criticality Analysis)
3. 산악지역 터널 공사에서 굴진완료 후 후방에서의 터널 붕괴원인 및 재굴진 시 안정대책을 설명하시오.
4. 건설현장 근로자의 재해특성과 인간과오(Human Error)를 설명하시오.
5. 건설현장에서 전기용접작업에 따른 재해 및 건강장해유형과 안전대책을 설명하시오.
6. 건설폐기물의 재활용 방안 및 향후 추진방향을 설명하시오.

📝 제4교시

※ 다음 문제 중 4문제를 선택하여 설명하시오. (각 25점)

1. 건설현장에서 건설장비로 인한 재해형태와 안전대책을 설명하시오.
2. 교량의 안전성 평가에서 정적 및 동적 재하시험 방법과 최적위치에서 차량재하를 하기 위한 영향선(Influence Line)을 설명하시오.
3. 황사가 건설현장의 안전에 미치는 영향 및 피해방지 방안을 설명하시오.
4. 댐의 홍수조절 방법에 의해 방류되는 여수로(Spillway)의 구조형식에 따른 종류와 여수로 구성을 설명하시오.
5. 한중 콘크리트 타설 시 안전대책을 설명하시오.
6. 갱 폼(Gang Form)의 안전설비기준 및 사용 시 안전작업 대책을 설명하시오.

제95회 건설안전기술사(2011. 8. 7.)

제1교시

※ 다음 문제 중 10문제를 선택하여 설명하시오. (각 10점)

1. 시설물의 중대결함

2. 에너지 대사율(relative metabolic rate)

3. 공정안전보고서

4. 액상화(liquidation)

5. land creep와 land slide

6. 콘크리트 구조물의 허용균열과 종방향 균열

7. 설계강우강도

8. 휴먼 에러에서 심리적 착오의 5분류

9. 고성능 감수제와 유동화제

10. 거푸집 및 동바리의 검사항목

11. 반응시간과 동작시간

12. 오버홀(overhaul)

13. 종합재해지수와 안전활동률

제2교시

※ 다음 문제 중 4문제를 선택하여 설명하시오. (각 25점)

1. 산업안전보건관리비의 사용항목과 목적 외 사용금지 항목에 대하여 설명하시오.

2. 철근 콘크리트 구조물의 내하력 조사 내용을 열거하고, 내구성 평가방법과 평가 시 고려 해야 할 사항에 대하여 설명하시오.

3. 재해원인 분석 방법을 열거하고 통계적 원인분석 방법에 대하여 설명하시오.

4. 강재의 용접 시 용접부에 발생하는 균열 중 고온 균열과 저온 균열에 대하여 설명하시오.

5. 장기간 공사가 중단된 시설물(시설물의 안전관리에 관한 특별법상 1종 시설물 및 2종 시 설물에서)의 공사 재개 시 안전대책에 대하여 설명하시오.

6. 지하수위가 높은 대심도 지하 굴착 공사 시 주변으로부터 다량의 유수가 유입되면서 철 골 스트럿(strut)이 붕괴하는 사고가 발생하였다. 긴급조치사항과 발생 원인별 대책 및 사후처리 방안에 대하여 설명하시오.

제3교시

※ 다음 문제 중 4문제를 선택하여 설명하시오. (각 25점)

1. 「시설물의 안전관리에 관한 특별법」의 규정에 따른 터널 시설물의 안전점검 및 정밀 안전 진단실시범위에 대해 세부적인 대상시설별로 설명하고 터널 시설물에서 대통령령이 정하는 중대한 결함의 적용범위에 대하여 설명하시오.

2. 초고층 공사에서 안전한 시공을 위한 대책을 soft ware적인 측면과 hard ware적인 측면으로 구분하여 설명하시오.

3. 건설현장에서 작업자의 피로발생원인과 예방대책에 대하여 설명하시오.

4. 혹서기 산소 결핍이 예상되는 작업의 종류를 열거하고 안전대책을 설명하시오.

5. 생태통로의 설치목적 및 종류와 관리 및 모니터링 방안에 대하여 설명하시오.

6. 대심도 연약지반에서 PC파일 공사 시 시험항타의 목적과 관리항목을 열거하고 예상되는 문제점과 대책에 대하여 설명하시오.

제4교시

※ 다음 문제 중 4문제를 선택하여 설명하시오. (각 25점)

1. 풍하중이 가설구조물에 미치는 영향과 재해예방 대책에 대하여 설명하시오.

2. 유해·위험방지계획서 자체심사 및 확인 업체 지정에 대한 관련 규정 및 기준에 대하여 설명하시오.

3. 콘크리트 구조물의 화재 피해에 따른 콘크리트의 재료 특성과 피해 구조물의 건전성 평가 방법에 대하여 설명하시오.

4. 건설현장에서 자동화공법 도입의 필요성과 목적을 열거하고 도입 시 예상되는 문제점과 안전대책에 대하여 설명하시오.

5. 도로 터널에서 구비되어야 할 방재시설에 대해서 설명하시오.

6. 대사면 절성토 공사에서 설치하는 안전점검시설의 종류를 열거하고 설치 시 안전관리 대책에 대하여 설명하시오.

제96회 건설안전기술사(2012. 2. 12.)

제1교시

※ 다음 문제 중 10문제를 선택하여 설명하시오. (각 10점)

1. 재해요소 결합구조(등치성)

2. 좌굴(buckling)

3. 기초구조물에 작용하는 양압력

4. 안전대의 폐기기준

5. A.H.Maslow의 욕구단계

6. 배합강도와 설계기준강도

7. 터널에서 포어 파일링(Fore piling) 파이프 루프

8. Vane Test

9. 근로자 작업강도에 영향을 미치는 요인

10. Concrete Head(콘크리트 타설 시 측압관련)

11. 환산재해율

12. 하상계수

13. 프로이트(Anne Freud)의 대표적인 적응기제(10가지)

제2교시

※ 다음 문제 중 4문제를 선택하여 설명하시오. (각 25점)

1. 건설산업은 재해가 많이 발생하며 때로는 중대사고로 이어지는 경우가 있다. 건설재해가 사회(근로자, 기업체, 정부 등)에 미치는 영향을 설명하시오.

2. 도심지 건설공사에서 콘크리트 타설 시 펌프 카(Pump car)를 주로 이용하는 데, 펌프 카에 의한 타설 시 발생할 수 있는 재해의 종류와 안전대책을 설명하시오.

3. 「시설물의 안전관리에 관한 특별법」에서 정하고 있는 댐 시설물에 관한 다음 사항에 대해 설명하시오.

    • 1종 시설물 및 2종 시설물의 범위

    • 안전점검과 정밀안전진단 실시 범위에 대한 세부적인 대상시설

    • 중대한 결함의 적용범위(시행령 기준)

4. 하천에서 근접 굴착 시 지하수처리공법의 종류와 특징을 설명하시오.

5. 철근 부식의 Mechanism과 부식방지 대책에 대하여 설명하시오.

6. 산악지역 절개면 암반사면에서의 파괴유형과 안정성 해석 방법에서 평사투영에 의한 안정성 해석 방법을 설명하시오.

✎ 제3교시

※ 다음 문제 중 4문제를 선택하여 설명하시오. (각 25점)

1. 자율안전 컨설팅 제도의 효과와 개선방안에 대하여 설명하시오.

2. 철근 콘크리트 구조물이 열화(劣化)되는 원인, 진단방법 및 보수방안에 대하여 설명하시오.

3. 연약지반 개량공법에서 다짐공법의 종류와 특징을 쓰고, 연약지반 개량공사 시 중장비의 전도 사고에 대한 예방대책을 설명하시오.

4. 정부는 5년마다 석면(石綿)기본관리계획을 수립·시행하여야 하는 바, 기본계획에 포함할 사항, 건축물 석면의 관리 및 석면해체·제거 작업기준에 대하여 설명하시오.

5. 콘크리트 포장공사에서 시공방법에 따른 분류와 포장시공 과정별 시공 시 안전대책을 설명하시오.

6. 타워크레인(Tower crane) 설치 및 해체 시 위험요인과 안전대책을 설명하시오.

✎ 제4교시

※ 다음 문제 중 4문제를 선택하여 설명하시오. (각 25점)

1. 콘크리트 구조물의 초기균열 발생원인과 균열저감방안을 설명하시오.

2. 건설공사는 여러 분야의 전문(專門)업체가 협력하여 시설물을 완성하는 복합산업이다. 건설재해를 예방하기 위해 전문건설업체의 안전기술향상이 요구되고 있는 데, 전문 건설업체의 안전 시공 향상방안에 대하여 설명하시오.

3. 교량공사 강교 가설공법에서 가설장비에 따른 분류 공법을 설명하시오.

4. 최근 도심지 지하굴착공사 과정에 흙막이 붕괴로 인한 재해가 자주 발생하고 있다. 지하흙막이 붕괴의 원인이 되는 Heaving 현상과 Boiling 현상을 비교하여 설명(圖解 포함)하시오.

5. 터널(Tunnel) 내 지하수처리 방법인 배수형 방수형식과 비배수형 방수형식의 적용 범위, 특징 및 시공 중 조치사항을 설명하시오.

6. 건설현장에서 질식재해의 발생원인과 안전대책을 설명하시오.

제97회 건설안전기술사(2012. 5. 13.)

📝 제1교시

※ 다음 문제 중 10문제를 선택하여 설명하시오. (각 10점)

1. 주의력의 집중과 배분
2. 타당성 재조사
3. 작업환경 요인별 건강장해의 종류
4. wire rope의 폐기기준 및 취급 시 주의사항
5. 역할연기법
6. 철근의 부동태막
7. 수평(대형) 개구부
8. 비중에 따른 골재의 분류
9. 진동장해 예방대책
10. 흙의 연경도(consistency)
11. 콘크리트의 탄성계수
12. 가설 구조물에 작용하는 하중의 종류
13. 산소결핍 시 작업장에서의 조치사항

📝 제2교시

※ 다음 문제 중 4문제를 선택하여 설명하시오. (각 25점)

1. 「산업안전보건법」에 의한 안전·보건 교육내용을 설명하고, 2012년부터 시행되는 건설업 기초 안전보건교육에 대한 추진배경 및 주요내용에 대하여 설명하시오.
2. 건설기술관리법에 의한 안전관리비와 「산업안전보건법」에 의한 산업안전보건관리비의 내용과 상호개선해야 할 사항을 설명하시오.
3. 근로자가 재해를 일으키는 불안전한 행동의 배후요인(생리적 요인, 심리적 요인)과 안전 동기를 유발시킬 수 있는 방안에 대하여 설명하시오.
4. 참여형 작업환경 개선활동 기법(PAOT)의 원리와 특징에 대하여 설명하시오.
5. 말뚝기초 재하시험의 종류와 시험결과의 해석(평가)에 대하여 설명하시오.
6. 콘크리트 교량의 가설공법 종류와 각각의 특징을 설명하시오.

✎ **제3교시**

※ **다음 문제 중 4문제를 선택하여 설명하시오. (각 25점)**

1. 지하매설물(상수도관, 가스관, 송유관 등) 주변 굴착공사 시 안전시공방법을 설명하시오.

2. 재건축 현장의 해체공사 시 안전시공 방법과 건설공해 저감대책을 설명하시오.

3. 건설사업을 시행하기 위하여 토질조사를 한다. 그에 따른 토질조사 내용을 설명하시오.

4. 건설현장에서 암발파 시 지반진동, 소음 및 암석 비산과 같은 발파공해의 발생원인과 안 전시공방안에 대하여 설명하시오.

5. 절토사면 길이 30m 이상되는 절토구간을 친환경적으로 시공하기로 했을 때, 착공 전 준 비사항과 안전성 확보를 위한 시공 중 조치사항을 설명하시오.

6. 콘크리트 구조물의 염해피해발생 시 열화과정별 외관상태와 내구성을 고려한 염해대책을 설명하시오.

✎ **제4교시**

※ **다음 문제 중 4문제를 선택하여 설명하시오. (각 25점)**

1. 대형 건축물의 기초공사 형식을 분류하고 시공 시 안전대책을 설명하시오.

2. 건설현장에서 붕괴, 폭발, 천재지변 등에 의한 비상사태가 발생될 때 긴급조치 계획과 대 책을 설명하시오.

3. 흙막이 구조물 공사에서 주입식 차수공법의 종류를 열거하고, 각 공법의 특징을 설명하 시오.

4. 터널 갱구부의 형태와 시공 시 예상되는 문제점을 열거하고, 안전시공 방법에 대하여 설 명하시오.

5. 건설현장에서 크레인 등 건설장비의 가공전선로 접근 시 안전대책에 대하여 설명하시오.

6. 철근 콘크리트 공사에서 철근의 갈고리 형상과 철근운반, 인양, 가공조립작업 시 안전에 유의해야 할 사항을 설명하시오.

제98회 건설안전기술사(2012. 8. 12.)

제1교시

※ 다음 문제 중 10문제를 선택하여 설명하시오. (각 10점)

1. 안전·보건 표지
2. 서중 콘크리트
3. 간결화 욕망의 지배적 시기
4. 안식각과 내부마찰각
5. 시공상세도(shop drawing)
6. 작업환경측정 대상사업장
7. 철근의 유효높이와 피복두께
8. 건설현장 원·하청업체 상생협력 프로그램 사업
9. 과전압(과도다짐 : over compaction)
10. 극한한계상태와 사용한계상태
11. 안전관리 공정표(工程表)
12. 작업면 조도(照度)
13. 건설안전관련법(산업안전보건법, 건설기술관리법, 시설물의 안전관리에 관한 특별법)의 목적 및 특징

제2교시

※ 다음 문제 중 4문제를 선택하여 설명하시오. (각 25점)

1. 건설현장에서 사용하는 이동식비계(移動式飛階)의 안전조립기준에 대하여 설명하시오.
2. 건설현장착공 시 안전관리운영계획을 수립하고, 협력업체 안전수준 향상방안에 대하여 설명하시오.
3. 철근 콘크리트 구조물 공사에서 양생과정 중 발생하는 문제점과 방지대책에 대하여 설명하시오.
4. 시설물의 안전관리에 관한 특별법령상 콘크리트 및 강구조물의 노후화 종류와 보수·보강방법에 대하여 설명하시오.
5. 도심지 고층건물 철골작업 시 필요한 안전가시설의 종류와 철골작업 시의 위험방지 사항에 대하여 설명하시오.

6. 원심력 고강도 프리스트레스트 콘크리트 말뚝(PHC pile)을 시공하고자 한다. 말뚝 반입 시 파손을 최소화하는 관리방안과 시공 시 안전대책에 대하여 설명하시오.

제3교시

※ 다음 문제 중 4문제를 선택하여 설명하시오. (각 25점)

1. 지하수위가 높은 도심지 대규모 굴착공사에서 발생하는 지하수 처리방안과 안전대책에 대하여 설명하시오.
2. 건설안전교육에 대한 산업안전보건법령상 근거, 안전교육의 지도방법 및 원칙과 효과적인 현장안전교육 사례에 대하여 설명하시오.
3. 높이 10m의 배수옹벽을 시공하고자 한다. 옹벽(擁壁)의 안정조건을 열거하고, 붕괴원인 및 방지대책에 대하여 설명하시오.
4. 하천 제방의 제외측 수위가 상승하여 누수가 발생하였다. 누수원인 및 방지대책에 대하여 설명하시오.
5. 도심지 초고층 구조물시공 시 적용하는 장비의 종류를 열거하고, 사용 시 안전대책에 대하여 설명하시오.
6. 도심지에서 고층건축물을 top·down 공법으로 시공하고자 한다. 공종별 안전대책에 대하여 설명하시오.

제4교시

※ 다음 문제 중 4문제를 선택하여 설명하시오. (각 25점)

1. 여름철 무더위가 계속되어 건설현장의 작업능률이 현저히 저하되고 있다. 폭염으로 인한 근로자의 건강장해 종류를 열거하고, 응급조치사항에 대하여 설명하시오.
2. 도심지 재건축사업 시행 시 적용하는 철근 콘크리트 고층 아파트 해체공법을 열거하고, 사전조사 및 안전대책에 대하여 설명하시오.
3. 지반개량 공사 시 지반의 허용침하량 초과방지대책에 대하여 설명하시오.
4. 철근 콘크리트 구조물 시공 시 발생하는 기초침하의 종류와 구조물에 미치는 영향을 열거하고, 침하원인 및 방지대책에 대하여 설명하시오.
5. 건설현장에서 비상사태 발생 시 비상사태의 범위와 긴급조치 사항에 대하여 설명하시오.
6. 대규모 지하 철근 콘크리트 구조물 시공 시 사용환경에 의해 발생하는 결함의 원인을 열거하고, 방지대책을 설명하시오.

제99회 건설안전기술사(2013. 2. 3.)

제1교시

※ 다음 문제 중 10문제를 선택하여 설명하시오. (각 10점)

1. 달대비계

2. Creep와 Relaxation

3. 긴장 수준(Tention Level)

4. 작업자의 스트레스 대처

5. 안전점검의 실시(건설기술관리법 시행령)

6. 원형철근과 이형철근

7. 정밀안전진단 시 기존자료 활용법

8. 인력운반의 작업안전

9. 안전설계기법의 종류

10. 단층(Fault)

11. 강도설계법과 한계상태 설계법

12. 인간에 대한 모니터링(Monitoring) 방식

13. 평사투영법(Stereographic Projection Method)

제2교시

※ 다음 문제 중 4문제를 선택하여 설명하시오. (각 25점)

1. 정부에서는 제3차 시설물안전 및 유지관리에 대한 기본계획을 수립해 시행하고 있다. 이와 관련한 기본계획 중점추진 과제 및 문제점에 대하여 설명하시오.

2. 인간과 기계를 비교하고 그 특징과 인간의 작업자세의 결정조건에 대하여 설명하시오.

3. 건설현장에서 산업안전보건법을 위반하였을 때 가해지는 산업안전보건법에 의한 벌칙에 대하여 설명하시오.

4. 내구성이 요구되는 콘크리트 구조물의 콘크리트 양생 중 소성수축 균열 시 그 원인과 복구대책에 대하여 설명하시오.

5. 지하구조물에서 지하수 영향으로 발생하는 양압력과 부력의 차이점 및 방지대책에 대하여 설명하시오.

6. 불안정한 깎기비탈면 표면을 보호하기 위하여 설치하는 기대기 옹벽의 적용기준과 안정성 검토항목에 대하여 설명하시오.

✏️ 제3교시

※ 다음 문제 중 4문제를 선택하여 설명하시오. (각 25점)

1. 장대 터널, 양수발전 Dam 등의 공사에서 수직 터널작업 시 위험성 평가와 안전대책에 대하여 설명하시오.
2. 콘크리트 구조물의 파괴시험과 비파괴시험의 종류를 열거하고, 그 특징에 대하여 설명하시오.
3. 유해위험방지계획서 작성 시 위험성 평가절차 및 단계별 수행방법에 대하여 설명하시오.
4. 건설재해 중 다발, 재래형이면서 중대재해를 유발하는 추락재해를 예방하기 위해서는 작업 전 추락재해방지시설의 올바른 설치가 필수적인데 추락방지망에 관한 구조, 정기시험, 설치도, 허용낙하높이 등에 대하여 설명하시오.
5. 건설기술관리법에서 개정한 안전관리비 계상 및 사용기준에 대하여 설명하시오.
6. 얕은기초(Footing)지반(토사)의 파괴형태와 주요 파괴원인 및 안전대책에 대하여 설명하시오.

✏️ 제4교시

※ 다음 문제 중 4문제를 선택하여 설명하시오. (각 25점)

1. 강재의 용접 시 용접부의 각종 결함의 원인과 그 방지대책 및 검사방법에 대하여 설명하시오.
2. 교량의 안전점검과 유지보수(BMS)를 위한 조사 및 평가 그리고 보수방법과 보수 계획 설계시 고려해야 할 사항에 대하여 설명하시오.
3. 스마트콘크리트의 구성원리 및 종류, 안전대책 등에 대하여 설명하시오.
4. 집단관리시설의 화재사고 등에 따른 중대재해 발생이 증가하고 있다. 집단관리시설의 문제점, 방화계획 및 화재관련 안전대책에 대하여 설명하시오.
5. 철도공사에서 시스템(System) 분야(궤도, 건축, 전력, 전차선, 신호, 통신 등)와 연계하여 노반공사시공 시에 고려되어야 할 사항에 대하여 설명하시오.
6. 「시설물의 안전관리에 관한 특별법」에서 규정하고 있는 건축물 및 지하도상가에 관한 다음 사항에 대하여 설명하시오.
   1) 1종, 2종 시설물의 범위
   2) 안전점검과 정밀안전진단 실시범위에 대한 세부적인 대상시설
   3) 대통령령이 정하는 중대한 결함의 적용범위

제100회 건설안전기술사(2013. 5. 5.)

제1교시

※ 다음 문제 중 10문제를 선택하여 설명하시오. (각 10점)

1. 의무안전인증대상 보호구
2. 물질안전보건자료(MSDS) 교육시기 및 내용
3. 화학물질 분류·표시에 관한 GHS(Globally Harmonized System) 제도
4. STOP(Safety Training Observation Program)
5. 「시설물의 안전관리에 관한 특별법 시행령」에서 규정하고 있는 중대한 결함 (단, 최근 개정된 내용 포함)
6. Scallop
7. 전단연결재(Shear connector)
8. 말뚝의 폐색효과(Plugging Effect)
9. 검사랑(Check Hole, Inspection Gallery)
10. 억측판단(Risk Taking)
11. 1차 압밀과 2차 압밀
12. 댐 건설 시 하류전환방식
13. 주철근과 전단철근

제2교시

※ 다음 문제 중 4문제를 선택하여 설명하시오. (각 25점)

1. 근로자의 사고자와 무사고자의 특성과 사고자에 대한 예방대책을 설명하시오.
2. Risk Management(위험관리)에 대하여 설명하시오.
3. 건설경기 침체 및 사업자의 자금사정 등으로 인하여 시공 중 중단되는 건축현장이 발생하고 있다. 공사중단 시 안전대책과 재개 시 안전대책에 대하여 설명하시오.
4. 건설현장의 전기재해 원인 및 방지대책에 대하여 설명하시오.
5. 콘크리트 구조물의 내구성 저하원인과 방지대책에 대하여 설명하시오.
6. 어스 앵커(Earth Anchor) 공법과 시공 시 안전대책에 대하여 설명하시오.

✏️ 제3교시

※ 다음 문제 중 4문제를 선택하여 설명하시오. (각 25점)

1. 대절토 암반사면의 절개 시 사면안정에 영향을 미치는 요인과 안정대책에 대하여 설명하시오.

2. Vertical drain 공법과 Preloading 공법의 원리와 Preloading 공법에 비하여 Vertical drain 공법의 압밀기간이 현저히 단축되는 이유를 설명하시오.

3. 대형 발전 플랜트 건설현장 철골공사의 건립계획수립 시 검토할 사항과 건립 전 철골 부재에 부착해야 할 재해방지용 철물에 대하여 설명하시오.

4. 우기철 도심지에서 지하 5층 깊이의 굴착공사 시 '흙막이벽의 수평변위와 인접지반의 침하원인'과 '설계 및 공사중 안전대책'에 대하여 설명하시오.

5. 건설현장의 외국인 근로자에 대한 안전관리상의 문제점 및 대책에 대하여 설명하시오.

6. 콘크리트 타설 시 거푸집 및 동바리 붕괴재해의 원인과 안전대책에 대하여 설명하시오.

✏️ 제4교시

※ 다음 문제 중 4문제를 선택하여 설명하시오. (각 25점)

1. 사질토와 점성토 지반의 전단강도 특성과 함수비가 높은 점성토 지반의 처리대책에 대하여 설명하시오.

2. 지하수가 과다하게 발생되는 지반에서 NATM 공법으로 대형 터널굴착 시 문제점과 안전 시공 대책 및 안전관리 방법에 대하여 설명하시오.

3. 「시설물의 안전관리에 관한 특별법」상 건축물에 대한 상태평가항목 및 보수보강 방법에 대해 도시(圖示)하여 설명하시오.

4. 비계에서 발생할 수 있는 재해유형 및 안전수칙에 대하여 설명하시오.

5. 하상준설에 의하여 하상고가 낮아짐에 따라 기존교량의 기초보강 및 세굴방지공 설치방안에 대하여 설명하시오.

6. 콘크리트 공사에서 콘크리트 강도의 조기판정이 필요한 이유와 조기판정법에 대하여 설명하시오.

제101회 건설안전기술사(2013. 8. 4.)

제1교시

※ 다음 문제 중 10문제를 선택하여 설명하셔오. (각 10점)

1. 안전관리계획서 수립 대상공사와 포함내용
2. 소규모(5kg 이상) 인력 운반 시 척추에 대한 부하와 근육작업을 줄이기 위한 안전규칙
3. 환경지수와 내구지수
4. 유해·위험지계 등의 안전검사(검사종류 대상·시기 방법 등)
5. 싱크홀(sinkhole)
6. 인간의 착각과 착시 현상
7. 다월 바(dowel bar), 타이 바(tie bar)
8. 시설물 정보관리 시스템(FMS)
9. 종방향 균열 발생원언
10. 건축물의 피뢰설비 설치기준
11. 비산 먼지 발생 대상사업 및 포함 업종
12. 철근량과 유효 높이
13. 터널 내진등급 및 대상지역 구조물

제2교시

※ 다음 문제 중 4문제를 선택하여 설명하시오. (각 25점)

1. 건설현장의 비상시 긴급조치 계획에 대하여 설명하시오.
2. 사전 재해영향성 평가제도의 법적 근거와 대상 및 협의 항목에 대하여 설명하시오.
3. 노후 불량주택의 재건축 판정을 위한 관련법규에서 정하고 있는 안전진단 절차와 평가항목 및 정밀조사 내용에 대하여 설명하시오.
4. 콘크리트 구조물 시공 시 발생균열에 대하여 발생시기에 따라 구분해서 설명하시오.
5. 산업안전보건법규상 공정안전보고서의 제출대상과 보고서에 포함할 내용 업무흐름에 대하여 설명하시오.
6. 콘크리트 구조물 공사에서 거푸집 및 동바리 설치 시 위험성 평가와 안전대책에 대하여 설명하시오.

✏️ 제3교시

※ 다음 문제 중 4문제를 선택하여 설명하시오. (각 25점)

1. 시설물유지관리 시 철골구조물(steel structure)에서 발생하는 결함의 주요내용과 결함발생 원인 및 대책에 대하여 설명하시오.

2. 강우 및 지하수 등의 침투로 인하여 옹벽의 붕괴가 빈번히 발생하고 있다. 붕괴방지를 위한 배수처리 방법에 대하여 설명하시오.

3. 기존 교량의 내하력 조사내용과 평가에 대하여 설명하시오.

4. 지하실 등 지하구조물이 있는 대지에서 기존구조물을 해체하면서 신축할 경우 대형 브레이크와 화약발파공법을 병용해서 해체작업을 하고자 한다. 작업순서와 각 작업의 안전유의 사항에 대하여 설명하시오.

5. 지하 구조물 시공을 위한 토류벽 설치 시 지하수위가 굴착면보다 높은 경우 굴착 시 안전유의사항과 토류벽 붕괴방지대책에 대하여 설명하시오.

6. 매스 콘크리트는 수화열에 의해 균열이 발생한다. 매스 콘크리트 배합 및 타설양생 시에 온도 균열 제어대책에 대하여 설명하시오.

✏️ 제4교시

※ 다음 문제 중 4문제를 선택하여 설명하시오. (각 25점)

1. 기존 건축구조물 철거공사에서 석면구조물과 설비의 해체작업 시 조사대상과 안전작업기준에 대하여 설명하시오.

2. 건설공사 시 풍압(태풍 바람 등)이 가설구조물에 미치는 영향과 안전대책에 대하여 설명하시오.

3. 건축시설물의 정밀안전진단결과 빈번히 발생되는 주요결함과 요인을 계획, 설계, 시공, 유지관리 측면으로 분류하고 각 요인별 대책에 대하여 설명하시오.

4. NATM 터널 시공 시 라이닝 콘크리트의 손상원인을 열거하고 방지를 위한 안전대책에 대하여 설명하시오.

5. 조경공사에서 대형수목 이설작업 순서와 운반 시 안전유의 사항에 대하여 설명하시오.

6. 기존 필 댐(fill dam)과 콘크리트 댐 시설에서 많은 손상이 발생하고 있다. 각 댐 시설의 주요결함 내용과 대책에 대하여 설명하시오.

제102회 건설안전기술사(2014. 2. 9.)

제1교시

※ 다음 문제 중 10문제를 선택하여 설명하시오. (각 10점)

1. Maslow의 동기부여 이론
2. 등치성 이론
3. 강재구조물의 비파괴시험
4. 철골의 공사 전 검토사항과 공작도에 포함시켜야 할 사항
5. 시설물의 정밀점검 실시시기
6. 황사(黃妙, Asian dust), 연무(煙露, Haze), 스모그(Smog)
7. RMR(Relative Metabolic Rate)과 1일 Energy 소비량
8. 수중 Concrete
9. Preflex Beam
10. 과소철근보 과다철근보 평형철근비
11. 유선망(Flow net)
12. 강제 치환 공법
13. 지반의 전단파괴(Shear failure)

제2교시

※ 다음 문제 중 4문제를 선택하여 설명하시오. (각 25점)

1. 의무안전 인증대상기계·기구 및 설비, 방호장치, 보호구에 대하여 설명하시오.
2. 가설공사 중 가설 통로의 종류 및 설치기준에 대하여 설명하시오.
3. 대심도 지하철공사 작업 중 추락재해가 발생하였다. 추락재해의 형태와 발생원인 및 방지대책에 대하여 설명하시오.
4. 연화현상(軟化現狀)이 토목구조물에 미치는 영향 및 방지대책에 대하여 설명하시오.
5. 굵은 골재의 최대치수가 콘크리트에 미치는 영향에 대하여 설명하시오.
6. 조경용 산벽의 구조와 붕괴원인 및 안전대책에 대하여 설명하시오.

📝 제3교시

※ 다음 문제 중 4문제를 선택하여 설명하시오. (각 25점)

1. 건축물이나 설비의 철거 해체 시 석면조사 대상 및 조사 방법, 석면 농도의 측정 방법에 대하여 설명하시오.

2. 철탑 조립공사 중 작업 전, 작업 중, 유의사항과 안전대책에 대하여 설명하시오.

3. 동절기 한랭작업이 인체에 미치는 영향과 건강관리수칙 및 재해 유형별 안전대책에 대하여 설명하시오.

4. 터널 암반굴착 시 자유면 확보방법과 발파작업 시 안전수칙에 대하여 설명하시오.

5. 레미콘 운반시간이 콘크리트 품질에 미치는 영향과 대책 및 콘크리트 타설 시 안전대책에 대하여 설명하시오.

6. 콘크리트 구조물 화재 시 구조물의 안전에 영향을 미치는 요소와 구조물의 화재예방 및 피해최소화 방안에 대하여 설명하시오.

📝 제4교시

※ 다음 문채 중 4문제를 선택하여 설명하시오. (각 25점)

1. 건설현장에서 비계전도 사고를 예방하기 위한 시스템 비계 구조와 조립작업 시 준수해야 할 사항에 대하여 설명하시오.

2. 지진 피해에 따른 현행법상 지진에 대한 구조안전확인대상 및 안전설계방안에 대하여 설명하시오.

3. 콘크리트 구조물의 사용환경에 따라 발생하는 콘크리트 균열의 평가방법과 보수보강공법에 대하여 설명하시오.

4. 기초말뚝의 허용지지력을 추정하는 방법과 허용지지력에 영향을 미치는 요인에 대하여 설명하시오.

5. 침윤선(Saturation Line)이 제방에 미치는 영향과 누수에 대한 안전대책에 대하여 설명하시오.

6. 구조물의 시공 시 발생하는 양압력과 부력의 발생원인 및 방지대책에 대하여 설명하시오.

제103회 건설안전기술사(2014. 5. 11.)

제1교시

※ 다음 문제 중 10문제를 선택하여 설명하시오. (각 10점)

1. 적극안전(Positive Safety)
2. 페일 세이프(Fail Safe)
3. 산업안전보건법령상 도급사업에서의 안전·보건 조치사항
4. 철탑구조물의 심형기초공사
5. CDM(Construction Design Management) 제도상의 참여 주체
6. 안전교육 3단계와 안전교육법 4단계
7. 추락방지망 설치기준
8. PDA(Pile Driving Analyzer)
9. 철근의 부동태막
10. 건설업체의 산업재해예방활동 실적 평가기준
11. 선반식 옹벽
12. 비계구조물에 설치된 벽이음의 작용력
13. 안전 벨트 착용상태에서 추락 시 작업자 허리에 부하되는 충격력 산정에 필요한 요소

제2교시

※ 다음 문제 중 4문제를 선택하여 설명하시오. (각 25점)

1. 10층 이상 규모의 건물 내 배관설비 대구경 파이프 라인에 대한 공기압 테스트 방법과 위험성에 대하여 설명하시오.
2. 초고층건물에서 거푸집 낙하의 잠재위험요인 및 사고방지대책에 대하여 설명하시오.
3. 철근 콘크리트 공사에서 콘크리트 공사 표준안전작업지침에 대하여 설명하시오.
4. 시설물의 안전관리에 관한 특별법령상 건설공사에서 안전 관리계획 수립 대상공사와 작성(포함)내용을 설명하고, 산업안전보건법 시행령에 규정한 설계변경 요청대상 및 전문가의 범위를 설명하시오.
5. 굴착공사 시 각종 가스관의 보호조치 및 가스 누출 시 취해야 할 조치사항에 대하여 설명하시오.
6. 건설현장의 가설구조물에 작용하는 하중에 대하여 설명하시오.

✎ **제3교시**

※ 문제 중 4문제를 선택하여 설명하시오. (각 25점)

1. 초고층 아파트에서 화재 시 잠재적 대피방해요인을 쓰고, 일반적인 대피방법에 대하여 설명하시오.

2. 경사지 지반에서 굴착공사 시 흙막이지보공에 대한 편토압 부하요인들과 사고우려 방지대책을 설명하시오.

3. 공용 중인 도로 및 철도노반 하부를 통과하는 비개착 횡단공법의 종류별 개요를 설명하고, 대표적인 TRcM(Tabular Roof Construction Method) 공법에 대한 시공순서, 특성 등 안전감 시 계획을 설명하시오.

4. 철골공사 작업 시 철골 자립도 검토대상구조물 및 풍속에 따른 작업범위를 기술하시오.

5. 콘크리트 구조물의 화재발생 시 폭렬 현상의 원인 및 방지대책을 설명하시오.

6. 갱구부 설치유형을 분류하고, 시공 시 유의사항 및 보강공법을 설명하시오.

✎ **제4교시**

※ 다음 문제 중 4문제를 선택하여 설명하시오. (각 25점)

1. 경사 슬래브 교량 거푸집 시스템 비계 서포트 구조의 잠재 붕괴원인 및 대책에 대하여 설명하시오.

2. 건설현장에서 체인 고리 사용 시 잠재위험요인을 쓰고, 교체시점에 대하여 설명하시오.

3. 건설시공 중의 안전관리에 대한 현행감리제도의 문제점을 쓰고, 개선대책에 대하여 설명하시오.

4. 시설물의 안전관리에 관한 특별법령에서 정하고 있는 항만분야에 대한 다음 사항에 대하여 설명하시오.
   가) 1종, 2종 시설물의 범위, 안전점검 및 정밀안전진단의 실시 시기
   나) 중대한 결함

5. 기존 터널에 근접하여 구조물을 시공하는 경우 기존 터널에 미치는 안전영역평가와 안전관리 대책을 설명하시오.

6. 건설현장의 밀폐공간 작업 시 산소결핍에 의한 재해발생요인 및 안전관리대책에 대하여 설명하시오.

제104회 건설안전기술사(2014. 8. 3.)

제1교시

※ 다음 문제 중 10문제를 선택하여 설명하시오. (각 10점)

1. fool proof의 중요기구
2. 강도율
3. 시설물의 안전관리에 관한 특별법령에서 규정하는 시설물의 중요한 보수·보강 범위
4. 누진 파괴(progressive collapse)
5. 스마트 에어 커튼 시스템(smart air curtain system)
6. wire rope의 부적격 기준과 안전계수
7. 유리 열파손
8. 건설현장 실명제
9. 토량 환산계수(f)와 토량 변화율 L값, C값
10. 방진 마스크의 종류 및 안전기준
11. 시공배합과 현장배합
12. 리프트 안전장치
13. 어스 앵커 자유장(earth anchor free length)의 역할

제2교시

※ 다음 문제 중 4문제를 선택하여 설명하시오. (각 25점)

1. 철근 콘크리트 공사에서 거푸집 및 동바리의 구조검토 순서와 거푸집 시공 허용오차에 대하여 설명하시오.
2. 건설현장에서 용접작업 시 발생하는 건강장해 원인과 전기 용접작업의 안전대책에 대하여 설명하시오.
3. 공동주택에서 발생하는 층간소음 방지대책에 대하여 설명하시오.
4. 아스팔트 콘크리트 포장도로에서 포트 홀(pot hole)의 발생원인과 발생과정 및 방지대책에 대하여 설명하시오.
5. 콘크리트 펌프를 이용한 압송 타설 시 작업 중 유의사항과 안전대책에 대하여 설명하시오.
6. 토사사면의 붕괴 형태와 굴착면의 붕괴원인 및 안전대책에 대하여 설명하시오.

🖋 제3교시

※ 다음 문제 중 4문제를 선택하여 설명하시오. (각 25점)

1. 콘크리트 구조물의 중성화 발생원인, 조사과정, 시험방법에 대하여 설명하시오.

2. 산업안전보건법령에서 정하는 정부의 책무, 사업주의 의무, 근로자의 의무에 대하여 설명하시오.

3. 도로건설 등으로 인한 생태환경 변화에 따라 발생하는 로드 킬(road kill)의 원인과 생태통로의 설치(eco-bridge) 유형 및 모니터링 관리에 대하여 설명하시오.

4. 도심지 고층건물의 철골공사 시 안전대책과 필요한 재해 방지설비에 대하여 설명하시오.

5. 도로 터널에서 구비되어야 할 화재안전기준에 대하여 설명하시오.

6. 건설현장에서 도장공사 중 발생할 수 있는 재해의 유형과 원인 및 안전대책에 대하여 설명하시오.

🖋 제4교시

※ 다음 문제 중 4문제를 선택하여 설명하시오. (각 25점)

1. 건설현장에서 가설비계의 구조검토와 주요 사고원인 및 안전대책에 대하여 설명하시오.

2. 시설물 사고사례 원인분석에 의한 계획, 설계, 시공, 사용 등의 단계별 오류내용에 대하여 설명하시오.

3. 철골의 현장 건립공법에서 리프트 업 공법 시공 시 안전대책에 대하여 설명하시오.

4. 차량계 건설기계의 종류와 재해 유형 및 안전대책에 대하여 설명하시오.

5. 공용 중인 하천 및 수도시설의 주요 손상 원인과 방지대책에 대하여 설명하시오.

6. 교량공사에서 교량받침(교좌장치)의 파손원인 및 대책과 부반력 발생 시 안전대책에 대하여 설명하시오.

제105회 건설안전기술사(2015. 2. 1.)

 제1교시

※ 다음 문제 중 10문제를 선택하여 설명하시오. (각 10점)

1. 건설안전의 개념(槪念)

2. 보호구의 종류와 관리방법

3. Proof rolling

4. 한중콘크리트의 품질관리

5. 초기안전점검

6. 액상화(液狀化, liquefaction)

7. 피뢰침의 구조와 보호범위 및 여유도

8. 강화유리와 반강화유리

9. 공발현상(철포현상)

10. 수목식재의 버팀목(지주목)

11. 구조물에 작용하는 Arch action

12. 콘크리트 폭열에 영향을 주는 인자

13. 재해 발생이론 중 Frank E. Bird's의 신도미노이론

제2교시

※ 다음 문제 중 4문제를 선택하여 설명하시오. (각 25점)

1. 건설기술진흥법에서 정한 안전관리계획서의 필요성, 목적, 대상사업장 및 검토 시스템에 대하여 설명하시오.

2. 건설현장에서 시행하는 대구경 현장타설 말뚝기초(RCD) 공법의 철근공상 방지대책과 슬라임 처리방안에 대하여 설명하시오.

3. 도심지 지하굴착공사 시 사용하는 스틸복공판(覆工板)의 기능, 안전취약요소 및 안전대책에 대하여 설명하시오.

4. 건설현장에서 동절기 공사 재해의 예방대책에 대하여 설명하시오.

5. 건설현장에서 사고요인자의 심리치료 목적과 행동치료과정 및 방법에 대하여 설명하시오.

6. 도로공사에서 동상방지층의 설치 필요성 및 동상방지 대책에 대하여 설명하시오.

🖊 제3교시

※ 다음 문제 중 4문제를 선택하여 설명하시오. (각 25점)

1. 도심지 초고층건물 공사현장에서 재해예방을 위해 안전순찰(安全巡察) 활동을 시행하고 있다. 안전순찰 활동의 목적, 문제점 및 효과적인 활용방안에 대하여 설명하시오.

2. 지하층에 설치된 기계실, 전기실 등에 장비반입과 장비교체를 위해 지상 1층 슬래브에 장비반입구를 설치할 경우 장비반입구의 위험요소와 안전한 장비반입구 설치방안을 계획측면, 설계측면, 시공 및 관리측면으로 구분하여 설명하시오.

3. 공용 중인(준공 후 운영) 콘크리트 댐 시설의 주요 결함 원인과 방지대책에 대하여 설명하시오.

4. 기존 구조물을 보존하기 위하여 실시하는 기초보강공법인 Under pinning의 종류와 시공 시 안전대책에 대하여 설명하시오.

5. 철골공사의 현장접합시공에서 부재 간 접합(주각과 기둥, 기둥과 기둥, 보와 보, 기둥과 보)의 결함요소와 철골조립 시 안전대책에 대하여 설명하시오.

6. 건설현장 수직 Lift car의 구성요소와 재해 위험요인 및 안전대책에 대하여 설명하시오.

🖊 제4교시

※ 다음 문제 중 4문제를 선택하여 설명하시오. (각 25점)

1. 시설물의 안전관리에 관한 특별법에서 정하고 있는 콘크리트 및 강구조물의 노후화 원인, 예방 대책 및 보수·보강 방안에 대하여 설명하시오.

2. 10층 규모의 철근콘크리트 건축물 외벽을 화강석 석재판으로 마감하고자 한다. 석공사 건식붙임공법의 종류와 안전관리방안에 대하여 설명하시오.

3. 건설현장 지하굴착 공사 시 발생되는 진동발생원인과 주변에 미치는 영향 및 안전관리대책에 대하여 설명하시오.

4. 건설현장에서 안전대 사용 시, 보관과 보수방법 및 폐기기준에 대하여 설명하시오.

5. 석촌 지하차도에서와 같이 도심지 터널공사에서 충적층 지반에 쉴드(shield)공법으로 시공 시 동공발생 원인과 안정대책에 대하여 설명하시오.

6. 높이 35m의 공사현장에서 외벽 강관쌍줄비계를 이용하여 마감공사를 끝내고 강관비계를 해체하고자 한다. 강관쌍줄비계 해체계획과 안전조치사항에 대하여 설명하시오.

제106회 건설안전기술사(2015. 5. 10.)

 제1교시

※ 다음 문제 중 10문제를 선택하여 설명하시오. (각 10점)

1. 건설기술진흥법령상 건설공사 안전관리계획에 추가해야 하는 지반침하 관련 사항

2. 산업안전보건법령상 건설업 보건관리자의 배치기준, 선임자격, 업무

3. 콘크리트의 수축(Shrinkage)

4. 수팽창지수재

5. 수중 불분리성 혼화제

6. 매슬로우(Maslow)의 욕구 위계 7단계

7. 위험예지훈련(Tool Box Meeting)

8. 건설업 기초안전·보건교육

9. 위험성 평가 기법의 종류

10. 근로손실일수 7,500일의 산출근거 및 의미를 기술하고, 300명이 상시 근무하는 사업장
    에서 연간 5건의 재해가 발생하여 3급장애자 2명, 50일 입원 2명, 30일 입원 3명이 발
    생하였을 때 이 사업장의 강도율을 구하시오.(단, 소수점 둘째 자리에서 반올림하시오.)

11. 산업안전보건법령상 정부의 책무 및 사업주의 의무

12. 숏크리트(Shotcrete)

13. 터널굴착 시 여굴 발생원인 및 방지대책

 제2교시

※ 다음 문제 중 4문제를 선택하여 설명하시오. (각 25점)

1. 산업안전보건법령상 건설현장에서 일용근로자를 대상으로 시행하는 안전·보건교육의 종
   류, 교육시간, 교육내용에 대하여 설명하시오.

2. 건설현장에서 선진안전문화 정착을 위한 공사팀장, 안전관리자, 협력업체 소장의 역할과
   책임(Role & Responsibility)에 대하여 설명하시오.

3. 건설현장에서의 하절기(장마철, 혹서기)에 발생하는 특징적 재해유형 및 위험요인별 안
   전대책에 대하여 설명하시오.

4. 건축리모델링 공사 시 안전한 공사를 위한 고려사항을 부지현황 조사, 건축구조물 점검, 증축 부분으로 구분하여 설명하시오.

5. 시스템(System) 동바리의 구조적 개념과 붕괴원인 및 붕괴 방지대책에 대하여 설명하시오.

6. 갱폼(Gang form) 제작 시 갱폼의 안전설비 및 현장에서 사용 시 안전작업대책에 대하여 설명하시오.

제3교시

※ 다음 문제 중 4문제를 선택하여 설명하시오. (각 25점)

1. 사용 중인 초고층 빌딩에서 발생될 수 있는 재해요인과 방지대책에 대하여 설명하시오.

2. 콘크리트 구조물의 화재 시 구조물의 안전에 영향을 미치는 요소를 나열하고, 콘크리트 구조물의 화재예방 및 피해최소화 방안에 대하여 설명하시오.

3. 철골공사 작업 시 안전시공절차 및 추락방지시설에 대하여 설명하시오.

4. 산업안전보건법령상 건설업체 산업재해발생률 및 산업재해 발생 보고의무 위반 건수의 산정기준과 방법에 대하여 설명하시오.

5. 철근의 철근부식에 따른 성능저하 손상도 및 보수판정 기준, 부식원인 및 방지대책에 대하여 설명하시오.

6. 그림과 같이 철근콘크리트 슬래브를 시공하려 한다. 다음 각 물음에 답하시오.

　가) 동바리를 양방향의 동일한 간격으로 배치할 경우, 다음 조건을 고려하여 최대간격 $d(\mathrm{m})$를 구하시오. (단, 소수점 둘째 자리 이하는 버림 처리하시오.)

- 거푸집, 장선, 띠장, 동바리의 자중은 고려하지 않는다.
- 철근콘크리트 단위중량(γ_{rc})=24kN/m^3
- 좌굴계수(K)=1.0
- 동바리 규격 : ϕ50(mm)×2.5t 강관
- 동바리 탄성계수(E_s)=2.1×105MPa
- 동바리 안전율 : 2.0

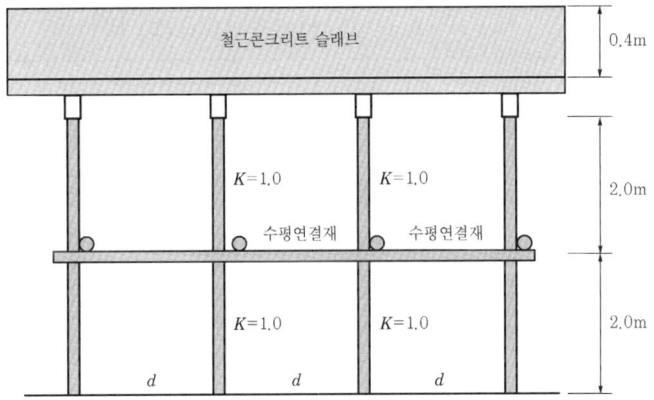

나) 동바리 높이가 3.5m 이상 시 수평연결재를 설치하는 이유에 대하여 설명하시오.

제4교시

※ 다음 문제 중 4문제를 선택하여 설명하시오. (각 25점)

1. 프리스트레스트 콘크리트(Prestressed Concrete)에 대한 다음 사항을 설명하시오.

   가) 정의, 특징, 긴장방법, 시공 시 유의사항

   나) PSC 거더(Girder) 긴장 시 주의사항 및 거치 시 안전조치사항

2. 가설교량의 H파일(Pile), 주형보, 복공판 시공 시 유의사항에 대하여 설명하시오.

3. 기성콘크리트말뚝의 파손의 원인과 방지대책, 그리고 시공 시 유의사항 및 안전대책에 대하여 설명하시오.

4. 건설업 KOSHA 18001 시스템의 도입 필요성, 인증절차, 본사 및 현장 안전관리 운영체계에 대하여 설명하시오.

5. 프로이드(Freud)는 인간의 성격을 3가지의 기본구조, 즉 원초아(Id), 자아(Ego), 초자아(Super Ego)로 보았는 데, 이 3가지 구조에 대하여 각각 설명하고, 일반적으로 사람들이 내적 갈등의 상태에 빠졌을 때 자신을 보호하기 위해 사용하는 방어기제에 대하여 설명하시오.

6. 커튼월(Curtain Wall)의 누수원인과 누수를 방지하기 위한 빗물처리방식에 대하여 설명하시오.

제107회 건설안전기술사(2015. 8. 1.)

제1교시

※ 다음 문제 중 10문제를 선택하여 설명하시오. (각 10점)

1. 동작경제의 원칙
2. 가설비계 설치 시 가새(Bracing)의 역할
3. 콘크리트의 크리프(Creep) 파괴
4. 동기부여 이론
5. 건설사업관리기술자가 작성하는 부적합보고서(Nonconformance Report)
6. 철골부재의 강재증명서(Mill Sheet) 검사항목
7. 건설용 곤돌라(Gondola) 안전장치
8. 흙의 아터버그(Atterberg) 한계
9. 부주의(不注意) 현상
10. 석면의 조사대상기준 및 해체 작업 시 준수사항
11. 콘크리트 내부 철근 수막(水膜)현상
12. 거푸집동바리의 안전율
13. 종합건설업 KOSHA 18001(안전보건경영시스템) 도입 시 본사 및 현장 심사항목

제2교시

※ 다음 문제 중 4문제를 선택하여 설명하시오. (각 25점)

1. 고속도로 확장 및 보수 공사구간의 안전시설 설치기준에 대하여 설명하시오.
2. 건설현장 위험성 평가 시 현장대리인, 원도급 관리감독자, 안전관리자 및 협력업체 소장의 역할과 현장의 적용 시스템 구축모델을 설명하시오.
3. 건설기계 중 백호우(Back-hoe)장비의 재해발생형태별 위험요인과 안전대책에 대하여 설명하시오.
4. 최근 건설현장에서 직업병의 발생이 꾸준히 증가하는 추세에 있다. 현장 근로자의 직종별 유해인자(요인)와 그 예방대책에 대하여 설명하시오.
5. 건축물 신축공사 중 외부 강관쌍줄비계를 설치(H : 30m)하고 외벽마감작업 완료 후 해체작업 중 비계가 붕괴되어 중대재해가 발생하였다. 현장대리인이 취하여야 할 조치사항과 동종 사고 예방을 위한 안전대책에 대하여 설명하시오.
   (사고원인 추정 : 비계해체 기준 미준수, 벽이음의 설치불량과 무리한 해체)

6. 건설현장에서 골조공사 시 철근의 운반, 가공 및 조립 시 발생하는 안전사고의 원인과 대책에 대하여 설명하시오.

🖋 제3교시

※ 다음 문제 중 4문제를 선택하여 설명하시오. (각 25점)

1. 연약지반을 개량하고자 한다. 사전조사내용과 개량공법의 종류 및 공법 선정에 대하여 설명하시오.
2. 터널 굴착공사에서 암반 발파 시 발생할 수 있는 사고의 원인 및 안전대책에 대하여 설명하시오.
3. 건설업 산업안전보건관리비의 항목별 사용기준 및 공사별 계상기준에 대하여 설명하시오.
4. 지하굴착공사를 위한 흙막이가시설의 시공계획서에 포함할 내용과 지하수 발생 시 대책 공법에 대하여 설명하시오.
5. 건설현장 발생재해의 많은 비중을 차지하는 소규모 건설현장의 재해발생원인 및 감소대책에 대하여 설명하시오.
6. 최근 건설현장에서 공사 중 자연재난과 인적재난이 빈번히 발생하고 있다. 각각의 재난 특성 및 대책에 대하여 설명하시오.

🖋 제4교시

※ 다음 문제 중 4문제를 선택하여 설명하시오. (각 25점)

1. M.S.S(Movable Scaffolding System)교량 가설공법의 시공순서 및 공정별 중점안전관리사항에 대하여 설명하시오.
2. 공동주택 공사 중 알루미늄거푸집(AL-Form)의 설치·해체 시 발생하는 안전사고의 원인 및 대책에 대하여 설명하시오.
3. 경사지에 흙막이(H-Pile+토류판)지지공법으로 어스앵커를 시공하면서 토공굴착 중 폭우로 인하여 기 시공된 흙막이지보공의 붕괴 징후가 발생하였다. 이에 따른 긴급 조치사항과 추정되는 붕괴의 원인 및 안전대책에 대하여 설명하시오.
4. 건설공사 자동화의 효과 및 향후 안전관리측면에서 활용방안에 대하여 설명하시오.
5. 타워크레인(Tower Crane)의 본체 등 구성요소별 위험요인과 조립, 해체 및 운행 시 안전대책에 대하여 설명하시오.
6. 건축물 리모델링(Remodeling) 현장의 해체작업 중 발생할 수 있는 안전사고의 발생원인 및 대책에 대하여 설명하시오.

제108회 건설안전기술사(2016. 1. 31.)

📝 제1교시

※ 다음 문제 중 10문제를 선택하여 설명하시오. (각 10점)

1. 흙의 전단강도 측정방법
2. 산업안전보건법상 양중기의 종류 및 관리 System
3. 시설물의 안전관리에 관한 특별법상 건축물 2종 시설물의 범위와 시설물의 정기점검 실시 시기
4. 철골기둥 부동축소 현상(Column Shortening)
5. 합성형 거더(Composite Girder)
6. 건축 및 토목 구조물의 내진, 면진, 제진의 구분
7. 항타기, 항발기 조립 시 점검사항 및 전도방지 조치와 와이어로프의 사용금지기준
8. 건설현장 가설재의 구조적 특징, 보수시기, 점검항목
9. 재해의 직접원인과 간접원인(3E)
10. Rock Pocket 현상
11. 피로현상의 5가지 원인 및 피로예방대책
12. 복합열화
13. 터널 시공 시 편압 발생대책

📝 제2교시

※ 다음 문제 중 4문제를 선택하여 설명하시오. (각 25점)

1. 건설현장의 밀폐공간 작업 시 재해 발생원인 및 안전대책에 대하여 설명하시오.
2. 상수도 매설공사 현장의 금속재 지중매설 관로에서 발생할 수 있는 부식의 종류와 부식에 영향을 미치는 요소 및 금속 강관류 부식억제 방법에 대하여 설명하시오.
3. 공사 중 발생될 수 있는 지하구조물의 부상요인과 그 안전대책에 대하여 설명하시오.
4. 건설현장에서 정전기로 인한 재해발생 원인, 정전기 발생에 영향을 주는 조건 및 정전기에 의한 사고 방지대책에 대하여 설명하시오.
5. 보강토 옹벽의 구성요소와 뒤채움재의 조건 및 보강성토 사면의 파괴양상에 대하여 설명하시오.
6. 국지성 강우에 의한 도로 및 주거지에서 토석류의 발생유형을 설명하고, 문제점 및 대책에 대하여 설명하시오.

🖊 제3교시

※ **다음 문제 중 4문제를 선택하여 설명하시오. (각 25점)**

1. 고강도 콘크리트의 폭열현상 발생 메커니즘과 방지대책 및 화재피해 정도를 측정하는 방법에 대하여 설명하시오.

2. 지상 59층 건축물, 지하 6층 건설현장의 위험성 평가 모델 중 지하층 굴착공사 시 유해 위험요인과 안전보건대책에 대하여 설명하시오.

3. 콘크리트 타설 시 거푸집 측압에 영향을 주는 요소를 설명하시오.

4. 도심지 지상 25층, 지하 5층 굴착현장에 지하 1층, 지상 5층, 3개 동, 지상 33층, 지하 6층의 건물이 인접해 있다. 주변환경을 고려한 계측항목, 계측빈도, 계측 시 유의사항에 대하여 설명하시오.

5. 터널의 구조물 안전진단 시 발생되는 주요 결함내용과 손상원인 및 보수대책에 대하여 설명하시오.

6. 하천에 시공되는 교량의 하부구조물의 세굴발생원인 및 방지대책, 조치사항에 대하여 설명하시오.

🖊 제4교시

※ **다음 문제 중 4문제를 선택하여 설명하시오. (각 25점)**

1. 강구조물 용접 시 예열의 목적과 예열 시 유의사항 및 용접작업의 안전대책에 대하여 설명하시오.

2. 콘크리트의 피로에 관한 다음 항목에 대하여 설명하시오.
   - 피로한도와 피로강도
   - 피로파괴 발생요인과 특징
   - 현장 시공 시 유의사항 및 안전대책

3. 해안이나 하천지역의 매립 공사 시 유의사항과 안전사고예방을 위한 대책에 대하여 설명하시오.

4. 교량의 내진성능 평가 시의 내진등급을 구분하고, 내진성능 평가방법에 대하여 설명하시오.

5. 공공의 용도로 사용 중인 터널의 주요 결함 내용과 손상원인 및 보수대책에 대하여 설명하시오.

6. 항만공사에서 방파제의 설치목적과 시공 시 유의사항 및 안전대책에 대하여 설명하시오.

제I09회 건설안전기술사(2016. 5. 15.)

📝 제1교시

※ 다음 문제 중 10문제를 선택하여 설명하시오. (각 10점)

1. 알더퍼(Alderfer) ERG 이론
2. 안전인증 및 자율안전 확인신고대상 가설기자재의 종류
3. 고정하중(Dead load)과 활하중(Live load)
4. 내민비계
5. 콘크리트 압축강도를 28일 양생 강도 기준으로 하는 이유
6. 활선 및 활선 근접작업 시 안전대책
7. 오일러(Euler) 좌굴하중 및 유효좌굴길이
8. 물질안전보건자료(MSDS)
9. 산업안전보건법의 안전조치 기준 중 '작업적 위험'
10. 염해에 대한 콘크리트 내구성 허용기준
11. 강재의 저온균열, 고온균열
12. ETA(Event Tree Analysis : 사건 수 분석기법)
13. 안전점검 시 콘크리트 구조물의 내구성 시험

📝 제2교시

※ 다음 문제 중 4문제를 선택하여 설명하시오. (각 25점)

1. 건설현장 안전관리의 문제점과 재해발생요인 및 감소대책(개선사항)을 설명하시오.
2. 건설기술진흥법상 건설공사 안전점검의 종류 및 실시방법에 대하여 설명하시오.
3. 외부 강관비계에 작용하는 하중과 설치기준을 설명하시오.
4. 소일네일링공법(Soil Nailing Method)의 시공대상과 방법 및 안전대책에 대하여 기술하시오.
5. 공용 중인 도로와 인접한 비탈사면에서의 불안정 요인과 사면붕괴를 사전에 감지하고, 인명피해를 최소화하기 위한 예방적 안전대책을 설명하시오.
6. 해상에 건설된 교량의 수중부 강관파일 기초에 대하여 부식방지대책을 설명하시오.

제3교시

※ 다음 문제 중 4문제를 선택하여 설명하시오. (각 25점)

1. 도심지 지하굴착공사 시 토류벽 배면의 누수로 인하여 인접건물에 없던 균열・침하・기울어짐 현상이 발생하였다. 발생원인 및 안전대책에 대하여 설명하시오.
2. 이동식 크레인 작업 시 예상되는 재해유형과 원인 및 안전대책을 설명하시오.
3. 철근의 이음(길이, 위치, 공법종류, 주의사항)과 Coupler 이음에 대하여 구체적으로 설명하시오.
4. 지지밀뚝의 부마찰력이 발생하여 구조물에 균열이 발생했다. 원인과 방지대책을 설명하시오.
5. 시설물의 안전관리에 관한 특별법에 관한 다음 항목에 대하여 설명하시오.
    1) 1종 시설물
    2) 안전점검 및 정밀안전진단 실시주기
    3) 시설물정보관리종합시스템(FMS : Facility Management System)
6. 피뢰설비의 조건 및 설치기준을 설명하시오.

제4교시

※ 다음 문제 중 4문제를 선택하여 설명하시오. (각 25점)

1. 건설현장에서 발생하는 전기화재의 발생원인 및 예방대책을 설명하시오.
2. 터널 막장면의 안정을 위한 굴착보조공법을 설명하시오.
3. 도심지 재개발 건축현장의 건축 구조물을 해체하고자 한다. 해체공법의 종류별 특징과 공법선정 시 고려사항 및 안전대책에 대하여 기술하시오.
4. 다음 건축현장의 상황을 고려하여 위험성 평가를 실시하시오.
    • 위험성 평가의 정의 및 절차
    • 공종분류 및 위험요인을 파악, 핵심위험요인의 개선대책을 제시

[현장설명]
    • 공사종류 : 공사금액 40억 원, 12층 빌딩 신축공사
    • 작업종류 : 건축마감공사
    • 위험성 평가시기 : 해당 작업 직전일
    • 평가 대상작업 : 골조공사 완료 후 고소작업대(차) 위에서 외부 창호작업
    • 상황설명 : 연약지반에 설치된 고소작업대(차)에 작업자 2명이 탑승하여 지상 9층 높이에서 외부 창호 작업 실시(근로자 사전 교육 미실시)

5. 건설업 안전보건경영시스템의 적용범위 및 인증절차와 취소조건을 설명하시오.
6. 공용 중인 장대 케이블교량의 안전성 분석을 위한 상시 교량계측시스템(BHMS : Bridge Health Monitoring System)에 대하여 설명하시오.

제110회 건설안전기술사(2016. 7. 30.)

제1교시

※ 다음 문제 중 10문제를 선택하여 설명하시오. (각 10점)

1. 휴먼에러(Human Error) 예방의 일반원칙(Wiener)
2. 건설기술진흥법상 가설구조물의 안전성 확인
3. 화학물질 및 물리적 인자의 노출기준
4. 정신상태 불량으로 발생되는 안전사고 요인
5. 건설기술진흥법상 설계안전성 검토(Design for Safety)
6. SI단위 사용규칙
7. 철근의 롤링마크(Rolling Mark)
8. 개구부 수평 보호덮개
9. 안전교육방법 중 사례연구법
10. 배토말뚝과 비배토말뚝
11. 강구조물의 비파괴시험 종류 및 검사방법
12. 낙하물방지망 설치근거와 기준
13. 시설물의 안전점검 결과 중대결함 발견 시 관리주체가 하여야 할 조치사항

제2교시

※ 다음 문제 중 4문제를 선택하여 설명하시오. (각 25점)

1. 산업안전보건법에 따른 위험성 평가의 절차와 위험성 감소대책 수립 및 실행에 대하여 설명하시오.
2. 터널굴착 시 보강공법을 적용해야 되는 대상지반유형을 제시하고, 지보재의 종류와 역할, 숏크리트(Shotcrete)와 록볼트(Rock Bolt)의 주요 기능 및 작용효과를 설명하시오.
3. 초고층 건축물의 양중계획 시 고려사항과 자재 양중 시의 안전대책에 대하여 설명하시오.
4. 지하철역사 심층공간에서 재해발생 시 대형재해로 확산될 수 있어 공사 시 이에 대한 사전대책이 요구되고 있는바, 화재발생 시 안전과 관련되는 방재적 특징과 안전대책에 대하여 설명하시오.
5. 사용 중인 건축물 붕괴사고 발생 시 피해유형과 인명구조 행동요령에 대하여 설명하시오.
6. 건설공사 중 용제류 사용에 의한 안전사고 발생원인 및 안전대책에 대하여 설명하시오.

제3교시

※ 다음 문제 중 4문제를 선택하여 설명하시오. (각 25점)

1. 건설현장 야간작업 시 안전사고 예방을 위한 야간작업 안전지침에 대하여 설명하시오.

2. 건설기계의 재해발생형태별 재해원인을 기술하고, 지게차 작업 시 재해발생원인과 재해 예방대책에 대하여 설명하시오.

3. 도로와 인도에 접하는 도심의 리모델링 건축공사 시 외부비계에서 발생할 수 있는 안전 사고의 종류와 원인 및 방지대책에 대하여 설녕하시오.

4. 지구온난화에 의한 이상기후로 피해가 급증하고 있는 바, 이상기후에 대한 건설현장의 안전관리대책과 폭염 시 질병예방을 위한 안전조치에 대하여 설명하시오.

5. 건축법에서 규정하고 있는 내진설계 대상 건축물을 제시하고, 내진성능평가를 위한 재료 강도를 결정하는 방법 중 설계도서가 있는 경우와 없는 경우의 콘크리트 및 조적의 강도 결정방법에 대하여 설명하시오.

6. 순간 최대 풍속이 40m/sec인 태풍이 예보된 상황에서 교량건설공사현장의 거푸집 동바 리에 작용하는 풍하중과 안전점검기준에 대하여 설명하시오.

제4교시

※ 다음 문제 중 4문제를 선택하여 설명하시오. (각 25점)

1. 우리나라에서 발생할 수 있는 자연적 재난과 인적 재난을 종류별로 건설현장의 피해, 사 고원인 및 예방대책에 대하여 설명하시오.

2. 철골구조물의 화재발생 시 내화성능을 확보하기 위한 철골기둥과 철골보의 내화뿜칠재 두께 측정위치를 도시하고, 측정방법과 판정기준을 설명하시오.

3. 지하 흙막이 가시설 붕괴사고 예방을 위한 계측의 목적, 흙막이구조 및 주변의 계측관리 기준, 현행 계측관리의 문제점 및 개선대책에 대하여 설명하시오.

4. 고층 건축물의 피난안전구역의 개념과 피난안전구역의 건축 및 소방시설 설치기준에 대 하여 설명하시오.

5. 도시철도 개착정거장의 굴착작업 전 흙막이 가시설을 위한 천공작업을 계획 중에 있다. 발생가능한 지장물 파손사고 대상과 지장물 파손사고 예방을 위한 안전관리계획에 대하 여 설명하시오.

6. 폭우로 인하여 비탈면 토사가 유실되고, 높이 5m의 옹벽이 붕괴되었다. 비탈면 토사 유 실 및 옹벽붕괴의 주요원인과 안전대책에 대하여 설명하시오.

제111회 건설안전기술사(2017. 1. 22.)

✎ 제1교시

※ 다음 문제 중 10문제를 선택하여 설명하시오. (각 10점)

1. 산업안전보건법상 공사기간 연장요청
2. 건설기술진흥법상 건설기준 통합코드
3. 최적 함수비(Optimum Moisture Content)
4. 철골의 CO_2 아크(Arc)용접
5. 건설기계 관리시스템
6. 보안경의 종류와 안전기준
7. 위험성 평가 5원칙
8. 고장력 볼트(High Tension Bolt)
9. 응급처치(First Aid)
10. 국내·외 안전보건교육의 트렌드
11. 개인적 결함(불안전 요소)
12. 가설재의 구비요건(3요소)
13. 교량의 지진격리설계

✎ 제2교시

※ 다음 문제 중 4문제를 선택하여 설명하시오. (각 25점)

1. 하인리히의 사고발생 연쇄성이론과 관리감독자의 역할을 설명하시오.
2. 재해통계의 종류, 목적, 법적 근거, 작성 시 유의사항을 설명하시오.
3. 불량 레미콘의 발생유형 및 처리방안에 대하여 설명하시오.
4. 잔골재의 입도, 유해물 함유량, 내구성에 대하여 설명하시오.
5. 초고층 건축물의 특징, 재해발생 요인 및 특성, 공정단계별 안전관리사항에 대하여 설명하시오.
6. 도심지 터널공사 시 발파로 인해 발생되는 진동 및 소음기준과 발파소음의 저감대책에 대하여 설명하시오.

제3교시

※ 다음 문제 중 4문제를 선택하여 설명하시오. (각 25점)

1. 시설물의 안전관리에 관한 특별법상 1종 시설물과 2종 시설물을 설명하시오.

2. 휴대용 연삭기의 종류와 연삭기에 의한 재해원인을 기술하고, 휴대용 연삭기 작업 시 안전대책에 대하여 설명하시오.

3. 건축구조물의 부력 발생원인과 부상방지를 위한 공법별 특징과 유의사항 및 중점 안전관리대책에 대하여 설명하시오.

4. 산업안전보건위원회에 대하여 설명하시오.

5. 고소작업대 관련 법령(산업안전보건기준에 관한 규칙) 기준과 재해발생 형태별 예방대책을 설명하시오.

6. 굴착공사 시 적용 가능한 흙막이 공법의 종류와 연약지반 굴착 시 발생할 수 있는 히빙(Heaving)현상과 파이핑(Piping)현상의 안전대책에 대하여 설명하시오.

제4교시

※ 다음 문제 중 4문제를 선택하여 설명하시오. (각 25점)

1. 10층 이상 건축물의 해체 등 건설기술진흥법상 안전관리계획 의무대상 건설공사를 열거하고, 해체공사계획의 주요 내용을 설명하시오.

2. 시공 중인 건설물의 외측면에 설치하는 수직보호망의 재료기준 및 조립기준, 사용 시 안전대책을 설명하시오.

3. 교량공사 중 교대의 측방유동 발생 시 문제점과 발생원인 및 방지대책에 대하여 설명하시오.

4. S.C.W(Soil Cement Wall) 공법에 대하여 설명하시오.

5. 권상용 와이어로프의 운반기계별 안전율 및 단말체결방법에 따른 효율성과 폐기기준에 대하여 설명하시오.

6. 지진을 분류하고 지진발생으로 인한 피해영향과 구조물의 안전성 확보를 위한 방지대책을 설명하시오.

제112회 건설안전기술사(2017. 5. 14.)

📝 제1교시

※ 다음 문제 중 10문제를 선택하여 설명하시오. (각 10점)

1. 사전조사 및 작업계획서 작성 대상작업(산업안전보건기준에 관한 규칙 제38조)
2. 시설물의 안전관리에 관한 특별법의 정밀점검 및 정밀안전진단보고서상 사전검토사항(사전검토보고서)에 포함되어야 할 내용(정밀안전진단 중심으로)
3. 서중콘크리트
4. 사업장 내 근로자 정기안전·보건교육 내용
5. 화재감시자 배치대상(산업안전보건기준에 관한 규칙 제241조의 2)
6. GHS(Global Harmonized System of Classification and labelling of chemicals) 경고표지에 기재되어야 할 항목
7. 사면붕괴의 원인과 사면의 안정을 지배하는 요인
8. 건축물의 내진성능평가의 절차 및 성능수준
9. 흙의 보일링(boiling) 현상 및 피해
10. 휨강성(EI)
11. 부적격한 와이어로프의 사용금지 조건(Wire rope의 폐기기준)
12. PS강재의 응력부식과 지연파괴
13. 지진발생의 원인과 진원 및 진앙, 지진규모

📝 제2교시

※ 다음 문제 중 4문제를 선택하여 설명하시오. (각 25점)

1. 건설현장에서 사용되는 안전보호구 종류를 나열하고 그 중 안전대의 종류와 사용 및 폐기기준에 대하여 설명하시오.
2. 건설업 유해위험방지계획서 작성대상 및 포함사항과 최근 제정된 작성지침의 주요 내용에 대하여 설명하시오.
3. 토류벽의 안전성 확보를 위한 토류벽 지지공법의 종류와 각 공법별 안전성 확보를 위한 주의사항에 대하여 설명하시오.
4. 준공된 지 3개월이 경과된 철근콘크리트 건축물(지하 3층, 지상 22층)에 향후 발생될 수 있는 열화현상을 설명하고 시설물을 효과적으로 관리하기 위한 시설물의 안전 및 유지관리 기본계획에 대하여 설명하시오.

5. NATM 터널의 안전성 확보를 위해 시행하는 시공 중 계측항목(내용) 및 계측시스템에 대하여 설명하시오.

6. 콘크리트 타설 시 부상현상(浮上現象)의 정의와 방지대책에 대하여 설명하시오.

✏️ 제3교시

※ 다음 문제 중 4문제를 선택하여 설명하시오. (각 25점)

1. 중대재해의 정의와 발생 시 보고사항 및 조치순서에 대하여 설명하시오.

2. 철골공사 중 무지보 데크플레이트 공법의 시공순서 및 재해발생 유형과 안전대책에 대하여 설명하시오.

3. 콘크리트 교량의 안전성 확보를 위한 안전점검의 종류와 정밀안전진단의 절차에 대하여 설명하시오.

4. 산업안전보건법상 안전보건진단의 종류 및 진단보고서에 포함하여야 할 내용에 대하여 설명하시오.

5. 연면적 50,000m²(지하 2층, 지상 16층) 건축물을 시공하려고 한다. 건설기술진흥법을 토대로 안전관리계획서 작성항목과 심사기준에 대하여 설명하시오.

6. 해체공사 시 사전조사 항목과 해체공법의 종류 및 건설공해 방지대책에 대하여 설명하시오.

✏️ 제4교시

※ 다음 문제 중 4문제를 선택하여 설명하시오. (각 25점)

1. 건설업 안전보건경영시스템(KOSHA 18001)의 정의 및 종합건설업체 현장분야 인증항목에 대하여 설명하시오.

2. 하인리히와 버드의 연쇄성(Domino)에 대한 재해 구성비율과 이론을 비교하여 설명하시오.

3. 건설현장 근로자의 안전제일 가치관을 정착시키기 위한 전개방안과 현장에서 근로자의 안전의식 증진방안에 대하여 설명하시오.

4. 철근콘크리트 교량 구조물에 발생된 변형에 대한 보수·보강기법에 대하여 설명하시오.

5. 시설물의 안전관리에 관한 특별법상 지하 4층, 지상 30층, 연면적 200,000m² 이상 되는 건축물에 적용되는 점검 및 진단을 설명하고, 점검·진단 시 대통령령으로 정하는 중대결함사항과 결함사항을 통보받은 관리주체의 조치사항에 대하여 설명하시오.

6. 건설공사 시 발파진동에 의한 인근 구조물의 피해가 발생하는 바, 발파진동에 심각하게 영향을 미치는 요인과 발파진동 저감방안에 대하여 설명하시오.

제113회 건설안전기술사(2017. 8. 12.)

📝 제1교시

※ 다음 문제 중 10문제를 선택하여 설명하시오. (각 10점)

1. 지적확인을 설명하시오.

2. 사전작업허가제(Permit to Work) 대상을 설명하시오.

3. 재사용 가설기자재의 폐기기준 및 성능기준을 설명하시오.

4. 용접결함 보정방법을 설명하시오.

5. 교량받침에 작용하는 부반력에 대한 안전대책을 설명하시오.

6. 산업안전보건법령상 안전진단을 설명하시오.

7. 슬링(Sling)의 단말 가공법(wire rope 중심) 종류를 설명하시오.

8. 안전·보건에 관한 노사협의체의 의결사항을 설명하시오.

9. 지하굴착공사에서 설치하는 복공판의 구성요소와 안전관리사항을 설명하시오.

10. 흙의 전단파괴 종류와 특징을 설명하시오.

11. 흙막이공사에서 안정액의 기능과 요구성능을 설명하시오.

12. 테트라포드(Tetrapod, 소파블록)의 안전대책 및 유의사항을 설명하시오.

13. 위험도 평가단계별 수행방법에서 다음 조건의 위험도를 계산하시오(세부공종별 재해자 수 : 1,000명, 전체 재해자 수 : 20,000명, 세부공종별 산재요양 일수의 환산지수 : 7,000).

📝 제2교시

※ 다음 문제 중 4문제를 선택하여 설명하시오. (각 25점)

1. 재해조사의 3단계와 사고조사의 순서 및 재해조사 시 유의사항에 대하여 설명하시오.

2. 건설재해예방 기술지도 대상사업장과 기술지도 업무내용 및 재해예방전문지도기관의 평가기준을 설명하시오.

3. 건설현장에서 펌프카에 의한 콘크리트 타설 시 재해유형과 안전대책에 대하여 설명하시오.

4. 건축물에 설치된 대형 유리에 대한 열 파손 및 깨짐 현상과 방지대책에 대하여 설명하시오.

5. 동절기 지반의 동상현상으로 인한 문제점 및 방지대책에 대하여 설명하시오.

6. 콘크리트구조물에 작용하는 하중에 의한 균열의 종류와 발생원인 및 방지대책에 대하여 설명하시오.

제3교시

※ 다음 문제 중 4문제를 선택하여 설명하시오. (각 25점)

1. 건설현장에서 밀폐공간작업 시 중독·질식사고 예방을 위한 주요 내용을 설명하시오.

2. 사물인터넷을 활용한 건설현장 안전관리방안을 설명하시오.

3. 건설현장에서 발파를 이용하여 암사면 절취 시 사전점검 항목과 암질판별 기준 및 안전대책에 대하여 설명하시오.

4. 철근콘크리트공사에서 거푸집 및 동바리 설계 시 고려하중과 설치기준에 내하어 설명하시오.

5. 건설작업용 리프트의 사고유형과 안전대책 및 방호장치에 대하여 설명하시오.

6. 건축물 외벽에서의 방습층 설치 목적과 시공 시 안전대책에 대하여 설명하시오.

제4교시

※ 다음 문제 중 4문제를 선택하여 설명하시오. (각 25점)

1. 철근도괴사고의 유형과 발생원인 및 예방대책에 대하여 설명하시오.

2. 초고층 건축공사 현장에서 기둥축소(Column Shortening) 현상의 발생원인과 문제점 및 예방대책에 대하여 설명하시오.

3. 건축물 철거·해체 시 석면조사기관의 조사대상과 석면제거작업 시 준수사항에 대하여 설명하시오.

4. 매스콘크리트에서 온도균열 제어방법과 시공 시 유의사항에 대하여 설명하시오.

5. 건설현장에서 고령근로자 및 외국인 근로자가 증가함으로 인하여 발생되는 문제점과 재해예방대책에 대하여 설명하시오.

6. 터널공사에서 발생하는 유해가스와 분진 등을 고려한 환기계획 및 환기방식의 종류에 대하여 설명하시오.

제114회 건설안전기술사(2018. 2. 4.)

📝 제1교시

※ 다음 문제 중 10문제를 선택하여 설명하시오. (각 10점)

1. 가설통로 종류 및 조립 설치 안전기준
2. 건설현장 재해 트라우마(Trauma)
3. 안전보건조정자
4. 특별안전보건교육 대상작업 중 건설업에 해당하는 작업(10개)
5. 고력볼트 반입검사
6. 소음작업 중 강렬한 소음 및 충격소음작업
7. 항타기 도괴 방지
8. 자기치유 콘크리트(Self-Healing Concrete)
9. 기둥의 좌굴(Buckling)
10. 산업안전보건법상 건강진단의 종류, 대상, 시기
11. 유선망과 침윤선
12. 보강토옹벽의 파괴 유형
13. 암반 사면의 안전성 평가방법

📝 제2교시

※ 다음 문제 중 4문제를 선택하여 설명하시오. (각 25점)

1. 지하 3층 지상 6층 규모의 건축면적이 1,000m² 건축물 대수선공사에서 발생할 수 있는 화재유형과 화재예방대책 및 임시소방시설의 종류를 설명하시오.
2. 건설업 KOSHA 18001 인증절차 및 현장분야 인증항목에 대하여 설명하시오.
3. 건설업 산업안전보건관리비 사용 가능 내역과 불가능 내역 및 효율적 사용방안에 대하여 설명하시오.
4. 흙막이(H-pile+토류판) 벽체에 어스앵커 지지공법의 시공단계별 위험요인 및 안전대책에 대하여 설명하시오.
5. 타워크레인 설치·해체 작업 시 위험요인과 안전대책 및 인상작업(Telescoping) 시 주의사항에 대하여 설명하시오.
6. 지진 발생 시 건축물 외장재 마감 공법별 탈락 재해 원인 및 안전대책을 설명하시오.

📝 제3교시

※ 다음 문제 중 4문제를 선택하여 설명하시오. (각 25점)

1. 고용노동부 안전정책 중, '중대재해 등 발생 시 작업중지 명령 해제 운영기준'에 대하여 설명하시오.

2. 지하안전관리에 관한 특별법의 지하안전영향평가에 대하여 설명하시오.

3. 풍압이 가설구조물에 미치는 영향 및 안전대책에 대하여 설명하시오.

4. 거푸집동바리 설계·시공 시 붕괴 유발요인 빛 안전성 확보 방안에 대하여 설명하시오.

5. 시설물의 안전 및 유지관리에 관한 특별법상 3종 시설물의 지정 권한 대상 및 시설물의 범위에 대하여 설명하시오.

6. 터널공사에서 NATM공법 시공 중 발생하는 사고의 유형별 원인 및 안전대책에 대하여 설명하시오.

📝 제4교시

※ 다음 문제 중 4문제를 선택하여 설명하시오. (각 25점)

1. 하천구역 인근에서 지하구조물 공사 시 지하수 처리공법의 종류와 지하구조물 부상 발생 원인 및 방지대책에 대하여 설명하시오.

2. 방수공사 중 유기용제류 사용 시 고려사항 및 안전대책에 대하여 설명하시오.

3. 건설현장에서 차량계 하역운반기계 작업의 유해위험요인 및 재해예방대책에 대하여 설명하시오.

4. 가설비계 중 강관비계 설치기준과 사고방지 대책에 대하여 설명하시오.

5. 고층 건축물의 재해 유형별 사고 원인 및 방지대책에 대하여 설명하시오.

6. 콘크리트 교량의 가설공법 중 ILM(Incremental Launching Method)공법 특징과 작업 시 사고방지대책에 대하여 설명하시오.

제115회 건설안전기술사(2018. 5. 13.)

제1교시

※ 다음 문제 중 10문제를 선택하여 설명하시오. (각 10점)

1. 한계상태설계법의 신뢰도지수
2. 위험성 평가에서 허용 위험기준 설정방법
3. 산재 통합 관리
4. 건설기계에 대한 검사의 종류
5. 강재의 침투탐상시험
6. 건설현장의 지속적인 안전관리 수준향상을 위한 P-D-C-A 사이클
7. 종합재해지수(FSI)의 정의 및 산출방법
8. 흙의 동상 현상
9. 흙의 히빙(Heaving) 현상
10. 지진의 진원, 규모, 국내 지진구역
11. 콘크리트의 에어 포켓(Air Pocket)
12. 산업안전보건법상 안전관리자의 증원·교체 임명 사유
13. 건설업 기초안전·보건교육 시간 및 내용

제2교시

※ 다음 문제 중 4문제를 선택하여 설명하시오. (각 25점)

1. 산업안전보건법상 산업안전보건관리비와 건설기술진흥법상 안전관리비의 계상목적, 계상기준, 사용범위 등을 비교 설명하시오.
2. 건설업 유해·위험방지계획서 작성 중 산업안전지도사가 평가·확인할 수 있는 대상 건설공사의 범위와 지도사의 요건 및 확인사항을 설명하시오.
3. 공용중인 교량구조물의 안전 확보를 위한 정밀안전진단의 내용 및 방법에 대해서 설명하시오.
4. 『시설물의 안전관리에 관한 특별법』에 따른 성능평가대상 시설물의 범위, 성능평가 과업내용 및 평가방법에 대하여 설명하시오.
5. 초고층 빌딩의 수직거푸집 작업 중 발생할 수 있는 재해유형별 원인과 설치 및 사용 시 안전대책에 대하여 설명하시오.

6. 콘크리트 구조물의 열화(Deterioration) 원인, 열화로 인한 결함 및 대책을 설명하시오.

✎ 제3교시

※ **다음 문제 중 4문제를 선택하여 설명하시오. (각 25점)**

1. 산업안전보건법상 위험한 가설구조물이라고 판단되는 가설구조물에 대한 설계변경 요청 제도에 대하여 설명하시오.
2. 건설현장에서 장마철 위험요인별 위험요인 및 안전대책에 대하여 설명하시오.
3. 지진발생 시 내진 안전 확보를 위한 내진설계 기본개념과 도로교의 내진등급에 대하여 설명하시오.
4. 대규모 암반구간에서 발생하기 쉬운 암반 붕괴의 원인, 안전대책 및 암반층별 비탈면 안 정성검토방법에 대하여 설명하시오.
5. 『시설물의 안전관리에 관한 특별법』에 따른 소규모 취약시설의 안전점검에 대하여 설명 하시오.
6. 건설현장에서 파이프서포트를 사용하여 공사를 수행하여야 할 때 관련 법령을 안전관리 업무를 근거로 공정 순서대로 설명하시오.

✎ 제4교시

※ **다음 문제 중 4문제를 선택하여 설명하시오. (각 25점)**

1. 통풍·환기가 충분하지 않고 가연물이 있는 건축물 내부나 설비 내부에서 화재위험작업 을 할 경우 화재감시자의 배치기준과 화재예방 준수사항에 대하여 설명하시오.
2. 건설공사의 흙막이지보공법을 버팀보공법으로 설계하였다. 시공 전 도면검토부터 버팀보 공법 설치, 유지관리, 해체 단계별 안전관리 핵심요소를 설명하시오.
3. 터널 굴착공법 중 NATM공법 적용 시 터널굴착의 안전 확보를 위해 시행하는 시공 중 계 측항목 계측방법과 공용 중 유지관리 계측시스템에 대해서 설명하시오.
4. 철근콘크리트 교량 구조물에 발생된 각종 노후화 손상에 대하여 안전도 확보를 위하여 시행되는 보수·보강 공법 및 방법에 대해서 설명하시오.
5. 정부에서 『건설기술 진흥법』 제3조에 의하여 최근 발표한 "제6차 건설기술진흥기본계획 (2018~2022)" 중 안전관리 사항에 대하여 설명하시오.
6. 주민이 거주하고 있는 협소한 아파트 단지 내에서 높고 세장한 철근콘크리트 굴뚝을 철 거할 때, 적용 가능한 기계식 해체공법 및 안전대책을 설명하시오.

제116회 건설안전기술사(2018. 8. 11.)

제1교시

※ 다음 문제 중 10문제를 선택하여 설명하시오. (각 10점)

1. 해체공법 중 절단공법
2. 도장공사의 재해유형
3. 골재의 함수상태
4. 안전보건경영시스템에서 최고경영자의 안전보건방침 수립 시 고려해야 할 사항
5. 밀폐공간의 정의 및 밀폐공간 작업 프로그램
6. 연성 거동을 보이는 절토사면의 특징
7. 건설작업용 리프트 사용 시 준수사항
8. 동작경제의 3원칙
9. 폭염의 정의 및 열사병 예방 3대 기본수칙
10. 관리감독자의 업무내용(산업안전보건법 시행령 제10조)
11. 불안전한 행동에 대한 예방대책
12. 산업안전보건법령상 특수건강진단
13. 지하안전관리에 관한 특별법상 국가지하안전관리 기본계획 및 지하안전영향평가 대상사업

제2교시

※ 다음 문제 중 4문제를 선택하여 설명하시오. (각 25점)

1. 중소규모 건설현장에서 철근 작업절차별 유해위험요인과 안전보건대책에 대하여 설명하시오.
2. 건설현장에서의 추락재해 발생원인(유형) 및 예방대책(주요 추락방지시설은 법적 설치기준 포함)을 우선 순으로 설명하시오.
3. ACS(Automatic Climbing System)폼의 특징 및 시공 시의 안전조치와 주의사항에 대하여 설명하시오.
4. 도심지에서 지하 10m 이상 굴착작업을 실시하는 경우 굴착작업 계획수립 내용 및 준비사항과 굴착작업 시 안전기준에 대하여 설명하시오.
5. 타워크레인의 주요 구조 및 사고형태별 위험징후 유형과 조치사항에 대하여 설명하시오.
6. 재해손실비용 평가방식에 대하여 설명하시오.

제3교시

※ 다음 문제 중 4문제를 선택하여 설명하시오. (각 25점)

1. 도심지 초고층 현장에서 콘크리트 배합 및 배관 시 고려사항과 타설 시 안전대책에 대하여 설명하시오.

2. 정부가 2022년까지 산업재해 사망사고를 절반으로 줄이겠다는 '국민생명 지키기 3대 프로젝트'에서 건설안전과 관련된 내용을 설명하시오.

3. 도심지에서 지하 3층, 지상 12층 규모의 노후화된 건물을 철거히려고 한다. 현장에 적합한 해체공법을 나열하고 해체작업 시 발생될 수 있는 문제점과 안전대책에 대하여 설명하시오.

4. 최근 건설기계·장비로 인한 사고 중 사망재해가 많이 발생하는 5대 건설기계·장비의 종류 및 재해발생 유형과 사고예방을 위한 안전대책에 대하여 설명하시오.

5. 연약지반에서 구조물 시공 시 발생할 수 있는 문제점과 지반개량공법에 대하여 설명하시오.

6. 건설현장에서 사용하는 안전표지의 종류에 대하여 설명하시오.

제4교시

※ 다음 문제 중 4문제를 선택하여 설명하시오. (각 25점)

1. 도심지 건설현장에서의 전기관련 재해의 특성과 건설장비의 가공전선로 접근 시 안전대책에 대하여 설명하시오.

2. 데크플레이트(Deck Plate)를 사용하는 공사의 장점 및 데크플레이트 공사 시 주로 발생하는 3가지 재해유형별 원인과 재해예방 대책에 대하여 설명하시오.

3. 건설현장에서 주로 사용되고 있는 이동식 크레인의 종류를 나열하고 양중작업의 안정성 검토 기준에 대하여 설명하시오.

4. 갱폼(Gang Form)의 구조 및 구조검토 항목, 재해발생 유형과 작업 시 안전대책에 대하여 설명하시오.

5. 건설업 재해예방 전문지도기관의 인력·시설 및 장비기준과 지도기준에 대하여 설명하시오.

6. 건설공사에서 시스템 비계 설치·해체작업 시 안전대책에 대하여 설명하시오.

제117회 건설안전기술사(2019. 1. 27.)

✏️ 제1교시

※ 다음 문제 중 10문제를 선택하여 설명하시오. (각 10점)

1. 작업장 조도기준

2. 근로자 안전보건교육 강사기준

3. 용접용단 작업 시 불티의 특성 및 비산거리

4. 파일기초의 부마찰력

5. 시방배합과 현장배합

6. 동결지수

7. 휴게시설의 필요성 및 설치기준

8. 콘크리트 구조물에서 발생하는 화학적 침식

9. 커튼월(Curtain Wall) 구조의 요구성능과 시험방법

10. 사건수분석(Event Tree Analysis)

11. 허즈버그의 욕구충족요인

12. 슈미트 해머(Schmidt hammer)에 의한 반발경도 측정방법

13. 건설기술 진흥법상 가설구조물의 안전성 확인

✏️ 제2교시

※ 다음 문제 중 4문제를 선택하여 설명하시오. (각 25점)

1. 옥외작업 시 '미세먼지 대응 건강보호 가이드'에 대하여 설명하시오.

2. 구조물 공사에서 시행하는 계측관리의 목적과 계측방법에 대하여 구체적으로 설명하시오.

3. 건설공사 폐기물의 종류와 재활용 방안을 설명하시오.

4. 제조업과 대비되는 건설업의 특성을 설명하고, 그에 대한 건설재해 발생요인을 설명하시오.

5. 건축물 리모델링현장에서 발생할 수 있는 석면에 대한 조사대상 및 조사방법, 안전작업 기준에 대하여 설명하시오.

6. 기존 매설된 노후 열수송관로의 주요 손상원인 및 방지대책에 대하여 설명하시오.

✎ **제3교시**

※ 다음 문제 중 4문제를 선택하여 설명하시오. (각 25점)

1. 콘크리트 펌프카를 이용한 콘크리트 타설작업 시 위험요인과 재해유형별 안전대책에 대하여 설명하시오.

2. 건설업 산업재해 발생률 산정기준에 대해서 설명하시오.

3. 설계변경 시 건설업 산업안전보건관리비의 계상방법에 대하여 설명하시오.

4. 철근콘크리트 구조물의 화재에 따른 구조물의 건전성 평가방법 및 보수보강대책에 대하여 설명하시오.

5. 교량의 안전도 검사를 위한 구조 내하력 평가방법에 대하여 설명하시오.

6. 밀폐공간작업 시 안전작업절차, 주요 안전점검사항 및 관리감독자의 유해위험방지 업무에 대하여 설명하시오.

✎ **제4교시**

※ 다음 문제 중 4문제를 선택하여 설명하시오. (각 25점)

1. 해빙기 건설현장에서 발생할 수 있는 재해 위험요인별 안전대책과 주요 점검사항에 대하여 설명하시오.

2. 건설현장 자율안전관리를 위한 자율안전컨설팅, 건설업 상생협력 프로그램 사업에 대하여 설명하시오.

3. 건설현장에서 실시하는 안전교육의 종류를 열거하고, 외국인 근로자에게 실시하는 안전교육에 대한 문제점 및 대책을 설명하시오.

4. 도심지 소규모 건축물 굴착공사 시 예상되는 붕괴사고 원인 및 안전대책에 대하여 설명하시오.

5. 고소작업대(차량탑재형)의 대상차량별 안전검사 기한 및 주기와 안전작업절차 및 주요 안전점검사항에 대하여 설명하시오.

6. 터널공사의 작업환경에 대하여 설명하고, 안전보건대책에 대하여 설명하시오.

제118회 건설안전기술사(2019. 5. 5.)

🖋 제1교시

※ 다음 문제 중 10문제를 선택하여 설명하시오. (각 10점)

1. 철근콘크리트 공사에서의 철근 피복두께와 간격
2. 지반 액상화현상의 발생원인, 영향 및 방지대책
3. 철근콘크리트의 부동태피막
4. 통로발판 설치 시 준수사항
5. 철근콘크리트의 수직·수평분리타설 시 유의사항
6. 안전대의 종류 및 최하사점
7. 건축물의 지진발생 시에 견딜 수 있는 능력 공개대상
8. 이동식 사다리의 안전작업 기준
9. 풍압이 가설구조물에 미치는 영향
10. 설계안전성 검토(Design for Safety) 절차
11. 작업자의 스트레칭(Streching) 필요성, 방법 및 효과
12. TBM(Tool Box Meeting) 효과 및 방법
13. 제3종 시설물 지정 대상 중 토목분야 범위

🖋 제2교시

※ 다음 문제 중 4문제를 선택하여 설명하시오. (각 25점)

1. 무량판 슬래브의 정의, 특징 및 시공 시 유의사항에 대하여 설명하시오.
2. 건설공사의 진행단계별 발주자의 안전관리업무에 대하여 설명하시오.
3. 지진의 특성 및 발생원인과 건축구조물의 내진설계 시 유의사항에 대해서 설명하시오.
4. 옥외작업자를 위한 미세먼지 대응 건강보호 가이드에 대하여 설명하시오.
5. 불안전한 행동의 배후요인 중 피로의 종류, 원인 및 회복대책에 대하여 설명하시오.
6. 건설업에 해당하는 특별안전보건교육의 대상 및 교육시간에 대해서 설명하시오.

제3교시

※ 다음 문제 중 4문제를 선택하여 설명하시오. (각 25점)

1. 도심지 건설현장에서의 지하연속벽 시공 시 안정액의 정의, 역할, 요구 조건 및 사용 시 주의사항에 대하여 설명하시오.

2. 건설현장에서 철근의 가공·조립 및 운반 시의 준수사항에 대하여 설명하시오.

3. 흙으로 축조되는 노반 구조물의 압밀과 다짐에 대하여 설명하시오.

4. 건설업체의 산업재해예방활동 실적평가 제도에 대하여 설명하시오.

5. 재해의 원인 분석방법 및 재해통계의 종류에 대하여 설명하시오.

6. 차량탑재형 고소작업대의 출입문 안전조치와 사용 시 안전대책에 대해서 설명하시오.

제4교시

※ 다음 문제 중 4문제를 선택하여 설명하시오. (각 25점)

1. 건설현장에서 콘크리트 타설작업 중 우천상황 발생 시 콘크리트의 강도저하 산정방법 및 품질관리방안에 대해서 설명하시오.

2. 콘크리트의 내구성 저하 원인과 방지대책에 대해서 설명하시오.

3. 터널공사에서 락볼트(Rock bolt) 및 숏크리트(Shotcrete)의 작용효과에 대해서 설명하시오.

4. 정부에서 추진 중인 산재 사망사고 절반 줄이기 대책의 건설 분야 발전방안에 대하여 설명하시오.

5. 산업안전보건기준에 관한 규칙 제38조에 의거 건물 등의 해체작업 시 포함되어야 할 사전조사 및 작업계획서 내용에 대해 설명하시오.

6. 데크플레이트(Deck Plate)공사 시 데크플레이트 걸침길이 관리기준과 주로 발생할 수 있는 3가지 재해유형별 안전대책에 대하여 설명하시오.

제119회 건설안전기술사(2019. 8. 10.)

📝 제1교시

※ 다음 문제 중 10문제를 선택하여 설명하시오. (각 10점)

1. 웨버(Weaver)의 사고연쇄반응이론

2. 안전심리 5대 요소

3. 안전점검 등 성능평가를 실시할 수 있는 책임기술자의 자격

4. 봉함양생

5. 흙의 간극비(void ratio)

6. 지하안전영향평가 대상 및 방법

7. Quick Sand

8. 안전난간의 구조 및 설치요건

9. 건설공사 안전관리 종합정보망(CSI)

10. 시설물의 중대한 결함

11. 프리캐스트 세그멘탈 공법(Precast Prestressed Segmental Method)

12. 암반사면의 붕괴형태

13. 과소철근보

📝 제2교시

※ 다음 문제 중 4문제를 선택하여 설명하시오. (각 25점)

1. 안전관리계획서 작성내용 중 건축공사 주요 공종별 검토항목에 대하여 설명하시오.

2. 콘크리트 구조물에 작용하는 하중의 종류를 기술하고 이에 대한 균열의 특징과 제어대책에 대하여 설명하시오.

3. 시스템동바리의 붕괴유발요인 및 설계단계의 안전성 확보방안에 대하여 설명하시오.

4. 건설공사에서 작업 중지 기준을 설명하시오.

5. 건설현장의 사고와 재해의 위험요인(기계적 위험, 화학적 위험, 에너지 위험, 작업적 위험)과 이에 대한 재해예방대책을 설명하시오.

6. 강재구조물의 현장 비파괴시험법을 설명하시오.

📝 제3교시

※ 다음 문제 중 4문제를 선택하여 설명하시오. (각 25점)

1. 「건설기술진흥법」상 건설사업관리기술자의 공사 시행 중 안전관리업무에 대하여 설명하시오.

2. 건축구조물의 부력 발생원인과 부상방지 공법별 특징 및 중점안전관리대책에 대하여 설명하시오.

3. 화재발생 원인 중 정전기 발생 메커니즘과 성선기에 의한 화재 및 폭발 예방대책에 대하여 설명하시오.

4. 「건설현장 추락사고방지 종합대책」에 따른 공사현장 추락사고 방지대책을 설계단계와 시공단계로 나누어 설명하시오.

5. 건설현장의 작업환경측정기준과 작업환경개선대책에 대하여 설명하시오.

6. 거푸집에 적용되는 설계하중의 종류와 콘크리트 타설 시 콘크리트 측압의 감소방안을 설명하시오.

📝 제4교시

※ 다음 문제 중 4문제를 선택하여 설명하시오. (각 25점)

1. 건축구조물의 내진성능향상방법에 대하여 설명하시오.

2. 창호와 유리의 요구성능을 각각 설명하고, 유리가 열에 의한 깨짐 현상의 원인과 방지대책에 대하여 설명하시오.

3. 「산업안전보건법」, 「건설기술진흥법」, 「시설물의 안전 및 유지관리에 관한 특별법」에 따른 안전검검 종류를 구분하고, 「시설물의 안전 및 유지관리에 관한 특별법」상 정밀안전진단 실시시기 및 상태평가방법에 대하여 설명하시오.

4. 지반의 동상(凍傷)현상이 건설구조물에 미치는 피해사항 및 발생원인과 방지대책을 설명하시오.

5. 허용응력설계법과 극한강도설계법으로 교량의 내하력을 평가하는 방법을 설명하시오.

6. 건설공사 중 FCM과 MSS 공법에서 사용되는 교량용 이동식 가설구조물의 안전관리방안에 대하여 설명하시오.

제120회 건설안전기술사(2020. 2. 1.)

✎ 제1교시

※ 다음 문제 중 10문제를 선택하여 설명하시오. (각 10점)

1. 페이스 맵핑(Face Mapping)

2. 건설업 장년(고령)근로자 신체적 특징과 이에 따른 재해예방대책

3. 안전보건조정자

4. 암반의 암질지수(RQD : Rock Quality Designation)

5. 가현운동

6. 건설기술진흥법에 따른 건설사고조사위원회를 구성하여야 하는 중대건설사고의 종류

7. 항타기 및 항발기 넘어짐 방지 및 사용 시 안전조치사항

8. 안전화의 종류, 가죽제안전화 완성품에 대한 시험성능기준

9. 내진설계 일반(국토교통부 고시)에서 정한 건축물 내진등급

10. Piping 현상

11. 콘크리트의 침하균열(Settlement Crack)

12. 자신과잉

13. 통로용 작업발판

✎ 제2교시

※ 다음 문제 중 4문제를 선택하여 설명하시오. (각 25점)

1. 위험성평가 종류별 실시시기와 위험성 감소대책 수립·실행 시 고려사항을 설명하시오.

2. 노후 건축물 해체·철거공사 시 발생한 붕괴사고 사례를 열거하고, 붕괴사고 발생원인 및 예방대책에 대하여 설명하시오.

3. 건설기술진흥법에서 정한 벌점의 정의와 콘크리트면의 균열 발생 시 건설사업자 및 건설 기술인에 대한 벌점 측정기준과 벌점 적용 절차에 대하여 설명하시오.

4. 숏크리트(Shotcrete)타설 시 리바운드(Rebound)량이 증가할수록 품질이 저하되는데 숏 크리트 리바운드 발생 원인과 저감 대책을 설명하시오.

5. 건설현장에서 타워크레인의 안전사고를 예방하기 위한 안전성 강화방안의 주요 내용에 대하여 설명하시오.

6. 인간공학에서 실수의 분류를 열거하고 실수의 원인과 대책에 대하여 설명하시오.

제3교시

※ 다음 문제 중 4문제를 선택하여 설명하시오. (각 25점)

1. 콘크리트 구조물의 열화에 영향을 미치는 인자들의 상호 관계 및 내구성 향상을 위한 방안에 대하여 설명하시오.

2. 건설업 KOSHA-MS관련 종합건설업체 본사분야의 "리더십과 근로자의 참여" 인증항목 중 리더십과 의지표명, 근로자의 참여 및 협의 항목의 인증기준에 대하여 설명하시오.

3. 교량공사 중 발생하는 교대의 측방유동 발생원인 및 방지대책에 대하여 설명하시오.

4. 기업 내 정형교육과 비정형교육을 열거하고 건설안전교육 활성화 방안에 대하여 설명하시오.

5. 지게차의 작업 상태별 안정도 및 주요 위험요인을 열거하고, 재해예방을 위한 안전대책에 대하여 설명하시오.

6. 인간행동방정식과 P와 E의 구성요인을 열거하고, 운전자 지각반응시간에 대하여 설명하시오.

제4교시

※ 다음 문제 중 4문제를 선택하여 설명하시오. (각 25점)

1. 25층 건축물 건설공사 시 건설기술진흥법에서 정한 안전점검의 종류와 실시 시기 및 내용에 대하여 설명하시오.

2. 건설기술진흥법에서 정한 설계의 안전성 검토 대상과 절차 및 설계안전검토보고서에 포함되어야 하는 내용에 대하여 설명하시오.

3. 교량 받침(Bearing)의 파손 발생원인 및 방지대책에 대하여 설명하시오.

4. 도심지에서 흙막이 벽체 시공 시 근접구조물의 지반침하가 발생하는 원인 및 침하방지대책에 대하여 설명하시오.

5. 건설공사 발주자의 산업재해예방조치와 관련하여 발주자와 설계자 및 시공자는 계획, 설계, 시공단계에서 안전관리대장을 작성해야 한다. 안전관리대장의 종류 및 작성사항에 대하여 설명하시오.

6. 데크플레이트 설치공사 시 발생하는 재해유형과 시공단계별 고려사항, 문제점 및 안전관리 강화방안에 대하여 설명하시오.

제121회 건설안전기술사(2020. 4. 11.)

📝 제1교시

※ 다음 문제 중 10문제를 선택하여 설명하시오. (각 10점)

1. 안전보호구 종류

2. 강관비계 조립 시 준수사항

3. RMR(Relative Metabolic Rate)과 작업강도

4. 용접결함의 종류

5. CPB(Concrete Placing Boom)의 설치방식

6. 콘크리트 배합설계 순서

7. 지진의 규모 및 진도

8. 스마트 안전장비

9. 특수형태 근로자

10. 산업안전보건법 상 건설공사 발주단계별 조치사항

11. 흙막이공법 선정 시 유의사항

12. 유해 · 위험의 사내 도급금지 대상

13. 건설재해예방 기술지도 횟수

📝 제2교시

※ 다음 문제 중 4문제를 선택하여 설명하시오. (각 25점)

1. 건설기술진흥법 상 구조적 안전성을 확인해야 하는 가설구조물의 종류를 설명하시오.

2. 최근 건물신축 마감공사 현장에서 용접 · 용단 작업 시 부주의로 인한 화재사고가 발생하여 사회문제화 되고 있다. 용접 · 용단 작업 시의 화재사고 원인과 방지대책에 대하여 설명하시오.

3. 작업발판 일체형거푸집 종류 및 조립 · 해체 시 안전대책을 설명하시오.

4. F.C.M(Free Cantilever Method)공법의 특징과 가설 시 안전대책에 대하여 설명하시오.

5. 보강토옹벽의 파괴유형과 방지대책을 설명하시오.

6. 건설기술진흥법에 의한 안전관리계획 수립 대상공사에 대하여 설명하시오.

🖊 제3교시

※ 다음 문제 중 4문제를 선택하여 설명하시오. (각 25점)

1. 관로(管路)시공을 위한 굴착공사 시 발생하는 붕괴사고의 원인과 예방대책에 대하여 설명하시오.

2. 철골조 공장 신축공사 중 발생할 수 있는 재해유형을 열거하고, 사전 검토사항 및 안전대책에 대하여 설명하시오.

3. 건설업체의 산업재해예방활동 실적 평가에 대하여 설명하시오.

4. 건설작업용 리프트의 설치ㆍ해체 시 재해예방 대책을 설명하시오.

5. 사다리식 통로 설치 시 준수사항에 대하여 설명하시오.

6. 구조물 등의 인접작업 시 다음의 경우에 준수해야 할 사항에 대하여 각각 설명하시오.
   1) 지하매설물이 있는 경우
   2) 기존구조물이 인접하여 있는 경우

🖊 제4교시

※ 다음 문제 중 4문제를 선택하여 설명하시오. (각 25점)

1. 콘크리트 타설 후 발생하는 초기균열(初期龜裂)의 종류별 발생원인 및 예방대책에 대하여 설명하시오.

2. 옹벽구조물공사 시 지하수로 인한 문제점 및 안전성 확보방안에 대하여 설명하시오.

3. 근골격계 부담작업의 종류 및 예방프로그램에 대하여 설명하시오.

4. 차량계 건설기계의 종류 및 안전대책에 대하여 설명하시오.

5. 건설공사 현장의 안전점검 조사항목 및 세부시험 종류에 대하여 설명하시오.

6. 거푸집 및 동바리에 작용하는 하중에 대하여 설명하시오.

제122회 건설안전기술사(2020. 7. 4.)

✎ 제1교시

※ 다음 문제 중 10문제를 선택하여 설명하시오. (각 10점)

1. Man-Machine System의 기본기능

2. 안전설계 기법의 종류

3. 휴식시간 산출식

4. 산업안전보건법령 상 특별안전보건교육 대상작업

5. 건설공사 단계별 작성해야 하는 안전보건대장의 종류

6. 아칭(Arching) 현상

7. SMR (Slope Mass Rating) 분류

8. 와이어로프 사용 가능 여부 및 폐기기준(단, 공칭지름이 30mm인 와이어로프가 현재 28.9mm이다.)

9. 콘크리트 구조물에서 발생하는 화학적 침식

10. 연약지반 사질토 개량공법의 종류

11. 펌퍼빌리티(Pumpability)

12. 흙의 다짐에 영향을 주는 요인

13. 건축공사 시 동바리 설치높이가 3.5미터 이상일 경우 수평연결재 설치 이유

✎ 제2교시

※ 다음 문제 중 4문제를 선택하여 설명하시오. (각 25점)

1. 건설현장 인적 사고요인이 되는 부주의 발생원인과 방지대책을 설명하시오.

2. 건설근로자의 직무스트레스 요인 및 예방을 위한 관리감독자의 활동에 대하여 설명하시오.

3. 타워크레인의 신호작업에 종사하는 일용근로자의 교육시간, 교육내용 및 효율적 교육실 시방안에 대하여 설명하시오.

4. 건축구조물 해체공사 시 발생할 수 있는 재해유형과 안전대책에 대하여 설명하시오.

5. 장마철 아파트현장 위험요인별 안전대책에 대하여 설명하시오.

6. 터널공사에서 여굴의 원인과 최소화 대책에 대하여 설명하시오.

제3교시

※ 다음 문제 중 4문제를 선택하여 설명하시오. (각 25점)

1. 해저드(Hazard)와 리스크(Risk)를 비교하고, 위험감소대책(hierarchy of controls)에 대하여 설명하시오.

2. 건설업 안전보건경영시스템 규격인 KOSHA 18001와 KOSHA-MS를 비교하고, 새로 추가된 KOSHA-MS 인증기준 구성요소에 대해 설명하시오.

3. 건설공사에서 케이슨공법(Caisson method)의 종류 및 안전시공대책에 대하여 설명하시오.

4. 건축공사 시 연속 거푸집 공법의 특징, 시공 시 유의사항과 안전대책에 대하여 설명하시오.

5. 건설현장에서 사용되는 차량계건설기계의 작업계획서 내용, 재해유형과 안전대책에 대하여 설명하시오.

6. 도시철도 개착 정거장 굴착공사 중에 발생할 수 있는 재해유형, 원인 및 안전대책에 대하여 설명하시오.

제4교시

※ 다음 문제 중 4문제를 선택하여 설명하시오. (각 25점)

1. 안전보건관리규정의 필요성 및 작성 시 유의사항에 대하여 설명하시오.

2. 재해손실비 산정 시 고려사항과 평가방식의 종류에 대하여 설명하시오.

3. 건설현장에서 코로나19 예방 및 확산 방지를 위한 조치사항에 대하여 설명하시오.

4. 도심지 아파트건설공사 지반굴착 시 지하수위 저하에 따른 피해저감 대책에 대하여 설명하시오.

5. 콘크리트 구조물에 화재가 발생하였을 때 콘크리트 손상평가 방법과 보수, 보강 대책에 대하여 설명하시오.

6. 강교 가조립의 순서, 가설(架設)공법의 종류와 안전대책에 대하여 설명하시오.

제123회 건설안전기술사(2021. 1. 30.)

📝 제1교시

※ 다음 문제 중 10문제를 선택하여 설명하시오. (각 10점)

1. 항타기 및 항발기 사용 시 안전조치사항
2. 물질안전보건자료(MSDS)
3. 산업안전보건법령상 산업재해 발생건수 등 공표대상 사업장
4. DFS(Design For Safety)
5. 콘크리트의 비파괴 시험
6. 무재해운동 세부추진기법 중 5C운동
7. 산업안전보건법에 따른 위험성평가의 절차
8. 산업재해발생 시 조치사항 및 처리절차
9. 학습목표와 학습지도
10. 플립러닝(Flipped Learning)
11. 산업심리에서 어둠의 3요인
12. 철골구조물의 내화피복
13. 콘크리트에 사용하는 감수제의 효과

📝 제2교시

※ 다음 문제 중 4문제를 선택하여 설명하시오. (각 25점)

1. 건설현장에서 콘크리트 타설 중 거푸집 동바리의 붕괴재해 원인 및 안전대책에 대하여 설명하시오.
2. 건설공사 중에 가설구조물의 붕괴 등으로 산업재해가 발생할 위험이 있을 때 건설공사 발주자에게 설계변경을 요청하는 대상(「산업안전보건법」 제71조), 전문가 범위 및 설계변경 요청 시 첨부서류를 설명하시오.
3. 인간과오(Human Error)의 배후요인 및 예방대책에 대하여 설명하시오.
4. 지게차의 운전자격 기준 및 지게차 운전원 안전교육에 대하여 설명하시오.
5. 가설공사 중 시스템동바리의 설치 및 해체 시 준수사항에 대하여 설명하시오.
6. 구조물의 해체공사를 위한 공법의 종류 및 작업상의 안전대책에 대하여 설명하시오.

제3교시

※ 다음 문제 중 4문제를 선택하여 설명하시오. (각 25점)

1. 건설현장에서 화재감시자 배치기준과 화재위험작업 시 준수사항에 대하여 설명하시오.

2. 절토사면의 낙석대책을 위한 보강공법과 방호공법의 종류 및 특징에 대하여 설명하시오.

3. 건설현장 근로자에게 실시하여야 할 안전보건교육의 종류 및 교육내용에 대하여 설명하시오.

4. 인간의 작업강도에 따른 에너지 대사율(RMR)을 구분하고, 작업 중 부주의에 대하여 설명하시오.

5. 건설 공사용 타워크레인(Tower Crane)의 종류별 특징과 기초방식에 따른 전도방지 대책에 대하여 설명하시오.

6. 건설현장의 지하굴착공사 시 흙막이 가시설공법의 특징(H-Pile+토류판, 어스앵커공법), 시공단계별 사고유형 및 안전대책에 대하여 설명하시오.

제4교시

※ 다음 문제 중 4문제를 선택하여 설명하시오. (각 25점)

1. 밀폐공간 작업 시 안전작업절차, 안전점검사항 및 관리감독자의 업무에 대하여 설명하시오.

2. 전기식 뇌관과 비전기식 뇌관의 특성 및 발파현장에서 화약류 취급 시 유의사항에 대하여 설명하시오.

3. 건설재해예방전문지도기관의 인력·시설 및 장비 등의 요건, 기술지도업무 및 횟수에 대하여 설명하시오.

4. 건설현장에서 사용하는 안전검사대상기계등의 종류, 안전검사의 신청 및 안전검사 주기에 대하여 설명하시오.

5. 상수도 매설공사의 지중매설관로에서 발생할 수 있는 금속강관의 부식 원인 및 방지대책에 대하여 설명하시오.

6. 철근콘크리트구조 건축물의 경과연수에 따른 성능저하 원인, 보수·보강공법의 시공방법과 안전대책에 대하여 설명하시오.

제124회 건설안전기술사(2021. 5. 23.)

✎ 제1교시

※ 다음 문제 중 10문제를 선택하여 설명하시오. (각 10점)

1. 헤르만 에빙하우스의 망각곡선

2. 스마트 추락방지대

3. 거푸집에 작용하는 콘크리트 측압에 영향을 주는 요인

4. 강재의 연성파괴와 취성파괴

5. 산업안전보건법상 사업주의 의무

6. 산소결핍에 따른 생리적 반응

7. 건설기술진흥법상 건설공사 안전관리 종합정보망(C.S.I.)

8. 산업안전보건법상 조도기준 및 조도기준 적용 예외 작업장

9. 화재 위험작업 시 준수사항

10. 등치성이론

11. 온도균열

12. 이동식크레인 양중작업 시 지반 지지력에 대한 안정성검토

13. 건설기술진흥법상 소규모 안전관리계획서 작성 대상사업과 작성내용

✎ 제2교시

※ 다음 문제 중 4문제를 선택하여 설명하시오. (각 25점)

1. 위험성평가 진행절차와 거푸집 동바리공사의 위험성평가표에 대하여 설명하시오.

2. 스마트 건설기술을 적용한 안전교육 활성화 방안과 설계 · 시공 단계별 스마트 건설기술 적용방안에 대하여 설명하시오.

3. 갱폼(Gang Form) 현장 조립 시 안전설비기준 및 설치 · 해체 시 안전대책에 대하여 설명 하시오.

4. 건설현장에서 작업 전, 작업 중, 작업종료 전, 작업종료 시의 단계별 안전관리 활동에 대 하여 설명하시오.

5. 콘크리트 구조물의 복합열화 요인 및 저감대책에 대하여 설명하시오.

6. 건설현장의 고령 근로자 증가에 따른 문제점과 안전관리방안에 대해서 설명하시오.

제3교시

※ 다음 문제 중 4문제를 선택하여 설명하시오. (각 25점)

1. 낙하물방지망 설치기준과 설치작업 시 안전대책에 대하여 설명하시오.

2. 계단형상으로 조립하는 거푸집 동바리 조립 시 준수사항과 콘크리트 펌프카 작업 시 유의사항에 대하여 설명하시오.

3. 도심지 도시철도 공사 시 소음·진동 발생작업 종류, 작업장 내·외 소음·진동 영향과 저감방안에 대하여 설명하시오.

4. 재해통계의 필요성과 종류, 분석방법 및 통계 작성 시 유의사항에 대하여 설명하시오.

5. 도로공사 시 사면붕괴형태, 붕괴원인 및 사면안정공법에 대하여 설명하시오.

6. 압쇄장비를 이용한 해체공사 시 사전검토사항과 해체 시공계획서에 포함사항 및 해체 시 안전관리사항에 대하여 설명하시오.

제4교시

※ 다음 문제 중 4문제를 선택하여 설명하시오. (각 25점)

1. 건설공사장 화재발생 유형과 화재예방대책, 화재 발생 시 대피요령에 대하여 설명하시오.

2. 운행 중인 도시철도와 근접하여 건축물 신축 시 흙막이공사(H-pile+토류판, 버팀보)의 계측관리계획(계측항목, 설치위치, 관리기준)과 관리기준 초과 시 안전대책에 대하여 설명하시오.

3. 타워크레인의 재해유형 및 구성부위별 안전검토사항과 조립·해체 시 유의사항에 대하여 설명하시오.

4. 강구조물의 용접결함의 종류를 설명하고, 이를 확인하기 위한 비파괴검사 방법 및 용접 시 안전대책에 대하여 설명하시오.

5. 공용중인 철근콘크리트 교량의 안전점검 및 정밀안전진단 주기와 중대결함종류, 보수·보강 시 작업자 안전대책에 대하여 설명하시오.

6. 강관비계의 설치기준과 조립·해체 시 안전대책에 대하여 설명하시오.

제125회 건설안전기술사(2021. 7. 31.)

제1교시

※ 다음 문제 중 10문제를 선택하여 설명하시오. (각 10점)

1. 지반 개량 공법의 종류
2. 사전작업허가제(PTW : Permit To Work)
3. 토석붕괴의 외적원인 및 내적원인
4. 개구부 방호조치
5. 이동식 사다리의 사용기준
6. 지게차작업 시 재해예방 안전조치
7. 기계설비의 고장곡선
8. 곤돌라 안전장치의 종류
9. 추락방호망
10. 열사병 예방 3대 기본수칙 및 응급상황 시 대응방법
11. 건설공사 발주자의 산업재해예방 조치
12. Fail safe 와 Fool proof
13. 절토 사면의 계측항목과 계측기기 종류

제2교시

※ 다음 문제 중 4문제를 선택하여 설명하시오. (각 25점)

1. 도심지 공사에서 흙막이 공법 선정 시 고려사항, 주변 침하 및 지반 변위 원인과 방지대책에 대하여 설명하시오.
2. 건축물의 PC(Precast Concrete)공사 부재별 시공 시 유의사항과 작업 단계별 안전관리 방안에 대하여 설명하시오.
3. 기존 시스템비계의 문제점과 안전난간 선(先) 조립비계의 안전성 및 활용방안에 대하여 설명하시오.
4. 하절기 집중호우로 인한 제방 붕괴의 원인 및 방지대책에 대하여 설명하시오.
5. 재해손실 비용 산정 시 고려사항 및 Heinrich 방식과 Simonds 방식을 비교 설명하시오.
6. 「건설기술진흥법령」에서 규정하고 있는 건설공사의 안전관리조직과 안전관리비용에 대하여 설명하시오.

제3교시

※ 다음 문제 중 4문제를 선택하여 설명하시오. (각 25점)

1. 「산업안전보건법령」상 안전교육의 종류를 열거하고, 아파트 리모델링 공사 중 특별안전
   교육 대상작업의 종류 및 교육내용에 대하여 설명하시오.

2. 도심지 공사에서 구조물 해체 시 사전조사 사항과 안전사고 유형 및 안전관리 방안에 대
   하여 설명하시오.

3. 데크 플레이트(Deck Plate) 공사 단계별 시공 시 유의사항과 안전사고 유형 및 안전관리
   방안에 대하여 설명하시오.

4. 「산업안전보건기준에 관한 규칙」상 건설공사에서 소음작업, 강렬한 소음작업, 충격소음
   작업에 대한 소음기준을 작성하고, 그에 따른 안전관리 기준에 대하여 설명하시오.

5. 휴먼에러(Human Error)의 분류에 대하여 작성하고, 공사 계획단계부터 사용 및 유지관
   리 단계에 이르기까지 각 단계별로 발생될 수 있는 휴먼에러에 대하여 설명하시오.

6. 중대재해 발생 시 「산업안전보건법령」에서 규정하고 있는 사업주의 조치 사항과 고용노
   동부장관의 작업중지 조치 기준 및 중대재해 원인조사 내용에 대하여 설명하시오.

제4교시

※ 다음 문제 중 4문제를 선택하여 설명하시오. (각 25점)

1. 무량판 슬래브와 철근 콘크리트 슬래브를 비교 설명하고, 무량판 슬래브 시공 시 안전성
   확보 방안에 대하여 설명하시오.

2. 시스템 동바리 설치 시 주의사항과 안전사고 발생원인 및 안전관리 방안에 대하여 설명
   하시오.

3. 건설현장에서 사용되는 고소작업대(차량탑재형)의 구성요소와 안전작업 절차 및 작업 중
   준수사항에 대하여 설명하시오.

4. 건설업 KOSHA-MS 관련 종합건설업체 본사분야의 "리더십과 근로자의 참여" 인증항목
   중 리더십과 의지표명, 근로자의 참여 및 협의 항목의 인증기준에 대하여 설명하시오.

5. 제3종 시설물의 정기안전점검 계획수립 시 고려하여야 할 사항과 정기안전점검 시 점검
   항목 및 점검방법에 대하여 설명하시오.

6. 철근콘크리트 공사 단계별 시공 시 유의사항과 안전관리 방안에 대하여 설명하시오.

제126회 건설안전기술사(2022. 1. 29.)

📝 제1교시

※ 다음 문제 중 10문제를 선택하여 설명하시오. (각 10점)

1. 흙막이 지보공을 설치했을 때 정기적으로 점검해야 할 사항
2. 주동토압, 수동토압, 정지토압
3. 콘크리트 구조물의 연성파괴와 취성파괴
4. 산업안전심리학에서 인간, 환경, 조직특성에 따른 사고요인
5. 하인리히(Heinrich)와 버드(Bird)의 사고 연쇄성 이론 5단계와 재해발생비율
6. 타워크레인을 자립고(自立高) 이상의 높이로 설치할 경우 지지방법과 준수사항
7. 지반 등을 굴착하는 경우 굴착면의 기울기
8. 콘크리트 온도제어양생
9. 터널 제어발파
10. 언더피닝(Under Pinning) 공법의 종류별 특성
11. 시설물의 안전진단을 실시해야 하는 중대한 결함
12. 가설경사로 설치기준
13. 암반의 파쇄대(Fracture Zone)

📝 제2교시

※ 다음 문제 중 4문제를 선택하여 설명하시오. (각 25점)

1. 펌프카를 이용한 콘크리트 타설 시 안전작업절차와 타설 작업 중 발생할 수 있는 재해유형과 안전대책에 대하여 설명하시오.
2. 재해조사 시 단계별 조사내용과 유의사항을 설명하시오.
3. 낙하물방지망의 정의, 설치방법, 설치 시 주의사항, 설치·해체 시 추락 방지대책에 대하여 설명하시오.
4. 한중콘크리트 시공 시 문제점과 안전관리대책에 대하여 설명하시오.
5. 위험성평가의 정의, 단계별 절차를 설명하시오.
6. 콘크리트 타설 후 체적 변화에 의한 균열의 종류와 관리방안을 설명하시오.

제3교시

※ 다음 문제 중 4문제를 선택하여 설명하시오. (각 25점)

1. 산업안전보건법령상 유해위험방지계획서 제출대상 및 작성내용을 설명하시오. (단, 제출대상은 대통령령으로 정하는 크기, 높이 등에 해당하는 건설공사)

2. 악천후로 인한 건설현장의 위험요인과 안전대책에 대하여 설명하시오.

3. 시스템동바리의 구조적 특징과 붕괴발생원인 및 방지대책을 설명하시오.

4. 중대재해처벌법상 중대재해의 정의, 의무주체, 보호대상, 적용범위, 의무내용, 저벌수준에 대하여 설명하시오.

5. 콘크리트 내구성 저하 원인과 방지대책에 대하여 설명하시오.

6. 보강토옹벽의 파괴유형과 파괴 방지대책에 대하여 설명하시오.

 제4교시

※ 다음 문제 중 4문제를 선택하여 설명하시오. (각 25점)

1. 건설현장에서 가설전기 사용에 의한 전기감전 재해의 발생원인과 예방대책에 대하여 설명하시오.

2. 산업안전보건법령상 안전보건관리체제에 대한 이사회 보고 · 승인 대상 회사와 안전 및 보건에 관한 계획수립 내용에 대하여 설명하시오.

3. 지하안전관리에 관한 특별법 시행규칙상 지하시설물관리자가 안전점검을 실시하여야 하는 지하시설물의 종류를 기술하고, 안전점검의 실시시기 및 방법과 안전점검 결과에 포함되어야 할 내용에 대하여 설명하시오.

4. 노후화된 구조물 해체공사 시 사전조사항목과 안전대책에 대하여 설명하시오.

5. 건설현장에서 전기용접 작업 시 재해유형과 안전대책에 대하여 설명하시오.

6. 터널 굴착공법의 사전조사 사항 및 굴착공법의 종류를 설명하고, 터널 시공 시 재해유형과 안전관리 대책에 대하여 설명하시오.

제127회 건설안전기술사(2022. 4. 16.)

📝 제1교시

※ 다음 문제 중 10문제를 선택하여 설명하시오. (각 10점)

1. 가설계단의 설치기준
2. 콘크리트의 물-결합재비(water-binder ratio)
3. 건설공사 시 설계안전성 검토 절차
4. 중대산업재해 및 중대시민재해
5. 밀폐공간 작업 시 사전 준비사항
6. 지붕 채광창 안전덮개 제작기준
7. 작업의자형 달비계 작업 시 안전대책
8. 안전인증대상 기계 및 보호구의 종류
9. 산업안전보건법상 산업재해발생 시 보고체계
10. 얕은기초의 하중-침하 거동 및 지반의 파괴형태
11. 건설기계관리법상 건설기계안전교육 대상과 주요 내용
12. 거푸집 측면에 작용하는 콘크리트 타설 시 측압결정방법
13. 항타·항발기 사용현장의 사전조사 및 작업계획서 내용

📝 제2교시

※ 다음 문제 중 4문제를 선택하여 설명하시오. (각 25점)

1. 풍압이 가설구조물에 미치는 영향과 안전대책에 대하여 설명하시오.
2. 미세먼지가 건설현장에 미치는 영향과 안전대책 그리고 예보등급을 설명하시오.
3. 안전보건개선계획 수립 대상과 진단보고서에 포함될 내용을 설명하시오.
4. 건설현장의 근로자 중에 주의력 있는 근로자와 부주의한 현상을 보이는 근로자가 있다. 부주의한 근로자의 사고를 예방할 수 있는 안전대책에 대하여 설명하시오.
5. 양중기의 방호장치 종류 및 방호장치가 정상적으로 유지될 수 있도록 작업시작 전 점검사항에 대하여 설명하시오.
6. 건설현장의 스마트 건설기술 개념, 스마트 안전장비의 종류 및 스마트 안전관제시스템, 향후 스마트 기술 적용 분야에 대하여 설명하시오.

제3교시

※ 다음 문제 중 4문제를 선택하여 설명하시오. (각 25점)

1. 낙하물방지망의 (1) 구조 및 재료, (2) 설치기준, (3) 관리기준을 설명하시오.

2. 해빙기 건설현장에서 발생할 수 있는 재해 위험요인별 안전대책과 주요 점검사항을 설명하시오.

3. 화재발생메커니즘(연소의 3요소)에 대하여 설명하고, 건설현장에서 작업 중 발생할 수 있는 화재 및 폭발발생유형과 예방대책에 대하여 설명하시오.

4. 산업안전보건법에서 정하는 건설공사 발주자의 산업재해 예방조치의무를 계획단계, 설계단계, 시공단계로 나누고 각 단계별 작성항목과 내용을 설명하시오.

5. 타워크레인의 성능·유지관리를 위한 반입 전 안전점검항목과 작업 중 안전점검항목을 설명하시오.

6. 건설현장의 돌관작업을 위한 계획 수립 시 재해예방을 위한 고려사항과 돌관작업현장의 안전관리방안을 설명하시오.

제4교시

※ 다음 문제 중 4문제를 선택하여 설명하시오. (각 25점)

1. 건설현장의 재해가 근로자, 기업, 사회에 미치는 영향에 대하여 설명하시오.

2. 터널굴착 시 터널붕괴사고 예방을 위한 터널막장면의 굴착보조공법에 대하여 설명하시오.

3. 시스템동바리 조립 시 가새의 역할 및 설치기준, 시공 시 검토해야 할 사항에 대하여 설명하시오.

4. 수직보호망의 설치기준, 관리기준, 설치 및 사용 시 안전유의사항에 대하여 설명하시오.

5. 건설작업용 리프트의 조립·해체작업 및 운행에 따른 위험성평가 시 사고유형과 안전대책에 대하여 설명하시오.

6. 건설기술진흥법 및 시설물의 안전 및 유지관리에 관한 특별법에서 정의하는 안전점검의 목적, 종류, 점검시기 및 내용에 대하여 설명하시오.

제128회 건설안전기술사(2022. 7. 2.)

📝 제1교시

※ 다음 문제 중 10문제를 선택하여 설명하시오. (각 10점)

1. 안전대의 점검 및 폐기기준
2. 손보호구의 종류 및 특징
3. 버드(Frank E. Bird)의 재해 연쇄성 이론
4. 근로자 작업중지권
5. RC구조물의 철근부식 및 방지대책
6. 알칼리골재반응
7. 안전보건관련자 직무교육
8. 위험성평가 절차, 유해·위험요인 파악방법 및 위험성 추정방법
9. 건설업체 사고사망만인율의 산정목적, 대상, 산정방법
10. 산업심리에서 성격 5요인(big 5 factor)
11. 시설물 안전진단 시 콘크리트 강도시험방법
12. 밀폐공간 작업프로그램 및 확인사항
13. 건설현장의 임시소방시설 종류와 임시소방시설을 설치해야 하는 화재위험작업

📝 제2교시

※ 다음 문제 중 4문제를 선택하여 설명하시오. (각 25점)

1. Risk Management의 종류, 순서 및 목적에 대하여 설명하시오.
2. 고령근로자의 재해 발생원인과 예방대책에 대하여 설명하시오.
3. 지하안전평가 대상사업, 평가항목 및 방법에 대하여 설명하시오.
4. 비계의 설계 시 고려해야 할 하중에 대하여 설명하시오.
5. 흙막이공사의 시공계획 수립 시 포함되어야 할 내용과 시공 시 관리사항에 대하여 설명하시오.
6. 건설공사에서 사용되는 자재의 유해인자 중 유기용제와 중금속에 의한 건강장애 및 근로자의 보건상 조치에 대하여 설명하시오.

🖊 제3교시

※ 다음 문제 중 4문제를 선택하여 설명하시오. (각 25점)

1. 건설현장 작업 시 근골격계 질환의 재해원인과 예방대책에 대하여 설명하시오.
2. 시공자가 수행하여야 하는 안전점검의 목적, 종류 및 안전점검표 작성에 대하여 설명하고, 법정(산업안전보건법, 건설기술진흥법) 안전점검에 대하여 설명하시오.
3. 콘크리트 타설 중 이어치기 시공 시 주의사항에 대하여 설명하시오.
4. 압쇄기를 사용하는 구조물 해체공사 작업계획 수립 시 안전대책에 대하여 설명하시오.
5. 철근콘크리트 교량의 상부구조물인 슬래브(상판) 시공 시 붕괴원인과 안전대책에 대하여 설명하시오.
6. 터널공사에서 작업환경 불량요인과 개선대책에 대하여 설명하시오.

🖊 제4교시

※ 다음 문제 중 4문제를 선택하여 설명하시오. (각 25점)

1. 건설업 KOSHA-MS의 인증절차, 심사종류 및 인증취소조건에 대하여 설명하시오.
2. 산업안전보건법상 도급사업에 따른 산업재해 예방조치, 설계변경 요청대상 및 설계변경 요청 시 첨부서류에 대하여 설명하시오.
3. 산업안전보건법과 중대재해처벌법의 목적을 설명하고, 중대재해처벌법의 사업주와 경영책임자 등의 안전 및 보건 확보의무 주요 4가지 사항에 대하여 설명하시오.
4. 시스템비계 설치 및 해체공사 시 안전사항에 대하여 설명하시오.
5. 건설현장의 굴착기 작업 시 재해유형별 안전대책과 인양작업이 가능한 굴착기의 충족조건에 대하여 설명하시오.
6. 사면붕괴의 종류와 형태 및 원인을 설명하고 사면의 불안정 조사방법과 안정 검토방법 및 사면의 안정대책에 대하여 설명하시오.

제129회 건설안전기술사(2023. 2. 4.)

제1교시

※ 다음 문제 중 10문제를 선택하여 설명하시오. (각 10점)

1. 지하안전평가의 종류, 평가항목, 평가방법과 승인기관장의 재협의 요청 대상
2. 굴착기를 이용한 인양작업 허용기준
3. '건설기술진흥법'상 가설구조물의 구조적 안전성을 확인받아야 하는 가설구조물과 관계전문가의 요건
4. 건설공사의 임시소방시설과 화재감시자의 배치기준 및 업무
5. 철근콘크리트구조에서 허용응력설계법(ASD)과 극한강도설계법(USD)을 비교(설계하중, 재료특성, 안전확보기준)
6. 인간의 통제 정도에 따른 인간 기계 체계의 분류(수동체계, 반자동체계, 자동체계)
7. '산업안전보건법'상 중대재해 발생 시 사업주의 조치 및 작업중지 조치사항
8. '산업안전보건법'상 가설통로의 설치 및 구조기준
9. 콘크리트 측압(側壓) 산정기준 및 측압에 영향을 주는 요인
10. 레윈(Kurt Lewin)의 행동법칙과 불안전한 행동
11. 재해의 기본원인(4M)
12. 근로자(勤勞者) 참여제도
13. 연습곡선(practice curve) 및 활용효과

제2교시

※ 다음 문제 중 4문제를 선택하여 설명하시오. (각 25점)

1. 데크플레이트의 종류 및 시공순서를 열거하고, 설치작업 시 발생 가능한 재해유형, 문제점 및 안전대책에 대하여 설명하시오.
2. 건설기계 중 지게차(fork lift)의 유해·위험요인 및 예방대책과 작업단계별(작업 시작 전과 작업 중) 안전점검사항에 대하여 설명하시오.
3. 하인리히(H. W Heinrich) 및 버드(F. E. Bird)의 사고발생 연쇄성(domino) 이론을 비교하여 설명하시오.
4. 토공사 중 계측관리(計測管理)의 목적, 계측항목별 계측기기의 종류 및 계측 시 고려사항에 대하여 설명하시오.
5. 건설근로자를 대상으로 하는 정기안전보건교육과 건설업 기초안전보건교육의 교육내용과 시간을 제시하고, 안전교육 실시자의 자격요건과 효과적인 안전교육방법에 대하여 설명하시오.
6. 건설현장의 시스템 안전(system safety)에 대하여 설명하시오.

🖊 제3교시

※ 다음 문제 중 4문제를 선택하여 설명하시오. (각 25점)

1. 산업안전보건관리비 계상 및 사용기준을 기술하고 최근(2022. 6. 2.) 개정 내용과 개정사유에 대하여 설명하시오.

2. 관계수급인 근로자가 도급인의 사업장에서 작업을 하는 경우, 근로자의 산업재해예방을 위해 도급인이 이행하여야 할 사항에 대하여 설명하시오.

3. '건설생산성 혁신 및 안전성 강화를 위한 스마트 건설기술'의 정의, 종류 및 적용사례에 대하여 설명하시오.

4. 건설현장에서 사용하는 외부비계(飛階)의 조립·해체 시 발생 가능한 재해유형과 비계종류별 설치기준 및 안전대책에 대하여 설명하시오.

5. 산업안전보건법령상 근로자가 휴식시간에 이용할 수 있는 휴게시설의 설치 대상 사업장 기준, 설치 의무자 및 설치기준을 설명하시오.

6. 위험성평가의 정의, 평가시기, 평가방법 및 평가 시 주의사항에 대하여 설명하시오.

🖊 제4교시

※ 다음 문제 중 4문제를 선택하여 설명하시오. (각 25점)

1. 건설현장의 밀폐공간 작업 시 수행하여야 할 안전작업의 절차, 안전점검사항 및 관리감독자의 안전관리업무에 대하여 설명하시오.

2. 건설안전심리 중 인간의 긴장 정도(tension level)를 표시하는 의식수준(5단계) 및 의식수준과 부주의 행동의 관계에 대하여 설명하시오.

3. 작업부하(作業負荷)의 정의, 작업부하 평가방법, 피로의 종류 및 원인에 대하여 설명하시오.

4. 교량공사의 FCM(Free Cantilever Method) 공법 및 시공순서에 대하여 기술하고 세그먼트(segment)시공 중 위험요인과 안전대책에 대하여 설명하시오.

5. 해체공사(解體工事)의 안전작업 일반사항과 공법별 안전작업수칙을 설명하시오.

6. 이동식 크레인의 설치 시 주의사항과 크레인을 이용한 작업 중 안전수칙, 운전원의 준수사항, 작업 종료 시 안전수칙에 대하여 설명하시오.

제130회 건설안전기술사(2023. 5. 20.)

🖊 제1교시

※ 다음 문제 중 10문제를 선택하여 설명하시오. (각 10점)

1. 산업재해 발생구조 4형태
2. 사다리식 통로 설치 시 준수사항
3. 말비계 조립기준 및 말비계 사용 시 근로자 필수교육 항목
4. 뇌심혈관질환에서 개인요인과 작업관련요인
5. 사업장 휴게시설
6. 「중대재해 처벌 등에 관한 법률」상 중대산업재해 및 중대시민재해의 정의와 범위
7. 안전 및 보건에 관한 노사협의체의 심의·의결사항
8. 안전점검 대상 지하시설물의 종류 및 안전점검의 실시 시기
9. 비계(飛階, scaffolding) 공사의 특징 및 안전 3요소
10. 기계·설비 장치의 잠금 및 표지부착(LOTO; Lock Out Tag Out)
11. 지하연속벽 일수현상 및 안정액의 기능
12. 용접·용단 작업 시 불티비산거리 및 안전조치사항
13. 「산업안전보건법령」상 특별교육 대상 작업 중 해체공사와 관련된 작업의 종류 및 교육내용

🖊 제2교시

※ 다음 문제 중 4문제를 선택하여 설명하시오. (각 25점)

1. 재해조사의 목적과 재해조사의 원칙 3단계, 통계에 의한 재해원인의 분석방법에 대하여 설명하시오.
2. 건설공사에 적용되는 관련법에 따라 진행 단계별 안전관리 업무 및 확인사항에 대하여 설명하고, 유해위험방지계획서와 안전관리계획서의 차이점에 대하여 설명하시오.
3. 건설현장 거푸집공사에서 사용되는 합벽지지대의 구조 검토와 점검 시 다음 사항에 대하여 설명하시오.
   1) 구조검토를 위한 적용기준
   2) 설계하중
   3) 측압 및 구조안전성 검토에 관한 사항
   4) 현장조립 시 점검사항
4. 위험성평가의 실시주체별 역할, 실시시기별 종류를 설명하고, 위험성평가 전파교육 방법에 대하여 설명하시오.

5. 건설공사 중 발생되는 공사장 소음 진동에 대한 관리기준과 저감대책에 대하여 설명하시오.

6. 강구조물에서 용접 결함의 종류와 용접검사 방법의 종류 및 특징에 대하여 설명하시오.

제3교시

※ 다음 문제 중 4문제를 선택하여 설명하시오. (각 25점)

1. 재해손실비용이 산정 시 고려사항 및 평가방식에 대하여 설명하시오.

2. 「시설물의 안전 및 유지관리에 관한 특별법령」상 안전점검의 종류와 구 교량(舊橋梁)의 안전성을 평가하는 목적 및 평가를 위해 필요한 조사방법을 설명하시오.

3. 굴착공사 시 적용 가능한 흙막이 벽체 공법의 종류와 구조적 안전성 검토사항에 대하여 설명하고, 히빙(heaving)현상과 파이핑(piping)현상의 발생원인과 안전대책에 대하여 설명하시오.

4. 도심지에서 고층의 건물 공사 시 적용되는 Top Down 공법의 특성 및 시공 시 유의해야 하는 위험요인과 안전대책을 설명하시오.

5. 하절기 건설현장에서 발생되는 온열질환 예방에 대하여 설명하시오.

6. 장마철 건설현장에서 발생하는 재해유형별 안전관리대책과 공사장 내 침수 방지를 위한 양수펌프 적정대수 산정방법 및 집중호우 시 단계별 안전행동요령에 대하여 설명하시오.

제4교시

※ 다음 문제 중 4문제를 선택하여 설명하시오. (각 25점)

1. 인간공학적 작업장 개선 시 검토사항과 효율적 작업설계 및 동작범위 설계, 작업자세에 대하여 설명하시오.

2. 터널 굴착공법 중 NATM공법에 대해서 적용 한계성과 개선사항을 안전측면에서 설명하시오.

3. 「건설기술진흥법」상 "건설공사 참여자의 안전관리 수준 평가기준 및 절차"에 대하여 설명하시오.

4. 건설현장 밀폐공간작업 시 주요 유해·위험 요인과 산소·유해가스농도 관리기준을 설명하고, 밀폐공간 작업 프로그램 수립·시행에 따른 안전절차, 안전점검 사항에 대하여 설명하시오.

5. 차량계 건설기계 중 항타기·항발기를 사용 시 다음에 대하여 설명하시오.
   1) 작업계획서에 포함할 내용
   2) 항타기·항발기 조립·해체, 사용(이동, 정차, 수송) 및 작업 시 점검·확인사항

6. 철근콘크리트공사에서 거푸집 동바리 설계 시 고려하중과 설치기준에 대하여 설명하시오.

제131회 건설안전기술사(2023. 8. 26.)

제1교시

※ 다음 문제 중 10문제를 선택하여 설명하시오. (각 10점)

1. 재해예방의 4원칙
2. 재사용 가설기자재 폐기 및 성능 기준, 현장관리 요령
3. 위험감수성과 위험감행성의 조합에 따른 인간의 행동 4가지 유형
4. 사건수 분석기법(Event Tree Analysis)
5. 충격 소음 작업
6. 보건관리자 선임 및 대상 사업장
7. 재난 및 안전관리 기본법상 재난사태의 선포 및 조치 내용
8. 절토사면 낙석예방 록볼트(Rock Bolt) 공법
9. 무량판구조의 전단보강철근
10. 차량탑재형 고소작업대의 출입문 안전조치와 작업 시 대상별 안전조치사항
11. 제3종 시설물 지정대상 및 시설물 통합정보관리시스템(FMS) 입력사항
12. 사방(砂防)댐
13. 가설통로와 사다리식 통로의 설치기준

제2교시

※ 다음 문제 중 4문제를 선택하여 설명하시오. (각 25점)

1. 재해통계의 목적, 정량적 재해통계의 분류에 대하여 설명하고, 재해통계 작성 시 유의사항 및 분석방법에 대하여 설명하시오.
2. 사업장 위험성평가에 관한 지침(고용노동부 고시 제2023-19호)에 따른 위험성평가의 목적과 방법, 수행절차, 실시 시기별 종류에 대하여 설명하시오.
3. 「산업안전보건법」상 안전보건교육의 교육과정별 교육내용, 대상, 시간에 대하여 설명하시오.
4. 건설공사 현장의 굴착작업을 실시하는 경우 지반 종류별 안전기울기 기준을 설명하고, 굴착작업 계획 수립 및 준비사항과 예상재해 중 붕괴재해 예방대책에 대하여 설명하시오.
5. 강관비계와 시스템비계 조립 시 각각의 벽이음 설치기준과 벽이음 위치를 설명하고, 벽이음 설치가 어려운 경우 설치방법에 대하여 설명하시오.
6. 항타기 및 항발기의 조립·해체 시 준수사항, 점검사항, 무너짐 방지대책 및 권상용 와이어로프 사용 시 준수사항에 대하여 설명하시오.

제3교시

※ 다음 문제 중 4문제를 선택하여 설명하시오. (각 25점)

1. 인간의 의식수준과 부주의 행동관계에 대하여 설명하고, 휴먼 에러의 심리적 과오에 대하여 설명하시오.

2. 굴착기를 사용한 인양작업 시 기준 및 준수사항에 대하여 설명하고, 굴착기의 작업 · 이송 · 수리 시 안전관리 대책에 대하여 설명하시오.

3. 「산업안전보건기준에 관한 규칙」상 가스폭발 및 분진폭발 위험상소 건축물의 내화구조 기준에 대하여 설명하고, 위험물을 저장 취급하는 화학설비 및 부속설비 설치 시 폭발이나 화재 피해를 경감하기 위한 안전거리 기준 등 안전대책에 대하여 설명하시오.

4. 「시설물의 안전 및 유지관리에 관한 특별법」상 정밀안전진단 보고서에 포함되어야 할 사항에 대하여 설명하시오.

5. 철근콘크리트 옹벽의 유형을 열거하고, 옹벽의 붕괴원인과 방지대책에 대하여 설명하시오.

6. 건설현장 전기용접작업 시 발생 가능한 재해유형과 안전대책을 설명하고, 화재감시자에게 지급해야 할 보호구와 배치장소에 대하여 설명하시오.

제4교시

※ 다음 문제 중 4문제를 선택하여 설명하시오. (각 25점)

1. 건설현장 근로자의 근골격계 질환 발생원인과 예방대책에 대하여 설명하시오.

2. 산업안전보건위원회의 구성 대상과 역할, 회의 개최 및 심의 · 의결 사항에 대하여 설명하시오.

3. 도심지 굴착공사 시 지하매설물에 근접해서 작업하는 경우 굴착 영향에 의한 지하매설물 보호와 안전사고를 예방하기 위한 안전대책에 대하여 설명하시오.

4. 외부 작업용 곤돌라 안전점검 사항과 작업 시 안전관리 사항에 대하여 설명하시오.

5. 하천제방(河川堤防)의 누수원인 및 붕괴 방지대책에 대하여 설명하시오.

6. 건설공사 재해 예방을 위하여 건설공사의 계획, 설계 및 시공 단계별로 작성하는 안전보건대장에 대하여 설명하시오.

제132회 건설안전기술사(2024. 1. 27.)

✏️ 제1교시

※ 다음 문제 중 10문제를 선택하여 설명하시오. (각 10점)

1. 흙의 압밀현상
2. 거푸집의 해체 시기
3. 위험성평가의 방법 및 실시 시기
4. 염해에 의한 콘크리트 열화 현상
5. 굴착기 작업 시의 안전조치 사항
6. 지진파의 종류와 지진 규모 및 진도
7. Earth Anchor 시공 시 안전 유의사항
8. 시험발파 절차(Flow) 및 사전 검토사항
9. 재해손실비의 개념, 산정방법 및 평가방식
10. 가시설 흙막이에서 Wale Beam(띠장)의 역할
11. 차량탑재형 고소작업대의 작업시작 전 점검사항
12. Levin의 인간 행동 방정식 P(Person)와 E(Environment)
13. 도급인이 이행하여야 할 안전보건 조치 및 산업재해 예방조치

✏️ 제2교시

※ 다음 문제 중 4문제를 선택하여 설명하시오. (각 25점)

1. 터널공사 여굴 발생 시 조사내용과 방지대책에 대하여 설명하시오.
2. 콘크리트 구조물의 성능저하 원인과 방지대책에 대하여 설명하시오.
3. 산업안전보건기준에 관한 규칙상 낙하물에 의한 위험방지 조치와 설치기준 및 추락방지 대책에 대하여 설명하시오.
4. 건설현장에서 사용하는 비계의 종류 및 조립·운용·해체 시 발생할 수 있는 재해유형과 설치기준 및 안전대책에 대하여 설명하시오.
5. 인간의 긴장 정도(Tension Level)를 표시하는 의식수준 5단계와 의식수준과 부주의 행동의 관계에 대하여 설명하시오.
6. SCW(Soil Cement Wall) 공법의 안내벽(Guide Wall), 플랜트(Plant)의 설치와 천공 및 시멘트 밀크 주입 시 안전조치 사항을 설명하시오.

제3교시

※ 다음 문제 중 4문제를 선택하여 설명하시오. (각 25점)

1. 가현운동의 종류와 재해발생 원인 및 예방대책에 대하여 설명하시오.

2. 공사현장에서 계절별로 발생할 수 있는 재해 위험요인과 안전대책을 설명하시오.

3. 철골공사 안전관리를 위한 사전 준비사항, 철골 반입 시 준수사항, 안전시설물 설치계획에 대하여 설명하시오.

4. 비정상 작업의 특징과 위험요인을 설명하고, 작업시작 전 작업지시 요령 및 안선대책에 대하여 설명하시오.

5. 산업안전보건법과 건설기술진흥법의 건설안전 주요 내용을 비교하고, 산업안전보건관리비와 안전관리비를 설명하시오.

6. 건설현장 가설전기 작업 시 발생 가능한 재해유형과 유형별 안전대책을 설명하시오.

제4교시

※ 다음 문제 중 4문제를 선택하여 설명하시오. (각 25점)

1. 휴먼에러(Human Error) 유형과 발생원인, 요인, 메커니즘(Mechanism), 예방원칙과 Zero화를 위한 대책에 대하여 설명하시오.

2. 건축물관리법상 해체계획서 작성사항 및 해체공사 시 안전 유의사항에 대하여 설명하시오.

3. 경사지붕 시공작업 시 위험요소, 위험 방지대책, 안전시설물의 설치기준, 안전대책에 대하여 설명하시오.

4. 도심지 지하굴착공사 시 인접 건물의 사전조사 항목 및 굴착공사의 계측기 배치기준, 계측방법에 대하여 설명하시오.

5. 시설물의 안전 및 유지관리에 관한 특별법상 안전점검의 종류, 안전점검·정밀안전진단 및 성능평가 실시시기, 시설물 안전등급 기준에 대하여 설명하시오.

6. 건설기술진흥법상 안전관리계획서와 소규모 안전관리계획서 수립대상 및 계획수립 기준에 포함되어야 할 사항에 대하여 비교하여 설명하시오.

제133회 건설안전기술사(2024. 5. 18.)

✎ 제1교시

※ 총 13문제 중 10문제를 선택하여 설명하시오. (각 10점)

1. 누전차단기를 설치하여야 하는 전기 기계·기구의 종류 및 접속 시 준수사항

2. 터널공사 시 계측의 목적, 계측항목, 계측관리 시 유의사항

3. 안전보건 교육지도 8원칙

4. 에너지대사율(Relative Metabolic Rate)의 산출식과 작업강도의 구분기준

5. 맥그리거(Douglas McGregor)의 XY이론

6. 상시 작업하는 장소의 작업면 및 갱내(坑內) 작업장의 조도기준

7. 안전대의 종류 및 착용 대상작업

8. 안전보건조정자를 두어야 하는 건설공사의 공사금액, 안전보건조정자의 자격·업무

9. 슈미트 해머(Schmidt Hammer)를 이용한 콘크리트 강도 추정방법

10. 강구조물 용접결함의 종류 및 보수용접방법

11. 구축물 등의 안전유지 및 안전성 평가

12. 지반의 액상화 평가 생략 조건

13. 비계설치 시 벽이음재 결속종류와 시공 시 유의사항

✎ 제2교시

※ 총 6문제 중 4문제를 선택하여 설명하시오. (각 25점)

1. 도로사면의 붕괴형태와 붕괴원인 및 사면안정공법에 대하여 설명하시오.

2. 갱폼(Gang Form)의 안전설비기준과 설치·해체·인양작업 시 안전대책에 대하여 설명하시오.

3. 연약지반 굴착 공사 시 지반조사, 연약지반 처리대책, 계측과 시공관리에 대하여 설명하시오.

4. 근로자의 불안전한 행동 중 부주의 현상의 특징, 발생원인 및 예방대책에 대하여 설명하시오.

5. 건설현장 근로자의 근골격계 질환의 발생단계, 발생원인, 유해요인조사에 대하여 설명하시오.

6. 교육훈련 기법 중 강의법과 토의법을 비교하고, 토의법의 종류에 대하여 설명하시오.

제3교시

※ 총 6문제 중 4문제를 선택하여 설명하시오. (각 25점)

1. 「해체공사 표준안전작업지침」상 해체공사 전 확인사항(부지상황 조사, 해체대상 구조물 조사) 및 해체작업계획 수립 시 준수사항에 대하여 설명하시오.

2. 건설업 유해위험방지계획서 작성 대상사업장 및 제출서류, 계획수립 절차, 심사구분에 대하여 설명하시오.

3. 건설업체의 산업재해예방활동 실적 평가대상, 평가항목, 평가방법에 대하여 설명하시오.

4. 소음작업의 종류 및 정의, 방음용 귀마개 또는 귀덮개의 종류 및 등급, 진동작업에 해당하는 기계·기구의 종류 및 진동작업에 종사하는 근로자에게 알려야 할 사항에 대하여 설명하시오.

5. 프리스트레스트 콘크리트에서 PS 강재의 인장방법 및 응력이완(Stress Relaxation), 응력부식(Stress Corrosion)에 대하여 설명하시오.

6. 굴착공사 중 사면 개착공법 적용에 따른 토사 사면 안정성 확보를 위한 작업 전, 중, 후 조치사항에 대하여 설명하시오.

제4교시

※ 총 6문제 중 4문제를 선택하여 설명하시오. (각 25점)

1. 상시적인 위험성평가의 실시방법 및 근로자의 참여방법에 대하여 설명하시오.

2. 「산업안전보건법」과 「중대재해 처벌 등에 관한 법률」상의 중대재해를 구분하여 정의하고 현장에서 중대재해 발생 시 조치사항을 설명하시오.

3. 데크플레이트 붕괴사고 원인과 설치 시 안전수칙 및 점검사항에 대하여 설명하시오.

4. 동바리의 유형별 조립 시 안전조치사항과 조립·해체 시 준수사항에 대하여 설명하시오.

5. 건설현장에 설치하는 임시소방시설의 대상작업, 임시소방시설을 설치해야 하는 공사의 종류 및 규모, 임시소방시설과 기능 및 성능이 유사한 소방시설로서 임시소방시설을 설치한 것으로 보는 소방시설에 대하여 설명하시오.

6. 타워크레인 작업계획서 내용과 상승 작업 시 절차 및 주요 단계별 확인사항에 대하여 설명하시오.

제134회 건설안전기술사(2024. 7. 27.)

 제1교시

※ 총 13문제 중 10문제를 선택하여 설명하시오. (각 10점)

1. 화재감시자를 지정하여 배치해야 하는 장소, 업무, 지급해야 할 장비

2. 안전사고와 재해

3. 사전조사 및 작업계획서를 작성해야 하는 작업의 종류

4. '산업안전보건법'상 양중기의 종류

5. 안전설계기법의 종류와 Fool Proof의 중요 기구

6. 건축물 해체의 신고 및 허가 절차

7. 착각현상

8. 와이어로프 등 달기구의 안전계수 및 와이어로프 폐기기준

9. '건설기술 진흥법'상 안전교육 대상, 교육내용 및 실시 주체

10. 강재의 취성과 연성

11. 가설구조물 비계(飛階)의 종류 및 벽이음

12. 굳지 않은 콘크리트의 재료분리 원인 및 대책

13. 옹벽에 작용하는 토압 및 옹벽의 안정조건

 제2교시

※ 총 6문제 중 4문제를 선택하여 설명하시오. (각 25점)

1. 콘크리트 균열의 발생 원인, 대책 및 보수·보강공법에 대하여 설명하시오.

2. 건설현장에서 시행하고 있는 위험성 평가 방법과 그 종류 및 절차에 대하여 설명하시오.

3. '산업안전보건법'에서 정하는 건설공사 발주자의 산업재해 예방조치를 계획단계, 설계단계 및 시공단계로 구분하여 설명하고, 각 단계별로 작성해야 하는 안전보건대장에 포함하여야 할 내용을 설명하시오.

4. 교량의 내진성능 평가 시 내진 등급을 구분하고 내진성능 평가 방법에 대하여 설명하시오.

5. 재해조사 순서 4단계, 재해조사 방법 5가지, 재해조사 시 유의사항, 재해조사 항목 및 재해발생 시 응급조치 사항에 대하여 설명하시오.

6. '중대재해 처벌 등에 관한 법률'에 따른 사업주와 경영책임자 등의 안전보건확보의무 4가지에 대하여 설명하시오.

🖊 제3교시

※ 총 6문제 중 4문제를 선택하여 설명하시오. (각 25점)

1. 콘크리트 내구성 등급과 내구성 저하 원인 및 방지대책에 대하여 설명하시오.

2. 건설용 유해·위험기계에 대한 안전조치 사항 중 방호조치, 안전인증 및 안전검사에 대하여 설명하시오.

3. 건설공사 현장에서 밀폐공간작업 시 산소농도 저하가 인체에 미치는 영향, 밀폐공간작업 프로그램에 따른 안선설차 및 안전점검사항에 대하여 설명하시오.

4. '산업안전보건법', '건설기술 진흥법' 및 '시설물의 안전 및 유지관리에 관한 특별법'에서 정의하는 안전점검의 목적, 종류 및 점검내용에 대하여 설명하시오.

5. 피로로 인한 능률 저하의 유형, 피로의 원인과 대책에 대하여 설명하시오.

6. 건설현장에서 거푸집 및 동바리 붕괴사고 예방을 위한 거푸집의 존치 기간, 거푸집 및 동바리 해체 단계별 검토사항, 공사관계자별 주요 역할(책임)에 대하여 설명하시오.

🖊 제4교시

※ 총 6문제 중 4문제를 선택하여 설명하시오. (각 25점)

1. 건설현장에서 굴착작업 시 지반의 종류별 굴착면의 기울기 기준을 설명하고 굴착작업 계획 수립 및 붕괴재해 예방대책에 대하여 설명하시오.

2. 강관비계의 설치기준과 조립, 해체 및 점검 시 준수사항에 대하여 설명하시오.

3. 건설현장 발파작업 시 발파책임자의 업무와 화약류 취급소 운용 시 안전준수사항, 전기발파와 비전기발파, 전자발파의 안전기준 및 천공작업 시 준수사항에 대하여 설명하시오.

4. PSC 거더(Prestressed Concrete Girder) 공사 중 사고 예방을 위해 PSC 거더의 응력 변화와 긴장작업 시 주의사항 및 시공 단계별 안전 유의사항에 대하여 설명하시오.

5. 건설현장에서 용접·용단 작업 시 화재사고의 위험요소, 화재발생 원인과 방지대책 및 점검항목에 대하여 설명하시오.

6. 인간공학에서 실수의 종류, 이에 대한 원인 및 대책에 대하여 설명하시오.

제135회 건설안전기술사(2025. 2. 8.)

제1교시

※ 총 13문제 중 10문제를 선택하여 설명하시오. (각 10점)

1. 곤돌라 작업 시 안전수칙
2. 위험성평가의 실시 시기
3. 안전보건표지의 종류 및 형태
4. 절토 사면의 붕괴 원인과 방지 대책
5. 지하수위 저하공법
6. 작업지휘자 지정작업의 종류와 업무
7. 고소작업대 설치 및 사용 시 조치 · 준수사항
8. 달비계 와이어로프의 폐기 기준과 클립 체결 기준
9. 화재 위험작업의 종류와 작업 시의 준수사항
10. Frank E. Bird의 사고발생 신도미노 이론
11. Soil Nailing과 Earth Anchor에 대한 설명과 비교
12. 추락재해 방지시설의 종류 중 수직형 추락방망 설치기준
13. 가설구조물의 설계변경 요청 시 토목 건축 분야 의견을 들을 수 있는 전문가와 해당 가설구조물의 종류

제2교시

※ 총 6문제 중 4문제를 선택하여 설명하시오. (각 25점)

1. 해저드(Hazard)와 리스크(Risk)를 비교하고, 위험성평가 시 위험감소대책에 대하여 설명하시오.
2. 중대재해 처벌 등에 관한 법률에서 건설공사 적용대상 상시근로자 수 산정방법(근로기준법상)과 '재해예방에 필요한 인력 및 예산 등 안전보건관리체계 구축 및 그 이행에 관한 조치'의 관련 사항을 설명하시오.
3. 산업안전보건기준에 관한 규칙상 근골격계질환의 정의와 예방관리 프로그램 시행사업장, 건설현장 근로자의 근골격계질환 예방대책에 대하여 설명하시오.
4. 건설현장에서 실시하는 안전보건교육 중 정기교육과 작업내용 변경 시 교육에 대하여 근로자와 관리감독자로 구분하여 교육대상별 교육시간을 제시하고 안전보건교육강사기준에 대하여 설명하시오.
5. 동기부여(Motivation) 이론 중 5가지만 설명하시오.
6. 데크플레이트 시공 시 발생하는 재해유형별 안전대책, 붕괴사고의 문제점 및 개선방안에 대하여 설명하시오.

제3교시

※ 총 6문제 중 4문제를 선택하여 설명하시오. (각 25점)

1. T/C(Tower Crane) 작업내용(설치, 상승, 해체)별 주요 재해발생 원인, T/C 주요 안전장치의 종류 및 기능, T/C 구성 부위별 안전검토사항에 대하여 설명하시오.

2. 건설업 산업안전보건관리비 계상 및 사용기준에서 정하는 공사 종류 및 규모별 계상기준과 설계변경 시 산업안전보건관리비 조정·계상 방법에 대하여 설명하시오.

3. 최근에 건설현장의 근로자가 고령화되면서 근로자 개개인의 의식에서 발생하는 휴먼 에러(Human Error)에 대한 배후요인, 내적 요인과 외적 요인, 위험성에 대한 안전대책에 대하여 설명하시오.

4. 시설물의 안전 및 유지관리 실시 등에 관한 지침상 점검의 대상 시설물과 안전점검 등 실시 시기, 실시자 자격, 시설물의 안전점검 등 주요 과업내용에 대하여 설명하시오.

5. 터널 굴착 공사에서 지반 붕괴 사고 발생 원인과 위험 관리 방안에 대하여 설명하시오.

6. 한중 콘크리트 타설, 초기양생 시 준수사항에 대하여 설명하고, 갈탄난로를 사용하여 콘크리트를 양생하는 경우 「산업안전보건기준에 관한 규칙」상 작업관리 및 사고 시의 조치사항에 대하여 설명하시오.

제4교시

※ 총 6문제 중 4문제를 선택하여 설명하시오. (각 25점)

1. 건설공사 현장에서 소음이 인체에 미치는 영향, 소음의 허용기준 및 소음예방대책에 대하여 설명하시오.

2. 재해빈발자(사고자) 4가지 유형과 무사고자의 특징, 건설현장에서의 재해빈발자에 대한 예방대책을 설명하시오.

3. 건설기계 중 화물을 적재·하차 시 사용되는 지게차의 유해 위험요인 및 예방 대책과 작업단계별 안전점검사항에 대하여 설명하시오.

4. 사업주가 근로자의 건강관리를 위하여 실시해야 하는 건강진단 종류, 종류별 실시대상, 주기 및 사업주의 의무, 근로자의 의무에 대하여 설명하시오.

5. 발주자의 산업재해예방조치에서 안전보건대장 작성 대상 건설공사 및 계획단계, 설계단계, 시공단계별 발주자의 역할과 각 단계별 작성항목과 주요 내용에 대하여 설명하시오.

6. 도심지 건축물 해체공사 시 ① 해체공법 종류 및 해체방법, ② 해체 시 사전조사사항, ③ 구조안전계획 및 분야별(해체작업자 안전관리, 해체 잔재물 낙하 등에 대한 출입통제관리, 인접구축물 안전관리, 주변 통행·보행자 안전관리, 화재 등 비상상황 발생 시 안전관리) 안전계획 수립 시 검토사항에 대하여 설명하시오.

[저자 소개]

장두섭

- 조선대학교 이공대학 건축과 졸업
- 건설안전기술사/건축시공기술사/건축품질시험기술사
- 현, (주)미드엔지니어링 부사장

Hi-Pass

건설안전기술사

2010. 2. 1. 초 판 1쇄 발행
2025. 6. 4. 개정증보 7판 1쇄 발행

지은이 │ 장두섭
펴낸이 │ 이종춘
펴낸곳 │ BM (주)도서출판 **성안당**

주소 │ 04032 서울시 마포구 양화로 127 첨단빌딩 3층(출판기획 R&D 센터,
10881 경기도 파주시 문발로 112 파주 출판 문화도시(제작 및 물류)

전화 │ 02) 3142-0036
031) 950-6300

팩스 │ 031) 955-0510

등록 │ 1973. 2. 1. 제406-2005-000046호

출판사 홈페이지 │ **www.cyber.co.kr**

ISBN │ **978-89-315-1191-8 (13530)**

정가 │ 89,000원

이 책을 만든 사람들

책임 │ 최옥현
진행 │ 이희영
교정·교열 │ 이희영
전산편집 │ 오정은
표지 디자인 │ 박원석
홍보 │ 김계향, 임진성, 김주승, 최정민
국제부 │ 이선민, 조혜란
마케팅 │ 구본철, 차정욱, 오영일, 나진호, 강호묵
마케팅 지원 │ 장상범
제작 │ 김유석